ASSOCIATION FRANÇAISE

POUR

L'AVANCEMENT DES SCIENCES

Une table des matières et une table analytique, par ordre alphabétique, terminent le Volume des Comptes rendus de l'Association
en 1913.

Dans la table analytique les nombres qui sont placés après la lettre p
se rapportent aux pages de la brochure des Procès-Verbaux, ceux
placés après l'astérisque (*) se rapportent aux pages du Volume des
Comptes rendus.

53172   Paris. — Imprimerie GAUTHIER-VILLARS et Cⁱᵉ, 55, quai des Grands-Augustins.

ASSOCIATION FRANÇAISE

POUR

L'AVANCEMENT DES SCIENCES

FUSIONNÉE AVEC

L'ASSOCIATION SCIENTIFIQUE DE FRANCE

(Fondée par Le Verrier en 1864).

Reconnues d'utilité publique.

COMPTE RENDU DE LA 42ME SESSION.

TUNIS

— 1913 —

NOTES ET MÉMOIRES

PARIS,

AU SECRÉTARIAT DE L'ASSOCIATION

Rue Serpente, 28

ET CHEZ MM. MASSON ET Cie, LIBRAIRES DE L'ACADÉMIE DE MÉDECINE

Boulevard Saint-Germain, 120.

1914

LISTE DES CONGRÈS ET DE LEURS PRÉSIDENTS.

— VOLUMES —

ANNÉES.			VILLES.			PRÉSIDENTS.	
1872	1re Session.		Bordeaux........	1 volume.		Claude BERNARD	(*Décédé.*)
1873	2e	—	Lyon............	1	—	DE QUATREFAGES...........	(*Décédé.*)
1874	3e	—	Lille	1	—	Adolphe WURTZ...........	(*Décédé.*)
1875	4e	—	Nantes	1	—	Adolphe D'EICHTAL	(*Décédé.*)
1876	5e	—	Clermont-Ferrand.	1	—	J.-B. DUMAS	(*Décédé.*)
1877	6e	—	Le Havre........	1	—	Paul BROCA...............	(*Décédé.*)
1878	7e	—	Paris............	1	—	Edmond FRÉMY............	(*Décédé.*)
1879	8e	—	Montpellier	1	—	Agénor BARDOUX	(*Décédé.*)
1880	9e	—	Reims...........	1	—	J.-B. KRANTZ.............	(*Décédé.*)
1881	10e	—	Alger	1	—	Auguste CHAUVEAU.	
1882	11e	—	La Rochelle	1	—	Jules JANSSEN............	(*Décédé.*)
1883	12e	—	Rouen...........	1	—	Frédéric PASSY.....	(*Décédé.*)
1884	13e	—	Blois...........	2 volumes (1).		Anatole BOUQUET DE LA GRYE.	(*Décédé.*)
1885	14e	—	Grenoble	2	— (2).	Aristide VERNEUIL..........	(*Décédé.*)
1886	15e	—	Nancy...........	2	—	Charles FRIEDEL	(*Décédé.*)
1887	16e	—	Toulouse	2	—	Jules ROCHARD............	(*Décédé.*)
1888	17e	—	Oran............	2	—	Aimé LAUSSEDAT...........	(*Décédé.*)
1889	18e	—	Paris...........	2	—	Henri DE LACAZE-DUTHIERS..	(*Décédé.*)
1890	19e	—	Limoges.........	2	—	Alfred CORNU	(*Décédé.*)
1891	20e	—	Marseille	2	—	P.-P. DEHÉRAIN...........	(*Décédé.*)
1892	21e	—	Pau.............	2	—	Édouard COLLIGNON.	(*Décédé.*)
1893	22e	—	Besançon........	2	—	Charles BOUCHARD.	
1894	23e	—	Caen............	2	—	É. MASCART	(*Décédé.*)
1895	24e	—	Bordeaux........	2	—	Émile TRÉLAT.............	(*Décédé.*)
1896	25e	—	Tunis	2	—	Paul DISLÈRE.	
1897	26e	—	Saint-Étienne....	2	—	J.-E. MAREY..............	(*Décédé.*)
1898	27e	—	Nantes	2	—	Édouard GRIMAUX	(*Décédé.*)
1899	28e	—	Boulogne-sur-Mer.	2	—	Paul BROUARDEL...........	(*Décédé.*)
1900	29e	—	Paris...........	2	—	Hippolyte SEBERT.	
1901	30e	—	Ajaccio..........	2	—	E.-T. HAMY	(*Décédé.*)
1902	31e	—	Montauban.......	2	—	Jules CARPENTIER.	
1903	32e	—	Angers..........	2	—	Émile LEVASSEUR.	(*Décédé.*)
1904	33e	—	Grenoble	1 volume (3)		C.-A. LAISANT.	
1905	34e	—	Cherbourg.......	1	— (3).	Alfred GIARD	(*Décédé.*)
1906	35e	—	Lyon............	2 volumes.		Gabriel LIPPMANN.	
1907	36e	—	Reims...........	2	—	Henri HENROT.	
1908	37e	—	Clermont-Ferrand.	1 volume (4).		Paul APPELL.	
1909	38e	—	Lille............	1	— (5).	Louis LANDOUZY.	
1910	39e	—	Toulouse	1	— (6).	C.-M. GARIEL.	
1911	40e	—	Dijon	1	— (6).	S. ARLOING	(*Décédé.*)
1912	41e	—	Nîmes...........	1	— (5).	Charles LALLEMAND.	
1913	42e	—	Tunis	1	— (5).	Émile HAUG.	

(1) Reliés ensemble ou séparément.

(2) A partir de la 14e Session, les Tomes I et II sont reliés séparément.

(3) Pour le 33e Congrès de Grenoble, 1904, et le 34e, Cherbourg, 1905, le Tome I a été remplacé par un Bulletin mensuel dont les numéros 8 et 9 de chaque année ont été consacrés aux comptes rendus des séances générales et aux procès-verbaux des Sections.

(4) Le Tome I a été remplacé par deux brochures parues en septembre 1908.

(5) Le Tome I a été remplacé par une brochure parue en septembre 1909, septembre 1912 et mai 1913.

(6) Le *Tome I* a été remplacé par une brochure parue en septembre 1910. Le volume des Notes et Mémoires existe divisé en quatre Tomes, dont chacun comprend sa Table des matières et sa Table analytique par ordre alphabétique.

ASSOCIATION FRANÇAISE

POUR

L'AVANCEMENT DES SCIENCES

MATHÉMATIQUES, ASTRONOMIE, GÉODÉSIE ET MÉCANIQUE.

M. Paul MOURGNOT,

Ingénieur, Tunis.

A PROPOS DE LA NOTICE SUR HENRI POINCARÉ PAR ERNEST LEBON (¹).

92 (Poincaré Henri) 51

24 Mars.

L'année dernière, en ouvrant à Nîmes les séances de notre Section, M. Ernest Lebon, encore sous le coup de la douloureuse émotion que lui causait la perte d'un ami, ne trouvait de voix que pour nous dire combien fut sincère et bon l'illustre Collègue qu'il pleurait — et que tous nous pleurons encore avec lui — et pour nous rappeler combien la parole savante de ce grand Maître était habile à instruire et à charmer même un auditoire peu familiarisé avec les hautes questions mathématiques.

Aujourd'hui, ce que M. Ernest Lebon présente à notre Section, sous le titre de *Notice sur Henri Poincaré*, c'est un pieux monument élevé à la mémoire du grand homme dont « l'œuvre et l'exemple ont vaincu le néant ». Ce travail, que M. Gaston Darboux, notre éminent Collègue, a déjà apprécié et loué en séance de l'Académie des Sciences, le 10 mars 1913, est divisé en deux parties.

Dans la première, M. Ernest Lebon essaye de faire revivre la noble et attachante figure de Henri Poincaré. C'est le savant, le penseur,

---

(¹) Notice extraite des *Leçons sur les Hypothèses Cosmogoniques*, par Henri Poincaré, 2ᵉ édition, 1913, Librairie A. Hermann et fils, Paris.

*1

l'écrivain, l'artiste, le poète, le champion de l'idéal moral — indulgent cependant aux petites faiblesses humaines —, le patriote ardent, le père charmant et tendre, l'homme bon, juste, désintéressé, l'homme au courage tranquille et invincible qu'il a pris à cœur de révéler à tous.

Dans la seconde partie, M. Ernest Lebon résume la prodigieuse œuvre scientifique de Henri Poincaré, avec l'intention nettement formulée de s'attacher seulement à montrer les progrès dont la Science est redevable à ce savant et de bien mettre en relief les idées directrices des belles et profondes recherches de l'illustre mathématicien.

Bien que M. Ernest Lebon se soit effacé derrière son œuvre, sur cette Notice passe, invisible et néanmoins fortement senti, le souffle ému de l'ami qui, respectueux, s'incline devant la grande ombre de l'homme de cœur, du savant, du penseur dont la vie tout entière fut comme un hymne ininterrompu à la beauté et à la bonté.

M. André GÉRARDIN,

Correspondant du Ministère de l'Instruction Publique,
Directeur de la *Revue Sphinx-Œdipe*, Nancy.

TABLES DES NOMBRES PREMIERS SUCCESSIFS DE HUIT ET NEUF CHIFFRES
(DIX A CENT MILLIONS).

---

25 *Mars.*

$511.3 + 512.9$

I.

BREF HISTORIQUE.

Depuis l'Antiquité, des milliers de mathématiciens, illustres ou inconnus, se sont occupés avec passion des recherches sur les *nombres premiers*, sur leur nombre entre deux limites données, et se sont bien souvent efforcés de publier des listes complètes, à partir de l'unité et renfermant tous ces nombres. Je vais d'abord citer ici très brièvement une liste importante d'auteurs, qui constituera cependant le travail le plus complet paru à ce jour sur ce sujet; j'ai emprunté quelques renseignements bibliographiques : 1° au *Répertoire bibliographique des Sciences mathématiques* (I 9 *b*, I 9 *c*, I 2 *b* α, D 6 *i* β); 2° à la *Revue semestrielle des Publications mathématiques;* 3° à la Préface des *Factor* Tables de CHERNAC ou de M. GLAISHER; 4° à mes archives personnelles. Outre les classiques que tout le monde connaît, il faut citer les auteurs suivants (je ne puis donner ici les titres complets de chaque Mémoire).

Travaux relatifs au nombre des nombres premiers inférieurs
à une grandeur donnée.

DESBOVES, 1855; GENOCCHI, 1860; BERTON, 1872; PIARRON DE MONDÉSIR,
1877; GLAISHER, 1877 et autres; E. DE JONQUIÈRES, 1882 et 1883; LIPSCHITZ,
1882 et 1883; ESTIENNE, 1892; CHARLES, 1892; CHAPEL, 1892; PRÉOBRA-
JENSKY, 1892; VON KOCH, 1894 et 1900; WIGERT, 1895; VON MANGOLDT, 1896;
AJELLO, 1896; KLUYVER, 1899; HAYASHI, 1901; CIPOLLA, 1904; TORELLI,
1904 et 1905; PEXIDER, 1905; LANDAU, 1908; etc.

L'important travail de M. TORELLI a été primé en 1900; il contient un exposé
historique des travaux se rapportant à la théorie des nombres premiers, depuis
Legendre (212 pages).

Sur les nombres premiers.

SARRUS, 1819; SHERK, 1832; MÄRKER, 1840; A. DE POLIGNAC, 1849, 1852,
1854, 1857, 1859, 1860 et 1862; LEBESGUE, 1856; LIOUVILLE, 15 Mémoires
de 1858 à 1866; GUIBERT, 1862; CURTZE, 1867; JOHNSON, 1875; ED. LUCAS,
1876; SENSENIG, 1876; PROTH, 1878; STUDNICKA, 1878; KUPPER, 1880;
GENOCCHI, 1884; KRAUS, 1885; SEELHOF, 1886; PORETZKY, 1888; PEROTT,
1889 et 1891; LÉVI, 1891; H. POINCARÉ, 1891 et 1892; TH. PÉPIN, 1892;
PHRAGMÉN, 1892; GEGENBAUER, 1893; GLAISHER, 1893; SUCHANECK; WENDT,
1893; CAHEN, 1895; FRANEL, 1896; LAURENT, 1898; SPECKMANN, 1898;
CRAJKOWSKI, 1901; CIPOLLA, 1902; WILLIOT, 1903; LANDAU, 1908 et 1909;
DE BRUN, 1909; HOSTINSKY, 1910; MERLIN, 1911; PETROVITCH, 1913, etc.

En 1867, DORMOY a publié sa « Formule générale des nombres premiers et
théorié des objectifs ». Je citerai les lignes suivantes : « Je me propose de
chercher une formule générale donnant tous les nombres premiers jusqu'à
une certaine limite, aussi reculée qu'on voudra, et ne donnant rien que des
nombres premiers. On sait que cette formule ne peut pas être de la forme d'un
polynome algébrique; celle à laquelle je serai conduit contiendra plusieurs
indéterminées, toutes au premier degré, mais on ne pourra l'appliquer qu'à la
condition qu'on donnera à chacune d'elles des valeurs entières et inférieures
à une certaine limite, et que, de plus, le nombre fourni par la formule ne s'élè-
vera pas lui-même au-dessus d'une certaine quantité. Moyennant ces deux
restrictions, la formule ne donnera que des nombres premiers, et les donnera
tous. »

Tables et Recherches pratiques.

1603, CATALDI, Nombres premiers jusqu'à 750 et 800 (2 Ex. au British Museum).
1657, Fr. SCHOOTEN, Nombres premiers jusqu'à 10 000.
1659, RAHN, jusqu'à 24 000.
1668, PELL et BRANCKER, jusqu'à 100 000.
1717, DE TRAYTORENS, Méthode de construction de Tables.
1728, PŒTIUS, jusqu'à 10 000.
1745, DODSON.
1746, KRÜGER, Table des nombres premiers jusqu'à 101 000 (calculée par
         Peter Jäger).
1758, PIGRI, Facteurs premiers des nombres jusqu'à 10 000.
1767, ANJEMA, jusqu'à 10 000 (Œuvre posthume) (302 p., in-4°).

1768, RALLIER DES OURMES, Méthode de factorisation.

1770, LAMBERT, Zusätze zu den... Tabellen, Liste des nombres premiers jusqu'à 102 000..

1772, MARCI, Liste des nombres premiers jusqu'à 400 000.

1774, L. EULER (22 août), De tabula numerorum primorum usque ad millionem et ultra continuanda, in qua simul omnium numerorum non primorum divisores exprimantur (*C. A. C.*, t. II, p. 64-91; j'ai relevé plusieurs erreurs).

1776, FELKEL, jusqu'à 408 000 (Graves Library, University College, Londres). Premiers jusqu'à 20 353.

1778, L. EULER (16 mars), De variis modis numeros proegrandes examinandi, utrum sint primi, nec ne ? (t. II, p. 198-214); Facillima methodus plurimos numeros primos praemagnos inveniendi (*id.*, p. 215-219); Methodus generalior numeros quosvis satis grandes perscrutandi, utrum sint primi, nec ne ? (*id.*, p. 220-222); Utrum hic numerus $1\,000\,009$ sit primus, nec ne, inquiritur (*id.*, p. 243-248); De formulis speciei $mxx + myy$ ad numeros primos explorandos idoneis, earumque mirabilibus proprietatibus (*id.*, p. 249-260) (mai, 1778) : Extrait d'une lettre à M. Béguelin concernant les nombres premiers (*id.* p. 270-271)..

1778, BERTRAND, remarques sur la formation des Tables.

1780, D'ALEMBERT (*Encyclopédie*, Vol. II des planches), jusqu'à 100 000.

1785, NEUMANN, Facteurs premiers des nombres jusqu'à 100 100 (200 pages in-4°).

1795, MASERES, jusqu'à 100 000. Réimpression du Brancker de 1668.

1797, VÉGA, Liste des nombres premiers de 102 000 à 400 000.

1798, GRUSON, jusqu'à 10 500.

1800, SNELL, jusqu'à 30 000.

1804, KRAUSE, jusqu'à 100 000.

1808, LIDONNE, Nombres premiers jusqu'à 102 013.

1811, CHERNAC, Cribrum Arithmeticum, Énorme Volume de 1022 pages in-4°, comprenant à simple lecture tous les facteurs des nombres et les nombres premiers ne dépassant pas 1 019 971.

1814-1817, BURCKHARDT, jusqu'à 3 036 000.

1830, SIMPSON, Choix d'exercices pour la jeunesse... Nombres premiers jusqu'à 10 000.

1848, EISENSTEIN, Nombres premiers $8\,n + 3$, ..., (*Cr.*).

1849, HÜLSSE, Sammlung Math. Tafeln. Nombres premiers de 102 001 à 400 313..

1853, SHALLER (annonce des *C. R.*). Nouvelle manière de construire les Tables de nombres premiers.

1862-1865, Z. DAHSE, Faktoren tafeln, de 6 à 9 millions. Ouvrage posthume publié par les soins du Dr Rosenberg, le 7° million en 1862, le 8° en 1863, le 9° en 1865; annonce l'achèvement prochain du 10° million.

1864, LEBESGUE, Tables diverses...; Nombres premiers inférieurs à 5500.

1866, DAVIS, Les nombres premiers de 100 000 001 à 100 001 699 (*J. M.*; 8 erreurs relevées par MM. A. Cunningham et Woodall).

1873, *Report of the British Association* (à consulter pour détails. — De même *voir* la belle Préface de M. Glaisher).

1876-1878, Ed. Lucas, Sur la théorie des nombres premiers; Théorèmes d'Arithmétique, *A. F.*; 1877, etc.

1878, Johnson, Enumeration of primes (*A.*3, 7-8).

1880, Glaisher, Enumeration of primes (*A.*7, 118-119).

1879-1880 et 1882, Glaisher, Tables des 4ᵉ, 5ᵉ et 6ᵉ millions.

1888, Houël, Tables de logs, contenant les nombres premiers jusqu'à 10 841.

1896, Dupuis, Tables de logs, contenant les nombres premiers jusqu'à 9973.

1910-1911, Pagliero (*Ac. di Torino*, p. 766). Nombres premiers de 100 millions à cent millions cinq mille.

1913, Poletti, Les nombres premiers de 10 000 000 à 10 020 000.

1913, Lehmer (sous presse), Les nombres premiers de 1 à 10 006 721.

Résultats à signaler (Bref résumé).

1890, Saint-Loup (*Ann. Éc. Norm. sup.*, 3ᵉ s., t. VII, p. 89), Sur la représentation graphique des diviseurs des nombres.

1891, C.-A. Laisant (*A. F. A. S.*, Marseille), Sur une méthode pour la construction d'une Table de nombres premiers, et *Association. Française*,
Nîmes 1912, Sur les Tables de diviseurs. — Un Volume d'environ
1300 pages contiendrait tous les facteurs des nombres inférieurs
à 105 600 329.

1906, G. Tarry (*Bull. Soc. Philom.*, Paris, 26 mai, p. 174; 9ᵉ s., t. IX, nᵒ 2,
1907, p. 56 et *A. F. A. S.*, Reims 1907). *Voir* aussi son opuscule, Tablettes des cotes relatives à la base 20 580 des facteurs premiers d'un
nombre inférieur à 100 489 et non divisible par 2, 3, 5 ou 7, ainsi que
divers articles et sa Notice nécrologique parue au *Sphinx-Œdipe*, 1913.

1907, J. Deschamps (*Bull. Soc. Philom.*, 9ᵉ s., t. IX, nᵒ 4, 1907; t. X, nᵒ 1,
1908, *Sociétés Savantes*, Paris, 1908). *Voir* ses Tables numériques et
graphiques.

1909, D.-N. Lehmer, Tables des facteurs des nombres inférieurs à 10 017 000.
— Je ne puis pour cet auteur que conseiller de lire le bel article de
M. Ern. Lebon au *B. D.*, 1911, p. 101. Il y est fait des réserves sur
cette publication.

Le travail le plus important sur les nombres est le manuscrit de Külik qui
va jusqu'à 100 300 201. Ce gigantesque effort contient malheureusement des
erreurs; il a été communiqué à M. Lehmer par la Bibliothèque de l'Académie
royale de Vienne.

1902-1907, Lieutenant-colonel Allan Cunningham, Détermination of
successive High Primes (*M. M.*); High Primes $4a + 1$, $6a + 1$; High quar-
tans... primes; high trinomial binary... primes, etc... Dans cette dernière
brochure, M. Cunningham, cite diverses autorités ayant démontré la prima-
lité de grands nombres (Landry, Rév. Cullen, Morehead, Pervouchine,
Western, Woodall).

Je renvoie aussi à la collection du *Sphinx-Œdipe* qui contient de très nombreuses Notes historiques ou autres sur ce sujet, et à ma Communication au
Congrès des Sociétés Savantes (Grenoble 1912, 45 grands nombres premiers
connus ayant plus de douze chiffres).

Je signalerai particulièrement les travaux suivants :

M. Ern. Lebon a publié de très nombreux articles sur les nombres, les no mbres premiers, etc., et je ne puis ici indiquer que les titres les plus importants (voir *Sphinx-Œdipe*, septembre 1908, ... et Notice de M. Carnoy).

Sur des systèmes de nombres permettant de trouver rapidement les facteurs
premiers d'un nombre (1906); Tables de caractéristiques relatives à la base 2310
des facteurs premiers d'un nombre inférieur à 30 030 non divisible par 2, 3,
5, 7 ou 11 (1906), *Sociétés savantes* de 1906 et 1908, *Association Française*, 1907
et 1908; *Bull. Soc. Philom.*, 1906 et 1908, quatre articles; *Rend. d. R. Accad. dei*
Lincei (1906); *Bull. Amer. Math. Soc* (1906); *Bull. Soc. des gens de Science*,
1906; *il Pitagora* 1907; *E. M.* 1907; *Sphinx-Œdipe* 1908, etc.

Le travail *le plus pratique* serait *actuellement* la Table des Restes ρ et ρ' permettant de trouver les facteurs premiers des nombres de 510 510 à cent millions (offerte par M. Ern. Lebon à la Bibliothèque de l'Académie des Sciences,
mss. — n. s., t. CCCLXX, pièce. Entrée 60 702 dons) pour un chercheur qui
aurait entre les mains *le manuscrit complet*. L'auteur m'a montré à Paris son
beau travail, et j'ai fait quelques factorisations. Ainsi, j'ai mis *trois minutes*
exactement pour factoriser 62 282 239 = 41 × 107 × 14 197: Ceci est pratique
lorsqu'on doit essayer un petit lot de nombres, mais serait impraticable pour le
travail spécial que je vise ici : établir la liste cómplète et définitive de tous
les nombres premiers inférieurs à cent millions, ou à un milliard.

J'ai proposé à divers chercheurs quelques nombres à essayer. MM. Malo,
Kraitchik, Carissan m'ont adressé leurs réponses. En moyenne pour reconnaître un nombre premier de huit chiffres, il faut actuellement entre 4 heures
et 2 heures de travail mécanique. Exemple : 34 554 301 est premier. Le lieutenant-colonel Allan Cunningham et M. Woodall ont une méthode pratique
si le nombre diffère de moins de mille unités d'une puissance de 10.

Ces six chercheurs sont pratiquement dans la bonne voie, mais je le répète
encore, tout cela est joli pour une liste de quelques centaines de nombres,
tandis que mon travail porte sur des millions de nombres, et il m'a fallu trouver
une méthode sûre et extrêmement rapide qui me permettra de donner la liste
continue des nombres premiers, à partir du onzième million.

II.

TRAVAUX PERSONNELS.

J'ai donc entrepris ce très grand travail qui doit mettre aux mains
des chercheurs non pas seulement 665 000 nombres premiers, ce qui est
véritablement trop peu pour tâcher de découvrir les lois si difficiles
de ces nombres utiles, mais au moins quelques millions.

Mes méthodes sont extrêmement simples et je ne puis ici les rapporter
en détail. Je rappellerai simplement qu'il me suffit d'avoir un diagramme
continu composé de cases blanches et noires. Le nombre est premier
si la *colonne* trouvée par la condition nécessaire et suffisante est entièrement blanche. Si l'on trouve une ou plusieurs cases noires, le nombre
est composé; il admet *au moins* autant de facteurs que de cases noires,
et il suffit pour les connaître de *lire* le module inscrit en tête de la ligne
ou bande modulaire périodique. Ce procédé me donne aussi tous les fac-

teurs des nombres composés dans les mêmes limites, mais je ne veux pas
publier ces Tables qui feraient double emploi avec celles de M. Ern.
Lebon. J'éditerai seulement par millions, à partir de 1914, les nombres
premiers des 11e, 12e, ... millions. Les chercheurs n'auront qu'à *lire*,
sans aucun calcul préliminaire. Tout nombre qui ne sera pas dans ma
Table sera composé.

Pour faire ces calculs moi-même, ou pour les mettre dès aujourd'hui
à la portée de tous, au moins jusqu'a 200 000 000, il suffit d'utiliser ma
Table fondamentale du million dont voici un spécimen :

Module.	N.	Module.	N.	Module.	N.	Module.	N.
4447	575	4519	7737	4621	2757	4691	8565
4451	1475	4523	8629	4637	6229	4703	1739
4457	2825	4547	4887	4639	6663	4721	5573
4463	4175	4549	5329	4643	7531	4723	5999
4481	8225	4561	7981	4649	8833	4729	7277
4483	8675	4567	173	4651	9267	4733	8129
4493	1939	4583	3677	4657	1255	4751	2461
4507	5061	4591	5429	4663	2545	4759	4149
4513	6399	4597	6743	4673	4695	4783	9213
4517	7291	4603	8057	4679	5985	4787	483

En *manuscrit*, je possède ces Tables, qui permettent tous les calculs
jusqu'à 177 132 479, et il me suffirait de quelques jours pour le pousser
à 200 millions, et d'un mois au plus pour atteindre le milliard. La colonne
des modules donnera déjà, pour les mathématiciens qui ne la possèdent
pas, la liste complète des nombres premiers, au moins jusqu'à 13 300.
De plus, sans aucun calcul, la *Table fondamentale du million* constitue
une Table complète de factorisation du *deuxième million*; le tout tiendra
dans *une feuille* d'impression. Ainsi nous lisons, en face de module = 4567,
N = 173; ceci prouve que

$$1\,000\,173 \equiv 0 \quad (\bmod\ 4567),$$
$$1\,000\,173 = 3 \times 73 \times 4567.$$

La véritable raison d'être de cette Table est, pour moi, la suivante :
soit un module 4787 et le nombre 483, qui lui est adjoint. Cherchons
le plus petit nombre impair du 101e million divisible par 4787. C'est
100 005 217; en effet, il faut multiplier 483 par 100 (ici) et chercher le
plus petit nombre impair, résidu module 4787; en divisant 48 300
par 4787; on trouve 5217. C'est la première case noire de la bande périodique de module 4787, si l'on veut trouver les nombres premiers du
101e million, *sans chercher les nombres premiers des cent premiers millions*.
C'est le travail que Davis avait commencé en 1866..., mais il s'est vite
essoufflé.

Pour ce travail précis, il nous suffirait de *dix bandes sommes de mille*
et des *quatre* bandes modulaires périodiques 10 007, 10 009, 100 37

et 10 039, soit *quatorze bandes*, qui nous permettraient même, suivant ma remarque, d'aller (condition nécessaire et suffisante) jusqu'à 101 344 487. J'appelle *bande somme du premier mille* une bande périodique représentant par *colonne* la somme des cases des modules premiers inférieurs à mille; il est évident que la somme de h cases blanches est blanche, et que l'adjonction d'une ou plusieurs cases noires donne une case noire.

Cette première brochure contient donc déjà des résultats et constitue de plus un important instrument de travail, puisque, au lieu de mettre comme M. KRAITCHIK, *cinq années* (à travail non continu) pour établir en manuscrit les nombres premiers de 9 millions à 10 008 000, il me suffirait en moyenne de trois mois pour établir cette liste ou celle d'un million quelconque, et pour y adjoindre diverses Tables utiles : nombres premiers $4 h \pm 1$, nombre des premiers par centaine, mille, etc., groupes de nombres composés consécutifs, fréquence, etc. M. MALO m'a, depuis 1906, fait remarquer l'utilité de la factorisation d'un million assez éloigné.

Je pense en avoir assez dit sur ce sujet déjà si étudié, et dont l'utilité est incontestable. J'annonce l'apparition de ma *Table fondamentale du million* pour décembre 1913, et la Table des nombres premiers du onzième million pour le Congrès de l'A. F. A. S., au Havre (août 1914).

M. A. AUBRY.

Dijon.

NOTICE SUR L'ARITHMÉTICIEN FRENICLE.

---

92 [Frenicle de Bessy (Bernard)] 51

27 *Mars.*

Bernard Frenicle de Bessy (1602-1675) a droit à la considération des mathématiciens, surtout comme ayant amené Fermat à s'occuper de certaines questions d'arithmétique où il a obtenu de si beaux triomphes. Les écrits de Frenicle, difficiles à lire, même de ses contemporains, furent toujours peu lus, et cependant — outre l'émulation qu'il a produite chez Fermat, — on doit le reconnaître comme l'auteur de diverses considérations qui font de lui, sinon l'inventeur, du moins le promoteur d'une nouvelle branche de la Science, la *théorie des nombres*.

Il a en effet compris le premier, à l'époque où les travaux des Indiens et de Fibonacci étaient inconnus et ceux des Italiens à peine connus,

— qu'il y avait à rapprocher, étendre et généraliser une foule de théorèmes et de problèmes arithmétiques épars et sans liens apparents entre eux : il a ainsi abordé la théorie générale des *nombres parfaits*, à laquelle il a apporté d'importantes contributions, et il en a tiré de nouveaux résultats jusqu'alors insoupçonnés; — il a montré, par son fameux énoncé relatif aux nombres dits *de Mersenne* (*), qu'il possédait de puissants moyens d'investigation dans le domaine numérique, notamment dans la recherche des diviseurs des grands nombres, recherche dont les premiers aperçus lui sont dus; — il a envisagé, d'une manière générale, la considération des *formes linéaires* ou *quadratiques* des nombres et la recherche systématique des propriétés qu'ils doivent avoir selon la forme qu'ils peuvent prendre : il a même donné une monographie de la théorie des nombres en *triangle* (rectangle), c'est-à-dire de ceux qui sont soumis à la loi représentée par la relation algébrique $x^2 + y^2 = z^2$; — on lui doit une féconde théorie fort utile dans l'*analyse indéterminée*, celle qu'il a appelée *exclusion* et qu'ont beaucoup étendue Fermat et Euler; — il a le premier compris l'intérêt des *théorèmes négatifs*, ainsi que l'utilité de la recherche des cas d'*impossibilité* des problèmes indéterminés et du *dénombrement* des solutions quand elles existent, par exemple sur la question des *carrés magiques*, où il a trouvé de nouvelles voies qui ont suggéré à Fermat de nouvelles généralisations; — enfin il semble avoir, avant Fermat, au moins entrevu la méthode de la *descente* et diverses propositions négatives, telles que celle de l'impossibilité de la surface d'un triangle d'être un carré.

Il faut reconnaître qu'il ne donne guère que des problèmes et autant dire pas de démonstrations suffisantes de ses théorèmes, même dans ses écrits didactiques, ce qui empêche d'être assuré, sinon de la valeur, du moins de la généralité de ses méthodes : pur arithméticien, son dédain de l'algèbre spécieuse ne lui a pas permis d'exprimer ses idées aussi complètement qu'il l'eût fallu pour qu'elles puissent servir de point de départ aux nouvelles théories et même pour qu'il puisse en tirer tout le parti qu'elles comportaient. Mais Fermat, moins réfractaire à l'emploi des transformations algébriques et d'ailleurs encore autrement doué, comme aptitude aux combinaisons numériques, eut tôt fait de remonter des résultats communiqués par Frenicle aux principes dont ils émanaient.

Deux sources peuvent être attribuées au mouvement arithmétique qui s'est produit dans la première moitié du xviie siècle, et s'est continué si magnifiquement jusqu'à nos jours : les *Eléments* d'Euclide ou arithmétique proprement dite, et les *Arithmétiques*, de Diophante, ou théorie des formes. Ces deux théories en étaient restées à peu près en l'état où les avaient laissés ces deux immortels auteurs, — dont le second était même seulement connu des érudits, quand Bachet s'avisa d'en publier une traduction latine (1620) dont il facilita l'introduction sur la scène

---

(*) *Voir* la fin de la présente Notice.

mathématique par la publication de ses fameux *Problèmes plaisants et délectables* (1624), lesquels vulgarisaient en un petit volume bien des choses inconnues parce qu'il fallait les chercher dans de volumineux in-folio, d'ailleurs introuvables. Le succès des deux ouvrages de Bachet amena la mode des recherches arithmétiques, où se distinguèrent différents amateurs mis en communication par Mersenne; les noms de quelques-uns sont connus : Frenicle, André Jumeau (Sainte-Croix), de Saint-Martin et Fermat (*). Il est incontestable qu'il devinrent fort habiles dans les questions numériques, bien qu'on ne connaisse pas beaucoup leurs travaux.

Il n'est guère possible de classer chronologiquement les recherches de Frenicle; à peine peut-on distinguer l'ordre de leur vulgarisation et même ce qui lui appartient en réalité. C'est en 1640 qu'il paraît avoir commencé son commerce épistolaire avec Fermat; mais Descartes, Mersenne, Sainte-Croix et Saint-Martin correspondaient avec lui depuis plusieurs années, au sujet de divers problèmes diophantins dont on voit la trace dans les *Œuvres* de Descartes et de Fermat.

Les nombres amiables et les nombres aliquotaires s'étaient depuis quelque temps imposés à l'étude des arithméticiens, surtout à la suite de la demande de Mersenne (*Harm. univ.* 1634) de nombres égaux à la moitié de la somme de leurs diviseurs. Aussi, dès 1636, le même Mersenne publiait-il deux résultats de ce genre dus à Fermat et en 1639, de nouveaux résultats analogues de Descartes, de Fermat et de Frenicle. Mais en 1640, Fermat et Frenicle purent réunir leurs efforts, qui devaient être si fertiles en grandes découvertes.

Dans une lettre à Mersenne destinée à Fermat, Frenicle traite des carrés magiques à enceintes, de ceux dont certaines cases doivent rester vides, du tétraèdre et de l'hexagone magiques. Questions que Fermat, — qui étudiait les carrés magiques depuis plus de dix ans, — semble avoir portées à leur plus haut point de perfection, en imaginant en outre les cubes magiques et autres généralisations.

Dans une autre lettre, Frenicle propose de trouver deux nombres parfaits de 20 et de 21 chiffres, à quoi Fermat répond que de tels nombres n'existent pas et annonce qu'il a trouvé à ce sujet plusieurs propositions qu'il a indiquées un peu plus tard. Frenicle et Sainte-Croix s'occupaient des nombres parfaits depuis longtemps déjà.

Dans une autre, Fermat admire la rapidité des méthodes de Frenicle, et trouve les siennes propres rebutantes, à cause des nombreuses divisions nécessaires dans les factorisations, ne connaissant alors que la méthode enseignée dans les livres élémentaires. Il a demandé, en vain, à plusieurs reprises à Frenicle communication de sa méthode de factorisation. — Dans cette même lettre, il fait proposer par Mersenne à

(*) On pourrait ajouter Descartes, qui a montré par la solution de problèmes aliquotaires, de son aptitude aux questions numériques.

Frenicle des problèmes insolubles, comme de *trouver un triangle dont l'aire soit un carré*, de *résoudre* $x^3 + y^3 = z^3$ et $x^4 + y^4 = z^4$, avertissant Mersenne que si Frenicle l'avisait qu'il n'y avait pas de solutions inférieures à un nombre donné, c'était une preuve qu'il se servait de Tables et non de raisonnements.

C'est à Frenicle que Fermat a, peu après, fait connaître les premiers théorèmes dont il lui avait parlé et qu'il destinait à abréger le calcul des nombres parfaits, savoir : *si a est composé, 2^{a-1} l'est également; si a est premier $2^{a-1} - 1$ est divisible par a et les diviseurs de $2^a - 1$ sont de la forme $2\,ax + 1$*. C'est là l'origine du *théorème de Fermat*.

Le théorème relatif à la forme quadratique des nombres premiers $4 + 1$ et à leurs diviseurs a été trouvé par Fermat à la même époque, mais c'est à Roberval qu'il l'a signalé d'abord. Il le démontrait par la descente et le faisait servir à la factorisation des grands nombres.

Toujours en 1640, c'est à Frenicle que Fermat a fait connaître : 1° son théorème faux — que d'ailleurs Frenicle croyait vrai également, — pour la démonstration duquel il avait fait un très grand nombre d'*exclusions*; 2° la célèbre proposition sur les propriétés du *gaussien* et qui porte le nom de *théorème de Fermat*; 3° ses théorèmes sur le nombre des solutions des équations

$$x^2 + y^2 = p^{2n-1} \quad \text{et} \quad x^2 + y^2 = p^{2n} \qquad (p = 4 + 1),$$

ainsi que de

$$(a^2 + b^2)^f (c^2 + d^2)^g = x^2 + y^2,$$

d'où il tirait ses fameux problèmes de déterminer les nombres qui sont n fois *hypoténuses*, le plus petit nombre qui est n fois hypoténuse et le nombre de manières dont un nombre peut être la somme des *cathètes* d'un triangle. Frenicle y avait déjà pensé depuis plusieurs années et avait commencé par la recherche des nombres à la fois *triangulaires*, *carrés* et *hexagonaux*.

Dans une lettre de 1641, Frenicle dit qu'il travaille depuis longtemps aux triangles, et qu'il a remarqué qu'un nombre n'ayant que des facteurs premiers 8 ± 1 est la différence des cathètes d'un triangle, que réciproquement la somme de deux cathètes est de la forme 8 ± 1 et, en même temps, de la forme (*) $x^2 - 2\,y^2$. Il propose en outre la résolution de $x^2 + y^2 = p$, et de montrer comment il se fait que par exemple la relation $221 = 10^2 + 11^2 = 5^2 + 14^2$, entraîne cette autre $221 = 13.17$ (**).

(*) Les côtés d'un triangle étant, comme on sait, des formes $x^2 - y^2$, $2\,xy$ et $x^2 + y^2$, la somme ou la différence des cathètes est de la forme $(x^2 - y^2) \pm 2\,xy = (x \pm y)^2 - 2\,y^2$.

(**) C'est là probablement le principe de sa méthode de factorisation, retrouvée par Euler et qui peut s'énoncer ainsi : *si $n = a^2 + b^2 = \alpha^2 + \beta^2$, et que $\dfrac{f}{g}$ soit la valeur de la fraction $\dfrac{a + \alpha}{b + \beta}$ réduite à sa plus simple expression, n est divisible par $f^2 + g^2$.* Cette méthode serait ainsi celle à laquelle il est fait allusion dans les *Mém. de l'Ac.*

On doit croire que ses procédés tout numériques, n'avaient pas la portée et la généralité de ceux de Fermat; plus habile calculateur que celui ci, Frenicle avait eu le tort de se cantonner dans l'étude de certains problèmes particuliers, tandis que son illustre émule regardait les choses de haut et savait varier, coordonner et étendre ses recherches. Ainsi, on peut se demander s'il savait factoriser des nombres tels que le suivant 100 895 598 169, qu'il avait fait proposer à Fermat, lequel en vint à bout aussitôt. De même il crut impossible ce problème de Fermat : *trouver un triangle dont l'hypoténuse soit un carré ainsi que la somme de ses cathètes*, tandis qu'il y a de cette question une infinité de solutions, dont les nombres de la plus petite ont, il est vrai, treize chiffres chacun. On peut ajouter qu'il n'a pas su trouver la solution générale de la célèbre équation $x^2 - ay^2 = 1$, que Fermat lui avait d'abord proposée et qu'il trouvait cependant bien digne de son attention (*), — ni les solutions de $(2\,x^2 - 1)^2 = 2\,y^2 - 1$ autres que $x = 1$ et $x = 2$. Mais il a par contre, su trouver d'élégantes questions dont l'influence sur la voie suivie par Fermat est manifeste : les nombres parfaits, qui l'ont mené à ses procédés de factorisation et à son fameux théorème, — les théorèmes sur les triangles, qui l'ont amené à ses considérations sur les résidus et les formes des diviseurs de certaines expressions quadratiques.

Pour terminer ce qu'il y a à dire sur Frenicle d'après ce qu'on connait de sa correspondance, on rappellera ici qu'il a pris avec beaucoup de chaleur la défense de Fermat et de ses problèmes contre Wallis, bien que lui même au début ait méconnu le génie du grand géomètre.

On ne dira que quelques mots de ses traités, qui témoignent seulement de sa rare aptitude aux calculs numériques, sans donner grande ouverture sur les principes généraux invoqués. Toutefois les dix excellentes règles pratiques qu'il donne dans le *Traité des exclusions* sont à retenir pour la conduite des calculs auxquels conduisent la plupart des essais et des recherches numériques.

---

des Sc., 1705, p. 81 de l'*Hist.*, et celle dont parle la Hire dans la Préface du Recueil *Div. Ouv. de MM. de l'Ac.* 1693 et qui était consignée dans un Traité de Frenicle resté malheureusement inédit et aujourd'hui perdu.

La méthode de factorisation de Fermat basée sur la résolution de $n = x^2 - y^2$ n'a été trouvée ou tout au moins divulguée qu'en 1643; mais il avait auparavant fait connaître, dans la lettre de Roberval citée plus haut, *qu'une somme de deux carrés prémiers entre eux n'a aucun diviseur* 4-1, proposition qu'il disait lui servir dans la vérification des nombres premiers,

(*) Il est à croire que Fermat a été amené à s'occuper de cette équation, comme aboutissement de tous les procédés de résolution des équations quadratiques quelque peu complètes. On peut conjecturer que la solution de Fermat, — laquelle selon toute vraisemblance, était celle, toute naturelle, qu'à indiquée Wallis, — l'a amené à la considération, non seulement des *expressions récurrentes* du genre $u_n = ku_{n-1} - l$, auxquelles l'avait déjà accoutumé la pratique de la descente, mais encore des expressions inverses de celles-là, qui ne sont autres que des *fractions continues*. Il est donc permis de supposer que cette importante théorie des fractions continues. était connue de Fermat et formait la base de sa solution de l'équation $x^2 - ay^2 = 1$.

« 1º Si l'on connoist.en général· ce qui est proposé, mais non pas le particulier qu'on propose, il faut par le moyen de plusieurs particuliers connus trouver quelque règle qui convienne à tous; et par son moyen, on trouvera ce qui est requis...;

2º Mais si l'on ne connoist point ce qui est proposé ni en général, ni en particulier, il en faut chercher les proprietez par ce que l'on a de connu. Et pour cet effet, il faut construire et faire des nombres semblables à celuy qui est requis en toutes les façons possibles et sans en obmettre aucune, en commençant par le plus petit... et je regarde si j'y pourray découvrir quelque propriété qui ne convienne point aux autres nombres;

3º Pour n'obmettre aucun nombre de ceux qu'on veut avoir, il faut établir quelque ordre pour ne se point égarer dans cette perquisition; et cet ordre doit être le plus simple et le moins embrouillé qu'il est possible, et tel que par son moyen l'ón puisse poursuivre à faire les nombres aussi avant qu'on voudra sans aucune confusion.

Il faut aussi que cette recherche soit la plus courte et la plus facile qu'il se pourra faire, et pour y parvenir on se servira de deux moyens principaux.

La recherche sera courte si l'on considère le moins de nombres que la nature de la question pourra porter.

Elle sera facile si l'on se sert des moindres nombres possibles;

4º Pour le premier moyen qui est de faire la perquisition courte, on se servira de l'*exclusion*. Par l'exclusion on obmet les nombres que l'on aura reconnus inutiles, et qui ne servent de rien à la question, et dont on se peut très bien passer ...;

5º Cette exclusion se fait encore en considérant les lettres (*) finales des nombres : car il arrive souvent que par les finales on voit que plusieurs nombres ne peuvent avoir la qualité qui est requise. Mais pour l'ordre on ne se sert de cette pratique que quand on connoist plusieurs proprietez de ce qui est requis, et qu'on en cherche d'autres plus éloignées et plus cachées.

Pour les quarrés, les finales sont 1, 4, 9 avec la précédente paire, 2 et 6 avec la précédente impaire, 25 avec o, 2 ou 6 auparavant, enfin oo précède d'une finale quarrée... bien souvent ces finales montrent clairement et démonstrativement l'impossibilité des questions dont on ne peut donner de solution;

6º On peut aussi considérer quelques proprietez particulières de la chose requise pour faire ladite exclusion...;

7º Le second moyen par lequel la perquisition se rendra facile, est en se servant des moindres nombres qu'on pourra; il se peut nommer *diminution*. Il y a plusieurs voyes pour parvenir à cette diminution, aussi bien qu'à l'exclusion, comme sont les suivantes.

En cherchant ou en choisissant quelque propriété, qui fasse que ce qui est requis se puisse trouver par de moindres nombres que ceux que l'on trouve par quelque autre propriété;

8º Quelquefois aussi après avoir trouvé une voye pour rencontrer le nombre requis, et ayant déterminé qu'il faut chercher quelque autre nombre pour avoir le requis, ce second se trouvera encore par un troisième, et ce troisième par un quatrième; ce qui sert quelquefois dans les problèmes impossibles pour en démontrer l'impossibilité. Comme si l'on trouve que pour avoir le troisième

----

. (*) Les chiffres.

ou quatrième il se faille servir du premier, on verra évidemment l'impossibilité de la question. Que si elle ne paroist pas fort clairement. cela fait au moins que pour des nombres de deux ou trois lettres qu'on examine, estant par après appliquez à la question, les nombres qui en proviendront auront au moins dix ou douze lettres, et par ce mesme moyen on rejette aussi une grande multitude de nombres superflus;

9° Que si la question demande plus d'un nombre... on voit qu'il y a deux nombres ausquels on attribuë la propriété.... En ce cas on recherchera les moyens de faire chacun d'iceux séparément...; puis ont conferera les proprietez de chacun des nombres trouvez l'une de l'autre, et l'on remarquera si celles de l'un peuvent compatir avec celles de l'autre, car si une des proprietez d'un des nombres détruisoit celles de l'autre, ou quelqu'une d'icelles, la question serait impossible...;

10° Si en la recherche on a trouvé plusieurs nombres tels qu'il en est requis, on remarquera leurs proprietez particulières...; qui les font distinguer d'avec les autres nombres, et qui soient communes à tous les nombres d'une mesme espèce, en considérant si tout ce qui a ladite propriété, a aussi l'autre propriété qui étoit requise....

Quelquefois aussi on trouve certaines exceptions ausquèlles il faut avoir égard et considérer tout ce qui doit estre compris dans lesdites exceptions, en remarquant leur origine et d'où elles proviennent.

Il faut remarquer que cette recherche ne sert principalement qu'aux questions possibles.... C'est pourquoy, le plus souvent aux questions impossibles elle donnera bien des voyes pour aller bien avant, et rechercher avec peu de travail jusqu'à des nombres fort grands....

Il arrive aussi parfois, qu'en recherchant des voyes plus courtes et plus faciles, et voulant essayer tous les moyens de parvenir au but désiré, on trouve des contradictions et absurditez qui font voir l'impossibilité... »

Dans le Recueil intitulé *Div. Ouv.* cité plus haut, on a donné de Frenicle les Traités des *exclusions*, des *combinaisons* et des *carrés magiques*. Le *Traité des Triangles* avait été publié à part en 1776; il contient quelques théorèmes sur les formes linéaires des cathètes des triangles, la démonstration — par la méthode de la descente, — de l'impossibilité de l'aire d'un triangle d'être un carré (*) ou le double d'un carré, et surtout des problèmes traités aussi par Fermat, où il se trouve mieux dans son élément que dans la recherche et la démonstration de théorèmes nouveaux.

Le traité des nombres premiers dont il a été parlé plus haut contenait probablement sa méthode de factorisation et ses études sur les nombres parfaits. C'est grand dommage que la Hire n'ait pas cru devoir le publier et l'ait laissé s'égarer.

(*) La question se pose de décider si Frenicle avait découvert, indépendamment de Fermat, ce procédé et ce théorème. Mais n'ayant pu résoudre le problème rappelé plus haut : *trouver un triangle dont l'hypoténuse soit un carré ainsi que la somme de ses cathètes*, qu'il donne cependant dans son Traité, on ne saurait conclure dans un sens ou dans l'autre.

Il convient, pour terminer, de parler de l'origine des nombres dits de *Mersenne*, lesquels désignent comme on sait, les exposants x de 2 qui font de $2^{x-1}(2^x-1)$ un nombre parfait, ou de 2^x-1 un nombre premier, pour $x \leqq 257$.

Mersenne n'est pas l'inventeur de ces nombres, car il dit lui même (*Cogitata*, 1644) qu'il ne connait pas la démonstration de cette remarquable proposition. Fermat et Frenicle seuls sont qualifiés pour cela; or le premier semble devoir être écarté. En effet, comme on l'a vu tout à l'heure, Frenicle avait dès 1640 — et probablement depuis longtemps examiné des nombres de la forme 2^x-1 ayant dix chiffres, et vraisemblablement de beaucoup plus grands. Fermat, qui, — sur la demande de Frenicle, qui voulait l'éprouver, — les a examinés aussi — à l'aide des trois théorèmes qu'il a découverts à cette occasion, — ne connaissait alors aucun procédé rapide de factorisation. Il est peu probable qu'il ait appliqué ses théorèmes aux 257 premières valeurs de x; autrement on ne s'expliquerait pas qu'il n'ait pas eu la curiosité de s'assurer de la nature du nombre $2^{32}+1$, ce qui lui était extrêmement facile avec ses propres principes, — comme l'a fait plus tard Euler, — et ce qui lui aurait montré la fausseté du théorème rappelé également plus haut et qu'il croyait encore exact en 1859.

La généralité des propositions, que prisait surtout Fermat, la paresse dont il s'accuse à plusieurs reprises, l'habileté extraordinaire au calcul qui distinguait Frenicle, tout concourt à faire attribuer à ce dernier la paternité des résultats mentionnés par Mersenne. Alors il ne s'agirait plus de théorèmes perdus de Fermat, mais simplement de calculs laborieux demandant plus de pratique que de génie : on ne comprendrait pas d'ailleurs que Mersenne n'ait pas au moins fait allusion à ces théorèmes, et qu'il ait au contraire avoué son ignorance des procédés qui pouvaient permettre de reconnaître si des nombres premiers de quinze ou vingt chiffres sont premiers ou non.

En somme, il reste de Frenicle autre chose que la réputation stérile d'un calculateur hors de pair : ne serait-ce que la gloire d'avoir deviné et préparé l'avènement de la nouvelle science; d'avoir amené, — involontairement, il est vrai, — la découverte du théorème de Fermat, base de toute la haute arithmétique; d'avoir, dès ses premières communications, reconnu le génie de Fermat et d'y avoir applaudi; enfin d'avoir provoqué, par l'énoncé de Mersenne, l'éclosion de tant de beaux travaux d'Euler, Genocchi, Plana, Landry, Aurifeuille, Le Lasseur, Seelhof, Loos. Lucas, Proth, Pervouchine, Pépin, Lawrence, Bickmore, et MM. Cunningham, Gérardin, Fauquembergue, Bastien, etc.

M. Ch. HALPHEN,

Professeur au collège Chaptal (Paris).

SUR UN PROBLÈME D'ÉNUMÉRATION.

512.81

24 Mars.

Dans les *Nouvelles Annales de Mathématiques*, j'ai traité, cette année, une question d'énumération que j'avais communiquée à la Société Mathématique de France. M. Andoyer m'avait alors suggéré de reprendre l'étude du problème par la méthode de récurrence. C'est l'objet de ce qui suit.

Soient d'abord $n - 1$ points d'un plan, et y_{n-1} le nombre des points d'intersection des droites qui les joignent deux à deux. Ajoutons un $n^{\text{ième}}$ point m; une droite telle que ma, joignant m à l'un des $n - 1$ premiers points, a, coupe chacune des droites précédentes, qui ne passent pas par a, en un point; ces droites sont au nombre de $C_{n-2}^2 = \dfrac{(n-2)(n-3)}{2}$, nombre de combinaisons de $n - 2$ points 2 à 2. Comme on peut joindre m à chacun des $n - 1$ premiers points, on construit ainsi

$$\frac{(n-1)(n-2)(n-3)}{2}$$

nouveaux points d'intersection. Si donc y_n est le nombre des points d'intersection des droites joignant deux à deux n points d'un plan, on a

$$(1) \qquad y_n = y_{n-1} + \frac{1}{2}(n-1)(n-2)(n-3).$$

Appliquons la formule à $y_{n-1}, \ldots$;

$$y_{n-1} = y_{n-2} + \frac{1}{2}(n-2)(n-3)(n-4),$$
$$\cdots\cdots\cdots\cdots\cdots\cdots\cdots\cdots\cdots\cdots,$$
$$y_4 = y_3 + \frac{1}{2}3.2.1,$$

On voit immédiatement que $y_3 = 0$, car la figure est un triangle. En ajoutant membre à membre ces relations, il vient

$$y_n = \frac{1}{2}[1.2.3 + \ldots + (n-4)(n-3)(n-2) + (n-3)(n-2)(n-1)]$$

ce qui fait, d'après une formule de sommation bien connue

$$(2) \qquad y_n = \frac{1}{8}n(n-1)(n-2)(n-3) = 3\,C_n^4.$$

Soient maintenant $n - 1$ points dans l'espace, et x_{n-1} le nombre des droites d'intersection deux à deux des plans déterminés par trois quelconques de ces $n - 1$ points, et ne passant par aucun d'entre eux. Ajoutons un $n^{\text{ième}}$ point m; en lui associant deux points a et b pris parmi les premiers, nous avons un nouveau plan mab coupant suivant une droite, ne passant par aucun de ces n points, chacun des plans précédents qui ne contiennent ni a, ni b. Ceux ci sont au nombre de

$$C_{n-3}^3 = \frac{(n-3)(n-4)(n-5)}{1.2.3};$$

comme il y a

$$C_{n-1}^2 = \frac{(n-1)(n-2)}{2}$$

manières différentes de déterminer le plan passant par m et deux des $n - 1$ premiers points, nous construisons

$$\frac{(n-1)(n-2)(n-3)(n-4)(n-5)}{2.1.2.3}$$

droites nouvelles; et si l'on considère les droites d'intersection de tous les plans déterminés par trois points quelconques, pris parmi n points donnés, droites ne passant par aucun de ces points, leur nombre est

$$(3) \qquad x_n = x_{n-1} + \frac{1}{2.2.3}(n-1)(n-2)(n-3)(n-4)(n-5).$$

Appliquons la formule à $x_{n-1}, \ldots,$

$$x_{n-1} = x_{n-2} + \frac{1}{2.2.3}(n-2)(n-3)(n-4)(n-5)(n-6)$$
$$\dots\dots\dots\dots\dots\dots\dots\dots\dots\dots\dots\dots\dots\dots\dots,$$
$$x_6 \quad = x_5 + \frac{1}{2.2.3}\,5.4.3.2.1.$$

L'on voit aisément que $x_5 = 0$, car deux plans quelconques déterminés par 3 des 5 points, ont toujours en commun l'un de ces points, par lequel passe leur intersection. En ajoutant membre à membre, il vient

$$x_n = \frac{1}{3.4}\left[1.2.3.4.5 + \ldots + (n-5)(n-4)(n-3)(n-2)(n-1)\right],$$

ou, en appliquant la même formule de sommation que ci-dessus

$$(4) \qquad x_n = \frac{1}{72}\,n(n-1)(n-2)(n-3)(n-4)(n-5) = 10\,C_n^6.$$

On peut chercher, par la même méthode, le nombre des droites d'intersection de ces plans qui passent par l'un des points donnés, et un seul, a. Soit ξ_{n-1} ce nombre lorsqu'on se donne $n - 1$ points, de telle sorte qu'il y a en tout $(n-1)\xi_{n-1}$ droites d'intersection qui passent chacune par un des points donnés. Ajoutons un $n^{ième}$ point m, et soit mab un des nouveaux plans obtenus. Il coupe suivant une telle droite, passant par a, le plan acd qui contient 3 des $n-1$ premiers points, parmi lesquels a, mais non pas b. Il y a autant de plans tels que acd, que de combinaisons 2 à 2 de $n-3$ lettres, puisqu'on les obtient en combinant à a deux des $n-3$ points qui restent en retranchant a et b des $n-1$ points donnés tout d'abord; leur nombre est donc $C_{n-3}^2 = \dfrac{(n-3)(n-4)}{2}$.

Or, il y a $n-2$ plans différents, tels que mab passant par ma et un des $n-2$ points restants; si ξ_n est le nombre des droites étudiées, passant par a, lorsqu'on donne n points, on a donc

$$(5) \qquad \xi_n = \xi_{n-1} + \frac{1}{2}(n-2)(n-3)(n-4)$$

formule analogue à (1) : $\xi_n = y_{n-1}$; par suite

$$\xi_n = \frac{1}{8}(n-1)(n-2)(n-3)(n-4)$$

et le nombre total des droites d'intersection passant chacune par un des n points donnés est

$$n\,\xi_n = \frac{1}{8}n(n-1)(n-2)(n-3)(n-4) = 15\,C_n^5.$$

Cette valeur peut être trouvée directement par un procédé tout à fait simple que j'indique ici. Étant donnés les n points, un plan abc coupe suivant une droite passant par a seulement un autre plan ade; il y a C_{n-3}^2 plans tels que ade lorsque abc est choisi. Mais il y a C_{n-1}^2 manières différentes de choisir le plan abc, le point a étant fixé; et il est évident que les droites d'intersection passant par a seront ainsi obtenues deux fois. En répétant cette opération pour chacun des n points donnés, comme pour a, l'on voit que le nombre des droites d'intersection passant chacune par un des points donnés est

$$\frac{1}{2}n\,\frac{(n-1)(n-2)}{2}\,\frac{(n-3)(n-4)}{2} = 15\,C_n^5.$$

Quant au nombre des droites d'intersection des plans, passant chacune par deux des points donnés, c'est $C_n^2 = \dfrac{n(n-1)}{2}$.

Dans la Note précitée, j'avais également résolu la question suivante : trouver le nombre des points communs aux différents groupes de 3 plans déterminés par les n points (sommets des trièdres formés). La méthode récurrente peut encore être utilisée, mais l'analyse du problème est sensiblement plus compliquée, et ne paraît pas préférable à celle que j'avais employée.

M. DUREL.

Tunis.

PROPRIÉTÉS NOUVELLES DU QUADRILATÈRE INSCRIPTIBLE.

513.15

24 Mars.

Définition. — Pour abréger le langage, j'appelle *anticentre* d'un quadrilatère inscriptible ABCD, le point ω symétrique du centre O du cercle circonscrit par rapport au milieu I de la droite MN, qui joint les milieux des deux diagonales.

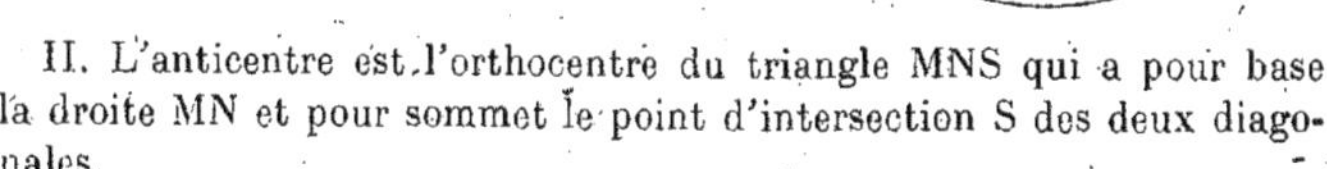

THÉORÈME I. — *Les perpendiculaires menées du milieu de chaque côté sur le côté opposé, passent par l'anticentre.*

Corollaires. — I. Les perpendiculaires, menées du milieu de chaque diagonale sur l'autre diagonale, passent par l'anticentre.

II. L'anticentre est l'orthocentre du triangle MNS qui a pour base la droite MN et pour sommet le point d'intersection S des deux diagonales.

THÉORÈME II. — *Les droites qui joignent chaque sommet à l'orthocentre du triangle formé par les trois autres sommets passent par l'anticentre.*

THÉORÈME III. — *Les droites de Simpson de chaque sommet relatives au triangle formé par les trois autres sommets passent par l'anticentre.*

THÉORÈME IV. — *Les axes radicaux des deux groupes de cercles qui ont pour diamètres deux côtés opposés du quadrilatère, passent par l'anticentre.*

Corollaire. — L'axe radical des cercles qui ont pour diamètres les diagonales, passent par l'anticentre.

THÉORÈME V. — *Les cercles des neuf points des quatre triangles formés par trois sommets du quadrilatère, passent par l'anticentre.*

M. BALITRAND.

Ingénieur civil des Mines, Tunis.

RÉPONSE A LA COMMUNICATION PRÉCÉDENTE DE M. DUREL
SUR L'ANTICENTRE.

5i3.i5

26 *Mars.*

Voici une démonstration des propriétés énoncées par M. Durel.

Nous appellerons a, b, c, d, les milieux des côtés AB, BC, CD, DA;
et H_d, H_c, H_b, H_a, les centres des hauteurs des triangles ABC, ABD,

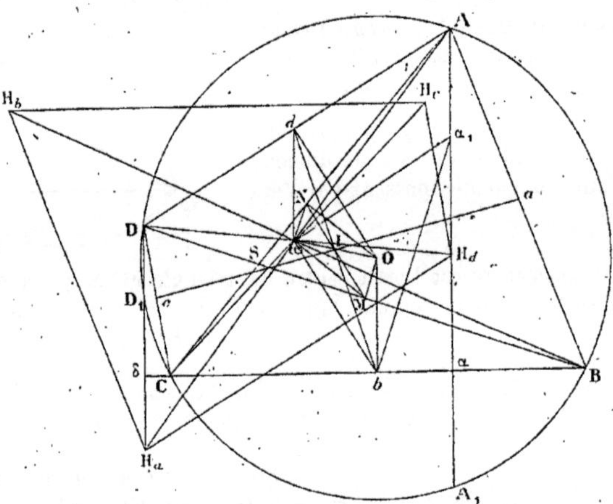

ACD, BCD. Le point I est le centre de gravité du quadrilatère ABCD.
Par suite les droites ac, bd, qui joignent les milieux des côtés opposés,
passent par ce point et s'y coupent en leur milieu. Donc la figure $O\omega bd$
est un parallélogramme et, de même, la figure $O\omega MN$. Les triangles IOb,
$I\omega d$ sont égaux, et les droites Ob et $d\omega$ sont parallèles.

Donc : *Les perpendiculaires menées du milieu de chaque côté sur le côté
opposé passent par l'anticentre.*

La figure $O\omega MN$ étant un parallélogramme, on voit aussi que :
*Les perpendiculaires menées du milieu de chaque diagonale sur l'autre
diagonale passent par l'anticentre.*

Ou si l'on veut : *Que l'anticentre est l'orthocentre du triangle MNS qui a pour base la droite* MN *et pour sommet le point d'intersection* S *des diagonales.*

Appelons α le pied sur BC de la hauteur AH_d et A_1 le point où elle coupe le cercle circonscrit. On a $H_d\alpha = \alpha A_1$. On aurait de même $H_a\delta = \delta D_1$, et par suite, la droite $H_a H_d$ est égale et parallèle à AD. La figure $ADH_a H_d$ est un parallélogramme dont les diagonales se coupent en ω. En effet, la droite $d\omega$ est parallèle à AH_d et passe par le milieu de DH_d.

Donc : *Les droites qui joignent chaque sommet à l'orthocentre du triangle formé par les trois autres sommets, passent par l'anticentre.*

On peut ajouter que les quatre droites ainsi obtenues se coupent en ce point en leur milieu; ou si l'on veut : *Que les quadrilatères* ABCD *et* $H_a H_b H_c H_d$ *sont égaux et inversement homothétiques; le centre d'homothétie étant l'anticentre.*

On sait que la droite de Simpson du point D par rapport au triangle ABC, passe par le milieu de la droite DH_d; c'est-à-dire par le point ω.

Donc : *Les droites de Simpson de chaque sommet relatives aux trois autres sommets passent par l'anticentre.*

La puissance du point ω par rapport au cercle décrit sur AD comme diamètre, a pour expression

$$\overline{\omega d}^2 - \overline{Dd}^2 = \overline{Ob}^2 - \overline{Dd}^2.$$

Par rapport au cercle décrit sur BC comme diamètre, elle a pour expression $\overline{Od}^2 - \overline{Bb}^2$. Or, en désignant par R le rayon du cercle circonscrit, on a

$$R^2 = \overline{Ob}^2 + \overline{Bb}^2 = \overline{Od}^2 + \overline{Dd}^2.$$

Donc : *Les axes radicaux des deux groupes de cercles qui ont pour diamètres deux côtés opposés du quadrilatère, passent par l'anticentre.*

On démontrerait de même que : *L'axe radical des cercles qui ont pour diamètres les diagonales passent par l'anticentre.*

Désignons par α_1 le milieu de AH_d. Le cercle des neuf points du triangle ABC a pour diamètre $b\alpha_1$. La droite $\omega\alpha_1$ est égale et parallèle à Ad, c'est-à-dire qu'elle est perpendiculaire à Od ou, ce qui revient au même, à ωb. L'angle $b\omega\alpha_1$ est droit, et le cercle des neufs points de ABC passe en ω.

Donc : *Les cercles des neuf points des quatre triangles formés par trois sommets du quadrilatère, passent par l'anticentre.*

On peut ajouter que le point ω est le centre de l'hyperbole équilatère qui passe par les points ABCD, hyperbole qui passe également par les points H_a, H_b, H_c, H_d.

M. BALITRAND.

CONSTRUCTION DU CENTRE DE COURBURE DE L'ELLIPSE
ET DE LA DÉVELOPPÉE DE L'ELLIPSE.

26 Mars.

Considérons une ellipse ayant pour axes Ox et Oy, et soit

$$(1) \qquad \frac{x^2}{a^2} + \frac{y^2}{b^2} - 1 = 0,$$

son équation. A chaque point $M\,(x, y)$ de la courbe, faisons correspondre

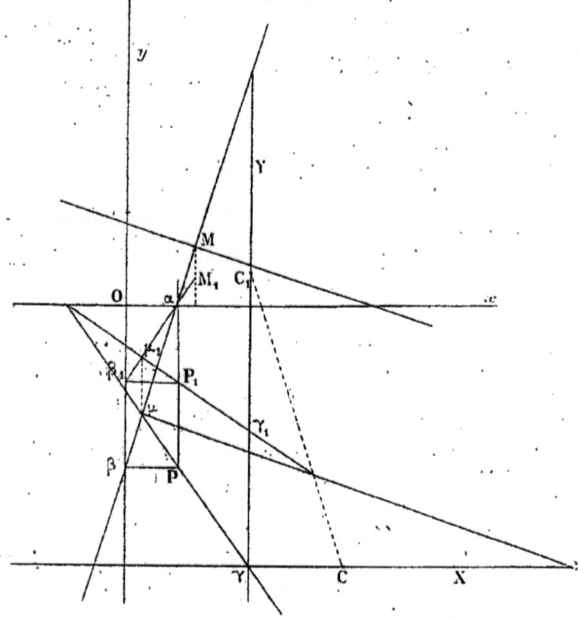

un autre point $M_1\,(X, Y)$ au moyen des formules

$$(2) \qquad x = X, \qquad y = \frac{a}{b}\,Y.$$

Désignons par α et β les points où la normale en M à l'ellipse (1) coupe

les axes Ox et Oy. En vertu des formules (2), à cette normale correspond
une droite $M_1\alpha\beta_1$. Il est aisé de vérifier que le segment $\alpha\beta_1$, compris entre
les axes, conserve une valeur constante pour toutes les positions du
point M sur l'ellipse (1). Cette valeur est égale à $\dfrac{c^2}{a}$. Ce segment enveloppe donc une hypocycloïde à quatre rebroussements, qui n'est autre
chose que la transformée de la développée de l'ellipse au moyen des
formules (2).

Désignons par P et P_1 les points où se coupent respectivement les
perpendiculaires élevées à Ox et Oy en α et β et en α et β_1. Le point
où la droite $\alpha\beta_1$ touche son enveloppe, s'obtient en projetant le point P_1
sur $\alpha\beta_1$; soit μ_1 ce point. Le point correspondant de la normale, c'est-
à-dire le centre de courbure de l'ellipse au point M, s'obtiendra, soit en
menant par μ_1 une parallèle à Oy; soit, en joignant le point P au point
où la droite $P_1\mu_1$ coupe l'axe Ox.

Quand le point M parcourt l'ellipse, le lieu du point μ_1 est l'hypocycloïde à quatre rebroussements, enveloppe de la droite $\alpha\beta_1$. D'après
une construction connue, son centre de courbure γ_1 s'obtient en prenant

$$\mu_1\gamma_1 = 3\,P_1\mu_1.$$

Désignons par γ le point correspondant dans la transformation (2).

Par la même transformation, le cercle osculateur à l'hypocycloïde
en μ_1 se change en une ellipse qui a pour centre le point γ et pour axes
les parallèles, γX, γY, menées par ce point à Ox et Oy. D'ailleurs, cette
ellipse passe au point μ et y oscule la développée de l'ellipse (1).

Pour avoir le centre de courbure de celle-ci, il suffit donc de construire
celui d'une ellipse dont on connaît les axes, un point et la tangente en ce
point. C'est un problème bien connu et dont il existe de nombreuses
solutions.

Par exemple, appelons C et C_1 les milieux des segments déterminés
sur γX et γY par la tangente et la normale en μ à la développée de
l'ellipse. La droite CC_1 passe par le milieu du rayon de courbure de la
développée.

———

M. BALITRAND.

UN THÉORÈME SUR LA DÉVELOPPÉE DE L'ELLIPSE.

513.23

26 Mars.

Nous nous proposons de donner une démonstration analytique élémentaire, n'utilisant que les formules les plus courantes de la théorie

des normales aux coniques, du théorème suivant dû à Laguerre. *Une tangente à la développée de l'ellipse rencontre cette courbe en quatre autres points; les tangentes à la développée en ces points sont concourantes.*

Soit

$$(1) \qquad \frac{X^2}{a^2} + \frac{Y^2}{b^2} - 1 = 0,$$

l'équation d'une ellipse et $(x_1 \, y_1)$ les coordonnées d'un de ses points M.

La normale en ce point a pour équation

$$(2) \qquad \frac{a^2 X}{c^2 x_1} - \frac{b^2 Y}{c^2 y_1} - 1 = 0.$$

Elle touche la développée de l'ellipse en un point et la coupe en quatre autres. Soit $\alpha \, (x_0, y_0)$ l'un de ces derniers. La tangente en ce point à la développée est normale à l'ellipse en un point $A(x, y)$. Puisque α est le centre de courbure de A, ses coordonnées sont données par les formules

$$x_0 = \frac{c^2 x^3}{a^4}, \qquad y = -\frac{c^2 y^3}{b^4}$$

et puisqu'il est sur la normale en M (x_1, y_1) on a la relation

$$(3) \qquad \frac{x^3}{a^2 x_1} + \frac{y^3}{b^2 y_1} - 1 = 0,$$

ainsi que les suivantes, qui sont évidentes :

$$(4) \qquad \frac{x^2}{a^2} + \frac{y^2}{b^2} - 1 = 0;$$

$$(5) \qquad \frac{x_1^2}{a^2} + \frac{y_1^2}{b^2} - 1 = 0.$$

Retranchons (5) de (3), nous obtenons

$$(6) \qquad \frac{x^3 - x_1^3}{a^2 x_1} = \frac{y^3 - y_1^3}{b^2 y_1}.$$

Retranchons de même (4) de (3) nous obtenons

$$(7) \qquad \frac{x^2(x - x_1)}{a^2 x_1} = \frac{y^2(y - y_1)}{a^2 y_1},$$

d'où en divisant (6) par (7) et après quelques simplifications

$$(8) \qquad xy + xy_1 + yx_1 = 0.$$

Telle est la relation que vérifient les coordonnées du point A et celles des points analogues B, C, D. C'est l'équation d'une hyperbole équilatère ayant pour centre le point diamétralement opposé au point M, passant à l'origine et dont les asymptotes sont parallèles aux axes Ox et Oy.

C'est donc une hyperbole d'Apollonius et, par suite, les normales en A B, C, D sont concourantes, ce qui démontre le théorème énoncé. Les coordonnées du point de concours sont $-\dfrac{c^2 x_1}{a^2}$, $\dfrac{c^2 y_1}{b^2}$. Pour le déterminer appelons α et β les points où la normale en M à l'ellipse (1) coupe les axes Ox et Oy et O' le point de rencontre des perpendiculaires élevées en α et β aux axes Ox et Oy. Le point de concours des normales, que nous désignerons par O'_1, est le symétrique de O' par rapport à O.

Lorsque le point M parcourt l'ellipse (1), le point O'_1 décrit la conique qui a pour équation

$$(9) \qquad \frac{a^2 x^2}{c^4} + \frac{b^2 y^2}{c^4} - 1 = 0.$$

C'est l'ellipse qui a pour sommets les points de rebroussements de la développée de (1). Le théorème en question peut donc s'énoncer de la façon suivante :

Si d'un point de la conique (9) *on mène les quatre normales à l'ellipse* (1), *les centres de courbure correspondant aux pieds de ces normales sont en ligne droite. La droite qui les porte est tangente à la développée de l'ellipse* (1), *c'est-à-dire normale à cette ellipse.*

M. E.-N. BARISIEN.

Chef de bataillon en retraite, Paris.

SUR DEUX ELLIPSES, DÉRIVÉES DU CERCLE DE JOACHIMSTHAL.

513.23

26 Mars.

I. Étant donnée l'ellipse $b^2 x^2 + a^2 y^2 - a^2 b^2 = 0$, on abaisse d'un point M $(a \cos \varphi, b \sin \varphi)$ les normales à l'ellipse dont les pieds sont P, Q, R.

Si M' est le symétrique de M par rapport au centre O de l'ellipse, le cercle de Joachimsthal passant par P, Q, R, M' et correspondant au point M a pour équation

$$x^2 + y^2 - \frac{b^2 x}{a} \cos \varphi - \frac{a^2 y}{b} \sin \varphi - a^2 - b^2 = 0.$$

L'équation générale d'une conique passant par P, Q, R, M' est

$$(1) \quad \lambda (b^2 x^2 + a^2 y^2 - a^2 b^2) + x^2 + y^2 - \frac{b^2 x}{a} \cos \varphi - \frac{a^2 y}{b} \sin \varphi - a^2 - b^2 = 0.$$

Son centre a pour coordonnées

$$x = \frac{b^2 \cos\varphi}{2\,a(\lambda\,b^2+1)}, \qquad y = \frac{a^2 \sin\varphi}{2\,b(\lambda\,a^2+1)}$$

Les axes de coordonnées étant transportés au centre, parallèlement

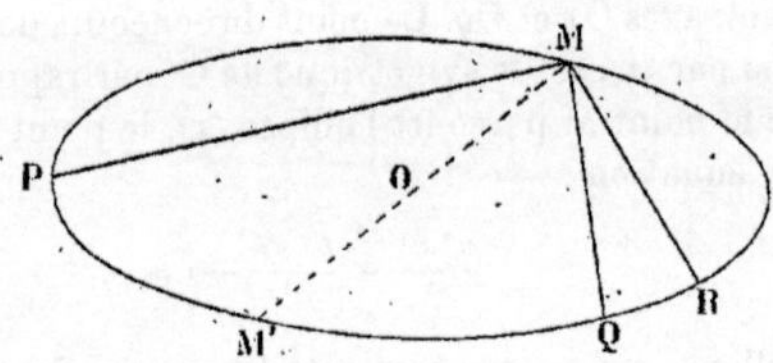

Fig. 1.

à eux-mêmes, (1) devient

$$(\lambda\,b^2+1)\left[x + \frac{b^2 \cos\varphi}{2\,a(\lambda\,b^2+1)}\right]^2 + (\lambda\,a^2+1)\left[y + \frac{a^2 \sin\varphi}{2\,b(\lambda\,a^2+1)}\right]^2$$
$$- \frac{b^2 \cos\varphi}{a}\left[x + \frac{b^2 \cos\varphi}{2\,a(\lambda\,b^2+1)}\right] - \frac{a^2 \sin\varphi}{b}\left[y + \frac{a^2 \sin\varphi}{2\,b(\lambda\,a^2+1)}\right] - a^2 - b^2 = 0,$$

ou

$$(2) \quad (\lambda\,b^2+1)x^2 + (\lambda\,a^2+1)y^2$$
$$= \frac{a^4 \sin^2\varphi}{4\,b^2(\lambda\,a^2+1)} + \frac{b^4 \cos^2\varphi}{4\,a^2(\lambda\,b^2+1)} + \lambda\,a^2 b^2 + a^2 + b^2 = 0,$$

ce qui donnerait les longueurs des axes, 2 A et 2 B de cette conique.

Voici une curieuse remarque.

Si l'on dispose de λ de façon que l'on ait

$$\frac{a^4}{b^2(\lambda\,a^2+1)} = \frac{b^4}{a^2(\lambda\,b^2+1)},$$

ou

$$a^6(\lambda\,b^2+1) = b^6(\lambda\,a^2+1),$$

$$(3) \qquad \lambda = \frac{-(a^6 - b^6)}{a^2 b^2(a^4 - b^4)} \quad (*).$$

le second membre de (2) devient indépendant de φ, et A et B ont des longueurs constantes pour un point quelconque M de l'ellipse donnée. On trouve alors

$$(\lambda\,b^2+1)\mathrm{A}^2 = \frac{a^4}{4\,b^2(\lambda\,a^2+1)} + \lambda\,a^2 b^2 + a^2 + b^2;$$

(*) λ peut s'écrire

$$\lambda = - \frac{(a^4 + a^2 b^2 + b^4)}{a^2 b^2(a^2 + b^2)},$$

mais, *pour le calcul*, il vaut mieux garder la forme (3).

et, tous calculs faits

$$A^2 = \frac{c^6}{4\,b^2} \qquad (c^2 = a^2 - b^2).$$

Il en résulte

$$A = \frac{c^3}{2\,b^2}, \qquad 2A = \frac{c^3}{b^2},$$

$$B = \frac{c^3}{2\,a^2}, \qquad 2B = \frac{c^3}{a^2}.$$

L'équation (1) devient alors

$$(\lambda b^2 + 1)x^2 + (\lambda a^2 + 1)y^2 - \frac{b^2 x}{a}\cos\varphi - \frac{a^2 y}{b}\sin\varphi - \lambda a^2 b^2 - a^2 - b^2 = 0,$$

ou, en tenant compte de (3)

$$(4) \quad b^6 x^2 + a^6 y^2 + a b^4 (a^2 + b^2)x\cos\varphi + a^4 b(a^2 + b^2)y\sin\varphi + a^4 b^4 = 0.$$

Si M se déplace sur l'ellipse donnée, le lieu du centre des ellipses (4) est l'ellipse

$$(5) \qquad b^6 x^2 + a^6 y^2 = \frac{a^2 b^2 (a^2 + b^2)^2}{4}.$$

Les ellipses (4) enveloppant la quartique

$$(b^6 x^2 + a^6 y^2 + a^4 b^4)^2 = a^2 b^2 (a^2 + b^2)^2 (b^6 x^2 + a^6 y^2).$$

On peut donc dire ceci :

Il existe une ellipse (E_1) *passant par* P, Q, R, M' *et ayant ses axes parallèles à ceux de l'ellipse donnée* (E), *de longueurs* $\dfrac{c^3}{a^2}$ *et* $\dfrac{c^3}{b^2}$. *Quand* M *parcourt l'ellipse* (E), *le centre de l'ellipse* (E_1) *parcourt l'ellipse* (5) *ou* (E_2).

II. Considérons maintenant un point S du plan de l'ellipse

$$b^2 x^2 + a^2 y^2 - a^2 b^2 = 0.$$

Soient A, B, C, D les quatre pieds des normales à cette ellipse issues de S, A' le symétrique de A par rapport au centre O de l'ellipse.

Si les coordonnées de S sont α, β, et celle de A $(x_1\ y_1)$, le cercle de Joachimsthal BCD qui passe aussi par A' a pour équation

$$x^2 + y^2 - \frac{b^2 \beta x_1}{a^2 y_1}x - \frac{a^2 \alpha y_1}{b^2 x_1}y - u = 0,$$

$$u = a^2 + \frac{b^2 \beta}{y_1} = b^2 + \frac{a^2 \alpha}{x_1}.$$

L'équation générale des coniques passant par B, C, D et A' est

$$(6) \quad \lambda(b^2 x^2 + a^2 y^2 + a^2 b^2) + x^2 + y^2 - \frac{b^2 \beta x_1}{a^2 y_1}x - \frac{a^2 \alpha y_1}{b^2 x_1}y - u = 0.$$

Si cette conique passe par le centre O de l'ellipse donnée, on a

$$\lambda = -\frac{u}{a^2 b^2}.$$

L'équation (6) devient alors

$$x^2\left(1 - \frac{u}{a^2}\right) + y^2\left(1 - \frac{u}{b^2}\right) - \frac{b^2 \beta x_1}{a^2 y_1}\, x - \frac{a^2 \alpha y_1}{b^2 x_1}\, y = 0,$$

ou

$$\frac{b^2 \beta x^2}{a^2 y_1} + \frac{a^2 \alpha y^2}{b^2 x_1} + \frac{b^2 \beta x_1 x}{a^2 y_1} + \frac{a^2 \alpha y_1 y}{b^2 x_1} = 0,$$

et, enfin

$$(7)\qquad b^4 \beta x_1 x^2 + a^4 \alpha y_1 y^2 + b^4 \beta x_1^2 x + a^4 \alpha y_1^2 y = 0,$$
$$b^4 \beta x_1 (x + x_1) x + a^4 \alpha y_1 (y + y_1) y = 0.$$

Cette ellipse, que l'on pourrait nommer *ellipse de Joachimsthal*, passe

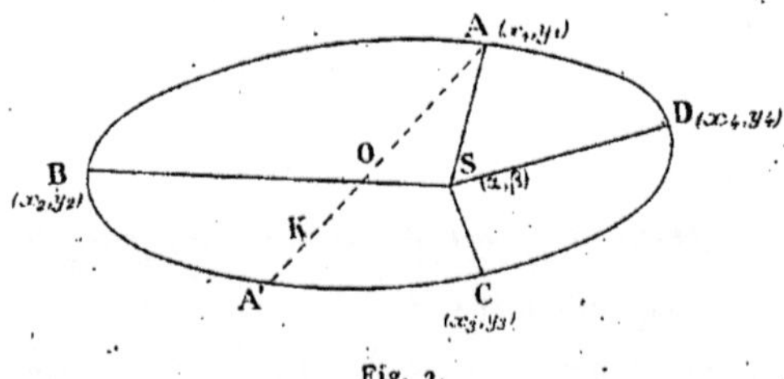

Fig. 2.

par B, C, D, A, a son centre au milieu $\mathrm{K}\left(x = -\dfrac{x_1}{2},\ y = -\dfrac{y_1}{2}\right)$ de OA',
et ses axes sont parallèles à ceux de l'ellipse donnée.

Il y a quatre ellipses de Joachimsthal relatives à un point S, comme il y a quatre cercles de Joachimsthal.

Les centres de ces ellipses sont tous situés sur l'ellipse

$$b^2 x^2 + a^2 y^2 = \frac{a^2 b^2}{4},$$

quel que soit le point S (α, β).

M. E.-N. BARISIEN.

EXTENSION DU LIMAÇON DE PASCAL.

516.26

26 *Mars*.

Si l'on considère les deux ellipses qui ont pour équations cartésiennes respectives

$$(1) \qquad a^2 x^2 + b^2 y^2 = A^3 x,$$

$$(2) \qquad a^2 x^2 + b^2 y^2 = B^4,$$

et pour équation polaire correspondante

$$(3) \qquad r = \frac{A^3 \cos\theta}{a^2 \cos^2\theta + b^2 \sin^2\theta},$$

$$(4) \qquad r = \frac{B^2}{\sqrt{a^2 \cos^2\theta + b^2 \sin^2\theta}},$$

et si l'on forme l'équation

$$(5) \qquad r = \frac{A^3 \cos\theta}{a^2 \cos^2\theta + b^2 \sin^2\theta} \pm \frac{B^2}{\sqrt{a^2 \cos^2\theta + b^2 \sin^2\theta}},$$

cette équation représente une courbe telle que si $a = b$, elle devient

$$(6) \qquad r = \frac{A^3}{a^2} \cos\theta \pm \frac{B^2}{a}.$$

Cette dernière courbe étant un limaçon de Pascal, on en conclut que la courbe (5) est une *extension* du limaçon de Pascal, plutôt qu'une *généralisation*.

L'équation cartésienne de la courbe (5) est la quartique

$$(7) \qquad (a^2 x^2 + b^2 y^2 - A^3 x)^2 = B^4 (a^2 x^2 + b^2 y^2)$$

ou

$$(a^2 x^2 + b^2 y^2)^2 - 2 A^3 x (a^2 x^2 + b^2 y^2) + x^2 (A^6 - a^2 B^4) - B^4 b^2 y^2 = 0.$$

C'est une courbe fermée du 4e degré ayant un point double à l'origine. L'équation des tangentes en ce point est

$$\frac{y}{x} = \pm \frac{\sqrt{A^6 - a^2 B^2}}{B^2 b}.$$

Les tangentes ne seront réelles que si

$$A^6 > a^2 B^4,$$

ou, si A et B sont positifs, lorsque

$$A^3 > a B^2.$$

Donc, si $A^3 > a B^2$, la courbe aura un point double réel.

Si $A^3 = a B^2$, la courbe aura un point de rebroussement à l'origine, la tangente de rebroussement étant Ox.

Si $A^3 < a B^2$, le point A sera isolé, et la courbe n'aura pas de boucle.

Ces trois formes de courbe sont bien analogues à celles du limaçon de Pascal.

Aire de la courbe. — On a, pour la différentielle de l'aire,

$$dU = \frac{1}{2} r^2 \, d\theta = \frac{A^6 \cos^2\theta \, d\theta}{2(a^2\cos^2\theta + b^2\sin^2\theta)^2}$$

$$+ \frac{B^4 \, d\theta}{2(a^2\cos^2\theta + b^2\sin^2\theta)} \pm \frac{A^3 B^2 \cos\theta \, d\theta}{(a^2\cos^2\theta + b^2\sin^2\theta)^{\frac{3}{2}}}.$$

En intégrant deux fois, de $\theta = o$, à $\theta = \pi$, on a, pour l'aire totale de la courbe,

$$U = A^6 \int_0^\pi \frac{\cos^2\theta \, d\theta}{(a^2\cos^2\theta + b^2\sin^2\theta)^2}$$

$$+ B^4 \int_0^\pi \frac{d\theta}{a^2\cos^2\theta + b^2\sin^2\theta} \pm 2A^3 B^2 \int_0^\pi \frac{d\sin\theta}{(a^2\cos^2\theta + b^2\sin^2\theta)^{\frac{3}{2}}}.$$

Or, la dernière intégrale a la même valeur aux limites o et π, elle est donc nulle. Les deux autres ont pour valeur

$$\int_0^\pi \frac{\cos^2\theta \, d\theta}{(a^2\cos^2\theta + b^2\sin^2\theta)^2} = \frac{\pi}{2a^3 b}, \qquad \int_0^\pi \frac{d\theta}{a^2\cos^2\theta + b^2\sin^2\theta} = \frac{\pi}{ab}.$$

L'aire est par suite

$$(8 \qquad U = \frac{\pi A^6}{2a^3 b} + \frac{\pi B^4}{ab} = \frac{\pi}{2a^3 b}(A^6 + 2a^2 B^4).$$

Application. — Le lieu géométrique suivant donne une courbe de ce genre.

On considère les cordes MM' d'une ellipse qui joignent les extrémités de deux demi-diamètres conjugués; et l'un des sommets A du grand arc. Lieu de l'orthocentre du triangle AMM'.

Soit l'ellipse $b^2 x^2 + a^2 y^2 = a^2 b^2$, et φ l'angle d'anomalie excentrique en M ($a\cos\varphi$, $b\sin\varphi$). Les coordonnées de M' sont ($-a\sin\varphi$, $b\cos\varphi$). Si celles de A sont ($-a$, o) on trouve, sans entrer dans le détail des calculs, pour les équations des trois hauteurs du triangle AMM', issues de M, M' et A

$$(9) \qquad ax(1 - \sin\varphi) + by\cos\varphi = a^2\cos\varphi(1 - \sin\varphi) + b^2\sin\varphi\cos\varphi,$$

$$(10) \qquad ax(1 + \cos\varphi) + by\sin\varphi = -a^2\sin\varphi(1 + \cos\varphi) + b^2\sin\varphi\cos\varphi,$$

$$(11) \qquad a(x + a)(\cos\varphi + \sin\varphi) = by(\cos\varphi - \sin\varphi).$$

En résolvant les deux premières équations, on trouve pour x et y

$$(12) \qquad x + a = \frac{(\cos\varphi - \sin\varphi)\left[a^2(1 + \cos\varphi - \sin\varphi) - c^2\sin\varphi\cos\varphi\right]}{a(1 + \cos\varphi - \sin\varphi)},$$

$$(13) \qquad y = \frac{(\cos\varphi + \sin\varphi)\left[a^2(1 + \cos\varphi - \sin\varphi) - c^2\sin\varphi\cos\varphi\right]}{b(1 + \cos\varphi - \sin\varphi)}.$$

Telles sont les équations paramétriques d'un point du lieu de l'ortho-centre du triangle AMM'. La présence du dénominateur $(1 + \cos\varphi - \sin\varphi)$

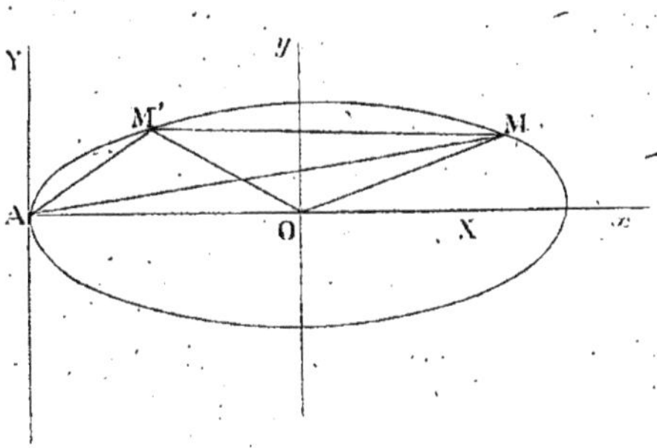

semble faire croire que la courbe a des branches infinies. Il n'en est rien, car la courbe est bien fermée.

D'ailleurs, si l'on remarque que l'on a, identiquement

$$\frac{\sin\varphi\cos\varphi}{1 + \cos\varphi - \sin\varphi} = \frac{1 + \sin\varphi - \cos\varphi}{2},$$

(12) et (13) deviennent

$$x + a = (\cos\varphi - \sin\varphi)\left[a - \frac{c^2}{2a}(1 + \sin\varphi - \cos\varphi)\right],$$

$$y = (\cos\varphi + \sin\varphi)\left[\frac{a^2}{b} - \frac{c^2}{2b}(1 + \sin\varphi - \cos\varphi)\right],$$

ou

$$(14) \qquad x + a = \frac{(\cos\varphi - \sin\varphi)}{2a}\left[a^2 + b^2 + c^2(\cos\varphi - \sin\varphi)\right],$$

$$(15) \qquad y = \frac{(\cos\varphi + \sin\varphi)}{2b}\left[a^2 + b^2 + c^2(\cos\varphi - \sin\varphi)\right].$$

Si nous transportons les axes de coordonnées parallèlement à eux-mêmes en A, on aura

$$x = X - a, \qquad y = Y.$$

Dans ce nouveau système d'axes, XAY, les coordonnées paramétriques seront

$$(16) \qquad X = \frac{(\cos\varphi - \sin\varphi)}{2a}\left[a^2 + b^2 + c^2(\cos\varphi - \sin\varphi)\right],$$

$$(17) \qquad Y = \frac{(\cos\varphi + \sin\varphi)}{2b}\left[a^2 + b^2 + c^2(\cos\varphi - \sin\varphi)\right].$$

On peut encore simplifier ces formules en posant

$$\cos\varphi - \sin\varphi = \sqrt{2}\cos\psi, \qquad \cos\varphi + \sin\varphi = \sqrt{2}\sin\psi,$$

ce qui revient à

$$\psi = 45° + \varphi, \qquad \varphi = \psi - 45°.$$

Les coordonnées (16) et (17) s'écrivent alors, en fonction de ψ

$$(18) \qquad X = \frac{\cos\psi}{a\sqrt{2}}\left[a^2 + b^2 + c^2\sqrt{2}\cos\psi\right],$$

$$(19) \qquad Y = \frac{\sin\psi}{b\sqrt{2}}\left[a^2 + b^2 + c^2\sqrt{2}\cos\psi\right].$$

Pour trouver l'équation cartésienne de cette quartique unicursale, il faut éliminer ψ entre (18) et (19), ou entre les deux équations

$$\frac{bY}{aX} = \operatorname{tang}\psi, \qquad a^2X^2 + b^2Y^2 = \frac{(a^2 + b^2 + c^2\sqrt{2}\cos\psi)^2}{2}.$$

La première donne

$$\cos\psi = \frac{aX}{\sqrt{a^2X^2 + b^2Y^2}},$$

et la seconde s'écrit

$$\sqrt{a^2X^2 + b^2Y^2} = \frac{a^2 + b^2}{\sqrt{2}} + c^2\cos\psi.$$

L'équation cartésienne est donc

$$\sqrt{a^2X^2 + b^2Y^2} = \frac{a^2 + b^2}{\sqrt{2}} + \frac{ac^2X}{\sqrt{a^2X^2 + b^2Y^2}},$$

ou

$$(20) \qquad 2(a^2X^2 + b^2Y^2 - ac^2X)^2 = (a^2 + b^2)^2(a^2X^2 + b^2Y^2).$$

La quartique est bien de la forme (7). Alors

$$A^3 = ac^2, \qquad B^4 = \frac{(a^2 + b^2)^2}{2}.$$

Le point double A ne sera réel que si

$$2c^4 - (a^2 + b^2)^2 > 0,$$

ou

$$c^2\sqrt{2} > a^2 + b^2 \qquad \text{ou} \qquad a > b(\sqrt{2} + 1).$$

La formule (8) donne pour l'aire totale de la quartique

$$U = \frac{\pi}{2ab}\left[c^4 + (a^2 + b^2)^2\right] = \frac{\pi(a^4 + b^4)}{ab} = 2\pi ab + \frac{\pi c^4}{ab}.$$

Si donc, on désigne par E et D les aires de l'ellipse et de sa développée, on a

$$E = \pi ab, \qquad D = \frac{3\pi c^4}{8ab}$$

èt le résultat remarquable

$$U = 2E + \frac{8D}{3}.$$

Remarque. — M. le Lieutenant-Colonel Welsch, à qui j'avais soumis cette Note, m'a fait la très intéressante observation que voici.

L'équation cartésienne du limaçon de Pascal (6) est

$$(21) \qquad \left[a^2(x^2 + y^2) - A^3 x\right]^2 = a^2 B^4 (x^2 + y^2).$$

Or, si l'on remplace y par $\dfrac{b}{a}y$, c'est-à-dire, si l'on forme une courbe *affine* du limaçon en multipliant les ordonnées par le rapport $\dfrac{a}{b}$, on obtient l'équation (7) de la quartique, objet de cette Note. Il en résulte que, sans faire aucun calcul, l'aire de la quartique (7) doit être égale à l'aire du limaçon (21) multipliée par $\dfrac{a}{b}$.

On sait que l'aire du limaçon (21) ou (6) est

$$\frac{\pi}{2a^4}(A^6 + 2a^2 B^4).$$

En multipliant par $\dfrac{a}{b}$, on a pour l'aire totale de la quartique

$$U = \frac{\pi}{2a^3 b}(A^6 + 2a^2 B^4).$$

C'est bien l'aire (8).

M. LE LIEUTENANT-COLONEL J. WELSCH,

Aigueperse (Puy-de-Dôme).

TRIANGLES INSCRITS OU CIRCONSCRITS A UN TRIANGLE DONNÉ ET SEMBLABLES A UN AUTRE TRIANGLE DONNÉ.

27 *Mars.*

513.14

Une très intéressante étude sur les triangles inscrits dans un triangle donné et semblables à un autre triangle donné, a été publiée en 1904 par M. Tafelmacher dans la *Revista de Matemáticas.*

Nous même, sans avoir eu connaissance de cette étude, avons fait paraître sur ce sujet deux Notes dans l'*Intermédiaire des Mathématiciens* (Tome XVII, p. 176 et 205) à l'occasion d'une question posée. Nous désirons apporter ici une nouvelle contribution à la même queson et à la question inverse.

Lorsqu'un triangle se déplace en restant inscrit dans un triangle donné et demeurant directement semblable à un triangle donné, tout point semblablement placé par rapport au triangle mobile décrit une droite; toute droite semblablement placée enveloppe une parabole; les droites décrites par les points d'une même droite enveloppent la parabole enveloppe de la droite. Toutes ces paraboles ont pour foyer le point que M. Tafelmacher appelle *le centre perspectif*, et qui est le centre de similitude du triangle mobile considéré dans ses diverses positions. La tangente, au sommet de chacune des paraboles, est la position de la droite correspondant au triangle minimum, dont les sommets sont les projections du centre perspectif sur les côtés du triangle fixe.

De toutes les droites sur lesquelles les côtés d'un triangle déterminent des segments proportionnels à des quantités données, la plus courte est une droite de Simson (ou de Wallace).

Lorsqu'un triangle reste criconscrit à un triangle donné et semblable (directement) à un triangle donné, les points semblablement placés par rapport au triangle mobile décrivent des cercles. Chacun de ces cercles a pour diamètre la droite joignant au centre perspectif (le même que dans la question directe) celui de ces points qui correspond au triangle maximum; les droites semblablement placées passent par un point fixe, projection du centre perspectif sur ces droites.

PROBLÈME. — *Inscrire dans un triangle ABC un triangle directement semblable à un triangle A′ B′ C′ et dont l'aire soit minimum, de façon que les sommets correspondants à A′, B′, C′ se trouvent respectivement sur BC, CA, AB.*

On peut, comme le fait M. Tafelmacher, circonscrire à A′ B′ C′ le plus

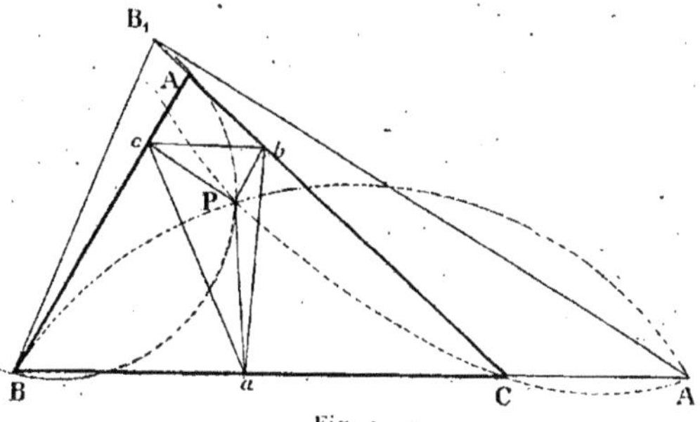

Fig. 1.

grand triangle semblable à ABC, et reporter les angles sur la figure; on peut aussi faire directement la construction sur la figure même de la façon suivante.

Par le sommet B, par exemple (*fig.* 1), mener une droite BB_1 faisant avec BC l'angle B′ C′ A′ (B_1 sur AC); achever le triangle $B_1 BA_1$ directement semblable à B′ C′ A′ et dont le côté BA_1 s'applique sur BC.

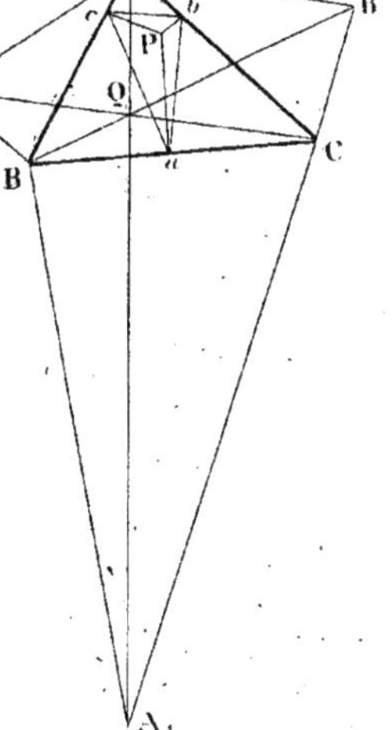

Fig. 2.

Les cercles circonscrits à ABB_1, à $A_1 B_1 C$, et le cercle passant par A_1 et tangent en B à AB se coupent au centre perspectif P.

(Cette construction fait bien ressortir que, si les triangles ABC, A′ B′ C′ sont semblables, sans que les éléments correspondants soient représentés par les mêmes lettres, le centre perspectif est l'un des points de Brocard)

Mais voici une autre solution du même problème, basée sur une propriété que nous avons établie (*loc. cit.*) et qui permet d'étendre au triangle inscrit minimum de forme quelconque, le mode de construction présenté au Congrès de Dijon par M. le Commandant Barisien pour le cas du triangle équilatéral.

Sur les côtés de ABC (*fig.* 2), et à l'extérieur de celui-ci, construisons des triangles BCA_1, CAB_1, ABC_1 *inversement* semblables à $A'B'C'$, et menons les droites AA_1, BB_1, CC_1.

Soient P le centre perspectif et *abc* son triangle podaire par rapport à ABC.

D'après la propriété rappelée ci-dessus, on a

$$AP = \frac{bc}{\sin A}, \qquad CP = \frac{ab}{\sin C},$$

d'où il suit que AB et A_1B sont respectivement proportionnels à AP et CP et que les triangles ABA_1, APC, dont les angles en B et P ont pour valeur commune $B + B'$, sont semblables, ce qui donne

$$\frac{AA_1}{AC} = \frac{AB}{AP},$$

et par conséquent

$$AA_1 . bc = AB . AC \sin A = \text{le double}$$

de la surface S du triangle ABC.

De même

$$BB_1 . ca = CC_1 . ab = 2S.$$

Les côtés du triangle minimum abc sont donc réciproques par rapport à $2S$ *des longueurs* AA_1, BB_1, CC_1.

Il est à remarquer que les droites AA_1, BB_1, CC_1 se coupent en un même point, qui est l'inverse par rapport au triangle ABC du centre perspectif P, et sont respectivement perpendiculaires aux côtés du triangle *abc*.

Si sur les côtés du triangle ABC, on avait construit des triangles BCA_1', CAB_1', ABC_1' *inversement* semblables à $A'B'C'$, et cette fois vers l'intérieur, on aurait eu de même des longueurs AA_1', BB_1', CC_1', réciproques par rapport à $2S$ de celles des côtés du triangle minimum inscrit.

Au cas où $A'B'C'$ serait équilatéral, ou simplement isoscèle, le problème serait encore susceptible de *deux solutions*, toutes deux acceptables.

$A_1 B_1 C_1$, $A_2 B_2 C_2$, $A_3 B_3 C_3$ étant les triangles podaires d'un même point P par rapport aux triangles ABC, $A_1 B_1 C_1$, $A_2 B_2 C_2$, le triangle $A_3 B_3 C_3$ est directement semblable à ABC, et P est leur centre de similitude.

M. LE LIEUTENANT-COLONEL J. WELSCH.

LIGNES DIAMÉTRALES DES COURBES ALGÉBRIQUES.

516.26

27 Mars.

Les lignes diamétrales (Γ) d'une courbe (C) d'ordre m sont en général de l'ordre $\dfrac{m(m-1)}{2}$.

Deux points de (C), d'ordres de multiplicité p et q, situés sur une même corde parallèle à la direction considérée, sont respectivement pour la courbe diamétrale d'ordres de multiplicité $\dfrac{p(p-1)}{2}$ et $\dfrac{q(q-1)}{2}$; le milieu du segment qu'ils déterminent est d'ordre pq.

Les tangentes à (C) parallèles à cette direction sont tangentes à (Γ) en $m-2$ points; celles de ces tangentes qui seraient doubles donneraient des tacnodes.

Les asymptotes de (Γ) sont dans des directions conjuguées de celle de la corde mobile par rapport aux directions asymptotiques de (C) prises 2 à 2.

La tangente en un point de (Γ) passe par l'intersection des tangentes à (C) aux points qui le fournissent.

Un cas particulièrement intéressant est celui de la ligne diamétrale des parallèles à l'axe des y d'une courbe dont l'équation est de la forme

$$y^2 = f(x) \pm \sqrt{\varphi(x)},$$

$f(x)$ et $\varphi(x)$ étant des fonctions entières.

L'équation de la ligne diamétrale est, outre l'axe des x (droite double),

$$y^4 - f(x)\,y^2 + \frac{\varphi(x)}{4} = 0$$

ou

$$y^2 = \frac{f(x)}{2} \pm \frac{1}{2}\sqrt{f(x)^2 - \varphi(x)};$$

et cette courbe a elle-même pour ligne diamétrale la courbe

$$y^2 = \frac{f(x)}{4} \pm \frac{1}{4}\sqrt{\varphi(x)},$$

qui, pour les mêmes abscisses, à des ordonnées moitiés de celles de la courbe primitive.

M. René RISSER,

Chef du Service de l'Actuariat au Ministère du Travail, Paris.

ÉTABLISSEMENT D'UNE TABLE PROVISOIRE DE MORTALITÉ DES OUVRIERS MINEURS DANS LES MINES DE COMBUSTIBLES MINÉRAUX ET DANS LES AUTRES MINES.

312.23 : 622.33

27 *Mars.*

I. — CONSIDÉRATIONS GÉNÉRALES.

L'établissement de Tables de mortalité professionnelle est une question d'une importance capitale; l'étude technique des lois sociales les plus récentes et la préparation du dernier projet sur l'assurance–invalidité ont mis en lumière la nécessité, pour les services techniques, de posséder des Tables de mortalité pour les ouvriers et employés des diverses catégories professionnelles, et surtout celles relatives aux ouvriers exerçant des professions insalubres et dangereuses.

La connaissance de ces dernières Tables permettrait de fixer d'une façon rationnelle les bonifications de rentes d'invalidité, et aussi de reconnaître si, pour certaines professions, il n'y aurait pas lieu d'avancer l'époque de la liquidation anticipée de la retraite.

Je vais tenter, à l'aide des décès enregistrés en France pendant les années 1907 et 1908, et les documents statistiques du recensement du 4 mars 1906 (*), d'établir une Table donnant les taux de mortalité, année par année, des ouvriers mineurs des mines de combustibles minéraux et des autres mines; je me permets d'ajouter que la Table ainsi construite par deux procédés différents de calcul, n'est qu'une Table provisoire, ne donnant qu'une première approximation, quoique l'on ait essayé de tenir compte autant que possible de tous les éléments.

On peut toutefois dire que les Tables construites par ces méthodes donneront des résultats utiles, toutes les fois que le nombre des décès observés sera suffisamment élevé, et que les années d'observation encadreront en deçà et au delà l'époque du recensement professionnel.

(*) J'ai eu l'occasion d'appeler l'attention des actuaires sur cette question à diverses reprises (*voir* Thèse pour l'obtention du titre de membre agrégé de l'Institut des actuaires français; *voir* Communication au Congrès international des actuaires à Vienne 1909, Tables de mortalité de la population).

Voir aussi fascicule IV, juillet 1912, *Bulletin de la Statistique générale de la France.* — Étude de M. Huber sur la mortalité suivant la profession.

II. — Recherche des éléments nécessaires à l'établissement de la Table provisoire.

La Table que nous allons tenter de construire, *intéresse les ouvriers mineurs*, et non l'ensemble des ouvriers des mines. Il ne faut point oublier que dans une mine de charbon, il y a non seulement les ouvriers mineurs proprement dits travaillant dans les différentes branches de l'extraction de la matière, mais il y a encore des ouvriers ayant des professions différentes : charpentiers, menuisiers, chauffeurs, mécaniciens, électriciens, etc., qui, pour la plupart, sont des ouvriers travaillant plutôt à la surface qu'au fond.

S'il est vrai que pour certaines professions, il est difficile de classer les recensés suivant leur situation dans la profession, il n'en est point de même pour les ouvriers appartenant aux grandes exploitations houillères et minières ; on peut dire également qu'il ne s'est point introduit d'erreurs dans le classement des bulletins de décès provenant des ouvriers mineurs, car là encore, il n'y avait pas à craindre d'erreur d'interprétation professionnelle.

Il est en effet indispensable de comparer les décès qui se sont produits parmi les ouvriers mineurs actifs ou inactifs (c'est-à-dire anciens ouvriers mineurs retraités ou non...) d'âges $x, x+1, \ldots$ avec les nombres de vivants (ouvriers mineurs ou anciens ouvriers mineurs) ayant les mêmes âges.

Nous avons vu dans une étude antérieure que le taux instantané de mortalité des personnes exerçant une profession déterminée, peut être défini par la formule suivante

$$(1) \qquad \gamma_x = \beta' + e^{a+bx+cx^2}.$$

Le coefficient β' tient compte non seulement du nombre d'ouvriers tués à la suite d'accidents professionnels, mais encore du nombre de ceux tués à la suite d'accidents non survenus dans l'exercice de leur profession, de ceux qui se sont suicidés.

Si nous avions à notre disposition le classement des vivants et des décédés, appartenant au groupe envisagé, suivant l'année d'âge et l'année de naissance, nous aurions tous les éléments nécessaires pour bâtir notre Table de mortalité dans d'excellentes conditions. Il n'en est malheureusement pas ainsi ; le classement des *ouvriers mineurs* appartenant aux exploitations minières qui est indiqué dans le Tableau ci-après ne fournit en effet, de 20 à 70 ans, qu'une répartition quinquennale, et ne donne que le nombre des ouvriers de moins de 20 ans et de plus de 70 ans.

OUVRIERS MINEURS DE SEXE MASCULIN CLASSÉS SUIVANT L'AGE ET L'ÉTAT-CIVIL.

OM (3.1) Mineurs (mines de combustibles).
OM (3.2) Mineurs (autres mines).

	1° CÉLIBATAIRES.	2° MARIÉS.	3° VEUFS ET DIVORCÉS.	TOTAL.
Moins de 20 ans..	28557	102	3	28662
20 à 24 ans.......	14830	3608	40	18478
25 à 29 »	8448	17924	266	26638
30 à 34 »	3522	20105	531	24158
35 à 39 »	1917	17042	661	19620
40 à 44 »	1326	13788	702	15816
45 à 49 »	880	10375	739	11994
50 à 54 »	543	7148	795	8486
55 à 59 »	285	3665	526	4476
60 à 64 »	147	1747	369	2263
65 à 69 »	61	761	222	1044
70 ans et plus....	36	292	160	488
Non déclaré	56	36	4	96
Total............	60608	96593	5018	162219

(Voir Tome I, 4° Partie : Résultats statistiques du recensement général de la population, effectué le 4 mars 1906, p. 210 et suivantes.)

A titre d'indications, nous avons cru utile de reproduire le classement des ouvriers de *sexe masculin* appartenant aux exploitations minières (mineurs proprement dits, et ouvriers ayant d'autres spécialités professionnelles) tel qu'il est donné à la page 98 (Tome I, 3e Partie) : Résultats statistiques du recensement de 1906.

INDUSTRIES ou Professions.	N° 3.1. MINES de combustibles.	N° 3.2. MINES (autres).	N° 3A. MINES et minières.
Moins de 18 ans........	20606	1012	21618
18 et 19 ans...........	10354	1138	11492
20 à 24 ans...........	19238	2643	21881
25 à 29 »	27542	3660	31202
30 à 34 »	25301	2955	28256
35 à 39 »	20804	2450	23254
40 à 44 »	16882	2030	18912
45 à 49 »	12940	1560	14500
50 à 59 »	14372	1830	16202
60 à 64 »	2624	517	3141
65 ans et plus.........	1827	494	2321
Non déclaré..........	91	24	115
Total...............	172581	29313	192894

Le nombre des ouvrières à la date du 4 mars 1906 s'élevait à 4217, dont 3999 dans les mines de combustibles et 218 dans les autres mines.

Le dépouillement des fiches de décès d'ouvriers mineurs a permis de constater qu'il s'est produit 3616 décès en deux années (1907 et 1908) dans cette population professionnelle, classée sous la rubrique 3 A; le Tableau ci-après donne le classement des décédés par groupes d'âges analogues à ceux qui figurent dans le classement des ouvriers mineurs (Tableau I).

DÉCÈS D'OUVRIERS MINEURS.

(Ensemble des années 1907 et 1908.)

AGES.	MINES de combustibles.	AUTRES MINES.	ENSEMBLE.
Moins de 20 ans	154	7	161
20 à 24 ans	216	36	252
25 à 29 »	279	44	323
30 à 34 »	326	42	368
35 à 39 »	296	29	325
40 à 44 »	359	32	391
45 à 49 »	377	41	418
50 à 54 »	387	32	419
55 à 59 »	309	33	342
60 à 64 »	193	32	225
65 à 69 »	168	17	185
70 à 79 »	151	21	172
80 ans et plus	33	2	35
Total	3248	368	3616

L'emploi des documents provenant d'une part, du recensement professionnel, et d'autre part, du dépouillement des fiches de décès, ne permet de calculer que les taux de mortalité afférents à l'ensemble des « occupied and retired », c'est-à-dire des ouvriers exerçant la profession de mineurs, et des ouvriers mineurs ayant quitté la mine à la suite de leur mise à la retraite, ou « que le déclin permanent de leur santé (dû peut-être à l'insalubrité de leur profession) a privés de la possibilité de gagner leur vie » (*).

PART AFFÉRENTE AUX ACCIDENTS SUIVIS DE MORT, SURVENUS DANS L'EXERCICE DE LA PROFESSION.

Calcul du coefficient β'.

Si l'on consulte les documents de la Statistique de l'Industrie minérale depuis 1890 jusqu'à 1908, on y trouve pour chacune des années,

(*) *Supplément to the sixty fifth annual report of the registrar general of births, deaths and marriages in England and Wales.*

le nombre des ouvriers travaillant tant à l'intérieur qu'à l'extérieur (c'est-à-dire au fond et à la surface), d'une part, dans les mines de charbon, et d'autre part, dans les autres mines; cette même Statistique donne aussi le nombre d'ouvriers tués dans ces deux espèces de mines au fond et à la surface. Le Tableau III, reproduit ci-dessous, fournit de plus le nombre d'ouvriers tués pour 10 000 occupés à l'intérieur et pour 10 000 ouvriers du fond et de la surface dans les mines de combustibles minéraux et dans les autres mines.

L'examen de ce Tableau montre que le nombre des ouvriers tués en 1906 dans les mines de charbon, a été considérablement plus élevé que dans toutes les autres années depuis 1890; cette augmentation de la mortalité professionnelle est due à la catastrophe de Courrières. Si donc nous voulons évaluer un coefficient moyen de mortalité dû aux accidents professionnels, nous nous trouvons dans la nécessité de faire abstraction des chiffres de l'année 1906; c'est ce que nous ferons ici.

On pourrait, à l'aide de ces documents, calculer le nombre des ouvriers tués : 1° dans les mines de combustible; 2° dans les autres mines; 3° dans l'ensemble des mines, sur 10 000 travaillant : a. à l'intérieur; b. à l'extérieur; et enfin c. à l'intérieur et à l'extérieur.

Dans l'ensemble des mines, *le nombre des ouvriers tués pour* 10 000 *occupés, tant au fond qu'à la surface, est de* 12,47 *pour* 10 000 *ou* 12,5 *environ.*

PART AFFÉRENTE AUX ACCIDENTS MORTELS
SURVENUS EN DEHORS DE L'EXERCICE DE LA PROFESSION.

On peut, en recourant aux comptes rendus de la justice criminelle (*voir* relevé des morts accidentelles et des suicides pour les années 1907 et 1908), évaluer le nombre des ouvriers qui se sont suicidés et le nombre de ceux qui sont disparus à la suite de morts accidentelles, en ayant soin de faire figurer sous cette rubrique, les noyés, tués ou écrasés par des voitures, charrettes, etc., les individus morts de blessures d'armes à feu, foudroyés, morts d'abus de boissons et morts subitement sur la voie publique et enfin les morts classées sous la dénomination *autres causes.*

On constate ainsi que sur 10 000 ouvriers mineurs, il y en a :

$$\omega_1 = 12,47, \text{ morts à la suite d'accidents professionnels;}$$
$$\omega_2 = 3,73, \text{ qui se sont suicidés;}$$
$$\omega_3 = 3,64, \text{ disparus à la suite de morts accidentelles.}$$

Abstraction faite des individus morts subitement sur la voie publique, *on trouve un coefficient* β' *égal à* 19 *pour* 10 000; *c'est ce coefficient que nous utiliserons plus loin:*

ANNÉES.	MINES DE CHARBON.							AUTRES MINES.						
	Nombre d'ouvriers occupés			Nombre d'ouvriers tués.		Nombre d'ouvriers tués pour 10000		Nombre d'ouvriers occupés			Nombre d'ouvriers tués		Nombre d'ouvriers tués pour 10000	
	à l'intérieur.	à l'extérieur.	à l'intérieur et à l'extérieur.	à l'intérieur.	à l'extérieur.	à l'intérieur et à l'extérieur.	à l'intérieur.	à l'intérieur.	à l'extérieur.	à l'intérieur et à l'extérieur.	à l'intérieur.	à l'extérieur.	à l'intérieur et à l'extérieur.	à l'intérieur.
1890	86836	34719	121555	292	20	25,8 (dont 9,6 grisou)	33,6	8567	3938	12505	15	1	12,8	17,5
1891	93962	37870	131833	191	29	16,7 (dont 5,9 grisou)	20,3	9232	4409	13641	13	1	10,3	14,1
1892	94994	38199	133193	112	15	9,5	11,8	9277	4175	13452	18	1	14,1	19,4
1893	93685	38929	132614	105	19	9,3	11,2	8621	3814	12435	15		12,9	17,4
1894	96367	38190	134557	93	21	8,5	9,6	8656	3694	12350	8	2	8,1	9,3
1895	97435	39891	137326	137	27	11,9 (dont 0,4 grisou)	14,0	8117	3209	11326	14	1	13,2	17,2
1896	99328	40246	139574	162	20	13 (dont 0,2 grisou)	16,3	8629	3322	11951	17	3	16,7	19,7
1897	101693	41708	143401	136	17	10,7 (dont 0,4 grisou)	13,4	9520	3583	13103	24	3	20,6	25,2
1898	105395	43231	148626	133	26	10,7	12,6	9478	3997	13475	29	8	27,5	30,6
1899	110245	43680	153925	179	29	13,5 (dont 0,1 grisou)	16,2	10872	4891	15763	23	5	17,8	21,1
1900	116463	45676	162079	189	41	14,2 (dont 0,6 grisou)	16,2	11698	5117	16815	28	2	17,8	23,8
1901	117335	46461	163796	164	34	12,1 (dont 0,9 grisou)	14,0	11378	4918	16296	24	3	17,8	21,1
1902	118743	46067	164810	151	29	10,9 (dont 0,3 grisou)	12,7	10923	4925	15848	16	1	10,7	14,6
1903	120941	46272	167213	144	26	10,3 (dont 0,1 grisou)	11,8	11551	4966	16517	41	4	27,3	35,6
1904	123201	48591	171792	153	31	10,7 (dont 0,2 grisou)	12,4	12218	5262	17480	36	5	23,4	29,4
1905	126954	48120	175074	147	35	10,4 (dont 0,2 grisou)	11,6	13020	5243	18263	22	6	16,0	16,9
1906	129624	48807	178431	1235	45	71,7 (dont 61,7 grisou)	95,3	14709	5937	20646	45	6	24,7	30,6
1907	133117	50745	183862	156	46	11 (dont 0,4 grisou)	11,7	16305	7892	24197	45	10	22,7	27,6
1908	141670	53310	194980	149	37	9,1 (dont 0,1 grisou)	9,8	15673	8506	24179	44	7	21,1	27,9

NOMBRE D'OUVRIERS SOUMIS AU RISQUE DE MORT EN 1906. NOMBRE DE DÉCÈS.

La statistique de l'Industrie minérale donne comme population des mines de charbon et des autres mines en 1906, 199 077; en 1907, 208 059; en 1908, 219 159.

Le recensement professionnel du 4 mars 1906, décelait l'existence de 192 894 ouvriers de sexe masculin, de 4 217 ouvrières, 7 146 employés de sexe masculin et 57 employées de sexe féminin, soit au total 197 111 ouvriers et 7 203 employés.

Eu égard aux observations signalées, on voit que le nombre des ouvriers mineurs à envisager dans les calculs, est de 162 219. En admettant que l'augmentation de la population des mines, au cours des différentes années à partir de 1906, se soit manifestée de la même façon dans les diverses professions, on pourra évaluer les nombres d'ouvriers mineurs correspondant aux années 1907 et 1908.

On peut, de plus, dans l'hypothèse où la mortalité au cours de l'année 1906 aurait été analogue à celle qui s'est manifestée durant les années 1907 et 1908, calculer les nombres probables de décès en 1906. Par ce procédé, on fait abstraction des écarts qui seraient certainement apparus dans la Table de mortalité, si l'on avait pris les nombres de mineurs morts en 1906; en effet, à côté de la mortalité normale par suite de maladies, d'accidents, etc., il aurait fallu tenir compte de ce que durant cette même année 1906, la mortalité par accident avait été infiniment plus élevée qu'elle ne l'est en temps normal (Catastrophe de Courrières).

On a rapporté la population au 1er janvier 1906, en faisant intervenir l'effet de l'immigration pendant les mois de janvier et de février 1906, et en tenant compte des décès qui se sont produits pendant cette même période.

On a de plus adopté comme valeur approchée du taux brut de mortalité pour les ouvriers mineurs appartenant au groupe d'âges $x, x + n$

$$\frac{_{1906}d_{x,x+n}}{_{1906}P_{x,x+n} + \frac{1}{2}\,_{1906}d_{x,x+n}}.$$

Le Tableau suivant donne les nombres des têtes soumises au risque de mort, et les nombres de décès calculés pour les différentes coupures d'âges; il fournit également les valeurs des taux bruts pour les groupes d'âges 20-24, 25-29, ..., 55-59, 60-64

	NOMBRE de têtes au 1ᵉʳ janvier 1906.	DÉCÈS calculés.	TAUX de mortalité pour 10000.
Moins de 20 ans	28494	75	
20 à 24 ans	18416	117	63,7 environ
25 à 29 »	26537	151	56,9 »
30 à 34 »	24061	172	71,5 »
35 à 39 »	19573	151	77,4 »
40 à 44 »	15817	182	115,2 »
45 à 49 »	12033	195	161,9 »
50 à 54 »	8553	195	228,2 »
55 à 59 »	4548	159	350,5 »
60 à 64 »	2315	105	452,7 »
65 à 69 »	1093	86	
70 ans et plus	548	96	

Si l'on avait choisi les groupements 25-34, 35-44, 45-54, 55-64, analogues à ceux qui figurent dans l'étude la plus récente de la mortalité professionnelle en Angleterre, on aurait trouvé les coefficients suivants :

GROUPES d'âges.	MINEURS (OM 3.1 et OM 3,2).	MORTALITÉ PROFESSIONNELLE anglaise.	
		Miners.	Coal Miners.
25 à 34 ans	63,6	52	51
35 à 44 »	94,3	82	80
45 à 54 »	189,4	153	152
55 à 64 »	385	383	380

Il est utile de rapprocher ces chiffres de ceux qui ont été donnés par M. Huber, dans son intéressante étude d'ensemble sur la mortalité professionnelle en France. (*Bulletin de la Statistique générale de la France.*)

	25 A 34 ANS.	35 A 44 ANS.	45 A 54 ANS.	55 A 64 ANS.
Population totale	80	112	178	320
Population active	77	109	171	307
Ensemble des ouvriers.	82	136	232	423
Ouvriers mineurs	68	101	204	420

La divergence entre les chiffres afférents aux ouvriers mineurs en France figurant dans les deux Tableaux, résulte de ce que nous avons fait intervenir l'influence de l'immigration qui, dans les mines, a été très importante, alors que pour la population active et la population totale, elle a été très peu sensible.

De 25 à 45 ans, la mortalité des ouvriers mineurs est inférieure à celle de la population totale, et aussi à celle de la population active; au delà de 45 ans et jusqu'à 65 ans, on constate un phénomène inverse.

CALCUL DES TAUX DE MORTALITÉ BASÉ SUR LA MÉTHODE DE CAUCHY.

On n'a fait apparaître que les taux bruts relatifs aux intervalles :

$$25\text{-}29, \quad 30\text{-}34, \quad 35\text{-}39, \quad 40\text{-}44, \quad 45\text{-}49, \quad 50\text{-}54, \quad 55\text{-}59,$$

et l'on a supposé que ces taux moyens correspondent aux âges 27, 32,…,52 et 57.

On a été ainsi amené à résoudre 7 équations de la formule

$$\chi_x = \beta' + e^{a+bx+cx^2}$$

ou plutôt

$$\log(\chi_x - \beta')\frac{1}{\log_{10} e} = a + bx + cx^2 \qquad \text{avec} \qquad x = (27, 32, \ldots, 52, 57)$$

$$
\begin{aligned}
y_{27} &= -5,5753893 = a + 27b + 729c, \\
y_{32} &= -5,2495272 = a + 32b + 1024c, \\
y_{37} &= -5,1430246 = a + 37b + 1369c, \\
y_{42} &= -4,6439109 = a + 42b + 1764c, \\
y_{47} &= -4,2481954 = a + 47b + 2209c, \\
y_{52} &= -3,8670496 = a + 52b + 2704c, \\
y_{57} &= -3,4067126 = a + 57b + 3249c.
\end{aligned}
$$

Or on sait que si l'on a à traiter un système d'équation de la forme $y = au + bv + cw$, sa solution est fournie par les relations

$$c = \frac{\Delta^2 y_c}{\Delta^2 w_c},$$

$$b = \frac{\Delta y_b}{\Delta v_b} - c\frac{\Delta w_b}{\Delta v_b},$$

$$a = \frac{y_a}{u_a} - \frac{bv_a}{u_a} - \frac{cw_a}{u_a}.$$

Quant à l'erreur commise, elle peut être appréciée en calculant $\Delta^3 y$ dont la valeur n'est autre que

$$\Delta^2 y - \frac{\Delta^2 y_c}{\Delta^2 w_c}\Delta^2 w.$$

Nous avons adopté les mêmes notations et suivi la même méthode que dans une étude antérieure (α'); ne pouvant, faute de place, faire figurer les Tableaux de calcul, nous donnerons les valeurs de $\Delta^3 y$.

Ages.	Résidus $\Delta^3 y$.	
27 ans..........	$- 0,01843995$	
32 »	$+ 0,07311982$	
37 »	$- 0,10737950$	$c =\ \ \ \ 0,00105399 28$
42 »	$+ 0,05203257$	$b = -0,015325115 2$
47 »	$+ 0,05534694$	$a = -5,9115319879$
52 »	$- 0,00860816$	
57 »	$- 0,04607170$	

$$\Sigma\Delta^3 y = 0,00000002$$

$c =\ \ \ \ 0,00105399 28$ ⎫
$b = -0,015325115 2$ ⎬ 1er système.
$a = -5,9115319879$ ⎭

DEUXIÈME MÉTHODE POUR LE CALCUL DES TAUX.
EMPLOI DE LA MÉTHODE DE GAUSS.

On a comme précédemment considéré les équations

$$\chi_x = \beta' + e^{a+bx+cx^2}$$

(1)
$$[\log(\chi_x - \beta')]\frac{1}{\log_{10} e} = a + bx + cx^2$$

où les taux correspondent aux groupes 25-34, 35-44, 45-54, 55-64; on fera dans l'équation précédente (*), $x = (30, 40, 50, 60)$.

Désignons par S_x le nombre des têtes observées à l'âge x par p_x et q_x les probabilités de vie et de décès, et multiplions les quatre équations respectivement par

$$1,\quad \frac{\sqrt{\dfrac{S_{40}p_{40}}{q_{40}}}}{\sqrt{\dfrac{S_{30}p_{30}}{q_{30}}}},\quad \frac{\sqrt{\dfrac{S_{50}p_{50}}{q_{50}}}}{\sqrt{\dfrac{S_{30}p_{30}}{q_{30}}}},\quad \frac{\sqrt{\dfrac{S_{60}p_{60}}{q_{60}}}}{\sqrt{\dfrac{S_{30}p_{30}}{q_{30}}}}$$

les quantités S_{30}, S_{40}, S_{50}, S_{60}, étant prises égales respectivement à

$$\frac{v_{25-34}}{10},\quad \frac{v_{35-44}}{10},\quad \frac{v_{45-54}}{10}\quad \text{et}\quad \frac{v_{55-64}}{10}.$$

Par ce procédé, on tiendra compte d'une façon approchée du poids des observations et l'on évitera en partie les phénomènes d'attraction aux âges ronds. On sera ramené à traiter un système de la forme

$$h_i y_i = a h_i u_i + b h_i v_i + c h_i w_i$$

dans lequel on rendra minimum la somme des carrés des erreurs.

(*) *Voir* Thèse pour l'obtention du titre de membre agrégé de l'Institut des Actuaires. — *Voir* aussi la belle étude de M. Carvallo sur la méthode de Cauchy dans l' « Influence du terme de dispersion de Briot sur les lois de la double réfraction ». — *Voir* le Traité de Radau sur l'interpolation.

On obtient ainsi pour les coefficients les valeurs suivantes :

$$\left.\begin{array}{l} a = -5,7573192 \\ b = -0,0205713758 \\ c = 0,0010658125 \end{array}\right\} \quad 2^e \text{ système.}$$

ÉTABLISSEMENT DÉFINITIF DE LA TABLE PROVISOIRE.

A l'aide des valeurs a, b et c fournies par la méthode de Cauchy et aussi par celle de Gauss, on formera les quantités

$$(a + bx + cx^2)\log_{10}e \quad \text{ou} \quad \log(\chi_x - \beta').$$

On passera ensuite des logarithmes calculés aux nombres, et l'on ajoutera à chacun d'eux $\frac{12}{10000}$; on aura ainsi les valeurs de χ_x. Les résultats trouvés sont reproduits dans le Tableau ci-après, où l'on a fait figurer aussi les taux de mortalité des personnes de sexe masculin de la population totale de la France.

On a admis implicitement que l'on pouvait faire une extrapolation en deçà de 25 ans et au delà de 65 ans.

On constate ainsi que sur 100 000 ouvriers ayant débuté à 15 ans, et travaillé uniquement dans les mines de combustibles et autres mines. il n'en reste plus à 85 ans, alors que sur 100 000 personnes de 15 ans appartenant à la population totale, on en compte encore 4060 environ à l'âge de 85 ans. Si ces 100 000 personnes de 15 ans étaient sélectionnées. comme le sont les assurés de la Caisse nationale des retraites pour la vieillesse, il en survivrait 7060 à 85 ans. .

OBSERVATIONS. — a. Cette simple étude montre la nécessité de l'établissement de Tables de mortalité professionnelle; elle donne de plus les moyens pratiques de conduire à bien une semblable opération, à condition toutefois de compter un assez grand nombre d'expériences.

b. Si l'on avait pu observer les décès pendant une période de $1906\text{-}x$, $1906\text{+}x$, encadrant le recensement et aussi tenir compte des phénomènes d'immigration et d'émigration parmi les ouvriers mineurs, on aurait été en mesure de bâtir une Table ayant une valeur indiscutable au point de vue actuariel; on a essayé ici d'obvier aux éléments manquants, et d'utiliser de la meilleure façon les documents statistiques fournis.

c. On aurait pu remplacer à partir de 65 ans le coefficient β' par celui qui représente le nombre de morts accidentelles et de suicides pour 10 000 personnes de la population totale masculine; il est vrai que les taux de mortalité χ_{66}, χ_{67}, ... n'auraient été ainsi diminués que de 8

TABLE PROVISOIRE DE MORTALITÉ DES OUVRIERS MINEURS.
(Mines de combustibles minéraux et autres mines.)

AGES.	TAUX INSTANTANÉS de mortalité des ouvriers mineurs pour 1000		TAUX annuel de mortalité des personnes de sexe masculin de la population totale de la France [3].	AGES.	TAUX INSTANTANÉS de mortalité des ouvriers mineurs pour 1000		TAUX annuel de mortalité des personnes de sexe masculin de la population totale de la France [3].
	fournis par la 1re méthode [1].	fournis par la 2e méthode [2].			fournis par la 1re méthode [1].	fournis par la 2e méthode [2].	
15	4,63	4,85	3,75	61	55,59	49,44	33,16
16	4,68	4,89	4,37	62	62,10	54,99	35,64
17	4,73	4,93	5,04	63	69,53	61,32	38,28
18	4,79	4,98	5,70	64	72,62	68,55	41,14
19	4,86	5,04	6,37	65	87,80	76,82	44,30
20	4,94	5,11	6,99	66	99,02	86,29	47,93
21	5,02	5,18	7,51	67	111,94	97,16	52,04
22	5,12	5,27	7,80	68	126,83	109,66	56,76
23	5,22	5,36	7,82	69	144,05	124,06	62,20
24	5,34	5,46	7,70	70	163,97	140,68	68,32
25	5,47	5,58	7,52	71	187,08	159,91	75,05
26	5,61	5,70	7,35	72	213,93	182,17	82,28
27	5,76	5,84	7,33	73	245,18	208,02	89,69
28	5,93	6.00	7,44	74	281,63	238,07	99,08
29	6,11	6,16	7,61	75	324,22	273,08	108,70
30	6,32	6,35	7,86	76	374.08	313,94	119,40
31	6,54	6,55	8,14	77	432,56	361,73	131,00
32	6,78	6,77	8,46	78	501,27	417,73	143,90
33	7,05	7,02	8,76	79	582,18	483,46	156,60
34	7,34	7,28	9,09	80	677,61	560,78	167,80
35	7,66	7,57	9,42	81	790,40	651,89	177,60
36	8,01	7,99	9,76	82	923,96	759,46	188,90
37	8,40	8,25	10,09	83	//	886,73	202,30
38	8,83	8,64	10,37	84	//	//	218,20
39	9,30	9,07	10,68	85	//	//	230,50
40	9,82	9,54	11,04	86	//	//	239,20
41	10,40	10,06	11,47	87	//	//	248,00
42	11,03	10,63	11,94	88	//	//	257,20
43	11,74	11,26	12,46	89	//	//	266,90
44	12,52	11,96	13,03	90	//	//	276,80
45	13,38	12,74	13,63	91	//	//	287,70
46	14,35	13,60	14,29	92	//	//	299,50
47	15,42	14,55	14,96	93	//	//	312,20
48	16,62	15,62	15,64	94	//	//	326,10
49	17,95	16,80	16,32	95	//	//	341,50
50	19,45	18,12	17,01	96	//	//	358,20
51	21,12	19,60	17,73	97	//	//	376,80
52	23,00	21,25	18,48	98	//	//	400,00
53	24,89	23,10	19,31	99	//	//	425,00
54	27,49	25,18	20,32	100	//	//	460,00
55	30,17	27,51	21,53	101	//	//	500,00
56	33,19	30,14	22,99	102	//	//	620,00
57	36,61	33,11	24,72	103	//	//	780,00
58	40,49	36,46	26,61	104	//	//	1000,00
59	44,89	40,25	28,64	105	//	//	//
60	49,90	44,55	30,84	//	//	//	//

(1) Taux calculés à l'aide de la méthode de Cauchy.
(2) Taux calculés à l'aide de la méthode de Gauss.
(3) Table de mortalité de la population française (sexe masculin), d'après les résultats du recensement du 24 mars 1901, combinés avec les relevés de l'État civil, de 1898 à 1903. (Voir *Annuaire statistique*, 1905, p. 32, Tableau IV, et t. IV *Résultats statistiques du recensement de la population française,* 24 mars 1901).

à $\frac{9}{10000}$ au maximum. Comme on ne pouvait faire état des chiffres correspondant aux groupements 65-69, 70 ans et plus, on a jugé plus simple de conserver au coefficient β' la même valeur pour tous les âges; on peut d'ailleurs ajouter que cette rectification n'aurait pas apporté une grande perturbation dans l'allure de la courbe des vivants.

d. Si la somme des valeurs de $\Delta^3 y$ est très faible, par contre on constate que certains résidus ont une valeur appréciable; cela tient à ce que le nombre des expériences n'était point suffisant.

M. René RISSER.

(Paris).

APPLICATION DE L'ÉQUATION DE VOLTERRA A DIVERS PROBLÈMES D'ASSURANCES SUR LA VIE.

368.3 (01)

26 *Mars*.

I.

Le problème des Tables par âges à l'entrée des rentiers, qui a attiré depuis un certain nombre d'années l'attention des actuaires peut être traité analytiquement; il se rattache en effet à la résolution de l'équation de première espèce de Volterra

$$(1) \qquad \int_0^x N(x, s)\, \varphi(s)\, ds = F(x);$$

il en est de même d'u problème des Tables par âges à l'entrée dans l'assurance invalidité.

Le problème de Volterra qui est lié à la résolution des équations différentielles à coefficients constants ou non constants d'ordre fini ou infini, trouve aussi son application dans une question classique de la répartition par âges dans les milieux à effectif constant, en supposant que la loi de survie soit une loi de survie généralisée; cette dernière question se traite facilement en ayant recours à l'équation de Volterra de seconde espèce

$$(2) \qquad \varphi(x) + \int_0^x N(x, s)\, \varphi(s)\, ds = F(x).$$

J'ajoute enfin que l'étude approfondie du problème de l'interpolation, qui est d'un si grand intérêt pour les actuaires et les statisticiens conduit à l'équation célèbre de Fredholm

$$(3) \qquad \varphi(x) - \int_a^b K(x,\,t)\,\varphi(t)\,dt = f(x).$$

On voit donc que les remarquables recherches de Volterra et de Fredholm peuvent être utilisées dans le domaine particulier de l'actuariat.

PREMIÈRE PARTIE.

II. — *Tables par âges à l'entrée des rentiers.*

Première méthode. — M. Poterin du Motel, dans un travail fort intéressant (*Usage et ajustement des Tables de mortalité par âges à l'entrée;* paru en 1893), a pour la première fois mis en lumière une fonction interpolatrice. Nous désignerons avec lui par x l'âge actuel d'un assuré du groupe, y l'âge à l'entrée des membres de ce groupe et par v_x le nombre des survivants

$$v_x = F(x, y).$$

Le taux instantané de mortalité t à l'âge x de l'un des membres du groupe est fourni par la relation

$$t = \frac{-v'_x}{v_x} = f(x, y).$$

Se basant sur ce que les expériences faites sur différentes Tables de mortalité ont montré que la formule de Makeham les interpole d'une façon presque toujours satisfaisante, M. Poterin du Motel a été amené à tenter l'application de cette même formule aux Tables de mortalité des rentiers par âges à l'entrée; il a représenté la loi de mortalité des têtes entrées à l'âge y par les formules ci-dessous

$$(1) \qquad v_x = \frac{k}{d^x}\, g^{q^x} \qquad \text{(loi représentative des } v_x\text{)},$$

$$(2) \qquad t_x = a + \beta q^x \qquad \text{(loi représentative du taux de mortalité)}$$

ou

$$\alpha = \operatorname{Log} d; \qquad \beta = - \operatorname{Log} g \operatorname{Log} q.$$

Les coefficients qui interviennent dans ces formules seront des fonctions de l'âge à l'entrée y; certains même pourront se réduire à des constantes. M. Poterin du Motel est amené à prendre pour la valeur de t l'expression suivante :

$$(3) \qquad t = a + \frac{b}{c^y}\, q^x$$

en se guidant sur la manière même dont se comporte dans la pratique, la courbe représentative $f(x_0, y)$ correspondant à la valeur $x = x_0$.

Cette formule permet en effet de faire apparaître les deux parties de l'accroissement infiniment petit du taux de mortalité pendant le temps dx; la première résulte uniquement de l'accroissement d'âge et représente comme le dit M. Poterin du Motel « la différence entre les taux de mortalité de deux têtes d'âges très voisins, toutes deux capables de subir la sélection ». Quant à la seconde partie, elle peut être considérée comme mesurant la déperdition de la sélection.

Les quantités c et q doivent être constantes et telles que $1 < c < q$.

Connaissant $t_x = a + \dfrac{tq^x}{c^y}$, on en déduit presque immédiatement la valeur de v_x

$$(4) \qquad v_x = \frac{K}{d^x} S q^{x-\mu y}$$

ou

$$d = e^a, \qquad g = e^{-\frac{b}{c^y \, \mathrm{Log}\, q}}, \qquad S = e^{-\frac{b}{\mathrm{Log}\, q}}$$

et

$$\mu = \frac{\mathrm{Log}\, c}{\mathrm{Log}\, q}.$$

Alors que la formule de Makeham

$$v_x = \frac{K_1}{d_1^x} g_1^{q_1^x},$$

ou K_1, α_1, g_1, q_1, sont des constantes, permet de représenter avec une grande approximation un ensemble d'assurés quel que soit leur âge à l'entrée, la formule (4) donne à son tour un mode de représentation des Tables par âges à l'entrée.

Or si l'on suppose que K_1 et g_1 sont des fonctions de y, et si l'on veut remplacer n têtes d'âges x_1, x_2, ..., x_n par n têtes de même âge x_m, on est amené à étudier une équation.

$$n q_1^{x_m} \, \mathrm{Log}\, g_{1,m} = \sum_{1}^{n} q_1^{x_i} \, \mathrm{Log}\, g_{1,i},$$

ou $g_{1,i}$ représente ce que devient la fonction g_1, quand on y remplace (y) par la valeur de l'âge à l'entrée correspondant à cette tête.

Si l'on se place, comme le fait d'une façon si heureuse M. Poterin du Motel, dans l'hypothèse ou toutes les têtes sont entrées ensemble, on voit qu'on est amené à prendre

$$g_1 = S^{q_1^{-\mu y}}.$$

En définitive, dans cette hypothèse, le nombre des vivants peut être représenté par l'expression suivante :

$$(5) \qquad v_{(x,y)} = Z = \frac{K}{d^x} S q^{x-\mu y}$$

ou K, d, S, q, μ sont des constantes; $v_{x,y}$ est alors le nombre des assurés d'âge x, rentrés dans l'assurance à l'âge y.

Quant au taux instantané de mortalité à l'âge x pour les assurés du groupe envisagé, il ne sera autre chose que

$$- \frac{\dfrac{\partial v_{(x,y)}}{\partial x}}{v_{x,y}},$$

expression qui peut se mettre sous la forme

$$(5') \qquad a + bq^{x-\mu y}.$$

Généralisation. — Des essais récents d'ajustement opérés au moyen de la formule (5'), ont montré qu'il fallait subdiviser la Table en trois portions et qu'à chacune de ces portions correspondait un groupe de constantes.

On est amené à penser de suite que si l'on doit faire intervenir une fonction corrective dans l'évaluation du taux de mortalité, cette fonction dépend de la quantité $(x-y)$.

Or une analyse simple montre que les expressions

$$a + bq^{x-\mu y}\left(1 + \frac{x-y}{\omega}\alpha_1\right),$$

$$a + bq^{x-\mu y}\left[1 + \frac{x-y}{\omega}\alpha_1 + \left(\frac{x-y}{\omega}\right)^2\alpha_2\right],$$

$$\dots\dots\dots\dots\dots\dots\dots\dots\dots\dots\dots\dots,$$

$$a + bq^{x-\mu y}\left[1 + \frac{x-y}{\omega}\alpha_1 + \left(\frac{x-y}{\omega}\right)^2\alpha_2 + \dots + \left(\frac{x-y}{\omega}\right)^n\alpha_n\right]$$

(ou ω est une quantité au moins égale à la plus grande valeur que peut prendre la différence $(x-y)$, mais au plus égale à la quantité représentative de l'âge limite du groupe envisagé), jouissent toutes de la propriété que l'on peut substituer à n têtes d'âges différents, entrées aux âges $y_1, y_2, \dots, y_n$, par n têtes de même âge X, introduites dans le groupe à l'âge Y, à condition toutefois que l'on fasse intervenir la condition

$$x_1 - y_1 = x_2 - y_2 = \dots = x_n - y_n = X - Y.$$

Si l'on désigne par $\varphi(x-y)$ l'expression

$$1 + \left(\frac{x-y}{\omega}\right)\alpha_1 + \left(\frac{x-y}{\omega}\right)^2\alpha_2 + \dots + \left(\frac{x-y}{\omega}\right)^n\alpha_n = \varphi(x-y),$$

on est amené à prendre pour expression du taux instantané de mortalité des assurés d'âge x, entrés dans l'assurance à l'âge y, la fonction

$$a + bq^{x-\mu y}\varphi(x-y);$$

il ne resterait plus qu'à intégrer l'expression

$$- \frac{v'_x}{v_x} = a + b q^{x-\mu y} \varphi(x - y)$$

pour retrouver une formule indicative du nombre des assurés $v(x, y)$.

Deuxième méthode. — Si $v(x, y)$ désigne comme précédemment, le nombre des rentiers d'âge x, entrés dans l'assurance à l'âge y, on peut dire que

$$(6) \qquad \int_{x_0}^{x} v(x, y)\, dy = F(x),$$

ou $F(x)$ représente le nombre des rentiers d'âge x, quel que soit leur âge à l'entrée ; x_0 est l'âge inférieur à partir duquel se produisent les admissions dans le groupe.

Il est évident que $F(x)$ est une fonction de la forme prévue par Makeham, ou plus généralement l'une des fonctions généralisées par M. Quiquet dans sa brillante étude sur les lois de survie

$$e^{A+Bx+\Sigma e^{r c^x} f_i(x)}.$$

En tout cas, la fonction F est une fonction finie et déterminée dans l'intervalle x_0, x ; sa dérivée est aussi parfaitement déterminée dans le même intervalle, car, on suppose essentiellement que l'on prend x légèrement inférieur à l'âge limite du groupe.

Or $v(x, y)$ peut évidemment être remplacé par le produit

$$\frac{K}{d^x} S q^{x-\mu y} \times f(x - y),$$

où la fonction $f(x - y)$ est inconnue.

Il faut déterminer cette fonction $f(x - y)$ par la condition

$$(7) \qquad \int_{x_0}^{x} \frac{K}{d^x} S q^{x-\mu y} f(x - y)\, dy = F(x),$$

ou encore

$$(7') \qquad \int_{x_0}^{x} \frac{K}{d^x} S q^{x-y+(1-\mu)y} f(x - y)\, dy = F(x).$$

Si l'on pose $x - y = z$, on voit que l'équation $(7')$ se transforme en la suivante

$$\int_{x'-x_0}^{0} - \frac{K}{d^x} S q^{x(1-\mu)-\mu z} f(z)\, dz = \int_{0}^{x-x_0} \frac{K}{d^x} S q^{x(1-\mu)-\mu z} f(z)\, dz = F(x),$$

Dans l'équation précédente la quantité $\frac{K}{d^x} S q^{x(1-\mu)-\mu z}$ remplit le rôle du noyau, d'une équation de Volterra de première espèce ; de plus ce noyau est borné dans l'intervalle d'intégration.

On voit donc qu'on est amené à résoudre l'équation

$$(8) \qquad \int_0^X \frac{K}{d^{(x+X)}} S q^{(x_0+x)(1-\mu)-\mu x} f(z)\, dz = F(X + x_0) = \mathfrak{F}(X).$$

Cette équation peut être résolue par le procédé classique de Volterra ou encore en ayant recours à la méthode si élégante et si féconde des approximations successives, due à M. Picard; cette méthode permettra de calculer les éléments $f_0, f_1, f_2, \ldots, f_n$ de $f(z)$. L'actuaire amené à faire un ajustement de Tables par âges à l'entrée pourra voir quel est le nombre d'éléments f_i qu'il y aura lieu d'introduire. On trouvera d'ailleurs tous les détails concernant l'étude de l'équation de Volterra, qui nous intéresse, dans les travaux de M. Volterra lui-même, dans l'introduction à la théorie des équations intégrales de Lalesco et dans les belles leçons professées par M. Picard ou il a exposé sa méthode des approximations.

Deuxième Partie.

Sur une application de l'équation de Volterra au problème de la répartition par âge dans les milieux à effectif constant, et en particulier dans les Sociétés qui pratiquent le système d'assurance dite *du franc au décès*.

Désignons par N, le nombre des membres de la Société, par $l(X)$ la loi de survie et par $\varphi(x)$ la loi caractéristique des entrées à l'âge x; on supposera que l'origine des âges a été prise égale à o au lieu de x, ce qui revient simplement à un déplacement d'origine des coordonnées ou des âges.

Dans ces conditions, le nombre des membres fondateurs est réduit à

$$N\, l(X) \quad \text{au bout du temps X;}$$

le nombre des nouveaux adhérents entrés au cours de l'intervalle (o, X) s'élève à

$$N \int_0^X \varphi(x)\, l(X - x)\, dx.$$

Si l'on veut que l'effectif reste constant et égal à N, on aura à résoudre l'équation

$$N\, l(X) + N \int_0^X \varphi(x)\, l(X - x)\, dx = N$$

ou

$$(1) \qquad l(X) + \int_0^X \varphi(x)\, l(X - x)\, dx = 1;$$

on suppose que $l(o) = 1$.

Si l'on se donne la forme de la fonction $l(X)$ et par suite $l(X - x)$, on est conduit à chercher la fonction φ, qui répond à la question, et par suite à résoudre un problème d'inversion d'un type connu.

L'équation (2)

$$(2) \qquad l(X) + \int_0^X \varphi(X - x)\, l(x)\, dx = 1$$

est identique à l'équation (1); il suffit pour s'en rendre compte de faire le changement de variable $X - x = z$. On constate de plus que l'équation (2) est bien du type des équations linéaires de Volterra de seconde espèce.

La dérivation du premier membre de l'équation (1) par rapport à X nous donne

$$l'(X) + \varphi(X) + \int_0^X \varphi(x)\, \frac{\partial l(X - x)}{\partial X}\, dx = 0$$

ou encore

$$(3) \qquad \varphi(X) + \int_0^X \varphi(x)\, \frac{\partial l(X - x)}{\partial X}\, dx = - l'(X).$$

Alors que (3) servira à la recherche de la fonction φ, quand la fonction $l(X)$ sera donnée, l'équation (2) servira de point de départ à la recherche de $l(X)$, quand on connaîtra φ.

Il est évident que toutes les fois que l'on a pour forme de survie, une expression de la forme $\Sigma P_i(x)\, e^{\alpha_i x}$, P_i étant un polynome de degré $(i - 1)$ et α_i une constante, racine d'ordre i d'une certaine équation caractéristique d'ordre n

$$a_0 \gamma^n + a_1 \gamma^{n-1} + a_2 \gamma^{n-2} + \ldots + a_n = 0,$$

on peut dire que l'expression $\Sigma P_i x)\, e^{\alpha_i x}$ peut être considérée comme l'intégrale de l'équation différentielle d'ordre n, caractéristique de la loi de survie

$$(4) \qquad a_0 \frac{d^n l}{dx^n} + a_1 \frac{d^{n-1} l}{dx^{n-1}} + \ldots + a_n l = 0.$$

Il est évident que l'on peut avoir ainsi les diverses formes classiques invoquées jusqu'ici. En dérivant successivement par rapport à X le premier nombre de l'équation (1), on trouve

$$l(X) + \int_0^X \varphi(x)\, l(X - x)\, dx = 1,$$

$$l'(X) + l(0)\,\varphi(X) + \int_0^X \varphi(x)\, l'(X - x)\, dx = 0,$$

$$\cdots\cdots\cdots\cdots\cdots\cdots\cdots\cdots\cdots\cdots\cdots,$$

$$l^n(X) + l(0)\,\varphi^{n-1}(x) + \ldots + l^{n-1}(0)\,\varphi(X) + \int_0^X \varphi(x)\, l^{(n)}(X - x)\, dx = 0.$$

Si l'on multiplie respectivement les premiers nombres de ces équations par a_n, a_{n-1}, $\ldots$, a_0 et si l'on ajoute les produits obtenus, on obtient en tenant compte de l'équation (4)

$$(5) \qquad A_{n-1}\varphi(X) + A_{n-2}\varphi'(X) + \ldots + A_0\varphi^{n-1}(X) = a_n$$

qui peut encore s'écrire

$$(6) \qquad A_0\varphi^{n-1}(X) + \ldots + A_{n-2}\varphi'(X) + A_{n-1}\left[\varphi(X) - \frac{a_n}{A_{n-1}}\right] = 0.$$

La solution de cette équation est de la forme

$$\varphi(X) = \frac{a_n}{A_{n-1}} + \Sigma\, Q_j(x)\, e^{\beta_j x}.$$

Il me semble intéressant maintenant de donner la forme du développement en série de $\varphi(X)$ quand la fonction de survie est du type général (7) $e^{A+Bx+\Sigma e^{r_i x} f_i(x)}$ indiqué par M. Quiquet.

On aura recours à cet effet à la méthode des approximations successives de M. Picard. Si l'on écrit φ sous la forme

$$\varphi(x) = \varphi_0(x) + \lambda\,\varphi_1(x) + \ldots + \lambda^n\varphi_n(x) + \ldots$$

et si l'on porte cette valeur de φ dans l'équation (3), on trouve après introduction du facteur λ devant l'intégrale.

$$(\varphi_0 + \lambda\,\varphi_1 + \ldots + \lambda^n\varphi_n + \ldots)$$
$$+ \lambda\int_0^X (\varphi_0 + \lambda\,\varphi_1 + \ldots \lambda^n\varphi_n + \ldots)\, l'(X - x)\, dx = -\, l'(X),$$

d'où l'on déduit en égalant les coefficients des puissances successives de λ.

$$(8)\quad
\begin{cases}
\varphi_0(X) = -\, l'(X), \\[1ex]
\varphi_1(X) = -\displaystyle\int_0^X \varphi_0(x)\, l'(X - x)\, dx. \\[1ex]
\cdots\cdots\cdots\cdots\cdots\cdots\cdots\cdots\cdots, \\[1ex]
\varphi_n(X) = -\displaystyle\int_0^X \varphi_{n-1}(x)\, l'(X - x)\, dx, \\[1ex]
\cdots\cdots\cdots\cdots\cdots\cdots\cdots\cdots\cdots,
\end{cases}$$

si K est le module maximum de $l'(X)$, on voit facilement que

$$|\varphi_0(x)| < K; \qquad |\varphi_1(X)| < K^2 X, \qquad \ldots, \qquad |\varphi_n(X)| < K^{n+1}\frac{X^n}{n!}, \qquad \ldots;$$

la solution est donc représentée par une série absolument convergente.

Il est évident que la même méthode pourrait être appliquée si l'on se donnait la forme de φ et si l'on voulait calculer $l(X)$; j'ai eu dans une autre circonstance l'occasion d'étudier cette question.

Observation. — On peut remplacer la fonction de survie (7)

$$(7) \qquad\qquad e^{A+Bx+\Sigma e^{r_i x} f(x}},$$

par une série d'exponentielles et l'on peut arrêter le développement à un terme d'ordre n, de telle façon que la différence entre la fonction et la série d'exponentielles soit plus petite que ε dans le champ choisi.

On voit donc qu'on est ramené à remplacer $l(X)$ par $\sum_{1}^{n} A_i e^{\alpha_i X}$ et par suite à résoudre une équation fonctionnelle d'un type étudié ici; φ est alors représentée par la solution générale d'une équation différentielle à coefficients constants d'ordre $(n - 1)$.

Si l'on fait croître n indéfiniment, c'est-à-dire si l'on remplace $l(X$ par une série, qui, soit uniformément convergente dans l'intervalle d'âges considéré, on est amené à résoudre une équation du type de Volterra, analogue à l'équation (9)

$$(9) \quad z(x) + \int_0^X \left[a_1(x) + a_2(x)(x - s) + \ldots + a_n(x) \frac{(x - s)^{n-1}}{(n - 1)!} \right] z(s)\, ds$$
$$= f(x) + \Sigma\, c_p\, f_p(x)$$

et qui correspond alors dans ce cas, et à la limite à une équation différentielle à coefficients constants d'ordre infini.

On peut donc dire que toutes les fois qua la loi de survie l (X) est du type(7), la loi φ sera aussi de ce type et inversement.

M. Le Commandant E. LITRE.

(Toulouse).

PENDULE DE FOUCAULT (Fin).
LES AMPLITUDES. LES RÉALISATIONS PRATIQUES.

52.536

27 *Mars.*

1. L'amplitude des battements du pendule de Foucault se réduit rapidement : les mouvements d'oscillation, d'abord très nets, finissent par devenir indistincts et, sans s'arrêter complètement, paraissent, à une certaine limite, s'abandonner à toutes sortes d'influences adventives et secondaires; cette limite arrive tôt.

Au Panthéon, le pendule oscillait de 5 à 6 heures, et c'est la plus longue durée que l'on ait signalée. A Genève, le pendule du général Dufour (*) oscillait un peu plus de 3 heures; mais après 2 heures 30 minutes,

---

(*) Données de ce pendule : longueur 20 m, boulet en plomb de 12 kg et de 0,126 m de diamètre, amplitude maximum 3,25 m.

l'amplitude n'était plus que de 0,60 m. Ces deux cas, l'un et l'autre bien observés, comprennent entre eux la plupart des dispositifs adoptés de divers côtés, et nous fourniront d'utiles termes de comparaison.

2: *Résistance de l'air.* — La réduction des amplitudes est, depuis l'origine, attribuée uniquement à la résistance de l'air. On peut assez aisément calculer cette résistance : la forme sphérique donnée aux pendules s'y prête. On sait que, pour les projectiles de cette forme, la résistance est proportionnelle au carré de la vitesse, *tout autant que celle-ci est notablement inférieure à la vitesse de propagation du son.* Newton, expérimentant sur des globes de 0,133 m, tombant librement, et ayant des vitesses comprises entre 0 m et 9 m, avait reconnu la même loi. Nos pendules ont des vitesses inférieures à 1 m par seconde : c'est donc bien la loi du carré qui leur est applicable.

I étant l'accélération retardatrice due à la résistance de l'air, on a

$$I = A \frac{g}{P} \pi R^2 V^2 = \frac{1}{k} V^2.$$

formule dans laquelle $\frac{P}{g}$ est la masse, πR^2 la section du pendule, A un coefficient qui varie, mais très faiblement, avec le calibre et encore quand il s'agit de vitesses sensibles; le poids P s'exprime en kilogrammes, I, R et V en mètres. On déduit

$$I = \frac{-dv}{dt} = \frac{1}{k} v^2, \qquad \frac{-dv}{v^2} = \frac{1}{k} dt, \qquad t = k\left(\frac{1}{v} - \frac{1}{v_0}\right).$$

Et le temps t_n nécessaire pour que la vitesse v devienne la fraction $\frac{1}{n}$ de v_0 est

$$t_n = \frac{k(n-1)}{v_0}.$$

Le boulet de 12 kg en fonte (anciennement dit *boulet de 24 livres*) est précisément le projectile type sur lequel ont porté les très nombreuses expériences de l'Artillerie tendant à déterminer le coefficient de la résistance de l'air. On a pour ce projectile, aux très petites vitesses, condition qui réduit la formule générale (*), à son premier terme,

$$A = 0,027, \qquad \frac{1}{k} = 0,027 g \pi \frac{R^2}{P} = 0,000364, \qquad k = 2750.$$

La vitesse initiale v_0 est donnée par le rapport de l'amplitude initiale E_0 à la durée θ du battement. Elle est ici 0,727, dont l'inverse est 1,38. La durée des battements d'un pendule demeurant constante, le rapport

---

(*) Formule du général Didion. Newton employait le coefficient 0,33, reconnu généralement trop fort. Mais, même avec le coefficient 0,33, le sens de nos conclusions ne serait pas modifié.

des vitesses successives entre elles est le même que celui des amplitudes correspondantes.

Le temps nécessaire pour que la résistance de l'air réduise l'amplitude de 3,25 à 0,60, soit $n = 5,4$ est

$$t_{5,4} = 2750 \times 1,38 \times 4,4 = 16698 \text{ s} = 278 \text{ m} = 4 \text{ h}, 38 \text{ m}.$$

Pour le boulet en plomb de Genève, le diamètre était 0,124 au lieu de 0,145 : les carrés de ces valeurs sont dans le rapport de 159 à 210; d'où $K = 3633$ et $t_{5,4}$ devient 22060 s $= 367$ m 40 3 s $= 6$ h, 7 m 40 s

C'est bien plus que les 2 heures 30 minutes, qui ont été observées, un peu plus que le double de cette durée.

Dans le cas du Panthéon, la fraction $\dfrac{P}{R^2}$ est les 1,50 de la même fraction pour le boulet de 24, et k devient 4125; la vitesse v_0 est 0,73, dont l'inverse est 1,37. Il semble que les oscillations aient été moins nettes à partir de l'amplitude 0,60 (*) : prenons $n = 10$, ce qui sûrement est un minimum

$$t_{10} = 4125 \times 1,37 \times 9 = 50860 \text{ s} = 848 \text{ m} = 16 \text{ h}, 8 \text{ m}.$$

C'est environ le triple du temps relevé dans l'expérience.

Le rapprochement des deux résultats montre d'abord que la résistance de l'air est insuffisante pour expliquer la réduction des amplitudes, et de plus, qu'il n'y a pas corrélation entre cette réduction et la valeur de la résistance selon les cas.

Il y a donc à la rapidité de chute des amplitudes une autre cause. Et cette cause, que l'on ne pouvait apercevoir avant de posséder une théorie exacte du pendule, n'est autre que la giration.

3. *Influence de la giration sur l'amplitude.* — A chaque battement le plan de lancement du pendule possède une orientation déterminée, et à cette orientation correspond pour le battement une ellipse trajectoire dont la forme et la position sont également déterminées. D'une oscillation à l'autre une variation se produit dans cette forme et cette position.

La variation est, d'ailleurs, discontinue, s'interrompant à chaque battement, puisque l'on passe alternativement des conditions d'un battement pair à celles d'un battement impair, ou inversement; et la série des ellipses afférentes aux battements de l'une des espèces présentera soit des lacunes, soit des duplicatures, selon que dans les battements de l'autre espèce la giration s'exerce dans le même sens ou en sens contraire. Lacunes ou duplicatures sont, d'ailleurs, variables selon l'orientation où elles se produisent.

(*) Cette impression résulte des termes mêmes dont se sert Foucault en parlant de l'amplitude de 0,60; mais il ne limite pas la durée d'oscillation à cette amplitude·

Mais la durée θ d'un battement, dont la plus longue connue est de 8,2 s, est assez courte pour que l'on puisse considérer l'ellipse-trajectoire comme ayant une forme unique, corrélative de l'oscillation que l'on envisage. Les expériences des pendules enregistreurs montrent même que la déformation demeure insensible durant plusieurs minutes.

Dans l'intervalle de temps que dure un battement, il n'y aura donc à tenir compte que de la variation de position de cette ellipse, laquelle a sa loi propre; et pendant le même temps la giration imprime au pendule un déplacement sur cette même ellipse, déplacement qui a une loi différente. L'une et l'autre variation peuvent s'estimer par les angles décrits sur le plan horizontal, autour de la verticale, d'une part par la corde qui sous-tend l'arc de trajectoire décrit par le pendule, de l'autre par le diamètre joignant le pied de la verticale au centre de l'ellipse. Ces angles diffèrent entre eux, sauf en une position singulière.

En défalquant le second du premier, il en résulte pour la corde une variation supplémentaire, laquelle pourra être positive ou négative : et tout se passe comme si la corde subissait cette variation supplémentaire dans une ellipse fixe. Cette variation, quel que soit son sens, a toujours pour effet de réduire l'amplitude.

4. Soit, figure 1, pour un battement donné AGB l'ellipse décrite sur le plan horizontal, EW la corde du battement, V l'aplomb de la verticale. Si le pendule n'était soumis qu'à l'action de la pesanteur, partant du point mort E, il s'abaisserait jusqu'à l'aplomb de V, puis remonterait, en vertu de la vitesse acquise, jusqu'à une hauteur égale à celle dont il est parti : W étant le point où il rencontre de nouveau le plan horizontal on a (en faisant abstraction de la résistance de l'air)

$$V.W = EV.$$

La composition avec le mouvement diurne adjoint, à chaque instant, au mouvement pendulaire un déplacement parallèle à l'axe d'oscillation.

Le pendule se trouve ainsi décrire l'arc EDW, au lieu de la corde EW; mais le déplacement parallèle à l'axe n'apportant aucune modification au mouvement propre, les demi-cordes EV , VW conservent leurs mêmes valeurs.

Ceci rappelé, imprimons à la corde sa variation différentielle, en supposant que cette variation l'incline à droite : la demi-corde VW ne peut s'incliner ainsi, dans l'ellipse rendue fixe, sans devenir plus courte et sans raccourcir l'arc décrit, autrement dit sans que l'amplitude se réduise. Supposons au contraire un pivotement à gauche : la demi-corde VW ne peut que garder au plus la même longueur; mais la trajectoire doit passer à l'extrémité de la corde, et la forme étant imposée par la position, l'ellipse doit donc se réduire dans tous ses éléments, homothétiquement au point V. Cela revient à supposer abaissé le plan de cette ellipse, c'est-à-dire, une moindre hauteur atteinte par le pendule, ou encore une amplitude plus faible. Les deux hypothèses du pivotement différentiel à droite ou à gauche sont, du reste, équivalentes, puisque, si l'on attribue à l'une des demi-cordes un pivotement à gauche, l'autre demi-corde pivotera à droite, et réciproquement.

5. Nous avons vu (*) que la variation de position (**) de l'ellipse-trajectoire pouvait être suivie par le déplacement d'un rayon GY, sur une certaine ellipse ENWS, et la variation de la corde par le déplacement d'un autre rayon sur une ellipse semblable, mais disposée rectangulairement à la première; les deux déplacements étant, l'un et l'autre, aréolairement uniformes.

Le pivotement différentiel de la corde est donc la différence entre les angles des secteurs uniformes, découpés dans les ellipses semblables ou, si l'on veut, dans une même ellipse, mais en partant pour les uns du grand axe et pour les autres du petit axe.

Soit δ ce pivotement différentiel, $d\beta_1$ et ρ l'angle et le rayon du secteur décrit par le diamètre, $d\beta'_1$ et ρ' l'angle et le rayon du secteur décrit par la corde, ces secteurs s'évaluant dans l'ellipse indicatrice, on a

$$\delta = d\beta'_1 - d\beta_1 = \mu \, dt \, ab \left(\frac{1}{\rho'^2} - \frac{1}{\rho^2} \right).$$

cette formule donne lieu à plusieurs remarques.

I. Les angles $d\beta'$, $d\beta'_1$ et par conséquent δ, comptés dans un même intervalle de temps dt, sont indépendants de la longueur du pendule.

Envisageons simultanément tous les points du fil ou de la sphère qu'il supporte, chacun d'eux décrira en projection sur le plan horizontal une ellipse homothétique, à celle que décrit le centre de percussion de l'ensemble, et le rapport de similitude des diverses ellipses entre elles est celui des distances des divers points au point de suspension. Les angles soit de giration, soit de réduction d'amplitude sont donc les mêmes pour chaque point. *Aucun de ces angles n'introduit donc de principe de torsion* dans l'appareil.

II. L'effet de l'angle δ ne dépend que de sa valeur absolue, non de son signe : il est donc le même quel que soit le sens du mouvement; il est aussi le même soit dans le battement impair, soit dans le battement pair consécutif, puisque les angles $d\beta_1$, $d\beta'_1$ ne dépendent que de l'orientation du plan de lancement du pendule.

(*) Mémoire du Congrès de Nîmes.

(**) La variation de forme est liée à la variation de la *longueur* du rayon elliptique; et la variation de position au déplacement angulaire de ce rayon, lequel est inversement proportionnel *au carré* du dit rayon.

III. La valeur de δ est maximum quand ρ et ρ' ont leurs valeurs extrêmes. Ces valeurs sont respectivement celles de a et de b, lesquelles sont, pour l'ellipse indicatrice 1 et $\sin\lambda$. On a donc

$$\delta_m = \mu\,dt\left(\frac{a}{b} - \frac{b}{a}\right) = \mu\,dt\left(\frac{1}{\sin\lambda} - \sin\lambda\right).$$

La valeur de δ diminue à chaque position subséquente, pour atteindre la valeur zéro en la position neutre.

Les conditions du maximum de δ sont réalisées dans le lancement Est-Ouest. Dans le lancement Nord-Sud δ part d'une valeur intermédiaire : les amplitudes doivent donc diminuer moins vite. A la position de giration nulle, toute réduction d'amplitude par cette cause disparaît.

6. Comparons maintenant, en les supposant à une même latitude, deux pendules ayant pour longueurs respectives L et L'. A une même

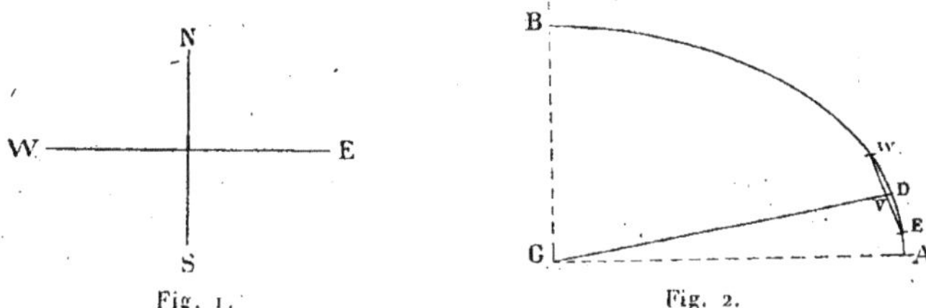

Fig. 1.   Fig. 2.

orientation l'angle δ sera le même, mais les effets de cet angle δ seront différents pour l'un et pour l'autre. A une même orientation, en effet, les ellipses-trajectoires des deux pendules seront semblables; mais elles ne seront pas semblablement placées par rapport au pied de la verticale qui est le centre de tous les pivotements : les arcs interceptés sur ces ellipses par un même pivotement angulaire seront différents.

Marquons sur le second pendule L' un point auxiliaire à la distance L du point de suspension; l'ellipse-trajectoire de ce point auxiliaire et celle du premier pendule seront égales. Pour le pendule L, la distance de l'ellipse au point V, mesurée dans le sens GV (*fig.* 2) sera la flèche VD; pour le point auxiliaire la pareille distance sera homothétique à celle qui existe pour le pendule L', soit $\frac{L}{L'}$ V'D'. Si nous faisons décrire aux cordes telles que VW, autour du point V, un même angle δ, les arcs interceptés sur les diverses ellipses seront proportionnels aux distances de ces ellipses, soit aux flèches VD, $\frac{L}{L'}$ V'D'. Pour repasser ensuite de l'arc convenant au point auxiliaire à l'arc convenant au pendule L' tout sera homothétique, et la réduction d'amplitude pour ce pendule L' sera en raison de la flèche $V'D'$ elle-même. Ainsi *les réductions absolues d'amplitude* pour les pendules L et L' *sont entre elles comme les flèches* VD, V'D'.

Si nous voulons évaluer les réductions non plus absolues, mais relatives, d et d' des deux pendules, celles-ci seront, en désignant par E. E' les amplitudes respectives, proportionnelles à $\dfrac{VD}{E}$, $\dfrac{V'D'}{E'}$.

7. Nous avons évalué VD, dans le cas du Panthéon à sa première oscillation, par la relation

$$VD = \frac{e^2}{2\,L}\tang\frac{\psi}{2},$$

dans laquelle e est seulement la demi-amplitude : c'est la valeur de la flèche dans le cercle de rayon L, multipliée par une ligne trigonométrique qui est fonction de la latitude.

- Mais en une position quelconque l'ellipse-trajectoire peut être considérée comme une certaine projection d'un cercle : dans cette projection flèche, corde et rayon sont les projections des éléments similaires du cercle, la relation ci-dessus subsistera donc, en affectant chacun des éléments d'un coefficient trigonométrique approprié. Mais on pourra ensuite réunir tous ces coefficients partiels en un coefficient unique c, qui sera spécifique à la fois de la position et de la latitude. On aura donc

$$VD = c\,\frac{E^2}{L};$$

les réductions absolues d'amplitude des deux pendules dans un même temps dt seront entre elles comme les valeurs de $\dfrac{E^2}{L}$, $\dfrac{E'^2}{L'}$, et les réductions relatives comme les valeurs de $\dfrac{E}{L}$ et $\dfrac{E'}{L'}$. Les réductions au bout d'une oscillation, pour l'un et l'autre pendule, seront proportionnelles à $\dfrac{E}{L}\theta$ et $\dfrac{E'}{L'}\theta'$.

Lorsqu'on passera d'une position à la suivante le coefficient c variera, mais la proportion ci-dessus demeurera constante. Elle subsistera de même lorsqu'on passera d'un battement impair au battement pair consécutif, ou inversement, le changement ne pouvant influer que sur le coefficient c.

Au bout d'un même nombre N de battements pour les deux pendules, les réductions seront donc dans le rapport $\dfrac{EL'\theta}{E'L\theta'}$; mais les temps que représente ce nombre N sont eux-mêmes dans le rapport de θ à θ'; les réductions dans un même temps absolu seront donc seulement dans le rapport $\dfrac{EL'}{E'L}$; ou bien les temps t et t' nécessaires pour obtenir une même réduction relative seront

$$\frac{t'}{t} = \frac{EL'}{E'L}.$$

Il semble naturel de délimiter les durées d'oscillations T, T′ à une même fraction des amplitudes initiales, celles-ci correspondant d'ordinaire à des angles d'écart avec la verticale très peu différents et toujours petits. On aurait alors pour les pendules de Genève et du Panthéon.

$$\frac{T'}{T} = \frac{6 \times 20}{3,25 \times 67} = 0,55.$$

En comptant 6 heures pour la durée du pendule du Panthéon, on aurait par ce calcul 3 heures 18 minutes pour celui de Genève, ce qui concorde suffisamment avec l'expérience.

La giration est donc la cause intrinsèque de la réduction des amplitudes. Dans le vide elle agirait seule selon la loi que nous venons de trouver. Dans l'air, réduisant intrinséquement l'amplitude des battements successifs, elle commande la réduction de vitesse de ces battements et par conséquent la résistance de l'air qui se subordonne au carré des vitesses : C'est donc la giration qui conduit le phénomène, la résistance du milieu ne faisant que l'intensifier à chaque instant.

8. *Conclusions et vérifications.* — La théorie du pendule de Foucault exposée dans nos Mémoires successifs (*) nous a fait comprendre :

1º Le mode de conicité sans torsion qu'affecte le mouvement du pendule;

2º La dissymétrie habituelle des deux battements d'une même oscillation;

3º L'inégale longueur des tranches abattues sur les tas de sable disposés à l'Orient ou à l'Occident;

4º L'inégale grandeur de la giration selon que le pendule bat dans le sens du parallèle, ou dans celui du méridien;

5º La cause et la loi de la réduction des amplitudes.

Aucun de ces points n'avait encore reçu d'explication, et dans la plupart des prétendues démonstrations du pendule de Foucault on les passe sous silence. Ils importent essentiellement, cependant, à l'intelligence des effets que peut produire le mouvement terrestre.

Les expériences d'un pendule écrivant, effectuées par la Société d'Astronomie populaire de Toulouse, ont confirmé nos vues sur ces divers points.

9. Le pendule était un boulet de fonte de 16 kg soutenu par une corde de piano de 0,7 mm de diamètre et de 28 m de longueur. Le dispositif

---

(*) Présentés aux Congrès de Dijon, de Nîmes et de Tunis.

écrivant consistait en un cornet de celluloïd, fixé au-dessous du boulet, rempli d'encre rouge, et prolongé par un stylet de toile. La trace du stylet était recueillie sur trois plans de papier disposés l'un sous la verticale, et les deux autres tangents au cercle de 28 m de rayon, aux deux extrémités de l'oscillation. La figure 3 reproduit les résultats obtenus

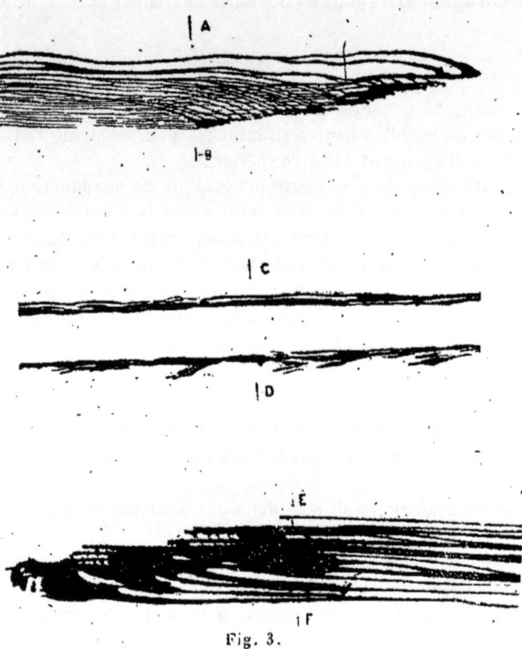

Fig. 3.

en 15 minutes, en partant de l'oscillation initiale de 1,82 m de longueur entre pointes, dans la direction Est-Ouest. On peut faire sur les tracés les remarques suivantes :

I. Le tracé de la partie centrale montre que le pendule a une trajectoire elliptique très allongée, et ne revient pas à la verticale; sinon à l'arrêt complet.

II. On voit en outre, sur les tracés Est et Ouest, que cette trajectoire se compose à chaque oscillation non d'une ellipse unique, mais de deux courbes distinctes et différentes, se coupant sous des angles nettement aigus.

III. La superposition des lignes, sur les mêmes tracés, fait voir que le sens du mouvement sur la trajectoire composite est le sens ENWS, c'est-à-dire *le sens du mouvement réel de la Terre.*

IV. Les courbes tournent et en même temps se raccourcissent : la trajectoire de l'oscillation est donc tropique; et l'on voit bien la distinction à faire entre le mouvement sur la courbe tropique, lequel a le sens que nous venons de dire, et le pivotement de la courbe ou giration, qui affecte *le sens* inverse, celui *de la marche des étoiles*.

V. Les dimensions relevées pour la giration sont inégales : à l'Est $ab = 16$ mm, à l'Ouest $ef = 20$ mm. Il y a de plus une différence de forme entre les deux pointes : à l'Est la pointe est nette; à l'Ouest il y a un rebroussement de stylet, rebroussement qui se traduit souvent par des taches d'encre. Inégalité et nuances de forme concordent avec notre théorie.

Le stylet de toile, en effet, se tient légèrement en arrière du prolongement du fil du pendule par rapport au sens du mouvement prédominant de ce fil. Or au début de chaque battement l'ellipticité se manifeste pour ainsi dire seule : elle croît jusqu'au droit de la verticale, puis décroît jusqu'à zéro. La giration, elle, partant de zéro, accumule ses effets, toujours dans le même sens jusqu'à la fin du battement, de telle sorte que, pour faibles que soient ces effets comparativement, ils prédominent tout de même à l'extrémité du battement, où l'ellipticité s'annule. Nous avons vu, d'ailleurs, que, bien que dans l'ensemble de l'oscillation la giration ait le sens négatif, elle n'a véritablement ce sens que dans la partie Nord de la trajectoire du pendule, et que dans la partie Sud, prise isolément, la giration serait positive. Dès lors toute l'écriture de la planche s'explique.

En arrivant à la pointe Est par la courbe Sud le stylet est guidé dans le sens positif, et quand il repart sur la courbe Nord, il ne cesse d'être guidé dans le même sens : le trait est donc net des deux côtés, étant seulement ralenti sur la pointe. En arrivant à la pointe Ouest, au contraire, le stylet est guidé dans le sens négatif : il devra repartir dans le sens positif, il s'arrête donc et se retourne sur place, déposant son encre, dans laquelle il s'empâte; il repart ensuite vivement, pour rattraper le temps perdu, et la première tangente de son parcours semble s'incliner à $45°$ sur la trajectoire Nord, qu'il vient de quitter.

10. La théorie nous a encore indiqué le sens sinistrorsum pour la giration, quand le pendule bat Nord-Sud, et l'existence d'une position intermédiaire de giration nulle. Ces deux résultats ont été observés, en effet, par M. d'Oliveira, à Rio-Janeiro, par latitude de $22° 54'$. Ils n'ont pas été constatés de même ailleurs. Mais la théorie a supposé une composition des mouvements libre, et la pratique ne réalise pas cette condition. Les pendules sont attachés à un point fixe : la composition du mouvement pendulaire avec le mouvement terrestre est par là gênée (*), et elle l'est plus ou moins selon les cas et selon les circon-

---

(*) Nous en avons fait la remarque en traitant de l'ellipticité (Mémoire de Dijon).

stances. Parmi celles-ci il y a lieu de prendre en considération surtout la masse du pendule, l'élasticité du fil et peut-être sa longueur, et enfin la latitude.

Nous poursuivons l'étude du mouvement pendulaire gêné.

M. L. MONTANGERAND,

Astronome adjoint à l'Observatoire, Toulouse.

SUGGESTIONS SUR LA CARTE PHOTOGRAPHIQUE INTERNATIONALE DU CIEL ET IDÉES NOUVELLES POUR LA DÉCOUVERTE DES ÉTOILES VARIABLES.

77.8 : 52.389.11 (∞)

27 Mars.

Au Congrès de l'*Association française* (Session de Toulouse 1910), j'ai eu l'honneur de présenter une Communication sur la *Carte photographique du Ciel* et de signaler quelques résultats nouveaux à attendre de l'étude des clichés, faits dans certaines conditions indiquées, de cette grande entreprise internationale.

Je désirerais, au Congrès actuel, communiquer quelques idées nouvelles, applicables à l'emploi de ces clichés de la Carte internationale ou à d'autres sujets de Photographie astronomique.

Pour la clarté de l'exposé je rappelle brièvement que les clichés de la Carte comportent trois poses d'égale durée (30 minutes chacune) formant des images disposées en triangle équilatéral de $\frac{1}{6}$ de millimètre de côté (dimension actuellement adoptée).

Parmi les recherches à poursuivre sur ces clichés, je voudrais insister sur la mesure des étoiles *doubles* ou *multiples*. On sait que l'on appelle *étoile double* un *couple* d'étoiles retenues l'une près de l'autre par l'attraction universelle et qui sont en mouvement relatif. Les *étoiles multiples* sont des *groupes* d'au moins *trois* étoiles ayant entre elles des dépendances mécaniques. Les étoiles multiples d'un degré très élevé sont les *amas*.

Or, la mesure des couples, groupes ou amas, sur les clichés de la Carte obtenus à plusieurs années d'intervalle, permettrait de savoir si les objets ainsi mesurés sont des ensembles purement *optiques*, le rapprochement étant produit par la perspective, ou sont véritablement des *systèmes* mécaniques et physiques. Il y a donc lieu de recommander l'étude à ce point de vue des clichés de la Carte. Cette étude n'est pas jusqu'ici systématiquement poursuivie dans les Observatoires.

A Toulouse, nous avons compris depuis longtemps l'intérêt de cette

recherche, car j'avais organisé, il y a plusieurs années déjà, sous la direction de M. B. Baillaud, ce service spécial de mesures qui a donné jusqu'ici de fort intéressants résultats. J'avais d'abord essayé la mesure par
coordonnées *polaires* : longueur de la droite joignant les composantes
et angle de position; mais, après de minutieuses comparaisons, j'ai
adopté le mode de mesure par coordonnées *rectilignes* en usage pour les
clichés du Catalogue, clichés allusionnés dans ma Note aux *Comptes rendus
de l'Académie des Sciences* de 1910.

Pour compléter, en attendant des Communications ultérieures, cette
suggestion sur les clichés de la Carte, je désirerais dire quelques mots
sur la reproduction de ces clichés, et conseiller un procédé pratique,
rapide et capable de donner de promptes découvertes sidérales.

J'indique que les clichés, portant un quadrillage servant de repère
et appelé *réseau*, sont agrandis *deux* fois en diamètre pour donner un
positif sur verre et, par une série d'opérations techniques très délicates,
des épreuves et cartes définitives sur papier. En corrigeant ce positif
et les épreuves successives, par comparaison avec le cliché *original*, on
fait disparaître les taches ou défauts qui pourraient gêner la lecture et
l'examen de la Carte une fois publiée et donner lieu à des méprises
dans l'identification des vraies images stellaires.

Cette comparaison s'effectue habituellement de la manière suivante :
l'original et la reproduction à corriger sont placés l'un à côté de l'autre
et la correction se fait avec l'aide d'une loupe que l'on porte successivement sur les deux pièces comparées. Or, ce procédé est assez pénible et
demande beaucoup de temps.

Pour obvier à ces inconvénients, j'ai proposé, il y a une quinzaine
d'années, d'utiliser l'appareil de physique appelé *chambre claire* dont on
connaît le principe : par l'emploi combiné d'une lentille et d'un prisme à
réflexion totale on peut *superposer* les images de deux objets identiques
juxtaposés. Si donc on prend une lentille grossissant deux fois on pourra
recouvrir mutuellement le cliché, vu grossi, et les épreuves qui en sont
tirées, comme je l'ai dit plus haut. J'ai fait de nombreux essais pour la
mise en œuvre de cet appareil; mais l'installation matérielle dont j'ai pu
disposer n'ayant jamais été complète, malgró mon désir, je n'ai pu aboutir
à tous les résultats attendus et qui sont précieux.

On comprend, en effet, que l'application de la chambre claire rendrait la correction des reproductions consécutives de l'original de la Carte
tout à fait aisée et sûre en supprimant le doute sur l'identité des images
stellaires et en permettant une comparaison rapide. En outre, en prenant
la précaution de remplacer la lentille par une glace à faces parallèles ne
donnant pas de grossissement, il serait facile de superposer deux ori-
ginaux faits à un intervalle de plusieurs années par exemple, et constater,
par une comparaison essentiellement commode et précise, s'il y a déplá-
cement des étoiles photographiées ou intervention d'astres mobiles ou
nouveaux, non communs aux deux clichés confrontés. On pourrait con-

clure ainsi de nombreux mouvements propres stellaires ou là découverte de corps célestes inconnus. Sans que j'insiste davantage, là fécondité de cette utilisation de la *chambre claire* se reconnaît immédiatement.

Comme on vient de le voir, l'étude appropriée des clichés de la Carte du Ciel, peut conduire à d'importants résultats, auxquels il faut ajouter, avec tant d'autres encore imprévus, ceux que j'avais signalés au Congrès de 1910. Parmi ces derniers, je rappelle ceux qui se rapportent aux étoiles *variables*. Pour la découverte de ces étoiles on peut recourir à des clichés obtenus dans d'autres conditions que celles requises pour la Carte, avec, par exemple, une *seule* pose au lieu de *trois*.

Ainsi, une région du Ciel étant soupçonnée de compter des variables ou une étoile suspectée de variabilité, on peut, pour remplacer les recherches visuelles ou photométriques habituelles, faire un cliché sur cette région ou cette étoile en déréglant l'horlogerie qui entraîne l'Instrument photographique, c'est-à-dire en donnant à cet appareil une marche différente de la vitesse du mouvement diurne. Le cliché placé dans son châssis étant abandonné, c'est-à-dire posant sans conduite de la part de l'observateur, les étoiles seront représentées sur la plaque une fois développée par des images allongées ou *trainées*. Ces trainées seront d'autant plus longues que la pose l'aura été davantage; ce qui sera facile dans les longues nuits d'hiver où l'on peut, dans nos climats, par exemple au moment du solstice, poser au moins 12 heures. Et cela sans fatigue, ni même présence continuelle de l'astronome, puisque celui-ci n'a pas à guider l'instrument. Le cliché développé montrera à l'examen si certaines trainées sont d'intensité inégale; dans ce cas on aura affaire à des étoiles variables. En été comme en hiver, on pourra toujours exposer au moins 6 heures, de 3 heures avant à 3 heures après le méridien, surtout pour des étoiles hautes en déclinaison. Car il faut évidemment éviter le voisinage de l'horizon, ce voisinage apportant une altération dans l'éclat des astres photographiés, donc des modifications étrangères dans l'intensité des trainées.

Pour des étoiles circompolaires voisines du pôle on pourra, puisqu'on reste toujours loin de l'horizon, avoir facilement, surtout en hiver, des expositions de plus de 12 heures. L'examen des clichés devra alors sûrement donner des résultats.

Pour les variables de période dépassant 12 heures, ce qui est le cas général, on pourra faire des expositions sur la même plaque à quelques jours d'intervalle, en ayant soin, par un petit déplacement de la plaque ou de l'instrument lui-même, de placer sur la gélatine les trainées successives des mêmes étoiles, voisines les unes des autres, ce voisinage devant permettre la comparaison des intensités des trainées correspondantes et faciliter ainsi, la reconnaissance des étoiles qui ont varié d'éclat dans l'intervalle des soirées de pose. On devrait étudier à ce point de vue les clichés existants portant des trainées circulaires autour du pôle.

C'est par un procédé comparable que j'ai personnellement vérifié la variation d'éclat de la planète Éros, variation constatée à l'opposition de 1900-1901, et déterminé la période de variabilité (Voir *C. R. Ac. Sc.*, du 11 mars 1901). Alors il n'avait pas été nécessaire de dérégler l'horlogerie; il me suffisait de suivre avec l'instrument sur une étoile quelconque comme guide; la planète, ayant un mouvement propre qui la fait se déplacer devant les étoiles ordinaires, avait marqué sur mes clichés des traînées de longueur très appréciable au bout de 3 heures. J'ai pu ainsi reconnaître pour la période de variation de cette curieuse planète la durée de 2 heures 38 minutes vérifiée par les déterminations ultérieures d'autres astronomes.

On peut aussi trouver des variables de la manière suivante : on met la plaque photographique dans son châssis à une position sensiblement *extra-focale* et l'on guide l'instrument. Alors, les images, au lieu d'être rondes et bien piquées, réduites à une tache *noire* et compacte, sont des cercles étalés et de teinte *grise* de diamètres appréciables et, d'ailleurs, agrandissables à volonté. Il faudrait alors mettre sur la même plaque, avec un intervalle de temps convenable, des images étalées d'une même étoile, en voisinage, et examiner comparativement les intensités du gris des images correspondantes.

Cette extra-focalité (produisant les *cercles stellaires* de JANSSEN) est une pratique déjà couramment employée actuellement pour comparer photométriquement deux étoiles différentes, mais je ne crois pas qu'elle ait été encore appliquée pour la comparaison des images rendues voisines d'une même étoile avec un certain temps d'intervalle, donc pour la recherche systématique des étoiles variables.

Toujours dans ce dernier ordre d'idées je voudrais, pour terminer cette Communication, signaler un moyen certain d'étudier rapidement les Amas d'étoiles. Étant donné ce que l'on sait de la cause de variation d'éclat de certaines étoiles [Algol (β Persée), entre autres, est fortement soupçonnée d'être dans ce cas], cause qui résiderait dans l'existence d'un astre relativement obscur près de l'étoile visible et passant périodiquement, dans un mouvement orbital, devant l'étoile principale qui ainsi varierait d'éclat assez rapidement, on comprend aisément que dans un amas d'étoiles, surtout un amas très riche en composantes, qui alors sont à des états bien divers d'éclat, il y ait souvent des passages de corps les uns devant les autres, donc de fréquents phénomènes de variation photométrique d'un grand nombre d'étoiles composantes. C'est ainsi qu'on a trouvé quelques amas très fournis comprenant de nombreuses variables; exemple : d'après M. PICKERING, l'amas M.30 contiendrait sur 900 étoiles examinées, 132 variables.

Je n'ai pu savoir, malgré mes recherches bibliographiques, par quelle voie, photométrie directe ou photographie, on a pu reconnaître ces variables d'Amas. Mais je propose de faire cette recherche de la manière suivante : on photographiera l'amas étudié avec des plaques de sensibilité aussi grande que possible, afin d'avoir des images d'un grand nombre dés étoiles composantes avec le minimum de durée d'exposition, quelques minutes par exemple; de cette façon on aura une représentation de l'amas à un moment donné très localisé. On refera ensuite, à quelques heures ou même moins d'intervalle, un autre cliché de même durée d'exposition ou non, ou bien une autre image de l'amas placé sur le premier cliché dans le voisinage de l'image primitive. La comparaison des images correspondantes fera, je le crois, découvrir très facilement les variables.

Je pense que c'est là le procédé le plus pratique et le plus commode pour étudier, au point de vue de la composition en variables, les nombreux amas globulaires et serrés du Ciel. Dans les amas très condensés, il doit même y avoir des variables de périodes très courtes. Peut-être pourrait-on sur les clichés de la Carte internationale, même sur ceux obtenus dans les conditions d'abord prévues (trois poses de 30 minutes *immédiatement* consécutives) trouver ces étoiles à courte période, surtout si les amas qui y sont photographiés sont placés sur les bords ou dans les coins des clichés, car là, les images sont déformées et allongées, donc plus propres à permettre la comparaison d'intensité relative des trois images d'une même étoile.

Comme on le voit, les clichés de la Carte du Ciel et ceux de Photographie astronomique générale sont susceptibles de nombreuses recherches ou applications, en dehors de leur fonction prévue de représentation de l'Univers sidéral à un moment donné de l'Histoire.

M. L.-F.-J. GARDÉS,

Notaire honoraire, Montauban.

CONCORDANCE DES CALENDRIERS GRÉGORIEN, JULIEN ET MAHOMÉTAN.

52-94-95 : 52-96 + 297

26 *Mars.*

1. CALENDRIERS JULIEN ET GRÉGORIEN. — Commençons par déblayer le problème de la question de la concordance entre les dates de ces deux calendriers. Il est nécessaire d'en dire un mot parce que, pour aller du calendrier grégorien au calendrier musulman et réciproquement, on serait tenu à des calculs assez compliqués que l'on évite en passant par le calendrier julien.

Le calendrier grégorien ne diffère de ce dernier, au point de vue qui nous occupe, que par la suppression de 10 jours faite le 4 octobre 1582 et en ce que, depuis lors, sur quatre années séculaires consécutives, trois doivent être communes au lieu d'être bissextiles. Le nombre total G des jours ainsi supprimés, nul jusqu'en 1582 (le 15 octobre), est donné, pour les années postérieures, par une formule que j'ai indiquée dans une Communication faite en 1896 au congrès de Carthage :

$$G = s - \frac{s}{4} - 2.$$

Dans cette formule s est la partie séculaire du siècle et $\frac{s}{4}$ un quotient entier, par défaut. — Pour le xxe siècle on a G = 13.

Pour passer du calendrier julien au grégorien, il suffit donc de tenir compte de cette quantité G : *une date julienne augmentée de G jours donne la date grégorienne correspondante — et une date grégorienne diminuée de la même quantité de jours donne la date julienne correspondante.*

Ces indications suffisent pour le calendrier grégorien, car lorsqu'on voudra en comparer une date à une date du calendrier mahométan, on commencera par rechercher la date julienne correspondante, de laquelle il sera facile de passer à la date cherchée au moyen du calcul indiqué dans la présente Communication.

2. CALENDRIERS JULIEN ET MUSULMAN. — Le calendrier mahométan est purement lunaire; l'année y est de 354 ou de 355 jours répartis en 12 mois de 30 et de 29 jours, alternativement, le dernier mois ayant 29 ou 30 jours suivant que l'année est *commune* ou *abondante.* L'ère mahométane date du jour de l'*hégire*, jour où le Prophète partit précipitamment de la Mecque pour aller à Yatub (Médine), c'est-à-dire du vendredi 16 juillet 622 de notre ère. Ce vendredi, pour les Arabes, commençait le 15 juillet à 6 h du soir, le commencement du jour étant fixé par eux au coucher du Soleil.

« L'ère mahométane étant entièrement fixée sur le mouvement de la Lune, dit Arago (*Astronomie populaire*, t. IV, p. 701), on ne peut exprimer une époque en années de l'hégire qu'à l'aide de calculs assez compliqués. »

Nous nous proposons de montrer que ces calculs sont très faciles et ne présentent aucune cause d'erreur pourvu qu'on y apporte un peu d'attention.

Il ne faut pas songer à trouver une période courte après laquelle les concordances avec les dates du calendrier julien se reproduiraient dans le même ordre; une telle période, en effet, devrait comprendre un nombre de jours qui soit un multiple de 1461 et de 10 631 (on verra plus loin ce que sont ces nombres), dont le plus petit commun multiple supérieur à 15 000 000 représente, en jours, exactement 42 524 ans juliens : elle serait peu pratique !

Il faut se borner à chercher un moyen simple et rapide : 1° de trouver, dans chacun des calendriers julien et mahométan, combien, depuis une date de l'un d'eux pour laquelle la date correspondante de l'autre calendrier est connue, il s'est écoulé de jours jusqu'à celui dont on cherche à connaître la date correspondante dans ce dernier, et 2° inversement, connaissant le nombre de jours écoulés depuis un jour dont les dates correspondantes dans les deux calendriers sont connues, jusqu'à une date donnée de l'un de ces calendriers, de déterminer dans l'autre la date correspondante.

1° Les musulmans ont une période de 30 ans, composée de 19 années communes et de 11 abondantes, placées dans un certain ordre, toujours le même, et cette période se reproduit constamment tous les 30 ans, depuis l'hégire. Le Tableau I ci-dessous, contient dans une' première colonne les numéros d'ordre des années d'une période et la lettre α, qui accompagne 11 de ces numéros, indique les années abondantes; dans a seconde colonne on trouve le nombre de jours écoulés depuis le commencement de la période jusqu'à la fin de chacune des années qui la constituent. On voit à la dernière ligne du Tableau que la période entière contient 10 631 jours : c'est l'un des nombres indiqués plus haut.

Toute date donnée d'une année musulmane dont le millésime serait H, indique que, depuis l'hégire jusqu'à cette date, il s'est écoulé (H — 1) années entières de 354 ou 355 jours, plus un certain nombre de jours de l'année H. Pour savoir combien (H — 1) années musulmanes contiennent de jours, il suffit de diviser (H — 1) par 30, opération donnant un quotient et un reste qui peut être nul. Le quotient entier indique combien, depuis l'hégire, en (H — 1) années, il s'est écoulé de périodes de 30 ans contenant chacune 10 631 jours; il n'y a donc qu'à multiplier 10 631 par ce quotient, ce qui donnera déjà un certain nombre de jours. Mais s'il y a eu un reste dans la division de (H — 1) par 30, ce reste représente un certain nombre d'années de 354 ou de 355 jours et le Tableau I indique de suite combien ce nombre d'années contient de jours. Il suffit d'ajouter ce nombre de jours à celui déjà trouvé pour avoir le nombre des jours contenus dans (H — 1) années mahométanes. Quant aux jours écoulés de l'année H, qu'il faudra ajouter à ce total, on peut les calculer facilement sachant que les mois musulmans ont alternativement 30 et 29 jours jusqu'au dernier qui cependant est de 30 jours dans les années abondantes. Mais on pourra éviter ce petit calcul en consultant le Tableau II ci-contre dans lequel, en regard du nom de chaque mois, on trouve dans une première colonne le nombre des jours dont il se compose, et, dans une seconde, le nombre des jours écoulés depuis le commencement de l'année jusqu'à la fin du mois précédent; en sorte qu'il suffit d'ajouter à ce nombre le quantième donné pour avoir le nombre des jours écoulés de l'année H, jusqu'à la date donnée comprise. Ainsi, par l'addition de deux ou trois nombres, on sait le nombre des jours écoulés depuis le 16 juillet 622 inclus, jusqu'à une date donnée quelconque du calendrier musulman. Nous verrons ci-après comment ce nombre de jours permet de trouver la date julienne correspondante.

Inversement, on peut se proposer, connaissant le nombre des jours écoulés depuis l'hégire, de déterminer la date à laquelle il conduit dans le calendrier musulman. Il suffit pour la trouver de diviser ce nombre de jours par 10 631 ; on obtient un quotient et un reste qui peut être nul.

TABLEAU I.

1........	354
2 α......	709
3........	1063
4........	1417
5 α......	1772
6........	2126
7 α......	2481
8........	2835
9........	3189
10 α......	3544
11........	3898
12........	4252
13 α......	4607
14........	4961
15........	5315
16 α......	5670
17........	6024
18 α......	6379
19........	6733
20........	7087
21 α......	7442
22........	7796
23........	8150
24 α......	8505
25........	8859
26 α......	9214
27........	9568
28........	9922
29 α......	10277
30........	10631

TABLEAU II.

Moharem............	30	0
Safar...............	29	30
Rébi-el-ewals........	30	59
Rébi-el-akir.........	29	89
Djoumada-el-ewals...	30	118
Djoumada-el-akir....	29	148
Redjeb.............	30	177
Schabàn............	29	207
Radaman...........	30	236
Schoual............	29	266
Djou'l-cadeh........	30	295
Djou'l-hedjeh........	29 ou 30	325

TABLEAU III.

Janvier.........	31		0	
Février........	28 ou 29		31	
Mars..........	31	59	ou	60
Avril..........	30	90	»	91
Mai...........	31	120	»	121
Juin..........	30	151	»	152
Juillet........	31	181	»	182
Août..........	31	212	»	213
Septembre....	30	243	»	244
Octobre......	31	273	»	274
Novembre....	30	304	»	305
Décembre....	31	334	»	335

Le quotient indique combien il s'est écoulé de périodes entières de 30 ans et le nombre de ces périodes multiplié par 30 donne déjà un certain nombre d'années. S'il y a un reste, on trouvera dans le Tableau I en regard du plus grand nombre de la seconde colonne contenu dans ce reste, un autre nombre d'années qu'il faudra ajouter au premier. Ce plus grand nombre, déduit du reste, peut laisser encore une différence inférieure à 355. Le plus grand nombre de la seconde colonne du Tableau II contenu dans cette différence sera en regard du mois cherché et le quantième de ce mois sera indiqué par le nombre des jours inutilisés pour les déterminations qui précèdent.

2° Tous les 4 ans dans le calendrier julien on compte 1461 jours. Toute date dans ce calendrier indique qu'il s'est écoulé jusqu'à elle depuis la naissance de J.-C. (ou du moins depuis le huitième jour après le jour supposé de cette naissance, car le point de départ a été reconnu faux) un certain nombre d'années juliennes entières (M — 1), si le millésime est M plus un certain nombre de jours de l'année M. En divisant (M — 1) par 4, on aura un quotient et un reste qui peut être nul. Le quotient exprimant le nombre des périodes de 4 ans contenu en (M — 1) ans sera multiplié par 1461 et donnera un certain nombre de jours; le reste sera 0, 1, 2 ou 3 et sera compté pour 0, 365, 730 ou 1095 jours, c'est-à-dire à raison de 365 jours par année comprise dans ce reste. On réunira ce nombre de jours à celui déjà trouvé et pour avoir le nombre total des jours écoulés dans l'ère chrétienne jusqu'à la date donnée il suffira d'ajouter au total le nombre des jours écoulés de l'année M; ce nombre est facile à calculer, lorsqu'on connaît la longueur des mois. D'ailleurs, le Tableau III, établi sur le même principe que le Tableau II, mais pour les calendriers julien ou grégorien, permettra de trouver ce dernier nombre sans calcul.

En procédant ainsi, on trouve que jusques et y compris le 15 juillet 622, il s'est écoulé $\frac{622}{4} \times 1461 + 365 + 181 + 15 = 227\,016$ jours. Dès lors, quand on aura calculé le nombre des jours du calendrier julien depuis l'origine de l'ère chrétienne jusqu'à une date donnée, il suffira de retrancher 227 016 de ce nombre pour savoir combien il s'est écoulé de jours depuis l'hégire jusqu'à cette date.

Inversement, étant donné un nombre de jours écoulés depuis et y compris le 16 juillet 622, si l'on y ajoute 227 016, on aura le total des jours depuis l'ère chrétienne. En divisant ce nombre par 1461 on saura combien depuis J.-C. il s'est écoulé de périodes de 4 ans, en sorte que le quotient obtenu multiplié par 4 donnera un certain nombre d'années auquel on ajoutera 0, 1, 2 ou 3 ans, suivant que du reste on pourra retrancher 0 fois 365 jours, 365, 730 ou 1095 jours. Si cette soustraction faite il reste encore des jours, dans la seconde colonne du Tableau III on cherchera le plus grand nombre qui puisse être contenu dans ce reste : en regard sera le nom du mois et le quantième sera donné par le nombre des jours restant inutilisés au-dessus de ce plus grand nombre.

3. *Exemples*. — 1° Soit donné le 14 Rebi-el-akir 1331 musulman. Le Tableau II montre que depuis le commencement de l'an 1331, il s'est écoulé jusqu'au 14 Rébi-el-akir, 89 + 14 jours. Il faut ajouter à ce nombre pour 1330 années entières écoulées, puisque 1330 = 30 × 44 + 10, 44 fois 10 631 jours, plus pour 10 ans, ainsi que l'indique le Tableau I, un nombre de jours égal à 3544. Total général cherché : 471 411 jours.

2° Soit 471 411 jours depuis l'hégire; ajoutons 227 016 à ce nombre, nous savons alors qu'il s'est écoulé depuis J.-C. jusqu'à la date cherchée 698 427 jours. En divisant ce nombre par 1461 on voit qu'il représente 478 périodes de 4 ans

soit 1912 ans plus 69 jours et le Tableau III indiquant que janvier et février
contiennent 59 jours, la date cherchée est le 10 mars après 1912 ans écoulés.
Donc la date julienne correspondant est 10 mars 1913; la date grégorienne
correspondante est le 10 × 13 ou 23 mars 1913.

3° Soit donné le 23 mars 1913 grégorien, ou ce qui revient au même le
23 — 13 = 10 mars 1913 julien. Comme on a 1912 = 4 × 478, il s'est écoulé
depuis J.-C. 478 × 1461 jours, plus (*voir* Tableau III) jusqu'au 10 mars
59 + 10 = 69 jours en tout 698 427 jours. Retranchons de là 227 016 et nous
aurons le nombre des jours écoulés depuis l'hégire jusqu'au 10 mars 1913 du
calendrier julien, c'est-à-dire jusqu'au 23 mars 1913 grégorien.

4° Enfin le nombre 698 427, étant donné comme écoulé depuis J.-C., diminué
de 227 016 donnera le nombre des jours écoulés depuis l'hégire jusqu'à la date
musulmane cherchée soit 471 411 jours. Ce nombre divisé par 10 631 indiquera
qu'il contient 44 périodes de 30 ans formant 1320 ans musulmans. Le reste 3647
donne (*voir* Tableau I) 10 ans pour 3544 jours, ce qui fait en tout 1330 ans
écoulés, plus un reste de 103 jours, qui d'après le Tableau II nous conduisent
(89 + 14) au 14 Rebi-el-akir de l'an 1331.

Ainsi le 10/23 mars 1913 correspond au 14 Rébi-el-akir 1331 musulman.

La méthode peut être résumée en une formule simple ou n et v sont les
restes des divisions indiquées

$$\frac{1461(M-1)}{4} - 227\,016 + n = \frac{10\,631(H-1)}{30} + v.$$

On prend les quotients entiers, et M ou H étant donnés, on en déduit H
ou M.

M. Jean-Charles CUÉNOD,

Elève au lycée Carnot, Tunis.

SUR UN MOYEN PRATIQUE POUR TROUVER RAPIDEMENT « LE JOUR DE LA SEMAINE CORRESPONDANT A UNE DATE DONNÉE ». COMBINAISON NOUVELLE DES CALENDRIERS DE « MORET » ET D' « INAUDI ».

52.9

24 Mars.

Si l'on jette un coup d'œil sur un calendrier d'une année non bissextile,
on remarque que, dans la même année, certains mois commencent par
le même jour de la semaine et que, par conséquent, tout le long du
mois, leurs quantièmes correspondent aux mêmes jours. Il en est ainsi
pour *janvier* et *octobre*. Si le 1ᵉʳ janvier est un lundi, le 1ᵉʳ octobre est

également un lundi et le 15 de même sera un lundi pour les deux mois, le 16 un mardi, etc.

Une corrélation analogue existe pour *septembre* et *décembre*, pour *avril* et *juillet*, et enfin pour les trois mois de *février*, *mars* et *novembre*. Les mois d'*août*, de *mai* et de *juin* sont chacun seul de leur espèce.

Le fait que, dans une année de 12 mois, il y a à plusieurs reprises des mois qui commencent par le même jour de la semaine est une chose nécessaire, la semaine n'ayant que 7 jours. Il faut de toute évidence qu'il y ait au moins 5 mois, comme c'est précisément le cas, qui soient la répétition (au point de vue jour et quantième) d'un autre mois.

On remarquera, d'autre part, que si

Janvier	commence par un Lundi.
Mai	commencera par un Mardi.
Août	commencera par un Mercredi.
Février	commencera par un Jeudi.
Juin	commencera par un Vendredi.
Septembre	commencera par un Samedi.
Avril	commencera par un Dimanche.

On peut donc sérier les mois ou groupes de mois et leur donner des numéros d'ordre de la façon conventionnelle suivante :

	Numéros.
Janvier et octobre...........................	0
Mai..	1
Août...	2
Février, mars et novembre....................	3
Juin...	4
Septembre et décembre........................	5
Avril et juillet.............................	6

La connaissance de cette série est déjà très utile pour trouver le jour de la semaine correspondant à une date quelconque d'une année non bissextile, à la condition que l'on sache *quel jour de la semaine était le* 1ᵉʳ *janvier* de ladite année, et que l'on ait présent à l'esprit le fait, connu de tous, que *dans un même mois* le 1ᵉʳ, le 8, le 15, le 22 et le 29 tombent le même jour de la semaine.

Exemple : Sachant que le 1ᵉʳ janvier de l'année courante 1913 était un *mercredi*, trouver quel jour de la semaine sera le 14 juillet de cette année ?

Nous savons que juillet possède le n° 6, ce qui veut dire que pour avoir le jour de la semaine correspondant au 1ᵉʳ juillet, il faut ajouter 6 jours au jour de la semaine correspondant au 1ᵉʳ janvier. D'autre part, nous savons que le 15 tombe toujours le même jour de la semaine que le 1ᵉʳ. Le 14 juillet sera donc 6 — 1 jour de la semaine après le 1ᵉʳ janvier. Le 14 juillet 1913 sera donc un *lundi*.

Ce petit calcul assez long à expliquer se fait de tête, avec une très grande rapidité, soit :

TABLE A.

(CALENDRIER PERPÉTUEL DE MORET.)

MARCHE A SUIVRE.

1° Chercher dans le Tableau I le nombre placé à l'intersection de la ligne contenant les chiffres du siècle et de la colonne contenant ceux de l'année.

2°. Reporter ce nombre dans la colonne extérieure du Tableau II, et chercher le nombre qui se trouve sur sa ligne à l'intersection de la colonne du mois.

Dans les années bissextiles (chiffres gras) prendre les mois de janvier et février marqués de la lettre B.

3° Rapporter le nouveau nombre ainsi trouvé dans la colonne extérieure du Tableau III. Sur la ligne et à l'intersection de la colonne du quantième se trouve le jour cherché.

Les années séculaires, toujours bissextiles dans le calendrier Julien, ne le sont, dans le calendrier Grégorien, que si elles sont divisibles par 400.

Les dates du 5 au 14 octobre 1582 n'existent pas dans le calendrier Grégorien (réforme grégorienne).

Abréviations. — m, mardi; M, mercredi.

ANNÉES.

00	01	02	03	..	**04**	05
06	07	..	**08**	09	10	11
..	**12**	13	14	15	..	**16**
17	18	19	..	**20**	21	22
23	..	**24**	25	26	27	..
28	29	30	31	..	**32**	33
34	35	..	**36**	37	38	39
..	**40**	41	42	43	..	**44**
45	46	47	..	**48**	49	50
51	..	**52**	53	54	55	..
56	57	58	59	..	**60**	61
62	63	..	**64**	65	66	67
..	**68**	69	70	71	..	**72**
73	74	75	..	**76**	77	78
79	..	**80**	81	82	83	..
84	85	86	87	..	**88**	89
90	91	..	**92**	93	94	95
..	**96**	97	98	99	..	..

SIÈCLES. — Tableau I.

n	Juliens	Grégoriens
0	0, 7, 14	17, 21, 25
1	1, 8, 15 — Jusq. 4 oct. 1582	
2	2, 9	18, 22, 26
3	3, 10	
4	4, 11 — Dep. le 15 oct. 1582, 15	19, 23, 27
5	5, 12	16, 20, 24, 28
6	6, 13	

Nombres (sous les colonnes des ANNÉES) :

n							
0	..	0	1	2	3	4	5
1	5	6	0	1	2	3	4
2	4	5	6	0	1	2	3
3	3	4	5	6	0	1	2
4	2	3	4	5	6	0	1
5	1	2	3	4	5	6	0
6	0	1	2	3	4	5	6

MOIS. — Tableau II.

Tableau II	Mai.	Août, Févr. (B).	Févr., Mars, Nov.	Juin.	Sept., Déc.	Avril, Juill., Janv. (B).	Janv., Octob.
1	2	3	4	5	6	0	1
2	3	4	5	6	0	1	2
3	4	5	6	0	1	2	3
4	5	6	0	1	2	3	4
5	6	0	1	2	3	4	5
6	0	1	2	3	4	5	6
0	1	2	3	4	5	6	0

QUANTIÈMES. — Tableau III.

Tableau III	1 8 15 22 29	2 9 16 23 30	3 10 17 24 31	4 11 18 25	5 12 19 26	6 13 20 27	7 14 21 28
1	D	L	m	M	J	V	S
2	L	m	M	J	V	S	D
3	m	M	J	V	S	D	L
4	M	J	V	S	D	L	m
5	J	V	S	D	L	m	M
6	V	S	D	L	m	M	J
0	S	D	L	m	M	J	V

Quel jour était, par exemple, le 6 juillet 1809 (bataille de Wagram)? Le Tableau I, à l'intersection de la ligne du siècle 18, et de la colonne de l'année 9, donne 1.

Le Tableau II, à l'intersection de la ligne 1 (chiffres gras extérieurs) et de la colonne contenant le mois de juillet, donne 0.

Le Tableau III, à l'intersection de la ligne 0 (chiffres gras extérieurs) et de la colonne du quantième 6, donne jeudi, jour cherché.

Ce calendrier se prête à la recherche inverse des dates correspondant à un jour de la semaine donné.

Quels ont été, par exemple, en 1900, les vendredis 13?

Cherchons dans le Tableau I le nombre correspondant à l'année 1900. C'est 2. Portons ce 2 dans la colonne extérieure du Tableau II (chiffres gras).

Cherchons dans le Tableau III, le vendredi qui se trouve dans la colonne du 13. Cela nous donne 1 dans la colonne extérieure. Cherchons enfin dans la ligne 2 du Tableau II le nombre 1 ainsi obtenu, il correspond aux mois d'avril et de juillet.

Il y a donc eu en 1900 deux vendredis 13, en avril et en juillet.

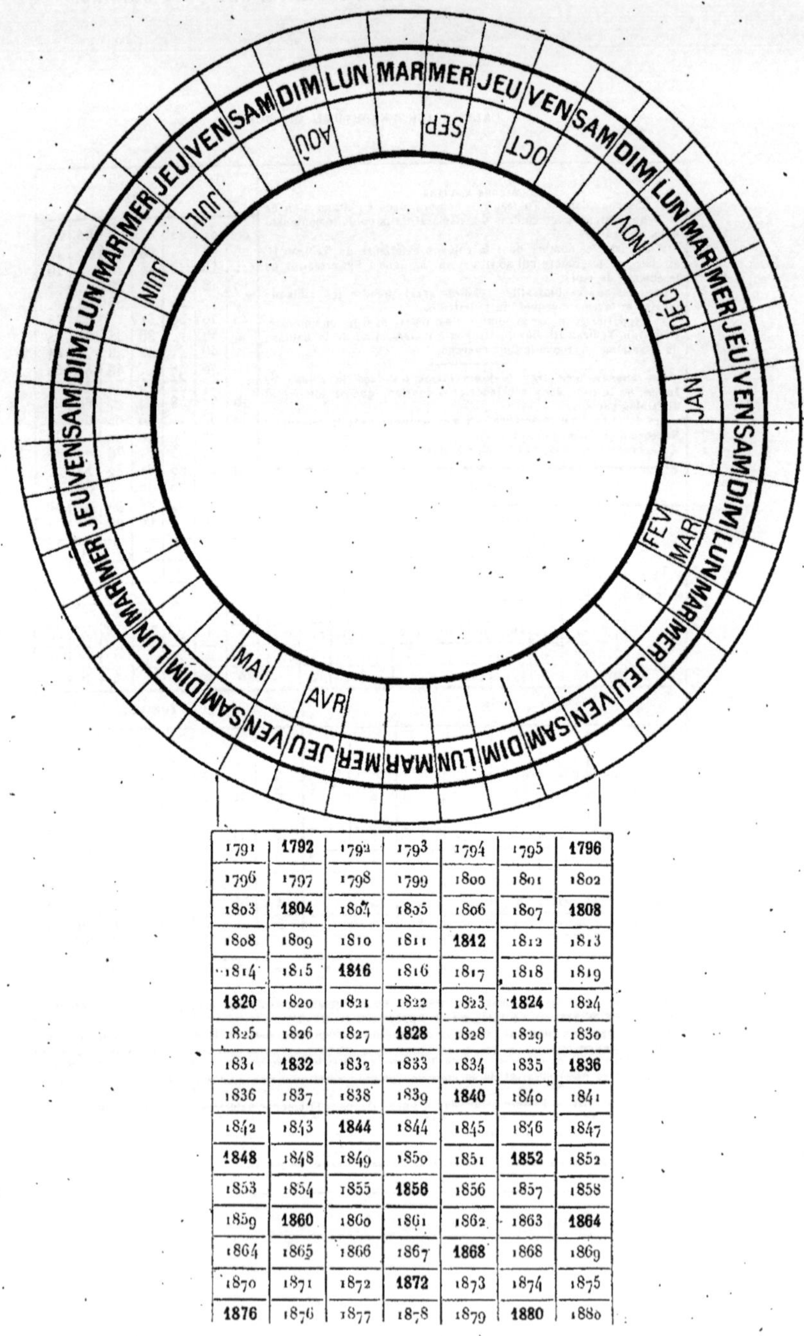

1791	**1792**	1792	1793	1794	1795	**1796**
1796	1797	1798	1799	1800	1801	1802
1803	**1804**	1804	1805	1806	1807	**1808**
1808	1809	1810	1811	**1812**	1812	1813
1814	1815	**1816**	1816	1817	1818	1819
1820	1820	1821	1822	1823	**1824**	1824
1825	1826	1827	**1828**	1828	1829	1830
1831	**1832**	1832	1833	1834	1835	**1836**
1836	1837	1838	1839	**1840**	1840	1841
1842	1843	**1844**	1844	1845	1846	1847
1848	1848	1849	1850	1851	**1852**	1852
1853	1854	1855	**1856**	1856	1857	1858
1859	**1860**	1860	1861	1862	1863	**1864**
1864	1865	1866	1867	**1868**	1868	1869
1870	1871	1872	**1872**	1873	1874	1875
1876	1876	1877	1878	1879	**1880**	1880

1881	1882	1883	**1884**	1884	1885	1886
1887	**1888**	1888	1889	1890	1891	**1892**
1892	1893	1894	1895	**1896**	1896	1897
1898	1899	1900	1901	1902	1903	**1904**
1904	1905	1906	1907	**1908**	1908	1909
1910	1911	**1912**	1912	1913	1914	1915
1916	1916	1917	1918	1919	**1920**	1920
1921	1922	1923	**1924**	1924	1925	1926
1927	**1928**	1928	1929	1930	1931	**1932**
1932	1933	1934	1935	**1936**	1936	1937
1938	1939	**1940**	1940	1941	1942	1943
1944	1944	1945	1946	1947	**1948**	1948
1949	1950	1951	**1952**	1952	1953	1954
1955	**1956**	1956	1957	1958	1959	**1960**
1960	1961	1962	1963	**1964**	1964	1965

$$1^{er} \text{ juillet} \dots 6$$
$$15 \text{ » } \dots 6$$
$$14 \text{ ». } \dots 5$$

Mercredi + 5 jours = lundi.

De la même façon nous trouverons immédiatement (novembre ayant le nᵒ 3) que la Toussaint sera cette année un *samedi* ou que l'Assomption (15 août) sera un *vendredi*, août ayant en effet le nᵒ 2 et le 15 étant le même jour que le 1ᵉʳ, il suffit d'ajouter deux jours à mercredi.

Cette série très importante sera plus facile à retenir sous la forme suivante :

> 0, 3, 3 = janvier, février, mars,
> 6, 1, 4 = avril, mai, juin,
> 6, 2, 5 = juillet, août, septembre,
> 0, 3, 5 = octobre, novembre, décembre.

C'est en somme une autre manière de numéroter les *réguliers solaires*. Pour les années bissextiles, il semble au premier abord que la série de 0 à 6 ne soit plus utilisable. Les groupements sont, en effet, complètement modifiés, mais en réalité, dans la pratique, il suffit de faire le calcul habituel en ne changeant rien pour janvier et février et en ajoutant 1 pour les autres mois.

Pour une année donnée, la date fondamentale à retenir est celle du 1ᵉʳ janvier. Nous venons de voir en effet que, soit pour une année bissextile, soit pour une année non bissextile, il suffit de savoir *quel jour de la semaine est le 1ᵉʳ janvier*, pour pouvoir, avec la plus grande rapidité,

TABLE C.

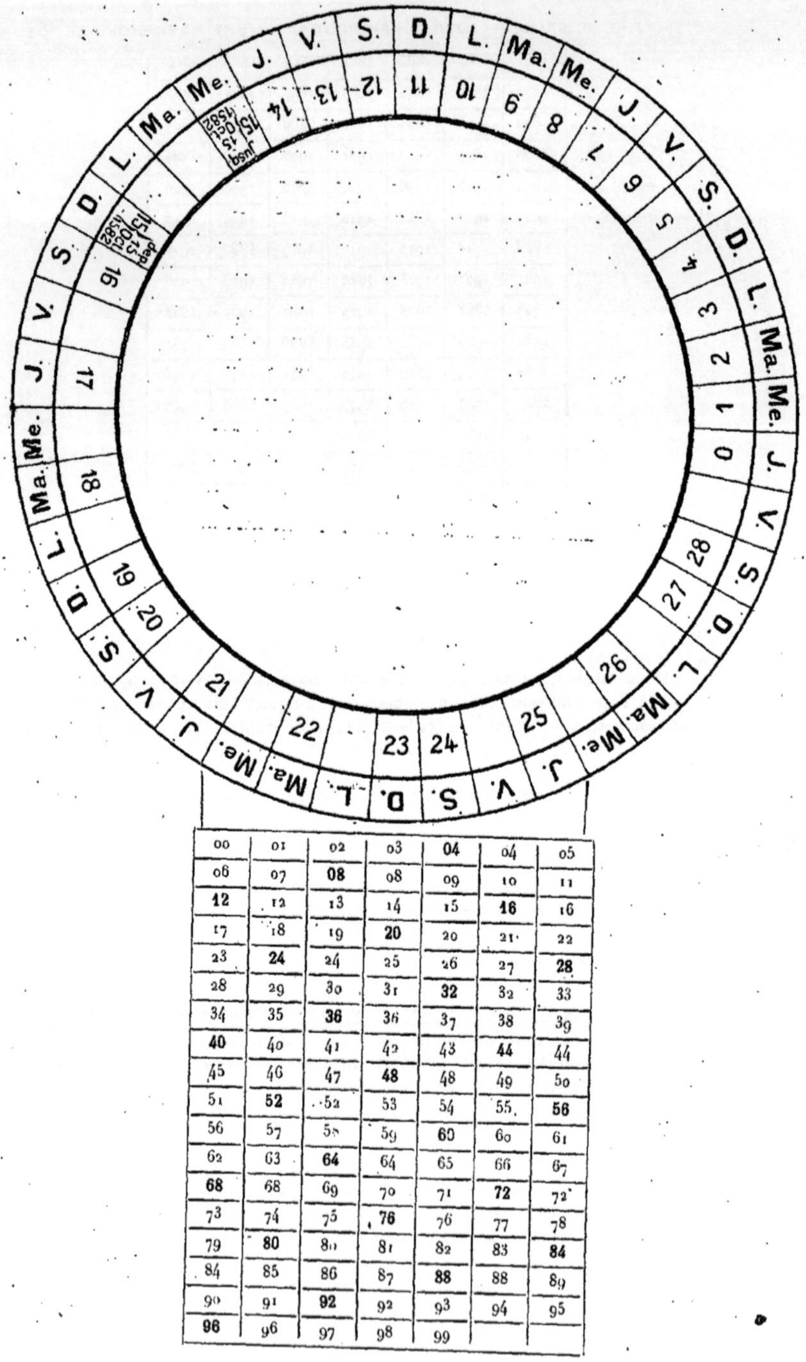

00	01	02	03	04	04	05
00	01	02	03	**04**	04	05
06	07	**08**	08	09	10	11
12	12	13	14	15	**16**	16
17	18	19	**20**	20	21	22
23	**24**	24	25	26	27	**28**
28	29	30	31	**32**	32	33
34	35	**36**	36	37	38	39
40	40	41	42	43	**44**	44
45	46	47	**48**	48	49	50
51	**52**	52	53	54	55	**56**
56	57	58	59	**60**	60	61
62	63	**64**	64	65	66	67
68	68	69	70	71	**72**	72
73	74	75	**76**	76	77	78
79	**80**	80	81	82	83	**84**
84	85	86	87	**88**	88	89
90	91	**92**	92	93	94	95
96	96	97	98	99		

trouver le jour de la semaine correspondant à une date donnée. Ce 1er janvier a une importance capitale, on peut donc l'appeler le *pivot* de l'année.

Maintenant, pour trouver, dans le courant d'un siècle, la date si importante du 1er janvier, il faut se servir de la formule suivante

Reste de la division de $\dfrac{A}{7}$ + quotient (sans se préoccuper du reste) de $\dfrac{A}{4}$,

dans laquelle A = les deux derniers chiffres (unités et dizaines) du millésime.

Soit, pour l'année 1832, A = 32 et, si l'on fait le calcul : reste de $\dfrac{32}{7} + \dfrac{32}{4}$,

$$4 + 8 = 12.$$

Ce chiffre 12 nous indique que, pour avoir le jour de la semaine correspondant au 1er janvier 1832, il faut compter 12 jours après le 1er janvier 1800 (*).

Il nous faut donc maintenant trouver le jour de la semaine correspondant au 1er janvier du siècle, ou plutôt celui de l'année qui précède immédiatement le siècle, et qui a comme l'on sait le même chiffre de centaines suivi de deux o. Ainsi, pour tout le xixe siècle, c'est-à-dire de 1801 à 1900, on prend comme point de repère le 1er janvier 1800. De même pour le xxe siècle le point de repère sera le 1er janvier 1900.

Les remarques qui précèdent sont certainement les données fondamentales sur lesquelles ont été construits la plupart des calendriers dits *perpétuels* dont le plus connu est celui de *Moret*.

Le calendrier de Moret (Table A), qui se compose de trois Tableaux, est entièrement perpétuel ou tout au moins peut servir aux recherches de l'an 1 à l'an 2899, tenant compte bien entendu des bissextiles et du passage de l'ancien au nouveau style en 1582. Mais les recherches sur ce calendrier sont un peu longues et compliquées.

Plus récemment, a paru le calendrier populaire d'*Inaudi* (Table B) infiniment plus pratique : il se compose d'une roue tournante sur laquelle sont inscrits les mois et les jours de la semaine, et d'un Tableau de sept colonnes où sont sériées les années. Il suffit de mettre en regard une portion du disque tournant avec les colonnes pour trouver le jour cherché. Mais le calendrier d'Inaudi ne va que de 1791 à 1965.

Il m'a paru intéressant et utile de combiner d'une façon pratique les deux calendriers en conservant, avec des modifications importantes, la roue si originale d'Inaudi. et en remplaçant son Tableau d'années par une portion de celui de Moret (Table C). Le nouveau calendrier perpétuel ainsi formé est à la fois plus pratique que celui de Moret et de plus longue durée que celui d'Inaudi.

(*) Cette formule est applicable à tout le calendrier *Julien*. Dans le calendrier Grégorien, où l'on supprime 3 années bissextiles en 400 ans, les millésimes terminés par oo sont justiciables de cette formule, lorsqu'ils sont divisibles par 400. Quand ils sont divisibles par 400, il faut ajouter 1 à la formule.

La modification apportée à la roue d'Inaudi consiste essentiellement à y inscrire les numéros des siècles de façon à trouver facilement le 1er janvier d'une année quelconque. Ceci trouvé, on obtient aisément de tête, comme je l'ai dit au début, le jour de la semaine correspondant à une date quelconque. -

Cette question un peu compliquée de la recherche du jour de la semaine correspondant à une date donnée ne manque pas d'intérêt. Le problème est relativement simplifié par les calendriers dits *perpétuels* et la modification que je propose me paraît y apporter une nouvelle simplification. On se prend toutefois à regretter que tous les mois de l'année ne soient pas sur le même modèle, et à désirer bien vivement pour l'avenir une nouvelle réforme du calendrier, qui rendrait inutile, pour les dates à venir, la plupart de ces calculs.

Peut-être le Congrès de l'Association Française pour l'Avancement des Sciences, s'il ne l'a pas encore fait, pourrait-il une fois ou l'autre s'intéresser à cette question et formuler un vœu dans ce sens.

NAVIGATION (AÉRONAUTIQUE),
GÉNIE CIVIL ET MILITAIRE.

M. le Dr AMANS (*),

Montpellier.

AÉRODYNAMIQUE DE QUELQUES CARÈNES ANIMALES.

533.6 (o1)

24 *Mars.*

Les carènes sont placées dans une rivière aérienne de la vitesse homogène et constante de 4,5o m environ à la seconde, et à des incidences variables. Les balances me permettent de déterminer les résistances en grandeur, direction et point d'application; je donne ces résistances en grammes, sans me préoccuper des coefficients unitaires, et cela me suffit pour comparer les formes de carènes.

Parmi les formes étudiées, j'en présenterai trois seulement le *Dytique* (c'est le nom d'un coléoptère amphibie), l'*ornithique* (carène schématique d'Oiseau) et un ovoïde de révolution (**).

Dytique.

Sur un prisme de bois blanc, je façonne à la scie et à la râpe une carène de Dytique de 152 mm. de grand axe. Le centre de gravité de ce solide est dans le plan sagittal (***), à peu près sur le milieu du grand axe; il est un peu plus rapproché du ventre que du dos. Il doit en être de même pour le *centre de carène* de l'animal, c'est-à-dire pour le centre de gravité du volume d'eau déplacée. Ne pas confondre ce point avec le centre massique, ou *centre de gravité* proprement dit de l'animal.

(*) Un résumé de ce travail a déjà été présenté au Congrès de Nîmes.

(**) La place me manque ici pour décrire certains détails d'expérimentation. J'ai dû aussi supprimer la comparaison géométrique des carènes, celle qui a trait aux contours apparents. Un texte plus complet de ce Mémoire se trouvera dans la *Technique Aéronautique.*

(***) Terme adopté par les anatomistes pour désigner le plan vertical de symétrie bi-latérale.

Dans les figures 2, 3 et 4, P désigne le *profil* sagittal, H *l'horizon* ou projection sur un plan parallèle aux axes *ap* et *ll,*, F le *front* ou projection de la carène sur un plan perpendiculaire aux deux autres.

Une fois cette mesure prise, je scie le modèle en deux suivant le plan sagittal, et je vide chaque moitié au moyen de gouges, et de riflards, de manière à ne laisser que 4 à 5 mm d'épaisseur de bois, puis je recolle les deux moitiés. Cette opération a pour but de diminuer le poids, afin de moins fatiguer les couteaux de mes balances.

Je perce ensuite de part en part au moyen de mèches cylindriques, suivant trois directions rectangulaires céphalo-caudal passant par le centre de carène; l'une d'elles est le grand axe.

Si l'on emmanche le modèle suivant le grand axe, qu'on le place hori-

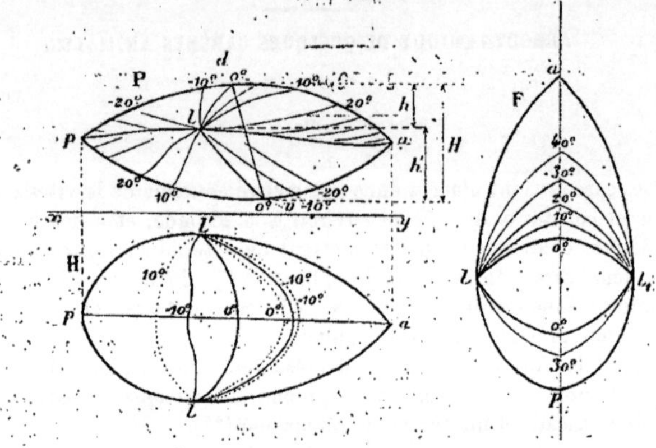

Fig. 1.

zontal, perpendiculaire au courant, et qu'on le fasse tourner comme un poulet à la broche, on aura pour chaque position des effets de dérive et de roulis, fonction de cette position. En emmanchant suivant la direction dorso-ventrale, on aura surtout des effets de dérive, de virage et, suivant l'axe transversal ou bilatéral, des effets de montée et de tangage.

Je me bornerai à l'étude des vents situés dans les trois plans perpendiculaires entre eux : *sagittal*, *horizontal* et *frontal*. On peut encore dans chaque plan distinguer des *vents debout ou vents arrière*, *des vents ascendants ou descendants*, *et des vents de travers*.

La surface d'horizon (*) de ce Dytique est de 90 cm²; le front a 22 cm², et le profil 48 cm². On peut prévoir d'après ces chiffres qu'un vent debout horizontal donnera le minimum de résistance, un vent vertical le maximum, et un vent de travers une résistance intermédiaire. Je vais donner

---

(*) J'appelle laconiquement *horizon* la projection horizontale maximum du modèle, *front* la projection sur un plan de travers, *profil* la projection sur le plan sagittal. Il m'arrivera aussi par habitude de Géométrie analytique de désigner par xz le plan sagittal, xy, le plan horizontal, et yz le plan transversal ou frontal.

les mesures de résistance suivant que le vent souffle dans le plan de profil ou sagittal, dans le plan horizontal, ou dans le plan transversal ou frontal.

Vent sagittal. — L'incidence du vent α est celle que fait le grand axe du modèle avec la direction du vent. En regard de l'incidence sont notées en grammes la *montée* ou composante verticale, et la *traînée* ou composante horizontale. Il suffit de composer ces deux forces pour avoir la résistance en grandeur et en direction. Quant à sa position exacte, elle est donnée par le rapport $\dfrac{ac}{ap}$, exprimé en centièmes : ainsi le rapport 33 % signifie que la résistance du vent rencontre le grand axe ap en un point c tel que $\dfrac{AC}{AB} = 33$ %. On peut convenir d'appeler ce point c le *centre de poussée.*

α	Montée.	Traînée.	$\dfrac{ac}{ap}$
°			%
0	0	1,75	//
10	1,25	2,5	20
20	3,75	3	33
30	4,5	4,5	34
40	6,25	6,5	38
50	6,75	8,5	40
70	2,75	9,75	//
90	0	11	50
—10	—1,5	2,25	31

Remarques. — 1° A 0°, la ligne de résistance est horizontale, et passe à 4 mm environ au-dessus du grand axe AB.

2° Le rapport $\dfrac{ac}{ap}$ varie dans le même sens que l'incidence ; nous savons que c'est là un facteur important de stabilité longitudinale automatique.

3° La montée maximum correspond à 50°, où elle atteint les 61 % de la résistance orthogonale, celle de 90°.

J'ai déjà noté cette incidence de 50° pour le fuselage de la Mouette, et pour les ailes naturelles, séchées en forme *calotte*, c'est-à-dire à forte concavité proximale et torsion négative.

4° Comparons les résistances à 0° et 90°, c'est-à-dire 2,5 g et 11 g avec les surfaces de front 22 cm² et d'horizon 90 cm². Les chiffres sont sensiblement proportionnels. Cependant, il faut ici distinguer entre la face ventrale et la dorsale ; la résistance sur la face dorsale est un peu plus grande : 12,5 au lieu de 11.

Nous avions trouvé pour la Mouette une différence bien plus considérable. On peut dire d'une manière générale que plus la dissymétrie dorso-ventrale est accusée, plus différentes sont les résistances orthogonales du vent descendant et ascendant. Cette dissymétrie est beaucoup plus accusée chez les Oiseaux que chez le Dytique.

Vent horizontal. — La figure 2 montre la graduation adoptée pour indiquer la direction du vent; il souffle de l'AV de o° à 90°, ou de l'AR de o° à 90°.

J'ai mesuré les composantes t, normale à la direction du vent et r dans la même direction. Il m'a paru plus intéressant, puisque le plan sagittal est celui de la trajectoire, de connaître les composantes, l'une r_1 dans

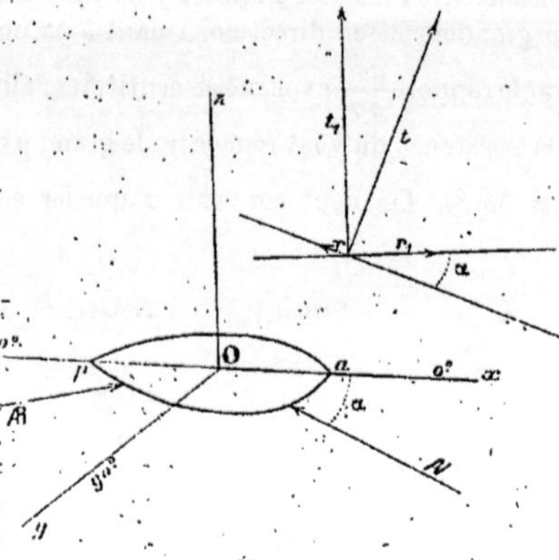

Fig. 2.

ce plan, et l'autre t_1 normale à ce plan; la première r_1 est suivant les cas une *force de recul ou d'avancement*, l'autre t_1 une *force de dérive*. Elles se déduisent aisément des formules.

$$t_1 = t \cos\alpha + r \sin\alpha,$$
$$r_1 = r \cos\alpha - t \sin\alpha.$$

$\alpha.$	N.				AR.			
^{o}	$t.$	$r.$	$t_1.$	$r_1.$	$t.$	$r.$	$t_1.$	$r_1.$
0	0	1,75	0	1,75	0	2	0	2
10	0,25	2	0,58	1,92	$<$0,25	2,5	0,61	2,42
20	0,5	2,25	1,23	1,94	0,5	"	"	"
30	0,75	2,5	1,89	1,78	0,75	3	2,14	2,21
50	1	3	3,58	1,20	1,25	3,5	3,46	1,29
70	1	4	4,10	0,42	1,25	4	4,18	0,19
90	—0,5	5,5	5,5	—0,5	—0,5	5,5	5,5	—0,5

Remarques. — 1° La bordée ou dérive maximum est à la traînée maximum (*voir* le Tableau précédent) dans le rapport $\dfrac{5,5}{11} = \dfrac{1}{2}$; il est un peu plus faible que le rapport des maîtres-couples correspondants $\dfrac{28 \text{ cm}^2}{90 \text{ cm}^2}$. La disproportion est plus accusée si on compare la traînée à $0°$ à la traînée maximum 11; le rapport est $0,15$ tandis que celui des maîtres-couples correspondants est $\dfrac{22}{90} = 0,24$.

2 Il y a très peu de différence entre les bordées t_1 par AV ou par AR. Les traînées longitudinales r_1 sont plus grandes par vent arrière.

Le Dytique n'est pas un modèle de bon fileur, — mais il nous donne quelques indications utiles pour les sous-marins. Il y aurait profit pour ceux-ci à avoir le moins de dérive possible; pour cela, il faudrait renoncer aux sections circulaires. Les ingénieurs ont adopté un pourtour circulaire, comme résistant le mieux aux pressions, mais on a ainsi moins de stabilité de position. On pourrait pour les sections transversales s'inspirer du Dytique, et avoir quand même une sécurité suffisante contre la pression externe.

$3°$ De $80°$ à $90°$, il n'y a pas de recul, il y a de l'avance. Cela signifie qu'un solide de forme Dytique, poussé alternativement à droite et à gauche à $90°$ sur sa direction longitudinale, est en même temps poussé d'arrière en avant : *lorsqu'un tel esquif est battu latéralement par la houle, la propulsion est automatique.*

Vent transversal frontal. — L'axe longitudinal est placé horizontal, perpendiculaire au courant. On le fait tourner d'un angle $\mu < 0°$, suivant que l'axe transverse bilatéral ll_1 monte ou descend par rapport au plan horizontal du courant d'air; le zéro est sur l'axe transverse.

Les balances me donnent les composantes habituelles horizontale (r) et verticale (q). Celles-ci à leur tour peuvent se transformer en q_1 dirigée suivant Oz, et t_1 suivant Oy; l'une q_1 est ascendante ou descendante; l'autre t_1 est une bordée, une dérive. Nous supposerons donc que le Dytique est immobile, son grand axe et le bilatéral horizontaux, et qu'il est tout à coup assailli par un vent de travers vertical dans le plan yz. Ce vent est ascendant, s'il souffle de bas en haut, descendant de haut en bas.

	Ascendant.			Descendant.	
$\mu.$	$q_1.$	$t_1.$	$\mu.$	$q_1.$	$t_1.$
0			0		
0	2	$5,5$	10	$1,51$	$5,80$
20	$4,73$	$4,45$	20	$2,17$	$6,01$
30	$6,15$	$3,97$	30	$1,57$	$7,14$
50	$6,14$	$5,82$	50	$2,84$	$10,51$
60	$7,49$	$5,51$	60	$5,41$	$10,59$
70	$9,22$	$3,88$	90	$12,5$	0
90	11	0			

Remarque. — Le vent descendant ou dorsal donne une abattée bien plus faible que la montée produite par le vent ascendant ou ventral. Ce n'est qu'à partir de $60°$ que l'abattée grandit rapidement; par contre la bordée est plus grande qu'avec vent ascendant. En somme, le vent dorsal agit surtout dans le sens latéral, et le vent ventral dans le sens vertical.

Ovoïde ornithique.

C'est une carène d'oiseau, un peu schématique en ce sens que j'ai supprimé la tête et le cou. Ces organes ont des fonctions autrement importantes que celles de coupe-vent ou de balancier; nous pouvons pour le

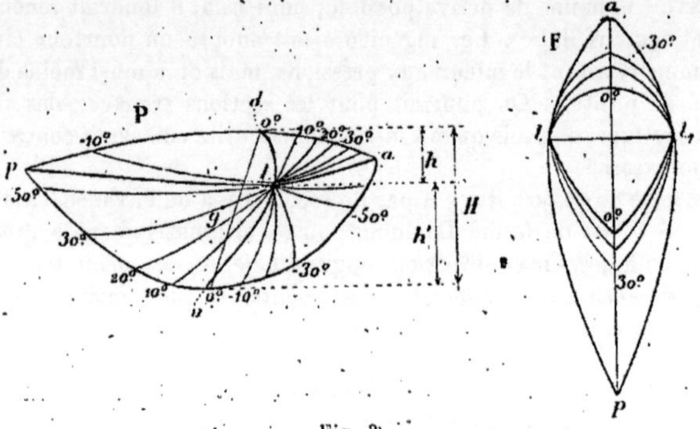

Fig. 3.

moment négliger ces organes, sauf plus tard à les ajouter. On comparerait les résistances avec ou sans ces organes.

Les grandeurs des axes sont :

ap. Axe longitudinal...................... 152mm
ll_1. » bilatéral........................... 54
dv. » dorso-ventral....................... 64

Hauteur frontale : $H = 61$.

Le contour apparent de front est une stomatoïde comparable à celle des Poissons, c'est-à-dire que les points ou sommets bilatéraux ll_1 sont en avant du dorsal et du ventral, au lieu d'être en arrière comme chez le Dytique; ils sont en outre situés au tiers supérieur du profil $\left[h = \frac{1}{3} H \right.$

$\left. (fig.\ 3\ P) \right]$.

L'axe dorso-ventral (dv) est incliné sur le long axe, d en avant de v.

Le centre de carène est au 41 % dorsal et au 42 % antérieur.

Les surfaces des projections sur les trois plans principaux sont :

Horizon = 42 cm²; Profil = 56 cm²; Front = 26,5 cm².

Je donnerai successivement les résistances, lorsque le vent varie d'incidence soit dans le plan sagittal, soit dans le plan horizontal, soit dans un plan transverse vertical.

Vent sagittal. — Le grand axe est dans le plan vertical du courant, et fait avec celui-ci des angles variables.

α.	Montée.	Traînée.	$\dfrac{ac}{ap}$
°			°/₀
0	0	0,45	//
10	0,25	0,50	14
20	0,75	1	21
30	1	2	27
40	1,25	2,80	//
50	1,75	3,80	35
60	1	5	//
70	0,25	6,25	//
90	—0,50	5,75	35
—10	//	1	//
—20	//	2,75	//
—30	//	3,50	//
—90	//	10	//

Remarques. — 1° Le rapport des traînées à $\pm$ 90° est $\dfrac{10}{5,75} = 1,73$; ce chiffre élevé est dû à la forte dissymétrie dorso-ventrale; il était 1,5 chez la Mouette empaillée.

2° On sait que théoriquement, on représente la résistance totale sur un plan par une force normale à ce plan. Dans la pratique, on a affaire à des solides ayant plus ou moins d'épaisseur, et des surfaces plus ou moins courbes. Dans le cas particulier du Dytique et de l'ornithique, on voit que la résultante est bien loin d'être normale à l'axe longitudinal, qui sert de ligne de repère pour les incidences.

A 20° par exemple, elle fait avec la normale à cet axe un angle de 34°; voici les valeurs ω de cet angle, en fonction de l'incidence α pour le Dytique et l'ornithique.

α.	Ornithique. ω.	Dytique. ω.
°	°	°
10	56	53
20	34	19
30	34,5	1,1
50	63,5	1
70	17	2,5

L'écart de la normale est beaucoup moins grand avec le Dytique. En ajoutant α à ω, on a l'angle φ de la résultante avec la verticale, et l'on sait que tangφ est une valeur très étudiée en Aéronautique (*): c'est le rapport $\dfrac{\text{traînée}}{\text{montée}}$. Il est plus faible chez le Dytique que chez l'orni-

---

(*) J'ai le premier donné les courbes de tang φ, et montré la supériorité des zooptères à ce point de vue (*Aéronaute*, janvier 1910).

thique, par suite de meilleure qualité pour la navigation; c'est une qualité précieuse pour la navigation sous-marine.

Faut-il en conclure que le fuselage ornithique est mal adopté à son rôle aéronautique? Nullement. Ce rôle est de fendre l'air avec le minimum de traînée, et au voisinage de $0°$, de $— 10°$ à $+ 10°$, cette traînée est très faible. Peu importe que les montées soient elles aussi très faibles : ce sont les ailes et non le fuselage, qui *aux vitesses habituelles* donnent les montées indispensables au vol, tandis que le Dytique est presque équidense avec le milieu. Ses pattes propulsent, et le fuselage fait monter (*).

$3°$ La ligne de poussée est plus rapprochée de l'avant que chez le Dytique pour une même incidence. Elle est toujours située en avant du centre de carène, même à $90°$, tandis que chez le Dytique, elle passe par le centre. Il faut remarquer que mon ornithique est sans queue; s'il avait une queue, la ligne se rapprocherait, plus ou moins, du centre de carène (**).

Dans les deux types, la ligne de poussée a l'allure de stabilité automatique (voir *fig.* 5).

Vent de travers horizontal. — Les lettres t et r désignent les composantes suivant la direction du vent, et normalement à cette direction; t_1 et r_1 sont les composantes suivant l'axe céphalo-caudal, et normalement au plan sagittal N désigne vent debout, et R vent arrière.

| | $N.$ | | | | | $R.$ | | | |
$\alpha.$	t'	$r.$	$t_1.$	$r_1.$	$\alpha.$	$t.$	$r.$	$t_1.$	$r_1.$
0....	0	0,45	0	0,45	0....	0	2,75	0	2,75
10....	0,5	2,5	0,91	2,36	10....	0,25	2,9	0,73	2,8
20....	1,5	3	2,43	2,65	20....	0,75	3,25	1,8	2,8
30....	2,5	3,25	3,77	1,54	30....	1,5	3,75	3,16	2,47
50....	3,25	4,5	5,5	0,41	50....	2,75	5	5,56	1,11
70....	3	6,25	6,89	—0,70	70....	1,25	6,25	6,29	0,95
90....	0,5	7	7	—0,5					

Remarques. — $1°$ Supposons un tel solide assailli par un vent debout latéral; il tendra à reculer, mais jusqu'à $56°$ environ. A partir de cette incidence, et *a fortiori* avec les vents arrière, il sera poussé en avant.

$2°$ Les dérives t_1 à $90°$ sont plus élevées que chez le Dytique, relativement aux surfaces de profil .

(*) En combinant son action avec la flottabilité positive de l'animal, car s'il ne s'accrochait pas avec ses pattes, au fond de l'eau, il remonterait automatiquement comme un bouchon.

(**) Le centre de gravité d'un oiseau est un point tout différent dont la position n'a jamais été déterminée d'une manière irréprochable. Tout ce qu'on peut déduire de l'anatomie, c'est que les parties les plus lourdes ont une position ventrale : les préparations du professeur Vialeton sont très démonstratives à cet égard.

	Dérives.	Profil.	$\dfrac{\mathrm{R}}{\mathrm{S}\,v^2}$ (*).
		cm²	
Ornithique.......	7	42	0,083
Dytique...........	5,5	48	0,058

Il faut cependant faire attention que chez les Oiseaux, les phénomènes peuvent être modifiés par l'action des ailes : celles-ci, comme je l'ai jadis supposé, et plus tard vérifié expérimentalement jouent un *rôle de distributeur : les ailes changent la direction et la quantité de mouvement des molécules aériennes.*

Chez le Dytique, au contraire, il n'existe aucun organe latéral pour produire de telles modifications, du moins dans l'eau : n'oublions pas que cet animal exceptionnel a deux ailes membraneuses, soigneusement repliées sous les élytres; il sait au besoin les étaler, et quitter, à tire-d'aile, ses mares et ses ruisseaux; c'est à la fois un aéro, un submersible et surtout un sous-marin autonome.

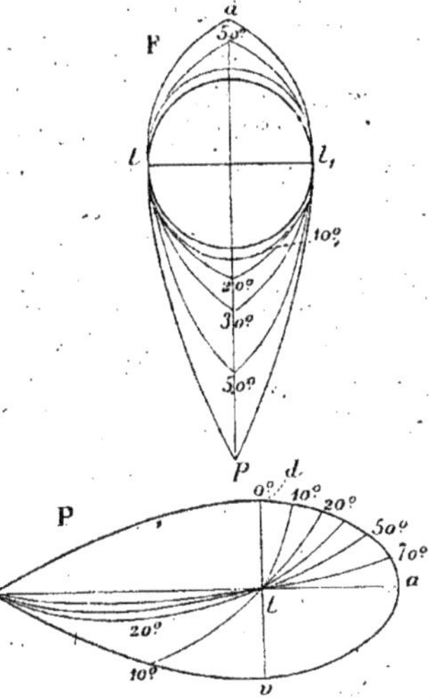

Fig. 4.

Vent de travers vertical. — Je suppose le solide immobile, l'axe céphalocaudal horizontal, et le vent soufflant de travers dans un plan vertical; l'angle μ de sa direction avec l'axe transverse = 0° quand il souffle horizontalement.

μ.	Ascendant.		Descendant.	
	q_1.	t_1.	q_1.	t_1.
o				
0...........	1,75	7	1,75	7
20...........	3,46	5,92	2,65	7,33
30...........	3,25	5,59	3,57	7
50...........	2,13	6,34	4,74	5,94
60...........	2,85	6,52	5,36	5,42
90...........	5,55	0	7	0

L'action la plus remarquable est celle *du vent de travers horizontal* ($\mu = 0°$) il *produit une montée considérable.*

(*) $\dfrac{\mathrm{R}}{\mathrm{S}\,v^2}$ est le *coefficient unitaire.* J'ai pris $v = 4,5$ m d'après les mesures avec un anémomètre Richard, à la pression de 760 et 20° environ de température. N'ayant pas une confiance absolue dans les chiffres anémométriques, j'ai préféré dans mes Tableaux donner seulement les forces en grammes, et non les R_x et R_y des Tableaux Eiffel.

Ovoïde de révolution.

Cette forme n'existe pas en navigation animale (*); j'ai cru bon cependant de l'étudier comme terme de comparaison avec les deux précédentes. En voici les données :

Longueur du grand axe............... 150 mm

Maître-couple au tiers antérieur.

Diamètre du maître-couple........:.... 63 mm
Surface du maître-couple............. 31 cm²
Surface du profil.................:.... 55,5 cm²

Vent sagittal. — J'étudierai seulement les vents debout.

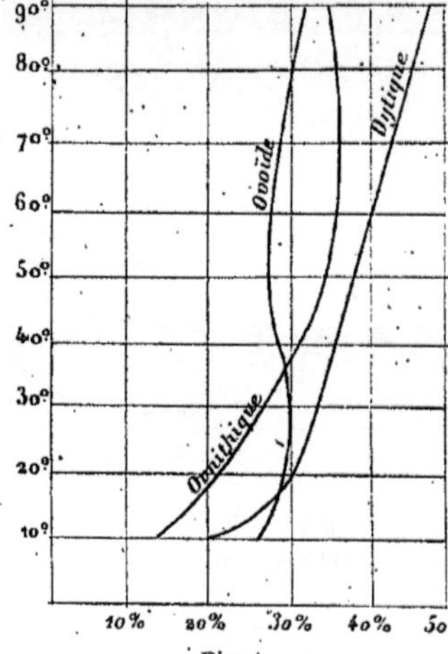

Fig. 5.

α.	Montée.	Traînée.	$\dfrac{ac}{ap}$
°			%
0...	0	1,5	//
10...	0,75	2	28
20...	1,25	2,25	30
30...	1,75	2,5	31
40...	2	3	29
50...	2,75	4	29
60...	//	5,5	//
70...	2,25	6	29
90...	1,25	6	33

Remarques. — Aux petits angles d'incidence, la traînée est plus forte que celle de l'ornithique, mais la surface du maître-couple frontal est un peu plus grande. Il est donc prématuré de dire que si l'ornithique a moins de traînée, c'est parce que son maître-couple est stomatoïde.

La forme stomatoïde doit jouer un rôle important pour la pénétration, puisqu'on l'observe dans tous les fuselages aquatiques et aériens, mais aucune expérience de laboratoire ne m'a encore permis de préciser ce rôle soit dans l'eau, soit dans l'air. On trouvera cependant plus loin quelques chiffres intéressants pour la pénétration dans les sables fins.

Si l'on aplatit horizontalement l'avant d'un ovoïde de révolution et qu'on aplatisse verticalement l'arrière, on peut raccorder la proue et la poupe par une ligne stomatoïde. Celle-ci serait alors une ligne secondaire, résultat de deux troncatures diédriques : c'est du moins l'opinion de

---

(*) Sauf cependant chez quelques invertébrés, qui passent leur jeunesse larvaire à valser.

M. Houssay (*), réservant le rôle principal aux troncatures, plus exactement à l'angle de 90° entre l'aplatissement céphalique et le caudal. Il y a des cas cependant où le schéma de M. Houssay est peu apparent; la stomatoïde peut exister en dehors de ce schéma. Est-elle un facteur primaire, intimement liée à la progression en trajectoire ondulée, et dans ce cas quel rapport y a-t-il entre cette ondulation, et celles du maître-couple et des contours apparents voisins? Toute la zone voisine du maître-couple mérite d'être étudiée, lorsqu'il s'agit d'un véhicule, complètement immergé dans le fluide.

La trajectoire ondulée étant celle de moindre résistance à l'avancement, on est tenté de dire que les contours apparents ondulés seraient eux aussi indices d'une pénétration plus facile (**).

La stomatoïde est-elle simplement un facteur de stabilité? Si l'on compare la marche des lignes de poussée par vents debout de profil, on remarque que dans l'ovoïde de révolution, elles s'écartent très peu du centre de carène : on a ainsi dans le sens longitudinal la *stabilité commandée* (j'appelle ainsi la stabilité obtenue avec le minimum d'efforts) : *l'ovoïde est très sensible à la barre. Dans les fuselages ornithique et dytique, on a la stabilité longitudinale automatique.* J'ai constaté en outre, mais sans mesures précises par mes balances, que la stabilité transversale est meilleure que dans l'ovoïde de révolution. En rapprochant ces résultats de mes mesures antérieures sur les zooptères, on pourrait dire :

Le fuselage et les ailes d'oiseau considérés isolément se distinguent, le fuselage par la stabilité longitudinale automatique, les ailes tantôt par la stabilité commandée, tantôt par la stabilité automatique (***).

Conclusions. — Il faudrait étudier un plus grand nombre de modèles pour donner des conseils aux constructeurs; il faudrait aussi opérer à de plus grandes vitesses; je ne puis les obtenir avec les ressources de mon laboratoire, mais l'expérience sur aérodrome a déjà prouvé que mes prévisions de laboratoire étaient justes, en particulier sur la torsion de la voilure, sur les concavités variables du profil, sur l'inclination arrière de l'axe proximo-distal aux grandes vitesses soit d'une voilure, soit d'une pale d'hélice, etc.

(*) Voir *Forme, puissance et stabilité des Poissons*, par Houssay, Paris 1912.

(**) M. Ch. Fraissinet, ingénieur naval, très versé en outre dans les questions d'aéronautique, m'écrivait à propos du maître-couple stomatoïde : « Vous faites passer les *bosses* non d'un seul coup, mais les unes après les autres. » Cette image pittoresque donne sans doute le sens le plus exact d'une telle courbe.

(***) Les ailes habituelles d'aéroplane n'ont ni l'une, ni l'autre. Je l'ai dit, il y a longtemps en France, mais j'ai parlé à des sourds; il faut excepter cependant Moreau, d'Astagnières, Dünn, Malloué qui ont rompu avec la routine des ailes isogones et isocènes, c'est-à-dire à même angle d'incidence, et même courbure dans toutes les sections de profil.

J'ai voulu de nouveau (*) attirer l'attention sur une géométrie peu connue, sur celle *des contours apparents ondulés*. La géométrie du Dytique est intéressante pour la construction des sous-marins. Celle de mon ornithique n'est pas un type *ne varietur* dans la série animale; il y a des types plus allongés, d'autres qui ont dans les sections transversales le gros bout en bas, mais cette disposition appartient en général à de mauvais volateurs.

La forme du fuselage prend une importance d'autant plus grande que la vitesse de translation est elle-même plus grande : la dissymétrie dorso-ventrale peut alors, à elle seule, produire une sustentation capable d'équilibrer le poids.

M. LE Dr AMANS.

ÉTUDE DE QUELQUES PROFILS.

533.6 (01)

24 Mars.

Dans une planchette mince de 6 mm d'épaisseur, je découpe des profils divers; je les entretoise au moyen de deux tiges en bois a et b; je recouvre le tout de papier un peu fort, et je l'emmanche sur une tige cyclindrique m qui sera commune à toutes les pales. L'extrémité m se fixe sur les balances à l'incidence voulue. Elle pénètre à frottement dur par les trous c et c'. En projection horizontale, on a un rectangle 100 × 150 mm qui sera commun à toutes les pales.

Un autre facteur commun est la hauteur dorso-ventrale qui est de 3o mm environ : lorsque le grand axe est horizontal, le front commun est un rectangle 3o × 100.

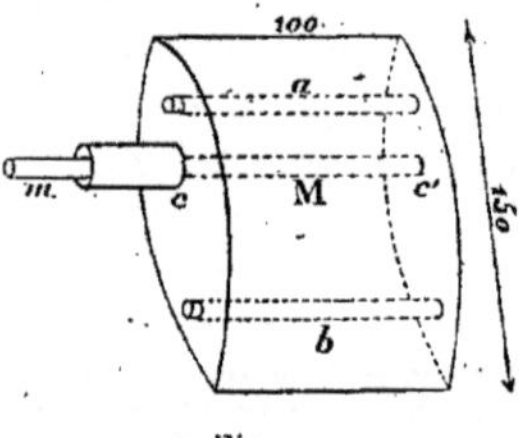

Fig. 1.

Je veux étudier l'influence de la forme des profils sur la résistance et le point d'application. Ma zone aérienne homogène a un diamètre de 3oo mm environ; néanmoins pour rendre les conditions encore plus identiques je m'arrange pour qu'aux mêmes incidences, tous ces caissons occupent la même position dans le courant, qu'ils soient attaqués par la face dorsale ou par la ventrale.

Les chiffres I à IX indiquent les divers profils étudiés; le nᵒ VII non

------

(*) Mon premier travail est de 1888 (*Organes de Locomotion aquatique* in. *Annales de Zoologie*).

figuré est un plan mince en tôle de $\frac{4}{10}$ de millimètre d'épaisseur, formant un rectangle de 100 × 150 mm.

La hauteur dorso-ventrale est de 30 mm dans I, II, III, IV, V, IX; la longueur est 150 (IX), 152 (I, II, III), 153 (IV, V), 154 (VI, VIII). La projection horizontale du sommet dorsal est vers l'avant à 27 % dans I, à 30 % dans III, IV, V, VIII, presque au milieu ($\frac{78}{154}$) dans VIII. Le sommet ventral se projette à 42 % dans VI, à 35 % dans VIII, à 73 % dans II.

Les chiffres romains précédés des lettres A ou P signifient attaque de l'air gros bout avant (A) petit bout avant (P). Les indices $i\,s$ désignent

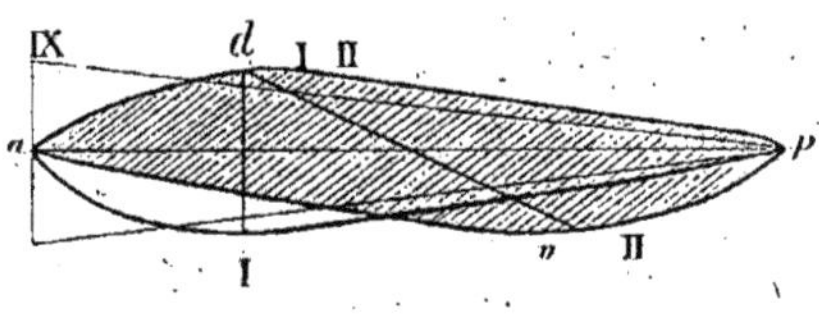

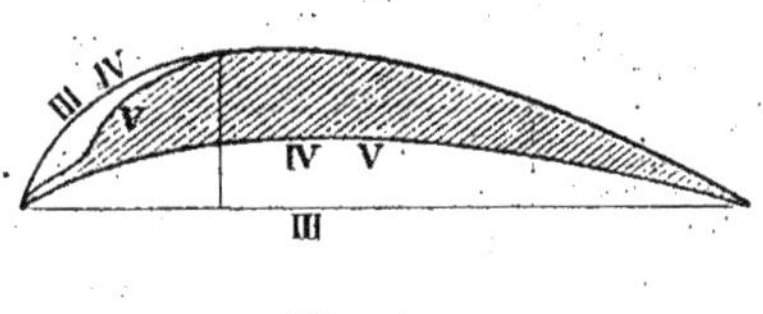

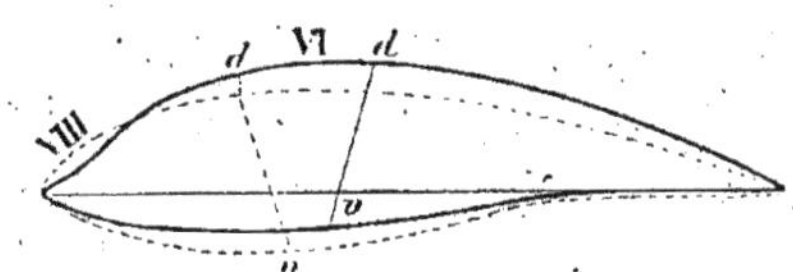

Fig. 2.

l'attaque par la face ventrale (i) ou par la face dorsale (s). Pour les résistances q désigne la montée, r la traînée.

TABLEAU DES RÉSISTANCES.

		0°.	10°.	20°.	30°.	40°,	50°.	60°.	70°.	90°.	
A I	q	0	3	6	9	9,5	8,5	7	5,5	1	//
	r	0,5	1,25	3	5	7,75	11	12,75	14	20	//
P I	q	0	3	4	6,25	6,75	5,5	//	2,5	— 1	//
	r	0,5	1,25	2,75	5	8,25	12	14,5	16,5	20	//
II_i	q	0,5	2,75	5	6,5	8,5	6,75	//	//	— 1	//
	r	<0,5	1	1,5	3,25	6,75	11	14,5	17,5	20,5	//
II_s	q	—0,5	1,25	4,25	6,5	8,5	8	//	//	1	//
	r	<0,5	0,75	2,25	4	7	11,5	14,5	17,5	20,5	//

TABLEAU DES RÉSISTANCES (*suite et fin*).

		0°.	10°.	20°.	30°.	40°.	50°.	60°.	70°.	90°.	
III_i	q	1,5	4,5	9	12,5	14,5	15	14	8	— 0,5	0° à —7"
	r	1,5	2,5	4,5	5,75	8	11	14,5	16,5	"	0,75
III_s	q	—1,5	0,75	3	4,5	5,5	5,5	"	"	2	"
	r	0,5	1,25	2,5	3,5	6,5	9	11,75	14,25	16,5	"
IV_i	q	2	4	8,5	11,5	14	14	"	6	0	0° à —7°
	r	2	3	5	8	12,5	16,5	20	22	24	2,5
IV_s	q	—2	0,5	2	3,5	5	5,5	"	4	1,5	"
	r	2	1,5	3,25	5,5	8,5	11,5	13,25	14,5	17	"
V_i	q	2	6,5	11	13,5	14,75	15,5	"	5,5	0	0° à —7"
	r	1,5	2,5	4,5	8,5	13	15	16	18	24	2
V_s	q	—2	0,5	2,5	4	5	5,5	"	4	1,5	"
	r	1,5	2	4	6,5	11	13,5	"	15,5	17	"
VI_i	q	1,5	3,5	6,5	10	13,5	12,5	8,5	5,25	0,25	0° a —5"
	r	1	2	3	5,5	8	12,5	16	18	21,5	0,25
VI_s	q	—1,5	1,25	3,5	4,5	5	5	"	"	0,25	"
	r	1	0,75	1,5	3,5	6,5	9,5	13,25	16	18	"
VII	q	0	4	8	12	12,5	11,5	7	4	0	"
	r	0,25	0,5	1,5	5	10	16	19	21	23	"
VIII_i	q	1	4,5	8	10,5	13	12	9	5	0	0° à —2"
	r	0,75	1	2	4,5	9,5	15	17,5	19,5	20	0,5
VIII_s	q	—1	2	4,5	7	8	7,5	6	4,5	1	"
	r	0,75	0,75	2	4,5	9	13,5	15,5	17	18,5	"
A IX	q	0	3	5	7	9	8,5	7,5	6	2	"
	r	2	2,25	3,5	6	9,5	11,5	13,5	15,5	19	"
P IX	q	0	3,5	6,5	10	10	9	7,5	1,5	— 2	"
	r	1	1,75	2,5	6	10	13	15,5	17	19	"

Sur la ligne de poussée. — Le Tableau précédent permet de construire la résistance ou ligne de poussée en grandeur et en direction. J'appellerai *centre de poussée* l'intersection de cette ligne avec la corde de profil; la ligne sera ainsi fixée dans l'espace et l'on pourra étudier ses moments par rapport soit au centre de carène, soit à celui de gravité. C'est au moyen de ma balance de capotage que je détermine la position c du centre de poussée; voici les rapports $\dfrac{ac}{ap}$ pour les différents profils :

I. *Ovoïdal.* — Avec le gros bout avant $\dfrac{AC}{AB}$ varie de 23 à 28 % de 10° à 40°; avec le petit bout avant de 15 à 25 %.

II. *Losange.* — Dans l'attaque II_s, $\dfrac{ac}{ap}$ varie de 28 à 31 %, de 10° à 40°;

l'attaque II_i donne

$$10 \dots \dots \dots \dots \dots \dots \dots \dots \dots \dots \quad 26\ \%$$
$$20 \dots \dots \dots \dots \dots \dots \dots \dots \dots \dots \quad 23\ \%$$
$$30 \dots \dots \dots \dots \dots \dots \dots \dots \dots \dots \quad 21\ \%$$
$$40 \dots \dots \dots \dots \dots \dots \dots \dots \dots \dots \quad 23\ \%$$

IV_i. *Concave-convexe.* — Marche antiéquilibrante de 57 % à 36 %. Nous aurions aussi une marche de ce genre avec III le plan convexe; je n'ai pas jugé à propos de la mesurer, ayant déjà étudié cette question en 1910.

V_i. *Prodorsum trigloïde* (*). — Marche antiéquilibrante de 58 % à 39 %. Même observation pour le profil Dauphin VI, avec de faibles écarts: ainsi à 20°

	IV.	V.	VI.
$\dfrac{AC}{AB}$	40 %	43 %	44 %

VII. *Plan.* — Marche équilibrante de 18 à 36 % de 10° à 40°.

VIII. *Piscoïde.* — Le piscoïde se rapproche du losange, en ce que l'axe dorso-ventral est incliné sur la corde de profil, mais beaucoup moins. Qu'il s'agisse du piscoïde, du Dauphin, ou du prodorsum trigloïde, la marche de la ligne de poussée est équilibrante si le vent attaque par la face supérieure, déséquilibrante par la face inférieure. Ainsi avec

VIII_s, $\dfrac{AC}{AB}$ varie de 17 à 27 %, de 10° à 40°,

VIII_i,   »   de 46 à 35 %, de 10° à 20°, mais est constant de 20° à 40°.

IX. *Triangle isocèle.* — Si l'on attaque avec le petit côté avant, ce qui veut dire avec le gros bout avant, la ligne de poussée s'éloigne très peu du tiers antérieur de la corde de profil, ce qui donne une grande sensiblité à la barre, la *stabilité commandée* (si le centre de gravité coïncide avec ce point).

Si l'on attaque par le bout opposé, on a des variations plus grandes du centre de poussée. J'ai montré ailleurs, en choisissant cet exemple, combien il importe d'étudier ces variations, si l'on veut comparer la résistance à l'avancement entre solides dissymétriques d'avant arrière. *Si la Nature a donné aux Poissons le gros bout avant, c'est d'abord pour avoir une plus grande stabilité de route, et ensuite une plus faible traînée?*

Remarques. — 1° Les mesures de IV et V s'accordent très bien avec les expériences de Constantin chez Eiffel. Aux faibles incidences, avec le

---

(*) J'appelle indistinctement *trigloïde* ou *delphinienne*, la concavité prodorsale. S'il s'agit du profil entier, il faut distinguer : le Trigle et le Dauphin n'ont pas le même gabarit.

profil V, *la traînée est diminuée et la sustentation augmentée*. La figure 3 représente les courbes des montées (ordonnées) en fonction des abscisses (traînées). Le point O est l'origine des coordonnées. Lorsque M. Constantin m'a fait connaître ces résultats, j'étais d'autant moins surpris, qu'ils cadraient admirablement avec mes expériences antérieures sur les burins phonographiques et l'aiguille à perles (*). J'avais même recommandé une ligne de ce genre pour le bord antérieur d'une aile, soit *glissante*, soit *rotative*. M. Constantin a eu le mérite de l'expérimenter pour le profil même de l'aile, et en cela, il a été guidé par un autre point de vue que le mien. J'avais adopté le profil trigloïde ou delphinien par imitation de certains animaux, ils me paraissaient pénétrer dans la matière plus facilement que d'autres, et j'ai pu le vérifier expérimentalement, sans toutefois aucune mesure piézométrique.

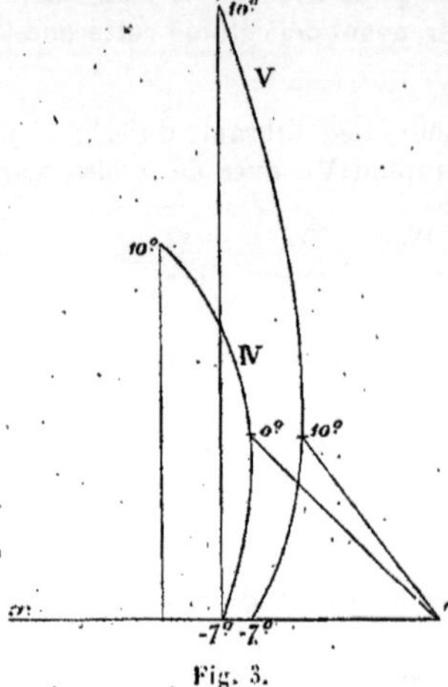

Fig. 3.

M. Constantin a surtout été frappé par la déviation du courant sur la concavité prodorsale, et la forte dépression qui en résulte. Cette dépression est plus grande qu'avec les profils ordinaires, d'où il résulte une sustentation plus élevée. M. Constantin avait auparavant préconisé et expérimenté des surfaces déviantes pour diminuer la traînée d'un véhicule, et un peu plus tard j'avais moi-même mesuré une moindre résistance sur le concave du saute-vent Eysseric; celui-ci avait depuis longtemps été imaginé dans un autre but, pour supprimer la glace devant l'œil du chauffeur, sans se préoccuper du plus ou moins de résistance aérienne. Ce but est admirablement atteint, mais en outre, ainsi que j'ai pu le vérifier, la traînée est moindre que dans d'autres pare-brises.

Toutes ces expériences convergent vers une même conclusion : la ligne de profil trigloïde facilite la pénétration dans la matière.

Je noterai seulement une petite différence entre la courbe Constantin et les miennes : dans le profil Constantin, la courbe dorsale rejoint la

---

(*) Elles datent de 1895-1896 pour les burins, de 1901 pour les aiguilles à perles. J'ai traité la même question dans *Applications industrielles des lignes à double courbure* (Congrès international de Zoologie, Berlin 1901).

Dans ma diagnose de l'aile zooptère, j'estimais qu'il y aurait *peut-être* profit à faire un prodorsum trigloïde, mais seulement dans les profils de la région huméro-cubitale; j'avais même dessiné un tel profil, mais sans lui attacher une importance aussi grande que Constantin (voir *Aéro-Revue de Lyon*, dirigée par A. Boulade, 1907).

ventrale en un point de *rebroussement;* j'ai expérimenté le point de rebroussement en 1896 pour les burins, et je préfère raccorder la concavité dorsale à la ventrale par une petite convexité.

J'ai d'excellentes raisons pour rejeter l'arête de rebroussement, quand il s'agit de pénétrer dans une matière solide; l'expérience seule montrera si ces raisons conservent leur valeur, quand il s'agit d'un fluide, et si l'aile Constantin serait améliorée en adoptant mon type de raccordement. Quoi qu'il en soit le vol en plein air a confirmé les mesures de laboratoire. Voici les résultats d'une série d'essais effectués à Mourmelon sur un monoplan Henriot, muni du prodorsum concave (*Aéro*, 20 mai 1913) :

« Le décollage et la vitesse ascensionnelle sont beaucoup plus rapides. »

« La vitesse horizontale est un peu diminuée. »

« L'angle de planement est considérablement amélioré. »

« La stabilité transversale est assurée d'une manière presque automatique. »

Ce dernier résultat m'a vivement surpris. J'ai le premier montré que la zooptère donne à la fois stabilité longitudinale et transversale, mais il s'agit d'une zooptère, c'est-à-dire d'une aile à profils allocaves et allogones (*), tandis que mes caissons sont des prismes, et ont toutes les sections de profil identiques, si bien que la ligne de poussée se meut d'avant en en arrière, uniquement dans la section médiane, et non de droite à gauche. Il y avait sans doute dans ce monoplan Henriot d'autres facteurs, que j'ignore.

2° Plus la dissymétriedorso-ventrale est accusée, plus la différence est considérable entre les composantes verticales maximum Q_i, Q_s

	III.	IV.	V.	VI.	I-II.	VIII.
$\dfrac{Q_i}{Q_s}$	2,7	2,5	2,8	2,7	1	1,6

Le rapport est très élevé avec le prodorsum concave (V.-VI); la différence est très nette entre le piscoïde VIII et le Dauphin (VI). Il faudrait peut être voir dans cette différence une corrélation avec le genre de vie, le mode de locomotion; le Dauphin est un amphibie; il a besoin de respirer. Il ne faut pas que le choc des vagues sur la face dorsale le rejette trop brutalement vers le bas, tandis qu'une violente poussée de bas en haut lui est plutôt utile : le rapport élevé 2,7 doit se traduire par des bonds vers la surface.

(*) *Allocaves* ou mieux *allocènes* signifie que les courbures des sections de profil sont différentes, quand on va de la région basilaire (proximum) vers la région de la pointe (distum).

Allogones signifie incidences variables. Il y a une tendance chez les constructeurs à adopter mes idées à ce point de vue.

Ne pas confondre cette réaction du fluide sur le profil tout entier avec la réaction localisée sur le museau du Trigle, de l'Esturgeon, en train de fouiller la vase.

3° Plus la dissymétrie dorso-ventrale est accusée, plus les traînées à 90° sont différentes

$$\text{Avec V le rapport} \ldots\ldots\ldots\ldots \quad \frac{r_i}{r_s} = \frac{24}{17} = 1,41$$

$$\text{Avec VI et VII le rapport} \ldots\ldots \quad \text{»} \quad = 1,2$$

$$\text{Avec VIII le rapport} \ldots\ldots\ldots \quad \text{»} \quad = 1,9$$

Lorsqu'on attaque le caisson III par la face convexe à 90° sur le courant la résistance en avant est plus faible que sur une face plane, mais en arrière il se produit des remous avec dépression, d'où une augmentation de traînée totale; cette traînée est la même avec I qui pourtant est biconvexe.

Ce résultat est très différent de celui de l'ovoïde ornithique, remarquable lui aussi par une forte dissymétrie dorso-ventrale; car l'Oiseau a une forte convexité ventrale et le dos presque plat. Le rapport des traînées orthogonales sur le dos et le ventre est 1,73; j'avais trouvé pour une Mouette empaillée, sans ailes, le rapport 1,5.

4° Le maximum de montée Q_i (attaque par la face inférieure) Q_s (attaque par la face supérieure) a lieu aux incidences suivantes :

	Q_i	Q_s
VII	33°	33°
I	37	37
II	41	43
VIII	41	41
VI	42	40 à 50
IV	43	50
III–V	47	50

Remarquons une certaine analogie entre II et VIII, entre le losange et le piscoïde; dans les deux cas, le sommet ventral est en arrière du dorsal pour l'attaque ventrale. La forme losange est fort employée pour flotteurs d'hydroavions; la forme piscoïde est équivalente pour la marche de la ligne de poussée, mais elle donne plus de montée.

Le flotteur Fabre a plutôt la forme du III, avec cette différence qu'il est symétrique d'avant en arrière. Qu'il s'agisse de flotteurs ou de carènes, *la symétrie est un défaut.*

5° La comparaison de II et I montre que le rejet en arrière du sommet ventral diminue considérablement la montée, mais aussi la traînée. Comme *l'inclinaison de l'axe dorso-ventral sur le céphalo-caudal* est propre aux carènes animales, nous pourrions appliquer à celles-ci la même conclusion : *moins de montée, moins de traînée.* Les Poissons n'ont pas besoin de montée, puisqu'ils sont équidenses avec le milieu; quant aux

Oiseaux, ils ont des ailes pour se soutenir. Tout ce qu'on demande à la carène, c'est de loger le moteur, sacs aériens, et autres organes, de fermer plus ou moins le creux axillaire, et de filer avec le minimum de traînée.

Il semble bien que ce résultat soit atteint par l'inclinaison de l'axe dorso-ventral, caractère du maître-couple stomatoïde.

6° Le modèle III, attaqué par la face ventrale, ne donne une montée nulle que si la corde de profil fait avec le courant un angle de 7°.

Dans les mêmes conditions ($q = o$), nous avons $Q = o°$ avec le modèle en bois ornithique, sans tête, ni queue, et $\alpha = - 10°$ avec la Mouette empaillée. Ces différences considérables étonnent au premier abord; car schématiquement les profils ont une certaine ressemblance : forte dissymétrie dorso-ventrale; mais dans l'ornithique et la Mouette, l'influence du profil est fortement modifiée par les autres facteurs (contours apparents de front, d'horizon, tête, cou, queue).

L'étude des solides cylindriques dans le genre de mes caissons est surtout intéressante pour analyser le rôle des profils, en les isolant le plus possible des autres facteurs.

M. Le Dr AMANS.

QUELQUES EXPÉRIENCES SUR LA STOMATOÏDE.

533.6 (o1)

24 *Mars.*

La stomatoïde est le contour apparent frontal, c'est-à-dire la trace sur la carène du cylindre circonscrit, parallèlement à l'axe céphalo-caudal. Cet axe est déterminé d'une manière plus ou moins arbitraire, car dans la majorité des cas, la proue et la poupe sont mobiles.

Dans une précédente communication, j'ai choisi le Dytique, sorte de cuirassé à axe longitudinal relativement facile à déterminer. J'ai fait aussi un modèle ornithique, mais j'ai supprimé tête et queue; l'axe longitudinal correspond à peu près à celui qui chez l'Oiseau irait de l'anus à la naissance du cou. L'un et l'autre modèle sont remarquables par la forme stomatoïde du maître-couple; l'étude aérodynamique ne m'a pas permis de tirer des conclusions précises sur le rôle de la stomatoïde. Il faudrait une rivière plus rapide que la mienne. Je n'ai pas les moyens d'avoir une rivière aérienne ni plus large, ni plus rapide, mais il y aurait peut-être un moyen d'éclairer un peu la question, en se servant... de sable très fin.

J'ai autrefois étudié la locomotion des Scinques dans le sable, et je l'ai comparée à une natation; la tête et les pattes ont une conformation analogue à celle de certains animaux aquatiques. La tête forme une proue bien conformée pour une pénétration rapide, mais cette proue est dissymétrique de haut en bas, et sa trajectoire est ondulée. Je me placerai, pour débuter, dans des conditions plus simples; j'étudierai l'enfoncement vertical dans le sable de cylindres à sections elliptique ou circulaire avec proues de diverses formes, à maître-couple plan ou stomatoïde, à deux plans rectangulaires de symétrie.

La figure 1 montre le dispositif employé. A est une caisse en bois remplie de sable jaune très fin. B est un support vertical sur lequel se boulonnent des supports horizontaux C et D, sur les extrémités libres desquels coulisse le pieu d'essai. Le pieu est formé d'une partie fixe (qr), et d'une proue variable; la partie fixe comprend : 1° un cylindre en chêne vert soit à section circulaire de 4 cm de diamètre, soit à section elliptique

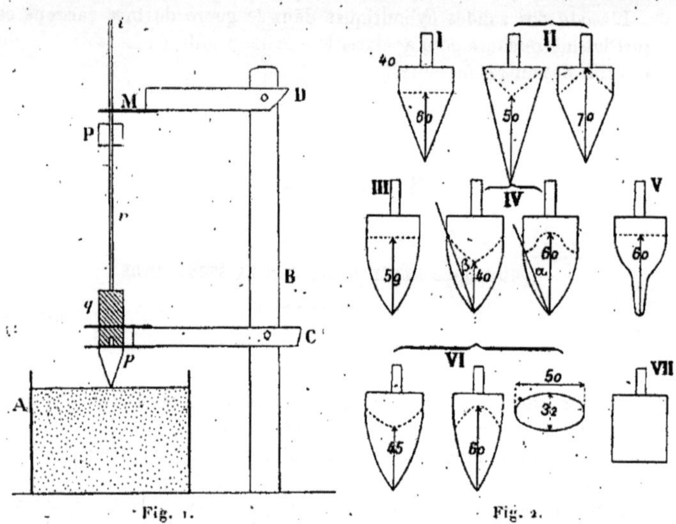

Fig. 1.   Fig. 2.

de même surface, 2° d'une tige d'acier polie. Les proues s'emmanchent à la partie inférieure du cylindre, et ont à la jonction un périmètre identique à celui du cylindre.

La figure 2 donne les formes et dimensions des proues : I, conique; II, conique à stomatoïde; III, ogivale; IV, ogivale à stomatoïde; V, en téton; VI, elliptique à stomatoïde.

L'enfoncement s'opère de la façon suivante : il est d'abord indispensable que la densité apparente (*) soit identique avant toute opération

____

(*) La densité apparente est le rapport du poids d'un certain volume de sable à ce volume; comme dans un même volume on peut tasser des poids variables de sable,

pendant toute la durée des expériences. Le sable est d'abord tassé par de vigoureux et nombreux coups de marteau sur les parois et le fond de la caisse; on applique ensuite sur la surface libre un plateau bien horizontal, et on le frappe à coups redoublés de manière à avoir une surface horizontale bien tassée. L'opération du plateau doit se faire chaque fois avant l'enfoncement; on reconnaît que le tassement est identique, lorsque la même proue, enfoncée plusieurs fois de suite, donne chaque fois le même enfoncement.

L'enfoncement du pieu se fait au moyen d'un poids P qu'on laisse tomber d'une hauteur constante. Au début la pointe de la proue repose sur la surface sans enfoncer; pendant l'enfoncement la surface périphérique du sable est soulevée et forme une sorte de vague circulaire dont la limite interne est au-dessus (s) ou au-dessous (i) du niveau primitif (xy) d'une longueur e. Je dirai qu'il y a *vague montante* dans le premier cas ou $e > o$ *vague descendante* dans le second $(e < o)$.

Les facteurs importants sont (*).

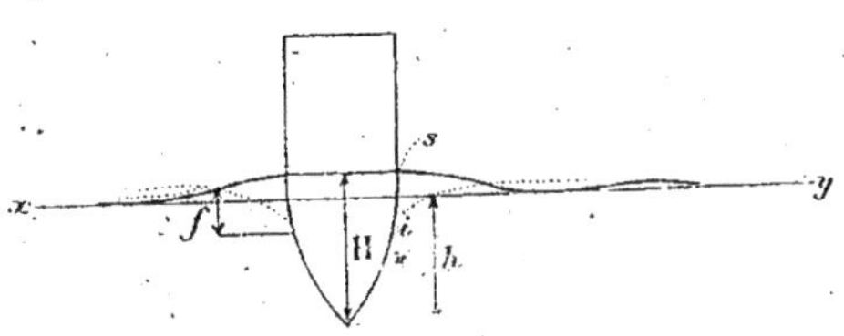

Fig. 3.

H enfoncement réel, ensablement,
h hauteur de chute,
$e = H - h$,
N = nombre de coups nécessaires pour un même ensablement.

Dans les Tableaux suivants, z indique la hauteur d'un point i au-dessus d'un plan quelconque horizontal M, choisi comme plan de repère; Δz est la différence $z_{n+1} - z_n$ entre deux corps consécutifs. La première colonne indique le numéro des coups de mouton, le chiffre o correspond à la position initiale, P indique la pose du poids ici de 905 g qui s'ajoutant au poids du pieu produit le premier enfoncement. Il y a une légère différence de poids entre les diverses proues, mais qu'on peut négliger, par rapport au poids total, et, surtout, à la force vive des coups de mouton.

---

la densité apparente augmente avec le degré de tassement. Il faut éliminer cette variable, en ayant chaque fois le même degré de tassement.

On trouverait des faits intéresssants sur les densités et mouvements des sables, graines, etc., dans le travail récent de SOURISSEAU : *Sur les mouvements des masses granuleuses sans cohésion (École d'agriculture de Montpellier, 1910).*

(**) On pourrait y ajouter f hauteur maximum de la vague (voir *fig.* 3).

I. — *Conique.*

N.	z.	Δz.	N.	z.	Δz.	N.	z.	Δz.
0...	135	//	2...	98	7	5...	86	3
P...	119	16	3...	93	5	6...	83	3
1...	105	14	4...	89	4			

$$H = 60, \qquad h = 135-83 = 52, \qquad e = 60-52 = 8, \qquad N = 6.$$

II. — *Conique avec stomatoïde.*

N.	z.	Δz.	N.	z.	Δz.	N.	z.	Δz.
0...	140	//	1...	102	16	3...	91,5	4,5
P...	118	22	2...	96	6	4...	88	3,5

$$H = 140-86 = 60, \qquad h = 54, \qquad e = 6, \qquad N = 4 \text{ environ}.$$

N.	z.	Δz.	N.	z.	Δz.	N.	z.	Δz.
5...	85	3	7...	79,5	2,5	9...	75,5	2
6...	82	3	8...	77,5	2	10...	74	1,5

$$H = 70, \qquad h = 66, \qquad e = 4, \qquad N = 10.$$

N.	z.	Δz.	N.	z.	Δz.	N.	z.	Δz.
11...	72	2	16...	64,5	1,5	17...	63,3	1,2
14...	67,5	1						

$$H = 80, \qquad h = 77, \qquad e = 3, \qquad N = 17.$$

III. — *Ogivale.*

N.	z.	Δz.	N.	z.	Δz.	N.	z.	Δz.
0...	135	//	6...	97,5	2,5	13...	87	1
P...	128	7	7...	96	1,5	14...	85	2
1...	113	15	8...	94	2	15...	84	1
2...	108	5	9...	92	2	16...	83	1
3...	105	3	10...	91	1	17...	82	1
4...	102	3	11...	89	2	18...	81	1
5...	100	2	12...	88	1			

$$H = 59, \qquad h = 54, \qquad e = 5, \qquad N = 18.$$

IV. — *Ogivale stomatoïde.*

N.	z.	Δz.	N.	z.	Δz.	N.	z.	Δz.
0...	135	//	5...	97,8	4,2	11...	88,5	1,5
P...	125	10	6...	96	1,8	12...	87,5	1
1...	111	14	7...	94	2	13...	86,5	1
2...	107	4	8...	93	1	14...	85	1,5
3...	104	3	9...	91	2	15...	84	1
4...	102	2	10...	90	1	16...	83	1

$$H = 58,5, \qquad h = 52, \qquad e = 6,5, \qquad N = 16.$$

V. — *Proue à téton.*

N.	z.	Δz.	N.	z.	Δz.	N.	z.	Δz.
0...	137	//	4...	85	2,5	8...	77	2
P...	112	25	5...	82,5	2,5	9...	76	1
1...	96	16	6...	80,5	2	10...	74,5	1,5
2...	91	5	7...	79	1,5	11...	73	1,5
3...	87,5	3,5						

$$H = 59, \qquad h = 54,5, \qquad e = 4,1, \qquad N = 5.$$

VI. — *Section elliptique.*

N.	z.	Δz.	N.	z.	Δz.	N.	z.	Δz.
0...	129	//	3...	86,5	3,5	6...	78,5	2,3
P...	111	18	4...	83	3,5	7...	77	1,5
1...	96	15	5...	80,8	2,2	8...	75	2
2...	90	6						

$$H = 60, \quad h = 53,5, \quad e = 6,5, \quad N = 8.$$

VII. — *Sans proue.*

N.	z.	Δz.	N.	z.	Δz.	N.	z.	Δz.
0...	115	//	8...	102	1	17...	94	1
P...	114,5	0,5	9...	101	P	18...	93	1
1...	112,5	2	10...	100	1	19...	92,5	1,5
2...	110,5	2	11...	99	1	20...	92	0,5
3...	109	1,5	12...	98	1	21...	91,5	0,5
4...	108	1	13...	97,5	0,5	22...	91	0,5
5...	106	2	14...	96	1,5	23...	90,5	0,5
6...	104	2	15...	96	0	24...	90	0,5
7...	103	1	16...	95	1			

$$H = 23,5 \text{ à } 24, \quad h = 25, \quad e = -1 \text{ à } -1,5, \quad N = 24.$$

Hauteur de la vague $= 4$.

Remarques. — 1° la comparaison de III et IV est instructive. La proue IV a la même courbe ogivale que III dans un des plans de symétrie, mais, dans l'autre, la courbe est forcément différente; sa corde fait avec l'axe un angle plus grand, ce qui devrait de ce côté faire éprouver à la proue une plus grande résistance. Cependant pour le même travail 16 × 905 g × 184 mm, la proue descend dans les deux cas de 52 mm, mais l'ensablement est de 59 avec la stomatoïde, de 57 seulement avec III.

2° Même résultat, mais plus net entre I et II. Avec la stomatoïde, 6 coups suffisent pour un ensablement de 60 mm; il en faut 8 avec le cône de révolution; il en faut moins de 6 avec la forme en téton ou trigloïde.

Il en faut 7 à 8 avec la proue elliptique; les axes de l'ellipse ont pour valeurs 50 × 32, si bien que $\left(\dfrac{58 \times 32}{2}\right)^2 = \pi 20^2$: la projection du maître-couple est donc la même. Le Tableau suivant résume les caractères des principales proues essayées :

		I.	II.	V.	VI.
H	e.........	8	6	4,5	6,5
60	h.........	52	54	55,5	53,5
	N.........	6	4,5	5,5	7 à 8

Il manque pour V la forme à stoma, et pour VI la forme à contour plan.

Il est peu probable que je continue dans cette voie; mon intention n'est pas de rechercher la meilleure forme de proue pour pilotis. J'ai voulu seulement montrer que toutes choses égales d'ailleurs, la forme *stomatoïde facilite la pénétration* (*).

M. HEGLY,

Ingénieur en chef des Ponts et Chaussées, Chaumont.

NOTE D'HYDRAULIQUE SUR LE JAUGEAGE PAR DÉVERSOIR ET SUR L'APPLICATION, EN TUNISIE, DE CE PROCÉDÉ AUX EAUX D'ALIMENTATION DES VILLES.

532.57

26 Mars.

Plus que dans les pays à climat tempéré, l'eau est dans le nord de l'Afrique un élément de vie et de richesse dont il importe de connaître la valeur. Il faut pour cela se rendre compte tout d'abord du débit, c'est-à-dire de la quantité d'eau dont on dispose en un temps donné. On y parvient au moyen du jaugeage, opération qui s'effectue de diverses manières.

Un procédé souvent employé, surtout quand il s'agit d'un petit débit, celui d'un ruisseau par exemple, est le procédé du déversoir; on fait passer l'eau au-dessus d'un barrage construit en travers du lit et l'on mesure la hauteur atteinte par le niveau de l'eau en amont du barrage.

Le débit est donné par la formule :

$$q = mlh \sqrt{2gh},$$

dans laquelle l est la largeur du déversoir, h la charge ou hauteur de la lame d'eau par rapport au sommet du barrage et m un coefficient qui varie communément entre 0,30 et 0,55 suivant la valeur de h, suivant la hauteur du barrage, suivant la forme même du barrage et encore suivant la position du plan d'eau en aval; il y a même quelques cas exceptionnels où la valeur à donner à m doit être prise en dehors des limites ci-dessus.

(*) Cette forme est sans doute chez les animaux le résultat ultime d'une plus ou moins grande adaptation au milieu, et au mode de mouvement. L'adaptation est rapide dans le cas d'un pieu à section plane (type VII), enfoncé dans l'argile. La résistance est d'abord énorme, mais elle finit par ne pas dépasser celle des pieux à proue effilée, et, quand on retire le pieu, on voit qu'il a pris une coiffe ogivale d'argile. Ce fait est connu depuis longtemps, mais on ne nous donne pas la forme exacte de cette coiffe, et c'est regrettable pour l'objet de notre étude; la comparaison aurait été intéressante entre des milieux si différents (argile, sable, eau, air).

On voit par la grande variation de ce coefficient que, si le procédé est commode, puisqu'il dispense de tout mesurage de la vitesse du courant, il exige beaucoup de circonspection et une connaissance approfondie des conditions dans lesquelles s'opère l'écoulement.

Quelques auteurs ont donné à l'expression ci-dessus la forme suivante qui, d'après eux, conviendrait dans la généralité des cas :

$$q = 1,77 \times lh^{\frac{3}{2}}.$$

On la déduit de la précédente en faisant $m = 0,40$ et en remplaçant $\sqrt{2g}$ par sa valeur 4,43. Cette nouvelle expression, plus simple évidemment, a le grave inconvénient de supposer que le coefficient 0,40 est applicable au cas que l'on a en vue, ce qui est bien improbable, et aussi de donner à une expression justifiée par la théorie, une forme empirique qui n'est pas de nature à inspirer confiance aux personnes ayant besoin de précision. Il faut s'en tenir à la première forme et rechercher, dans chaque cas, la valeur à attribuer au coefficient m.

Une étude de l'écoulement en déversoir a été faite par M. *Bazin*, Inspecteur général des Ponts et Chaussées, le savant hydraulicien, qui entreprit à *Dijon*, en 1886, avec l'appui du Ministère des Travaux publics, un vaste ensemble d'expériences au cours desquelles furent mis complètement en lumière les divers phénomènes qui accompagnent ce genre d'écoulement. Les expériences de *M. Bazin* durèrent dix années; il en fit l'objet d'une série d'articles parus dans les *Annales des Ponts et Chaussées* de 1888 à 1898 et, pendant la même période, de plusieurs communications à l'Académie des Sciences insérées dans le *Recueil des Savants étrangers;* enfin, il en publia sous le titre *Expériences nouvelles sur l'écoulement en déversoir* un remarquable résumé (*), trop peu connu en France et dont la consultation est pourtant indispensable à tout ingénieur qui veut entreprendre des jaugeages de précision par l'emploi des déversoirs.

La forme de barrage qui convient le mieux à une opération exacte est celle qui détermine une nappe libre, sans contraction latérale, ni épanouissement en aval. La nappe est libre lorsqu'elle se détache complètement du seuil du barrage et de la paroi d'aval; sa surface intérieure doit être soumise à la pression atmosphérique et il est nécessaire pour cela que le dessous de la nappe puisse communiquer librement avec l'air extérieur. Elle n'a pas de contraction latérale lorsque le déversoir a la même largeur que le canal d'amenée. Enfin, pour éviter l'épanouissement à l'aval du barrage, des joues latérales doivent prolonger les parois du canal d'amenée jusqu'à une petite distance au delà de la crête déversante.

(¹) *Expériences nouvelles sur l'écoulement en déversoir*, par H. Bazin, Inspecteur général des Ponts et Chaussées. Dunod (H.) et E. Pinat, éditeurs, quai des Grands-Augustins, 47 et 49, Paris (6ᵉ).

Lorsque ces conditions sont réalisées, la détermination du coefficient m applicable à un déversoir dont la paroi d'amont est verticale peut se faire par la formule exacte

$$m = \mu\left[1 + 0,55\left(\frac{h}{h+p}\right)^2\right]$$

dans laquelle il faut prendre

$$\mu = 0,405 + \frac{0,003}{h},$$

h étant la charge définie ci-dessus et p la hauteur de la crête du déversoir au-dessus du fond du canal d'amenée. Mais on peut aussi recourir à la table donnée dans l'ouvrage cité de *M. Bazin* (p. 26) et reproduite dans divers Traités d'hydraulique, qui fournit la valeur de m pour différentes hauteurs de déversoirs. Dans les cas ordinaires, où h est compris entre 0,10 m et 0,30 m, on peut encore se contenter, si l'on n'a pas cette table à sa disposition, de la formule pratique :

$$m = 0,425 + 0,212\left(\frac{h}{h+p}\right)^2.$$

Ces variations de m qu'accusent les nouvelles formules de *M. Bazin* sont dues aux variations de la vitesse d'arrivée. Pour une charge de 0,40 m la valeur à donner à m est 0,421 dans le cas d'un déversoir de 2 m de hauteur; pour la même charge, il faudra prendre $m = 0,516$ dans le cas d'un déversoir de 0,20 m de hauteur.

Des résultats aussi précis que ceux auxquels conduit l'observation attentive et rigoureuse des faits n'ont pas besoin d'une confirmation théorique; ils peuvent, au contraire, servir de guide à des recherches analytiques, dont la conclusion risquerait, sans eux, d'être, sinon en désaccord avec la vérité, du moins insuffisamment approchée.

En même temps que *M. Bazin* poursuivait ses expériences, *M. Boussinesq* perfectionnait et complétait ses beaux travaux d'analyse sur l'écoulement en déversoir. Dans un Mémoire qui figure aux *Comptes rendus de l'Académie des Sciences* (17 et 24 septembre 1888), *M. Boussinesq* est parvenu à l'expression

$$m = 0,4365\left[1 + 0,42\left(\frac{h}{h+p}\right)^2\right]$$

applicable aux nappes libres et qui diffère de l'expression analogue donnée ci-dessus en ce que le facteur μ variable avec la charge est remplacé par un facteur constant. La formule de *M. Boussinesq* conduit à des valeurs de m un peu trop fortes, parce que l'hypothèse d'où il est parti, à savoir le parallélisme des filets liquides dans la nappe déversante, n'est pas rigoureusement exacte. Ses travaux ultérieurs sur d'autres cas que la nappe libre constituent un magnifique ensemble de recherches théoriques, où l'on puisera avec profit.

Il n'est peut-être pas sans intérêt de signaler ici les résultats obtenus par *M. Epper*, Directeur du Service hydrométrique fédéral en Suisse qui, en 1905, exécuta, avec le plus grand soin, un tarage direct des déversoirs installés à l'arrivée, à Emmenmatt, des eaux des sources de Ramsei et de Winkelmatt, captées pour l'alimentation de la ville de Berne. Pour être en concordance complète avec les formules de *M. Bazin* ces résultats n'ont besoin que d'une légère correction; la hauteur des déversoirs expérimentés est de 0,59 m et leur largeur de 0,60 m pour Winkelmatt et de 1 m pour Ramsei; or ils n'étaient pas munis, lors du tarage, de joues latérales maintenant à la nappe liquide sa largeur initiale; l'épanouissement en résultant eut pour effet d'augmenter les coefficients de débit, aux différentes charges observées, de 2 à 4 % sur le déversoir de 1 m et de 3 à 5 % sur le déversoir de 0,60 m.

Une première application des déversoirs à nappe libre a été faite en Tunisie, en 1906, par M. l'Ingénieur Porché, actuellement Ingénieur en chef des Ponts et Chaussées au Maroc et alors Directeur des Travaux de la Ville de Tunis; il fit établir en différents points de l'aqueduc amenant à Tunis les eaux de Zaghouan, du Djouggar et du Bargou, des déversoirs à crête mince déterminant des nappes régulières, dont la hauteur au-dessus du seuil est facilement mesurée dans de petites chambres latérales ménagées un peu en amont du barrage. Malheureusement, les joues en bronze qui guident la nappe ne prolongent pas les parois de l'aqueduc et il se produit une contraction latérale de la tranche d'eau qui déverse; de plus, la paroi amont du barrage est constituée par un petit massif de maçonnerie arrondi à son sommet, et ceci ne réalise pas la surface plane et verticale qui permettrait l'application des formules ci-dessus. On ne peut donc obtenir, si l'on fait usage des formules de M. Bazin, qu'une approximation de 4 ou 5 % dans le débit calculé. Mais ces déversoirs, en tout bien comparables à eux-mêmes, ont fourni de très utiles indications sur les pertes par filtration des différents tronçons de l'aqueduc.

D'autres déversoirs, réalisant assez bien les conditions nécessaires à l'application des nouvelles formules, viennent d'être établis aux extrémités de la conduite en fonte de 0,550 m de diamètre, qui double maintenant l'aqueduc de Zaghouan. Ces déversoirs permettront une détermination suffisamment exacte du débit reçu pour l'alimentation de Tunis.

Il en existe aussi aux deux extrémités de la conduite du Sahel, de 0,500 m de diamètre, qui alimente Sousse et les localités de sa banlieue. Le premier est établi à la tête amont de la conduite, près du village de Pichon, au bassin de décantation du kilomètre 8,300. Le second a été disposé à la tête aval de cette conduite, à son débouché dans le réservoir d'El Onk, à 30 km de Sousse.

Une autre installation, digne d'un peu d'attention, est celle des déversoirs établis aux bassins de jauge de la conduite qui amènera à Sfax les eaux de Sbeitla. Cette conduite, de 167 km de longueur et d'un diamètre courant de 0,450 m, est actuellement en cours d'exécution; c'est la

Société des Hauts-Fourneaux et Fonderies de Pont-à-Mousson qui est
chargée de la fourniture des tuyaux et de tous les travaux. La conduite
comprend plusieurs tronçons de 25 km environ de longueur moyenne, qui
sont séparés par des bassins de rupture de charge. On a profité de ces bassins pour établir un système de jaugeage qui permettra de suivre le débit
introduit jusqu'à son arrivée à Sfax ; si des pertes se produisent sur quelques
tronçons, elles seront aussitôt manifestées à l'un des bassins. Les déversoirs installés ont 0,40 m de hauteur ; le canal d'amenée part d'un bassin
où la vitesse de l'eau s'annule ; il a 8 m de longueur et une largeur
de 0,80 m ; la hauteur d'eau sera mesurée dans une chambre de calme
ménagée sur l'un des côtés du canal, avec lequel elle ne communiquera
que par un orifice de fond. Toutes les parties du canal et le déversoir
qui le termine sont exécutés avec le plus grand soin ; le barrage formant
déversoir est constitué par une plaque de bronze dont la crête est biseau-
tée ; les joues qui guident la nappe au-dessus de la crête déversante sont
également en bronze ; elles prolongent les parois d'amont sans aucune
saillie, ni dépression.

Dans de telles conditions, le degré d'exactitude du résultat ne dépendra
plus que de l'approximation avec laquelle la charge sera mesurée. Si
cette approximation est de 1 pour 150, par exemple si l'on peut mesurer
une charge de 0,150 m à 1 mm près, ce qui est assez facile, le degré
d'exactitude du débit sera de 1 pour 225, ou 0,5 % en nombre rond,
puisque le débit est proportionnel à $h^{\frac{3}{2}}$. Quelle que soit, d'ailleurs,
l'approximation de la valeur absolue du résultat, si les hauteurs d'eau
sont mesurées au déversoir de chaque bassin de rupture de charge d'une
façon absolument identique, on aura une valeur des pertes dans chaque
tronçon avec une précision aussi grande qu'on peut le désirer.

Cette installation de jauge sur la conduite de Sfax constitue une des
premières applications qui aient été faites des résultats auxquels ont
conduit les belles expériences de *M. Bazin* sur les déversoirs. C'est à ce
titre qu'il a paru bon de la signaler aux membres de l'Association française
pour l'Avancement des Sciences ; ceux d'entre eux qui visiteront les
ruines de Sbeitla ne manqueront pas de jeter un coup d'œil sur les importants travaux exécutés pour le captage et l'adduction à Sfax des sources
alimentant autrefois la ville romaine de Sufetula.

PHYSIQUE.

M. A. GUYAU,

Ingénieur, Docteur ès Sciences, Paris.

OSCILLOGRAPHIE INTERFÉRENTIELLE.
LE TÉLÉPHONE INSTRUMENT DE MESURE.

535.411 : 534.12

24 *Mars*.

I. L'emploi du microscope pour l'observation et l'enregistrement photographique des petits mouvements est aujourd'hui entré dans la pratique du laboratoire et va peut-être entrer bientôt dans celle de l'industrie. Néanmoins, il ne semble pas qu'on puisse dépasser pratiquement une amplification de 5oo.

Pour aller plus loin, j'ai été amené à étudier et à faire construire (*) un appareil que j'ai appelé *oscillographe interférentiel* (fig. 1 et 5). Il permet d'enregistrer, par des phénomènes d'interférences, des oscillations de quelques cent millièmes de millimètre à une échelle qui atteint facilement 15 ooo sur la bande pelliculaire et 100 ooo sur le diagramme final.

En voici une description sommaire :

Sur la surface vibrante, quelle qu'elle soit d'ailleurs, est collé un petit miroir plan F (*fig.* 5). En face de celui-ci on peut amener un deuxième miroir plan E, rigidement lié au bâti de l'appareil de manière à former entre les deux miroirs une lame d'air mince ($\frac{1}{10}$ de millimètre par exemple). Un faisceau lumineux fourni par une lampe à mercure en quartz S et concentré sur la lame mince au moyen de deux lentilles B et D et d'un prisme C, dessine sur celle-ci des franges d'interférence rectilignes verticales qui sont projetées au moyen de deux autres lentilles G, H, sur une fente étroite J horizontale, derrière laquelle se trouve un cylindre enregistreur animé d'un mouvement hélicoïdal (*fig.* 1). L'image ponctuelle des franges grave sur la pellicule, en coordonnées obliques, l'oscillogramme du mouvement étudié (*fig.* 2 et 3). L'écartement de deux franges consécutives fixe l'échelle à laquelle on doit lire le diagramme.

(*) A. Jobin, constructeur.

*8

II. Il est aisé de se rendre compte des avantages que présente la méthode interférentielle et de ses limites d'emploi. Les franges d'interférence dessinent les courbes de niveau de la lame d'air mince. Leur équidistance sous des incidences normales est une demi-longueur d'onde. Si l'une des surfaces de cette lame se déplace, il en est de même des courbes

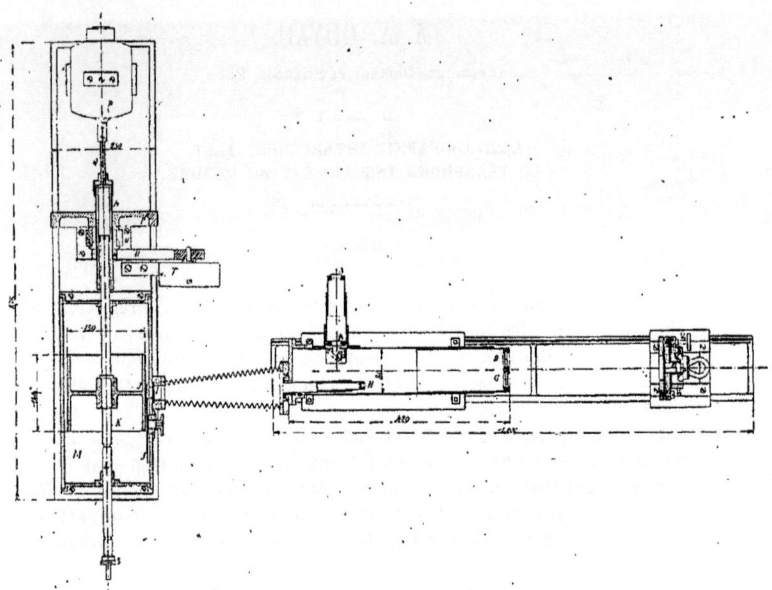

Fig. 1. — Oscillographe interférentiel.

A, diaphragme et écran; B, objectif; C, prisme à réflexion totale; D, objectif; E, miroir fixe de référence; F, miroir mobile; G, objectif; H, objectif; I, obturateur; J, fente; K, tambour; L, arbre; M, chambre photographique; N, arbre creux; O, palier; P, volant; Q, flexible; R, moteur; S, manette de commande du mouvement longitudinal; T, tachymètre; U, ruban de commande du tachymètre; V_1, vis de réglage; V_2, vis de réglage; V_3, vis de fixation.

de niveau et l'étude de leurs trajectoires orthogonales permet de se rendre compte du mouvement de la surface. Le temps ne me permet pas d'entreprendre ici l'étude complète du mouvement des franges en fonction de celui du miroir mobile (*) et je me placerai dans le cas, dont on se rapproche en pratique, où les franges sont rectilignes à peu près équidistantes, et où le mouvement de la surface mobile se fait perpendiculairement à la surface de référence. Les trajectoires orthogonales des franges sont

______

(*) *Voir* mon livre *Le téléphone instrument de mesure.* (Paris, Gauthier-Villars, 1914.)

des droites, les apparences redeviennent périodiquement les mêmes
lorsque l'épaisseur de la lame a varié d'un nombre entier de demi-lon-
gueurs d'onde et, si l'on suit le mouvement de l'une des franges, son déplacement orthogonal v est lié au déplacement correspondant u de la surface

Fig. 2. — Oscillogramme interférentiel du mouvement
de la membrane téléphonique.

Fréquence $f = 42 \sim$.   Temps de pose $\theta = \dfrac{\varepsilon}{a} = 0^s,0007$.

mobile et à la distance V de deux franges consécutives par la relation

$$(1) \qquad u = \frac{\lambda}{2}\frac{v}{V}.$$

On se place dans de bonnes conditions expérimentales en réglant les

Fig. 3. — Oscillogramme interférentiel du mouvement
de la membrane téléphonique.

Fréquence $f = 512 \sim$.   Temps de pose $\theta = \dfrac{\varepsilon}{a} = 0^s,0004$.

surfaces interférentielles de manière à ce que V $= 1$ mm environ. Le
déplacement des franges mesure celui du miroir mobile à l'échelle

$$\frac{v}{u} = \frac{2}{\lambda}V = \frac{2,1000}{0^\mu,4} = 5000 \text{ en lumière violette,}$$

échelle que l'on multipliera facilement par le grossissement de l'image
projetée sur le cylindre (3 par exemple, ce qui porte l'échelle à 15 000)
puis ultérieurement par l'agrandissement des oscillogrammes (ce qui
porte en définitive l'échelle de l'image observée à 100 000 environ).

On voit immédiatement que la réalisation pratique de l'appareil
dépend, d'une part, du pouvoir actinique de l'image projetée sur la pellicule photographique et, d'autre part, de la précision avec laquelle on
pourra fixer la position d'un maximum lumineux.

III. J'étudierai d'abord la question de l'éclairage de la lame mince.
Je me suis adressé pour la production de la lumière monochromatique
à la lampe à vapeur de mercure en quartz. L'étude de l'arc au mercure
a donné lieu à d'importants travaux, notamment de la part de MM. Fabry
et D. Berthelot. Je ne puis ici m'étendre sur ses propriétés et je renvoie

à la très complète étude publiée tout récemment par M. D. Berthelot dans le Bulletin de la Société internationale des Électriciens (février 1912). Le brûleur industriel que j'ai utilisé (4 amp. × 110 volts) a une intensité hémisphérique inférieure moyenne de 1200 bougies. L'énergie rayonnée étant maxima autour de la direction verticale, un prisme à réflexion

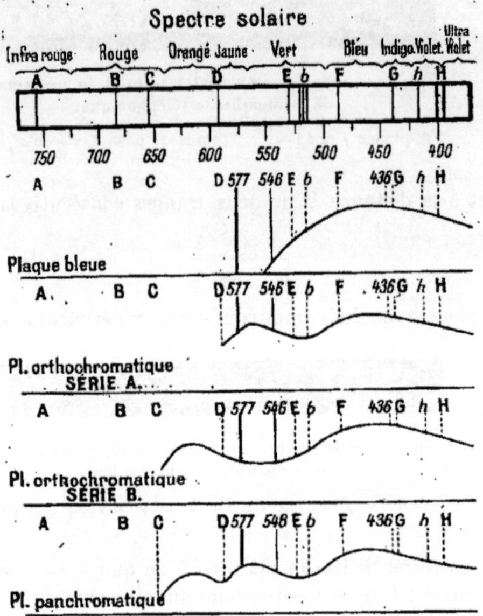

Fig. 4. — Courbes de sensibilité des émulsions photographiques. Lumière en fonction de la longueur d'onde.

totale m'a servi à redresser et à diriger horizontalement le flux lumineux.

La lampe en quartz fournit un spectre continu, auquel se superpose un spectre discontinu dont les quatre raies qui nous intéressent ici sont :

Jaune (raie soluble) 0,579
Vert 0,546
Violet 0,436
Et dans l'extrême violet visible 0,4046

Lorsqu'on la manipule à feu nu, il est indispensable de se protéger les yeux contre son rayonnement ultraviolet (*).

J'ai isolé la raie violette en utilisant simplement la diminution rapide

(*) Au moyen de verres colorés, à l'urane par exemple (verres Ficuzal foncés). Les lunettes analogues à des lunettes d'automobile doivent former joint étanche avec le visage.

de sensibilité des émulsions sensibles lorsque la longueur d'onde augmente. Voici, d'après MM. Lumière, les courbes de sensibilité de leurs émulsions photographiques (*fig.* 4). On voit qu'avec des temps de pose courts, seuls les systèmes de franges dus aux raies violettes peuvent efficacement impressionner une pellicule non orthochromatisée. Les raies ultraviolettes sont éliminées par le verre des lentilles interposées. Quant à la raie 0,4046 que j'ai identifiée par les décompositions et recompositions des franges (11 franges environ entre deux coïncidences) un écran à l'esculine a suffi pour l'arrêter.

J'ai résolu le problème de la concentration de la lumière sur les miroirs en formant sur ceux-ci l'image même de la source. Une première lentille B

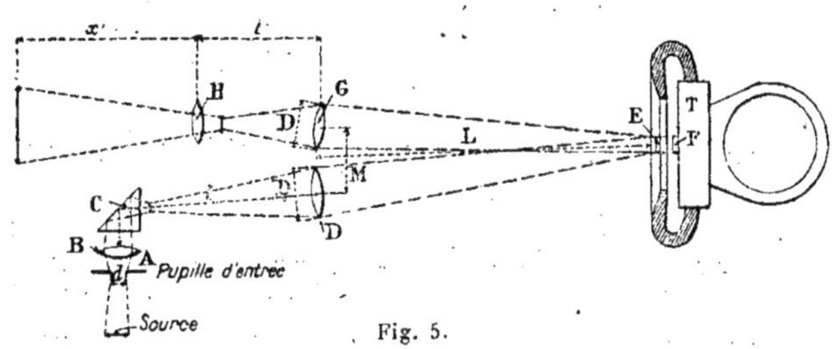

Fig. 5.

placée près d'elle en donne une première image. Une deuxième lentille D, servant en quelque sorte à conduire le faisceau jusqu'à la lame mince, donne sur celle-ci l'image définitive de la source. J'abandonne ici nettement l'éclairage en lumière parallèle qui conduirait à une illumination insuffisante. J'indiquerai plus tard dans quelle mesure la convergence de la lumière incidente peut nuire à la netteté des franges.

Seule la lumière strictement indispensable doit être admise dans l'appareil sous peine de voile des émulsions sensibles. La position et la grandeur du diaphragme se trouvent définies par les caractéristiques du système optique d'éclairage. On devra matérialiser la pupille d'entrée (image de la deuxième lentille, par rapport à la première).

Les dimensions de cette pupille m'ont permis d'étudier comment varie l'illumination des miroirs lorsqu'on modifie les constantes du système optique. Si, d'une part, on admet que le flux lumineux est proportionnel à la surface de cette pupille et à l'inverse du carré de sa distance à la source, si, d'autre part, on observe que l'illumination des miroirs est proportionnelle à ce flux lumineux et à l'inverse du carré du grossissement entre l'image définitive et la source, on trouve (*) finalement que, pour

---

(*) *Voir* mon livre *Le téléphone instrument de mesure.* (Paris, Gauthier-Villars, 1914.)

une source déterminée, l'éclairement est proportionnel au coefficient

$$(2) \qquad W = \frac{D^2}{L^2},$$

où D désigne le diamètre de l'objectif D et L sa distance aux miroirs.

Ce coefficient n'est autre que le carré de l'angle au sommet des pinceaux éclairants, issus de l'objectif D et tombant sur les surfaces interférentielles.

IV. Il semble au premier abord possible de disposer des éléments du système optique de manière à donner à W des valeurs relativement fortes.

Il ne faut pas perdre de vue néanmoins que plus l'angle $\frac{D}{L}$ de convergence des pinceaux est grand plus est variable l'incidence de la lumière éclairante. On superpose de la sorte une série de systèmes de franges qui correspondent à des incidences de plus en plus différentes : les maxima et les minima s'étalent, leur différence de luminosité diminue et les pointés sur un maximum lumineux deviennent peu à peu incertains. J'ai tenté une analyse du phénomène. Les calculs sont beaucoup trop longs pour être résumés ici. Je me contenterai d'indiquer les résultats. On peut admettre en première approximation que la netteté d'un système de franges dépend de la variation plus ou moins rapide de l'intensité lumineuse au voisinage d'un maximum ou d'un minimum, c'est-à-dire de la dérivée seconde de l'intensité lumineuse. L'influence du non parallélisme de la lumière incidente sur la netteté pourra être mise en évidence en calculant l'inverse du rapport de ces dérivées secondes :

1º Au voisinage d'un maximum lumineux en lumière parallèle sous l'incidence moyenne des pinceaux éclairants;

2º Au voisinage d'un maximum lumineux en lumière non parallèle (ce maximum est légèrement déplacé par rapport au premier).

J'ai trouvé (*), par des développements en série, qu'on peut en général mettre ce coefficient, au moins dans le cas de surfaces interférentielles en verre, sous la forme

$$(3) \qquad K = 1 - 2\pi^2 \varepsilon^2 \frac{e^2}{\lambda^2} \sin^2 \alpha,$$

où

λ, désigne la longueur d'onde;

e, l'épaisseur de la lame mince;

α, l'incidence moyenne ;

$\varepsilon = \frac{1}{2}\frac{D}{L}$ le demi-angle au sommet des pinceaux éclairants.

(*) *Voir* mon livre *Le téléphone instrument de mesure*. (Paris, Gauthier-Villars, 1914.)

L'énergie lumineuse surfacique concentrée sur les miroirs, définie pour une source déterminée par le coefficient W, est limitée par la nécessité de conserver au coefficient K une valeur voisine de l'unité.

V. Le faible pouvoir réflecteur du verre et la forme sinusoïdale de l'intensité lumineuse des franges n'auraient cependant pas permis avec des surfaces interférentielles de cette nature d'aborder, d'une part, l'enregistrement photographique de vibrations rapides et, d'autre part, de déterminer la position d'un maximum lumineux avec assez de précision pour procéder à des mesures intéressantes. J'ai eu recours à l'argenture de ces surfaces. Le miroir mobile F est argenté à fond, tandis que le miroir fixe de référence E n'est recouvert que d'une semi-argenture légère. Dans ces conditions, Hamy (*) a montré que les réflexions multiples de la lumière à l'intérieur de la lame mince produisent, en général, une condensation de lumière autour des maxima, une condensation d'ombre autour des minima, en même temps qu'une asymétrie dans la distribution des intensités rapprochant un minimum lumineux du maximum précédent, en sorte que le brusque passage d'un maximum lumineux à un minimum permet d'excellents pointés.

Pour fixer leur précision, j'ai fait, au moyen d'un microscope à oculaire micrométrique et à très faible grossissement, une série de pointés sur un maximum lumineux. L'écart maximum sur la moyenne de 10 pointés ne dépassait pas 0,02 de la distance entre deux franges consécutives et l'erreur relative moyenne n'atteignait pas 0,01.

VI. Le calcul du système optique-photographique qui projette l'image des franges sur la fente du cylindre tournant n'offre pas de difficulté. On devra simplement s'assurer qu'il n'y a pas de perte de lumière. La figure 1 montre le détail du dispositif d'enregistrement : un moteur R entraîne un volant P dont le moment d'inertie est $3,24.10^5$ C.G.S. et un arbre creux N. Ce dernier porte deux réglettes à 180° le long desquelles peut coulisser une couronne rainurée solidaire de l'arbre L du cylindre. Un tachymètre T indique la vitesse de rotation du moteur. Le cylindre K pèse 6 kg (arbre compris), son diamètre est 15 cm, sa longueur 20 cm et son moment d'inertie $1,77.10^5$ C.G.S. Il peut recevoir une pellicule de 12 cm de largeur et de 49 cm de longueur. Il est placé dans une boîte étanche à la lumière M munie d'un obturateur I et d'une fente J dont la longueur est de 1 cm et dont la largeur est réglable. Sur les parois latérales de cette boîte sont fixés les coussinets qui supportent l'arbre conduit. Celui-ci, à son extrémité libre, est muni d'un pivot à billes S, par le moyen duquel s'exerce l'effort de traction qui détermine la translation du cylindre. L'autre extrémité s'engage dans l'arbre creux muni du dispositif d'entraînement décrit plus haut. La liaison entre

______

(*) HAMY, *Journal de Physique*, 1906.

l'arbre conduit et l'arbre moteur offre quelques difficultés de réalisation. Toute inégalité périodique dans la vitesse de rotation, soit du cylindre, soit du moteur, amorce dans cette liaison lâche des balancements que l'on combat :

1° En équilibrant parfaitement le cylindre;

2° En munissant le moteur d'un volant lui-même très bien équilibré;

3° En donnant au système d'entrainement une forme symétrique par rapport à l'axe de rotation. Une asymétrie, en effet, tendrait à gauchir les pièces tournantes, à donner à leur centre de gravité un mouvement périodique de montée et de descente, donc à créer corrélativement des inégalités périodiques de la vitesse de rotation.

Voici un relevé qui donne un aperçu des conditions de marche de l'appareil :

Moteur.

Tension d'alimentation.................... 114 volts
Tension à l'induit........................ 37 volts
Intensité................................. 1,15 amp.
Vitesse .... 400 t : m

Cylindre.

Vitesse circonférentielle .... 314 cm
» parallèle à l'axe .... 50 cm
Forces de frottements parallèles à l'axe... 2 kg environ
Largeur de la fente....................... 0,1 cm
Temps de pose............................. 0,00032 seconde

VII. Soit G le grossissement de l'image projetée sur le cylindre. Son pouvoir actinique est, pour une source déterminée et des surfaces interférentielles de nature définie, proportionnel à l'éclairement W des miroirs et inversement proportionnel au carré de G. On le définira d'une part en fonction de W et de G au moyen du coefficient

$$(3) \qquad A = \frac{W}{G^2} = \frac{D^2}{G^2 L^2},$$

et d'autre part au moyen du temps de pose minimum qui permet une impression satisfaisante de l'émulsion sensible. Ce temps de pose est aisé à calculer en fonction de la largeur de la fente ε et de la vitesse circonférentielle a du cylindre

$$(4) \qquad \theta = \frac{\varepsilon}{a},$$

c'est exactement le même phénomène que pour l'obturateur de plaque, bien connu de tous ceux qui s'occupent de photographie instantanée.

Je ferai simplement remarquer que l'impression photochimique n'est pas seulement fonction du temps de pose, mais aussi de la vitesse de la frange lumineuse.

Si l'on tient à avoir une grande netteté de tous les points de la courbe représentative de la vibration étudiée, il faut naturellement que ce temps de pose soit une très petite fraction de la période de cette vibration. Le calcul est facile à faire en se donnant l'amplitude du mouvement, mais, si l'on désire simplement connaître cette amplitude, définie par les positions des points d'élongation maxima, le problème se simplifie. Sans doute la précision des mesures est une fonction complexe de la période, de l'amplitude, du temps de pose proprement dit et de l'importance photochimique de la trace lumineuse en ces points de vitesse nulle; mais, en fait, il suffira pour atteindre avec des amplitudes de l'ordre de $\dfrac{\lambda}{2}$ une précision voisine de celle avec laquelle on peut repérer les franges au repos que la vitesse de rotation du cylindre soit suffisante pour assurer une bonne séparation de deux maxima ou minima consécutifs, que l'image photographique obtenue ne soit pas trop fugitive et que le temps de pose descende au-dessous de $\frac{1}{5}$ à $\frac{1}{10}$ de la période. J'ai obtenu de très bons oscillogrammes à la fréquence 512 avec des amplitudes $u = 0,071\,\mu$ et $u = 0,164\,\mu$ et des temps de pose respectivement égaux à $\theta = 0,00037$ s et $\theta = 0,00032$ s.

Avec des temps de pose de 0,0001 s à 0,0002 s on pourrait aborder l'étude des oscillations dont la fréquence atteindrait 1000.

VIII. Les coefficients W et K permettent de préciser les conditions expérimentales et d'entreprendre, le cas échéant, un projet d'appareil différent de l'appareil type étudié, tant par les dimensions d'encombrement que par les conditions particulières d'emploi.

Les temps de pose que j'ai utilisés avec des émulsions Lumière Σ ont varié de $0^s,001$ à $0^s,0002$ dans les conditions suivantes

$$D = 2,7 \text{ cm}, \qquad \lambda = 67 \text{ cm},$$

$$\alpha = \frac{1}{2}\,\frac{3,6}{67} = 0,027, \qquad \varepsilon = \frac{1}{2}\,\frac{2,7}{67} = 0,020,$$

$$\lambda = 0,436\,\mu, \qquad e = 50\,\mu,$$

d'où

$$W = \frac{D^2}{L^2} = 1,6 . 10^{-3},$$

$$A = \frac{W}{G^2} = 1,8 . 10^{-4},$$

$$K = 1 - 0,08 = 0,92,$$

$$\theta_{min} = \frac{0,1 \text{ cm}}{500 \text{ cm} : s} = 0,0002 \text{ seconde}.$$

Dans un projet d'appareil le diamètre D des objectifs D et G servira de paramètre fondamental dont on pourra partir pour déterminer les principales dimensions. En admettant que l'on éclaire avec un arc à mercure en quartz et que l'on utilise des franges de lames argentées sensiblement analogues à celles que j'ai employées, on devra disposer du paramètre A de façon que son rapport à celui de l'appareil type soit au moins égal au rapport des temps de pose minima correspondants.

J'ai dit qu'en première approximation l'illumination des miroirs était, avec des lentilles sphériques, indépendante des dimensions de l'image lumineuse formée sur eux. On aperçoit immédiatement un moyen d'accroître dans de notables proportions cette illumination en formant l'image parallèlement à la fente du cylindre et en condensant la lumière par la substitution aux lentilles sphériques de lentilles cylindriques à axes horizontaux. Les paramètres W et A seront multipliés par le rapport des dimensions transversales de l'image non déformée à l'image déformée, et l'on aura le moyen d'enregistrer les vibrations les plus rapides.

IX. L'examen des oscillogrammes peut se faire de deux manières. Quand les ondulations sont assez resserrées, on peut les examiner avec un microscope à platine mobile et oculaire micrométrique donnant un grossissement extrêmement faible (5 à 6 par exemple). La méthode est précise, mais laborieuse, et inapplicable à l'étude d'une bande pelliculaire d'une certaine longueur. Le procédé le plus expéditif consiste à introduire la pellicule dans une lanterne à projection et à en former l'image agrandie 5 ou 6 fois sur un écran. Les clichés, même les plus médiocres, donnent de bons contrastes sur le fond très blanc de l'écran et l'on peut dessiner sur celui-ci les courbes oscillographiques.

La précision atteinte de la sorte dépasse le centième de micron, ainsi que cela résulte d'une série de 20 mesures différentes que j'ai effectuées sur une même demi-onde de l'oscillogramme (*fig.* 3). L'erreur moyenne de cette série d'observations a été

$$m = \sqrt{\frac{\Sigma\,(\text{résidus})^2}{20 - 1}} = 0,004\ \mu$$

et la limite supérieure des résidus

$$0,008\ \mu,$$

soit : $\frac{1}{100}$ de micron.

X. Le récepteur téléphonique a depuis longtemps, et en dehors de ses applications à la téléphonie et à la T. S. F., acquis droit de cité au laboratoire et à l'usine. Il est couramment employé pour les mesures de résistance, d'inductance, de capacité, de longueur d'onde, pour les recherches des défauts dans les lignes, la localisation des conduites métalliques souterraines, etc. Galvanomètre extrêmement sensible, pour courants alternatifs, puisqu'un appareil de 4000 ω m'a permis de déceler la rupture d'un courant de quelques dixièmes de micro-ampère, il n'est toutefois employé qu'en tant qu'indicateur de maximum et de minimum.

L'extrême petitesse des mouvements de sa membrane avait empêché,

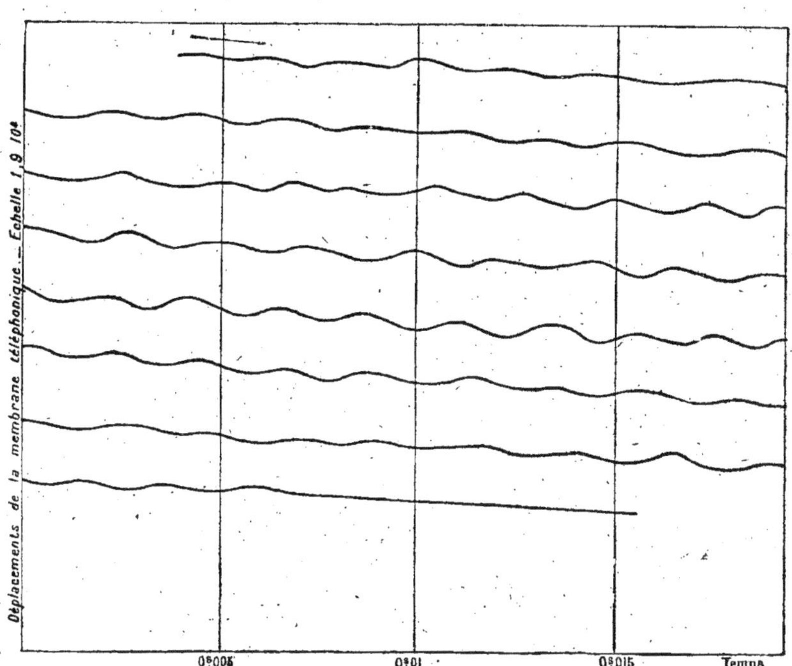

Fig. 6. — Oscillogramme du mot *Allô*. Téléphone de 127ʷ, miroir de 0ᵍʳ,12.

en effet, d'en aborder l'étude. En 1898 Cauro put cependant fixer à une fraction de micron l'ordre de grandeur de leur amplitude.

L'oscillographe interférentiel que je viens de décrire m'a permis d'en obtenir l'enregistrement. Voici des oscillogrammes d'une conversation téléphonique (*fig.* 6 et 7). L'écouteur employé était un appareil de réseau de 127 ω S.I.T., récepteur n° 3) muni d'un miroir de 0,12 g. La figure 6 correspond à la transmission du mot *Allo*, avec une intensité acoustique relativement faible; l'amplitude (*) du mouvement ne dépasse guère 0,05 μ

(*) Il est curieux de constater que l'amplitude des vibrations de l'air au voisinage de la membrane semble être, d'après Cauro, de l'ordre de quelques centièmes de millimètre, c'est-à-dire mille fois plus grande environ que celle des oscillations de la membrane qui leur donne naissance.

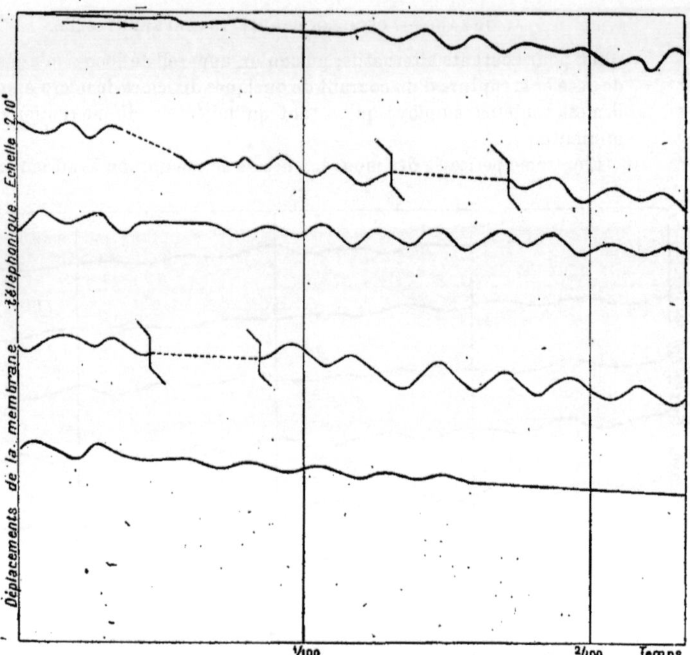

Fig. 7. — Oscillogramme du mot *Allô*. Téléphone de 127ᵘ, miroir de 0ᵍʳ,12.

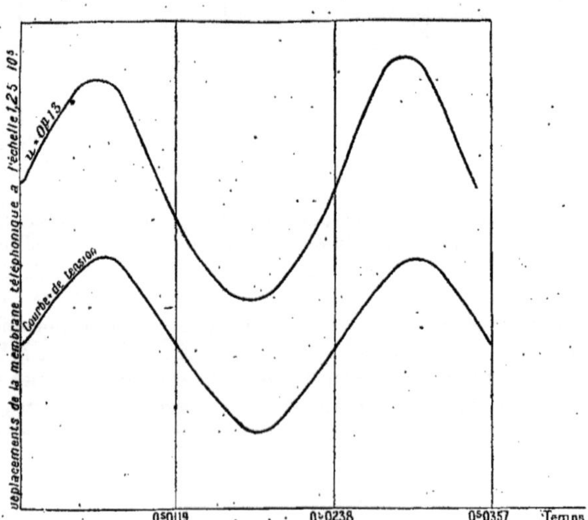

Fig. 8. — Téléphone de 127ᵘ.

et sa fréquence situe, en moyenne, la hauteur du son émis dans l'octave comprise entre $Ut_3(2^8)$ et $Ut_4(2^9)$. La figure 7 se rapporte dans des conditions analogues à une transmission plus forte, mais il y a deux lacunes qui correspondent à des vibrations de trop grande amplitude pour avoir laissé une trace lisible avec le temps de pose employé (0,0004 s).

La transmission microphonique est trop irrégulière et toujours trop mal connue pour se prêter à une étude du mouvement de la membrane téléphonique. J'ai eu recours à l'excitation au moyen du courant alternatif du secteur pour caractériser celles des propriétés de l'écouteur qui permettent d'en faire un instrument de mesures relatives.

La figure 8, reproduit la courbe de tension relevée au moyen du *contact tournant* Carpentier, et celle du mouvement correspondant de la membrane (amplitude 0,13 μ, épaisseur de la lame d'air interférentielle $\frac{1}{20}$ de millimètre environ, excitation par induction).

Les ordonnées des deux courbes ne sont pas rigoureusement proportionnelles, mais leur allure est assez semblable. Néanmoins, il n'en est pas toujours ainsi.

L'oscillogramme (*fig.* 9), accuse l'existence d'un harmonique 3,

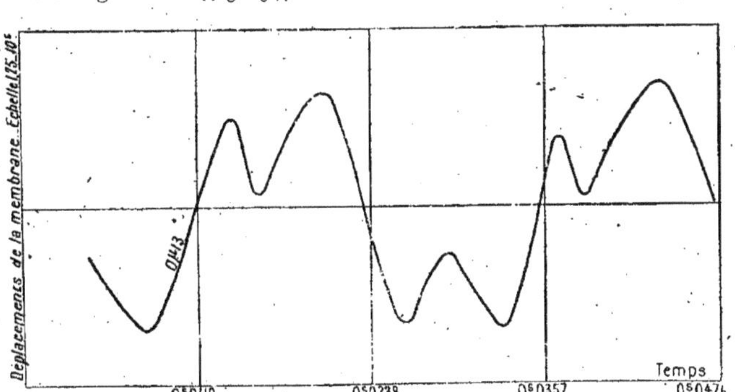

Fig. 9. — Téléphone de 127ᵛ.

extrêmement important, que la présence des noyaux en fer des bobines d'induction utilisées ne suffit peut-être pas à expliquer. La viscosité de l'air joue vraisemblablement un rôle dans le phénomène, soit que celui-ci entre et sorte périodiquement par l'étranglement périphérique qui le met en communication avec l'extérieur, soit, au contraire, que cette viscosité s'oppose à ces échanges et que la masse d'air emprisonnée ait une période de résonance.

Si l'expérimentateur venait à craindre, du fait de l'épaisseur de la lame mince, une déformation faussant ses mesures, il lui serait toujours aisé, par une modification de celle-ci, de se replacer dans des conditions normales.

Cette déformation est variable avec les conditions expérimentales; il n'y a pas lieu, tant qu'elle ne devient pas excessive, de s'en préoccuper outre mesure.

La figure 10 reproduit précisément une série de courbes déformées qui

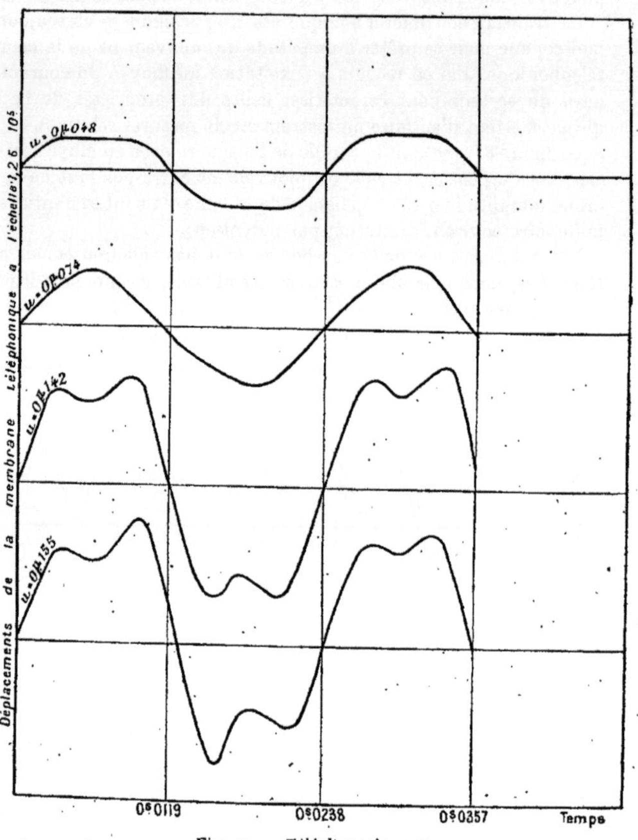

Fig. 10. — Téléphone de 127ᵘ.

correspondent à des courants téléphoniques progressivement croissants.

Le rapport des intensités aux amplitudes n'en reste pas moins constant à moins de 10 % près. Ces intensités ont été calculées d'après les indications d'un ampèremètre placé dans le circuit I (*fig.* 11).

Dans le cas actuel — celui d'un téléphone de 127 ω — le rapport de l'intensité efficace du courant en micro-ampères à l'amplitude du mouvement en microns peut être évalué à

$$\frac{i}{u} = 900 \qquad \text{pour } 42 \sim.$$

Comme, en général, on peut apprécier le dixième de frange, cet instrument permet de déceler une vingtaine de micro-ampères efficaces. Avec un téléphone à haute résistance pour télégraphie sans fil ($4000\ \omega$) on obtient naturellement une sensibilité bien meilleure (4 fois environ), et l'on peut l'améliorer encore (dans le rapport de 1 à $1,5$ environ) en substituant au miroir de $0,12$ g un miroir de $0,01$ g.

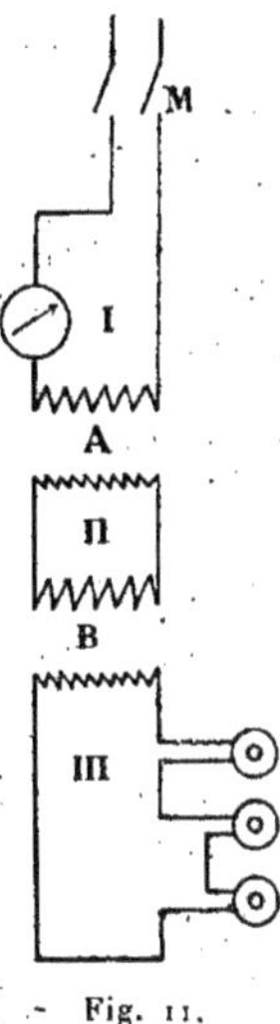

Il y a lieu, toutefois, dans l'emploi du téléphone comme enregistreur de courant, de se mettre en garde contre deux causes d'erreur. Toute discontinuité dans la courbe du courant téléphonique produit sur la membrane une véritable percussion qui amorce, d'une part, des oscillations propres et, d'autre part, lui imprime une déformation permanente qui déplace sa position moyenne.

L'oscillogramme suivant (*fig.* 12), qui a été pris au moment de la mise sous tension du téléphone, est caractéristique à ce sujet. En même temps qu'on semble bien pouvoir conclure du mouvement de la membrane à une surintensité au moment de la fermeture des circuits, on aperçoit trois oscillations propres, bien nettes et au

Fig. 11.

bout de $\frac{3}{100}$ ou $\frac{4}{100}$ de seconde, il est visible que la position moyenne

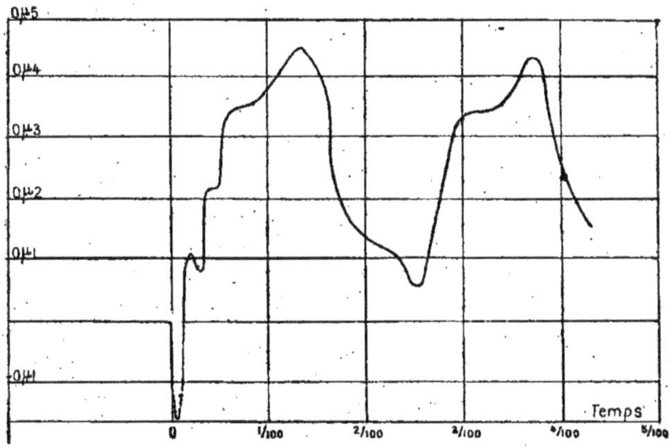

Fig. 12. — Mouvement de la membrane téléphonique (téléphone de 127^{ω}) au moment de l'établissement du courant ($f = 42 \sim$).

de la membrane s'est écartée de $0,25\,\mu$ environ de la position d'équi-

libre primitif. C'est un « déplacement du zéro » considérable vis-à-vis de
l'amplitude du mouvement qui, à ce moment, n'est plus que $0,18\,\mu$ et
tombera après quelques oscillations à $0,15\,\mu$; cette sorte d'indifférence
de la position d'équilibre se manifeste perpétuellement. Dans les oscillogrammes des vibrations vocales (*fig.* 6 et 7), on aperçoit, à côté des
mouvements périodiques, des déplacements irréguliers occasionnés par
quelque variation soudaine du courant microphonique.

L'étude des vibrations propres de la membrane peut être commodément faite en oscillographiant la rupture du courant d'excitation (*fig.* 13).

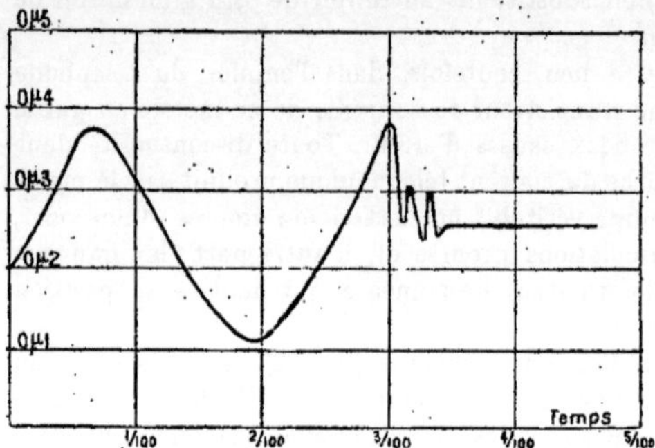

Fig. 13. — Mouvement de la membrane téléphonique (téléphone de 127ᵘ)
au moment de la rupture du courant ($f = 42 \sim$).

La membrane brusquement abandonnée à elle-même fait trois ou quatre
oscillations dont la fréquence (en dehors de la première) peut être évaluée
à 800 (avec un miroir de $0,12$ g).

L'amortissement est plus difficile à chiffrer. Il semble que la position
moyenne de la membrane oscillante regagne progressivement la position
approximative que lui assignait son mouvement antérieur. La viscosité
de l'air compris entre les deux miroirs doit jouer un rôle dans ce phénomène. L'ordre de grandeur du coefficient d'amortissement peut cependant être fixé à 400.

Ces données permettent de calculer la courbe de sensibilité du téléphone en fonction de la fréquence. L'équation du mouvement du centre
de la membrane a, en effet, la forme générale

$$f\left(\frac{d^2 u}{dt^2},\ \frac{du}{dt},\ u,\ i\sin\omega t\right) = 0.$$

La position $u = 0$ étant par hypothèse la position d'équilibre pour $i = 0$
on a

(7) $$f(0, 0, 0, 0) = 0.$$

Comme l'amplitude u est toujours très petite, il en est de même de $\dfrac{du}{dt}$

et de $\dfrac{d^2u}{dt^2}$. En développant le premier membre en série de Mac Laurin,
il vient

$$(8) \qquad f(0) + \frac{\partial f(0)}{\partial u''}\frac{d^2u}{dt^2} + \frac{\partial f(0)}{\partial u'}\frac{du}{dt} + \frac{\partial f(0)}{\partial u}u + \frac{\partial f(0)}{\partial i}i\sin\omega t = 0,$$

ce qui peut s'écrire (*) en tenant compte de (7)

$$\frac{d^2u}{dt^2} + 2b\frac{du}{dt} + (b^2 + \varepsilon)x = gi\sin\omega t$$

dont l'intégrale, les termes transitoires mis à part, est

$$u = \frac{gi\sin(\omega t - \varphi)}{\sqrt{b^4 + 2b^2(\varepsilon + \omega^2) + (\varepsilon - \omega^2)^2}}.$$

D'après les chiffres que je viens de donner

$$\sqrt{\varepsilon} = 2\pi \times 800. = 5000,$$
$$b = 400.$$

La courbe de sensibilité de l'appareil

$$\frac{u_m}{i_m} = \frac{g}{\sqrt{b^4 + 2b^2(\varepsilon + \omega^2) + (\varepsilon - \omega^2)^2}}$$

est aisée à construire (fig. 14).

Pour $\omega = 0$ elle a une tangente horizontale, passe par son maximum

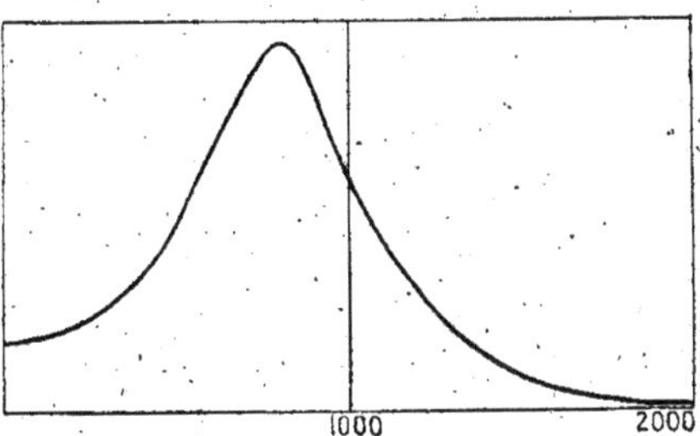

Fig. 14.

aux environs de la fréquence 800, puis devient asymptote à l'axe des x.
En réalité, les multiples harmoniques de la membrane doivent donner
une série de pointes de résonance zigzagant cette courbe simple (**).

(*) *Sur la théorie mathématique du téléphone*, voyez POINCARÉ, *Étude du
récepteur téléphonique* (*Éclairage électrique*, 1907, t. L), et mon livre *Le téléphone instrument de mesure*. (Paris, Gauthier-Villars, 1914.)

(**) *Voir* à ce sujet les présomptions indiquées par Albert CAMBELL, dans son
étude, *On resonance points in microphone transmitters*, *The National physical
laboratory collected researches*, vol. IV, 1908.

*9

.Il me reste à dire quelques mots du téléphone à effets sélectifs. La résistance du monotéléphone Abraham que j'ai étudié (*) était de 5600 ω. La sensibilité de cet appareil est naturellement variable avec la précision de l'accord et avec la fréquence, mais en tout cas elle est extrême : on peut l'évaluer, à basse fréquence, à quelques centièmes de micro-ampère. Le mouvement des franges (au moins à la fréquence 128) commence à être mesurable alors qu'avec un téléphone de résistance peu différente mis en série on n'entend encore aucun son. On doit éviter les trépidations qui sont assez gênantes, surtout aux basses fréquences, lorsque la tension du fil est petite. Les formules que j'ai données précédemment pour le téléphone ordinaire montrent que, sauf pour ω petit, la courbe de sensibilité de cet instrument en fonction de la fréquence ($\varepsilon = \omega^2$) est une hyperbole équilatère asymptote aux axes.

Les recherches que je viens de résumer ont été faites à la Sorbonne dans le laboratoire de M. Janet. Je prie ici mon éminent Maître d'agréer l'expression de toute ma gratitude pour l'accueil qu'il a bien voulu me faire, les conseils et les encouragements qu'il n'a cessé de me donner.

M. Gabriel SIZES,

Toulouse.

ÉTUDE EXPÉRIMENTALE DES VIBRATIONS TRANSVERSALES ET TOURNANTES DES CORDES, AU POINT DE VUE DE L'ACOUSTIQUE MUSICALE.

534.321.4-3

26 Mars.

Sons inférieurs. — En 1618, Descartes, a écrit dans son *Compendium musicæ* :

« Le son est au son comme la corde est à la corde; or, chaque corde contient en soi toutes les cordes moindres qu'elle, mais non celles qui sont plus grandes; par conséquent aussi chaque son contient en soi tous les sons plus aigus que lui, mais non ceux qui sont plus graves. »

D'autre part, un certain nombre de théoriciens et récemment A. von Œttingen et Hugo Riemann, reprenant une des conceptions de Zarlino contenue dans *Institutioni Armoniche* (1558), veulent que :

(*) L'équipage vibrant était constitué par deux brins en fil d'acier de 15/100 mm de diamètre et de 105 mm de longueur. Le diamètre de la membrane était de 17 mm, son épaisseur de 0,4 mm et son poids, griffes comprises, de 0,65 g.

« les sons inférieurs d'une corde forment une série qui, *par rapports inverses de ceux de la série supérieure,* s'étend de l'aigu au grave (*). »

Nous avons vérifié ces opinions diverses au cours des expériences que M. Massol et moi avons effectuées sur les vibrations multiples des corps vibrants (*C. R. de l'Académie des Sciences,* 1907 à 1910, *passim*; et *Congrès de Toulouse,* 1910). Nous avons étudié un certain nombre de cordes et particulièrement la plus longue corde d'un piano à queue, corde filée de 1,96 m, donnant le la_{-1} de 27^{vd}. Frappée au moyen du marteau que fait fonctionner la touche du piano, cette corde n'a donné aucun résultat; les oscillations manquaient d'amplitude. C'est en la pinçant de toutes façons que nous avons pu enregistrer des courbes semblables à celles que nous avions obtenues des diapasons.

Sur ces courbes, à part le son prédominant la_{-1}, j'ai relevé 16 harmoniques inférieurs et 7 supérieurs. Le plus grave est la_{-5} de $1^{vd},6875$; mais ce n'est pas le son fondamental de l'échelle. Le rapport $7:4$, qu'il présente avec sol_{-4} de $2^{vd},95$ en fonction de 7e harmonique, assigne comme son fondamental la_{-7} de $0^{vd},422$, en rapport de $7:1$ avec sol_{-4}; la_{-5} se classe ainsi comme 4e harmonique et le son prédominant comme 64e.

Le Tableau suivant renferme : 1° les sons observés; 2° leurs nombres de vibrations; 3° l'ordre des harmoniques rapportés à la fondamentale (**).

Harmoniques inférieurs.

la_{-1}	la_{-5}	$ut^{\#}_{-4}$	mi_{-4}	sol_{-4}	la_{-4}	$ut^{\#}_{-3}$	mi_{-3}	sol_{-3}	la_{-3}	si_{-3}	$ut^{\#}_{-2}$
$0^{v},422$	$1^{v},6875$	$2^{v},11$	$2^{v},53$	$2^{v},95$	$3^{v},375$	$4^{v},22$	$5^{v},06$	$5^{v},9$	$6^{v},75$	$7^{v},6$	$8^{v},44$
1	4	5	6	7	8	10	12	14	16	18	20

Harmoniques supérieurs.

$sol^{\#}_{-2}$	la_{-2}	$ut^{\#}_{-2}$	mi_{-1}	$sol^{\#}_{-1}$	$[la_{-1}]$	mi_0	la_0	$ut^{\#}_1$	mi_1	la_1	la_2	si_2
$12^{v}\tfrac{2}{3}$	$13^{v},5$	$16^{v},88$	$20^{v},25$	$25\tfrac{1}{3}$	27^{v}	$40^{v},5$	54^{v}	$67^{v},5$	81^{v}	108^{v}	216^{v}	242^{n}
30	32	40	48	60	64	96	128	160	192	256	512	576

Bien que nos expériences aient eu principalement pour but de rechercher les sons inférieurs provenant des grandes oscillations, elles ont manifesté sept sons supérieurs au son prédominant la_{-1}, par rapport

---

(*) *Voir* Dictionnaire de musique de Hugo Riemann, traduction de Georges Humbert, particulièrement aux mots : Harmoniques, Mineur et Son.

(**) Le nom d'un son indiqué en caractère *italique* signifie qu'il est en fonction de 7e harmonique, ou l'une de ses octaves. L'absence du 9e harmonique (si_{-4}) de l'échelle inférieure n'est certainement due qu'à un hasard d'expérience, puisque deux de ses octaves supérieures (si_{-3} et si_2) se sont inscrites. Il en est de même de sol_{-4} en fonction de 7e harmonique de l'échelle supérieure, dont deux des octaves inférieures (sol_{-3} et sol_{-4}) figurent au Tableau. Ces harmoniques s'entendent à l'oreille dans l'échelle supérieure, lorsqu'on fait vibrer la corde au moyen du clavier sur un piano de bonne facture.

auquel ils présentent les rapports indiqués ci-dessous :

la_{-1}	mi_0	la_0	$ut_1^{\#}$	mi_1	la_1	la_2	si_2
1	$\dfrac{3}{2}$	2	$\dfrac{5}{2}$	3	4	8	9

Les expériences antérieures.ont démontré que les corps sonores complexes donnent lieu à plusieurs modes de vibrations (Congrès de 1910 et 1912) : les diapasons vibrent trois échelles différentes qui correspondent à trois modes de vibrations; les cloches deux. Le gong, à cause de sa surface plane se classe dans la catégorie des corps simples; il ne vibre que l'échelle de la véritable fondamentale, ou son 1; le son prédominant est une de ses octaves supérieures.

La corde est le type le plus parfait des corps sonores simples; cependant, comme en témoigne l'échelle ci-dessus, tous les harmoniques supérieurs au son prédominant ne sont pas des multiples parfaits de ce son et ne peuvent s'exprimer en nombres entiers qu'à l'aide de son octave basse la_{-2} notée dans les harmoniques inférieurs.

Harmoniques supérieurs. — Les conditions de nos expériences s'écartant beaucoup de celles de la pratique musicale, il importait de reprendre l'étude des harmoniques supérieurs sur des sons musicaux. La frappe normale des marteaux d'un piano étant établie de façon à favoriser le plus possible l'émission la plus pure du son prédominant accompagné de ses harmoniques supérieurs, j'ai opéré sur la corde filée ut_1 de 64^{vrd} d'un excellent piano à queue Gaveau dont la nature et l'intensité des sons apparaissaient les plus favorables.

Assisté de mon accordeur expérimenté, nous avons constaté à l'audition simple la série des harmoniques impairs $ut_1 = 1$, $sol_2 = 3$, $mi_2 = 5$, $si\flat_3 = 7$, $ré_4 = 9$, et plus tardivement $sol_4^{\flat} = 11$. Les étouffoirs adhéraient bien aux cordes et ne permettaient aucune vibration importune. Dans ces conditions j'ai fait, avec un nouveau chronographe enregistreur Boulitte, des inscriptions sur lesquelles j'ai relevé un harmonique inférieur et 12 supérieurs. En voici le classement et les rapports à $ut_1 = 1$. Les nombres placés au-dessus des noms des sons indiquent la fonction par rapport au son le plus grave inscrit ut_0, qui est l'octave grave du son prédominant ut_1.

1	2	2,5	3	4	6	7	8	9	10	12	14	20	24
ut_0	ut_1	mi_1	sol_1	ut_2	sol_2	$si\flat_2$	ut_3	$ré_3$	mi_3	sol_3	$si\flat_3$	mi_4	sol_4
32^{v}	64^{v}	80^{v}	96^{v}	128^{v}	192^{v}	224^{v}	256^{v}	288^{v}	320^{v}	384^{v}	448^{v}	640^{v}	768^{v}
$\dfrac{1}{2}$	1	$\dfrac{5}{4}$	$\dfrac{3}{2}$	2	3	$\dfrac{3,5}{1}$	4	$\dfrac{4,5}{1}$	5	6	7	10	12

Comme dans les premières expériences, nous constatons la présence de l'octave grave du son prédominant (*). Son influence directe se manifeste par l'inscription de trois de ses harmoniques de premier ordre; on a : $ut_0 = 1$, $sol_1 = 3$, $si^b_2 = 7$ et $ré_3 = 9$, lesquels ne sont pas des multiples entiers de ut_1. Mais un fait nouveau se produit par la présence de mi_1, lequel ne peut s'exprimer par un nombre entier qu'à l'aide de ut_{-1}, 2e octave inférieure du son prédominant, dont il est le 5e harmonique.

Comme cela se manifeste dans le jeu de l'orgue lorsqu'on introduit des tuyaux de 16 et de 32 pieds, ou bien encore lorsqu'on adjoint la contrebasse au quatuor à cordes ou à un ensemble orchestral, les sons musicaux tirent leur *rondeur* de la coexistence des harmoniques inférieurs. La composition harmonique de l'ensemble, qui constitue l'accord de *neuvième majeure de dominante*, leur donne la puissance et la noblesse de timbre. Les vibrations secondaires plus aiguës — que la prédominance des harmoniques de premier ordre empêche de se manifester d'une manière apparente — donnent l'éclat qui est nécessaire à un ensemble de sons de hauteur moyenne et grave. Ce sont les conditions acoustiques indispensables que doivent avoir les sons de nos instruments modernes.

Vibrations tournantes. — Pour les cordes comme pour les diapasons, on ne peut invoquer l'influence de la masse métallique mise en œuvre — comme par exemple dans les cloches; ou de la pression de l'air comme avec les tuyaux ou les instruments à vent — pour justifier la puissance de vibration que ces corps sonores contiennent en soi; il faut en trouver la cause dans la manifestation des grandes oscillations et de la coexistence des vibrations tournantes; manifestations qui causent les harmoniques ultra-graves de l'échelle inférieure.

Avec M. Massol nous avons montré l'existence de ces vibrations au moyen de la photographie des oscillations des branches d'un diapason (*voir* nos Notes à l'Académie des Sciences, 27 juin et 8 août 1910). Les courbes complexes des cordes montrent les mêmes caractères et, comme celles des diapasons, elles correspondent toujours à un des harmoniques de premier ordre du son fondamental et sont généralement accompagnées des vibrations du son prédominant ou tout au moins de son octave grave.

L'étude de ces vibrations, au point de vue de l'acoustique musicale, vient compléter l'étude faite par A. Cornu, au point de vue de la Mécanique relatée dans son Mémoire publié au *Journal de Physique* (3e série, t. V, année 1896). Il écrit à ce sujet :

« Les vibrations transversales d'une corde, excitées d'une manière quelconque, sont toujours accompagnées de vibrations tournantes, l'élasticité

(*) On entend cette octave grave dans les vibrations des cloches; dans celles des petits diapasons à branches; dans l'émission du son de certains tuyaux, particulièrement ceux d'un jeu de gambe. De même, tous les bons violons artistiques font entendre cette octave grave accompagnée de l'octave supérieure.

de torsion de la corde entrant en jeu au même titre que la composante transversale de la torsion. »

Il trouve étrange qu'on n'ait pas prévu cette oscillation tournante d'après les théorèmes généraux de la Mécanique. Il ajoute :

« La mise en vibration d'une corde par pincement est, sous certains rapports, celle qui conduit aux mouvements les plus complexes : en effet chacun des points de la surface de la corde se meut suivant la résultante des trois déplacements ainsi définis : 1° rotation autour de l'axe de la corde; 2° translation parallèle au plan de symétrie de la corde; 3 translation parallèle au plan de symétrie perpendiculaire. »

Les courbes qui en résultent :

« sont au début dentelées et bouclées par les harmoniques des oscillations tournantes et transversales; elles se régularisent peu à peu par suite de l'extinction plus rapide des vibrations tournantes, puis des harmoniques élevés et, finalement, elles se réduisent aux types les plus simples (ellipses, courbes en 8, etc).

Ce sont bien les phénomènes que j'ai observés. Nous avons expérimenté des cordes de contrebasse en boyau, mais les grandes oscillations s'éteignent rapidement après le pincement ou le frottement de l'archet. Tandis qu'une grosse corde en acier, pincée convenablement, permet d'inscrire des courbes pendant une durée de 10 à 25 secondes avant de se réduire au son simple.

Les résultats de cette étude confirment pleinement ceux des études antérieures. En résumé, à l'exemple des différentes espèces de corps sonores étudiés précédemment : les cordes vibrent une échelle harmonique inférieure au son prédominant. Cette échelle a pour base de rapports la véritable fondamentale, ou son 1, de l'échelle générale que vibre la corde. Le son prédominant est toujours accompagné de son octave grave. L'échelle supérieure apparente n'est qu'une partie de l'échelle générale; à l'audition simple, dans la majorité des cas, on ne distingue que la série des harmoniques impairs de premier ordre. Le son prédominant est l'harmonique le plus favorisé dans les vibrations de tous les corps sonores.

Ce sont les conclusions auxquelles nous avait conduit l'étude auditive des corps sonores faite avec la haute collaboration de M. Camille Saint-Saëns.

Il s'en suit : que l'existence d'une échelle harmonique inférieure au son prédominant, dont la série des sons serait *en rapports inverses de ceux de la série supérieure*, est contraire à la loi générale de vibration des corps sonores.

M. MOUCHARD.
Tunis.

EFFETS DE LA FOUDRE SUR LES LIGNES ÉLECTRIQUES.

537.41 : 654.4

26 Mars.

Le compte rendu de l'Académie des Sciences, séance du 15 avril 1912 contient une Communication de M. Bergonié au sujet de « coups de foudre en spirale ».

L'an dernier M. Turpain, au Congrès de Nîmes, a fait observer que les faits rapportés par M. Bergonié n'étaient pas aussi anormaux qu'ils le paraissaient de prime abord. Je ne puis que confirmer cette manière de voir.

Au cours des 10 années que j'ai passées dans l'Administration des Télégraphes de Tunisie, j'ai eu en effet l'occasion d'observer de nombreux coups de foudre sur les lignes télégraphiques. J'ai constaté très souvent les particularités dont a parlé M. Bergonié : émiettement des poteaux les plus atteints, avec projection des débris tout autour de l'appui, les morceaux étant à peu près exactement dirigés vers celui-ci; enfin rainure en spirale (ou plus exactement en hélice) sur ceux qui sont les moins atteints. L'explication de ce dernier phénomène m'a toujours paru bien simple : cette hélice est en effet celle que forment les fibres du poteau; c'est une particularité bien connue du bois que les fibres ne restent pas parallèles à l'axe, mais s'enroulent avec le temps en hélice à pas allongé.

La décharge à haute fréquence, qui a peine à suivre le conducteur surtout s'il est en fer, saute sur la console de l'isolateur — souvent en décapitant celui-ci — puis suit les fibres de bois, qui sont en hélice, jusqu'à la terre, en arrachant ces fibres à son passage.

Quant à l'éclatement des objets frappés, j'en ai constaté des effets très curieux, notamment sur des fils de fer de 4 mm galvanisé dont le zinc avait été volatilisé, le fer ayant pris la teinte bleue, et dont les fibres parallèles étaient arrachées avec fusion partielle comme si la répulsion des éléments de courant parallèles avait provoqué un éclatement du fil.

MM. CHÉNEVEAU et HEIM,

Paris.

SUR UN ÉLASTICIMÈTRE ENREGISTREUR.
APPLICATION A L'ÉTUDE DES CAOUTCHOUCS.

620.124.161 : 678

26 Mars.

Nous avons cherché à réaliser un appareil qui se prête très commodément aux essais d'extensibilité et d'élasticité du caoutchouc; mais l'appareil, pourra être également utilisé pour l'étude de l'extension et de la rétraction de matières plastiques, de fibres textiles, etc., en un mot d'une matière quelconque; ce n'est qu'une question de puissance de l'appareil ou de dimensions des éprouvettes d'essai, qui sera mise en jeu. D'autre part, l'appareil qui a été construit pour l'étude d'éprouvettes en forme de barrettes peut être facilement modifié pour utiliser toute autre forme d'éprouvettes, en particulier la forme de rondelles.

L'intérêt d'un appareil enregistreur n'est plus à discuter; mieux que tout autre dispositif d'expérimentation, il donne la courbe exacte du phénomène étudié et permet au physicien de déduire la loi de ce phénomène; ce qui peut fournir au point de vue purement physique, des renseignements sur la constitution de la matière, et au point de vue industriel des données expérimentales intéressantes.

Il serait désirable que l'on étudie un grand nombre de corps dans l'esprit qui nous a guidé pour l'étude du caoutchouc; nous ne doutons pas qu'on en tirerait des résultats utiles à la fois à la science et à l'industrie.

L'élasticimètre enregistreur aura donc cet avantage de tracer, soit la courbe d'élasticité à charges progressivement croissantes, soit un cycle d'hystérésis élastique, d'une façon continue, indépendante de l'habileté de l'observateur tant comme expérimentateur que comme dessinateur.

Il existe déjà de nombreux élasticimètres enregistreurs, surtout destinés à l'étude du caoutchouc. Les types les plus récents de Breuil (*), de Heim-Richard (**), et de Schwartz (***) donnent des résultats très intéressants, mais sont peut-être critiquables parce qu'ils utilisent un ressort pour mesurer les charges, et que nous ne croyons pas que l'on puisse se fier à un ressort pour obtenir une mesure absolument exacte de la charge. Il y a d'autre part intérêt à effectuer le tracé sur un papier

---

(*) *Le Caoutchouc et la Gutta-Percha*, années 1904 à 1905.
(**) *Société d'Agriculture coloniale*, juin 1904.
(***) *The Electrician*, vol. LXIV, 21 janvier 1910.

millimétré ordinaire ou même sur un papier quelconque divisé ou non,
et à ne pas trop réduire l'échelle des courbes pour assurer plus d'exactitude à la détermination possible des constantes d'extensibilité et de la
surface des cycles d'hystérésis; il peut être également commode dans
certains cas que le graphique soit obtenu avec des échelles connues proportionnelles aux grandeurs mises en jeu.

Aussi pour que l'appareil réalise ces diverses conditions et reste bien
comparable à lui-même, nous sommes-nous adressés à la forme de dynamomètre pendulaire que nous allons décrire sommairement.

Principe et théorie élémentaire de l'élasticimètre enregistreur. — L'éprouvette C de caoutchouc (*fig.* 1)
est par exemple en forme de
barrette prismatique à section carrée

$$(0,5 \text{ cm} \times 0,5 \text{ cm} = 0,25 \text{ cm})^2$$

et de 2,5 cm de longueur (*).

Pour les essais très nombreux auxquels nous nous
sommes livrés sur cette matière, dont nous n'avions
souvent que de petits échantillons à l'état naturel, nous
nous sommes de préférence
adressés à des éprouvettes
moulées au moment de la
vulcanisation.

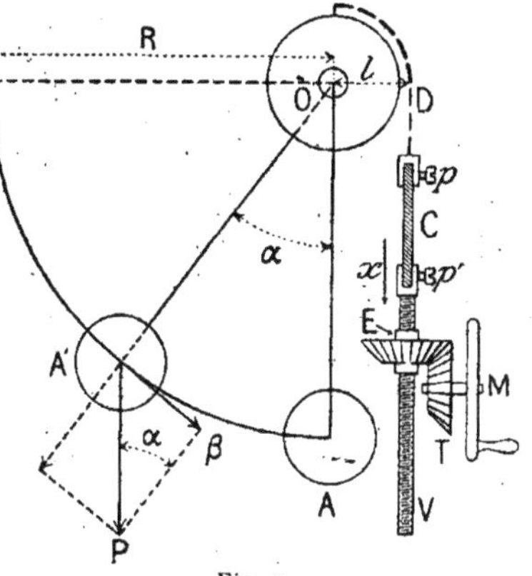

Fig. 1.

L'éprouvette est serrée entre deux pinces P, P, la pression étant au
besoin réglable à volonté pour chaque caoutchouc.

On tire verticalement sur la pince inférieure au moyen de la vis V
dont l'écrou E est mis en mouvement à l'aide d'un train d'engrenages
coniques T et d'une manivelle M; la pince supérieure se meut aussi verticalement, supportée qu'elle est par une chaine qui reste tangente au
cercle O.

L'effort x, appliqué à l'éprouvette, sert à allonger cette éprouvette
sous l'influence d'une force qui oblige une masse A à se déplacer circulairement autour de l'axe de rotation O à une distance déterminée R.

Si nous considérons une position quelconque A' de cette masse pendulaire la force efficace réellement agissante est la composante A'β du
poids P de la masse, c'est-à-dire

$$A'\beta = P \sin \alpha,$$

si α est l'angle que fait la direction OA' avec la verticale OA.

(*) L'éprouvette quelle que soit la forme peut être aussi découpée dans une lame
de caoutchouc.

Comme l'effort x peut être toujours supposé appliqué en D à une distance OD $= l$ de l'axe O, nous avons donc en jeu deux forces antagonistes, l'une P sin α appliquée à l'extrémité du bras de levier OA$' =$ R, l'autre x appliquée à l'extrémité du bras de levier OD $= l$.

Lorsqu'il y aura équilibre, on aura, par application du théorème des moments par rapport à l'axe,

$$(1) \qquad P \sin \alpha\, R - x\, l = 0$$

ou

$$x = \frac{PR}{l} \sin \alpha,$$

on voit aussi que l'*effort de traction x varie d'une façon continue*, depuis une valeur nulle pour $\alpha = 0$ jusqu'à sa valeur maximum pour $\alpha = 90°$

$$\frac{PR}{l}.$$

Dispositifs d'enregistrement. — En réalité, pour la plus faible sensibilité de l'appareil, le poids P est constitué par un tambour cylindrique monté sur la tige OA formant support (*fig. 2*) et ce tambour se déplace avec elle dans son mouvement pendulaire; mais en même temps que se produit son mouvement d'ascension, le cylindre peut prendre un mouvement de rotation autour de son axe, grâce à un engrenage fixe et à un pignon conique denté mobile qu'on aperçoit nettement, sur la figure 2, en haut de l'appareil.

Pour passer par déplacement circulaire de la position A à la position A$'$, le cylindre, qui deviendra le cylindre enregistreur, aura donc en même temps tourné d'une quantité, qui dépendra de la charge, égale à l'arc AA$'$ ou

$$(2) \qquad s = R \alpha.$$

L'allongement de l'éprouvette, produit par l'effort de traction x, commande à l'aide d'une crémaillère un système de roues dentées, qu'on aperçoit également sur la figure 2, qui, par l'intermédiaire d'une chaîne réalise le déplacement d'un crayon le long d'une génératrice du cylindre, *proportionnellement à l'allongement*.

De sorte que si le cylindre enregistreur porte une feuille de papier millimétré et si le crayon s'appuie sur cette feuille, on aura l'inscription directe de la courbe d'extensibilité

$$y = f(x),$$

reliant l'allongement y à la charge x (*).

(*) Beaucoup d'enregistreurs donnent la relation, beaucoup moins commode à utiliser directement et inverse de la précédente: $x = f(y)$.

On peut remarquer que, si l'on calcule la valeur de l'arc s dont a tourné,
à un moment donné caractérisé par l'angle α, le cylindre enregistreur, on

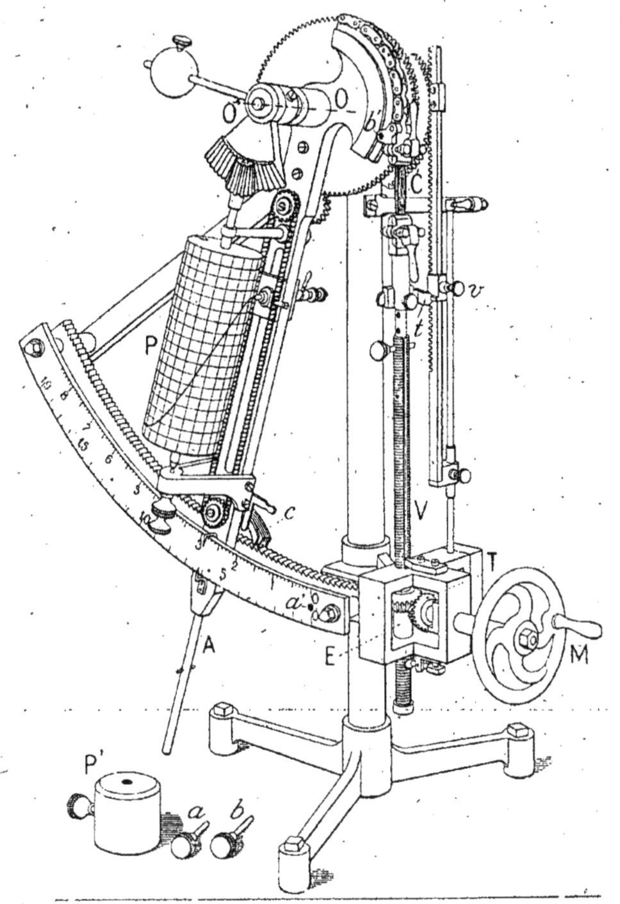

Fig. 2.

obtient, en remplaçant dans l'équation (2) R par sa valeur tirée de
l'équation (1), l'expression

$$s = \frac{x\,l}{P}\,\frac{\alpha}{\sin\alpha}.$$

Si l'angle α est donc inférieur à 30°, ce que l'on peut facilement réaliser par construction sans trop d'encombrement (*), le rapport $\dfrac{\alpha}{\sin \alpha}$ reste constant avec une approximation. que légitiment les erreurs expérimentales (**), et l'on peut dire alors que les *déplacements s sont sensiblement proportionnels aux efforts.*

Dans ce cas, le graphique pourra être considéré comme tracé avec des échelles connues pour l'allongement et la charge. Mais il faut bien remarquer que cette condition n'est d'ailleurs que commode et nullement nécessaire. L'arc circulaire de l'appareil est gradué en kilogrammes et hectogrammes pour l'emploi comme dynamomètre ordinaire.

La rupture de l'éprouvette se fait sans à-coups grâce à un système de cinq cliquets dont au moins l'un d'eux engrène à ce moment, sur un arc denté parallèle à l'arc divisé.

On peut enfin changer la sensibilité de l'appareil par l'addition de contrepoids disposés sur une tige placée au-dessous du cylindre, et l'on s'est arrangé pour diminuer le plus possible les frottements, au besoin par l'emploi de roulements à billes.

Pour tracer un cycle d'hystérésis élastique, dont l'aire comprise entre une courbe d'extension et une courbe de rétraction représente en somme l'énergie absorbée par la matière, c'est-à-dire pour étudier l'élasticité, le taquet t, entraîné par la pince inférieure de l'éprouvette dans son allongement, peut revenir en arrière et commander ainsi en sens inverse le mouvement de la crémaillère, des roues dentées, de la chaîne, et par conséquent du crayon. Ce mouvement de rétraction peut se produire quand on veut, lorsqu'on juge que la courbe d'extension est arrivée à la limite qu'on voulait atteindre avant la rupture, soit par suite d'un allongement donné et constant de l'éprouvette (exprimé en tant % de la longueur initiale), soit sous l'influence d'une charge déterminée et constante (exprimée en tant % de la charge de rupture qui, on le sait,

---

(*) Ce qui cadre également bien pour l'ordre de grandeur des divers facteurs mécaniques avec les dimensions de nos éprouvettes, en donnant 6 kg comme charge limite.

(**) On a par exemple :

$$\alpha = 5^{\circ} \qquad \sin \alpha = 0,087 \qquad \alpha : \sin \alpha = 57,5$$
$$10 \qquad 0,174 \qquad 57,5$$
$$20 \qquad 0,340 \qquad 58$$
$$30 \qquad 0,500 \qquad 60$$

l'expérience d'étalonnage de l'appareil donne, d'ailleurs :

$x = 1^{\text{kg}}$	$s = 31^{\text{mm}}$	Erreur relative $= -6^{\text{o/o}}$	Erreur absolue $= -60^{\text{g}}$
2	33,5	» $+1,8$	» $+18$
3	32,0	» $-2,8$	» -28
4	33.5	» $+1,8$	» $+18$
5	34,0	» $+3,0$	» $+30$
6	33,5	» $+1,8$	» $+18$

est exprimée en général en kilogrammes par centimètre carré de la section initiale de l'éprouvette).

On peut d'ailleurs tracer ces cycles à allongement constant ou à charge constante avec des temps de repos différents aux extrémités du cycle, tracer des cycles réitérés, etc., en somme refaire toute l'intéressante technique que M. Bouasse (*) a établie dans les conditions ordinaires de température, au point de vue de la fixation et de l'amplitude des cycles; mais on peut aussi étudier la surface de ces cycles, étude qui mène également à des résultats importants sur l'élasticité comme nous le montrerons ultérieurement.

Influence de la vitesse de tractionnement sur l'extensibilité et l'élasticité. — Un point très important est que dans les limites où l'on peut opérer avec l'élasticimètre enregistreur, la vitesse de tractionnement a peu d'influence sur l'élasticité et l'extensibilité.

Ainsi lorsque la variation de vitesse est de 600 %, on observe les variations suivantes des coefficients d'extensibilité (**) :

$$k, \quad 11 \ \%, \quad \alpha, \quad 3 \ \%, \quad b, \quad 12 \ \%.$$

(*Voir* plus loin la signification de ces coefficients.)

Lorsque la variation de vitesse est de 500 %, l'aire du cycle d'hystérésis, tracé pour un allongement de l'éprouvette de 200 %, ne varie que de 8 %.

Application à l'étude de l'extensibilité du caoutchouc vulcanisé. — Ne pouvant insister sur tous les points étudiés, nous nous contenterons de donner ici une application de l'appareil.

Dans une série d'expériences ininterrompues, poursuivies pendant les années 1910 et 1911, sur l'étude de l'extensibilité du caoutchouc, et principalement du caoutchouc vulcanisé, nous avons établi un certain nombre de faits et de lois (***) que nous ne saurions résumer ici même en quelques pages.

(*) Bouasse et Carrière, *Ann. Fac. Sc. Toulouse*, t, V, 2ᵉ série, 1904-1905.
(**) L'allongement du caoutchouc en fonction du temps t est de la forme

$$y = A + B \log t.$$

Il en résulte que, si l'on admet qu'il n'y a pas de déformations permanentes, l'allongement limite d'un caoutchouc lentement tractionné, après repos périodiques, différera de l'allongement limite obtenu d'une façon continue, et seul exact à notre avis. La différence trouvée entre les deux modes d'expérimentation n'a été cependant trouvée que de 18 %. D'ailleurs, une partie des erreurs précédentes vient non seulement de l'expérimentation, mais aussi de la détermination graphique et du calcul des coefficients; en effet, l'erreur sur l'allongement à la rupture dans les mêmes conditions que l'on n'a qu'à relever sur le graphique est de 4 %.

(***) Sans pouvoir insister beaucoup dans ce court résumé sur la question bibliographique, qu'on trouvera dans un Mémoire spécial, nous devons à la vérité de dire que parfois nos résultats n'ont été que des vérifications de lois déjà énoncées.

Ces résultats avaient été obtenus assez péniblement par l'addition de charges successives et la mesure de l'allongement sous l'influence de ces efforts croissant progressivement, entre deux repères ou entre les deux bords des pinces, ce qui est moins exact.

Nous voulons tout d'abord indiquer que l'élasticimètre enregistreur nous a permis de vérifier les lois et faits que nous avions déjà établis avec beaucoup plus de certitude; nous rappellerons ensuite sommairement les conclusions les plus saillantes et les plus intéressantes.

Ainsi que l'a remarqué le premier croyons-nous, l'ingénieur Stevar, la forme de la courbe d'extensibilité du caoutchouc vulcanisé est tout à fait caractéristique. Elle se présente sous la forme d'un S plus ou moins allongée qu'indique la figure 3 lorsqu'on porte les allongements en ordonnées.

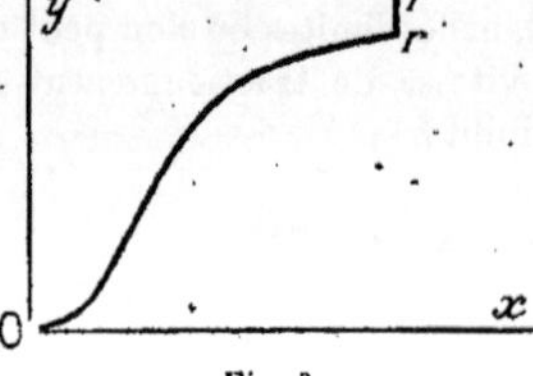

Fig. 3.

Par une étude systématique qui porte aujourd'hui sur au moins 200 éprouvettes et 3o sortes de caoutchoucs différents, vulcanisés, nous avons pu établir que la loi d'extensibilité du caoutchouc à charges progressivement croissantes est suffisamment bien représentée par l'équation

$$(3) \qquad y = cx + a \sin^2 bx \quad (*)$$

dans laquelle y est l'allongement de l'éprouvette sous l'action de la charge x.

Les quelques Tableaux que nous donnons entre tant d'autres, d'après nos expériences, montrent avec quelle approximation, très satisfaisante en général, la théorie est en accord avec l'expérience.

TABLEAU I. — CAOUTCHOUCS MANUFACTURÉS (**).

Très bon caoutchouc (peu vulcanisé, sans charges).

$$y = 5,9x + 8,6 \sin^2 90x.$$

Charges x.	Allongements y.		Différences.
	Calculés.	Observés.	
kg	cm	cm	cm
0,100..............	0,8	0,85	—0,05
0,200..............	2,0	2,1	—0,1
0,300..............	3,5	3,5	0
0,400..............	5,3	5,4	—0,1

(*) Cette loi avait été déjà indiquée en l'année 1901 par M. HEIM, *Recherches scientifiques sur les matières premières*, p. 74.

(**) Les désignations données sont les désignations empiriques commerciales. La matière dont le caoutchouc est *chargé* peut être d'origine organique ou inorganique.

Très bon caoutchouc (peu vulcanisé, sans charges).

$$y = 5,9x + 8,6 \sin^2 90x.$$

| Charges x. | Allongements y. | | Différences. |
	Calculés.	Observés.	
kg	cm	cm	cm
0,500 (*)...............	7,25	7,2	+0,05
0,600...............	9,16	9,0	+0,16
0,700...............	10,9	10,6	+0,3
0,800...............	12,5	12,2	+0,3
0,900...............	13,7	13,5	+0,2
1,000	14,5	14,6	—0,1

Bon caoutchouc (vulcanisé, sans charges).

$$y = 4,1x + 13,9 \sin^2 40,7x.$$

| Charges x. | Allongements y. | | Différences. |
	Calculés.	Observés.	
kg	cm	cm	cm
0,200...............	1,1	1,1	0
0,400...............	2,7	2,5	+0,2
0,600...............	4,8	4,5	+0,3
0,800...............	7,3	7,1	+0,2
1,000...............	10,0	10,0	0
1,200...............	12,8	12,9	—0,1
1,400...............	15,5	15,7	—0,2
1,600...............	18,0	18,05	—0,05
1,800...............	20,1	20,2	—0,1
2,000...............	21,8	21,8	0.

Caoutchouc moyen (vulcanisé, moyennement chargé).

$$y = 2,5x + 6,1 \sin^2 36,9x.$$

| Charges x. | Allongements y. | | Différences. |
	Calculés.	Observés.	
kg	cm	cm	cm
0,200...............	0,75	0,75	0
0,400...............	1,4	1,6	—0,2
0,600...............	2,3	2,4	—0,1
0,800...............	3,4	3,5	—0,1
1,000...............	4,6	4,6	0
1,200...............	6,0	5,7	+0,3
1,400...............	7,2	6,9	+0,3
1,600...............	8,5	8,3	+0,2
1,800...............	9,6	9,4	+0,2
2,000...............	10,2	10,2	0

(*) Les nombres en chiffres gras dans les Tableaux indiquent les valeurs des efforts de traction prises pour le calcul des coefficients a et b, d'après la méthode graphique indiquée plus loin.

Caoutchouc très chargé (vulcanisé, forte charge minérale).

$$y = x + 1,4 \sin^2 53x.$$

| Charges x. | Allongements y. | | Différences. |
| | Calculés. | Observés. | |
kg	cm	cm	cm
0,200	0,24	0,30	—0,06
0,400	0,6	0,7	—0,1
0,600	1,0	1,1	—0,1
0,800	1,43	1,50	—0,07
1,000	1,9	1,9	0
1,200	2,3	2,3	0
1,400	2,7	2,6	+0,1
1,600	3,0	2,9	+0,1
1,800	3,1	3,15	—0,15
2000	3,3	3,3	0

TABLEAU II. — CAOUTCHOUCS NATURELS VULCANISÉS.

Fine Para de l'Amazone (sauvage).

$$S(*) = 10\,°/_0, \qquad t = 3h, \qquad 0 = 140°.$$

$$y = 1,6x + 8,7 \sin^2 20,9x.$$

| Charges x. | Allongements y. | | Différences. |
| | Calculés. | Observés. | |
kg	cm	cm	cm
0,2	0,33	0,40	—0,07
0,5	1,1	1,2	—0,1
1,0	2,7	2,7	0
1,7	5,8	5,8	0
2,0	7,1	7,3	—0,2
2,5	9,4	9,8	—0,4
3,0	11,8	12,1	—0,3
3,4	13,7	13,7	0

Para de Ceylan (plantation).

$$S = 2,5\,°/_0, \qquad t = 3h. \qquad 0 = 140°.$$

$$y = 1,8x + 14,8 \sin^2 36,1x.$$

| Charges x. | Allongements y. | | Différences. |
| | Calculés. | Observés. | |
kg	cm	cm	cm
0,4	1,64	1,50	+0,14
0,8	4,9	5,2	—0,3
1,0	6,9	6,6	+0,3
1,3	10,3	10,3	0
1,5	12,4	12,4	0
1,8	15,4	15,0	+0,4
2,0	17,0	16,8	+0,2
2,3	18,8	18,4	+0,4
2,6	19,4	19,6	—0,2

(*) Les quantités S, t, 0, représentent le taux de soufre mélangé au caoutchouc, la durée de la cuisson et la température de vulcanisation.

Para de l'Indo-Chine (*Hevea* de plantation Belland).

$$S = 2,5\ \%, \qquad t = 3h, \qquad 0 = 140°.$$
$$y = 3,4x + 13 \sin^2 50,7x.$$

Charges x.	Allongements y.		Différences.
	Calculés.	Observés.	
kg	cm	cm	cm
0,2	1,1	1,1	0
0,4	2,9	2,9	0
0,6	5,36	5,3	+0,06
0,9	9,8	9,8	0
1,2	14,0	14,0	0
1,4	16,3	16,3	0
1,6	18,11	18,15	—0,04
1,8	19,2	19,2	0

Caoutchouc de Liane (*Landolphia Tholloni*, Congo).

$$S = 2,5\ \%, \qquad t = 3h, \qquad 0 = 144°.$$
$$y = 6,3x + 7,7 \sin^2 13,15x.$$

Charges x.	Allongements y.		Différences.
	Calculés.	Observés.	
kg	cm	cm	cm
1	1	0,8	+0,2
2	2,8	2,7	+0,1
3	5,0	5,1	—0,1
4	7,4	7,4	0
5	9,6	9,6	0
6	11,2	11,4	—0,2
7	12,1	12,2	—0,2

Si l'on examine avec attention la courbe d'extensibilité du caoutchouc vulcanisé, on voit qu'elle peut être considérée comme constituée de trois parties, caractérisées chacune par les coefficients c, a, b, et qui sont l'allongement initial, l'allongement moyen, l'allongement au voisinage de la rupture.

A un point de vue purement physique, la considération de ces diverses parties de la courbe d'extensibilité conduit à l'hypothèse suivante sur la constitution moléculaire du caoutchouc vulcanisé. Le caoutchouc semble se comporter pendant le travail d'extension, comme une matière à molécules formées d'un noyau à forte ténacité, à extensibilité très faible.

L'allongement initial du caoutchouc correspondrait à l'extension de la matière enveloppante, seule sollicitée par de faibles efforts de traction. L'allongement moyen correspondrait à l'extension simultanée et inégale de l'enveloppe et du noyau sous l'influence de charges croissantes, enfin l'allongement limite qui précède la rupture correspondrait sous l'influence des fortes charges à la déformation très limitée de la substance nucléaire.

Si l'on admet cette hypothèse on doit s'attendre à ce que la loi de compression d'un disque de caoutchouc soit de forme exponentielle, car, même pour de faibles charges la matière dure est rapidement sollicitée et ne s'aplatit plus alors que très lentement. L'expérience nous a d'ailleurs montré qu'il en était bien ainsi (*).

La détermination des coefficients de l'équation

$$y = cx + a \sin^2 bx$$

peut se faire très simplement par la méthode graphique suivante :

Étant donnée la courbe d'extensibilité que l'enregistreur a tracée, si

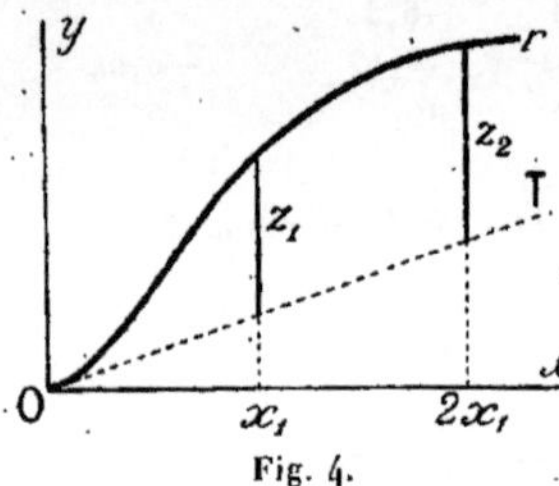

Fig. 4.

l'on mène la tangente OT à l'origine de la courbe (*fig.* 4), on voit immédiatement que le coefficient c est le coefficient angulaire de cette tangente, en tenant compte des échelles. Pour déterminer a et b, considérons deux ordonnées correspondant à des charges x et $2x$, cette dernière dans la période d'allongement limite au voisinage de la rupture, et appelons z_1 et z_2 les portions d'ordonnées comprises entre la tangente OT et la courbe, on a

$$z_1 = a \sin^2 b x_1, \qquad z_2 = a \sin^2 2 b x_1,$$

la résolution de ce système d'équation donne alors

$$a = \frac{4 z_1^2}{4 z_1 - z_2}, \qquad \cos^2 b x_1 = \frac{z_2}{4 z_1}.$$

L'expérience montre de plus, entre certaines limites, que :

1° L'allongement total d'une éprouvette de caoutchouc est proportionnel à la longueur initiale l de l'éprouvette et en raison inverse de l'aire sd, s de la section transversale;

(*) Nous avons, en effet trouvé, la loi suivante :

$$h = h_0 (1 - e^{-bx})$$

h étant la dépression observée sous l'influence de la charge x.

Pour mesurer ces faibles dépressions nous avons imaginé un appareil micrométrique constitué en principe par un micromètre mobile porté par la partie comprimée, et un microscope fixe à faible grossissement, qui le vise. Si l'on connaît la valeur de la division du micromètre en millimètres et si, initialement, quand la dépression est nulle, le zéro du micromètre coïncide avec le réticule du micromètre, le nombre des divisions qui se trouve au réticule après l'expérience donne immédiatement la valeur de la dépression. Nous avons aussi réalisé sur ce principe un appareil pour la mesure des épaisseurs.

2° Qu'il en est de même pour l'allongement initial

$$c = k\frac{l}{s};$$

3° Qu'il résulte immédiatement des deux lois précédentes et de la loi d'extensibilité que le coefficient d'allongement moyen est de la forme

$$a = \alpha\frac{l}{s},$$

tandis que le coefficient d'allongement limite b est indépendant des dimensions de l'éprouvette;

4° Que, pour un allongement donné, la charge est proportionnelle à la section initiale de l'éprouvette et que cette loi s'étend jusqu'à la charge de rupture; il en résulte que l'équation d'extensibilité peut alors prendre la forme

$$(4) \qquad y = k\frac{l}{s}x + \alpha\frac{l}{s}\sin^2 bx,$$

dans laquelle les coefficients spécifiques k, α, et b peuvent être considérés comme caractéristiques de la matière et, pour cette raison, l'équation d'extensibilité exprimée par la relation (4) pourra présenter un certain intérêt pratique.

Nous avons étudié et nous étudions encore, les causes de variations possibles de ces coefficients qui sont multiples, mais qui une fois connues au moins dans leurs efforts, permettront, pensons-nous, des appréciations tout à fait scientifiques de la matière mise en expérience (*).

Extensibilité du caoutchouc cru. — On peut enfin se demander si le caoutchouc cru se comporte, au point de vue de l'extensibilité, comme le caoutchouc vulcanisé. Nous n'avons trouvé de courbe d'extensibilité de forme analogue à celle du caoutchouc que pour les échantillons de caoutchouc naturel qui se présentent sous forme de lamelles ces lames sont concentriques à une pellicule génératrice obtenue, par coagulation du latex, sur une pelle placée au-dessus d'un feu de bois vert et qu'on peut appeler pour cette raison la *pellicule d'enfumage;* c'est le cas des meilleurs caoutchoucs, dits *Paras sauvages de l'Amazone.* La pellicule d'enfumage d'un de ces Paras, que nous avons extraite d'un gros bloc et qui avait peut-être $\frac{1}{10}$ de millimètre d'épaisseur nous a donné une courbe permettant le calcul des coefficients d'extensibilité (Tableau III).

Étant donné le peu de ténacité de la matière crue, il est permis de

___

(*) On trouvera dans le *Bulletin de la Société d'Encouragement à l'Industrie nationale,* juillet 1913, le compte rendu de tous les essais d'extensibilité et d'élasticité pouvant mener à la réalisation d'une méthode de détermination de la valeur respective des caoutchoucs.

148 PHYSIQUE.

supposer que la constitution moléculaire du caoutchouc naturel, qu'il est difficile en effet d'observer avec une matière peu tenace ou peu homogène, n'est pas sans doute, éloignée de la constitution cellulaire que nous avons précédemment indiquée; cette constitution change nécessairement sous l'influence du travail mécanique antérieur à la vulcanisation. Le caoutchouc vulcanisé aurait alors recouvré l'état moléculaire initial qui serait en même temps considérablement renforcé. En tous cas, les essais d'extensibilité sur le caoutchouc cru ne paraissent donner aucun résultat pratique.

TABLEAU III. — PELLICULE D'ENFUMAGE DU FINE PARA; HARD CURE.

$$y = 7,4\,x + 19,2\,\sin^2 1°42\,x.$$

Charges x.	Allongements y.		
	Calculés.	Observés.	Différences.
^{g}	cm	cm	cm
25	0,25	0,25	0
50	0,66	0,60	+0,06
75	1,20	1,15	+0,05
100	1,9	1,9	0
125	2,52	2,70	—0,18
150	3,64	3,8	0,16
175	4,67	5,0	—0,33
200	5,62	5,9	—0,28

Les recherches précédentes ont été faites par le service d'études du caoutchouc à l'Office colonial, dans le laboratoire du caoutchouc créé par le Comité Biologia.

MM. MASSOL ET FAUCON,

Montpellier.

ABSORPTION DES RADIATIONS ULTRA-VIOLETTES DE L'ALCOOL ISOBUTYLIQUE (MÉTHYL-PROPANOL) ET SES DÉRIVÉES.

535.34-3 + 547.31

24 Mars.

Au cours de nos recherches sur l'absorption des radiations ultra-violettes par les alcools de la série grasse (*), nous avons constaté que

---

(*) *Association Française pour l'Avancement des Sciences*, Congrès de Nîmes, 1912, p. 162.

les alcools primaires normaux ne donnaient pas de bandes d'absorption dans l'ultraviolet invisible, tandis que nos spectrogrammes révélaient l'existence de deux bandes pour les trois alcools primaires non normaux que nous avons étudiés : *alcool butylique* (méthyl-propanol); — *alcool amylique actif* (méthyl-butanol 1 : 2); — et al*cool amylique inactif* (méthyl-butanol 1 : 3).

Ces bandes n'apparaissent avec les alcools *purs* que sur les spectrogrammes correspondant à de faibles épaisseurs, car au delà de quelques millimètres, l'absorption augmente rapidement. Leur étude est facilitée par l'emploi de dilutions dans l'alcool éthylique absolu, qui est lui-même fort transparent pour ces radiations; les dilutions au $\frac{1}{10}$ sont particulièrement favorables pour l'étude de ces phénomènes; dans quelques cas, les dilutions au $\frac{1}{100}$ ont servi de contrôle.

Afin de rechercher les causes de cette absorption sélective et de déterminer l'influence du groupement fondamental, ainsi que celui des diverses substitutions, nous avons étudié chacun des alcools ci-dessus avec un grand nombre de ses dérivés.

Nous donnons dans ce Mémoire, les résultats obtenus avec les composés de la série du méthyl-propanol.

1° ALCOOL ISOBUTYLIQUE PRIMAIRE (*méthyl-propanol*). — L'alcool *pur* est assez transparent, il laisse passer les radiations jusqu'à $\lambda = 3250$ à 3350 U. A.; les bandes se manifestent sous des épaisseurs variant de 1 à 16 mm; au delà, l'absorption est pour ainsi dire constante et n'augmente que très peu, lorsque son épaisseur varie de 20 à 100 mm.

La dissolution *au dixième* dans l'alcool éthylique absolu est particulièrement favorable pour l'observation des bandes d'absorption. L'on constate qu'elles n'apparaissent pas en même temps; la première très étroite commence avec 27 mm d'épaisseur et persiste jusqu'au delà de 80 mm; la seconde apparaît à partir de 5 mm, et forme une plage jusqu'à l'extrême ultraviolet à partir de 16 mm d'épaisseur.

La dissolution au dixième dans l'eau distillée a donné également deux bandes d'absorption qui apparaissent aussi pour des épaisseurs inégales. Elles correspondent aux mêmes longueurs d'onde, mais sont un peu moins larges.

2° ALDÉHYDE ISOBUTYRIQUE. — A l'état de pureté, l'aldéhyde est moins transparent que l'alcool correspondant; il absorbe complètement les radiations à faible longueur d'onde, jusqu'à $\lambda = 3250$ sous 1^{mm} d'épaisseur et jusqu'à 3400 sous 80 mm. C'est pour cette raison que la bande d'absorption nous avait échappé lors de nos premières observations (*).

La dissolution *au dixième* dans l'alcool éthylique absolu est beaucoup plus transparente et permet d'observer une large bande qui n'apparaît

____

(*) *Loc. cit.*

encore que sous des épaisseurs variant de 1 à 7 mm (ce qui correspond à 0,1 mm — 0,7 mm de produit pur). (*Voir* Tableau.)

Cette bande correspond à la deuxième bande de l'alcool, mais elle est beaucoup plus large.

3° ACIDE ISOBUTYRIQUE. — L'acide *pur* est plus transparent que l'alcool. Il présente comme lui et comme l'aldéhyde une bande vers $\lambda = 2650$ (moy.); mais elle est très étroite. Avec les dissolutions au *dixième* dans l'alcool, cette bande n'apparaît que pour des épaisseurs supérieures à 25 mm.

Les radiations correspondant à la première bande de l'alcool ($\lambda = 3050$ à 3200) ne sont pas absorbées par le produit *pur*, même sous des épaisseurs supérieures à 100 mm.

Bandes d'absorption dans l'ultra-violet, des dissolutions au dixième
dans l'alcool éthylique absolu.

Épais.	Alcool.		Aldéhyde.	Acide.
	Première bande.	Deuxième bande.		
mm				
1.	»	»	2650 à 2620	»
2.	»	»	2900 à 2620	»
3.	»	»	2920 à 2620	»
4.	»	»	2930 à 2620	»
5.	»	2680 à 2620	2930 à 2620	»
7.	»	2680 à 2520	3000 à 2500	»
10.	»	2680 à 2490	3140 abs. compl.	»
12.	»	2685 à 2410	»	»
14.	»	2690 à 2400	»	»
16.	»	2696 abs. compl.	»	»
20.	»	»	»	»
25.	»	»	»	2670 à 2620
30.	$\lambda = 3140$ à 3080	»	»	2690 à 2620
35.	3150 à 3080	»	»	2690 à 2620
40.	3155 à 3080	»	»	2690 à 2620
45.	»	»	»	2700 à 2620
50.	3170 à 3080	»	»	2710 abs. compl.
55.	»	»	»	»
60.	3180 à 3070	»	»	»
65.	»	»	»	»
70.	3190 à 3060	»	»	»
80.	3230 à 3150	»	»	»

4° ISOBUTYRATE D'ISOBUTYLE. — L'acide et l'alcool nous ayant donné respectivement une et deux bandes d'absorption, nous avons pensé qu'il serait intéressant d'étudier les spectrogrammes de l'éther correspondant. Le produit fourni par la maison Kahlbaüm (point d'ébullition 147°,5) a donné une bande très étroite située vers $\lambda = 2650$ correspondant à celles de l'acide et de l'alcool qui lui ont donné naissance.

5° ETHERS CHLORÉ, BROMÉ, IODÉ. — Ces éthers n'ont donné aucune bande, soit à l'état pur, soit à l'état de dilution au $\frac{1}{10}$ et au $\frac{1}{100}$.

Sous une même épaisseur et dans les mêmes conditions, l'éther chloré est plus transparent que l'éther bromé, et ce dernier plus transparent que l'éther iodé.

Les éthers chlorés et bromés sont plus transparents que l'alcool correspondant, tandis que l'éther iodé est nettement plus absorbant que l'alcool. (Les éthers bromés et iodés ont été observés après contact prolongé avec la tournure de cuivre.)

En résumé l'alcool isobutylique (méthyl-propanol) donne dans le spectre ultraviolet invisible *deux bandes d'absorption* situées l'une vers $\lambda = 3100$ U. A. en moyenne, d'autre vers $\lambda = 2650$ en moyenne)

L'aldéhyde donne *une seule bande*, beaucoup *plus large*, correspondant à la deuxième bande de l'alcool. L'acide isobutyrique et l'isobutyrate d'isobutyle donnent également *une bande* vers $\lambda = 2650$, mais *plus étroite* que la bande correspondante de l'alcool. Par contre, les dérivés chloré, bromé, iodé, n'ont présenté aucune bande sur les spectrogrammes obtenus avec les produits purs ou à diverses dilutions dans l'alcool absolu, et sous des épaisseurs variant de 1 à 100 mm.

M. L. HOULLEVIGUE,

Professeur à la Faculté des Sciences Marseille.

SUR UNE NOUVELLE CLASSE DE RAYONS CATHODIQUES.

537.531

26 Mars.

La découverte des rayons cathodiques a renouvelé la Physique en nous révélant le rôle joué dans la nature par ces *sous-atomes* qu'on nomme *les électrons*. Animés de vitesses variables, transportant une charge électrique uniforme, déviables par les forces électriques et magnétiques, les électrons produisent des effets balistiques que Sir William Crookes a, depuis longtemps, mis en évidence. Mais leurs trajectoires, qui sont les rayons cathodiques, n'ont été observées nettement que dans les tubes à vide alimentés par des décharges de haut voltage et dans l'émission des corps radioactifs : les rayons β du radium se propagent avec des vitesses supérieures à 200 000 km : s et, dans les tubes à vide, le rayonnement cathodique atteint 3o ooo à 5o ooo km : s. On a observé, il est vrai, des émissions d'électrons beaucoup plus lentes, puisque leur vitesse est inférieure à 1000 km : s. dans l'effet photo-électrique de Hertz, mais les expériences montrent alors une émission diffuse plutôt qu'une projection linéaire.

Entre ces limites extrêmes, les propriétés du rayonnement cathodique sont presque inconnues. J'ai pu combler, en partie, cette lacune, en produisant des pinceaux cathodiques nettement délimités et visibles sur tout leur parcours, dont la vitesse est voisine de 5000 km : s. Le procédé

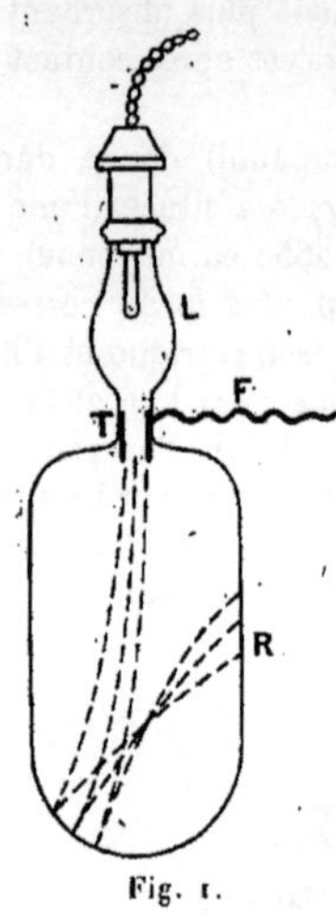

Fig. 1.

général qui permet de réaliser ces pinceaux cathodiques consiste à saisir et à lancer, par un champ accélérateur, les électrons émanés d'un solide incandescent; ce solide n'est autre que le filament de carbone d'une lampe à bas voltage (par exemple, de 20 volts et 5 ampères), l'ampoule L ($fig.$ 1) de cette lampe est reliée par un tube de verre T avec un récipient R; l'ensemble est vidé très soigneusement avec une pompe à vide et chauffé à l'étuve vers 200°, de telle sorte qu'il ne subsiste à l'intérieur d'autre produit gazeux que la vapeur de mercure, dont la tension, à la température ordinaire, est voisine de $\frac{1}{1000}$ de millimètre. Dans le tube T s'engage un cylindre métallique creux, relié à l'extérieur par un fil de platine F qui permet de le maintenir à un potentiel fixé, positif par rapport à celui du carbone incandescent; toutes les différences de potentiel dont on a besoin peuvent être prises, comme le courant qui alimente L, sur les

110 ou 220 volts d'une canalisation à courant continu. Dans ces conditions, le champ électrique créé entre L et T saisit les électrons émanés du filament de carbone, les canalise à travers le tube T et les projette dans le récipient R; ils y dessinent un sillon lumineux, grâce à la présence du mercure qu'ils ionisent et illuminent; le spectroscope montre, en effet, très nettement, sur le trajet du pinceau cathodique, les raies caractéristiques du mercure, y compris les raies rouges très fines qu'on n'aperçoit, en général, qu'avec la lampe en quartz : voici donc une première propriété qui différencie nettement ces rayons des rayons plus rapides, qui traversent la vapeur de mercure sans l'illuminer sensiblement; cette propriété permet de photographier, avec quelques secondes de pose, l'intégralité du pinceau cathodique produit dans ces conditions ($fig.$2).

Une autre propriété, tout aussi caractéristique, est la réflexion; déjà, sur la figure 2, on peut constater que le pinceau cathodique, tombant sur le fond concave du récipient, s'est réfléchi et concentré en un foyer; cette réflexion est plus évidente encore sur la figure 3, où le pinceau

cathodique a été dévié par un aimant, de façon à tomber sur la paroi
latérale du récipient; on observe en M, puis en N, deux réflexions fort

Fig. 2.

Fig. 3.

nettes. Ces réflexions successives sur les parois de l'ampoule donnent
naissance à une lueur diffuse, qui remplit en général toute la cavité de R,

Fig. 4.

Fig. 5.

lueur parfaitement visible sur la figure 3 et plusieurs autres; lorsqu'on
parvient en élevant suffisamment le potentiel de F, à supprimer la

réflexion sur les parois (*fig.* 4), la lueur disparaît également : ceci prouve
bien qu'elle est due à des réflexions successives, c'est-à-dire causée par
des électrons en mouvement incoordonné; à cause de cette origine, la
lueur n'obéit pas, comme le pinceau cathodique initial, aux lois simples
de l'électromagnétisme.

On pourrait être tenté d'attribuer cette réflexion à un rebondissement
mécanique des électrons contre les parois; en effet, les électrons à grande
vitesse pénétrant à l'intérieur de ces parois, en produisant la fluores-

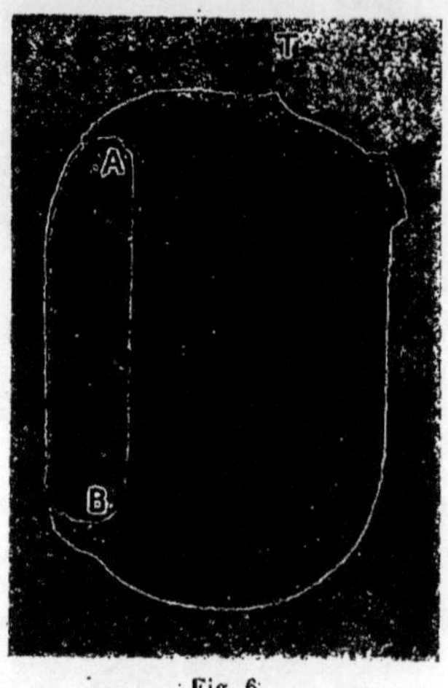

Fig. 6.

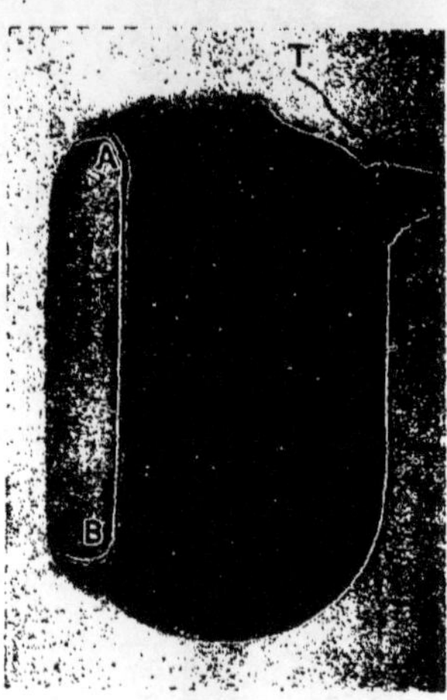

Fig. 7.

cence, il serait naturel que des projectiles moins rapides fussent réfléchis;
mais, si l'on songe à l'exiguïté des électrons par rapport aux molécules
qui constituent les parois, on estimera qu'une réflexion régulière serait,
dans ces conditions, peu vraisemblable. En effet, le phénomène en question est d'origine électrostatique : il tient à la répulsion exercée sur les
électrons négatifs par les charges de même signe réparties sur la paroi.
Si l'on dirige, avec un aimant, le pinceau cathodique sur une lame métallique AB (*fig.* 5, 6, 7) dont on peut faire varier le potentiel, on constate
que, si ce potentiel est suffisant, le pinceau d'électrons est absorbé par
la paroi (*fig.* 5); il s'y réfléchit pour une valeur convenable du potentiel
(*fig.* 6) et, si l'on abaisse encore ce potentiel, la réflexion se produit en
avant de AB (*fig.* 7), c'est-à-dire sur une surface où il n'existe aucun
obstacle matériel; la présence d'une paroi n'est donc pas nécessaire pour
que le pinceau cathodique se réfléchisse, et, si cet effet se produit ordinairement sur le verre, c'est que l'afflux des électrons y maintient automatiquement le potentiel pour lequel la réflexion est possible.

A ces propriétés positives, les rayons cathodiques de vitesse moyenne en joignent d'autres, négatives, mais aussi spécifiques : ils n'engendrent pas de rayons X (au moins assez pénétrants pour traverser le verre du récipient R), et ils ne produisent pas de fluorescence directe sur le verre; celle qu'on observe n'est qu'un effet secondaire, dû à l'ultraviolet produit par la vapeur de mercure. Comme tous les rayons cathodiques, ceux dont je parle, sont déviables par l'aimant; ils le sont même beaucoup plus que ceux qu'on observe dans les tubes de Crookes, parce qu'ils sont moins rapides; ainsi, la figure 2 montre que le pinceau photographié en dehors de l'action de tout aimant, a pris une courbure appréciable sous l'action du seul magnétisme terrestre; la déviation reproduite dans la figure 3 a été obtenue avec un aimant permanent de faible puissance. Enfin, la figure 8 montre quels enroulements compliqués,

Fig. 8.

mais toujours conformés aux lois de l'électromagnétisme, on peut obtenir avec des champs un peu plus puissants.

Ces observations qualitatives ne sauraient suffire pour prouver qu'on a bien affaire à des rayons cathodiques; des mesures précises, faites dans des champs magnétiques uniformes, ont donné la valeur des rayons de courbure correspondants :

Rayon de courbure R en cm.....	38,5	17,2	13,3
Champ H en gauss............:	0,77	1,76	2,19
Produit R × H.................	29,6	30,2	29,1

Le produit RH est donc constant, comme l'exigent les lois de l'électromagnétisme; en même temps, on peut tirer de ces expériences la vitesse des électrons; on a trouvé, avec les nombres ci-dessus, 5260 km : s; d'autres mesures ont donné des valeurs de la vitesse toujours comprises entre 4000 et 6000 km : s.

On voit donc que, sans employer d'autres courants que ceux dont on dispose d'ordinaire dans les canalisations urbaines, il est aisé de montrer l'existence et les propriétés de cette nouvelle classe de rayons cathodiques.

MM. E. CAILLE et A. MASSELIN.

BOUSSOLE PHONIQUE.

538.74 : 531.58 : 537.82

24 *Mars.*

L'appareil que nous présentons est en principe un induit genre anneau Gramme qui tourne dans le champ magnétique terrestre. Le mouvement se fait autour de l'axe du tore. On obtient, durant le mouvement de l'anneau, un courant mis en évidence par un récepteur téléphonique. Cet appareil dont nous allons donner la théorie, va nous permettre de déterminer rapidement et avec une précision de 3o′ environ, l'inclinaison d'un lieu et la direction du nord magnétique en ce point. Nous pourrons de plus, au moyen de cette boussole nouvelle, mettre en évidence l'exis-

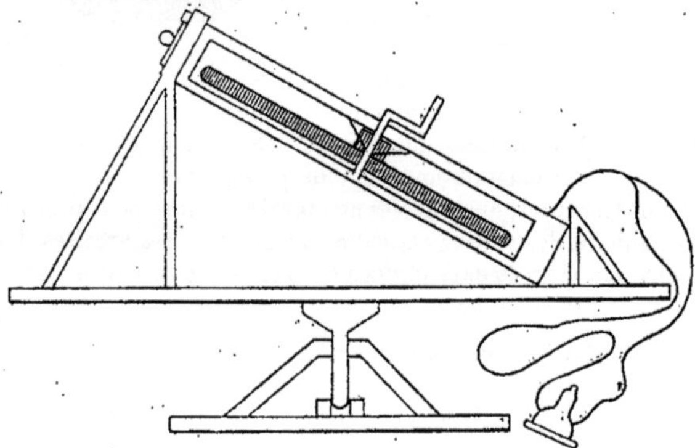

Fig. 1. — L'appareil placé sur son affût dans le plan de co-inclinaison.

tence d'un plan dit de *co-inclinaison*, c'est-à-dire perpendiculaire à l'inclinaison, plan qui jouit de propriétés magnétiques particulières.

Pour obtenir un courant facile à déceler sans faire tourner l'anneau très vite, il y a avantage, à donner au tore d'assez grandes dimensions, sans toutefois exagérer le diamètre de la circonférence génératrice, ce qui pourrait enlever un peu de netteté aux expériences.

L'appareil que nous utilisons actuellement est constitué par un tore de fer plein de 18 mm d'épaisseur et de 40 cm environ de diamètre. L'induit est formé de 32 bobines ayant chacune 50 spires de fil de cuivre de 0,06 mm de diamètre. La résistance intérieure prise d'un balai à l'autre est sensiblement égale à celle du récepteur choisi. Les balais sont montés sur une pièce articulée qui permet de déplacer facilement leur ligne de calage même pendant la marche de la machine.

L'induit tournant avec une vitesse de 1 à 2 tours par seconde, donne des résultats bien nets.

Le récepteur est un téléphone de très faible résistance ($1^{\omega},5$). Il est formé par un aimant droit, dont l'un des pôles est muni d'une bobine faite de 10 m de fil seulement. Un récepteur à aimant recourbé conviendrait certainement beaucoup mieux.

L'induit est suspendu dans un affût qui peut tourner autour d'un axe vertical.

La pièce articulée qui supporte les balais est fixée à une longue aiguille en bois de 0,50 m de longueur, l'axe de cette aiguille est perpendiculaire à la ligne de calage des balais. Il est déterminé par une ligne de visée obtenue au moyen d'une plume et d'une épingle fixées aux deux extrémités de l'aiguille. Le milieu de la fente de la plume et l'épingle détermine ainsi une direction perpendiculaire à la ligne de calage des balais.

Lrosque l'induit tourne dans un plan voisin du méridien magnétique, il donne un courant continu qui, en principe, ne devrait produire aucun bruit dans le téléphone; mais les pressions inégales des balais pendant le mouvement du collecteur, ainsi que la variation des contacts en cet points, donnent des changements rapides dans l'intensité du courant, et le récepteur produit un bruit appelé *friture* par les habitués du téléphone.

A notre connaissance, c'est la première fois que l'on utilise un tore magnétique pour la détermination des éléments magnétiques. Weber (*) puis Weld (**) ont bien fait usage des phénomènes d'induction pour construire des boussoles, mais leurs induits ne contiennent pas de fer.

Théorie de l'appareil. — Pour le moment, nous ne nous occupons pas de connaître l'intensité du courant, nous ne considérons que les variations de cette intensité avec la position du plan de l'anneau par rapport au méridien magnétique.

Nous appelons *plan de l'anneau*, le plan dans lequel se trouve la circonférence engendrée par le centre du cercle générateur, Enfin pour établir la théorie à grands traits, nous supposons l'anneau assez grand et assez mince pour que son épaisseur soit négligeable. Nous supposons de plus que les deux balais ont leurs points de contact suivant un même diamètre B du collecteur.

Ces hypothèses faites, le champ terrestre étant uniforme pour un même lieu, les effets produits par lui sur le fer de l'anneau sont symétriques par rapport à un diamètre de cet anneau que nous appelons T.

1° *L'anneau tourne dans un plan vertical.* — Le plan du tore étant dans

---

(*) Pogg, *Ann.*. t. XLIII, 1838. p. 293.
(**) *Bull. Acad. des Sciences de Saint-Pétersbourg*, t. XXVII, 1881, p. 320.

un azimut déterminé, il suffit de reprendre la théorie de l'anneau Gramme, pour voir qu'on obtiendra l'effet maximum lorsque la ligne de calage des balais B sera perpendiculaire à ce diamètre T, axe de symétrie du flux inducteur; car les effets de la sef-induction sont négligeables, étant donné la faible vitesse de rotation de l'induit.

Détermination de l'inclinaison. — En particulier, si le plan de l'anneau coïncide avec le méridien magnétique, on obtiendra un effet maximum, quand la ligne de calage des balais sera perpendiculaire à l'inclinaison du lieu; et un minimum quand cette même ligne B indiquera l'inclinaison.

C'est ce minimum que l'on détermine avec le plus de facilité. Au moyen de l'appareil décrit ci-dessus, nous avons obtenu pour l'inclinaison une précision d'environ 3o′.

2° *L'anneau tourne dans un plan quelconque.* — Dans ce cas, la théorie de notre appareil se distingue de celle de l'anneau Gramme en ce que le plan de l'induit fait un angle avec la direction du flux.

Ici la quantité de flux traversant l'anneau d'une façon utile à la production du courant d'induction, varie avec la position du plan de l'induit. Les lignes de force du champ coupent le plan d'une spire, tant que le plan de l'anneau n'est pas perpendiculaire à l'inclinaison. Donc le flux utile traversant l'induit, diminue à mesure que le plan de l'anneau se rapproche de la position normale à l'inclinaison.

Néanmoins pour une position voisine de cette dernière, l'anneau sera encore traversé par une quantité appréciable de flux à cause de la grande perméabilité magnétique du fer.

Le flux utile ne deviendra donc rigoureusement nul que lorsque le plan de l'anneau sera perpendiculaire à l'inclinaison. Par convention, nous appellerons ce plan : *Plan de co-inclinaison.*

Lorsque l'anneau tourne dans ce plan, il n'y a plus de ligne T, c'est-à-dire, qu'une aiguille aimantée placée dans ce plan, n'est plus influencée par le champ terrestre, elle est insensible à l'action de la terre. Ce plan joue donc pour le magnétisme terrestre un rôle analogue au plan horizontal pour la pesanteur.

Si donc l'anneau tourne dans ce plan, le flux utile étant nul, il en résulte que, quel que soit la direction de la ligne de calage des balais, nous n'obtiendrons aucun courant, c'est-à-dire qu'on pourra faire varier l'orientation de B, le téléphone restera silencieux.

Mais si le plan de l'anneau ne coïncide pas rigoureusement avec le plan de co-inclinaison, nous obtenons au téléphone un bruit dont l'intensité varie avec la direction de la ligne de calage de balais. Ce bruit s'éteint complètement dès que la ligne B est dans le plan du méridien magnétique.

L'expérience confirme l'existence de ce plan de co-inclinaison et ce nouveau moyen de déterminer le nord magnétique.

Pratiquement pour faire cette dernière détermination, nous plaçons l'appareil sur un affût de telle sorte que le plan de l'anneau fasse avec le plan horizontal un angle égal au complément de l'inclinaison. Si nous faisons alors, tourner l'affût autour d'un axe vertical, nous obtenons, pour une position donnée, une extinction très nette produite par un minimum brusque, à ce moment l'affût est orienté nord-sud magnétique.

Si d'autre part, nous connaissons le Nord-Sud géographique, notre appareil au moyen de deux visées, nous permet de déterminer la déclinaison du lieu de l'expérience

La précision obtenue dans la détermination du nord magnétique est supérieure à 30′.

Dans le cas général, pour suivre la variation du courant induit en fonction de l'angle du plan de l'anneau avec le méridien magnétique, il faudrait en même temps faire varier la position de la ligne de calage des balais afin que l'angle de cette ligne B avec le diamètre T reste constant (0° ou 90°); en comparant les intensités des bruits obtenus dans le récepteur, on aurait une idée de la variation cherchée.

Nous n'avons pas fait ce travail, n'ayant pas eu besoin jusqu'ici de connaître la variation de flux utile.

Ce qu'il est surtout nécessaire de connaître pour cette étude, c'est la direction du diamètre T, axe de symétrie du flux.

En effet, quand on change le plan de l'anneau, l'angle de B et de T varie et, c'est cette variation qui influence le plus l'intensité du courant. Elle explique très bien les résultats obtenus expérimentalement. Les maxima se produisent lorsque l'angle de B et de T est maximum et les minima quand cet angle est minimum. Cet angle de B et de T ne sera compté que de 0° à 90°.

Détermination de T. — Nous ferons usage d'une méthode graphique

En effet, T axe de symétrie du flux, sera toujours orienté de façon que le flux traverse le fer en utilisant le plus possible cette traversée. Dans ces conditions, considérons un cylindre ayant pour directrice le contour de l'anneau de fer et pour génératrices des perpendiculaires à la direction du flux. Les deux plans tangents à ce cylindre et normaux à la direction du flux toucheront le bord de l'anneau en deux points qui détermineront le diamètre T.

Ce qui revient à trouver la projection de la direction du flux sur le plan considéré.

Cette remarque permet de simplifier beaucoup l'épure, car on retombe, ainsi sur le problème suivant :

Trouver un plan (plan projetant) *perpendiculaire à un plan donné* (plan de l'anneau), *et parallèle à une direction donnée* (celle du flux). *L'intersection de ces deux plans donnera la direction du diamètre* T.

L'épure ci-jointe donne la solution du problème.

On peut donc aussi dans tous les cas considérés, déterminer l'axe de symétrie du flux.

Étudions à titre d'exemple le cas suivant :

Pendant que l'anneau tourne dans un plan vertical, faisons en même temps varier l'azimut du plan de l'anneau tout en laissant la ligne de calage des balais verticale. Que va-t-il se passer ?

L'épure montrerait que, pour un tour complet d'horizon, nous aurions deux maxima et deux minima. Les maxima auraient lieu pour les deux positions dans lesquelles le plan de l'anneau deviendrait parallèle au

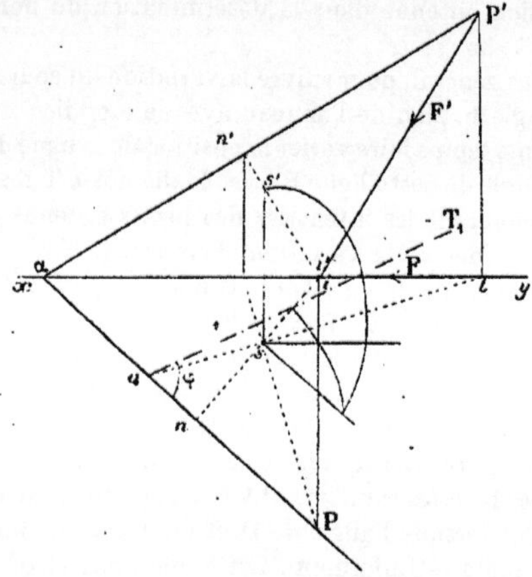

Fig. 2. — Le plan de projection vertical choisi est celui du méridien magnétique.
F, F', direction du flux; Pα, P', plan de l'anneau; $n\,i$, $n'\,i'$, normale du plan de l'anneau qu'elle rencontre en ss'; at, projection horizontale de la direction du diamètre cherché; $a\,\mathrm{T}_1$, rabattement de la direction de ce diamètre; φ, angle de ce diamètre avec une horizontale du plan de l'anneau.

méridien magnétique. Les deux minima pour les positions perpendiculaires, c'est-à-dire pour le plan de l'anneau orienté EW et WE magnétique.

Ici ces minima sont assez faciles à apprécier et ils permettent de déterminer la ligne EW magnétique à moins de 1° près. Précision inférieure aux observations faites dans le plan de co-inclinaison.

Dans le cas présent, on peut démontrer que le lieu géométrique des traces des lignes T sur le plan d'horizon, est une circonférence, ce qui prouve que, dans chaque azimut, l'appareil fonctionne comme boussole d'inclinaison.

En effet, le plan de l'anneau étant vertical, sa trace horizontale est toujours perpendiculaire à la trace horizontale du plan qui projette la direction du flux sur lui.

La ligne T qui est l'intersection de ces deux plans, a donc sa trace toujours au sommet d'un angle droit dont les côtés passent par deux points fixes : la trace de la verticale du centre de l'anneau, et la trace de la parallèle à la direction du flux menée par le centre de l'anneau.

Le lieu cherché est donc une circonférence ayant pour diamètre le segment de droite qui joint ces deux points.

Les cas que l'on peut étudier et vérifier expérimentalement, sont très nombreux, et tous s'expliquent de la même façon en commençant par chercher T et, par suite, la position optimum de B. Quand on approche de cette position, le courant augmente et inversement. Dans le cas que nous venons d'examiner, la quantité de flux qui traverse l'anneau ne varie pas, ou très peu pour une expérience faite à nos latitudes, car la valeur de l'inclinaison est forte, et l'on a convenu dans l'énoncé, de laisser le cadre vertical.

Ainsi actuellement, la boussole phonique dont nous avons donné la théorie, nous permet de déterminer l'inclinaison d'un lieu et la direction du nord magnétique avec une approximation qui, bien qu'inférieure aux résultats donnés par les boussoles d'inclinaison et de déclinaison, est encore bien suffisante pour certaines expériences d'élèves. Cette boussole phonique présentera l'intérêt de déterminations rapides, et surtout la mise en évidence du plan de co-inclinaison.

De plus, cet appareil parait sensible aux orages électriques et magnétiques et aux troubles sismiques. Nous nous proposons de voir comment il se comporte au voisinage d'oscillateurs électriques, à cet effet, nous allons chercher à augmenter sa sensibilité et sa précision.

M. C. DAUZÈRE,

Agrégé de l'Université, Professeur au Lycée, Toulouse.

SUR LES DEUX ESPÈCES DE TOURBILLONS CELLULAIRES.

539.12

26 *Mars.*

Dans une Communication faite au Congrès de Nîmes, j'ai décrit des tourbillons cellulaires isolés obtenus dans la cire d'abeille qui a subi une saponification partielle par ébullition prolongée avec l'eau. Ces tourbillons se multiplient par scissiparité et donnent des colonies de cellules séparées les unes des autres par des espaces sans tourbillons où la convection est peu active. Des photographies ont été insérées dans la Note précitée; elles montrent les transformations successives qu'éprouvent les tourbillons lorsque la température s'élève.

*11

J'ai, dans ces derniers mois, poursuivi l'étude de ces phénomènes et je suis arrivé à l'explication complète des apparences observées (*). Cette explication repose tout entière sur l'état de la nappe liquide dans la région qui sépare les colonies de cellules. En regardant attentivement la nappe, on voit, dans ces régions, de longues *coupures* peu régulières et moins nettes dans les photographies présentées à Nîmes que les tourbillons eux-mêmes. La région des coupures apparaît toujours un peu trouble; il semble qu'un voile léger s'étende sur la surface, tandis que dans la région des cellules le liquide est parfaitement transparent. J'ai expliqué ailleurs la formation de ce voile dans la cire saponifiée. Il est dû à des parcelles solides très fines formant une sorte de membrane mauvaise conductrice qui isole le liquide sous-jacent de l'atmosphère ambiante. Le refroidissement par la face supérieure de la nappe est alors beaucoup moins actif; la convection calorifique beaucoup plus lente.

L'état de la nappe au-dessous de cette membrane est analogue à celui qui peut être réalisé dans la cire fondue ordinaire en couvrant une partie de la surface par une plaque solide. Mais l'observation devient alors difficile, même si la plaque en question est transparente; les méthodes optiques de M. Bénard, basées sur le relief de la surface libre, sont en effet inapplicables. La membrane flexible qui sépare de l'air libre la surface de la nappe de cire ne trouble nullement ce relief; elle est transparente et permet l'application de ces méthodes; c'est pourquoi les coupures sont parfaitement visibles dans les photographies. On peut, d'ailleurs, obtenir une membrane superficielle plus cohérente et tout aussi transparente en s'adressant à d'autres substances, faciles à fondre, par exemple à l'acide stéarique.

L'acide stéarique pur ne se recouvre d'aucun voile et donne dans toute la nappe le réseau cellulaire hexagonal régulier de Bénard (**). L'acide stéarique impur des bougies ordinaires donne souvent des tourbillons isolés. Des résultats remarquables ont été obtenus avec la bougie de fantaisie colorée en rose, ou en bleu. Les grains très fins de la matière colorante forment à la surface un voile transparent extrêmement ténu, mais très résistant; toute la surface en est couverte, et, si l'on vient à le crever, il se reforme immédiatement, ne donnant jamais des tourbillons isolés; la division en coupures existe alors seule au-dessous du voile. Elle est d'abord irrégulière et à peine visible; mais si l'on élève la température progressivement, des rides de plus en plus prononcées se forment à la surface libre le long des coupures et fournissent en lumière réfractée des lignes focales brillantes qui acquièrent bientôt une netteté et une régularité remarquables. La régularisation des coupures ou des lignes focales qui les décèlent se produit à une température d'autant plus basse

---

(*) C. Dauzère, *Comptes rendus de l'Académie des Sciences,* t. CLVI, 20 janvier 1913, p. 218.
(**) H. Bénard, *Revue générale des Sciences,* 1900, p. 1316.

que l'épaisseur est plus grande comme le montrent les nombres suivants :

Épaisseurs.	Températures de régularisation.
mm	°
1,74	115
2,44	85
4	56 (temp. de fusion)

Avec cette dernière épaisseur la division en coupures persiste jusqu'à la solidification quand la nappe se refroidit progressivement. La solidification commence nettement sur les lignes focales images des lignes de faîte de la surface libre, et la division en coupures persiste dans la plaque solide obtenue après refroidissement complet; rien de pareil ne s'observe avec les faibles épaisseurs.

Les photographies 1 à 6 jointes à cette Note montrent l'aspect des coupures régularisées : elles sont parallèles et équidistantes dans des régions assez étendues; on y voit, en certains points, des amorces de *petites coupures* transversales, ébauche d'une division cellulaire qui n'aboutit pas. On peut mesurer la distance moyenne des coupures d'une série sur une ligne droite tracée sur la photographie normalement à leur direction commune. Un quadrillage de dimensions connues, projeté sur la nappe liquide et visible dans les photographies, forme une échelle permettant de calculer en vraie grandeur les distances des coupures. Les mesures ainsi faites ont évidemment fort peu de précision, elles fournissent néanmoins des résultats intéressants :

1° La distance moyenne λ des coupures dans une nappe d'épaisseur donnée e varie peu avec la température. Avec une nappe d'épaisseur e égale 2,44 mm, on trouve :

Température..	135°.	130°.	125°.	119°.	115°.	110°.	105°.	100°.	95°.	90°.
λ moyen.....	5,7	5,6	5,6	5,7	5,7	5,7	5,5	5,6	5,5	5,5

Ce résultat est bien différent de celui qu'on observe dans la convection à l'air libre où les dimensions des cellules augmentent notablement avec la température comme je l'ai indiqué dans une publication antérieure (*).

2° L'élévation de la température influe au contraire beaucoup sur le relief de la surface, la courbure des parties saillantes et des dépressions augmente plus rapidement que celle des cellules ordinaires de Bénard, de telle sorte que la mise au point doit être modifiée à mesure que la température s'élève. Cette exagération du relief explique la netteté très grande que prennent les photographies des lignes focales, au-dessus de la température de régularisation.

3° On peut calculer les valeurs du rapport $\dfrac{e}{\lambda}$ pour diverses épaisseurs en utilisant les valeurs moyennes de λ, indiquées plus haut. Le nombre

---

(*) *Comptes rendus de l'Académie des Sciences*, t. CLV, 5 août 1912, p. 394.

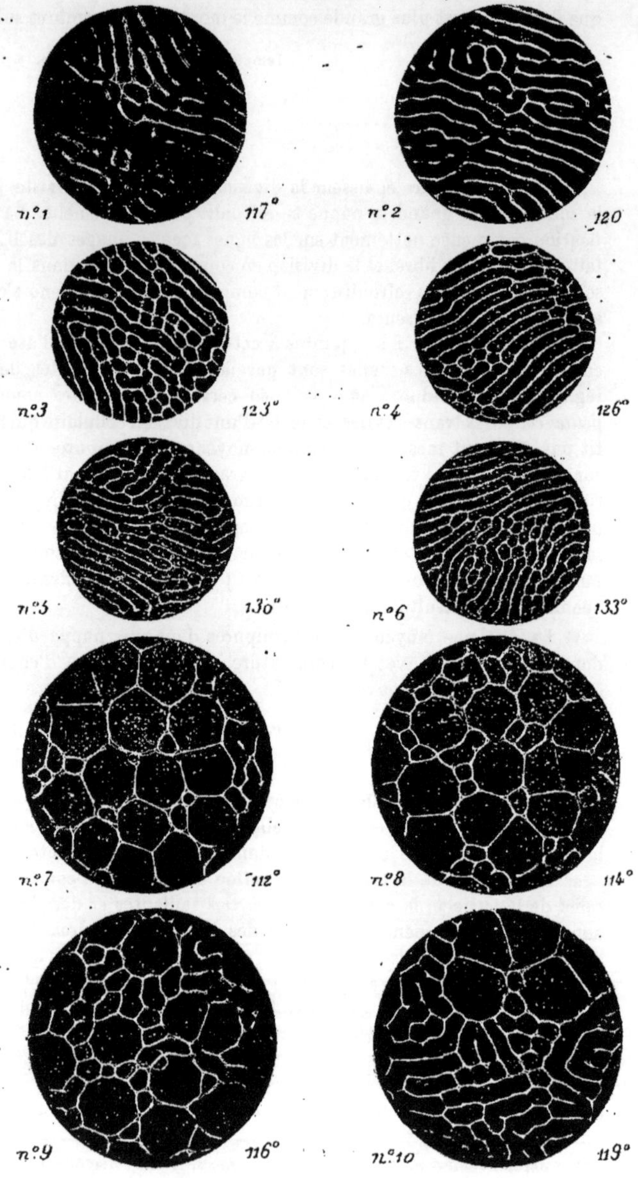

des expériences et des mesures est encore très restreint. J'ai pu néanmoins me rendre compte de ce fait que ce rapport reste à peu près constant pour une substance donnée et voisin de 0,5, de telle sorte que la distance moyenne λ des coupures augmente proportionnellement à l'épaisseur; c'est là loi approchée trouvée par M. Bénard pour les tourbillons cellulaires produits par la convection à l'air libre. Il y a lieu de remarquer l'augmentation notable qu'éprouve la valeur du rapport $\frac{e}{\lambda}$ quand an passe de la convection à l'air libre $\frac{e}{\lambda} = 0,3$ au maximum à la convection qui s'opère dans nos expériences sous la membrane superficielle $\left(\frac{e}{\lambda} = 0,5 \text{ environ} \right)$.

Il serait intéressant de réaliser à la fois dans la même nappe les deux espèces de tourbillons. On y arrive en mélangeant à la bougie rose un dixième de son poids de paraffine ou de cire. Le voile superficiel se forme toujours, ainsi que la division en coupures parallèles; mais le réseau cellulaire qui n'est qu'ébauché dans les expériences précédentes est ici bien mieux indiqué. A côté des petites cellules ainsi formées, on peut en produire d'autres beaucoup plus grosses; il suffit de souffler à la surface pour crever le voile superficiel; dans les plages ainsi découvertes se forment des tourbillons isolés dus à la convection à l'air libre. C'est cet aspect très curieux de la nappe que représentent les photographies 7 à 10.

En résumé, les tourbillons formés par convection calorifique dans une nappe liquide horizontale indéfinie de faible épaisseur peuvent produire deux modes différents de division de la nappe :

Un premier mode donne un réseau régulier de cellules hexagonales dans lequel $\frac{e}{\lambda}$ diminue beaucoup avec la température à partir de 0,3 qui paraît être sa valeur maximum. Ce mode de division se produit lorsque la face supérieure est en contact avec l'air libre; il a été étudié d'une manière approfondie par M. Bénard.

Un deuxième mode donne un réseau de coupures parallèles avec amorce de cellules hexagonales; ce réseau se régularise à une température d'autant plus faible que l'épaisseur est plus grande. Le rapport $\frac{e}{\lambda}$ varie très peu avec la température et a des valeurs plus grandes que dans la convection à l'air libre. Ce mode de division se produit lorsque la face supérieure est couverte par une membrane qui l'isole de l'atmosphère ambiante.

Les conditions dans lesquelles on obtient ce dernier mode de division, sont analogues à celles où se trouverait une nappe liquide horizontale placée entre deux surfaces solides parallèles portées à des températures différentes. M. Bénard a signalé l'intérêt que l'on aurait à opérer dans ces conditions et aussi les difficultés que présenterait l'observation; des essais isolés et incomplets ont montré qu'elle fournirait des résultats semblables à ceux que je viens d'indiquer : en particulier le rapport $\frac{e}{\lambda}$ prendrait des valeurs beaucoup plus grandes que dans la convection à l'air libre.

Ce cas présente de l'intérêt en raison des indications qu'il peut fournir pour élucider un phénomène naturel qui a de tout temps excité la curiosité universelle, je veux parler des colonnes basaltiques orgues, pavés de géants, sur lesquels de récentes discussions à la Société géologique ont appelé l'attention des savants (*). Ces discussions ont porté sur une théorie de la formation des prismes que j'ai proposée le premier, en 1908, au Congrès de Clermont-Ferrand (**). Cette explication est basée sur la production dans la lave fondue de courants de convection qui ont divisé la masse en prismes hexagonaux, d'axe vertical. Or l'examen des coulées montre que les colonnes prismatiques se sont formées entre deux couches supérieure et inférieure non prismées dont la solidification a nécessairement précédé celle de la couche intermédiaire. Dans ces conditions, les expériences que je viens de décrire montrent que le rapport $\frac{e}{\lambda}$ prend des valeurs notablement plus grandes que dans les expériences de M. Bénard ; ceci enlève une grande partie de sa valeur à l'objection relative à l'énormité de la hauteur des colonnes par rapport à leur diamètre, que l'on a formulée contre notre théorie. Les progrès de nos connaissances sur les tourbillons cellulaires permettront, je l'espère, de réfuter également toutes les autres objections.

M. J. GROSSELIN,

Ingénieur civil des Mines, Paris.

LES CABLES A TRÈS HAUTE TENSION EN ALLEMAGNE.

621.315.2

24 Mars.

Il est toujours intéressant de suivre les progrès industriels réalisés en dehors de nos frontières. Si nous constatons qu'ils dépassent ceux que nous avons nous-mêmes accomplis, nous sommes incités par là à chercher les causes de notre retard.

(*) *Comptes rendus des séances de la Société géologique*, 16 décembre 1912, 6 janvier 1913.

(**) C. Dauzère, *Comptes rendus du Congrès de Clermont-Ferrand*, 1908, p. 436.

Si nous avons la satisfaction de faire la constatation inverse, nous en prenons plus de confiance en nous-mêmes.

Ne nous privons donc pas de regarder, de temps à autre, par dessus le mur mitoyen et, à ce titre, il n'est peut-être pas inutile d'examiner d'un peu près les résultats récemment obtenus, en Allemagne, dans l'utilisation des câbles souterrains isolés au papier imprégné pour les très hautes tensions.

Il doit, d'ailleurs, être entendu, que, dans le domaine des câbles, aujourd'hui du moins, les très hautes tensions commencent à 25 000 volts.

L'*Elektrotechnische Zeitschrift* a donné deux articles, l'un sur les câbles pour courant monophasé 60 000 volts, du chemin de fer Dessau-Bitterfeld, l'autre sur le réseau triphasé 30 000 volts d'Obersprée, comprenant 200 km de câbles à trois conducteurs tordus.

Tous ces câbles sont isolés au papier imprégné, sous plomb.

Nous allons chercher à extraire de ces deux articles, les constatations susceptibles de nous intéresser.

I. — CABLES A 60 000 VOLTS DE BITTERFELD.

Cette installation, destinée à alimenter les locomotives monophasées bien connues, fut faite en 1910.

On paraît avoir adopté avec beaucoup de timidité la solution des câbles souterrains au papier imprégné. En effet, d'une part, on n'osa pas employer les câbles à deux conducteurs tordus et, de l'autre, on se préoccupa d'assurer des rechanges très largement suffisants pour le cas où un câble serait mis hors service.

L'installation comprend une ligne aérienne et deux paires de câbles souterrains à un seul conducteur chacun, sans armure de fer, par conséquent. L'un quelconque des trois systèmes est en état de transporter à lui seul, toute l'énergie nécessaire.

La longueur séparant la station génératrice de la sous-station est de 4,3 km. Deux firmes, Siemens et Halske d'une part, Felten et Guillaume de l'autre, ont concouru à fournir les câbles, chacune d'elles ayant livré 8,6 km de longueur simple.

La tension employée est de 60 000 volts entre conducteurs, la fréquence est de $16 \frac{2}{3}$: la puissance à transmettre par chaque câble est d'environ 150 000 kv-a, correspondant, pour $\cos\varphi = 0,8$, à une puissance réelle de 11 500 kw à 12 000 kw.

Le métal adopté pour les câbles est l'aluminium que l'on a choisi pour augmenter le diamètre du conducteur d'une résistance donnée et par là diminuer la fatigue de l'isolant. On a constaté que, pour un courant de 240 ampères traversant une section de 100 mm², soit pour une densité de 2,4 ampères par millimètre carré, l'échauffement du conducteur atteignait, à l'équilibre, 25°.

Remarquons, en passant, que la section de cuivre d'égale résistance serait environ 57 mm² et que la densité correspondant au même échauffement serait voisine de 4.

Cette densité est très supérieure aux densités limites reconnues comme admissibles par l'Union des Syndicats français. L'échauffement constaté n'a, cependant, rien d'anormal. Il est donc permis de penser que les expériences actuellement poursuivies par le Laboratoire central pour le compte de l'Union montreront que les densités peuvent être poussées beaucoup plus loin qu'elles ne l'ont été jusqu'ici chez nous.

Tension appliquée au diélectrique. — De l'aveu de l'auteur de l'article, M. Lichtenstein, les câbles de Bitterfeld sont faits pour fonctionner normalement à 30000 ou 33000 volts entre le conducteur et le plomb.

Sans doute, chacun d'eux a été essayé à 60000 volts, mais nous sommes avertis que c'est à titre purement exceptionnel que cette tension a été atteinte et que, pour empêcher qu'elle ne prenne cette valeur en cours d'exploitation, le point milieu de l'installation est en permanence relié à la terre par une résistance.

Ces câbles sont donc en réalité des câbles à 30000 volts, essayés à tension double après pose, conformément aux stipulations du Cahier des charges de l'Union des Syndicats d'Électricité.

Au point de vue technique, la difficulté vaincue est beaucoup moindre que pour les câbles à 30000 volts à trois conducteurs tordus du réseau d'Obersprée, dont nous parlerons tout à l'heure.

Leur fabrication est donc loin de présenter un record. Nous noterons seulement, à titre documentaire et sans l'apprécier, l'épaisseur du diélectrique imprégné, épaisseur qui est de 13 mm et correspond à un gradient maximum de potentiel, à la surface du conducteur, de 4200 volts par millimètre de tension efficace ou à 5880 volts par millimètre de tension maxima.

Pouvons-nous remarquer que cela n'est pas énorme et que les constructeurs ne se sont pas ici encore, départis de leurs habitudes de prudence ?

M. Lichtenstein nous annonce des résultats expérimentaux. Passons-les rapidement en revue, en nous demandant s'ils nous apportent des précisions nouvelles sur certaines conditions encore mal connues du fonctionnement des câbles.

La principale question que s'est posée l'auteur est de savoir si le diélectrique des câbles subit une détérioration notable, soit du fait de la pose, soit du fait de l'action prolongée de la tension.

Si le diélectrique souffre, nous dit-il, nous verrons varier le pouvoir inducteur moyen et aussi les pertes par hystérésis.

A vrai dire, il semble qu'une détérioration subie à la pose se traduira par un abaissement de rigidité diélectrique sans affecter peut-être le pouvoir inducteur et que la constance de ce dernier ne permettra pas de conclure que le diélectrique est resté intact. Mais c'est encore une des nombreuses questions qui restent à éclaircir par l'expérience. et sur laquelle les données précises font totalement défaut.

Pour ce qui est de l'action de la tension, il est très probable que, si la tension d'exploitation reste suffisamment en dessous de la tension de rupture, ce n'est pas après quelques mois d'exploitation, mais seulement au bout de plusieurs années que ses effets pourront commencer à se faire sentir.

Aussi, M. Lichtenstein semble-t-il avoir seulement cherché à vérifier si les tensions d'épreuve appliquées au câble n'avaient pas été de nature à modifier les propriétés du diélectrique, comme un essai de chaudière ou de pont poussé trop loin modifie la structure du métal. Si cette modi-fication du diélectrique se produit, il y a quelque chance qu'elle affecte plus ou moins toute la longueur du câble, et une variation de la capacité peut être, dans ce cas, prise pour critérium.

Effet de la pose sur le pouvoir inducteur. — Peu de temps après fabrication, les constantes mesurées du câble étaient les suivantes par une température ambiante de 15° :

Résistance d'isolement au kilomètre : 3000 mégohms.

Résistance ohmique du conducteur au kilomètre : 0,275 ohms.

Capacité au kilomètre : 0,169 microfarads.

De cette valeur de la capacité on déduit, par la formule connue donnant la capacité d'un condensateur cylindrique, la valeur du pouvoir inducteur K = 3,35.

La pose fut faite dans des conditions défavorables, surtout pour des câbles à haute tension, car elle se poursuivit par une température de plusieurs degrés en dessous de zéro, et les boîtes furent confectionnées de nuit.

Après pose, on releva les constantes suivantes :

Résistance d'isolement au kilomètre : 8620 mégohms.

Résistance ohmique du conducteur au kilomètre : 0,265 ohms.

Capacité au kilomètre : 0,1705 microfarads.

De la valeur nouvelle prise par la résistance ohmique du conducteur, on déduit que la température du conducteur dans le sol était voisine de 5°, ce qui explique l'augmentation très considérable de l'isolement au kilomètre : quant à la capacité, la différence entre les valeurs trouvées, avant et après pose, est de l'ordre des erreurs d'expérience. On peut donc admettre, avec l'auteur, qu'elle n'a pas sensiblement varié. Mais, pour la raison indiquée plus haut, il paraît difficile, surtout étant donnée la valeur très élevée du chiffre d'isolement kilométrique, d'en conclure d'une manière certaine que le diélectrique n'a pas souffert de la pose.

Effet de la mise sous tension. — Avant la mise en exploitation défi-nitive, chacun des câbles fut soumis à une différence de potentiel de 50 000 volts avec la terre.

Quelques jours après, soit le 10 décembre 1911, pendant l'arrêt de l'exploitation, entre minuit et 4 h du matin, on appliqua 33 000 volts, puis, quelques heures après, 60 000 volts entre conducteurs.

La température du sol était relevée au thermomètre à la profondeur de 70 cm. Aussitôt après avoir coupé la charge, on releva les constantes électriques du câble, résistance d'isolement, résistance ohmique, capacité.

La capacité mesurée au galvanomètre balistique à miroir Siemens, n'a pas varié d'une manière plus appréciable qu'après la pose.

L'isolement au kilomètre a subi de fortes variations, en corrélation avec la température du sol.

La température du conducteur a été déduite de la résistance ohmique mesurée.

L'échauffement a été pris par différence entre les températures du conducteur et celle du sol relevée comme il est dit plus haut.

A la fréquence de $16\frac{2}{3}$, le courant de charge était de l'ordre de 4 ampères, soit 0,04 par millimètre carré de section d'aluminium. L'échauffement par effet Joule était donc négligeable et l'échauffement constaté pouvait être attribué presque entièrement à la perte dans le diélectrique. En tous cas l'échauffement observé constitue une limite supérieure de l'échauffement diélectrique et il n'a jamais dépassé quelques dixièmes de degré.

Or, un courant de 240 ampères, dégradant en chaleur une énergie de 16 kwh par kilomètre, détermine dans les câbles un échauffement de 25°; la perte d'énergie dans le diélectrique est donc de l'ordre de 1 à 1,5 % seulement de l'effet Joule. Elle était donc négligeable, tout au moins pendant les premiers jours qui ont suivi la pose, les essais et la mise en exploitation.

On peut en conclure, sans trop de hardiesse, que les tensions d'essais (50 000 volts) et de fonctionnement (30 000 volts) étaient assez loin de la tension de rupture pour que le diélectrique n'en ait pas souffert.

Mais peut-être était-ce se donner beaucoup de peine pour un assez maigre résultat, car il aurait été plus sûr de vérifier l'état du câble après pose par un essai de tension statique et plus facile de contrôler, à l'usine, l'effet de la tension sur les propriétés du diélectrique.

L'auteur s'en est, sans doute, rendu compte, car il fait suivre le compte rendu de ces premiers essais d'une autre série de résultats obtenus en usine, sur un câble enroulé, et par suite, dans des conditions de refroidissement beaucoup plus mauvaises que s'il avait été allongé en terre. De plus, d'après les dimensions respectives du câble et de l'isolant (20 mm pour le diamètre du conducteur et 15 mm pour l'épaisseur de l'isolant), et d'après la tension appliquée (50 000 volts entre conducteur et terre) il est facile de calculer que le gradient maximum de potentiel à la surface du conducteur était de 5460 volts par millimètre de tension efficace, soit 30 % de plus qu'à Bitterfeld. Si l'on admet que la perte par hystérésis diélectrique est proportionnelle au carré de l'intensité du champ, l'épreuve dans ce dernier cas, dépassait de 70 % en sévérité celle de Bitterfeld.

De plus, la fréquence était de 5o au lieu de 16 ⅔.

Malgré ces conditions beaucoup plus dures, on ne releva, au bout de 4 semaines d'essai, qu'un échauffement du plomb de 2°, correspondant d'après d'autres expériences à un échauffement de 5° à 6° pour le conducteur. On arrive donc à un échauffement et, par suite, à une perte dans le diélectrique du même ordre que pour le câble de Bitterfeld.

En rapprochant encore cet échauffement de celui observé sur le conducteur, M. Lichtenstein conclut que l'énergie dégradée dans le diélectrique est ici de l'ordre de 2 kw-h par kilomètre.

Ce qui paraît le plus important c'est que l'ordre de grandeur trouvé pour l'énergie dissipée est le même pour des essais prolongés que pour des essais très courts. On peut donc conclure que le coefficient de sécurité, rapport entre la tension d'essai et la tension de service, était suffisant dans les cas examinés pour que le diélectrique ne soit pas détérioré.

II. — CABLÉS TRIPHASÉS A CONDUCTEURS TORDUS FONCTIONNANT A 3o ooo VOLTS. RÉSEAU D'OBERSPRÉE (BANLIEUE DE BERLIN).

Si nous n'avons reconnu aucune valeur sensationnelle aux câbles de Bitterfeld, nous devons ici admirer sans réserve la hardiesse avec laquelle a été fabriqué et posé un réseau de 200 km de câbles triphasés à conducteurs tordus sous 3o ooo volts entre phases. Nous avons en France des câbles de tension égale ou même supérieure, mais leur longueur est loin d'approcher de celle-là.

La banlieue de Berlin étant fort peuplée, c'est évidemment la considération de la sécurité qui y a fait adopter la solution des câbles souterrains.

Cette solution n'a, d'ailleurs, pas suffi, parait-il, à protéger l'installation contre les saboteurs, qui ont criblé de coups de pioche certains câbles.

Ce qui est surtout intéressant de connaître, c'est dans quelle mesure se sont réalisées, à Obersprée, les craintes qui se font jour dès qu'il est question de placer une canalisation souterraine à haute tension de quelque longueur.

Ces craintes prennent toutes leur origine dans les effets de la capacité du réseau, courant de charge et oscillations de période propre.

Courant de charge. — Les inconvénients du courant de charge sont bien connus.

Ils se manifestent dans la marche à vide, la nuit, quand les lampes sont éteintes, les moteurs arrêtés, et que les transformateurs prennent seulement un faible courant magnétisant. Alors, si la capacité est considérable et la self-induction faible, le courant se décale en avant, et à très peu de kilowatts-heures débités correspond un nombre très grand de kilovolts-ampères qui représentent le débit d'un ou de plusieurs alternateurs.

De plus, le courant de charge, décalé en avant, surexcite le générateur et la tension aux bornes atteint des valeurs dangereuses pour les appareils et pour les câbles.

Que nous montre à cet égard l'expérience d'Obersprée ?

Les essais ont été faits sur une boucle de 60 km de longueur isolée dans le réseau.

Cette longueur de câble de 3×50 mm² à 30 000 volts, prenait un courant de charge à vide de 43 ampères, le cos φ était de 0,02, correspondant à 45 kw seulement pour près de 2200 kv-A (*fig.* 1).

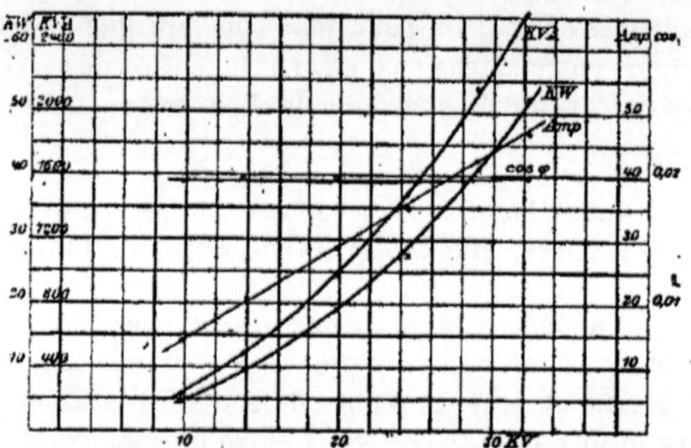

Fig. 1. — Courant de charge à vide et fonction de la tension.

Le câble se trouve donc chargé à vide à tout près de 1 ampère par millimètre carré, ce qui correspond à 75 % de la puissance normale qu'il doit transmettre.

Ceci pouvait être prévu à peu près exactement, en partant de la capacité et de la fréquence, connues toutes deux.

La valeur trouvée pour la surexcitation des alternateurs serait un document plus intéressant. L'auteur de l'article nous dit seulement qu'elle était assez importante pour que l'on ait été obligé de placer un transformateur abaisseur à la sortie du groupe turbo-alternateur afin de pouvoir régler la tension.

Depuis longtemps, on recommande de placer une bobine de choc en tête des lignes. Les Américains le font, notamment, dans les installations de traction, pour parer à l'effet des court circuits brusques et intenses.

Il faut, pour notre cas, que la self-induction soit réglable, pour pouvoir être mise hors circuit aux heures de pleine charge. La solution d'Obersprée s'est montrée efficace pour parer à l'élévation de la tension, mais elle laisse subsister l'inconvénient de la puissance apparente à fournir.

Une question intéressante se pose à propos du courant de charge et de
la perte dans le câble, c'est celle de la puissance perdue dans le diélectrique, que M. Lichtenstein, nous l'avons vu, s'est contenté d'évaluer
d'après l'échauffement.

A Obersprée, on mesurait la perte totale.

Retranchant, de cette perte totale, la perte ohmique, on en déduisait
la perte dans le diélectrique (*fig.* 2).

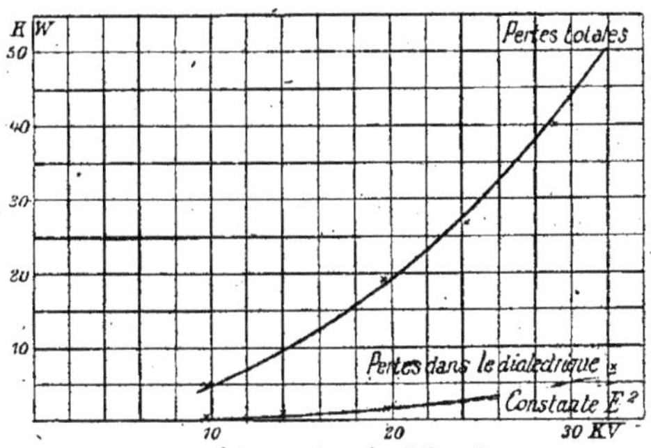

Fig. 2. — Pertes dans le diélectrique.

Le diagramme montre que cette perte n'est qu'une partie négligeable
du total.

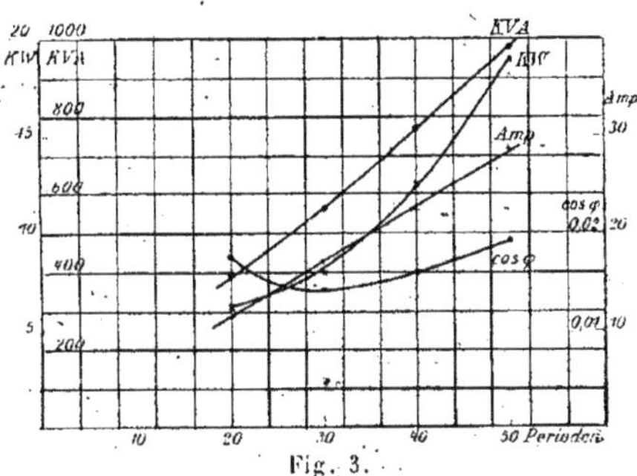

Fig. 3.

Elle croît un peu plus vite que le carré de la tension. Pour le montrer,
on a tiré sur le diagramme une ligne pointillée représentant KE^2. La
valeur de E est déduite des ordonnées de la courbe, pour les faibles valeurs de la tension.

Remarquons, avec l'auteur lui-même, que cette détermination de la
perte dans le diélectrique est seulement approximative, puisqu'elle repose
sur l'hypothèse que le courant de charge est constant sur toute la longueur du câble, ce qui ne peut être exact.

Au fond, c'est encore une évaluation, beaucoup plus qu'une mesure. La valeur ainsi trouvée pour la perte diélectrique suffit toutefois à montrer que nous n'avons pas à nous en inquiéter.

On a cherché, à Obersprée, comment la perte dans le câble variait en fonction de la fréquence. Mais on s'est heurté à deux difficultés (*fig.* 3):

D'une part, en baissant la fréquence, c'est-à-dire la vitesse de l'alternateur, on ne pouvait forcer assez l'excitation pour maintenir la pleine tension, et l'on a dû se contenter d'opérer à 20 000 volts.

D'autre part, l'abaissement de la fréquence amenait la résonance avec la période propre du réseau des harmoniques supérieures provenant des alternateurs ou des transformateurs. La perte, après avoir baissé avec la fréquence, augmentait de nouveau au moment de ces résonances.

Oscillations de période propre. — L'influence de la période propre, au moment des ouvertures et des fermetures d'interrupteurs, a été observée à l'aide d'un oscillographe de Duddell.

On considère que la période propre est surtout dangereuse dans deux cas :

1° Quand on ferme, sans intercaler de résistance dans le circuit un interrupteur sur le câble à vide.

2° Quand un court circuit ou un courant de forte intensité est brusquement coupé.

Dans le premier cas, la tension peut théoriquement doubler. Dans le deuxième cas, elle ne dépend, suivant les idées de Kennelly, que de la valeur de l'intensité du courant au moment de la coupure.

Aussi a-t-on pu dire que, pour les tensions de régime supérieures à 25 000 volts, les surtensions consécutives à l'extinction de courts circuits étaient relativement moins élevées qu'aux tensions inférieures.

Voyons ce que l'on a constaté à Obersprée.

On employait, comme presque partout maintenant, des interrupteurs à huile. Ceux-ci, comme on l'a reconnu expérimentalement, coupent le courant au voisinage de son passage par la valeur nulle.

Lorsqu'on ferme l'interrupteur, une étincelle jaillit avant le contact, entre les couteaux, dès que leur distance est égale à la distance explosive.

A l'ouverture, si le courant et la tension sont en concordance, il ne se produit aucune surtension, mais, s'ils sont en quadrature, comme c'est le cas pour le courant de charge d'un câble à vide, la surtension de rupture s'ajoutera à la tension maxima.

Les interrupteurs d'Obersprée sont à double prise de contact, la première prise intercale dans le circuit une résistance en carborundum d'une valeur de 4000 ohms.

Cette résistance, amovible, a été supprimée pour certaines expériences.

Fermeture de l'interrupteur. — L'oscillogramme (*fig.* 4) montre ce qui se passe à la mise en charge de 60 km de câble, sans résistance dans l'interrupteur.

La fermeture se produit vers le maximum de la tension, néanmoins

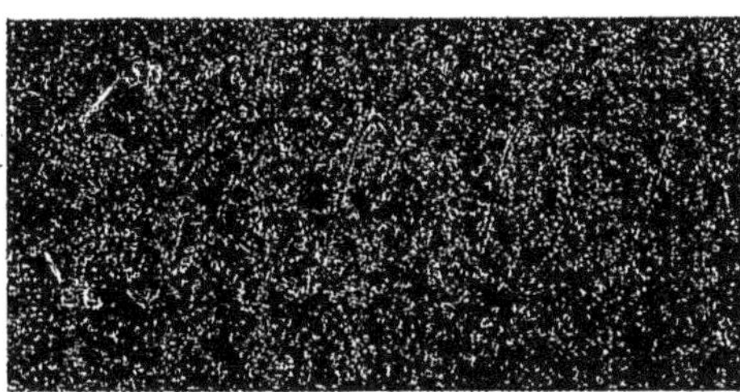

Fig. 4. — Fermeture d'interrupteur.

la surtension est peu marquée. On voit, par contre, une surintensité égale à deux fois et demie l'amplitude normale maxima.

Il semble que la très grande capacité du câble absorbe en quelque sorte l'énergie.

L'oscillogramme suivant (*fig.* 5) montre que l'emploi d'un interrup-

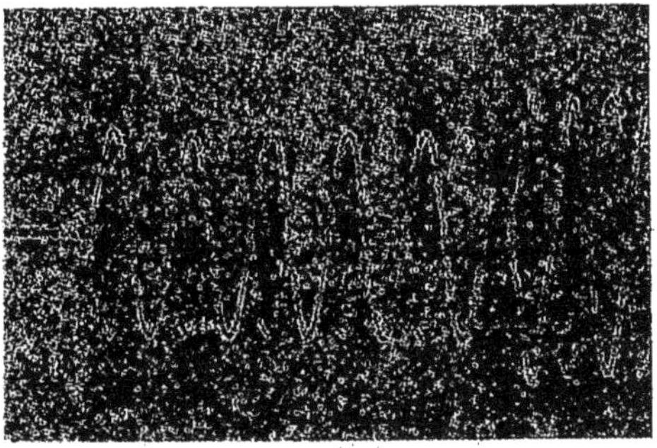

Fig. 5. — Fermeture d'interrupteur muni de résistance.

teur avec résistance intercalée amortit presque complètement les oscillations.

La figure 6 qui rapporte sur un même diagramme les courbes de tension relevées, d'une part à l'entrée, d'autre part à l'extrémité éloignée du câble, ne paraît pas montrer, contrairement à ce qui a été souvent observé dans d'autres installations, d'élévation de tension sur la longueur du câble par l'effet Ferranti. Les deux courbes sont identiques.

En fait, malgré les 60 km de longueur du câble essayé, la capacité totale n'est que de 0,78 microfarads, ce qui n'est pas énorme et peu

Fig. 6.

expliquer l'absence du phénomène.

Ouverture des interrupteurs. — La coupure doit être d'autant plus malaisée à faire que l'intensité du courant est plus grande, il y aurait intérêt, dans une recherche comme celle-là, à faire la coupure sur la plus

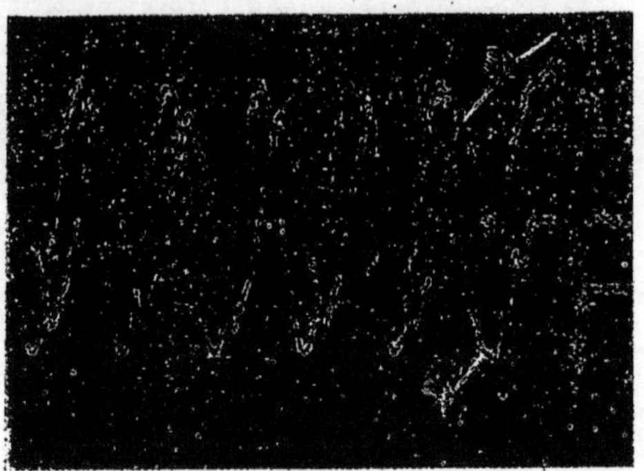

Fig. 7. — Ouverture d'interrupteur.

forte charge possible. Malheureusement, dans une exploitation industrielle, on n'est pas maître des conditions de l'expérience comme on l'est dans un Laboratoire.

La coupure a été faite sur le courant de charge à vide qui atteint, nous l'avons dit, 43 ampères. Il en est résulté des conditions particulières qui ne sont pas sans intérêt.

La coupure se fait vers le zéro de l'intensité et, par suite, au maximum de la tension, à laquelle la surtension vient s'ajouter. Cette surtension reste très faible ce qui paraît bien vérifier la théorie de Kennelly.

Si la courbe de tension ne présente pas de pointe notable, elle marque plusieurs interruptions successives accompagnées de fortes oscillations du courant, quand la résistance de carborundum est supprimée. L'am-

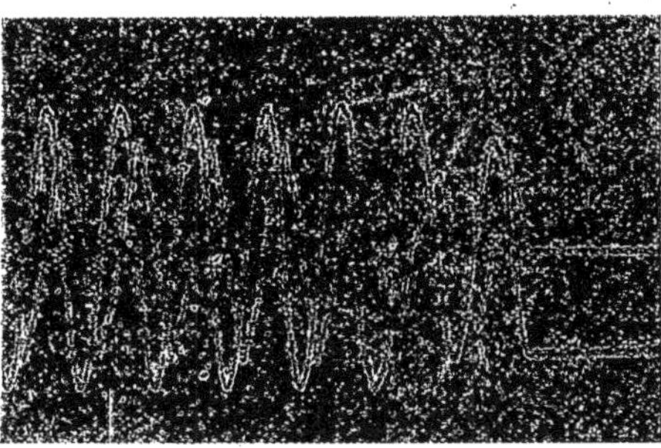

Fig. 8. — Ouverture d'interrupteur.

plitude de ces oscillations atteint jusqu'à 4 fois l'amplitude maxima (*fig.* 7).

L'auteur nous dit que l'ouverture de l'interrupteur était accompagnée de violentes détonations:

Il donne de ce phénomène l'explication suivante, qui paraît tout au moins plausible.

Au moment de la rupture du contact ,le câble reste chargé à une tension voisine de la valeur maxima. Le couteau qui y est relié est maintenu à cette tension. Le couteau relié au transformateur prend au contraire, à tout moment la tension de celui-ci, tension périodiquement variable et dont la valeur s'écarte de plus en plus du potentiel gardé par le câble, jusqu'à atteindre le double de l'amplitude maxima de la courbe de tension.

Si donc la vitesse d'ouverture de l'interrupteur est telle que l'écartement des couteaux puisse devenir, en un moment quelconque, inférieur à la distance explosive, l'étincelle jaillira, les phénomènes de la fermeture se reproduiront avec cette aggravation que la tension de fermeture pourra être le double de ce qu'elle était dans le cas normal.

Cette théorie rend compte des surintensités observées.

L'emploi de la résistance auxiliaire en carborundum fait disparaître ces surintensités (*fig.* 8). On voit, comme d'ailleurs dans le diagramme précédent, le potentiel conservé par le câble au moment de la rupture s'abaisser graduellement.

Ces recherches nous montrent donc qu'une simple résistance ohmique, d'une valeur de 4000 ohms oppose un frein efficace aux à-coups de fermeture et d'ouverture sans que l'on soit même obligé de recourir à une bobine de choc proprement dite.

Si nous ajoutons que, en dehors des accidents mécaniques provenant de sabotages ou purement fortuits, il ne s'est pas produit de perturbations graves sur le réseau d'Obersprée, nous pourrons conclure que cet exemple est encourageant pour ceux qui songent à remplacer, par des lignes souterraines, les lignes aériennes si encombrantes et si dangereuses.

M. LE Dr EDMOND CARLO,

Oculiste, Le Havre.

ÉTUDE DES PROPRIÉTÉS PHOTO-ÉLECTRIQUES DU SÉLÉNIUM POUR DES INTENSITÉS LUMINEUSES MOYENNES. APPLICATION POSSIBLE A LA PHOTOMÉTRIE CLINIQUE.

535.242 : 546.23

26 Mars.

Les lois sur lesquelles se fonde la photométrie ont pour base l'appréciation de l'égalité d'éclairement de deux ou plusieurs sources pour une même couleur. On dit, en effet, que deux sources ont la même intensité ou envoient la même quantité de lumière si elles produisent des éclairements égaux sur deux surfaces identiques qu'elles éclairent séparément et sous la même inclinaison. Les éclairements de deux surfaces sont dits *égaux* si ces deux surfaces semblablement placées par rapport à l'œil produisent la même sensation (*).

Il faut donc admettre comme postulat que l'œil humain apprécie assez exactement l'égalité d'éclairement de deux surfaces pour une même couleur. Or, dans la pratique, cette appréciation est approximative et variable. J'ai constaté par moi-même que deux expériences de ce genre n'étaient jamais identiques et que des différences d'intensité lumineuse de plus de cinq bougies n'étaient pas toujours perçues à moins de 5 m. Cela, d'ailleurs, ne saurait surprendre puisque les données de nos sens n'impliquent jamais une idée nette de grandeur, ni de mesure; elles sont en elles-mêmes dépourvues de valeur scientifique. Et enfin, l'œil normal appréciateur étant celui qui jouit de l'intégrité anatomique et physiologique, est moins répandu qu'on ne pense !

Pour ces raisons, la détermination que nous pouvons faire des inten-

---

(*) L'appréciation de teintes variables qui permet, dans certains cas de photométrie clinique, de conclure approximativement à tel éclairement, repose sur les mêmes principes.

sités lumineuses est grossière. L'appréciation du degré et de la quantité de chaleur nous serait aussi malaisée si la dilatation du mercure ou de l'alcool ne nous la révélait objectivement dans le thermomètre.

Si je veux mesurer l'intensité de la lumière qui impressionne la rétine à un moment et dans des conditions déterminées (par exemple : celle qui correspond à des éclairements différents d'une échelle optométrique), je je ne le puis guère. Et si je veux, par la suite, déterminer les fonctions de telles régions de la rétine normale ou pathologique, je le puis moins encore, au moins dans la pratique. En effet, les photomètres peuvent se diviser en deux classes : 1° les subjectifs qui impliquent plus ou moins directement la comparaison de deux éclairements; 2° les objectifs qui enregistrent par le moyen de phénomènes chimiques ou physiques, les intensités lumineuses. Exemple : le noircissement d'une plaque photographique proportionnel à l'éclairement reçu et au temps. Les premiers se prêtent mal à la mesure des éclairements variables que l'on rencontre exclusivement dans la pratique; les seconds sont basés sur des phénomènes non réversibles. Le sélénium fait exception. Ce métalloïde a la propriété de changer de conductibilité électrique selon les éclairements qu'il subit. C'est sur lui qu'a porté mon étude.

Je me suis proposé de rechercher si les propriétés photo-électriques du sélénium étaient telles qu'il puisse être utilisé comme photomètre clinique et dans quelles conditions.

Il importait donc assez peu que je mesurasse avec une exactitude rigoureuse les phénomènes que j'observais : j'en aurais été, d'ailleurs, incapable par défaut de laboratoire. Il fallait seulement en dégager le sens avec des garanties suffisantes de certitude et de précision. Que l'on ne se méprenne pas, dès lors, sur la valeur de ces modestes tentatives; elles sont qualitatives et non quantitatives.

En supposant que l'on mesure à l'aide d'un galvanomètre les variations de conductibilité d'une plage de sélénium qui subit des éclairements variables, il faut pour que ce sélénium puisse servir à la mesure des intensités lumineuses :

1° Que, *pour un éclairement (ou intensité lumineuse)* (*) *donné e_1, la déviation galvanométrique n_1 soit constante*, la force électromotrice demeurant constante;

2° Que, *pour chaque valeur des éclairements étudiés $e_1, \ldots, e_q$, chaque déviation $n_1, \ldots, n_q$ ait une valeur distincte correspondant au même éclairement.*

3° *Qu'à une différence d'intensité, $I_1 - I_2$, dans la pratique suffisamment faible, correspondent des déviations galvanométriques n_1 et n_2 nettement distinctes.*

4° *Que ces expériences soient superposables dans le temps, c'est-à-dire*

(*) J'écris intensité lumineuse quand je rapporte l'éclairement de la petite plaque de sélénium à l'unité de surface et de temps.

que, après des semaines ou des mois, les mêmes déviations correspondent aux mêmes éclairements.

L'exploration de la sensibilité de la rétine humaine pour de hautes intensités lumineuses étant vaine et dangereuse, j'ai étudié de parti pris des effets d'éclairements moyens ou faibles sur le sélénium. Pour cela je me suis procuré une lampe électrique ordinaire de 5o bougies et j'ai fait varier de quantités connues sa distance à la plage de sélénium impressionnable. J'ai calculé facilement l'éclairement de cette plage en appliquant la loi du carré des distances $\dfrac{I}{D^2} = \dfrac{I'}{D'^2}$.

Dispositif de l'expérience. — Une lampe électrique L d'intensité connue, branchée sur le courant de la ville, est placée au foyer d'une lentille convergente *l*, dans une boîte E, percée d'un trou circulaire de 1 cm de diamètre. Les rayons lumineux émis par L viennent tomber un peu plus loin sur un petit miroir concave M qui les renvoie, après passage à travers un deuxième écran E_2, sur la petite plage de sélénium S, qui a environ 13o mm² de surface. Elle est constituée par du sélénium chauffé et inclus entre des lames de mica extrêmement minces. Une résistance R permet de graduer le courant qui parcourt le circuit sur lequel S est intercalé; et un ampèremètre de Gaiffe G, marquant nettement le demi-milliampère révèle et mesure les variations du courant (*fig.* 1).

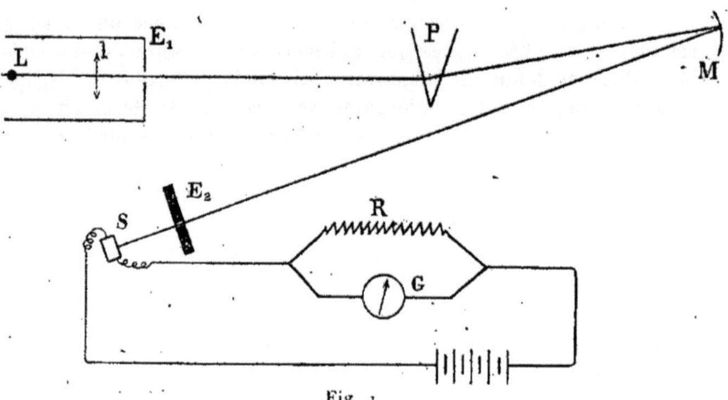

Fig. 1.

Expérience. — Dans l'obscurité et après réglage, pour une force électromotrice d'environ 3o volts (*), l'ampèremètre marque 5 milliampères sans oscillations. Sur la plage S, je fais tomber un faisceau de lumière blanche pendant 1, 5, 10, 20 secondes, etc.; 1, 2, 5, 15 minutes, etc. L'ampèremètre oscille sans aucune règle, indéfiniment. En

---

(*) On voit par là, en vertu de la loi d'Ohm, que la résistance du sélénium est très grande.

éloignant ou en rapprochant la lampe L, je constate péniblement une seule chose : c'est que la conductibilité électrique du sélénium augmente avec les intensités lumineuses qu'il reçoit.

J'ai figuré dans les trois courbes de la figure 2 cette constatation,

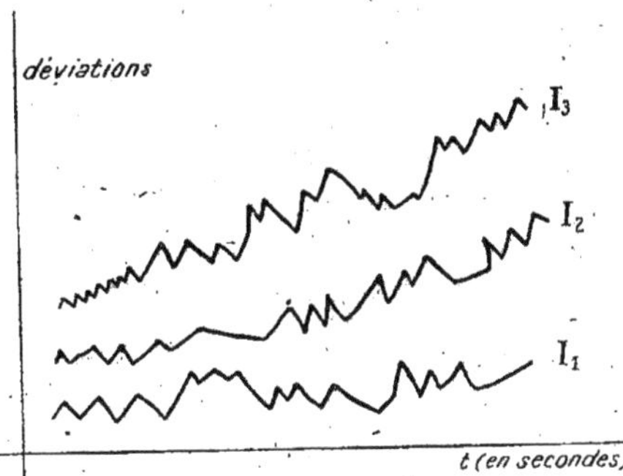

Fig. 2. — La conductibilité électrique du sélénium va en croissant avec les intensités quand le courant passe, la force électromotrice restant constante, $I_1 < I_2 < I_3 , \ldots$

mais ces courbes sont à demi-schématiques, car je n'ai pu noter les oscillations rapides et, jamais pareilles de l'aiguille.

Ainsi j'ai été amené à rendre la plage S plus conductible en l'exposant

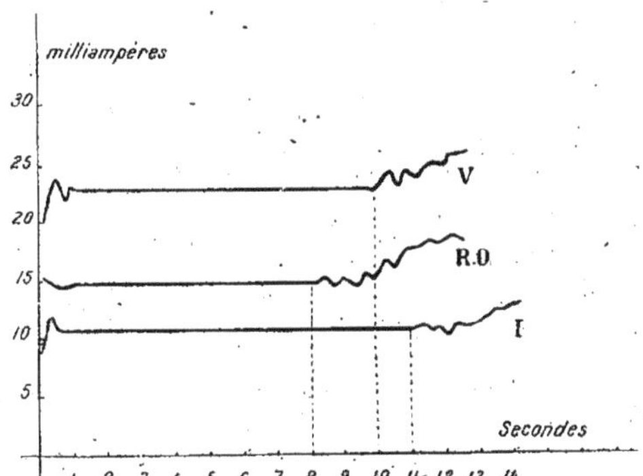

Fig. 3. — V = vert; R O = Rouge orange; I = Indigo.

au préalable à la lumière et j'ai recommencé l'expérience avec la lumière blanche : j'ai obtenu la même variabilité irréductible dans les oscillations de l'ampèremètre (*).

(*) Avec une source lumineuse que je supposais plus fixe (gaz avec manchon incandescent) que la lumière électrique, ces oscillations existent également.

Force m'a été dès lors de placer un prisme P sur le trajet des rayons issus de L, et de passer à l'étude des éclairements monochromatiques, puisqu'en aucun cas la lumière blanche n'avait donné dans des conditions pareilles, deux résultats pareils. Pour cela la plage S est exposée au préalable aux rayons solaires pendant 10 minutes ou à ceux d'une lampe électrique de 50 bougies à 1 m pendant 30 minutes, le courant passant. Après réglage, je fais tomber sur S un faisceau de rayons monochromatiques, alors l'aiguille de l'ampèremètre prend instantanément une position qu'elle conserve pendant 8 à 12 secondes, après lesquelles, les folles oscillations recommencent (*fig.* 3).

Heureusement, pour toutes les couleurs simples du spectre et pour toutes leurs intensités, j'ai constaté cette période de *fixité initiale de l'aiguille*, grâce à laquelle j'ai pu, après des expériences répétées, établir des courbes fixes en fonctions des déviations galvanométriques et des intensités lumineuses (*fig.* 4). Pendant 2 mois, avec la même plage S

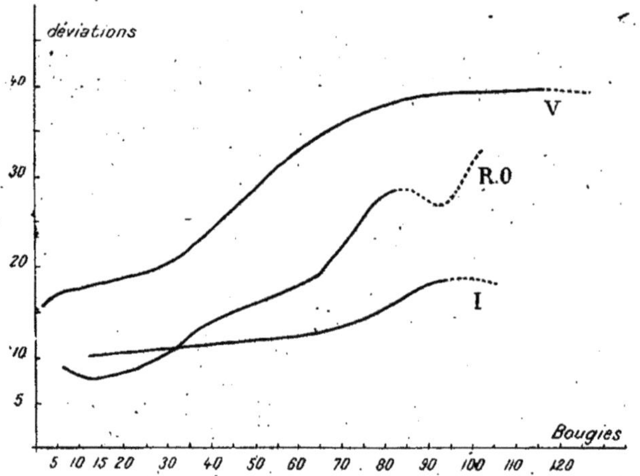

Fig. 4. — Les intensités varient de 0 à 100 bougies environ. Remarquer que la plus grande sensibilité du sélénium répond aux radiations vertes V, et rouge orange R O.

et la même force électromotrice *aux mêmes éclairements* e_1, e_2, e_3, ..., *ont correspondu les mêmes déviations* n_1, n_2, n_3, ... à très peu près. Les courbes sont demeurées superposables.

Sensibilité de l'expérience. — Étant donnés deux éclairements voisins e_1 et e_2, à quelle valeur suffisamment petite de $e_1 - e_2$ correspond-il une différence suffisamment nette des deux déviations $n_1 - n_2$? Je l'ai recherché : 1° en déplaçant la lampe L d'un mouvement continu et uniforme pendant les 10 secondes de la période initiale; 2° en effectuant deux mesures distinctes après un faible déplacement de L par rapport à S (1 à 5 cm). *La sensibilité du* sélénium *est grande :* elle paraît décroître à mesure que l'intensité lumineuse croît; *elle est maxima pour le vert.*

En résumé, avec des radiations monochromatiques et après une exposition préalable du sélénium à la lumière, les déviations galvanométriques correspondant à des éclairements moyens sont demeurées à très peu près comparables pendant 3 mois.

L'exposition du sélénium à la lumière que l'on veut mesurer doit être de courte durée (10 secondes).

Dans ces conditions on peut établir, comme je l'ai fait, des courbes fixes en fonction des déviations galvanométriques et des intensités lumineuses.

Il est donc possible, dans la limite de ces expériences, de mesurer objectivement les intensités lumineuses ou les « degrés d'éclairement » en un point donné pour des radiations monochromatiques.

Il semble d'autre part, *a priori*, qu'il est aisé de passer de l'intensité d'une radiation monochromatique à celle de la lumière blanche totale émise par la même source.

Ainsi la graduation de l'appareil pourrait être faite avec exactitude; elle rendrait plus aisée l'exploration des éclairements; plus rapide et plus simple, leur mesure. Le photomètre pratique, le photomètre clinique serait réalisé.

M. Paul JÉGOU,

Ingénieur, ancien Élève de l'École supérieure d'Électricité,
Ex-Préparateur à l'École radiotélégraphique, Sablé (Sarthe).

CONSIDÉRATIONS RELATIVES A LA THÉORIE GÉNÉRALE DU DÉTECTEUR ÉLECTROLYTIQUE. — EXPLICATION DE L'ACTION DÉPOLARISATRICE DES ONDES SUR LA POINTE SENSIBLE.

538.563 (078)

26 Mars.

On résume souvent le détecteur électrolytique en disant que c'est un petit Wenhelt : Cette expression peut présenter un réel intérêt quand il s'agit de donner une idée succincte de la forme et de la constitution du détecteur électrolytique lequel, en effet, ne diffère guère de l'interrupteur Wenhelt que par les proportions qui sont considérablement réduites; mais il importe de remarquer qu'il ne faut accorder à cette définition imagée aucune portée théorique. Dans les deux systèmes, en effet, les conditions de fonctionnement sont visiblement différentes et les phénomènes mis en jeu ne peuvent être que d'ordre très différent.

Une des premières tentatives d'explication du fonctionnement du détecteur électrolytique a été donnée par le commandant Ferrié, dès 1905, c'est-à-dire quelques années après en avoir donné le principe : selon lui, l'action serait différente suivant que le détecteur est soumis ou non à une force électromotrice auxiliaire. Sans source électrique sensibilisatrice, le détecteur jouerait un rôle pur et simple de soupape; avec une source de polarisation, le détecteur constituerait un condensateur électrolytique, dont les armatures chargées à la tension de la source crèveraient alternativement, sous l'action des ondes, au point de contact de la pointe avec l'électrolyte par suite de la crevaison d'une bulle diélectrique ou gazeuse enveloppant le contact ponctiforme de la pointe sensible.

Quelques expérimentateurs, parmi lesquels on peut citer notamment Fessenden, ont émis l'hypothèse d'un effet thermique provoqué sur l'électrode sensible par le passage des oscillations hertziennes.

Aujourd'hui toutes ces théories sont, pour ainsi dire, tombées dans l'oubli et il est généralement admis que le pouvoir décélateur des ondes du détecteur électrolytique est une conséquence naturelle d'une polarisation de l'électrode sensible. Cette théorie acquiert, d'ailleurs, d'autant plus d'intérêt qu'elle cadre parfaitement avec les phénomènes bien connus de la polarisation que l'on rencontre quand, pour analyser de plus près le fonctionnement d'un détecteur, on vient à l'associer à un galvanomètre (*), lequel remplace alors l'écouteur téléphonique.

Au cours de nos recherches, nous avons cependant rencontré certains phénomènes qui, pour avoir une explication raisonnable, nous ont paru exiger qu'on adjoigne à cette théorie de la dépolarisation de la pointe sensible une hypothèse complémentaire capable de rendre compte comment les ondes peuvent produire cette dépolarisation.

Nous avons alors été conduit à supposer que le platine, corps extrêmement poreux et condensant facilement des gaz en lui-même, se comporterait comme une sorte de *limaille agglomérée* (Expérience de M. Branly, radio-conducteur à limaille agglomérée dans du soufre) qui, en quelque sorte, cohérerait sous l'action des ondes, ce qui aurait pour effet de chasser les gaz occlus dans le platine, c'est-à-dire précisément de dépolariser l'électrode sensible.

Si l'on tient compte d'autre part du *Skin-Effect* pour les courants de haute fréquence qui est tel que, pour la fréquence 10^6, l'intensité des oscillations n'est plus que le centième de l'intensité superficielle à la profondeur de 0,023 mm; on s'explique aisément pourquoi le fil de l'électrode sensible doit être : 1° en platine (métal poreux); 2° en fil très fin (Skin-Effect); 3° très court. (Effet total du courant hertzien avant toute diffusion dans l'électrolyte.)

Pour mettre en évidence l'intérêt de cette hypothèse complémentaire,

____

(*) Tissot, *Journal de Physique*, janvier 1908.

nous citerons, en outre, les quelques phénomènes suivants qui ainsi reçoivent une explication rationnelle très simple :

1º Fonctionnement sans pile du détecteur même avec deux électrodes en platine si les ondes sont énergiques, avec naissance d'un courant de sens inverse au courant observé lorsque la détecteur est associé à un source électrique. Suivant notre hypothèse, les ondes chassent les gaz occlus dans le platine, ce qui modifie l'état *moléculaire* de l'électrode d'où naissance d'un léger couple électrique dont le pôle négatif est évidemment l'électrode sensible.

2º Possibilité de faire fonctionner un détecteur électrolytique avec une électrode active en fil de platine extrêmement fin ayant 5 à 6 mm de long, si ce fil a été au préalable porté à l'incandescence, c'est-à-dire dépolarisé dans sa masse. Selon nous, si le fil de platine a été porté à l'incandescence, on sait que ce fil peut être considéré comme parfaitement dépolarisé; en le plongeant dans l'électrolyte, il est naturel d'admettre que la polarisation de notre électrode ne sera un début que superficielle, dès lors on conçoit que, malgré la diffusion des ondes dans l'électrolyte, l'énergie des ondes puisse être suffisante pour provoquer une une cohération superficielle capable de chasser les gaz occlus, jusqu'à quelques millimètres de l'origine de la plongée du cheveu de platine dans l'électrolyte.

3º Le phénomène remarquable du fonctionnement de plusieurs détecteurs montés en *parallèle*, comme s'ils étaient indépendants malgré la multiplicité des points de contact avec l'électrolyte, peut s'expliquer ainsi : Les ondes se subdivisent naturellement suivant les diverses branches ou électrodes sensibles montées en parallèle dans l'électrolyte; d'autre part, chaque pointe de platine étant très fine et très courte, l'onde pénètre encore suffisamment dans chacune d'elles pour les faire cohérer ou les dépolariser entièrement. Il n'en serait pas du tout de même si l'on avait une électrode présentant une surface de contact équivalente à la somme des surfaces de contact présentées par chacune des pointes sensibles.

L'onde, en effet, ayant la même pénétration, laquelle ne dépend que de la fréquence des ondes, l'onde n'aura plus d'action sur le centre de l'électrode et celle-ci ne se dépolarisera pas suffisamment pour provoquer le courant polarisateur auteur du son rendu par l'écouteur sous l'action de chaque train d'ondes.

M. Paul JÉGOU.

DÉTECTEUR ÉLECTROLYTIQUE SANS FORCE ÉLECTROMOTRICE AUXILIAIRE.

538.56 (078)

26 Mars.

Pour sensibiliser le détecteur électrolytique, c'est-à-dire le rendre capable de déceler les ondes hertziennes les plus faibles, il est nécessaire, comme on le sait, d'appliquer à ses bornes une source électrique dont la tension rigoureusement réglée doit être extrêmement voisine de la *tension critique* qui amorcerait l'électrolyse du bain acidulé dans lequel plongent les deux électrodes. Cette source électrique qu'on pouvait supposer devoir seconder les ondes pour engendrer le son décélateur dans les écouteurs téléphoniques, aurait paru indispensable si, depuis quelques années, ne s'était introduit dans la radiotechnique l'usage des détecteurs à cristaux, capable de déceler les ondes avec une plus grande sensibilité encore et *sans* le *secours* d'une *énergie électrique auxiliaire* quelconque.

Il nous parut dès lors rationnel et intéressant de rechercher si le détecteur électrolytique ne pourrait pas aussi déceler les ondes par lui-même. L'intérêt de ce problème nous parut même double : d'une part, en effet, si l'on peut créer le détecteur électrolytique très sensible sans source électrique auxiliaire, celui-ci présentera sur les cristaux l'avantage de la robustesse, de la régularité et de *l'indéréglabilité*; d'autre part, sous cette forme peut-être plus concrète, on peut espérer rendre un tant soit peu plus tangibles les phénomènes en quelque sorte mystérieux mis en jeu dans les détecteurs à cristaux.

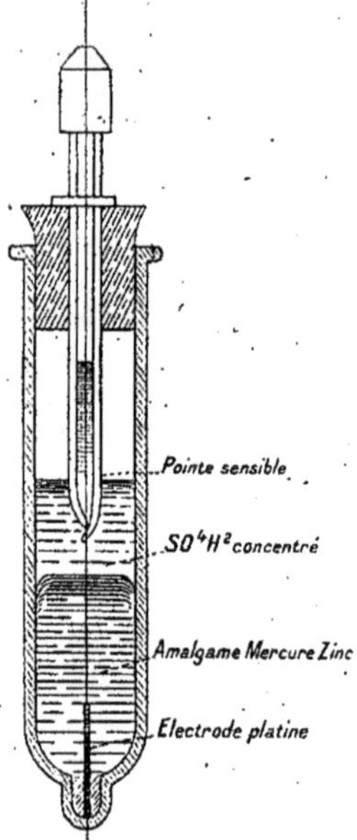

Fig. 1.

En 1909, au Congrès de l'Association française pour l'Avancement des Sciences, qui se tenait à Lille, nous indiquions le principe d'un détecteur électrolytique capable de déceler avec sensibilité les ondes sans le secours d'une source électrique auxiliaire. Ce détecteur ne différait des détecteurs ordinaires que par l'électrode *inactive* qui était un amalgame de mercure-étain (*fig.* 1). Comme nous l'indiquions à l'époque, cet amalgame n'était qu'un choix judicieux fait parmi les métaux peu ou quasi pas attaqués par l'électrolyte et susceptibles dès lors d'être employés pour former l'électrode inactive. Au contact de ces métaux nait évidemment une légère force électromotrice intérieure susceptible de sensibiliser plus ou moins la cellule électrolytique et avec une constance plus ou moins grande, suivant le métal employé (polarisation) de l'élément ainsi formé.

Avec le détecteur à électrode inactive constituée par un amalgame de mercure et d'étain, nous avions obtenu des détecteurs très sensibles, aussi sensibles que ceux qui fonctionnent avec pile, mais la constance de cette sensibilité était parfois assez précaire. C'est pourquoi nous avons repris nos recherches qui ont abouti à mettre en évidence les propriétés remarquablement avantageuses et presque inattendues de l'amalgame mercure-zinc qui procure une sensibilité supérieure au détecteur électrolytique ordinaire et parfaitement *invariable*. Avec ce détecteur, les sons recueillis dans les écouteurs sont clairs et favorables à la réception des trains d'ondes musicaux.

Pour expliquer le fonctionnement de ces détecteurs, il importe de remarquer que la légère force électromotrice intérieure de la cellule électrolytique ainsi formée est telle que le pôle positif de ce faible élément est constitué par la

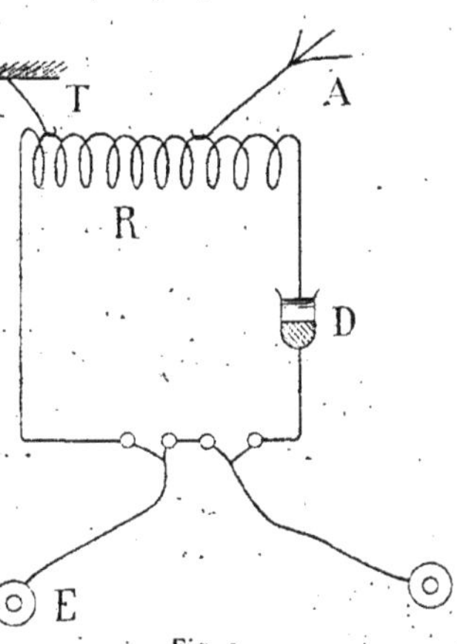

Fig. 2.

T, terre; A, antenne; R, résonateur; D, détecteur électrolytique sans force électromotrice auxiliaire; E, écouteurs téléphoniques.

pointe sensible puisque l'amalgame très légèrement attaqué par l'électrolyte forme évidemment le pôle négatif. A l'intérieur de cet élément, le courant va donc de l'amalgame vers la pointe sensible ou active, laquelle est traversée par un courant de sens inverse à celui qu'on lui applique lorsque, comme détecteur ordinaire, on prend soin de lui appliquer le pôle positif de la source auxiliaire.

C'est précisément dans cette différence essentielle que réside tout le secret de la sensibilité qu'il est alors aisé d'expliquer.

Il est, d'ailleurs, intéressant de considérer dans un détecteur électrolytique deux sortes de tension critique : la tension critique *anodique* (pointe active comme anode) qui est celle que l'on considère généralement, et la tension critique *cathodique* (pointe active comme cathode) qui est celle qui amorce l'électrolyse de l'électrolyte quand on applique le pôle négatif de la source sur l'électrode sensible.

Les valeurs de ces ténsions critiques varient avec les métaux qui constituent l'électrode *inactive* du détecteur et aussi avec l'électrolyte choisi : les nombres que l'on recueille alors mettent parfaitement en lumière que dans notre détecteur sans pile on réalise précisément le détecteur dont la tension critique *cathodique* est égale à la force électromotrice de l'élément ainsi formé.

La polarisation intégrale de cette cellule électrolytique à l'état normal, empêche l'élément de débiter, ce qui explique sa longue durée sans avoir besoin de renouveler l'amalgame. Les ondes seules, en passant, dépolarisent l'électrode active et provoquent le passage du courant décélateur, qui engendre le son des trains d'ondes dans les écouteurs, directement accouplés avec le détecteur, ce qui rend les montages de réception particulièrement simples (*fig.* 2).

M. Paul JÉGOU.

UTILISATION ET RENDEMENT DES ANTENNES HORIZONTALES EN RADIOTÉLÉGRAPHIE.

654.25 (078)

26 *Mars.*

Les effets de l'antenne courbée de Marconi sont aujourd'hui bien connus et utilisés couramment soit qu'on veuille obtenir un léger effet de direction des ondes dans une direction donnée, soit qu'on veuille réaliser des antennes de grande longueur d'ondes et de grand pouvoir rayonnant sans avoir à édifier des tours de hauteur considérable qui seraient très onéreuses. Ce sont ces propriétés que Marconi a utilisées dans ses stations transatlantiques extra-puissantes de Clifden et Glace-Bay.

D'autre part, Kiebitz a publié une étude documentée sur les propriétés des antennes « terrestres » constituées par un *simple* fil tendu horizontalement à faible hauteur au-dessus du sol; le récepteur étant intercalé au milieu du fil ainsi déployé. Il a montré que de telles antennes présentent un pouvoir captateur des ondes véritablement digne d'intérêt surtout pour les grandes longueurs d'ondes et aussi à cause de la facilité avec laquelle on peut tendre de grandes longueurs de fils, ce qui permet de compenser l'effet « hauteur » toujours plus favorable. Ainsi un fil horizontal de 240 m aurait un rendement équivalent à une antenne de 40 m de hauteur. D'autre part Kiebitz a mis en évidence quelques propriétés directives qui accroissent encore l'intérêt de ces antennes « terrestres ».

Nous avons voulu nous rendre compte par nous-même du rendement de ces antennes pour capter les ondes de la Tour Eiffel. A cette fin nous avons établi sur un terrain de landes à 25o km de Paris un système d'antennes horizontales à quatre branches *bifilaires* se coupant orthogonalement en leur milieu où se trouvait établi une bonne terre (*fig.* 1).

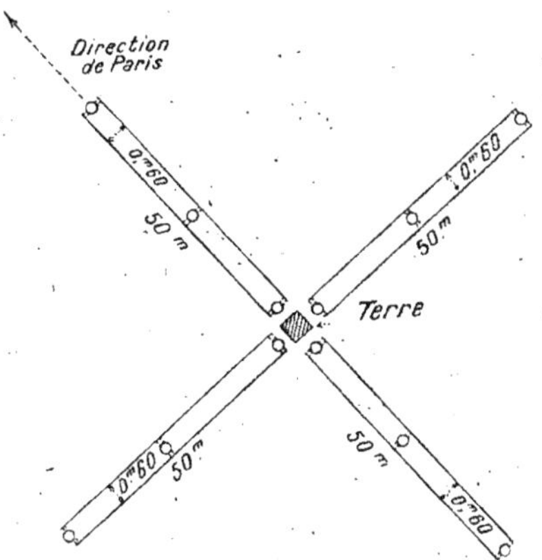

Fig. 1. — Disposition des antennes orthogonales.

En munissant nos branches d'antennes de deux fils parallèles écartés de o,6o m l'un de l'autre, nous mettions à profit un résultat d'expérience très net obtenu antérieurement dans des essais exécutés à 4oo km de Paris. Nous avions ainsi mis en évidence que, pour profiter intégralement de ces antennes horizontales, il fallait et il suffisait d'avoir soin d'associer toujours deux fils (*), dont les extrémités libres pouvaient indifféremment être connectées ou isolées.

Voici, d'ailleurs, les nombres que nous avons pu recueillir avec notre bobine transformatrice (**) dont l'inducteur est mobile par rapport à l'induit et qui permet ainsi de mesurer la puissance de captation en recherchant la limite de perception des sons dans les écouteurs, branchés aux bornes de l'induit, que l'on écarte graduellement de l'inducteur devant une règle graduée (*fig.* 2) :

	mm
Avec un seul fil de 5o m.	2o
Avec deux fils de 5o m à o,6o m.	68
Avec trois fils de 4o m à o,6o m.	69

Ces mesures mettent en évidence la proposition que nous indiquons ci-dessus.

(*) *Comptes rendus de l'Académie des Sciences*, séance du 21 octobre 1912.
(**) *Comptes rendus du Congrès de l'Avancement des Sciences de Nîmes* (Résumés, p. 84).

L'écart des deux fils a également peu d'importance à partir de 0,30 m :

$$
\begin{array}{lll}
\text{Deux fils de 50 à 0,20} & \dots\dots\dots\dots\dots & 60 \\
\text{» à 0,30} & \dots\dots\dots\dots\dots & 66 \\
\text{» à 0,40} & \dots\dots\dots\dots\dots & 68
\end{array}
$$

Quand on fait varier la hauteur du plan des fils au-dessus du sol, la puissance de réception baisse très lentement jusqu'à 0,10 m du sol envi-

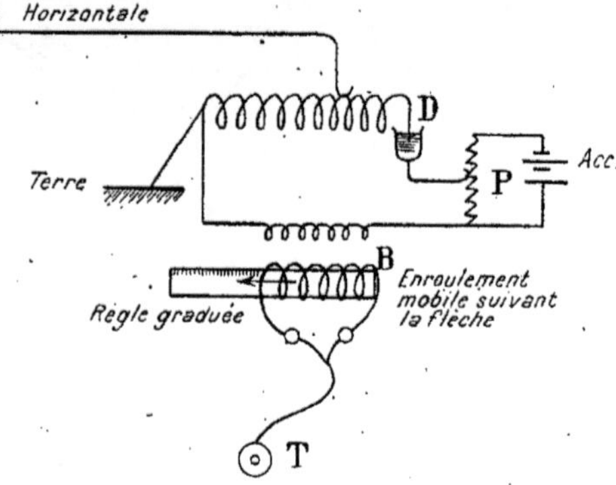

Fig. 2. — Disposition des mesures.
Acc, accumulateur double; P, potentiomètre; T, téléphones; D, détecteur;
B, bobine transformatrice avec induit mobile sur une règle graduée.

ron. A partir de ce moment le pouvoir captateur diminue rapidement et l'on observe alors une variation continue et notable du point de résonance qui met en évidence une diminution rapide de la longueur d'onde propre de l'antenne. Ces faits ressortent des nombres suivants :

$$
\begin{array}{lll}
1^{\circ}\ \text{Antenne de 50 à 1,50 du sol} & \dots\dots & 65 \\
\text{» à 1 »} & \dots\dots & 65 \\
\text{» à 0,50 »} & \dots\dots & 64 \\
\text{» à 0,25 »} & \dots\dots & 62 \\
\text{» à 0,10 »} & \dots\dots & 58 \\
\text{» à 0,5 »} & \dots\dots & 40
\end{array}
$$

	Résonance pour un déplacement du curseur de
2° Antenne à 1,50 du sol............	0,20
» à 0,25 »	0,23
» à 0,10 »	0,30

D'autre part, nous avons pu mettre en évidence quelques effets de direction :

	mm
Antenne, dirigée vers Paris.............	40
» perpendiculaire à Paris........	48
» direction inverse de Paris.....	60

En profitant d'une ligne téléphonique privée bifilaire de 250 m de long, nous avons pu nous rendre compte du rendement d'une telle antenne horizontale. Pour les grandes longueurs d'ondes, son rendement est excellent. Pour les petites longueurs d'ondes, nous avons reconnu que le point de résonance de réception était indépendant de la longueur d'ondes; il semble que l'antenne vibre alors avec sa période propre.

M. LE Dr STÉPHANE LEDUC,

Professeur à l'École de Médecine, Nantes.

EFFETS NOUVEAUX DE L'ÉLECTRICITÉ MANIFESTANT L'EXISTENCE DE FORCES RAYONNANTES AUTOUR DES COURANTS ÉLECTRIQUES.

538.12

26 *Mars.*

Dans mon Ouvrage (*) j'ai montré que probablement toutes les actions des courants électriques sur les suspensions vivantes, non vivantes, colloïdales, étudiées jusqu'ici, étaient des actions indirectes, s'exerçant par l'intermédiaire des changements de concentration. Aux électrodes, si l'on élimine l'influence de ces changements de concentration, les actions décrites sur les suspensions disparaissent.

Dans mes recherches sur ce sujet, j'ai découvert des actions mécaniques sur les suspensions qui ne peuvent être dues aux changements de concentration car elles se produisent avec les courants alternatifs, avec les courants des bobines d'induction, à de grandes distances des électrodes. Contrairement aux mouvements produits par les différences de concentration, ceux étudiés ici s'établissent et cessent instantanément avec l'établissement et la rupture du courant.

Deux électrodes métalliques, en rapport avec les deux pôles d'une bobine induite donnant 1 à 2 cm d'étincelle, sont plongées dans de l'eau distillée, à 10 ou 12 cm l'une de l'autre. Au milieu de la ligne joignant les deux électrodes on laisse tomber dans l'eau distillée une goutte d'encre de

---

(*) S. LEDUC, *Biologie synthétique*, Paris, librairie Poinat.

chine; dès qu'on anime la bobine, la goutte s'allonge dans le sens de la ligne polaire, si l'on arrête le courant, tout redevient immobile; un court passage du courant produit un mouvement brusque de la goutte, une secousse; par l'action prolongée du courant le diamètre de la goutte diminue à l'équateur et augmente dans le sens du courant jusqu'à unir les deux pôles. Le même phénomène s'observe dans une solution de formol. La figure donne des photographies du phénomène prises à différentes périodes.

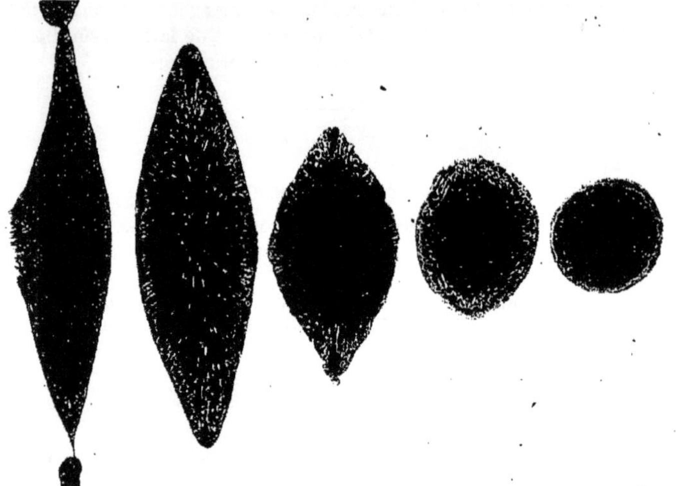

Fig. 1. — Photographies, prises à cinq périodes différentes, de l'action d'un courant alternatif sur une goutte d'encre de chine dans de l'eau distillée ou dans une solution d'aldéhyde formique.

Cette expérience a une certaine analogie avec celle par laquelle Faraday avait orienté, entre les deux pôles d'une machine statique, des cristaux de sels de quinine en suspension dans de l'essence de térébenthine. Toutefois les auteurs qui représentent l'expérience de Faraday dessinent des lignes allant d'un pôle à l'autre, tandis que dans mes expériences j'ai toujours observé que les lignes venant des pôles s'écartent à l'équateur, comme s'écartent les lignes de force de pôles de même signe qui se repoussent.

Lorsqu'on répète la même expérience en remplaçant l'eau distillée, ou la solution de formol, par une solution d'hydrate de chloral ou de glucose, le passage du courant imprime à la goutte d'encre de chine des modifications inverses des précédentes, le diamètre de la goutte se raccourcit dans la ligne polaire, s'allonge dans la direction perpendiculaire, et les particules d'encre de chine s'éloignent de part et d'autre de la ligne

polaire suivant des directions perpendiculaires à celles du courant jusqu'aux limites sensibles de son champ, révélant ainsi l'existence de
forces perpendiculaires aux courants électriques, forces insoupçonnées
jusqu'ici. Ces forces diffèrent des forces magnétiques en ce qu'elles sont
non pas d'orientation, mais de translation, elles s'exercent de part et

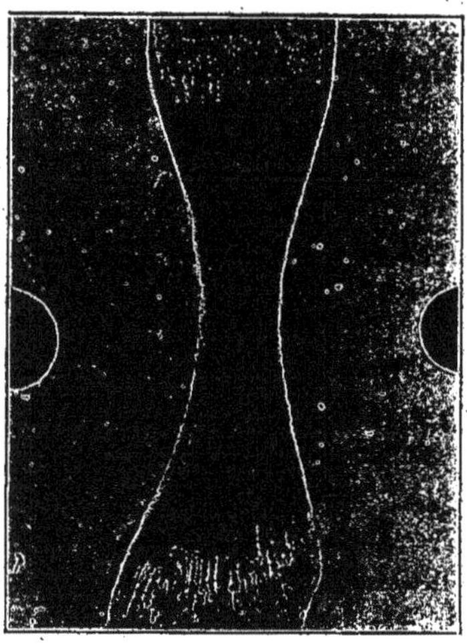

Fig. 2. — Photographie de l'action d'un
courant alternatif sur une goutte d'encre
de chine dans une solution d'hydrate de
chloral ou de glucose.

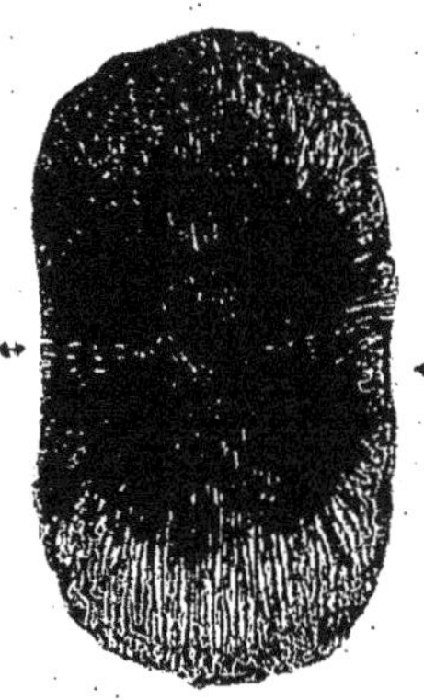

Fig. 3. — Photographie de
l'action d'un courant al-
ternatif sur une goutte
d'encre de chine dans une
solution d'hydrate de chloral ou de glucose au début
de l'action.

d'autre du courant dans deux sens opposés, leur direction n'est donc pas
circulaire, mais rayonnante, elles représentent, sur le trajet des courants
électriques, un rayonnement perpendiculaire à leurs axes. Elles se
manifestent avec les courants alternatifs qui seraient sans action sur un
pôle magnétique. La figure 2 est la photographie du phénomène produit
par un courant alternatif. La figure 96 de la *Biologie synthétique* est
la photographie du même phénomène produit par un courant continu.
La figure 3 est la photographie d'une goutte au début de l'action perpendiculaire.

M. C. COMBET,

Professeur au lycée Carnot, Tunis.

LA FONCTION LOGARITHMIQUE ET LES FONCTIONS SENSORIELLES.

612.821.81

26 Mars.

Les échelles proposées par les physiciens, pour le repérage des sensations, sont particulières à chaque sens : Longueurs d'onde, fréquence, température, poli.....

La fonction logarithmique est douée, pour cet objet, d'une grande généralité.

Acoustique. — Différence de deux sons.

L'intervalle de deux sons étant, par définition, le rapport de leurs fréquences respectives.

La différence élémentaire de deux sons, dont les fréquences égalent $n + \Delta n$ et n, sera

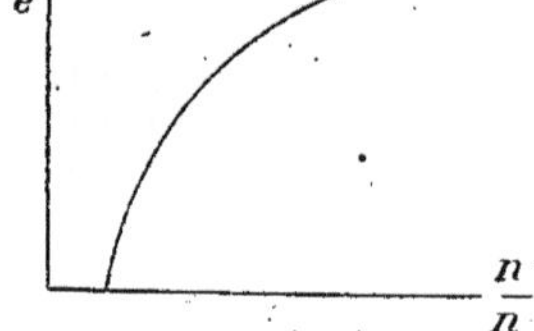

$$\frac{\Delta n}{n}; \qquad \text{celle du coma} : \frac{1}{80};$$

Car, pour l'unisson, la différence est nulle,

$$\frac{n'}{n} - 1; \qquad \text{différence} = 0$$

et pour

$$\frac{n + \Delta n}{n} = 1 + \frac{\Delta n}{n}; \qquad \text{différence} = \frac{\Delta n}{n}.$$

Il en résulte que la différence l entre deux sons donnés par les fréquences n' et n sera

$$l = \int_n^{n'} \frac{dn}{n} = l.\frac{n'}{n} = L\,n' - L\,n.$$

Le graphique correspondant, qui n'est autre que celui de la fonction logarithmique, peut être traduit : un chemin le long duquel une dénivellation n'est acquise qu'au prix d'un nombre de pas qui croît avec l'altitude.

Pour s'élever d'une octave vers le bas, il faut, par exemple, faire 100 pas : $\frac{200}{100}$ intervalle d'une octave.

Plus haut, une octave exige 1000 pas :

$$\frac{2000}{1000},$$

. . . . .

Optique. — *Les radiations tribulaires de l'éther sont mieux réparties par la fonction logarithmique que par tout autre (Guillaume).*

Les températures absolues se succèdent aussi comme les intervalles musicaux.

Puisque leurs intervalles correspondent aux rendements des moteurs parfaits, la différence de T''_1 à T''_2 sera égale à celle qui sépare T'_1 de T'_2, si

$$\frac{T_2 - T_1}{T_2} = \frac{T'_2 - T'_1}{T'_2}$$

ou

$$\frac{T_1}{T_2} = \frac{T'_1}{T'_2}.$$

Cette différence peut donc être définie par e,

$$e = L\frac{T'}{T}.$$

Toucher. — *Le degré de lisse, la rugosité d'une surface se reconnaît en y promenant la pulpe des doigts.*

Si n saillies égales et également fermes sont rencontrées, dans le même temps, pour deux surfaces, leur rugosité sera la même.

Une différence de rugosité, pour un déplacement constant de la pulpe des doigts, correspondra donc aussi à

$$e' = L\frac{n'}{n}.$$

Les *sensations kinesthésiques*, etc., fournies par les régions profondes de l'organisme, seraient du même ordre que les contractions musculaires.

Or, l'analogie est grande entre la courbe logarithmique et le graphique du tonus musculaire.

Le goût et l'odorat n'acceptent pas la représentation logarithmique.

Il n'y a pas de degré entre le salé, le sucré, les parfums et les pestilences.

Les saveurs et les odeurs résultent du contact de la matière avec les bourgeons du goût et les cellules olfactives.

Nous retrouvons ici la discrimination des éléments, des corps simples, qui constituent la matière, alors que les autres sens, ceux réputés nobles, reflètent, en quelque sorte, la continuité, le protéisme de l'Énergie.

M. Albert TURPAIN,

Professeur de Physique à la Faculté des Sciences, Poitiers.

LES SIGNAUX HERTZIENS DE L'HEURE. INSCRIPTION DIRECTE ET SANS CALCUL AU CENTIÈME DE SECONDE PRÈS.

52.97 : 634.25

24 Mars.

Les détecteurs ultra-sensibles, employés aujourd'hui en radiotélégraphie, mettent en jeu une énergie si faible qu'on ne peut songer à actionner à leur aide un relai pour l'inscription graphique des signaux hertziens.

Leur usage ne comporte donc que l'emploi du téléphone et, dès lors, pose à nouveau le problème de l'inscription des signaux, dont, par contre, ils ont accru à l'extrême la portée, laquelle atteint 6500 km.

En mai 1910, au début de l'émission des signaux hertziens de l'heure, alors que, pendant la période d'essai, ils furent envoyés à 8 h 30 m du soir (du 9 au 22 mai 1910) je pus les montrer à l'auditoire d'un cours public, en insérant dans le circuit du téléphone un galvanomètre Thomson, convenablement réglé, dont le spot lumineux se déplaçait suivant le rythme même des émissions.

Vers la même époque j'ai pu enregistrer par la photographie les signaux hertziens de la Tour. J'employais un dispositif que j'ai mis à nouveau en œuvre l'an dernier, pour étudier l'influence de l'éclipse de Soleil du 17 avril sur les transmissions hertziennes. Ce dispositif (voir *C. R. Ac. des Sc.*, 28 mai 1912) consiste à insérer dans le circuit récepteur d'un détecteur à cristaux un galvanomètre à cadre très sensible (type Chauvin-Arnoux : 1 division de l'échelle correspond à 0,002 $\mu\alpha$. Les mesures faites à l'aide de ce dispositif simultanément à Saumur, à Poitiers et à Saint-Benoît ont mis en évidence d'une manière incontestable l'influence très nette de l'éclipse. L'énergie des ondes reçues s'accroît de plus du double au passage du cône d'ombre. Ces résultats sont en concordance avec ceux des expériences allemandes également comparatives faites à Gratz et à Marbourg par MM. Takes et Vos.

On peut à l'aide de ce dispositif, inscrire des déplacements du spot lumineux, au moyen d'un enregistreur photographique.

Des graphiques ainsi obtenus sont joints à cette Communication (*fig. 1*). Les signaux de l'heure s'y trouvent inscrits par des déplacements du spot qui atteignent 8 et 10 cm. Toutefois j'ai abandonné ce procédé d'inscription qui présente les inconvénients inhérents à tout enregistrement photographique, et je me suis proposé d'inscrire les signaux de l'heure au moyen d'une plume d'enregistreur Richard. C'est, en partie, dans ce but que j'ai combiné un microampèremètre enregistreur de sensibilité telle qu'un courant de 0,25 $\mu\alpha$ produit un déplacement appréciable de la plume d'inscription.

En disposant en batterie, entre l'antenne et la terre cinq à six pointes électrolytiques, préalablement rendues, par un réglage des plus minutieux, aussi identiques que possible, et en insérant le microampèremètre enregistreur dans le circuit on peut obtenir des inscriptions des signaux de l'heure qui, regardés à la loupe, marquent une différentiation très nette des trois signaux de l'heure, 10 h 45 m, 10 h 47 m, 10 h 49 m et de leur signaux avancés avertisseurs. Ces inscriptions datent de décembre 1911.

En utilisant des détecteurs à cristaux, groupés de la même façon que

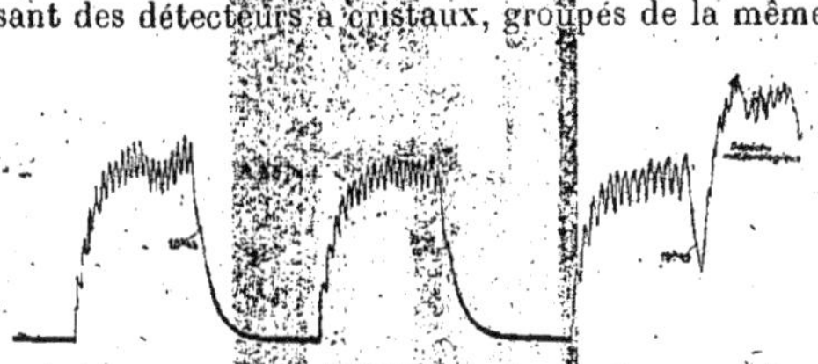

Fig. 1. — Inscription photographique des signaux de l'heure obtenue à Poitiers (300 km de la Tour Eiffel). Le cylindre inscripteur fait un tour en 6 minutes et demie. Les déplacements du spot atteignent 8 à 10 cm. Ces inscriptions remontent à décembre 1911.

les électrolytiques, j'ai pu obtenir au microampèremètre enregistreur des signaux de l'heure extrêmement nets, dont tous les détails sont alors visibles à l'œil nu. Au cours de ces expériences qui remontent à mai-juin 1912, j'ai pu obtenir à Poitiers, à 300 km de la Tour, des courants d'inscription voisins de 0,4 $\mu\alpha$.

Cependant j'acquis la conviction que j'atteignais à peu près ainsi la limite de ce que le microampèremètre enregistreur peut fournir. Je revins donc à l'enregistreur photographique en employant concurremment un galvanomètre à cadre et un galvanomètre à corde.

Dans une première série d'expériences je me suis proposé d'inscrire les signaux de l'heure au $\frac{1}{5}$ de seconde près. C'est tout ce que l'on peut espérer obtenir puisque le signal de l'heure présente lui-même cette durée. Il s'agissait d'autre part de comparer à l'heure reçue, celle d'un chronomètre muni ou non d'un contact électrique (chronomètre-chronographe de Fénon). Les secondes du chronomètre sont inscrites au moyen d'un milliampèremètre enregistreur inséré dans un circuit que ferme les battements du chronomètre. L'aiguille du milliampèremètre porte à l'extrémité, au lieu de plume, une lampe électrique minuscule (lampe d'épingle de cravate, 2 volts) enserrée dans un léger fourreau d'aluminium qui retient également un fragment de tube de verre (diam. 9 mm) jouant le rôle de lentille. La lumière se trouve ainsi concentrée sur le papier de l'inscripteur photographique qui se déroule abrité par un cylindre opaque, à quelques millimètres de l'aiguille. Une fente laisse pénétrer le faisceau de lumière inscrivant les secondes du chronomètre. L'aiguille du milliampèremètre, munie de la source lumineuse qu'elle porte, se déplace sans frotter, à 1 ou 2 mm à peine de la fente. Parallèlement, le spot lumineux du

galvanomètre à cadre ou du galvanomètre à corde inscrit les signaux de l'heure,
signaux avancés et tops (*fig.* 2).

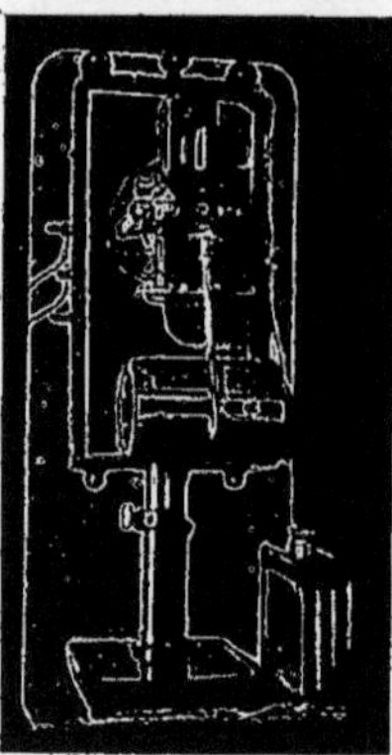

Fig. 2. — Vue de l'appareil qui a servi à obtenir le graphique de la figure 3. Un
milliampèremètre à aiguille lumineuse est formé d'un levier d'aluminium, dont l'extrémité porte la double cellule d'aluminium, contenant une minuscule lampe à incandescence (que le petit accumulateur de droite entretient) et une lentille cylindrique
formée d'un fragment d'agitateur en verre (diamètre : 9 mm; longueur : 5 mm). Un
enregistreur photographique permet l'inscription simultanée des secondes d'un
chronomètre, par l'aiguille lumineuse et des signaux de l'heure par le déplacement
du spot lumineux d'un galvanomètre sensible qui, au repos, se forme en α.

Comme le montrent les graphiques ainsi obtenus et joints à cette Communication (*fig.* 3 et 4) on inscrit l'heure de la Tour et l'on y compare le chronomètre,

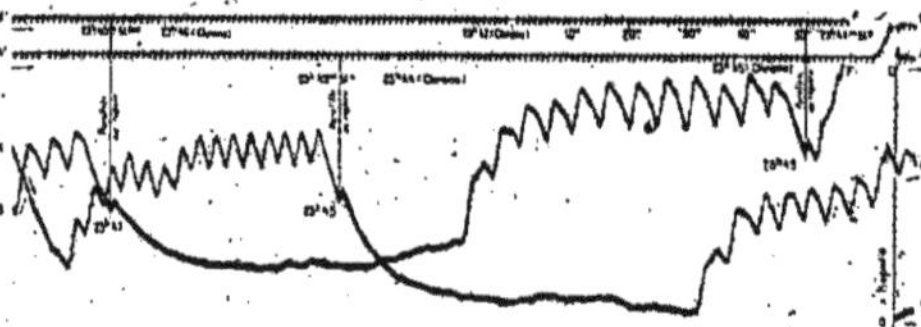

Fig. 3. — Comparaison de l'heure d'un chronomètre-chronographe de Fénon aux
signaux de l'heure envoyés par la Tour Eiffel. Inscriptions faites à Poitiers à
300 km de la Tour. Le cylindre inscripteur fait un tour en 154 secondes. Tracé des
signaux de l'heure : O A A B B F. Tracé des secondes successives du chronomètre :
O' A' B' B' F'. Un peu avant 23 h 47 on a brusquement déplacé le cylindre inscripteur
suivant son axe pour permettre l'inscription, sans confusion, des trois signaux de
l'heure. Entre 23 h 49 m et F s'aperçoit le début de la dépêche relative aux centièmes
de seconde des tops radiotélégraphiques de 23 h 30. A $\frac{1}{4}$ de seconde près le chronomètre étudié retarde de 1 m 9 s.

situé à 300 km de Paris, avec une précision du $\frac{1}{4}$ de seconde. Le cylindre de
l'inscripteur photographique fait son tour en 104 secondes ou en 154 secondes.
La seconde s'inscrit par 2 mm. On pourrait en décuplant la vitesse chercher

une précision plus grande. Ce serait illusoire, le signal de l'heure ayant lui-même
une durée de $\frac{1}{5}$ de seconde.

Dans une seconde série d'expériences je me suis proposé de faire servir les
180 tops radiotélégraphiques envoyés chaque nuit, vers 23 h 30 m par la Tour
avec un intervalle de 1-$\frac{1}{50}$ de seconde, à la comparaison de l'heure du chronomètre à celle envoyée au $\frac{1}{100}$ de seconde près.

La méthode des coïncidences qui permet de déduire cette détermination
de l'audition simultanée des tops radiotélégraphiques et des battements du
chronomètre à comparer réalise, à vrai dire, une sorte de vernier du temps,
vernier pour les secondes. L'application du dispositif, que je viens de décrire, à

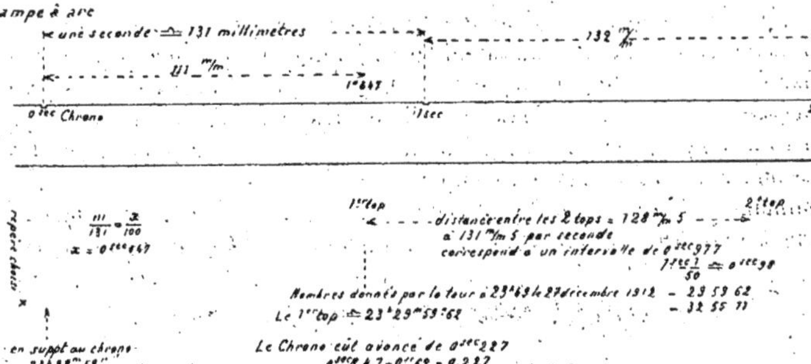

Fig. 4. — Graphique d'inscription et de comparaison de l'heure d'un garde-temps
à $\frac{1}{100}$ de seconde près. Les battements du garde-temps enregistrés se placent, par
rapport au 1er top radiotélégraphique envoyé-par l'Observatoire le 27 décembre
1912, de telle sorte qu'on en déduit une avance pour le garde-temps de 0,227 s.
Le contrôle montre que la précision atteint 0,003 s, différence entre 0,98 s et
0,977 s.

l'inscription des 180 tops radiotélégraphiques permet de traduire par l'inscription photographique ce vernier pour les secondes en un véritable vernier des
longueurs. Que l'on compare l'inscription des 180 tops à l'inscription parallèle
des secondes du chronomètre et les coïncidences se trouveront marquées
comme lorsqu'on regarde une règle divisée et la position de son vernier. Sans
s'astreindre à la détermination de la coïncidence auditive, forcément fugace
et qui ne laisse pas de trace, on pourrait donc appliquer la méthode actuellement en usage et pour laquelle se fait chaque nuit l'envoi des 180 tops, en
lisant à loisir le graphique photographique formant vernier. Mais cette opération n'est même pas nécessaire. L'observatoire transmet, chaque nuit, après
les signaux de l'heure, les heures corrigées du 1er et du 180e tops, cela au $\frac{1}{100}$ de
seconde près. Il suffit, dès lors, d'inscrire parallèlement le 1er top et la seconde
au cours de laquelle il se trouve envoyé. Si l'inscription photographique à lieu
à une vitesse suffisante (l'emploi de film de cinématographe ou de pellicule
Kodak permet de défiler 1 dm à la seconde) on peut situer le top dans la
seconde à 1 mm près, c'est-à-dire à $\frac{1}{100}$ de seconde près. Une vérification immédiate s'obtient, d'ailleurs, en inscrivant le 180e top et la seconde du chronomètre au cours de laquelle il se produit. Si l'on utilise une bande assez longue

pour inscrire les 180 tops radiotélégraphiques parallèlement aux secondes du chronomètre, on possède un autre contrôle en calculant, par le relevé des coïncidences inscrites graphiquement, les heures des 1er et 180e tops.

La figure 4 représente un graphique obtenu dans ces conditions. Le cylindre d'inscription photographique déroulait 130 mm environ à la seconde. On a pu y inscrire trois battements du chronomètre garde-temps au voisinage immédiat de l'émission du 1er top radiotélégraphique de 23 h 30 m. En se servant des indications fournies par l'Observatoire le même jour (27 décembre 1912) concernant l'heure exacte du 1er top au $\frac{1}{100}$ de seconde près, on a pu en déduire que le garde temps avançait de 0,227 s.

Toutefois, une grave critique pourrait être faite à la méthode mise en pratique d'une manière aussi simpliste, savoir le temps perdu employé par l'aiguille du milliampèremètre portant la source lumineuse pour se mettre en mouvement. Mais il suffit évidemment d'égaliser les temps perdus des organes d'inscription des tops radiotélégraphiques et des secondes du chronomètre à comparer. On y parvient en supprimant, le milliampèremètre et utilisant pour l'inscription deux galvanomètres identiques soit à cadre, soit mieux à corde. Le galvanomètre chargé

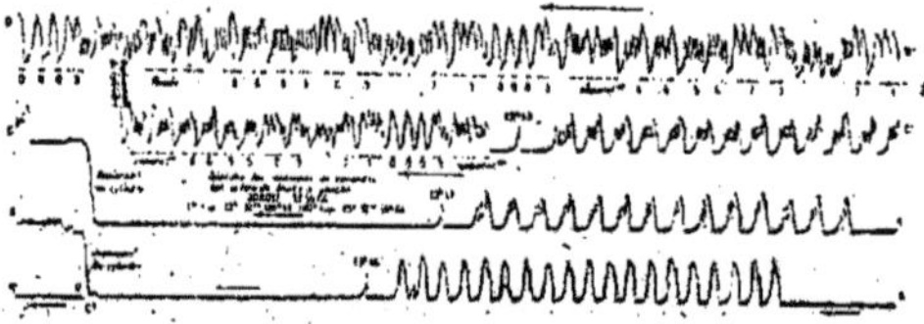

Fig. 5. — Radiogramme reçu à Poitiers le 10 mars 1913 de 23 h 43 m 30 s à 23 h 52 m 10 s.

d'inscrire les secondes est actionné non par le contact même du chronomètre, mais, à la manière classique pour les inscriptions brèves, savoir par condensateur chargé que chaque seconde décharge dans le galvanomètre. Ce procédé s'applique au moyen d'un microphone dans le cas d'un chronomètre non muni de contacts.

On peut, d'ailleurs, faire servir le même galvanomètre à l'inscription et des signaux de l'heure (tops radiotélégraphiques) et des secondes du chronomètre à comparer. Il suffit, pour distinguer les deux sortes d'inscription de connecter les circuits de telle sorte que les tops provoquent une déviation à gauche et les secondes une déviation à droite. Avec un chronomètre à contact un procédé commode consiste à insérer dans le circuit du galvanomètre quelques spires de fil enroulées parallèlement à celles de la self-induction de réglage connectée à l'antenne. Les tops agissent directement sur le détecteur, les secondes indirectement par induction au moyen du petit transformateur dont le circuit du chronomètre contient le primaire.

Ce sont des inscriptions ainsi obtenues (fig. 5 et 6), mais par les moyens de fortune auxquels les provinciaux éloignés des si nombreuses ressources de la Capitale sont forcés de recourir, que je joins à cette Communication.

Les résultats auxquels m'a conduit la méthode que je viens d'exposer

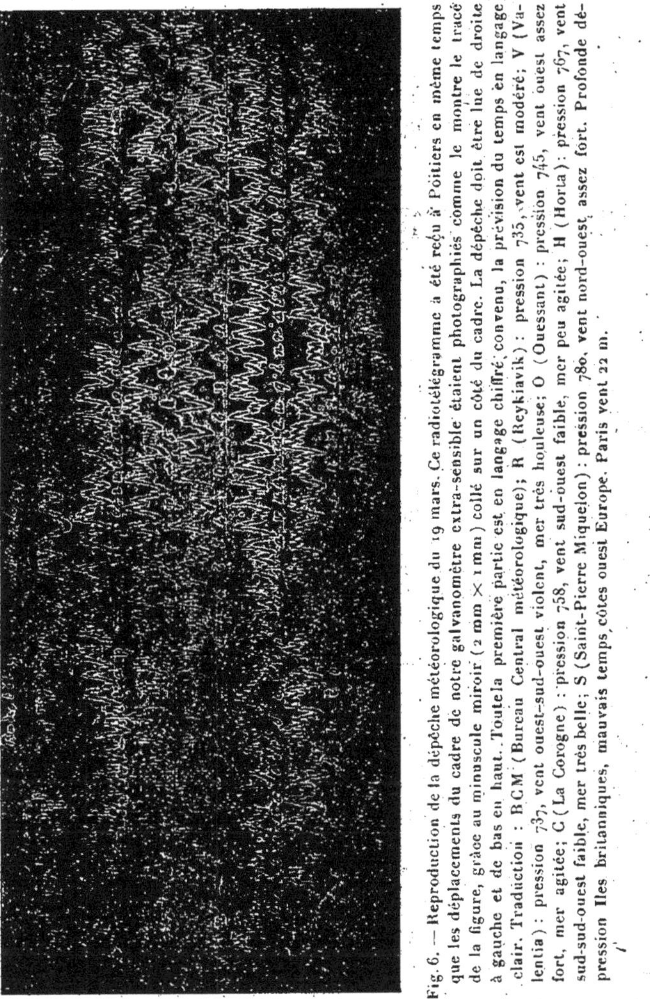

Fig. 6. — Reproduction de la dépêche météorologique du 19 mars. Ce radiotélégramme a été reçu à Poitiers en même temps que les déplacements du cadre de notre galvanomètre extra-sensible étaient photographiés comme le montre le tracé de la figure, grâce au minuscule miroir (2 mm × 1 mn) collé sur un côté du cadre. La dépêche doit être lue de droite à gauche et de bas en haut. Toute la première partie est en langage chiffré convenu, la prévision du temps en langage clair. Traduction : BCM (Bureau Central météorologique); R (Reykiavik) : pression 735, vent est modéré; V (Valentia) : pression 737, vent ouest-sud-ouest violent, mer très houleuse; O (Ouessant) : pression 745, vent ouest assez fort, mer agitée; C (La Corogne) : pression 758, vent sud-ouest faible, mer peu agitée; H (Horta) : pression 767, vent sud-sud-ouest faible, mer très belle; S (Saint-Pierre Miquelon) : pression 780, vent nord-ouest, assez fort. Profonde dépression Iles britanniques, mauvais temps, côtes ouest Europe. Paris vent 22 m.

m'ont semblé assez nets pour faire construire, avec tout le fini que comporte l'horlogerie, deux types d'appareils inscripteurs de l'heure, l'un au $\frac{1}{5}$ de seconde, destiné à la comparaison d'un chronomètre aux signaux de l'heure, l'autre, au $\frac{1}{100}$ de seconde, destiné à inscrire le 1er ou le 180e top radiotélégraphique émis vers 23 h 30 m et à le situer dans la seconde du chronomètre à comparer au $\frac{1}{100}$ de seconde près. J'espère, d'ici peu, pouvoir présenter ces deux types d'instruments.

M. Albert TURPAIN.

L'INSCRIPTION DES SIGNAUX HORAIRES ET DES TÉLÉGRAMMES HERTZIENS A L'AIDE D'UN APPAREIL MORSE.

52.97 : 654.25

24 *Mars.*

Continuant les recherches que je poursuis depuis 2 ans sur l'inscription des signaux hertziens, j'ai réalisé deux types de galvanomètres très sensibles.

L'un me sert à inscrire photographiquement les transmisions hertziennes et à comparer, au $\frac{1}{100}$ de seconde près, l'heure d'un chronomètre à la manière que j'ai indiquée dans une Communication précédente; c'est un galvanomètre à corde qui rappelle les dispositifs d'Einthoven et d'Edelmann.

L'autre est un galvanomètre à cadre qui permet de mettre en mouvement un appareil Morse ordinaire. Je donnerai concernant ces appareils quelques indications succinctes.

Galvanomètre à corde. — Le fil tendu dans un champ magnétique est du fil de 2 μ de diamètre, fil à la Wollaston, débarrassé de la couche d'argent sur une longueur de 5 à 6 cm environ. Le fil est tendu dans le champ magnétique d'un puissant électro Weiss muni de pièces polaires coniques, qui, rapprochées à $\frac{1}{2}$ mm ou même $\frac{1}{3}$ de millimètre, réalise un champ de 32 000 gauss environ. J'ai également utilisé du fil de verre argenté de 2,5 μ de diamètre. Le galvanomètre décèle un courant de 10^{-12} ampères, soit 1 millionième de microampère.

Galvanomètres à cadres. — Les galvanomètres à cadres que j'ai employé sont construits avec du fil de cuivre de $\frac{3}{100}$ de millimètre de diamètre. Le fil du cadre est enroulé sans support. A cet effet l'enroulement est réalisé sur un mandrin de bois recouvert d'une bande de papier formant quelques couches. Une dernière couche est faite de papier pelure. On enroule alors le fil par spires contiguës et chaque couche de fil est agglomérée par du vernis à la gomme laque. Le cadre achevé, l'enroulement muni du papier pelure est retiré du mandrin. A l'aide d'un pinceau

légèrement imbibé d'alcool, on détache avec précaution la feuille de
papier pelure et l'on obtient le cadre sans support, dont au besoin on rectifie
la forme en le laissant séjourner 24 ou 48 h entre deux plaques de verre.
Le cadre est alors fretté à chaque coin au moyen d'un fil d'aluminium
de $\frac{3}{100}$ de millimètre de diamètre; chaque frette présente une boucle.
Les boucles, dont se trouvent ainsi munis les coins du cadre, serviront
à le suspendre par un bifilaire de cocon. Enfin, le cadre est muni sur
un côté d'un miroir d'oscillographe (2 mm × 1 mm) qui permettra de
l'employer pour l'inscription photographique.

Voici quelques données relatives aux dimensions des cadres réalisés,
avec du fil de $\frac{3}{100}$ de millimètre de diamètre.

Cadres.	Dimensions intérieures.	Épaisseur du cadre.	Nombre de tours.	Poids.	Résistance.
	mm	mm	mm	g	ω
A..	23 × 16	2	1550	2,7	862
B..	38 × 36	2,5	2500	5	7000
C..	72 × 11 (fil de $\frac{5}{100}$)	1,2	240 (12 c. de 20 t.)	1,5	350
D..	72 × 11	2,5	400 (20 c. de 20 t.)		1322
E..	72 × 11	5	1200 (30 c. de 40 t.)	3	3875

Grâce à l'emploi du fil de $\frac{3}{100}$ les cadres D et E, bien qu'ils présentent
jusqu'à 1200 tours de fils, peuvent être utilisés dans un champ magnétique dont l'entrefer ne dépasse pas 2,5 mm à 3,5 mm. On réalise ainsi
20 000 gauss.

En suspendant le cadre par un bifilaire de cocon de 7 cm ou de 11 cm
de hauteur, haubanné à mi-hauteur par deux cocons horizontaux à tension
réglable, on règle aisément le couple de torsion. On réalise alors, des dispositifs très sensibles et revenant rapidement au zéro, qui peuvent déceler
des courants de l'ordre de $\frac{1}{100}$ de microampère. Le cadre porte un index
de 1 cm seulement de largeur qui agit par un cocon sur un très léger
petit levier d'aluminium, lequel accroît dans la proportion de $\frac{1}{10}$ les déplacements du cadre.

Ce levier d'aluminium agit par ces déplacements sur un relai très sensible (relais Claude ou Ducousso sensibles à des courants de 50 $\mu\alpha$). Ce relai
permet d'actionner un Morse. On peut donc, grâce à l'équipage du cadre,
mettre en œuvre, par les signaux hertziens, un appareil Morse ordinaire.
On réalise ainsi une méthode utilisant deux relais de sensibilités diffé-
rentes-disposés, en cascade, un relai du type que je viens de décrire
actionnant un relai Siemens ou Claude qui, à son tour, actionne le Morse.

Des inscriptions photographiques ont été ainsi obtenues à Poitiers
(300 km de la Tour Eiffel) les 8 et 10 mars 1913, de 23 h 43 m 30 s
à 23 h 52 m 10 s. Les graphiques doivent être lus de droite à gauche.
Le cylindre inscripteur photographique a été déplacé trois fois, le tour
s'achevant en 130 secondes. On trouve très nettement inscrits et
dissociés : les signaux avancés de 23 h 45, 23 h 47 et 23 h 49, et les tops

de ces signaux horaires. Les —, — - -, — - - - -, qui constituent ces
signaux avancés, sont très distincts. On voit même que le 10 mars, l'astronome de l'Observatoire envoya par mégarde un point entre l'avant
dernier et le dernier trait du signal avancé de 23 h 45. J'ai très nettement perçu ce point, étant attentif au téléphone à ce moment afin de
relever à la seconde près l'état du chronomètre. Après les signaux horaires

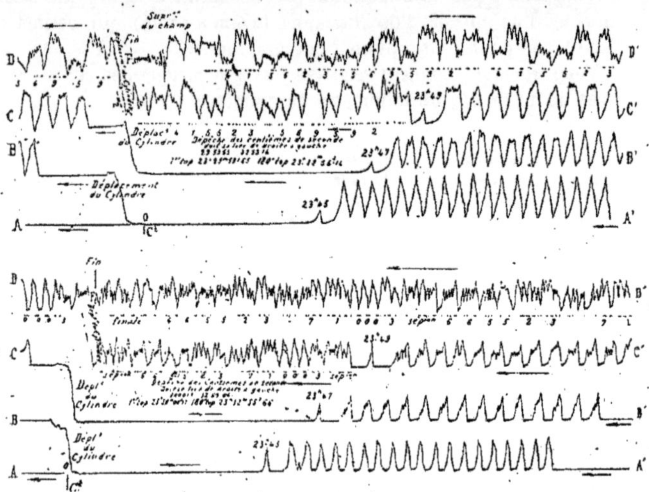

se lit la dépêche chiffrée relative aux centièmes de seconde qui donne,
à cette approximation près, l'heure du 1er et du 180e des 180 tops qui
avaient été envoyés vers 23 h 30 m. Cette inscription est également des
plus distinctes. Les deux groupes du 10 mars, 30 00 17.32 55 66 qui signifient : heure du 1er top : 23 h 30 m 00,17 s ; heure de 180e top : 23 h 32 m 55,66 s
ont été transmis trois fois. Comme toute l'inscription, cette dépêche doit
être lue de droite à gauche. Les quelques irrégularités qu'elle présente
doivent être attribuées à l'imperfection du mouvement d'horlogerie du
cylindre inscripteur, qui avance parfois par saccades, comme le montrent
es traces laissées par les minutes de silence.

En même temps que cette inscription était relevée photographiquement, un appareil Morse ordinaire se trouvait actionné par la méthode
des deux relais en cascade, que j'ai préconisée.

M. Albert TURPAIN.

RELAIS EXTRA-SENSIBLES POUR TÉLÉGRAPHIE SANS FIL.

654.25 (078)

24 *Mars.*

Au début de la télégraphie sans fil l'enregistrement des émissions reçues au cohéreur fut réalisé au moyen d'un relai sensible qui actionnait à cet effet la palette d'un appareil Morse. La portée des transmissions n'excédait guère dans la pratique 100 km.

Avec les détecteurs extra-sensibles, qui se jouent de portée de plusieurs milliers de kilomètres, la réception n'est actuellement encore pratiquement possible qu'au téléphone. Depuis 1910, j'ai cherché à réaliser l'enregistrement des signaux hertziens de longue portée. Les premiers résultats de mes expériences ont eu pour but l'enregistrement des signaux de l'heure. A cet effet j'ai successivement combiné un dispositif d'enregistrement photographique puis un microampèremètre enregistreur (voir *Congrès de Nîmes*, 1912; *Société de Physique*, 2 juin 1911; *Journal de Physique*, décembre 1911). Je viens de réaliser enfin des types de relais extra-sensibles qui laissent espérer leur usage pratique en télégraphie hertzienne.

Pour un bon fonctionnement pratique un relai doit présenter les qualités suivantes : 1° contact sûr; 2° grande sensibilité. Les relais les plus sensibles et de contact bien sûr réalisés jusqu'à ce jour sont : le relai Baudot qui fonctionne encore avec 1 milliampère, soit 1000 microampères, le relai Ducousso qui atteint 500 microampères, le relai Claude qui donne encore des contacts sûrs avec 30 et 40 microampères, le relai Siemens qui sous une résistance de 10 000 ohms permet un contact sûr avec un courant de 20 microampères.

Les intensités des courants reçus dans les meilleures détecteurs à cristaux n'excèdent pas, pour les réceptions à longue portée une fraction de microampère, parfois $\frac{1}{10}$ et même $\frac{1}{100}$ de [microampère. En partant des deux types de galvanomètres, décrits dans une précédente Communication, j'ai pu réaliser deux types de relais extra-sensibles qui présentent une sensibilité de l'ordre du $\frac{1}{100}$ de microampère.

Relais à cadre. — Le dispositif de contact est réalisé ainsi qu'il suit : Un petit index d'aluminium de 1 cm de long est fixé à l'un des coins du cadre. A cet index est attaché un cocon qui, au moment du déplacement tire sur la petite branche d'un minuscule levier d'aluminium de 10 à 15 mm de longueur. Ce levier ne pèse pas 3 cg (0,026 gr). Il est fixé de

manière à accroître dans la proportion de 1 à 10 les déplacements
du cadre. La partie inférieure de ce levier porte une boucle de fil d'argent
de $\frac{2}{100}$ de millimètre de diamètre qui vient, au moment du déplacement, toucher une boucle identique portée par une vis de réglage. Grâce
au diamètre extrêmement réduit de ces fils d'argent, le contact est assez
sûr pour permettre le passage d'un courant de l'ordre de 10 à 20 microampères, courant qui suffit à l'entretien d'un relai du type Siemens
ou Claude. En effet, des boucles de fil d'argent de $\frac{2}{100}$ de millimètre de
diamètre sont suffisamment souples pour être amenées au contact sûr
par l'énergie extrêmement faible des impulsions données par le cadre
au levier d'aluminium.

On peut encore mieux obtenir le fonctionnement du relai en utilisant
le faux contact du cadre. Le courant local est fermé d'une façon constante. La réception des ondes, en déplaçant le cadre mobile, accroît très
nettement la résistance du contact. Le courant local cesse alors de passer.
On obtient sur la bande Morse l'inscription des télégrammes par les.
manques d'impression du levier qui au repos trace sur la bande un trait
continu.

Un appareil Morse peut donc fonctionner sous l'influence des ondes
hertziennes à longue portée, au moyen de deux relais de sensibilité différentes disposés en cascade. Un relai du type que je viens de décrire actionnant un relai Siemens ou Claude qui, à son tour, actionne le Morse..

Relai à corde. — Le galvanomètre à corde m'a permis de réaliser un
dispositif de relais de construction plus aisée et au moins aussi sensible,
sinon plus sensible. Pour atteindre des sensibilités de l'ordre de 10^{-12}
ampères l'entrefer à réaliser ne doit pas dépasser 0,5 mm (32000 gauss).
On peut toutefois faire pénétrer dans cet entrefer une très mince petite
pince faite de deux fils d'argent de 1 à $\frac{2}{10}$ de millimètre de diamètre et
réunis à leurs extrémités par un pont métallique constitué par un fil
identique à celui qui forme la corde du galvanomètre.

Cette petite pince amenée par une vis micrométrique de réglage dans
l'entrefer, sur le pourtour du champ, au voisinage de la corde du galvanomètre, permet d'obtenir un contact au moment du déplacement de
la corde.

A la vérité avec des cordes de 2 μ de diamètre le contact est un peu
précaire, mais en utilisant des cordes de 5 μ et 10 μ de diamètre qui réalisent
encore avec le champ de 32 000 gauss des sensibilités de 10^{-8} et 10^{-9} ampère on obtient un relai très sensible et de contact sûr pour fermer des
courants de l'ordre de 10 à 20 microampères.

Comme le précédent, ce relai permet la réception au Morse, par la méthode des relais de sensibilités décroissantes disposés en cascade.

Je poursuis, à l'heure actuelle, au moyen de ces relais la construction
de dispositifs pratiques qui permettent de remettre automatiquement
à l'heure une pendule donnée au moyen des signaux horaires de la Tour

Eiffel. Les organes de la pendule déterminent automatiquement la mise
en relation des dispositifs avec l'antenne seulement au moment de l'envoi
du signal 10 h 45 m.

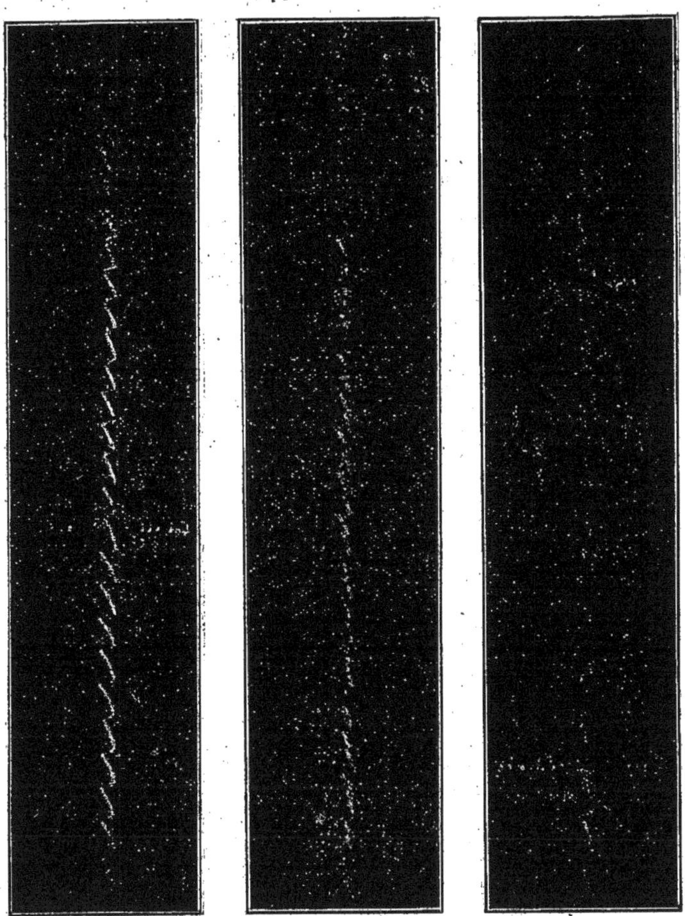

C'est avec un de ces galvanomètres à cadre à relai que j'ai obtenu sur
un film Kodak l'inscription simultanée des tops radiotélégraphiques
de 23 h 30 m et des secondes d'un chronomètre. On voit nettement sur le
film le chevauchement des tops émis par la Tour tous les $(1-\frac{1}{30})$ de
seconde et des secondes du chronomètre. De même que les 60ᵉ et 120ᵉ tops
des 180 tops émis par la Tour sont omis pour repérage, le 60ᵉ battement

de chaque minute du chronomètre ne produit pas de contact. Le film montre très nettement le chevauchement des tops et des secondes, leur coïncidence, leur désaccord puis une nouvelle coïncidence. On y relève encore l'absence des 60e seconde et 6oe top. Au moyen de ce film on peut donc situer l'état du chronomètre étudié au $\frac{1}{100}$ de seconde près par la méthode indiquée dans une Communication précédente.

M. Albert Turpain.

INFLUENCE DE L'ÉCLIPSE DU SOLEIL DU 17 AVRIL 1912 SUR LA PROPAGATION DES ONDES ÉLECTRIQUES.

537.531 + 52.378

24 Mars.

L'éclipse de Soleil du 17 avril m'a permis de faire une série de mesures quantitatives touchant l'influence de la lumière sur la propagation des ondes électriques. La Tour Eiffel effectua le jour de l'éclipse des émissions d'ondes électriques destinées à permettre cette étude. Ces émissions ont été faites pendant une période préparatoire destinée aux essais des méthodes, du 25 mars au 3 avril.

Les émissions d'ondes du jeudi 4 avril (émission de 10 secondes de durée toutes les 10 secondes) furent faites pendant 2 minutes toutes les 2 heures de 6 h du matin à minuit. Des émissions semblables ont été envoyées par la Tour les 16 et 18 avril, veille et lendemain de l'éclipse, à 10 h 40 m du matin et le jour de l'éclipse.

(17 avril de 8 h 40 m à 10 h 40 m du matin aux heures suivantes : 8 h 40 m, 10 h 40 m, 11 h, 11 h 15 m, 11 h 30 m, 11 h 45 m, 11 h 50 m, 11 h 55 m, 12 h, 12 h 05 m, 12 h 10 m, 12 h 15 m, 12 h 20 m, 12 h 25 m, 12 h 30 m, 12 h 35 m, 12 h 40 m, 13 h, 13 h 15 m, 13 h 30 m, 13 h 45 m, 14 h et 14 h 40 m.

Ces émissions, qui ont servi aux mesures le jour de l'éclipse furent effectuées également par envoi d'ondes pendant 10 secondes suivies de 10 secondes de repos, cela pendant 2 minutes.

Particulièrement bien outillé pour la mesure des réceptions d'ondes électriques et habitué dès longtemps à ces mesures, puisque je fus un des premiers à répéter en France les expériences de Hertz, et que naguère j'ai effectué les premiers essais de télégraphie sans fil (octobre à décembre 1894 : réception au téléphone d'ondes électriques rythmées, envoyées à travers quatre murs à 25 m de distance dans les caves de la Faculté des Sciences de Bordeaux), je décidai de mettre à profit la proximité de mon laboratoire et de la bande probable de totalité de l'éclipse pour effectuer

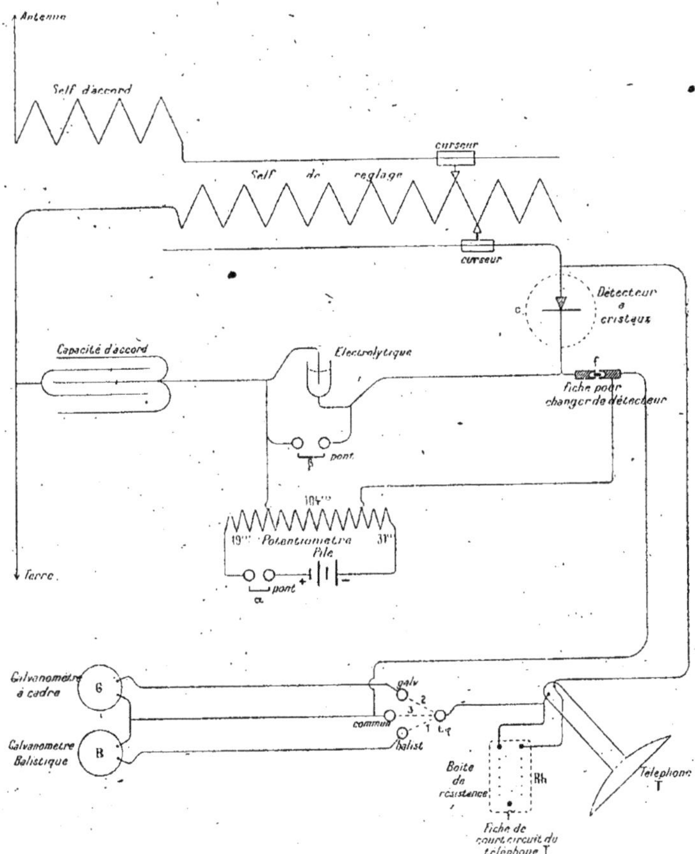

Fig. 1. — Schéma du dispositif d'étude de l'influence de la lumière sur la propagation des ondes électriques (Saumur, Saint-Benoît, Poitiers). Passage du cristal à l'électrolytique : court-circuiter le cristal par le couvercle c. Enlever f; enlever le pont β; établir le pont α. Faire les opérations en sens inverse pour reprendre le cristal. La fiche f' étant enlevée et le pont de $t\varphi$ étant $\left\{ \begin{array}{l} \text{en } 1 \\ \text{en } 2 \end{array} \right\}$ la réception des ondes écoutée au téléphone T fait dévier le galvanomètre $\left\{ \begin{array}{l} \text{balistique (B)} \\ \text{à cadre (G)} \end{array} \right\}$. Le même pont, mis en 3, supprime les galvanomètres et permet d'appliquer la méthode du téléphone shunté.

tout un ensemble de mesures.

Ce sont ces mesures que la présente Note résume.

Les postes de réception furent :

1° Mauroc (Université de Poitiers), à Saint-Benoît (Vienne) où j'ai installé, depuis près de 2 ans, une antenne de 22 m de hauteur et de 148,50 m de longueur, qui sert aux observations, à l'enregistrement et à la prévision des orages.

2° Poitiers (Faculté des Sciences) où, depuis 1907, j'ai disposé une antenne de 23,50 m de hauteur et de 120 m de longueur.

3° Enfin Saumur (Maine-et-Loire) où, grâce à l'aimable acceuil que j'ai reçu de M. le Dr Peton, maire, j'ai pu installer au château une antenne de fortune mesurant 27,50 m de hauteur et 90 m de longueur.

Chacun de ces trois postes a été muni d'un dispositif, dont le schéma est donné par la figure 1, et qui permet aisément, par la seule manœuvre des ponts α et β, de substituer en un instant à la réception faite au moyen d'un détecteur d'ondes électriques à cristal (fragments de galène sur la surface duquel appuie un mince fil de platine), la réception faite au moyen d'un détecteur électrolytique d'ondes électriques. En employant le détecteur à cristal, on pouvait également, en moins d'une seconde, par la manœuvre d'un pont placé en $t\,\varphi$, soit en **1**, soit en **2**, soit en **3**, intercaler dans le circuit du récepteur téléphonique, dont est muni tout dispositif de ce genre, soit un galvanomètre balistique (pont **1**), soit un galvanomètre ordinaire extra-sensible (pont **2**), soit, enfin, shunter le dit téléphone par une boîte de résistance R h.

On pouvait donc aisément mesurer l'énergie reçue par le poste, soit en employant la méthode du téléphone shunté, avec le détecteur d'ondes à cristal, ou bien avec le détecteur électrolytique, soit en relevant les impulsions données à l'aiguille du galvanomètre ordinaire (G) ou balistique (B), en même temps qu'on écoutait au téléphone les émissions dont l'arrivée déviait l'équipage galvanométrique. Cette précaution fut très utile. Elle permit, en effet, de faire aisément et à coup sûr le départ entre les impulsions reçues par les galvanomètres et qui devaient être attribuées à l'énergie venant seulement de la Tour Eiffel et les impulsions qui, simultanément reçues par l'antenne, provenaient de nuages voisins.

Au cours des mesures définitives, la méthode du téléphone shunté fut définitivement écartée comme n'étant pas suffisamment précise et comme n'offrant pas de sécurité. Il nous parut impossible, à mes collaborateurs et à moi-même, de déterminer avec exactitude les conditions pour lesquelles l'oreille cesse d'entendre les émissions.

Les courbes des figures 2 et 3 résument les mesures faites à Saint-Benoît, à Poitiers et à Saumur lors de l'éclipse.

La figure 2 est une courbe résumant les mesures qui furent faites à Poitiers le jeudi 4 avril 1912, de 6 h du matin à minuit. La courbe en traits continus se rapporte aux élongations du galvanomètre ordinaire (g). Ces élongations étant pour chaque époque celle due à la première émission de 10 secondes faite au cours des 2 minutes, l'équipage

galvanométrique partant du zéro. La courbe en traits discontinus se
rapporte aux élongations du galvanomètre balistique (B), ces élongations étant pour chaque époque celle due à la dernière émission de 10 se-

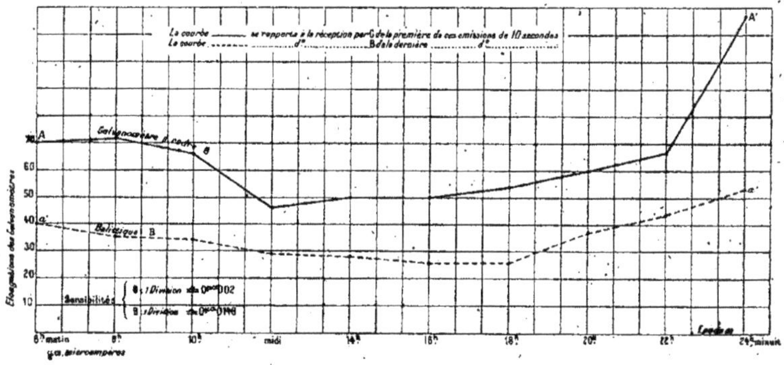

Fig. 2. — Mesures du jeudi 4 avril 1912. — Émissions de 10 secondes toutes les 10 secondes,
faites pendant 2 minutes toutes les 2 heures. La courbe { en trait plein / en pointillé } se rapporte aux élongations de { (g) lors de la première / (B) » deuxième } de ces émissions de 10 secondes.

Sensibilité : (g), une division = 0,002 μα
  »   (B), une division = 0,0148 μα,
          (μα = microampère).

condes faites par la Tour Eiffel au cours des 2 minutes toutes les deux
2 heures.

Ces deux courbes indiquent d'une manière bien nette l'influence de la
lumière du jour sur la propagation des ondes électriques. Il y a lieu de
noter, en effet, que pendant toute cette journée du 4 avril, le temps fut
très beau et le ciel sans nuages.

La première courbe (g) donne midi comme minimum, c'est-à-dire
comme époque de la plus faible énergie reçue à l'antenne de Poitiers.
L'époque du maximum est minuit. L'élongation relevée à minuit (117)
est plus que double (environ 2 fois et demie) de celle relevée à midi (46).

La seconde courbe (B) donne 16 h — 18 h comme époque du minimum,
avec 25 comme élongation et minuit encore pour époque du maximum,
avec une élongation (53) qui est aussi plus que double de la première.

La figure 3 résume toutes les mesures qui furent faites simultanément
aux trois postes Saint-Benoît, Poitiers et Saumur le jour de l'éclipse.
Les courbes en traits continus se rapportent aux mesures faites au galvanomètres ordinaire (g) et ont trait à la première émission d'ondes; les
courbes en traits discontinus concernent les mesures faites au galvanomètre balistique (B) en utilisant la dernière émission d'ondes.

Pour Saumur, les mesures n'ont été faites qu'au galvanomètre ordinaire (g).

La comparaison des trois groupes de courbes de la figure 3 (jour de l'éclipse) et des courbes de la figure 2 (jeudi 4 avril) met en évidence d'une manière indéniable l'influence très nette de l'éclipse sur la propagation des ondes.

A Poitiers, l'énergie reçue qui diminuait depuis 8 h 40 m reste constante·

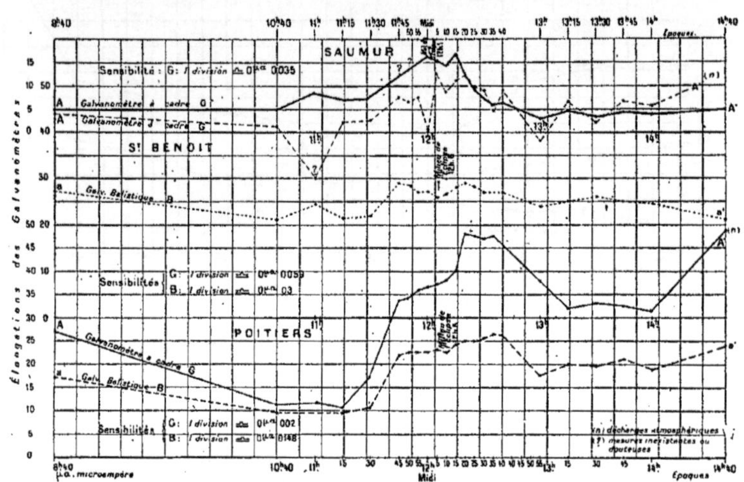

Fig. 3. — Mesures du jour de l'Éclipse (17 avril 1912) faites à Poitiers, Saint-Benoît et Saumur. — Émissions de 10 secondes toutes les 10 minutes aux époques indiquées en abscisses.

Les courbes { en trait plein } se rapportent aux { (g) lors de la première } émission { en pointillé } élongations de { (B) » deuxième } de 10 secondes.

Sensibilité : Saumur (g), une division = 0,0035 µα; Saint-Benoît, (g) une division = 0,0059 µα; (B), une division = 0,03 µα; Poitiers, (g) une division = 0,002 µα, (B), une division = 0,0148 µα.

de 10 h 40 m à 11 h 15 m, puis on constate une ascension rapide et notable de la courbe, aussi bien de celle relative aux élongations du galvanomètre ordinaire (g) que de celle relative au galvanomètre balistique (B).

Le maximum de l'éclipse à Poitiers et à Saint-Benoît (Saint-Benoît n'est distant de Poitiers que de 4 km environ) a été observé à 12 h 6 m. L'éclipse y fut partielle.

Or, la courbe (g) présente son maximum à 12 h 20 m; la courbe (B) l'indique pour 12 h 35 m. Ces maxima sont très nets et très importants. L'élongation maxima marquée par la courbe (g) est de 48 alors que le minimum marqué est de 11. Pour la courbe (B), maximum, 26,5; minimum, 9,5.

Par l'effet de l'éclipse, les élongations des galvanomètres, sous l'influence des ondes émises par la Tour Eiffel, ont donc plus que quadruplé pour (g) et presque triplé pour (B).

A Saint-Benoît-Mauroc, l'effet est également très net, l'élongation observée passe de 41 à 10 h 40 m, à 53 à 12 h 6 m. Au galvanomètre balistique (B) de Saint-Benoît, l'effet est moins intense, mais cependant fort net : 21 à 10 h 40 m ; 29 à 12 h 20 m.

La sensibilité de l'ordre de $\frac{1}{100}$ de microampère par division différait d'un instrument à l'autre. Cette sensibilité est indiquée en marge des courbes.

A Saumur, le maximum de l'éclipse a été observé avec beaucoup de soin de la terrasse même du château par M. Rivault, instituteur, et par Mlle Peton, licenciée ès lettres, ces deux observateurs étant munis de montres à secondes réglées par l'envoi des signaux de l'heure de la Tour Eiffel. L'éclipse observée ne fut ni totale ni annulaire, la quasi égalité des diamètres apparents de la Lune et du Soleil fit que, à 12 h 1 m, le fuseau visible du Soleil disparut brusquement du bord Est et réapparut vers le bord Ouest comme par un mouvement de déclic qui arracha une exclamation d'étonnement à tous les spectateurs attentifs au phénomène. Ce fait ne me paraît devoir s'expliquer que par l'égalité des diamètres apparents des deux astres en éclipse, Soleil et Lune.

La courbe relative à Saumur (fig. 3, courbe $c\ c'$) indique que le maximum d'énergie reçue coïncide, à quelques minutes près, avec le maximum d'obscurité. On relève au seul galvanomètre (g), qui fut employé à Saumur une élongation de 5,5 à 10 h 40 m et de 17 à 12 h 15 m, c'est-à-dire une élongation trois fois plus notable au moment du maximum de l'éclipse qu'avant le commencement du phénomène astronomique.

Les courbes relatives à Poitiers et à Saint-Benoît, tant celle $a\ a'$ relevée avec le galvanomètre (B) que celle A A' relevée avec le galvanomètre (g), indiquent un maximum d'énergie reçue situé à peu près 30 minutes en retard sur le maximum de clarté. Doit-on reporter ce retard à un effet d'ionisation de l'air? Il serait, me semble-t-il, désirable qu'on eût fait, si possible, concurremment à ces mesures, des déterminations susceptibles de renseigner sur l'ionisation de l'air pendant l'éclipse.

Tous ces résultats sont en concordance avec ceux des expériences allemandes également comparatives faites à Grazt et à Marbourg, par MM. Takes et Vos.

En terminant ce compte rendu, je tiens à remercier M. le Dr Pèton, maire de Saumur, et M. Raymondeau, directeur de la Société d'électricité à Saumur, grâce au dévoué concours desquels l'installation d'une antenne de réception des ondes électriques au château de Saumur a été rendue possible. Je remercie, également, mes dévoués collaborateurs, M. Jupeau, professeur au lycée de Poitiers, agrégé de l'Université, qui a bien voulu se charger des mesures fort pénibles, vu leur fréquence, faites au poste de Poitiers le jour de l'éclipse ; Mlle Moutol, professeur de Mathématiques au collège de Saumur, qui a effectué toutes les mesures préparatoires, faites à Saumur, depuis le 1er avril, et M. Blet, licencié ès sciences, préparateur à la Faculté des Sciences de Poitiers, qui a observé à Mauroc, du 25 mars au 18 avril.

CHIMIE.

M. LE D^r ET. BARRAL,

Agrégé à la Faculté de Médecine, Lyon.

LES TUBES EN ÉTAIN,
CAUSE D'ERREURS DANS LE DOSAGE DE L'AMMONIAQUE.

$$545.2 : 546.17\text{-}2$$

26 Mars.

Pour le dosage de l'ammoniaque, j'ai montré ([1]) que, si l'on emploie des tubes d'étain neufs, comme réfrigérants des appareils Schlœsing modifiés, les résultats sont souvent faussés par absorption d'un peu d'ammoniaque.

Depuis, j'ai constaté que les réfrigérants en étain, qui ne retenaient plus de l'ammoniaque et qui ne laissaient pas l'ammoniaque fixée se libérer, pouvaient fonctionner dans de bonnes conditions lorsqu'ils servaient fréquemment.

Mais, si ces appareils sont laissés en repos pendant quelques mois, ils donnent de nouveau des erreurs qui peuvent atteindre jusqu'à 20 % pour un simple dosage d'azote total de l'urine. Si l'on fait ensuite bouillir de l'eau distillée, celle-ci entraîne de l'ammoniaque par distillation.

C'est surtout dans le dosage de l'azote ammoniacal et albuminoïde des eaux que les erreurs sont colossales.

Il faut donc rejeter, d'une façon absolue, l'emploi des tubes en étain comme réfrigérants des appareils Schlœsing modifiés.

([1]) *Bull. Soc. chim.*, 1910, p. 8.

M. LE Dr Et. BARRAL.

EMPLOI DE L'HYPOPHOSPHITE DE SODIUM DANS LA MÉTHODE DE KJELDAHL.

26 Mars.

Je me suis servi avec avantages de l'hypophosphit : de sodium comme réducteur, pour doser l'azote par la méthode de Kjel Iahl dans plusieurs dérivés nitrés, dans beaucoup de substances azotés et de produits biologiques (lait, urine, liquide d'épanchement, etc.).

Les avantages sont les suivants : 1° diminution de la durée de l'opération ; 2° non production de sels insolubles donnant des soubresauts dans l'attaque par l'acide sulfurique ; 3° dans la distillation avec la soude en présence du zinc, le liquide ne donne pas de soubresauts.

Par exemple, avec le lait, la durée est réduite à 2 heures 10 minutes, au lieu d'être de 7 à 8 heures. Avec l'urine, il faut 40 à 50 minutes.

On chauffe la substance, pesée ou mesurée, avec 3 à 4 gr d'hypophosphite de sodium, 10 gr de sulfate de potassium et 10 cm³ d'acide sulfurique pur à 66°, jusqu'à décoloration complète. En ajoutant 1 gr de sulfate de cuivre, on diminue un peu la durée de l'opération, mais les résultats sont parfois plus faibles.

Pour les dérivés nitrés, certains corps azotés, le lait, etc., il est préférable de faire, d'abord, bouillir la matière avec 10 cm³ d'acide chlorhydrique et 3 à 4 gr d'hypophosphite de sodium, puis d'ajouter le sulfate de potassium et l'acide sulfurique.

MM. V. GRIGNARD,

Professeur,

ET

CH. COURTOT,

Préparateur à la Faculté des Sciences, Nancy.

SUR LE DÉRIVÉ MAGNÉSIEN DU CYCLOPTENTADIÈNE.

547.213.4 : 546.46

24 *Mars.*

Dans une précédente Communication faite au Congrès de l'Association française [1], les auteurs ont déjà montré que l'indène et le fluorène pouvaient donner, grâce à l'acidité du groupement CH^2 contenu dans leur molécule, des composés organométalliques, par double décomposition avec les magnésiens ordinaires. Les auteurs faisaient alors entrevoir la possibilité d'étendre leur méthode à des corps de constitution convenable, tels, en particulier, que le cyclopentadiène, le dihydrure de naphtalène, l'anthracène ou son dihydrure. Ils présentent aujourd'hui quelques résultats obtenus au moyen du dérivé organomagnésien du cyclopentadiène.

Ce composé s'obtient de la façon suivante : on prépare à la manière habituelle, de l'iodure de méthylmagnésium. Une fois la réaction achevée, on ajoute la quantité correspondante de cyclopentadiène (provenant de son dimère dépolymérisé par simple ébullition), puis du toluène. On chauffe pendant 8 heures environ, à 60°. Après ce laps de temps, on peut considérer comme terminée la réaction de double décomposition

$$
CH^3\,MgI + HC\!\!\begin{array}{c} HC{=}\!\!{=}CH \\ | \quad\quad | \\ HC\diagdown_{CH^2}\diagup CH \end{array} = CH^4 + HC\!\!\begin{array}{c} HC{=}\!\!{=}CH \\ | \quad\quad | \\ HC\diagdown_{\underset{MgI}{CH}}\diagup CH \end{array}
$$

et l'on possède le magnésien du cyclopentadiène que l'on peut mettre en œuvre comme les autres magnésiens mixtes. Il se présente sous forme d'une solution de teinte ardoisée.

Disons tout de suite, que ce nouveau composé se prête aux réactions les plus diverses. Cependant, les deux doubles liaisons contenues dans sa

---

[1] Congrès de l'*Association Française*, Dijon, 1911, p. 189.

molécule, lui confèrent une instabilité relative et souvent, au lieu d'obtenir le composé normal de réaction, on se trouve en présence de polymères. Les produits de réaction ont, en effet, une tendance à revenir au dimère comme le cyclopentadiène lui-même.

Nous avons soumis ce magnésien à l'action de l'iode, en vue d'obtenir le monoiodocyclopentadiène, d'après la méthode de Bodroux.

L'iode, dissous dans l'éther anhydre, est introduit dans le dérivé magnésien du cyclopentadiène, refroidi à 0°. Le produit est hydrolysé par de l'eau chlorhydrique glacée. Après élimination de l'éther au bain-marie, puis du toluène dans un mauvais vide, le produit de la réaction précipite abondamment; essoré et lavé à la ligroïne, il se présente sous forme d'une poudre très ténue, d'un noir de jais, à peu près insoluble dans tous les dissolvants et que nous n'avons pu amener à cristallisation. Le dosage d'iode indique un pourcentage correspondant au monoiodure cherché. Mais, vraisemblablement, ce n'est qu'un polymère. On pouvait espérer qu'une partie du produit aurait échappé à la polymérisation; nous avons alors essayé de distiller, sous un bon vide, les huiles d'essorage de la poudre noire. Mais le thermomètre marquant seulement 50°, il se produisit une décomposition explosive, avec projection de matière noire, très friable, à odeur âcre.

L'action du brome a été étudiée en suivant la même technique. Le brome est effectivement absorbé, mais dans une proportion bien inférieure à la quantité théorique exigée pour la formation du pentabromo-cyclopentane. On obtient une poudre d'un brun noirâtre, dont l'analyse répond sensiblement à la formule $C^{10}H^{10}Br^6$. Il est probable que la première action du brome est de dimériser le magnésien, de sorte que c'est le complexe

$$
\begin{array}{ccc}
HC{-}CH{-}HC{-}CH \\
HC\quad CH{-}CH\quad CH \\
CH\qquad\qquad CH \\
|\qquad\qquad\ | \\
MgI\qquad\quad MgI \\
\end{array}
$$

qui subit l'action du brome. Ce corps fixe d'abord une molécule de brome sur chaque double liaison, puis le brome se substitue au groupement magnésien et l'on a finalement

$$
\begin{array}{ccc}
BrHC{-}CH{-}HC{-}CHBr \\
BrHC\quad CH{-}CH\quad CHBr \\
CH\qquad\qquad CH \\
|\qquad\qquad\ | \\
Br\qquad\qquad Br \\
\end{array}
$$

Ceci est du reste tout à fait analogue à ce que nous avons déjà observé dans l'action du brome sur le magnésien de l'indène (¹) : la double liaison

______

(¹) V. Grignard et Ch. Courtot, Congrès de l'*Association Française*, Dijon, 1911, p. 192.

est également bloquée, puis le complexe magnésien est remplacé par du brome de sorte qu'on obtient l'α-β-γ-tribromindane

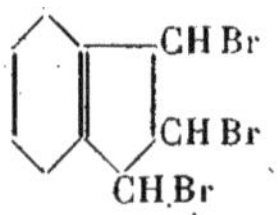

$$
\begin{array}{l}
\text{—CH Br} \\
\text{CH Br} \\
\text{CH Br}
\end{array}
$$

Nous n'avons pas poursuivi jusqu'à présent l'étude de l'hexabromure du dicyclopentadiène, car ce composé, difficilement soluble dans les dissolvants organiques usuels est par suite, pénible à purifier; notamment on ne peut le débarrasser d'une certaine proportion du dérivé

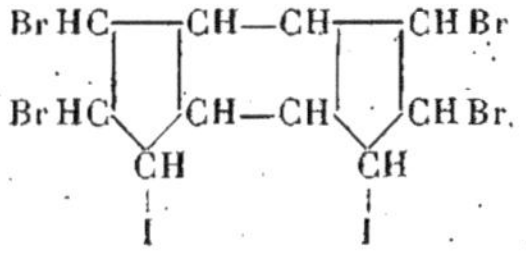

$$
\begin{array}{l}
\text{Br HC——CH—CH——CH Br} \\
\text{Br HC} \quad \text{CH—CH} \quad \text{CH Br} \\
\text{CH} \qquad\qquad \text{CH}
\end{array}
$$

qui provient d'une réaction analogue à celle que nous avons déjà signalée ([1]) : déplacement de l'iode par le brome dans le bromoiodure de magnésium formé et action de l'iode mis en liberté sur le magnésien.

L'action directe des halogènes ne nous conduisant pas au dérivé monohalogéné cherché, nous avons alors essayé d'utiliser la méthode signalée par l'un de nous ([2]), méthode qui nous avait déjà permis d'obtenir l'α-bromindène ([3]). Le magnésien du cyclopentadiène a été siphoné goutte à goutte dans une solution éthérée de bromure de cyanogène. Mais après un traitement identique à celui effectué dans les précédentes opérations, nous avons obtenu une poudre noirâtre, insoluble dans les différents solvants organiques et qui n'est qu'un polymère comme dans le cas du brome. Ce corps n'a pu être purifié suffisamment pour l'analyse.

Le chlorure de cyanogène ne nous a également conduits qu'au dimère du nitrile cherché (formule I). Ce corps se présente sous forme de poudre brune; traité pendant 3 jours par la potasse alcoolique à 5o %, il dégage de l'ammoniaque, et donne le dimère de l'acide α-indène-carbonique (formule II) que nous avons obtenu aussi par carbonatation directe du magnésien. Cet acide, peu soluble dans la plupart des solvants, est bien soluble dans l'alcool méthylique, d'où il reprécipite, par refroidissement, en agglomérats de petits prismes fusibles à 210°. Il a du reste déjà été préparé par Thiele, par action du gaz carbonique sur l'indène

---

([1]) V. Grignard et Ch. Courtot, *C. R.*, 1912, t. CLIV, p. 361.
([2]) V. Grignard, *C. R.*, 1911, t. CLII, p. 388.
([3]) V. Grignard et Ch. Courtot, Congrès de l'*Association Française*, Dijon, 1911, p. 192.

dissous dans l'éthylate de potassium ([1])

$$
\text{I.} \qquad\qquad \text{II.}
$$

D'après toutes ces réactions, il y avait lieu de se demander si nous étions bien en présence du dérivé C^6H^5MgI, ou d'un dimère dont la formation serait provoquée, soit par le chauffage, soit par l'action du sel de magnésium qui accompagne le magnésien; ou bien si l'action des réactifs utilisés était la cause de la polymérisation, comme nous l'avons admis pour expliquer l'action du brome. La condensation avec l'acétone ordinaire d'une part, puis avec la benzophénone d'autre part, a résolu la question dans le sens de la dernière hypothèse.

En effet, nous avons obtenu, avec l'acétone, le diméthylfulvène de Thiele (formule III), bouillant à 47°, sous 11 mm. L'alcool correspondant, dans ce cas, n'est pas stable. Avec la benzophénone, nous sommes arrivés à un produit bien cristallisé, presque incolore à l'état pur, fusible à 123°-124° (formule IV); nous avons trouvé, à côté de cet alcool, son produit de déshydratation, le diphénylfulvène (formule V), qui cristallise en superbes prismes rouge-rubis, fusibles à 82°, et qui a déjà été décrit par Thiele ([2])

$$
\text{III.} \qquad\qquad \text{IV.} \qquad\qquad \text{V.}
$$

L'alcool (IV) qu'on peut appeler diphénylfulvanol, est extrêmement oxydable : mis à recristalliser dans un mélange d'éther et de ligroïne, il ne donne que des résines. Soumis à l'action de l'acide chlorhydrique gazeux et sec, il donne une matière brune résineuse. D'autre part, cet alcool, quoique possédant deux doubles liaisons, ne fixe pas simplement le brome : il se transforme en une matière colorante d'un beau vert, fugace du reste, qui se résinifie rapidement. Ce carbinol se déshydrate

---

([1]) J. THIELE, *Ber.*, 1901, t. **XXXIV**, p. 68.
([2]) J. THIELE, *Ber.*, 1900, t. **XXXIII**, p. 666.

spontanément, particulièrement sous l'action de la lumière, et la déshydratation est d'autant plus active que le produit est moins pur, mais nous
n'avons pas réussi, jusqu'à présent, à le transformer régulièrement en
hydrocarbure.

Il semble donc bien établi, malgré les difficultés rencontrées, que nous
nous trouvons en présence du complexe $C^5 H^5 Mg I$ et que cette molécule
délicate se polymérise sous l'action de certains réactifs. Nos recherches
se poursuivent pour obtenir dans tous les cas des dérivés du monomère.
Les résultats acquis montrent déjà cette possibilité pour les alcools, tels
que le diphénylfulvanol précédent, qu'on ne peut obtenir par la méthode
de Thiele.

M. Ch. COURTOT,

Préparateur à la Faculté des Sciences, Nancy.

ACTION DES ALDÉHYDES SUR LE MAGNÉSIEN DE L'INDÈNE.

547.213.4 : 546.46

27 *Mars*.

Dans un précédent travail ([1]), auquel M. Grignard a bien voulu
m'associer, nous avons étudié en commun certaines réactions de l'α-
indénylbromure de magnésium, et, en particulier, celles des cétones.
Dans la présente Note, je me suis proposé de faire connaître l'action de
quelques aldéhydes sur ce dérivé organométallique et de rechercher
l'influence des différents groupements sur la coloration des produits
de déshydratation des alcools secondaires obtenus ([2]).

Le magnésien de l'indène se prépare, rappelons-le brièvement, de la
façon suivante : on ajoute à 1 mol-g de bromure d'éthyl-magnésium,
1 mol-g d'indène et 200 g de toluène. On chauffe pendant 10 heures
environ, à 100° après avoir éliminé l'éther. Dans ces conditions, la réaction de double décomposition est à peu près intégrale, et l'on possède,
en vertu du mécanisme suivant, le magnésien de l'indène :

$$C^2H^5MgBr + \underset{CH^2}{\overset{CH}{\underset{CH}{\bigcirc}}} = C^2H^6 + \underset{\underset{MgBr}{|}\atop CH}{\overset{CH}{\underset{CH}{\bigcirc}}}$$

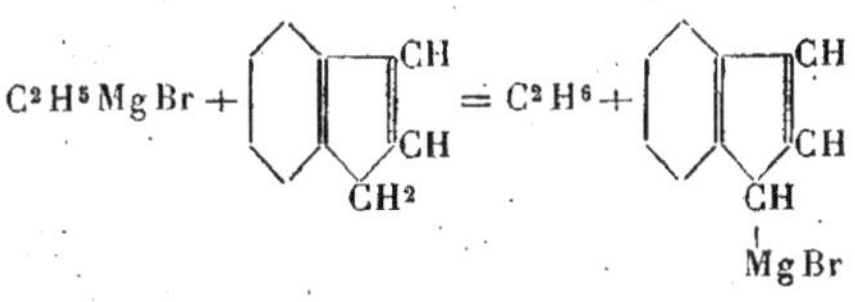

([1]) V. Grignard et Ch. Courtot, Congrès de l'*Association Française*, Dijon, 1911,
p. 189.

([2]) Une Communication spéciale sera faite en ce qui concerne l'action de l'aldéhyde formique.

Cet organométallique est soluble à chaud, mais insoluble à froid dans sa liqueur de formation; pour qu'il soit susceptible de réagir dans de bonnes conditions, il est nécessaire de le précipiter de manière à ce qu'il présente une grande surface. Pour cela, on munit le ballon d'un bouchon portant un tube relié à un appareil à hydrogène pur et sec, et l'on refroidit le ballon, dans de l'eau glacée, en agitant vigoureusement et en tous sens. Dans ces conditions, on obtient le magnésien sous une forme extrêmement ténue.

L'aldéhyde benzoïque réagit déjà sur le magnésien refroidi à 0° et donne naissance à une huile que je n'ai pu réussir encore à faire cristalliser. Cette huile réagit sur un magnésien, ce qui indique bien la présence de l'hydroxyle prévu; elle bout nettement à 199°-200°, sous 10 mm, mais se comporte à la distillation comme un véritable aldol : elle régénère partiellement le benzaldéhyde et l'indène. Il y aurait donc lieu de voir si le mode général de formation des aldols, à savoir, la condensation directe des constituants, sous l'influence d'une solution alcaline convenable, ne serait pas applicable dans ce cas. Des expériences sont en cours pour élucider cette question. Par suite du dédoublement signalé, l'alcool précédent (formule I) n'a pu être obtenu assez pur pour l'analyse; soumis à l'action de l'acide chlorhydrique sec, il donne un chlorure et celui-ci, dissous dans la pyridine chauffée au bain-marie, fournit un hydrocarbure jaune, fusible à 88°, et que j'ai identifié avec le phénylbenzofulvène obtenu déjà par Thiele (¹) (formule II).

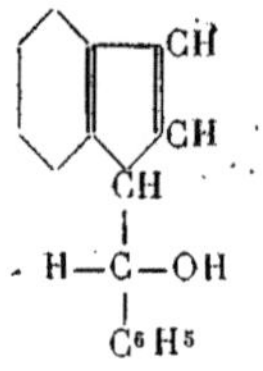

$$
\text{I.} \qquad\qquad \text{II.}
$$

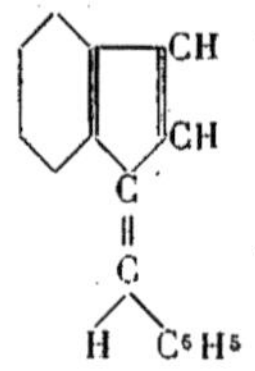

L'anisaldéhyde réagit également sur le magnésien refroidi à 0°. Mais le produit immédiat de la réaction est insoluble dans la solution éthéro-toluénique, et cette liqueur prend une teinte rouge groseille, alors que le précipité est lui-même rosé. Après hydrolyse et acidification par l'acide chlorhydrique dilué, on lave la solution éthérée au bicarbonate, puis à l'eau distillée et l'on sèche sur sufate de soude anhydre. On chasse alors l'éther au bain-marie, puis la majeure partie du toluène dans un vide partiel, afin d'éviter la déshydratation de l'alcool. Celui-ci précipite sous forme de fines aiguilles qui, recristallisées dans un mélange d'éther et de ligroïne, donnent de petits prismes, encore légèrement jaunâtres, fusibles à 122° (formule III).

(¹) J. THIELE, Ber., t. XXXIII, 1900, p. 3395.

Analyse.

	Calculé pour	Trouvé.
C %...	81,0	80,6
H %...	6,3	6,5

C'est donc bien l'alcool secondaire cherché. J'ai trouvé, à côté de l'alcool, une faible proportion du produit de déshydratation fusible à 118°-119° (formule IV) fortement coloré en jaune, avec une pointe d'orangé. Ce méthoxyphénylbenzofulvène s'obtient du reste facilement au départ de l'alcool : il suffit de mettre celui-ci en solution méthylique, de porter à l'ébullition et d'ajouter quelques gouttes d'acide chlorhydrique concentré; une huile rose ne tarde pas à précipiter, elle se concrète rapidement, et j'ai identifié les cristaux avec le paraméthoxyphényl-benzofulvène déjà décrit par Thiele et Buhner [1].

$$\text{III.} \qquad\qquad \text{IV.}$$

Le pipéronal réagit de même à 0°. La solution reste parfaitement incolore et le précipité ne fait que changer de structure; de granuleux qu'il était pour le magnésien, il devient floconneux pour le produit de réaction. On isole, en traitant comme précédemment, un alcool solide qui, recristallisé dans l'éther et la ligroïne, se présente sous forme d'agglomérats d'aiguilles, légèrement jaunâtres, fusibles à 88°-89° (formule V). Cet alcool, traité en solution éthérée, refroidie à 0°, par l'acide chlorhydrique gazeux et sec, se transforme en chlorure. Cet éther chlorhydrique (formule VI) se présente sous forme de petites tables, parfaitement incolores, fusibles à 114°-115° et il fixe directement le brome.

Analyse.

	Calculé pour $C^{11}H^{13}O^2Cl$.	Trouvé.
Cl %...	12,47	12,8

---

[1] J. THIELE et A. BUHNER, *Lieb. Ann.*, t. CCCXLVII, 1906, p. 249.

Soumis à l'action de la pyridine, à froid, il se déchlorhydrate et donne naissance au méthylènedioxy-3.4-benzofluvène, jaune rougeâtre, fusible à 113°-114° (formule VII).

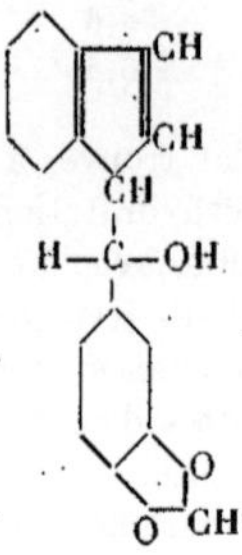

$$
\text{V.} \qquad\qquad \text{VI.} \qquad\qquad \text{VII.}
$$

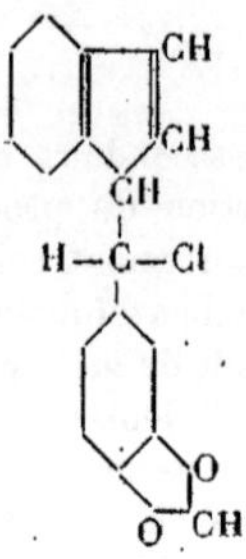

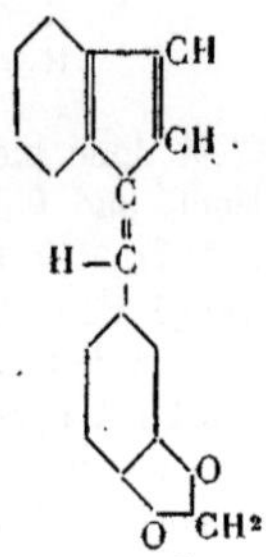

Le diméthylparamidobenzaldéhyde qui a été gracieusement offert à M. Grignard par la maison Geigy frères, de Bâle, ne réagit que fort imparfaitement à la température ordinaire; mais si on l'introduit dans le magnésien chauffé à 90° et qu'on laisse reposer pendant 2 héures, la réaction a lieu et l'on isole une substance jaune orangé fusible à 163°, et qui n'est autre que le diméthylparamidobenzofluvène

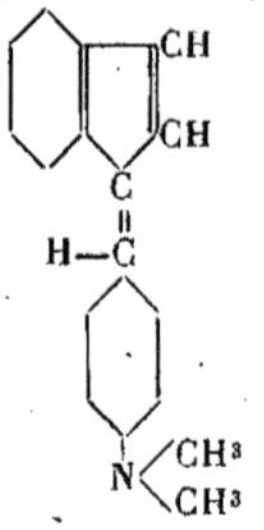

Analyse.

	Calculé pour $C^{18}H^{17}N$.	Trouvé.
C °/₀	87,5	87,3
H °/₀	6,9	7,3

Thiele n'ayant pas expérimenté sur des aminoaldéhydes, j'ai voulu voir si sa méthode s'appliquait encore dans ce cas. A cet effet, j'ai dissous 0,1 mol de diméthylaminobenzaldéhyde dans 200 cm³ d'alcool méthylique, j'ai ajouté 0,1 mol d'indène et j'ai introduit peu à peu une solution de 28 g de potasse dans 100 cm³ d'alcool méthylique. Après quelques

minutes, il se fait un abondant précipité jaune qui, essoré et recristallisé
dans l'alcool bouillant, laisse déposer d'abord un produit jaune orangé
fusible à 163°, identique au *p*-diméthylaminophénylbenzofulvène obtenu
à partir du magnésien, puis un produit fondant beaucoup plus haut qui
est vraisemblablement l'oxydiméthylparamidobenzyldiméthylamido-
phénylbenzofulvène résultant de la condensation d'une seconde molécule d'aldéhyde. En effet, dans la condensation avec l'indène, il y a tout
d'abord formation du produit d'addition, puis, comme l'admet Thiele,
ce corps se transpose et l'on a :

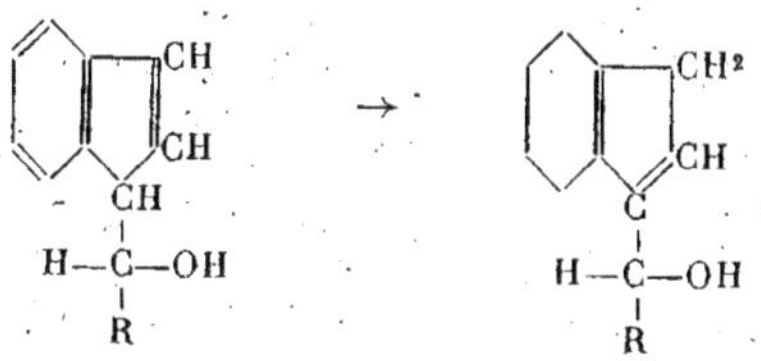

Le CH^2 nouvellement formé se combine à une nouvelle molécule
d'aldéhyde avec élimination d'eau et l'on obtient finalement :

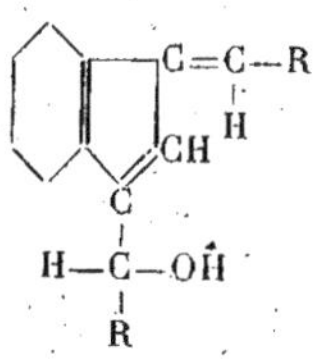

A cause de ce phénomène, le rendement en diméthylparamidophényl-
benzofulvène est faible et la méthode magnésienne est préférable.

Les formules que nous avons assignées à nos alcools et à leurs dérivés
méritent d'ailleurs quelques réserves et il est très probable que les alcools
peuvent prendre, sous certaines influences, la forme suivante :

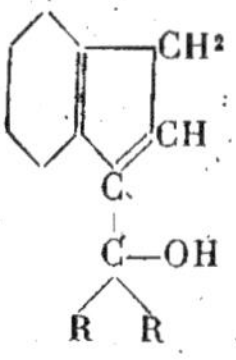

Nous ferons connaître, dans un prochain Mémoire, le résultat de nos
expériences en cours, en vue d'établir leur constitution et la possibilité
de leur tautomérie.

M. E. NAVARRO,

Pharmacien, Castelfranc (Lot).

ESSAIS EN VUE DE LA PRODUCTION ARTIFICIELLE DU DIAMANT.

546.26-0

25 *Mars.*

Nous avons cherché dans une série d'essais, à réaliser le dégagement d'anhydride carbonique dans un milieu liquide réducteur, et susceptible de donner par refroidissement la pression nécessaire à la formation du diamant.

Pour faire cela, nous avons chauffé dans un four Perrot un tube en acier ouvert à l'une de ses extrémités, contenant environ 150 g de magnésium en lingot, jusqu'à ce que son point de fusion fut largement dépassé, afin d'obtenir une masse bien liquide.

A ce moment, nous avons introduit brusquement dans ce tube un cylindre de fer fermé à ses deux extrémités dont une percée d'un petit orifice, et contenant une dizaine de grammes de carbonate de calcium. L'extrémité du tube, dépassant l'ouverture du petit couvercle du four, était refroidi aussitôt avec de l'eau froide, tandis que le bas continuait à être fortement chauffé. Ces conditions étaient maintenues pendant toute la durée de l'essai.

Une fermeture hermétique était ainsi réalisée par suite de la solidification du magnésium se trouvant à l'extrémité du tube, permettant ainsi le dégagement de l'anhydride carbonique dans un milieu clos et réducteur. Après un certain laps de temps, ce tube était sorti du feu et plongé rapidement dans l'eau froide.

Le magnésium alors dissous dans de l'acide chlorhydrique dilué, il restait un résidu noirâtre qui abondamment lavé dans un courant d'eau froide permettait de recueillir les parties les plus denses, à peu près débarrassées des particules charbonneuses.

Soumises alors à l'action de l'acide chlorhydrique à chaud, de l'acide sulfurique, de l'acide fluorhydrique et enfin d'un mélange d'acide fluorhydrique et azotique, il restait un très faible résidu qui, traité par l'iodure de méthylène nous a permis de recueillir quelques parcelles de ce résidu tombé au fond du récipient.

Examiné au microscope, de minuscules cristaux transparents se présentaient au milieu d'autres impuretés que nous n'avions pu réussir à éliminer complètement, les uns parfaitement cristallisés et ayant la forme du cube, de l'octaèdre, du cube-octaèdre, du dodécaèdre et les autres mal cristallisés ou de forme amorphe.

Afin de nous rendre compte si ces cristaux ne provenaient pas des impuretés contenues dans le magnésium employé; et entre autre du fluosilicate de potassium, qui cristallise dans le même système, nous avons dissous à plusieurs reprises quelques-uns de ces lingots dans de l'acide chlorhydrique dilué. Le résidu était à peu près nul, et nous ne pûmes retrouver ces cristaux au microscope.

Nous n'avons pu pousser plus loin ces essais, dont nous ne pûmes du reste identifier d'une façon plus précise les résultats pour pouvoir conclure : une très grande prudence s'imposant sur cette question.

Néanmoins, il nous semble que ce problème n'est pas insoluble et que les difficultés qu'il présente ne sont pas insurmontables, d'après les idées que nous avons émises dans le Mémoire présenté au Congrès (¹); et si l'établissement de l'outillage nécessaire pour obtenir un résultat hors de toute discussion paraît difficultueux, ces difficultés toutefois, à notre avis, ne nous paraissent pas devoir être insurmontables.

MM. GODCHOT et TABOURY.
Montpellier.

DÉRIVÉS HALOGÉNÉS DE LA CYCLOPENTANONE.

547.213

24 *Mars.*

Tétrabromocyclopentanone $C^5H^4OBr^4$. — En faisant réagir environ 4 mol de brome en solution dans CCl^4 sur de la cyclopentanone diluée dans le même dissolvant, on constate un abondant dégagement d'acide bromhydrique et par évaporation dans un courant d'air du dissolvant, on obtient une grande masse de cristaux imprégnés d'huile. La proportion d'huile varie d'une expérience à l'autre et il nous a été impossible de déterminer les conditions avantageuses pour la préparation soit des cristaux, soit de l'huile.

Le corps solide, ainsi obtenu, après recristallisation, forme de grandes tables fusibles à 99°. Il est constitué par une tétrabromocyclopentanone qu'on obtient également en bromant la cyclopentanone à la température ordinaire en présence du bromure d'aluminium; fait à rapprocher des résultats signalés par Wallach d'une part, par M. Bodroux et l'un de nous d'autre part, qui ont indiqué la formation d'un tétrabromocyclohexanone, par action du brome sur la cyclohexanone.

(¹) Causes qui ont dû déterminer la formation des diamants dans les expériences de Moissan et leurs corrélations avec les faits naturels.

Tribromocyclopentène-one $C^5H^3OBr^3$. — Les solutions dans les différents dissolvants de la tétrabromocyclopentanone ne sont pas très
stables à la température ordinaire. Elles tendent à perdre de l'acide
bromhydrique. Quand le dégagement de gaz est terminé on évapore le
solvant qui abandonne des cristaux imprégnés d'un peu d'huile. Après
purification, ils fondent à 57°-58°. Les résultats, que nous a fournis
l'analyse, correspondent à la tribromocyclopenténone.

Pentabromocyclopentanone $C^5H^3OBr^5$. — Il suffit de faire agir, sur
une solution du produit précédent dans CCl^4, la quantité de brome correspondant à la fixation de 2 atomes d'halogène pour obtenir après
évaporation du solvant des cristaux fusibles à 93° et dont la composition centésimale correspond à l'analyse à la formule $C^5H^3OBr^5$.

Monochlorocyclopentanone C^5H^7OCl. — La monochlorocyclopentanone s'obtient en faisant passer un courant de chlore sec à la lumière
diffuse dans de la cyclopentanone et en arrêtant le gaz lorsque l'augmentation théorique de poids a été atteinte. On obtient ainsi avec un rendement de 50 % la monochlorocyclopentanone bouillant à 80° sous 10 mm.

Cyclopentanone-1-ol-2 $C^5H^8O^2$. — La monochlorocyclopentanone se
saponifie facilement à 100°, l'eau seule, ou en présence de CO^3Ba le transforme en cétone alcool, bouillant à 80° sous 12 mm, très soluble dans tous
les dissolvants. Elle donne une coloration violette avec Fe^2Cl^6. Elle
fournit une phénylhydrazone (aiguilles jaunes fusibles à 142°-143°) ainsi
qu'une semicarbazone.

L'oxydation par le permanganate de potassium à la température
ordinaire de la cyclopentanolane fournit de l'acide glutarique. La fonction cétone et la fonction alcool sont donc voisines et, par conséquent, la
chlorocyclopentanone est chlorée en α.

Cyclopenténone C^5H^6O. — Quand on veut distiller la monochlorocyclopentanone à la pression ordinaire, on constate un dégagement d'acide
chlorhydrique et l'on obtient la cyclopenténone qui bout à 135°-136°
à la pression ordinaire.

Sa semicarbazone fond à 214°-215°.

Son oxime fond à 52°-53°.

MÉTÉOROLOGIE ET PHYSIQUE DU GLOBE.

M. GINESTOUS,

Chef du Service météorologique à la Direction de l'Enseignement, Tunis.

PÉRIODE 1900-1910.
MOYENNE DE LA RÉPARTITION DES PLUIES D'OCTOBRE A MAI.

551.52 (611) (1906–1910)

24 *Mars.*

	Octobre à Février	Mars à Mai	Octobre à Mai
	mm	mm	mm
Aïn Draham	1133	419	1552
El Fedja	862	332	1194
Dj. Abiod	570	165	735
Béja	498	165	663
Le Munchar	395	137	532
Saint-Cyprien	251	129	380
Medjez-el-Bab	295	112	407
Enchir Trifat	284	137	421
Goubellat	237	120	357
Téboursouk	327	125	452
Le Thibar	336	176	512
Zaouem	278	122	400
Enchir Amila	512	66	578
Bizerte	470	111	581
Portofarina	479	109	588
Mabtouha	336	106	442
Tindja	304	80	384
Mateur	424	136	560
Aïn Rhellal	448	155	503
Selma	403	119	522
Chuiggui	354	91	445
Lansarine	408	103	511
Villejacques	345	94	439
Tunis	280	108	388
Ben Ayech	352	142	494
Soliman	304	90	394
Grombalia	292	91	383

Moyenne de la répartition des pluies d'octobre à mai (suite)

	Octobre à Février	Mars à Mai	Octobre à Mai
	mm	mm	mm
Hammamet...........	3o5	79	384
Kélibia..............	251	57	3o8
Aïn-el-Asker.........	287	118	4o5
Beaucastel..........	271	116	387
Bir M'Cherga	291	123	414
Mograne.............	284	118	4o2
Bou Remada.........	242	1o5	347
Oudna..............	26o	111	371
Zaghouan-Ville........	217	169	386
Saadiah du Bargou....	3o6	135	441
Dj. Djouggar.........	2o8	128	336
Le Kef..............	252	111	363
Thala..............	168	113	281
Mactar.............	215	125	34o
Kairouan............	14o	47	187
Cherichera...........	147	38	185
Cherchil............	120	79	199
Gamouda............	133	55	188
Sousse.............	193	64	257
El Djem............	174	38	212
Sfax (école)..........	113	39	152
Gabès (santé).........	112	42	154
Djerba.............	164	49	213
Ben Gardane.........	100	32	132
Gafsa..............	85	23	1o8
Metlaoui............	68	26	94
Tozeur.............	39	24	63
Nefta..............	45	39	84
Kébilli.............	51	25	76
Matmata............	124	62	186
Médenine...........	57	24	81
Tataouine...........	81	21	102

Températures observées dans trente stations tunisiennes durant la période des cinq années 1906-1910.

TEMPÉRATURES MINIMA MOYENNES.

	AIN DRAHAM	BÉJA	SOUK-EL-KHMIS	LE THIBAR	TÉBOURSOUK	MEDJEZ-EL-BAB	BIZERTE	PORTOFARINA	SELMA	TUNIS	SOLIMAN	GROMBALIA	KÉLIBIA	CHERICHERA	BOU REMADA
Janvier....	3,2	4,6	3,5	5,7	4,8	5,7	8,6	6,7	2,7	4,6	3,8	4,5	6,1	4,2	4,2
Février....	2,2	3,3	3,5	4,1	3,8	5,0	7,6	5,9	2,8	4,0	4,8	4,3	5,2	3,6	4,2
Mars	4,7	4,7	4,1	4,8	6,2	6,9	9,5	7,6	3,9	7,1	4,7	5,6	6,1	5,5	4,8
Avril......	6,7	7,6	6,6	6,8	9,1	10,2	11,9	12,1	6,9	9,2	8,4	7,7	6,0	9,4	8,1
Mai	10,6	11,0	9,6	11,7	13,4	13,5	15,2	13,2	10,1	12,1	10,9	10,7	10,0	12,3	11,4
Juin.......	13,4	14,3	13,7	15,7	17,0	17,9	18,6	16,6	13,8	16,4	14,3	14,1	13,6	16,0	15,2
Juillet.....	15,7	17,7	18,4	18,5	18,1	20,8	21,6	18,8	16,3	18,7	19,8	16,0	16,7	19,8	16,8
Août	17,3	19,4	18,5	18,6	19,6	21,9	23,5	20,0	16,6	19,1	17,9	15,8	17,5	18,4	18,8
Septembre.	14,8	15,7	15,9	18,5	16,4	17,3	20,5	18,4	14,9	16,9	16,2	15,3	14,8	18,9	16,3
Octobre ...	12,6	12,8	11,7	14,7	15,1	15,4	17,6	15,5	12,0	13,6	12,9	13,3	13,3	16,1	13,7
Novembre .	8,9	9,2	7,8	10,1	11,1	10,5	13,6	11,7	8,9	9,7	9,1	9,7	8,9	9,9	9,2
Décembre .	5,0	5,4	4,2	6,1	6,4	6,8	9,9	7,3	3,6	5,7	5,6	6,1	8,6	6,1	5,2
Total....	116,1	126,7	117,5	135,3	141,0	141,9	178,1	163,8	112,4	137,1	128,4	123,1	126,8	140,8	127,9
Moyenne.	9,6	10,6	9,7	11,2	11,7	11,8	14,8	13,6	9,3	11,4	10,7	10,2	10,5	11,7	10,6

	LE KEF	MACTAR	SOUSSE	SFAX	GABÈS	DJERBA	BEN GARDANE	GAFSA	METLAOUI	NEFTA	EL DJEM	KEBILLI	NATMATA	MÉDENINE	TATAOUINE
Janvier....	2,7	1,3	6,9	5,3	4,6	7,6	3,7	3,5	5,0	3,1	4,8	3,2	3,8	4,1	2,7
Février....	2,1	0,6	6,2	4,7	3,9	7,3	3,3	3,4	4,0	2,1	4,3	2,4	3,2	3,5	2,5
Mars	4,4	2,1	7,9	7,9	7,4	10,1	6,4	6,6	8,3	5,4	6,8	6,6	6,6	6,9	5,5
Avril......	7,0	4,6	10,4	10,7	11,2	14,4	9,8	8,8	12,0	10,0	10,0	10,2	9,7	9,8	8,5
Mai	11,3	8,9	13,5	14,1	14,4	15,2	12,7	13,6	16,1	14,7	12,3	13,7	12,2	14,3	12,0
Juin.......	15,2	13,4	16,7	17,3	18,2	18,4	14,8	17,9	19,8	19,8	16,1	19,7	18,6	17,5	14,5
Juillet.....	19,7	17,4	20,2	21,6	20,8	21,8	17,2	19,1	22,8	22,7	19,1	20,7	20,3	19,1	19,8
Août	19,1	17,1	21,5	20,9	20,7	22,2	17,1	19,3	23,2	21,7	19,6	20,7	20,4	19,9	17,6
Septembre.	17,6	14,5	19,2	19,9	19,9	21,3	17,6	17,5	20,2	20,9	18,0	19,1	18,5	21,3	16,0
Octobre ...	12,0	12,0	16,2	18,9	15,9	18,5	14,5	12,4	16,3	14,9	14,4	14,2	15,5	13,6	12,2
Novembre .	8,1	6,5	12,1	11,9	4,2	14,6	9,1	9,8	11,2	9,8	11,2	9,1	11,1	7,4	8,7
Décembre .	4,4	3,0	8,3	7,7	6,2	9,2	4,5	4,2	6.3	4,6	12,2	2,6	6.5	5,1	4,5
Total....	123,6	101,4	158,8	190,9	157,4	180,6	130,7	136,1	165,2	160,7	148,8	142,1	146,4	142,5	124,5
Moyenne.	10,3	8,4	13,4	13,4	13,1	15,0	10,8	11,3	13,7	13,3	12,4	11,8	12,8	11,8	10,3

TEMPÉRATURES MAXIMA MOYENNES.

	AÏN DRAHAM.	BÉJA.	SOUK-EL-KHMIS.	LE THIBAR.	TÉBOURSOUK.	MEDJEZ-EL-BAB.	BIZERTE.	PORTOFARINA.	SELMA.	TUNIS.
Janvier	10,4	14,1	14,2	12,9	11,2	13,1	16,1	15,5	11,9	13,8
Février	8,8	11,6	13,5	11,3	10,8	12,7	15,2	14,5	11,5	14,7
Mars	12,4	10,7	18,1	15,8	15,2	17,7	15,6	18,0	14,5	17,4
Avril	16,8	21,0	21,6	19,1	17,8	21,5	17,0	20,5	18,2	20,5
Mai	23,1	27,4	27,3	25,2	21,6	26,2	21,6	24,4	23,6	24,9
Juin	27,6	31,3	32,2	30,9	25,9	30,8	25,1	26,0	27,1	29,2
Juillet	29,7	34,4	37,9	35,1	32,4	34,2	28,4	31,0	30,8	33,0
Août	30,7	35,4	37,5	36,5	33,0	28,3	29,1	32,8	30,8	33,3
Septembre	27,3	28,3	32,0	30,4	27,6	29,7	26,4	29,3	26,7	29,3
Octobre	23,1	25,1	27,1	26,7	22,8	24,7	24,3	26,7	23,6	26,1
Novembre	19,1	18,4	20,6	19,2	16,8	16,8	20,3	25,2	18,5	20,9
Décembre	11,9	13,0	16,2	15,0	13,2	14,9	15,8	16,5	12,3	16,3
Total	240,9	277,3	298,2	288,1	248,3	260,6	254,9	280,4	249,5	270,4
Moyenne	20,0	23,1	24,0	24,0	20,6	21,7	21,4	23,3	20,7	23,2

	SOLIMAN.	GROMBALIA.	KÉLIBIA.	CHERICHERA.	BOU HEMADA.	LE KEF.	MACTAR.	SOUSSE.	SFAX.	GABÈS.
Janvier	13,4	14,6	13,7	18,0	12,9	10,9	7,4	15,5	14,0	18,4
Février	13,4	14,3	12,2	19,8	11,8	10,5	7,3	15,7	15,9	17,2
Mars	15,6	18,1	16,4	21,7	17,2	15,8	11,0	18,4	18,4	20,6
Avril	18,6	20,9	18,7	25,9	20,8	19,2	15,8	21,0	21,7	23,7
Mai	24,9	25,7	23,9	29,6	25,7	24,0	21,7	25,1	25,8	26,1
Juin	29,0	30,3	28,6	36,0	31,9	30,4	25,9	28,4	28,0	30,5
Juillet	31,5	33,8	30,8	38,3	34,2	35,1	29,9	31,5	31,3	34,3
Août	31,7	35,0	31,4	36,0	34,5	35,4	28,9	33,5	33,1	35,1
Septembre	29,3	31,0	25,9	33,8	31,8	33,2	23,9	29,5	30,0	32,9
Octobre	23,9	26,8	23,3	27,5	25,0	26,2	15,8	26,8	26,5	25,5
Novembre	18,0	20,9	18,9	23,1	18,2	20,0	14,7	22,5	22,1	24,3
Décembre	13,8	16,4	14,5	19,8	14,4	15,0	15,9	17,6	17,8	17,7
Total	263,1	297,8	258,3	329,5	278,4	285,7	218,9	285,8	285,6	306,3
Moyenne	20,9	24,8	21,5	29,1	23,2	23,7	18,1	23,8	23,8	25,5

	DJERBA.	BEN GARDANE.	GAFSA.	METLAOUI.	NEFTA.	EL DJEM.	KEBILLI.	MATMATA.	MÉDENINE.	TATAOUINE.
Janvier	15,6	15,3	15,5	14,3	15,3	15,6	15,6	9,9	16,2	15,6
Février	15,8	15,6	16,8	15,1	17,4	16,1	17,4	12,0	17,5	18,5
Mars	19,4	20,2	21,0	19,8	22,3	19,9	22,7	16,9	21,3	21,4
Avril	21,7	23,8	26,5	24,3	27,3	23,4	23,7	21,5	25,4	26,4
Mai	24,7	28,0	31,4	29,3	31,8	28,7	31,4	26,9	30,1	31,4
Juin	29,8	30,3	36,1	24,1	36,0	33,0	36,2	30,8	34,1	35,4
Juillet	31,0	33,6	40,4	38,1	37,7	37,2	40,7	34,5	37,6	38,6
Août	31,8	34,1	40,5	37,0	36,4	37,1	40,5	34,1	36,8	37,2
Septembre	29,9	31,4	35,0	32,8	35,0	34,0	35,5	30,6	35,0	34,9
Octobre	27,4	28,9	30,4	27,7	31,4	29,2	32,1	25,8	30,1	30,9
Novembre	22,8	24,3	23,2	21,4	23,5	23,7	24,2	19,2	24,8	25,6
Décembre	18,0	18,1	18,6	16,0	18,4	17,9	18,1	12,7	19,0	18,4
Total	287,9	303,6	335,4	299,9	332,5	315,8	338,1	274,9	317,9	334,3
Moyenne	23,9	25,3	27,9	24,9	27,7	26,3	26,5	22,9	26,4	27,8

TEMPÉRATURES MOYENNES.

	AIN DRAHAM.	BÉJA.	SOUK-EL-KHMIS.	LE THIBAR.	TÉBOURSOUK.	MEDJEZ-EL-BAB.	BIZERTE.	PORTOFARINA.	SELMA.	TUNIS.	SOLIMAN.	GROMBALIA.	KÉLIBIA.	CHÉRICHÉRA.	BOU ERMADA.	LE KEF.	MACTAR.	SOUSSE.	SFAX.	GABÈS.	DJERBA.	BEN GARDANE.	GAFSA.	METLAOUI.	NEFTA.	EL DJEM.	KEBILI.	MATMATA.	MÉDENINE.	TATAOUINE.
Janvier....	6,8	9,3	8,8	9,3	8,0	9,4	12,3	11,1	7,3	9,2	8,6	9,5	9,9	14,1	8,5	6,8	4,3	21,2	9,6	11,5	11,6	9,5	9,5	9,6	9,2	10,2	9,4	6,8	10,1	9,1
Février....	5,5	7,4	8,5	7,7	7,3	8,8	11,4	10,2	7,1	9,3	8,6	9,3	8,7	11,7	8,1	6,3	3,9	10,9	10,3	10,5	11,5	9,4	10,1	9,9	9,7	10,2	9,9	7,6	10,5	10,5
Mars......	8,5	10,7	11,1	10,3	10,7	12,3	12,5	12,8	9,2	12,2	10,1	11,8	11,2	13,1	11,0	10,1	6,5	13,1	13,1	14,0	14,7	13,3	13,8	14,0	13,8	13,3	14,6	11,7	13,6	13,4
Avril......	11,7	14,3	14,1	12,9	13,4	15,8	14,4	16,3	12,5	14,8	13,5	14,3	12,3	17,6	14,4	13,1	10,2	15,7	16,2	17,4	18,0	16,8	17,6	18,1	18,6	16,7	18,7	15,8	17,6	17,4
Mai.......	16,8	19,2	18,4	18,4	17,5	19,8	18,4	18,8	16,8	18,5	17,9	18,2	16,9	20,9	18,5	17,6	15,3	19,3	19,9	20,2	19,9	20,3	22,5	22,7	23,2	20,5	22,5	19,5	22,2	21,7
Juin.......	20,5	22,8	22,9	23,3	21,4	24,3	21,8	21,3	20,4	22,8	21,6	22,2	21,1	26,3	23,5	22,8	19,6	22,5	22,6	24,3	24,1	27,5	26,5	21,9	27,9	24,5	27,9	24,7	25,8	24,4
Juillet.....	22,7	21,0	28,1	26,8	20,2	27,0	25,0	24,9	23,5	25,8	25,6	24,9	23,7	29,5	25,5	27,4	23,6	25,8	26,4	27,5	26,4	20,4	29,7	30,4	30,2	28,1	30,7	27,4	28,3	29,2
Août......	24,0	27,4	28,0	27,1	26,0	25,1	26,3	26,4	23,7	26,2	24,8	20,4	24,4	27,2	26,6	27,2	23,0	27,0	27,0	28,2	27,0	35,6	29,9	30,1	29,0	28,8	30,6	27,2	28,3	27,4
Septembre.	21,0	21,5	23,9	24,4	22,0	23,0	23,4	23,8	20,8	23,1	23,4	23,1	20,3	26,3	24,0	25,4	19,2	24,3	24,9	26,4	25,6	24,5	26,2	26,5	27,9	26,0	27,3	24,5	28,1	25,4
Octobre ...	17,8	18,9	19,4	20,7	18,9	20,0	20,9	21,1	17,8	19,8	18,4	20,0	18,3	22,3	19,8	19,1	18,9	21,4	22,7	20,7	22,9	21,7	21,4	22,0	23,1	21,8	23,1	20,6	21,8	21,0
Novembre .	14,0	13,8	14,2	14,6	13,9	13,6	16,9	18,4	13,7	15,3	13,5	15,0	13,9	16,5	13,7	14,0	10,6	17,3	17,0	19,2	18,7	16,7	16,5	16,3	16,6	17,4	16,6	15,1	16,1	17,1
Décembre ..	8,4	9,5	10,2	10,5	9,8	10,7	12,8	11,9	7,9	11,0	9,7	11,2	11,5	13,4	9,8	9,7	9,4	13,1	12,7	11,9	13,6	11,3	11,4	11,1	11,5	15,0	10,3	9,6	12,0	11,4
Maxima .	20,0	23,1	24,0	24,0	20,6	21,7	21,4	23,3	20,7	23,2	20,9	24,8	21,5	29,1	23,2	23,7	18,1	23,8	23,8	25,5	23,9	25,3	27,9	24,9	27,7	26,3	26,5	22,9	26,4	27,8
Minima..	9,6	10,6	9,7	11,2	11,7	11,8	14,8	13,6	9,3	11,4	10,7	10,2	10,5	11,7	10,6	10,3	8,4	13,4	13,4	13,1	15,0	10,8	11,3	13,7	13,3	12,4	11,8	12,2	11,8	10,3
Moyenne.	14,8	16,8	16,9	17,0	16,1	16,7	18,1	18,4	15,0	17,2	15,8	17,5	16,0	20,4	16,9	17,0	13,2	18,6	18,6	19,3	19,4	18,0	19,6	19,3	20,5	19,3	19,1	17,5	19,1	19,0

TEMPÉRATURES EXTRÊMES MINIMA.

	AIN DRAHAM.	BEJA.	SOUK-EL-KHMIS.	LE THIBAR.	TÉBOURSOUK.	MEDJEZ-EL-HAB.	BIZERTE.	PORTOFARINA.	SKIMA.	TUNIS.	SOLIMAN.	GROMBALIA.	KÉLIBIA.	CHERICHERA.	BOU REMADA.	LE KEF.	MACTAR.	SOUSSE.	SFAX.	GABÈS.	DJERBA.	BEN GARDANE.	GAFSA.	METLAOUI.	NEFTA.	EL DJEM.	MATMATA.	MÉDENINE.	TATAOUINE.	KEBILI.
Janvier....	-0,6	-1,0	-3,0	0,0	-1,0	1,0	5,6	1,5	-2,5	1,0	-1,0	-1,0	1,0	-3,0	-1,0	-5,0	-6,0	1,4	-2,0	0,0	0,4	-2,0	-4,0	-1,4	0,0	0,4	-1,0	-3,9	-3,0	-6,0
Février....	-2,6	-3,0	-4,0	-2,0	-3,0	1,0	2,8	-1,0	-2,5	-2,0	-5,0	-4,0	0,0	-3,3	-3,0	-3,0	-5,0	-1,0	-2,0	0,0	0,0	0,0	-4,0	-2,6	-1,0	1,0	-4,0	-2,0	-4,0	-5,0
Mars	-1,0	-1,5	-3,0	2,0	1,0	2,0	6,4	3,0	-1,0	1,6	-3,0	-1,0	1,5	0,6	0,0	0,0	-4,0	3,0	3,0	2,0	4,0	2,0	0,0	-4,8	0,0	2,2	1,0	1,0	-1,0	-1,0
Avril......	-0,4	1,0	-3,0	2,5	1,0	5,0	7,0	4,0	0,0	3,0	1,0	2,0	1,0	0,4	1,0	0,0	-4,0	4,0	5,4	4,0	5,0	4,0	4,0	3,0	6,0	4,4	3,0	2,0	1,0	1,0
Mai	3,6	3,0	0,0	5,0	6,0	6,0	9,0	5,5	3,0	4,0	2,0	3,0	2,4	6,0	5,0	0,0	1,0	8,0	9,0	7,0	7,0	5,0	2,0	8,2	9,0	7,6	5,0	5,0	2,0	7,0
Juin.......	7,2	9,0	7,0	11,0	12,0	12,0	13,0	10,5	8,5	11,0	9,0	9,0	6,0	12,0	10,0	7,0	6,0	11,0	13,6	13,0	13,0	8,0	11,0	14,0	13,6	12,0	12,0	12,0	10,0	12,0
Juillet.....	9,2	10,0	10,0	13,0	13,0	14,0	15,6	11,0	10,0	10,0	11,0	12,0	11,0	11,0	11,0	10,0	10,9	12,0	14,0	12,0	15,0	8,0	10,0	17,4	16,0	14,8	13,0	13,0	12,0	14,0
Août......	12,8	14,0	11,0	11,5	15,0	13,0	19,0	17,0	12,5	13,0	10,0	11,0	11,0	13,5	14,0	14,0	10,0	17,0	17,0	14,0	18,0	8,0	14,0	10,4	17,0	15,0	15,0	13,0	13,0	16,0
Septembre.	9,0	11,0	8,0	12,0	10,0	8,0	15,6	12,0	9,5	13,0	11,0	9,0	8,0	12,0	12,0	10,0	10,0	15,2	12,0	13,0	13,0	8,0	10,0	14,0	14,0	13,0	11,0	12,0	8,0	14,0
Octobre ...	4,2	6,5	4,0	10,0	10,0	7,0	12,2	8,0	6,0	7,0	5,0	4,0	6,0	9,0	10,0	6,0	5,0	6,0	8,0	9,0	12,0	10,0	3,0	8,2	7,0	6,0	10,0	6,0	8,0	4,0
Novembre .	2,0	2,0	0,0	2,0	0,0	4,0	7,6	3,5	0,0	3,0	2,0	3,0	4,0	3,0	4,0	1,0	-1,0	3,5	3,8	1,0	3,0	10,0	0,0	3,0	1,0	4,0	3,0	1,0	0,0	2,0
Décembre .	1,0	-2,0	-2,0	1,0	0,0	0,0	5,0	0,0	-3,5	-1,0	-3,0	0,0	0,9	-3,0	-0,5	-1,0	-5,0	1,4	2,0	0,0	2,5	-5,0	1,0	-1,0	-1,0	0,4	-1,0	-2,0	-4,0	-4,0

	AIN DRAHAM	BEJA	SOUK-EL-KHMIS	LE THIBAR	TÉBOURSOUK	MEDJEZ-EL-BAB	BIZERTE	PORTOFARINA	SELMA	TUNIS	SOLIMAN	GROMBALIA	KÉLIBIA	CHERICHERA	BOU REMADA	LE KEF	MACTAR	SOUSSE	SFAX	GABÈS	DJERBA	BEN GARDANE	GAFSA	METLAOUI	NEFTA	EL DJEM	KEBILLI	MATMATA	MÉDÉNINE	TATAOUINE
Janvier....	16,0	18,8	19,0	19,0	18,0	18,4	17,8	21,0	17,0	23,0	18,0	22,0	25,0	21,8	18,0	20,0	18,0	21,2	20,0	23,0	21,0	25,0	20,0	20,0	28,0	21,0	24,8	18,0	24,0	26,0
Février....	19,0	23,0	21,0	22,0	19,0	23,0	20,0	24,0	17,5	23,0	21,0	24,0	18,3	25,0	21,0	23,0	21,0	24,6	23,0	26,0	30,8	24,0	25,0	23,0	25,0	25,0	27,0	20,8	27,5	31,0
Mars......	22,0	28,6	27,0	26,0	23,0	26,0	30,4	27,0	22,0	24,0	21,0	28,0	21,0	24,8	28,0	29,0	29,0	29,4	28,0	30,0	33,0	33,0	28,0	28,0	31,0	29,8	34,0	28,0	34,5	36,0
Avril......	27,0	34,8	34,0	31,0	28,0	31,0	28,4	32,0	28,0	31,8	32,0	31,0	27,0	37,5	32,0	33,0	32,0	34,0	28,6	42,0	38,0	40,0	37,0	31,8	35,0	39,0	41,0	34,0	39,0	42,0
Mai	32,7	40,0	39,0	36,0	31,0	38,8	32,0	34,0	32,0	39,0	37,0	39,0	34,0	41,0	38,0	35,0	37,0	39,8	33,6	44,0	37,4	41,0	41,0	37,2	40,0	41,4	43,0	42,0	43,0	43,0
Juin.......	36,4	41,0	43,0	40,5	34,0	40,0	36,0	37,0	39,5	40,8	38,0	38,0	38,0	42,4	40,0	40,0	36,0	41,0	34,0	41,0	41,0	45,0	45,0	43,6	45,0	40,0	49,0	42,0	46,0	48,0
Juillet.....	39,0	47,0	45,0	45,5	43,0	42,0	39,0	42,0	41,5	44,0	43,0	44,0	39,6	47,4	43,0	45,0	41,5	45,5	38,0	47,0	46,0	46,0	50,0	46,0	48,0	46,4	53,0	45,0	48,0	50,0
Août......	39,6	47,0	45,0	44,5	42,0	41,0	38,7	41,5	41,0	45,0	42,0	47,0	37,0	48,0	43,0	43,0	38,0	45,0	41,0	49,0	42,0	43,0	48,0	42,0	45,0	47,2	50,0	43,0	46,0	48,0
Septembre.	35,0	37,0	39,0	39,5	37,0	37,0	38,0	39,5	36,0	40,0	38,0	40,0	31.4	42,0	38,0	39,0	35,0	40,4	37,0	42,0	42,0	43,0	45,0	40,8	44,0	45,0	45,0	39,0	42,0	45,0
Octobre ...	30,6	34,0	40,0	36,5	33,0	33,0	33,8	36,5	32,5	36,2	31,5	37,0	32,4	37,2	35,0	35,0	30,0	38,0	36,0	40,0	39,0	40,0	39,0	35,0	41,0	38,0	41,0	37,0	39,0	47,0
Novembre .	25,0	36,0	33,0	30,0	28,0	28,0	27,0	30,0	29,5	30,0	28,5	33,0	25,0	31,8	30,0	34,0	28,0	32,0	28,0	36,0	33,0	34,0	32,0	30,0	35,0	32,0	33,0	31,0	35,0	34,0
Décembr.	21,0	23,6	26,0	24,0	25,0	23,0	23,0	24,0	19,0	25,0	21,0	25,0	22,5	26,0	24,0	26,0	24,0	24,9	25,0	29,0	25,0	30,0	29,0	26,4	26,0	27,0	28,0	14,0	31,0	32,0

M. Albert TURPAIN.

Professeur à la Faculté des Sciences Poitiers,
Membre de la Commission d'organisation de la Météorologie agricole
au Ministère de l'Agriculture.

A PROPOS DES PARATONNERRES DE GRANDE CONDUCTIBILITÉ ET DE LEUR EFFICACITÉ COMME PARAGRÊLE.

26 *Mars*.   537.43 : 55t.578

L'installation des paratonnerres dits *paragrêles* ou ñiagaras électriques a été poursuivie dans la Vienne dans les conditions suivantes. Le château de Saint-Julien-l'Ars, propriété de M. de Beauchamp se trouve dans une région qui, jusqu'en 1900, paraît-il, était assez fréquentée, l'été, par les orages. Souvent la foudre brisait les beaux arbres du parc entourant le château. Sur les conseils du général de Négrier, le propriétaire munit le clocher de l'église, tout proche du château, d'un paratonnerre constitué par une barre de cuivre de 3 cm de large et de 5 mm d'épaisseur.

La substitution du cuivre au fer fut conseillée par M. le général de Négrier d'après une observation qu'il avait faite naguère au Tonkin. Le bonze d'une pagode lui raconta que le sanctuaire qu'il visitait était naguère fréquemment la proie du feu céleste : le mauvais sort avait été conjuré depuis qu'une tige de cuivre continue reliait le sommet du monument à la terre.

Cette substitution du cuivre au fer, en ce qui concerne les conducteurs des paratonnerres, est chose assez ancienne. Il y a plus de 20 ans que le physicien anglais Lodge en préconisait l'emploi. Et même avant ce conseil autorisé les conducteurs de paratonnerre étaient parfois formés de cuivre, chaque fois que la préoccupation du coût élevé de ce métal n'en interdisait pas l'emploi. C'est ainsi en particulier que, depuis plusieurs années, certains constructeurs de paratonnerre ont adopté, comme conducteur, des rubans de cuivre rouge pur de haute conductibilité, de 3 cm de largeur et 0,3 mm d'épaisseur. La tour de Fourvière à Lyon et plus de 30 immeubles de cette cité sont munis de semblables paratonnerres.

La flèche de Saint-Julien-l'Ars fut donc munie, dès 1889, d'un paratonnerre en cuivre pur. La lame de cuivre prend terre dans la nappe d'eau d'un puits situé à une vingtaine de mètres du clocher.

Si l'on s'en rapporte aux observations des habitants du pays, les orages seraient bien moins fréquents depuis l'établissement de ce paratonnerre.

Encouragé par ce résultat, M. de Beauchamp poursuivit, soit personnellement, soit au nom d'un Comité de défense contre la grêle, l'installation de toute une série d'autres paratonnerres qu'il se proposa d'étager de 10 km en 10 km environ sur une ligne à peu près droite allant de l'Ouest à l'Est à partir de Saint-Julien-l'Ars.

Toutefois le second de ces paratonnerres en cuivre pur, celui érigé à Paizay-le-Sec, ne date que de la fin de l'année 1908. Il a été dressé sur un pylone en fer et construit entièrement par M. le général de Négrier qui me pria à cette époque d'en vérifier l'exacte mis à la terre. La prise de terre est obtenue en amenant l'extrémité inférieure de la bande de cuivre (largeur 5 cm; épaisseur 3 mm) dans une grande mare stagnant à quelques mètres du pylone.

Le troisième paratonnerre en cuivre pur installé dans la Vienne date du printemps 1909. Il fut érigé à Chauvigny, sur l'église Saint-Pierre. C'est une bande de métal de 148 m environ de longueur, de 5 cm de largeur et de 3 mm d'épaisseur. Cette grande longueur est nécessitée par la prise de terre placée dans un puits situé à 60 m environ vers l'ouest du clocher. La hauteur du clocher est de 30 m environ et la profondeur du puits de 46 m. La bande de cuivre formant paratonnerre présente de très nombreuses et très brusques sinuosités, sur l'inconvénient desquelles nous reviendrons plus loin. En 1911, on a changé la prise de terre qui emprunte l'eau d'une citerne à quelques mètres seulement du clocher. De ce fait, les sinuosités du conducteur sont moins nombreuses.

Un quatrième dispositif du même genre a été installé au printemps de la même année 1909 à Saint-Savin-sur-Cartempe. C'est sur le clocher, qui a près de 100 m de hauteur, que le paratonnerre en cuivre a été disposé. Il double un paratonnerre en fer, qui y était déjà fixé et prend terre dans un puits voisin. Le conducteur ne fait que quelques coudes assez peu accentués, sauf la partie qui se dirige vers la prise de terre.

En octobre 1910, le paratonnerre en cuivre pur de Saint-Julien-l'Ars, établi dix ans auparavant, a été doublé au moyen d'un second paratonnerre de cuivre électrolytique formé d'une bande métallique de 80 m de longueur environ (obtenue par la réunion de deux bandes de 40 m chacune) sur 8 cm de largeur et 0,2 cm d'épaisseur. L'extrémité placée au sommet du clocher forme un collier rivé à la bande de cuivre de 80 m et d'où part un groupe de 12 tiges de cuivre dorées de 2,5 cm de largeur chacune. Ces tiges forment un bouquet analogue à un bouquet de feuilles de yuka. La prise de terre est assurée par la plongée d'un conducteur dans un puits situé au pied même du clocher sur lequel se dresse le paratonnerre. L'extrémité plongeant dans l'eau compte huit bandes de cuivre effilées en pointe, rivées les unes aux autres et argentées.

Enfin, un dernier paratonnerre de cuivre pur vient d'être disposé, en juillet 1911, sur l'hôtel de ville de Poitiers. Ici encore le conducteur de cuivre électrolytique double un paratonnerre ordinaire en fer préalablement établi. Le conducteur de cuivre électrolytique ne présente pas moins de 12 coudes, la pulpart fort brusques, à angle droit, sur l'inconvénient desquels nous reviendrons plus loin.

L'ensemble des cinq paratonnerres de cuivre pur disposé à Poitiers, Saint-Julien-l'Ars, Chauvigny, Paizay-le-Sec et Saint-Savin constitue ce que M. de Beauchamp nomme un *barrage électrique.*

Rappelons les dates d'installation de ces cinq paratonnerres en cuivre pur :

Saint-Julien-l'Ars, 1899;
Paizay-le-Sec, juin 1908;
Chauvigny, printemps 1909;
Saint-Savin, printemps 1909;
Poitiers, juillet 1911.

Un seul de ces cinq postes a plus de 10 ans d'existence. Les autres sont tous récents; pour trois d'entre eux, nous n'avons à l'heure actuelle que trois étés d'observations.

En ce qui concerne le poste de Saint-Julien-l'Ars, établi depuis plus de 10 ans, on devrait pouvoir se prononcer sur son efficacité. Il suffirait en effet de rapprocher les observations d'orages faites avant 1899, de 1890 à 1900 par exemple, de celles faites après l'établissement de ce paratonnerre. La comparaison des observations décennales 1890-1900 et 1900-1910 devrait donner une réponse péremptoire à la question d'efficacité.

C'est cette comparaison que j'ai cherché à faire, il y a déjà quelques années, lorsque le Conseil général de la Vienne me demanda mon avis sur l'efficacité des dispositifs préconisés par M. le général de Négrier et par M. de Beauchamp. Malheureusement, malgré la grande amabilité que mit M. Angot, directeur du Bureau Central météorologique, à me communiquer les renseignements qu'il possède concernant les orages observés dans la Vienne, il m'a été impossible d'établir une statistique quelconque concernant les météores électriques observées à Saint-Julien-l'Ars. Et, s'il est en somme compréhensible qu'aucune série d'observations suivies ait été effectuée à cet endroit de 1890 à 1900, il est assez curieux que les promoteurs de l'installation du barrage électrique de la Vienne ne se soient aucunement préoccupés de relever avec exactitude les orages survenus depuis l'installation de leur premier poste. Il est infiniment regrettable qu'aucune statistique exacte des météores électriques n'ait été dressée dans cette région du Poitou avant ces dernières années. Cette lacune montre l'utilité que présente les dispositifs d'observation et d'enregistrement automatique des orages, tels que ceux que j'ai combinés et établis depuis quelques années en plusieurs localités (Poitiers, Observatoire du Puy de Dôme, La Rochelle, Observatoire du Pic du Midi, etc.).

On est donc réduit, pour se prononcer sur l'efficacité du paratonnerre établi depuis 10 ans à Saint-Julien-l'Ars, à se baser sur les renseignements verbaux, forcément peu précis. Aussi ne peut-on se prononcer d'une manière décisive. On trouvera dans *La Revue électrique* (t. XVI, n° 191, 8 décembre 1911, p. 535 à 540) le détail des renseignements que j'ai cherché à réunir touchant l'efficacité du barrage de la Vienne en tant que paragrêle.

Il y a lieu de se demander comment fonctionnent les paratonnerres en cuivre pur. Le rôle qu'on leur attribue paraît être de décharger l'atmosphère et, en particulier, les nuages de leur électrisation et d'empêcher par suite ou du moins de raréfier les orages.

Ce résultat avait déjà été souligné par Franklin à l'époque où il imagina le paratonnerre. Antérieurement, le physicien français de Romas avait indiqué comme conclusion de ses remarquables expériences sur l'électricité atmosphérique, tout l'intérêt qu'il y aurait à multiplier les paratonnerres. De Romas, puis Franklin, préconisèrent ainsi la multiplication des paratonnerres non seulement pour garantir les monuments de l'atteinte de la foudre, mais pour rendre les orages moins fréquents.

C'est aujourd'hui un fait d'observation certain que l'installation de paratonnerres bien établis en des points fréquentés par la foudre, non seulement préserve de ses atteintes, mais encore diminue la fréquence des coups de foudre. Je citerai à cet égard l'observation importante faite par l'un des créateurs de l'Observatoire du Pic du Midi qui en fut le premier directeur, l'ingénieur Vaussenat. Ce savant a signalé que le Pic du Midi est bien moins fréquemment frappé par la foudre depuis qu'avec l'observatoire, ce sommet se trouve garni de nombreux paratonnerres dont la prise de terre est réalisée par l'immersion dans le lac d'Oncet. Cette observation de Vaussenat m'a été confirmée par l'aimable directeur actuel de l'Observatoire, M. Marchand. Il suffit d'ailleurs, comme cela m'advint, d'observer un orage au sommet du Pic, pour n'être aucunement surpris de ce résultat. Dès que l'orage est proche, toutes les pointes débitent si rapidement qu'on perçoit un bruit souvent intense qui rappelle, en l'exagérant, celui que font entendre les peignes d'une machine électrique en activité. L'égalisation de potentiel entre le sol et les nuages est donc favorisée par l'établissement de paratonnerres.

C'est justement dans le but de rendre plus rapide cette égalisation que plusieurs observateurs ont conseillé de substituer le cuivre pur au fer dans la constitution des tiges conductrices de paratonnerre. Toutefois cette substitution semble être le résultat d'une entente incomplète des phénomènes dont les paratonnerres paraissent être le siège. Beaucoup d'observateurs, raisonnant d'une manière peut-être un peu trop simpliste, pensent que le conducteur d'un paratonnerre fonctionne à la façon d'un conducteur reliant les deux pôles d'une puissante pile. Moins résistant sera ledit conducteur et plus rapidement, plus facilement s'obtiendra l'égalisation des potentiels. De là le choix d'un métal de haute conductibilité auquel on donnera le plus de section possible. On choisit le cuivre pur, le cuivre électrolytique, malgré son prix élevé; on choisirait des tiges ou des barres d'argent, métal meilleur conducteur encore, si le coût n'était absolument prohibitif. Les bandes métalliques de haute conductibilité fonctionnent dans l'esprit des promoteurs du barrage à la manière dont fonctionnent les conduites qui assurent l'évacuation d'un toit; plus elles sont larges et peu résistantes, plus elles se montrent aptes à débiter l'eau reçue. Et cette entente du phénomène se traduit par le choix même de l'appellation : *Niagaras électriques*, par laquelle M. le général de Négrier et M. de Beauchamp font image pour indiquer le grand débit de leurs paratonnerres, débit assuré, croient-ils du moins, tant par la haute conductibilité du métal choisi que par la grande section du conducteur.

Il nous est interdit actuellement de concevoir d'une manière aussi simple le fonctionnement d'un conducteur de paratonnerre. Aussi bien l'observation des météores orageux que l'étude, aujourd'hui assez avancée, de nouvelles formes de l'énergie électrique; les ondes électriques et les courants de haute fréquence nous obligent à concevoir d'une manière assez différente et bien moins simple, le fonctionnement d'une tige de paratonnerre en activité.

On peut, il est vrai, supposer que le paratonnerre fonctionne de deux façons, en temps ordinaire comme simple conducteur, en temps orageux, par sa surface, par son effet de peau, comme disent les Anglais, d'une manière qui fait image. Le paratonnerre devrait donc être très conducteur et, de plus, être à grande surface et sans self-induction. Nous ne sommes pas tout à fait de cet avis: Les observations que nous faisons depuis plus de dix ans nous ont permis de constater que jamais un conducteur disposé comme paratonnerre n'est parcouru par un courant continu. C'est ainsi qu'un cohéreur et, en général, un détecteur d'onde sont toujours quelque peu sensibles à l'électrisation atmosphérique dès qu'elle se manifeste même à un degré très faible. Preuve manifeste que la forme de courant qui se produit dans une antenne, sous l'influence des seules actions atmosphériques, n'est pas la forme continue. Quelle est cette forme de courant ? Nous n'avons pu encore l'établir, mais il nous paraît, dès aujourd'hui, fort probable que c'est une forme, sinon analogue aux ondes électriques, du moins analogue à des fronts d'onde. C'est pourquoi nous préconisons comme paratonnerres à grand débit de simples lames de laiton qui seront toujours bien suffisamment conductrices et qui débiteront fortement, *pourvu qu'elles soient rectilignes et à grande surface.*

Ce qu'on cherche en somme, c'est la réalisation de paratonnerres à grand débit. L'essentiel pour y parvenir n'est point tant de faire choix d'un métal à conductibilité élevée que d'éviter, avec le plus grand soin, de semer le long du conducteur les obstacles à la propagation des courants de forme particulière qu'y font naître les décharges atmosphériques.

Ce qu'on doit réaliser, c'est un conducteur présentant la plus grande surface possible (la section importe peu) et offrant surtout la plus faible self-induction possible. Point n'est obligé le choix de cuivre de haute conductibilité. Des lames de laiton ou de clinquant, beaucoup plus minces mais présentant une bien plus grande surface, seraient certainement plus efficaces.

Mais ce qu'il importe surtout, c'est que le conducteur du paratonnerre n'offre aucun coude, ne présente aucune sinuosité. Toute sinuosité accroît notablement la self-induction.

Nous avons indiqué (voir *La Revue électrique, loc. cit.*) comment, selon nous, devrait être poursuivie cette disposition de paratonnerres à grands débits, si l'on veut qu'ils aient quelque chance d'être efficaces comme paragrêles en déchargeant l'atmosphère de son électrisation, électrisation qui pourrait être la condition même de la formation des grêlons.

Depuis qu'on préconise ces dispositifs paragrêles, constitués en somme par des paratonnerres à grand débit, l'attention est attirée sur l'énorme intérêt que présentent ces essais. S'il était enfin prouvé qu'ils sont effi- caces, on détournerait ainsi des cultures l'un des fléaux les plus nuisibles.

Ainsi, eu égard, sans doute, aux observations et aux études d'enre- gistrement automatiques des météores électriques auxquels nous nous livrons depuis plus de dix ans, le Conseil général de la Vienne d'abord, puis le Groupe agricole du Sénat et plus récemment le service de la Météorologie agricole créé au Ministère de l'Agriculture, qui suivent avec un intérêt bien légitime ces diverses tentatives, nous ont-ils demandé notre avis sur l'efficacité de ces dispositifs et aussi de rechercher de quels phénomènes ces paratonnerres en cuivre pur pouvaient être le siège. Les observations et les mesures que nous avons faites sur les diverses antennes de nos postes d'observations d'orages, antennes constituées toutes par des fils de cuivre de haute conductibilité, nous amènent à conclure.

Les conditions essentielles de l'efficacité *possible* des paratonnerres destinés à décharger les nuées, à réaliser véritablement des conducteurs à grand débit sont les suivantes :

1º Conducteur à grande surface et sans coudes, aussi rectilignes que possible;

2º Prise de terre assurée au pied même des appuis, de telle sorte que le conducteur suive une ligne droite de son sommet à sa prise effective de terre;

3º Multiplicité des conducteurs ainsi disposés, lesquels nous paraissent devoir être distribués tous les 200 m ou, au moins, tous les kilomètres.

Cette dernière condition nous semble surtout importante dans les régions agricoles qui sont victimes d'orages locaux.

En résumé, il nous paraît qu'avant de songer à équiper par toute la France des paratonnerres en cuivre pur dont certaines régions (Lyon par exemple) sont très amplement dotées, il y aurait lieu de faire, dans une région fréquemment ravagée par la grêle, l'expérience d'essai que nous préconisons en nous basant sur les plus complètes et les plus récentes études des météores électriques (¹).

(¹) Depuis la rédaction de cette étude, sur l'invitation pressante du Conseil général de la Gironde, 17 paratonnerres ont été installés à Saint-Émilion, localité fréquemment visitée par la grêle, en suivant les indications, ci-dessus précisées, con- cernant la self-induction. Cette installation constituée par 17 pylones, situés à 300ᵐ environ les uns des autres, date de septembre 1912. Aucune observation de nature à renseigner sur leur efficacité et digne d'être prise en considération n'a pu encore être faite.

M. l'Abbé Michel LALIN,

Viévigne (Côte-d'Or).

INFLUENCE DE LA FORÊT SUR LA TEMPÉRATURE D'UN COURANT AÉRIEN.

551.562

26 Mars.

On a constaté souvent l'action des massifs forestiers sur le régime des pluies. Cette action, indéniable encore que très complexe, mériterait une étude détaillée, précieuse pour la climatologie locale.

Mes observations n'ont porté que sur un point : *Influence d'un terrain boisé sur la température d'un courant aérien.* Le bois du Four, entre Spoy et Viévigne (Côte-d'Or) a une largeur de 800 m environ. Deux thermomètres fixes gradués au $\frac{1}{10}$ ont été placés sur les lisières Ouest et Est, à une trentaine de mètres du bois. A chaque observation, leurs indications ont été contrôlées à l'aide d'un thermomètre fronde.

Du 15 mai au 30 septembre, 70 observations ont été faites, à des heures variables, le plus souvent le matin. Elles ont fourni les résultats suivants :

17 fois, le vent soufflait de l'E. Sur la lisière orientale, le thermomètre marquait toujours une température de 0°,3 à 0°,8 supérieure à celle indiquée par le thermomètre Ouest.

26 fois au contraire on notait un vent d'W. Le thermomètre placé à l'Est, en aval par conséquent du bois, indiquait maintenant une température inférieure de 0°,3 à 0°,75 à celle du thermomètre Ouest.

8 fois, il pleuvait et en dépit du vent d'W ou S-W, la température était la même sur les deux côtés de la forêt. Ce résultat s'explique très bien par la moindre capacité calorifique de l'eau.

19 fois, enfin, le vent soufflait dans une direction différente de celle des instruments, ou l'air était calme ; les thermomètres étaient d'accord.

Il est donc avéré que le courant aérien en passant au-dessus de ce mince rideau d'arbres s'est refroidi.

En examinant les chiffres ont est amené à conclure, semble-t-il, que ce fléchissement ne dépend point de la température initiale, mais uniquement de la vitesse du vent. Plus le vent était lent, plus la différence était considérable. Le maximum 0°,8 correspond au vent n° 3 de l'échelle télégraphique.

Le mélange avec des couches d'air plus chaudes à la sortie de la forêt, atténuait rapidement cette différence.

On peut se demander si cet abaissement de température avait quelque influence sur les précipitations atmosphériques. Le 2 août par vent d'W-SW, tandis que la partie Ouest du bois était indemne, tout le côté Est était arrosé par une pluie fine qui s'étendait à près de 2 km de la lisière Est. A Viévigne à 1 km environ, le pluviomètre recueillait 1,4 mm. J'avoue que cette observation est la seule contrôlée, bien que, cet été pluvieux, les occasions n'aient point fait défaut. Plusieurs fois, cependant en examinant la route qui traverse ce petit massif de l'Est à l'Ouest, j'ai constaté que toute la portion en avant du bois (Est) était mouillée quand en arrière du bois (Ouest), il n'y avait aucune trace de pluie.

GÉOLOGIE ET MINÉRALOGIE.

M. J. SAVORNIN,

Chef de travaux de Géologie et Minéralogie à la Faculté des Sciences, Alger.

SUR LA DATE ET LES PARTICULARITÉS D'UNE INTRUSION DE TRIAS GYPSEUX DANS LE MASSIF DU BOU-TALEB (ALGÉRIE).

(65)

24 *Mars.*

La situation toujours singulière de complexes d'argiles, cargneules, gypses, etc., qui se rencontrent si fréquemment dans l'Afrique du Nord a donné lieu à bien des essais d'explications car, de tout temps, elle a frappé les observateurs, avant même que l'âge triasique de ces ensembles chaotiques ne fût démontré.

Je noterai ici que j'ai personnellement pu affirmer la présence de l'Hettangien dans ces mêmes complexes, avec une fréquence jusqu'alors insoupçonnée. M. Dareste de la Chavanne et moi-même y avons vu aussi du Lias. On sait, d'après MM. Curie et Flamand et L. Gentil, qu'il y existe parfois également des schistes cristallins; j'ajouterai même des brèches paléozoïques. A. Joly a reconnu en un point des poudingues permiens. Il faut donc sous-entendre que l'on est convenu d'appeler « Trias » un ensemble fort disparate de sédiments, dont la plupart ne sont il est vrai représentés que par quelques débris de roches. Des dépôts d'âge triasique certain en constituent la partie de beaucoup prépondérante.

Ce Trias se présente presque toujours exclusivement en relation avec des terrains beaucoup plus récents, et dans des conditions très anormales. L'explication de ces anomalies a, en quelquelque sorte, donné lieu à deux écoles. L'une, depuis Pomel, invoque le mode intrusif tel qu'on l'imaginerait à la seule énonciation du terme de « boues geysériennes » créé par cet auteur. L'autre, depuis M. Termier, invoque les processus que l'on étudie dans les « pays de nappes ». En d'autres termes, on considère que le Trias est arrivé à sa place actuelle soit par le dessous, soit par le dessus, des sédiments auxquels il paraît, en quelques points, superposé.

Les faits d'observations sont si nombreux que des exemples également probants peuvent être donnés tant à l'appui de l'une que de l'autre manière de voir. J'en ai presque exclusivement rencontré de ceux qui répondent au premier cas. Certains exemples peuvent donner lieu à des interprétations diamétralement opposées, selon la part d'hypothèse qu'on ajoute aux faits de pure observation. Mais d'autres ne laissent pas d'ambiguïté. Je présenterai ici, à cause de son importance, un de ces derniers.

Cet exemple est fourni par le Bou-Taleb, massif dont l'intérêt géologique n'a pas vieilli malgré les belles études que Péron ([1]) (1871, 1883, etc.) puis M. Ficheur ([2]) (1893) lui ont consacrées.

Grâce à l'excellente carte topographique au $\frac{1}{100000}$, minute des levés effectués par le Service géographique de l'Armée, j'ai pu faire une carte géologique détaillée de ce massif. Les environs de la mine de zinc d'Abiane, et des villages d'Annoual, Beni-Alem et Guenifa, fournissent de curieuses et faciles observations. On jugera du haut intérêt de cette région, pourtant bien limitée, en constatant sur la petite Carte ci-contre que la totalité des étages secondaires connus en Algérie sont représentés, au grand complet, dans ce petit espace. C'est tout au plus si le Rhétien et le Turonien n'ont pu être caractérisés. La tectonique se lit, sur le terrain comme sur la Carte, avec une aussi lumineuse facilité que la stratigraphie. Mais ce qui est surtout remarquable, c'est la *situation du Trias* au milieu de toutes les assises les plus récentes.

Un gros îlot, long de 5 km, large de 2 km, comprenant surtout du Trias et d'importants paquets d'Hettangien, se trouve en contact latéral avec toutes les assises jurassiques : du Lias moyen au Tithonique inclus, et même avec la plus grande partie de l'éocrétacique : du Berriasien ou Barrêmien. Cet affleurement singulier offre un contour polygonal, qu'on peut approximativement schématiser par un trapèze.

1° La petite base de cette figure serait remplacée par un angle rentrant, entourant un éperon de Lias et Jurassique inférieur. Il s'agit de contact latéral et non de superposition, soit directe, soit inverse.

2° Le côté oblique, au Nord-Est, coupe irrégulièrement des bancs néocomiens et barêmiens. Le contact précis n'est que jalonné de place en place, à cause des abondants éboulis.

3° La grande base longe à son flanc Nord la crête liasique dentelée du Djebel Bou-Hellal. Mais il n'est pas possible d'admettre que le Trias prend ici sa place sous le Lias, ce dernier ayant une allure anticlinale incontestable. Du reste, les lambeaux infraliasiques très développés ici ne s'interposent en aucun point entre le Trias et le Lias.

4° Enfin le côté gauche du trapèze, où les contacts sont parfaitement nets, coupe successivement en biseaux tous les affleurements si remarquablement réguliers et complets de la série des étages jurassiques. Cette

---

([1]) *Sur l'étage tithonique en Algérie* (*Bulletin de la Société géologique de France*, 2ᵉ série, t. XXIX, p. 180 et 640).

([2]) *Sur les terrains crétacés du massif du Bou-Taleb* (*Constantine*) (*Bulletin de la Société géologique de France*, 3ᵉ série, t. XX, p. 393).

série va du Lias moyen (à *Pygope aspasia*) jusqu'au Tithonique inclus
(à *Pygope janitor*). Le Berriasien (*Thurmannia Boissieri*) et le Valanginien si bien caractérisé par une riche faune au Teniet Couras, sont aussi
brusquement interrompus de la même façon. Une pointe triasique s'in-
filtre même, plus au Sud, où elle est jalonnée par quelques blocs de car-
gueule. Partout, le contact latéral est admirablement net et partout le
Trias joue de ce côté le rôle étrange d'une masse éruptive ayant *digéré*
une partie des sédiments encaissants.

La Carte est du reste d'une lecture facile et rend bien compte de toutes
ces particularités.

On voit clairement que le Djebel Bou-Hellal, primitivement à l'est du
Bou-Iche, a été *décroché* et refoulé de 2 km au Sud-Est. Ce refoulement s'est accompagné, au flanc sud de la partie déplacée, d'un
amincissement de tous les étages qui, bien reconnaissables et bien identiques à ce qu'ils sont à l'ouest, occupent en plan une largeur de 1500 m
au lieu de 3500 m (du sommet du Lias moyen à la base du Cénomanien
supérieur). Le resserrement arrive donc juste à compenser le refoulement,
de sorte que le Cénomanien supérieur n'offre pas de discontinuité. De
plus, tous les étages, jusqu'à l'Aptien inclus, se sont renversés au flanc
sud du Bou-Hellal. Ce fait, en ce qui concerne la position relative de
l'Aptien et du Cénomanien près du Guenifa, a été signalé par Brossard [1]
en 1866 et vérifié par M. Ficheur [2] en 1893. La faille de décrochement
elle-même avait été vue par Brossard, qui l'appelait *faille de Beni-Alem.*
M. Ficheur en a fait abstraction et n'a mentionné que la discordance, par
transgression, du Cénomanien, par rapport à l'Aptien. Sans nier cette discordance, locale et peu importante quoique affirmée par l'absence de
l'Albien, je suis obligé de considérer que la faille relevée par Brossard
existe bien réellement et constitue même l'accident le plus remarquable
de toute cette partie du massif. C'est grâce à cette faille, et à l'arrachement de strates qu'elle a provoqué, que le Trias a pu venir au jour. On
ne peut dire si ce terrain si spécial a joué un rôle purement passif, ou
s'il a, par un processus de dilatation qui semble parfois lui appartenir,
contribué à l'exagération du mouvement. Quoiqu'il en soit, son *allure
intrusive* est des plus évidentes.

Il reste à déterminer l'époque de ces phénomènes.

Le décrochement est nécessairement postérieur au Cénomanien.
Le Sénonien inférieur, débutant par des conglomérats rigoureusement
localisés au nord des crêtes liasiques du Bou-Taleb, est largement trans-
gressif comme l'a si bien montré M. Ficheur. Il semble affecté, lui aussi,
par la faille de Beni-Alem (qu'il serait plus exact d'appeler « faille d'An-

---

[1] *Essai sur la constitution physique et géologique des régions méridionales
de la subdivision de Sétif (Algérie) (Mémoires de la Société géologique de
France, 2ᵉ série, t. VIII, p. 177.)*
[2] *Loc. cit.*

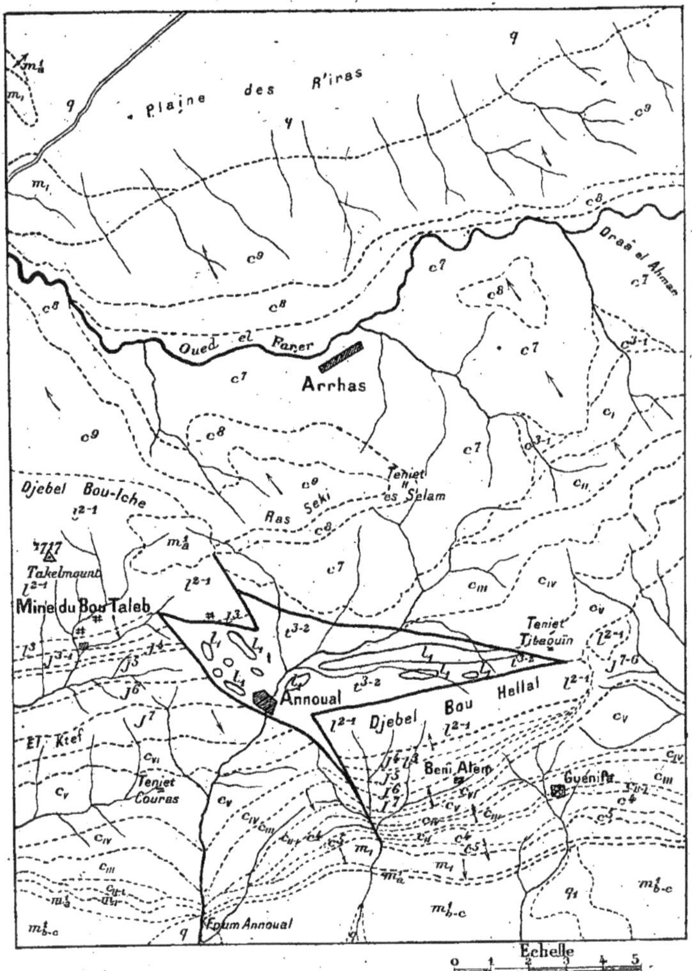

Carte géologique détaillée de la partie centrale
du massif du Bou-Taleb.

Signes conventionnels : q, q^1, alluvions; m_{b-c}^1, m_{II}^1, *Cartennien*; m_{II}, *Aquitanien* continental; c^9, c^8, c^7, *Sénonien*; c^5, c^4, *Cénomanien*; c^{3-1}, *Albien*; c_I, c_{II}, c_{II-1}, *Aptien*; c_{III}, *Barrêmien*; c_{IV}, *Hauterivien*; c_V, *Valanginien*; c_{VI}, *Berriasien*; J^1, *Tithonique*; J^6, *Kimeridgien*; J^4, *Sequanien*; J^4, *Argovien*; J^{3-1} *Jurassique inférieur*; L^3, *Lias supérieur*; L^{2-1}, *Lias moyen et inférieur*; l_1, *Hettangien*; t^{3-2}, *Trias supérieur et moyen* (?). Les flèches montrent le plongement des couches.

noual », au flanc du Bou-Iche. Mais en réalité ce n'est là qu'un phénomène secondaire : la faille a pu rejouer. Le contact des conglomérats néocrétaciques et du Lias est nettement un contact de falaise, tout le long du flanc nord du Bou-Iche, comme à l'angle nord-est de la limite commune.

Il y a plus : parmi les éléments des conglomérats se reconnaissent aisément toutes les roches jurassiques et crétaciques. Dans les argiles rouges mêlées aux bancs de poudingue j'ai remarqué, près de Teniet es Selam, de menus cristaux de quartz. Il en résulte que le Trias dont les argiles bariolées offrent les mêmes cristaux, *a été remanié* par le Sénonien inférieur. *Sa venue au jour, concomitante avec le décrochement, s'est donc produite à l'époque turonienne.*

C'est, à ma connaissance, la plus ancienne date qu'on ait jusqu'alors constatée pour la mise en place d'un lambeau de Trias. J'ai cité d'autres exemples, et M. L. Gentil en avait avant moi signalé aussi, où le phénomène datait de l'Éocène moyen. On en connaît d'une époque encore bien plus récente.

Il faut conclure de ces diverses observations que la venue du Trias, ne peut toujours s'expliquer par un cheminement de « nappe », malgré les multiples interprétations de détails que permet cette hypothèse commode, et qu'en outre ce phénomène est extrêmement complexe et ne présente en Algérie ni une modalité, ni une ancienneté uniformes.

M. J. SAVORNIN.

LE MASSIF DE GUETIANE (SUD DE SÉTIF). REMARQUES SUR LA STRUCTURE PARALLÉLOGRAMMIQUE DE CERTAINS MASSIFS A DEUX TEMPS PRINCIPAUX D'OROGÉNIE.

55r.8 (65)

26 *Mars.*

Les deux grands systèmes de l'orographie algérienne connus sous le nom d'*Atlas* se distinguent, au premier aspect, par la direction générale de leurs lignes de reliefs. J'ai eu l'occasion, dans diverses publications antérieures, d'insister sur la même distinction à faire au point de vue architectonique : l'Atlas du Nord et l'Atlas du Sud offrant des types de structure, et même une histoire orogénique, complétement différents.

Si cette remarque apparaît évidente dans l'Ouest, au seul examen de la Carte géologique de l'Algérie, elle peut sembler moins objective dans la partie orientale, où les deux systèmes se fondent l'un dans l'autre. Dès 1905, j'ai cependant montré que, dans les chaînons du Tell méridional situés à la lisière du Hodna, les deux types de structure ont en quelque sorte superposé leurs effets, mais que le stratigraphe peut encore aisément reconnaître la part qui revient à l'un et à l'autre de ces deux types ([1]). Je puis en présenter aujourd'hui un exemple des plus démonstratifs par sa régularité pour ainsi dire géométrique.

Si les deux modes orogéniques, caractérisés dans le temps par la date des plissements principaux qui s'y rattachent et dans l'espace par la direction moyenne de ces plissements, se superposent en une région donnée, on doit trouver dans cette région les limites des étages les plus anciens orientées suivant le système ancien et celles des étages plus récents suivant le système orogénique le plus jeune. En d'autres termes, les lignes directrices des plis telliens (Atlas nord) et celles des plis sahariens (Atlas sud) seront conjuguées en deux groupes donnant lieu à une sorte de réseau à mailles parallélogrammiques. Un massif bien individualisé, situé dans ce réseau, aura la forme d'un parallélogramme tel que ABCD (*voir* la Carte, ci-jointe), dont les côtés AB et CD sont parallèles aux lignes directrices de l'Atlas tellien, et les côtés AC et BD parallèles aux lignes directrices de l'Atlas Saharien.

Le massif de Guetiane, ou des Oulad Ali ben Sabour ([2]), répond admirablement à cette définition. Il est précisément situé, sur la Carte, à l'emplacement du petit parallélogramme mentionné. Remarquablement isolé par des plaines qui l'encerclent de toutes parts, son point culminant (1.902 m) les domine de près de 1000 m, malgré les faibles dimensions horizontales du massif. Géologiquement, sa constitution est simple. C'est un dôme urgo-aptien régulier malgré une certaine dissymétrie des deux pendages nord et sud. Le jeu de l'érosion, très actif dans la partie centrale surélevée, a festonné les lignes d'affleurements des assises barrêmiennes et aptiennes, dont certaines sont très remarquables, formant le cœur du massif. Par contre, l'affleurement périphérique du Cénomanien est limité par une ligne de base demeurant à altitude presque constante et qui, à peine ondulée, donne très approximativement la forme de la section plane horizontale du massif. Cette section est fort voisine d'une ellipse dont le grand axe (14 km) s'oriente du Sud-Ouest ou Nord-Est. Le petit axe mesure 7 km. Or, de cette ellipse, deux portions sont actuellement seules visibles, des dépôts transgressifs miocènes et quaternaires masquant le surplus. Ces deux portions, opposées, répondent aux deux côtés orientés comme AC et BD d'un parallélogramme inscrit dans l'ellipse.

Les sédiments miocènes (Aquitanien continental, et surtout calcaires

---

([1]) Cf., *Esquisse orogénique des chaînons de l'Atlas au nord-ouest du Chott el Hodna* (*Comptes rendus de l'Académie des Sciences,* 16 janvier 1905).

([2]) Le nom de *Djebel Gueiss,* qu'on lit sur la Carte générale de l'Algérie au $\frac{1}{800000}$, est placé là par erreur. Il s'agit probablement du *Gaçi el Liban,* petite arête curieusement marquée dans les terrains miocènes au nord de N'gaous. Le rôle topographique de cette arête est bien effacé, si on le compare à celui du puissant massif de Guetiane.

phytogènes du Cartennien) se relèvent plus ou moins en s'appliquant, presque tout autour, sur les flancs du massif. Ils sont même verticaux au revers Sud. Mais la courbe fermée qu'ils déterminent, malgré une légère

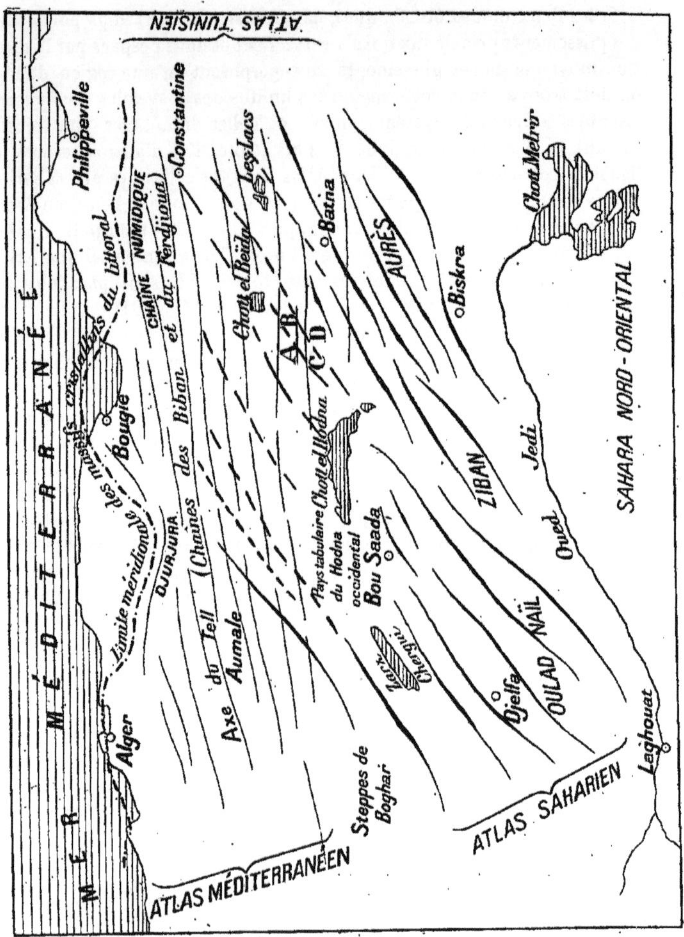

Schéma des lignes structurales correspondant aux deux Atlas dans la zone où ces systèmes montagneux se fusionnent.

interruption à l'Ouest, a des lignes directrices répondant aux côtés AB et CD du parallélogramme envisagé.

Le plissement antétertiaire (phase orogénique principale de l'Atlas méridionale) et le plissement post-miocène (phase principale de l'Atlas septentrional) s'orientent donc bien suivant les deux directions conju-. guées du réseau ci-dessus défini.

La même constatation semble être faite, à une plus grande échelle, avec le massif de l'Aurès, dont le pourtour parallélogrammique est si visible. Mais sa position très méridionale n'a permis d'arriver jusqu'à lui que des effets très atténués de la phase orogénique tellienne. Néanmoins, l'examen des lignes directrices appartenant aux sédiments anténummulitiques et de celles fournies par la transgression miocène au nord comme au sud du massif, permet bien de retrouver la forme géométrique caractéristique. On pourrait citer bien d'autres exemples, beaucoup plus nets que ce dernier, dans toute la chaîne dite des Monts du Hodna. Mais ce serait donner à la présente Communication un trop long développement.

L'existence d'un cadre général aussi simple, dans une région apparemment aussi complexe que celle de la jonction des deux Atlas, est un fait assez remarquable.

Ce n'est pas à dire qu'il n'ait pu se produire des déformations plus ou moins importantes. Les directions antétertiaires, répondant à l'Atlas saharien dans ses parties les plus septentrionales, ont pu être localement épousées par les compressions post-miocènes. On trouve du Carténnien plissé dans des dépressions préexistantes qui peuvent être, indifféremment synclinales, monoclinales ou anticlinales. Des torsions ont pu aussi se produire parfois. Ailleurs, des fractures où décrochements ont refoulé le long du méridien des portions de massifs ayant gardé l'orientation générale antérieure de leurs lignes directrices. Mais, à travers ces complications diverses, on peut dire que le cadre parallélogrammique est souvent encore reconnaissable. Les deux exemples cités, s'ils sont parmi les plus immédiatement démonstratifs, ne sont ni uniques, ni isolés.

MM. W. KILIAN,

Correspondant de l'Institut, Professeur à la Faculté des Sciences,

ET

P. REBOUL,

Attaché au Laboratoire de Géologie de l'Université, Grenoble.

SUR LA PRÉSENCE DE CÉPHALOPODES A AFFINITÉS INDO-AFRICAINES DANS LE CRÉTACÉ MOYEN DE CASSIS (BOUCHES-DU-RHONE).

---

24 *Mars.*

Des fouilles exécutées dans le Gault et le Cénomanien des falaises de Cassis (Bouches-du-Rhône) et la revision de la Collection Zürcher [1] nous ont permis de recueillir un grand nombre de Céphalopodes, dont l'étude a révélé une analogie très grande avec les faunes décrites dans l'Inde par Stoliczka et M. Kossmat. Nous citerons en particulier les espèces suivantes :

Acanthoceras Newboldi Kossm. (= *Ac. Rhotomagense* Stol. p. p.),

Ac. Newboldi var. *spinosa* Kossm. et var: *planicosta* Kossm.

Cette dernière espèce en particulier, que M. Pervinquière a également signalée en Tunisie, et qui paraît avoir été confondue par d'Orbigny avec *Ammonites Mantelli* (*Pl.* 104, non *Pl.* 103), est extrêmement fréquente dans les bancs gris qui surmontent le « banc des Lombards » à Cassis, et se fait remarquer par la conservation de son test blanc, se détachant sur le fond gris de la roche.

Stoliczkaïa dispar. d'Orb. sp.,

Schlœnbachia varians Sow. sp.,

Desmoceras sugata Forbes (signalé pour la *première fois* en *France*),

Puzosia crebrisulcata Kossm.,

Forbesiceras Largillertianum d'Orb. sp.

Gaudryceras cf. *Varagurense* Kossm. (forme intermédiaire entre *G.* cf. *Varagurense* et *G. Valudayorense* Kossm.).

Ces espèces sont associées dans le « banc des Lombards » avec des FORMES DU GAULT (*Schlœnbachia Mayoriana* d'Orb. sp.; *Latidorsella latidorsata* d'Orb. sp., *Douvilléiceras* sp., *Acanthoplites* cf. *Bigoureti*,

---

(1) Les précieuses séries recueillies par notre confrère M. Zürcher, dans le Sud-Est de la France, font partie actuellement des collections de la Faculté des Sciences de Grenoble.

Seunes sp., *Puzosia Paronœ* Kil., *P. Dupiniana* d'Orb. sp.), avec *Turrilites costatus* Lamk., *Discodea cylindrica* Desor et des Gastropodes variés, dont la plupart paraissent en *partie remaniés* et se distinguent par leur conservation spéciale (moules pyriteux).

Il apparaît ainsi que les bancs qui supportent, à l'Est de Cassis, l'assise à *Acanthoceras Newboldi* Kossm. sp. (Cénomanien), renferment un MÉLANGE d'espèces appartenant à plusieurs niveaux (Gault inférieur, G. supérieur ou Vraconnien et Cénomanien inférieur). Nous nous proposons, dans un prochain travail, de donner une description complète de ce gisement et des assises aptiennes qui en forment le substratum.

Le but de la présente Note est simplement d'attirer l'attention sur le caractère *indo-pacifique* de la faune mésocrétacée de ce point si intéressant du littoral provençal.

M. JOLEAUD,

Collaborateur au Service géologique de la Carte de l'Algérie, Marseille.

COMPTE RENDU DE L'EXCURSION FAITE AU DJEBEL RESSAS PAR LA SECTION DE GÉOLOGIE.

15 *Mai.*   (65) (079.3)

La Section de Géologie s'est rendue au djebel Ressas par le chemin de fer de Tunis à La Laverie. M. l'ingénieur Laborde, sous-directeur des Mines du djebel Ressas attendait les excursionnistes à la gare de La Fonderie. Il a bien voulu les accompagner dans la visite de la montagne et leur a facilité grandement l'accès du sommet rocheux en mettant, à leur disposition, les bennes du funiculaire qui desservent les niveaux supérieurs de l'exploitation.

Le djebel Ressas, dont le point culminant atteint 795 m, domine de près de 700 m la plaine du Mornag, qui s'étale à ses pieds vers l'Ouest. Séparé à l'Est par les oueds el Kardi et el Adem, d'une série de mamelons, principalement formés de marnes crétacées, dont les sommets ont une altitude variant de 300 à 400 m, il fait partie de la ligne de relief principale de la Tunisie, qui est jalonnée plus au Nord par le djebel Bou Kournin, plus au Sud, par le djebel Zaghouan, etc.

Le djebel Ressas est, en réalité, constitué par deux rochers calcaires de dimensions fort inégales. Le plus élevé, qui est en même temps le plus étendu, est situé au Sud : c'est le Grand Ressas. Il est relié par un col argileux au Petit Ressas, qui s'élève seulement à une altitude de 500 m. La ligne de crête de l'ensemble du massif s'abaisse au col à la côte 477.

L'étude géologique du Grand Ressas est rendue relativement aisée par le développement qu'y ont pris les travaux de mine. C'est le cas, en particulier, du travers-banc qui permet de passer du revers ouest

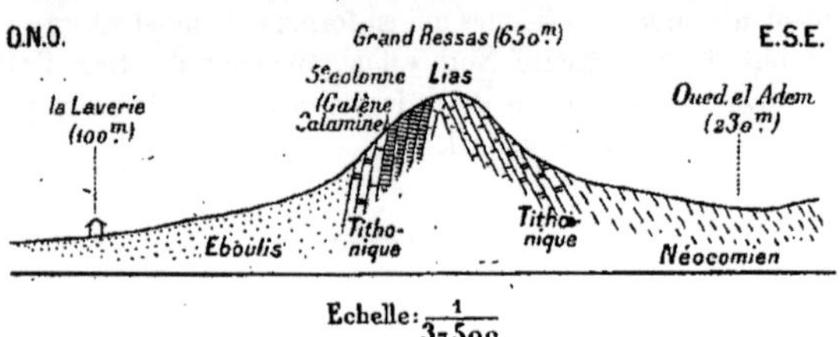

Fig. 1. Coupe schématique à travers le Grand Ressas.

sur le revers est de la montagne. Il montre que les calcaires massifs du Lias moyen, aux strates subverticales, forment à eux seuls tout l'axe de la montagne. Plaqués contre eux, on observe, non loin de la sortie orientale du tunnel, vers la côte 600, des calcaires blanchâtres à fossiles siliceux (Gastropodes, etc.), dans lesquels il faut vraisemblablement voir du Tithonique. C'est encore à ce même étage que paraissent devoir être rapportées des marnes jaunâtres, intercalées dans des calcaires, qui ont fourni une Ammonite indéterminable dans la carrière de la « cinquième colonne », sur le flanc ouest du rocher. Un peu plus au Nord toujours dans la même situation stratigraphique, l'on a trouvé, dans les calcaires de la carrière « Sainte-Barbe », un *Simoceras* examiné par notre regretté ami Pervinquière [1] : ce fossile indique aussi la présence du Tithonique.

Le pendage des couches du Grand Ressas est loin d'être toujours net. Cependant il semble bien que les strates tithoniques de l'Ouest de la montagne plongent à l'Ouest, et celles de l'Est à l'Est. Les bancs du Lias dessineraient entre les unes et les autres un anticlinal aigu, rompu par de nombreuses failles et diaclases, qui ont été minéralisées secondairement (galène, cérusite, calamine, blende) (*fig.* 1).

Le Petit Ressas reproduit assez exactement la disposition stratigra-

[1] *Découverte de fossiles dans le calcaire du djebel Ressas (Tunisie) (Bull. Soc. géol., France,* 4ᵉ série, t. VI, 1907, p. 481). — *Études de Paléontologie tunisienne, 1. Céphalopodes des terrains secondaires,* 1907, pl. 1, fig. 11, p. 30.

VUE PANORAMIQUE DU DJEBEL RESSAS, PRISE DE LA GARE DE LA LAVERIE.

Cliché Émile Haug.

TRAVAUX DE MINE, REVERS OUEST DU GRAND RESSAS.

Cliché Émile Haug.

COL SÉPARANT LE PETIT RESSAS (à gauche) DU GRAND RESSAS (à droite).

phique et tectonique du Grand Ressas. Sur son revers ouest, en particulier, le long du sentier qui va à la « direction de la mine », vers la côte 320, l'on retrouve le Tithonique représenté par des calcaires à *Ellipsactinia*.

L'extrémité nord-ouest de ce rocher tend à se déverser légèrement vers le Nord-Ouest. D'après M. Termier ([1]), ce renversement se retrouve bien accusé un peu plus à l'Est, près du point 328 : là « on a l'illusion d'un Néocomien s'enfonçant sous le Jurassique ».

Le col qui sépare le Grand du Petit Ressas semble dû à un ennoyage de l'axe du pli : un paquet de marnes néocomiennes y est conservé au voisinage de deux petits lambeaux de recouvrement triasiques ([2]).

Ce dernier terrain se retrouve au sud-est du Grand Ressas, entre la mzara Sidi Ahmer et l'oued el Adem.

Au nord-ouest du Petit Ressas, il en existe aussi un affleurement très étendu. Son étude n'a pu être qu'à peine abordée, faute de temps, au cours de l'excursion. Mais c'est lui qui a fait l'objet principal de la note de M. Termier. Le Trias offre ici les mêmes éléments pétrographiques que partout dans l'Afrique du Nord : on y note la prédominance des argiles irisées,

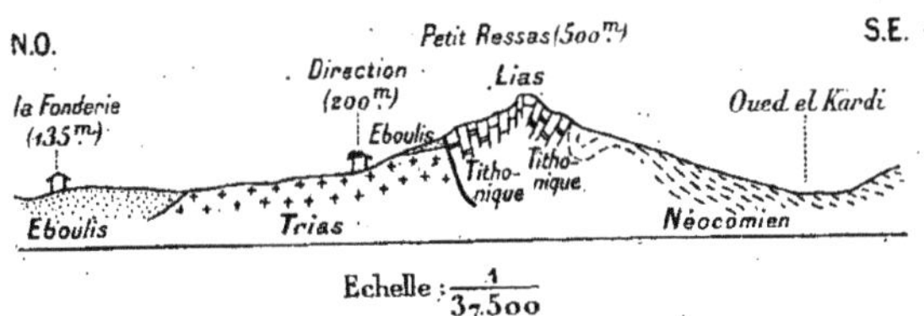

Fig. 2. — Coupe schématique à travers l'extrémité du Petit Ressas.

associées à des calcaires jaune de miel, des grès à grain fin, de couleur rougeâtre, des cargneules, des dolomies, des lydiennes, des cristaux de quartz enfumé bipyramidés, des pyrites de fer, etc.

Le Trias ainsi constitué parait former à peu près à lui seul le sous-sol du petit plateau où a été bâtie la « direction de la mine ». Les éboulis en masquent presque partout l'affleurement et ne permettent guère de se rendre compte de ses relations avec les terrains voisins. Cependant au nord-ouest du Petit Ressas, il semble que les argiles irisées plongent sous le Tithonique (*fig.* 2). Tout à fait à l'extrémité nord de ce rocher, elles paraissent mêmes pincées en une mince lame entre le Néocomien, plon-

---

([1]) *Notes de tectonique tunisienne et constantinoise* (*Bull. Soc. géol. de France*, t. VIII, 4ᵉ série, 1908, p. 109).

([2]) *Note sur les mines de zinc et de plomb du djebel Ressas*, présentée par MM. Lyon, Mercier Pageyral et Laborde aux membres de la *Société de l'Industrie minérale*, pl. (carte et coupes géologiques), 1913, p. 7-26, Paris, Cresson.

geant au Sud, et le Tithonique, légèrement déversé sur elles, vers le Nord : c'est du moins ce que montrent les parois de la galerie de recherches du niveau 285.

D'après M. Termier, le Trias s'enfoncerait aussi sous le Jurassique près de la cheminée indiquée par la carte d'État-Major au Sud-Sud-Est de la maison de la Société minière. A l'Ouest, le même lambeau de Trias passerait sous le Néocomien.

L'examen de ces faits avait conduit M. Termier·à émettre l'hypothèse de l'existence d'une nappe de charriage dans le djebel Ressas. Et cette interprétation nous a semblé démontrée d'une manière péremptoire par la découverte des deux petits lambeaux de recouvrement triasiques signalés au col séparant le Grand Ressas du Petit.

M. Antonin LANQUINE,

Préparateur de Géologie à la Faculté des Sciences de l'Université, Paris,
Vice-Président de la Société géologique de France.

OBSERVATIONS STRATIGRAPHIQUES GÉNÉRALES
SUR LE JURASSIQUE INFÉRIEUR DU VAR ET DES BASSES-ALPES.

551.762.1 (44.93) (44.95)

24 Mars.

Une étude détaillée des assises jurassiques représentées dans les chaines calcaires de la Provence, depuis le sud de Digne jusqu'aux environs de Toulon m'a permis de suivre l'extension de certaines zones et d'établir la régularité ou la discontinuité des successions dans le pays parcouru.

Je me suis efforcé, au cours de mes recherches, de prélever,·dans de nombreuses localités, les organismes fossiles qu'on peut y rencontrer même en faible quantité, afin de totaliser les observations les plus précises. En maintes occasions, en effet, les données lithologiques seules sont insuffisantes, mais elles ont été cependant notées avec soin, à défaut d'autres constatations. Les parties septentrionale et méridionale de la région étudiée fournissent, d'une manière générale, plus de fossiles que la partie intermédiaire située dans la moitié supérieure de la feuille de Draguignan au $\frac{1}{80000}$, publiée par le Service de la Carte géologique de la France.

Divers travaux, déjà anciens, ont fait connaître, dans l'ensemble, le Jurassique de cette région provençale, comprise entre Digne et le littoral méditerranéen. Hébert, Coquand, Dieulafait, Jaubert ont publié quelques notes relatives à l'Oolithe de Provence. Marcel Bertrand, MM. Collot et Ph. Zürcher ont levé les contours des feuilles de Marseille, Toulon, Aix, Draguignan et Castellane pour la première édition de la Carte géologique au $\frac{1}{80000}$. M. Émile Haug, dans son remarquable Mémoire sur *les Chaînes subalpines entre Gap et Digne*, a donné d'importants détails sur le sud immédiat de Digne.

Les recherches que j'ai entreprises à mon tour ont été consacrées tout d'abord au sous-système liasique et aux faunes d'Invertébrés qui le caractérisent. Par la suite, le champ de mes études s'est étendu et j'ai pu envisager la répartition des faunes et des faciès des divers termes du Lias et du sous-système oolithique (partie inférieure principalement) dans le Var et les Basses-Alpes. Le détail de ces observations (¹) fera l'objet d'un Mémoire spécial, actuellement en préparation, qui ajoutera un complément, utile je l'espère, aux connaissances déjà acquises sur le Jurassique du Sud-Est.

Je me bornerai à résumer ici quelques traits généraux de la stratigraphie des régions que j'ai explorées, l'extension de certains affleurements et je relaterai, ce faisant, quelques faits nouveaux.

Pour la commodité de ce rapide exposé, je grouperai les observations suivant trois régions, en partant du Sud, régions dont il est facile de consulter la figuration sur les feuilles de la Carte géologique détaillée de la France au $\frac{1}{80000}$.

1° *Région de Toulon et environs.* — La partie la plus inférieure des terrains jurassiques désignée autrefois sous le nom d'*Infralias* présente, dans la région de Toulon, une grande uniformité d'aspect et de caractères. Ce sont des calcaires dolomitiques, vacuolaires, grisâtres, souvent rosés, rapportés à l'*Hettangien*, sous lesquels se place le *Rhétien* à *Avicula contorta* qui forme des plaquettes calcaires, brun foncé généralement, sur lesquelles les valves de ce petit Lamellibranche se détachent, en relief, souvent avec une grande netteté. Entre les deux formations s'intercale fréquemment une couche argileuse verdâtre parfois de très faible épaisseur. Cet ensemble constitue d'importants affleurements qui atteignent jusqu'à 80 m de puissance. Il est quelquefois malaisé de distinguer le niveau à *Avicula contorta*. On le trouve bien représenté dans certaines localités : La Valette, près Toulon ; La Guirane et Sainte-Christine, près Solliès-Pont; Cuers; Belgentier.

Au-dessus de l'Hettangien viennent des bancs épais de calcaire foncé, gris bleu sur la cassure fraîche, le plus souvent roux en surface, dans lesquels on rencontre *Gryphæa cymbium* et *Spiriferina pinguis*. Quelques

---

(¹) Observations qui s'étendent vers l'Est et vers l'Ouest au delà des limites départementales du Var.

Brachiopodes spéciaux se trouvent à la partie supérieure, dans une couche
légèrement marneuse qui est surmontée de calcaires gris, d'un grain plus
grossier, entremêlés de minces lits marneux. On recueille dans ces bancs
Pseudopecten æquivalvis, Terebratula punctata et certaines plaques des
calcaires les plus élevés sont parsemées de *Bélemnites* (*B. niger*). C'est
le *Domérien* dont les affleurements sont très visibles en plusieurs points
de la vallée de Dardenne, à Valaury, à Cuers, à Valcros, à Pujet-ville.
Le sommet de cet étage présente un niveau calcaire pourvu de Brachiopodes abondants et dans lequel commencent à apparaître quelques
nodules siliceux. Mais ce faciès spécial est sporadique, au Domérien,
dans toute cette région sud. Il acquiert plus d'importance au *Toarcien*
qui le surmonte et, à l'*Aalénien*, les silex ramifiés et roux qui parsèment
les couches calcaires forment souvent de véritables lits.

Des successions fossilifères qui appartiennent à ce Lias supérieur
siliceux, où plusieurs niveaux caractéristiques pourront être distingués,
se rencontrent depuis l'ouest de Toulon jusqu'à Pignans. Le cirque de
Valcros, les environs de Pujet-ville et de Carnoules, pour ne citer que
les endroits les plus démonstratifs, présentent de bons affleurements. Les
Brachiopodes constituent l'élément principal de la faune. Les Lamellibranches sont parfois nombreux et certains Pectinidés sont localisés. J'ai
pu rassembler un nombre d'Ammonites assez restreint il est vrai, mais
ces exemplaires permettent d'établir la répartition des zones.

La partie supérieure des calcaires à silex aaléniens est couronnée par
un horizon, très important en Provence, et qui fournit un excellent repère.
J'ai étudié avec une attention particulière cet Aalénien terminal formé
par des calcaires roux, souvent siliceux, quelquefois légèrement marneux,
peuplés d'une Lima caractéristique : *Plagiostoma Hersilia*. J'ai eu l'occasion de donner déjà quelques indications précises (¹) sur la position
stratigraphique de ce fossile et sur ses conditions de gisement. Depuis
la vallée de Dardenne encore jusqu'aux environs de Carnoules on peut
suivre ce niveau constant.

Le *Bajocien* est bien représenté dans toute la région. Sa base est caractérisée par une zone qu'on trouve immédiatement superposée aux bancs
à *Plagiostoma Hersilia*. C'est une couche calcaire, très ferrugineuse, d'une
dureté extrême, d'une couleur très brune et dont l'épaisseur ne dépasse
guère 60 à 70 cm. En plusieurs points cette zone, appelée jadis couche
à *Sonninia Sowerbyi*, est riche en Ammonites appartenant aux genres
Witchellia, Sonninia, Emileia, Oppelia, etc. On y rencontre également,
en abondance, une Lima vigoureusement costulée : *Ctenostreon pectiniforme* qu'on ne trouve pas au-dessous, dans la région. J'ai constaté la
présence de cette zone inférieure du Bajocien en des points non signalés

---

(¹) « *Sur la zone à Lima Hersilia de l'Aalénien supérieur du Var* », *C. R. somm.
Soc. géol. de France*, nᵒˢ 12 et 13, 1911, p. 137.

encore ([1]) ce qui permet d'en envisager la continuité dans la région de Toulon.

Au-dessus de ce niveau intéressant s'élèvent des calcaires marneux, de couleur claire, jaunes, souvent bleutés, entremêlés de bancs plus durs de 10 à 20 cm d'épaisseur. Ils sont pauvres en fossiles et comprennent l'ensemble du *Bajocien* et du *Bathonien*. Quelques bancs de la partie inférieure contiennent *Pecten Silenus*. Plus haut on trouve *Oppelia subradiata*, *Parkinsonia Parkinsoni*, *Cosmoceras subfurcatum*. Puis : *Lytoceras tripartitum*.

L'ensemble de ces marno-calcaires, qui atteint souvent près de 200 m, est surmonté par des calcaires plus compactes, jaune plus foncé, formant falaise. Ce sont les « barres » qui donnent aux points élevés des chaînons calcaires de la région un aspect caractéristique. Des Oursins, des Brachiopodes, des Lamellibranches de la partie supérieure du Bathonien moyen et du Bathonien supérieur caractérisent cette formation qu'on peut étudier, à profit, au-dessus de Solliès-Pont, vers l'Ouest, au nord-ouest de Cuers, au nord de Pujet-ville.

Les dolomies du *Jurassique moyen* couronnent une partie des massifs calcaires, dont les principaux caractères viennent d'être brièvement passés en revue. .

2° *Régions de Brignoles et de Draguignan*. — Au nord de la Barre de Thème, les collines jurassiques qui s'échelonnent jusqu'à Draguignan présentent des affleurements analogues à ceux de la région de Toulon.

Les calcaires *rhétiens* à *Avicula contorta* et les argiles vertes et jaunes de ce niveau peuvent être distingués en de nombreux points, par exemple à Besse, sur la rive droite de l'Issole à Sainte-Anastasie, sur les bords de l'Argens avant Montfort. Vers le Nord, le Rhétien est encore plus net ; il forme des affleurements fossilifères sur le flanc nord des Bessillons, sur les montagnes du Serre et du Babadier, à Flayosc, à l'est de Draguignan, à Callas, à Bargemon. Les couches argilo-marneuses en plaquettes jaunâtres et verdâtres sont particulièrement développées dans cette partie orientale de la feuille de Draguignan où le Rhétien bien individualisé comprend également des bancs calcaires de couleur alternativement foncée et jaune clair, parfois assez épais.

Les dolomies et les calcaires dolomitiques de l'*Hettangien* gardent le même faciès que dans la région de Toulon ; les affleurements sont nombreux et importants, à la base de la plupart des séries liasiques.

Sur le flanc sud du massif de Saint-Quinis on rencontre un *Domérien* réduit, mais net en deux points, au sud-ouest de Besse et au voisinage de Forcalqueiret. On trouve encore le Domérien à Mazaugues, à Brignoles, à Cabasse. Ses caractères restent constants, mais son extension est réduite.

([1]) « *Sur la présence des couches à Witchellia, du Bajocien inférieur, en quelques points nouveaux du Var.* » (*C. R. Ac. Sc.*, t. CLVII, 1913, p. 82).

Aux environs de ce dernier village le calcaire gris bleu à *Gryphæa cymbium* affleure sur la rive droite de l'Issole, à la montagne de la Bouissière.

Le *Toarcien* et *l'Aalénien* sont représentés par des calcaires à nodules siliceux en de nombreux points : Mazaugues (ravins du Caramy), Brignoles (collines du Sud), Sainte-Anastasie, Besse, Cabasse, pour ne citer que les localités assez fossilifères.

La zone à *Plagiostoma Hersilia* est constante dans ces différents points, mais, jusqu'à présent, il ne m'a pas été possible de la retrouver plus au Nord où elle ne paraît pas exister.

Dans la vallée de la Bresque, au voisinage d'Entrecasteaux, les faciès lithologiques du Lias présentent de grandes analogies avec ceux de Cabasse. Le Lias complet atteint plus de 100 m de puissance, mais il est très pauvre en fossiles. Quelques empreintes de Bélemnites et de Pectinidés permettent seules de reconnaître le *Domérien*.

Vers Cotignac, jusqu'à Salernes, le Lias supérieur seul semble représenté et il est réduit.

Cette réduction s'accentue en allant vers Draguignan. Au nord de la ville, sur le flanc sud du Malmont, l'Aalénien supérieur, seul terme du Lias trouvé au-dessus des dolomies hettangiennes, se borne à une simple bande de calcaire à silex d'1 à 2 m d'épaisseur.

Le *Bajocien* présente, dans l'ensemble, des caractères un peu différents de celui des régions situées plus au Sud. A Cabasse, par exemple, le niveau à *Witchellia*, dont j'ai reconnu la présence [1] est un calcaire moins dur de couleur plus claire, dans lequel l'élément marneux s'est introduit et les traces ferrugineuses se sont raréfiées. Les empreintes et les valves de *Ctenostreon pectiniforme* s'y rencontrent en grande abondance.

Au-dessus, des bancs assez compacts contiennent *Pecten Silenus*; on retrouve ces mêmes bancs et ce même Lamellibranche à Entrecasteaux.

Au défilé dans lequel s'engage la Bresque [2], à 5 km en aval de Salernes, le Bajocien fossilifère renferme des Ammonites qui appartiennent à des zones supérieures au niveau à *Witchellia*. La gangue est un calcaire dur, jaune, spathique, parfois rosé, oolithique par places. Dans les environs de Salernes apparaissent quelques nodules siliceux, très disséminés au milieu de certains bancs calcaires, qui contiennent encore des fossiles bajociens. Ce faciès calcaire à rognons siliceux, bien moins abondants que dans les formations liasiques envisagées précédemment, se poursuit au nord et au nord-est de Draguignan. Et, dans cette direction, à Bargemon par exemple, à Seillans, le calcaire bajocien se charge également de dolomie.

Des calcaires marneux analogues à ceux du Sud surmontent presque partout le Bajocien calcaire. Leur partie inférieure doit être encore rapportée à cet étage.

---

[1] *C. R. Ac. Sc.,* CLVII, *loc. cit.,* 1913, p. 82.
[2] Connu par les géologues sous le nom de défilé de la Bouissière.

Le *Bathonien* comprend la partie moyenne et supérieure des calcaires marneux et, au-dessus, des bancs compactes à grain fin, très résistants, dans lesquels on peut recueillir, à l'ouest de Draguignan, entre Salernes et Sillans, *Eudesia cardium* et des fragments d'Ammonites. Au nord d'Entrecasteaux, à la surface de certains bancs compactes jaune clair on trouve des radioles d'Oursins, des Bélemnites, quelques rares Lamellibranches et Brachiopodes. Si, dans les montagnes et les collines entamées par les vallées de l'Argens, du Caramy, de l'Issole, les calcaires marneux forment encore d'importants affleurements, par contre, au nord-est de Draguignan, leur épaisseur décroît. Des calcaires gris clair chargés de dolomie et des calcaires durs, jaune de miel, à *Rhynchonella decorata* caractérisent le Bathonien de cette région orientale.

3º *Région de Castellane.* — La partie inférieure du Lias est plus complète dans cette région nord. Le *Rhétien* à *Avicula contorta*, quoique souvent réduit, est observable en de nombreux points avec les mêmes caractères : bancs calcaires jaunâtres, marnes brunes, argiles vertes et jaunes se débitant en plaquettes (environs de Castellane, Taulanne, Saint-Julien, vallée de l'Asse, etc.).

Les calcaires dolomitiques de l'*Hettangien*, de très faible épaisseur, qu'on trouve au nord de Rougon, à Villars, dans quelques collines autour de Castellane sont surmontés par le *Sinémurien*, représenté par des calcaires gris foncé, gris bleu, noirâtres, très compactes, entremêlés de minces lits marneux à *Gryphæa arcuata* et à Pentacrines. Cet étage se montre nettement à Castellane, à la Jaby, à Taulanne, à Saint-Julien, à Gévaudan, au Haut-Aurans, à Creisset, à la montée de la Clappe.

Le *Domérien*, qui lui fait suite, comprend des calcaires compactes, roux, foncés, souvent gréseux et parsemés de nodules siliceux. Les bancs inférieurs contiennent *Gryphæa cymbium* en abondance, quelques Gastéropodes indéterminables, des Bélemnites, des Brachiopodes. Ce Domérien est visible entre Chasteuil et Villars, à Castellane (la Melaou, la Jaby), à la montée de Taulanne principalement au-dessus du ravin de la Palud, sur le flanc est du Castellard, dans le ravin de Bedejun.

Quant au Lias supérieur il n'est nettement représenté qu'au bas des Dourbes par des marnes très fissiles noirâtres, qui atteignent le confluent des trois torrents de la Clappe. Le faciès calcaire à nodules siliceux, si caractéristique de l'Aalénien du Sud fait défaut. La zone à *Plagiostoma Hersilia* n'a pas été rencontrée; on l'avait signalée jadis jusqu'à Chabrières, à l'entrée de la clue de l'Asse, mais, malgré des recherches répétées, je n'ai jamais observé ce niveau en ce point des Basses-Alpes, pas plus d'ailleurs que dans les autres parties de la feuille de Castellane. Aux environs immédiats de cette ville (ravin de la Palud, chemin de l'Escoulaou aux Blaches) des calcaires bruns à *Cancellophycus*, peu épais, contiennent quelques fragments d'Ammonites toarciennes.

Le *Bajocien* et le *Bathonien* présentent des caractères spéciaux dès qu'on dépasse, vers le Nord, les environs de Chasteuil et de Villars. Parfois marno-calcaires avec intercalations de marnes brunes, d'autres fois marno-schisteux noirâtres ces deux étages renferment davantage d'Ammonites que dans les régions méridionales. Les couches marneuses à *Lytoceras tripartitum*, pour ne citer que les plus fréquentes, donnent de beaux affleurements à la Palud, près Castellane, entre la Jaby et les Blaches, au Bas-Aurans, à Chaudon. Sous les Dourbes et dans un petit ravin, tributaire de l'Asse, au sud de Chabrières, des couches marneuses et argileuses grises renferment une faunule de petites Ammonites ferrugineuses du Bathonien.

Dans ce rapide exposé où n'ont été résumées que des données stratigraphiques très générales, j'ai, à dessein, envisagé la base du Jurassique jusqu'au Bathonien seulement. Le Callovien, l'Oxfordien et surtout l'Argovien qu'on trouve représentés en certains points feront, par ailleurs, l'objet de considérations détaillées.

M. Paul LEMOINE,

Chef des travaux de Géologie appliquée à l'École des Mines, Paris.

SUR L'EXISTENCE D'UNE FAILLE A CHATEAU-LANDON.

551.87 (44.37) Château-Landon

27 *Mars*.

La façon dont la craie disparaît à hauteur de Château-Landon sous les calcaires lacustres m'avait toujours paru singulière. J'ai donc profité de l'étude que j'ai été chargé de faire du projet d'alimentation en eau de Château-Landon pour essayer d'élucider ce problème.

I. Sur la rive droite de Fusain, au sud de la ville de Château-Landon, les flancs de la vallée sont constituées par de la craie, dans toute la partie aval, celle-ci est même exploitée en plusieurs points et elle s'élève assez haut; on la voit en effet sur une dizaine de mètres au moins. Puis brusquement à *G* de Petit *Gasson*, sur la carte d'État-Major, le paysage change; aux pentes relativement abruptes déterminées par de la craie se substituent des pentes plus molles; on passe au système sparnacien (argiles avec poudingues), surmonté du calcaire de Château-Landon, bien visible sur la route de Préfontaine à Grand-Gasson. Ici mes tracés coïncident rigoureusement avec ceux de la deuxième édition de la feuille de

Fontainebleau (M. G.-F. Dollfus); je modifie simplement l'interprétation, admettant une dénivellation brusque au lieu d'un plongement lent.

II. Sur la rive gauche de Fusain, l'aspect de la ville de Château-Landon montre le même changement brusque; toute la partie est de la ville est bâtie sur un bel escarpement abrupt. Celui-ci ne se prolonge pas vers l'Ouest où il y a des pentes beaucoup plus douces. Or cet escarpement est constitué par de la craie qui monte jusqu'à la place du Marché. Au contraire, plus à l'Ouest les pentes sont constituées par du calcaire de Château-Landon, qui forme le substratum du plateau à partir de la place de la République, et au-dessous par de l'argile avec poudingue que l'on voit bien en descendant.

Il y a donc une faille passant entre la place du Marché et la place de la République, approximativement sur l'emplacement de l'Église.

L'examen des puits de Château-Landon confirme cette manière de voir ([1]).

A l'ouest de l'Église, rue du Porche (alt. 101 m), on a trouvé l'eau à 95 m. dans la glaise (Sparnacien).

Les puits situés plus à l'Ouest plus récents sont plus intéressants parce qu'on en a la coupe complète :

Puits de la Gare; altitude : 103 m. (Niv. gén.).

				m		m
	Terre végétale	0,80	de	103	à	102,20
Sannoisien..	Tuf calcaire	3,00	»	102,20	à	99,20
	Pierre calcaire	6,40	»	99,20	à	92,80
Sparnacien..	Glaise	1,00	»	92,80	à	91,80
	Calcaire glaiseux	7,00	»	91,80	à	83,80
Sénonien...	Castine	5,00	»	83,80	à	78,80
	Craie	4,00	»	78,80	à	74,80

(Eau à 77 m).

Usine à gaz; altitude : 102,20 m. (Niv. gén.).

				m		m
	Terre végétale	0,60	de	102,20	à	101,60
Sannoisien..	Tuf calcaire	3,40	»	101,60	à	98,20
	Banc de calcaire dur	7,00	»	98,20	à	91,20
Sparnacien..	Argile	1,00	»	91,20	à	90,20
	Calcaire glaiseux	8,00	»	90,20	à	82,20
Sénonien...	Craie	7,20	»	82,20	à	75

(Eau à 77 m).

([1]) Renseignements obligeamment communiqués par le Service des Ponts et Chaussées (M. Benezit, ingénieur à Fontainebleau).

On est donc amené à construire la coupe géologique ci-dessous.

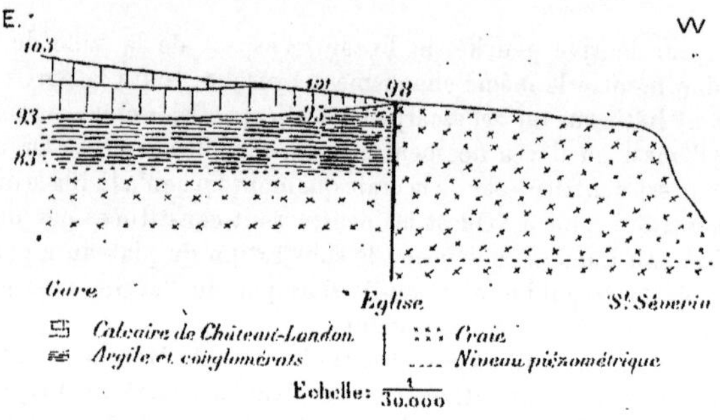

Coupe géologique Est-Ouest à hauteur de Château-Landon.

Les renseignements que l'on possède permettent d'ailleurs de se rendre compte de l'allure des couches dans le sens perpendiculaire (Nord-Sud).

Puits de l'Abattoir ; altitude : 97 m.

				m		m
	Terre végétale	0,50	de	97	à	96,50
Sannoisien..	Tuf calcaire dur	5,00	»	96,50	à	91,50
	Banc de calcaire dur	0,60	»	91,50	à	90,90
Sparnacien..	Tuf glaiseux	3,20	»	90,90	à	87,70
	(Eau à 90 m).					

Puits du Roux-aux-Grouettes ; altitude : 94 m.

				m		m
	Terre végétale	0,60	de	94,00	à	93,40
Sannoisien..	Banc de calcaire dur	10,20	»	93,40	à	83,20
Sparnacien..	Glaise mêlée de gros cailloux.	1,20	»	83,20	à	82
	(Eau à 83,30 m).					

Le contact du Sparnacien et du Sannoisien est donc à :

		m
Abattoir	.....	90,90
Gare	.....	92,80
Usine à gaz	.....	91,30
Roux-aux-Grouettes	.....	83,20

III. *Dans la vallée secondaire au nord du Château-Landon.* — Dans cette vallée, la faille s'observe très nettement et les tracés résultant d'observations sur le terrain diffèrent très nettement de ceux de la

Carte géologique (Fontainebleau; 2e édition) qui paraissent avoir été faits par continuité.

Le chemin de fer départemental entre la gare de Château-Landon et le hameau de Bruzelles est situé sur le calcaire de Château-Landon. Celui-ci forme le fond du vallon presque jusqu'à la route de Château-Landon à Bruzelles. Mais avant d'arriver à celle-ci, on passe brusquement à l'argile à silex, résidu de la décalcification de la craie, et à la craie elle-même; celle-ci est bien visible dans les divers accotements de la route de Bruzelles.

Le long de la faille, on observe d'importants gisements d'une terre rouge à éléments finement quartzeux dont je ne m'explique pas encore bien l'origine.

Cette faille fait donc disparaître entre la craie et le calcaire de Château-Landon tout le système sparnacien (argile et conglomérat de Nemours) puissant de 10 m à l'Ouest dans les puits de la Gare et de l'Usine à gaz, très développés et activement exploités également à l'Est au-dessus de Saint-Séverin. Ils forment d'ailleurs tout le substratum du plateau à l'Ouest du point s de Bruzelles, là où la Carte marque la limite du calcaire de Château-Landon et des Sables de Fontainebleau. De ceux-ci, soit à l'état de sables, soit à l'état de calcaires lumachelliques fossilifères, comme à l'Étang de Montfort, je n'ai vu nulle trace dans la région.

Influence de la faille sur le niveau piézométrique de la nappe de la craie — J'ai essayé de me rendre compte de l'influence que pouvait avoir une faille de ce genre sur le niveau piézométrique de la nappe aquifère de la craie).

	m
Gare	77
Usine à gaz	77
Saint-André	74,50
Route départementale	72
Gendarmerie	72
Rue de la Ville-Forte	73,30
Saint-Sernin	71
Bas Lamey	71,75
»	71,40
Place de la République	72,70
Mocpois	71

On remarquera que tous les puits du premier groupe situés sur la la lèvre occidentale de la faille montrent un niveau piézométrique plus élevé que ceux du deuxième groupe situés sur la lèvre orientale.

On peut faire le même travail pour le niveau piézométrique de la nappe déterminée dans le calcaire de Château-Landon par l'argile sparnacienne imperméable :

	m
Rue du Porche	95
Gare	92,80
Usine à gaz	91,20
Abattoirs	90
Roux-aux-Grouettes	83,20
Misseville	81,34
Étang de Montfort	79

L'abaissement du niveau piézométrique du Sparnacien est très manifeste vers l'Ouest; il est donc extrêmement curieux de constater l'abaissement vers l'Est du niveau de la craie, abaissant évidemment dû à la faille.

Prolongement possible de la faille vers le Sud. — Il ne m'a pas été possible de suivre la faille vers le Sud; cependant on doit être frappé de la disparition très brusque de la craie à l'Ouest des vallons de Nargis et de Chanteleau; disparition qui coïncide presque rigoureusement avec le prolongement de la faille de Château-Landon, telle qu'elle est tracée.

On pourrait même supposer que cette faille est le dernier écho de la grande faille du Sancerrois dont on suit les traces jusqu'à Montargis [1] et telle qu'elle est marquée sur la Carte géologique au millionième, la relier à ce système de failles du Sancerrois qui paraissent correspondre à ce prolongement dans le bassin de Paris de la ligne de Schaarung des plis armoricains et varisques du centre de la France.

M. G.-F. Dolfus avait indiqué en 1903 [2] qu'il considérait la vallée du Loing comme le prolongement direct du réseau de fractures du Sancerrois; mais il ne semble pas avoir eu d'arguments sérieux pour appuyer son hypothèse; car on n'en trouve nulle trace de ce réseau de fractures sur la nouvelle feuille de Fontainebleau qui lui est due et qui a paru en 1911. Je serais heureux que le tracé de la faille de Château-Landon lui permette de confirmer ses anciennes hypothèses.

---

[1] Son tracé est d'ailleurs jusqu'à présent complètement hypothétique entre la Loire et Montargis; mais la faille est très nette au sud de Montargis (*voir* la Carte géologique à $\frac{1}{80000}$, feuille d'Orléans, due à M. H. Douvillé).

[2] G.-F. Dollfus, Nouvelle Carte géologique du bassin de Paris au millionième, *Bull. Soc. géolog. de France*, 4ᵉ série, t. III, 1903, p. 7-18; *voir* p. 17.

M. Michel LONGCHAMBON,

Agrégé-Préparateur de Géologie à l'École Normale supérieure, Paris.

SUR LA DIVISION COLUMNAIRE DE CERTAINES PÉPÉRITES ET LA FORMATION DE PRISMES D'ARGILE DANS LE VOISINAGE DES COULÉES DE ROCHES ÉRUPTIVES.

552.28 (01)

26 *Mars.*

L'étude des tourbillons, dans une nappe liquide propageant de la chaleur par convection, a montré à M. Bénard ([1]) que la distribution stable des courants s'y effectuait suivant un type cellulaire parfaitement régulier. La masse entière de la nappe liquide est divisée en prismes égaux à base hexagonale régulière. M. Dauzère ([2]) a montré que de telles cellules prismatiques, nées dans un corps fondu (paraffine, etc.), persistent souvent après la solidification et que leurs parois sont des plans de facile rupture pour le solide. La connaissance de ces phénomènes a déjà permis d'interpréter aisément un certain nombre de faits, dont les causes étaient restées longtemps énigmatiques. C'est ainsi que M. Dauzère, en 1908, au Congrès de Clermont-Ferrand ([3]), a essayé de montrer quel rôle les tourbillons de convection pourraient bien avoir joué dans la formation des colonnes prismatiques de basalte. J'ai repris l'examen détaillé de cette hypothèse ([4]) et je suis arrivé à la conviction qu'elle explique parfaitement toutes les particularités de structure de ces curieuses formations. M. Ch. Ed. Guillaume a donné ([5]) en 1907, une explication analogue des sols polygonaux, observés dans les régions polaires.

En étudiant un certain nombre de coulées volcaniques d'Auvergne, il m'a semblé que les tourbillons cellulaires de M. Bénard trouvaient encore leur application dans deux phénomènes très fréquents, en particulier, dans la Limagne.

([1]) Henri Bénard, *Les tourbillons cellulaires dans une nappe liquide propageant de la chaleur par convection, en régime permanent.* (Thèse, *Fac. Sc. de Paris,* 1900).

([2]) C. Dauzère, *Recherches sur la solidification* (*Journ. de Phys.,* 4ᵉ série, t. VI, 1907, p. 592).

([3]) C. Dauzère, *Formation des colonnes de Basalte* (*Association Française,* Congrès de Clermont-Ferrand, 1908, p. 436).

([4]) Michel Longchambon, *Considérations sur la formation des colonnes prismatiques dans les coulées de roches éruptives* (*Bull. Soc. géol. de France,* 4ᵉ série, t. XIII, 1913, p. 33).

([5]) Ch.-Ed. Guillaume, *Bull. Séances Soc. Phys.,* 4ᵉ fasc., 1907.

La première observation a trait à la structure columnaire des pépérites. On sait que la plupart des dykes basaltiques de la Limagne sont accompagnés par une formation très constante de pépérites, par une auréole pépéritique. L'origine de ces roches spéciales semble bien établie depuis les travaux de Michel-Lévy; il paraît certain que c'est la trace d'un phénomène filonien, ayant accompagné la mise en place, l'intrusion de la masse basaltique. M. Giraud à précisé nos connaissances à leur sujet, en montrant la relation étroite qu'il y a entre les amas quasi-interstratifiés de pépérites et les bancs marneux ou argileux de l'Oligocène. Il semble donc qu'on doive concevoir les pépérites comme le résultat du brassage, dans de l'eau surchauffée, des éléments d'une marne ou d'une argile avec des matériaux empruntés à la masse basaltique fondue.

J'émettrai seulement une opinion personnelle sur l'origine de l'eau qui a certainement imbibé cette roche; je ne crois pas qu'il soit du tout nécessaire d'imaginer qu'elle a été apportée par la roche éruptive, comme on le fait ordinairement. Car, ces marnes retiennent encore une quantité notable d'eau, et d'autre part, il faut remarquer que, tandis qu'elles dominent actuellement la vallée, en de nombreux points (Gergovie, etc.), elles étaient, au moment de l'intrusion du basalte, au-dessous du niveau hydrostatique et, par suite, complètement imbibées d'eau. Il est facile d'imaginer qu'une masse fondue de basalte, progressant dans ces terrains marneux et argileux, devait faire fuir devant elle une auréole aqueuse, à température élevée, qui brassait les sédiments avec des éléments arrachés aux apophyses de la masse en mouvement. Lorsque la nappe basal-

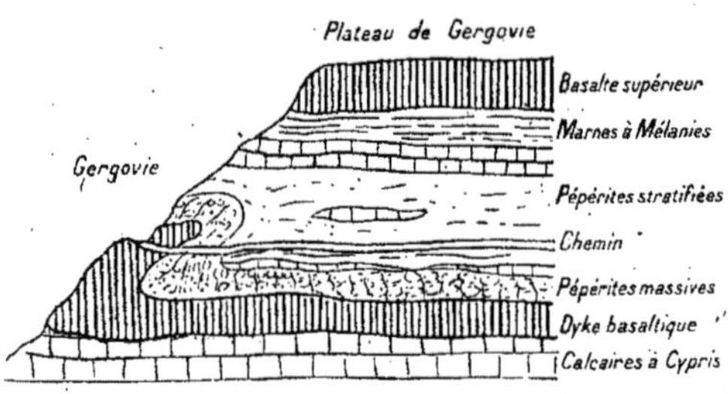

Fig. 1, — Coupe du plateau de Gergovie vu du Sud-Est.

tique, arrêtée par un banc calcaire, pouvait, grâce à un lit marneux, se glisser horizontalement dans les couches, le brassage se localisait dans ce lit marneux et l'on observe alors des pépérites interstatifiées. Les deux cas peuvent, très facilement, être observés à Gergovie.

Si l'on examine la coulée intrusive qui part des premières maisons du village de Merdogne (Gergovie), et se dirige presque horizontalement vers le Grand Ravin, on observe la coupe suivante, bien connue : la nappe basaltique repose sur les calcaires à Cypris qui n'ont subi, au contact, que des effets calorifiques. Sur ce basalte, on aperçoit une masse pépéritique qui est, elle-même, surmontée souvent par des marnes durcies. On doit donc imaginer ainsi la mise en place du basalte : la masse fondue, après avoir traversé les calcaires à Cypris, s'est introduite au-dessous des marnes argileuses superposées et s'y est lentement consolidée.

Or pendant la durée de cette consolidation, il y avait une couche de basalte à température très élevée, supportant une boue argileuse, recouverte elle-même par des bancs calcaires plus résistants. Il est facile de concevoir qu'une telle masse boueuse, surchauffée par dessous et refroidie à sa partie supérieure devait être, au début, le siège de violents tourbillons de convection. La formation pépéritique a conservé avec la plus grande netteté la trace de ces mouvements. Les filets tourbillonnaires sont dessinés par les alignements des particules hétérogènes qui la composent. Les tourbillons se sont peu à peu régularisés, et la masse entière des pépérites s'est parfois divisée en colonnes prismatiques régulières, de la dimension ordinaire des colonnes de basalte. Nul doute que l'on n'ait encore ici un système de tourbillons cellulaires de M. Bénard.

Ce qui fait l'intérêt de ce cas, c'est qu'il met en évidence cette structure en tourbillons superposés que j'ai été amené à considérer comme normale dans les colonnes prismatiques de grande hauteur par rapport à la largeur, et qui m'a permis d'expliquer les articulations des prismes basaltiques.

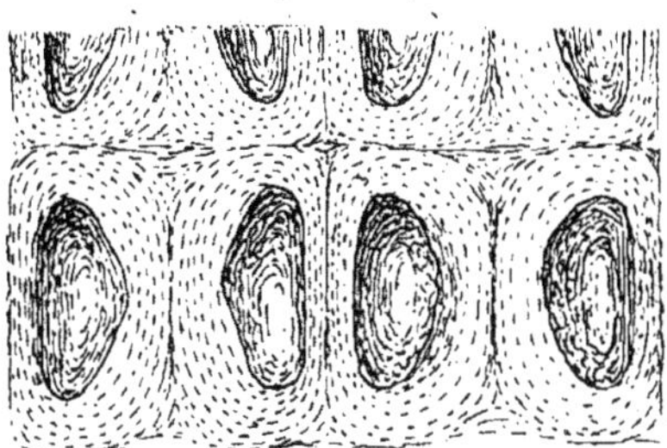

Fig. 2. — Schéma de la décomposition en boules des pépérites, lorsque la surface d'altération passe par un plan axial des tourbillons de convection.

On a signalé depuis longtemps la décomposition en boules des pépérites, mais ce que l'on n'avait pas remarqué, c'est que la moitié, au moins, des boules qui apparaissent en saillie, sur une surface attaquée de pépérite, sont jumelles, c'est-à-dire sont symétriques deux à deux par rapport au plan perpendiculaire, en son milieu, à la droite joignant les centres des deux boules. Cela s'explique très simplement par la considération des tourbillons de convection : en effet, toutes les fois que l'érosion amène la surface extérieure à passer dans le voisinage de l'axe de symétrie d'un tourbillon, la partie annulaire de la cellule qui n'a pas sensiblement pris part au mouvement, étant plus compacte, reste en saillie et donne deux boules symétriques entourées de filets concentriques.

Les colonnes prismatiques que l'on observe dans les formations pépéritiques interstratifiées sont donc bien dues aux tourbillons de convection, et elles sont constituées par une superposition de tourbillons encellulés, à sens de rotation alternant.

Au-dessus de la formation pépéritique se trouve un banc de roche homogène dont la partie inférieure présente une couche de petits prismes verticaux parfois très réguliers. Ils sont décrits ordinairement sous le nom de *calcaires prismés*; en réalité, ils sont entièrement silicatés, soit qu'ils proviennent de marnes décarbonatées, soit qu'ils proviennent de

Fig. 3. — Argile avec fissures de retrait, sous la coulée de lave de Gravenoire, près la route d'Issoire.

calcaires transformés par les eaux siliceuses qui ont imprégné de silice toute cette région. Quoiqu'il en soit, ces petits prismes (les plus gros atteignent au maximum 3 ou 4 cm de diamètre) ont une structure que, seule, la théorie des tourbillons cellulaires de convection permet d'expliquer. Tout d'abord, de même que dans le cas des prismes basaltiques, des sols polygonaux, etc., la théorie du retrait se heurte à l'objection fondamentale que le retrait seul produit rarement une division hexagonale régulière. En outre, si l'on examine de près ces petites colonnes prismatiques, on remarque qu'elles sont constituées par un axe de substance très fine, entouré par un manchon de matière plus grossière, tandis que la périphérie même du prisme est à nouveau formée d'éléments très ténus. Il y a là un phénomène tout à fait comparable à ce qui ce passe dans les sols polygonaux des régions polaires. Cela ne peut être dû qu'à une circulation de l'eau qui imprégnait le sédiment vaseux; les particules très fines étaient facilement entraînées dans le tourbillon alors que les éléments plus grossiers se concentraient dans la zone annulaire moyenne immobile. Enfin, tandis que les prismes sont parfaitement accolés, leur intérieur est souvent parcouru par des fissures de retrait très irrégulières, qui démontrent bien que la prismation n'a rien à voir avec la dessiccation de l'argile.

Les prismes d'argile n'existent pas seulement au-dessus des coulées intrusives; on en trouve aussi au-dessous des coulées épanchées en surface. Leur cas pouvait paraître assez embarrassant, car il était permis de se demander si les couches d'argile ainsi prismées n'avaient pas reçu de la

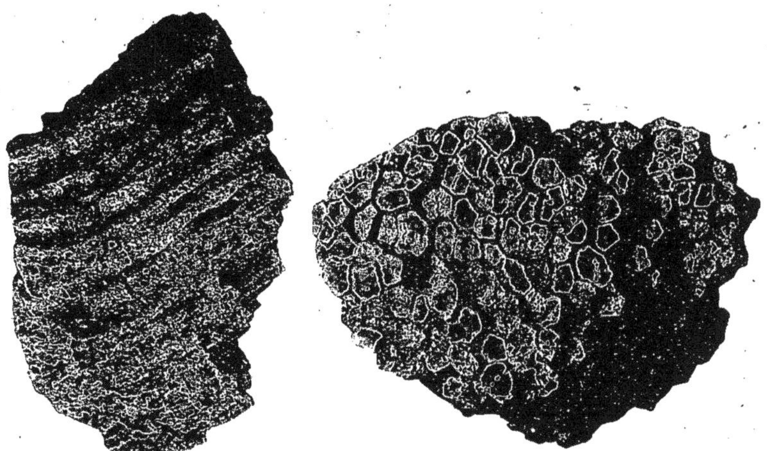

Fig. 4. — Prismes d'argile hexagonaux et quasi réguliers (un peu réduit).

Fig. 5. — Prismes d'argile, vus par la face supérieure (un peu réduit).

chaleur par la partie supérieure et ne l'avaient pas, par suite, perdue par leur surface inférieure. En réalité, il n'en est rien. Lorsqu'une roche éruptive quelconque s'étale sur une couche d'argile, elle la cuit: il y a retrait brusque et formation d'un réseau irrégulier de fissures comme en témoigne la figure 3. L'argile prend en même temps un certain nombre de caractères tels que la rubéfaction, la dureté, et elle perd le pouvoir de se délayer dans l'eau. Au contraire, dans des circonstances favorables, la masse argileuse a pu se trouver protégée contre une action trop brutale par une couche de scories, ou même par une couche superficielle d'argile cuite. Dans ces conditions, la boue argileuse, d'abord portée à une température assez élevée, s'est refroidie lentement, et un réseau de convection s'est établi. C'est ainsi que se sont formées les belles colonnettes d'argile que représentent les figures 4 et 5 et dont l'original appartient à la galerie du laboratoire de Minéralogie du Muséum.

Ces petits prismes présentent la particularité très intéressante d'être constitués, comme certains prismes de basalte, par des articles superposés.

Parfois ces articles se séparent d'eux-mêmes; sinon, il suffit de plonger un prisme de 2 ou 3 cm de longueur dans l'eau pour le voir, immédiatement, se diviser en articles égaux et de longueur constante pour des prismes de même largeur. Le rapport de la hauteur à la largeur dans un tel article est très sensiblement 0,3, c'est-à-dire conforme à la loi de M. Bénard.

Ces deux nouveaux cas de prismation par des tourbillons cellulaires de convection confirment mon opinion sur l'interprétation des prismes basaltiques articulés. Les tourbillons de grande hauteur par rapport à leur largeur, qui existent peut-être sous forme instable, sont remplacés en régime permanent, lorsque le réseau hexagonal parfait est établi, par une série de tourbillons cellulaires superposés, à sens de rotation alterné, chaque tourbillon ayant ses dimensions dans le rapport de la loi de M. Bénard.

M. Le Lieutenant-Colonel AZÉMA,

Paris.

ET

L. COLLIN,

Docteur es Sciences naturelles, Professeur au Lycée, Douai.

ÉTUDE DES AMPHIBOLITES DU NORD DE LA BRETAGNE.
(Partie stratigraphique par L. Collin.)

552.4 (44.11)

26 *Mars.*

Disposition des amphibolites dans les gneiss du Léon (plateau nord du Finistère). Principaux affleurements. — Les amphibolites du nord de la Bretagne se trouvent en général en bancs interstratifiés dans les gneiss, le plus souvent au voisinage des massifs granulitiques. Leurs bancs ont la même direction que les couches des gneiss dans lesquels ils sont intercalés et leur étude peut permettre, en certains points, de déterminer avec plus de précision que dans les endroits où elles manquent, l'allure et la direction des plis d'ordre secondaire qui ont affecté l'anticlinal granito-gneissique du Léon. Il est évident que ces observations ne peuvent être que locales, car les mouvements orogéniques ont affecté le nord du Finistère d'une extrême complication de plis et de failles, et l'on ne peut avoir qu'un aperçu très faible de cette stucture compliquée.

La région qui nous occupe est un synclinal gneissique compris entre les anticlinaux granitiques de Plouescat, Brignogan, Kerlouan, l'Abervrac'h (au Nord), et l'anticlinal des granits de Brest (au Sud). Le synclinal est partagé lui-même en plis d'ordre secondaire qui intéressent les gneiss : 1° le synclinal de Plounevez, Plouider, Guisseny, Saint-Frégant, Lannilis; 2° le synclinal de Lesneven, Lanarvily, Le Drennec, Plouvien, Le Conquet.

Ces deux synclinaux sont en partie séparés l'un de l'autre par le pointement granulitique de Loc-Brévalaire et le massif granitique de l'Aber-Ildut; ils communiquent au nord de Lesneven par une large bande gneissique et aux environs du Bourg-Blanc par une petite bande gneissique également, pincée entre le granit de Brest et le massif de Loc-Brévalaire.

On peut constater que dans cette région du nord finistérien, les granulites se présentent plutôt en massifs qu'en filons, et il est bon de faire ressortir que ces granulites de massifs se rapprochent beaucoup des granits par leur texture, tandis que les granulites de filons qui parcourent les plis, traversant même parfois les granits, sont le plus souvent de véritables pegmatites.

Le synclinal de Plouider, Guisseny, Saint-Frégant est lui-même partagé en petits synclinaux par des bandes granulitiques, véritables massifs allongés dans une direction EW; il a la même direction que les bandes, tandis que le synclinal de Lesneven, Le Conquet est dirigé NE-SW. Dans le premier de ces plis, les amphibolites ont à peu près la direction EW avec pendage S : elles sont, en effet, en bordure sud de l'axe de l'anticlinal du Léon; cet axe passerait au nord du Finistère, les granits de Brignogan-Plouescat étant plus anciens que ceux de Brest. Les amphibolites sont en bandes régulières et leurs principaux affleurements sont : entre Plougoulm et Roscoff, à Kerdesan au sud-ouest de Plouescat, à Plounevez, à Plouider, à Saint-Frégant.

En outre, on rencontre à peu près en tous les points où affleurent les gneiss, des bandes d'amphibolites d'autant plus importantes qu'on est plus rapproché d'un filon ou surtout d'un massif granulitique; il faut remarquer alors qu'elles sont accompagnées de longues bandes de pyroxénite et qu'on voit souvent un banc contenant à la fois les deux roches mélangées.

Dans le synclinal de Lesneven, Le Conquet, les amphibolites ont, comme les gneiss dans lesquels elles sont interstratifiées, une direction NE-SW, passant à la direction EW dans le voisinage du confluent des deux synclinaux. Elles sont fréquentes dans la partie N de ce synclinal, au voisinage de l'anticlinal granulitique de Kernilis, Loc-Brévalaire et totalement absentes auprès des granits de Brest; c'est aussi presque au contact de cette granulite qu'on trouve les filons de diorite micacée de Lannilis.

Les principaux affleurements sont aux environs de Lesneven : à 1 km SE du Château de PenMarc'h, au Saint-Esprit (Est de Lesneven), à la

ferme de Lescoat, à Lanichen, à 1 km SE de Lanarvily, au lieu dit
le Moulin de Folgœt (au coude que fait la route de Brest à 1,5oo km de
cette dernière localité), au Drennec, à Plouvien, enfin aux environs
du Conquet.

Étude des affleurements. — Parmi les affleurements du synclinal Nord,
il faut choisir ceux de Plouider et de Saint-Frégant.

Au nord-est de Plouider, dans une carrière où l'on exploite la pyroxénite, on trouve de gros nodules de cette dernière roche encastrés au
milieu des gneiss (la pyroxénite est une roche extrêmement dure, à grain
très fin; on la brise en chauffant fortement les nodules et en les refroi-
dissant brusquement; elle est employée pour l'empierrement de la route
de Lesneven à Plouescat, par Goulven).

A côté de ces nodules qui représentent des restes de bancs continus,

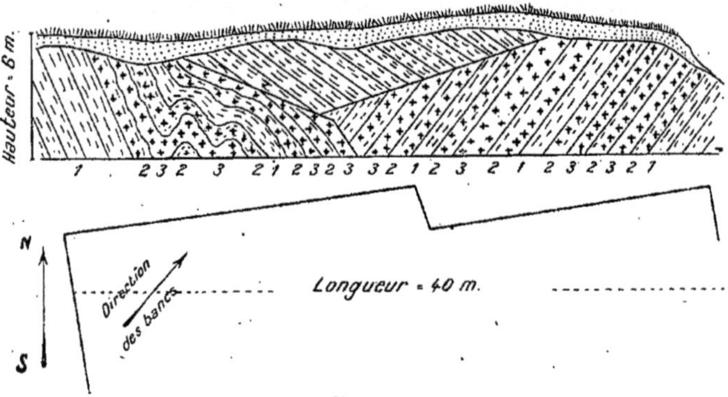

Fig. 1.

Coupe du côté Nord de la carrière de Penmarc'h, près de Lesneven.
1. Gneiss à mica noir.
2. Gneiss granulitiques métamorphisés par l'amphibolite.
3. Amphibolite.
4. Terre végétale.

déformés et sectionnés, on rencontre des bancs d'amphibolite lamelleuse,
peu riche en pâte feldspathique; ces bancs sont fortement plissés et ont
une direction sensiblement NW-SE avec pendage au SW, cependant,
à cet endroit, de nombreuses petites diaclases changent souvent la position des couches.

A Saint-Frégant, les carrières sont petites et il est impossible de déterminer la direction et le pendage des couches; l'amphibolite de Saint-
Frégant à une texture cristalline. Dans le synclinal de Lesneven, Le
Conquet, le plus bel affleurement des amphibolites se trouve à la carrière
du Château de Penmarc'h (5 km nord-ouest de Lesneven) (*fig.*1).

La projection horizontale de la carrière est un rectangle dont les
deux grands côtés auraient une direction EW. Le côté N offre une plus
grande surface d'étude que le côté S et est aussi plus accessible; il a 40 m
environ de longueur et une hauteur variant de 6 à 10 m; il sectionne
les couches d'amphibolite et de gneiss qui ont une direction SW-NE.
Le pendage des couches est variable à cause des failles et des plissements
très nombreux qui intéressent les bancs : à l'est de la carrière, le pendage
se fait vers l'Ouest; au contraire, à l'Ouest, il se fait vers l'Est; ceci
s'explique bien si l'on considère que la carrière est située entre deux
pointements de granulite.

A ce gisement, les amphibolites ne sont pas métamorphisées, elles sont
en contact avec des gneiss ordinaires pénétrés d'amphibole et surtout
avec des gneiss granulitiques qu'elles ont fortement métamorphisés.
Il est à remarquer qu'on trouve tous les passages entre les gneiss granulitiques et les amphibolites par pénétration de l'amphibole, en quantité
plus ou moins grande dans les gneiss.

L'affleurement de Lanichen ne présente rien de bien particulier;
l'amphibolite y est en contact avec une granulite à gros éléments; elle
est formée de fins cristaux semblables à ceux de la roche de Penmarc'h,
il n'y a aucun métamorphisme entre la granulite et l'amphibolite; il
serait possible que le contact se fît par faille.

Les amphibolites de l'est de Lesneven (carrière de Lescoat) n'ont plus
la texture cristalline des précédentes : ici, ce sont des roches lamelleuses
dont la stratification n'est pas aussi nette que celle des amphibolites de
la carrière de Penmarc'h; à côté de bancs assez réguliers intercalés
dans des gneiss non métamorphisés, se trouvent de gros amas d'amphibolite à forme nodulaire. Les gneiss qui passent aux micaschistes (à mica
noir) ont un clivage très marqué, leur pendage est nettement vers l'Ouest.
Ces gneiss sont en outre parcourus par de nombreuses diaclases perpendiculaires à leur stratification, ainsi que par de nombreux filons de
pegmatite à tourmaline; l'amphibolite n'a pas plus modifié les pegmatites que les gneiss.

Au sud-ouest de Lesneven se trouve le bel affleurement d'amphibolite
exploitée auprès du moulin du Folgœt. (*fig.* 2).

La carrière est creusée dans une colline, elle a une profondeur de
20 m environ; elle est orientée NS dans une direction perpendiculaire
à celle des couches.

Les bandes ont un pendage de 75° vers le Nord. L'amphibolite a une
texture cristalline à très fins éléments, elle constitue une roche extrêmement dure se cassant en plaques assez minces et très sonores; elle alterne
régulièrement avec des gneiss fortement modifiés à son contact.

Les éléments de gneiss assez éloignés des bancs d'amphibolite sont
gros et à orientation peu nette; les gneiss plus rapprochés ont un grain
plus fin, une schistosité plus grande et ils contiennent de nombreuses
lamelles d'amphibole.

Dans cette carrière, on exploite également une pegmatite à très gros éléments qui contient des cristaux de tourmaline en rosace, de la pyrite et du mispickel; la pegmatite traverse les bancs de gneiss et d'amphibolite et son filon n'est pas homogène; la salbande est composée d'une pegmatite à fins cristaux contenant du mica noir emprunté aux gneiss et des cristaux d'amphibole provenant de l'amphibolite; le centre du filon est formé d'une pegmatite à gros éléments (*fig. 2*).

Les autres affleurements du sud de Lesneven ne présentent rien de

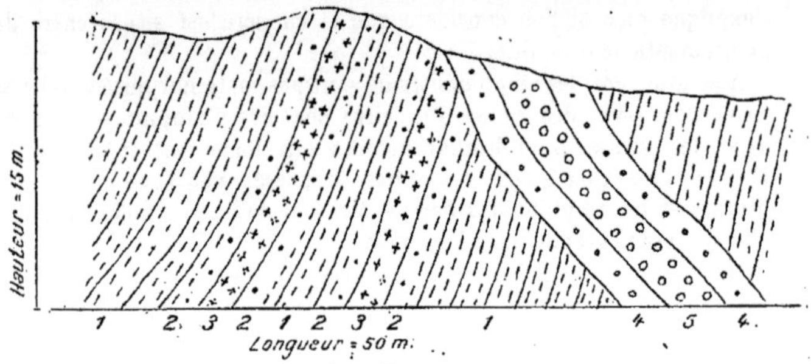

Fig. 2.

Carrière du Folgoet, près de Lesneven.

1. Gneiss à fins éléments.
2. Gneiss à éléments plus grossiers où domine le mica noir.
3. Amphibolite à grain fin.

Filon de... { Pegmatite à tourmaline, mispickel, pyrite.
4. Salbande du filon avec mica noir et amphibole en très fins cristaux.
5. Pegmatite à gros éléments.

particulier, sauf ceux des environs du Conquet qui sont remarquables par les actions métamorphiques des amphibolites vis-à-vis des micaschistes dans lesquels elles sont interstratifiées : ici, on observe le développement de cristaux différents des amphiboles tels que des grenats, des staurotides, du disthène, etc.

Conclusions stratigraphiques. — Les amphibolites du Finistère sont essentiellement interstratifiées dans les gneiss.

Leur présence, surtout à proximité des massifs granulitiques, indique qu'il y a une certaine relation entre ces roches.

Les amphibolites ont parfois cédé leurs éléments aux roches avoisinantes sans subir de modifications sensibles de la part de celles-ci.

La modification des roches avoisinantes a été postérieure à la formation des bancs d'amphibolite, et elle s'est produite aussi bien sur les roches éruptives que sur les roches stratifiées.

Ces modifications semblent résulter plutôt d'efforts mécaniques que de réactions chimiques; peut-être, pour en donner une explication absolument précise, faudrait-il avoir recours à l'hypothèse de phénomènes d'attraction moléculaire encore peu connus ?

M. le Lieutenant-Colonel AZÉMA.

Paris.

ÉTUDE PÉTROGRAPHIQUE DES AMPHIBOLITES DU NORD DE LA BRETAGNE.

552.4 (44.11)

AMPHIBOLITES. — Les amphibolites du nord-ouest du Finistère ont fait déjà l'objet d'une étude approfondie de la part de M. Ch. Barrois ([1]). Ce savant, au cours de ses travaux pour l'établissement de la Carte géologique de la Bretagne, a étudié sur de nombreux points les gisements d'amphibolites et a établi les relations lithologiques qui existent entre ces roches et celles de contact. Ce problème, si complexe, a été traité avec l'ampleur et le talent qui convenaient à un sujet aussi intéressant.

Je me suis proposé dans cette monographie d'étudier tout spécialement les amphibolites du synclinal Lesneven-Le Conquet, situé au nord de Brest et dont les gisements, que j'ai visités, sont décrits dans la première partie de ce travail. En outre, j'ai eu recours à l'analyse chimique pour essayer d'éclairer la question si controversée de l'origine de ces roches profondément modifiées par le métamorphisme. Il était intéressant, en effet, de rechercher si la roche primordiale était éruptive, ou bien si elle était sédimentaire. Dans le premier cas, ces roches appartiendraient à la série des orthoamphibolites et dans le second à celle des paramphibolites.

Les amphibolites de la région Lesneven-Le Conquet sont interstratifiées dans les gneiss avec lesquels elles alternent dans des proportions infinies. Ces roches ont une structure gneissique (nématoblastique) avec une coloration noir verdâtre; lorsque les éléments blancs atteignent une proportion convenable, la roche présente un mélange de marbrures blanches avec des taches noirâtres dues à des amas de petits cristaux d'amphibole doués d'un brillant éclat; aussi, certaines variétés d'amphibolites prennent-elles un aspect dentelliforme.

Les cristaux d'amphibole sont généralement aciculaires et mesurent de 1 à 5 mm de longueur. Ces cristaux, quoique indépendants les uns des autres, ont une orientation commune, sont allongés suivant l'axe vertical et couchés dans le sens de la schistosité de la roche. Une couche à amphibole de la carrière Lescoat, près Lesneven, présente cependant des cristaux enchevêtrés de 1 cm de longueur.

([1]) Ch. BARROIS, *Légende de la Carte géologique des feuilles de Morlaix et de Plouguerneau.*

Examinée au microscope en lame mince, l'amphibolite présente un assemblage de cristaux d'amphibole et de grains de feldspath auxquels viennent s'associer des minéraux accessoires.

Amphibole. — Se présente dans les coupes minces faites parallèlement à la schistosité de la roche en petits cristaux allongés suivant l'axe vertical; leur couleur varie du vert d'herbe (Penmarc'h) à un vert très clair, presque incolore (Pors Liogan) qui est en rapport avec la proportion du fer. Le polychroïsme assez intense dans les variétés très ferrifères est, au contraire, faible dans celles qui le sont peu.

Les cristaux aciculaires d'amphibole présentent toutes les propriétés cristallographiques des cristaux de la hornblende commune; c'est-à-dire, que les sections transversales à l'axe vertical sont à six faces avec lignes de clivage m, m se coupant à 124° et que les sections longitudinales ont des traces de clivage parallèles au même axe. Il en est de même pour les propriétés optiques : réfringence forte (1,65 environ), biréfringence d'environ 0,025, plan des axes parallèle à g^1, cristaux optiquement négatifs, extinction variable de 0° à 22°. Certaines plages montrent des auréoles polychroïques autour d'inclusions de zircon semblables à celles de la biotite.

Feldspath. — Constitué par de l'oligoclase en grains xénomorphes; macles de l'albite; extinctions variables avec l'arête pg^1 sur p ou sur g^1 de + 2° ou de + 8°.

Dans l'amphibolite à grands cristaux de Lescoat, l'oligoclase en état de décomposition partielle se transforme en muscovite.

Minéraux accessoires.

Quartz. — En cristaux xénomorphes à grain fin apparaît dans l'amphibolite en même temps que le feldspath; il constitue ainsi un véritable gneiss amphibolique, servant de terme de passage au gneiss à biotite.

Sphène. — Semble résulter de la décomposition d'ilménite ou de titanomagnétite. Ce minéral est surtout abondant dans les types à hornblende très ferrifère (Penmarc'h); il est remplacé par le rutile dans ceux à hornblende peu ferrifère (Pors Liogan). Le sphène se présente ordinairement en traînées formées de grains irréguliers; à signaler cependant quelques formes en fuseau à angles mousses avec faces b^1 et $d^{\frac{1}{2}}$ qui sont spéciales aux roches alcalines.

Rutile. — Abondant dans l'amphibolite du Conquet (Pors Liogan); petits cristaux allongés.

Apatite. — Particulièrement abondant à Penmarc'h, comme le sphène. Aspect habituel en sections hexagonales ou en grains allongés avec clivage transversal.

Magnétite. — Assez commune.

Zircon. — Rare; augmente avec la proportion des éléments blancs et devient commun dans le gneiss à biotite.

GNEISS À PYROXÈNE ([1]). — Les gneiss à pyroxène font partie du faisceau des amphibolites; les échantillons étudiés proviennent du Plouider. Ces roches sont caractérisées par la présence du pyroxène qui se substitue en grande partie à l'amphibole.

Les gneiss à pyroxène sont des roches compactes et très dures à grain très fin. Les minéraux constituants semblent disposés en couches mal définies et dans lesquelles celles relatives au feldspath apparaissent sous l'aspect de lignes blanchâtres, parallèles entre elles, donnant ainsi à la roche une faible apparence de schistosité.

Examinée au microscope en lame mince, la roche présente les minéraux suivants :

Pyroxène. — Élément dominant, se montre en petits grains de diopside d'un vert très clair, peu polychroïque avec des angles d'extinction supérieurs à 45°; lignes de clivage peu apparentes et très rares.

Amphibole. — Montre, contrairement au pyroxène, de grandes plages très polychroïques d'un vert d'herbe avec angles d'extinction inférieurs à 22°. Ces grandes plages sont déchiquetées, brisées et envahies par des minéraux secondaires probablement sous l'influence d'actions dynamiques.

Feldspath. — Oligoclase en petits grains xénomorphes rares.

Sphène. — Très abondant en petits grains arrondis formant de longues traînées.

Apatite. — Rare, de la forme habituelle.

Pyrite. — Petits cubes visibles à la loupe sur les échantillons; sont souvent entourés d'une zone de limonite.

Enfin, il y a lieu de citer l'*épidote* et la *clinozoïzite* comme produits secondaires. La clinozoïzite est reconnaissable en lumière polarisée à sa faible biréfringence et à sa grande dispersion et en lumière convergente au grand écartement des axes optiques.

GNEISS DE CONTACT. — Les amphibolites, qui alternent avec les gneiss en couches plus ou moins épaisses dont la puissance est estimée à 50 m, donnent lieu dans les zones de contact à un mélange dans lequel l'amphibole et la biotite se trouvent mélangées dans des proportions variables à la masse du quartz et du feldspath oligoclase et constituent ainsi des gneiss plus ou moins amphiboliques. Dans ces zones de passage, la biotite se montre souvent chloritisée par altération. A Penmarc'h, la biotite est disposée en petits globules noirs de 2 mm de diamètre environ. A signaler encore la présence de zircon et d'apatite.

([1]) A. LACROIX, Thèse, p. 53.

ANALYSE CHIMIQUE. — Deux analyses ont été faites au laboratoire de Minéralogie du Muséum sur deux échantillons de grande fraîcheur, provenant du gisement de Pors Liogan, sud du Conquet.

Le premier échantillon renferme des éléments blancs mélangés à des éléments colorés; c'est un type moyen entre l'amphibolite proprement dite et le gneiss, c'est-à-dire une amphibolite gneissique. Cette roche est placée au bas de la falaise de Pors Liogan et plonge dans la mer.

Le second échantillon, contigu au premier, est un agrégat schisteux de cristaux d'amphibole et de biotite paraissant dépourvu d'éléments blancs; il constitue un accident minéralogique intercalé dans l'amphibolite proprement dite et a quelques centimètres d'épaisseur.

Résultats de l'analyse chimique :

	Premier échantillon.	Deuxième échantillon.
$Si\,O^2$	54,06	46,19
$Al^2\,O^3$	17,05	13,23
$Fe^2\,O^3$	1,87	5,97
$Fe\,O$	7,34	6,97
$Mg\,O$	5,50	14,39
$Ca\,O$	8,81	10,95
$Na^2\,O$	2,78	0,67
$K^2\,O$	0,58	0,43
$H^2\,O$	0,44	0,65
$P^2\,O^5$	0,13	0,08
$Ti\,O^2$	1,69	1,56
	100,25	100,09
	II. 5. 3. 5.	IV. $5_{(2)} \cdot 1_{(2)} \cdot 2$
	Beerbachose	X

La composition minéralogique virtuelle pour les deux échantillons est la suivante :

Premier échantillon.

Quartz	7,14	} = 66,06 Sal.
Feldspaths	58,92	
Métasilicates	27,45	} = 33,19 Fem.
Minerais	5,74	

Deuxième échantillon.

Feldspaths	37,17	} = 37,17 Sal.
Métasilicates	47,62	
Orthosilicates	2,79	} = 62,03 Fem.
Minerais	11,62	

Le premier échantillon appartient au subrang Beerbachose, qui comprend des diabases, diorites, gabbros et mêmes des basaltes. Le second ne se rapporte à aucune roche déjà décrite.

Il y a lieu de remarquer que l'amphibole des deux échantillons est alumineuse et que cette alumine dans le calcul virtuel de la roche est exprimée en feldspath. De là une importance plus grande, qu'il ne conviendrait, donnée à l'élément blanc. Cet inconvénient de la méthode américaine est largement compensé par le très grand avantage qu'elle possède de faire connaître pour toutes les roches grenues en général et pour l'amphibolite en particulier, les minéraux qui auraient pu cristalliser dans un magma d'une composition chimique déterminée et notamment dans celles données par les analyses citées plus haut. On sait, en effet, que les minéraux des roches se forment suivant le mode de cristallisation qui leur convient le mieux dans les conditions de temps et de lieu dans lesquelles le magma se trouve placé. En définitive, un même magma peut donner naissance à des minéraux différents si les conditions dans lesquelles une première cristallisation s'est opérée ont varié. Je citerai l'exemple suivant emprunté aux savants travaux de M. A. Lacroix (¹). Le calcul de la composition virtuelle de la sommaïte admet la leucite comme minéral constitutif de cette roche, quoiqu'il ne s'y rencontre pas. Or, la composition chimique de la sommaïte est identique à celle de la leucitite à grosses leucites qui se trouve également à la Somma. Donc, ces deux roches, issues d'un même magma, ont cristallisé dans des conditions différentes en donnant naissance à des minéraux différents et la sommaïte n'est autre chose qu'une leucitite ayant subi la fusion ignée.

En ce qui concerne les amphibolites, la connaissance de la composition du magma permet de discuter si cette roche dérive d'un magma éruptif ancien plus ou moins modifié ou bien si elle est due à la recristallisation d'éléments sédimentaires.

La première analyse nous permet de conclure que l'amphibolite résulte de la recristallisation au fond d'un synclinal granulitique, aujourd'hui découvert par l'érosion, d'éléments gabbroïques ou dioritiques. Ces amphibolites appartiennent donc à la série orthoamphibolite et les gneiss, qui les renferment à celle des orthogneiss.

La seconde analyse, qui ne se rapporte à aucun type de roche décrit, donne à penser que l'échantillon a cristallisé dans d'autres conditions que celles réalisées par la roche et peut être considéré comme une ségrégation des éléments du magma. Les gabbros offrent de nombreux exemples de cette concentration des éléments basiques sur les bords du magma. L'analyse, qui se rapporte autant à une hornblende commune qu'à une amphibolite privée d'éléments blancs, ne peut donner, dans ce cas particulier, aucune indication précise.

En résumé, les conclusions de ce travail sont identiques à celles données par M. Ch. Barrois qui a estimé que les amphibolites interstratifiées dans les gneiss granulitiques de la Bretagne doivent leur origine à des transformations métamorphiques des épidiorites.

(¹) A. Lacroix, *Roches éruptives du Vésuve*. — M. W. Kilian et P. Réboul, *Sur la faune du Valanginien moyen du Col du Frêne* (Savoie). (*Mémoire hors Volume.*)

BOTANIQUE.

M. Le Dʳ A. CUÉNOD,

Tunis,
Président de la neuvième Section.

**DISCOURS D'OUVERTURE DE LA SESSION DE BOTANIQUE.
NOTES SUR LA FLORE TUNISIENNE.**

---

24 *Mars*.

58.19 (611)

Messieurs et chers Collègues,

Il est de tradition à la Section de Botanique que votre Président
ouvre la session par quelques mots. Et quelque grand et légitime que
soit votre désir d'abréger les séances officielles pour voir de vos yeux et
fouler de vos pieds notre sol africain, je ne crois pas devoir me soustraire
à cette coutume.

Il me faut d'abord remercier les organisateurs de ce Congrès du grand
honneur qu'ils m'ont fait, et dont je me sens vraiment indigne, de me
désigner pour présider vos séances; il me faut ensuite vous souhaiter la
bienvenue dans ce pays nouveau à plusieurs d'entre vous et dont la Flore
présente plus d'une particularité intéressante.

La Tunisie, comme vous le savez, a déjà été soigneusement explorée
au point de vue botanique. Mon prédécesseur à cette même place,
M. Bonnet, rappelait savamment aux congressistes de 1896, l'œuvre
du botaniste *Desfontaines* (1750-1833) et son nom, non plus que ceux
de *Kralik*, de *Cosson*, de *Doumet-Adanson*, auxquels il faut joindre ceux
de *Bonnet* et *Baratte*, ne sauraient être passés sous silence dans une
réunion comme celle-ci.

Grâce aux travaux de ces auteurs la Flore, tout au moins la Flore
phanérogamique de la Régence, est aujourd'hui bien connue. On ne peut
en dire autant de la Flore cryptogamique, malgré les travaux de *Letourneux*, de *Patouillard*, etc. Les recherches plus récentes de *Pitard* comble-
ront, sans doute bientôt cette lacune.

Pour qui veut herboriser en Tunisie et se livrer au travail si intéressant
de la détermination des espèces, l'ouvrage classique en Algérie de *Battandier* et *Trabut* est indispensable. La Flore plus spécialement algé-

rienne de ces auteurs renferme en effet, à quelques exceptions près, la description de toutes les espèces que nous rencontrons ici. Mais elle paraît un peu compliquée aux débutants et cette complication vient en partie de ce que la Flore algérienne étant beaucoup plus riche que la nôtre, le procédé si commode, quoique toujours un peu risqué, de détermination par exclusion ne peut guère être employé. Une difficulté vient aussi de l'absence d'indications relatives aux stations tunisiennes. Ces deux difficultés sont à la vérité facilement tournées si l'on use concurremment à la Flore algérienne du *Catalogue* si remarquable de la Flore tunisienne de *Bonnet* et *Baratte*. Mais cela fait en tout trois gros volumes, et une petite Flore tunisienne plus maniable rendrait, pensons-nous, un réel service aux botanistes qui comme vous, Messieurs, viennent excursionner pour peu de jours dans la Régence; elle serait aussi utile aux colons, aux instituteurs, à leurs élèves et en général à ce nombre, toujours croissant dans notre colonie, de personnes cultivées s'intéressant aux choses de la nature.

A la vérité, me sera-t-il permis d'avouer ici que je me suis attelé à ce travail dont une partie même est achevée ? mais une publication semblable entraîne des difficultés qu'un particulier, si dévoué soit-il à la cause de l'avancement des sciences, a de la peine à surmonter tout seul.

Un autre travail, plus original et plus intéressant à certains égards, consisterait à faire, sur la Flore tunisienne, une étude ou une série d'études *écologiques*, c'est-à-dire établissant les rapports de *certains groupes* ou *certaines sociétés* d'espèces spontanées et toujours les mêmes avec les conditions du sol, du sous-sol, de l'humidité ou de la sécheresse ambiante.

Il arrive fatalement un moment où toutes les espèces, sous-espèces et variétés d'une région sont connues, décrites et cataloguées. Bien que ce moment ne soit pas encore tout à fait venu pour la Tunisie, on peut affirmer que les chercheurs, même les plus consciencieux, trouveront désormais rarement ici l'occasion d'attacher leur nom à une véritable espèce non encore décrite. En revanche, l'étude attentive des groupements d'espèces, des caractères morphologiques et histologiques communs à leurs membres, l'étude parallèle du lieu et des répercussions de ce lieu sur le groupement, ce qu'on a appelé l'*écologie* et ce qu'on pourrait appeler d'un nom plus compréhensif, *la sociologie végétale*, réserve à tous les chercheurs, ici plus qu'ailleurs, peut-être, des joies d'inventeurs par ses trouvailles inattendues.

La Flore tunisienne tout entière possède un caractère *xérophytique* très accusé. Seuls les végétaux capables de supporter sous une forme ou sous une autre les longues sécheresses de l'été sont capables de s'y perpétuer spontanément; les caractères d'adaptation propres à ce genre de climat commencent à être bien connus : *tubérisation des racines, réserves aqueuses des parties aériennes, cutisation épaisse des tiges et des feuilles, réduction des parenchymes, petitesse et protection diverses des stomates, enroulement des feuilles sur elles-mêmes, revêtement en feutrage des poils, lignification précoce et production abondante de collenchyme et sclérenchyme, formation hâtive des graines,* etc., tous ces caractères sont plus ou moins communs, — tantôt isolés, tantôt réunis, — à la plupart des espèces de la Flore méditerranéenne, mais ils acquièrent dans notre région leur *maximum d'évidence et de démonstrabilité.* Sur bien des points,

Cliché de M. Jaboulet.

Fig. 1. — Vue prise à l'entrée de la rue El Hadjamine.

1. *Reseda alba* (*suffruticulosa*). 2. *Sonchus tenerrimus.*

même sans aller jusque dans l'extrême Sud, on a parfois la sensation très nette que la Flore méditerranéenne cède le pas à la Flore désertique ou subdésertique. Il est vrai que sur d'autres points, dans les régions montagneuses surtout du cap Bon et de la Kroumirie, ces caractères perdent de leur netteté; grâce aux espèces arborescentes, aux fougères, aux mousses, etc., que l'on y rencontre on pourrait se croire dans un domaine beaucoup plus septentrional, si la présence de certaines espèces à caractère franchement xérophytique ne rappelait à la réalité.

Les environs plus ou moins immédiats de Tunis donnent dans leur ensemble une note moyenne. L'observateur qui les parcourt avec soin peut y noter des groupements végétatifs très variés et très intéressants correspondant d'une manière générale aux divers sols et aux diverses expositions, mais dont l'étude écologique est encore entièrement à faire.

Je voudrais me borner ici à énumérer les membres les plus marquants
de quelques-uns de ces groupements, laissant à d'autres le soin de chercher les liens physiques, chimiques et biologiques qui les unisssent

Cliché de M. Jaboulet.

Fig. 2. — Grosse touffe de *Reseda alba* (*suffruticulosa*) au-dessus de la porte,
à côté, un peu à gauche et en arrière, touffe de *Sonchus tenerrimus*.

entre eux, liens souvent obscurs, mais qu'une observation attentive
et sagace finira certainement par déceler.

Sans sortir de Tunis, vous aurez tous sans doute déjà remarqué dans
les ruelles de la ville indigène la végétation abondante qui couronne
si pittoresquement tant de *vieux murs* et même tant de murs relativement bien conservés. Une société de 15 à 20 espèces végétales règne en
maîtresse sur les rebords en saillies de nos terrasses et les arceaux dé-
gradés des impasses. On les y rencontre parfois presque toutes ensemble

comme par exemple sur la vieille porte de Bab-Djedid où je les ai dénom-
brées moi-même. Mais lorsque le groupement est incomplet ce sont
toujours les deux ou trois mêmes espèces que l'on observe constamment.
Je suis sûr que vous les avez déjà recueillies ou inscrites dans vos notes.

Cliché de M. Jaboulet.

Fig. 3. — Touffe de *Hyoscyamus albus,* un peu à droite au-dessous d'une autre
plante de *Jusquiame* une touffe *Mercurialis annua.*

Ce sont :

1° Le *Reseda suffruticulosa* Bert.;
2° L'*Hyoscyamus albus* L.;
3° Le *Sonchus tenerrimus* L.

Le *Reseda suffruticolosa* ou réséda blanc paraît trouver sur nos vieux
murs des conditions exceptionnellement favorables. D'après Bonnier
qui en a donné récemment dans sa Flore illustrée (*Pl. LXVIII*, n° 327)
une bonne figure, c'est une plante annuelle ou bisannuelle à fleur sans

odeur spéciale, assez rare en France et ne se rencontrant que ça et là
sur le littoral méditerranéen. En Tunisie on la rencontre assez fréquemment dans les champs très pauvres. Sa tige y est généralement simple
et son feuillage souvent jaune rougeâtre. Sur nos vieux murs elle prend
parfois un développement extraordinaire. Je connais des pieds vieux
de 2 et même 3 ans, formant des touffes de près de 1 m de diamètre

Cliché de M. Jaboulet.

Fig. 4. — Belles touffes de *Sonchus tenerrimus.*

aux tiges secondaires multiples, subdivisées dès la base en rejets
nombreux, balançant au vent leurs feuilles découpées et leurs longues
grappes fleuries dès le mois de janvier.

Ce réséda est extraordinairement florifère, comme le montrait la
photographie que j'ai fait circuler, et répand un léger parfum de prunes
mirabelles.

Qui dira les raisons de l'extraordinaire fréquence de cette espèce sur nos vieux murs ? Comment expliquer que, sans être pourvue d'aucun caractère d'adaptation bien apparent, elle puisse, non pas y végéter, mais y vivre une vie luxuriante deux et même plusieurs années ? Pendant l'été il est vrai, les longues grappes dénudées se dessèchent, portant à leur extrémité quelques capsules, mais la souche reste, bravant les ardeurs du siroco et des longs mois sans pluie. Il y a là un petit problème biologique qu'il serait intéressant d'élucider.

Des remarques analogues peuvent être faites à propos de la *Jusquiame blanche* (*Hyoscyamus albus* L.). Quoique ici le revêtement abondant de poils glanduleux sur toute la plante, l'épaisseur des feuilles et l'état semi-charnu du parenchyme, la lignification précoce des tiges, expliquent mieux la résistance de cette espèce à la sécheresse, mais il y a certainement encore d'autres raisons que nous ne connaissons pas, car le nombre est grand des espèces aussi bien et même beaucoup mieux douées, à cet égard, que l'on tenterait vainement d'acclimater sur le sol badigeonné de chaux de nos terrasses brûlées par le soleil.

Quant au gracieux *Sonchus tenerrimus* L, il appartient au groupe des espèces annuelles dont la végétation rapide a lieu pendant l'hiver, qui fleurissent souvent dès le mois de décembre et dont les graines mûres s'envolent déjà au vent de février, avant même les premières sécheresses du printemps. La plante peut alors succomber sans que l'espèce en souffre. Le *sonchus tenerrimus*, au feuillage élégamment découpé, à lanières plus ou moins fines, suivant les individus, est, comme vous pourrez vous en rendre compte, extrêmement fréquent sur nos vieux murs, en compagnie du Réséda blanc et de la Jusquiame blanche.

Quelle est la raison de cette fréquence ? On peut invoquer les graines ailées de cette espèce. Mais tant d'autres ont le même privilège qui ne s'observent point ici.

Les trois espèces dominantes de notre flore des vieux murs sont donc :

1. *Reseda suffruticulosa* Bert.
2. *Hyoscyamus albus* L.
3. *Sonchus tenerrimus* L.

A ces trois espèces il faut ajouter, par ordre de fréquence décroissante, les espèces suivantes :

4. *Senecio leucanthemifolius* Poir.
5. *Chrysantemum coronarium* L.
6. *Malva parviflora* L.
6 *bis*. *Lavatera cretica*.
7. *Mercurialis annua* L.
8. *Parietaria officinalis* L.
9. *Sissymbrium Irio* L.
10. *Eruca sativa* Lam.
11. *Erodium malacoïdes* L'Hérit.
12. *Hordeum murinum* L.

13. *Lamarkia aurea* Moench.
14. *Piptatherum miliaceum* Coss.
11. *Fumaria densiflora* D. C.
16. *Fumaria agraria* L.
17. *Fumaria parviflora* Lam.
18. *Calendula arvensis* L.
19. *Calendula algeriensis* Boiss.
20. *Sonchus oleraceus* L.
21. *Umbilicus horizontalis* D. C.
22. *Schismus calycinus* Coss.
23. *Echium maritimum* Wille.
24. *Melilotus sulcata* Desf.

Les trois premières espèces ont ce caractère commun que toutes trois

Cliché de M. Jaboulet.

Fig. 5. — Mur de terrasse dans le voisinage de la Place aux Chevaux.
Grosses touffes de *Sissymbrium Irio*, à gauche une touffe de *Jusquiame*.

poussent sur des murs absolument *dénués d'humus*, introduisant leurs racines, tordues ou aplaties suivant les besoins, dans les petits interstices des pierres ou du mortier, où l'humidité des pluies de l'hiver se conserve assez longtemps. Il est important de noter ici que le mortier indigène est souvent de très mauvaise qualité et que le sable y est, fréquemment, mélangé de terre en plus ou moins grande proportion.

La *mercuriale annuelle* (7), la *Pariétaire officinale* (8) et le *Sissymbre*

*19

Irio (9) sont aussi d'une sobriété remarquable et se contentent, comme les premières, de murs privés d'humus. Pour les autres espèces, notamment pour le beau Chrysanthème à fleurs jaunes (*Chrysanthemum coronarium*, L. (5) qui forme parfois de véritables prairies constellées de fleurs d'or sur les vieilles terrasses, il faut déjà, pour que la plante vienne à bien, un dépôt d'humus assez notable. La photographie que j'ai fait circuler représente le rebord d'une de ces terrasses en ruines, rue El-Marr; derrière le bouquet de marguerites, se dessinent les vigoureuses tiges feuillées du *Lavatera cretica* remarquable par son port élancé, la grandeur de ses feuilles contrastant avec la petitesse de ses fleurs.

Un caractère histologique commun à toutes ces espèces est l'existence à peu près constante dans les tiges d'*un tissu collenchymateux* abondant, diversement disposé : en longues côtes saillantes dans le *Réséda* blanc, et dans le *Sonchus tenerrimus*, en bandes solides corsant le parenchyme dans le *Chrysanthème*, en tube complet formant sur la coupe transversale un anneau épais de 10-12 assises dans le *Malva parviflora*, etc. Peut-être est-ce dans la richesse de ce tissu spécial qu'il faut chercher l'une des causes de l'adaptation, si caractéristique, de ces espèces au milieu qui nous occupe.

Je pourrais multiplier les citations de groupements divers. Sur les *collines sèches* et rocheuses qui dominent immédiatement notre ville, vous trouverez presque toujours associées les espèces suivantes :

1. *Globularia Alypum* L.
2. *Fagonia Cretica* L.
3. *Thymus capitatus* Hoff et Link.
4. *Thymelea hirsuta.*
5. *Othonopsis cheirifolia* Batt et Trab.
6. *Mauricandia arvensis* Endl.
7. *Plantago Albicans* L.
8. *Cynoglossum cheirifolium* L.
9. *Micropus supinus* L.
10. *Ebenus pinata* Desf.
11. *Phagnalon rupestre* D. C.
12. *Phagnalon saxatile* Coss.
13. *Tulipa sylvestris* L.
14. *Scilla autumnalis* L.
15. *Scilla lingulata* Poir.
16. *Scilla fallax* Steinh.
17. *Allium Cupani* Raf.
18. *Allium chamaemoly* L.
19. *Narcissus serotinus* Poir.
20. *Ranonculus bullatus* L.

Les quatre premiers : *Globulaire*, *Fagonie*, *Thym* et *Passerine*, sont remarquables comme petits arbustes aux multiples adaptations xérophytiques : racines profondes, petitesse des feuilles, cutisation épaisse des épidermes, etc. Ce sont parfois de vrais arbustes chinois, aux troncs noueux, parfois longuement rampants entre les cailloux. Les deux espèces, *Othonopsis* et *Mauricande* sont remarquables par l'épaisseur et la succulence de leurs feuilles, les espèces 7 à 12 : *plantin blanchâtre*, *Cynoglosse à feuille de giroflée*, le *Micrope*, l'*Ebenus élégant* et les *Phagnales* sont adaptés surtout par le feutrage épais de poils qui les recouvrent. Les dernières enfin, *Scilles*, *Ails*, *Narcisses*, *Renoncules*, sont des espèces bulbeuses qui vivent de leur vie latente tout l'été et fleurissent à l'automne ou au premier printemps.

Sur les pentes du Bou-Kournine, où nous avons excursionné, nous avons rencontré entre autres espèces remarquables bien adaptées à notre climat, la belle graminée connue des Arabes sous le nom de *Diss* et dont ils recouvrent leurs gourbis (huttes indigènes). C'est l'*Ampelodesmos Mauritanicus* Poir., déjà connu des anciens qui l'utilisaient, comme son nom l'indique, pour attacher la vigne. L'*Ampelodesmos*, voisin au point de vue botanique, du roseau commun (*Phragmites vulgaris*), est une graminée vivace (dont j'ai fait circuler quelques inflorescences). Ses tiges florales, longuement nues au sommet, s'élèvent souvent à 2 et 3 m et sortent nombreuses d'une grosse touffe verte, de 5o cm à 1 m de diamètre. Ses feuilles sont étroites, rigides, scabres très tenaces, s'enroulant sur elles-mêmes à la sécheresse. La panicule est ample, lâche, un peu déjetée sur le côté et gracieusement penchée au sommet. Cette belle espèce est inconnue en France, son aire géographique atteint l'Espagne et les Baléares à l'Ouest et la Dalmatie à l'Est, mais est essentiellement localisée à la région nord-africaine, de la Tunisie au Maroc. Très commune en Tunisie, le Diss affectionne les pentes ensoleillées des montagnes où ses belles panicules se voient de loin.

Je trouve, dans une étude écologique récente de *L.-H. Quarles van Ufford* sur la *Flore des pierriers des Alpes* [1], des remarques très intéressantes sur une autre graminée, de petite taille celle-là, le *Trisetum distichophyllum* qui, toutes proportions gardées, sont applicables d'une manière très curieuse, à l'*Ampelodesmos* dont nous nous occupons ici. Le *Trisetum* prend son plus grand développement dans les terrains un peu meubles, cailouteux; vivant sur les terrains en pente, son installation prépare la transformation de la pente pierreuse pour les autres végétaux. « C'est, dit Quarles, un des plus importants colons de la montagne. » On le trouve souvent sur les flancs des lits des torrents. Sa souche constitue un gros rhizome qui s'enfonce plus ou moins profondément, il présente un épiderme épais et d'abondantes couches lignifiées et sclérifiées en rapport avec les chocs qu'il peut subir sur les pentes d'une montagne pierreuse. Les feuilles présentent les caractères bien connus des graminées xérophytes. Elles peuvent s'enrouler au moyen du méca-

---

[1] QUARLES VAN UFFORD, *Flore des Pierriers*, Thèse de l'Université de Lausanne Suisse), Montreux, imp. Leyvraz, 1909.

nisme des cellules bulbiformes de Duval-Jouve. La cutisation de l'épiderme est épaisse et les stomates sont enfoncés dans des cryptes. Les
adaptations de cette plante au climat sec et chaud sont des plus nettes.
Toutes ces remarques faites sur le *Trisetum distichophyllum* peuvent être
copiées presque textuellement pour son cousin géant, le *Diss de Mauritanie*.

Les espèces végétales qui accompagent cette dernière dans nos stations
montagneuses du Bou-Krounine, sont habituellement les suivantes :

1. *Stipa tenacissima* L.
2. *Lygeum spartum* L.
3. *Avena bromoides* Gouan.
4. *Chamærops humilis* L.
5. *Cistus Monspelliensis* L.
6. *Cistus Clusii* Dun.
7. *Cistus salvifolius* L.
8. *Cistus incanus* L.
9. *Fumana levipes* Spact.
10. *Fumana arabica* Spact.
11. *Rosmarinus officinalis* L.
12. *Erica multiflora* L.
13. *Callitris Quadrivalvis* Rich.
14. *Cyclamen punicum* Doum.
15. *Tulipa sylvestris*, var. *Celsiana* D. C.
16. *Odontites purpurea* Don.
17. *Centranthus calcitrapa* Dufr.
18. *Selaginella denticulata* Link.

Les deux premières graminées de la liste, le *Stipa tenacissima* ou Alfa
vrai et le *Lygeum spartum* ou faux Alfa, qui croissent très souvent dans
les mêmes stations que le Diss, présentent des caractères xérophytiques
encore plus accusés que lui, aussi leur aire géographique qui fusionne
ici, s'étend-elle plus au Sud encore. Le développement de ces deux graminées, si remarquables, atteint son maximum d'intensité et d'extension
dans des régions plus méridionales.

Le *Chamærops humilis* ou Palmier nain, mériterait une note écologique
un peu détaillée; son aire géographique relativement limitée, est à peu
près celle du Diss; plus concentrique toutefois, avec tendance plus septentrionale. Comme le Diss, le Palmier nain aime les coteaux arides et
pierreux à sous-sol un peu meuble, ses grosses touffes basses, que de loin
on prendrait facilement pour de simples graminées, fraternisent très
souvent avec l'*Ampelodesmos* sur les flancs du Bou-Kournine.

Les caractères xérophytiques du *Chamærops* sont évidents, moins évidentes sont les raisons qui font que cette espèce ne descend au Sud
guère au delà du massif du Zaghouan.

Quant aux *Cistinées* diverses, au *Romarin*, à l'*Erica multiflore*, auxquels
on peut ajouter le Lentisque (*Pistacia lentiscus*), les *Phyllirea* et la forme

sauvage de l'*Olea europea* (Olivier sauvage, *Zebous* des Arabes), ces espèces sont trop connues comme formant la base de la brousse dans toute la région méditerranéenne pour qu'il soit nécessaire d'insister à leur sujet.

Plus intéressant est le *Callitris quadrivalvis* Rich. ou *faux Thuya*, très spécial au nord de l'Afrique et qui possède certainement pour cela d'excellents caractères d'adaptation encore peu connus. Même remarque à propos du *Cyclamen punique* qui atteint au Bou-Kournine la limite extrême occidentale de son aire géographique. Cette aire est assez limitée du reste, et son point final occidental au Bou-Kournine est très remarquable par l'abondance extraordinaire des individus qui foisonnent littéralement, au point qu'en certains endroits le sol de la montagne est véritablement bourré, de ses gros rhizomes discoïdes, et qu'en hiver et au printemps leur floraison est une vraie fête pour les yeux.

Messieurs, je m'arrête ici, ne voulant point abuser de vos instants et quelque plaisir que j'aie à vous faire partager mes joies de promeneur et de modeste herborisateur. Vous-mêmes, dans le trop court séjour que vous ferez sur notre sol, grouperez sans doute dans une rapide et exacte vision synthétique les espèces dont la floraison printanière, si remarquable à cette époque, font ressembler nos champs à des tapis de Kairouan aux vives couleurs. Ailleurs vous noterez les sociétés végétales qui tapissent les pieds de nos vieux oliviers séculaires, ou celles qui peuplent nos dunes et nos *sables maritimes*. Plus loin enfin, si vous poussez jusqu'aux confins du désert, vous assisterez dans *les oasis* au spectacle enchanteur et si souvent décrit des palmiers ombrageant les festons de vigne qui abritent à leur tour mille petites plantes spontanées et moins brillantes peut-être, mais qui font la joie du botaniste et du chercheur.

M. BŒUF,

Inspecteur de l'Agriculture, Tunis.

POLYMORPHISME DU « CHRYSANTHEMUM CORONARIUM ».

58.11.51-355

25 *Mars.*

Le *Chrysanthemum coronarium*, très abondant dans les environs de Tunis, présente un certain nombre de types divers, de fréquences très inégales, probablement héréditaires, constituant autant de variétés.

On peut classer ainsi les différentes formes observées :

1. *Forme des ligules.* — *a.* Ligules étroites, nettement isolées, étoilant le capitule; forme la plus commune (1 *a*).

b. Ligules larges, courtes formant une rosace ininterrompue; forme un peu moins fréquente (1 *b*).

c. Ligules larges, longues, plus nombreuses, beau capitule ornemental; forme relativement rare (1 *c*).

d. Ligules repliées en dessous par leurs bords; rare (1 *d*).

e. Ligules ascidiées, soit en totalité, soit partiellement (1 *e*). Ce cas tératologique a été observé chez trois individus, dans un même peuplement. Il n'a pas été retrouvé ailleurs. Toutes les fleurs de chacun des pieds présentent l'anomalie. Deux pieds sont chétifs, de faible développement, le troisième est très grand (plus de 1 m), et forme une énorme touffe. Ces différences de développement sembleraient indiquer que la variation n'est pas imputable au milieu; elle ne peut pas davantage être attribuée à des mutilations.

2. *Coloration des ligules.* — *a.* Ligules uniformément jaune foncé, cas de la presque généralité des capitules (toutes les fleurs 1, en plus 2 *a*).

b. Ligules jaune pâle aux extrémités; rares (2 *b*).

c. Ligules jaune foncé à la base, blanc crème à l'extrémité sur une longueur variable (2 *c*) assez rares à Tunis, seraient très fréquentes à Alger, d'après une observation de M. Maire.

d. Ligules entièrement jaune pâle (couleur soufre); rares (2 *d*).

e. Ligules jaune foncé tachetées de points pâles; rares (2 *e*).

f. Ligules jaunes à la base, crème à l'extrémité et tachetées dans cette partie de points jaunes; rares (2 *f*).

g. Ligules jaune foncé avec une légère marge blanche; rares (2 *g*).

h. Ligules jaune foncé avec une couronne pâle à mi-longueur, rares, (non photographiées).

3. *Forme des feuilles.* — En 1912, il a été trouvé à Saint-Cyprien, à 18 km de Tunis, un pied à feuilles frisées (analogues à celles de la variété de persil frisé). Aucun autre pied semblable n'a pu être découvert dans la région. La plante a été transportée dans un jardin. Les capitules recueillis à maturité ont été égarés, quelques graines tombées sur le sol ont reproduit, en 1913, des individus dont une partie sont à feuilles frisées.

Des semis seront exécutés pour vérifier la constance héréditaire de cette anomalie. Il reste aussi à examiner si celle-ci ne serait pas due à une affection parasitaire.

Observations générales. — Ces diverses variations sont analogues à celles que l'on a observées chez des espèces cultivées. Il a paru intéressant de les signaler chez des plantes sauvages, où elles ne peuvent pas être déterminées par des soins culturaux. Les causes de ces variations restent à élucider.

L'auteur se propose de semer les graines des divers types isolés pour étudier leur descendance.

M. Le Dʳ A. CUÉNOD.

CONTRIBUTION A L'ÉTUDE DE LA FLORE TUNISIENNE.
SUR QUELQUES ESPÈCES ET SUR QUELQUES STATIONS NOUVELLES
DE LA FLORE TUNISIENNE.

58.19 (611)

24 *Mars.*

Les quelques recherches et herborisations que j'ai faites en Tunisie
depuis une quinzaine d'années m'ont amené à préciser sur certains points

Fig. 1. — *Calendula Tunetana*-Cuénod (réduction au ¼).

les données fournies par l'excellent Catalogue de Bonnet et Baratte,

à répondre à quelques points d'interrogations posés par ces auteurs, à
ajouter quelques espèces considérées jusqu'ici comme ne faisant pas
partie de la Flore tunisienne et à décrire enfin, deux espèces entièrement

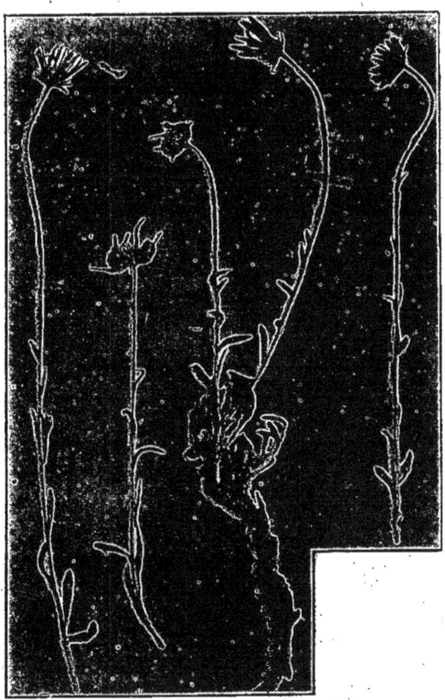

Fig. 2. — *Atractylis Candida*-Cuénod (réduction au ⅓).

nouvelles : Le *Calendula tunetana* (Cuénod) (¹), et l'*Atractylis candida*
Cuénod) (²).

J'ai le plaisir de vous présenter ci-joint des *exsicata* de ces deux composées nouvelles.

Le *Calendula tunetana*, dont ci-joint également une photogravure, est
caractérisé par son port élancé, sa tige nue sous le capitule, ses longues
ligules rarement complètement étalées, ses fruits extérieurs longuement
rostrés et son habitat qui paraît limité à quelques points du cap Bon.

Il existe en abondance dans les sables qui bordent l'oued qui coule
entre Bir-bou-Rekba et Hammamet.

(¹) *Bull. Soc. bot. de France*, t. IX, 1909, p. ci.
(²) *Ibid.*, t. XI, 1909, p. 490.

Pitard ([1]) l'a retrouvé sur les falaises de Korbous et à l'oued Kebir, près de Nabeul, où je l'ai également noté.

L'*Atractylis Candida* dont je vous présente une bonne réduction photographique, est une belle espèce caractérisée par son port vigoureux, son *tomentum* aranéeux, ses grandes capitules aux longues languettes blanches rayonnantes et espacées.

Cette espèce que je n'ai rencontrée que dans deux localités : à Sidi-bou-Saïd où elle est très abondante sur certains points des falaises, et à Hammam-Lif, paraît affectionner les stations sablonneuses et un peu rocheuses dans le voisinage de la mer.

Outre ces deux espèces nouvelles, celles dont les noms suivent doivent être ajoutées désormais au Catalogue de la Flore tunisienne.

Calendula algeriensis Boissier et Reuter (Batt. et Trab., I, 478). — Aux grands capitules à longues ligules orangées, aux fleurons centraux d'un pourpre noir. Très abondant dans les environs immédiats de Tunis, où vous pourrez le recueillir vous-mêmes, dans les champs, les décombres et tout le long de la voie ferrée d'Algérie. Fleurit de décembre à mai.

Linosiris vulgaris Cassini (Batt. et Trab., I, 424). — Assez fréquent dans les décombres et les terrains rapportés dans le voisinage du port de Tunis. Août-septembre.

Rhetinolepis lonadioides Coss. (Batt. et Trab., I, 451). — Collines des Matmata. Avril-mai.

Anchusa orientalis L. (Batt. et Trab., I, 600). — Metlaoui et environs (envois de M. Bursaux).

Oenothera biennis L. (Batt. et Trab., I, 316). — Subspontané, recueilli par M. Guillochon. Champs dans le voisinage du Jardin d'Essai, Tunis. Mai.

Hibiscus Trionum L. (Batt. et Trab., I, 117). — Environs de Metlaoui (envoi de M. Bursaux).

Saxifraga atlantica Boiss. et Reut. (Batt. et Trab., I, 335). — Recueilli près du sommet du Djebel-Zaghouan (1200 m).

Medicago radiata L. (Batt. et Trab., I, 225). — Talus du chemin de fer entre Tunis et le Bardo. Avril.

Trogonella Fischeriana (Batt. et Trab., I, 222). — Rencontré une fois dans un champ, près du Belvédère, Tunis.

Trifolium spumosum L. (Batt. et Trab., I, 239). — Environs de Mateur. Avril.

Lotus filicaulis Durieu (Batt. et Trab., I, 246). — Environs de Nabeul : Sables de l'oued Kebir.

Morettia canescens Boiss. (Batt. et Trab., I, 76). — Environs de Metlaoui.

Delphinium peregrinum, var. *junceum* D. C. — Une forme à tiges très raides dressées à feuilles un peu charnues se rencontre dans les sables maritimes de Saint-Germain et d'Hammam-Lif. Une autre forme très remarquable, à pétales bleu de ciel taché de jaune (forme *Ochroleucum* de Batt. et Trab., I, 16, ou mieux *Ochrocæruleum*, m'a été adressée de Metlaoui par M. Bursaux.

([1]) *Bull. Soc. bot. de France*, t. IX, 1909, p. ccvii.

Silene arenarioides Murbek; *Silene Barattei* Murbek; *Silene Tunetana* Murberk.

Ces trois formes critiques décrites par Murbek ont été retrouvées aux lieux signalés par cet auteur : le *S. arenarioides* à Bir-bou-Rekba, le *S. Barattei* à Hammamet et le *S. Tunetana* dans les champs des environs de Tunis.

Atriplex Halimioides Lindl. — Cette curieuse espèce aux involucres fructifères vésiculeux, spongieux, m'a été adressée, il y a quelques années, de Sfax où elle est très abondante et croît spontanément surtout aux abords du Jardin public. Elle m'a été envoyée également de Metlaoui, où elle croît spontanément. M. Bonnet, du Muséum de Paris, à l'obligeance duquel je dois sa détermination précise, a bien voulu me fournir sur cette espèce nouvelle pour la Flore tunisienne, les renseignements suivants : Espèce d'Australie naturalisée et très commune à Sfax dans le Jardin public et dans le voisinage. Se retrouve dans les mêmes conditions à Tel-el-Kebir, en Égypte, suivant Schweinfurth. Indiquée par Naudin comme naturalisée dans les Bouches-du-Rhône.

Biarum Bovei Blum (Batt. et Trab., II, 15). — Cette curieuse espèce existe sur les collines de la Manoubia près de Tunis où elle est assez rare, elle se rencontre en abondance dans certaines parties du cimetière de Djellaz (fleurit en novembre) où il est, malheureusement, assez difficile de la recueillir.

Narcissus serotinus L. (Batt. et Trab., II, 46). — Cette jolie espèce automnale fleurit abondamment en octobre sur les collines des environs de Tunis (Manoubia, Sidi-ben-Hassen, etc.); elle peut être confondue par les auteurs avec le *N. elegans* Spach signalé et que je n'ai pas retrouvé; ce ne sont peut-être, du reste, que deux variétés d'une même espèce.

Juncus obtusiflorus Ehrh (Batt. et Trab., II, 83). — Bords de l'oued qui va de Bir-bou-Rekba à Hammamet.

Orchis saccatus Tenore (Batt. et Trab., II, 29). — Cà et là dans les environs de Tunis (janvier-février). Collines de la Manoubia, route des Nassen.

Ophrys atlantica Munby (Batt. et Trab., II, 22). — Recueilli une fois deux exemplaires près du sommet de Bou-Kournine (560 m), 26 avril 1912.

Kœleria caudata Lt. Stend. (Batt. et Trab., II, 195). — Sidi-bou-Saïd. Sommet de Bou-Kournine (570 m).

Agrostis gaditana Boiss. et Reut. (Batt. et Trab., II). — Dunes de Bizerte et du cap Bon (août-septembre).

A ces espèces nouvelles il me paraît intéressant d'ajouter encore les quelques stations nouvelles suivantes :

Asperula arvensis. L. — Rencontré une fois dans les champs au Belvédère (Tunis).

Myosotis hispida Schlecht. — Sommet du Zaghouan (1200 m).

Helianthemum Lippii, var. *Sessiliflorum* Spach. —Falaises au-dessous de Sidi-bou-Saïd (espèce subdésertique).

Rhamnus lycioides L. — Metlaoui.

Tournesolia (*Chrozophora*) *verbascifolia* Ad. Juss. — Très fréquent et très abondant dans les terrains vagues, les décombres, les jardins des environs de Tunis (espèce subdésertique).

Glycyrrhiza fetida Def. — Abondant dans un champ au-dessus de Fernana.

Astragalus caprinus L. — Pentes du Bou-Kournine, çà et là assez rare.

Sedum album L. — Djebel-Djeloud, près Tunis.

Ombilicus horizontalis D. C. — Vieux murs de Tunis et des environs.

Aizoon hispanicum L. — Décombres des environs de Tunis.

Enarthrocarpus clavatus Del. — Metlaoui.

Hutchinsia petræa R. B. — Pentes du Djebel-Zaghouan (1000 m).

Erophila verna E. Mey. — Pentes du Zaghouan (1000 m).

Thlaspi perfoliatum L. — Pentes du Zaghouan (1000 m).

Lepidium Draba. — Champs à Sidi-Fathallah, près Tunis.

Rœmeria hybrida D. C. — Metlaoui.

Delphinium Staphysagria L. — Aïn-Draham.

Clematis cirrosa L. — Soliman, Bou-Kournine.

Anemone palmata L. — Djebel-Zaghouan, près du sommet, recueillie par M. Coudray, interne à l'hôpital Sadiki.

Ranunculus bullatus L. — Très abondant sur toutes les collines des environs de Tunis. Fleurit en octobre, fructifie en décembre, jamais plus tard.

Melandrium macrocarpum Willk. — Ruisseaux au-dessus du village de Zaghouan.

Damasonium Bourgaei Coss. — Espèce rare de la famille des Alismacées signalée à Gabès et à Kairouan, existant en abondance sur le sol d'un vieux réservoir abandonné près de Tunis (Fesgia de Melassine).

Fritillaria Oranensis Pomel. — Espèce rare aussi notée à El-Fedja, par Benier en 1894, et recueillie à Korbous, où elle paraît peu abondante, par le Dr Gobert.

Gagea fibrosa Roem et Schult. — Espèce rare en Tunisie, recueillie à Aïn-el-Asker.

Muscari parviflorum Desf. — Cette espèce, notée par Desfontaine à Carthage, n'avait pas été retrouvée en Tunisie depuis cette époque. Elle existe en abondance dans les sables voisins de la plage à Saint-Germain. Elle a été retrouvée par M. le professeur Combet du Lycée Carnot.

Lygeum spartum L. — Environs de Tunis.

Aristida adscensionis L. — Falaises de Sidi-bou-Saïd.

Aristida pungens Desf. (Drinn des Arabes). — Dunes de Gammart.

Stipa barbata Desf. — Djebel-Ahmar, près Tunis. Pentes du Djebel-Zaghouan.

Cupressus sempervirens L. — La spontanéité de cette espèce paraissait douteuse. Elle est aujourd'hui bien démontrée. Le *C. sempervirens*, var. *numidica* aux branches d'abord horizontales, puis redressées, est spontané dans le massif montagneux du centre tunisien. Il a été découvert, en 1897, entre le Djebel-Serdj, et Djebel-Ballota par M. Barrion (¹), ingénieur-agronome.

(¹) Barrion, Note sur le *Cupressus sempervirens* (*Bulletin de la Société d'Horticulture de Tunis*, année 1912).

M. BŒUF.

FORMES TÉRATOLOGIQUES CHEZ « HORDEUM VULGARE ».

58.12.198 : 58.49

25 Mars.

L'auteur a récolté, en 1911, un certain nombre de pieds d'orge cultivée (*Hordeum vulgare* L.) présentant les anomalies suivantes :

a. Épis ramifiés. — Cette ramification de l'épi, fréquente et même héré-

Fig. 1.

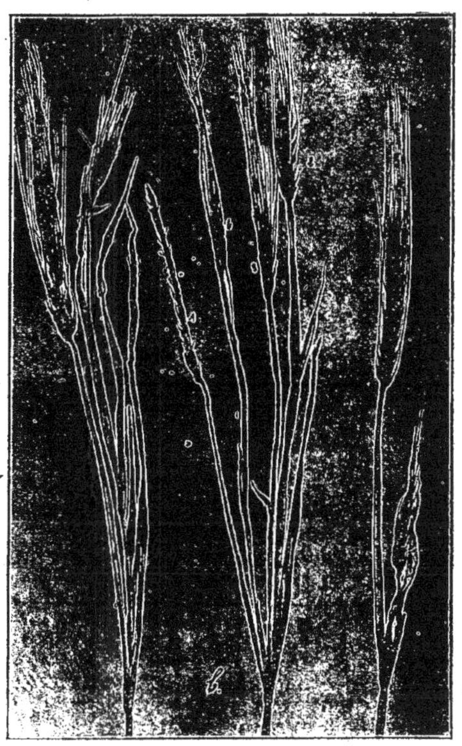

Fig. 2.

ditaire chez plusieurs espèces de *Triticum* (variétés *Compositum*) est rare chez

Hordeum vulgare; elle ne s'est pas transmise héréditairement à la récolte de 1912 issue des épis ramifiés de 1911 (*fig.* 1).

b. Tiges ramifiées au dernier nœud foliaire. — Cette particularité provient de l'évolution du bourgeon axillaire de la feuille supérieure et même, successivement, des bourgeons des branches ainsi formées. Un exemplaire (*fig.* 2) montre ainsi trois branches qui semblent nées de la tige principale au nœud supérieur.

c. Tiges ramifiées portant des épis ramifiés. — C'est la réunion des deux cas précédents (*fig.* 3).

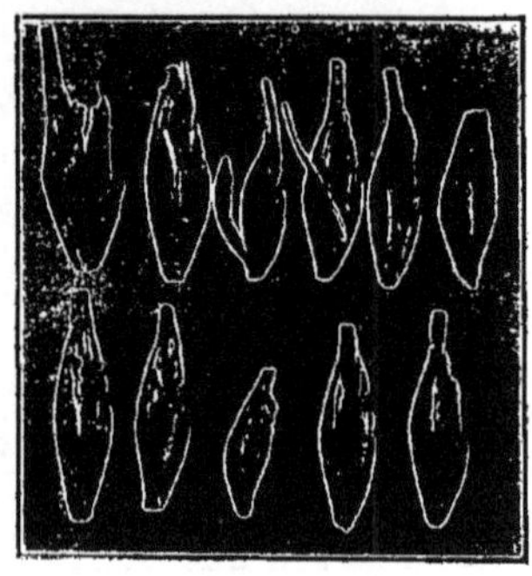

Fig. 3.

Fig. 4.

Les grains des épis *a* et *b*, semés en 1911 n'ont donné, en 1912, aucune tige ramifiée.

d. Modification de l'axe de l'épillet. — L'axe rudimentaire de l'épillet, appliqué dans le sillon du grain, et portant, dans l'espèce élémentaire envisagée, un pinceau de poils raides, présentait de nombreuses anomalies chez les grains des épis des trois groupes précédents (*fig.* 4).

On pouvait observer tous les intermédiaires entre un mamelon à peine visible, dépourvu de poils, et un axe complètement développé en branche et portant plusieurs épillets fertiles : filament très fin, droit ou contourné, à peine pourvu de quelques poils; axe court, mais large à nœuds visibles; arête longue de plusieurs centimètres; axe court portant une fleur stérile, ou une fleur fertile ayant donné un grain jumeau du grain ordinaire.

Il a été semé séparément, en 1911, les grains normaux et les grains anormaux des épis anormaux mentionnés aux paragraphes *a*, *b* et *c*.

Dans les deux descendances, se trouve une certaine proportion de grains présentant des axes anormaux. Ils ont été semés, à nouveau, en 1912. Il paraît intéressant de suivre la destinée de ces anomalies, dont la reproduction héréditaire aboutirait à la formation d'une ou plusieurs nouvelles espèces élémentaires d'orge.

Origine de ces variations. — Les premières plantes anormales ayant été récoltées en 1911, année à printemps humide, il avait semblé qu'on pût attribuer les ramifications anormales des épis et des tiges, ainsi que les modifications des petits axes des épillets, à un excès de nutrition.

En 1912, des variétés normales de céréales, semées à côté des anomalies, furent copieusement arrosées pour retarder leur maturation; aucune anomalie ne se produisit. Quant aux plantes provenant des épis anormaux de 1911, elles furent laissées sans irrigation, subirent la sécheresse intense d'un printemps particulièrement sec, et donnèrent cependant beaucoup de grains anormaux. La cause déterminante de ces formes tératologiques reste tout à fait inconnue.

M. Le Dr Ed BONNET,

Assistant au Muséum national d'Histoire naturelle, Paris.

ÉNUMÉRATION DES PLANTES RECUEILLIES DANS LE SAHARA CENTRAL PAR LA MISSION DU CHEMIN DE FER TRANSAFRICAIN.

58.19 (661)

24 *Mars.*

Les plantes recueillies par M. Chudeau docteur ès sciences, naturaliste de la Mission du Chemin de fer Transafricain [1], proviennent de deux régions physiquement différentes; l'une montagneuse : l'Ahaggar ou Hoggar, dont j'ai fait récemment connaître la végétation, dans le *Bul-*

[1] *Cf. L'Afrique française,* t. XXII, 1912, p. 37.

letin du Muséum, d'après les récoltes de la Mission (¹); l'autre, appartenant au Sahara Central, comprend les groupes d'oasis du Touat, du Mouidir, de l'Ahnet, du Tidikelt et présente, aussi bien dans son aspect que dans sa végétation, tous les caractères des régions nettement désertiques; ce sont les plantes recueillies dans cette partie du Sahara Central dont je donne ci-après l'énumération. Les espèces au nombre de 88 ont été récoltées en février, mars et dans la première quinzaine d'avril 1912; de ces 88 espèces, dont aucune n'est nouvelle pour la Science, 5 proviennent des bords du Niger et une demi-douzaine, tout au plus, n'avaient pas encore été signalées dans les localités ou M. Chudeau les a observées; on pourra, du reste, comparer la liste suivante avec les Notices publiées il y a quelques années par MM. Battandier et Trabut sur les récoltes botaniques des Missions Flamand et Perrin (²).

Adonis microcarpa D. C. — Aoulef, Sali, Adrar.

Nigella sativa L. — Aoulef, cultivé.

Cocculus Leæbà D. C. — Tin-Tanetfint.

Fumaria parviflora Link. — Aoulef, Sali.

Matthiola maroccana Coss. — Tahount-Arak, oued Tazalouaït.

Morettia canescens Boiss. — Oued Tazalouaït.

Farsetia ægyptiaca Turr. (Touareg : *Ichalia*). — Oued Tagueltit.

Farsetia grandiflora Fourn., var. *parviflora* Monnet ms. in Herb. Mus. — Oued Tazalouaït.

Malcolmia ægyptiaca Spreng. (Arabe : *Lehama*). — In-Fesnin, Foum-Tebelelt.

Diplotaxis erucoides D. C. — Adrar, dans les séguias.

Schouwia Schimperi Jaub. et Spach (Arabe : *Djirdjir*). — Oued Tazalouaït.

Cleome arabica L. — Foum-Tebelelt, oued Tazalouaït.

Mærua rigida R. Br. — Oued Iseïen (Ahnet), limite nord de cette espèce, d'après les observations de M. Chudeau.

Reseda arabica Boiss. — Foum-Tebelelt.

Silene villosa Forsk. — Tahount-Arak, Sali, Aoulef, dans les cultures.

Silene nocturna L. — Aoulef.

Silene rubella L. — Sali, dans un jardin.

Polycarpæa fragilis Del. — Foum-Tebelelt.

Tamarix pauciovulata J. Gay (Arabe : *Ferzig*). — Aoulef, dans les cultures.

Tamarix gallica L. var. — Takoun-Banet.

Tamarix articulata Vahl (Touareg : *Tamillo*). — Recueilli dans l'Asbin, territoire militaire du Niger, par le Commandant Dario.

Linum usitatissimum L. — Aoulef, cultivé comme plante médicinale, servant à préparer des tisanes.

(¹) *Cf. Bulletin du Muséum national d'Histoire naturelle*, t. XVIII, 1912, p. 513; comparer cette Note avec celle publiée antérieurement par M. M. Battandier et Trabut : *Plantes du Hoggar récoltées par M. Chudeau* (*Bull. Soc. bot. de Fr.*, t. LIII, 1906, p. XIII.

(²) *Botanique de la Mission Flamand, in Bull. Soc. bot. de Fr.*, t. XLVII, 1900, p. 241; *Notes sur quelques plantes rapportées du Touat*, par le Dᵣ PERRIN (*loc. cit.*, t. L, 1903, p. 469; *Contribution à la Flore du pays des Touaregs* (*loc. cit.* t. LVIII, 1911, p. 623).

Tribulus alatus Del. — Foum-Tebelelt.

Fagonia cretica L. — Oued Taguellet.

Celastrus senegalensis Lam. — Bords du Niger à l'ouest de Bamba.

Lotus capillipes Batt. et Trab. ? — Aguelman-Takist.

Trigonella polycerata L. — Aoulef, dans les cultures.

Trigonella anguina Del. — Tahount-Arak.

Astragalus mareoticus Del. — Tahount-Arak, Foum-Tebelelt.

Astragalus prolixus Sieb. — Oued Inallaren.

Astragalus leucanthus Boiss. (Arabe : *Silla*; Touareg : *Takachchéker*). — Oued Meraguen où il est rare.

Hippocrepis ciliata Willd. — Tahount-Arak.

Acacia arabica Willd. — Zaouiet Kount, cultivé en petite quantité dans les oasis du Touat.

Acacia Seyal Del. (Arabe : *Tamat*). — Aguelman-Takist, dans l'Ahnet, limite nord de cet arbre.

Fœniculum officinale L. (Arabe : *Besbès*). — Cultivé à Sali.

Coriandrum sativum L. (Arabe : *Kerter*). — Aoulef, cultivé.

Cuminum Cyminum L. (Arabe : *Guemoun, Quemoun*). — Aoulef, cultivé.

Mitragyne africana Korth. (Bambara : *Hiou*). — Bords du Niger à 25 km de Kabara; la décoction de cette plante constitue un vomitif employé, par les indigènes, contre la fièvre.

Pulicaria arabica Cass. — Tahount-Arak.

Francœuria crispa Cass. (Arabe : *Ataza*). — Ouallen.

Asteriscus odorus D. C. (Arabe : *Negoud*). — Près de l'Aguelman-In-Allaren.

Brocchia cinerea Vis. — Tahount, oued Tazalouaït; les indigènes l'emploient, en infusion, en guise de thé.

Artemisia herba-alba Asso. (Touareg : *Ardjellit*). — Oued Tamanracet près des collines d'Aouilen.

Calendula ægyptiaca Desf., var. *microcephala* Boiss. — Aoulef.

Kalbfussia Muelleri Schltz. bip. — Aoulef, dans les cultures.

Sonchus oleraceus L. — Adrar, dans les séguias.

Lomatolepis glomerata Cass. — Foum-Tebelelt.

Zollikoferia mucronata Boiss. — Sali.

Solenostemma Arghel Hayn (Arabe : *Rélachen*). — Ouallen.

Landolphia senegalensis Radlk., var. *glabriflora* Hua. — Bord du Niger à l'est de Tombouctou.

Erythræa spicata Pers. — Aoulef, Adrar, dans les cultures.

Samolus Valerandi L. — Adrar, Sali, dans les séguias.

Anagallis arvensis L., var. *phœnicea* Lam. et var. *cærulea* G. G. — Aoulef, Sali, dans les cultures.

Trichodesma africanum R. Br. (Arabe : *Bedjig*). — Erg, près de Redjel-Imrad.

Heliotropium undulatum Vahl. — Adouknouz.

Withania somnifera Dun. — Aoulef.

Lavandula stricta Del. — Tahount-Arark.

Plantago ciliata Desf. — Tahount-Arak.

Ærva javanica Juss. — Aoulef.

Rumex vesicarius L. — Takoun-Banet.

Emex spinosa Campd. — Aoulef, dans les cultures.

Calligonum comosum L'Hérit. (Arabe : *Arta*). — In-Fesnin.

Euphorbia Peplus L. — Sali.

Euphorbia granulata Forsk. — Tahount-Arak, oued Tazalouaït.

Euphorbia terracina L ? ? (Arabe : *Mou-Lebeïna*). — Aoulef.

Euphorbia cornuta Pers. ?, var. — Adrar, dans les séguias.

Asphodelus tenuifolius Cav. — Sali, oued Tazalouaït.

Juncus maritimus L. — Tahount-Arak.

Typha latifolia L. — Takoun-Canet.

Cyperus lævigatus L. — Adrar, dans les séguias.

Eleocharis capitata R. Br. — Aoulef, dans les bassins d'irrigation des cultures.

Scirpus Holoschœnus L. — Takoun-Canet.

Imperata cylindrica P.-B. — Takoun-Canet.

Elionurus hirsutus Munro (Arabe : *Mou Hamla*). — Dans un petit oued près de l'Erg-In-Fesnin.

Andropogon laniger Desf. (Arabe : *Lidkhir*, c'est le *Akhir* des Maures). — Oued Aguelman-In-Allaren.

Aristida adscensionis L. — Oued Tazalouaït.

Panicum turgidum Forsk. (Arabe : *M'rokba*). — Oued Tazalouaït.

Pennisetum dichotomum Forsk. — Tahount-Arak.

Polypogon monspeliense Desf. — Adrar; var. *minor* Guss. — Aoulef, Tahount-Arak.

Agrostis verticillata Vill. — Adrar.

Cynodon Dactylon Pers. — Adrar, dans les séguias.

Chloris breviseta Benth. — Koulikoro.

Eleusine flagellifera Royle (Arabe : *Bromela*). — Oued Tazalouaït.

Eragrostis cynosuroides R. et S. — Takoun-Canet.

Cutandia memphtica Boiss. — Sali, Aoulef.

Lolium perenne L., var. *multiflorum* Coss. et Dur. (Arabe : *Touga China*). — Aoulef.

Adiantum Capillus-Veneris L. — Adrar, dans les séguias.

OBSERVATIONS. — *Le Lotus capillipes* Batt. et Trab., ne m'est connu que par la diagnose, insuffisante, qu'en ont donné les auteurs (in *Bull. Soc. bot. Fr.*, t. LVIII, 1911, p. 670), d'après un fragment fort incomplet qui ne leur a même pas permis d'indiquer les affinités de cette nouvelle espèce; ce n'est donc qu'avec beaucoup de doute que j'y rapporte la plante recueillie dans l'Ahnet par M. Chudeau, laquelle n'est elle-même représentée que par des spécimens un peu insuffisants; elle m'avait tout d'abord paru constituer une forme ou une variation du *L. pusillus* Viv., espèce commune dans toute la zone désertique, toutefois, certains caractères tels que la villosité, les tiges filiformes, les pédoncules capillaires, allongés, 1-2-flores, la forme du calice, concordent assez bien avec la description de MM. Battandier et Trabut, mais de nouvelles études sont nécessaires pour confirmer ou infirmer ma détermination.

A ce propos, je rappellerai que j'ai autrefois indiqué (in *Bull. soc. Linn. Bordeaux*, t. LIII, p. 13, et *Bull. Soc. bot. Fr.*, t. LVIII, 1911, p. 38) dans des conditions analogues à celles que je viens de relater, l'existence du

L. Jolyi, Batt. en Mauritanie Occidentale; depuis lors, M. Battandier ayant envoyé, à l'herbier Cosson-Durand, un spécimen authentique de son espèce, j'ai pu m'assurer que la plante recueillie à Port-Étienne par M. Chudeau n'était qu'une forme du *L. Chazaliei* de Boissieu (in *Journ. Bot.*, t. X, 1896, p. 220).

Enfin, par suite d'une confusion d'étiquettes et d'un mélange d'échantillons, dans les récoltes botaniques de M. Chudeau, aux environs de Tombouctou, avec des plantes d'une autre provenance, il y a lieu de substituer (in *Mém. Soc. bot. Fr.*, n° 20, p. 16) la mention : 1° *Momordica Balsamina* L., à celle de *M. Charantia* L.; 2° *Sesanum alatum* Thonn., à celle de *S. capense* Burm.; 3° celle d'*Euphorbia granulata* Forsk., à *E. scordifolia* Jacq., et 4° *Elionurus hirsutus* Munro à celle d'*Andropogon Gayanus* Knth.

M. Paul DESROCHE,

Docteur ès Sciences, École Normale supérieure, Paris.

OBSERVATIONS MORPHOLOGIQUES SUR LES VOLVOCACÉES.

58.14-93

24 *Mars.*

J'étudie depuis plusieurs années la physiologie d'une algue verte du genre *Chlamydomonas*. Je la cultive en culture pure, et même depuis plus d'un an en cultures pédigrées issues chacune d'une zoospore unique. J'étais donc certain d'expérimenter toujours sur la même espèce. J'avais essayé de la déterminer et m'étais servi dans ce but, entre autres travaux, du Mémoire de DANGEARD sur les *Chlamydomonadinées* [1], au début duquel se trouve une clef dichotomique des principales espèces du genre *Chlamydomonas*. Aucune diagnose ne convenait parfaitement : le nom de l'espèce que j'étudiais étant, pour mes recherches en cours, de peu d'importance, je n'avais pas cherché à le préciser.

Dernièrement, ayant pu me procurer le Mémoire de GOROSCHANKIN [2] dans lequel se trouve la clef dichotomique dont celle de DANGEARD est la traduction, je m'aperçus que l'impossibilité où je m'étais trouvé de déterminer de façon certaine l'espèce que j'étudiais, provenait d'une erreur dans la traduction de DANGEARD. La clef de GOROSCHANKIN

---

[1] DANGEARD, *Mémoire sur les Chlamydomonadinées ou l'histoire d'une cellule* (*Le Botaniste*, 6° série, 1899).

[2] GOROSCHANKIN, *Beiträge zur Kenntniss der Morphologie und Systematik der Chlamydomonaden*, Moscou, 1890-1891.

me conduisait à déterminer l'espèce que j'avais entre les mains *Chla-mydomonas de Baryana*, sauf deux différences :

1° La taille des zoospores que j'étudie varie entre 11 et 14 μ; Goros-chankin donne comme dimensions 12 à 20 μ; son espèce semble donc un peu plus grosse que celle que je possède. Mais cette différence peut tenir simplement aux conditions de culture.

2° Goroschankin dans la description de son espèce écrit : « Die Individuen, welche vermittelst Dämpfe von Osmiumsäure getödtet wurden oder zufällig aufgehört hatten sich zu bewegen, drehen sich immer so um, wie auf Fig. 9 a steht, d. h. ihr Augenfleck wird beim Stocken der Bewegung nicht lateral, wie bei *Chlamydomonas Braunii* und *Chlamydomonas Reinhardi*, sondern öfters dorsal, d. h. dem Beo-bachter zugekehrt ([1]). » Or dans l'espèce que j'étudie, le point rouge (*Augenfleck*) occupe très rarement la position qu'indique Goroschankin; il est au contraire toujours latéral ([2]). Y a-t-il là une raison suffisante pour considérer cette espèce comme différente de celle de Goroschankin ?

Mon attention ayant été ainsi attirée sur le point rouge, j'ai observé depuis quelques mois toutes les espèces de *Chlamydomonas*, ou plus géné-ralement de *Volvocacées* [au sens large, *Volvocales* de Oltmanns ([3])] que j'ai pu récolter. Ces espèces sont extrêmement nombreuses dans le plankton des mares aux environs de Paris (en particulier mares de Belle-Croix dans la forêt de Fontainebleau et mares des bois qui entourent Versailles). J'ai constaté ce fait que dans les genres à deux cils *le point rouge se présente toujours sur le contour apparent de l'individu*. Ce n'est que dans des cas extrêmement rares, exceptionnels, qu'on aperçoit le point rouge au voisinage de l'axe du corps.

Or j'ai fait en outre la remarque suivante : la plupart des espèces du genre *Chlamydomonas* ou des genres voisins possèdent à leur extrémité antérieure un épaississement de la membrane formant une sorte de papille; les deux cils traversent la membrane à la base de cette papille en deux points diamétralement opposés; les deux points de sortie déter-minent ainsi un plan méridien, et toujours, sauf de très rares exceptions, *ce plan se présente de front à l'observateur*.

La conclusion est que, dans toutes les espèces que j'ai observées, *le*

([1]) Goroschankin, *loc. cit.*, 1891, p. 12.

([2]) Dans l'espèce que je cultive, le point rouge est extrêmement difficile à aper-cevoir, et pendant longtemps, j'ai cru qu'il n'existait pas. Cette difficulté vient de sa forme, de sa position, et de sa couleur. Il est très petit, en forme de disque irré-gulier extrêmement mince, appliqué contre le chromatophore, entre celui-ci et la membrane. Comme il est latéral dans la plupart des cas, on n'en aperçoit qu'une coupe optique sous forme d'une mince ligne rouge. Lorsque, par hasard, il se trouve au voisinage de l'axe du corps, son peu d'épaisseur, d'une part, d'autre part, sa colo-ration faible, et à peu près complémentaire de celle de la chlorophylle, le rendent presque invisible.

([3]) Oltmanns, *Morphologie und Biologie der Algen*, Jena, 1904.

point rouge se trouve dans le plan des deux cils. Les quelques figures que je
publie ci-dessous *(fig.* 1) sont caractéristiques à cet égard : à côté d'un
individu ayant le point rouge latéral, j'ai, en général, dessiné un individu
de la même espèce ayant exceptionnellement le point rouge central. Dans
toutes les figures de la première catégorie, on aperçoit là papille entre les
deux cils, qui sortent à sa base; dans toutes les figures de la seconde caté-

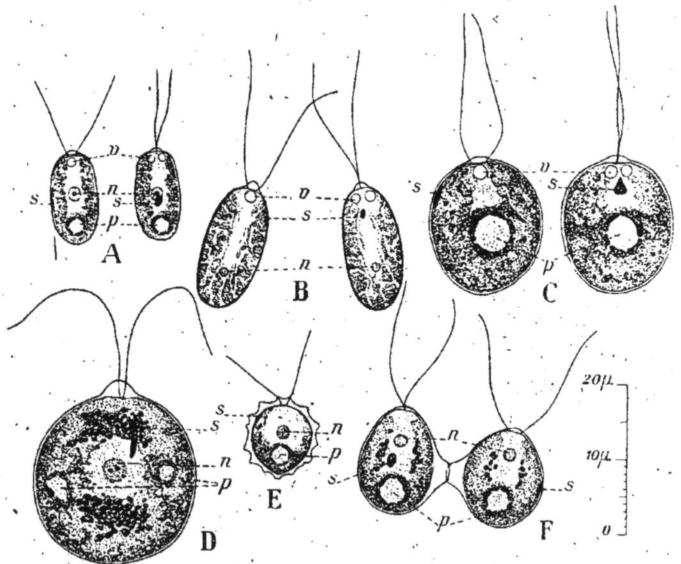

Fig. 1. — Positions relatives des cils et du point rouge.

A, *Chlamydomonas de Baryana* Goros; B, *Chlamydomonas reticulata* Goros; C, *Chla-mydomonas Reinhardi* Dangeard; D, *Chlamydomonas Perty* Goros; E, *Phacotée* gen.
et spec. ?; F, *Gonium sociale* (Duj.) Warm; *s,* point rouge; *n,* noyau; *p,* pyrénoïde;
v, vacuoles pulsatiles.

gorie les deux cils sont confondus à leur base et paraissent couper la
papille. La dernière des figures, enfin, représente une colonie de *Gonium
sociale* à deux individus; chacun d'eux dérive de l'autre par une rotation
de 90° : l'un d'eux a le point rouge sur son contour apparent et le plan
des cils confondu avec le plan de la figure; le deuxième a le point rouge
sur l'axe du corps et le plan des cils perpendiculaire au plan de figure.

Dans certaines conditions, que je cherche actuellement à préciser, on
voit apparaître dans les cultures de *Chlamydomonas* des individus doubles
tels que celui qui est figuré ci-contre *(fig.* 2). De telles formes ont déjà
été observées par Stein [1] dans *Chlamydomonas pulvisculus,* Goros-

---

[1] Stein, *Organismus der Flagellaten,* erste Halfte (cité d'après Goroschankin).

CHANKIN ([1]) dans *Chlamydomonas Braunii*, O. DILL ([2]) dans *Chlamydomonas reticulata* et *Chlamydomonas longistigma*. Elles résultent d'une division longitudinale qui, au lieu de se faire, comme dans le cas général, à l'intérieur de la membrane de l'individu primitif, intéresse cette membrane elle-même. Or dans ces individus doubles j'ai toujours constaté que le point rouge de l'un des composants est sur le contour apparent, le point rouge de l'autre sur l'axe du corps; le plan des cils du premier coïncide avec le plan de figure, le plan des cils du second lui est perpen-

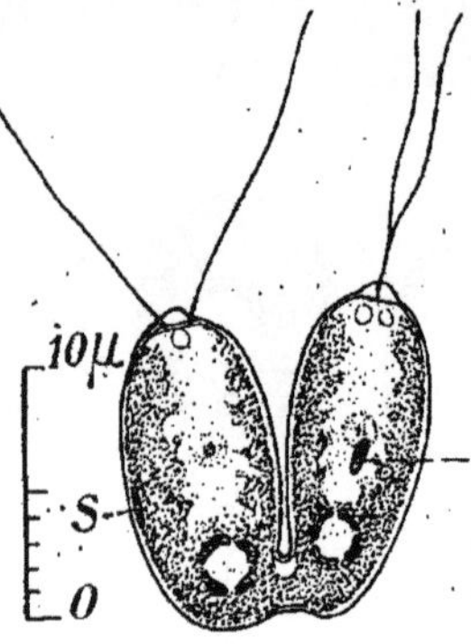

Fig. 2. — Double individu
de *Chlamydomonas de Baryana*.

diculaire. La figure 2 montre ces relations; il est très intéressant de remarquer combien le double individu de *Chlamydomonas* ainsi constitué ressemble à la colonie de *Gonium sociale* représentée figure 1.

En définitive j'ai toujours constaté sur les très nombreuses formes que j'ai observées la même relation de position entre le point rouge et les cils : *le point rouge se trouve dans le plan des cils.*

Cette position du point rouge n'a, à ma connaissance, jamais été signalée; la seule indication que j'aie trouvée à ce sujet se trouve dans le Mémoire de O. DILL déjà cité. Lorsque cet auteur décrit *Chlamydomonas longistigma* il signale la forme particulière de la papille d'insertion des cils : « Das Hautwärzchen ist breit und flach; im Querschnitt erscheint es keilformig zugespitzt, so dass es am besten mit einer Dachfirst zu vergleichen ist ([3]). » « La papille est large et aplatie; en coupe transversale elle parait aiguisée en forme de coin, de sorte qu'on peut exactement la comparer à un faîte de toit ». Quelques lignes plus loin O. DILL écrit: « Die Lage des Stigma ist durch diejenige des Hautwärzchens bedingt, indem der Augenfleck stets auf demjenigen Meridian liegt, welcher durch die Langsausdehnung des Hautwärzchens geht. » DILL a donc vu une relation de position entre le point rouge et la papille; mais il ne va pas plus loin et ne parle pas des cils à ce sujet; cependant il est naturel de penser, et les figures de DILL, bien qu'assez imprécises à cet égard semblent confirmer l'hypothèse, que les cils traversent la membrane aux deux extrémités du plus grand axe de la papille, ce qui concorde avec mes observations.

La très grande majorité de celles-ci ont été faites en fixant les orga-

---

([1]) GOROSCHANKIN, *loc. cit.*, 1890; p. 12.

([2]) O. DILL, *Die Gattung Chlamydomonas und ihre nächsten Verwandten* (*Jahrb. für wiss. Bot.*, 28 Bd., 1895, p. 331).

([3]) O. DILL, *loc. cit.*, p. 328.

nismes par les vapeurs d'acide osmique, et observant soit sans coloration
(le microscope à fond noir est commode dans certains cas), soit en colorant très légèrement par le bleu lactique. Le fait que le point rouge se
trouve presque toujours sur le contour apparent ne peut-il alors être
considéré comme la conséquence de ce fait que les deux cils, coagulés
et en quelque sorte raidis par les vapeurs d'acide osmique, déterminent
un plan relativement fixe, qui, lorsqu'on place le couvre-objet sur la
préparation, tend à se placer parallèlement au plan de celui-ci ? Je l'ai
cru quelque temps et cette cause peut effectivement intervenir; mais
elle n'est pas la seule : car des zoospores privées de leurs cils, soit par accident, soit naturellement, prennent encore le plus souvent une position telle
que le point rouge se trouve sur le contour apparent. Il doit donc y avoir,
outre la cause que j'indique, une tendance propre du corps de la zoospore
à se placer ainsi, une répartition des masses qui l'y oblige mécanique-
ment.

Comment alors se fait-il que GOROSCHANKIN, dans *Chl. de Baryana*, ait
observé le point rouge sur l'axe du corps et non sur le contour apparent?
Peut-être employait-il pour monter ses préparations une technique telle
que le plan des cils se plaçait de préférence perpendiculairement au plan
d'observation; il ne donne naturellement aucun détail sur ce point
qu'il devait considérer comme étant sans importance; l'espèce que je
cultive serait alors identique à celle de GOROSCHANKIN. Peut-être aussi
dans celle-ci le point rouge se trouvait-il réellement dans le plan méridien perpendiculaire au plan des cils : GOROSCHANKIN n'en dit rien, et
ses figures ne permettent pas de préciser ce point. Cependant, étant donnée
la généralité du fait que j'ai observé, point rouge dans le plan des cils,
il m'est difficile d'admettre cette seconde hypothèse, et je crois en définitive pouvoir appeler l'espèce que j'ai étudiée *Chlamydomonas de Baryana* Goros.

On considère généralement le point rouge comme un point oculaire.
L'hypothèse a été formulée par EHRENBERG, mais les raisons qu'on invoque en sa faveur ne sont pas convaincantes. Ce n'est pas parce que
c'est un organe pigmentaire qu'il est nécessairement sensible à la lumière;
ce n'est pas non plus parce qu'il contient souvent un gros grain sphérique
de paramylum qu'on peut considérer ce grain comme un cristallin;
CH. JANET, dans un Mémoire récent sur le *Volvox*, admet cette hypothèse
et écrit : « Le fait que chez le *Volvox aureus* les stigmas ne sont développés
que sur l'hémisphère antérieur, dirigé en avant lorsque l'individu nage
vers la lumière diffuse, vient à l'appui de cette manière de voir » [1].
Or cet argument se retourne si l'on observe que chez certains *Chlamydomonas*, en particulier, chez le *Chl. de Baryana* que je cultive, le point rouge
se trouve dans la moitié postérieure, où, au plus, au milieu du corps
(voir *fig. 2*).

---

[1] CH. JANET, *Le Volvox*, Limoges, 1912, p. 134.

Une autre hypothèse, que je cherche actuellement à vérifier, est que
le point rouge est peut-être en relation avec l'appareil moteur. Je vois
un argument en faveur de cette manière de voir dans le fait que j'ai
signalé de la relation de position entre les cils et le point rouge. L'argument de Ch. Janet en faveur du rôle sensitif du point rouge de *Volvox* ne
vient pas à l'encontre de cette hypothèse, mais peut aussi bien être
considéré comme étant en sa faveur. Enfin, certaines relations entre le
point rouge et les cils ont déjà été mises en évidence chez d'autres
Flagellés : Prenant (¹) dans un Mémoire récent signale d'après Wager
chez *Euglena viridis*, et d'après Steuer chez *Eustreptia viridis*, des
relations de cette espèce. L'hypothèse que le point rouge est en relation
avec l'appareil locomoteur, sans exclure cette autre que le point rouge
est un organe sensible à la lumière, me paraît également soutenable.

M. Fernand PELOURDE,

Docteur ès Sciences, Préparateur au Muséum, Paris.

REMARQUES SUR LA TRACE FOLIAIRE DES PSARONIÉES.

58.14.5-73.2

26 Mars.

On sait que l'alliance des *Marattiales* occupe dans le monde actuel une
place très restreinte par rapport à l'ensemble des autres *Filicales*; tandis
qu'elle comprenait la plus grande partie des Fougères des temps paléozoïques.

Les êtres qui la constituaient à cette époque reculée ont été groupés
sous le nom de *Psaroniées*. Leurs tiges, dont on connaît des fragments
silicifiés (*Psaronius*), ou bien conservés à l'état d'empreintes (*Caulopteris,
Ptychopteris, Megaphyton*), étaient entourées dans leur partie inférieure
par une gaine de racines adventives, et couronnées à leur sommet par une
touffe de feuilles appartenant au groupe des vrais *Pecopteris*.

On a reconnu, depuis longtemps, que, au point de vue de la structure
de leurs tiges, de leurs racines et de leurs organes fructificateurs, elles
ressemblaient beaucoup aux *Marattiacées* actuelles (²); mais on a admis,
par contre, qu'elles présentaient dans leurs frondes une organisation
spéciale.

(¹) A. Prenant, *Les appareils ciliés et leurs dérivés*. (*Jour. de l'Anat. et de la
Physiol.*, 1912-1913.

(²) *Cf.* notamment: Grand'Eury, *Flore carbonifère du département de la Loire
et du centre de la France*, p. 98.

La structure de leur trace foliaire est bien connue, dans ses grandes lignes tout au moins, grâce surtout aux observations de B. Renault et de M. Zeiller. Ce dernier, en étudiant un tronc de *Caulopteris endorhiza* Grand'-Eury de Commentry, dans lequel les diverses masses ligneuses se trouvaient conservées sous la forme de lames charbonneuses, a réussi à dégager quelques faisceaux foliaires (voir *fig.* 1). Il a constaté que chacun de ceux-ci, après s'être individualisé aux dé-pends es deux faisceaux périphériques latéraux (*fig.* 1 : 1 *a″, r*), présentait d'abord la forme d'une gouttière tournant sa concavité vers l'axe de la tige correspondante (*fig.* 1 : 1 *a‴, o*); et que les bords libres de cette gouttière, se recourbant de plus en plus, arrivaient à se rencontrer le long d'une ligne située dans le plan de symétrie du faisceau (*fig.* 1 : 1 *a‴, p*) et fi-nalement se détachaient de manière à figurer une sorte de voûte, à l'intérieur d'un contour

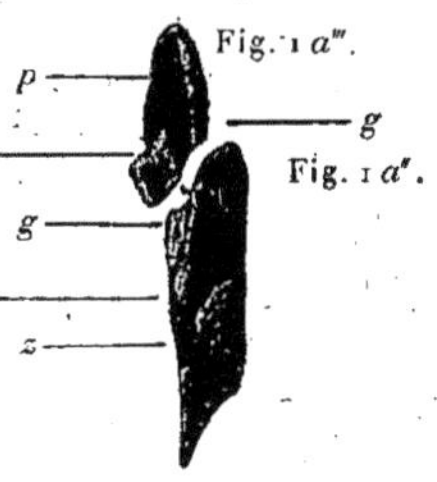

vasculaire fermé ([1]). C'est ainsi que, à la périphérie du tronc qui nous occupe, chaque trace foliaire apparaît sous l'aspect d'une sorte d'ellipse périphérique, en dedans de laquelle se trouve une seconde masse ligneuse en *v* renversé (Cf. *fig.* 1 : 1 *a″*; *fig.* 2 : *a*). Dans certains cas (exemple *Caulopteris Saportæ Zeiller, C. Fayoli Zeiller*) ([2]), la transformation qui vient d'être signalée ne s'effectuait pas avant que les appareils conducteurs des feuilles aient quitté les tiges. Dans chaque cicatrice pétiolaire, on observe alors une bande vasculaire en forme de fer à cheval ouvert du côté supérieur et aux extrémités recourbées en crochets (*fig.* 2 : *b*).

Parfois enfin, le lieu de réunion des deux bords de chaque faisceau foliaire initial pouvait se trouver situé, *chez un même individu*, à des distances variables du contour de la tige. Ainsi, chez le *Caulopteris varians* Zeiller ([3]) on remarque : 1° certaines cicatrices pétiolaires pourvues d'un faisceau unique, ouvert du côté supérieur (Cf. *C. Saportæ* et *Fayoli*); 2° d'autres, où les bords libres du faisceau initial se sont détachés, mais demeurent encore distincts à l'intérieur d'un contour presque fermé; 3° d'autres, enfin, où ce contour-externe se trouve complètement fermé et renferme à son intérieur un peti faisceau en forme de *v* renversé (Cf. *C. endorhiza*).

Les deux types de structure qui viennent d'être indiqués se retrouvent encore dans les fragments de pétioles connus sous le nom de *Stipitopteris,* et qui se rapportent aux *Caulopteris* et aux *Psaronius*. Certains d'entre ces

([1]) ZEILLER, *Flore fossile du terrain houiller de Commentry*, p. 3io-3i3 et pl. 36, fig. 1 *a′*, 1 *a″*, 1 *a‴*. — *Voir* encore, à propos de la formation des faisceaux chez les *Psaroniées* : ZEILLER, *Flore fossile du bassin houiller et permien d'Autun et d'Épinac,* p. 181-191, pl. 15, fig. 2 et pl. 16, fig. 1-7,

([2]) ZEILLER, *Flore fossile de Commentry*, p. 329-333; pl 35, fig. 6 et pl. 37, fig. 3-4.

([3]) ZEILLER, *Flore fossile de Commentry*, p. 326-328; pl. 35, fig. 5.

derniers (*St. Renaulti* Zeiller, *St. reflexa* Zeiller) ([1]) montrent en effet une
trace foliaire rappelant tout à fait celles que l'on connaît chez les *Caulopteris Saportæ* et *Fayoli*. D'autres, par contre (*St. peltigeriformis* Zeiller) ([2])
en montrent une qui rappelle celles des *Caulopteris endorhiza* et *peltigera*.
L'ouverture que l'on observe, chez le *St. peltigeriformis*, dans la partie
supérieure de la bande ligneuse externe, semble résulter d'une déchirure
accidentelle ([3]).

D'autres enfin possédaient un faisceau en *v* renversé à l'intérieur d'un

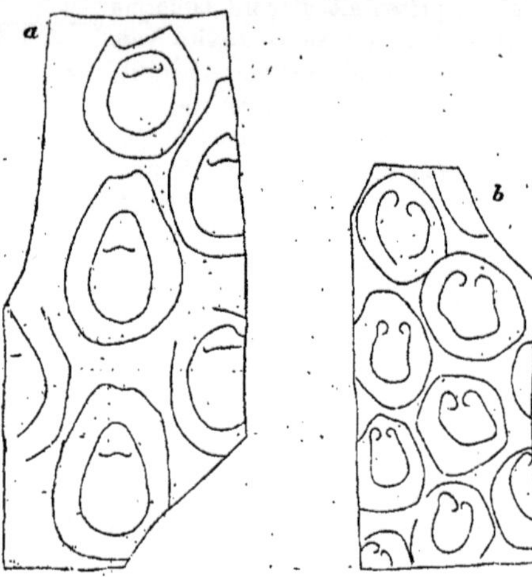

Fig. 2.

contour vasculaire *ouvert* sur sa face supérieure ([4]). J'ai observé une
telle disposition dans deux spécimens mesurant respectivement 2,5 cm
et 6 mm de diamètre. Ceci semble bien prouver qu'elle n'était pas l'effet
d'un pur hasard et qu'elle se retrouvait, dans les mêmes frondes, à des
niveaux très divers.

Les autres renseignements que l'on possède sur la structure de la fronde
chez les *Psaroniées* ont trait à quelques rachis d'ordre inférieur, dans
lesquels B. Renault a observé un faisceau unique, lunulé ou en forme d'U,
ouvert du côté supérieur, et à bords recourbés en dedans (*Pecopteris*

([1]) *Flore fossile du bassin houiller et permien d'Autun et d'Épinac*, 1" partie,
p. 278-280, et pl. 20, fig. 5, 7.

([2]) *Ibid.*, p. 280-281 et pl. 20, fig. 9.

([3]) *Ibid.*, p. 281.

([4]) *Cf.* Grand'Eury, *Flore carbonifère du département de la Loire et du centre
de la France*, p. 80, et pl. 13, fig. 2. — F. Pelourde, *Observations sur quelques
végétaux fossiles de l'Autunois* (Ann. Sc. nat., Bot., 9° série, t. XI, p. 361-364 et
fig. 1).

pennæformis. Brongniart, var. *Musensis*, *Pec. intermedia* B. R., *subcrenulata* B. R., *Geriensis* B. R.) ([1]).

En résumé, dans les feuilles des *Psaroniées*, l'appareil conducteur, sauf quelques variations de détails, se trouvait disposé suivant deux types fondamentaux, qui se transformaient l'un dans l'autre à plusieurs reprises. Cet appareil comprenait : 1° tantôt une pièce unique en forme de fer à cheval ouvert du côté supérieur et à bords recourbés vers le plan de symétrie; 2° tantôt un contour externe continu, provenant de la fermeture du fer à cheval en question, et qui renferme à son intérieur un faisceau constitué par la réunion des deux extrémités recourbées du faisceau initial.

Si l'on considère maintenant les frondes des *Marattiacées* actuelles, on constate qu'elles possèdent à leur base, chez les grandes espèces du moins (*Angiopteris evecta*), de nombreux faisceaux ordonnés suivant plusieurs cercles concentriques qui se fusionnent entre eux et diminuent progressivement en nombre par voie centrifuge, à mesure que le niveau s'élève ([2]). De cette manière, on finit, tôt ou tard, par n'avoir plus que deux cercles de faisceaux (*fig.* 3 : 1). Une telle disposition peut d'ailleurs se rencontrer dès la base du pétiole, chez de petites espèces comme le *Marattia fraxinea*, par exemple. En tout cas, à un certain moment, il n'existe plus qu'une bande de faisceaux rectiligne ou arquée, à l'intérieur d'un cercle périphérique (*fig.* 3 : 2, 3).

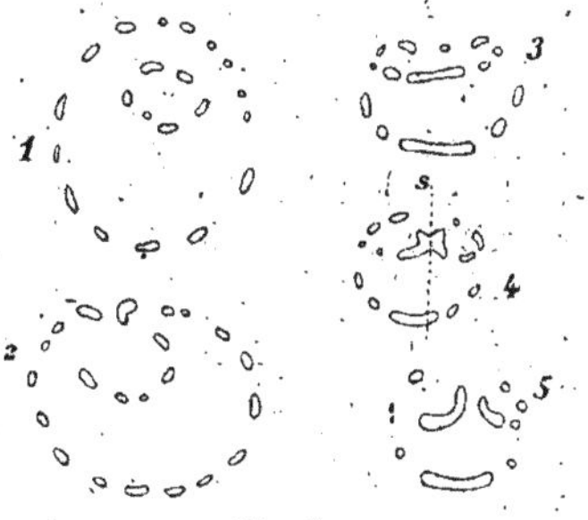

Fig. 3.

Puis, l'un des éléments de la bande interne se fusionnant avec un de ceux de la région supérieure du cercle externe, il se forme un faisceau en X (*fig.* 3 : 4), qui se divise ensuite dans le sens du plan de symétrie (*fig.* 3 : 4,s). L'ensemble de tous les faisceaux acquiert ainsi la forme d'un arc ouvert du côté supérieur (*fig.* 3 : 5) et dont les extrémités sont recourbées en dedans.

Par suite de fusions entre ces extrémités, il peut se reformer un faisceau en X analogue au précédent, lequel se fragmente en deux parties, dans un plan perpendiculaire au plan de symétrie; on obtient ainsi à nouveau un contour externe et une bande interne de faisceau. Ces diverses modifications peuvent se renouveler plusieurs fois chez un même individu,

---

([1]) B. RENAULT, *Cours de Botanique fossile*, 3ᵉ année, p. 122-124, 128, 132-134; pl. 22, fig. 1, 8; pl. 23, fig. 10; *Flore fossile du bassin houiller et permien d'Autun et d'Épinac,* 2ᵉ partie, p. 7.

([2]) *Cf.* THOMÆ, *Die Blattstiele der Farne* (*Jahrb. f. wissensch. Bot.*, t. XVII, 1886, p. 119).

comme je l'ai constaté dans les rachis secondaires de l'*Angiopteris evecta*, par exemple.

De toutes façons, dans la nervure principale des pinnules, il existe un faisceau unique analogue à celui qui a été observé à des niveaux comparables dans les rachis de divers *Pecopteris* [1].

En somme, dans les frondes des *Marattiacées* vivantes, tout au moins à partir d'un certain niveau, la disposition des faisceaux se ramène aux deux types fondamentaux suivants :

1º Tantôt on observe, sur les coupes transversales, un contour externe de masses libéro-ligneuses, renfermant à son intérieur d'autres masses analogues, groupées suivant un arc concave du côté supérieur, ou bien suivant une bande transversale sensiblement rectiligne.

2º Tantôt la totalité des faisceaux est ordonnée suivant un arc ouvert du côté supérieur, et dont les bords sont recourbés en dedans.

Autrement dit, cette disposition rappelle tout à fait celle que l'on connaît chez les *Psaroniées*, d'un bout à l'autre des frondes.

Il est vrai que l'appareil conducteur des *Marattiacées* actuelles est très dissocié dans la plus grande partie de l'étendue de leurs frondes; tandis que celui des *Psaroniées* l'était infiniment moins, ou même ne l'était pas du tout à certains niveaux. Chez ces fossiles, sa trace peut, en effet, être constituée par un faisceau unique (*Caulopteris Saportæ, Fayoli, Stipitopteris Renaulti, reflexa...*); où bien elle peut posséder un (*Caulopteris endorhiza, Stipitopteris peltigeriformis...*) ou deux (*Caulopteris aliena*) faisceaux à l'intérieur d'un anneau ligneux périphérique.

Une complication plus grande de ce dernier mode de structure se trouve enfin réalisée chez les *Megaphyton*, dont chaque trace foliaire est équivalente à deux traces de *Caulopteris endorhiza* ou de *Caulopteris peltigera*. Ces deux traces peuvent être plus ou moins coalescentes dans leur partie inférieure (*Megaphyton Mac-Layi* Lesquereux, *insigne* Lesq.) ou bien être tout à fait distinctes l'une de l'autre (*Megaphyton didymogramma* Grand'Eury) [2].

Les *Psaroniées* diffèrent encore des *Marattiacées* actuelles en ce que leurs nombreuses racines adventives étaient noyées, durant une très grande partie de leur longueur, dans un parenchyme fondamental constitué par la juxtaposition de touffes de cellules, issues en partie de la périphérie des tiges correspondantes, mais principalement des racines elles-mêmes [3].

---

[1] *Voir* pour ces diverses transformations, F. PELOURDE, *Recherches sur la position systématique des plantes fossiles dont les tiges ont été appelées* Psaronius, Psaroniocaulon, Caulopteris (*Bull. Soc. Bot. France*, 1908, p. 89-96).

[2] *Voir* à ce sujet : ZEILLER, *Flore fossile de Commentry*, pl. 40, fig. 3-4. — GRAND'EURY, *Géologie et Paléontologie du bassin du Gard*.

[3] *Cf.* H. GRAF ZU SOLMS-LAUBACH, *Der tiefschwarze* Psaronius Haidingeri *von Manebach in Thüringen* (*Zeitschrift für Botanik*, t. III, 1911, Heft 11, p. 739, 746, 752, 754 et fig. 5, 7). — F. PELOURDE, *Observations sur le* Psaronius brasiliensis *Ann. Sc. nat., Bot.*, 9ᵉ série, t. XVI, 1912, p. 340-345, et fig. 2, 3).

Mais, en dépit de ces différences de détails, il n'en reste pas moins avéré que chez toutes les *Marattiales*, fossiles ou actuelles, l'appareil conducteur des frondes apparaît construit sur un même plan fondamental. Tout considéré, les *Psaroniées* manifestent dans la structure de leurs divers organes des affinités trop étroites avec les *Marattiacées* actuelles pour qu'on puisse les en éloigner notablement. Elles se rangent tout naturellement auprès de ces dernières, dans la grande alliance des *Marattiales*.

M. W. RUSSELL.

Docteur ès Sciences, Paris.

UNE FORMATION GÉOLOGIQUE DÉCELÉE PAR LA FLORE SPONTANÉE.

551.7 : 58.19

24 Mars.

Le long des vallées de la Limagne s'étend une masse puissante d'arkose, résultant de la dégradation des roches granitiques qui forment les falaises de bordure de ces vallées. Ces arkoses sont souvent recouvertes de sédiments calcaires et marneux alternant avec des lits d'argiles.

Les arkoses appartiennent, selon M. Julien ([1]), à l'Oligocène moyen ou Stampien et les couches stratifiées qu'elles supportent à l'Oligocène supérieur ou Aquitanien.

L'Aquitanien de la Limagne comprend trois assises, dont l'inférieure (couche à *Potamides Lamarcki*) offre une continuité remarquable dans le sud du Plateau central; on l'observe non seulement au voisinage de Clermont-Ferrand, mais aussi dans la région d'Aurillac et en certains points du Gévaudan.

Cette assise se présente tantôt en bancs épais, tantôt en feuillets excessivement minces; dans ce dernier cas les phénomènes d'érosion l'ont souvent en grande partie fait disparaître et il est parfois difficile de la suivre avec précision.

A Royat, par exemple, sur le coteau qui domine le Casino, la couche à *Potamides* a été complètement désagrégée, l'arkose affleure à la surface du sol et il semble qu'il ne reste aucun vestige de la formation aquitanienne. Cependant si l'on examine la composition de la flore on est surpris de rencontrer, sur le revêtement d'arkose, qui couvre les pentes granitiques, une série de plantes que l'on n'est guère habitué à récolter en dehors des terrains calcaires. Les espèces, maîtresses du terrain, sont :

([1]) JULIEN, *Ann. Club alpin*, 1881, p. 446.

Isatis tinctoria, *Origanum vulgare*, *Stachys recta*, *Fœniculum officinale*, *Helianthemum vulgare*, *Euphorbia Cyparissias*, *Diplotaxis tenuifolia*, *Reseda lutea* et *Clematis Vitalba*.

Quelques pieds de *Coronilla varia* et d'*Helleborus fœtidus* complètent l'association.

Les arènes qui constituent le substratum font faiblement effervescence au contact des acides, mais à l'analyse donnent un indice calcimétrique compris entre 0,10 % et 0,30 % CO^3 Ca [1].

Les échantillons de terre recueillis en dehors de la région considérée ne réagissent pas au calcimètre; il est donc probable que l'espace recouvert par la flore calciphile correspond à la zone à *Potamides* des coteaux voisins, mais ici il n'est resté de cette assise que quelques traces de carbonate de calcium qui sont venues se fixer sur la roche sous-jacente.

Dans le Gévaudan, l'ancien lac du Malzieu, situé aujourd'hui à 1000 m d'altitude renferme dans ses sédiments la faune et la flore de l'Aquitanien d'Auvergne [2]. Ce lac était probablement en relation avec ceux de Saint-Alban et de Javol qui ont été comme lui comblés avec des marnes calcaires, des sables et des argiles [3].

De même qu'à Royat les sédiments aquitaniens du Malzieu, de Saint-Alban et de Javol remaniés depuis des siècles par les eaux ont perdu la plus grande partie du carbonate de calcium qu'ils recélaient.

Ici encore, comme dans la Limagne d'Auvergne, la flore constitue un précieux réactif; certaines plantes calciphiles révèlent par leur présence l'existence du carbonate de calcium dans le sol ce qui permet, au Malzieu et à Saint-Alban [4], de reconnaître d'une façon suffisamment approximative où se trouvent les gisements des sédiments lacustres. Ces plantes caractéristiques qui manquent totalement sur les sols granitiques d'alentour sont :

Verbascum nigrum, *Campanula glomerata* [5], *Plantago media*, *Medicago falcata*, *Dipsacus silvestris*, *Barkhausia fœtida*, *Dianthus prolifer*, *Trifolium fragiferum*, *Inula Conyza*, *Cichorium Intybus*, *Erigeron acris*, *Torilis Anthriscus*, *Senebiera Coronopus*, *Scandix Pecten Veneris*, *Helianthemum vulgare* et *Arabis auriculata*.

---

[1] *Dans les points où la teneur en calcaire atteint son maximum, les arènes sont mêlées à de l'argile verte.*

[2] DE LAPPARENT, *Traité de Géologie*, p. 1493.

[3] M. BOULE, *Note sur le bassin tertiaire du Malzieu* (*Bull. Soc. Géol. de France*, 3ᵉ série, t. XVI, 1888).

[4] *A Javol, le carbonate de calcium qui imprègne le sol ne provient pas uniquement de l'altération des dépôts lacustres; le mortier qui unissait les pierres des maisons de l'ancienne cité des Gabales et ces pierres elles-mêmes en ont certainement fourni une grande part.*

[5] Verbascum nigrum et Campanula glomerata *vivent dans les terres volcaniques de l'Aubrac, riches comme on sait en chaux et en acide phosphorique.* Helianthemum vulgare *commun dans la Lozère sur le basalte croit, exceptionnellement, dans des arènes granitiques au bord de la Truyère, près des Estrets.*

M. LE Dr C. GERBER,

Professeur à l'École de Médecine, Marseille.

LES DIASTASES DU LATEX DE « FICUS CORONATA » REINW.
COMPARAISON AVEC « FICUS CARICA » L.

58.11.97–34.7

24 *Mars.*

Grâce à l'obligeance de M. Rivière, le savant directeur du jardin d'essai du Hamma, près d'Alger, j'ai pu avoir à ma disposition, en 1912, une quantité suffisante de latex de *Ficus coronata* Reinw. pour en entreprendre l'étude des diastases hydrolysantes.

Ce latex est remarquable par son infime teneur en caoutchouc; aussi est-il transparent.

1º *Présence d'une diastase oxydante et absence d'amylase.* — Ce latex, mélangé à de l'empois d'amidon ou a une solution d'amidon soluble, soit de Zukolwsky, soit de Fernbach-Wolff, à 5 % dans l'eau distillée, à 50º, colore en jaune les deux premiers, à réaction amphotère, tandis qu'il laisse incolore la troisième, à réaction neutre ou même légèrement acide au méthylorange. Ce fait, rapproché de cet autre, à savoir que le latex incolore au sortir de l'arbre, devient rapidement rouge brun, et du suivant : l'eau oxygénée très étendue, agissant sur une dilution assez faible de latex, pour être presque incolore, la colore en rouge brun foncé, alors qu'elle n'agit que très peu sur la même dilution préalablement maintenue 15 minutes à 100º, établit l'existence d'une diastase oxydante sur laquelle nous n'insisterons ici que pour faire remarquer qu'elle paraît, comme dans beaucoup d'autres latex, exclusive d'amylase. Qu'il s'agisse, en effet, de l'un ou de l'autre des trois liquides amylacés précédents, nous n'avons pu constater, même après 72 heures d'action à 50º (0,10 cm³ latex, 10 cm³ empois ou solution d'amidon), la formation de sucres réducteurs. Il n'y a donc pas d'amylase.

Des expériences faites le même jour, à la même température et avec les mêmes quantités de latex de *Ficus carica* et des solutions amylacées ont donné, en 1 heure, les quantités de maltose suivantes :

Empois.	Zukolwsky.	Fernbach-Wolff.
0,60 g	1,30 g	1,40 g

On voit donc que, contrairement à *Ficus coronata*, le latex de *Ficus carica* est amylolytique. Nous avons étudié ailleurs les propriétés de cette

amylase ([1]). Les trois solutions amylacées précédentes restent blanches,
même après 20 heures. Ce fait, ajouté à cet autre à savoir que le latex reste
blanc longtemps après sa sortie de l'arbre, et du suivant : l'eau oxygénée
très étendue, agissant sur le latex dilué ne fait apparaître qu'une légère
teinte rose, qui ne se manifeste pas dans le cas où le latex a été préalablement maintenu 15 minutes à 100°, montrent que la diastase oxydante
du latex de *Ficus carica* est incomparablement moins active que celle
de *Ficus coronata*.

2° *Existence d'une lipodiastase modérément active.* — Nous avons mis en
contact, dans trois tubes à essai, 5 cm³ d'une émulsion de jaune d'œuf
au tiers dans l'eau distillée avec 1 cm³ d'eau (*c*), de latex de *Ficus coronata*
frais (*a*), de latex de *Ficus coronata* maintenu préalablement pendant
15 minutes à 100° (*b*), et nous avons placé les mélanges au thermostat
pendant 24 heures, à 50°, puis, ajoutant à ces liquides 60 cm³ d'éther ordinaire, nous avons laissé en contact à la température du laboratoire
pendant 2 heures, en agitant toutes les 10 minutes. Prélevant ensuite
30 cm³ des solutions grasses éthérées surnageantes, nous les avons placées
dans des fioles contenant déjà 20 cm³ d'alcool à 95°. Il nous a fallu les
quantités suivantes de liqueur décinormale alcoolique de potasse pour
obtenir le virage au rose faible à la phtaléine du phénol : .

	a.	*b.*	*c.*
Ficus coronata (en cm³).....	2	0,45	0,40
Ficus carica (en cm³).......	1,4	0,50	0,40

alors qu'avec le latex de *Ficus carica*, il nous avait fallu, dans les mêmes
conditions, les quantités placées au-dessous. Nous avons ajouté ensuite
3 cm³ de liqueur normale alcoolique de potasse dans chacune des fioles
et abandonné les mélanges rouges, pendant 24 heures à la température du
laboratoire. L'addition de 3 cm³ d'une liqueur normale sulfurique décolore
les liqueurs. Pour obtenir le virage au rose faible de ces mélanges, il a fallu
ajouter les quantités suivantes de liqueur potassique décinormale :

	a.	*b.*	*c.*
Ficus coronata (en cm³).........	5,3	7	7
Ficus carica (en cm³)...........	5,8	6,9	7

alors qu'avec le latex de *Ficus carica* il nous a fallu, dans les mêmes conditions, les doses placées au-dessous. Le pourcentage des graisses du
jaune d'œuf, saponifiées par la diastase du latex de *Ficus coronata*, est

$$\frac{(2 - 0,45)\,100}{5,3 + (2 - 0,45)} = 23\ \%,$$

---

[1] *Bull. Soc. Bot. de Fr.*, Mémoire 23, 1912, et *C. R. Soc. Biol.*, 1911-1912.

tandis qu'avec *Ficus carica*, on a

$$\frac{(1,4 - 0,5)\,100}{5,8 + 1,4 - 0,5} = 13\ ^0/_0.$$

On voit que la teneur du latex de *Ficus coronata*, en lipase, est d'environ deux fois plus forte que celle du latex de *Ficus carica*.

3° *Existence d'un ferment protéolytique très actif.* — Les ferments protéolytiques solubilisent, on le sait, par hydrolyse, les matières protéiques. Cette peptonisation est précédée, dans le cas de la caséine du lait, par une coagulation dont l'étude peut servir pour caractériser ces ferments qui, dans ce cas, prennent le nom de *présures*.

Le latex de *Ficus coronata* est un coagulant énergique du lait et un peptonisant non moins fort des albumines. Il contient donc un ferment protéolytique très actif. Nous l'étudierons ici, *in vitro*, sous son faciès présurant, son étude *in vivo* sous son faciès solubilisant ayant été publié ailleurs par M. Salkind et nous-même ([1]).

Faisons agir, à 50°, sur 5 cm³ de lait pur cru et bouilli, des doses croissantes d'une dilution à $\frac{1}{100}$ dans l'eau distillée, de latex de *Ficus coronata* et de *Ficus carica*. Nous observons la prise en masse du liquide dans les temps suivants :

TABLEAU I. — *Temps nécessaire à la coagulation* (en minutes et secondes).

Centièmes de centimètres cubes $\frac{\text{latex}}{400}$ dans 5 cm³ de lait.

	0,5.	1.	2.	4.	8.	16.	32.	64.
Lait cru.								
Ficus coronata.	»	»	>360	18	4	1.45	0.50	»
Ficus carica ...	»	».	»	»	»	>360	12	1.30
Lait bouilli.								
Ficus coronata.	100	26	12	6.30	3.30	1.45	1	»
Ficus carica ...	»	>360	80	21	11	6	3.15	1.45

On voit que 0,04 cm³ (*F. coronata*) et une dose quatre fois plus forte (*F. carica*) de latex dilué au même degré, coagulent 5 cm³ de lait bouilli, respectivement en 6 minutes 30 secondes et en 6 minutes, temps sensiblement égaux. De même, 0,16 cm³ (*F. coronata*) et une dose quatre fois plus forte (*F. carica*) coagulent 5 cm³ de lait cru, respectivement, en 1 minute 45 secondes et 1 minute 30 secondes, temps assez voisins. Le latex de *F. caronata* est donc quatre fois plus présurant que celui de *F. carica*. Or,

---

([1]) *Réunion biologique de Marseille*, janvier 1913.

nous avons montré ailleurs ([1]) que le latex de *Ficus carica* est environ 100 fois plus présurant que celui de *Broussonetia papyrifera*, type de suc pancréatique végétal normal. Le latex de *Ficus coronata* est donc, à peu près, 400 fois plus présurant que celui de *Broussonetia*. C'est, de tous les latex que nous avons étudiés jusqu'ici, le plus actif.

Action de la nature du lait sur sa caséification. — Le latex de *Ficus coronata*, comme celui de *Ficus carica*, employé à doses faibles, coagule, à toute température, le lait bouilli mieux que le lait cru. L'excès du temps nécessaire à la caséification du second sur le premier est d'autant plus grand que la dose de latex est plus faible; aussi pour une dose suffisamment faible, ne peut-on pas obtenir de caséification avec le lait cru, alors qu'on en observe une très belle avec le lait bouilli.

Le Tableau I montre que, à 50°, avec les latex dilués à $\frac{1}{100}$, dans le cas de *F. coronata* il est impossible d'obtenir la coagulation de 5 cm³ de lait dans les limites de l'expérience (360 minutes) avec 0,02 cm³ de suc présurant, tandis qu'avec une dose quatre fois plus faible, celle du lait bouilli s'observe au bout de 100 minutes. Dans le cas de *Ficus carica*, les chiffres correspondants sont : lait cru, 0,16 cm³; lait bouilli : une dose 8 fois plus faible (la coagulation, dans ce dernier cas, s'observe en 80 minutes). Le latex de *Ficus coronata* est donc un peu moins strictement une présure du lait bouilli que celui de *F. carica*.

Si, maintenant, nous faisons agir des doses fortes de suc présurant, nous observons un renversement dans la sensibilité des laits, le lait cru étant plus rapidement coagulé que le lait bouilli. C'est ainsi (Tableau I), qu'à 50° avec *Ficus coronata*, 0,32 cm³ de latex à $\frac{1}{100}$ coagule 5 cm³ de lait cru en 50 secondes et la même dose de lait bouilli en 1 minute; que 0,16 cm³ coagule les deux laits en même temps (1 minute 45 secondes) et qu'il faut arriver à une dose quatre fois plus faible que la première (0,08 cm³) pour voir le lait cru coaguler plus lentement que le lait bouilli (4 minutes, au lieu de 3 minutes 30 secondes).

C'est ainsi également qu'avec *Ficus carica*, 0,64 cm³ coagule le lait cru plus vite (1 minute 30 secondes) que le lait bouilli (1 minute 45 secondes), et qu'une dose deux fois plus faible (0,32 cm³) suffit pour observer l'inverse (lait cru 12 minutes, lait bouilli 3 minutes 15 secondes).

Résistance à la chaleur. — Si l'on emprésure 5 cm³ de lait bouilli pur, à 55° (à cette température les propriétés protéolytiques du latex ne sont pas altérées dans les limites de l'expérience), avec 0,50 cm³ d'une dilution à $\frac{1}{1000}$ de ce suc présurant, dans l'eau distillée, dilution maintenue préalablement à des températures croissantes et, pendant des temps croissants pour chaque température, on observe la caséification au bout des temps suivants (Tableau II).

([1]) *Mémoire Soc. Bot. Fr.*, 1912.

TABLEAU II. — *Temps nécessaire à la caséification* (en minutes et secondes).

Minutes de chauffe préalable du latex.	Températures de chauffe préalable du latex.							
	60°.		70°.		80°.		85°.	
	F. cor.	F. car.	F. cor.	F. car.	F. cor.	F. car.	F. cor.	F. car.
0....	3.30	3	3.30	3	3.30	3	3:30	3
1....	3.30	3	3.45	3.45	6.30	18	28	255
2....	3.40	3.10	4.30	4.45	17	40	100	
5....	4	3.20	6	6.30	35	90	300	
10....	4.45	4	8	10	65	300	$>18^h$	$>6^h$
30....	6	6.45	11.30	25	180	$>6^h$		

Le Tableau II montre que, à 60°, même un séjour de 30 minutes ne diminue pas de moitié l'activité présurante de la diastase de *F. coronata*; à 70°, ce n'est qu'après 10 minutes de chauffe, que cette atténuation est obtenue et, après 30 minutes, les propriétés présurantes du liquide ne sont réduites que des deux tiers; à 80°, une chauffe de 30 minutes ne détruit pas complètement le pouvoir présurant, très atténué cependant, puisqu'il faut 3 heures pour mener à bien la caséification du lait bouilli, obtenue en 3 minutes 30 secondes dans le cas du latex non chauffé; à 85°, ce n'est qu'après 10 minutes de chauffe que la diastase protéolytique est complétement détruite.

Si l'on compare, maintenant, ces résultats à ceux inscrits dans le même Tableau et obtenus en faisant agir à 40° le latex de *Ficus carica* dialysé sur du lait bouilli à 10 molécules-milligrammes HCl par litre, on voit que ce dernier liquide diastasique est moins résistant: 30 minutes, en effet, de séjour à 70° le rendent huit fois moins présurant (au lieu de trois fois moins seulement pour *F. coronata*); un même temps de chauffe à 80° suffit pour faire disparaître ses propriétés présurantes, alors que le latex de *F. coronata* est encore actif; après 2 minutes de chauffe à 85°, il devient incapable de caséifier le lait, alors qu'il faut 10 minutes pour obtenir le même résultat avec *F. coronata*.

Action des électrolytes. — Le latex de *F. coronata* se comporte de la même façon que celui de *F. carica* sur le lait, en présence des divers électrolytes. Ces derniers peuvent se diviser en trois groupes. Les uns (Tableau III, sont accélérateurs à toutes doses et d'autant plus accélérateurs que la dose est plus élevée. Tels sont les acides, sauf l'acide chromique, les sels acides, sauf les dichromates, les sels neutres des métaux alcalins ne précipitant pas la chaux, sauf les chromates et les citrates; les sels neutres des métaux du groupe du fer.

Tableau III.

Temps nécessaire (en minutes et secondes) *à la caséification de 5 cm³ de lait bouilli additionné de doses croissantes des électrolytes ci-dessous et emprésuré avec 0,05 cm³ des dilutions suivantes de latex de F. coronata.*

Mol : mg d'électrolytes par litre de lait.	BO^3H^3.		H Cl.	$\dfrac{C^2O^4H^2}{2}$	Na Cl.	Ca Cl².	$\dfrac{Cr^2(SO^4)^3}{3}$
	F. car.	$\dfrac{F.\ cor.}{800}$	$\dfrac{F.\ cor.}{200}$	$\dfrac{F.\ cor.}{400}$	$\dfrac{F.\ cor.}{800}$	$\dfrac{F.\ cor.}{200}$	$\dfrac{F.\ cor.}{400}$
	55°.	50°.	50°.	50°.	50°.	50°.	50°.
0.....	32	40	5	9.30	40	5	9.30
2,5...	31	39	2.50	6.15	40	2.15	2.30
5.....	30	38	1.15	4.15	36	1	0.45
10.....	29	36	0.30	2	35	0.25	coagulation sans présure
15.....	28	33	coag. sans présure	coag. sans présure	32	coag. sans présure	»
25.....	27	30			28		»
50.....	25	22	»	»	23	»	»
100.....	21	16	»	»	14	»	»
250.....	15	10	»	»	11	»	»
500.....	»	»	»	»	7	»	»
1000.....	»	»	»	»	5,30	»	»

D'autres (Tableau IV) sont retardateurs à faibles doses, accélérateurs à doses moyennes et élevées. Tels sont l'acide chromique, les chromates neutres, les sels neutres de zinc, de cadmium, de nickel, de cobalt.

Tableau IV.

Temps nécessaire (en minutes et secondes) *à la coagulation, à 50°, de 5 cm³ de lait emprésuré avec 0,05 cm³ de dilution de latex de F. coronata.*

Molécules-milligrammes d'électrolytes par litre de lait bouilli.

0.	0,125.	0,25.	0,5.	1,25.	2,50.	5.	10.	20.	50.	100.	200.

$H^2Cr^2O^7\ \dfrac{latex}{400}$.

0.	0,125.	0,25.	0,5.	1,25.	2,50.	5.	10.	20.	50.	100.	200.
9.30	11	12.30	13.30	14	11	7	5	coag. sans présure			

$K^2Cr^2O^8\ \dfrac{latex}{250}$.

0.	0,125.	0,25.	0,5.	1,25.	2,50.	5.	10.	20.	50.	100.	200.
6	7	9.30	14	20	30	60	∞	25	10	8	7

$Cd Cl^2\ \dfrac{latex}{250}$.

0.	0,125.	0,25.	0,5.	1,25.	2,50.	5.	10.	20.	50.	100.	200.
6	12	18	23	25	18	6	coagulation sans présure				

D'autres enfin (Tableau V) sont retardateurs à faibles doses, empêchants à doses moyennes et fortes. Tels sont les sels neutres d'argent, de mercure, d'or, de platine, les alcalis, les sels neutres des métaux alcalins précipitant la chaux (*fluorures*, *oxalates*), les citrates neutres et les dichromates.

TABLEAU V.

Temps nécessaire (en minutes et secondes) *à la caséification de 5 cm³ de lait bouilli pur* (50° F. coronata *et* 40° F. carica); *ou à 10 mol-mg* CaCl² *par litre* (40° Broussonetia papyrifera) *additionné de doses croissantes des électrolytes ci-dessous et empresuré avec les latex de ces trois arbres.*

Mol-mg d'électrolytes ajoutés à 1 l de lait	$HgCl^2$ Br. pap.	$HgCl^2$ F. car.	$HgCl^2$ F. cor.	$AgNO^3$ F. cor.	$CuCl^2$ F. cor.	$AuCl^3$ F. cor.	$PtCl^4$ F. cor.	KOH F. cor.	$K^2Cr^2O^7$ F. cor.	NaFl F. cor.	$K^2C^2O^4$ F. cor.	Citrate trisodique
0	8.15	3.20	2.30	2.30	2.30	2.30	2.30	5	5	5	5	5
0,03	8	4	2.45	2.30	6	4.20	3	5	5	5	5	5
0,06	7.45	20	15	2.45	19	8.30	4.30	5	5	5	5	5
0,12	7.30	1440	1200	20	35		20	5	5.10	5	5.15	5
0,25	7.20			180	195	(¹)	90	5.15	5.30	5	5.45	5
0,5	7.10			(¹)	(¹)		600	6	6.30	5	7	5
1,25	7			»	»		(¹)	8.30	8	5	9	5.30
2,5	8			»	»		»	13	10	5.15	15	12
5	11	(¹)	(¹)	»	»		»	40	14	7.30	30	30
10	19			»	»		»	120	20	12	75	90
25	45			»	»		»	(¹)	40	50		
50	360			»	»		»		120			
100	»	»	»	»	»		»	»	(¹)	(¹)	(¹)	(¹)
200	»	»	»	»	»		»	»				

(¹) Pas de coagulation au bout de 24 heures.

Pour tous ces sels de la dernière catégorie, la présure de *Ficus coronata* est beaucoup plus sensible que celle de *Broussonetia papyrifera*. Nous avons, pour bien montrer la différence, mis en tête du Tableau V, les temps de caogulation du lait emprésuré avec ce dernier latex, en présence de doses croissantes de bichlorure de mercure, à côté des chiffres correspondants obtenus avec *Ficus carica* et *F. coronata*. On voit que, tandis qu'il suffit de 0,25 mol-mg de bichlorure de mercure pour empêcher toute caséification avec le latex de nos deux *Ficus*, cette dose accélère un peu la caséification avec le latex de *Broussonetia papyrifera*, et que 25 mol-mg de Hg Cl² par litre de lait, c'est-à-dire une dose 100 fois plus forte, ne fait que ralentir cette dernière caséification.

La présure de *Ficus coronata* entre donc nettement, par sa sensibilité à Hg Cl² dans le type présure du lait bouilli et s'oppose ainsi aux présures du lait cru (type *Broussonetia*) si résistantes à ce sel.

Pour terminer nous dirons que les éléments halogènes et l'eau oxygénée sont néfastes à la caséification par le latex de *F. coronata*, comme ils le sont à celles déterminées par le suc de *F. carica* — ce que nous avons montré ailleurs (¹). — Les chiffres ci-dessous sont assez éloquents par eux-mêmes pour qu'il soit inutile d'insister, ils ont été obtenus en faisant agir à 50°, sur 5 cm³ de lait bouilli contenant des doses croissantes d'iode ou de perhydrol Merck, 0,05 cm³ d'une dilution de latex de *Ficus coronata* à $\frac{1}{100}$.

TABLEAU VI.

Temps nécessaire (en minutes et secondes) *à la coagulation.*

Molécules-milligrammes I₂ par litre de lait.

0.	0,5.	1.	2.	4.	8.
2.45	10	17	30	270	>360

Centimètres cubes perhydral Merck
à 100 vol par litre de lait.

0.	1.	2.	4.	8.	16.
2.45	11	45	210	>360	>360

En résumé, le latex de *Ficus coronata* Reinw. contient une lipase et une diastase protéolytique. Cette dernière, sous son faciès présurant, est une présure du lait bouilli, elle s'oppose comme celle du latex de *Ficus carica* à la présure du suc propre de *Broussonetia papyrifera*, type des présures du lait cru, par son extrême sensibilité aux sels d'argent, de cuivre, de mercure, d'or, de platine. Néanmoins, elle est moins strictement une présure du lait bouilli que celle de *Ficus carica*.

Le latex de *Ficus coronata* est deux fois plus lipolytique et quatre fois plus protéolytique que celui de *Ficus carica*; mais il ne contient pas d'amylase, alors que ce dernier en possède une, peu active à la vérité.

(¹) *Réunion biologique de Marseille*, 1911.

Il constitue donc un suc pancréatique végétal incomplet à diastase protéolytique prédominante.

C'est, de tous les latex que nous avons étudiés jusqu'ici, le plus actif sur les substances protéiques.

M. Alexandre HÉBERT,

Chef de Travaux chimiques à l'École centrale des Arts et Manufactures, Paris

SUR LA COMPOSITION DES GRAINES DE « THYPHONODORUM MADAGASCARIENSE » ENGL. (VIHA, MANGIBO OU MANGOKA).

58.11.94-46.57

24 Mars.

Cette Aroïdée vit à Madagascar, dans le voisinage de la mer, dans les marais et sur le bord des cours d'eau boueux. De la souche, partent de grandes feuilles à gaines très développées; les Sakalaves en extraient les filaments ligneux, et la filasse qu'on en prépare leur sert surtout pour la fabrication de grands filets de pêches.

Les Sakalaves consomment la fécule des souches de cette plante après les avoir râpées. Enfin, ils en mangent aussi les graines à l'état bouilli; il était donc intéressant de les analyser pour en fixer la valeur alimentaire [1]. Leur composition a été déterminée sur un lot de graines qui nous a été transmis par M. Jumelle, professeur à la Faculté des Sciences de Marseille. Ces graines, séchées simplement à l'air, ont été moulues et la poudre a été soumise à l'analyse, qui a donné les résultats suivants :

Eau...................................	12,60
Matières minérales...................	2,25
Matières azotées......................	12,25
Sucres réducteurs.....................	Traces
Sucres non réducteurs.................	0,70
Amidon................................	69,20
Cellulose.............................	1,25
Vascu ose.............................	1,40
Divers................................	0,35
Total................................	100,00

[1]. Les tiges et les feuilles du végétal ont été analysées, comme fourrage, par M. Boname, directeur de la Station agronomique de l'île Maurice (*Voir* le *Bulletin de cette station*); mais nous ne connaissons, jusqu'ici, aucune analyse des graines.

Cette composition se rapproche fortement à celle de nos graines de céréales, quoique moins riche, peut-être, en matières azotées. Il est donc évident que l'usage de cette graine doit être favorable, au point de vue alimentaire, et doit fournir un appoint précieux à la nourriture des habitants de Madagascar.

<hr>

M. LE Dʳ PIERRE LESAGE,

Professeur à la Faculté des Sciences, Rennes.

<hr>

CONTRIBUTION A L'ÉTUDE DU CARACTÈRE PETITE TAILLE DANS LES PLANTES ARROSÉES A L'EAU SALÉE, AU POINT DE VUE HÉRÉDITAIRE.

<hr>

58.11.68

24 *Mars.*

Les plantes arrosées à l'eau salée, Ps., sont différentes des plantes arrosées à l'eau douce, Pt.; j'ai été amené à rechercher si les caractères présentés par les premières sont transmissibles par hérédité. Pour cela, j'ai fait des cultures de *Lepidium sativum* en 1911, en 1912 et je compté les poursuivre en semant, chaque année, les graines provenant de l'année précédente pour obtenir des plantes que je traiterai de la même manière que les plantes-mères. Cela permettra de voir si les caractères qui distinguent les plantes salées, Ps., des plantes témoins, Pt., peuvent s'accentuer et, à un certain moment, si les graines des deux groupes traitées de la même manière, ainsi que les plantes qui en dérivent, donnent des différences. Alors l'hérédité pourra être discutée.

Parmi les caractères susceptibles d'être envisagés, je m'arrête, en ce moment, à celui qui est fourni par la taille des plantes, parce que, déjà, il mérite d'être discuté.

En effet, j'ai montré expérimentalement pour le *Lepidium sativum* ([1]) que la taille des tiges diminue quand le salure des arrosages augmente et je l'ai rappelé récemment encore ([2]). Voici, d'ailleurs, des mesures prises après les récoltes de 1911, de 1912, et qui confirment ce qui précède; elles donnent, en millimètres, là longueur moyenne des tiges à la fin de la période végétative, dans les plantes soumises à trois arrosages différents : eau de source pure, eau de source additionnée de 6,25 gr ou de 12,50 gr de chlorure de sodium par litre :

<hr>

([1]) PIERRE LESAGE, *Influence du bord de la mer sur la structure des feuilles* (*C. R. Ac. des Sc.*, 29 juillet 1889, et *Thèse* de la Faculté des Sciences de Paris, 31 mai 1890).

([2]) PIERRE LESAGE, *Sur les caractères des plantes arrosées à l'eau salée* (*C. R. Ac. des Sc.*, 17 juillet 1911).

	Plantes de 1911.	Plantes de 1912.
Arrosages à l'eau de source..............	284	370
» à l'eau salée à 6,25.............	223	305
» à l'eau salée à 12,5.............	103	225

Or, en 1912, au commencement de la deuxième année, des expériences faites en utilisant les graines des Ps. et des Pt. de 1911, j'ai été frappé par la différence de hauteur des plantes sorties de ces graines. Voici ces hauteurs prises au-dessus du sol, à un certain moment :

Plantules issues des graines des Ps. et des Pt.

	mm
Arrosées en 1911 à l'eau douce......................	90
» l'eau salée à 6,25....................	60
» l'eau salée à 42,50...................	45

Peu importe le mode de mesure, les différences étaient très nettes; mais remarquons bien que, à ce certain moment, les jeunes plantes n'avaient pas encore subi l'action des arrosages salés puisque, suivant ma méthode, je ne commençais ces arrosages que quand le cresson alénois était bien sorti du sol et que, au début de ces arrosages, je ne les faisais qu'en profondeur, à l'aide d'un tube de plomb mis à demeure sur le côté des pots en expérience.

Donc, jusqu'à ce moment, les graines des Ps, et des Pt., ainsi que les plantes qui en sortaient, avaient bien été traitées de la même manière. Si celles des Ps. donnaient des plantules plus courtes que celles des Pt., c'est donc que les premières avaient acquis, en 1911, des propriétés qui leur faisaient produire, en 1912, des plantes présentant une taille petite comme celle des plantes-mères.

Est-ce suffisant pour dire que les plantes Ps. ont acquis un caractère transmissible par hérédité ?

Je ne crois pas qu'il y ait là une preuve nette de l'acquisition et de la transmissibilité d'un caractère, qu'il y ait hérédité proprement dite. Car l'hérédité suppose, non seulement la reproduction d'un caractère dans une génération, mais encore la répétition de ce caractère dans la série des générations qui se succèdent, mais encore et surtout la continuité de cette série avec le caractère considéré, même quand est disparue la cause initiale de l'apparition de ce caractère. Tout cela n'est pas réuni dans les faits que je signale.

Je n'en suis qu'à la deuxième génération et je ne sais pas si, à la troisième génération, par exemple, je retrouverai le même caractère. Je ne sais même pas si ce caractère se serait conservé pendant toute la vie de la deuxième génération elle-même, puisque je n'ai pu l'observer qu'au jeune âge, attendu que j'ai commencé les arrosages salés d'assez bonne heure pour me conformer à la méthode arrêtée d'avance pour diriger mes recherches. A ce sujet, on pourrait me faire le reproche de n'avoir

pas suivi les expériences à ce point de vue; mais je me garderai contre
ce reproche en disant que les moyens dont je dispose pour faire ce travail
ne me permettent pas de bifurquer à chaque instant, pour expérimenter
à fond sur des points de détail. Je m'attache d'abord à réaliser le programme tel que je me le suis proposé au début, les détails auront leur
temps. D'ailleurs, dès maintenant, je me suis tout de même un peu arrêté
au détail concernant la taille comme va le montrer ce qui suit.

Enfin, je ne suis pas sûr que la lignée puisse se continuer; je ne sais
pas si le caractère envisagé n'est pas le signe d'un état morbide conduisant rapidement à la mort. Je pense qu'une hérédité qui provoque, à bref
délai, la mort des plantes, la suppression de la lignée, n'est pas l'hérédité
proprement dite.

Et c'est peut-être ce que nous trouverons dans le cas qui nous occupe.

Quoi qu'il en soit, on peut toujours le discuter; c'est ce que j'ai fait en
dehors de l'expérience principale.

En agitant la question, je me suis rappelé que les graines des Ps. étaient
moins nombreuses, moins grosses et moins bien conformées que celles
des Pt. Il y avait là plusieurs signes d'un état maladif qui pouvaient, à la
rigueur, suffire pour expliquer la petitesse, l'état malingre des plantes
descendant des Ps. et, alors, l'action des arrosages salés pouvait apparaître comme une action pathologique à laquelle mes plantes s'adapte-
raient difficilement et les caractères présentés par ces plantes, comme
les avant-coureurs de la mort. Dans ces conditions, que vient faire l'hérédité proprement dite et, en particulier, la transmissibilité des caractères
acquis des plantes salées?

Aussi bien, tout ce qui amène à la formation de graines semblables
à celles des Ps. : graines petites, graines mal conformées, ne peut-il
provoquer les mêmes résultats?

C'est en réfléchissant à ces choses que j'ai été incité à faire les expériences suivantes, qui montrent que les graines d'une même plante Pt.,
paraissant mûres, peuvent produire des plantules assez différentes par
divers côtés et, en particulier, par la taille.

J'avais en réserve des graines de *Lepidium sativum*, récoltées en 1191
et 1912 sur des plantes cultivées à la manière ordinaire, dans un jardin.
Je les ai triées avec soin et séparées avec des tamis en tulle à mailles de
plus en plus petites pour en faire trois lots : grosses, moyennes, petites
graines. Toutes me semblaient aptes à germer; mais, parmi les petites,
il s'en trouvait de moins bien conformées que les grosses. Je les ai pesées
et voici le poids de 1000 graines dans chaque lot.

	Graines de 1911.	Graines de 1912.
	g	g
Grosses graines	2,493	2,242
Moyennes graines	2,904	1,703
Petites graines	1,000	1,040

Je les ai semées par groupes dans des conditions assez différentes de milieu pour bien assurer les résultats.

Au laboratoire, j'ai fait les semis dans de la mousse retenue par un panier métallique sur du liquide de Knop, sur de l'eau de source, ou dans un petit cristallisoir contenant une mince couche d'eau de source; au jardin, dans du terreau. Ces semis ont été faits le 17 septembre 1912, au laboratoire; et le 18 septembre, au jardin.

Ces graines ont produit des plantules dont j'ai mesuré l'hypocotyle; le tableau suivant donne, en millimètres, les mesures du 27 septembre, pour les graines en cristallisoir, et du 25 septembre, pour les autres.

MILIEU DE CULTURE.	HYPOCOTYLE DONNÉ par les graines de 1911.			HYPOCOTYLE DONNÉ par les graines de 1912.		
	Graines			Graines		
	grosses.	moyennes.	petites.	grosses.	moyennes.	petites.
Mousse sur Knop........	40	37,5	31,5	49	46	35,5
Mousse sur eau.........	32,5	26	27	39	36	31
Eau dans cristallisoir....	23	28	20	32,5	27	17,5
Terreau.................	42	//	32	35	//	20

Ce tableau montre que les plantules issues des petites graines ont une taille moins grande que celles des plantules provenant des grosses graines et que les différences, au moins dans quelques cas, sont de l'ordre des différences signalées entre les plantules des Ps. et celles des Pt.

Nous n'allons pas chercher là des caractères acquis ni leur transmissibilité. Aussi, ces expériences doivent-elles restreindre la portée qu'on aurait pu attribuer aux résultats fournis par les cultures des plantes arrosées à l'eau salée.

Il faut que ces résultats soient mieux établis, plus probants pour conclure. En les attendant, à supposer qu'ils se produisent et je ne demande qu'à les constater, j'ai pensé qu'il pourrait être utile de signaler quand même ces quelques points particuliers de la longue discussion que comportent mes recherches.

M. J. TOURNOIS,

Agrégé-Préparateur de Botanique à l'École Normale supérieure, Paris.

SUR QUELQUES MONSTRUOSITÉS DU CHANVRE.

58.198-39.623

24 *Mars.*

Le Chanvre, *Cannabis saliova* L., plante à sexes séparés, a été cultivé par de nombreux auteurs en vue de recherches sur la répartition et le déterminisme des sexes; beaucoup d'entre eux, entre autres Braun [1], Holuby [2], Prain [3], ont eu l'occasion d'observer des anomalies sexuelles (monœcie, phyllodie, etc.) qui affectaient les individus mâles ou femelles. D'autres auteurs ont étudié sur la même plante des anomalies sexuelles apparues dans des conditions de cultures particulières : notamment Gasparrini [4] (semis précoces), Molliard [5] (cultures en serre pendant l'hiver), Blaringhem [6] (traumatismes). J'ai moi-même eu déjà l'occasion de signaler [7] des anomalies du même ordre apparues dans des conditions de lumière et d'humidité particulières et dont je ferai, d'ailleurs, prochainement l'étude détaillée, tant au point de vue morphologique qu'au point de vue physiologique.

Je me propose de décrire ici deux cas tératologiques observés, en 1912, dans différents lots de cultures de chanvre faites à Villacoublay (près Paris). Chacun des lots de ces cultures était constitué par la totalité des graines récoltées, en 1911, sur un seul pied de chanvre.

La première monstruosité consiste en la substitution plus ou moins complète sur un pied mâle des fleurs mâles par des fleurs femelles capables de former des fruits, mais sans modifications des caractères sexuels secondaires.

Cette anomalie a été observée sur trois pieds, d'ailleurs, assez peu vigoureux.

---

[1] Braun, *Über ein monoisches Form des Hanfes* (*Bot. Zeitung*, 1873, p. 268).

[2] Holuby, *Oest. bot. Zeitschr.*, 1878, p. 367.

[3] Prain, *On the morphology, teratology and diclinism of the flowers of Cannabis* (*Scient. Memoirs of the Govern. of India*, série 12, p. 1-34).

[4] L. Gasparrini, *Ricerche sulla embriogenia della Canapa* (*Atti d. r. Accad. di Sc. fis. e math*, t. I, 1862).

[5] M. Molliard, *De l'hermaphroditisme du Chanvre et de la Mercuriale* (*Revue Gén. Bot.*), t. X, p. 321.

[6] L. Blaringhem, *Mutations et traumatismes* (*Bull. scient de la France et de la Belgique*, 1907, p. 126).

[7] J. Tournois, *Anomalies florales du Houblon japonais et du Chanvre* (*C. R. Ac. Sc.* Paris, t. CLIII, p. 1017).

Chez l'un d'eux, on ne voyait que quelques fleurs femelles disséminées au milieu de la grappe de fleurs mâles, très régulière à part cela.

Les deux autres pieds provenaient du même lot. Chez le premier, que représente la figure 1, quelques fleurs mâles subsistaient seulement : on peut les reconnaître sur la figure où elles forment deux groupes : l'un de trois fleurs vers le haut de la grappe un peu au-dessous de l'extrémité, l'autre sur la quatrième ramification de tige principale à partir de la base. Partout ailleurs, on ne peut guère observer que des fleurs femelles, dont quelques-unes forment déjà des fruits très reconnaissables, par exemple, tout à fait à la base de la grappe, et au-dessous du groupe principal de fleurs mâles.

Enfin, sur le troisième pied, les fleurs mâles faisaient complétement défaut et la plante était strictement femelle.

Mais, dans ce cas, tout comme dans les précédents, tous les caractères sexuels secondaires des individus mâles subsistaient. La tige était grêle, la grappe florale très lâche portait des fleurs espacées et nettement détachées les unes des autres. Contrairement à ce qu'on peut observer sur les grappes femelles abondamment pourvues de feuilles, les grappes monstrueuses n'avaient que quelques feuilles, d'ailleurs, très réduites, comme on peut le voir sur la figure 1. De plus ces plantes n'avaient pas pris l'aspect cireux et l'odeur caractéristiques des pieds femelles. Enfin les fruits qui ont mûri sur ces pieds anormaux et que j'ai conservé pour les semer, ne m'ont pas semblé renfermer de graines capables de germer.

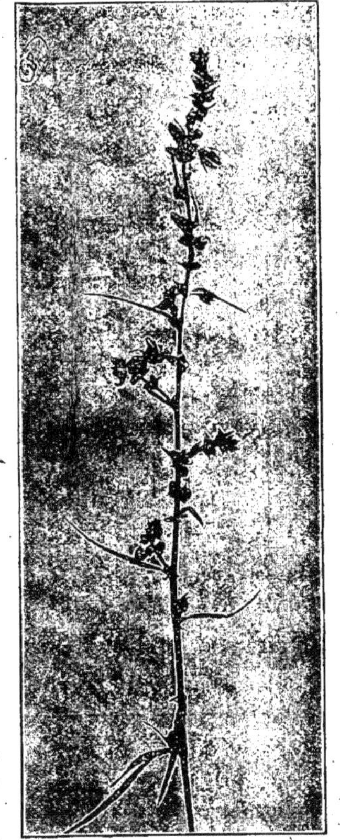

Fig. 1. — Chanvre monoïque avec fleurs mâles et graines.

La seconde anomalie que je vais décrire est de nature un peu différente. Elle est apparue dans des lots de *C. sativa* var. *gigantea*.

Elle affectait aussi les pieds mâles dont les rameaux étaient plus ou moins complètement transformés en rameaux asexués (*fig. 2*).

Les grappes mâles portaient seulement quelques fleurs et se termi-
naient par des rameaux couverts de feuilles réduites à un limbe presque

Fig. 2. — Grappe mâle monstrueuse de *Cannabis sativa* var. *gigantea*.

filiforme, et assez rapprochées sur le rameau pour former un revêtement
continu.

L'anomalie était plus ou moins accentuée et pouvait aller jusqu'à
la disparition complète des fleurs, mais elle était toujours nettement
caractérisée par le port général de la plante, qui permettait de la distinguer à première vue au milieu des pieds mâles normaux et des pieds
femelles.

La proportion des individus anormaux était relativement importante :

        Premier lot..... 146 ♀   95 ♂ normaux   24 ♂ anormaux
        Deuxième lot... 227 ♀   174 ♂ normaux   8 ♂ anormaux

Les fleurs développées présentaient aussi des irrégularités :

1° Dans leur taille notablement plus grande que la moyenne.

2° Dans le nombre des étamines, souvent de 4, quelquefois de 6, 7 et même plus, le nombre normal étant 5.

3° Dans la constitution des étamines : on pouvait remarquer, l'avortement d'un ou de plusieurs sacs polliniques, la transformation plus ou moins complète des étamines en pièces foliacées ou leur soudure avec les pièces du calice.

A quelle cause rapporter toutes ces anomalies que je n'avais pas observées chez les parents en 1911? Peut-être peut-on mettre en relation leur apparition avec l'été particulièrement humide et froid de 1912.

ZOOLOGIE, ANATOMIE ET PHYSIOLOGIE.

M. Ch.-Ed. MARCHEGAY,

Président de la Société des Agriculteurs et Éleveurs de la région de Mateur,
Tunisie.

CRÉATION EN TUNISIE D'UNE RÉSERVE ZOOLOGIQUE.

63.906 (611)

24 *Mars.*

Les colons agriculteurs français du bled de Mateur, frappés de la diminution rapide du nombre des espèces animales sauvages, jadis très
abondantes dans leur région, et désireux de porter remède à cette situation dans la mesure où elle serait compatible avec les progrès de la
colonisation, viennent de jeter les bases d'une association, destinée
à créer, au centre de la contrée qu'ils colonisent, une réserve zoologique
où les animaux sauvages, refoulés par la culture européenne et l'extension du défrichement, se trouveront désormais à l'abri des causes qui les
menacent actuellement d'une extinction prochaine.

La montagne du Djebel Ich-Reul, qui s'élève à 508 m au-dessus de
plaine de Mateur, offre pour réaliser un tel projet des conditions exceptionnellement avantageuses. Environnée d'un côté par les eaux du lac
Ich Reul et de l'autre par un vaste marais d'environ 2000 ha, ce haut
promontoire broussailleux, d'accès très difficile pendant presque toute
l'année, forme une manière d'île, pittoresque et sauvage, dont les 1500 ha
de superficie, sont jusqu'ici restés absolument vierges du contact de la
civilisation.

Quelques pâtres arabes habitent seuls ces solitudes où l'on rencontre
encore en abondance le sanglier, l'hyène, le chacal, le renard, le chat
ganté, le lynx, le cerval, la genette, l'ichneumon, le zorille et le porc-épic.

Les escarpements rocheux abritent les aires des aigles, des vautours
et de nombreux rapaces de moindres envergures.

Les immenses marais et le lac se peuplent en hiver de vols innombrables de palmipèdes et d'échassiers migrateurs. Durant la belle saison,
les buissons demi-noyés, qui bordent les rivages de la montagne, servent
de « rokeries » à plusieurs variétés de hérons, parmi lesquels on rencontre
encore la précieuse garzette à aigrette blanche. Dans les roseaux, la
poule sultane, au pennage bleu d'acier, niche chaque année.

L'association pour la création d'une réserve zoologique au Djebel

Ich-Reul, voudrait assurer la protection de toutes ces espèces intéressantes. Elle essayera également de réintroduire sur la montagne
certains animaux qui y vécurent jadis, mais qu'une chasse impitoyable
en a déjà fait disparaître. C'est ainsi que des singes (macaque d'Afrique),
viendront prochainement peupler les pittoresques bouquets de cactus
qui s'accrochent aux fissures des falaises rocheuses de la montagne.
Des mouflons à manchette et des gazelles de montagne seront aussi,
dans un avenir prochain, lachés dans la réserve.

Pour rendre facile et agréable l'étude et la surveillance des animaux,
des frayons, tracés suivant des circuits pittoresques, seront établis à
travers la broussaille et les roches suivant les données si heureuses qui
ont été adoptées pour la mise en valeur des beautés naturelles de la forêt
de Fontainebleau.

S. A. le Bey, qui possède dans les marais du Djebel Ich-Reul, un
troupeau de buffles demi-sauvages, a bien voulu assurer la jeune association de sa haute et bienveillante sympathie. M. le Ministre Résident
général, auprès de qui toute idée, qui peut contribuer en quelque mesure
que ce soit au progrès et au développement de notre colonie, est assurée
de trouver encouragement et appui, a bien voulu s'intéresser à l'exposé
de ce projet.

La réussite de la création d'une réserve zoologique dans le Djebel Ich-
Reul peut donc être considérée désormais comme assurée. Les colons cultivateurs qui en ont eu l'initiative se rendent bien compte toutefois que,
pour faire pleinement réussir un tel projet, la question d'argent qu'ils
ont su généreusement solutionner et l'aide de leur juvénile énergie, ne
saurait suffire.

L'appui moral de la Science française, suivant leurs efforts et les
aidant de ses conseils, leur est par-dessus tout nécessaire. C'est cet appui
qu'ils viennent solliciter aujourd'hui auprès de l'Association française,
en priant ses membres de faire connaître l'œuvre qu'ils ont entreprise et
de la guider de leurs conseils.

M. AUREGGIO,

Vétérinaire principal en retraite, Lyon.

CHEVAUX DU NORD DE L'AFRIQUE, AUTREFOIS ET AUJOURD'HUI.
ANIMAUX DOMESTIQUES NORD-AFRICAINS.

---

24 *Mars* 1913.

63.611 (61)

Le Nord de l'Afrique est un pays agricole par excellence; l'Algérie
est non seulement le pays du blé, de la vigne, de l'olivier et de l'oranger,

mais encore celui du mouton, du bœuf et du cheval. La Tunisie est un
grenier d'abondance en céréales, en fourrages, en paille, etc., malgré
le manque d'eau...

Comme tous les territoires nord-africains l'Algérie et la Tunisie ont
leur productivité liée dans une très large part au développement de
leur système d'irrigation. C'est l'eau qui fait les paturages abondants
et permanents, susceptibles de nourrir de nombreux troupeaux (*Voir*
p. 31 le Chapitre *Irrigations* de notre Ouvrage de 1893 : *Les Chevaux
du Nord de l'Afrique*).

Le gouverneur Jules Cambon a fait connaître en 1893 (p. 239 de son
Exposé de la situation générale de l'Algérie), les nombreux travaux d'hydraulique agricole entrepris depuis 1870 et activement continués, si bien
qu'en 1910 une superficie totale de 209 989 hectares était parfaitement
irriguée.

Le gouverneur Jules Cambon a fait justement remarquer en 1892
qu'il importe de rechercher les ressources que les hauts plateaux offrent
en eaux et en paturages. Il s'est préoccupé, dès 1891, de la création, dans
ces régions, réservoirs, abreuvoirs, puits, r'dirs.

La Tunisie a possédé autrefois des chevaux remarquables par les
formes, la taille, les allures et la résistance. Les invasions successives
subies par l'Algérie et la Tunisie ont été suivies du croisement de la
population locale avec les chevaux des conquérants. De tous les mélanges
celui qui a laissé les traces les plus profondes et les plus heureuses c'est
l'union du barbe avec l'arabe.

Sous les Romains les chevaux barbes étaient réputés les meilleurs du
monde; la cavalerie numide leur devait sa haute réputation. La conquête de
l'Algérie, en 1830, en entraînant une grande perturbation dans les mœurs
locales, en faisant disparaître peu à peu les grands commandements des
plus puissants chefs de tribus, a contribué à l'extinction des belles familles
de chevaux.

Il y a 20 ans, alors que j'étais vétérinaire en premier à l'État-major
de la place d'Alger, j'ai écrit avec mon regretté collègue Blaise, du dépôt
de remonte de Blidah et la collaboration des vétérinaires militaires Fray,
Berton et Henry, résidant en Tunisie, l'histoire des chevaux du Nord
de l'Afrique.

Cet Ouvrage publié sous les auspices de M. le Gouverneur général
Jules Cambon, et pour le compte du Gouvernement général de l'Algérie,
comprend les chevaux : 1° *de l'Algérie*; 2° *de la Tunisie*; 3° *de l'Égypte
et de la Tripolitaine*; 4° *du Maroc*. Quelques Chapitres sont consacrés à
l'âne, au mulet, au dromadaire et à l'histoire des maladies du bœuf,
du mouton, de la chèvre, à côté de celle des affections du cheval qui ont
besoin d'être aujourd'hui mises au courant des progrès de la Science.

L'Ouvrage (*les chevaux du Nord de l'Afrique*) de 1893 a encore, en 1913,
toute sa valeur zootechnique au point de vue de la conservation et de
l'amélioration des races. Il suffit d'ajouter les progrès accomplis en 20 ans.

La deuxième Partie comprend : *Les chevaux de la Tunisie*. Le Chapitre 1er page 417, traite la géographie physique de la Tunisie d'après les Ouvrages « Tunis et ses environs. La Tunisie pays de protectorat », par Charles Lallemand père.

Les réformes et les bienfaits dont la France a doté la Tunisie depuis l'établissement du protectorat en 1884 sont l'œuvre commencée et mise en train par M. Paul Cambon et continuée sous l'impulsion de M. Massicault, mort en 1892 et, remplacé par MM. Rouvier, René Millet et Alapetite, Résident général actuel.

Chapitre 2. — Origine des chevaux tunisiens, variétés et races de la population chevaline en Tunisie. — Cheval de l'est et du centre de la Tunisie. — Déchéance du cheval tunisien.

Chapitre 3. — Situation agricole. — Production et population chevaline en Tunisie, élevage du cheval en Tunisie. — Situation (en 1893) de la production et de l'élevage du cheval en Tunisie.

Chapitre 4. — Amélioration du cheval tunisien. — Dépôt de remonte de Tunis. — Étalons particuliers et rouleurs. — Domaine de Sidi-Tabet. — Le pur sang anglais et l'anglo-normand en Tunisie.

Nous avons indiqué au cours de cette deuxième Partie, les causes de la déchéance de la race barbe en signalant qu'on a fait pour la régénérer de louables efforts en créant le Stud-Book du cheval barbe et en pratiquant la castration sur un grand nombre d'étalons défectueux en Algérie et en Tunisie.

On a de plus acheté des arabes pur sang en Asie, leur pays d'origine.

En 1895, une mission comprenant quatre officiers, dont le vétérinaire en second Mourot du dépôt de remonte de Tunis, a été envoyée par le Gouvernement français en Asie pour acheter des reproducteurs sur les marchés de Damas, Alep, Bagdad, Mossoul, Orfa. La mission a parcouru la Mésopotamie à la recherche de chevaux de choix sur les bords du Tigre et en Syrie. *Ces étalons orientaux* sont d'excellents reproducteurs.

Il faut rappeler ici qu'il existe dans le département d'Oran un établissement modèle d'élevage du cheval appartenant à l'État. C'est la jumenterie de Tiaret, créée le 20 novembre 1877, dans le but de fournir aux dépôts d'étalons de l'Algérie et autres établissements :

1° Des reproducteurs de sang oriental;

2° Des reproducteurs de la race barbe améliorée par des croisements avec le cheval arabe de pur sang.

3° Des reproducteurs de race barbe améliorée par une sélection bien entendue.

Vers la fin de 1884, le Général inspecteur des remontes eut la mauvaise inspiration d'essayer la transformation de la race barbe de robe foncée par le croisement avec des étalons et des juments de *pur sang anglo-arabe*. Les résultats ne répondirent pas aux espérances, le plus grand nombre des produits étaient en effet décousus et sans harmonie dans leur ensemble. En Tunisie le haras privé de Sidi-Tabet produisait, vers 1891, des chevaux sans valeur provenant du *croisement de l'arabe barbe avec l'anglais*. Cette erreur zootechnique a été justement critiquée par les vétérinaires militaires Fray, Berton et Henry. Les mêmes errements ont été suivis vers 1888 par le dépôt de remonte de Tunis, qui a heureusement abandonné *le croisement anglais* vers 1892 pour employer des étalons arabes pur sang, syriens et surtout des barbes provenant d'Algérie inscrits au Stud-Book. Les arabes pur sang et les syriens sont les meilleurs améliorateurs du cheval tunisien. Jamais l'anglo-arabe barbe n'a valu l'arabe barbe. *Le sang anglais* ne convient donc pas pour améliorer le cheval du Nord de l'Afrique. Des mesures sont prises pour enrayer l'abus du pur sang anglais servant à faire de mauvais anglo-barbes de course.

Les chevaux barbes ont une réelle valeur qui a été révélée chaque fois qu'on les a mis à l'épreuve au cours des campagnes d'Algérie, de Tunisie, en Italie, au Mexique, en Chine pendant la guerre de 1870, enfin au Tonkin et en Crimée. Les chevaux barbes ont résisté partout, alors que les chevaux anglais étaient décimés par les maladies. A cet égard les lettres du général en chef Canrobert devant Sébastopol (28 janvier 1855) et de ses chefs d'État-major sont réellement édifiantes et à l'avantage des chevaux d'Afrique, comparés aux chevaux anglais en campagne.

A ce sujet voici la Note que j'ai communiquée à M. Vatin, sous-préfet de Montmorillon (Vienne), pour son Ouvrage de 1909 sur le cheval arabe dans le Nord de l'Afrique.

Les Ministres de la Guerre, de l'Agriculture, le Gouverneur général de l'Algérie et le Résident général de la Tunisie sont depuis longtemps d'accord sur la nécessité de régénérer la race barbe par le moyen le plus rationnel : *la sélection*. A cet effet le Stud-Book algérien, créé en 1886, avait pour objet de former le point de départ d'une famille de choix de chevaux barbes en sauvegardant l'intégrité de la race menacée de déchéance.

En jetant un coup d'œil sur la Carte hippique du Nord de l'Afrique, on voit par les trois teintes adoptées par M. Aureggio pour montrer la richesse chevaline de l'Algérie, que les teintes foncées, indiquant les meilleurs centres de production se rapprochent des hauts plateaux, et que les teintes pâles, pauvres en chevaux de qualité, sont sur le littoral, là où la colonisation a pris le plus d'extension (34 127 juments saillies, en 1911, ont donné 10 354 produits).

La population européenne possède environ, d'une part 30 000 chevaux de toutes races dont la moitié est affectée aux messageries, au roulage, au service personnel des habitants des villes ; elle est perdue pour la reproduction. C'est donc au maximum 15 000 bêtes qui se trouvent entre les mains des agriculteurs ou des éleveurs. Les colons européens s'occupent peu de la reproduction du cheval. D'un autre côté les indigènes possèdent environ 140 000 têtes, qui concourent à la reproduction. Les indigènes sont, comme on le voit, les principaux intéressés dans l'industrie chevaline, puisqu'ils détiennent à peu près toutes les juments de race barbe ; malheureusement les chevaux vivent dans des pays généralement pauvres *comme production herbacée* et ils sont soumis à des conditions peu favorables comme alimentation, comme soins, abri (en 1913 il existe 834 étalons algériens et tunisiens, dont 440 barbes).

Il y a donc du côté de l'indigène comme du côté du colon de réelles difficultés; cependant l'indigène aime et connaît le cheval et c'est de son côté que l'action administrative doit être portée vers la production de l'amélioration du cheval barbe, dans les territoires indigènes.

L'amélioration d'une race est intimement liée à celle du milieu. Les conditions particulières de l'Algérie, où *les prairies sont à créer* et où les fourrages et les grains manquent quelquefois complètement pendant les années sèches (exemple 1892 et 1893), sont en grande partie les raisons qui doivent faire repousser le croisement. Créer une nouvelle race, qui ne trouverait pas à se nourrir, ne tarderait pas à dégénérer à son tour; au contraire une race possédant des qualités exceptionnelles de sobriété et d'endurance peut seule convenir à l'Algérie, au moins pendant un très long délai. Le barbe est cet animal.

Justement préoccupée de faire en Algérie une bonne réserve de chevaux de guerre et de service, l'administration supérieure a agi sagement en employant *la méthode de la reconstitution de la race barbe par elle-même.*

On ne saurait trop l'encourager dans cette excellente voie, alors qu'en 1893 il existait en Algérie un courant d'opinion pour l'amélioration par le pur sang anglais. En 1913, il n'y a plus que 4 étalons anglais officiels,

Un coup d'œil rétrospectif sur la valeur comparative des chevaux de guerre anglais et arabes va démontrer de suite, mieux que toutes les hypothèses combien le Gouvernement a raison de tenir au cheval barbe sans mélange et amélioré par lui-même.

Nous sommes loin de contester le mérite des chevaux de course anglais sur un hippodrome; mais à la guerre, en campagne, il n'en est pas de même, tant s'en faut; là ce cheval est un mauvais type.

La guerre d'Orient nous a fourni une preuve de la différence qu'il y a entre le sang arabe et le sang anglais pour les armées. Si celui-ci est un type de luxe, et c'est sa spécialité, s'il est d'une grande vitesse pour une course de quelques minutes, s'il peut supporter la fatigue d'une chasse ou celle d'un bon service ordinaire lorsqu'il reçoit les soins particuliers et la nourriture indispensable à sa nature d'ailleurs exigeante, il est par le fait, et l'expérience l'a prouvé, un mauvais cheval d'escadron. Ceux qui ont fait la guerre et qui ont pu l'apprécier à la peine partagent cette opinion.

A peine les chevaux anglais furent-ils soumis au régime de la campagne, en Crimée, qu'ils périrent et certes les Anglais durent choisir ce qu'ils avaient de mieux en chevaux capables de faire campagne. « Les chevaux anglais, écrivait-on de Crimée, fondent en campagne comme la neige au soleil. »

Tandis que ces beaux chevaux anglais, tant vantés et d'ailleurs pouvant rendre de bons services dans certaines conditions données, périssaient si rapidement en Orient, nos petits chevaux d'Afrique y supportaient la fatigue d'une manière admirable.

Le général Daumas publie à ce sujet dans son Ouvrage sur le cheval de guerre anglais et arabe quelques lettres qu'il est intéressant de citer, parce qu'elles corroborent une vérité zootechnique aussi exacte en 1913 qu'en 1854 :

A savoir qu'en campagne, le cheval anglais ne résiste pas comme le cheval du Nord de l'Afrique.

Voici deux de ces lettres adressées au général Daumas :

« Devant Sébastopol, le 10 mars 1855.

»...... *Quant aux chevaux d'Afrique ils ont fait des preuves sans égales.* Tout le monde en veut aujourd'hui, *et les Anglais, quand ils peuvent s'en procurer, les paient sans marchander à belles livres sterling.* Vous n'apprendrez pas sans plaisir ces incontestables succès d'un pays auquel vous tenez par tant de liens, etc.

« Le général chef d'état-major du deuxième corps d'armée.

« TROCHU. »

« Devant Sébastopol, le 30 mars 1855.

« Nos chevaux d'Afrique ont admirablement supporté les rigueurs de l'hiver, les privations et les fatigues. On croyait qu'ils ne pourraient endurer ni le froid, ni la neige, ni la gelée, et cependant ils sont sortis victorieux de toutes ces épreuves, qui, Dieu le sait, ne nous ont pas fait défaut, sans autre abri qu'une simple couverture.

C'est une race admirable ! Vous l'avez popularisée en France par votre Ouvrage des *Chevaux du Sahara; la guerre d'Orient vient de la populariser en Angleterre.* »

« *Les Anglais nous offrent des prix fabuleux des chevaux barbes que nous avons ici, mais vous comprenez que les marchés sont très rares : nous en avons besoin et nous les gardons.* »

« DE CISSEY. »

L'expédition de Chine en 1900 a mis une fois de plus en évidence les qualités des chevaux algériens (barbes de la province d'Oran) :

« De tous les chevaux étrangers, qui se trouvaient en Chine, les chevaux arabes sont avec les américains les animaux qui se sont le mieux comportés et qui se sont tenus en meilleur état. » (Mémoires du Ministère de la Guerre, t. III, Rapport du vétérinaire principal Barascud).

Avec nos collègues Berton, Ducloux, et Henry, nous répétons, en 1913, ce que nous avons dit en 1892 : que le pur sang anglais tout en appréciant hautement ses qualités spéciales ne réunit pas les conditions indispensables de tout cheval améliorateur en Tunisie : *la rusticité...* adopter le barbe sélectionné ou l'arabe pur (syrien) comme régénérateur de la race tunisienne, voilà le secret de la régénération.

Le dépôt de remonte du Bathan, à Tetourba (Tunisie) possède 35 étalons de pur sang arabe, race justement appréciée comme la grande amélioratrice des chevaux barbes d'Algérie et de Tunisie. Le vétérinaire en premier Clerget, du dépôt de Tetourba, devait me communiquer ses observations sur les opérations de cette importante station hippique au cours de la deuxième saison de Barèges, en 1912. Malheureusement, cet infortuné collègue a été rapidement enlevé le 17 juillet, par un phlegmon de la face. En lui disant l'adieu suprême aux portes de Barèges, il m'a été agréable de rappeler les services rendus par les collègues de l'armée, qui sont à la fois vétérinaires et colonisateurs sur le sol africain.

Mon distingué collègue, M. Ducloux, chef du Service de l'élevage de la Tunisie depuis 1894 fera connaître au Congrès les résultats qu'il a obtenus après 20 ans d'efforts, pour doter la régence de Tunis d'une excellente race de chevaux. Il ajoutera ainsi un fleuron de plus à la belle couronne vétérinaire du Nord de l'Afrique où brillent les joyaux qui portent les noms glorieux des vétérinaires militaires Bernis, Durand et Philippe Thomas.

L'élevage des animaux domestiques, la production chevaline, présentent le plus grand intérêt pour la prospérité de nos possessions nord-africaines et offrent à la métropole des ressources considérables et particulièrement précieuses, au moment où il est question de vie chère et de la crise du cheval de guerre en France.

La crise du cheval d'armes (demi-sang) (1) de la cavalerie française qui préoccupe si justement depuis plusieurs années l'administration supérieure de la guerre, le monde agricole et le Parlement (2) s'accentue chaque année davantage, avec les progrès de l'automobile. Les éleveurs de chevaux de selle de la métropole ne trouvent plus aucun avantage à produire le cheval de cavalerie, dit cheval d'armes. C'est pourquoi le prix d'achat a été, une fois de plus, récemment augmenté.

Dans notre récent travail sur le demi-sang (3), nous avons envisagé l'inéluctable nécessité de recourir aux ressources en chevaux du Nord de l'Afrique, en cas de mobilisation.

On sait maintenant ce que la métropole peut attendre de l'élevage nord-africain aussi bien pour pallier la crise du cheval de guerre que pour répondre aux exigences de la vie chère par l'augmentation du prix de la viande ainsi qu'il ressort de la citation de 1911 qui suit (4) :

Si l'appel métropolitain à l'égard des animaux de boucherie nord-africains ne s'est pas démenti, la réponse de ceux-ci a été plus ou moins fluctuante selon les années, au moins pour les bovidés; les ovidés restant à peu près fixes, à des cours plus ou moins rémunérateurs; l'élevage du mouton étant pour ainsi dire la raison d'être des peuples musulmans pasteurs, qualité inhérente à l'Algérien. L'exportation algérienne en France fut :

Années.	Bovidés.	Ovidés.
1908............	51 817	1 326 337
1909............	25 733	1 191 676
1910............	23 993	1 235 262

---

(1) Aureggio, *Le cheval de demi-sang* (*Société des Sciences vétérinaires de Lyon*, séance du 8 décembre 1912).

(2) Budget de la Guerre en 1911, 1912 et 1913 à la Chambre et au Sénat.

(3) *Le cheval de demi-sang français* (*Société des Sciences vétérinaires de Lyon*, séance du 8 décembre 1912), par E. Aureggio.

(4) H. Geoffroy Saint-Hilaire, *Notes sur l'élevage nord-africain* (*Le Matin* du 20 avril 1911).

L'exportation tunisienne en France fut :

Années.	Bovidés.	Ovidés.
1908	2 180	51 937
1909	1 490	72 716
1910	8 540	63 544

sans parler pour la Régence des expéditions faites sur Malte et l'Italie dont le nombre en bovins égale celui de la France. En 1911 les exportations algériennes et tunisiennes restèrent sensiblement les mêmes.

Ces chiffres éloquents montrent la vitalité et la constance dans l'effort de ces merveilleux pays si propres à l'élevage. Cependant, leur production n'est pas l'idéal, et plusieurs années leur sont encore nécessaires pour améliorer et mettre au point les animaux sur pied que la métropole demande. Cette amélioration se fera relativement vite et pourra ainsi garantir à la France une source de matières de consommation, propre à assurer les marchés de plusieurs provinces, tout en faisant la fortune des pays producteurs. Ce n'est pas à la qualité de la viande qu'il faut actuellement adresser des reproches, mais bien plus aux éleveurs ou à ceux qui auraient pu l'être, au moins en matière de bovidés, la production ovine ne changeant guère et étant bien au point en Algérie. Les éleveurs proprement dits sont les seuls indigènes : les colons, les propriétaires européens ayant trouvé généralement que, jusqu'ici, les prix de la viande n'étaient pas suffisamment rémunérateurs pour faire naître, se contentaient de consommer, d'engraisser, en profitant de leurs réserves fourragères, d'améliorer parfois, mais ils ne faisaient pas d'élevage dans le vrai sens du mot, ou exceptionnellement. Le seul véritable éleveur était donc l'indigène, élevant mal, sans idée de sélection, d'amélioration, d'extension, sans réserves alimentaires, sans abris.

La race bovine locale est donc restée stagnante, certainement très rustique, mais sans grandes qualités, et son rendement boucher ne dépasse pas 47 à 49 pour 100 du poids vif, qui varie de 300 à 400 kg en moyenne.

Le mouton en Algérie est bien ce qu'il doit être comme choix de races croisées et donne facilement dans les conditions d'élevage où il est mis, un rendement de 45 à 48 pour 100 du poids vif. Il n'en est pas de même pour le troupeau tunisien, se composant presque exclusivement de moutons barbarins à grosse queue que le commerce métropolitain n'apprécie pas et dont le rendement ne dépasse pas 43 pour 100 du poids vif.

En Algérie et en Tunisie pour les bovidés, dans la *Régence* pour les ovidés, l'heure de l'extension de l'élevage et de l'amélioration des races a sonné. Il faut produire plus, plus lourd et de meilleure qualité pour répondre aux besoins métropolitains. L'impulsion en est donnée activement par le surenchérissement des prix et par la difficulté pour les colons de se constituer ou de renouveler leur cheptel.

La Tunisie, profitant de crédits douaniers, peut faire entrer ses animaux dans la métropole *sans frais*.

Le décret présidentiel du 13 juin 1912 fixe, comme suit, la quantité de produits et le nombre des animaux de *provenance tunisienne* qui pourront être admis en France, à leur entrée, du 1er juin 1912 au 31 mai 1913

dans les conditions de la loi du 19 juillet 1890 : Fèves 80 000 quintaux;
gibier, sangliers, tortues, etc., 1500 kg; volailles, 8000 kg; chevaux, 1300;
ânes et mulets 1300; bœufs, 25 000; moutons, 100 000; chèvres, 1000;
porcs, 7000 têtes.

La nécessité de recourir aux ressources du Nord de l'Afrique aujourd'hui,
pour l'hippophagie et les animaux de boucherie, bœuf et mouton,
demain pour les besoins d'une guerre, aux chevaux de selle, que nous
souhaitons de *robe foncée* pour le plus grand nombre, nous a engagé à présenter, en 1913, au Congrès de Tunis, le résumé de notre Ouvrage de 1892,
en exprimant le vœu qui suit pour la création d'une deuxième édition par
les soins et sous la haute autorité de M. Lutaud, Gouverneur de l'Algérie,
M. Alapetite, Résident général à Tunis et du général Lyautey, Résident
général au Maroc.

Qu'il me soit permis, en terminant cet exposé sommaire sur les chevaux
du Nord de l'Afrique et les animaux domestiques nord-africains, de
demander à la dixième Section du Congrès de l'Association Française,
à Tunis, en 1913, l'adoption du vœu qui suit :

« Dans l'intérêt de l'élevage des chevaux, des mulets et des animaux
domestiques nord-africains, la dixième Section émet le vœu que l'Ouvrage
« Les chevaux du Nord de l'Afrique, par Aureggio, édité à Alger en 1893
par ordre du Gouverneur général Jules Cambon, soit réédité en 1914,
par les soins de M. Lutaud, Gouverneur général de l'Algérie.

M. Aureggio a l'honneur de solliciter également le concours du Résident
général de Tunisie, M. Alapetite, celui de M. le général Lyautey, Résident
général au Maroc.

L'auteur de l'ouvrage de 1893 : les chevaux du nord de l'Afrique pour
mettre au point l'édition de 1914, s'est assuré la collaboration des vétérinaires militaires, M. Fray, directeur du service vétérinaire à Alger,
puis, à Marseille; des vétérinaires majors : MM. Ducloux, chef du
Service de l'élevage en Tunisie, et Monod, au Maroc; de M. Bassquil
chef du service vétérinaire de l'Algérie, des vétérinaires : MM. Geoffroy
Saint-Hilaire et Trouelle, auteur du Mémoire récent sur le cheval agricole
en Algérie. Cet auteur estime à 6000 le nombre des poulinières algériennes consacrées à l'élevage du gros cheval. L'étalon breton est le
meilleur reproducteur pour le trait croisé avec la jument barbe de forte
constitution.

Des étalons arabes-barbes et les barbes les plus forts, osseux, ont été
choisis pour servir dans les régions où le sol pousse au gros et où l'on
trouve des juments barbes substantielles : Ces étalons ont sailli : au
nombre de 20 à Blidah : 845 juments; 80 à Mostaganem : 33 juments; 47 à
Constantine : 2511 juments et 10 étalons à Tebourba ont sailli 478 juments.

Présentement le service de la monte en Algérie et en Tunisie est assuré
au moyen de 834 reproducteurs répartis en 151 stations. Ils sont tous du
modèle selle appartenant aux races : Pur sang anglais, 4; pur sang

anglo-arabes, 1; pur sang arabes, 109; arabes-barbes, 280; barbes, 440; soit 834 étalons.

Ces citations mettent en relief a haute valeur du cheval barbe dans l'élevage chevalin en Algérie et en Tunisie. Ajoutons que l'effort, pour réussir un cheval de trait, est en bonne voie et que l'industrie mulassière est prospère grâce aux achats intensifs (une dizaine de mille mulets en 2 ans) à l'occasion des expéditions marocaines qui ont diminué la production dans ces dernières années.

M. Aureggio sollicite enfin la communication de tous les documents statistiques comparées de l'élevage de 1893 à 1914 : importations, exportations, cartes, photographies des types d'animaux par régions du nord de l'Afrique complétant celles de 1893. Tous les renseignements complémentaires de l'édition 1893 pourront être ainsi mis à jour par MM. les Secrétaires généraux et Chefs des Services agricole et vétérinaire, de M. le Gouverneur général de l'Algérie et de MM. les Résidents généraux de la Tunisie et du Maroc.

Le général Lyautey a demandé 20 étalons pour le dépôt d'Oudja, dirigé par le capitaine Allut.

Notons, en terminant, que l'organisation des remontes marocaines a été confiée au lieutenant-colonel Roux, qui vient de faire un très intéressant rapport illustré, document qui a sa place marquée au Chapitre *Maroc* du futur Ouvrage : *Les chevaux du Nord de l'Afrique et les animaux nord-africains* (2ᵉ édition).

M. le Dr Jacques PELLEGRIN,

Docteur ès Sciences, Assistant au Muséum national d'Histoire naturelle, Paris.

LES VERTÉBRÉS DES EAUX DOUCES DU SAHARA.

59.6 (293.2) (661)

24 Mars.

L'existence d'une faune aquatique dans ce que l'on est convenu d'appeler le *grand désert* peut paraître, au premier abord, assez extraordinaire. On s'imagine mal, en effet, que des espèces animales vivant normalement dans un milieu liquide aient pu subsister dans des régions sablonneuses et presque totalement desséchées. Cependant, depuis longtemps déjà, on a signalé un certain nombre de formes aquatiques dans les sources des oasis, les puits artésiens, les gouffres ou bahrs et dans les chotts avoisinant le sud de l'Atlas, mais c'est surtout dans ces dernières années, à mesure que les explorations se sont multipliées, que nos connaissances concernant cette faune dulcaquicole saharienne ont été notablement augmentées. On s'est aperçu alors que dans quelques

localités privilégiées, même dans les parties les plus centrales, principalement dans les massifs montagneux, certaines espèces aquatiques,
derniers vestiges d'une faune jadis beaucoup plus abondante, ont réussi
à se maintenir. J'en ai déjà réuni un certain nombre dans une Note
préliminaire (¹). La question peut aujourd'hui être reprise un peu plus
en détail; il n'est pas sans intérêt, en effet, d'examiner pour les trois derniers groupes des Vertébrés quelles sont, dans chaque famille, les espèces
représentées dans les eaux sahariennes et d'indiquer les principales
régions et localités où elles ont été signalées jusqu'ici.

REPTILES. — Divers auteurs comme Duveyrier, de Bary, Foureau, etc.
ont mentionné, à plusieurs reprises, surtout d'après les dires des indigènes,
la présence de Crocodilidés dans le Sahara. C'est ainsi que Foureau (²)
écrit à ce sujet : « On m'a signalé la présence de quelques Crocodiles au
milieu du Tassili (des Azdjers) dans de petits lacs; mais je ne les ai point
vus; ce sont ceux déjà indiqués par Duveyrier et par Erwin de Bary
dans l'oued Mihero. » Cette présence a été confirmée depuis par la capture
d'un individu faite par le capitaine Niéger dans l'oued Harer (Tassili
des Azdjers). Cet échantillon m'a été aimablement communiqué par
M. le professeur Flamand. Il s'agit du Crocodile vulgaire ou Crocodile
du Nil (*Crocodilus niloticus* Laur.) espèce connue depuis la plus haute antiquité, répandue dans tous les grands fleuves de l'Afrique, mais dont
l'existence en plein centre du Sahara est des plus intéressantes à constater.
On peut se demander si elle n'a pas été introduite dans cette contrée
à l'époque romaine, comme elle l'avait été en Cyrénaïque. Toutefois,
d'après M. René Chudeau, il y aurait aussi des Crocodiles dans le Tagant,
région située très à l'ouest du Sahara; ceux-ci ne sauraient assurément
avoir cette origine.

Dans les groupes des Chéloniens, il reste à citer une Tortue aquatique
de la famille des Testudinidés (Paludines) l'Émyde lépreuse (*Clemmys
leprosa* Schw.) qui habite le sud de l'Espagne, la Barbarie ou sous-région
mauritanique (³) et la Sénégambie et atteint le bord nord du Sahara
dans la région tunisienne. Elle n'est peut-être pas, d'ailleurs, la seule,
Foureau (⁴), parlant de la faune de l'Aïr, dit avoir rencontré, dans une
mare de la rivière Aoudéras, une petite Tortue aquatique, mais sa
description est trop sommaire pour permettre une détermination précise.

(¹) J. PELLEGRIN, *Les Vertébrés aquatiques du Sahara* (*C. R. Acad. Sc.*,
t. CLIII, 13 novembre 1911, p. 972.)

(²) F. FOUREAU, *Documents scientifiques Mission saharienne*, t. II, 1905, p. 998.

(³) *Cf.* Dr J. PELLEGRIN, *Les Poissons d'eau douce d'Afrique et leur distribution géographique* (*Ass. fr.*, *Avanc. des Sciences*, Congrès de Dijon, 1911. Publication séparée). — Dr J. PELLEGRIN, *Les Vertébrés des eaux douces du Maroc* (*Ass.
fr. Avanc. des Sciences*, Congrès de Nîmes, 1912, p. 419).

(⁴) F. FOUREAU, *op. cit.*, 1905, p. 1021.

BATRACIENS. — Parmi les Batraciens anoures la famille des Ranidés est représentée dans le Sahara par trois espèces du genre *Rana*.

C'est d'abord la Grenouille verte (*Rana esculenta* L.) espèce paléarctique à très vaste distribution géographique. La variété *ridibunda* Pallas, qui est connue du sud de la France, de l'Espagne, de l'est de l'Europe jusqu'à la Prusse, du sud-ouest de l'Asie, de Madère et du nord de l'Afrique, se rencontre dans les oasis du sud de l'Atlas. Lataste l'a trouvée jusqu'à Ouargla ([1]). En réalité son habitat s'étend encore beaucoup plus loin au Sud, ainsi que le prouve un petit exemplaire que m'a remis récemment M. René Chudeau et qui a été pris à Aoulef, dans le Tidikelt (environs d'In-Salah).

Les deux autres Grenouilles sont propres à la faune africaine proprement dite ou *éthiopienne*.

La première est la Grenouille des Mascareignes (*Rana mascareniensis* D. B.) espèce qui habite non seulement ces îles, mais encore la presque totalité du continent africain, sauf la sous-région mauritanique. Elle s'avance au Nord jusqu'au Tassili des Azdjers, comme le montrent des échantillons recueillis dans la mare d'Ifédil, par le capitaine Cortier et que j'ai rapportés à cette espèce ([2]).

La seconde est la Grenouille occipitale (*Rana occipitalis* Günther), qui remonte dans le sud-ouest du Sahara jusqu'au Tagant et à l'Adrar, où des spécimens ont été capturés à Moudjéria et à Atar par M. René Chudeau.

Parmi les Bufonidés, on doit citer dans le genre *Bufo* comme pouvant descendre jusque vers les limites nord du Sahara, le Crapaud vert (*Bufo viridis* Laurenti), espèce à large distribution géographique, comprenant l'Europe centrale et une grande partie du centre et de l'ouest de l'Asie, ainsi que le nord de l'Afrique, et le Crapaud de Mauritanie (*Bufo mauritanicus* Schlegel) spécial comme son nom l'indique à la sous-région mauritanique ou Barbarie.

Dans le sud-ouest du Sahara, M. René Chudeau a rencontré un troisième Crapaud, à Atar (Adrar), c'est une espèce très voisine de la précédente, le Crapaud panthérin (*Bufo regularis* Reuss) qui habite de l'Égypte au Cap et à la Sénégambie, c'est-à-dire presque toute l'Afrique, sauf la région occupée par le Crapaud de Mauritanie.

Parmi les Discoglossidés, le Discoglosse peint (*Discoglossus pictus* Otth.), qui fréquente le sud de l'Europe et le nord-ouest de l'Afrique, peut apparaitre sur les confins nord du Sahara.

Il en est de même chez les Batraciens anoures du Triton de Hagen-

---

([1]) *Cf.* BOULENGER, *Catalogue of the Reptiles and Batrachians of Barbary* (Marocco, Algeria, Tunisia)(*Tr. Zool. Soc. London*, t. XIII, 1890, p. 157). — ANDERSON, *Zoology of Egypt* (*Reptilia and Batrachia*, 1898, p. 346.)

([2]) *Cf.* Dr J. PELLEGRIN, *Sur la présence de la Rana mascareniensis, D. et B. dans le Sahara algérien* (*Bull. Soc. Zool. de France*, 1911, p. 147).

müller (*Molge Hagenmuelleri* Lataste), espèce spéciale à la sous-région
mauritanique et qui a été signalée à Biskra par le Dr Boettger.

POISSONS. — La présence dans le Sahara de Poissons, animaux essentiellement aquatiques, respirant par des branchies, est encore plus curieuse à constater que celle de Reptiles ou de Batraciens fluviatiles;
malgré cela leur nombre est relativement plus élevé.

C'est la famille des Cyprinidés qui mérite d'occuper la première place.
Le genre le plus important est le genre *Barbus*, avec quatre espèces. Les
Barbeaux, d'ailleurs largement représentés en Europe, en Asie et dans
toute l'Afrique, sont fort abondants en Tunisie, en Algérie et au Maroc.

L'une des espèces spéciales à ces régions le Barbeau de la Calle (*Barbus
callensis* C. V.) se rencontre dans les sources ou les puits des parties nord
du Sahara, aux environs de Biskra notamment. Tout récemment M. le
Dr Edmond Sergent, directeur de l'Institut Pasteur d'Alger, m'a envoyé
des échantillons de Poissons vivant dans les sources artésiennes de
l'Oasis de Figuig (Sahara marocain), à une température de 30°. Ces
animaux, qui sont demeurés dans une obscurité presque complète, sont
à peu près décolorés, le dos chez eux n'étant guère plus foncé que le
ventre, contrairement à ce qui se passe chez les Vertébrés normaux,
exposés à la lumière. Je les considère comme une simple variété locale
du *Barbus callensis* C. V., variété à laquelle j'ai donné le nom de *figui-
gensis* (¹).

Le Barbeau de Biskra (*Barbus biscarensis* Boulenger) est excessivement
voisin du Barbeau de la Calle. Il habite non seulement Biskra et ses environs, mais encore des régions beaucoup plus centrales du Sahara. M. René
Chudeau m'en a remis récemment un petit individu provenant d'Adrar
dans le Touat; enfin le capitaine Cortier l'a recueilli à la mare d'Ifédil
dans le Tassili des Azdjers.

M. Boulenger (²) considère également comme une espèce distincte le
Barbeau d'Antinori (*Barbus Antinorii* Boulenger) de l'oasis de Nefzana
en Tunisie.

Ces trois espèces de Barbeaux sont très étroitement alliées et présentent
toutes le caractère commun de posséder de petites écailles et un rayon
osseux, denticulé postérieurement, à la nageoire dorsale.

Le Barbeau du désert (*Barbus deserti* Pellegrin) (³) que j'ai décrit en
1909, appartient à un type différent. Chez lui le troisième rayon de la
dorsale n'est pas osseux, mais flexible et sans denticulations en arrière,
de plus ses écailles sont relativement grandes. Cette forme a été récoltée

---

(¹) Dr J. PELLEGRIN, *Sur une variété nouvelle du* Barbus callensis *C. V. provenant de l'Oasis de Figuig* (*Maroc*) (*Bull. Soc. Zool. de France*, 1913, p. 119).

(²) G.-A. BOULENGER, *Cat. Fresh-water Fishes Africa*, t. II, 1911, p. 212.

(³) Dr J. PELLEGRIN, *Bull. Mus. Hist. nat. de Paris*, 1909, p. 239. — G.-A. BOU-
LENGER, *op. cit.*, 1911, p. 157, fig. 134.

par le capitaine Cortier dans la mare d'Ifédil (Tassili des Azdjers) ([1]), où elle vit en compagnie du Barbeau de Biskra. Elle se rapproche d'une espèce des rivières de Libéria, de la Côte de l'Or, et de Calabar, le *Barbus ablabes* Bleeker.

Pour en finir avec les Cyprinidés il faut encore citer la Phoxinelle de de Chaignon (*Phoxinellus Chaignoni* Vaillant) espèce tunisienne et de l'est de l'Algérie, voisine de la Phoxinelle de la Calle, et qui d'après Boulenger ([2]) a été rencontrée dans les environs de Biskra.

La famille cosmopolite des Siluridés, très richement représentée en Afrique, mais qui fait défaut en Barbarie, existe dans le sud-ouest du Sahara. M. René Chudeau a recueilli, en effet, à Atar (Adrar) un échantillon que j'ai rapporté au Clarias du Sénégal (*Clarias senegalensis* C.V.), espèce qui n'était jusque là connue que du Sénégal et du Niger.

Ce n'est pas là sans doute le seul point où l'on peut trouver des Clarias, M. Foureau ([3]) cite, en effet, ces animaux parmi ceux qui habitent les petits lacs permanents du Tassili des Azdjers. La présence des Clarias s'explique, d'ailleurs, plus facilement que celle d'autres espèces, ces Poissons étant munis d'un appareil arborescent spécial, annexé aux branchies, et qui leur permet de résister plus ou moins longtemps à la privation d'eau.

Les Cyprinodontidés sont représentés dans les oasis du nord du Sahara par une espèce répandue dans toute la région méditerranéenne, le Cyprinodon rubané (*Cyprinodon fasciatus* Val.), auquel il faut ramener le Cyprinondon de Cagliari (*Cyprinodon calaritanus* Bonelli). Ce petit Poisson se trouve en abondance aussi bien au nord qu'au sud de l'Atlas. Playfair et Letourneux ([4]) disent qu'il est souvent rejeté par les puits artésiens ainsi que certains Cichlidés, ce qui a donné lieu aux hypothèses les plus diverses.

La famille des Cichlidés est très caractéristique de la faune du Sahara où ne figurent pas moins de trois genres et quatre espèces. Ces Poissons habitent les eaux douces de l'Afrique, du sud de l'Asie et de l'Amérique centrale et méridionale. Ils font complètement défaut dans la sous-région mauritanique proprement dite; par contre dans les parties avoisinant le versant sud de l'Atlas, on voit déjà apparaître plusieurs espèces.

C'est d'abord l'Hemichromis à deux taches (*Hemichromis bimaculatus* Gill) joli petit Poisson, à vaste distribution géographique, comprenant le bassin du Nil et l'Afrique occidentale, jusqu'au delà du Congo. Le

---

([1]) D'après les renseignements qui m'ont été fournis par le capitaine Cortier, la mare d'Ifédil, bien que placée tout près de la limite de partage des eaux, appartient cependant au bassin méditerranéen.

([2]) *Leuciscus (Phoxinellus) Chaignoni,* BOULENGER, *op. cit.,* 1911, p. 189.

([3]) FOUREAU, *op. cit.,* 1905, p. 999.

([4]) PLAYFAIR et LETOURNEUX, *Memoir on the hydrographical System and the Freshwater Fish of Algeria* (*Ann. Mag. Nat. Hist.,* (4), t. VIII, 1871, p. 381).

Muséum de Paris possède des spécimens de Touggourt et de l'Oued Rir. Il faut ramener à cette forme l'*Hemichromis Rolandi* Sauvage de l'oasis des Zibans. Quant à l'*Hemichromis Saharæ* Sauvage, aussi de Touggourt et de l'Oued Rir, je le considère comme une simple variété de l'*Hemichromis* à deux taches, à coloration caractérisée par «quelques taches noires irrégulières dans la partie postérieure du corps; des taches de même couleur aux dorsales et à la caudale; quelques petites taches à la partie externe des ventrales ».

Dans le genre *Hemichromis* les mâchoires sont garnies de dents exclusivement coniques, dans le genre *Astatotilapia* la dentition est mixte, les dents étant tantôt coniques, tantôt échancrées, bi- ou tricuspides, c'est-à-dire à deux ou trois pointes. Une espèce fort anciennement connue, puisqu'elle a été décrite, en 1802, par Lacépède (¹), d'après des individus vivant dans les eaux douces de Gafsa, l'*Astatotilapia Desfontainesi* Lacépède, a été rapportée depuis à maintes reprises des eaux froides ou chaudes du Sahara algérien ou tunisien où elle est des plus communes (Biskra, Touggourt, Zibans, Gafsa, Tozuer, Sfax). C'est du reste une forme à distribution géographique très vaste s'étendant à l'est, de la Syrie à l'Afrique orientale et au centre du continent, au Tchad et à l'Oubanghi.

Les Tilapies aux dents toutes bi- ou tricuspides, plus connues sous leur ancien nom de *Chromis* sont au nombre de deux espèces dans le Sahara.

La Tilapie de Zill (*Tilapia Zilli* Gervais), qui habite aussi l'Égypte, la Palestine et auquel il faut ramener le *Chromis Tristram* Günther, est fort abondant au sud de l'Atlas (Aïn Ourlan, Aïn Boudhas, Temassin, Biskra, Oued Rir, Tougourt). Elle n'a pas été encore rencontrée dans les parties centrales du Sahara, mais sa présence n'y aurait rien d'extraordinaire, puisqu'on la retrouve au Tchad.

Le Tilapie de Galilée (*Tilapia galilæa* Artédi) qui habite non seulement la Galilée et le Jourdain en Asie, mais le Nil jusqu'à Gondokoro, le Tchad, le Sénégal, le Niger et l'Oubanghi a été recueillie à Atar (Adrar) par M. René Chudeau (²).

Il ressort de cet exposé que les Reptiles aquatiques connus jusqu'ici du Sahara rentrent dans 2 familles comprenant 2 genres et 2 espèces, les Batraciens dont 4 familles, réparties en 4 genres et 8 espèces, les Poissons également dans 4 familles divisées en 7 genres et 11 espèces. Soit un total de 21 espèces aquatiques sahariennes, chiffre qui, comme on le voit, n'est nullement négligeable.

(¹) Cette espèce a été désignée primitivement sous le nom de *Labrus Desfontainesi*, puis de *Chromis* et de *Tilapia*. Le genre *Astatotilapia* a été créé par moi, en 1904.

(²) Comme Poissons du Sahara algérien, Playfair et Letourneux (*op. cit.*, 1871, p. 381) donnent en outre l'Anguille vulgaire et le *Chromis* (ou *Tilapia*) *nilotica* L. L'Anguille est commune dans diverses parties de la Barbarie, mais je ne pense pas qu'elle ait été rencontrée dans le Sahara proprement dit. Quant au *Chromis nilotica* L., il s'agit sans doute d'une confusion avec le *Tilapia Zilli* Gervais.

Les conclusions suivantes peuvent être formulées :

Si, ainsi que je l'ai déjà signalé à diverses reprises (¹), le nord-ouest de l'Afrique à partir de l'Atlas ou *sous-région mauritanique* doit être rattaché à la faune paléarctique et particulièrement au sud-ouest de l'Europe, par contre le Sahara, en ce qui concerne les Vertébrés aquatiques, est déjà très nettement *africain*. Sauf dans les parties nord ou l'on trouve encore quelques apports de la faune précédente (*Rana esculenta, Bufo viridis, Discoglossus pictus, Cyprinodon calaritanus*), partout ailleurs il ne contient que des formes spéciales, ou à distribution franchement éthiopienne (Crocodilidés, Cichlidés, Siluridés).

L'étude de leur répartition géographique vient, en outre, apporter certaines indications sur ce qu'a dû être, à une période peu éloignée, le régime hydrographique de ces régions soumises à un assèchement continu et progressif et où les cours d'eau ont disparu complètement de la surface, sauf parfois exceptionnellement à leur origine ou au fond de gouffres encaissés entre de hautes montagnes. Des formes méditerranéennes ont pu remonter par de grandes artères fluviales jusqu'à des massifs comme ceux du Tassili et du Ahaggar, tandis que cette ligne de partage des eaux marquait en même temps plus ou moins nettement la limite de l'extension des espèces venues du Soudan ou du Niger. Quant aux Poissons de l'Adrar et du Tagant ils présentent une origine sénégalaise indéniable et prouvent qu'à une époque des plus récentes des cours d'eau naissant de ces massifs communiquaient directement avec le fleuve.

M. Max KOLLMANN,

Docteur ès Sciences, Paris.

PHARYNX ET LARYNX DE QUELQUES LÉMURIENS.

59.14.32-9.81

26 *Mars.*

Les recherches suivantes ont porté avant tout sur *Lemur varius* Geoff., dont nous avons pu examiner plusieurs spécimens vivants et accessoirement sur un certain nombre de types conservés depuis longtemps dans les collections du Museum de Paris.

PHARYNX.

Gegenbaur (²) presque seul a examiné comparativement le pharynx

---

(¹) Dʳ J. PELLEGRIN, *op, cit.*, 1911, p. 11 et 1912, p. 419.
(²) *Die Épiglottis*, Wiesbaden, 1892.

de quelques Lémuriens. Il signale l'indépendance du naso-pharynx et du pharynx proprement dit à la suite du rétrécissement de l'isthme; il remarque enfin que le bord libre du voile présente une portion membraneuse d'étendue variable suivant les types. Les piliers du voile sont également développés d'une manière très variable.

La disposition la plus primitive nous semble réalisée par *Tarsius spectrum* Pallas et *Galago garnetti* Ogilby. Ici, les piliers sont relativement peu développés surtout chez *Tarsius*. Le pilier postérieur, purement membraneux, est constitué par le bord libre du voile. Toute la partie postérieure de ce voile est mince et transparente.

Chez *Nycticebus tardigradus* (L.) et *Perodicticus potto* (Bosman), nous voyons les piliers antérieurs se développer. Les piliers postérieurs sont toujours membraneux et formés par le bord libre du voile, mais les muscles empiètent de plus en plus sur la portion membraneuse qui tend à disparaître. Un pas de plus, et le pilier postérieur deviendrait entièrement musculaire, disposition qui n'est pas réalisée chez les Lémuriens. Il est à remarquer que, sur la ligne médiane du bord libre du voile, il tend à se former une proéminence, véritable rudiment de luette, surtout développée chez *Nycticebus*. Il en est de même chez *Galago* (¹). Cette luette n'est jamais musculaire.

Le rétrécissement de l'isthme naso-pharyngien est tel que cet orifice se moule, en quelque sorte, sur le bord de l'épiglotte, réalisant ainsi une séparation presque complète entre les voies digestives et les voies aériennes. Chez *Lemur varius* Geoff., que nous avons examiné vivant, le bord de l'épiglotte s'insère dans une gouttière profonde comprise entre le bord libre membraneux du voile et un bourrelet épais, glandulaire, parallèle à ce bord libre.

Les muscles du pilier postérieur constituent une sorte de sphincter autour de l'isthme naso-pharyngien et, en se contractant au moment de la déglutition, contribuent certainement à maintenir la continuité des voies aériennes.

Le bucco-pharynx est recouvert d'un épithélium stratifié pavimenteux continu avec celui de la bouche et de l'œsophage. Il nous a semblé que nous avions affaire à un véritable épithélium corné, comme on en trouve d'ailleurs dans la bouche et l'œsophage de quelques Mammifères.

Les amygdales palatines sont très développées. On sait que ces organes se développent par dépôt de tissu lymphoïde sur les deux faces d'une invagination qui s'enfonce tangentiellement dans la muqueuse. Selon la forme et le développement de cette invagination chez l'adulte, on distingue plusieurs types d'amygdales. Celles du *L. varius* appartiennent au type « sacciforme » de Seccombe Hett et Butterfield (²). On peut y décrire une fosse rétroamygdalienne peu profonde et assez large,

---

(¹) GEGENBAUR, *loc. cit.*
(²) *Journal of Anat. and Physiol.*, Vol. XLIV, 1910.

chargée de tissu lymphoïde sur ses deux faces, mais particulièrement
sur la lèvre inférieure. Chez *Tarsius* et *Chiromys*, cependant, l'invagination primitive a disparu : les amygdales palatines sont du type « compact ». Dans l'ensemble, l'amygdale de ces deux genres se présente alors
sous la forme d'une forte saillie à surface mammelonnée.

Enfin *Lemur varius* possède encore, sinon de véritables amygdales,
du moins d'importantes accumulations lymphoïdes sur la face supérieure du voile du palais et sur la face laryngienne de l'épiglotte (amygdale laryngée). Il existe enfin, chez *Chiromys*, des nodules lymphoïdes
sur le plafond du naso-pharynx (amygdale pharyngienne). Chez les
autres Lémuridés (*lapalemur*, *Microcebus*), les Indrisidés (*Avahis*, *Propithecus*), les dispositions sont essentiellement les mêmes que chez *Nycticebus*, avec quelques variations de détail.

LARYNX.

Le larynx de *Lemur varius* est intéressant à plus d'un titre; mais ses
dispositions ne peuvent être bien comprises que par comparaison. Nous
allons donc exposer très brièvement l'évolution de l'anatomie du larynx
dès Lémuriens telle qu'elle semble apparaitre à la suite de nos observations.

Le type le plus primitif est celui du Tarsier (*Tarsius spectrum*). Ici,
l'épiglotte, très développée, est reliée à l'aryténoïde par un pli aryténo-épiglottique latéral qui part du bord postérieur et qui s'insère à l'aryténoïde. Il contient un cartilage de Wrisberg. De plus, le bord inférieur
de l'épiglotte est libre dans la cavité du larynx, par suite de la pénétration du ventricule de Morgagni entre le thyroïde et l'épiglotte. Ce bord
inférieur joue donc réellement le rôle de bande ventriculaire. La portion
du cartilage qu'il contient est presque entièrement séparée du reste du
cartilage épiglottique par l'envahissement des formations glandulaires;
par contre, il se relie au cartilage de Wrisberg dont la structure est la
même. Cette bande ventriculaire répond donc à la définition même
d'Albrecht et de Gegenbaur (¹) : la partie inférieure de l'épiglotte individualisée par l'envahissement des formations glandulaires.

Du type Tarsier, nous passons facilement au type présenté par les
Nycticebus, *Perodicticus* et *Galago*. Ici, la disposition est fondamentalement la même; le bord inférieur de l'épiglotte représente encore la
bande ventriculaire. Mais le repli ary-épiglottique latéral ne s'insère
plus au bord postérieur de l'épiglotte, *mais bien sur sa face latérale interne.*
Son homologie avec le repli ary-épiglottique latéral de *Tarsius* ne fait
pas le moindre doute, car il contient un cartilage de type *élastique*
intimement soudé à l'aryténoïde et qui ne peut être que le cartilage
de Wrisberg Or, par définition, [Goeppert, 1894 (²)], le repli ary-épiglottique latéral contient le cartilage de Wrisberg.

____

(¹) GEGENBAUR, *loc. cit.* — ALBRECHT, *Sitzungb. k. k. Akad. Wien.*, Bd. CV, 1896.
(²) *Morphol. Jahrb.*, t. XXI, 1894.

Enfin, le bord postérieur de l'épiglotte est relié à la région latéro-externe de l'aryténoïde par un mince repli qui n'existait pas chez le Tarsier, le *pli latéral*.

La disposition de *Lemur varius* nous sera maintenant facilement intelligible. L'épiglotte est très grande et pénètre profondément dans le larynx; cependant, elle ne présente plus de bord inférieur libre. Sa base a été entièrement détruite par les formations glandulaires. C'est donc déjà, à l'inverse de l'opinion d'Albrecht, un organe en régression.

Cette épiglotte est reliée à l'aryténoïde par un pli latéral analogue à celui des types précédents. Par contre, le pli ary-épiglottique latéral est très réduit. Il consiste en une bandelette, peu élevée, mince, à bords mousses, qui se détache du bord antérieur de l'aryténoïde et qui se dirige droit vers la partie moyenne du thyroïde où elle s'insère. Ce repli est donc devenu un pli thyro-aryténoïdien, et il mériterait réellement ce nom. Il a perdu ses connexions avec l'épiglotte, ce qui s'explique par la réduction du bord inférieur de cette dernière. L'homologie avec le pli ary-épiglottique latéral est certaine et l'on passe par des transitions du *Tarsius* au *Lemur*. Déjà, chez *Galago* le repli s'attache à la face interne de l'épiglotte. Chez *Lemur macaco* L., il se dirige encore obliquement vers l'épiglotte qu'il n'atteint d'ailleurs pas. Il n'est plus épiglottique sans être encore devenu thyroïdien, et cette dernière disposition nous mène directement à celle de *L. varius*.

Parallèlement au repli ary-thyroïdien et intérieurement nous trouvons une bandelette mince, membraneuse, fixée, d'une part au thyroïde, de l'autre à la partie antérieure des aryténoïdes. Albrecht l'interprète comme un rudiment de bande ventriculaire.

Au-dessous, se trouve une forte saillie tendue également entre l'aryténoïde et le thyroïde, plus grosse d'ailleurs en arrière : c'est la *bande musculaire* d'Albrecht. Cette saillie renferme un tractus cartilagineux ayant exactement la même structure que l'épiglotte. Chez les *Lemurs*, ce tractus est isolé; chez *Microcebus minor*, il est relié en arrière à l'aryténoïde ou plutôt au cartilage corniculé. Si nous comparons cette disposition à celle des genres précédents, nous sommes amenés à conclure que ce tractus n'est en somme que le bord inférieur de l'épiglotte largement isolé du reste de l'organe par les formations glandulaires. Or, ce bord inférieur n'est primitivement que la bande ventriculaire. En conséquence, nous pouvons dire que la bande ventriculaire du *Lemur* est en grande partie envahie, déformée par l'apparition d'un repli *nouveau*, la bande musculaire.

La bande ventriculaire d'Albrecht est le *reste* de la bande ventriculaire primitive; c'est un *résidu* et non un rudiment.

Voyons donc quelle est l'origine de la bande musculaire? Elle est due à une forte saillie déterminée dans la paroi du ventricule de Morgagni par le muscle thyro-aryténoïdien supérieur. La dissection et une série de coupes frontales montrent en effet que le muscle thyro-aryténoïdien est

divisé en deux parties : un thyro-aryténoïdien inférieur, qui s'insère sur
l'apophyse vocale de l'aryténoïde, et un thyro aryténoïdien supérieur,
bien plus volumineux, qui s'insère dans la fossette hémisphérique. C'est
ce muscle très volumineux qui détermine la saillie de la bande musculaire. Cette bande musculaire envahit toute la portion inférieure de la
bande ventriculaire primitive, dont la portion libre est réduite à la petite
bandelette que nous avons signalée.

L'évolution du larynx des Lémuriens que nous suivons depuis le type
primitif du Tarsier se poursuit ensuite par la coalescence des divers replis
décrits chez le *Lemur varius*. En effet :

Chez *Hapalemur griseus* Geoff., le repli ary-thyroïdien et la bandelette
de la bande ventriculaire sont soudés.

Chez *Microcebus minor* Geoff., il en est de même et, de plus, la bandelette ventriculaire devient large, mousse et tend à disparaître.

Enfin chez *Chiromys*, tous les replis sont soudés; seul, un léger sillon
sépare à peine la bande musculaire de la corde vocale et représente le
ventricule de Morgagni (¹).

Sac laryngo-trachéal. — *Lemur varius* est pourvu d'un sac laryngien
dorsal déjà vu et très sommairement décrit par Mayer en 1852, et
retrouvé par Milne-Edwards et Grandidier (²) chez les *Indris*. Il s'ouvre
entre le cricoïde et le premier anneau trachéal. Il est donc unique,
impair, médian, dorsal, placé entre la trachée et l'œsophage. En raison
de ses connexions, il est comparable à l'ensemble des deux ampoules
trachéennes décrites par Robin (³) chez *Rhinolophus* et *Nycteris* [*Voir*
Bartels, 1905 (⁴)].

La paroi de ce sac n'est nullement musculaire. Elle est uniquement
formée d'une très forte charpente élastique dans les mailles de laquelle
sont disposées des fibres conjonctives. Ce sac est complètement dépourvu
de glandes. Son rôle dans la production de la voix paraît assez obscur.
En tout cas, ce qu'en dit Milne-Edwards est difficilement acceptable.

Épithélium et glandes. — Chez *Lemur varius* l'épithélium du larynx est
pavimenteux stratifié, jusqu'au sommet du repli ary-thyroïdien; puis il
devient cubique et reprend l'aspect pavimenteux sur la bande ventriculaire. Tout le reste de la surface du larynx est recouvert d'un épithélium
stratifié cubique. Il ne renferme ni glandes, ni accumulations lymphoïdes.

Les glandes sont surtout développées entre l'épiglotte et le muscle
thyro-aryténoïdien; mais on en trouve encore dans la bande musculaire
à la base de la corde vocale et à la face ventrale des aryténoïdes.

(¹) Zuckerkandl, *Denk. Akad. Wien*, t. LXVIII, 1900.
(²) *Histoire naturelle de Madagascar* (*Mammifères*, 1875).
(³) *Ann. Sc. nat. Zool.*, 1881.
(⁴) *Zeitschr. f. Morph. u. Anthrop.*, Bd. VIII, 1905.

Épiglotte. — Le cartilage épiglottique de *Tarsius, Nycticebus, Perodicticus, Galago* est toujours uniquement formé chez l'adulte par un cartilage *élastique* absolument typique sur la nature duquel il ne peut y avoir aucun doute. Au contraire, chez les *Lemur, Hapalemur, Microcebus* et *Chiromys*, il est formé par un tissu complexe de cellules adipeuses, de fibres conjonctives et élastiques et enfin d'éléments cartilagineux dont la nature a été contestée (¹). Sans doute ces éléments cartilagineux ont une apparence un peu spéciale; cependant, les réactions de leur mince capsule sont exactement celles des capsules du tissu cartilagineux normal. Gegenbaur, Goeppert, etc., avaient pensé que les cellules adipeuses se formaient par dégénérescence adipeuse de certaines cellules cartilagineuses. Schaffer a montré, au contraire, que tous les éléments du tissu de l'épiglotte se développent aux dépens d'un tissu indifférent. Il n'y a donc pas remplacement ontogénétique, au moins chez les types les plus évolués, du tissu cartilagineux vrai par le tissu pseudo-cartilagineux.

Mais la présence de cartilage vrai chez *Tarsius*, chez les Nycticébidés et Galagidés montre qu'il y a tout au moins *remplacement phylogénétique* de ces deux tissus l'un par l'autre, selon l'opinion de Gegenbaur, qui reste, sur ce point, parfaitement fondée.

En terminant, remarquons que les affinités naturelles entre les divers Lémuriens se révèlent même dans l'anatomie du larynx.

C'est ainsi que *Perodicticus* et *Nycticebus* sont classés par les systématiciens dans la même famille; que *Galago*, autrefois considéré comme voisin des Lémuridés, spécialement des *Microcebus* se rapproche décidément des Nycticébidés; et qu'enfin les Lémuriens de Madagascar (Lémuridés et Chiromyidés), considérés comme constituant habituellement un groupe assez homogène, ont tous en effet un larynx bâti sur le même type.

Le genre *Tarsius* nous permettra de faire une dernière remarque. On s'accorde assez généralement aujourd'hui à considérer les Tarsiens comme des animaux voisins des Lémuriens, mais d'une organisation plus généralisée. Et, en effet, c'est le *Tarsius gracilis* qui nous a montré le pharynx et surtout le larynx le plus primitifs.

(¹) SCHAFFER, *Anat., Hefte* 1, 1907.

M. le Dʳ L. BORDAS,

Professeur adjoint à la Faculté des Sciences, Rennes.

SUR LES VARIATIONS MORPHOLOGIQUES DU GÉSIER CHEZ LES COLÉOPTÈRES.

5g.14.33-57.6

27 Mars.

Le GÉSIER constitue l'organe le plus important de l'*intestin antérieur* des Coléoptères : c'est une poche plus ou moins volumineuse, située en arrière de l'œsophage et en avant de l'intestin moyen. L'étude que nous avons faite de cet organe, aux points de vue anatomique et histologique, nous a permis de diviser les Coléoptères en deux grands groupes, réunis entre eux par de nombreuses formes intermédiaires :

1º Les Coléoptères à gésier bien développé, et 2º les Coléoptères à gésier atrophié ou nul.

Chez les premiers, qui comprennent les *Carabidæ*, les *Silphidæ*, les *Dytiscidæ*, les *Staphylinidæ*, les *Elateridæ*, les *Hydrophilidæ*, la plupart des *Longicornes*, etc.; le gésier est volumineux et tapissé intérieurement de bourrelets ou épaississements chitineux, de denticules, de tubercules ou de soies cornées, le tout admirablement conformé pour la mastication ou la trituration des matières alimentaires avant leur passage dans l'intestin moyen.

Dans le second groupe, comprenant surtout les familles des *Cetonidæ*, des *Lucanidæ*, des *Telephoridæ*, des *Elateridæ*, des *Aphodiinæ*, des *Tenebrionidæ*, des *Chrysomelidæ*, etc., le gésier est rudimentaire et très atrophié. Ses dimensions et sa structure sont à peine distinctes de celles de l'œsophage.

Le GÉSIER, qui est en rapport étroit avec le genre de vie de l'Insecte, atteint un développement considérable chez les *Carabides* et les *Dytiscides*. La présence de bourrelets triangulaires, de denticules couverts de plaques chitineuses portant de longues soies cornées, indique que cet organe a pour fonction d'aider à la trituration des substances alimentaires et aussi de les filtrer avant leur passage dans l'intestin moyen. Parmi les Carabides, nous avons étudié le gésier chez les espèces suivantes : *Carabus auratus* L., *Carabus nemoralis* Illig., *Calosoma sycophanta* L, et *Procrustes coriaceus* L.

Chez le *Carabus auratus* et le *Car. nemoralis*, le gésier présente une forme à peu près cylindrique ou légèrement ovoïde. Il se continue directement, en avant, avec l'œsophage et se rattache, en arrière, par un court pédicule, à l'intestin moyen. La face antérieure de l'organe est à

peu près plane et présente, en son milieu, une ouverture en forme de
croix de Malte, très caractéristique. Aux extrémités des bras de la croix
existent de petits bourrelets, à pointe dirigée intérieurement, que nous
avons désignés sous le nom de *denticules*. Entre ces derniers, se trouvent
de larges plaques chitineuses, de forme triangulaire, se prolongeant dans
l'intérieur du gésier et appelées *dents*. La musculature du gésier est très
puissante.

La face supérieure de chaque dent est légèrement convexe et son bord
externe recourbé. Ce dernier se continue avec la membrane du jabot
après avoir effectué une petite inflexion en arrière. L'ensemble de ces
courbures constitue un repli annulaire postérieur entourant l'origine
du gésier. Le bord interne des dents et des denticules est garni de longues
soies cornées, à pointe recourbée en arrière. Ces soies s'entrecroisant
en tous sens, jouent le rôle de filtre et arrêtent, au passage, les corps trop
volumineux ou incomplètement triturés. De plus, les *dents* constituent
un appareil broyeur très compliqué, d'où le nom d'*organe masticateur*
sous lequel on peut encore désigner le *gésier*. L'épaisse couche de muscles
circulaires qui l'entoure, par ses contractions énergiques, rapproche ou
écarte les dents et les denticules, de façon à rétrécir ou élargir ainsi sa
cavité.

Les *dents*, au nombre de quatre, alternent avec les denticules. Elles
affectent la forme d'une pyramide triangulaire dont la base, légèrement
bombée, est tournée vers la cavité du jabot, et les faces latérales, plus
ou moins inclinées, forment un angle dièdre interne, placé un peu en
dehors de l'axe du gésier. Quant à la face externe, légèrement convexe,
elle est directement appliquée contre la puissante musculature de l'organe.
A l'état de repos, les bords internes des dents et des denticules sont
parallèles et ont une direction à peu près rectiligne, ne laissant entre eux
qu'une fente, irrégulière et étroite, en forme de croix. Un peu en arrière,
la cavité du gésier s'élargit et présente un orifice, à bords sinueux,
établissant une communication avec l'intestin moyen.

Chaque dent est recouverte d'une lamelle chitineuse qui tapisse les
deux parois latérales du prisme; cette dernière constitue la plaque basilaire et se continue avec l'intima interne du jabot. C'est sur le bord de
cette plaque que sont implantées d'innombrables soies chitineuses, formant d'abord une couronne supérieure qui se continue, sur les faces
latérales, en une toison compacte.

Toute la masse comprise entre les faces latérales des dents est occupée
par un massif musculaire que nous avons étudié au point de vue histologique.

Les *denticules*, au nombre de quatre, sont situées aux extrémités des
bras de la fente cruciale, constituant l'orifice antérieur du gésier. Elles
sont moins longues et plus aplaties que les dents et affectent, comme
ces dernières, une forme de prisme triangulaire. La lamelle chitineuse
recouvrante présente la même disposition que celle des dents et est géné-

ralement recouverte d'une abondante touffe de soies cornées. Ces soies forment, vers le milieu de l'organe, deux bandelettes transversales de teinte noirâtre. En arrière, sont disposés de puissants faisceaux musculaires longitudinaux.

L'orifice postérieur du *gésier* est muni d'une valvule à bords frangés.

OBSERVATIONS PHYSIOLOGIQUES. — Nous avons pu faire bien souvent, au cours de nombreuses vivisections effectuées sur des Procrustes et des Carabes, quelques observations sur les fonctions physiologiques du gésier, fonctions qui s'exercent concurremment avec celles du jabot.

Fréquemment, l'intestin antérieur est rempli d'une matière noirâtre, plus ou moins liquide, provenant des substances alimentaires ingérées. Quand l'animal est récemment ouvert, on voit parfois le gésier animé de contractions rythmiques, s'effectuant à intervalles à peu près égaux.

Les gros muscles circulaires du gésier se contractent, d'arrière en avant, à partir de l'intestin moyen. Le contenu de l'organe est brassé énergiquement et poussé dans le jabot, qui se dilate sous l'afflux du courant semi-liquide. Le jabot se contracte à son tour par une série d'ondulations vermiformes, repoussant de nouveau brusquement dans le gésier le contenu intestinal.

Les mêmes contractions réapparaissent et se poursuivent vers l'avant, rapprochant les dents et les denticules et soumettant ainsi la bouillie intestinale à une trituration complémentaire. Ces contractions durent parfois plusieurs heures. Mais, peu à peu elles deviennent plus lentes, moins énergiques et, quand les matières sont suffisamment triturées et malaxées, on voit, de temps en temps, de petites contractions se produire en sens inverse des premières et certaines portions de la bouillie alimentaire franchir la valvule postérieure du gésier et passer, par saccades, dans l'intestin moyen.

Parmi les DYTISCIDES (¹), nous avons surtout étudié le gésier des espèces suivantes : *Dytiscus marginalis* L., *Cybister rœselii* Fabr., *Acilius sulcatus* L., *Agabus chalconotus* Panz. *Colymbetes coriaceus* Lap., etc.

Chez l'*Acilius sulcatus*, le gésier est volumineux, eu égard aux dimensions du corps de l'insecte. Il présente la forme de deux troncs de cône réunis par leur large base et sa partie postérieure, cylindrique, se continue avec l'intestin moyen. Ses parois sont recouvertes intérieurement par une armature chitineuse, très puissante, formée par des dents. Ces dernières sont dues à un épaississement chitineux formant des bourrelets localisés suivant huit lignes longitudinales. On peut également les considérer comme résultant de la coalescence de dents cornées. La membrane chitineuse qui recouvre la cavité de l'organe se replie vers le fond où elle fait hernie et dessine, grâce à la présence de huit bandelettes

---

(¹) Nous avons déjà, au sujet du gésier des Coléoptères, fait les Communications suivantes : *Comptes rendus de l'Acad. des Sc.*, t. CXXXV, 1902, p. 982-985; et *Comptes rendus de l'Acad. des Sc.*, séance du 2 juin 1913.

formées par des poils chitineux, libres ou agglutinés, une sorte d'entonnoir campanuliforme, au centre duquel existe un étroit orifice établissant une communication avec le jabot. Cet orifice est irrégulier et présente un entrecroisement de soies cornées, provenant surtout des bandelettes séparatrices et jouant le rôle de filtre ou passoire. Enfin, la cavité interne porte latéralement *huit* dents longitudinales, de couleur brunâtre, qui ne sont, en réalité, que des plages sétigères à structure spéciale. Sur chaque plage longitudinale, la lamelle chitineuse s'épaissit et porte soit de petites pointes coniques, soit des filaments chitineux, filiformes, disposés en brosse.

Nous avons divisé ces plaques sétigères en deux groupes, comme chez les Dytiques, les Cybisters et les Agabus, à savoir : les *dents* et les *denticules*.

Les *dents* affectent une forme triangulaire et se terminent par une pointe conique ou légèrement arrondie. Leurs bords latéraux présentent une échancrure peu accentuée et portent des soies longues et très épaisses, dirigées en arrière, leur donnant ainsi l'apparence de baguettes pariétales cornées et de teinte sombre. Leur face dorsale est aplatie et porte, en arrière, des pointes coniques, à sommet arrondi et à large base, très nombreuses, très serrées et disposées comme les tuiles d'un toit. Au fur et à mesure qu'on se rapproche de l'extrémité de la dent, ces pointes chitineuses diminuent de hauteur, se transforment en petits tubercules, et se continuent finalement par une lamelle chitineuse, à surface irrégulière et rugueuse. Latéralement, existent deux bandelettes, de couleur noirâtre, formées par des soies nombreuses, groupées en massifs compacts et recourbées en arrière.

En avant de chaque dent se trouve une région hémisphérique, à coloration blanchâtre, où les soies sont plus rares. Le tout est suivi par une plage allongée, bifide, dont les deux branches entourent l'extrémité de la dent et où se trouvent implantées de longues soies, minces, grêles et à sommet dirigé vers la région médiane de la plage. Cette dernière est suivie par un bourrelet longitudinal chitineux, qui s'étend jusqu'à l'orifice de l'intestin moyen.

Les *denticules* sont de même nature que les dents; leurs soies sont longues, minces, filiformes et convergent vers le milieu du tubercule. Le bord postérieur est limité par une bandelette chitineuse noirâtre, légèrement courbe. En avant de chaque denticule, se trouve une région sétigère lancéolée, moins longue que celle placée en avant des dents, recouverte de soies flexibles, allongées et recourbées en arrière. Comme pour le cas des dents, cette région se continue par un léger bourrelet chitineux qui se poursuit jusqu'à l'orifice intestinal.

Le GÉSIER des *Silphidæ* (*Silpha atrata* L., *Silpha dispar* Herbst.), ayant de 1,5 mm à 2 mm de longueur, est de forme ovoïde. Ses parois internes sont chitineuses et tapissées par de longues soies cornées brunâtres, à large base implantée sur l'intima. Leur partie supérieure porte des denticulations ou ramifications latérales. Parfois, le sommet de ces soies barbelées est bifide. Très rares sont celles qui sont régulièrement cylindriques. Toutes ces soies, bien que disposées sur toute la surface interne du gésier, sont néanmoins plus compactes et plus abondantes suivant six lignes longitudinales, formant des sortes de bourrelets peu accentués (*Silpha atrata*).

Parmi les *Staphylinidæ*, nous avons étudié le *gésier* de l'*Ocypus olens* Mul. et du *Staphylinus erythropterus* F. Cet organe est allongé et ses parois, épaisses, présentent extérieurement des stries longitudinales au nombre de huit. Il existe à l'intérieur quatre paires de bandelettes équidistantes et recouvertes de longues soies cornées. Ces dernières sont longues, filiformes, amincies à leur extrémité libre et recourbées en arrière, c'est-à-dire vers l'orifice de l'intestin moyen. Il arrive fréquemment que ces soies se soudent, s'agglutinent et constituent des bandelettes de forme triangulaire. Ces bandelettes sétigères sont séparées par des dépressions longitudinales, contenant deux rangées de soies courtes et rapprochées des grandes bandes sétigères principales.

Par suite des contractions musculaires pariétales, les bandes se rapprochent, aident à compléter la mastication, *font surtout l'office de filtre* et ne laissent passer, dans l'intestin moyen, que les particules alimentaires suffisamment triturées. L'extrémité postérieure de l'organe se rétrécit et forme une sorte de petite antichambres phéroïdale, qui se continue directement avec le tube intestinal médian.

Le *gésier* des HYDROPHILIDÆ *Hydrophilus piceus* L. et *Hydrous caraboides* L.) est constitué par une masse cylindrique ou légèrement ovoïde, dont la cavité interne est limitée par une lamelle chitineuse, d'épaisseur variable, présentant quatre bandelettes plissées, dans l'intervalle desquelles existent d'autres bandelettes longitudinales, beaucoup plus réduites que les premières. Ces replis internes, peu accusés, sont recouverts de lames chitineuses qui atteignent leur maximum d'épaisseur au sommet des bourrelets. L'extrémité postérieure de cette armature du gésier beaucoup plus réduite que celle des Carabiques et des Dytiscides) proémine légèrement dans l'intestin moyen et s'y termine par quatre dents triangulaires. Ces dents chitineuses limitent un orifice qui affecte une disposition cruciale très caractéristique.

Chez les Élatérides (*Synaptus filiformis* Germ.), le *gésier* est recouvert intérieurement d'une épaisse couche chitineuse, sur laquelle sont implantées de longues soies cornées de couleur jaunâtre, grêles, styliformes et à pointe acérée. Elles sont disposées suivant quatre bandelettes longitudinales, séparées par des espaces portant également de courtes soies. Enfin, le gésier se termine, à l'origine de l'intestin moyen, par une valvule circulaire, à bords épaissis, limitant une ouverture cruciale très caractéristique. Les branches de l'orifice sont limitées par des bourrelets coniques.

Le GÉSIER des *Anthonomes*, contrairement à ce qui existe chez beaucoup de Coléoptères, est peu développé et présente une structure intermédiaire entre les deux formes extrêmes dont nous avons parlé : gésiers bien développés et gésiers atrophiés.

C'est un organe cylindrique, à parois musculaires épaisses et présentant intérieurement huit bourrelets longitudinaux sétigères, dus à l'accolement de deux bandelettes chitineuses. Ces bourrelets débutent, du côté de l'œsophage, par une partie arrondie recouverte d'une touffe de soies. Du côté de l'intestin moyen, les bourrelets se terminent par une extrémité bifide. La région médiane de chaque bourrelet est constituée par l'agglomération des soies chitineuses. Parfois, la portion basilaire est seule agglutinée, tandis que l'extrémité sétigère est encore libre. De chaque côté des bourrelets se trouvent deux aires rectangulaires allongées, recouvertes également de longues soies distinctes. Enfin, un étroit sillon longitudinal sépare deux bourrelets consécutifs.

Chez l'*Anthonome*, la fonction masticatrice du *gésier* est peu importante; l'organe doit surtout servir à tamiser les substances alimentaires et à arrêter au passage, avant leur arrivée dans l'intestin moyen, celles qui n'auraient pas été suffisamment triturées.

Parmi les Coléoptères à *gésier atrophié*, nous pouvons citer les familles suivantes :

Chez les CETONINÆ (*Cetonia aurata* L., *Cetonia floricola* Herbst., *Cetonia cardui* Gyll, *Trichius abdominalis* Ménétr., *Oxythyrea stictica* L., *Tropinota squalida* L. etc.), le *gésier* a la forme d'une vésicule ou ampoule piriforme, à peu près identique, par sa structure interne, à celle de l'œsophage qui le précède. Les replis internes y sont peut-être un peu plus accentués, et un bourrelet annulaire, légèrement dentelé, formant valvule, marque l'origine de l'intestin moyen. Chez le *Tropinota squalida*, les soies cornées et les replis internes ont disparu : cet état marque la dernière étape régressive.

Le gésier des *Lucanides* (*Lucanus* et *Dorcus*) n'est que la continuation de l'œsophage. Intérieurement existent une série de plis longitudinaux et une valvule circulaire qui pénètre légèrement dans la cavité de l'intestin moyen.

Les *Telephorus* n'ont pas à proprement parler de gésier. Cette région ntestinale est représentée uniquement par un simple bourrelet annulaire, auquel correspondent un certain nombre de replis internes, constituant une valvule marquant la fin de l'intestin antérieur.

Chez le *Timarcha tenebricosa* Fabr., la région correspondant au gésier présente, à l'intérieur, une série de plis longitudinaux, séparés par des bourrelets parallèles terminés par des renflements dont l'ensemble constitue une valvule, à structure caractéristique et disposée de façon à empêcher la marche rétrograde de l'intestin moyen vers l'œsophage.

Le GÉSIER des *Bubas bubalus* Oliv. (*Aphodiinæ*) est rudimentaire.

Son revêtement chitineux interne est épaissi, mais ne présente aucune trace de soies cornées.

Chez les *Ténébrionides* et les *Chrysomélides*, le *gésier* se différencie à peine de l'œsophage. Celui des premiers n'est plus représenté que par un simple bourrelet annulaire, marquant l'extrémité postérieure de l'intestin antérieur et pourvu de nombreux replis internes.

M. le Dʳ Marcel BAUDOUIN,

Paris.

UN DEUXIÈME FAIT DE PARASITISME DU SPRATT « CLUPEA SPRATTA » PAR LE « LERNÆENICUS SARDINÆ ».

59.16.9-7

26 *Mars.*

Dans un mémoire antérieur ([1]), j'ai démontré que le Spratt (*Clupea Spratta*) pouvait être parasité, non seulement par le *Lernæenicus Sprattæ*, mais aussi par le Copépode, parasite spécial de la Sardine (*Clupea Pilchardi*), que j'ai découvert et que j'ai appelé *Lernæenicus Sardinæ* (Observation personnelle de 1906).

En 1910, j'ai recueilli un second cas d'un tel parasitisme (très rare, quoiqu'on en dise), qui semble prouver, une fois de plus, qu'il n'y a là qu'une *erreur d'hôte*, et même qu'un fait d'Atavisme, puisque, depuis longtemps, le *L. Sardinæ* ne s'attaque plus d'ordinaire au Spratt, cela depuis l'apparition de l'espèce *L. Sprattæ*, qui semble dériver de *L. Sardinæ*, comme je l'ai déjà avancé ([2]) et en somme prouvé ([3]).

Voici cette deuxième observation.

OBSERVATION I.

Spratt (n° XXVII) : *L. Sardinæ.* — IIᵉ série (1909-1912; n° V).

Il s'agit d'un Spratt, pêché le 12 avril 1910. Ce poisson a 80 mm de longueur seulement; sa largeur maximum est de 17 mm. C'est bien un

---

([1]) Marcel Baudouin, *Un nouveau parasite du* Spratt : *Constatation d'un* Lernæenicus Sardinæ *nobis sur un Spratt*, etc. [*Bull. Mus. Hist. nat.*, Paris, 1908, n° 1, p. 17-18].

([2]) Marcel Baudouin, *Découverte d'un type de transition entre Lernæenicus Sardinæ* (M. Baudouin) *et L. Sprattæ* (Sowerby), etc. [*Association Française*, Toulouse, 1910. Paris, 1911, in-8°, 5 p. (*Voir* p. 4 et 5)].

([3]) Marcel Baudouin, *Deux exemples d'atavisme chez le Copépode parasite du Spratt et de la Sardine (Lernæenicus Sprattæ.)* [*Association Française*, Tunis, 1913, p. 366].

Spratt, et non pas une Sardine. Je n'ai plus à insister sur de tels diagnostics (1).

Le parasite est fixé sur le FLANC, du côté GAUCHE, de l'animal, sur une ligne verticale, passant par l'arrière de la nageoire dorsale, à égale distance, du dos et du ventre.

Il pénètre dans la masse musculaire d'arrière en avant, au niveau de la ligne latérale, bleuâtre. On soupçonne qu'il va se fixer sur la colonne vertébrale, en arrière de la nageoire dorsale.

Le Copépode n'a aucun des caractères du *L. Sprattæ* (Pas trace de *monilisation* sur le thorax). Il est encore coloré après un long séjour dans le formol et apparaît comme pommelé (Taches noirâtres, çà et là, dans l'abdomen).

Le céphalothorax n'est visible que sur 6 mm. Il est donc très enfoncé. La tête s'engage dans une dépression, en forme de puits, par suite de l'écartement des muscles du Spratt, dépression ayant 2 mm de haut sur 0,5^{mm} de large.

Malgré cela, c'est un *L. Sardinæ*, de volume moyen : plutôt un petit Copépode.

L'abdomen présente la coloration noirâtre, typique, du *L. Sardinæ;* il porte encore ses deux filaments.

Pour conserver intacte cette pièce précieuse, je n'ai pas encore disséqué le parasite, tout contrôle par l'examen de la tête me paraissant inutile.

**
**

Il importe de comparer ce deuxième cas au premier, observé en 1906.

Dans ce dernier, le point de fixation correspondait aussi au *corps* du poisson, et non à l'œil (comme dans les cas de *L. Sprattæ*); mais, alors,

---

(1) Voici, comment, en *pratique*, on distingue, sur les côtes de Vendée, le *Spratt* de la *petite Sardine* (Sardine de 2 ans ou *Sardine de rogue*) :

	SPRATT.	SARDINE.
Tête	Très aplatie à la base. Mâchoire inférieure *débordante*.	Plus sphérique. Mâchoire inférieure = = Mâchoire supérieure.
Corps	*Bord inférieur :* rugueux, présentant des sortes d'épines, très sensibles à rebrousse-épines (c'est-à-dire en passant le doigt de la queue à la tête).	A peu près *lisse;* pas trace de ces sortes d'épines.
	Ligne latérale : très marquée (*bande blanche*, entre des parties bleuâtres).	Peu distincte et mal délimitée.
	Nageoire ventrale : plus grande, recouvrant le flanc.	Plus petite, toute proportion gardée.
	Faces : stries nettes; obliques en bas et en arrière.	Rien de net.

Indice. — Hauteur du Corps. — Hauteur nageoire ventrale :

$$Spratt : = \frac{3 \times 100}{17} = 17,64. \qquad Sardine : = \frac{3 \times 100}{20} = 15,00.$$

le *L. Sardinæ* était implanté, non pas à gauche, mais *à droite*, et au niveau de la *nageoire dorsale*. De plus le degré de pénétration était tel que tout le céphalothorax avait pénétré dans la masse musculaire. — Le deuxième fait est donc plus exceptionnel que le premier.

On peut déduire de là que ce qui différencie surtout ces deux espèces de *Lernæenicus*, c'est leur point d'implantation dans le corps de leur hôte.

Le *L. Sardinæ*, qu'il s'observe sur la Sardine ou sur le Spratt, se fixe en un point quelconque du corps du poisson (œil, thorax ou abdomen); le *L. Sprattæ*, au contraire, qu'il s'observe sur le Spratt ou sur la Sardine, ne se rencontre absolument qu'au niveau du *Globe oculaire !* On pourrait donc donner à ce dernier le nom de *L. oculorum*, si une telle dénomination n'était désormais inutile, puisque le Copépode a d'autres noms, et même dangereuse, au cas où l'on trouverait une exception à la règle que nous venons de formuler.

M. LE Dr MARCEL BAUDOUIN,

Paris.

DEUX EXEMPLES D'ATAVISME CHEZ LE COPÉPODE PARASITE DU SPRATT ET DE LA SARDINE (« LERNÆENICUS SPRATTÆ » SOW).

5g.16.9-7

26 *Mars.*

Je viens d'observer deux exemples d'atavisme chez le Copépode, parasite dés Clupéides, appelé *Lernæenicus Sprattæ* Sow.

Ces faits sont d'autant plus intéressants qu'ils sont relatifs : le premier, à un cas de parasitisme classique, puisque l'hôte est le SPRATT (*Clupea Spratta*); le second à un cas d'*erreur d'hôte*, puisque le poisson parasité de la sorte est, par exception, une SARDINE (*Clupea Pilchardi*), et non plus un Spratt.

Je crois utile de les décrire avec tous les détails voulus, car ils ouvrent des horizons nouveaux, en ce qui concerne la biologie des Parasites les moins connus des Poissons, et en particulier des Clupéides.

I. — SPRATT (*Clupea Spratta*).

Jusqu'à 1912, sur un nombre considérable de *Clupea Spratta*, dont j'ai étudié une vingtaine de cas dans un mémoire antérieur (¹), je n'en

---

(¹) MARCEL BAUDOUIN, *Mode d'attaque du Spratt* (Clupea Spratta) *par le* LER-NÆENICUS SPRATTÆ SOW., *Copépode parasite de l'œil de ce poisson* (*Association Française*, Congrès de Reims, 1907. Paris, 1907. — Tiré à part, in-8°, Paris, 1907, 3 fig., 15 p.)

avais jamais trouvé un seul, porteur des parasites habituels, le Copépode *Lernæenicus Sprattæ* (*monillaris*), qui ait les *deux yeux* atteints. Jusqu'à cette époque, les *L. Sprattæ*, observés, au nombre de plusieurs sur un seul poisson, étaient toujours fixés sur UN SEUL ŒIL, même dans les cas à CINQ parasites oculaires !

Mais, pendant l'hiver 1911-1912, fut pêché, à Croix-de-Vie (Vendée), centre de mes recherches, un Spratt, présentant des parasites sur les DEUX YEUX. Il me fut remis pour l'étude. — C'est cette observation que je vais d'abord résumer.

OBSERVATION I.

SPRATT (n° XXVI) : IIe série (1909–1912 ; n° IV) (¹).

Spratt à quatre parasites sur deux yeux.

Il s'agit d'un *Clupea Sprattn,* pêché à Croix-de-Vie pendant l'année 1911-1912, par le marin qui alimente mon Laboratoire et qui m'avait déjà fourni les Sprattls ayant servi à mes premières études. Il est de petite taille, ne mesure guère que 80 mm de longueur et 16 mm de largeur maximum au corps.

Il présente QUATRE PARASITES, fixés sur L'ŒIL, bien entendu.

Il y en a DEUX sur l'*œil gauche* et DEUX sur l'*œil droit*.

a. Œil gauche. — 1° Le parasite *le plus volumineux*, par conséquent le plus vieux, c'est-à-dire celui qui s'est fixé sur le poisson le premier, est situé du CÔTÉ GAUCHE, suivant la règle accoutumée (66 °/₀ des cas).

Il s'insère, sur l'œil, au *pôle supérieur*, suivant l'habitude également (80 % des cas), et à environ 10°.

Il est fixé au niveau de l'*iris*, à peu près au milieu, et non pas à son bord interne (c'est-à-dire celui qui limite le cristallin). Il mesure 13 mm (²); ses sacs ovigères sont pleins d'œufs. Son thorax est nettement *moniliforme*. La tête est très enfoncée.

b. Œil droit. — 2° Le parasite, qui vient après comme dimension, et dont l'abdomen mesure 11 mm de longueur, est situé du CÔTÉ DROIT.

Il est très nettement *moniliforme*; et son abdomen, coloré en jaune vif, présente trois points, encore noirs. Les sacs ovigères paraissent avoir perdu leurs œufs.

Il est fixé à 0°, exactement au centre du *pôle supérieur* et au *milieu de l'iris*, suivant la règle, parce qu'on doit considérer que, pour le cas présent, c'est comme s'il n'y avait pas déjà eu de parasite à gauche.

(¹) Les cas n°ˢ I à III de la deuxième série seront étudiées dans des Notes ultérieures. Notre Mémoire de 1907 ne comprend que la première série des Observations (n°ˢ I à XXII).

(²) Nous mesurons ces Copépodes en partant de la fin de la *partie moniliforme* jusqu'à l'origine des sacs ovigères. La portion ainsi mensurée ne correspond donc en réalité qu'à l'abdomen, et non à l'animal tout entier. Cette manière de faire est plus simple, car elle permet éviter la dissection de la tête incluse, et est très suffisante.

Ce Copépode est, en effet, un *premier parasite* pour l'*œil droit* (si l'on fait abstraction de l'œil gauche).

C'est le parasite qui s'est fixé le SECOND sur le Spratt. C'est un Copépode *aberrant*, car il aurait dû se fixer du côté GAUCHE, comme le précédent, d'après la règle classique.

c. *Œil gauche.* — 3° Le parasite, qui vient après, c'est-à-dire celui qui s'est fixé *le dernier* sur L'ŒIL GAUCHE (le 3ᵉ sur le poisson), est placé comme le premier, et non pas sur *l'œil droit.*

Il a donc repris la coutume et a imité le *premier* Copépode, et non le second : *fait* imprévu ! D'ailleurs, quand un œil porte plusieurs parasites, c'est *l'œil gauche* qui est toujours le plus souvent atteint.

Il s'insère aussi au pôle supérieur, mais à environ 25°, comme d'ordinaire pour le deuxième parasite. Il correspond au bord interne de l'iris, c'est-à-dire est implanté plus vers le centre.

Ce Copépode est presque moitié moins volumineux que le premier ; l'abdomen ne mesure que 8 mm de longueur.

d. *Œil droit.* — 4° Le quatrième parasite est placé du CÔTÉ DROIT ; mais il n'y a de visible que la *partie moniliforme*, le reste ayant disparu par traumatisme *accidentel.* Le volume de ce qui persiste indique un très petit Copépode, plus petit encore que le précédent. C'est sûrement le *dernier fixé.* Il devait être très grêle et très jeune.

Il est inséré au *pôle inférieur*, à 180° environ, c'est-à-dire dans une toute autre région ; et il s'enfonce dans l'œil également au niveau du *bord interne* de l'iris.

Ce Copépode, aberrant aussi, s'est basé sur celui du *côté droit*, déjà en place (le nᵒ 2), au lieu de suivre l'exemple du nᵒ 3. Mais il s'est trompé, pour cela sans doute, de point d'implantation habituel (*pôle supérieur*).

*
* *

Cette observation, *très rare* à mon sens, ne détruit aucune de mes conclusions antérieures.

Dans mon premier Mémoire, pour expliquer la localisation à un *seul œil*, j'ai, en effet, écrit :

« Certainement ce fait a une cause, qui résulte d'une *sélection* naturelle : à savoir qu'au début, quand les Copépodes se fixaient sur *les deux yeux*, ceux-ci devaient *mourir vite...* ».

J'avais donc admis, alors, la possibilité, *ancienne*, d'une fixation sur les *deux yeux!* Le fait cité ci-dessus est la justification même de cette hypothèse, qu'elle légitime complètement, puisqu'il ne s'agit, évidemment, que d'un cas *exceptionnel* (1 fait connu sur 33 au moins) !

En outre, c'est un exemple d'ATAVISME tout à fait typique ; un exemple de RÉAPPARITION d'un fait n'étant plus de règle ; une sorte de *Survivance* d'un *état antérieur* ; autrement dit d'un *Retour* à une manière d'être disparue.

Le deuxième parasite s'est *trompé.* Il est allé *à droite*, au lieu de rester *à gauche* comme le premier. Il a donc oublié les notions acquises par ses ancêtres et a fait montre ainsi d'infériorité *nerveuse*.

Le troisième a *repris la tradition*, et, au lieu de suivre le mauvais exemple du second, il s'est fixé *à gauche*, comme normalement; il est revenu lui à la normale. — Mais le quatrième ne l'a pas imité et a, au contraire, suivi l'exemple du premier Copépode aberrant.

II. — SARDINE (*Clupea Pilchardi*).

Je dois rapprocher de ce fait l'observation suivante, qui est toujours relative au *Lernæenicus Sprattæ*, quoiqu'elle ne s'applique plus au Spratt (*Clupea Spratta*), mais à la Sardine (*Clupea Pilchardi* Well.).

Elle est très importante, surtout pour la démonstration de la thèse que je soutiens (*Atavisme*), car, dans ce cas, il y a eu aussi, non seulement fixation sur DEUX YEUX (par réapparition d'habitude ancienne), mais ERREUR D'HÔTE, le Copépode s'étant trompé d'animal, et s'étant fixé sur une Sardine, au lieu de s'attaquer, comme d'usage, à un Spratt.

J'ai, d'ailleurs, signalé déjà cette sorte d'erreur du *L. Sprattæ* dans un mémoire antérieur ([1]).

OBSERVATION II.

SARDINE (n° LXVIII) ([2]) : IIe série (1909-1910).

Sardine *très petite* comme taille (ce qui explique l'erreur d'hôte du *L. Sprattæ*) ([3]). — Pêchée le 12 avril 1912 (donc avant l'apparition *habituelle* des jeunes de 2 ans). — Longueur : 19 mm.

Cette Sardine est infestée par trois *Lernæenicus Sprattæ* (et non pas *L. Sardinæ*), siégeant, par exception, sur les DEUX YEUX (Jamais, jusqu'à présent, je n'ai observé de parasites sur les DEUX YEUX A LA FOIS, quand il s'agit de *Lernæenicus Sardinæ*).

Pas de cataracte sur les deux yeux de cette Sardine.

Il y a DEUX parasites sur l'*œil droit* et UN sur l'*œil gauche*.

a. Œil gauche. — 1° C'est le parasite le plus *volumineux*, partant le plus vieux, c'est-à-dire celui qui s'est fixé le premier. Son volume est celui du Copépode normal.

Le céphalothorax est enfoncé de telle sorte qu'on n'en voit à l'extérieur que 5 mm. Il est typique, au point de vue *moniliforme*. L'abdomen est grêle, peu coloré, d'une longueur de 10 mm, pour une largeur de 1,5 mm.

([1]) MARCEL BAUDOUIN, *Decouverte d'un type de transition entre L. Sardinæ et L. Sprattæ sur la même Sardine, etc.* (*Association Française*, Toulouse, 1910. — Paris, 1910, in-8°, 5 p.) (*Voir* p. 2, note 1).

([2]) *Voir*, pour les trois premières séries : *Congrès international des Pêches maritimes*, Les Sables-d'Olonne, 1909.

([3]) Dans un travail antérieur, j'ai indiqué (*voir* p. 365) comment je distingue le *Spratt* de la *très petite Sardine*. — D'ailleurs, les pêcheurs ne se trompent jamais d'espèce en ces matières ! .

Le Copépode est fixé au *pôle supérieur*, à 355°, c'est-à-dire — 5° (il est donc placé un peu en avant). Il sort de l'œil au bord même de l'iris.

C'est un fait typique (côté gauche; pôle supérieur), classique en ce qui concerne le parasite fixé le premier (*Voir* Mémoires antérieurs).

b. Œil droit. — 1° Le parasite de l'œil *droit*, qui est le plus volumineux des deux droits, est celui qui s'est fixé le deuxième sur la Sardine. Il se trouve à la limite du *pôle supérieur*, c'est-à-dire à 45° (en avant). Il sort au bord même de l'iris.

C'est un animal grêle, dont le céphalothorax fait saillie de presque 10 mm (au lieu de 5 mm, comme ci-dessus) : ce qui veut dire que la fixation est très récente. Aspect moniliforme typique. Abdomen très grêle, non coloré, long de 9 mm, large de 1 mm à peine.

2° Le troisième Copépode, très petit et extrêmement grêle, est encore plus jeune. Il est fixé nettement au *pôle antérieur* (135° en avant), et non plus au pôle supérieur. Il sort au bord de l'iris.

Son céphalothorax, nettement moniliforme, a 6 mm seulement à l'extérieur; mais cela ne veut pas dire que la tête est très enfoncée, car il s'agit d'un très jeune animal. L'abdomen est très grêle, long de 8 mm, large de moins de 1 mm.

Tous ces parasites sont très pâles, anémiques, et indiquent un hôte peu favorable à leur développement.

*
* *

Cette unique observation d'*erreur d'hôte* et d'*erreur de fixation* pour le *L. Sprattæ* me semble, comme la précédente, être tout à fait caractéristique. Elle est même pour moi plus démonstrative encore que la première, au point de vue Atavisme, parce qu'ici il y a DEUX FAITS D'ATAVISME SUPERPOSÉS, étant donné que je soutiens que le *L. Sprattæ* n'est qu'un *L. Sardinæ*, modifié par son passage du Spratt ([1]) à la Sardine.

Aussi je crois inutile d'insister davantage. Il y a des constatations matérielles qui valent mieux que les raisonnements les plus subtiles ! Et, quand il a la chance et le bonheur de les rencontrer, le chercheur n'a qu'à s'incliner devant elles, ravi de trouvailles aussi fortuites que probantes.

J'ignore ce que donneront des observations plus prolongées, et si cette anomalie s'observera plus souvent que je ne l'admets ici (3 %); mais, d'après ma statistique, cela est peu probable. Je tendrais même à croire que le chiffre pourrait tomber à 2 %, car il est jusqu'à présent *unique* pour le Spratt et la Sardine.

*
* *

Quoiqu'il en soit, il suffit à montrer qu'en BIOLOGIE IL N'Y A JAMAIS DE RÈGLE ABSOLUE, parce que la Nature n'agit pas suivant des règles

---

([1]) MARCEL BAUDOUIN, *Loc. cit.*, 1909 (*Voir* p. 4 et 5).

mathématiques, et qu'une *exception* est toujours possible ! Il y a longtemps, d'ailleurs, qu'un proverbe populaire a résumé cette remarque....

Ici l'exception est certainement un *Retour* à un état qui a existé jadis et est un exemple d'ATAVISME. Mais, dans d'autres circonstances, elle peut être le contraire; et c'est alors un fait d'EVOLUTION, un cas de PROGRÈS, une marche vers le mieux !

Les faits d'Atavisme abondent; mais ils ne sont pas toujours aussi nets que ceux-ci. C'est pour cela que nous avons aussi longuement insisté sur cette question, malgré son peu d'importance en apparence.

M. J. COTTE,

Professeur à l'École de Médecine, Marseille.

L'ÉVOLUTION EN EUROPE DES IDÉES CONCERNANT LA SPONGICULTURE.

63.93 : 59.34

27 Mars.

La question de la spongiculture a fait assez souvent apparition dans la littérature scientifique, au cours des dix dernières années; il est à souhaiter que le Congrès de Tunis nous fournisse de nouveaux documents, nous permettant de nous faire une opinion définitive sur ce sujet, puisqu'il se tient dans cette belle Régence où s'est poursuivie, depuis 1902, la plus longue série d'expériences qui ait été entreprise sur la biologie expérimentale des Spongiaires. On comprend fort bien les préoccupations du gouvernement local et son désir de chercher à accroître le rendement de ses côtes, puisque la pêche des éponges est en Tunisie une industrie florissante et prospère, qu'il importe de ne pas laisser péricliter.

On a fait remarquer à plusieurs reprises qu'il n'y avait pas lieu de tenir compte, dans les discussions sur les possibilités de la spongiculture, de l'insuccès de Lamiral. L'idée directrice de celui-ci, l'acclimatation sur nos côtes méditerranéennes des éponges du Levant, valait évidemment la peine d'être étudiée sérieusement; mais sa tentative, conduite d'une manière par trop légère, nous montre à quels piètres résultats aboutissent souvent les expériences de Zoologie appliquée, quand elles ne constituent guère que des prétextes à subventions. Les travaux ultérieurs sur la spongiculture ont été faits en général avec plus de soin. Les résultats qui en ont été publiés n'ont cependant pas paru des plus encourageants à certains esprits timorés, parmi lesquels je suis; le septicisme de ceux-ci, en ce qui concerne la valeur des applications pratiques à prévoir, leur a valu d'être traités de « spongiculteurs en chambre », et on leur a naturellement prêté, du côté des intéressés, « un parti pris de dénigrement et de mauvaise foi ». Je puis prendre ma bonne part de ces amabilités, et le fais en pleine tranquillité d'esprit.

On a été hypnotisé pendant longtemps par l'idée de multiplier les éponges par bouturage et de laisser pousser en parcs les boutures fixées sur des supports appropriés, C'est là la méthode inaugurée par O. Schmidt et Buccich, et qui doit sans doute la vogue dont elle a joui à la valeur scientifique et à la notoriété du premier de ces naturalistes. Dans un travail ([1]) où nous avions passé en revue ce que l'on savait de la biologie des éponges et les conclusions qu'il était possible d'en déduire, en vue de la spongiculture, nous disions :

« Il n'y a guère lieu de supposer que la spongiculture (spongibouturage) puisse jamais être plus qu'une expérience de laboratoire. »

Nous ajoutions que la spongiculture (par collecteurs) est théoriquement possible, mais que c'est là une tentative pleine de difficultés et bien grosse d'aléas. Et, de fait, il n'y avait guère lieu de penser qu'il fût logique de s'obstiner dans des pratiques à rendement trop peu sûr et insuffisamment rémunérateur.

Pendant ce temps se poursuivaient à Sfax des expériences fort intéressantes, sur lesquelles les renseignements les plus complets nous ont été donnés dans la thèse de M. Allemand-Martin ([2]), qui porte l'empreinte de la bonne foi scientifique la plus complète. Nous y voyons que les essais du Laboratoire de Sfax n'ont porté encore, on peut le dire, que sur le bouturage, et si M. Allemand-Martin a fait une seule expérience sur une larve unique, recueillie sur un collecteur, on ne peut voir là qu'une concession bien minime faite à ceux pour qui la spongiculture par collecteurs méritait seule d'être expérimentée. Le spongibouturage était donné, en conclusion de ce travail, comme une entreprise industrielle digne d'entrer dans la pratique; j'ai cru pouvoir alors protester ([3]) contre l'optimisme avec lequel étaient appréciés les résultats obtenus à Sfax, et faire entendre aux spongiculteurs un appel du genre de celui-ci :

« Vous qui êtes subventionnés et pour qui les échecs ou les séries malheureuses n'ont aucune conséquence matérielle, soyez prudents avant de lancer dans des entreprises de spongiculture des industriels qui, eux, travailleront avec leur argent. Vous n'avez pas encore le droit de le faire; vos expériences n'ont pas donné des résultats assez encourageants pour cela. »

Est-ce là ce qu'on a taxé de dénigrement et de mauvaise foi? C'est

---

([1]) G. Darboux, P. Stephan, J. Cotte, F. Van Gaver, *L'Industrie des Pêches aux Colonies*. Marseille, Barlatier, 1906.

([2]) A. Allemand-Martin, *Études de physiologie appliquée à la spongiculture* (*Thèse Fac. Sc. Lyon*, 1906).

([3]) J. Cotte, *La spongiculture peut-elle devenir une industrie?* (*Bull. Ens. Pêches marit.*, t. XII, 1907). — *La spongiculture* (*Rev. Scient.*, [5], t. VIII, 1907); — *Sponge-culture* (*Proc. IV Internat. Fish. Congress*, Washington, 1910).

possible; mais j'éprouve, dans ce cas, une certaine satisfaction en constatant que cet appel a été entendu, quoi qu'on en dise, puisque les expériences de spongiculture ont été, depuis cette époque, aiguillées en France dans une nouvelle voie, dans celle qui, dès le début, nous apparaissait comme seule logique. Je ne saurais trop recommander, à ce sujet, la lecture d'un travail de M. le professeur R. Dubois ([1]), concernant les tentatives qui ont été faites, ou qui le sont peut-être encore, sur les côtes françaises de la Méditerranée. Ce n'est plus du spongibouturage qui s'y fait, mais de la spongiculture par collecteurs. Combien il est fâcheux que les résultats en aient été absolument déplorables ! D'une part « les résultats de l'*essaimage naturel*, même en parc clos avec collecteurs variés, n'ont pas été satisfaisants », et l'on a alors cherché à y substituer un *essaimage artificiel*, méthode nouvelle dont j'avoue ne pas bien comprendre la différence fondamentale avec l'essaimage naturel. Il s'agit encore, en effet, d'une tentative d'élevage sur collecteurs. Quel en a été le résultat? Il a été de voir pousser sur les collecteurs, au lieu des éponges cornées attendues, de banales éponges calcaires (qui ne sont pas des *Olynthus*, comme le dit l'auteur). Surveiller jalousement un champ dans lequel va lever le blé et n'obtenir qu'une récolte de folle avoine, à la place de la céréale attendue, il y a là évidemment de quoi refroidir l'enthousiasme le mieux enraciné. Jamais un spongiculteur en chambre, même animé des mauvais sentiments qu'on lui prête, n'aurait osé prédire un tel résultat. Il aurait affirmé, au contraire, qu'on peut obtenir et qu'on doit obtenir mieux que cela.

Mais il semble qu'il faille d'abord changer l'emplacement du parc d'expériences. L'échec complet auquel on est arrivé à Tamaris constitue un nouvel argument, par quoi s'affirme à nouveau la valeur des conseils que donnait Soubeiran en 1861, dans le *Bulletin de la Société d'Acclimatation*, à l'époque où Lamiral demandait une subvention pour acclimater sur les côtes de France les éponges de Syrie. Soubeiran conseillait le choix de localités où règne un courant rapide; supprimons le mot rapide, mais conservons le reste de la phrase : une certaine agitation de la mer est favorable à la croissance des éponges, sans doute en multipliant autour d'elles l'oxygène et les aliments solides. Cette condition de milieu n'est pas des mieux remplies à Tamaris. La nature nous fournit, d'ailleurs, à ce sujet des indications précieuses, qu'il suffit de recueillir.

Nous avions indiqué, dans *L'Industrie des Pêches aux Colonies*, que l'on peut pêcher, en petite quantité, plusieurs sortes d'éponges commer-

---

([1]) R. DUBOIS, *Nouveaux essais de spongiculture au Laboratoire maritime de Biologie de Tamaris-sur-Mer* (*Bull. Inst. Océanogr.*, n° 191, 1911). Je regrette toujours de ne pas voir figurer dans ces études, qui visent à des applications pratiques, des indications sur les procédés que pourraient employer les éleveurs pour se mettre à l'abri des vols et du vandalisme. Moore, dans ses essais en Amérique (*Proceed. IV Intern. Fish. Congress*, Washington, 1908), se plaint encore de la destruction de certains de ses sujets d'expériences.

ciales sur nos côtes de Provence; je suis revenu sur cette question ([1]) et ai fourni quelques indications sur la nature zoologique et la valeur marchande des éponges qui vivent dans nos eaux. Ces deux publications ont passé inaperçues pour l'auteur d'un troisième travail sur *La pêche des éponges commerciales sur la côte du département du Var* ([2]) que j'ai parcouru avec un vif intérêt, car j'y ai trouvé la mention de localités spongifères qui m'étaient inconnues. Voilà des documents bien faits pour inspirer les spongiculteurs dans le choix des emplacements où ils veulent faire leurs essais. Là où l'éponge prospère toute seule, sans intervention de l'homme, nous avons déjà une indication que les conditions lui sont favorables; là où elle fait complètement défaut, il y a à craindre qu'il existe des obstacles à sa reproduction (conditions de milieu défavorables, présence d'ennemis pour les larves, etc.). Et pour ces raisons la localité de Tamaris semblait devoir être éliminée par prin-cipe du nombre de celles où la spongiculture pourrait être tentée avec chances de succès; à l'heure actuelle, après le lamentable échec qui y a été enregistré, elle se trouve condamnée, sans doute, d'une manière défi-nitive.

On peut tenir pour certain que lorsque des expériences de spongiculture par collecteurs seront poussées méthodiquement, après avoir été amorcées par une étude scientifique préalable de la localité où elles seront faites, elles donneront des résultats moins désastreux que celles de Tamaris; celles-ci constituent simplement un incident fâcheux dans l'histoire de la spongiculture. Du moment qu'une éponge, livrée à elle-même, met 2 ans pour acquérir la grosseur qu'un fragment d'éponge atteint en 5 ans, la spongiculture par collecteurs est la seule possible. Les spongiculteurs ont été amenés à elle, en Méditerranée, par la logique même des choses, par la marche de leurs expériences. Lorsque les résultats de nouvelles tentatives seront connues, il sera temps d'apprécier si les capitaux industriels peuvent être drainés dans cette voie; on pourra voir alors quelle part de « mauvaise foi » il y avait dans les articles de ceux qui conseillaient la prudence avant de faire sortir du laboratoire ces méthodes d'exploitation de la mer.

([1]) J. COTTE, *La pêche des éponges en Provence* (*C. R. Cong. Soc. Sav. Prov.*, Marseille, 1906).

([2]) *Bull. Inst. Océanogr.*, n° 191, janvier 1911.

M. A. ALLEMAND-MARTIN,

Docteur ès Sciences,
Ancien Sous-Directeur du Laboratoire maritime de Sfax, Moulins.

CONTRIBUTION A L'ÉTUDE DE LA CULTURE DES ÉPONGES.
LES ESSAIS DE SPONGICULTURE DE SFAX.

63.93 : 59.34 (611 Sfax)

24 Mars.

Nous avons résumé au Congrès de Lyon (1906) (¹), et à la Société Linnéenne de Lyon (1908) (²), les principaux résultats des premiers essais de culture d'éponges entrepris à Sfax (détermination de l'époque de l'émission des larves d'*H. equina*, époque favorable à la spongiculture, courbe des températures óptima d'installation, de transport et d'acclimatation à grandes distances — à La Goulette et à Tamaris (Var) — détails techniques, etc.).

En raison de l'importance économique qu'aurait la solution définitive de la création de parcs *dans des fonds de profondeurs moyennes* (modération de la pêche intensive en vue de la conservation des fonds, limitation de la drague), et de l'amélioration de la pêche au point de vue humanitaire (emploi moins fréquent du scaphandre, si dangereux dans les grands fonds), des essais de culture, pratiques, ont été tentés sur une échelle plus grande : les installations de ces dernières années ont été faites et examinées, souvent, avec soin par M. Capriata, capitaine de port à Sfax.

La question de la culture des éponges comprend trois parties bien distinctes : 1° élevage d'éponges entières jusqu'à leur taille commerciale ou au delà; 2° élevage de fragments d'éponges; 3° culture d'éponges et de fragments pour obtenir la dissémination régulière et la fixation des larves émises, sur des collecteurs convenablement choisis (procédé par « essaimage »).

Chacun de ces procédés, demande une technique spéciale. Les éponges entièrees sont cultivées dans des viviers appropriés, en argile, percés de larges ouvertures. Les sujets n'y sont plus fixés au moyen de chevilles, mais attachés seulement. On s'est appliqué à apporter de nombreux perfectionnements de technique dans les dernières expériences, et à établir un prix de revient du matériel nécessaire, aussi bas que possible.

(¹) Voir *Étude de Physiologie appliquée à la Spongiculture*, par A. ALLEMAND-MARTIN (Thèses, 1906, Lyon).
(²) *Contribution à l'étude de la biologie des éponges et à la spongiculture* par MM. R. Dubois et A. Allemand-Martin.

Les fragments seront également fixés à l'aide d'attaches, ce qui ne déprécie plus le squelette spongineux. Éponges entières et éponges issues de fragments, peuvent émettre des larves, dès la deuxième année de l'installation. Pour obtenir des résultats plus sensibles dans le procédé par « essaimage », on a cherché à modifier et à compléter la disposition du parc, à l'aide d'une enceinte circulaire, fermée de barrages concentriques destinés à briser la violence des remous de surface et à empêcher l'entraînement des larves : plusieurs genres ont été étudiés; ainsi qu'on le voit, la culture est basée sur les principes de biologie de l'éponge connus jusqu'ici. Toutefois, nous verrons, en ce qui concerne la culture par « essaimage », qu'il sera utile pour réussir, de terminer l'étude de la biologie de la larve.

Les résultats obtenus pour la culture des éponges entières et des fragments, sont sensiblement les mêmes que les premiers acquis auparavant. Mais on a pu établir une moyenne sur un nombre beaucoup plus grand de sujets. De nouveaux grossissements annuels d'éponges entières ont été mesurés. Les fragments atteignent leur taille commerciale en un minimum de cinq années en moyenne. On a également obtenu des résultats utilisables concernant le rapport des poids et volumes de l'éponge vivante, aux poids et volumes du squelette commercial. A la fin de 1910 une mortalité soudaine, due à une épizootie dont il est question plus loin, a empêché de terminer l'établissement des moyennes.

La fixation des larves n'a pas encore donné les résultats satisfaisants que l'on attendait. On ne peut encore tabler sur ce procédé de culture au point de vue pratique. On pensait pouvoir augmenter les rendements dans des fonds peu profonds, par la culture forcée d'un grand nombre d'éponges entières et de fragments. Il n'en a rien été. La fixation des larves d'*H. equina* sur les fonds vaseux de petites profondeurs (0,50 à 2 m, marée basse), reste pour ainsi dire l'exception sur la quantité prodigieuse de larves émises au printemps. Il n'en est pas de même pour d'autres Spongiaires, de genres très différents, dont les larves au contraire se fixent de préférence dans ces petites profondeurs. Les causes de dissémination ou de disparition des larves de Spongiaires diffèrent donc suivant la famille ou le genre.

Toutefois, un fait nouveau a été constaté au cours de ces essais, et il a certainement influé sur la fixation des larves. L'espèce *H. equina* est sujette à une épizootie qui semble être purement d'origine bactérienne. Cette maladie, due peut-être au renouvellement insuffisant de l'eau dans l'intérieur du brise-lame, se propage avec d'autant plus de facilité, que le cube d'eau vive est moins grand, et la profondeur d'eau plus petite. Elle a toutefois été signalée dans d'autres régions. Le bacille observé ressemble à celui déjà signalé à propos de la culture en aquarium : sa présence a été constatée sur les éponges malades du parc dont un nombre important est mort. Cette altération diffère de celle connue sous le nom de *rouge des éponges*. Son étude n'est pas terminée. On en peut conclure que la larve d'*H. equina* a une vie beaucoup plus sensible que celle des autres Spongiaires. L'éponge adulte offre un pouvoir vital beaucoup plus étendu que celui de sa larve.

La question de la spongiculture peut donc actuellement se résumer ainsi : la culture des éponges entières et des fragments est facilement praticable et peut donner lieu à un rendement annuel appréciable et pratiquement utilisable, si les installations sont mises à l'abri des accidents signalés précédemment, et que l'on pourra éviter en profitant des perfectionnements apportés dans les derniers essais. Les chiffres seront donnés dans une Note spéciale. La culture par larves, ne peut donner actuellement, par contre, de résultats dans les petits fonds; elle soulève un intéressant problème de Biologie : les conditions de vie de la larve d'*H. equina*, diffèrent de celles des autres Spongiaires; elles **diffèrent** beaucoup aussi de celles des larves d'huîtres comestibles. Les procédés d'ostréiculture ne sauraient donc convenir à l'éponge. Si l'on met à part les éponges du parc de Sfax, on remarque que dans la nature, les larves se fixent de préférence dans des eaux de profondeurs comprises entre 5 m et 45 m, c'est-à-dire dans des fonds à l'abri du trouble superficiel, sur des fonds argileux durs, dépourvus de vase et à température plus constante. La culture forcée n'augmente pas le rendement dans les petits fonds. C'est dire que la culture par « essaimage » exige de nouveaux essais : 1° à l'abri de la vase et du trouble des hauts fonds; 2° dans des profondeurs au moins voisines de 5 m. C'est dans ces fonds, assurément, que commencent à se trouver réunies, les conditions biologiques optima d'*H. equina*. (Les installations de viviers ne seront peut-être pas beaucoup plus difficiles à réaliser, car une fois placés, on évitera les remous de surface fort gênants.) De l'examen de tous ces faits, on doit se demander si c'est la variabilité de température des eaux superficielles ou l'action de la lumière, qui joue le principal rôle; ou encore le changement de composition chimique dû au trouble constant de ces eaux de surface. Serait-ce aussi la présence d'animaux destructeurs de ces larves? Tels sont, entre autres, les points qu'il importe d'étudier pour compléter les essais industriels en petite profondeur.

M. F. MAIGNON,

Professeur de Physiologie à l'École nationale vétérinaire, Lyon.

INFLUENCE DES SAISONS ET DES GLANDES GÉNITALES, SUR LES COMBUSTIONS RESPIRATOIRES, CHEZ LE COBAYE.

59.11.21-9.32

26 *Mars.*

Dans des recherches communiquées antérieurement, j'ai étudié l'influence des saisons et des glandes génitales sur la glycogénie.

Ces travaux que je résumerai très brièvement pour la compréhension des recherches actuelles, montrèrent que le glycogène musculaire, chez le chien, présente, aux diverses époques de l'année, de très grandes variations pouvant aller du simple au double. Cette substance passe par un maximum, au printemps et à l'automne, et par un minimum en été et en hiver.

Des recherches analogues, effectuées sur des cobayes, des carpes, m'ont donné des résultats semblables. Chez tous ces animaux, j'ai observé une poussée glycogénique importante au printemps. Des courbes distinctes, établies pour les mâles et les femelles, montrèrent une influence très nette du sexe. Chez le cobaye et la carpe, les muscles des mâles furent constamment plus riches en glycogène que ceux des femelles. La castration, d'ailleurs, opérée sur des cobayes mâles, eut pour effet d'abaisser, d'une manière très sensible, la teneur des muscles en glycogène, et de niveler l'écart existant entre les deux sexes. Inversement, l'injection de suc testiculaire, chez les cobayes mâles, produisit une augmentation notable du glycogène musculaire, tandis qu'elle fut sans action sur les cobayes castrés et les femelles.

Les saisons, qui influencent manifestement l'activité des glandes génitales, semblent exercer, en grande partie, leur action sur la nutrition, par l'intermédiaire de ces derniers organes.

Cette influence n'est pas une question de température, car des cobayes maintenus en hiver, dans une couveuse à 25° ou 30°, pendant trois semaines, montrèrent dans leurs muscles autant de glycogène que les animaux témoins.

Dans les recherches qui font l'objet de cette communication, j'ai fait chez le cobaye, relativement aux oxydations organiques, une étude parallèle à la précédente. J'ai déterminé pendant une durée d'une année, tous les deux ou trois jours, les combustions respiratoires des deux lots de cinq cobayes mâles, l'un renfermant des animaux castrés, l'autre des sujets non castrés.

Les animaux étaient soumis à une alimentation uniforme, composée d'avoine et d'herbages; les combustions étaient déterminées par la méthode de confinements et les sujets pesés à l'entrée, et à la sortie de la cage respiratoire, d'une contenance de 2 m³, dans laquelle ils séjournaient 24 heures.

Dans le Tableau suivant, se trouvent indiquées les moyennes des déterminations correspondant à des périodes d'un mois environ.

Les animaux étaient enfermés dans la cage, le matin vers 8 h, et la température du local, prise avant d'avoir allumé du feu en hiver. Les variations de cette température nous donnent donc le sens des variations de la température extérieure.

Époque de l'année.	Cobayes non castrés.		Cobayes castrés.		Température moyenne du laboratoire, le matin, avant de chauffer.
	Coefficient respir. moyen.	Nombre d'expér.	Coefficient respir. moyen.	Nombre d'expér.	
	cm³		cm³		°
Juillet..............	1039	7	1047	10	18,6
Août...............	855	1	905	1	20,0
1er sept. au 8 octobre.	975	10	931	9	15,8
9 octobre au 10 nov..	1063	11	970	8	13,4
11 nov. au 10 déc....	1017	6	1073	6	8,7
11 déc. au 31 déc....	963	3	924	5	9,6
Janvier.............	864	4	958	5	7,5
1er au 20 février.....	861	4	977	4	7,7
21 février au 31 mars.	1026	7	970	9	9,7
Avril...............	970	6	968	5	11,1
Mai	960	7	932	6	15,1
Juin...............	947	1	»	»	18,0
Juillet..............	775	3	809	5	19,3

Les courbes construites à l'aide de ces chiffres, montrent que les sujets castrés et non castrés ne se comportent pas de la même manière.

Conclusions. — Chez les *sujets non castrés*, et contrairement à ce que l'on admettait jusqu'à ce jour, *l'intensité des combustions respiratoires aux diverses saisons ne varie pas uniquement en fonction de la température extérieure.* Ce n'est pas au moment où il fait le plus froid que les combustions sont le plus importantes; la courbe signale, au contraire, un minimum en janvier et février, comme au mois de juillet-août. Par contre, *la consommation d'oxygène passe par deux maxima, au printemps et à l'automne, aux deux époques qui influencent l'activité des glandes génitales et la glycogénie.*

Il semble que cette action des saisons sur les combustions organiques s'exerce, en très grande partie du moins, par l'intermédiaire des glandes génitales, car les animaux castrés ne donnent plus les mêmes résultats. Chez eux, les combustions, paraissent surtout influencées par la température extérieure, car elles varient d'un mois à l'autre, en sens inverse de cette dernière.

En résumé, chez les animaux non castrés, l'activité nutritive subit une exacerbation au printemps et à l'automne, au moment de la suractivité

des glandes génitales, exacerbation révélée par une poussée glycogénique
et une augmentation des combustions respiratoires. Ces phénomènes
sont en relation, d'autre part, avec la poussée de croissance observée
chez les jeunes sujets à ces deux époques.

M. Pierre FAUVEL,

Professeur à l'Université catholique, Angers.

LE SUCRE DANS L'ALIMENTATION.

612.322.2

27 Mars.

Depuis quelques années le sucre est fort à la mode. De tous côtés on
prône ses vertus et l'on pousse à sa consommation, pourtant très considérable déjà si on la compare à ce qu'elle était jadis.

Sa valeur calorifique élevée d'une part, le rôle important du glucose
du sang dans la production de l'énergie musculaire, établi par Chauveau,
d'autre part, donnent une base scientifique à cette campagne en faveur
du sucre.

Peut-être dans ce bel enthousiasme a-t-on outrepassé quelque peu les
règles de la prudence. Il semble que quelques restrictions s'imposent
à cet égard.

Le sucre industriel est du saccharose, presque chimiquement pur, dont
100 gr fournissent 396 calories. Il est entièrement absorbé par l'organisme
sans laisser aucun déchet dans l'intestin.

Ces qualités (?) sont-elles vraiment aussi avantageuses qu'on veut
bien le dire, ne doivent-elles pas plutôt être considérées comme des défauts?

Le sucre et l'alcool sont à peu près les seuls aliments formés d'un corps
unique chimiquement pur et complètement privé de sels minéraux.
Aucun aliment naturel ne présente ces caractères. Tous sont des mélanges
plus ou moins complexes et aucun aliment organique n'est dépourvu
de sels minéraux dont on connaît maintenant l'absolue nécessité. On sait,
par exemple, que l'albumine, privée de ses sels, n'a plus aucune valeur
nutritive.

La propriété de fournir un nombre élevé de calories à l'organisme
n'est pas toujours un critérium de la valeur d'un aliment. L'alcool qui
jouit de cette propriété est un détestable aliment, ainsi que l'a affirmé
Atwater. Deux aliments, de valeur calorifique égale, ne peuvent pas
toujours être substitués l'un à l'autre, indifféremment. Bien d'autres
considérations interviennent. Si la valeur calorifique fournit des rensei-

gnements souvent fort utiles pour l'établissement d'une ration, il ne faut pas, cependant, en exagérer l'importance.

La propriété d'un aliment d'être rapidement et facilement absorbé, sans laisser de déchets dans l'intestin, loin d'être une qualité, est, au contraire, un défaut sérieux. Il n'est pas nécessaire d'être bien grand physiologiste pour constater que les organes se développent par le travail et s'atrophient par le repos. Supposez un homme restant couché et évitant tout mouvement de crainte de fatiguer ses muscles, croyez-vous que ce repos prolongé le transformerait en athlète? Il en est de même de l'appareil digestif; donnez-lui des aliments tout prêts digérés, entièrement assimilables sans déchet et vous verrez bientôt ses facultés digestives s'amoindrir, ses glandes s'atrophier, sa musculature s'affaiblir et toutes sortes de misères et d'accidents survenir.

Pawlow a montré que les sécrétions augmentent ou diminuent et se modifient suivant les aliments auxquels elles s'adaptent au point que certaines fonctions peuvent presque disparaître, faute d'usage.

C'est pourtant ce que l'on semble perdre de vue lorsqu'on se livre à l'enthousiasme au sujet de récentes expériences sur l'assimilation de l'albumine spécifique et des produits de désintégration des protéides. On entrevoit la réalisation du rêve de Berthelot, l'alimentation chimique en pilules concentrées. Que des chimistes se laissent séduire par cette charmante perspective, rien de plus naturel, mais que des physiologistes partagent cet optimisme, voilà qui est plus étonnant. Il suffit de regarder autour de soi pour constater la fausseté de cette théorie d'après laquelle l'albumine la plus avantageuse pour un animal serait celle de sa propre espèce, parce que plus facilement assimilable.

Pareil régime n'est jamais réalisé normalement dans la nature et le régime le plus avantageux est celui auquel l'animal est adapté, plus ou moins étroitement. La larve de l'*Anobium* se nourrit de bois et ne mange pas ses congénères. Beaucoup de chenilles ne vivent que sur une plante déterminée ou sur un petit nombre de plantes de la même famille et meurent invariablement avec toute autre nourriture. La viande de bœuf est-elle le régime idéal des vaches? A Terre-Neuve et en Islande on leur donne, il est vrai, des déchets de poissons dont elles s'accomodent, faute de mieux; mais cette albumine animale leur réussit certainement moins bien que l'albumine hétérogène de nos belles prairies normandes.

Par contre, on conçoit mal des tigres paissant l'herbe. Ce n'est pas parce qu'un animal a pu vivre quelque temps, et même augmenter de poids, avec une nourriture artificielle que l'on peut en conclure que celle-ci est supérieure à son régime naturel. Il faut prolonger l'expérience pendant plusieurs générations et voir si la race en bénéficie. Houssay a réussi à nourrir des poules avec de la viande, mais il a vu la race dégénérer et s'éteindre en quelques générations, après avoir présenté de nombreuses modifications pathologiques.

L'aliment concentré, se digérant sans travail et sans résidu, peut être

précieux, dans certains cas, pour remonter un malade sans appétit;
c'est dans de pareilles conditions que le sucre a donné d'excellents résultats au Dr Toulouse et au Dr Fabrègue, mais ce n'est pas l'aliment qui
convient à l'homme normal. Celui-ci a besoin d'une nourriture donnant
un certain travail à ses organes digestifs, en stimulant ainsi l'activité
et fournissant des déchets suffisants pour entretenir le péristaltisme intestinal. L'alimentation un peu grossière produit des hommes vigoureux,
la nourriture délicate et raffinée fait des dyspeptiques et des névrosés.

Mais revenons au sucre. Chauveau a montré toute l'importance du
glycogène et du glucose dans la production de l'énergie musculaire.
Ce serait finalement du glucose que l'organisme utilise comme source
d'énergie. De là à prôner le sucre il n'y a qu'un pas et il a été rapidement
franchi. Cependant il faut remarquer que le sucre industriel n'est pas,
comme celui des fruits et du sang, du glucose, mais du saccharose privé
de sels minéraux et non engagé dans des combinaisons organiques.

Injecté dans la circulation, le saccharose est rejeté par le rein, sans
pouvoir être utilisé par l'organisme. A cela on répondra qu'ingéré il est
rapidement dédoublé dans l'appareil digestif en glucose et lévulose
facilement absorbés. Seulement est-il prouvé que ce dédoublement se
fasse toujours intégralement et sans dommage pour l'organisme quand
la dose est tant soit peu élevée? Le glucose, et même le saccharose des
fruits, toujours accompagné de composés organiques et de sels minéraux
échappe à cette critique. Le sucre ne lui est pas comparable. Les propriétés d'une plante et celles de l'alcaloïde que l'on en retire sont différentes, elles varient même suivant que la plante est fraîche ou desséchée
ainsi qu'on l'a constaté récemment pour la digitale et la kola.

Gautrelet [1] soutient que l'abus du sucre est un grand facteur d'oxa-
lurie. Chez les sédentaires et les arthritiques le sucre n'étant pas complètement oxydé par un exercice intense fournit de l'acide oxalique dont
la nocivité n'est plus à démontrer.

Toutes ces objections ne manquent pas d'importance, mais on peut
leur reprocher d'être en partie théoriques. Examinons donc dans la pratique les effets du sucre employé abondamment dans l'alimentation.
En introduisant le sucre dans la ration, de nombreux auteurs ont obtenu
une augmentation de poids marquée et noté une épargne de l'albumine.
On connaît les expériences de Grandeau sur l'engraissement du bétail,
l'usage du sucre dans les sports et les expériences faites, à cet égard, dans
plusieurs armées européennes. Le Dr Toulouse et le Dr Fabrègue ont
obtenu des augmentations de poids notables et un rapide relèvement
des forces, chez des malades anorexiques très amaigris, en introduisant
de 5o à 3oo gr de sucre par jour dans la ration. Ces résultats sont fort
intéressants, mais demandent cependant à être examinés de près.

---

(1) Gautrelet, *Essai uroséméiologique sur l'auto-intoxication oxalique*
(*Revue des maladies de la nutrition*, octobre 1906, p. 435-443

Les expériences sur le sucre dans l'alimentation du soldat ont donné des résultats assez contradictoires. On peut reprocher à certaines leur courte durée et la façon parfois peu scientifique dont elles ont été conduites.

Dans certains cas le sucre a été ajouté à la ration et non substitué à une quantité isodyname d'autres aliments.

D'après le Dr Bienfait ([1]) le sucre serait plutôt profitable lorsqu'il y a défaut de nourriture ou travail exagéré. Le Dr Boigey ([2]), médecin militaire, a fait prendre à 20 soldats 40 g de sucre par jour, pendant 1 mois, ils ont gagné généralement en poids et fait un travail musculaire plus important, *mais ils ont présenté une certaine tendance à la dyspepsie.*

Gouin et Audouard ([3]) ont repris les expériences d'alimentation sucrée sur des génisses. En voici la conclusion :

« L'effet le plus apparent du régime sucré fut de réduire la sécrétion urinaire à un taux anormal en même temps que les échanges organiques subissaient un ralentissement considérable. »

La digestion de l'azote a notablement fléchi. Il en est, cependant, résulté une augmentation de poids.

Sur ses malades, le Dr Fabrègue a constaté aussi une augmentation de poids et une diminution frappante de l'azote urinaire excrété. (L'azote des fèces n'a pas été dosé.) Il semblerait naturel d'en conclure à une augmentation de l'azote fixé dans l'organisme; mais les expériences de Gouin et Audouard jettent un jour nouveau sur la question et prouvent que l'interprétation peut être tout autre.

Parisot et Mathieu ([4]) ont constaté, sur des lapins, que l'ingestion de glucose ou de saccharose provoque une diminution de la diurèse sans que l'alimentation, par ailleurs, soit en cause et sans qu'il y ait élimination compensatrice d'eau par les fèces. L'augmentation de poids est due, en grande partie, à une rétention d'eau. Puis cette diminution de la diurèse va en s'atténuant jusqu'au moment où l'ingestion de sucre entraîne l'hyperglycémie d'une façon certaine. Il se produit alors de la polyurie d'emblée, comme dans le cas d'injection de sucre intraveineux et comme on en observe dans le diabète.

L'étude de la courbe des poids chez le lapin soumis à l'ingestion répétée du sucre manifeste l'existence de trois phases successives : 1° diminution de poids; 2° reprise ou augmentation; 3° diminution, correspondant à trois modes de réaction de l'organisme : accoutumance, tolérance, intolérance. Les troubles causés par l'ingestion du sucre (première phase) sont assez facilement réparables; ceux amenés par des quantités plus considérables de sucre (troisième phase) sont durables et correspondent à des

---

([1]) Le Caducée, 6 février, 1904.
([2]) Le Caducée, 9 janvier 1904.
([3]) *Comptes rendus de la Société de Biologie,* 13 juillet 1912, p. 113.
([4]) *Comptes rendus de la Société de Biologie,* janvier 1913, p. 48-50 et 168-190.

lésions profondes, il se produit de la glycosurie, de l'ammoniurie et, dans la période ultime, la diminution de poids s'accroît encore, tandis que se manifestent des phénomènes toxiques et mortels dus à l'acidose.

L'augmentation de poids, on le voit, n'a pas toujours la signification favorable qu'on lui attribue généralement. C'est encore une erreur, très répandue en matière de régime, de juger la valeur d'un aliment par l'augmentation de poids plus ou moins rapide du sujet.

Des variations de poids assez étendues sont dues, bien souvent, ainsi que j'ai pu le constater maintes fois dans mes expériences ([1]), à de simples variations d'hydratation, sans rapports directs avec le régime. En 24 heures on peut voir varier le poids de 1 à 3 kg malgré la constance presque absolue de l'ingestion et de l'excrétion des éléments autres que l'eau et l'acide carbonique. Un travail musculaire intense, une nuit d'insomnie, une émotion, un écart de température, et d'autres causes qui nous échappent, peuvent facilement produire ce résultat.

Dans certains cas l'augmentation de poids est pathologique. On voit parfois des tuberculeux, soumis à la suralimentation, augmenter de poids, sans qu'il en résulte autre chose qu'une intoxication plus considérable et un dénouement fatal plus rapide. L'obésité n'est que l'exagération d'un phénomène pathologique. Le régime d'engraissement appliqué au bétail est excellent au point de vue de l'homme qui veut en faire sa nourriture, il serait néfaste pour l'animal si celui-ci n'était sacrifié à temps. Le porc de concours périt parfois de pléthore avant d'atteindre l'abattoir. L'idéal de l'homme n'est pas de se mettre à l'engrais et d'adopter les méthodes qui réussissent en Zootechnie. L'animal domestique est un malade et un déchu, comparé à l'animal sauvage, qui, lui, n'est presque jamais gras, mais qui présente le maximum de vigueur et de santé.

L'emploi quotidien du sucre à haute dose soulève encore une question plus grave. On peut se demander si cet usage répété n'est pas susceptible d'engendrer le diabète à la longue. Les partisans du sucre ne croient pas à ce danger et ils citent des cas de sujets, bien suivis à cet égard, et chez lesquels l'ingestion journalière de 100 à 200 gr de sucre, continuée pendant plusieurs années, n'a jamais causé de glycosurie.

D'après Le Gooff ([2]), cependant, chez l'homme normal, l'ingestion de 100 gr de saccharose produit très souvent une glycosurie passagère, alors qu'un excès d'amidon ne le produit jamais.

Le Dr Fabrègue ([3]), partisan du sucre, dont il a obtenu d'excellents résultats chez des malades débilités et anorexiques, difficiles à alimenter,

([1]) P. FAUVEL, *Assoc. franç. pour l'Avancement des Sciences* (Congrès de Grenoble, août 1904, p. 889-903). (Congrès de Lille, août 1909, p. 977). 1er Congrès d'Hygiène alimentaire, Paris, 1906.

([2]) LE GOOF, *De la mortalité des diabétiques à Paris et dans le département de la Seine* (*Comptes rendus de l'Académie des Sciences*, Paris, 20 mars 1911, p. 794).

([3]) FABRÈGUE, *Considérations sur la suralimentation par le sucre* (Thèse, Paris, 1910).

reconnait, cependant, qu'il est prudent de ne pas dépasser 3oo gr par 24 heures, car, souvent, en donnant des doses supérieures on voit apparaître la glycosurie. Même pour des sujets non diabétiques, et ayant subi avec succès l'épreuve de la glycosurie, il recommande de s'assurer tous les huit jours, environ, pendant toute la durée du traitement, de l'absence de sucres urinaires.

Sur les 22 observations du Dr Fabrègue, il n'y en a que deux d'un an, deux de vingt et un mois, une de deux ans et une de trois ans. Comme nombre et comme durée ce n'est peut-être pas tout à fait suffisant pour permettre d'affirmer que l'usage quotidien de 100 à 150 gr de sucre peut être conseillé d'une façon générale, sans crainte du diabète, ainsi que le fait le Dr Fabrègue dans un article de « Demain » ([1]).

Est-il bien prudent de préconiser ainsi l'usage régulier de la moitié de la dose que lui-même reconnaît critique (3oo g) et qu'il n'applique, d'ailleurs, qu'après l'épreuve négative de la glycosurie et en s'entourant de précautions significatives. Étant donné le grand nombre de candidats au diabète et de diabétiques qui s'ignorent, il semble y avoir là un danger qui n'est pas chimérique.

En France, de 1820 à 1890, en 70 ans, la consommation du sucre a *décuplé* et depuis cette époque elle a encore augmenté d'une façon considérable. Or, d'après Le Gooff ([2]), de 1880 à 1909, en 30 ans, le nombre des décès dus au diabète a *quadruplé* dans le département de la Seine, passant de 0,644 par 10 000 habitants, en 1880, à 1,930 en 1909. Comme le fait remarquer l'auteur, les méthodes d'analyse du sucre urinaire n'ayant pas varié depuis 50 ans, il est peu probable qu'il faille admettre qu'autrefois un grand nombre de cas étaient méconnus. D'ailleurs, si ce nombre n'avait pas varié il faudrait admettre que les cas de mortalité seraient passés de 1 à 4, puisque les décès ont quadruplé.

Si le diabète frappe, de préférence, les classes aisées à repas copieux, à vie sédentaire et sans travail corporel, il semble aussi qu'on doive accuser la consommation exagérée du saccharose puisque, nous l'avons vu, une dose élevée produit une glycosurie passagère chez l'homme normal.

La statistique indique, en outre, que « ce sont les pays qui consomment le plus de saccharose qui montrent le plus grand nombre de diabétiques ».

Si la relation de cause à effet entre ces deux phénomènes parallèles n'est pas rigoureusement établie elle est possible, fort probable même, et cela doit inciter à la prudence.

On comprend, dans ces conditions, le cri d'alarme jeté par le Dr Carton ([3]), avec un peu d'exagération peut-être.

La consommation du sucre en quantité élevée est, d'ailleurs, encore trop

---

([1]) Fabrègue, *Demain*, n° 14, novembre 1912, p. 229.

([2]) *Loc. cit.*

([3]) Dr Carton, *Les trois aliments meurtriers* (*Réforme alimentaire*, février-mai 1912).

*25

récente dans l'histoire de l'humanité pour qu'on puisse affirmer avec certitude son innocuité pour l'avenir de la race. En matière d'alimentation les inconvénients d'un mauvais régime ne se font souvent sentir qu'au bout de longues années, parfois après plusieurs générations. Le buveur modéré ne devient alcoolique qu'après un long usage de doses paraissant inoffensives. Les mauvais effets du régime trop carné n'apparaissent qu'à la longue et l'arthritisme, qui en résulte, ne devient grave qu'à la deuxième ou troisième génération, si la première était robuste.

Ce ne sont donc pas de courtes expériences d'un an ou deux sur des sujets soigneusement triés au point de vue glycosurique qui peuvent nous rassurer entièrement sur l'innocuité du sucre et, dans le doute, la prudence conseille une grande modération dans sa consommation.

Après avoir fortement poussé jadis au régime ultra carné la plupart des médecins commencent à s'apercevoir de ses inconvénients et même à supprimer, plus ou moins complètement, la viande, dans bien des cas où on la prescrivait auparavant.

Il en est de même de l'alcool et des vins toniques dont la consommation, après avoir atteint un maximum très élevé dans les hôpitaux, tend maintenant à s'y réduire de plus en plus.

Mieux vaudrait ne pas recommencer les mêmes errements avec le sucre et ne pas risquer de s'apercevoir trop tard que l'on a fait fausse route.

Après tout, le dédain du peuple et des travailleurs robustes pour les sucreries est peut-être fort bien justifié. Dans le doute méfions-nous du sucre et n'en usons qu'avec prudence. Remplaçons-le plutôt, autant que possible, par les fruits sucrés, frais ou secs, qui en ont toutes les qualités énergétiques sans en présenter les dangers.

———

M. LE Dᴿ Stéphane LEDUC,

Professeur à l'École de Médecine, Nantes.

———

LA CROISSANCE OSMOTIQUE ET LA CULTURE DES TISSUS.

612.382

———

24 *Mars.*

Il semble bien que la culture des tissus, dans le sérum et dans la limphe, réalisée par MM. Harrison et Carel, n'est qu'un cas particulier du phénomène que j'ai décrit et dont j'ai fait connaître le mécanisme physique dans mes ouvrages : la *Biologie synthétique* et *Théorie physico-chimique de la vie*, Paris, Poinat, éditeur.

On peut réaliser tous les intermédiaires; c'est ainsi, comme me l'a fait

remarquer M. le Dr Fortineau de l'École de Nantes, que la substance pro-
téïque produite par le bacille pyocyanique dans du bouillon, donne, dans
l'alcool absolu, de très belles croissances osmotiques. On sait que, dans les
solutions minérales, les grains de pollen poussent de longs prolongements.
Il en est de même pour les cellules organiques, pour les globules du sang.
Les globules du sang de grenouille dans une solution de chlorure de
sodium à 0,50 gr ou 0,55 gr %, émettent aussi des prolongements osmotiques que l'on voit croître par poussées.

La figure est une microphotographie du phénomène avec un agran-

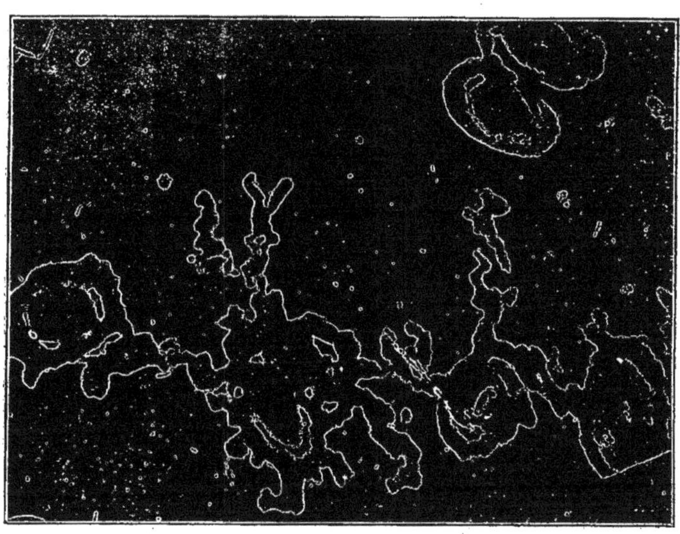

Microphotographie d'hématies de grenouille en voie de croissance osmotique × 1500.

dissement linéaire de 1500. Pour les tissus comme pour les croissances
osmotiques, la spécificité des formes serait la conséquence de la composition chimique. Il semble bien que le phénomène, dont j'ai fait connaître le
mécanisme physique sous le nom de croissance osmotique, est général,
qu'il est celui de la croissance et de l'organisation de tous les tissus
vivants, dont mes recherches révéleraient ainsi le mécanisme.

ANTHROPOLOGIE.

M. LE Dʳ Marcel BAUDOUIN,

Paris.

L'ACHEULÉEN ET LE MOUSTÉRIEN DE VENDÉE.
(Troisième Mémoire).

571 (12.31) (44.61)

24 *Mars.*

Depuis plusieurs années, grâce à la subvention qui m'a été accordée sur le Legs Girard par l'Association, j'ai pu me consacrer à des recherches longues, approfondies et coûteuses, sur les restes préhistoriques laissés en Vendée par l'Homme des *Époques géologiques*, c'est-à-dire du *Quaternaire inférieur.*

Dans un premier et important Mémoire (¹), j'ai exposé l'état de la question à la fin de 1912. Dans un second Mémoire, j'ai parlé du *Chelléen* (²). Dans ce troisième travail, je fais connaître des découvertes récentes, qui viennent compléter mon premier exposé pour l'*Acheuléen* et le *Moustérien*; justifier mes conclusions antérieures et démontrer que j'avais grandement raison de soutenir alors que le PALÉOLITHIQUE INFÉRIEUR et MOYEN était désormais *très nettement représenté* en Vendée, alors que jadis son existence était presque niée, ou tout au moins presque inconnue et très discutée.

Mais, jusqu'à présent, par contre, nous ne savons à peu près rien du PALÉOLITHIQUE SUPÉRIEUR. Les trouvailles de cette nature (de l'*Aurignacien* au *Tardenoisien*) restent toujours des plus problématiques et des plus douteuses !

Certes, il y a bien quelques pièces, qui, à la rigueur, peuvent être *Aurignaciennes* et que j'ai signalées dans le 1ᵉʳ travail cité ci-dessus (³). Mais, en somme, il n'y a rien de prouvé à ce sujet et le *Solutréen* et

---

(¹) Marcel BAUDOUIN, *Le Paléolithique inférieur de la Vendée (Chelléen et Acheuléen). Congrès préhistorique de France*, Angoulême, 1912. Paris, 1913, in-8°, (*Voir* p. 277). — *Le Paléolithique moyen en Vendée (Moustérien). Ibid.* (*Voir* p. 322). — TIRÉ A PART : *Le Paléolithique inférieur et moyen en Vendée.* Paris, 1913, in-8°, S. P. F., 76 p., 34 fig.

(²) Marcel BAUDOUIN, *Le Chelléen de Vendée (Trouvailles nouvelles)* (2ᵉ Mémoire). *Congr. préh. France*, Lons-le-Saunier, 1913. Paris, 1914.

(³) En particulier : 1° La *lame* de la Collection Chartron, trouvée à Saint-Cyr-en-Talmondais (TIRÉ A PART, 1913, *loc. cit.*, p. 58, note 2); 2° Le *Nucléus* de Faymoreau

le *Magdalénien* demeurent toujours inconnus pour la Vendée ([1]).

Cela tient-il à ce qu'à cette époque il n'a pu y exister, à cause d'une TRANSGRESSION MARINE, ayant amené la *submersion* de presque tout le rivage atlantique, jusqu'à une *altitude* de plus de 100 m, comme certains le croient (conséquence de la dernière grande PÉRIODE GLACIAIRE, dite *Wurmienne*), cela est très possible. Mais, avant de conclure d'un fait négatif à une hypothèse de cette importance, il convient d'attendre encore un peu le résultat des recherches des chercheurs locaux, qui, d'un jour à l'autre, pourraient bien renverser cette théorie, comme un ….château de cartes ….

Quoi qu'il en soit de ces réflexions, l'ACHEULÉEN et le MOUSTÉRIEN, dont chaque mois on trouve des spécimens nouveaux, prennent de jour en jour plus d'importance; et voici l'exposé des récentes découvertes, dont nous venons d'avoir connaissance, grâce à nos correspondants locaux.

I. — PALÉOLITHIQUE INFÉRIEUR.

Il comprend, on le sait, le CHELLÉEN et l'ACHEULÉEN, car, en Vendée, on ignore encore tout du PRÉCHELLÉEN.

Je n'ai rien à dire de bien nouveau à propos des Outils du Chelléen; et, pour ce qui concerne la *faune* ([2]), je renvoie à un autre récent mémoire ([3]).

Il n'en est pas de même pour l'*Acheuléen* !

(Coll. Bourrasseau (*loc. cit.*, p. 66, note 2). — Au Musée de la Société Préhistorique Française, à Paris, il y a une *lame*, classée dans le *Paléolithique* (Coll. Ch. Schleicher), absolument semblable à celle de la collection Chartron !

([1]) J'ajoute que, récemment, j'ai vu dans la Collection Ph. Rousseau, une pièce trouvée au *Petit-Lundi*, de *Simon-la-Vineuse*, qui peut être à la rigueur de l'*Aurignacien* (quoique d'aspect *néolithique*). Il s'agit d'une lame, à bords ébréchés, en silex blanchâtre, épaisse de 5 mm, longue de 60 mm, arge de 20 mm, ressemblant à un Grattoir sur bout de lame.

([2]) A propos des Ossements découverts jadis à Xanton-Chassenon et signalés dans mon premier Mémoire (TIRÉ A PART, in-8°, 1913, p. 12), j'ai trouvé, récemment, le passage suivant dans un admirable travail, déjà ancien, de l'ingénieur des Mines Henri Fournel [*Étude des gîtes, houilles et métallifères du Bocage vendéen* (Mission de 1834-1835). Paris, I. R., in-4°, 1836 (*Voir* p. 169, Note de la page 51); atlas] : « Les ossements trouvés dans la *carrière de l'Aiguille* (entre Chassenon et Xanton) sont enfouis à trois ou quatre décimètres de profondeur dans une *argile* jaunâtre calcarifère, qui repose immédiatement sur le calcaire, dans lequel on observe des *Térébratules* et quelques *Ammonites;* il a été rencontré : 1° un os de 1 m,30 de longueur environ, ayant à peu près la forme d'une mâchoire de *Baleine;* 2° un fragment, paraissant appartenir à l'épine dorsale d'un *Cétacé* et d'environ 1 m de longueur. Le premier de ces os est déposé chez M. de la Fontenelle, Conseiller à la Cour royale de Poitiers; il serait à désirer qu'il voulut bien le réunir à la Collection de Bourbon-Vendée, sous le n° 226 *bis*; le second morceau a été brisé quand on a voulu l'extraire. » J'ignore le sort du spécimen ayant appartenu à M. A.-D. de la Fontenelle de Vaudoré.

([3]) Marcel BAUDOUIN, *La Faune des Époques chelléennes et acheuléennes en Vendée* (*Homme préhistorique*, Paris, 2ᵉ série, t. I, n° 9, septembre 1913, p. 286-296, 3 fig.). — TIRÉ A PART, in-8°, 1913, 10 p., 3 fig.

A. — CHELLÉEN.

I. — VALLÉE DE LA SÈVRE NANTAISE.

LA POMMERAYE-SUR-SÈVRE. — J'ai cité, antérieurement déjà, une pièce de la Collection Edmond Bocquier, inspecteur primaire, à Bressuire (Deux-Sèvres), provenant de la vallée de la Sèvre-Nantaise, et trouvée entre *La Pommeraye-sur-Sèvre* (Vendée) et Saint-Amand-sur-Sèvre [1]; mais je crois devoir en donner ici la figure encore inédite (*Fig.* 1).

Elle est en silex *noir, jurassique.* — Elle mesure : longueur 0,11 m; largeur, 0,074 m; épaisseur, 0,04 m. — Son poids est de 310 g.

Il importe de noter les deux *éclats*, circulaires, A et B (*Fig.* 1), qui pa-

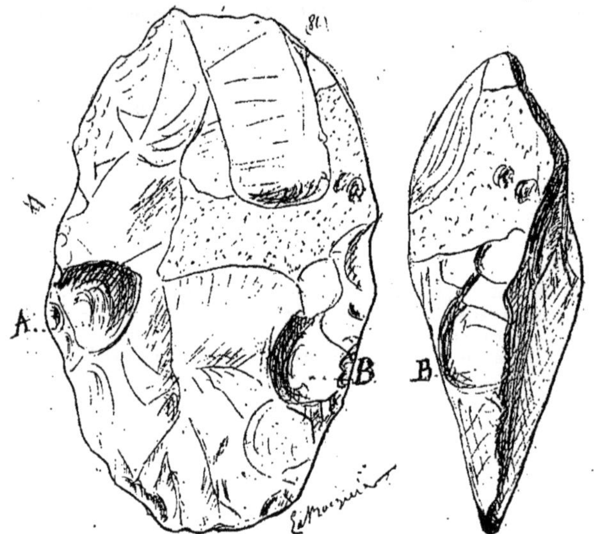

Fig. 1. — COUP-DE-POING CHELLÉEN (*Saint-Amand-sur-Sèvre*).
Échelle : 2/3 grandeur. — Une *face* et un *profil*. — A, B, grands *éclats*.

raissent peut-être *intentionnels* [2], mais sont dus plutôt, à ce que je crois, à des *percussions* fortes et violentes. — Il y a, sur les bords, de nombreuses *traces d'utilisation*, au dire de mon excellent ami Edmond Bocquier.

---

[1] Marcel BAUDOUIN, *Loc. cit.* (*Voir* p. 50, note 2).
[2] Je ne crois pas qu'ils aient été faits, à dessein, pour assurer une excellente préhension de l'objet.

B. — ACHEULÉEN.

I. — STATION DE SIMON-LA-VINEUSE.

Dans mon précédent travail, j'ai signalé, pour cette STATION, un superbe *Coup-de-poing* (¹), triangulaire (OBS. n° I), à laquelle vient s'ajouter la pièce suivante, qui se trouve désormais dans ma Collection; elle a été récoltée par M. Ph. Rousseau, instituteur.

OBSERVATION N° II (*Pièce* n° II).

1° *Trouvaille.* — SIMON-LA-VINEUSE. — LIEUDIT : *Le Petit-Cadeau,* se trouvant à l'altitude de 50 m environ. — COUP-DE-POING *acheuléen,* triangulaire, trouvé près d'un *rocher* par M. Ph. Rousseau. — Collection personnelle.

2° *Caractères.* — a. *Poids* : 188 g.

b. *Dimensions* : Longueur maximum (partie cassée comprise), 110 mm. Largeur maximum, 85 mm. Épaisseur maximum, 16 mm.

L'Indice de Largeur est : $\dfrac{85 \times 100}{110} = 77{,}27$. — L'indice d'Épaisseur est : $\dfrac{16 \times 100}{110} = 14{,}50$.

c. *Roche.* — Silex *bleuâtre,* à patine différente suivant les faces. La face bombée a une *patine bleue* très pâle; la face aplatie a une *platine blan-châtre.* Cette patine est celle des pièces ayant séjourné *sur le sol* et n'ayant pas été à l'eau (²).

Les deux faces ont toutes deux des traces de *rouille,* très marquées, indiquées sur la figure (*Fig.* 2; R), et abondantes. Ces traces ne sont pas dues à la charrue, en raison de leur disposition *tout le long des arêtes les plus saillantes* et de leur situation (parties saillantes), mais à un contact avec des pyrites du sous-sol.

3° *Description.* — a. Le *sommet* (*Fig.* 2; S, S') paraît avoir été cassé à l'époque acheuléenne, car la cassure est là patinée et bleuâtre.

b. Un *bord* (B²) présente une entaille profonde (E), qui n'est pas patinée du tout et qui paraît plus récente.

c. La *face bombée* (F. B.), épaisse de 10 mm sur 16 mm (III), est assez finement taillée; mais pourtant ce n'est pas le travail élégant et fin des beaux coups-de-poing triangulaires classiques de la fin de la période (I).

On y voit une *ligne de faîte* (*Fig.* 2; MN); mais elle est à peine marquée

---

et très peu saillante. En effet à la coupe, au point *d* (*Fig.* 2; I), c'est-
à-dire au point même de la ligne de faîte, l'épaisseur n'est pas plus
grande qu'en *b*; ce qui signifie que la coupe est *arrondie* en réalité, et non
triangulaire. Un gros éclat de taille, assez profond, est à signaler en D.

En C,C, *éclats d'utilisation*, sans aucune espèce de patine : ce qui sem-

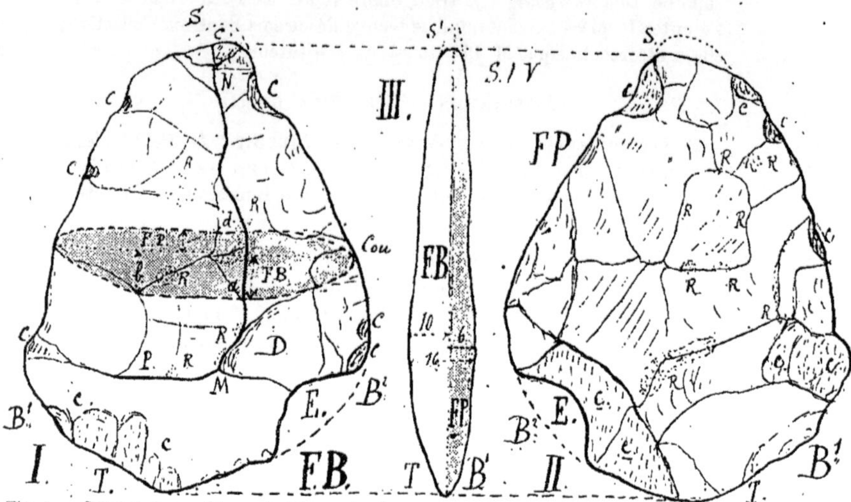

Fig. 2. — Coup-de-Poing, *Simon-la-Vineuse.* — Échelle : ⅔ grandeur. — *Légende :* I, Une face; — II, L'autre
face; — III, Profil; — S, S', Sommet; — FB, Face bombée; — FP, Face aplatie; — T, Talon; — B',
B², Bords; — E, Entaille; — D, Éclat de taille; — C, C, Éclats d'utilisation; — R, Taches de Rouille; —
T, Talon; — MN, Ligne de faîte; — *Cou., Coupe transversale.*

blerait indiquer que la pièce a été *réutilisée* à une époque plus récente;
mais ce n'est pas certain. Taches de rouille (R), assez nombreuses.

d. La *face aplatie* (II; F. P.) n'a pas de ligne de faîte du tout. Elle
est taillée à grands éclats, peu profonds.

De nombreux *éclats d'utilisation*, non patinés (C) également, se voient
sur ses bords. Peut-être cette absence de patine d'utilisation aux éclats
est-elle due au terrain.

Elle est très peu épaisse et ne dépasse pas 6 mm (*Fig.* 2; III; FP.)
sur 16 mm d'épaisseur totale.

Elle présente de nombreuses taches de rouille (R.), surtout aux arêtes
des éclats de taille.

e. Le *talon* (T.), au lieu d'être *épais*, comme sur les coups-de-poings
moustériens typiques, est au contraire *aminci*; il est ici presque aussi
mince que la pointe de l'outil; ce qui semble indiquer que celui-ci tra-
vaillait surtout par *ses bords*, plutôt que par sa pointe (*Fig.* 2; III).

4° *Réflexions.* — Ce qui distingue ces coups-de-poing *triangulaires* aplatis des coups-de-poing du Moustérien. *ancien, taillés sur les deux faces*, c'est surtout la NON-EXISTENCE d'une LIGNE DE FAITE *très marquée* sur leur FACE BOMBÉE; et le TALON AMINCI.

Certes, on peut voir, sur cette pièce, en MN, l'existence d'une faible ligne de faite de cette sorte; mais elle est ici à peine sensible en réalité, si bien qu'à la coupe transversale de l'objet (*Fig.* 2; I; *Cou.*) on ne la devine qu'avec peine sur la ligne correspondante, très arrondie et non triangulaire.

Sur les coups-de-poing du Moustérien *ancien*, au contraire, cette ligne de faite, toujours *très nette*, fait une *saillie très marquée*, comme sur les coups-de-poing du *Moustérien typique* ou *moyen*, où elle saute aux yeux.

De plus, pour la *face aplatie*, une ligne de faite n'existe vraiment pas sur les coups-de-poing acheuléens.

OBSERVATION III (*Pièce* n° III).

1° *Trouvaille*. — Commune de *Simon-la-Vineuse*. — *Lieu dit* : Champ

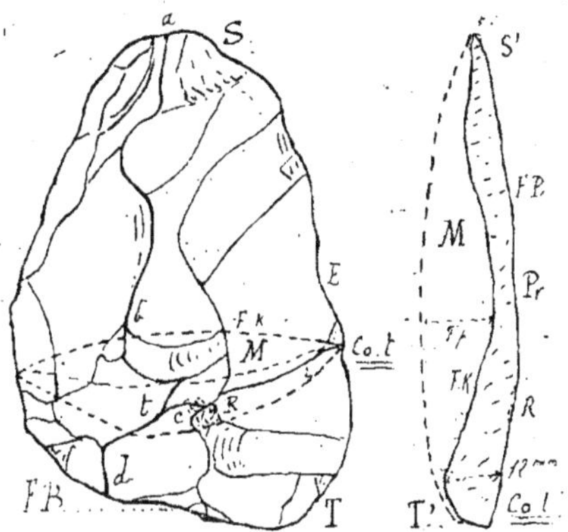

Fig. 3. — COUP-DE-POING, *Simon-la-Vineuse*. — Échelle : $\frac{2}{3}$ grandeur. — *Légende* : FB, Face bombée; — F*p*, Face plate; — S, S', Sommet; — T, T', Talon; — FK, Partie éclatée; — *a, b, c, t, d*, Ligne de faite; — Cou. t., Coupe transversale; — R, Taches de Rouille; — M, Partie disparue; — P*r*, Profil actuel; — E, Échancrure.

près de *La Gravelle* ([1]). Altitude de 5o m environ. — COUP-DE-POING *acheuléen*, triangulaire, trouvé dans un champ labouré.

Pièce malheureusement divisée en deux par une fente longitudinale et un éclatement total, et dont il ne persiste que la face bombée (*Fig.* 3).

Cassure. — Cette brisure semble *moins ancienne* que la pièce, en raison

---

([1]) A *La Gravelle* on en a trouvé déjà d'autres.

de la différence de patine de la face bombée et de la cassure; mais la patine de celle-ci et quelques taches de rouille indiquent que cet accident est très ancien, peut-être même de la période d'utilisation de l'outil, ou tout au moins paléolithique.

Découverte de M. Th. Rousseau. — Collection personnelle.

2° *Caractères.* — a. *Poids* (actuel) : 70 g. — Entière, elle devait peser au moins 150 g.

b. *Dimensions.* — Longueur maximum : 85 mm. Largeur maximum : 60 mm. Épaisseur (actuelle) : 16 mm. — Entière, elle devait atteindre 18 mm à 20 mm (*Fig.* 3; Pr).

Indice de Largeur : $\dfrac{60 \times 100}{85} = 70.$ — L'indice d'épaisseur ne peut pas être calculé.

c. *Roche.* — *Silex bleuâtre.* — La face bombée, intacte, a une patine blanc rosé très pâle (F. B.). La cassure a une patine, qui n'est ni onctueuse ni lisse, comme celle de l'autre face; elle ressemble à celle des pièces néolithiques de la région, quoiqu'elle soit beaucoup plus foncée et plus nette. Ce qui me fait croire que l'éclatement en deux lamelles de la pièce est paléolithique, c'est qu'on semble l'avoir utilisée encore après la cassure.

Traces de *rouille* sur la face bombée, au point le plus saillant (*Fig.* 3; R), à l'arête R*r* et à la face de brisure.

3° *Description.* — a. *Sommet* (SS′) très mince, en feuille de papier, par suite de l'éclatement.

b. Pas de véritable *encoche*, malgré l'échancrure du *bord* droit en E. — Pourtant on a l'impression que l'éclatement a pu être la conséquence d'une forte *pression* sur ce bord, car on voit des éclats en ce point, sur la cassure.

c. *Face bombée.* — Épaisse de 12 mm. (*Fig.* 3; Pr.), très bien taillée par éclats, partant du bord droit. Ligne de faite, mal dessinée, en a, b, c, d (*Fig.* 3; F. B.).

d. La face de cassure est très creuse au centre (*Fig.* 3; F. K.), avec des saillies, correspondant au talon et au bord gauche de la face bombée. Rien d'intéressant à signaler. Taches de rouille en deux points.

e. *Talon.* — Régulier et nettement *aminci* (ce qui élimine le diagnostic de coup-de-poing moustérien), en pente douce, par une taille typique.

4° *Réflexions.* — Cette pièce, moins grande que la précédente, est aussi typique. Elle est plus allongée cependant (d'où l'*Indice* de 70.», au lieu de 77.») et ressemble plutôt à un triangle isoscèle qu'à un équilatéral. La taille est peut-être plus *fine,* d'ailleurs.

Si cette pièce n'avait pas éclaté et ne s'était pas divisée en deux parties, comme les deux feuillets, épais et comme collés, d'un livre qu'on désassemblerait en les trempant dans l'eau, on aurait une pièce intermédiaire entre la précédente et une autre, antérieurement décrite.

Certes, ces trois coups-de-poing de Simon-la-Vineuse ne sont peut-être pas aussi élégants et aussi minces que ceux de la Collection Mandin, qui proviennent des environs de Mareuils-le-Lay ; mais, malgré cela, leur ensemble constitue un indice très important, en ce qui concerne l'existence d'un Centre Acheuléen au confluent de la Smague et du Lay.

OBSERVATION IV (*Pièce* nᵒ IV).

LAME UTILISÉE [COUTEAU]. — Je place également dans l'*Acheuléen* une autre pièce de ma Collection, qui m'a été remise aussi par M. Ph. Rousseau, instituteur à Simon-la-Vineuse, et qui a été trouvée dans des *rochers voisins* du lieu dit de *Saint-Lunaire* (Altitude de 100 m environ).

a. Époque. — Certes, elle pourrait être, au point de vue technologique, classée aussi bien dans le *Moustérien !* Mais je la décris dans ce paragraphe, parce que : 1º la roche et la patine (¹) sont absolument semblables à la roche et à la patine du premier Coup-de-poing *acheuléen* de Simon-la-Vineuse que j'ai décrit ailleurs; 2º parce que les *Silex moustériens* de cette station ne ressemblent en rien, comme roche et patine, à cette pièce nº IV.

b. Description. — C'est une sorte d'Éclat Levallois, assez petit, cassé à l'une de ses extrémités, de 55 mm de largeur maximum, de 10 mm d'épaisseur maximum, et qui devait avoir environ 90 mm de long.

La cassure est de deux sortes : une partie est ancienne, puisqu'elle est patinée; l'autre est moderne. Les bords de cette lame n'ont pas été *taillés*; mais des *retouches d'utilisation* sont bien nettes, sur tout le pourtour de cette pièce, qui ne pèse que 45 g. Elle a dû servir de *Couteau*.

A l'intérieur le silex est gris noirâtre. La patine est superbe, très lisse et d'une belle teinte rosée; elle est très ancienne et très caractéristique.

Conclusions. — Il n'est pas douteux, dès lors, qu'il y ait bien, à Simon-la-Vineuse, une *Station Acheuléenne.*

II. — PALÉOLITHIQUE MOYEN : MOUSTÉRIEN.

Pour cette époque, nous avons de nombreuses trouvailles, toutes récentes et inédites, à signaler. — Voici les principales, toujours classées par *Vallées*, comme nous le faisons toujours.

I. — STATIONS MOUSTÉRIENNES DE LA SÈVRE NANTAISE.

1. — TIFFAUGES. — 1º COUP DE POING : TRIPLE GRATTOIR. — A. *Détermination.* — Petite pièce des plus intéressantes, aujourd'hui dans ma

---

(¹) Patine indiquant un séjour dans l'eau pendant longtemps.

Collection, trouvée par M. Ph. Rousseau (de Simon-la-Vineuse). Je la classe à la *fin* du MOUSTÉRIEN *ancien*, car elle est intermédiaire entre les coups-de-poing classiques du Moustérien type et ceux, d'allure acheu-léenne, du Moustérien ancien. — Elle est caractérisée par ce fait qu'elle présente une *face d'éclatement*, qui a été obtenue d'*un seul coup* au point de frappe, mais qui a été retouchée fortement ensuite à la *périphérie*. — Elle est caractérisée aussi par son épaisseur, et par l'existence d'une ligne de faîte très marquée, sur sa face bombée ou *taillée* (*Fig.* 4; I).

B. *Description.* — 1° *Localité.* — Elle a été récoltée, près du Château, à Tiffauges (Vendée), c'est-à-dire sur la rive gauche ou *vendéenne* de la Sèvre Nantaise, à une altitude élevée (environ 110 m), autrement dit au sommet du plateau de cette rive.

2° *Roche.* — Elle est en silex *rose* clair, *gris*, à grain fin. Elle est à peine patinée par places; et cette patine est blanc jaunâtre. Une pièce, déjà trouvée à Tiffauges, semble être en silex analogue (Amande).

3° *Caractères.* — Le *poids* est de 77 g. *Volume*: 2,5 cl. *Densité* : 3,08. Les *dimensions* sont les suivantes : Longueur maximum, 70 mm. Lar-geur maximum, 53 mm. Épaisseur maximum (sommet ou partie la plus saillante), 18 mm.

D'où les Indices : *Indice de Largeur* $= \dfrac{53 \times 100}{70} = 75{,}11$. — *Indice d'Épaisseur* $= \dfrac{18 \times 100}{70} = 25{,}71$.

4° *Étude.* — a. Le *sommet* (S) est intact, un peu épais; il correspond à l'extrémité de la ligne de faîte (z).

b. Le *talon* n'est pas épais et massif, comme dans les coups-de-poing typiques. Il a été aminci (T, Ta), sur une étendue de 10 mm, par l'ablation de forts éclats; son bulbe de percussion a également disparu par une taille secondaire (*Fig.* 4; III, t).

c. *Face bombée.* — Elle est taillée à éclats allongés, perpendiculaires aux bords (*Fig.* 4; I). — Elle est divisée en deux parties par une *ligne de faîte* (MN), presque médiane, formant une *crête* très saillante, partant du talon (T aminci), c'est-à-dire à 10 mm de la base, et présentant plu-sieurs arêtes en barbe de plume, rayonnantes, surtout autour du sommet aa' de cette crête. Cette face, à elle seule, représente presque toute l'épaisseur de la pièce et a au moins 12 à 13 mm (II; F. B.).

d. La *face d'éclatement*, ou plate, a été très retouchée à sa périphérie, surtout au niveau du sommet du talon, et de la partie inférieure d'un des bords (E.). Elle n'est intacte qu'à sa partie centrale, sur une ligne oblique de haut en bas (*Fig.* 4; III; RLQ), correspondant d'ailleurs à une partie concave, en gouttière légère. Il semble résulter de cela que les éclats de la taille secondaire (E), qu'on voit près de t sur cette face, semblent n'avoir eu pour cause que la nécessité d'*aplanir* davantage et de rendre *assez plate* une surface d'éclatement primitif, qui devait se présenter en gouttière *très concave*, au lieu d'une surface plane. Par suite la taille secondaire, de cette face ne serait qu'une taille de régularisation de la pièce. (F. P.).

e. Les deux bords (B¹, B²) sont minces, mais peu retouchés sur la face

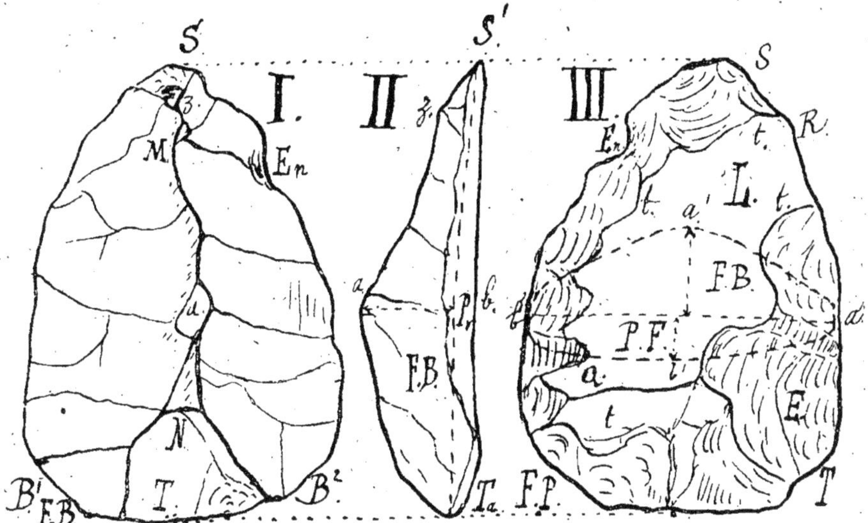

Fig. 4. — COUP-DE-POING = GRATTOIR TRIPLE, *Tiffauges.* — Échelle : Grandeur naturelle. — *Légende :* I, Face bombée (F. B.) ; — II, *Profil* ; — III, Face *aplatie* (F. P.) ; — M, N, Ligne de faite ; — T, Ta, *t*, Talon ; — S, S', Sommet ; — En, *Encoche* ; — *a*, Faite de la pièce ; — *a, b*, Point de la *coupe transversale* (*a' a", b', b"*) ; — RLQ, Surface *d'éclatement* ; — E, Éclat de taille ; — *z*, Extrémité de la ligne de faite, au sommet.

bombée ; leurs retouches se voient surtout sur la face plane (III), en raison de ce que je viens de signaler.

C. Utilisation. — Quelques petites *Encoches d'utilisation* ne sont pas patinées et montrent un silex rose foncé. Il y en a *une* sur chaque bord et une au talon (E). Cela semble indiquer qu'ici le talon a dû servir comme un bord. — Cette pièce ne serait donc en réalité qu'un *triple Grattoir*, ou qu'un *Grattoir* à triple lame ! — On sait d'ailleurs que c'est le rôle qu'on attribue désormais aux Coups-de-poing moustériens (*double Grattoir*).

2° LAME-COUTEAU. — Trouvée sous un rocher, près de la Crume,

à Tiffauges, par M. Ph. Rousseau. Collection personnelle. Éclats de silex
à patine blanche, à dos peu épais, à tranchant ayant servi (retouches
d'utilisation), très mince (0,060 × 0,030   0,008), sans grand intérêt.

2. MONTAIGU. — A Montaigu, sur les bords de la *Maine*, M. Ph. Rousseau a récolté une sorte de petite POINTE, qui peut être *moustérienne.*

Elle a une face plate et une face taillée, surtout aux deux bouts, avec
un peu d'écorce.

S'il s'agit bien d'un objet de l'époque du Moustier, cette pièce est
intéressante et à rapprocher de celle de Cugand, de la Collection Mignen.

3. SAINT-MESMIN-LE-VIEUX. — En 1913, mon excellent ami, M. le Dr

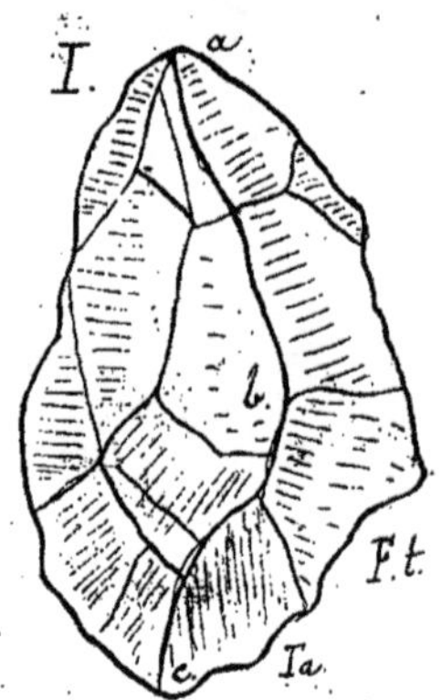
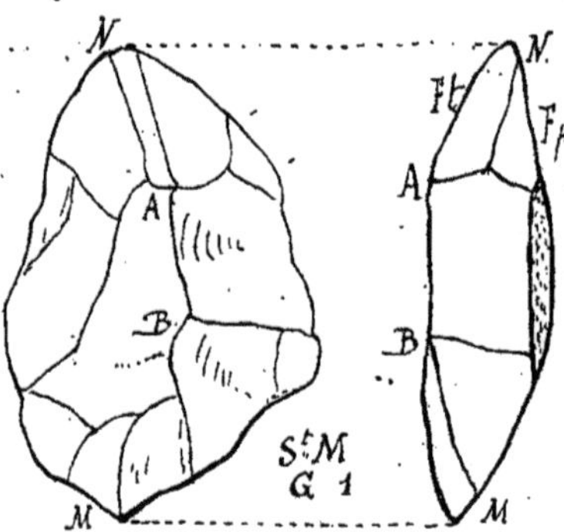

Fig. 5. — RACLOIR. — *La Glamière*, Saint-
Mesmin-le-Vieux. — Échelle : grandeur naturelle.—I, Face *bombée* (F t.).—II, Coupe
transversale. — F., *p.*, Face plate; — *a*,
b, *c*, Ligne de faîte; — Ta, *Talon.*

Fig. 6. — Le même RACLOIR, *La Glamière*,
Saint-Mesmin-le-Vieux. — Échelle : ⅓ gran-
deur. — *Légende :* Ft, Face taillée; — Fp,
Face *plate* d'éclatement; — MN, Profil; —
AB, Ligne de faîte.

Boismoreau, m'a montré deux pièces, trouvées récemment au milieu d'une
importante Station *néolithique*, qu'il étudie, à *La Glamière*, commune de
Saint-Mesmin-le-Vieux. L'une, au moins, semble d'époque *moustérienne*
et intéressante; J'en reproduis ici le croquis, qu'il m'a remis (*Fig.* 5 et 6).

La Glamière est bien exposée au Midi, sur un coteau atteignant l'altitude de 200 m et se trouve sur la rive nord d'un affluent de la rive ouest
de la Sèvre Nantaise, appelé le *Ruisseau de la Fontaine du Plessis-Foubert*,
lieu dit situé à l'Ouest.

RACLOIR. — La pièce, du poids de 25 gr., mesure 76 mm de longueur, 48 mm de largeur, et 20 mm d'épaisseur. Une face est plane et assez régulière. L'autre face est taillée à grands éclats, avec une ligne de faîte assez nette (*Fig.* 5; *a, b, c*). Ce doit être un *Racloir* moustérien, de forme un peu fruste (*Fig.* 6; MN).

Remarques. — La patine de la pièce est bien d'aspect *paléolithique*. Nous avons immédiatement distingué cette pièce au milieu d'un lot de silex, *à patine très différente*, tous aux formes *néolithiques*, provenant des récoltes de *La Glamière*. — C'est la seule de cette espèce (¹) qui existait dans cet ensemble, que va décrire sous peu M. le Dr E. Boismoreau.

II. — STATIONS MOUSTÉRIENNES DE LA FOURCHE DU LAY.

1. SAINT-JEAN-DE-BEUGNÉ. — NUCLÉUS. — La collection Ph. Rousseau (de Simon-la-Vineuse) renferme un beau *Nucléus* moustérien.

(¹) La collection E. Boismoreau renferme d'autres silex, qui pourraient être considérés par quelques-uns comme paléolithiques, et qui ont été trouvés aussi dans la Station néolothique de La Glamière; 1° Le premier, c'est un *Grattoir circulaire*, très gros, que je crois *néolithique*, en raison de sa *forme* (il n'est pas ovalaire, ni triangulaire, comme les Racloirs moustériens) et surtout de la nature de la roche (silex noir, à masses blanches, comparable au silex de la Craie turonienne) et de l'absence totale de patine (à ce point de vue, il ressemble fortement aux silex noirs de la station *sous-marine* néolithique de Sainte-Gilles-sur-Vie) (*Fig.* 7).

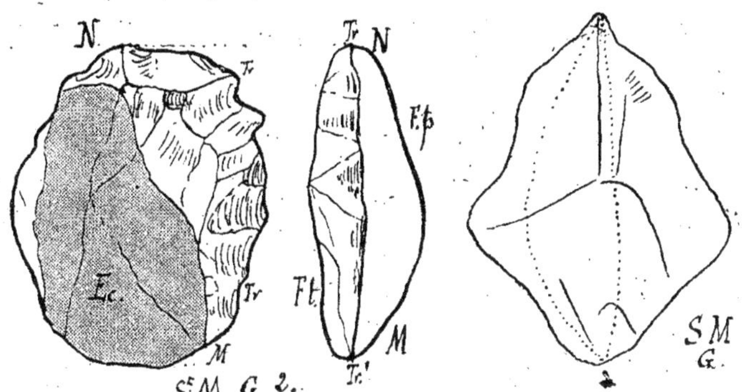

Fig. 7. — GRATTOIR. — *La Glamière*, Saint-Mesmin-le-Vieux.

Fig. 8. — Un RACLOIR (?) *Néolithique.* — *La Glamière.*

La trouvaille de cette pièce, qui est de 1913, me donne même quelques doutes sur l'époque de l'âge du Racloir décrit ci-dessus. Je me demande aujourd'hui s'il ne s'agirait pas seulement d'un *Grattoir néolithique*, à surface *patinée* et *craquelée*, par suite d'un séjour au feu dans l'un des foyers de la station de La Glamière! C'est une question bien difficile à trancher dans les conditions présentes. — 2° La station de La Glamière a fourni aussi une autre pièce, qui simule un éclat moustérien (*Fig.* 8), taillée d'un seul côté, et du poids de 78^g; elle ressemble à un éclat bombé, type Levallois, ayant été utilisé, car on y voit une cassure latérale. Mais je la crois du *Campignien* (Type Moulin cassé, de Saint-Martin-de-Brem).

Localité. — Il a été trouvé sur la rive gauche ou sud de la Smagne, *aux Mottes*, de Saint-Jean-de-Beugné (mais à quelques kilomètres seulement de Bessay, station connue), à une altitude d'environ 30 m, près d'une terrasse.

Roche. — Il s'agit d'un silex blanc grisâtre, à peine patiné et aux cassures presque fraîches, probablement originaire du Lias du sous-sol ([1]).

Description. — *Poids* : 555 g. — Ce nucléus, en forme de Disque de 12 cm de diamètre, épais de 30 mm, a été préparé sur les deux faces.

Sur l'une on a enlevé au moins quatre éclats, dont un triangulaire (triangle équilatéral de 80 mm de côté) et une lame de 100 × 30 mm ; sur l'autre face, il y a trace de cinq éclats enlevés, dont le plus grand est un triangle de 50 mm de côté. Il persiste encore du cortex, au moins sur une face.

Ce Nucléus, qui n'a pas dû être touché par la *charrue*, vu la fraîcheur de sa patine, a, cependant, des taches de rouilles, dues, évidemment, au fer du sous-sol.

2. BESSAY. — 1° LAME RETOUCHÉE. — M. Ph. Rousseau a trouvé récemment un nouvel éclat, vraiment *moustérien*, à Bessay. Cette pièce, en silex bleuâtre, patinée sur ses deux faces en gris rosé, est un solide et bel éclat, à bulbe de percussion typique sur la face d'éclatement et a sa face bombée pourvue d'une arête de division, due à des éclats antérieurs, laquelle est médiane et très marquée. La pièce est épaisse à sa base ; mais elle a un sommet, en pointe de lance, assez large.

La particularité intéressante à noter ici est que, du côté de la *face plane* ou d'éclatement, les deux bords, au voisinage du sommet, mais seulement sur leur moitié correspondante, sont pourvus de très fines *retouches*, *non patinées* pour la plupart.

On dirait qu'on s'est servi d'un éclat, anciennement fabriqué et *déjà patiné*, pour tenter de faire une *pointe moustérienne* du type évolué, c'est-à-dire du Moustérien supérieur ; mais en retouchant sur la face *plane*, à l'inverse de ce qui se voit d'habitude ! En effet, on trouve parfois, dans cette partie de la Vendée, des pièces de ce genre, plutôt exceptionnelles à La Quina, par exemple. — Je ne soupçonne pas pourquoi on a tenu à opérer ainsi dans le cas particulier.

2° GRATTOIR A ENCOCHE (*Pseudo-pointe de lance*). — Cette pièce me paraît discutable et peut être Néolithique. Je ne la cite que pour mémoire.

Une face plane d'éclatement ; sur l'autre face, taillée, retouches et éclats d'utilisation sur les trois bords. Encoche à la base.

3. SAINTE-PEXINE. — Dans ce bourg, situé sur la rive gauche du Lay, au nord de Bessay, M. Ph. Rousseau a aussi trouvé, près du Lay, dans une anfractuosité de rocher, plusieurs pièces intéressantes.

([1]) Un des éclats trouvés à Simon-la-Vineuse, celui de La Gravelle, lieu-dit, d'ailleurs, très voisin de la rive Nord, est de roche identique.

1° LAME-GRATTOIR. — Citons d'abord une lame, mince et plate, en silex à patine blanc bleuâtre; peu patinée, cassée à la pointe (avec fracture patinée); bulbe de percussion.

Elle a certainement été *utilisée* comme *Grattoir* concave. Sur un bord près de la base, forte encoche de 25 mm × 10 mm, dont le silex n'est pas patiné (il y paraît très bleu); on y voit de petites retouches. L'autre bord est cassé (à cassure patinée).

Il semblerait que l'*encoche* est plus récente que la patine d'origine; mais cela doit tenir à ce que seules les retouches ne se sont pas patinées.

Cette pièce me paraît *moustérienne*, surtout en raison du voisinage de Sainte-Pexine de Bessay et Simon-la-Vineuse. L'altitude du Lay est là d'environ 20 à 30 m, au niveau d'*alluvions anciennes* (*a′*) importantes, remontant jusqu'à la cote de 40 m. sur la rive Sud.

2° LAME-COUTEAU. — Grande lame, allongée, en silex à patine blanc-grisâtre; intacte; à petit bulbe de percussion. Elle paraît avoir été utilisée comme *Couteau* sur ses deux bords. Trouvée par M. Ph. Rousseau, dans un rocher près du Lay. A la coupe elle est nettement triangulaire, si bien qu'elle ressemble à certaines *grandes lames aurignaciennes* ([1]).

Dimensions. — Longueur, 0,120 mm; épaisseur maximum, 0,015; largeur, 0,045. *Poids* : 170 g. — Collection personnelle. — Elle est certainement du *Moustérien supérieur*, si elle n'est pas *Aurignacienne*. Elle ressemble aux silex de La Quina (Charente).

3° COUTEAU. — Une petite *lame* en silex un peu plus bleuâtre, à bulbe de percussion, ayant subi deux ou trois retouches, d'une belle patine onctueuse paléolithique, est si fine (épaisseur : 0,007 m) qu'elle semble plutôt du *Paléolithique supérieur*. Elle a été trouvée par M. Rousseau et fait partie de ma Collection.

C'est une lame qui a servi de *couteau* sur ses deux bords (retouches d'utilisation: très petits éclats); mais elle est cassée. Pour une largeur de 0,025, elle n'a que 0,055 de long. Le côté que nous possédons est celui qui correspond au talon.

Provisoirement, je la place aussi dans le *Moustérien supérieur*, en faisant, d'ailleurs, les réserves voulues pour l'*Aurignacien*.

4° AUTRES LAMES. — Il faut en rapprocher *deux* autres *lames*, moins typiques, trouvées à *Péault*, lieu voisin.

a. Une *Lame* allongée, en silex bleuté, à patine blanche, courbe (n° 257).

b. Une *Lame*, élargie (n° 239), en silex blond pâle, cassée à la pointe.

Remarques. — Ces découvertes m'ont donné l'éveil; et c'est de ce côté, désormais, qu'il faudrait chercher, si l'on veut trouver du *Paléolithique supérieur*, et surtout de l'AURIGNACIEN.

([1]) Lame ayant une certaine analogie, malgré la différence de la roche, avec une pièce citée, de Saint-Cyr-en-Talmondais, *in* Collection Chartron (1er Mémoire, p. 58; note 2).

Nous sommes d'ailleurs, à Sainte-Pexine, à une *altitude* assez élevée : environ 45 m à 60 m.

4. Simon-la-Vineuse. — La collection Ph. Rousseau s'est enrichi récemment d'une pièce intéressante, qui est bien caractéristique du *Moustérien supérieur* et qui ressemble aux silex de La Quina (Charente). Il s'agit d'une ébauche de *grand Grattoir*.

1° Grattoir. — Ce spécimen a été trouvé dans un champ au-dessus de la Papaudière, c'est-à-dire à l'altitude d'environ 50 m, sur I³ (Lias) entre la Smagne et le Lay.

Il représente un *Grattoir*, réduit à sa plus simple expression, en silex bleu, présentant une patine bleuâtre.

En réalité, c'est un fort éclat à cortex, ayant subi un commencement de travail pour en faire un grattoir, qui pèse 63 grammes. *Volume*, 3 cl; *Densité*, 2,1. Il est de forme ovalaire. Il est épais au maximum et à son centre de 15 mm. pour une longueur de 75 mm et une largeur de 50 mm. La face d'éclatement n'a aucune retouche, de même qu'un des bords, mais un cône de percussion. La base a été percutée pour être amincie légèrement, du côté de la face à cortex. Un des bords, mais seulement dans sa partie moyenne, a été retouché en grattoir, du côté de la face convexe, sur laquelle plusieurs éclats longitudinaux avaient été enlevés au préalable.

Ce qu'il y a de curieux, c'est que ces retouches ne sont pas *patinées*. Cela tient-il à ce qu'il s'agit d'un éclat *simple*, moustérien, d'abord abandonné sur le sol, puis repris, pour être travaillé, assez longtemps après, au *Moustérien supérieur*. C'est fort possible, mais non prouvé évidemment, puisque certains silex ne semblent pas se patiner.

2° Éclats. — M. Ph. Rousseau a trouvé aussi, à Simon-la-Vineuse, diverses pièces, paraissant *moustériennes*.

1° Un *éclat*, en silex bleuâtre, à patine blanche, qui a pu être utilisé comme *Couteau* sur un bord très mince et concave (petites retouches d'utilisation, localisées sur 50 mm).

2° Une *lame*, en silex blanc bleuâtre, à patine bleuâtre, à cône de percussion, un peu concave, plus longue que large, avec reste de cortex, qui paraît avoir été utilisée comme Couteau sur ses deux bords. Cette pièce provient de *La Gravelle*, sur les bords de la Smagne, qui a déjà fourni une pièce fort intéressante, antérieurement décrite (Altitude : 30 m).

3° Un *éclat*, utilisé comme *Couteau*, avec petite encoche, silex bleu. Patine légère, bleuâtre. Très petites retouches d'utilisation. Pièce trouvée dans un champ au-dessus de *La Papaudière*, comme le Grattoir ci-dessus.

4° Un autre éclat, en forme de *lame* plate, trouvé dans la même commune, me paraît aussi de cette époque, plutôt que Néolithique, en raison du silex et de sa patine. Il a été aussi *utilisé* comme Couteau sur son bord mince; l'autre épais de 5 mm est intact.

5° J'y ajoute cinq éclats : un *utilisé*, en silex bleuâtre; un ayant été au *feu*, craquelé (très douteux); trois éclats à patine jaune (très douteux) (¹).

3° *Conclusions.* — Il résulte de ces nouvelles trouvailles qu'il existe bien une STATION MOUSTÉRIENNE à Simon-la-Vineuse et Bessay, c'est-à-dire sur le haut plateau, de 5o m d'altitude environ, qui s'étend au confluent de la Smagne et du Lay, à Simon-la-Vineuse, près Bessay.

5. ENVIRONS DE MAREUIL-SUR-LE-LAY. — GRATTOIR DOUBLE. —
1° *Origine.* — Une pièce moustérienne curieuse (*Fig.* 9) fait actuellement partie de la Collection de mon ami Lucien Rousseau (Cheffois, V.)

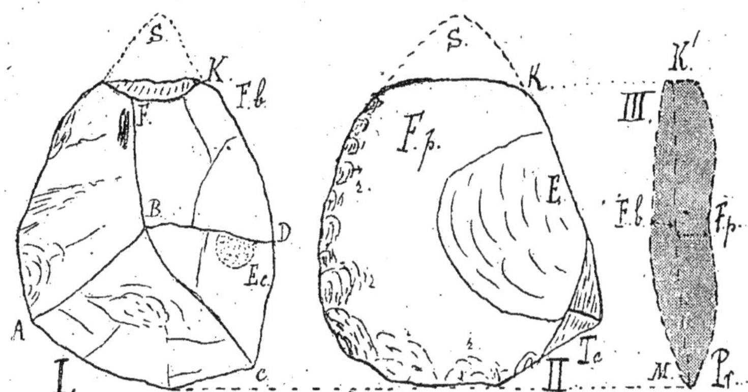

Fig. 9. — COUP-DE-POING *Moustérien* (Vendée). — Échelle : ⅔ grandeur. — *Légende :* I, Face bombée (F. *b.*); — II, Face *plane* (F. *p.*); — III, *Profil* (Pr.); — FBC, Ligne de faite; — AB, BD, BC, Arêtes secondaires; — K, K', Cassure; — S, S', Sommet; — E, Grand éclat; — *r*, Retouches; — Ta, Talon; — M, Base; — Ec, Écorce.

(n° 27). Malheureusement sa *localité* précise d'origine est inconnue. Tout ce que l'on sait, c'est qu'elle est *sûrement* de la Vendée, et, *probablement*, de la région du confluent du Lay et de la Smagne, ou des environs de Mareuil-sur-le-Lay.

2° *Roche.* — Elle est en *silex* gris jaunâtre et analogue au petit Coup-de-poing de Tiffauges. Malheureusement, la *pointe* est cassée; et la pièce ne pèse que 75 gr. à l'heure présente; entière, elle devait atteindre au moins 85 g (*Fig.* 9).

3° *Description.* — *a.* Elle est *taillée sur les deux faces*; pourtant la face plate n'est retouchée que partiellement. Les *dimensions* sont les suivantes : Longueur maximum (après *cassure*), 0,063 m; longueur *totale* probable, 0,085 m; largeur maximum, 0,058 m; épaisseur maximum, 0,015.

(¹) Peuvent être *Néolithiques*.

b. La face *bombée* (*Fig.* 9; I) n'a pas de ligne de faite bien marquée, mais présente un sommet central (B), d'où partent quatre arêtes (BF, BD, BC, BA), qui déterminent quatre facettes. Un peu d'*écorce* du silex persiste en Ec., sur la facette latérale inférieure droite BDC. Cette face a une patine blanchâtre.

c. L'autre face, dite *plate* (*Fig.* 9; II), en réalité un peu concave, a une patine gris jaunâtre, donnant une sensation argileuse au toucher.

La pièce a donc *deux patines*. Elle ne présente pas de bulbe de percussion classique, mais un talon assez net, et un grand *éclat* d'un côté (E) ([1]).

Au pourtour du talon, et de l'autre côté, nombreux petits éclats (*r, r'*), indiquant une *retaille* sur la face d'éclatement.

d. Le *profil* de la pièce (*Fig.* 9; III) montre qu'elle est peu épaisse, et surtout que le sommet de la face bombée est peu saillant.

4° *Nature.* — Ce caractère rapproche cette pièce plutôt de la fin de l'Acheuléen que de la fin du Moustérien. Par conséquent, on pourrait être tenté de la placer dans le Moustérien ancien. Mais elle possède la *face d'éclatement* typique du Moustérien moyen classique; on doit donc la considérer comme une proche parente de la précédente de Tiffauges.

Et ce doit être aussi un *double Grattoir*.

6. Puymaufrais. — **Lame-couteau.** — Dans des rochers du bord du Lay, M. Ph. Rousseau, à Puymaufrais, a trouvé une pièce, qui peut être *moustérienne* de par sa patine et sa roche. — C'est une lame, épaisse, dont le dos est constitué par l'écorce d'un silex blond gris, du poids de 50 g, ressemblant à un Couteau. Une face plane; une face taillée à éclats plutôt d'aspect acheuléen. Mais, sur un bout, il y a *trois retouches*, voulues, qui rapprochent l'objet d'un Grattoir aurignacien. Longueur, 110 mm; largeur, 25 mm; épaisseur, 15 mm. Le bord tranchant a de nombreuses retouches.

III. — Stations du Haut-Lay.

1. Sainte-Cécile. — 1° **Perçoir (?).** — Aux Chaffauds, près du Château de *Bordevaire*, sur la rive gauche du Petit Lay, a été trouvée, par M. Ph. Rousseau, une sorte de *fuseau* triangulaire, avec une face plane d'éclatement, en forme de *Perçoir*, mais à pointe non préparée. Les angles présentent des traces d'*écrasement* nettes, pour les deux faces retaillées. Ce silex blanc gris, à longues traînées de rouille sur la face plane, atteint 10 cm de longueur pour 30 mm de largeur et 30 mm d'épaisseur.

La pièce, pouvant être Néolithique, reste discutable jusqu'à nouvel ordre.

2° **Couteau.** — Au voisinage d'un rocher entre La Javelière et Les Chaffauds, près de Sainte-Cécile, M. Ph. Rousseau, en 1913, a trouvé un

---

([1]) Peut-être est-ce cet éclat qui a fait disparaître le bulbe?

éclat, qui me paraît pouvoir être classé dans le Moustérien, en raison de sa *forme* et de sa *patine*. Cette pièce est aujourd'hui dans ma Collection.

Il s'agit d'une lame, triangulaire, très peu épaisse, avec cône de percussion très net et esquille de percussion bien marquée.

Elle mesure 70 × 55 mm. Son poids est de 85 g. Une face est absolument sans retouche, presque plane. L'autre face montre que cet éclat est détaché d'un nucléus, ayant subi déjà plusieurs enlèvements de lames. La base est *retouchée* à petites retouches, de façon voulue, pour être bien en main.

La roche est en silex bleuté, certainement *local*, probablement jurassique (bleu pâle avec veinules blanchâtres). Pas de tache de rouille (comme pour le Néolithique). La patine est surtout marquée à la face qui n'a pas de trace de travail; elle est différente de la patine des pièces néolithiques de cette région, point qui a déterminé mon diagnostic.

Il s'agit donc bien d'une pièce *paléolithique*, qui a probablement servi de *Couteau* des deux côtés; mais la pointe de ce triangle presque isoscèle est cassée.

IV. — BASSIN DU TROUSSEPOIL (*Ancien Chaon*) (*Le Bas Lay*) (¹).

ANGLES. —Mon excellent ami, M. E. Bocquier (de Bressuire), a trouvé, en 1913, à Angles, *trois* silex taillés, que je crois devoir signaler, car ils ont bien tous les trois l'apparence et la patine de pièces *paléolithiques*.

S'il est impossible d'être absolument affirmatif pour deux d'entre eux [un silex (²) *néolithique* (un gros éclat) ayant été recueilli par le même savant à Angles dès 1907], provisoirement je place ces trois silex au *Moustérien*, car l'un d'eux est indiscutable.

1° LAME. —Lame allongée, à face d'éclatement un peu concave, plane à patine *bleuâtre* et cacholonnée par place; à face supérieure à plusieurs éclats, bien cacholonnée. Cette lame a été utilisée sur ses bords comme *Couteau* et *Racloir*; car, sur l'un d'eux, il y a une forte *Encoche* de 10 mm de long sur 5 mm, typique. Dimensions : 65 × 35 × 5 mm. Poids : 18 g.

2° ÉCLAT. — Éclat plus épais, à dos volumineux, cassé, à patine moins nette comme Paléolithique, et plus blanchâtre. A été utilisé comme *Couteau*, au moins sur une partie d'un bord, resté intact. Dimensions : 55 × 35 × 10 mm. Poids : 21 g. Sur la face d'éclatement, bien plane, bulbe de percussion avec esquille de percussion typique.

3° RACLOIR. — Le 14 septembre 1913, M. Ed. Bocquier, a trouvé à

(¹) Jadis le Troussepoil, le ruisseau actuel qui passe au Bernard, et qui rejoint désormais le Lay, par les Marais du sud d'Angles et de Moricq, était un affluent de l'ancien Kanentelos ou Sèvre Niortaise, actuellement le Pertuis Breton.

(²) Roche analogue à celle de certaines pièces du Moulin Cassé (Saint-Martin-de-Brem) et technique de la station de Saint-Gilles (gisement sous-marin).

Angles une pièce, qui établit, d'une façon définitive, l'existence, à Angles, d'une Station *moustérienne*, à rapprocher de celle, assez voisine, de Saint-Cyr-en-Talmondais. — Il s'agit, en effet, d'un RACLOIR, typique et indiscutable, vu sa ressemblance aux objets de même ordre de La Quina (*Fig.* 10).

Ce racloir est petit, car il ne pèse que 35 g. Il mesure 58 × 40 × 13 mm. Il est en *silex rose*, non cacholonné, et bien patiné sur ses deux faces.

a. La face *taillée* (*Fig.* 10 ; F.B) est divisée en deux parties par la ligne de

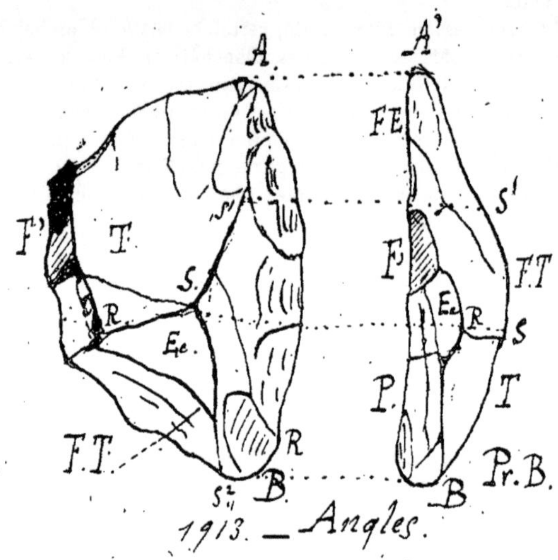

Fig. 10. — RACLOIR. — *Angles.* (Collection E. Bocquier). — Échelle : Grandeur naturelle.
— *Légende :* ABF', Face *taillée* (F. T.) ; — FE, Face *d'éclatement* ; — Pr. B, Profil ; — P, Bulbe de percussion ; — T, Talon ; — S, S', S², Ligne de faîte ; — F', Bord épais, plan de frappe ; — R, Retouches ; — Ec, Écorce du silex.

faîte S, S¹, S², avec sommet en S ; la partie E *c* présente de l'écorce du silex.

Le *bord* R a de superbes *retouches*, de A en B. Il est presque droit. L'autre bord, plus irrégulier, a, en F', un plan de frappe typique.

c. La *face plane* d'éclatement (F. E.) est plane, à peine ondulée, avec léger bulbe de percussion visible au-dessous du plan de frappe (B. P.).

La pièce est admirablement en mains.

4° *Conclusions.* — A mon avis, il n'y a donc aucune réserve à faire sur la Station moustérienne d'Angles ; elle existe certainement.

V. — BASSIN DE LA VIE.

AIZENAY. — LAME. — La collection. Ph. Rousseau (de Simon-la-

Vineuse) renferme un fragment d'une grosse lame, que, provisoirement, je classe dans le Moustérien supérieur, mais qui ressemble singulièrement à certaine des grandes et larges lames, trouvées dans le nord de la France, et rangées par M. Commont dans l'Aurignacien. Cette pièce se rapproche d'ailleurs un peu de celle de la collection Chartron, que j'ai citée; mais elle est beaucoup plus épaisse et en roche très différente. — Ce qui m'empêche de la placer dans le Néolithique.

Localité. — Elle a été trouvée à Aizenay, un peu à l'Ouest par conséquent de La-Roche-sur-Yon, dans une région où l'on n'a jamais signalé encore de Paléolithique! L'altitude est de 60^m environ. — N'y aurait-il pas là erreur de localité?

Roche. — D'ailleurs la nature de la roche m'étonne un peu également. Il s'agit d'un silex bleu noirâtre, à patine gris rosé, dont un peu de cortex est conservée (*Fig.* 11). On dirait un silex du *Lias.*

Or Aizenay est sur granulite et sur schistes à séricite, en plein terrain primitif.

Les gisements de Lias les plus rapprochés sont à Olonne et à Chantonnay, c'est-à-dire à près de dix lieues au Sud et à l'Est.

Il est bien extraordinaire que les Paléolithiques aient transporté aussi loin des *nucléus* ou des *lames.*

La pièce pèse 130 g. Volume: 5 cl. Densité: 2,6: Elle mesure 95 × 70 × 15^{mm} au maximum : ce qui constitue une lame fort large et lourde. Comme elle est *cassée* à une extrémité, de façon indiscutable (cassure non patinée), elle devait être plus longue et dépasser 100 à 120 mm.

a. La *face d'éclatement* (f. p.) est absolument plane (*Fig.* 11; Pr); mais, cependant, sur un point, situé près de la cassure, de l'un des bords, sur une étendue de 20 mm, il y a une demi-douzaine de petits éclats ou retouches d'utilisation, qui montrent que cette lame a servi à couper ou racler.

Fig. 11. — LAME. — *Aizenay.* — Échelle : ½ grandeur. — *Légende :* K', K", Cassure; — K, K', K", *Coupe transversale;* — e, Ébréchure; — d, d', d", a -a', a", Limites des arêtes *ae* et *ab*; — FT, face *taillée*; — Pr, *Profil;* — 1, sommet; — *l*, Lames enlevées (1, 2, 2¹, 3, 4); — K², *Cassure;* — *ft*, Face *plane.*

b. La *face convexe* (F. T.) correspond à quatre lames minces, antérieurement enlevées presqu'à la mode néolithique, larges de 25 mm à 30 mm (*l*).

Taches de *rouille*, sans éraflures de charrue : ce qui prouve que, même dans un sol de terrain primitif, il peut y avoir du fer, capable de les provoquer. Fines ébréchures en divers endroits sur les bords.

Cette pièce m'a beaucoup intrigué et comme époque et comme localité.

Il faut attendre, avant de se prononcer à son sujet, car, actuellement, elle me parait impossible à dater scientifiquement.

Conclusions. — Ce troisième Mémoire ne fait connaître que deux pièces, intéressantes, d'un gisement Acheuléen connu : celui de Simon-la-Vineuse, qui, peu à peu, va devenir une véritable *Station*.

Mais, pour le Moustérien, il apporte, en dehors de pièces inédites dans des gisements déjà signalés, des faits inconnus jusqu'alors : l'existence très probable de silex de cette époque dans le bassin du *Petit Lay* (Sainte-Cécile), les affluents *vendéens* de la Sèvre Nantaise, et le bassin de la *Vie!* — Cela a une réelle importance, car cette constatation permet de relier le *Grand Lay* à la *Sèvre Nantaise*, par ses affluents de la rive Ouest, et par le *Petit Lay* d'une part, et, d'autre part, le bassin du *Havre de la Gachère* à la *Sèvre Nantaise*, par celui de la *Vie*. — Il en résulte que, très probablement, à l'époque moustérienne, toutes les vallées de la Vendée ont été habitées. Nous n'avons plus qu'à découvrir les véritables *Stations*, sans doute enfouies dans les limons des Plateaux, qui se sont formés depuis le Paléolithique inférieur, avec ou sans transgression marine au Paléolithique supérieur.

De plus, certaines pièces du haut bassin du Lay indiquent presque de l'*Aurignacien!* Et cela est de meilleur augure pour les chercheurs à venir, au moins en ce qui concerne le *Paléolithique supérieur* de la *Haute-Vendée*, toujours aussi inconnu, d'ailleurs, que celui de la *Vendée maritime!*

M. Maurice FAURE,

La Malou.

LA REPRÉSENTATION DU MOUVEMENT DANS L'ART MAGDALÉNIEN.

571.71 (12.31)

24 *Mars.*

Nous possédons des spécimens nombreux et variés de l'art des Troglodytes : figurines sculptées, gravures, peintures, dessins, armes élégantes ornements, etc.; tout cela témoigne du goût et de l'activité artistiques des hommes qui vécurent dans les cavernes pendant les Époques aurignacienne, solutréenne et magdalénienne. C'est pendant cette dernière que les manifestations d'art paraissent avoir été les plus nombreuses et les plus belles. Aussi, suivant l'usage historique, donnerons-nous à cet art le nom de l'époque qui vit son apogée.

Les très nombreuses peintures murales des Grottes d'Altamira, Com-

barelle, Fonte de Gaume, etc. nous fournissent, en particulier, un champ
d'études des plus remarquables pour déterminer les conditions dans
lesquelles l'artiste magdalénien a essayé de représenter le mouvement.
C'est là une entreprise difficile, et à toutes les grandes époques d'art,
on a eu recours, pour y réussir, à des conventions. Par exemple, lorsque
le sculpteur des Frises du Parthénon représenta des chevaux en marche
il figura les uns au pas et les autres cabrés sur les deux pieds d'arrière,
parce que son œil avait pu analyser ces deux attitudes, et que leur

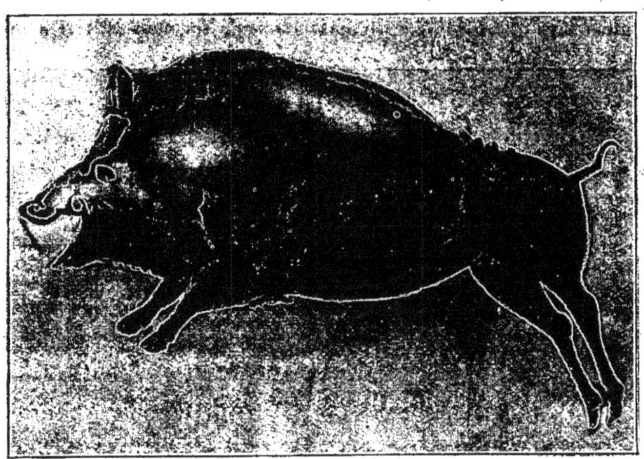

Fig. 1. — Sanglier au galop.

représentation exacte était facile. Lorsque des artistes plus modernes
ont voulu nous donner l'image d'un cheval au galop, ils représentèrent
l'animal avec les quatre membres étendus au maximum, et semblant
voler au-dessus du sol. Récemment, la chronophotographie nous a appris
que cette représentation était conventionnelle et inexacte, car parmi
toutes les images vraies de l'animal en course, il n'en est aucune qui
corresponde à celle-là. Les peintres contemporains ont cru trouver la
solution définitive du problème en fixant sur leurs tableaux des images
reproduisant exactement celles que nous fournit la chronophotographie.
L'artiste magdalénien a cherché à représenter les animaux qu'il voyait
le plus fréquemment, dans leurs postures familières, soit au repos, soit
en mouvement. La caractéristique de ces dessins est la précision, et l'on
ne peut refuser la vision nette et exacte de ce qu'il a entrepris de reproduire.

Voici, par exemple (¹), un sanglier lancé au galop (*fig.* 1). L'animal

---

. (¹) Dessins de M. l'abbé Breuil, qui a bien voulu nous autoriser à les reproduire
(phot. de l'auteur).

appuie sur la terre ses deux pieds d'arrière et les deux pieds d'avant
n'ont plus de contact avec le sol. Cette figure est analogue à celles que
nous avons rencontrées dans la sculpture grecque, mais elle se rapproche
aussi des desseins plus récents que nous avions mentionnés. L'artiste
grec est véridique quand il présente ses chevaux cabrés reposant seulement sur les deux pieds d'arrière, mais il donne ainsi plutôt l'impression
d'une belle attitude que celle de la course, et c'est, sans doute, ce qu'il
a voulu. Au contraire, les peintres postérieurs sont purement conventionnels quand ils représentent l'animal en course avec ses quatre membres
étendus sans q'aucun d'eux semblent toucher le sol, mais ils nous donnent

Fig. 2. — Sanglier marchant.

ainsi la sensation synthétique et schématique de la course. L'artiste
magdalénien tient le milieu entre ses deux confrères. L'attitude qu'il
représente n'existe pas dans la course, mais elle se rapproche cependant
de la réalité au moment où l'animal s'élance pour partir ou faire un bond,
et elle a l'avantage d'être très démonstrative et de rappeler assez exactement ce que notre œil a vu.

Dans la figure 2, existe une particularité que les remarquables dessins
de M. l'abbé Breuil mettent très bien en lumière : l'animal semble avoir
huit pattes, quatre d'entre elles étant plus fortement marquées que les
deux autres. L'interprétation de ce dessin, qui n'est point un type isolé,
reste naturellement hypothétique. Toutefois, il est fort peu vraisemblable
qu'il s'agisse là d'erreurs, d'essais ou de corrections, tels qu'en pourrait
faire un apprenti maladroit, car ce serait en contradiction avec tout ce
que nous voyons ailleurs, dans le dessin magdalénien, d'un trait toujours
si assuré. Il est infiniment plus probable, au contraire, qu'en raison de
'acuité visuelle certaine de l'homme magdalénien et de sa tendance bien

marquée à reproduire exactement ce qu'il a vu, il s'agit là simplement d'une convention que nous allons expliquer : semblable à une plaque photographique, la rétine de l'artiste a enregistré les membres de l'animal se déplaçant rapidement, à des points différents de leur trajectoire. En vertu de la persistance des images rétiniennes, l'œil continuait donc à voir une patte à la place qu'elle occupait précédemment, alors qu'il la percevait déjà à celle qu'elle occupait ensuite. Ainsi, il enregistrait deux images pour chaque patte, aux points extrêmes de leur course dans l'espace, là

Fig. 3. — Bison piaffant.

où la vitesse se ralentissant à cause du changement de direction, le membre semblait être un instant immobile.

A l'appui de cette interprétation, voici la figure 3, qui nous montre un bison à l'arrêt, dans la position familière au toro du cirque, au moment où il baisse la tête et piaffe avant de foncer sur le toréador. Les membres postérieurs sont immobiles, l'un des membres antérieurs est fortement arc-bouté sur le sol et, avec l'autre, l'animal creuse la terre de son sabot. Dans la figure 3, en effet, les trois membres immobiles sont vigoureusement dessinés, et le quatrième donne deux dessins moins nets, correspondant à ses deux attitudes successives.

Il nous paraît donc admissible que, dans l'Art magdalénien, il était de règle, pour représenter le déplacement rapide des membres d'un animal en course, de figurer chaque membre aux deux points extrêmes de ce déplacement. Comme, à toutes les époques artistiques, il a existé des conventions, nous croyons pouvoir admettre celle-là, qui n'est, d'ailleurs, pas moins convenable que d'autres pour atteindre le but que l'artiste

se propose : donner la sensation du mouvement avec une figure immobile. Nous pouvons même aller jusqu'à dire que, parmi toutes les conventions de ce genre, c'est certainement celle qui correspond le mieux à la
vision qu'à notre œil de la réalité. Il suffit, en effet, de regarder, soit
une succession de chronophotographies d'un cheval au galop, soit un
tableau moderne où le peintre ait reproduit exactement ces chronophotographies (afin de nous donner la représentation d'une charge de cavalerie, par exemple) pour constater que jamais notre œil n'a vu les attitudes
chronophotographiques, et que leur reproduction exacte ne nous donne
pas nettement la sensation du mouvement. Au contraire, la convention
magdalénienne (qui nous montre un animal lancé, reposant seulement
sur les deux pieds d'arrière, tout le corps et les membres antérieurs
étendus, ou bien le sanglier à huit pattes de la figure 2, nous rappelle
assez exactement ce que notre œil a vu réellement et, par conséquent,
atteint le but que l'artiste s'est proposé.

MM. Félix MAZAURIC et Joseph BOURRILLY,

Nîmes.

SUR LES FOUILLES DE LA BAUME SAINT-VÉRÉDÈME (GARD)(¹).
(Première campagne, 1912).

571.81 (44.83)

24 *Mars.*

Situation.

La grotte que nous avons entrepris de fouiller se trouve située en
plein canon du Gardon, à 14 km de Nîmes, dans un site extrêmement
pittoresque.

C'est le reste d'un grand canal, creusé dans la masse du calcaire don-
zérien par les divagations souterraines de la rivière au début du quaternaire moyen (²). Les deux extrémités en sont largement ouvertes et l'on
y circule partout avec la plus grande facilité.

La grande entrée baille en amont, à près de 25 m du niveau actuel des
eaux, et le sol se relève constamment, à partir de ce point jusqu'à la

---

(¹) Ces fouilles ont été entreprises avec le concours pécuniaire de l'Association Française sous le patronage de la *Société d'étude des Sciences naturelles de Nîmes.*

(²) *Voir* pour la formation de cette grotte et du cañon, notre Mémoire sur le
Gardon et son cañon inférieur (t. XII des *Mémoires de la Société de Spéléologie
de Paris*).

sortie (35 ou 40 m). Au milieu, une expansion assez grande sert de chapelle depuis le haut moyen âge.

Fouilles.

Presque tous nos archéologues locaux ont visité cet exceptionnel habitat préhistorique, et les Frères de la Doctrine chrétienne d'Uzès en ont extrait leurs plus remarquables échantillons de céramique. Cependant, jusqu'à aujourd'hui, aucune fouille complète n'avait été autorisée. Nous devons donc nos plus vifs remerciements aux propriétaires actuels pour la confiance qu'ils ont bien voulu nous témoigner.

Notre première campagne a été extrêmement fructueuse. Nous avons pu déblayer environ la moitié de la couche néolithique et faire quelques sondages dans le Quaternaire, qui nous font bien augurer de l'avenir.

Le talus a été entamé à sa base, près de l'ouverture d'amont où nous avons creusé d'abord dans le Néolithique une tranchée de 2 m de large allant jusqu'au plancher quaternaire, très dur en cet endroit, et s'étendant sur toute la largeur de la galerie (5 m à 6 m). A partir de ce point, et en remontant vers l'intérieur, nous avons enlevé la terre, en la passant au crible, par tranches de 1 m. A chaque tranche, correspond une coupe à grande échelle sur laquelle nous avons indiqué jour par jour le niveau de chaque trouvaille importante.

L'épaisseur de la couche néolithique et moderne, d'abord de 0,80 m environ, va en s'atténuant peu à peu. A 40 m de l'entrée, elle se trouve réduite à quelques centimètres. C'est donc une masse d'environ 100 m³ que nous avons déplacée jusqu'à maintenant.

Nous allons donner un aperçu rapide des principales trouvailles, réservant pour plus tard l'exposé de nos conclusions générales.

I. — *Quaternaire.*

Nous avons exécuté trois sondages complets dans la partie située en amont et un seul près de la sortie.

Les premiers nous ont donné pour le quaternaire, une épaisseur variant de 1 m à 2 m. Les sables y sont fortement agglutinés et forment avec les ossements transformés en phosphates un magma d'une extrême dureté. Nous y avons recueilli un *coup-de-poing* en silex formé d'une partie arrondie ayant conservé sa gangue naturelle, et d'une pointe taillée à grands éclats. Un autre fragment d'outil semblable a été recueilli dans la même tranchée.

Il est difficile de se prononcer sur le simple examen de deux pièces isolées; cependant notre impression générale est que nous sommes en présence de couches d'époque moustérienne.

Le dernier sondage, exécuté près de la sortie, a donné des résultats tout différents. Ici, la transition entre le Quaternaire et le Néolithique est moins brusque, les silex sont plus abondants, et nous avons pu recueillir quelques formes nettement magdaléniennes.

II. — *Néolithique et Énéolithique.*

Ces couches ont été de tout temps bouleversées et les lignes de foyers sont loin d'offrir la netteté de celles du Quaternaire. Nous avons pu cependant, sur un point favorable, relever trois lignes de foyers assez nettement différenciés : c'est dans celle du milieu que nous avons découvert le poinçon en cuivre signalé ci-dessous.

En somme, la grande phase de l'occupation nous paraît avoir été la fin du Néolithique et le début du métal, phase qui a laissé de si nombreuses traces dans la région et pour laquelle nos premiers chercheurs avaient créé le nom spécial d'époque *durfortienne* ou *cébennienne.*

Voici la rapide énumération des principaux objets recueillis :

Pierre. — 1° Plusieurs *meules* plus ou moins creusées, la plupart du temps en mollasse coquillère marine ou en grès rouge;

2° Un nombre considérable de gros *broyeurs* (cailloux roulés du Rhône en quartzite ou grès offrant une face usée par le frottement);

3° Un plus grand nombre de petits broyeurs ou *molettes* en silex, quartz blanc ou roche verdâtre, travaillés sur tout leur pourtour et plus ou moins arrondis;

4° Autres petits *cailloux* en *schiste* des Cévennes dont les uns sont allongés et usés par le frottement intentionnel, les autres aplatis et parfois doublement échancrés sur les côtés (pesons de filet?).

Il faut signaler, en outre, de nombreux cailloux calcaires plats, polis par une action mécanique *naturelle*, en tous points semblables à ceux que l'on trouve aux abords de certains évents ou sources de fond. Le gisement le plus rapproché de la Baume nous paraît être celui du *Fouzeron*, près de Saint-Gervasy (8 km environ).

5° Nous avons recueilli plus de quarante *haches polies*, la moitié environ de très petite dimension, les autres de grandeur moyenne. Elles sont généralement en roche verdâtre des Alpes. Un certain nombre étaient empruntées aux schistes durs des Cévennes, mais elles n'ont guère résisté aux premiers chocs. Deux sont en jadéite. Leurs formes variées pourront donner lieu à une étude spéciale. Nous en avons deux plates comme les premières haches en cuivre; d'autres sont à double tranchant; une d'elles est creusée en forme de gouge, etc.

6° Les *billes polies* paraissent encore plus abondantes que les haches. Les plus belles sont en une roche verdâtre de la Durance (euphotide) mouchetée de petits cristaux de nuance claire (diallage) : nous en possédons dix spécimens dont les diamètres varient de 1 cm à 4 cm.

Presque toutes les autres sont en calcaire local, de couleur jaune ou rosée. Les plus petites ont 0 cm,5 de diamètre et les plus grosses 3 cm. Elles nous permettent de saisir toutes les phases de la fabrication, car on trouve tous les intermédiaires entre la véritable bille sphérique, admirablement polie, et la grossière ébauche encore, à peine usée par le frottement.

7º Les *silex* taillés se comptent par milliers. La matière première est d'origine locale : silex lacustre du Crétacé supérieur ou du Tertiaire inférieur, de couleur blonde ou noire, quelquefois blanche.

a. Lames ordinaires droites, à arête médiane et surface plane en dessous, plus ou moins retouchées sur les bords, parfois pédonculées;

b. Lames *incurvées* à extrémité pointue, rarement retouchées, rappelant un peu les formes magdaléniennes. Un grand nombre sont de petite dimension (3 cm à 4 cm), et nous les avons principalement recueillies dans les couches les plus profondes;

c. Lames à un seul tranchant, généralement assez larges, avec gangue sur le dos;

d. Pointes en feuille de laurier, de dimensions moyennes, retouchées sur les bords, mais non taillées sur le milieu des faces;

e. Petites pointes de flèche, souvent pédonculées, mais d'un travail assez médiocre; quelques-unes sont à l'état de simples ébauches;

f. 6 pointes de flèches à tranchant transverse, dont 4 très petites finement retouchées sur les côtés;

g. Une trentaine de grattoirs généralement demi-circulaires;

h. Autres pièces en nombre infini plus ou moins retouchées intentionnellement.

8º Nous devons, enfin, signaler deux ou trois fragments de petits godets accompagnés de limonite ou minerai de fer oxydé, et un grand nombre de petits éclats de *quartz blanc* translucide utilisés comme grattoirs ou perçoirs.

Céramique. — Celle-ci constitue une des particularités de la *Baume*; elle méritera une étude très détaillée.

En première ligne, nous devons placer la découverte d'un grand vase retiré intact d'une fosse creusée dans le Quaternaire. Sa pâte est rougeâtre et sa couverte lustrée d'un brun jaunâtre. Le fond est en forme de calotte hémisphérique et le côté orné de légères cannelures. Sa hauteur totale est de 33 cm, et sa largeur de 32 cm. L'épaisseur ne dépasse pas o cm,5. Malgré l'absence du tour, sa régularité est parfaite, et son exécution remarquable en fait une œuvre d'art.

Nous possédons les débris d'autres vases encore plus finement décorés.

L'ornementation est, en effet, extrêmement variée : pastillages et cannelures légères; côtes saillantes formant lignes parallèles ou grand damier; impressions avec le doigt ou avec un instrument approprié; dessins géométriques gravés au trait, parfois avec une finesse extrême, et parfois très profondément incisés; impressions au cachet ou à la roulette; décor au champlevé; incrustation de couleur blanche et rouge au fond des traits gravés, ..., rien ne manque à notre belle série. Mais il faut surtout noter l'abondance extrême des anses horizontales uni- ou multiforées, sans oublier les « flûtes de Pan ».

Os travaillés. — Toutes les formes connues d'outils en os ont été à peu près découvertes : lissoirs, poinçons, perçoirs, aiguilles, etc. Plusieurs sont d'une très belle facture. A noter la présence de poinçons spéciaux munis à la base de deux fortes encoches et que nous supposons avoir dû servir de passe-fil.

D'autres outils en corne ou bois de cerf, très durs, à tranchant aiguisé ou à pointe effilée, ont dû jouer le rôle de ciseaux ou de petits pics.

Un grand nombre de pièces ont été trouvées à l'état de simples ébauches et permettent de suivre les diverses phases de la fabrication.

Objets de parure. — Ce sont presque uniquement des perles de colliers ou des pendeloques.

Comme matière première, signalons la présence de petites coquilles roulées apportées de la mer, de défenses de sangliers intentionnellement fragmentées et de petits cristaux d'aragonite non encore perforés. Un petit bâtonnet d'*ivoire* se trouve dans les mêmes conditions de travail. Parmi les objets finis, il convient de noter :

Plusieurs perles en os, en test de coquillages et en pierre ollaire; des coquilles perforées près du crochet; de nombreuses dents canines également perforées à la racine, et notamment une dent d'*ours*; plusieurs humérus de lapins perforés, ainsi qu'un certain nombre de petites plaquettes en os ou en schiste; une pendeloque en aragonite; une perle en *callaïs*, etc.

Un très curieux anneau ou bague en os poli a été également trouvé dans les mêmes couches.

Métal. — Les objets de métal sont d'une rareté extrême. Nous n'avons guère pu retirer qu'une *alène* ou *poinçon*, très probablement en cuivre et un autre fragment indéterminé (peut-être une fibule?). Le premier objet était en place près d'un foyer, au milieu de la tranchée; le second a été extrait de terres remaniées.

Époques postnéolithiques.

Les débris postérieurs à l'Énéolithique sont beaucoup plus rares. On trouve cependant quelques céramiques du bronze et de l'âge du fer.

Notons d'une façon toute spéciale, la présence de plusieurs fragments de vases peints de style méditerranéen. Trois ou quatre d'entre eux sont ornés de peintures noires ou violettes sur fond blanc et rappellent les types de la fin du VIIe siècle et du commencement du VIe siècle avant J.-C.

D'une époque peut-être postérieure datent les fragments d'un grand vase en terre grisâtre assez fine, orné d'empreintes à la roulette ou au cachet, et dont les deux anses verticales (pareillement ornées sur le dos) forment un triple pont mesurant 15 cm de long sur 4 cm de large. Nous n'avons jusqu'ici rien de semblable dans notre région et ne trouvons à leur comparer que les anses des vases découverts en Prusse par M. Brinkmann et récemment décrits par M. A. Guébhard (¹).

(¹) M. Adrien GUÉBHARD, *Sur les anses verticales multiforées horizontalement* (*Bull. Soc. préhist. de France*, t. VIII, p. 502, fig. 2, 3 et 4).

Il faut en outre, pour être complet, signaler quelques débris d'amphores en terre jaune micacée d'époque celtique, deux ou trois fragments de tuiles romaines et un bec de *pégau* du moyen-âge.

MM. A. DEBRUGE et Gustave MERCIER,

Constantine.

L'ESCARGOTIÈRE DE MECHTA-EL-ARBI PRÈS CHATEAUDUN-DU-RHUMEL.

571.93 (65)

26 *Mars.*

Au cours de l'année 1906, M. Gustave Mercier, désirant édifier une ferme dans sa propriété de Metcha-el-Arbi, près de Châteaudun-du-Rhumel, choisit comme emplacement une légère éminence qui dominait de 2 m à 3 m la grande plaine environnante..

Les fondations qu'il croyait asseoir sur le tuf rencontrèrent un terrain composé de cendres, d'hélix, d'ossements ou déchets de cuisine, sur une profondeur de plusieurs mètres à telles enseignes que l'on dut reporter plus loin les fondations de la ferme.

M. Mercier recueillit dans les rejets et dans quelques fouilles sommaires par lui pratiquées, divers ossements humains, dont un occipital à crête très caractéristique, des ossements d'animaux, la plupart fragmentés, divers silex et un os poli, et une grande quantité d'hélix.

Il en fit l'objet d'un compte rendu dans le recueil de la Société archéologique de Constantine ([1]).

La Société décida en 1912 sur la proposition de M. Debruge, de pratiquer de nouvelles fouilles plus importantes au même endroit. C'est donc un travail en collaboration que nous avons entrepris et que nous avons l'honneur de présenter au Congrès de Tunis.

Considérations générales. — Nous renvoyons pour la description de l'escargotière et les détails relatifs à sa situation, ses dimensions, etc., à la relation ci-dessus mentionnée de M. Mercier.

Le pays est une immense plaine formée d'alluvions quaternaires anciennes, trouée çà et là par des montagnes calcaires émergeant comme des îlots. La plaine elle-même est plissée par quelques lignes de coteaux tuffeux élevés de 25 m à 30 m. Au pied d'une de ces lignes et à 300 m environ de l'escargotière, court l'oued Ouskourt, qui s'est creusé un lit profond de quelques mètres. Ses eaux, alimentées par les sources qui émer-

---

([1]) *La Station préhistorique de Châteaudun-du-Rhumel* (*Recueil des Notices de la Société archéologique de Constantine*, 1907, p. 171).

*27

gent au pied de ses berges tout le long de son cours, fournissaient, été comme hiver aux primitifs habitants de Mechta, des ressources précieuses.

Le sous-sol est formé, au-dessous d'une couche végétale, dont l'épaisseur varie de 0,30 m, à quelques mètres, par un tuf généralement marneux, d'autrefois calcaire et pouvant même être utilisé comme pierre à bâtir. La boursouflure de l'escargotière, qui mesure environ 100 m de longueur, orientée Est-Ouest, sur 50 m de largeur est recouverte, sur sa périphérie, d'une couche de terre végétale qui va en s'amincissant pour devenir nulle au sommet. La hauteur au-dessus du sol environnant est d'environ 2,50 m. On voit quel cube considérable de déchets représente ce monticule, dont nous donnons ci-dessous (*fig.* 1) une coupe schématique.

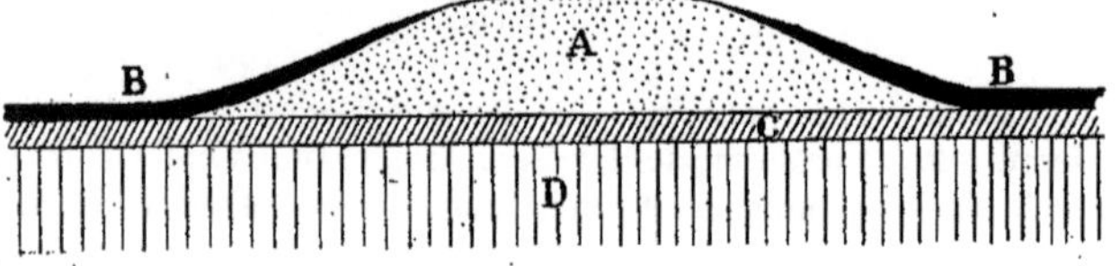

Fig. 1. — Coupe de l'escargotière de Mechta-el-Arbi.

A, Corps du monticule.
B, Couche de terre végétale arable.
C, Couche de terre argileuse.
D, Sous-sol tuffeux.

Fouilles. — A deux reprises différentes, septembre et octobre 1912, sept importantes tranchées, d'une moyenne de 7 m de longueur, sur 1,50 m de largeur et 2 m à 2,50 m de profondeur ont été pratiquées aux endroits jugés favorables, vers le sommet présumé de l'escargotière de Mechta-el-Arbi.

Les remarques les plus importantes faites au cours de nos fouilles sont les suivantes. Dans son état primitif, l'escargotière visitée devait être considérable, les agents athmosphériques et les troupeaux l'ont sérieusement étalée, mais elle peut encore avoir une cinquantaine de mètres de base et le sol ancien d'argile compacte et jaunâtre n'a été rencontré qu'à une moyenne de 2,50 m.

A la surface, on constate une gangue protectrice formée par une quantité innombrable d'hélix broyées et tout comme à Tébessa (¹); c'est ce qui nous expliquera la conservation relative de certains ossements, car l'eau pénètre difficilement dans les escargotières.

Même uniformité de couches, avec à peine une teinte légèrement variable et bariolée, selon la richesse de la cendre et des coquilles.

(¹) A. DEBRUGE, *Le préhistorique dans les environs de Tébessa* (*Recueil des Notices et Mémoires de la Société archéol. de Constantine*, 1911, p. 53 à 101).

De la surface jusque la base on recueille les deux industries du silex et de l'os poli, mais il semble toutefois, que la récolte soit plus riche vers la base et que le travail du silex soit plus soigné.

Les escargots limités à deux variétés, dont l'espèce dominante est l'*Helix aspersa* Muller, sont innombrables; parfois épars dans le sol parfois en bancs serrés, et ils constituaient pour ainsi dire essentiellement la nourriture de l'homme de cette époque, car plutôt rares sont les ossements d'animaux.

De-ci, de-là, il a été relevé des traces de foyers, mais chose curieuse,

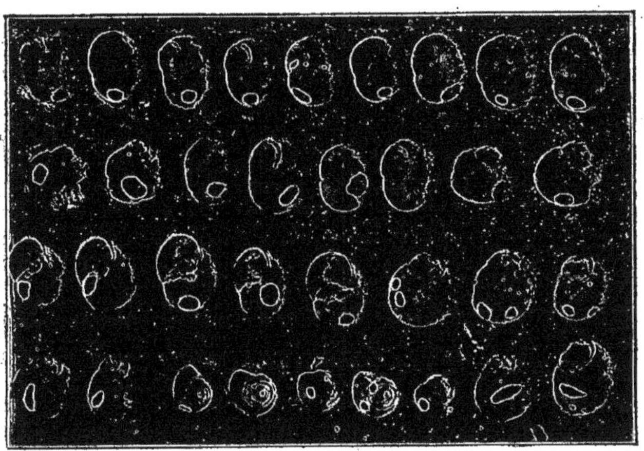

Fig. 2. — Coquilles d'escargots perforées au moyen d'une pointe, pour faciliter la sortie de l'animal.

on ne trouve aucun débris de charbon et il est à présumer qu'avant de confier à la cendre chaude les escargots dont il faisait sa nourriture, l'homme attendait la combustion parfaite des charbons. Sur beaucoup de coquilles on relève des traces de contact avec un feu modéré.

Dans une notable proportion, on constate sur la périphérie des coquilles, une perforation régulière probablement faite au moyen d'une pointe ou d'une lame-pointe (*fig.* 2).

Lorsque l'animal résistait après cuisson dans son enveloppe, l'homme usait d'un artifice pour provoquer son dégagement.

Parfois deux ouvertures ont été pratiquées sur une même coquille; tantôt l'ouverture est ronde, tantôt aussi allongée. Enfin, cette particularité, bien intentionnelle, se retrouve également sur certains sujets, de la deuxième et plus petite variété des escargots de la fouille [1].

---

[1] Dans mon travail sur Tébessa, j'ai déjà attiré l'attention sur cette particularité.

Industries. Silex. — En général les silex recueillis sont uniformément opaques, d'une couleur noirâtre le plus souvent terne, mais, quelquefois aussi, brillante comme l'obsidienne. Les silex chatoyants et translucides sont pour ainsi dire inconnus dans l'escargotière de Mechta-el-Arbi.

D'après notre ami, M. Joleaud, géologue, cè silex viendrait des crêtes calcaires voisines, ou on le rencontre sous forme de rognons intercalés.

Au point de vue général de l'industrie, tout semble indiquer une période de début, de tâtonnement, et nous ne touchons pas encore à cette belle évolution qui nous a été signalée par différents auteurs sous les noms de *Capsien* et de *Gétulien.* Car il est de toute logique que l'industrie

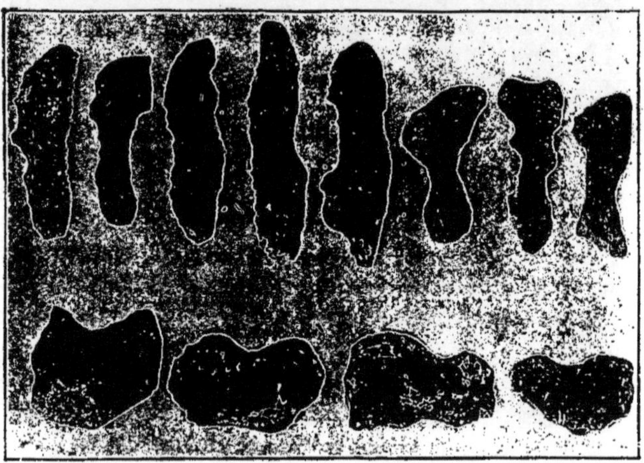

Fig. 3. — Silex à encoches latérales et bilatérales du type aurignacien.

des escargotières embrasse un temps considérable et qu'elles ne soient pas toutes d'une même époque (¹).

Les burins classiques et les petits silex de-taille géométrique, rares dans les escargotières de catégorie ancienne de Tébessa font totalement défaut à Mechta-el-Arbi. Afin de pouvoir constater la présence des objets de faible dimension qui auraient pu nous échapper, nous avons fait tamiser la valeur de 1 m³ de cendres environ, mais en vain. C'est un travail considérable et du reste très incommode (car il vente presque toujours), qui ne nous a donné nulle indication.

Les silex, surtout les lames à encoches latérales et bilatérales si caractéristiques de l'Aurignacien de France, sont assez nombreux. La photo-

---

(¹) L'industrie des escargotières anciennes de Tébessa serait, par rapport à Mechta, une évolution et, ce que j'ai appelé *récentes,* se rapprocherait beaucoup de ce que notre collègue, M. Gobert, a recueilli à Redeyef.

graphie (*fig.* 3) nous en montre une jolie série. Dans certains sujets, l'encoche est unique et fort allongée, tout en restant parallèle à l'arête médiane, alors que sur d'autres elle est plus incurvée; parfois aussi, les encoches sont successives et plus ou moins rapprochées. Sur cette même planche nous présentons quatre grattoirs à encoche, ils sont également fréquents et il semble y avoir une certaine parenté entre ces objets et le restant de la série.

Les lames recourbées en forme de bec de perroquet sont moins com-

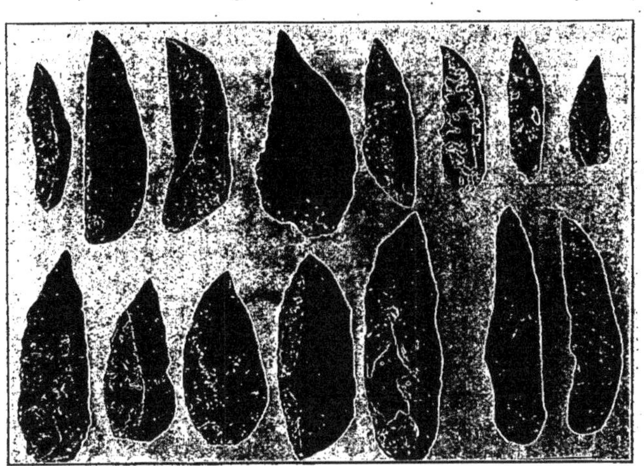

Fig. 4. — Lames recourbées en forme de bec de perroquet.

munes et moins belles que dans les escargotières de Tébessa; nous pouvons cependant en montrer quelques-unes (*fig.* 4).

Le dos est toujours finement retouché, le côté opposé demeurant tranchant. Certains de ces sujets peuvent rentrer dans la catégorie des outils à usage multiple : les trois premiers de la rangée du bas sont taillés comme pour l'emmanchement et les deux derniers sont finement retouchés pour constituer des grattoirs parfaits.

Les lames ordinaires et classiques sont plutôt rares; elles sont ou épaisses à une seule arête médiane ou plus plates à deux arêtes longitudinales.

Nous donnons (*fig.* 5), quelques types particuliers : le premier paraît avoir été au début un long grattoir et aurait été ensuite abandonné pour servir comme outil à pratiquer les retouches, car sauf à la base d'éclatement ce n'est qu'une succession de larges et profondes étoilures produites par une pression énergique et répétée. Vers le sommet même, l'épaisseur est comme rongée intérieurement.

Le deuxième objet est un superbe outil en quart de cercle allongé;

très plat, la partie tranchante est droite et taillée en biseau, tandis que le dos recourbé est totalement retouché jusque la pointe. Le caractère capital de cet outil est à notre avis le tranchant, la partie circulaire se trouve retouchée non pour gratter, mais pour ne pas blesser en venant s'appuyer le long de l'index, le talon reposant entre le pouce et ce premier doigt.

Un de nos collègues a publié récemment (¹), un heureux essai de mode de préhension d'un objet analogue, avec cette différence qu'il aurait plutôt servi à racler qu'à trancher.

Les trois sujets du haut sont des grattoirs du type de la Madeleine,

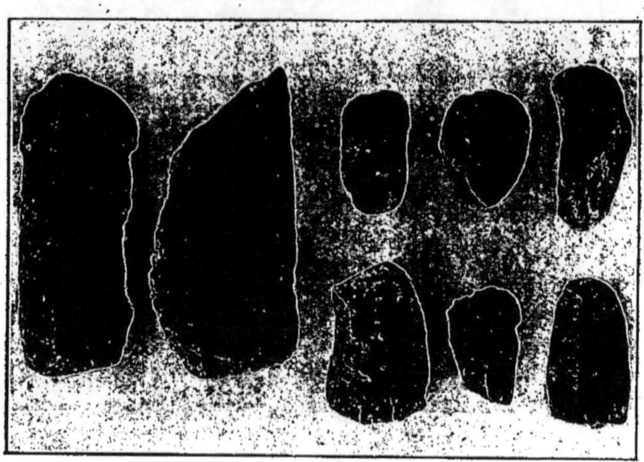

Fig. 5. — Silex divers.

et, bien que retouchés à la partie supérieure, ils sont loin des superbes spécimens provenant des escargotières des environs de Tébessa. Très rares à Mechta-el-Arbi, ils semblent bien appartenir à une industrie beaucoup plus primitive.

La même photographie nous montre également trois nucleus, nous en avons recueilli six au cours de nos fouilles.

Comme outillage bien déterminé, nous mentionnerons aussi quelques rares pointes, avec ou sans retouches, et enfin, pour terminer avec l'industrie du silex, nous dirons qu'à côté des objets classiques passés en revue, il en existe une grande quantité qu'il serait difficile de classer dans telle ou telle catégorie. Bruts et indéfinis, il semble que selon le mode d'éclatement, ces silex devaient servir tels quels, à gratter, couper, racler, car sur certains on relève des éclats produits à l'usage.

(¹) G. Chauvet, *Mode de préhension d'une pointe asymétrique (fig. 3) Moustérien supérieur et Aurignacien à Hauteroche, près Châteauneuf*, 1912.

Nous n'avons pas recueilli un seul percuteur; c'est une lacune singulièrement énigmatique et qui du reste existe pour ainsi dire partout dans
les stations algériennes.

Broyeurs. — A signaler quelques broyeurs usés et arrondis par l'usage
sur lesquels on relève encore des traces de matière colorante.

Ocre. — Sur une forte plaquette de calcaire, avec dépôt ocreux jaunâtre,
on remarque de nombreuses stries faites avec le silex ayant servi à racler
la matière colorante; un autre morceau oligiste, comporte également
des rayures profondes. Quelques morceaux d'ocre rouge ont été rencontrés au cours des fouilles, et il sera parlé plus loin d'un crâne d'enfant
enduit de poussières d'ocre rouge.

Industrie de l'os. — L'industrie de l'os se trouve pour ainsi dire limitée
à la pointe grande ou petite, épaisse ou fine, mais toujours d'un beau
poli. Nous en avons fait reproduire une importante série (*fig.* 6), grandes

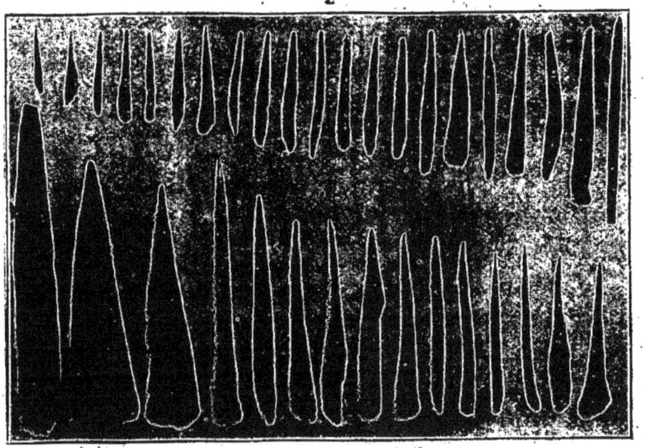

Fig. 6. — Industrie de l'os, pointes polies.

et fortes, ces pointes pouvaient constituer des armes, petites au contraire,
ce devaient être les pointes utiles à nos mangeurs d'escargots.

Deux os plats se trouvent usés en forme de spatules et, vers la pointe
soigneusement polie, on relève des stries nettes, mais limitées à cette
extrémité. Sur l'un des deux on trouve encore traces de matière rougeâtre.

Un fémur d'oiseau, de moyenne taille, a servi d'amulette, car à la base
et tout autour de la tête, existe une rainure assez profonde.

Mais l'objet le plus singulier recueilli au cours de nos fouilles, est sans
contredit celui que nous représente sous deux aspects la figure 7.

C'est une forte et plate côte, dont la pointe, malheureusement un peu brisée a été soigneusement arrondie. Elle mesure o,27 m de longueur et o,o55 m dans sa plus grande largeur. La base de prise en main est fort épaisse et sur les deux tiers de la longueur, immédiatement après cette base de prise en main, l'épaisseur a été évidée à plus de o,o2 m de profondeur. On a absolument l'impression d'un manche de fort couteau actuel, dont la lame se rabattant serait absente.

Des silex tranchants emboîtés et retenus dans cette gaine devaient

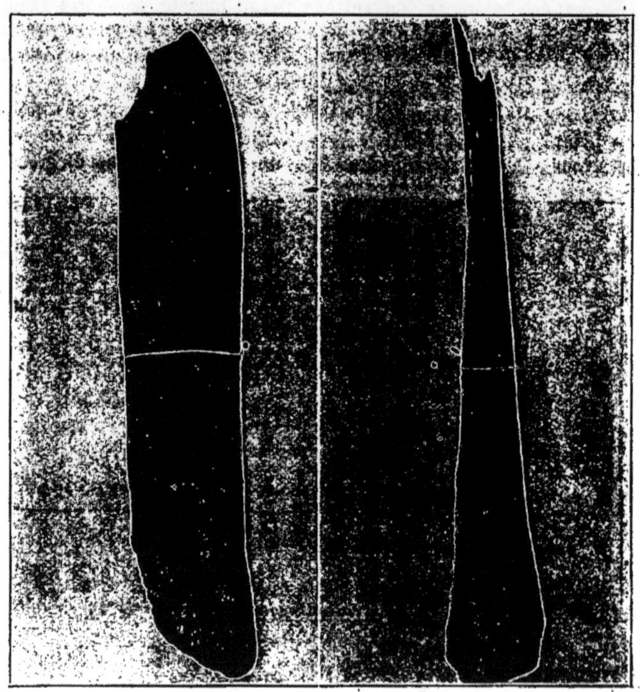

Fig. 7. — Côte polie et évidée très réduite, face et profil.

constituer une arme redoutable. D'une lourdeur excessive — de même que tous les os provenant des fouilles — cet objet est nettement fossilisé et comporte de profondes vermiculations.

Coquilles de l'œuf d'autruche. — La coquille de l'œuf d'autruche est représentée, dans nos fouilles, par six débris de peu d'importance et sur lesquels on ne relève aucune trace de gravure.

Ossements d'animaux. — La faune des mammifères de l'escargotière de Mechta-el-Arbi a été soigneusement déterminée par notre collègue,

M. Joleaud, géologue, lequel nous remercions bien sincèrement, elle comprend les espèces ci-après :

Ammotragus Cervia Pallas. — Le mouflon.
Bubalis boselaphus Pallas. — Le bulade.
Bos taurus L. variété *primigenius* Rutin. — Le grand bœuf.
Bos taurus variété *ibericus* Sanson. — Le bœuf d'Algérie.
Erinaceus algirus Duvernoy. — Le hérisson d'Algérie.
Felix ocreata Gmelin — Le chat ganté.
Gazella dorcas L. — La gazelle des plaines.
Gazella var. kevella Pallas. — La gazelle des montagnes.
Vulpes vulpes L. var. *atlantica* Wagner. — Le renard d'Algérie.

A signaler également la présence d'une certaine quantité d'ossements d'oiseaux de diverses tailles, ainsi que d'une tortue terrestre.

Beaucoup d'ossements sont fendus dans le sens longitudinal, pour en extraire plus facilement la moelle, dont l'homme des escargotières paraît avoir été friand. Quelques-uns, fendus également, semblent humains et auraient besoin d'un examen particulier.

Ossements humains. — Très nombreux sont les restes humains recueillis à Mechta-el-Arbi, au cours de nos fouilles; ils appartiennent à des adultes et à des enfants. Nous nous bornerons à présenter quelques remarques d'ensemble, pour laisser la parole à notre éminent collaborateur et collègue, M. le Dr Bertholon, lequel a bien voulu se charger de l'analyse anthropologique de ces précieux documents.

Le squelette complet de femme accompagnée de son enfant, a été trouvé dans la position normale et allongée, avec orientation de la tête au Sud-Ouest. Le corps reposait sur un lit de cendres particulières, fines et très blanches et bien différentes des autres cendres de nos fouilles. Tous les autres ossements humains ont été recueillis pêle-mêle, épars ou en tas, sans aucune indication de méthode. Une tête a été recueillie isolément sans aucun autre ossement; une autre était accompagnée de quelques os longs des jambes et des bras; une troisième avec une certaine quantité d'ossements divers, dont les fémurs et les tibias, n'occupaient qu'une faible place; le tout ayant été placé comme en tas et, vraisemblablement, après décharnement.

Les restes les plus intéressants recueillis, car ils évoquent sûrement la contemporanéité, sont ceux d'un enfant déjà d'un certain âge. Trouvé à 2,40 m de profondeur, dans un véritable rempart de protection fait de pierres diverses, il était accompagné d'une moitié d'un superbe broyeur encore enduit d'ocre rouge, d'un couteau en silex et d'une jolie pointe en os poli. Les ossements et le mobilier offert à ce jeune et regretté sujet étaient ramassés sur le côté droit de la tête, laquelle regardait le Nord-Ouest.

Fait très significatif, qui a déjà retenu l'attention de savants collègues, au cours de différentes fouilles sur le littoral métropolitain, cette

tête avait été saupoudrée intentionnellement d'ocre rouge écrasée, et
l'effet produit sur ceux qui assistaient à la fouille et au dégagement fut
saisissant, car on aurait cru voir une tête ensanglantée.

Il sera facile encore du reste, de se convaincre de ce que nous signalons,
car le crâne se trouve comme teint en rouge à plusieurs endroits, et
certains os possèdent aussi de cette poussière ocreuse dont nous parlons·

Le sol ancien d'argile compacte et jaunâtre se trouvait à 0,20 m à
peine au-dessous de ces intéressants restes, vraisemblablement d'un
enfant très cher.

En général, tous les ossements humains exhumés de nos fouilles de
Mechta-el-Arbi, paraissent avoir, intentionnellement, été protégés par
des remparts faits de pierres diverses et assez volumineuses.

M. LE Dr BERTHOLON,

Tunis.

SUR TROIS CRANES D'ASPECT NÉANDERTHALOIDE TROUVÉS DANS LES ESCARGOTIÈRES DE MECHTA-EL-ARBI (FOUILLES DE MM. DEBRUGE ET MERCIER).

573.7 (65)

26 *Mars.*

MM. Debruge et Mercier ont bien voulu soumettre à mon examen
quelques ossements provenant de leurs fouilles de Mechta-el-Arbi, près
de Châteaudun (Constantine).

Ces ossements comprennent trois crânes d'adultes, à peu près intacts.
Il y a quelques restes d'enfants et aussi un certain nombre d'os longs,
dont la plupart ont été brisés.

Outre ces trois sujets, MM. Debruge et Mercier m'ont remis un crâne
de femme accompagné de celui de son enfant, coloré en rouge. Ce crâne
diffère des précédents. Il se rapproche, d'ailleurs, par ses caractères des
populations contemporaines. D'autre part, les os du squelette étaient
en place, dans la position allongée, au lieu d'être dispersés comme les
précédents. Ils étaient ensevelis moins profondément. Ces diverses
remarques donnent à penser qu'il s'agit là d'une inhumation très postérieure. Pour ne pas allonger, aujourd'hui notre description, nous négli-
gerons ce quatrième sujet divergent. Nous ne nous occuperons que de
trois crânes du même type. Voici leurs mensurations.

TABLEAU *des mensurations des crânes de Mechta-el-Arbi.*

	Masculins.		Féminin.
	N° 1.	N° 2.	N° 3.
Capacité (estimée d'après la formule de. Manouvrier)............................	1535 (?)	»	».
Diamètre antéro-postérieur.................	193	192	178 (?)
» transverse............................	148	141	141
» frontal maximum.....................	108	118	114
» frontal minimum.....................	96	99	93
» basilo-bregmatique..................	122 (?)	»	»
Courbe horizontale totale.................	555	»	»
» transverse totale....................	»	»	»
» antéro-postérieure	»	»	»
Trou occipital : longueur.................	»	»	»
Trou occipital : largeur..................	»	»	»
Ligne naso-basilaire......................	»	»	»
Indice céphalique : 1° Longueur-largeur...	76,68	73,44	80 (?)
» 2° Longueur-hauteur..	63,21	»	»
» 3° Largeur-hauteur.....	83,78	»	»
Fronto-transverse.........................	64,86	»	65,95
Frontal n° 2..............................	88,88	»	81,58
Indices-face : largeur biorbitaire externe.	122	»	pas de face.
» » » interorbitaire.:.....	27	»	»
» » » bizygomatique max.	144	»	»
Orbites : largeur.........................	42	»	»
Orbites : hauteur.........................	35	»	»
Nez : largeur maximum....................	30	28	»
Nez : hauteur totale......................	52	57 (?)	»
Hauteur intermaxillaire...................	19	»	»
Hauteur totale de la face.................	86	»	»
Région palatine : Longueur maximum......	57	»	»
Région palatine : Largeur maximum.......	47	»	»
Hauteur faciale avec la mandibule.........	143	»	»
Indice orbitaire..........................	83,33	»	»
» nasal.............................	57,69	49,12 (?)	»
» facial supérieur....................	59,72	»	»
» facial total.......................	99,30	»	»
» palatin............................	82,45	»	»
Mandibule : diamètre bicondylien.........	»	»	»
» diamètre biangulaire............	112	102	»
» écartement des 2ᵉ molaires....	37	46	»
» distance angulo-symphysaire...	91	98	»
» branche montante : haut. max.	»	»	»
» branche montante : haut. min.	62	»	»
» branche horizontale : hauteur à la symphyse.................	38	36	»
» branche horizontale : épaisseur à la symphyse.................	15	»	»

Crânes.

Les trois crânes n^cs 1, 2, 3, présentent uniformément un aspect caractéristique de la région frontale. Nous allons en donner une description en prenant comme base de celle-ci, le crâne n° 1 qui est à la fois le moins détérioré et le mieux caractérisé.

L'obliquité exagérée du front est la particularité la plus frappante. Le front est bas et fuyant. Les bosses frontales fusionnent sur la ligne médiane en un relief unique, peu accentué.

Les deux crânes masculins (1 et 2) possèdent une glabelle en forme de bourrelet très saillant, se prolongeant de chaque côté sur les arcs sourciliers. Ceux-ci sont robustes; mais leur épaisseur est moindre que celle de la glabelle où elle atteint 23 mm. Au-dessus de la glabelle se dessine une dépression en sillon qui, sur les parties latérales, se prolonge en une fosse temporale profonde.

Le trou sous-orbitaire est remplacé par une échancrure, pour le passage du nerf du même nom.

Le frontal est étroit. Le diamètre minimum varie de 93 à 99. Les lignes temporales, d'ordinaire peu accentuées, forment ici de véritables crêtes en relief. Elles commencent vers l'apophyse orbitaire pour s'étendre jusqu'à la base pariétale correspondante.

Le frontal se continue avec les pariétaux en une voûte surbaissée. Les sutures sont très simples. Cette voûte s'étale en arrière jusqu'aux bosses pariétales.

A partir d'un plan passant par ces bosses, la courbe s'infléchit et descend presque verticalement jusqu'aux lignes demi-circulaires.

La protubérance ne forme qu'un faible relief. Elle n'a nullement l'aspect proéminent en verre de montre que l'on note sur nombres de crânes nord-africains.

La face inférieure de l'occipital, sur sa surface d'insertion, est plane. Sur ce plan, la ligne demi-circulaire supérieure d'insertions musculaires constitue une véritable crête, renforcée en forme de crochet épais sur sa portion médiane. La deuxième ligne demi-circulaire est beaucoup moins accentuée. M. Mercier a publié en 1908 (¹), un occipital provenant de la même escargotière. Il est fort épais, 7 mm et 14 mm sur les côtés. Il présente une crête d'insertion énorme, figurée sur la photographie.

Les temporaux sont peu élevés, mais robustes.

Les apophyses mastoïdes sont d'un développement considérable. La rainure du digastrique est profondément creusée. Sur le crâne n° 1, du côté gauche la rainure digastrique est doublée par une rainure semblable, sur l'occipital.

Le basion est brisé sur le crâne n° 1; on peut cependant évaluer

---

(¹) Gustave Mercier, *La Station préhistorique de Châteaudun-du-Rhumel* (*Recueil de la Société archéologique de Constantine*, année 1907, p. 171).

approximativement la hauteur basilo bregmatique par rapport aux autres pièces demeurées en place. Elle serait de 122 mm; c'est-à-dire très peu élevée. Sur le crâne n° 4, elle est de 119 mm, c'est-à-dire plus basse encore.

Les crânes à bourrelet frontal proéminent de l'escargotière de MM. Debruge et Mercier constituent-ils un fait nouveau?

Nous ne le croyons pas. On a déjà décrit, en Algérie, des crânes présentant cette conformation spéciale.

Précisément, les deux mieux connus ont déjà été découverts par M. Debruge, dans ses fouilles de la grotte d'Ali Bacha. Ils ont été figurés dans le *Recueil de la Société archéologique de Constantine* (1907) par M. Debruge (Planches au pages 138-139).

Nous allons résumer la description qu'en a donné Delisle. Elle nous servira de base de discussion.

Le seul os à peu près complet étudié par le Dr Delisle [1] est un frontal exhumé du deuxième caveau. Il proviendrait d'un sujet féminin. *Glabelle saillante, avec bosses sourcilières se prolongeant jusqu'aux apophyses orbitaires externes. Une dépression marquée sépare cette portion orbitaire du frontal de sa partie écailleuse.*

Diamètre frontal minimum......................... 95 mm
Diamètre biorbitaire externe.................... 104 mm

Comme autres fragments osseux, M. Delisle note quelques maxillaires inférieurs *hauts, épais, robustes*. Le menton est *saillant* : il devait être carré et proéminent.

Usure uniforme des dents. Celles-ci sont sans cuspides. Les dents sont volumineuses : spécialement les canines et grosses molaires.

Un crâne masculin provenant de la grotte Ali Bacha a fait l'objet d'une seconde note [2]. *Même bourrelet saillant à la glabelle se prolongeant aux arcs sourciliers. Front étroit* : D. *frontal minimum 88 mm, profil du crâne fuyant, courbe régulière : racine du nez épaisse, très enfoncée.* Léger renflement de la suture sagittale; gouttière post-frontale sur la partie antérieure des pariétaux.

Bosses pariétales très accusées : plans latéraux du crâne aplatis. Aspect pentagonal du crâne. Indice céphalique 73,93.

Les fragments incomplets, trouvés jusqu'alors, n'ont pas permis de déterminer leurs affinités d'une façon certaine. M. Delisle avait pensé qu'il s'agissait d'un type voisin de celui de Cro-Magnon.

On peut soulever quelques objections à ce rapprochement.

Les crânes paléolithiques et néolithiques apparentés au type de Cro-

---

[1] S.-F. DELISLE, *Sur les ossements humains préhistoriques de la grotte Ali Bacha* (*Association Française*, Montauban 1902, p. 883-885).

[2] DELISLE. Deuxième Note : *Sur les ossements humains préhistoriques de la grotte Ali Bacha* (*Recueil de la Soc. archéol. de Constantine*, 1907, 197-200).

Magnon présentent, il est vrai, un certain relief de la glabelle et des arcs sourciliers; mais ce relief est loin de constituer un épais bourrelet atteignant 23 mm comme sur nos crânes africains. Ce bourrelet n'est pas séparé par une dépression de l'écaille du frontal.

Le frontal du type Cro-Magnon forme un front élevé. Large, il possède deux bosses frontales nettement accusées. Cette constitution imprime à sa *norma verticalis* un aspect pentagonal. Ici ce n'est pas le cas, les bosses frontales tendent à fusionner sur la ligne médiane en un relief unique. De plus, le front est absolument fuyant.

Par sa partie frontale, le type que nous étudions fait penser à la race de Néanderthal. Sa courbe frontale totale et sa courbe pariétale dans ses deux tiers antérieurs se superposent exactement, avec celle du crâne de La Quina, qui est, comme on le sait, avec celui de la Chapelle-aux-Saints, un des meilleurs spécimens de la race paléolithique (*fig. 1*).

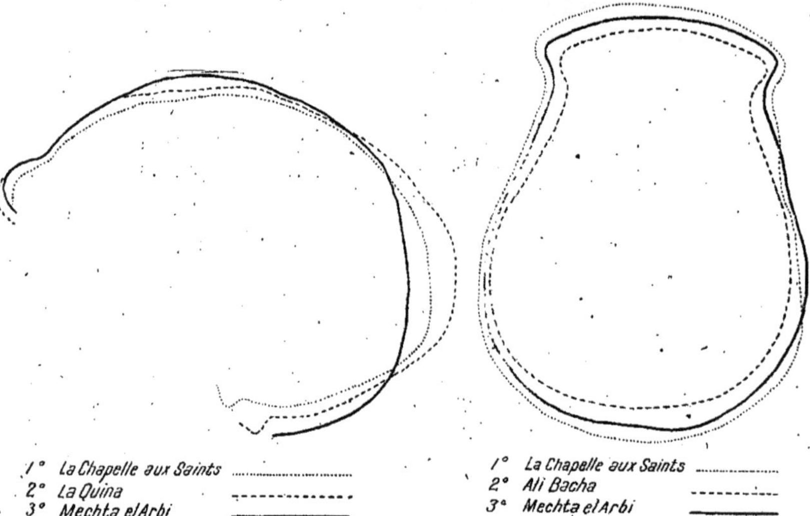

Fig. 1. — Superposition du *norma lateralis* de crânes du type Néanderthal.

Fig. 2. — Superposition du *norma verticalis* de crânes du type Néanderthal.

L'identité est moins complète à la région pariétale. Les bosses pariétales du type Néanderthal sont basses, et très portées en arrière. Chez notre sujet, elles sont assez élevées. La voûte s'étale dans cette portion, aussi les bosses ne sont pas nettement détachées. Elles fusionnent avec la portion descendante du pariétal, ce qui contribue à imprimer à la *norma verticalis* dans sa position postérieure un aspect uniformément arrondi.

La forme subpentagonale allongée, caractéristique des sujets du type

Cro-Magnon ne se constate pas sur les crânes de la Mechta. Comme les crânes Néanderthal, leur *norma verticalis*, a un aspect globuleux dans sa partie postérieure; resserré au niveau des tempes, avec en avant la proéminence du front et des apophyses orbitaires externes. En plaçant la portion occipitale en bas, la *norma verticalis* rappelle la coupe d'une jarre à panse arrondie (*fig: 2*).

La protubérance occipitale externe est projetée en arrière sur les crânes de Néanderthal, et aussi sur ceux de Cro-Magnon. Notre sujet n'a pas une protubérance saillante. Cette disposition raccourcit le diamètre postérieur et contribue à élever le chiffre de l'indice céphalique. L'indice dans les séries du type Cro-Magnon varie de 71 à 75.

Nos crânes ont les indices céphaliques suivants : le premier, en même temps le plus caractéristique, 76,68, le second 73,44, La femme aurait 80. Ce sont des crânes plus courts que ceux de Cro-Magnon.

L'homme paléolithique d'après Gorjanovic-Kramberger aurait un crâne semblable. Cet auteur, il est vrai, en ne tenant pas compte du bourrelet glabellaire, attribue les indices céphaliques suivants : Homme de Krapina 82; Spy n° 2, 81 ; Néanderthal 79; Spy n° 1, 74 ([1]).

La voûte est surbaissée. Le diamètre basilo-bregmatique de notre crâne n° 1 peut être évalué à 122 mm. C'est un des plus courts que nous ayons eu l'occasion d'enregistrer. Les crânes du type Cro-Magnon mesurent de 132 mm à 133 mm.

Nous reproduisons les contours de la *norma verticalis* et de la *norma lateralis* de crânes paléolithiques d'Europe et de ceux d'Ali Bacha et de Mechta-el-Arbi. La comparaison de ces contours mettra mieux en évidence leurs affinités.

Il y aurait donc un rapprochement entre le crâne surbaissé de nos sujets et le type semblable de Néanderthal. Cro-Magnon possède au contraire une voûte élevée.

Ajoutons que tandis que les sujets de Cro-Magnon sont de haute taille, l'homme de la Mechta, comme les sujets du Néanderthal, étaient de taille très basse, de 151 à 160 environ.

Face.

La face diffère sous divers rapports du Cro-Magnon.

Le bourrelet frontal surmonte un nez assez large, savoir de 30 mm sur 52 mm de hauteur. Soit un indice de 57,69 nettement platyrrhinien. De plus, comme dans les races inférieures l'épine nasale n'est pas très accentuée. Aussi l'ouverture nasale n'a-t-elle pas l'aspect d'un cœur de carte à jouer.

Les crânes du type Cro-Magnon possèdent une ouverture nasale

([1]) GORJANOVIC-KRAMBERGER, *Der palæolitische Mensch und seine Zeitgenossen.* (*Mitt. der Anth. Gesellschaft in Wien*, T. XXXV, 1905, p. 197),

moins large, leur indice nasal oscille de 45 à un maximum de 51. L'homme de la Chapelle-aux-Saints a 55 comme indice nasal.

La différenciation s'accentue pour les orbites. L'homme de Cro-Magnon représente le type de sujet microsème le mieux caractérisé. L'indice orbitaire de Cro-Magnon, Laugerie, Sordes, est de 72. Notre crâne n° 1 a 83,33. L'indice orbitaire de l'homme de la Chapelle-aux-Saints est de 88,6; mésosème comme notre crâne.

Un des caractères du type de Cro-Magnon est l'écartement des zygomas. D'où largeur de la face.

L'écartement est bien plus accentué sur notre crâne. La largeur bizygomatique y est de 144 mm. Alors qu'elle varie de 130 à 135 sur les crânes du type de Cro-Magnon.

La hauteur ophryo-alvéolaire est de 89 à 92 sur ces derniers crânes et de 86 seulement sur notre crâne. On obtient ainsi un indice facial supérieur plus microsème 59,72, qu'à Cro-Magnon 66,69. Par contre le crâne fossile de la Chapelle-aux-Saints avait une largeur bizygomatique de 152 mm, une longueur naso-alvéolaire de 88; un indice facial supérieur de 57,89. Il y a là une grande analogie avec notre crâne de la Mechta.

Elle s'en sépare par un prognathisme modéré, tandis que les hommes paléolithiques ont un maxillaire en forme de museau. La machoire supérieure est remarquablement large, mais pas plus longue que celle des européens modernes.

Même remarque peut être faite pour la mandibule. Elle diffère chez l'homme de la Mechta, de la mâchoire du Néanderthal par son ortho-gnathisme, par la saillie très nette du menton. Elle est très robuste : sa hauteur minimum est de 0,62. La largeur de la branche ascendante de 38 mm.

Cette comparaison nous amène à conclure à l'absence de ressemblance entre les crânes du type de Cro-Magnon et ceux d'Ali Bacha et de la Mechta (près de Châteaudun).

Ces derniers crânes offrent, par contre, certaines affinités avec ceux de la Chapelle-aux-Saints, La Quina, Néanderthal, Spy, etc., en un mot avec les crânes moustériens.

Comme ces derniers, ils proviennent de sujets de petite taille.

Les différences que l'on note, portent sur le manque de projection en arrière de la protubérance occipitale, d'où voûte un peu moins surbaissée, pas de prognathisme facial exagéré.

Ces variantes ne sauraient empêcher une certaine assimilation. On pourrait pour marquer la distinction entre les sujets purs découverts en Europe, et ceux d'Afrique, croisés sans doute avec des sujets d'un autre type, appeler ces derniers des *néanderthaloïdes*.

De nouvelles découvertes, viendront apporter plus de précision dans la connaissance de ce type ethnique, encore inconnu.

Os longs. — Les os longs trouvés dans ces dépôts anciens ont les mensurations suivantes en face desquelles nous donnons les tailles correspondantes d'après les Tables de Rollet.

Fémur, sans reliefs marqués, pas de colonnes, incurvation accentuée de l'os, en avant et en bas. Le gauche mesure 43 mm, le droit 42,6 : correspondant à 1,58 m ou 1,56 m de taille.

Tibias platycnémiques. Leur indice de 71, les rapprocheraient des races préhistoriques de France entre autres de Spy n° 1 (70,7) et aussi de certains nègres (71). Leurs longueurs sont : 35,3 = taille 1,60; 35,1, taille 1,58.

Deux humérus, fortement tordus sur leur axe : longueur 32,2 = 1,64 m.

Ajoutons que presque tous les os longs sont cassés.

Les mensurations des os longs donnent des tailles variant de 156 à 164.

Il s'agit là d'une petite race.

Mutilations : Voici quelques remarques sur des mutilations observées sur les ossements.

On remarque sur le crâne masculin n° 1, l'absence des deux incisives médianes. La perte de ces dents a eu lieu dans le jeune âge, car l'alvéole a complètement disparu. Elle est remplacée par une lame osseuse peu épaisse. Cette mutilation n'est pas accidentelle.

On la retrouve sur le crâne n° 3, portant sur les incisives médianes supérieures et inférieures. Elles ont dû être enlevées aussitôt après la seconde dentition, comme le témoigne l'atrophie complète des alvéoles.

Un troisième document confirme les précédents. C'est un fragment de mandibule conservée sur sa position médiane. Les incisives paraissent limées de telle façon que leur face antérieure forme dans sa portion supérieure un plan oblique de haut en bas et d'arrière en avant. Il paraît y avoir là une mutilation voulue. On sait que les sortes de mutilations altèrent rapidement la substance de la dent, et que celle-ci tombe prématurément.

De nos jours ces pratiques d'arrachement des incisives et de limage des dents persistent en Afrique. Les nègres du Congo, de l'Albert-Nyanza, quelques soudanais, les Herrero, les Orambo pratiquent encore ces mutilations ethniques (¹).

Elles ont disparu croyons-nous de l'Afrique Mineure.

Quelques os longs, fendus artificiellement pour en extraire la moelle paraissent provenir d'animaux.

(¹) DECORSE, *Mutilations ethniques chez les populations du Soudan* (*L'Anthropologie*, t. XVI, 1905, p. 139).

M. Léon COUTIL,

Saint-Pierre-du-Vauvray (Eure).

SILEX PYGMÉES ET MICROSILEX GÉOMÉTRIQUES.

571.14

24 Mars.

Depuis la publication de l'étude de notre collègue A. de Mortillet, publiée, en 1896 ([1]), sur *les petits silex taillés à contours géométriques trouvés en Europe, Asie et Afrique*, de nombreux gisements ont été décrits; des théories ont été établies, dont une, qui semble avoir un certain crédit, parce qu'elle est nouvelle, et qui fait remonter l'apparition de cet outillage à l'Aurignacien. Nous croyons qu'en admettant pour leur apparition (à titre exceptionnel), l'Azilien, avec sa faune à escargots, que l'on retrouve en Algérie et Tunisie, c'est la plus grande concession que l'on puisse faire. Dans tous les cas, l'industrie et la faune des escargotières, nous rapproche plus de la faune actuelle chaude que de la faune paléolithique ou magdalénienne froide : ceci semblerait suffisant pour empêcher de vieillir les silex géométriques de l'Algérie et de la Tunisie, très abondants, puisque MM. Latapie et Reygasse en ont reconnu près de 90 stations dans un rayon de 60 km aux environs de Tebessa.

Essai de chronologie des stations. — Voici par ordre chronologique les diverses opinions émises :

En 1876, le professeur Belucci, de Pérouse, classait dans le Néolithique les silex trouvés près de Pérouse, et en Tunisie; son collègue, M. Chicrici, croyait ceux des fonds de cabanes de l'Émilie du début du Néolithique.

En 1877, M. Nicaise plaçait la station de Saint-Martin-du-Pré (Marne) entre le Paléolithique et le Robenhausien.

M. Riberiro plaçait les amas de coquilles du Portugal au début du Néolithique.

M. Siret attribue aussi au Néolithique l'industrie d'El Garcel, en Espagne, et les autres gisements Espagnols analogues, du milieu du Néolithique.

En Belgique, les gisements de Rivière (province de Namur) découverts par de Pierpont, et ceux de Zonhoven (Limbourg), par MM. de Puydt, Hamel, Nandrin et J. Servais sont classés aussi par eux dans le Néolithique avec un niveau peut-être plus ancien ou différent.

Les stations polonaises de Stopnitza sont néolithiques pour M. Majewski; et celles de la Crimée, de la fin du Néolithique pour M. Marejkowski.

M. Rutot considère cette industrie postmagdalénienne parce qu'elle a été trouvée au-dessus de foyers magdaléniens, au Trou de Chaleux, à la grotte

---

([1]) *Revue École d'Anthropologie*, 6ᵉ année, t. XI, 1896.

de Remouchamps, par M. de Loë; et à la troisième caverne de Goyet, en Belgique, et qu'elle caractérise le début du Néolithique.

Diverses dénominations ont été données à ces silex; ce sont des *silex pygmées*, en Angleterre, aux Indes, et même pour un certain nombre de préhistoriens; ce terme nous fait bien comprendre qu'ils sont très petits, mais il ne précise pas que leurs formes sont généralement *géométriques*.

Les escargotières d'Algérie qui renferment ordinairement cet outillage, ont été classées en 1909, par M. Pallary, dans l'industrie *Gétulienne* et *Ibero-Maurusienne*, bien que les Gétules, les Ibères et les Maures, peuplades qui appartiennent à l'histoire, ne puissent être les créateurs des escargotières. Le Dr Gobert a fait remarquer que cette faune est chaude et ne peut être comparée par suite à la faune froide d'Europe, à laquelle on veut la raccorder.

A la même date, M. de Morgan observait une industrie analogue près de Gafsa en Tunisie; il la dénomme *Capsienne* (*de Capsa*); et M. Debruge lui a donné le nom de Loubirienne, d'une station des environs de Tebessa El-Loubira, pour préciser un faciès un peu spécial.

Enfin, toujours en Tunisie, MM. de Morgan, Dr Capitan et Boudy croient qu'en Algérie et en Tunisie, après l'Acheuléen et le Moustérien, le Néolithique apparaît tantôt avec le faciès tardenoisien ou le faciès des stations du Gard; ils proposent donc un *Capsien inférieur*, un *Capsien supérieur*, et même une autre désignation le Généyenien (station du Sud de la Tunisie, avec pointes de flèches et grains de collier; une autre à Chabert-Rechada, a même le *faciès égyptien*.

Tout récemment, le Dr Gobert a parlé de l'*Intergetulonéolithique* pour les gisements du type de Aïn-Aachena; mais il préfère l'appellation *Gétulien*, plutôt que celle de *Capsien*.

Nous devons reconnaître que l'industrie des escargotières, si abondante dans la province de Constantine et la Tunisie, mérite une appellation spéciale, car elle est localisée; les formes géométriques sont un peu spéciales et occupent le cinquième de la totalité des instruments, ce sont des triangles à extrémités très acérées. Les lames fines et longues à dos retouché sont aussi très nombreuses; les becs de perroquet sont assez grands, ainsi que les burins, grattoirs droits ou concaves; grattoirs à bords ondulés, très rares, pour façonner les poinçons en os; enfin, il y a des écorchoirs arqués, des outils pédonculés, qui sont spéciaux (El-Loubira); les œufs d'autruche gravés (rares). La présence continuelle des escargots dans ces gisements rappelle la couche de mollusques du Mas d'Azil, et d'autres niveaux aziliens. Mais dans ces escargotières, on n'a pas encore signalé de petits tranchets, fréquents dans le Tardenoisien; ni la série des pointes de flèches barbelées, auxquelles ils sont souvent associés en France, et, même quelquefois, en Belgique.

M. l'abbé Breuil suppose que dans certaines régions méditerranéennes la civilisation aurignacienne aurait succédé à la civilisation moustérienne, qu'elle aurait suppléé au Solutréen et au Magdalénien, en Italie, en Sicile, et jusque dans la région de Grimaldi (Baoussé Roussé, près Menton). Tandis que M. le professeur Hoërnes reconnaît bien dans l'Aurignacien dé l'Autriche inférieure certains silex pygmées, mais il ne leur trouve pas d'analogie avec l'industrie des escargotières algériennes ou tunisiennes; dans tous les cas, il tient à faire remarquer que les *micro-silex géométriques* du Néolithique ancien ou Mésolithique de la caverne de Busa dell'Adamo et de la grotte de Theresienhöhle, près Duino (Trieste), sont différents.

Nous avons donc cru nécessaire d'établir au moins quatre catégories, nettement différentes, dans la série des gisements que nous mentionnons ci-après; sans toutefois les éloigner sensiblement, au point de vue chronologique.

1° *Stations ou gisements prétardenoisiens, à facies* azilien ou post-magdalénien avec coquilles d'escargots, renne ou sans renne. *France* : Sordes (Landes), la Buisse (Drôme). *Angleterre* : Castle Hill, près Hastings (Sussex), caverne de Kent, près Torquay (Devon). *Bavière* : Ofnet. *Belgique* : grotte de Remouchamps, Trou de Chaleux, troisième caverne de Goyet (Namur). *Italie* : grotte de Gobio à Talamone, grotte Emiliano sur le mont Erice (commune de Monte San-Giuliano, province de Traponi (musée Kircher). *Espagne* : grotte de Castillo, grotte de Valle, de Murcie et d'Almeria.

2° *Stations avec silex minuscules géométriques, spécialement sans grandes pièces. France* : Environs de Fère-en-Tardenois (Aisne), Berru (Marne), Guérande (Loire Inférieure), étangs de Lacanau et Hourtin (Gironde). Abri du Poron des Cuèches, à Nan-sous-Thil (Côte-d'Or), où le Tardenoisien mesure 0,80 m d'épaisseur, il est nettement séparé et superposé au Magdalénien, 6 m. *Angleterre* : Castle Hill (Sussex), dans le Lincolnshire et York. *Belgique* : Hastière, Rivière, Zonhoven, Exel. — *Asie. Indes Anglaises :* Monts de Vendhya, Banda. *Égypte* : Hélouan.

3° *Stations à silex minuscules géométriques, avec pièces plus volumineuses,* très nombreuses.

4° *Stations à silex géométriques accompagnées de grandes pièces,* outils variés, petits tranchets du type des grottes de la Marne, petits tranchets allongés et pointes de flèches à barbelures, *avec quelques haches polies.* Nous ne pouvons énumérer tous les gisements connus, ils appartiennent tous au milieu du Néolithique. On peut faire remarquer que les deux catégories précédentes ne doivent pas être séparées de la quatrième, puisque dans certains cas, elles se trouvent à proximité de nombreux dolmens (c'est-à-dire près des instruments qui les accompagnent, comme près du Croisic (Loire-Inférieure), où M. Quilgars les croit contemporaines du premier siècle de notre ère, à cause des poteries romaines qui les accompagnent, comme à la station de pêche du Pic des Singes, à Bougie (province de Constantine).

Pour l'Algérie et la Tunisie, il faut bien reconnaître la similitude des longues lames très étroites, burins, grattoirs, et des becs de perroquet, qui se rapprochent de l'Aurignacien des environs de Brive (fouilles de

MM. les abbés Bouysonnie et Bardon. Or, comme dans ces stations où l'outillage est très évolué, par exemple à la Font Robert, on n'a jamais trouvé de formes géométriques, on ne peut donc pas dire que l'industrie microlithique que nous étudions succède à l'Aurignacien, pas plus dans les environs de Brive, qu'à la Feyrassie, ou dans les couches supérieures de la Madeleine, où M. Peyrony espère les trouver. Nous devons donc attendre de nouveaux documents avant d'être affirmatif; puisque M. Boyard a nettement trouvé la couche tardenoisienne séparée et superposée au magdalénien dans un abri sous roche de la Côte-d'Or.

Usages. — De nombreuses hypothèses ont été tentées pour justifier leurs formes, voici par ordre d'auteurs leur attributions :

Browne, *Égypte*, estime que ces instruments servaient à couper et à inciser.
Merekowski, *Crimée;* pour aiguiser et réparer les pointes de flèches en os.
Bellucci, *Italie;* pour râcler, couper, percer.
Martinate et Castelfranco, *Italie;* pour orner des massues en bois.
De Pierpont, *Belgique;* pour tatouer par incision ou scarification, ou saigner.
Thomas Wilson, *Indes;* pour emmancher dans des bambous.
Lewis Abbott, *Angleterre;* hameçons à deux pointes suspendus par le milieu.

En *Égypte* et *Italie*, les losanges ou rectangles étaient collés avec de la résine, les uns contre les autres, dans un bois fendu et formaient des scies ou faucilles (tourbières de Polada, commune de Lonato, province de Brescia (Italie).

Pour MM. A. de Mortillet et Jakes Browne, les formes variées doivent correspondre à des usages distincts; comme on les trouve sur des sables, ou près des marais, des rivières ou des sources, les hommes qui s'en servaient n'étaient pas des agriculteurs, mais des personnes sédentaires.

M. Debruge, à *Bougie*, province de Constantine, en a trouvé avec des perles en grès tendre, diversement émaillés, et avec cinq tiges en bronze dont un hameçon.

En terminant, nous tenons à protester contre les douze appellations qui servent actuellement pour désigner ces silex : *Tardenoisien, Capsien* supérieur et inférieur), *Gétulien, Ibero-Maurusien, Intergetulonéolithique, Loubirien, Tellien, Geneyenien, Silex à contours géométriques, Silex pygmées et microsilex géométriques* (la plus rationnelle); soit douze appellations différentes (en attendant les autres), pour désigner à peu près la même industrie.

EUROPE (¹).

FRANCE.

Département de l'Aisne. — Environs de Fère-en-Tardenois. *Château de Fère*, au Parchet, au Mont-Blanc sur le territoire de Fère-en-Tardenois; à

(¹) Nous avons donné une description sommaire de l'outillage des diverses stations signalées, ci-après, dans le Volume du Congrès international d'Archéologie et d'Anthropologie de Monaco, en 1912.

Villers-sur-Fère, au mont Terrière, rive gauche de l'Ourcq; *entre Seringes et Villers*, sur la rive droite de l'Ourcq, et à la Petite Maladrerie, la Croix Couvraine, le Bois Brochet; *Bruyères-sur-Fères* (la Hottée du Diable ou Géant de Montpreux); à *Ciergues* (cimetière de Caranda); *Coincy-l'Abbaye*, station de la Sablonnière.

MARNE. — *Saint-Martin-sur-le-Pré*. Berru, le Sierdon.

SEINE-ET-MARNE. — *Montigny-sur-Loing*, le long Rocher, grotte des chambres du Croc Marin.

SOMME. — Environs d'*Ercheu* (*Buvenchy*, bois du Brule); *le Breuil*, les prés de la Grosse Planche; *Tonvois*, Sole du Grille, Sole du Cauquis.

OISE. — *Frétoy-le-Château*, les Fonds Gamets; Beaulieu; Bussy, la Cressonnière; *Catigny*; *Margny-aux-Cerises*; *Libermont*, bois du Chapitre; *Ognolles*, bois du Glandon; Beaulieu, la Haute-Borne. *Ferrières, Sénantes*, VAMBEZ et *la Chapelle aux Pots*; *Warluis* près Beauvais; à Royallieu, Confluent et Choisy, près Compiègne.

SEINE-ET-OISE. — *Étampes, Hédouville.*

ORNE. — *Saint-Pierre-du-Regard.*

LOIR-ET-CHER. — Station du Theil, commune de Billy.

SEINE-INFÉRIEURE. — *Saumont la Poterie, Haussez, Saint-Michel d'Halescourt.*

EURE. — *Vieilles* près Beaumont-le-Roger.

LOIRE-INFÉRIEURE. — *Guérande*, Butte des Pierres, Gras.

NIÈVRE. — *Flety*, Le grand champ Seignon, Grande Ouche, la Combe.

HAUTE-SAÔNE. *Fédry*, les Planches, les Billardes, les Charmonnots.

JURA. — *Salins*. Les Engoulirous.

AIN. — *Craz*, abris sous Sac??

LOT. — *Vallée d'Alzou*, près Rocamadour, grotte de Grezels; la Forge, près Souillac; grotte du Pis de la Vache.

CORRÈZE. — *Environs de Brive?* La grotte des Morts, grotte des Champs; *Malemont*, grotte du Puy Lanneau.

CHARENTE. — *Edon.* Abri en face de Fieux, a donné à M. Chauvet des petites pointes à dos rabattu, quelques-unes en croissant allongé, qu'il a comparées aux silex que nous énumérons, mais il n'a pas recueilli de formes géo-métriques trapézoïdales, caractérisant cette industrie; et dans son énumération de gisements, il cite surtout des gisements aziliens ou magdaléniens, qui se rapprochent de celui des Fieux (Charente), mais non à ceux des environs de la Fère en Tardenois, qu'il cite aussi et qui sont tout à fait différents pour l'ensemble des instruments

DORDOGNE. — *Près-la-Linde*, abri du Soucy; *Belves.*

DROME. — grotte de la Buisse, de Fontabert.

GARD. — *Baron*, les Châtaigniers, la Bastide d'Engras et de Cornay-les-Reines.

ARIÈGE. — *Mas d'Azil??*

GIRONDE. Étangs de Lacanau et d'Hourtin.

LANDES. — Environs de *Sordes*, grotte des roches du Pasteur.

VAUCLUSE. — Mondragon, près de Derboux.

COTE-D'OR. — Abri sous roche du Poron des Cuèches, à *Nan-sous-Thil* (Côte-d'Or), superposition du Magdalénien.

---

(1) CHAUVET, *Stations quaternaires de la Charente*, 1897, p. 66 à 77.

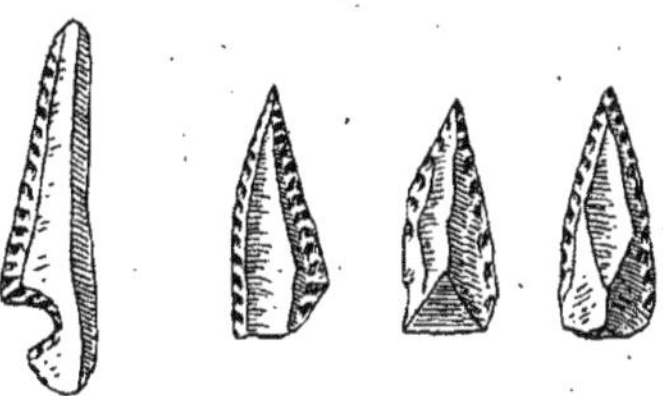

Fig. 1. — Canneville (Oise) recherche de M. Debruge.

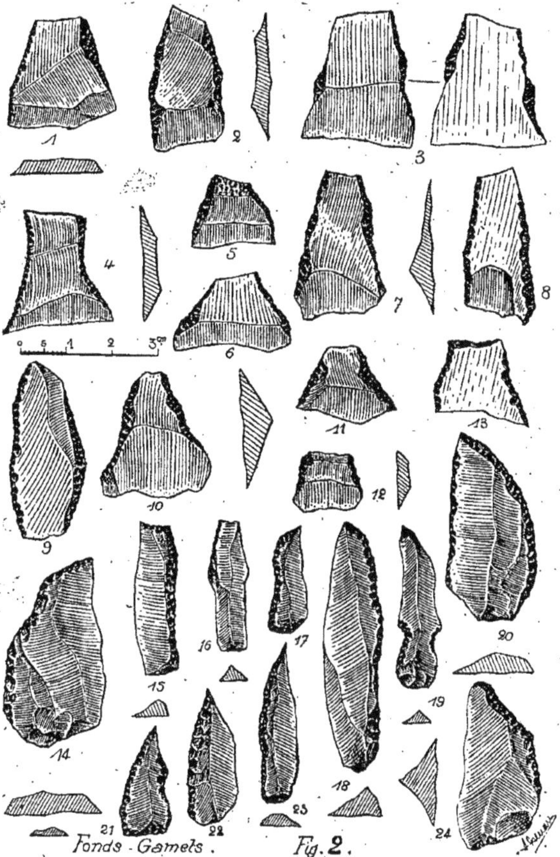

Fig. 2. — Station de Frétoy-le-Château, lieudit les Fonds-Gamets (Oise).
Recherches de M. Terrade.

BASSES-ALPES. — *Saint-Laurent-le-Petit*, dolmen de Verdon.

CORSE. — Stations néolithiques de la forêt de Vizzavona (arrondissement de Corte); grotte Southwel, abri Silogna, enclos Silogna. Environs de Grossa (arrondissement de Sartène), stations de : le Sperazoto, Salavona Punti, Cella, Capo di Luago, Foreavella, Bizzico, Roso, Capo Fiorello, Pacciabella, Balchidia, La Piana, Monti, Fracoli, la Bochetta (découvertes par M. Forsyth Major) en 1910.

ANGLETERRE.

Comté de Sussex. Castle Hill-Hastings. — Comté d'Oxford. Sardsen près de Chipping Norton. — Vallée de l'Ouse, près de Warren Hill, station importante de Crangford reposant sur l'industrie magdalénienne, et station de Skertchly à 3 km de distance. — Comté de Lincolnshire, dans le sud, station de West Keal, près de la ville de Boston; stations de Scunthorpe et Sandbeds dans le nord de ce comté; station de Risby à quelques kilomètres de Scunthorpe. — Comté de Lancashire, dans les bruyères près de la ville de Rochdale, premier gisement découvert en Angleterre, par le Dr Colly March, au-dessous d'une épaisse couche de tourbe; gisement avec petits grattoirs, perçoirs et lames minuscules. — Comté de Yorkshire, stations de Scamridge, Wewerthope, Ganton Wold (collection du Dr Allen Sturge. — Dragages de la Tamise, près de Wandsworth. — Comté de Corwall, petites stations de quelques mètres de superficie, découvertes depuis 5 ans, par M. le Dr E. Relph; petits instruments taillés dans des galets, au bord de la côte Nord; sur des plages sableuses où le silex est rare, surtout à Pentire Head. — Comté de Devonshire, stations de Dartmoor très riches, on trouve des milliers de silex sur divers points. — Comté de Norfolk, silex trouvés isolément à Northwood, à Norfolk au musée de Norvich. — Comté de Suffolk, à Wangford des milliers de petits silex dans des sables, on y remarque deux étages distincts. Le tardenoisien, et au-dessous une industrie plus ancienne; à Mildenhall, Nordwold, à Barham, Ligny (Norfolk) au sommet d'un coteau de 39 m et 65 cm de profondeur, avec des silex en croissant et des petits nucléus. Brihton, près de cette ville, nombreux petits silex recueillis par le directeur du Musée de cette ville. — Comté d'Oxford. — Garsden. — Comté de Dersbyshire, dans des bruyères. — Comté de Yorkshire, plusieurs localités (Scamridge, Weverthorpe, Ganton Wold). La plupart de ces documents sont dus au Dr Allen Sturge, Dr Relph et à M. Clarke ([1]), auxquels nous adressons nos sincères remerciments.

Une exposition de silex minuscules a eu lieu, en 1913, à Manchester.

ALLEMAGNE.

Environs de Berlin; en Pologne, cercles de Grätz, Jaroczyn, Pleschen; en Posnanie; Ofnet (Bavière).

([1]) W.-G. CLARKE, *Later palæolithic implements in Norfolk* (*Préhistoric Society of East Anglia*, 1913).

M. Edwin L.-Arnold, *Cornish pygmy implements* (*Préhistoric Society of East Anglia*, février 1912). Le Dr Reid s'est occupé également de silex tardenoisiens.

BELGIQUE.

Hastières-sur-Meuse, Incemont; Rivière-sur-Meuse (Sarts à Soile); Profonde-ville; Zonhoven (Brabant); Exel, bruyère de Steemveg; Aywaille, dans l'Amblève inférieure; grotte de Remouchamps; trou de Chaleux, à Montaigle; troisième caverne de Goyet, près Namèche (province de Namur); Beauval, près Obourg et Mons; Haccorgne (province de Liège); Tohogne (province de Luxembourg); environs de Bruxelles, Rhode, Saint-Genèse et Verrewinckel (Brabant), Auderghem; Rixensart, hameau de Bourgeois; Héverlé, près de Louvain; Flandre orientale; rive gauche de l'Escault et de la Durme, Mendouck au pays de Waas; Steenbrugge, près Bruges, dans la Flandre occidentale; à Vieux Wa-leffes et Latinne, dans la Hesbaye.

ESPAGNE.

Grotte de Valle (Raisnes ou Rasines) province de Santander; *caverne de Castillo;* grottes de *Murcie* et d'*Alméria*; *El Garcel*, province d'Alméria, rive gauche du Rio de Antao; environs de *Malaga*, la Cueva del Tesoro.

PORTUGAL.

Grottes de l'Estramadure, de *Furninha à Peniche, et Casa da Moura près de Cesareda*; dolmen de Serranheira; amas de coquilles de Salvaterra et de Mungem (rive gauche du Tage) et de *Cabeco da Arruda.*

ITALIE.

Près de Pérouse (Ombrie); rives du Tibre; bords du Lac de Trasimène; vallée de la Vibrata (province de Teramo); Lecce de Marsi (province d'Aquila-Abruzzes), San-Marco in Lamis, berges du lac de Lesina (Capitanate); près de Fano (province de Pesaro); environs de Barberio in Mugello (province de Florence-Toscane); près Brazzano (province de Bologne); fonds de cabanes de la vallée de Crostolo (province de Reggio nell Emilia), décrits par Chierici, en 1903; musée de Reggio; à l'île des Cyprès sur le lac de Pusiano (province de Come); tourbières d'Iseo, de Polada (commune de Lonato), de Puegnano (province de Brescia); tourbières de la Venetie, à Cavriana (province de Mantoue-Lom-bardie); palafittes du lac de Garde et tourbières de Cascina, près de Saint-Georges de Castelnuovo (province de Vérone), près de San-Vito (province d'Udine-Vénétie), Brocco, près de Sora (Terre de Labour), Chiusi, grotte arti-ficielle de l'île de Pianosa (Toscane), Cazzago-Rabbia (Côme), Lagozza (Milan), Puegnago (Brescia), palafittes de l'île de Virginie, sur le lac de Varèse (Côme); grottes des Baoussé Roussé, près Menton et Grimaldi (Ligurie), grotte de Go-bino à Talamone; San-Biagio, près Fano; Pesaro; Colunga, près San-Lazzaro (Bologne); Termitane (Sicile); lac de Lesina (Capitanate); grotte du Castello, à Termini Imerèse (Palermo); grotte Emiliano, près Monte San-Giuliano (pro-vince de Trapani).

AUTRICHE.

Caverne de Busa dell' Adamo, près Rovereto (Tyrol), grotte de Theresien-höhle, près de Duino (littoral de Trieste); les silex pygmées se trouvent aussi dans l'Aurignacien de l'Autriche inférieure, mais avec des formes un peu distinctes.

RUSSIE.

Pologne russe, environs de Varsovie, à Praga; le long des berges de la Vistule et des affluents de la rive droite de ce fleuve; sud de la Pologne, rive gauche de la Vistule; Sandomir et Opatow (gouvernement de Radom); districts de Kielce, Puiczow, Stopnitza (gouvernement de Kielce;) Ossowka, près Szydlow; Kizil Koba (Crimée).

AFRIQUE.

Tunisie. — Oasis de Mtouia; El-Hamma; Gabès, Redeyef, Oum-Ali, Gafsa-Chabet-Rechada, Sidi-Mansour, El-Mekta, Djebel-Sidi-Regeis, Aïn-Kerma, Bir, Khanfous, Geneyen, etc.

Algérie. — Province de Constantine, Aïn-el-Bey, Tahet-Hent-Nadja, Aïn-M'Lila, Bir-En-n'Sa; près de Bougie; environs de Tebessa (très nombreux gisements); El-Loubira (Aïn-el Mouhâad); dans le désert, environs du Chott Melrir, à Bir-Touit, Ain-Dokkara, Hassi-Deboub, Hassi-Ghourd-Oulad-Yaich; environs d'Aïn-Sefra, sud Oranais, etc.

Haut-Sénégal. — *Yelimane*, industrie mixte plus grossière que celle des Tasmaniens, quelques formes prétardenoisiennes et des formes géométriques en jaspe brun marron signalée par M. Rutot (Musée royal de Géologie de Bruxelles).

Mauritanie. — *Cap Blanc.*

L'Afrique du Sud. M. l'abbé Breuil en a signalé de cette vaste région, sans préciser les gisements.

ASIE.

Syrie. — Beit Saour, près Béthléem.

Indes anglaises. — Entre la Nerbouda, le Gange et la Djumna; environs de Djubalpour; Banda, province d'Allahabad; près de Sohagi-Gat; grotte de Morahana Pahar dans les monts Vindhya; dans le Baghelkhand, au sud de Mirzapour; dans les monts Kaïmour; plaines du Boundelkhand.

AUSTRALIE.

Les environs de Sydney (New South Wales); collection du Dr Allen Sturge.

Australie occidentale. — District de *Kimberley*, près de la baie de Millstream et de Chindiwarrener Pool (au British Museum).

Malgré nos recherches, cet inventaire est forcément incomplet; il permet de contrôler le mobilier découvert dans ces stations et de voir qu'il n'est pas possible de faire remonter cette industrie plus loin que l'azilien; les formes géométriques sont plus ou moins abondantes dans les gisements néolithiques, elles ne constituent pas une industrie spéciale, sauf dans des cas plutôt rares.

(¹) R.-S. Newall, *Stone implements from Millstream Station Western Australia* (*Proceedings of the prehistoric society of East Anglia*, 1912-1913, Vol. I, Part. III, Pl. LXVII, p. 303-305).

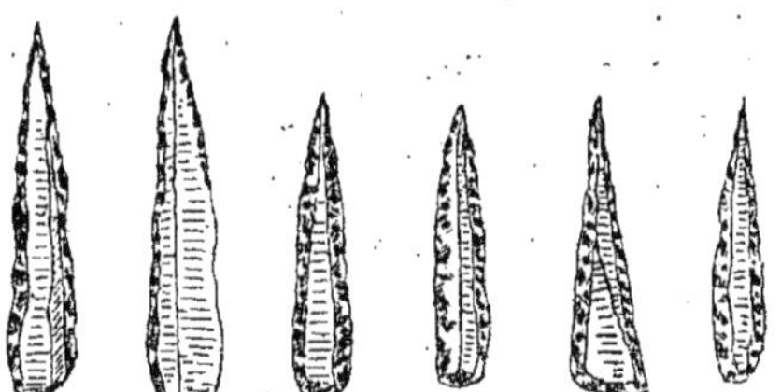

Fig. 1. — Burins droits trouvés sur les Hauts-Plateaux de l'Atlas (Algérie)
par M. Debruge, en 1905.

Fig. 2. — Silex géométriques d'Aumale (Algérie)
recherches de M. Debruge, en 1905.

Fig. 3. — Petits burins
d'Algérie recherches de
M. Debruge, en 1905.

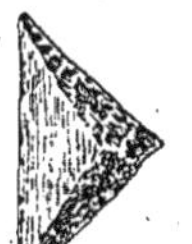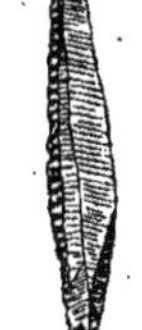

Fig. 4. — Silex à formes géométriques de Aïn-
Sefra, Sud-Oranais (Algérie) recherches du
Dr Lenez, en 1904.

Fig. 5. — Petits burins d'Algérie
recherches de M. Debruge, en 1905.

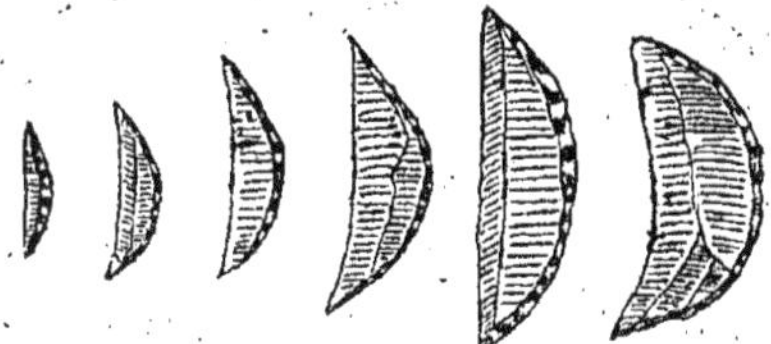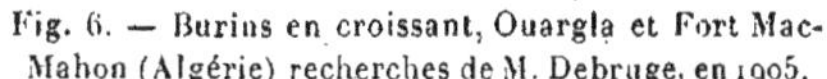

Fig. 6. — Burins en croissant, Ouargla et Fort Mac-
Mahon (Algérie) recherches de M. Debruge, en 1905.

Fig. 5. — Oudref (Tunisie)
recherches de M. Courty.

M. Ch. COTTE,
Pertuis (Vaucluse).

L'ATELIER DES DEUX PONTS (FORCALQUIER).

571.21 (44.94)

24 *Mars.*

Lorsqu'on se dirige de Forcalquier à Sigonce, la route descend vers le thalweg du Beuveron, tout en remontant le cours de cet affluent du Lauzon.

A 4 km de Forcalquier, la route franchit le Beuveron sur un pont. Environ 100 m plus loin, elle traverse un ruisseau sur un autre pont. Au delà commence la montée de Pavoux.

Entre les deux ponts que je viens de citer, j'ai découvert un atelier néolithique, coupé en deux parties inégales par la tranchée de la route; la surface la plus grande est entre cette dernière et la rivière. La superficie de l'atelier est de cinq à six cents mètres carrés.

Il occupe un terrain, formé de dépôts graveleux perméables et très peu consistants, que les érosions entament largement.

Le choix de l'emplacement par les néolithiques a dû être fait en raison des avantages suivants :

a. Sol non boueux;
b. Proximité de l'eau;
c. Situation au confluent de deux vallons importants, dont l'un mène, par la trouée de Fontienne, à Saint-Étienne-les-Orgues, et dont l'autre conduit à Sigonce, tandis qu'en aval, s'ouvre le débouché vers les riches coteaux de Mane.

A la surface du terrain brillaient de très nombreux silex tous taillés. Évidemment la presque totalité consistait en éclats sans valeur scientifique; mais les bonnes pièces étaient assez abondantes et permettaient de tirer quelque profit de cette découverte.

Origine de la matière première. — Presque tous ces outils ont été taillés dans un silex brun, dont la teinte est masquée par une épaisse couche de cacholong. L'aspect blanc de porcelaine des pièces facilitait les recherches. Ce silex contient des coquilles d'eau douce qui déterminent bien son origine locale; il provient du calcaire oligocène (*m,a*) qui forme les pentes voisines. Toutefois les préhistoriques ont fait un choix parmi les rognons qu'ils avaient à leur disposition, et ils n'ont guère usé des blocs qui se divisaient (comme il arrive pour la majorité des éclats naturels que l'on rencontre) suivant des plans généralement parallèles.

On trouve aussi de rares pièces tirées de rognons siliceux gris moucheté, qui proviennent, je pense, des couches ligniteuses des environs de Sigonce.

Industrie.

Quelques éclats de poterie néolithique (rares), des fragments de haches polies, en roches vertes de la Durance, composent tout le mobilier avec l'outillage siliceux, qui est le seul élément important à considérer (¹).

Indiquons de suite que les objets sont de grosseur moyenne, et que

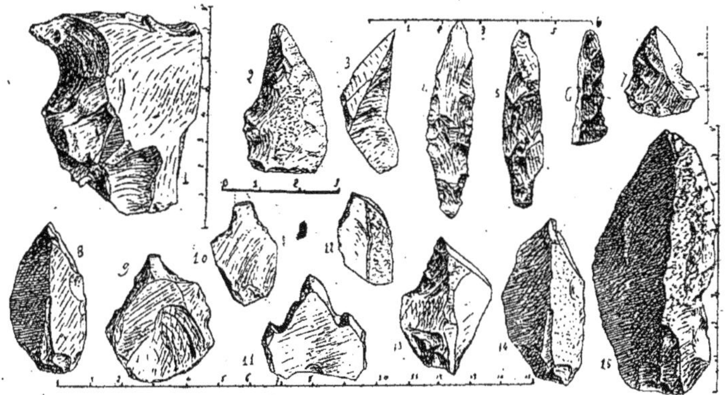

Fig. 1. — 1, bec-de-perroquet; 2, ébauche de pointe de flèche phyllomorphe (?), avec portion de cortex; 3, perçoir ou pointe de flèche; 4, retouchoir ou pointe de flèche; 5, retouchoir très net, avec arète martelée; 6, pointe de flèche (?); 7, pointe de flèche avec cran de fixation; 8, burin; 9, perçoir robuste; 10, perçoir à pointe brisée; 11, 12, burins; 13, burin double; 14, burin; 15, pointe de lance avec cran de fixation et vestiges de cortex à droite.

beaucoup de pièces montrent encore une partie de leur cortex (*fig.* 1 : 2 et 15. — *Fig.* 2 : 3 et 9).

Percuteurs. — Je n'ai pas recueilli de percuteur, à proprement parler. Certaines pièces présentent des enlèvements d'esquilles par chocs répétés; mais il n'y a pas d'adaptation spéciale. Cependant la multitude d'éclats recueillis montre que nous avons affaire à un véritable atelier de taille.
_ Dégrossissait-on les rognons volumineux sur le lieu de récolte, et, dans la station des Deux-Ponts, finissait-on simplement les pièces?

Retouchoirs. — Cette hypothèse aurait pour elle la découverte de bâtonnets retouchoirs. J'en ai dessiné un (*fig.* 1 : 5), vu de profil, pour montrer son arête martelée; ses extrémités obtuses prouvent qu'il ne

---

(¹) Je citerai pour mémoire un galet calcaire perforé naturellement. Je ne sais s'il a été apporté par les habitants néolithiques, ou s'il était, dirai-je, en position géologique.

s'agit pas d'une pointe de flèche, interprétation qui serait admissible
pour la pièce figurée à côté (*fig.* 1 : 4); cette dernière est pointue, et on
peut attribuer les éclats enlevés sur ses bords à des retouches intention-
nelles comme à des pressions non calculées.

Nucléus. — Si l'absence de percuteurs, la présence de retouchoirs
tendent à faire admettre qu'il s'agit d'un atelier de « finissage », cette
hypothèse doit être rejetée, puisque nous trouvons des nucléus. On a
percuté dans cette station les rognons de silex, pour détacher les éclats

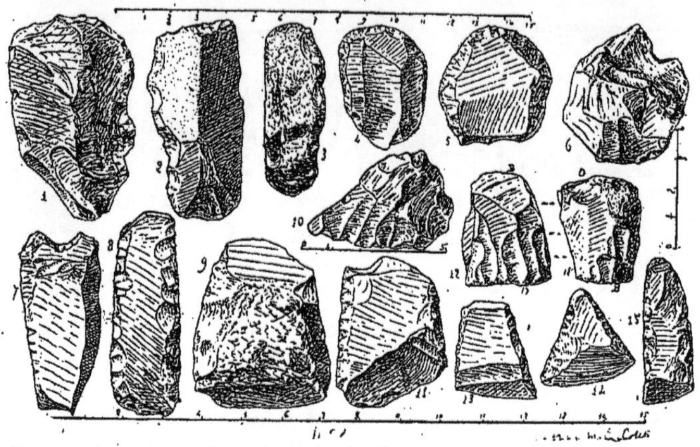

Fig. 2. — 1, grattoir ovalaire pédonculé; 2, grattoir rectiligne sur extrémité de lame
grossière; 3, grattoir ou retouchoir (?); 4, grattoir ovalaire; 5, grattoir discoïde;
6, disque pierre de jet; 7, coche-racloir d'extrémité; 8, tranchet ou ciseau taillé;
9, tranchet double, avec vestiges de cortex; 10, percuteur tranchant ou lame à bord
(dos) abattu; 11, tranchet trapézoïdal à tranchant oblique; 12 et 12', grattoir
nucléiforme double, représenté tête-bêche; 13, tranchet trapézoïdal à tranchant
oblique; 14, tranchet triangulaire; 15, tranchet allongé.

ensuite utilisés, grâce à une adaptation plus complète à la fonction de
l'outil.

L'examen de ces nucléus montre que l'on recherchait assez souvent
des éclats très courts et larges. L'industrie n'était pas basée sur la retaille
de tronçons de lames, comme dans le mode tardenoisien.

Les nucléus ont été utilisés jusqu'à la dernière limite, fait qui a été
souvent observé ailleurs. Les auteurs expliquent généralement cette
pratique par la difficulté de l'approvisionnement; ceci n'est pas admissible dans la station que j'étudie.

Le mode de percussion appartient au néolithique classique; il est perpendiculaire au plan de frappe.

On peut rapprocher des nucléus, au point de vue morphologique, les pièces nommées disques (pseudo-moustériens) ou pierre de jet, et celles dites racloirs nucléiformes.

Disques. — Il est intéressant de rencontrer dans cet atelier néolithique, si peu étendu, les disques, attribués au moustérien par la majorité des palethnologues; j'en ai figuré un (*fig.* 2 : 6), qui est taillé sur la face cachée comme sur celle représentée. Nous n'avons donc pas affaire à de simples enlèvements d'un éclat portant, sur sa face dorsale, la trace d'enlèvements antérieurs plus petits (éclat Levallois); la pièce a été intentionnellement amincie en lui conservant sa forme discoïdale.

Pointes de lance, de javelot ou de flèche. — Nous ne trouvons pas, aux Deux-Ponts, les pointes amygdaloïdes, phyllomorphes, ou à pédoncule et ailerons qui caractérisent beaucoup de gisements carnacéens.

Cependant j'ai dessiné un pièce (*fig.* 1 : 2) évidemment apparentée aux types que je viens de citer. Elle est asymétrique, mais peut-être faut-il y voir une pointe non achevée.

Une autre pièce, grossièrement taillée, offre un large cran à la base. J'ai recueilli un fragment qui devait être le talon d'une magnifique pointe de lance.

La figure 1 : 15 représente, me semble-t-il, une tête de lance grossière, retouchée sur son bord droit, qui présente une large encoche de fixation.

Au-dessus (*fig.* 1 : 7) est dessiné un éclat épais retouché pour former une pointe plus aiguë, avec encoches symétriques.

La majeure partie des armes était composée d'éclats à peine adaptés à leur destination par des retouches avivant l'extrémité, ménageant des crans, etc. Un silex (*fig.* 1 : 3) offrant des retouches sur un angle saillant, peut être considéré comme pointe ou comme perçoir.

J'ai déjà parlé des bâtonnets-retouchoirs (*fig.* 1 : 5) et de leur ressemblance avec les pointes de flèche.

Lames. — Les lames de dégagement sont très nombreuses; certaines atteignent une assez grande taille; mais les jolis couteaux, à deux ou trois facettes dorsales et à bord parallèles, sont relativement rares.

Couteaux à un bord abattu. — Quelques éclats larges ont un bord abattu pour permettre d'y appuyer l'index, comme nous le faisons sur le dos de nos couteaux de table. La pièce prend ainsi une forme générale triangulaire.

Percuteurs tranchants. — Certaines de ces pièces ont leur bord tranchant retouché (*fig.* 2 : 10) et nous amènent ainsi, par transitions insensibles, aux percuteurs tranchants, ayant également cette disposition d'un bord plat s'offrant à l'index. J'ai insisté sur ce type d'instrument en étudiant le Pic d'Oriou.

Grattoirs et Racloirs. — Les grattoirs et racloirs sont très variés. Je citerai les formes suivantes :

Grattoir rectiligne, sur extrémité de lame grossière (*fig.* 2 : 2)
Grattoir convexe, sur extrémité de gros éclat allongé;
Grattoir ovalaire pédonculé (*fig* 2 : 1); ·
Grattoir ovalaire (*fig.* 2 : 4);
Grattoir discoïde (*fig.* 2 : 5);
Racloir sur bord de lame, souvent terminée en grattoir. ·

J'ajouterai que, bien des fois, des grattoirs, même d'assez forte dimension, présentent sur leurs bords des encoches de ligatures, démontrant qu'ils étaient emmanchés.

Un petit grattoir ressemble assez à un tranchet triangulaire à tranchant remplacé par un bord retouché.

Mais, il ne faut pas confondre avec des grattoirs, certains silex qui présentent des esquilles d'utilisation, souvent situées sur les deux faces, et simulant des retouches.

D'autre fois, on trouve des grattoirs non terminés, l'extrémité étant encore tranchante sur une partie seulement de la courbure utile.

J'ai dessiné sous deux aspects (*fig.* 2 : 12 et 12′) un *grattoir nucléiforme* double, dont les parties utiles occupent les extrémités d'une ligne diagonale à l'axe du tronc de cône.

Coches-racloirs. — L'atelier a fourni quelques coches-racloirs. L'une d'elles (*fig.* 2 : 7) est terminale, disposition que j'ai signalée sur les pièces de la station du Pic d'Oriou. Les autres sont sur des bords de lames.

Un outil double est perçoir à une extrémité, coche près de l'autre.

Perçoirs. — Les perçoirs ordinaires ne sont pas nombreux. J'en ai représenté un brisé (*fig.* 1 : 10), et un autre plus robuste (*fig.* 1 : 9).

Les perçoirs latéraux sont moins rares; j'ai dessiné (*fig.* 1 : 1) un fort beau bec de perroquet..

Burins. — Les burins sont abondants.

Ils ont été obtenus, soit (burin en bec-de-flûte) par le « coup-de-burin » bilatéral (*fig.* 1 : 8, 11, base de 13, 14), soit par le coup-de-burin d'un côté (burin d'angle), habituellement à droite, et par des retouches de l'autre (*fig.* 1 : 12, et sommet de 13).

La fréquence des burins est ce qu'il y a de plus intéressant dans cet atelier.

· *Tranchets.* — Un des outils les mieux représentés dans la station que j'étudie, est le tranchet.

Nous observons le type trapézoïdal (*fig.* 2 : 9, 11, 13), le type triangulaire (*fig.* 2 : 14), le type allongé (*fig.* 2 : 15), passant au ciseau (*fig.* 2 : 8).

Un exemplaire du type triangulaire a son extrémité supérieure retaillée bilatéralement sur les deux faces, afin de faciliter la fixation dans un manche.

Une caractéristique d'un certain nombre des tranchets des Deux-Ponts est l'*obliquité* très marquée de la partie coupante par rapport à l'axe de la pièce (*fig.* 2 : 11, 13).

Scie. — Une lame grossière conservant une partie de son cortex, et analogue à la figure 2 : **3**, mais plus épaisse et à bord retouché plus rectiligne, me parait être une scie.

On peut admettre le même terme pour désigner d'autres pièces du gisement.

CONCLUSIONS. — L'atelier des Deux-Ponts renfermant de la poterie et de la pierre polie, se rattache au surplus, par le faciès de la majeure partie de son outillage, au néolithique. Toutefois, parmi les stations de la pierre polie, il mérite d'être particulièrement étudié, à cause des pièces d'allure paléolithique qu'il a fournies (burins, disques, percuteurs tranchants, coche-racloir d'extrémité). Ces trois derniers outils rapprocheraient cette industrie de celle du Pic d'Oriou, mais on ne peut confondre les pièces grossières de cette station avec celles des Deux-Ponts.

Ce dernier atelier, par l'utilisation, comme pointes de flèche, d'éclats à peine retouchés, parait appartenir à une époque antérieure à l'énéolithique; mais nos classifications provençales sont encore trop peu sûres pour être affirmatif sur ce point.

M. CH. BOYARD,

Nan-sous-Thil (Côte-d'Or).

STATIONS NÉOLITHIQUES DE SIDI-MABROUK (HAUTS-PLATEAUX TUNISIENS) ET DE NAN-SOUS-THIL (COTE-D'OR), AFFINITÉS DES INDUSTRIES LITHIQUES.

26 *Mars*.

571.21 (611 + 44.42)

J'ai présenté au VIe Congrès Préhistorique de France (Session de Tours, 1910) [1], des séries de silex taillés provenant de *Sidi-Mabrouk*, près Thala, dans les Hauts Plateaux tunisiens. Ces silex ont été recueillis, à ma demande, au commencement de 1910, par un de mes proches, habitant Tunis, M. Gaston Roberdet, à proximité du siège de l'exploitation minière de calamine, dont il est un des concessionnnaires et l'Administrateur-délégué.

La récolte eut lieu sans rechrches préalables, au moyen d'un simple grattage du sol fait au hasard. Un assez grand nombre d'outils taillés et des centaines d'éclats de débitage furent ramassés en moins d'une heure.

---

[1] CH. BOYARD, *Contribution à l'étude des industries de la Pierre dans la région des Hauts Plateaux tunisiens* (Station de Sidi-Mabrouk, près Thala) avec 4 planches, Le Mans, 1911.

Leur abondance donne à penser que le gisement est riche et que des recherches plus méthodiques seraient fructueuses.

SITUATION DE LA STATION ([1]). — « *Sidi-Mabrouk* est situé à environ 40 km des deux gares de *Kalaa-Djerda*, au Nord, et *Sbeïtla*, au Sud. L'accès par Kalaa-Djerda est seul facilement praticable, car Sbeïtla est séparé de Sidi-Mabrouk par de nombreuses montagnes et aucune piste réellement bonne n'existe de ce côté. Le point de repère pour toute la région est un pin de la forme d'un champignon, isolé au sommet de la plus haute montagne (1200 m environ). Cet arbre-signal est visible de très loin à la ronde ; les Arabes lui attribuent la propriété de guérir certaines maladies. Aussi trouve-t-on, autour de ce pin, un grand nombre d'offrandes indigènes.

« Au bas de ce mont, une élévation est exactement à la cote 1000 et, enfin, à l'altitude d'environ 960 m s'étend un grand plateau, boisé en partie. C'est là qu'est la station.

NATURE DU TERRAIN. — « La région est presque entièrement composée de calcaires blancs, et les grès tendres que l'on rencontre sur une longueur et une largeur d'environ 12 km ne sont qu'un remplissage, dont on peut évaluer la profondeur à 100 m environ. L'exploitation minière citée plus haut est au contact des calcaires et des grès.

« Ces grès offrent à un certain endroit deux renflements parallèles de tuf ; ces petits coteaux, d'une hauteur de 10 m environ, ont l'un et l'autre une longueur d'environ 200 m. L'espace qui les sépare est de 80 m.

« Ce vallon peut être plus exactement nommé clairière, car il est entouré de tous côtés par la forêt de pins. Son exposition est NS. Au Nord, il est garanti des vents par le mont de l'arbre signal et sa chaîne ; mais du Sud, le vent du désert souffle directement sans autre atténuation que la forêt.

« C'est dans ce vallon que les silex taillés ont été trouvés. Aucune recherche n'a été faite sur d'autres points du voisinage.

« Cette région est actuellement particulièrement sèche. Seul, un puits romain, d'une profondeur de 30 m, fournit chaque jour 3000 à 4000 l d'eau. Mais la présence de nombreuses ruines romaines et le lit desséché d'une rivière, passant à 25 m du puits, indiquent qu'il n'en a pas toujours été de même et, qu'à l'époque romaine l'eau ne manquait pas. A plus forte raison, en remontant aux temps néolithiques, il est probable que l'eau abondait sur le plateau de Sidi-Mabrouk. C'est ce qui semble résulter, du moins, de l'existence de la station ».

INDUSTRIES LITHIQUE. — Toutes les pièces provenant de Sidi-Mabrouk ont été recueillies à la surface du sol dans un espace très restreint de quelques mètres carrés.

Les arêtes ne sont pas émoussées, mais, pour la plupart, vives et tranchantes. Quelques pièces ont le poli caractéristique des plages et des sables du désert et sont d'un beau vernis jaune, rouge et brun, avec nuances intermédiaires. Les autres sont recouvertes d'une belle patine d'un blanc-jaunâtre ; la patine n'est pas la même sur les deux faces : elle

---

([1]) La description qui suit de la situation de la station et de la nature du terrain, m'a été envoyée par M. Gaston Roberdet, fils.

n'existe pas ou est extrêmement claire sur la face qui reposait sur le sol.

La matière première est le silex pyromaque dont la teinte varie du blond clair au brun foncé, ou la quartzite.

Une pièce rappelle l'*amande acheuléenne*, quelques autres, les formes géométriques de l'industrie *tardenoisienne*; deux ou trois belles lames ont un faciès *magdalénien*. Toutes les autres pièces appartiennent au *néolithique*, de même que les précédentes d'ailleurs, dans lesquelles il ne faut voir, croyons-nous, que des formes de survivance, ou accidentelles. Aucune pièce n'a été polie, ni préparée pour le polissage.

L'outillage que j'ai reçu de Sidi-Mabrouk ne renferme pas d'exemplaires de ces flèches si élégantes, signalées en différents points de la Régence; certaines pièces, bien que finement retouchées, conservent une forme assez commune. Mais toutes sont bien en main et d'un maniement facile. Les néolithiques de Sidi-Mabrouk préféraient la commodité de l'outil à l'élégance de la forme.

Les stations néolithiques de Nan-sous-Thil, auxquelles appartient l'outillage que je comparerai à celui de Sidi-Mabrouk, offrent, avec cette dernière station, des analogies de gisement. Comme à Sidi-Mabrouk, les stations sont sur les hauteurs; ce sont tantôt des gisements de surface, tantôt des fonds de cabane que l'on retrouve à la profondeur de 0,50 m à 1 m. Fonds de cabane et gisements de surface donnent, à Nan-sous-Thil, la même industrie.

La seule différence que l'on relève entre Sidi-Mabrouk et Nan-sous-Thil, est la présence, en ce dernier lieu, de pièces polies, qui font, jusqu'à présent, défaut à Sidi-Mabrouk; mais cette absence n'est peut-être pas absolue, et des recherches plus étendues et plus méthodiques seraient probablement plus fructueuses.

AFFINITÉS DES DEUX INDUSTRIES. — C'est un fait reconnu que la nature seule a donné à l'homme primitif les premières leçons. Travaillant la même matière, obéissant partout aux mêmes circonstances, éprouvant les mêmes besoins (lutte pour la vie), l'homme paléolithique et néolithique a été conduit, malgré les différences de milieu, aux mêmes formes, aux mêmes types d'outils.

Et la loi immuable du progrès nous fait retrouver, dans les régions les plus diverses et les plus éloignées, cette similitude quasi-parfaite de l'outillage lithique qui caractérise partout les différentes étapes de l'Age de la Pierre, sans que pour cela découle aucunement l'hypothèse de relations humaines. Celles-ci, sans aucun doute, n'ont jamais existé entre les préhistoriques de Sidi-Mabrouk et ceux de Nan-sous-Thil.

D'ailleurs, l'ethnographie nous montre encore aujourd'hui certaines peuplades sauvages de l'Océanie, de l'Afrique (Mauritanie,) de l'Amérique du Sud passant par les mêmes stades de civilisation que nos ancêtres préhistoriques.

Il *devait* donc se trouver des affinités d'outillage en général et de formes d'outils en particulier, dans les pièces qui font l'objet de ma communication.

L'affinité générale est la résultante de la destination spéciale de chaque genre d'outils. La nécessité de couper, scier, racler, percer, préparer les

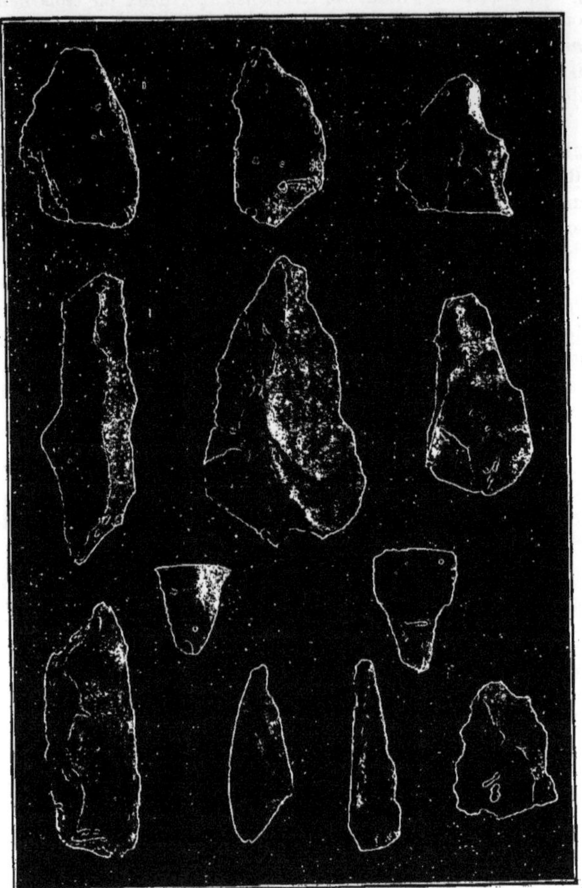

Fig. 1.

peaux, façonner l'outillage osseux, dont nulle trace n'a été relevée à Sidi-Mabrouk, mais qui assurément existait parallèlement à l'outillage lithique, a fait naître partout des formes adéquates, des instruments similaires, présentant la même allure générale. Et de fait, les scies, couteaux, perçoirs, racloirs ou grattoirs de Sidi-Mabrouk ont, avec les pièces de Nan-sous-Thil, un air de parenté qui les rattache à la même famille.

Parmi les *formes communes aux deux gisements*, on peut citer les types suivants (il est entendu que je ne cite et décrit sommairement que des

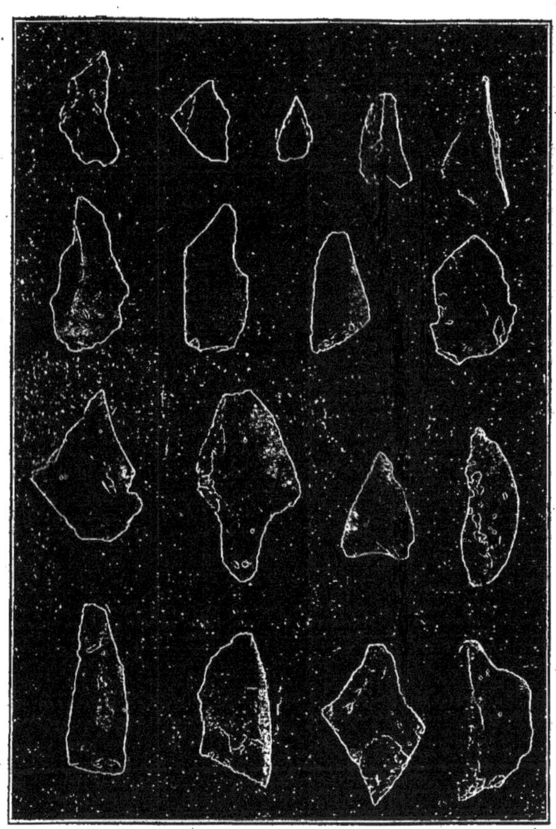

Fig. 2.

pièces de Sidi-Mabrouk ayant des affinités avec d'autres, provenant des stations de Nan-sous-Thil) :

Une grande pointe de *forme amygdaloïde*, qui rappelle l'amande acheuléenne, longueur : 10 cm., largeur maximum : 5 cm. Cette pièce porte des retouches à la base, avec crans d'arrêt latéraux. Elle a pu être emmanchée et servir de poignard ou de perçoir (*fig.* 1 : n° 5);

Une *pointe de javelot* (*fig.* 2 : n° 11), à pédoncule bien retouché sur les deux faces. La face inférieure du *fer* est plane, sans aucune retouche. La face supérieure est bien retouchée, avec enlèvement de la ligne médiane longitudinale;

Des *scies droites, concaves, convexes* (fig. 3 : n^{cs} 6, 2, 3, 4, 5, 7, 10),

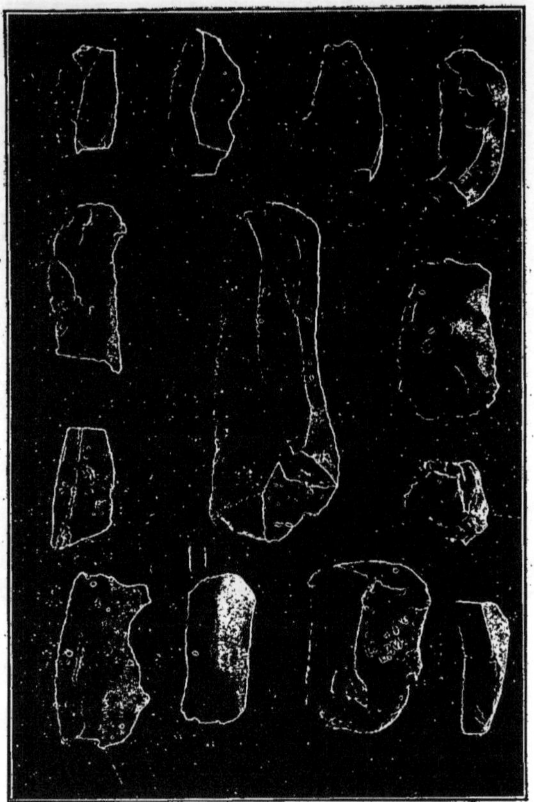

Fig. 6.

toutes portant des retouches d'accommodation qui les destinaient à être tenues à la main.

Des *grattoirs-disques* peu épais, taillés sur les deux faces et retouchés sur toute la circonférence (*fig.* 4 : n°s 5, 8, 10), d'un diamètre de 5 à 7 cm. A Nan-sous-Thil, les mêmes pièces ont un diamètre moindre : 3 à 5 cm.

Des silex à *formes géométriques,* en tout semblables à ceux des stations de Nan-sous-Thil. Si quelques-unes de ces petites pièces étaient, ainsi que certains préhistoriens l'ont prétendu, des armatures de faucilles, elles indiquent dans les deux lieux, la culture des céréales;

Des *grattoirs-carénés* (*fig.* 4 : n° 4), bien retouchés sur tout le pourtour, sauf au talon;

Des *grattoirs à coches* et à usages multiples pour le travail de l'os

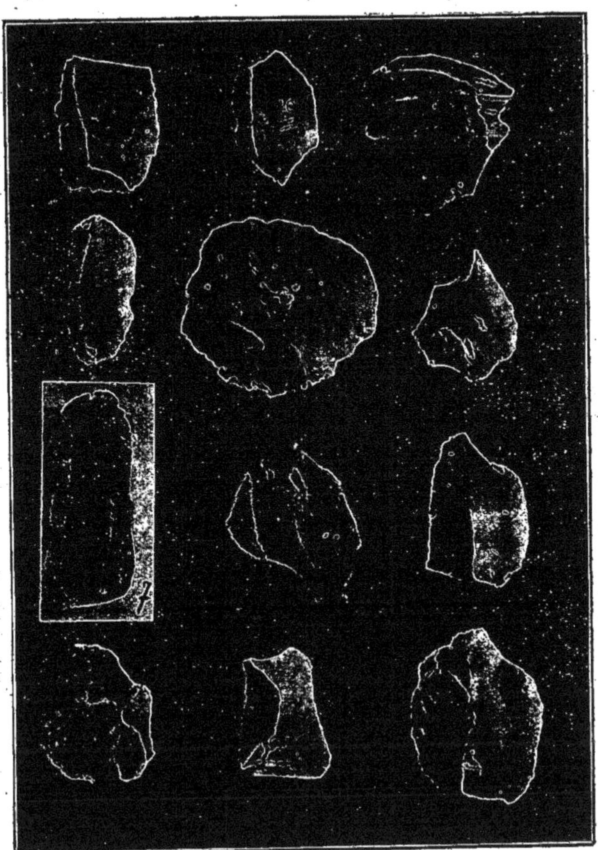

Fig. 4.

Des coches très fines (*fig.* 4 : n° 3) devaient être destinées au polissage des aiguilles;

Un *perçoir double* (*fig.* 4 : n° 2) qui, par sa forme, rappelle un peu le même instrument de l'époque solutréenne;

Des *tranchets* (*fig.* 4 : n° 11) en tout semblables à ceux des stations de Nan-sous-Thil, etc.

Toutes ces pièces, de même forme, sont d'un travail d'éclatement et de retouches identiques dans les deux stations. Elles ne diffèrent que par la patine.

Dans le courant du mois de septembre 1910, des ossements divers, peut-être néolithiques, ont été trouvés à proximité du gisement de Sidi-Mabrouk dans les circonstances suivantes :

Pour loger les ouvriers arabes ou italiens qui travaillent dans la mine de calamine, on creuse, dans le renflement de *tuf*, des grottes ou *damous*. Vers le milieu de septembre, un nouveau damous fut rendu nécessaire par l'accroissement du nombre des mineurs.

L'ingénieur, M. Laporte, choisit l'emplacement, et laissa, aux futurs occupants le soin de creuser leur demeure. Ces derniers, des Arabes, remarquèrent que le terrain était assez friable et paraissait avoir été déjà remué; mais se contentant de peu de surface et de volume, ils ne poussèrent pas bien loin le déblaiement.

Bientôt, tous les habitants du damous tombèrent malades, et l'ingénieur pensa avec raison que l'exiguité du logis était la seule cause de ce mauvais état sanitaire. Il fit creuser davantage, dirigea et surveilla les travaux, au cours desquels de nombreux ossements furent mis à découvert sous ses yeux. Il les recueillit tous avec soin, après avoir noté les particularités de la trouvaille.

Ces ossements devaient m'être expédiés, et je les aurais soumis à l'examen d'un spécialiste. Mais, sur un rappel de ma part, fait au moment de rédiger la présente note, je fus informé par mon neveu (M. Gaston Roberdet, fils), qu'ils avaient été remis, pour examen, à l'Institut de Carthage. Cette solution était assurément la meilleure.

En tout cas, cette découverte d'ossements augmente l'intérêt qui s'attache à la station de Sidi-Mabrouk, et je souhaite que des recherches méthodiques soient entreprises dans ce gisement.

ADDENDA.

I. Dans une lettre en date du 31 mars 1913, M. le Dr Bertholon, Président de la 11e Section du Congrès de Tunis m'écrit :

« Il n'y a pas d'ossements humains dans ceux recueillis à Sidi-Mabrouk,
« qu'on m'a montrés. Ce sont des os d'animaux, y compris une variété d'âne.
« Je les ai fait remettre au Vétérinaire chargé du Service de l'Elevage Tuni-
« sien, M. Ducloux, qui se propose de les étudier. »

II. Dans le courant de l'été de 1913, un nouvel et important envoi de silex de Sidi-Mabrouk m'a été fait. Cet envoi, en plus de l'outillage varié néolithique précédent, contient des pièces très intéressantes, qui indiquent dans le gisement un mélange de Néolithique et de Paléolithique. Il y a des *burins* sur bout de lame et des *becs de perroquet*, des pointes à main *moustériennes* et trois *coup de poing* du type *Chelléen*, taillés grossièrement, un de 20 cm de long et les deux autres de 10 cm.

M. LE Dr MARCEL BAUDOUIN.

LA HACHE POLIE GRAVÉE AU TRAIT DU MONUMENT DES VAUX, A SAINT-AUBIN-DE-BAUBIGNÉ (DEUX-SÈVRES).

571.25

24 Mars.

LES FERMES DES VAUX. — A l'extrémité Ouest du *Monument des Vaux*, de Saint-Aubin-de-Baubigné (Deux-Sèvres), se trouvent les deux *fermes* qui lui ont donné son nom : *La grande Vau* et *la Petite Vau*.

Les Pierres de *granulite*, qui ont servi à construire ces deux métairies, ont été prises sur les lieux mêmes et ne sont que des débris, *cassés* ou *taillés*, des pointements rocheux, si abondants de la région, ou des blocs libres, répandus dans les champs du voisinage. Cet ensemble de rochers, constituant le *Monument des Vaux* lui-même, la plupart étaient jadis couverts de *Sculptures* et *Gravures*.... En cherchant bien, on devait donc, théoriquement au moins, retrouver, dans les murs de construction de ces fermes, *non crépies à l'extérieur* au demeurant, des débris de BLOCS-STATUES, présentant quelques-unes de ces gravures.

D'ailleurs, c'est ainsi qu'en 1879 M. le Comte A. de Béjarry en avait découvert dans l'une des fermes *des Vaux*, ainsi qu'il appert de sa brochure[1].

Sa constatation, restée ignorée des auteurs qui ont écrit, tout d'abord, sur le Monument, nous engagea à imiter son exemple : en premier lieu pour retrouver les blocs signalés par lui; puis pour en découvrir d'autres, s'il en existait.

Aussi, en 1912, avons-nous fait cet examen pour la ferme de la *Grande Vau*, guidé d'ailleurs par les cultivateurs qui l'habitent. Nous avons eu la chance de découvrir, de notre côté, quelques gravures, non encore signalées, croyons-nous.

La plus importante, à notre sens, de ces gravures, fera seule l'objet de cette Note. Elle représente une HACHE POLIE GRAVÉE, tout à fait comparable à celles découvertes et déjà décrites pour le bassin de Paris.

J'ajoute que cette constatation me paraît capitale, parce qu'elle DATE, à n'en plus pouvoir douter, LE MONUMENT DES VAUX, en venant prouver qu'il remonte bien à l'ÉPOQUE DE LA PIERRE POLIE (*Époque Robenhausienne*), et non à l'âge des Métaux, comme nous l'avons d'ailleurs démontré jadis par un autre procédé [2].

[1] COMTE A. DE BÉJARRY, *Les Pierres gravées trouvées dans la commune de Saint-Aubin-de-Baubigné* (D.-Sèv.) (*Bull. Soc. Arch.*, Nantes, 1879, t. XVIII, p. 49-51, 2 pl.-h.-t. en lith.).

[2] MARCEL BAUDOUIN, *Les Rochers gravés de Saint-Aubin-de-Baubigné* (D.-Sèv.). (*Bull. et Mém. Soc. Anthrop.*, Paris, 1911, 7 déc., p. 534-567, 16 fig. [*Voir* p. 546]. — *Tiré à part*, Paris, 1912, in-8°; 16 fig.).

SITUATION. — Le ferme de la *Grande Vau* est constituée par quatre bâtiments : une petite ÉTABLE, située au sud du chemin ; un HANGAR, assez récent ; une vaste ÉTABLE, *écurie* ou grange ; et la *Maison d'habitation* située du côté du Nord. — Cela correspond exactement d'ailleurs, aux constructions du Cadastre (¹).

a. *Construction*. — C'est sur *la grande* Étable que se trouve la *Hache polie*. Elle est visible sur la face extérieure d'un bloc de granulite *taillé*, faisant partie de la *muraille de fond*, au Nord, de cette grande bâtisse.

On la voit, sur une pierre qui se trouve presqu'au niveau du sol, au coin *nord-est* de cette étable.

b. *Bloc*. — Le bloc est rectangulaire et dirigé de l'Est à l'Ouest. La hache se trouve à 0,19 m à l'ouest de son bord Est. Il est évident que le tailleur de pierres, lorsqu'il a préparé le fragment de granulite où se voyait cette gravure, a été frappé par son existence et a débité la pierre — dont la surface à gravure avait été *piquée* jadis, et peut-être même un un peu *polie* à l'époque néolithique — en s'efforçant de respecter le travail de ses anciens ! En effet, la gravure de cette hache est *intacte* et correspond jusqu'au centre du parement de ce moellon.

c. *Hache*. — La hache est actuellement placée *horizontalement*, le talon à l'*Ouest*, le tranchant à l'*Est*.

DESCRIPTION. — 1° HACHE. — a. *Limite*. — Elle est représentée par un *trait gravé et poli*, absolument semblable à ceux, si abondants, du Monuments des Vaux, qui constituent les *espaces interdigitaux*, les *cercles*, les *étoiles*, le *trident*, les *rectangles*, les *carrés*, etc.

Ce trait varie de largeur suivant les points ; celle-ci est au minimum de 0,015 m et de 0,020 m au maximum. La profondeur est très faible : 2 mm à peine (²) ; mais elle ne doit pas étonner, car beaucoup de Cercles gravés ne sont pas plus profonds (³) (*Fig.* 1.).

b. *Dimensions*. — 1° La hache mesure, de la pointe au tranchant, 0,20 m de longueur. Le tranchant a 0,105 m de largeur, c'est-à-dire qu'il représente la *moitié* de la longueur. Le talon, arrondi, mais un peu cunéiforme, peut être considéré comme ayant 0,03 m de large. — Il est certain qu'il existe des haches polies de diorite de ce modèle et de cette forme ! Pourtant, d'ordinaire, les haches, à tranchant atteignant la moitié de la longueur, c'est-à-dire à *Indice de largeur de* 50. », sont plutôt rares.

2° Si, au lieu de mesurer la figure de l'extérieur à l'intérieur, on la mesure

---

(¹) Cela prouve que ces constructions remontent à une date assez éloignée, probablement au commencement du xix.ᵉ siècle, et peut-être même à une époque antérieure.

Seul, le hangar cité ne figure pas au cadastre.

(²) Peut-être cela tient-il à ce que le tailleur de pierre moderne a un peu *raclé*, ou *gratté*, ou *piqué* même, la surface du moellon correspondante, de façon à parementer le bloc d'une façon régulière. — Pourtant, cela n'est pas certain.

(³) On dirait que le temps a *usé* les rochers.

du *milieu* du *trait gravé* d'un côté au milieu du trait de l'autre côté ([1]), on ne trouve plus, pour la longueur, que 0,18 m, au lieu de 0,20 m, puisque ces traits au talon et au tranchant ont 0,02 m de largeur.

Or 0,18 m = 0,06 × 3. On retrouve donc là trois fois la *Commune mesure* (0,06 cm = 1 pouce), si fréquente aux Vaux. J'ignore si cela est voulu (ce n'est pas certain ici); mais c'est à noter! On verra tout à l'heure pourquoi.

Le tranchant, mesuré de cette façon, ne donne que 0,09 m; soit 1 pouce et demi $\left(0,09 = 0,06 + \dfrac{0,06}{2}\right)$.

2° GRAVURES VOISINES. — 1° *Encadrement de la Hache*. — Il existe, autour de la hache, une autre figure, qui paraît être une annexe de cette hache et qui est située au-dessous d'elle, à 0,02 cm environ, au centre.

a. Description. — Il s'agit d'un long *trait gravé*, horizontal ou presque, *qui se relève*, à ses deux extrémités, ouest et est, pour encadrer la hache, mais ne se continue pas au-dessus d'elle (*Fig.* 1; DABE).

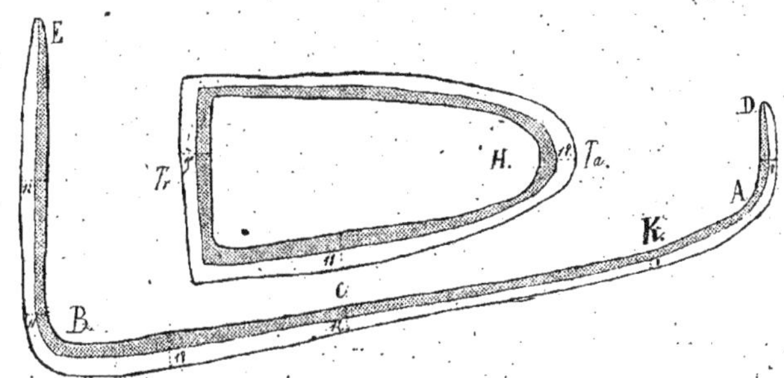

Fig. 1. — HACHE POLIE GRAVÉE AU TRAIT, placée au dessus d'un TRAIT. — Pierre du mur de la grange de La Grande Vau, à Saint-Aubin-de-Baubigné (D.-Sèv.). — *Échelle* : ¼ grandeur, d'après un *Décalque* de M. Marcel Baudouin.

Légende : H, HACHE POLIE. — Ta, Talon; Tr, Tranchant; E, Espace libre; DAKCBE, *Encadrement*. — Les chiffres indiquent en millimètres la *largeur* des *traits*, et non pas (par exception) leur profondeur.

La partie centrale de ce trait, large de 0,015 à 0,020 m, n'ayant que 0,010 m vers l'Ouest, mesure 0 m,36 (or 0,36 = 0,06 × 6, c'est à dire *six* Communes mesures).

Le trait, relevé à l'Ouest, large de 0,010 m à peine, a 0,06 m de hauteur (une Commune mesure) environ. Il est distant du talon de 0,11 m (or 0,12 cm = 0,06 × 2). Le trait, relevé à l'Est, large de

---

([1]) C'est ainsi qu'il faut procéder, puisque l'artiste graveur, quand il commençait son travail, avec l'outil de pierre, débutait toujours, forcément, par ce point, c'est-à-dire le *milieu du trait à exécuter*.

o,o15 m, a o,17 m de longueur (or o,18 = o,06 × 3). Il est distant de o,07 m du tranchant de la hache (c'est-à-dire d'une Commune mesure).

Ces deux extrémités du trait sont relevées presqu'à angle droit, mais un peu *arrondis*, d'ailleurs.

b. Diagnostic. — Depuis la rédaction (1912) de mes premières notes sur cette hache, M. N. Gabillaud [1] a décrit, en 1913 (*Voir* p. 7), et figuré (Pl. III, n° 7; et *Fig.* 2, n° 1) une *Hache*, aux Vaux.

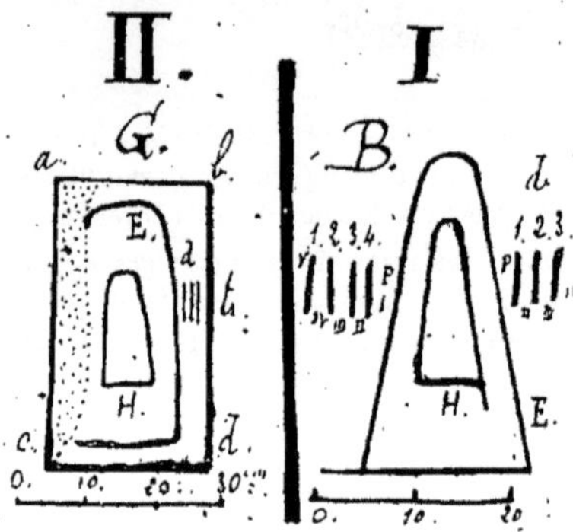

Fig. 2 et 3. — Dessins représentant, très probablement, la même Gravure de Hache, d'après A. de Béjarry (1879) et Gabillaud (1913).

Légende : I-B, Dessin de A. de Béjarry (1879). *Échelle :* $\frac{10}{100}$. — II-G, Dessin de N. Gabillaud (1913). *Échelle :* $\frac{1}{100}$. — H, Hache; E, Encadrement; d, *Mains :* 1 à 4, Espaces interdigitaux; I à V, Doigts; P, Pouce; tr., traits; *a, b, c, d,* contour du bloc équari; a, c, trace de *piquage* récent.

Il a écrit, à ce propos, ce qui suit : « Le dessin n° 1, que nous avons emprunté à l'*arêtier* d'un *mur*, *pourrait* être la représentation d'une hache non emmanchée, à bords droits, *entourée* d'un trait parallèle. Sous la hache *supposée*, *trois traits*, courts, horizontaux. Le tailleur de pierre, en *repiquant* et redressant le quartier de roche, *a fait disparaître une partie de l'encadrement* ».

Cette dernière phrase nous a immédiatement rappelé qu'en 1879 M. le comte A. de Béjarry [2] avait figuré une Gravure, qui se rapproche singulièrement de la hache dont parle M. Gabillaud, et que, jusqu'alors, nous avions cru distincte de celle que nous venons de décrire. M. de Béjarry ne l'a pas décrite. Il l'a dessinée seulement, d'après un *Décalque*, et reproduit au dixième de sa grandeur, en mettant cette légende : « Pierre (de l'Étable), face de l'Égout ».

---

[1] *Catalogue descriptif des Rochers gravés actuels de la Vau, commune de Saint-Aubin-de-Baubigné* (D.-Sèv.). — Cholet, 1913, in-8°.

[2] *Loc. cit.* (*Voir* Fig. n° 9, Pl. 1).

du *milieu* du *trait gravé* d'un côté au milieu du trait de l'autre côté (¹),
on ne trouve plus, pour la longueur, que 0,18 m, au lieu de 0,20 m,
puisque ces traits au talon et au tranchant ont 0,02 m de largeur.

·Or 0,18 m = 0,06 × 3. On retrouve donc là trois fois la *Commune
mesure* (0,06 cm = 1 pouce), si fréquente aux Vaux. J'ignore si cela est
voulu (ce n'est pas certain ici); mais c'est à noter! On verra tout à
l'heure pourquoi.

Le tranchant, mesuré de cette façon, ne donne que 0,09 m; soit 1 pouce
et demi $\left(0,09 = 0,06 + \dfrac{0,06}{2}\right)$.

2° GRAVURES VOISINES. — 1° *Encadrement de la Hache.* — Il existe,
autour de la hache, une autre figure, qui paraît être une annexe de cette
hache et qui est située au-dessous d'elle, à 0,02 cm environ, au centre.

a. Description. — Il s'agit d'un long *trait gravé*, horizontal ou presque,
qui se relève, à ses deux extrémités, ouest et est, pour encadrer la hache,
mais ne se continue pas au-dessus d'elle (*Fig.* 1; DABE).

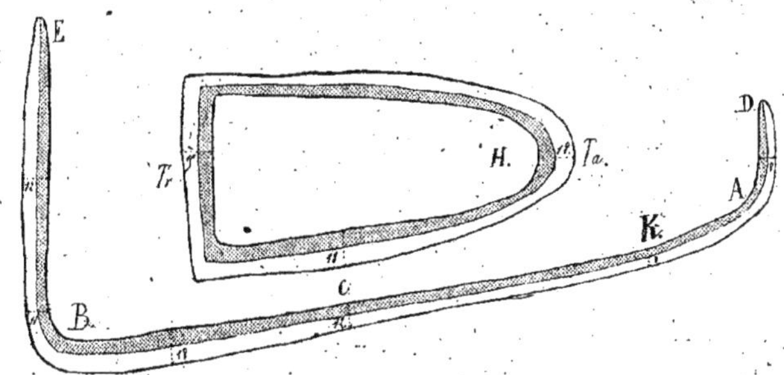

Fig. 1. — HACHE POLIE GRAVÉE AU TRAIT, placée au dessus d'un TRAIT. — Pierre
du mur de la grange de La Grande Vau, à Saint-Aubin-de-Baubigné (D.-Sèv.).
— *Échelle* : ¼ grandeur, d'après un *Décalque* de M. Marcel Baudouin.

Légende : H, HACHE POLIE. — Ta, Talon; Tr, Tranchant; E, Espace libre; DAKCBE,
Encadrement. — Les chiffres indiquent en millimètres la *largeur* des *traits*, et
non pas (par exception) leur profondeur.

La partie centrale de ce trait, large de 0,015 à 0,020 m, n'ayant que
0,010 m vers l'Ouest, mesure 0 m,36 (or 0,36 = 0,06 × 6, c'est à dire
six Communes mesures).

Le trait, relevé à l'Ouest, large de 0,010 m à peine, a 0,06 m de
hauteur (une Commune mesure) environ. Il est distant du talon de
0,11 m. (or 0,12 cm = 0,06 × 2). Le trait, relevé à l'Est, large de

---

(¹) C'est ainsi qu'il faut procéder, puisque l'artiste graveur, quand il commençait
son travail, avec l'outil de pierre, débutait toujours, forcément, par ce point, c'est-à-
dire le *milieu du trait à exécuter*.

0,015 m, a 0,17 m de longueur (or 0,18 = 0,06 × 3). Il est distant
de 0,07 m du tranchant de la hache (c'est-à-dire d'une Commune
mesure).

Ces deux extrémités du trait sont relevées presqu'à angle droit,
mais un peu *arrondis*, d'ailleurs.

b. Diagnostic. — Depuis la rédaction (1912) de mes premières notes
sur cette hache, M. N. Gabillaud (¹) a décrit, en 1913 (*Voir* p. 7), et
figuré (Pl. III, n° 7; et *Fig.* 2, n° 1) une *Hache*, aux Vaux.

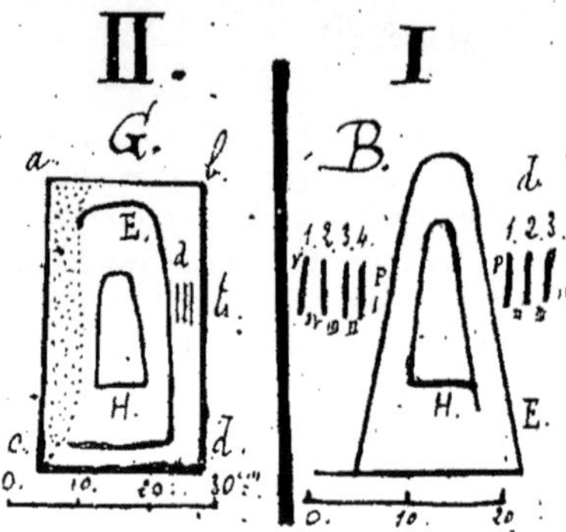

Fig. 2 et 3. — Dessins représentant, très probablement, la même Gravure de Hache,
d'après A. de Béjarry (1879) et Gabillaud (1913).

Légende : I-B, Dessin de A. de Béjarry (1879). *Échelle :* $\frac{16}{100}$. — II-G, Dessin de N. Gabillaud (1913). *Échelle :* $\frac{1}{100}$. — H, Hache; E, Encadrement; *d, Mains :* 1 à 4, Espaces
interdigitaux; I à V, Doigts; P, Pouce; tr., traits; *a, b, c, d,* contour du bloc
équari; *a, c,* trace de *piquage* récent.

Il a écrit, à ce propos, ce qui suit : « Le dessin n° 1, que nous avons
emprunté à l'*arêtier* d'un *mur*, *pourrait* être la représentation d'une hache
non emmanchée, à bords droits, *entourée* d'un trait parallèle. Sous la
hache *supposée*, *trois traits*, courts, horizontaux. Le tailleur de pierre,
en *repiquant* et redressant le quartier de roche, *a fait disparaître une
partie de l'encadrement* ».

Cette dernière phrase nous a immédiatement rappelé qu'en 1879
M. le comte A. de Béjarry (²) avait figuré une Gravure, qui se rapproche
singulièrement de la hache dont parle M. Gabillaud, et que, jusqu'alors,
nous avions cru distincte de celle que nous venons de décrire. M. de
Béjarry ne l'a pas décrite. Il l'a dessinée seulement, d'après un *Décalque*,
et reproduit au dixième de sa grandeur, en mettant cette légende :
« Pierre (de l'Étable), face de l'Égout ».

(¹) *Catalogue descriptif des Rochers gravés actuels de la Vau, commune de
Saint-Aubin-de-Baubigné* (D.-Sèv.). — Cholet, 1913, in-8°.

(²) *Loc. cit.* (*Voir* Fig. n° 9, Pl. 1).

Son dessin montre bien qu'il existe, au dessous de l'encadrement, les trois traits horizontaux gravés, qui sont signalés ci-dessus par M. Gabillaud et qui correspondent « *au ras du sol du bâtiment*, sur l'arêtier nord-est de la grange », d'après une de ses lettres (*Fig.* 2).

Mais, chose curieuse, en 1879, M. A. de Béjarry a constaté :

1° que l'encadrement était *complet*, puisqu'il *l'a figuré* (Voir la reproduction ici même (*Fig.* 3) de sa figure : (*fig.* 6).

2° Qu'il existait au-dessus de la *hache, quatre* traits horizontaux, semblables à ceux du bas !

En présence de ces contradictions, nous avons cru, un instant, avoir affaire à deux gravures différentes. Cependant la *situation* du bloc paraissait être la même :

a. Pierre de l'*Etable*, face de l'Égout (A. de Béjarry). .

b. Arêtier nord-est de la Grange (Gabillaud).

c. Angle nord-est de la Grange de la Grande Vau (nobis).

Nous avons cherché alors à vérifier l'identité de cette hache à l'aide des mensurations fournies par notre Décalque et celui de A. de Béjarry, les seuls dessins qui soient à une échelle *connue.* — Et voici ce que nous avons trouvé :

1° *Hache.* — Longueur, 0,18 pour 0,20 ; largeur, 0,09 pour 0,10.

2° *Encadrement.* — Longueur : 0,38 pour 0,35 ; distance à la hache : mêmes dimensions) : 0,02 pour 0,02 et 0,03 pour 0,03 ; différence : 0,9 pour 0,07 (talon).

Dans ces circonstances, j'ai été obligé de conclure à l'identité des Figures !

Mais, alors, comment expliquer que, depuis 1879, les quatre traits horizontaux supérieurs aient *disparu*, ainsi que la partie supérieure de l'encadrement, alors que la grange figure au Cadastre (ce qui indique une construction antérieure à 1830) ?

Je ne vois qu'une hypothèse *admissible :* c'est que l'arêtier nord-est de la dite grange a été *reconstruit* et *restauré* depuis 1879 ! — S'il en est bien ainsi, le tailleur de pierre, en retravaillant la pierre, a fait disparaître les gravures anciennes (ce qui explique les traces de *repiquage*, signalées par M. Gabillaud).

c: Signification. — Dans ces conditions, que signifient l'*Encadrement*, de la hache et les *traits* signalés ?

Si l'on admet que les deux dessins publiés par A. de Béjarry et Gabillaud et que mon décalque se rapporte à la même gravure, l'explication est très facile.

Le bloc à gravure a été pris et débité dans un *Bloc-Statue*, décoré d'une

Hache polie ([1]) : soit placée dans une autre *hache polie* plus grande; soit placée dans un encadrement, n'ayant qu'un but décoratif.

1° Quant aux traits, leur signification est aussi très claire; ce sont des Espaces interdigitaux, type des Vaux. C'est dire qu'ils représentent *les deux Mains* de la Statue d'origine.

2° Pour l'encadrement, deux hypothèses sont donc possibles.

a. Ce trait représente-t-il une deuxième hache plus grande, sur laquelle serait placée la petite? Une telle hache aurait o,38 m de longueur pour un tranchant de o,19 m, d'après le dessin de A. de Béjarry.

L'indice de largeur serait ici aussi de 5o. ». — Mais ce serait une hache énorme, si nous la supposons grandeur nature. — Or nous n'en connaissons pas d'*aussi longue*, avec, du moins, un *tranchant aussi large*.

b. D'autre part, sur la figure de A. de Béjarry (*Fig.* 2), le *trait du tranchant se prolonge vers la gauche.* Or, cela est plutôt en rapport avec l'idée d'un *encadrement purement décoratif,* à moins de supposer une échappée de l'outil du graveur (ce qu'on ne voit jamais aux Vaux, au demeurant!).

Pour terminer, disons que nous ne voyons pas bien ce que pourrait signifier l'*inclusion* on l'*inscription,* — pour parler comme les géomètres — d'une petite hache dans une grande, dans de telles conditions; et concluons qu'en réalité cette première hypothèse n'a guère de chance d'être la bonne et qu'il ne faut plus songer à une deuxième hache, encadrant la première, mais à un simple motif décoratif.

La première hypothèse nous avait été d'abord suggérée par une figure qu'Adrien de Mortillet ([2]) a publiée, mais a interprétée tout différemment, puisqu'il y voit un BOUCLIER (il s'agit d'une peinture murale d'un tombeau de Beinhassan, datée de 2800 avant J.-C.), tandis que nous y voyons une HACHE, sur *statue* ou *idole solaire*, de même que sur la pierre, découverte en 1879 à *La Grande Vau* par M. de Béjarry ([3]), et non plus seulement un *triangle*, comme en 1911 ([4]) (*Fig.* 2).

DIAGNOSTIC DE HACHE. — S'agit-il bien d'une *Hache* pour cette

---

([1]) Il ne faut pas s'étonner de voir une telle figure sur la poitrine d'une Statue aux Vaux !

Ne sait-on pas qu'une *Hache polie emmanchée* est représentée au-dessous de la tête (qui n'a qu'un nez et pas de bouche) sur la Statue-Bloc de la Grotte de Courjeonnet (Marne), indiquant ainsi que cette Statue n'est que celle du *Dieu-Soleil,* puisque la Hache est le symbole solaire à cette époque?

Ne sait-on pas aussi que, sur l'une des Pierres de Collorgues (*Statue-menhir* ou *Stèle-statue* plutôt), il y a aussi une Hache polie sur la poitrine, tandis que, sur deux autres, il y a les fameuses *crosses,* classiques, des Dolmens.

([2]) A. DE MORTILLET, *Les figures sculptées sur les Monuments mégalithiques de France.* (*Rev. de l'École d'Anth. de Paris,* t. IV, 1894, n° 9, 15 sept., p. 273-307. *Voir* Fig. 89, n° 13, p. 296).

([3]) *Loc. cit.* (*Voir* Pl. n° VIII, *Pierre de l'Étable; Face de l'Égout*).

([4]) *Loc. cit.* (*Voir* p. 546 et *fig.* 4; 1879).

sculpture? M. Gabillaud en doute, puisqu'il emploie les termes : «pourrait» et «supposée»! Mais cela est pourtant des plus probables, ici comme plus haut. D'autre part, pourquoi M. Gabillaud a-t-il supprimé les *trois* traits sur sa *figure* 2 (n° 1)?. Ne les croirait-il pas authentiques? Ils le sont pourtant, d'après le dessin de M. A. de Béjarry !

SIGNIFICATION. — Cette hache ne peut, d'après ce que l'on sait (¹),

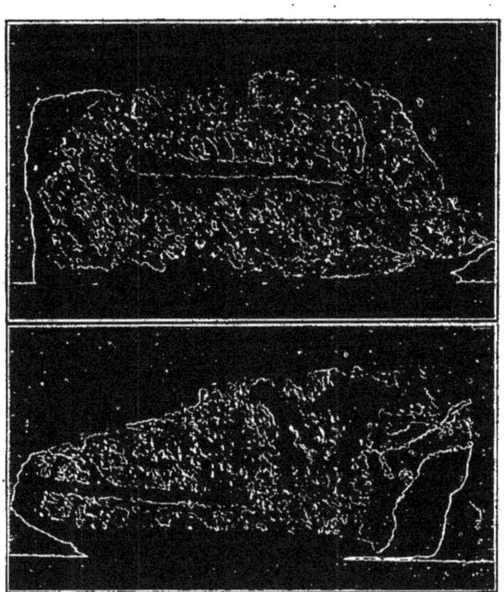

Fig. 4. — HACHES POLIES, GRAVÉES AU TRAIT, du Dolmen de Grah'niol (Morbihan).
(Phot. F. Gaillard).

que symboliser le *Soleil* (²). — Dès lors, on doit admettre que, sur le Bloc-statue d'origine du Monument des Vaux, elle remplaçait le *Disque* du Rocher n° II, la *Roue* à 4 rayons du n° X, l'*Etoile* du n° VI, les *Bassins* des n⁰ˢ V, XIII, etc.

On sait que la *Roue à 4 rayons* représente d'ordinaire LE SOLEIL LEVANT (*Rocher n° X des Vaux*), etc.

ANALOGIES. — 1° *Gravures au trait*. — On connaît des *Haches gravées au trait* (³), c'est-à-dire exactement comme à Saint-Aubin-de-Baubigné, même dans les dolmens; mais elles sont rares.

(¹) D'après les études sur les *Cachettes rituelles néolithiques*, en particulier (de Quatrefages, O. Montelius, P. de Givenchy, M. Baudouin). (*Voir* de Quatrefages, *Histoire générale des races humaines*, Paris, 1887, p. 282).

(²) DECHELETTE, *Le Culte du Soleil*.

(³) F. GAILLARD, *Le Dolmen du Grah'niol à Arzon* (*M.*) [*Bull. Soc. Anth. Paris*, 1895, 7 novembre, p. 672-683 (*Voir* description, p. 677-678)].

On en cite une au mégalithe du *Trou des Anglais d'Epône* (Seine-et-Oise),
figurée d'ailleurs dans le *Musée préhistorique* de G. et A. Mortillet (Pl. LXV,
n° 706).

J'en connais deux, *inédites* comme *dessins*, trouvées par F. Gaillard
sur des *pierres de blocage* du Dolmen de Grah'niol, à Arzon (Morbihan)
(Photographies de Gaillard (*Fig.* 4 et 5).

D'ailleurs ces deux gravures au trait sont comparables, comme technique, à celles de la Table des Marchands (*Hache à manche; Cheval;* etc.).

2° *Sculptures en relief.* — Il faut d'ailleurs bien distinguer de ces gravures au trait les *Sculptures en relief* de haches polies, au point de vue technique.

Celles-ci ont été obser-
vées d'abord dans les Dolmens : en particulier, à
l'Allée couverte de *Gavrinis*
(Morbihan); à la *Grande
Perrotte* (commune de Fon-
tenille, Charente); etc.

Mais, récemment, M. G.
Courty en a découvert trois
semblables, sur des *Rochers
fixes*, près Berthiers (Seine-
et-Marne), à la Roche du
Bourrelier (¹).

Quoiqu'il en soit, d'ail-
leurs, des différences de forme, c'est la même idée qui
est à l'origine; et il est bien probable qu'il ne s'agit que d'un symbole
et d'une représentation solaire, là comme à Saint-Aubin-de-Baubigné.

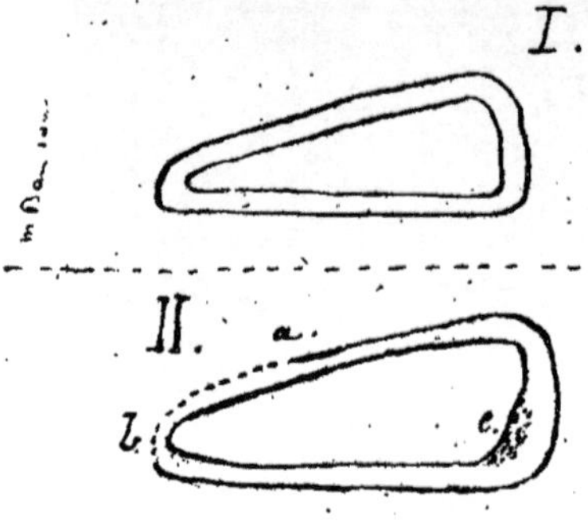

Fig. 5. — Les deux haches polies, gravées au trait,
trouvées sur des Blocs de calage du Dolmen de
Grah'niol, à Arzon (Morbihan). Décalque des
deux Photographies de la *Fig.* 4 de F. Gaillard
(Collection Marcel Baudouin).

3° *Haches sur statues.* — D'autre part, une *hache polie* (emmanchée) (²),
étant représentée sur la *poitrine* de la statue (possédant un *nez*, mais sans
bouche et sans *yeux*) de la grotte de Courjeonnet (Marne), il n'y a rien
d'étonnant à ce qu'il y ait une *hache polie* non *emmanchée* sur une ou
deux statues des Vaux (³)!

(¹) G. Courty, *Pétroglyphes figurant des haches polies* [*Bull. Soc. Préh. Franç.*,
Paris, 1913, n° 1 (*fig.* 2)].

(²) Les gravures de *Haches emmanchées* sont nombreuses. On en connaît à la
Table des Marchands (Locmariaquer); au *Tumulus de la Motte*, à Pornic; au Dolmen
du Mané er 'Hoeck (Morbihan); à l'Allée de Gavrinis (Morbihan), etc., pour ne parler
que des *Mégalithes* (*Voir* A. de Mortillet, *Loc. cit.* plus haut). Et M. G. Courty, dans
le mémoire cité, en a figuré *six*, trouvées sur la roche du Tigre (Seine-et-Marne),
c'est-à-dire sur un *rocher fixe*.

(³) Une hache emmanchée, en *pierre*, avec tête d'*Homme* [Dieu?] et *Serpent*,
semblant représenter la lutte du Bien et du Mal, a été indiquée pour l'Espagne
[Cartailhac, *Age préh.*, fig. 138-140, p. 111-112].

Enfin, on trouve une hache, analogue d'ailleurs, sur la *poitrine* d'une des *Pierres de Collorgues*, dont les deux autres portent des *Crosses* classiques ([1]).

Époque de la Hache. — Nous sommes donc bien là à l'Époque de la *Pierre polie*.

Époque de la Gravure. — Il est indiscutable en effet, que toutes ces haches, gravées ou sculptées, a talon pointu et surtout a bords bombés (c'est-à-dire nettement *convexes*), ne peuvent représenter que des Haches en pierre. — Elles sont donc *Néolithiques* ([2]).

Certes, il existe des *haches en cuivre pur, à bout pointu !* Ce sont celles que j'ai décrites sous le nom de *Haches triangulaires* ([3]). Mais celle-ci, d'ailleurs rares, quoique peut-être les plus anciennes, sont cependant faciles à distinguer des haches en pierre, parce qu'elle ont toujours des bords droits et concaves (et non convexes) et un sommet en triangle nettement arrondi ([4]).

La discussion, en tout cas, n'est pas possible pour la hache de *La Grande Vau*, à Saint-Aubin-de-Baubigné, car ici le talon est *très arrondi* et les bords fortement *convexes*; et, d'ailleurs, rien n'indique que cette Station puisse être de l'Age du Cuivre. La découverte récente, que j'y ai faite, d'une *Meule* typique, ne peut, au demeurant, que m'engager à être de plus en plus affirmatif, en ce qui concerne l'âge de la *Pierre polie*.

M. G. GUENIN.

Correspondant du Ministère de l'Instruction publique, Brest.

UN RITE FUNÉRAIRE PRÉHISTORIQUE (LES ESCARGOTS)
ET SES SURVIVANCES.

26 *Mars.*

393.9

Les escargotières si nombreuses, que l'on rencontre en Algérie, montrent que l'escargot jouait un grand rôle dans l'alimentation magda-

---

([1]) *Voir* aussi : Martial Imbert (*Exposition de* 1900; *fig.* 7). [Hache polie ou paire de pieds, sculptée sur une Statue-menhir].

([2]) Les haches sculptées, découvertes par Gaillard, ne peuvent pas d'ailleurs représenter des pièces en cuivre, étant donné les conditions de la trouvaille, au cours de la *fouille* d'un Dolmen néolithique !

([3]) Marcel Baudouin, *Les Haches plates [en cuivre] de Vendée*. Paris, 1912, in-8°, 2ᵉ édition, 127 pages, nombreuses figures.

([4]) *Loc. cit.* (*Voir* p. 70 et 71).

lénienne (?) ou plutôt aurignacienne (Cf. *Soc. Arch. de Constantine*, 1909,
p. 225; 1910, p. 1-48; 1911, etc.). Il est toutefois surprenant que les
coquilles ne soient presque jamais brisées et que la grande majorité soit,
au contraire, en parfait état de conservation. Il semble donc que l'on ait
pris certaines précautions pour ne pas abimer les coquilles, ce qu'il faut
sans doute rapprocher d'un autre fait l'abondance des hélix, associés
aux poteries, dans certains dolmens d'Algérie (Cf. *Soc. Nat. de Toulouse*,
t. XVI, p. 243 et suiv.). Dans une Note, publiée dans le *Bulletin de la
Société préhistorique française*, année 1909, p. 86, M. le Dr Deyrolle
a trouvé dans un dolmen de l'Enfida tunisienne des coquilles d'escargots,
dans une situation bien paradoxale, si elles ne devaient être considérées
que comme des « rejets de cuisine ». Après une épaisseur de 0,80 m de
terres meubles, mêlées de pierrailles et de coquilles blanches d'hélix, se
trouvait une mince couche d'argile brunâtre, au niveau de laquelle il y
avait un vase de poterie grossière, hémisphérique et muni d'une anse.
Comme il serait facile de multiplier les faits de ce genre, on peut se
demander si l'on est en présence d'une circonstance toute fortuite ou
d'un rite funéraire.

Je ne crois pas que les escargots des dolmens algériens et tunisiens,
mêlés à la terre qui recouvrait les ossements ou les cendres, soient venus
d'eux-mêmes s'y cacher. *Je pense bien plutôt que l'on jetait tous ces
petits animaux pour assurer la nourriture du mort, à moins que les constructeurs des dolmens n'aient obéi à quelque rite mystérieux*, facile à retrouver dans les inhumations des âges postérieurs.

Dans son Age du bronze *en Grèce et en Orient*, M. DÉCHELETTE (*Man.
d'Arch. préhist.*, t. II, 1re partie, p. 57), attribue au Miocène moyen,
c'est-à-dire *aux environs de l'an 2000*, des vases peints, à décors toujours
géométriques, mais polychromes. Ils sont de pâte noire ou foncée et
leur style porte le nom de *Kamarès*, grotte du mont Ida, qui livra les
premiers exemplaires connus. *La forme du vase n° 2 est absolument identique* à celle du vase trouvé par M. le Dr Deyrolle dans le dolmen de
Dar-bel-Ouar. Or, sur les *vases funéraires* de la grotte de Kamarès, il y
a des *escargots stylisés* (*Cf.* les figures n° 2 et n° 1 de la page 57 du Manuel
de Déchelette, et le dessin du Dr Deyrolle, *Soc. Préh. française*, 1909,
p. 86). Les escargots du n° 2 paraissent beaucoup moins simplifiés
que les escargots du n° 1, que le potier représenta dans une sorte
de cercle, de couleur différente (Cf. *Annuaire de l'École anglaise d'Athènes*,
1903, p. 305). L'escargot semble donc à une époque, peut-être contemporaine des dolmens algériens et tunisiens, avoir une *signification
funéraire*.

Le souvenir s'en est d'ailleurs gardé jusqu'au moyen âge. A l'époque
gallo-romaine, à Vienne, sur un bas-relief, le sommeil, symbolisant la
mort, tient un pavot, et près de sa main droite, grimpe un escargot
(ESPÉRANDIEU, *Recueil des bas-reliefs de la Gaule*. t. I, n° 348). — Au
cimet.è.e franc d'Envermeu (COCHET, *Normandie souterraine*, p. 296),

parmi des sépultures s'échelonnant du ve au viiie siècle, l'abbé Cochet trouva dans une tombe et près d'un squelette deux coquilles de limaçons des vignes. A Parfondeval, dans deux fosses *profondes*, ce fut une paire d'hélix de la même espèce, et, une autre fois, *trois* escargots, près d'un corps reposant sur une dalle de pierre. Ici, le chiffre avait certainement sa valeur symbolique, et ces petits animaux n'avaient pu pénétrer jusqu'aux squelettes.

A Vicq, dans l'Ile-de-France, M. Moutié, explorant une sépulture du vi^e siècle, fut on ne peut plus surpris de trouver dans le cercueil, encore muni de son couvercle, et parmi les ossements, une coquille bien ancienne d'*Helix nemoralis*. A Saintes, dans un sarcophage de la même époque et qui n'est pas celui de Saint-Eutrope, Letronne fit une découverte du même genre. Un escargot avait été mis intentionnellement, semble-t-il, puisqu'il fut rencontré entre des fragments de tuiles, au beau milieu des ossements.(Cf *Rev. Archéol.*, 1845-46, p. 575). Je ne me sers de ces deux exemples qu'avec la plus expresse réserve, parce que les deux sépultures ont été violées ou ouvertes. Il serait cependant fort invraisemblable qu'un escargot ait pu s'introduire dans le sarcophage d'Eutrope, dont on avait ôté le couvercle, pour vérifier si la tombe était bien celle d'un saint.

M. Théophile Eck, qui a fouillé tant de sépultures franques et mérovingiennes entre la Marne et la Somme, dit que dans un certain nombre de tombes :

« Il a recueilli, soit à la tête, soit aux pieds du défunt, un nombre appréciable de coquilles de limaçons (*Helix hortensis*), qui ont dû y être intentionnellement déposées comme ex-votos, car ces animaux n'auraient pu pénétrer dans un sol de craie pure. » (*Bulletin du Com. archéol. des trav. hist.*, 1891, p. 126.)

Templeux-la-Fosse (Somme) et Hardenthum (Pas-de-Calais) n'ont pas fait exception à la règle, et l'on peut constater dans presque tous les cimetières du viie siècle des coquilles d'escargots (Cf. *Congrès des Soc. Savantes*, 1892, sur la généralité de ce rite, dans lequel M. Eck voit la survivance de vieilles pratiques et croyances superstitieuses).

Dans les puits funéraires de Noiron-sous-Gevrey (Côte-d'Or) (*Soc. Préhist. française*, 1912, p. 755), M. Socley a relevé des faits du même genre, à l'époque mérovingienne. Dans le puits n° 344 *bis*, il fut trouvé une petite quantité de coquilles d'escargots de la petite espèce.

« Ces coquilles étaient éparses dans l'épaisseur inférieure de 0,50 m. Dans les autres puits, il y en avait en bien plus grande quantité, et elles s'y trouvaient pour la plupart, dispersées de même, *dans la région la plus profonde.* » Il faut évidemment rapprocher ce fait de celui des dolmens algériens et tunisiens, où les coquilles précèdent immédiatement la couche à ossements et poteries. « Quoi qu'il en soit, continue M. Socley, de la cause de la présence de coquilles d'escargots dans les récipients, je juge tout de même à propos de signaler à nouveau leur présence dans les sépultures, où non seulement, ce mollusque était placé parfois comme aliment aux morts, mais il l'était encore, apparemment dans une autre intention, puisque je remarquai, une fois, un squelette qui était complètement environné d'un cordon de coquilles, qui avaient été disposées à 0,15 cm à 0,20 cm à la file les unes des autres. Cela fait, les mollusques n'étant plus en vie, évidemment. »

La coutume de placer des escargots est donc générale, en tout le nord de la Gaule, à l'époque mérovingienne, il importerait d'en trouver des exemples dans la partie méridionale. Des coquilles d'hélix ont été rencontrées dans les grottes de l'Ariège et de la Provence, les conditions étant semblables à celles des dolmens africains; la stèle funéraire de Vienne montre que la mort (Hypnos) avait l'escargot, au même titre que le Mercure funéraire des gallo-romains était accompagné de la tortue, des puits funéraires de Vendée. Il est donc vraisemblable que le dépôt de coquilles d'escargots était, en Gaule, associé à des pratiques funèbres, sur lesquelles nous n'avons aucun document précis.

L'abbé Cochet, citant une lettre de M. Moutié de Rambouillet (*Normandie souterraine*, , p. 296), nous fournit l'explication chrétienne.

« M. le comte de Bastard, dans le *Bulletin des Comités historiques* (t. II, p. 173, année 1850), donne, d'après un manuscrit du moyen âge, la figure d'un limaçon sortant de sa coquille, et sur lequel un homme tire son arbalète », puis il ajoute « à propos de cette dernière figure (le limaçon), certainement relative à la résurrection, je dirai seulement que dans un livre d'heures in-4°, écrit en français vers la fin du xv° siècle, on trouve, à la marge inférieure d'une miniature, représentant la résurrection de Lazare, un limaçon sortant de sa coquille; et que l'ancienne collection de manuscrits liturgiques, rassemblés sous Louis XIV, par P. de Tournebu, fournit, au xiv° siècle, un deuxième exemple de limaçon sortant de sa coquille, en même temps que Lazare est tiré du tombeau ». Les limaçons ne sont pas très rares dans les monuments religieux du moyen âge. J'ai vu à Tours-sur-Marne (Marne), dans une église très curieuse et sur des chapiteaux du xv° siècle, entre autres figures très bizarres, un homme entrant la tête la première dans une grande coquille de limaçon et une autre coquille vomissant je ne sais quelle masse informe. *Ne serait-ce pas là une image certaine de la mort et de la résurrection?* J'ai signalé, dans ma Notice sur Mantes, deux escargots sculptés sur la miséricorde d'une stalle de l'église de Gassicourt. M. Dusevel, d'Amiens, cite aussi des limaçons employés dans l'ornementation des monuments picards... Du reste, continue M. Moutié, si le Christianisme a symbolisé le limaçon comme emblème de la Résurrection, le paganisme avait déjà fait sortir Vénus d'une coquille... Dans le manuscrit cité par M. de Bastard et sur les chapiteaux de Tours-sur-Marne, les coquilles sont celles des *Helix cespitum, ericetorum* ou *algira*; celle de Vicq appartenait au genre *nemoralis*. Pendant l'hiver, ces coquilles se recouvrent d'une pellicule très mince, mais l'*Hélix pomatia* s'enferme dans un épiphragme calcaire, très épais, bien semblable au cercueil, qu'elle brise au printemps comme le couvercle de son tombeau. Est-il possible de trouver un symbole plus parlant de la résurrection. »

Faut-il conclure en disant que la présence des escargots dans les dolmens ou les sépultures néolithiques s'explique par une idée funéraire, dont on retrouve la survivance à l'époque gallo-romaine, mérovingienne et médiévale? Je n'ose l'affirmer, ne voulant qu'attirer l'attention sur tout un ensemble de faits, que je laisse à de plus habiles le soin de débrouiller.

M. Albert VASSY,

Vienne (Isère).

NOTES PRÉLIMINAIRES SUR UN TRÉSOR DE LA FIN DE L'AGE DU BRONZE DES ENVIRONS DE VIENNE (ISÈRE).

571.34 (44.99)

27 *Mars*.

Cette découverte, toute récente, pour laquelle il ne m'est pas encore possible de donner toutes les indications nécessaires par le groupement des objets et par sa composition est une des plus intéressantes qui ait été faite dans notre région.

M. Choron, pépiniériste à Chézenas, hameau de Saint-Pierre-de-Bœuf, en défonçant une ancienne châtaigneraie, au mois de janvier 1913, au lieu dit *Cloître*, a mis à jour un vase en terre, dont le fond reposait entre 0,50 cm et 0,55 cm de profondeur.

Ce vase est en terre noire à une seule petite anse, d'une hauteur de 16 cm environ;

Poterie très cuite et très grossière.

Tous les objets renfermés dans ce vase sont en bronze, d'une belle patine verte et très bien conservés.

Voici l'inventaire sommaire des objets contenus dans le vase :

1. Une faucille à bouton, ouverte, trouvée sur l'ouverture du vase, type déjà rencontré à Sainte-Marie-d'Alloix (Isère), Réalon (Hautes-Alpes), Albertville, lac du Bourget, Larnaut (Jura).

2. Un couteau à soie de formes rudes, de semblables ont été trouvés à Crémieux, au Bourget, etc.

3. Un couteau à douille, légèrement orné, type trouvé à Auxonne, Château-Gaillard (Ain), au Bourget, etc.

4. Une tête de lance, des similaires ont été récoltées à Réalon, La Poipe (Isère), Vernaison (Rhône), au Bourget.

5. Un ciseau à douille, semblable à ceux de Montmorot (Jura), et du Bourget.

6. Une hache à douille avec épaulement en relief rappelant les haches à ailerons. Réalon, Larnaud en ont donné de semblables.

7. Un peigne anthropomorphe, type du Bourget, Dole.

8. Deux moitiés de bracelets ouverts, carénés, différents. Déjà rencontrés à Réalon et à Beaume-les-Messieurs (Jura).

9. Trois boutons unis; types de Réalon, du Bourget.

10. Trois boutons à cercles concentriques; types de Réalon, du Bourget.

11. Deux pendeloques en croissant à anneau de suspension, types du Bourget et du Léman.

12. Une forte douille avec un anneau à l'extrémité, forme peu fréquente.

13. Une agrafe de ceinture, type du lac du Bourget.

14. Une vingtaine de plaques à agrafes avec échancrures symétriques pour ceinture, type de Réalon et du Bourget.

15. Petits et grands anneaux ronds torsadés.

16. Une pendeloque plate, type du croissant.

17. Une pendeloque forme hache, rencontrée à Réalon, à Ribiers, dans le Bourget et le Léman.

18. Fil de bronze plat enroulé, rencontré à Réalon.

19. Nombreuses petites appliques à agrafes avec sillons concentriques, du type du Bourget.

20. Très nombreuses rondelles minces perforées, destinées à être enfilées ou attachées sur du cuir ou de l'étoffe; rondelles rencontrées au Bourget.

21. Trois ciselets, types de Larnaud, du Bourget, etc.

22. Six anneaux ronds unis.

Cette trouvaille, dans son ensemble, présente une grande parenté avec les découvertes connues de l'est de la France, le Rhône, l'Ain, le Jura, l'Isère, et les Savoies, surtout avec les objets du lac du Bourget.

Le mobilier est peu orné, le métal paraît de bonne qualité et bien travaillé, l'absence d'épingles est curieuse, il faut noter également les deux moitiés de bracelets.

Ce n'est probablement pas une cachette de fondeur, la plupart des objets sont en état et différents. On peut penser au produit d'un partage familial, ou à un ensemble assez complet, parure, armes, caché par son propriétaire.

On peut dater cette découverte de la fin du bronze, mais, néanmoins, avant la transition nette, vers le premier âge du fer.

Si, comme je l'espère, je peux donner une description complète de ce trésor, notre région sera en possession d'un document important à plusieurs titres.

M. LE Dr E. MARIGNAN,

Marsillargues (Hérault).

L'HABITAT PROTOHISTORIQUE DE ROQUE-DE-VIÉU, A SAINT-DIONISY (GARD).

571.8 (44.83)

24 Mars.

Les tumulus du premier âge du fer, dans le Gard, quoiqu'il en reste encore beaucoup à explorer et à découvrir, sont assez bien connus. Ils ont fait l'objet de recherches de plusieurs préhistoriens; j'en ai, moi-même, fouillé quelques-uns.

Mais les enceintes, les bourgades, les refuges fortifiés de cette époque ont été peu étudiés. Les travaux des archéologues ont plutôt porté sur les grands oppida du deuxième âge du fer, très nombreux dans la région et dont la célèbre forteresse gauloise de Nages est le type le plus complet.

Le plus important des habitats du premier âge du fer (fin du bronze, apparition du fer), est la Liquière, dans la commune de Calvisson. La Liquière est une colline de 210 m d'altitude qui domine la vallée de la Vaunage. Elle fut visitée par le Congrès préhistorique de Nîmes. Tout le plateau est couvert d'une innombrable quantité de murs en pierres sèches, très primitifs, sans parements, formant comme un vaste damier d'enclos carrés ou rectangulaires au milieu desquels de nombreux clapiers représentent des cabanes éboulées; d'autres cabanes étaient aussi accolées aux murs. Aucun travail de recherches n'a été fait dans ces enceintes. Les fouilles y seraient longues et coûteuses à cause des masses de pierres à déplacer : il y faudrait un Mécène.

Au sud-est de la Liquière, à 4 km à vol d'oiseau, s'élève une autre colline de 187 m d'altitude qui commande l'entrée de la vallée, et sur le penchant de laquelle est bâti le village de Nages.

L'extrémité sud du plateau supporte le grand oppidum gaulois, et son extrémité nord, qui domine le village de Saint-Dionisy et qui porte le nom de *Roque-de-Viéu*, est occupée par une bourgade fortifiée du premier âge du fer. Du reste, oppidum et bourgade sont tellement voisins que leurs limites se confondent, les Gaulois ayant empiété sur le sol occupé, 5oo ans avant eux, par les autochtones.

Désireux d'élucider le problème de ces habitats, que nous présumions bien avec mes amis Mazauric, Bourilly et Carrière, de Nîmes, appartenir au premier âge du fer, mais dont la preuve de ceci n'était pas faite, je portai mon choix sur Roque-de-Viéu, les fouilles m'y paraissant relativement plus faciles qu'à la Liquière.

La bourgade se compose de murs d'enceintes en pierres sèches, de fonds de cabanes, de clapiers. L'appareil en épi est assez commun, des dalles plantées de champ, ou de gros blocs polygonaux, formant cromlechs soutiennent la base de certains clapiers qui sont, ceux-là peut-être, des tumulus, que je compte bien explorer à leur tour.

Les cabanes sont carrées ou rectangulaires, parfois arrondies; l'aire est creusée dans le sol à 0,60 ou 0,70 cm en contre-bas; elles sont voûtées en encorbellement, mode de couverture en usage encore dans le pays.

J'ai exploré quelques unes de ces cases. Le parement intérieur est assez soigné, assez bien aligné; quant au parement extérieur, absolument fruste et négligé, il est formé par des pierres plates superposées sans le moindre souci de l'art.

Les cases sont en général petites, elles ont en moyenne 2,5o m sur 3 ou 4 m.

Les trouvailles, jusqu'à ce jour, ne sont pas abondantes, mais elles n'en sont pas moins intéressantes et démonstratives; elles nous fixent sur la date exacte de la bourgade de Roque-de-Viéu.

Deux épingles en bronze, trois fibules en fer du type le plus primitif, à ressort unilatéral, sont caractéristiques du premier âge du fer.

Il y a encore quelques autres objets : une pendeloque en fer, des bagues en bronze, une perle en quartz, un fragment de bracelet en lignite, des coquilles marines, des os utilisés, un caillou roulé de lave de la dimension d'un œuf de pigeon, apporté de très loin, sans doute comme amulette, et qui doit provenir de l'Ardèche.

La poterie est aussi très particulière : c'est bien celle du premier âge du fer dans les Basses-Cévennes. La pâte de beaucoup de tessons est pétrie de paillettes de mica. Cette poterie micacée ne se rencontre jamais dans la Vaunage à l'époque néolithique; elle ne se rencontre pas non plus à l'époque gauloise; elle paraît bien localisée dans l'époque hallstattienne.

M. FLORANCE,

Blois.

LES GRANDS VASES GALLO-ROMAINS DU MUSÉE DE BLOIS.

738.8 : 902.6 (44.53)

(26 Mars).

Il existe au Musée d'Histoire naturelle et d'Archéologie de Blois une série de grands vases gallo-romains dont quelques-uns méritent d'être signalés. Ces vases ou amphores ont été trouvés, la plupart, il y a au moins 5o ans, lors de la construction du chemin de fer de Tours à Vierzon ou peu après, dans une importante localité gallo-romaine des bords du Cher, à Gièvres, l'ancienne Gabris, par M. Maindrault, médecin à Montri- chard. Ils figuraient dans la collection de M. Maindrault ([1]), que je con- naissais depuis bien longtemps et qui fut acquise après son décès, il y a une dizaine d'années, sur ma demande et par mon intermédiaire, par Mme Philibert Dessaignes, pour être offerte par elle à la Société d'Histoire naturelle de Loir-et-Cher, dont elle faisait partie. Cette collection ainsi que toutes les collections de la Société d'Histoire naturelle ont été don- nées par la Société à la Ville de Blois, qui les a réunies aux siennes pour former, avec le concours de la dite Société, un beau Musée municipal, dans le palais de l'ancien Évêché. La série gallo-romaine, à elle seule, forme une belle salle contenant, outre les grands vases qui font l'objet de la présente Communication, un certain nombre de verreries et une importante quantité de moyens ou petits vases, plats, timbales et bibe- rons en terre, dont je ferai plus tard une description spéciale. Ces poteries ou verreries proviennent de la collection de M. Louis de la Saussaye, membre de l'Institut, qui les a léguées à la Ville de Blois, et, pour la majeure partie, ont été recueillis à Gièvres, Thésée et Neung-sur- Beuvron, dans des fouilles de sépultures pour la plupart.

Je reviens aux grands vases; ils sont de fabrication locale, en terre blanchâtre ou rougeâtre selon les localités. Dans toutes les stations gallo- romaines, notamment de la vallée du Cher, on trouve de grandes quan- tités de fragments de grosses poteries de terre qui étaient des amphores ayant servi à contenir des liquides et probablement du vin. Les grandes

---

([1]) M. Maindrault n'était pas un savant, dans l'acception du mot, ainsi que le font voir certaines annotations plutôt naïves ; c'était un amateur, un collectionneur pas- sionné, qui a réuni de belles séries d'Archéologie préhistorique et gallo-romaine, de Paléontologie et de Numismatique. Sa collection avait le mérite d'être presque entièrement locale.

amphores entières sont rares dans les collections et l'on n'en rencontre
plus depuis longtemps.

Les grands vases que je veux signaler à votre attention sont de quatre
catégories différentes, savoir :

Les amphores de la première catégorie, en terre blanchâtre, au nombre
de sept, ont des dimensions et des formes différentes (¹). Celle représentée par la figure 1, a 1,05 m de hauteur et 0,40 m de diamètre à
la panse, c'est-à-dire à la partie la plus large; la panse, basse et arrondie
se termine par une pointe pleine longue de 0,26 m, large d'abord se terminant par une pointe fine, de 0,02 m seulement à l'extrémité. Cette amphore
est la seule de celles que je décris ayant un bec. L'ouverture à l'intérieur

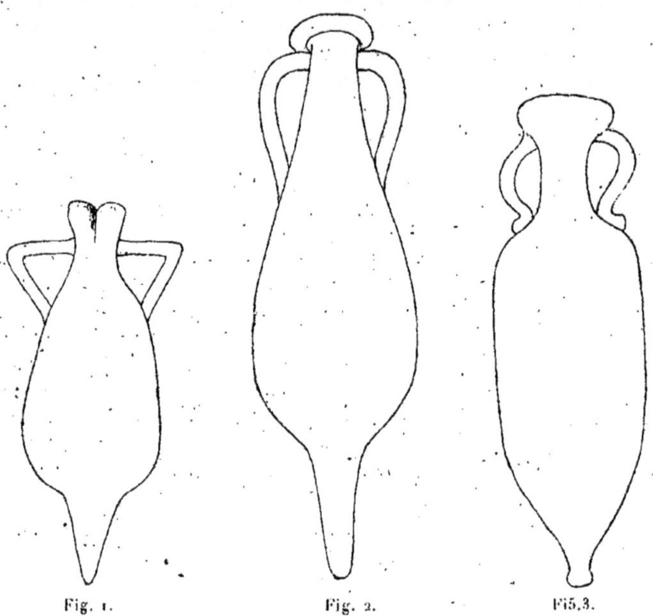

Fig. 1.   Fig. 2.   Fig. 3.

du col à 0,05 m de diamètre et avec le rebord extérieur 0,14 m. Les
anses formant un angle aigu, ayant un écartement de 0,085 m, ont
une hauteur de 0,20 m avec une épaisseur de 0,03 m et 0,085 m, elles
portent des rainures en dessus et sur les côtés. Cette forme est très
remarquable.

L'amphore, figure 2, est la plus longue de toutes, avec 1,30 m de

(¹) Il y en a plusieurs autres encore qui méritent d'être remarquées, mais comme
elles se rapprochent plus des formes ordinaires, je n'en parle pas.

hauteur; elle n'a que 0,35 m de diamètre dans sa plus grande largeur,
qui va en diminuant pour se prolonger par une pointe également de
0,24 m de longueur, arrondie à l'extrémité, avec 0,04 m de diamètre.
Les anses, formant une courbe gracieuse, ont une hauteur de 0,30 m
avec un écartement de 0,055 m; elles ont une largeur de 0,055 m et
une épaisseur de 0,023 m, elles portent une large rainure sur le dessus.

L'amphore, figure 3, a 1,02 m de hauteur ou longueur et 0,31 m de
diamètre à la panse, à peu près cylindrique, commençant sous les anses
et se terminant en pointe par une sorte de bouton ou bourrelet arrondi
de 0,04 m de diamètre et 0,025 m d'épaisseur, aplati
en dessous. Les anses, par une courbe en S, ont une jolie
forme; elles ont une hauteur de 0,20 m avec un écartement
du col de 0,06 m, une largeur de 0,05 m et une épaisseur
arrondie de 0,04 m qui se termine par une base en relief.
L'ouverture à l'intérieur n'a que 0,06 m, mais avec l'écartement des bords très larges elle en a 0,27 m à l'entrée.
L'ensemble est très élégant.

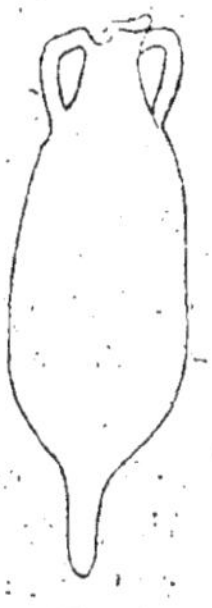

Celle de la figure 4 a le haut du col brisé; elle a encore 0,88 m de longueur; le diamètre le plus grand de la
panse vers sa base est de 0,30 m; elle se termine en
pointe ayant 0,18 m de longueur et arrondie à l'extrémité où elle a encore 0,35 m de diamètre. L'ouverture
intérieure a 0,055 m. Les anses ont une hauteur de 0,15 m, formant
un triangle dont l'angle éloigné du col de 0,05 m est légèrement arrondi.

Les pointes de ces amphores servaient évidemment à les fixer dans

Fig. 4.

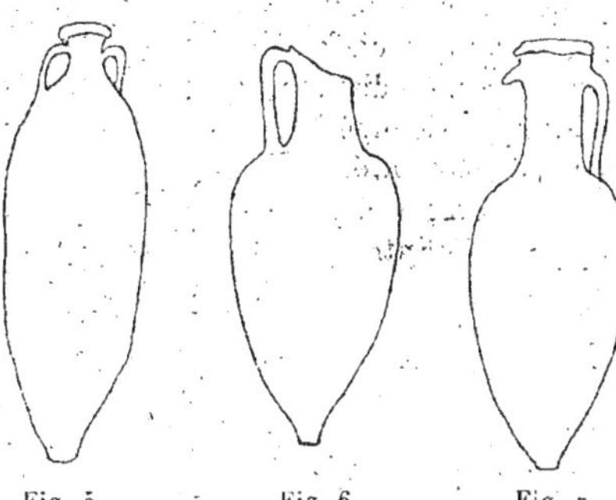

Fig. 5.   Fig. 6.   Fig. 7.

le sol, mais il est fort possible que ce ne soit pas absolument ce but qui
ait déterminé leur forme; je croirais plutôt qu'il y avait alors une difficulté de fabrication intérieure pour ces longues amphores qui a imposé
plutôt ce modèle que les formes à base plate et large et je crois que les
amphores à longue pointe sont plus anciennes que celles qui se terminent
par un bouton et, surtout, que celles qui ont un fond plat. De même que

je pense que celles qui ont une base plate, mais très étroite, sont, pour le même motif, plus anciennes que celles qui ont un fond plat et large.

Les amphores, figures 5, 6, 7, ayant des formes plus connues, je me contente d'en donner des dessins.

Les vases (*fig.* 8 et 9) de la deuxième catégorie ont une forme se rapprochant beaucoup des vases modernes; ce qui les distingue c'est que par

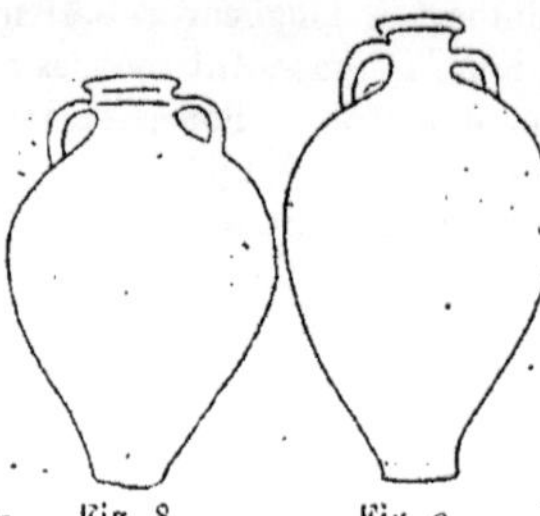

rapport à leurs grandes dimensions elles ont une base plate très étroite qui leur permet à peine de se tenir debout sans être appuyées. La plus grande a 0,63 m de hauteur; avec un diamètre de 0,40 m à la panse, qui est assez rapprochée du co l. Celui-ci a une ouverture de 0,07 m avec des rebords plats formant un cercle qui, jusqu'à l'extérieur, a 0,13 m de diamètre. Les anses courbes ont un écartement de 0,055 m et une largeur de 0,046 m, portant trois rainures. La base plate n'a que 0,10 m de diamètre.

Fig. 8.   Fig. 9.

Un autre vase n'a que 0,55 m de hauteur et 0,36 m de diamètre, avec une ouverture et des anses un peu moins grandes, mais ayant des formes analogues. La base n'a que 0,09 m de diamètre et un troisième a des dimensions intermédiaires.

L'amphore de la troisième catégorie, avec inscriptions, est très grande comme contenance; elle a une longueur de 1 m et un diamètre de 0,60 m; soit près de 2 m de tour; la pointe, qui a 0,25 m de longueur, se présente comme ajoutée à un fond sphérique; elle est aplatie à la base et là elle a encore 0,07 m de diamètre. Les anses triangulaires ont une hauteur de 0,25 m; la partie supérieure est légèrement arquée. Ces anses ont un écartement de 0,08 m dans la partie supérieure, une épaisseur de 0,045 m et une largeur de 0,05 m, avec une rainure en creux sur leur milieu extérieur. Entre chacune de ces anses et à mi-hauteur, il y a deux gros boutons ou oreillettes servant d'anses également, pour aider évidemment au transport ou au déplacement de l'énorme vase, lequel, lorsqu'il était rempli, devait être fort lourd puisqu'il l'est déjà étant vide; il a une épaisseur considérable indispensable pour sa solidité.

Ce qui fait surtout la rareté de l'amphore ce sont les inscriptions latines qu'elle porte et une arbalète en relief au milieu de la panse. L'arbalète, bien en relief, d'une épaisseur d'environ 0,01 m, a une longueur pour le manche et la flèche de 0,26 m; la corde de l'arc a une longueur de 0,215 m. Le relief a été réservé au moment du modelage de l'amphore. Au contraire les inscriptions ont été faites au moyen d'un estampage, après le modelage et avant la cuisson, autour du relief des lettres on voit l'empreinte de la matrice, qui a servi à les graver par pression.

Les inscriptions existent en deux endroits : au-dessus de l'arbalète, en arc de cercle, et au-dessous, horizontalement. L'inscription du dessus comprend trois mots : TVTELA PER DIANA en caractères romains ; je n'ai pu déchiffrer l'inscription inférieure qui a été détériorée ; cependant le seul mot qui la forme a une terminaison assez lisible de ONVS ou OMVS.

Ce qui m'a engagé à vous parler de ce vase c'est que tous ceux auxquels j'en ai montré la photographie m'ont dit n'en avoir jamais rencontré de semblables ou portant des inscriptions en relief. L'un d'eux,

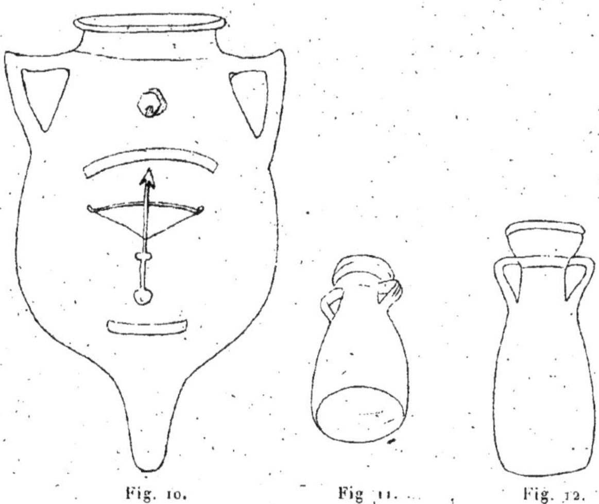

Fig. 10. Fig. 11. Fig. 12.

cependant, et non des moindres, n'a pas hésité, d'emblée, sans avoir vu, à dire que ces inscriptions devaient être fausses. L'endroit d'où elle provient étant proche de Vierzon, où un faux fameux fut commis autrefois, il en tirait la conclusion de la falsification du vase dont il s'agit. Le cas n'est pas le même. Pour plusieurs motifs, je crois pouvoir garantir l'antiquité et l'authenticité du vase ou amphore et de ses inscriptions. En premier lieu, son aspect, qui ne laisse aucun doute à ceux qui ramassent et voient beaucoup de poteries romaines ; puis lorsque ce vase, avec les autres, fut apporté au Musée d'Histoire naturelle, il y a une dizaine d'années, une secousse maladroite dans le transport fit décoller les anses et la pointe de la base, ce qui ne serait pas arrivé à un vase de fabrication récente, la vétusté ayant été cause, surtout, de cet accident ; enfin, je sais, parce que cela m'a été raconté plusieurs fois par la famille de M. Maindrault, alliée à la mienne, que ce dernier avait trouvé cette amphore dans la cour d'une ferme de Gièvres, où elle servait d'abreuvoir aux animaux de la ferme et qu'on la lui avait donnée, ou à peu près. Le faus-

saire alors n'aurait pas été payé de sa peine. Ce n'est pas parce qu'on
n'a pas encore vu un vase analogue qu'on peut dire que celui dont je
parle n'est pas authentique, et je demande un examen plus sérieux
avant de m'incliner.

Le vase de la quatrième catégorie est un vase sans fond (*voir* figures
11 et 12); il n'en a jamais eu, sa forme l'indique bien. Aussi, d'après
M. Maindrault et je le crois volontiers, ce vase est une ancienne mesure
à grains. On le posait sur une toile ou sur une aire propre, on le remplis-
sait de grains et, quand on l'enlevait, le tas qui en résultait représentait
une mesure. Sa contenance est de 25 litres. C'est par un procédé semblable, avec des boites en bois, qu'on mesure les tas de cailloux sur les
routes.

La forme de ce vase semble bien indiquer sa destination. L'ouverture
est très large, ayant 0,23 m de diamètre à l'entrée qui va en se rétré-
cissant pour arriver à 0,08 m seulement au col. Sa hauteur est de 0,69 m;
le diamètre de la panse a 0,30 m, et celui de la base 0,29 m. Le bord
très lisse de la base a 0,013 m d'épaisseur. Les anses en triangle, dont
les angles extérieurs sont arrondis, sont larges, solides et bien placées;
leur hauteur est de 0,18 m; leur éloignement du col va jusqu'à 0,07 m; leur
largeur de 0,06 m avec deux rainures et leur épaisseur 0,018 m allant
en diminuant sur les bords. Je n'ai jamais rencontré de vase semblable.

En résumé voici en quoi consiste l'intérêt de ma Communication :

1° Vases de grandes dimensions, de formes élégantes et rares, dénotant
beaucoup de goût dans la fabrication.

2° Grands vases ayant une forme qui s'est perpétuée jusqu'à nos
jours, mais avec une base plus étroite.

3° Une amphore de grandes dimensions avec un dessin en relief et des
inscriptions, unique sous ce rapport.

4° Un vase sans fond, probablement une mesure à grains, dont rien
de semblable, à ma connaissance, n'a encore été signalé.

Tels sont les motifs qui me font attirer votre attention sur les grands
vases du Musée de Blois.

MM. BERTHOLON et CHANTRE.

RECHERCHES ANTHROPOLOGIQUES DANS LA BERBÉRIE ORIENTALE, TRIPOLITAINE, TUNISIE, ALGÉRIE (¹).

5₇2 (61)

24 *Mars.*

Les pays dont nous nous sommes proposé de décrire les populations, est appelé, le plus souvent, « Afrique du Nord » ou « Afrique mineure ». C'est en réalité le domaine des Berbères, c'est la Berbérie. Les historiens grecs et romains, et plus tard les Arabes, ont laissé des documents nombreux et importants sur la géographie et l'histoire de cette contrée aux aspects si divers et sur laquelle ils ont, tour à tour, étendu leur domination.

Toutefois, ce n'est qu'à une époque relativement rapprochée de nous, depuis la conquête de l'Algérie, surtout, que des recherches scientifiques y ont été entreprises.

Bien que quelques monographies locales aient été publiées sur divars groupes de populations de l'Algérie et de la Tunisie, de nouvelles observations anthropométriques, araniométriques et ethnographiques s'imposaient et nous y avons consacré près de dix années. Nous avons dû les grouper ensuite en un faisceau homogène aux recherches encore éparses de nos devanciers.

M. Bertholon, attaché au Service de santé de l'expédition de Tunisie, de 1881 à 1890, eut l'occasion, dès cette époque, d'observer les populations sud-tunisiennes, et, plus tard, plusieurs groupes ethniques du nord et du centre du pays.

M. Chantre, qui avait consacré de nombreuses années à l'étude des peuples de l'Asie antérieure et de l'Égypte, était arrivé, graduellement, à jeter les yeux sur les habitants de l'Afrique septentrionale, en établissant des comparaisons entre les races de l'Égypte et celles de la Tripolitaine, de la Tunisie et de l'Algérie.

Nous nous sommes attachés à étudier dans cet ouvrage seules, les populations de la Berbérie orientale, comprenant la Tripolitaine, la Tunisie et l'Algérie, aux divers points de vue anthropologiques. Nous

(¹) *Recherches anthropologiques dans la Berbérie Orientale, Tripolitaine, Tunisie et Algérie.* Ouvrage subventionné par l'Association française pour l'Avancement des Sciences. Deux volumes gr. in-4°, dont un album de types en phototypie. Le texte, illustré de 385 photogravures intercalées, est accompagné de nombreux tableaux, de 5 cartes en couleurs, et d'un frontispice en photochromo. Rey et Cⁱᵉ, éditeurs à Lyon, 1913.

laissons de côté, pour le moment, l'étude des tribus habitant la grande presqu'île marocaine et l'Oranie tout entière qui constituent la Berbérie occidentale.

Malgré les considérations qui ont été développées d'autre part, les populations de cette partie de l'Afrique que nous avons étudiée (si manifestement toute de sang berbère), sont encore appelées communément arabes, appartiennent à un certain nombre de groupes ethniques historiquement connus pourtant sous les noms de Kabyles, de Kroumirs, de Chaouias, de Touaregs, etc.

Nous nous efforçons dans cet ouvrage de noter, d'après nos observations anthropométriques, craniométriques et ethnographiques, les apports qu'ont pu faire dans cette région les diverses immigrations qui s'y sont produites.

Nous avons réparti les résultats de nos recherches en six parties, composées chacune d'un certain nombre de chapitres.

La première partie est consacrée à l'anthropométrie des hommes et la seconde à celle des femmes.

La troisième partie est consacrée à la craniologie des populations anciennes et modernes.

La quatrième partie est réservée à l'étude des affinités ethniques des types fondamentaux du Nord de l'Afrique, d'après l'anthropométrie et la craniologie.

La cinquième partie est consacrée à des considérations sur les caractères anthropologiques des populations de la Berbérie dans leurs rapports avec l'histoire.

La sixième partie est réservée enfin à l'ethnographie. Les civilisations des temps primitifs et celle de l'époque moderne sont successivement décrites aux divers points de vue auxquels on doit se placer quand on veut connaître les mœurs et les coutumes d'un peuple.

Toutes nos mensurations ont été prises, comme dans nos précédents travaux, suivant les méthodes de Broca, en nous conformant toutefois, autant que possible, aux ententes internationales de Moscou, Monaco et Genève ([1]).

Nos observations anthropométriques ont porté sur 6522 sujets adultes, 5587 hommes et 955 femmes.

Nos prédécesseurs ([2]) avaient mesuré 1676 hommes et 26 femmes. Cet ensemble forme un total de 8204 sujets, dont nous avons pu comparer et discuter les caractères somatiques.

Si l'observateur éprouve quelques difficultés à mesurer, en pays musulman, des individus vivants, surtout des femmes, il lui est encore plus difficile de réunir des crânes humains, dans le but de les étudier.

([1]) Le plus grand nombre de nos mensurations ont été prises antérieurement aux conventions de Monaco et de Genève.

([2]) MM. Amat, Algier, Collignon, Dubousset, Mac Iver, Wilkin et Mme Chellier.

Nous avons réussi pourtant à en grouper un certain nombre provenant de nécropoles modernes ou datant de diverses époques de l'histoire de la Berbérie.

S'il est du plus grand intérêt de montrer, par des cartes spéciales, la distribution géographique des populations dans une région donnée, il n'est pas moins intéressant de montrer la répartition des peuples suivant leurs divers caractères somatiques essentiels.

C'est pénétré de ce principe que nous avons dressé, en outre, d'une carte ethnographique d'ensemble, une carte pour la répartition de la taille, puis d'autres pour celle de l'indice céphalique, celle de l'indice nasal et pour celle de la couleur des yeux.

Il n'est plus possible de nos jours de décrire un peuple, sans présenter, à l'appui des observations somatiques, de nombreuses illustrations, judicieusement choisies.

Nous avons donc fait dans nos recherches, une large part à la photographie. Nous avons exécuté les portraits, face et profil, de 550 individus appartenant aux populations les plus intéressantes de la Berbérie Orientale. Les 174 portraits ethniques, les plus caractéristiques, ont été reproduits, généralement, à la réduction d'un cinquième et forment un album spécial qui constitue notre tome II.

Nous avons enfin intercalé dans le texte 385 vignettes reproduisant des portraits individuels, des groupes ou des sujets ethnographiques; puis des paysages donnant une idée exacte, soit des usages, des costumes et des industries des populations que nous décrivons, soit des milieux auxquels elles appartiennent.

La répartition géographique de la taille de la grande envergure de l'indice céphalique, de l'indice nasal de la coloration des yeux et des téguments, a été étudiée village par village, tribu par tribu. Voici les traits les plus saillants de ces mensurations.

ANTHROPOMÉTRIE DES HOMMES.

Taille.

Les tailles petites s'observent sur la région littorale, dans les villes, les régions montagneuses (Kabylie) et dans les oasis. Les tailles élevées prédominent sur les hauts plateaux du centre de la Berbérie. Là, habite une race de géants : 1,70 et plus, comme taille moyenne. Cette race est parvenue sur certains points en suivant les grandes plaines jusqu'au littoral, mais le plus souvent, elle a subi des croisements avec la population de petite taille. Leur stature s'est trouvée abaissée par les mélanges. Elle est supérieure cependant à 1,66.

Tête et indice céphalique.

Les mensurations de l'indice céphalique ont été, comme la taille,

reportées sur une carte d'ensemble. Les moyennes relevées varient
de 71 à 82. En d'autres termes, elles vont de la dolichocéphalie exagérée
à une brachycéphalie modérée. Les populations à tendance brachycéphale sont surtout côtières. L'île de Gerba, remarquable pour sa petite
taille, ne l'est pas moins pour la tête courte de ses habitants. La côte
de Tunisie, et surtout la partie appelée Sahel, présentent une population
à tête courte. La Kabylie offre une composition semblable de population
avec une taille modérée.

Enfin, la région qui s'étend dans l'intérieur, de l'Aourès au Djebel Amour
est habitée par un peuple à tête allongée, et de haute taille.

La grande masse du reste de la population possède une tête allongée,
surtout dans le nord-est. On y trouve en effet des tribus donnant 71-72
comme moyenne de l'indice céphalique. Hâtons-nous de dire que cet allongement excessif est dû à l'habitude de déformer la tête de l'enfant dès
le berceau. La tête est serrée dans un turban. Cette déformation rappelle celles pratiquées dans les régions de Toulouse et du Caucase.

Un fait à retenir, c'est que si la brachycéphalie coïncide avec une petite
taille, à peu près partout. La dolichocéphalie semble indépendante de
la taille. Les populations du pourtour du golfe de Tunis sont, par exemple,
de petite taille. Leur dolichocéphalie est la même que celle des Kroumirs,
gens de haute taille. Cette constatation pousse à admettre qu'il y a deux
types de populations dolichocéphales. L'un est petit, l'autre est de
taille élevée.

Nez et indice nasal.

L'indice nasal varie de 66 à 100. Les populations ayant une tendance
à la platyrhinée, sont fixées au sud d'une ligne partant du golfe de Gabès
pour aboutir aux environs d'Alger. Les tribus au sud de cette ligne sont
plus ou moins infiltrés d'élément négroïde, d'où, la largeur de leur nez,
Un groupe croisé de même de populations foncées occupe la région
Kroumire.

Les sujets leptorhiniens forment un bloc qui occupe la moitié septentrionale de la province de Constantine. De ce bloc, partent deux
prolongements principaux. L'un suit la vallée de la Medjerda. L'autre
occupe la grande dorsale tunisienne. Il aboutit avec elle au Cap Bon.
Les populations des autres parties sont mésorhiniennes.

Cette étude de la répartition de l'indice nasal donne lieu aux constitutions suivantes :

Les populations grandes et dolichocéphales du nord sont leptorhiniennes : Celles du sud, mésorhiniennes par croisement avec un élément
négroïde. Les populations petites à tendance brachycéphales sont mésorhiniennes modérées. Les populations petites et dolichocéphales sont
plutôt mésorhiniennes. Dans les zones où elles se trouvent, à côté de
grands leptorhiniennes, elles prennent ce caractère. Celles qui habitent
les oasis possèdent un indice sensiblement platyrhinien par croisement.

Face.

Les diverses populations de Berbérie orientale sont à face courte, à l'exception de la haute race dolicéphale, leptorhinienne, qui est longifaciale.

Pigmentation.

Dans les croisements entre individus très foncés, parfois négroïdes, les sujets à peau claire ne peuvent conserver leur absence de pigmentation. Ce n'est que par atavisme, que paraissent les teintes les moins foncées. Sachant que les indigènes non croisés possédent des yeux de « gazelle », nous avons séparé les yeux en noirs et en non foncés.

Ces derniers allant de la couleur noisette au bleu, sont généralement plutôt verts. La coloration des yeux fournit une carte assez semblable à celle de la taille. La fréquence des yeux clairs correspond assez bien avec celle de la haute taille et du nez étroit. Les yeux noirs sont dans les régions à nez large, et ils suivent, sur tout le littoral oriental, la répartition de la petite race, soit dolichocéphale, soit brachycéphale.

Les conclusions à tirer de ces recherches, mentionnées sur les cartes spéciales, permettent de dresser une carte ethnologique. Cette carte établit les éléments suivants :

1° Un élément à tendances brachycéphales, brun, mésorhinien de taille primitivement petite s'étendant sur le littoral depuis Tripoli à l'Est, jusqu'à la base du Cap Bon en Tunisie. C'est dans les îles de Gerba et de Kerkenna que cet élément a subi le moins de mélanges. On le retrouve avec ses principaux caractères en Kabylie. Par croisement avec des grands dolichocéphales à peau claire, cet élément a une taille plus élevée que dans l'Est, et il est moins absolument foncé.

On peut rapprocher les brachycéphales berbères de ceux d'Europe et d'Asie Mineure.

2° Un élément dolichocéphale de petite taille. Il se trouve lui aussi sur le littoral. Il domine dans la plupart des villages du Cap Bon, du pourtour du golfe de Tunis et de la vallée de la Medjerda. Les habitants de la plupart des villes et villages du département de Constantine; ceux de la Kabylie occidentale et du grand Atlas, au sud d'Alger, appartiennent à ce type, caractérisé par une petite taille.

Dans le Sud, des croisements avec des négroïdes tendent à déterminer de la platycnémie chez les sujets de ce type.

Cet élément ethnique peut être comparé à la race méditerranéenne de petite taille.

3° Toutes les plaines sont occupées par un élément de haute taille, à tête allongée. Dans les endroits où il est le moins profondément mélangé, cet élément est leptorhinien, à téguments clairs, à cheveux parfois chatains clairs, aux yeux bleus. Les sujets de ce type se rencontrent plus spécialement dans le département de Constantine; à l'Ouest, au pourtour de la

Kabylie; dans l'Est, il ne dépasse guère la frontière tuniso-algérienne.

Le type dolichocéphale de haute taille pur, rappelle la grande race nordique d'Europe.

Cet élément subit deux types de croisements différents : 1° Avec des brachycéphales; 2° avec des négroïdes. Dans l'Est, sur l'arrière terre du Sahel tunisien, dans l'Aoures et au Djebel-Amour, puis en Kabylie.

Dans le Sud, le croisement avec des négroïdes tendant à la platyrhinie, fonce les yeux et les téguments des grands dolichocéphales : en même temps, leur nez s'élargit. On a ainsi un type de haute taille, dolichocéphale fortement mésorhinien.

ANTHROPOMÉTRIE DES FEMMES.

Les particularités constatées chez les hommes ont été étudiées chez les femmes, en se basant sur 941 observations.

Taille.

La taille moyenne des femmes varie peu. Elle est de 1,57 m chez les plus grandes tribus de 1,53 m chez les plus petites. L'écart entre la taille des femmes et celles des hommes, est de 10 cm pour les régions de brachycéphales, de 11 pour les petits dolichocéphales, de 12 pour les grands dolichocéphales.

Tête.

Les femmes des régions brachycéphales ont la tête plus allongée que celle des hommes vivant dans les mêmes endroits. Par contre. elles ont une tête semblable, sinon plus courte dans les parties peuplées de grands dolichocéphales. Cette tendance s'accentue chez les femmes du groupe dolichocéphale de petite taille. Leur indice céphalique 75, 17 est plus court que celui des hommes 74-40.

Nez.

Les femmes des régions leptorhiniennes ont le même indice nasal que les hommes (67,2 et 67,7). Les populations à nez large fournissent un indice nasal moins élevé chez les femmes (70,1) que chez les hommes (73,02). Même observation pour les régions brachycéphales (H. 71,2; F : 69,6) et aussi pour les petites dolichocéphales mésorhiniens (Hommes 70,2; Femmes 67,9). L'indice nasal est peu variable chez les femmes.

Indice facial.

Il ne varie que de 106 (chez les grands leptorhiniens) à 108 (chez les petits dolichocéphales).

Téguments.

Ceux-ci comme les yeux, sont beaucoup plus foncés chez les femmes que chez les hommes.

CRANIOLOGIE.

La réunion des documents craniologiques, concernant la Berbérie orientale, nous a fourni 423 crânes, allant de l'époque néolithique jusqu'aux âges contemporains.

Néolithiques.

Les Africains néolithiques paraissent se rattacher à deux types. L'un, mésaticéphale, d'aspect négroïde, modérément prognathe, possède une ossature grêle. Les principaux sujets de ce type ont été trouvés à Tabessa et à Redeyef. Ce type est encore fréquent surtout dans la population des oasis.

Le second type néolithique a surtout été rencontré dans des cavernes. Il est fortement dolichocéphale, avec glabelle saillante. La norma verticulis est pentagonale. La face est courte, avec zygomas déjetés en dehors. L'orbite est microsème, le nez mésorhinien. La petite race dolichocéphale, décrite antérieurement, semble descendre de ce type.

Race des dolmens.

Avec la population des monuments mégalithiques, apparaît la race grande, dolichocéphale leptorhinienne. Cette race a une face allongée, et des orbites magasèmes.

Carthaginois.

Les populations les plus anciennes, connues après celles des dolmens sont celles de Carthage. La plus grande partie des crânes, trouvés dans les nécropoles, datent du ive siècle avant notre ère. On peut distinguer parmi eux plusieurs types, dont un type phénicien, mésocéphale à bosses pariétales renflées sur les côtés. La masse cependant appartient à la race dolichocéphale de petite taille : à la fois voisine dans le passé des africains néolithiques des grottes et dans le présent des petits dolichocéphales, qui peuplent, aujourd'hui encore, la presqu'île du Cap Bon et la vallée inférieure de la Medjerda. Une série de crânes de Tunisois contemporains présente les mêmes caractéristiques que la moyenne des crânes de Carthage au ive siècle.

Période romaine.

Les crânes trouvés dans les sépultures de l'époque romaine reproduisent les principaux caractères des habitants actuels des mêmes régions. Les crânes de l'ancienne Hadrumète sont les mêmes que ceux des habitants de Sousse moderne.

Par contre, à Tabarca, à Bulla Régia, à Simittu, la population qui se rapprochait par ses caractères, d'une part, des Carthaginois, d'autre part, des petits dolichocéphales, a été remplacée par de grands dolichocéphales. Cette invasion a eu lieu après l'époque romaine,

Période moderne.

Les crânes recueillis tant en Tunisie qu'en Algérie montrent les mêmes caractéristiques que celles trouvées chez les vivants. A mesure qu'on s'avance vers l'ouest, on remarque que l'orbite s'arrondit, la face s'allonge, le nez devient aussi plus mince. Cette modification permet de reconnaître l'action de plus en plus accusée de la grande race leptorhinienne dans les croisements.

Avec ces documents empruntés, soit à l'homme vivant, soit au squelette, nous avons essayé d'établir les apports ethniques qui, des divers continents avoisinants, ont coopéré à la formation de la population, si mêlée, du nord de l'Afrique.

L'Afrique parait avoir fourni la petite race négroïde, fort voisine des Nubiens.

Les populations de la région de la Méditerranée sont représentées par les sujets dolichocéphales de petite taille, si semblables à ceux qui peuplent ou ont peuplé la plupart des grandes îles (Sardaigne, Sicile, Crète, etc...). L'Europe a envoyé de fortes migrations de sujets de sa grande race nordique. On peut se demander si les brachycéphales sont européens ou asiatiques (Anatolie).

L'Asie a envoyé des types aujourd'hui à l'état sporadique; tels que phéniciens et arabes. A ce sujet, les auteurs recherchent quel est le vrai type arabe? Existe-t-il même un type arabe? On trouve en Asie des arabes brachycéphales (82-83). D'autres sont très dolichocéphales (72-73). Quoi qu'il en soit, on retrouve en Berbérie la trace d'un état social importé d'Arabie : C'est l'Islam, mais les importateurs, peu nombreux, ont été, après quelques générations, résorbés par la population ambiante. Il n'y a pas de groupes arabes vrais importants dans le nord de l'Afrique.

Parmi les éléments de provenance asiatique, nous donnons quelques mensurations de Juifs de Berbérie, prises sur le vivant et sur le squelette. Nous avons étudié aussi les descendants des Turcs et des Morisques d'Espagne.

Cette étude somatique est complétée par un essai de description des caractères des peuples mentionnés par les historiens dans l'Afrique. Ainsi, les Gizantes de Sciplax et d'Hérodote seraient de grands leptorhiniens blonds. Les Lotophages et les Maklyes appartiendraient à la petite race brachycéphale, tandis que les Anséens, Zaouces et les Maxyes, auraient les caractères des petits dolichocéphales bruns.

A l'époque romaine, les Numides auraient été des grands dolichocéphales, aux teintes claires, et se distingueraient des Maures. Ceux-ci, primitivement de même race, auraient perdu leur coloration claire et élargi leur nez, par croisement avec des populations négroïdes, ou éthiopiennes.

ETHNOGRAPHIE.

L'Ethnographie a été décrite dans l'Ouvrage, en passant successivement en revue l'organisation sociale, l'habitation, le vêtement, la coiffure, la bijouterie, les mutilations, la musique, la danse, le langage, l'écriture, l'agriculture, l'alimentation, l'industrie, le commerce, les rites concernant la naissance, le mariage, la mort; enfin les survivances religieuses.

Dans ces diverses manifestations ethnographiques, il est possible de distinguer trois courants principaux d'influences : 1.º Un très primitif ou courant ethiopien.

2º Un courant englobant les populations brachycéphales et dolichocéphales de petite race ou courant égéen.

3º Un courant particulier à la grande race ou courant européen primitif.

Influence éthiopienne.

Les populations éthiopiennes peu civilisées n'ont pas, par suite, laissé de traces très profondes. On peut leur attribuer dans le passé, l'introduction de ces outils en silex si finement retouchés. Ils sont semblables à ceux découverts en Égypte et dans beaucoup de stations sahariennes. Les meules, les mortiers et les plats en pierres de l'époque néolithique, si fréquents dans le Sahara, peuvent avoir cette même provenance.

Dans l'organisation sociale, avant l'islam, on peut noter l'absence de mariage régulier chez de nombreuses tribus libyennes de l'antiquité; la liberté de la femme complète, la prostitution non déshonorante, sont des points d'organisation sociale communs aux pays d'influence éthiopienne, en Afrique mineure.

Dans l'architecture, deux influences peuvent être éthiopiennes. D'une part, les curieuses constructions en forme de voûtes appelées *Rhorfa* dans le Sud (Métamer, Médenine). Des constructions semblables sont figurées sur des dessins anciens à Béni-Hassan, dans la haute Égypte.

Les types de constructions en briques crues, disposées de façon à ornementer les façades, sont d'origine éthiopienne. Cette architecture qui se trouve dans les oasis, existe aussi dans la région nigérienne.

La *Fouta* ou pagne, se voit dans les dessins les plus archaïques de l'Egypte. Cette pièce de costume est portée couramment par les hommes et aussi par les femmes dans la région des oasis.

La cynophagie et l'acridophagie sont vraisemblablement des habitudes attribuables à une influence éthiopienne.

On peut y joindre l'autel des génies de la famille qui se trouve dans la cour des maisons des oasis et aussi sur les bords du Niger.

Enfin, le culte phallique, dont il reste tant de trace sur les confins du Sahara, pouvait être comme en Égypte, de provenance éthiopienne.

2º *Influence égéenne.*

La civilisation propre à la mer Egée a rayonné sur l'Afrique mineure par la petite race dolichocéphale et aussi par la population brachycéphale. La condition de la femme y est très spéciale. Elle est protégée

par des lois très sévères, mais elle est claustrée. C'est une esclave. Elle
ne peut sortir que la face couverte d'un voile. Les filles ne peuvent se
marier de leur plein gré, les pères les cèdent contre une dot. La veuve
appartient aux héritiers. Ceux-ci, s'ils n'en veulent pas, peuvent la céder
contre une dot. Les femmes sont exclues de l'héritage. La filiation est
paternelle. Ces dispositions existent dans les lois de Solon, celles de
Gortyne et les Kanous ou lois de Kabylie.

Les lois de l'hospitalité sont réglées par des décrets. On ne peut s'en
écarter. Comme dans l'ancienne Grèce, la vie populaire se passe à l'Agora,
aujourd'hui appelé *Souk*. Le gouvernement est républicain. Les plus
âgés dirigent les affaires locales. Les familles importantes réunissent,
comme dans l'antiquité, une gens ou çof, qui lie partie avec elles. L'amaïa
est la protection donnée par le çof et dont tous les membres de celui-ci
sont responsables.

Dans les crimes, le sang versé demande le sang. Des vendettas divisent,
par suite, les familles, comme dans les îles de la Méditerranée.

L'habitation égéenne a été introduite en Afrique. La maison est rectangulaire avec terrasse. Celle-ci est supportée par des piliers en bois.
Les murs sont formés par assises, séparées les unes des autres par des
bois intercalés entre elles, dans la maçonnerie. Le foyer est au milieu
de la maison. La fumée s'échappe par une ouverture ménagée dans le
toit. Cette description s'applique à la maison de Théra et aussi à celles
de beaucoup d'habitations africaines.

On trouve en Berbérie comme dans les pays égéens, des murs pélas-
giques; le mur, dit *berbère*, composé de deux murs, séparés par un petit
espace dans lequel on intercale des cailloux, est un mur égéen.

Pour terminer, disons que la forteresse de Tirynthe est identique à
celle de Byrsa, fouillée par Beulé. C'est là un reste antique d'une commune civilisation. A l'influence égéenne, se rapportent les maisons de
troglodytes. Elles sont identiques sur les bords du Golfe de Gabès et dans
toute l'Arménie.

Les vêtements ajustés de l'ancienne Crête et de l'Asie mineure se sont
conservées en Berberie, chez les hommes sous les formes de Cadrouna,
Cachabia, Djerba; les femmes de Tunis avec leurs caleçons collants,
leurs vestes étroites, leurs gilets serrés ressemblent aux figurations de
l'Asie mineure. Elles lui ont emprunté le bonnet phrygien, et la douka
rigide. La chechia des hommes provient de cette région.

La bijouterie massive et compliquée rappelle celle de l'époque mycé-
nienne. Les diadèmes et les pendeloques des Ouled Naïls reproduisent, à
3ooo ans de distance, les bijoux dont se paraient les femmes des chefs
mycéniens.

Les fards, les pâtes épilatoires employées, sont ce qu'on rencontre
dans les anciennes nécropoles de l'Orient. Les tatouages discrets ressemblent à ceux de certaines statues des îles de la mer Egée.

La musique reproduit les divers modes de la musique grecque antique.

On trouve également quelques survivances des danses décrites dans l'antiquité.

La langue des égéens préhélléniques est inconnue. On ne peut, par suite, décider son influence. Les dialectes helléniques, avec la conquête dorienne, ont fortement imprégné la langue berbère.

L'écriture berbère présente des affinités avec l'alphabet préphénicien de Crète et le syllabaire de Chypre.

L'agriculture, par le type de charrue, les instruments de dépiquage, est une filiale de l'agriculture des pays égéens. La vigne et l'olivier en proviennent. Les variétés botaniques sont les mêmes. D'ailleurs, tous les termes agricoles employés par les Berbères sont d'origine hellénique.

Les tapis se tissent comme en Orient. Les figures sont de la même école. Le métier vertical est d'origine asiatique.

Les céramiques faites à la main, comme en Kabylie, celles plus récentes faites au tour, comme à Gerba, à Nabeul, correspondent, par la technique de fabrication, par les formes, par l'ornementation, à diverses époques de la céramique cypriote. A Carthage, la céramique est cypriote, rhodienne ou proto-corinthienne.

Les sépultures anciennes ont leurs similaires en Asie mineure, ou dans le monde égéen : telles sont les sépulcres en falaises, en jarre, les tumulus, les tombes surmontées d'un autel.

Beaucoup de survivances cultuelles tirent leurs origines de la Méditerranée orientale. Les dieux anciens étaient représentés, surtout, par une divinité : Tanit, comparable à la divinité pélasgique connue, selon les localités, sous les noms différents d'Athéna, Héra ou Perséphone. Le dieu était primitivement, un dieu bélier, son nom de *Amon* rappelle celui de Men, comme Tanaït ressemble à Neit et à Anaïtis.

Telle est, dans son ensemble, la réunion d'affinités que les petites races dolichocéphale et brachycéphale côtières présentent à signaler avec ce que nous connaissons de la civilisation des peuples égéens.

3° *Influence européenne primitive.*

La grande race diffère des précédentes sur beaucoup de points par suite de l'influence européenne qu'elle a subie.

Sa constitution sociale est féodale. Une caste noble domine des serfs et des esclaves. La femme n'est plus tenue en esclavage. Ses mœurs sont très libres. La prostitution avant le mariage, ou après le divorce, est très fréquente. La fille peut choisir son mari. La filiation est utérine. Ajoutons que beaucoup de ces tribus pratiquent le mariage par rapt. L'hospitalité n'est plus réglementée comme un service public; le vol passe pour une habileté et non pour un crime; le rachat du prix du sang est admis en cas de meurtre; ces gens habitent des tentes ou des huttes ovales ou rondes, analogues à celles du Latium.

A une époque plus récente, une immigration a introduit le type de la maison européenne avec toit à deux pans recouvert de tuiles imbriquées.

Ces gens portent des vêtements flottants non ajustés, les vêtements appelés *ouzera*, *burnous*, *harain*, *serguel*, etc., ont leurs similaires dans les costumes de l'Europe. La fibule spéciale qui retient le vêtement, en forme de peplos, des campagnardes indigènes, s'est retrouvée sur de nombreux points, depuis les bords de la Baltique jusqu'en Espagne.

La bijouterie de la grande race est lourde. Les ornements sont obtenus au moyen de gros fils d'argent arrondis en cercles (anneaux, bracelets, fibules), ou ajustés en épingles.

Les grandes épées des envahisseurs de l'Égypte à l'époque du bronze, le bouclier rond, les trois javelots, rappellent l'armement des tribus barbares de l'Europe. Comme elles, ces peuples africains combattaient nus.

Comme les barbares du Danube et des Gaules, ils se couvraient de tatouages envahissants et de peinture de corps.

Le nomadisme est l'état ordinaire des tribus de ce type.

L'onomastique africaine a conservé des termes assez nombreux, qui marquent le passage et l'installation des émigrations européennes primitives.

Leur céramique grossière, faite à la main par les femmes et ne possédant que quelques formes, toujours les mêmes, est identique à celle des dolmens. D'ailleurs, les dolmens et certains tumulus paraissent avoir été importés par ce genre de population.

Comme rites préislamiques, nous trouvons surtout le culte d'un dieu taureau, appelé *Bakos* ou *Bacchus*.

Tel est le résumé succint des résultats de nos recherches anthropométriques et craniométriques sur les peuples anciens et actuels de la Berbérie orientale, confirmées par de nombreuses observations d'Ethnographie.

M. le Dr Marcel BAUDOUIN,

Secrétaire général de la *Société préhistorique française*
et des *Congrès préhistoriques de France*,
Rédacteur en chef de l'*Homme préhistorique*, Paris.

LES SCULPTURES ET GRAVURES DE PIEDS HUMAINS SUR ROCHERS.

(Mémoire hors volume.)

ARCHÉOLOGIE.

M. G. GUENIN,

Correspondant du Ministère de l'Instruction publique, Brest.

LE SANCTUAIRE D'AIN-TOUNGA ET LES ALIGNEMENTS DE MENHIRS.

902.6 (611)

26 Mars.

1. Au printemps de l'année 1888, l'entrepreneur chargé d'exécuter la partie de la route du Kef à Tunis, voisine de Aïn-Tounga (Thignica), déterra, sur la gauche de la route et à 1 km des ruines, des *stèles* dédiées à Saturne (¹). Elles étaient *placées debout*, l'extrémité inférieure enfoncée dans le sol, *l'une à côté de l'autre, assez serrées et en longues files.* Ces stèles, comme le remarquent MM. Cagnat et Ph. Berger, n'étaient pas dans le vestibule d'un temple, ni adossées à ses parois, et l'on n'a retrouvé aux environs aucune trace de construction, sauf peut-être celles d'un mur qui formait enclos.

« Ces ex-votos étaient donc disposés dans une sorte d'enceinte sacrée, à ciel ouvert..., isolée dans la campagne. »

Il semble que l'on puisse *comparer ces alignements de stèles avec les alignements de menhirs*, qui se dressent, en rase campagne et en longues files, à Carnac, à Landaoudec-en-Crozon (Finistère), etc. Comme les stèles les menhirs sont en plein air et à quelque distance de ruines considérables, à proximité de dolmens et de tumuli, qui paraissent indiquer une occupation néolithique des plus importantes. Les stèles taillées ou dégrossies d'Aïn-Toungā répondraient-elles donc à la même conception que les mégalithes de Carnac, d'Erdeven, de Landaoudec ?

La forme générale des 426 stèles d'Aïn-Tounga est toujours sensiblement la même et leur hauteur varie de 60 cm à 1 m. Quelques-unes sont *en tronc de pyramide*, accosté de deux acrotères, et d'autres ressemblent à un *tronc de cône plus ou moins régulier.* Leur *base*, enfoncée dans le sol, est *toujours à peine dégrossie*, toutes caractéristiques que l'on retrouve encore chez tous nos menhirs. Dans les alignements, les menhirs ont à

(¹) Cf. *Bull. archéol. du Comité des travaux historiques*, p. 207, année 1889. Je renvois une fois pour toutes au travail de MM. Berger et Cagnat.

peu près les mêmes formes et les mêmes dimensions, mais il arrive presque
toujours que les menhirs des extrémités sont plus grands. Il serait curieux
qu'il en eût été de même à Aïn-Tounga, et, si la coïncidence existait, ce
serait une raison de plus pour identifier les deux catégories d'alignements.

2. Est-il possible de préciser davantage et de pousser plus loin cette
identification des stèles et des menhirs ?

« La partie inférieure de la stèle est presque constamment occupée par un bœuf
ou un taureau (*fig.* 3); à côté du bœuf on voit assez souvent un *autel ayant une
singulière ressemblance avec l'image conique de la divinité si fréquente à Carthage
numéros 20, 43, 97, 127 entre autres)... On est donc amené à se demander
si ce que M. Toutain désigne comme étant un autel ne serait pas le cône sacré. »

Il convient, je crois, d'*assimiler ces divinités, figurées par une pierre
conique, à nos menhirs*, qui ont très souvent la même forme (Kernuz, par

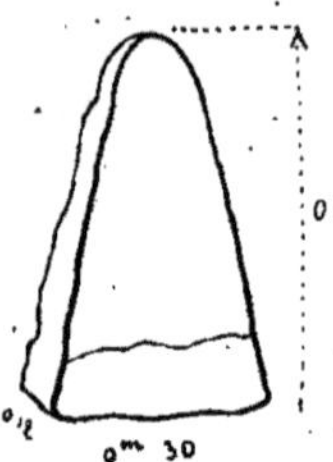

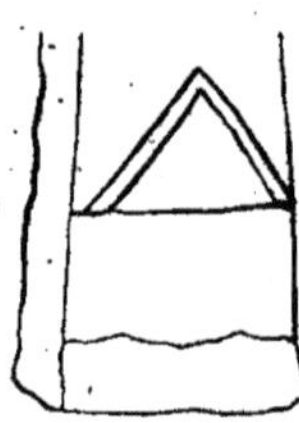

Fig. 1. — Stèle n° 134   Fig. 2. — Cône   Fig. 3. — Divinité conique
en forme de menhir.   sacré sur la stèle n° 20.   de Carthage.

exemple). C'est d'autant plus vraisemblable, que plusieurs stèles n'ont
même pas été dégrossies et que d'autres sont entièrement anépigraphes
(425, 426).

En général, les symboles divins occupent le haut des stèles d'Aïn-
Tounga : 57 fois ([1]), on y retrouve *deux couteaux recourbés en forme de
serpe.*

« Le couteau à sacrifice avait en général une lame très large, plutôt convexe;
il ressemblait à un couteau de boucher; ou bien alors c'était un glaive à deux
tranchants assez court, destiné à pénétrer jusqu'au parties vitales. Au contraire, le couteau des stèles d'Aïn-Tounga est recourbé en forme de serpe...
analogue à celle qui sert à la culture des arbres... »

*Cet instrument ressemble à s'y méprendre aux crosses ou aux faucilles
que l'on trouve sur plus d'une de nos statues-menhirs ou sur certaines dalles,
de nos dolmens armoricains* ([2]).

([1]) Le symbole le plus fréquent est la pomme de pin, qui se présente 66 fois. Les
couteaux recourbés (?) sont donc aussi importants que le fruit.

([2]) *Cf.* ESPÉRANDIEU, *Recueil des bas-reliefs de la Gaule*, t. II, n** 1700, 1701,
1702, 1703 notamment, et la bibliographie donnée à ce sujet.

D'autre part, *sur les 426 pierres de Saturne, il y a 286 têtes de taureaux ou de bœufs*. N'a-t-on pas *découvert à Carnac, au Bossenno, un petit bœuf de bronze et de nombreuses statues de bœufs ou de taureaux, en terre cuite, dans toute la région ?* De plus, *Saint-Cornély*, le patron des bêtes à cornes, est celui qui *pétrifia les soldats chargés de le capturer, et qui en fit les*

Fig. 4. — *Couteaux des stèles* et des statues-menhirs.

menhirs d'Erdeven, de Carnac, etc. Faut-il donc conclure de toutes ces coïncidences étranges que les alignements armoricains ne se composent que d'*ex-votos*, ou de l'image d'une divinité analogue au Baal-Saturne d'Aïn-Tounga ?

Il y aurait encore un point de ressemblance : la cupule. On rencontre assez fréquemment sur les stèles :

« *Trois petits disques gravés en creux avec un trou au milieu*. Sur les grandes stèles du musée Alaoui, toute la scène religieuse, le corps des personnages aussi bien que le champ, est souvent criblé de petits disques semblables disposés symétriquement. »

Fig. 5. — Stèle n° 189 à cupules.

Ces disques en creux ne sont que la représentation, aux IIe et IIIe siècle après J.-C. de la cupule préhistorique. Je connais de *nombreux menhirs à trois cupules* comme la stèle n° **189**, mais il faudrait pouvoir comparer les « dispositions symétriques » des stèles d'Alaoui avec celles des menhirs de Plougonvelin et de Kernuz, où deux fois 27 cupules paraissent réparties en trois groupes distincts et peut-être symétriques.

3. Il me reste à élucider un dernier point permettant d'expliquer l'alignement :

« *Le fait le plus saillant des inscriptions d'Aïn-Tounga, c'est le grand nombre des prêtres de Saturne, qui y sont mentionnés*. Plus de la moitié des ex-votos, qui portent des inscriptions, sont offerts par des prêtres, à tel point que l'on pourrait croire, au premier abord, que cet enclos sacré était uniquement réservé aux prêtres, mais il n'en est rien. Ce fait n'est pas propre à Aïn-Tounga, il se retrouve partout où nous avons en Afrique des inscriptions à Saturne; la proportion est même plus forte. Les prêtres forment les deux tiers des dédicants... *Ces stèles étaient pour eux le moyen de payer leur dette de reconnaissance envers la divinité et de perpétuer le souvenir de leur passage au sacerdoce*. »

Chaque prêtre de Baal-Saturne, et ils étaient plusieurs la même année, dressait donc, au moment de son entrée en fonctions, une stèle à la suite de celle de ses prédécesseurs. Il ne serait pas impossible que les prêtres des tribus néolithiques de Carnac aient fait la même chose, et, qu'à chaque prise de sacerdoce, ils aient érigé leur menhir à la suite des autres, constituant ainsi ces alignements si mystérieux et peut être beaucoup moins indéchiffrables qu'on ne le suppose. Comme les deux régions africaine et armoricaine ont entre elles tant de points de ressemblances, mon hypothèse n'est peut-être pas aussi invraisemblable qu'elle le pourrait paraître à première vue. Il faudrait alors rechercher s'il y avait onze rangées de stèles à Aïn-Tounga, comme il y en avait onze à Landaoudec et à Carnac.

Conclusion. — Je n'ai voulu émettre ici que de simples hypothèses, suggérées par de nombreux rapprochements, dont je ne me dissimule nullement toute la fragilité. Je n'énonce donc ces deux affirmations, que sous les plus expresses réserves : 1º *les menhirs de nos alignements sont des stèles analogues à celles de Baal-Saturne;* 2º *ils étaient érigés par les prêtres néolithiques, pour acquitter leur dette de reconnaissance et perpétuer le souvenir de leur sacerdoce.*

M. Jules RENAULT,

Architecte, Correspondant du Ministère de l'Instruction publique et des Beaux-Arts.

LE CULTE D'ADONIS AU KHANGUET-EL-HADJAJ (TUNISIE).

---

292 (397.3)

27 *Mars.*

A-t-il existé dans l'Afrique du Nord un culte d'Adonis ?

Faute de monuments épigraphiques probants, ce culte était considéré comme n'ayant jamais eu de célébration réelle dans la Proconsulaire.

C'est évidemment le manque de matériaux qui a permis de douter d'une manifestation religieuse en faveur d'Adonis. M. Toutain, dans son Ouvrage sur *les cultes païens dans l'Empire Romain* dit ceci :

« Nous ne mentionnons pas ici les deux inscriptions africaines où se lisent les deux mots *Adonis* (genitif), *Adoni* (datif). Il nous semble plus vraisemblable de voir dans ce dieu, dont le nom était peut être Adon et non Adônis, l'ancien Baal carthaginois » [1].

Il est, en effet, évident qu'au début de l'occupation romaine, les peuples soumis à cette occupation ont encore conservé un certain temps

---

[1] T. II, p. 49.

le culte de leurs divinités; nous avons assisté, cependant, peu à peu au remplacement de ces divinités par celles des conquérants.

Ceux-ci, pour ne pas trop désorienter les habitants des régions tombées sous leur domination ont tâché de faire coïncider le plus possible le panthéon punique et le panthéon romain.

Dans l'espèce, je crois très volontiers que l'une des inscriptions retrouvées, sur les deux dont parle M. Toutain, se rapportait à Adôn.

En effet, cette inscription relevée par Guérin, près d'Utique, fait mention d'un prêtre portant le nom de Muthumbal, fils de Balitho (¹). Il est certain que ces consonnances ne vont guère avec un culte institué au nom et pour le salut des empereurs romains, comme celui d'Adonis.

Je laisse donc la première inscription à Adôn, c'est-à-dire à Thammouz.

M. Vellay, dans l'Ouvrage intitulé : *Le Culte et les fêtes d'Adônis Thammouz* dit :

« Le nom spécial du dieu solaire désigné dans les temps postérieurs par la seule épithète d'*Adôn* ou *Seigneur* était *Thammouz*. Thammouz était l'un des principaux Baalim phéniciens, honoré d'un culte spécial dans certaines villes » (²).

J'estime que la première inscription citée par M. Toutain peut désigner cet Adôn et représenter les derniers vestiges du culte de ce dieu dans la Proconsulaire.

Le culte d'Adôn, comme plus tard celui d'Adonis était la manifestation d'un mythe solaire. Il n'y a donc rien d'étonnant à ce que le culte du second ait remplacé celui du premier lors de la nouvelle appellation des dieux puniques quand ils furent assimilés aux dieux des Romains. Nous savons, d'autre part, que les cultes syriens ont laissé des traces dans la Numidie méridionale; l'éminent Directeur adjoint de l'École pratique des Hautes Études parle de quinze documents africains de cette région :

« 11 de Lambaesis, quartier général de la légion III�ª Augusta, 4 de différents postes voisins, entre autres de Calceus Herculis, aujourd'hui El Kantara, au sud de Batna, où nous savons que résidait un détachement de Palmyréniens, *numerus Palmyrenorum* » (³).

Pour quelle raison, si les cultes syriens ont pénétré en Numidie, n'auraient-ils pu le faire dans la Proconsulaire ? Je n'en vois aucune, et d'ailleurs les textes que j'ai retrouvés en effectuant des fouilles au Khanguet-el-Hadjaj, dans la propriété de M. Pierre Gillet et grâce à un subside de la Direction des Antiquités et Arts de Tunisie semblent lever le voile qui cachait le bel Adonis.

La première inscription que j'ai relevée, et qui est la seconde de celles dont il est parlé plus haut, est un claveau de voûte, claveau de gauche, laissant à penser que l'édifice était dédié à plusieurs divinités.

(¹) Corpus, *Inscrip. lat.*, t. VIII, p. 1211.
(²) Vellay, *Le Culte et les Fêtes d'Adônis-Thammouz*, p. 21.
(³) *Op. cit.*, t. II., p. 56.

M. Héron de Villefosse, dans la séance du 21 octobre 1904 de l'Académie des Inscriptions et Belles-Lettres, a commencé son Rapport sur le nouveau monument épigraphique en ces termes :

« Ce texte a été gravé en l'honneur d'Adonis, etc. »

Il n'est donc plus question d'Adôn.

D'ailleurs, je trouve dans l'Ouvrage si documenté de M. Toutain les quelques explications qui suivent : elles sont la clef de mon argumentation en faveur de la preuve de l'existence d'un culte d'Adonis, dans la Proconsulaire.

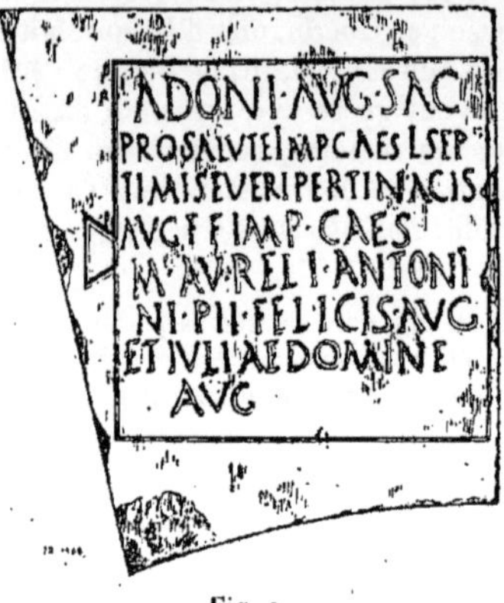

Fig. 1.

« La Syrie ne fut pas le seul foyer d'où les cultes syriens rayonnèrent dans les provinces latines; Rome et l'Italie en formèrent un second. Ces cultes, qui avaient commencé à y pénétrer à la fin de la République, s'y répandirent surtout au premier siècle de notre ère, ils y jouirent d'une faveur grandissante depuis la dynastie des Flaviens jusqu'à la famille des Sévères, dont les princesses Julia Domna, Julia Maesa, Julia Mammaea, étaient des Syriennes. Au IIe et au IIIe siècle, la protection impériale valut aux cultes syriens les hommages des fonctionnaires et des officiers » [1] (*fig.* 1).

Le cliché ci-joint donne la représentation de la pierre; la lecture du texte doit se faire ainsi :

ADONI . AVG*usto* . SAC*rum*.

PRO . SALVTE . IMP*eratoris* . CAES*aris* . L*ucii* . SEP

TIMI . SEVERI . PERTINACIS .

AVG*usti* . F*elicis* . F*idelis* . IMP*eratoris* . CAES*aris* .

M*arci* . AVRELI . ANTONI

NI . PII . FELICIS . AVG*usti* .

ET IVLIAE DOMINE .

AVG*ustae*

La largeur du claveau en haut est de 0,46 m; la longueur à droite est de 0,48 m et à gauche de 0,52 m; la corde de l'intrados mesure 0,345 m.

Les lettres de la première ligne ont environ 0,04 m de hauteur; celles des autres lignes ont une moyenne de 0,026 m à 0,030 m. Il y a huit lignes de texte.

---

[1] Toutain, *op. cit.*, t. II, p. 68.

Il faut remarquer que la plupart des A ne sont pas barrés et il faut noter à la septième ligne du texte l'orthographe fantaisiste que le lapicide a employée pour le nom de Julia Domna.

Cette inscription nous donne la date de la dédicace de l'édifice.

Septime Sévère, le premier cité a reçu le nom de *Pertinax* en 193; d'autre part, Caracalla, de qui parle la suite du texte a reçu le titre de *Pius* en 201. — Septime Sévère étant mort le 14 février 211, c'est donc entre 201 et 211 que fut construit le monument car Julia Domna l'épouse de Septime Sévère, devenue impératrice en 193, se laissa mourir de faim en 217 après le meurtre de Caracalla par Macrin. La date de son avènement et celle de sa mort n'influent donc en rien pour la fixation de la date de l'érection de l'édifice.

Julia Domna était fille d'un prêtre du Soleil à une époque où le culte d'Adonis était en pleine faveur; il n'y a donc rien de surprenant à ce que le culte d'Adonis se soit répandu en Proconsulaire, et il me semble, dès lors, que cette dédicace ne s'adresse pas à Adôn, mais bien à Adonis.

D'ailleurs, le culte d'Adonis est le pendant de celui d'Hélios; or, dans son Ouvrage intitulé : *De Saturni dei in Africâ Romanâ cultu* dans lequel il donne la description d'une grande quantité de stèles, provenant du temple de Saturnus Balcaranensis, situé sur le Djebel Bou-Kornine, M. Toutain nous dit que les plus intéressantes portent généralement une figure de Saturne au centre, le Soleil ou Hélios à gauche, la Lune ou Sélène à droite. Je donne ici le cliché d'un fragment d'une de ces stèles qui indique bien la façon dont on représentait ces divinités (*fig.* 2).

Au Khanguet, Adonis a remplacé Hélios, mais nous y retrouverons Saturne.

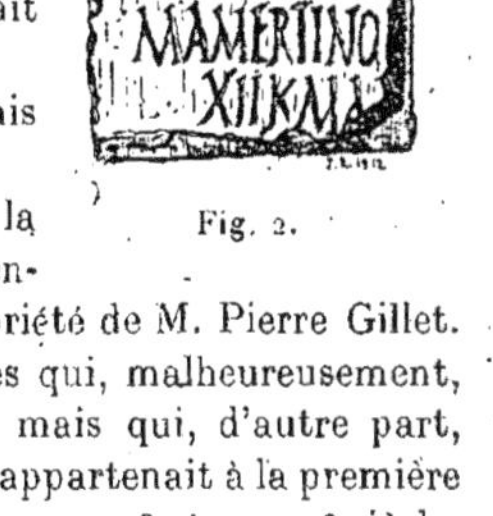

Fig. 2.

La dédicace à Adonis n'est pas, d'ailleurs, la seule inscription retrouvée dans le même ensemble de ruines, à l'Oued Kittân, dans la propriété de M. Pierre Gillet. J'ai eu le bonheur d'en exhumer deux autres qui, malheureusement, ont plusieurs lignes de leur texte martelées, mais qui, d'autre part, ont le mérite de donner le nom du dédicant, qui appartenait à la première Cohorte urbaine, laquelle tint garnison à Carthage, au 1e et au III e siècle.

Nous savons que la protection impériale valut aux cultes syriens les hommages des fonctionnaires et des officiers; les deux nouvelles inscriptions retrouvées en sont une nouvelle preuve.

La pierre mesure 0,70 m de haut pour 0,52 m de large; les lettres varient entre 0,040 m et 0,046 m. La gravure est assez soignée, et un encadrement contourne entièrement le texte qui se compose de 9 lignes et peut se lire ainsi, sauf les parties trop martelées :

IMP . CAES . DIVI . MAGNI . ANTONI
NI . *filiO* . DIVI . SEVERI . *nepo*
ti ||||||||||||||||||||||||||||||||||||||||||||||||||
|||||||||||||||||||||||||||||||||||||||||||||||||||||
|||||||||||||||||||||||||||||||||||||||||||||||||||
L . AVRELLIVS . HIRRIVS . FESTVS
SING . TRIB . COH . I . VRB .
ANTONINIANAE . DEVOTIS
SIMVS . NVMINI . *eorum*

Ce texte se rapporte à Elagabale; la première Cohorte urbaine de Carthage est dénommée ici *Antoniniana;* Aurellius Hirrius Festus appartenait au corps des *Singulares*. Il est le dédicant sur les deux textes.

La pierre, brisée à sa partie supérieure, mesure 0,78 m de hauteur pour 0,51 m de largeur; les lettres varient de 0,040 m à 0,048 m.

La lecture donne :

IVLIAE . MA*e*SaE . AVg . A*v*I*ae*
||||||||||||||||||||||||||||||||||||||||||||||||||||
|||| L . V . C . ||||||||||||| S |||||||
D ||||||||||||||||||||||||||||||||||||||||||||||
L . AVRELLIVS . HIRRIVS . FES
TVS . SING . TRIB . COH . I . VRB .
ANTONIANAE . DEVO
TISSIMVS . NVMINI .
EO*rum*

La mention de Julia Maesa, grand'mère d'Elagabale qui est en première ligne et le surnom d'*Antoniniana* porté par la *Cohors I^a Urbana* nous montrent que le texte martelé date, comme le premier que je viens de citer, du règne de ce prince (218 à 222).

Il est assez curieux de rapprocher ce fait, que la première inscription, dont il a été question dans cette étude, gravée sur un claveau de voûte était une dédicace pour le salut de Septime Sévère, de Caracalla et de Julia Domna et que les deux autres ont été très probablement gravées, sous Elagabal, le vainqueur de Macrin instigateur de l'assassinat de Caracalla.

Julia Maesa était d'origine syrienne.

Voici donc trois inscriptions bien caractéristiques : l'une est la dédicace d'un temple; les deux autres sont dans le sanctuaire. Il est vrai de constater que sur ces deux dernières, il n'y a pas *Adoni Augusto Sacrum*, mais il n'y a pas non plus de dédicace à une autre divinité.

Suivant l'apparence et d'après les stèles, retrouvées dans le temple ou dans son voisinage immédiat, le parèdre d'Adonis ou l'un de ses parèdres serait *Sanctus Saturnus*.

M. Toutain dit, à propos des mots *Sanctus, Sancta*, etc, servant de qualificatifs à la divinité que :

« La notion de la sainteté paraît avoir été introduite dans la religion gréco-romaine en même temps que les divinités orientales » (¹).

Saturne *saint* serait donc bien à sa place à côté d'Adonis.

Je donne ici le cliché d'une inscription à Sancta Saturno (*fig.* 3).

La lecture s'en fait ainsi :

Fig. 3.

```
        SANTO
   s ATURNO . S acr
   PELVSI.VETT...
```

Les dimensions extrêmes sont de 0,32 m pour la hauteur et de 0,235 m pour la largeur; la hauteur des lettres varie entre 0,04 m et 0,05 m.

A remarquer *Santo* pour *Sancto*.

Voici le texte d'une seconde inscription, retrouvée aussi au même endroit :

```
   s A N C T O
   s A T V R N O
   ...CODES ||||||
   · |||||| R |||| VS
```

La pierre étant très usée, la lecture des lignes 3 et 4 est quelque peu incertaine.

De tout ce qui précède, il résulte que le temple dont le déblaiement s'effectue en ce moment au Khanguet-el-Hadjaj était dédié à Adonis : 1° parce que la date de ces textes coïncide avec celle où les cultes orientaux ont été le plus florissants dans l'Empire Romain; 2° parce qu'ils portent les noms de Julia Domna et de Julia Maesa, impératrices nées en Syrie; 3° parce que l'épithète de *saint* donnée à Saturne dans le même lieu prouve l'origine syrienne de son appellation.

Le Culte d'Adonis a donc existé dans la Proconsulaire.

____

(¹) TOUTAIN, *op. cit.* t. II, p. 76.

M. A.-F. LEYNAUD,

Curé de Sousse, Correspondant du Ministère de l'Instruction publique, Sousse.

NOTE SUR LA
CINQUIÈME CATACOMBE CHRÉTIENNE DE L'ANCIENNE HADRUMÈTE.

393.1 (397.3)

27 Mars.

Il y a seulement trois ans que la cinquième catacombe de l'ancienne Hadrumète a été découverte : c'est exactement le 19 février 1910 qu'une équipe du 8e bataillon du 4e tirailleurs algériens, commandant Coudein, sous la conduite de M. le lieutenant Barranque, mettait à jour l'entrée de cette nouvelle nécropole chrétienne.

Depuis ce jour, je me suis efforcé de déblayer d'abord et de fouiller ensuite, avec le plus grand soin, les galeries que nous y avons rencontrées ; toutes étaient intactes, excepté celles qui se trouvaient sous les lucernaires par lesquels les Vandales ou les Arabes avaient pu pénétrer. Malheureusement, quelques galeries avaient été creusées dans une terre marneuse et soutenues par des voûtes en pierres de taille ; ces voûtes ont été entraînées, surtout dans la galerie 34, par la chute des terres sur lesquelles le terrible ouragan du 14 octobre dernier avait étendu une nappe d'eau considérable.

Mais, malgré ces dégâts et d'autres encore dans des galeries qui, heureusement, ne présentaient aucun intérêt spécial, la cinquième catacombe, aussi bien conservée que les autres, ne présente pas un moindre intérêt.

Elle est très vaste, comptant déjà *plus de 60 galeries*, tracées suivant un plan régulier, surtout à partir de la galerie 42. Ce sont, comme dans les autres catacombes, des couloirs d'une hauteur moyenne de 2 m, d'une largeur de 0,90 m à 1,30 m, d'une longueur de 3 m à 55 m, garnies, à droite et à gauche, le plus souvent de trois rangées de loculi superposés et fermés ordinairement au moyen de grandes tuiles. *Leur longueur totale atteint près de 1 km et le nombre des loculi dépasse 2000.* Beaucoup de ces loculi, des centaines, sont encore intacts ; mais, je le constate avec tristesse, malgré les consolidations et les réparations urgentes, un trop grand nombre de ces tombes chrétiennes s'écroulent peu à peu par suite de l'infiltration des eaux qu'il a été à peu près impossible d'arrêter, surtout au commencement de l'année 1913, si extraordinairement arrosée.

Malgré tout, nous allons de l'avant dans ces souterrains que nous sommes les premiers à parcourir, après les chrétiens du IIe et du IIIe siècle, et, grâce toujours à la main-d'œuvre de la section de discipline du 4e Tirailleurs, nous y avons fait, comme on va le voir, des découvertes intéressantes, et même, au point de vue épigraphique, des découvertes plus intéressantes que dans les autres catacombes.

Je n'en signalerai ici qu'une seule, faite le 20 février 1912. Vers le milieu de la galerie 5o, au milieu de loculi ordinaires, voici un grand tombeau, dans la paroi droite, fermé par un mur en pierre recouvert d'enduit; derrière le mur, et sous des tuiles posées à plat, une auge creusée dans le tuf et profonde de o,3o m, au-dessous d'un arc. Au fond de l'auge, était allongé le corps du défunt, un centurion de la deuxième légion Parthique, *Q. Papius Saturninus*; sur le corps, une épaisse couche de plâtre très blanc; le squelette, bien conservé, mesure 1,72 m. J'ai raconté ailleurs comment des officiers du 4e Tirailleurs et du 4e Chasseurs d'Afrique avaient revendiqué l'honneur de venir, les premiers, saluer « un ancien » et, de leurs mains, le débarrasser de son lourd vêtement de plâtre.

L'Académie des Inscriptions et Belles-Lettres a remarqué que l'inscription que je donne plus loin ne peut être antérieure au règne de Septime Sévère (193-211), auquel on doit la création des trois légions Parthiques. Elle fournit donc une date importante à retenir.

Dans un précédent rapport paru dans le *Bulletin de la Société française des Fouilles Archéologiques* ([1]), j'ai donné de la cinquième Catacombe un petit plan dressé par mon précieux auxiliaire d'alors, le sergent Rolin qui, malheureusement, m'a quitté, pour aller à Évreux comme adjudant. Ce plan vient d'être complété, avec l'aide de M. l'abbé de Smet, curé de Mahdia, qui a bien voulu m'en photographier la reproduction ci-jointe : on y verra le chemin que nous avons fait depuis un an et demi.

Le rapport dont je viens de parler et ma communication à M. Héron de Villefosse qui, depuis dix ans, n'a jamais cessé de s'intéresser aux fouilles des Catacombes de l'ancienne Hadrumète, contenaient aussi vingt inscriptions très variées, toutes bien gravées sur marbre, à l'exception d'une seule, écrite sur la chaux.

Rappelons ici seulement les noms de ces premiers chrétiens d'Hadrumète : Lamyro et sa femme Julia Anthusa, Seberum, Crescenti, Faddatiu, Laurentia, Diogas, Istricatus, Vitale et son père Zozimus; Costhantia, Parthenopé, Claudius Chrestus; Eusebia et son mari Successus, notaire; Victor, Proba et leur fille Agrippine; Aurelius Theofilus, sa femme Valeria Respecta et leurs filles innocentes (*ob innocentiam*), Theofila et Amantia; Aurelius Chrestinus, sa femme Caelia Dativa et leur innocente fille (*ob innocentiam*), Caelia Chrestina; Varia Victoria et son époux Urbanus « qui ne peut oublier 45 ans de vie conjugale », enfin Primania Sextina, son mari Makarius ou Macarius et leurs deux enfants, Theodotus « serviteur de Dieu » et Primania Domna.

([1]) T. III, 1912.

Inscriptions.

Voici maintenant les inscriptions les plus intéressantes trouvées depuis la fin de 1911 :

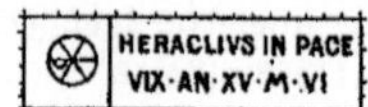

Inscription en cubes rouges sur fond blanc.
Encadrement marbre rouge et jaune.
Hauteur des lettres : 1re ligne, 0,10 m; 2e 0,09 m.

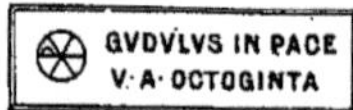

Encadrement noir, prolongé par de petites lignes rouges.
Première ligne de l'inscription en cubes noirs; deuxième ligne en cubes rouges.
Le monogramme avec le rhô tourné à gauche, en marbre rose entouré de marbre noir; diamètre, 0,24 m.
Hauteur des lettres : 1re ligne, 0,12 et 0,13 m; 2e 0,09 m et 0,10 m.

**GVDVLVS IN PACE
V·A·OCTOGINTA**

Encadrement rouge et noir. Monogramme de 0,22 m de diamètre, le rhô tourné à droite, en cubes rouges.
Hauteur des lettres : 1re ligne : 0,075 et 2e ligne 0,085 m.

**FASTIDIVS IN PA
CE ☧ VICXIT ANNOS XV
MENSES VII DIES XV**

Hauteur des lettres gravées : 0,035 m.
Le monogramme mesure en hauteur 0,068.

**HELVIA
AVTRONIA RVFINA**

Hauteur des lettres gravées avec soin : 1re ligne, 0,079 m; 2e ligne, 0,075.

**ACAPIO IVNIORI
Q VI·VIXIT·D·V·
PARENTES·INNO·
CENTI·FILIO·**

Hauteur des lettres parfaitement gravées : dans les deux premières lignes, 0,044 m; dans les deux dernières, 0,04 m.

**Q ☩ PAPIO ☩ Q ☩ F ☩ SATVRNINO ☩
IVLIANO ☩ CENTVRIONI ☩
LEC·II·PART·VIX·ANN·LX·
PAPIA VICTORIA SOROR·
PIISSIMA·FRATRI·SVO·
FECIT.**

Hauteur des lettres gravées par un professionnel : de 0,022 m à 0,035 m.

_(me)MORIAE
_(lu)CILLAE

Hauteur des lettres gravées : 0,o5 m.

AVGVSTVS
II KAL APRILIS

Hauteur des lettres gravées : 0,o45 m.

Ce n'est pas la première fois que nous rencontrons une inscription grecque dans cette catacombe. On se souvient de la longue et si intéressante inscription de Parthénope, gravée sur sept lignes, dont nous voulons redonner ici la traduction :

Parthénope, ayant quitté Smyrne, tu es venue en Lybie (Afrique), donnant à Dieu la fin de ta vie; mais toutefois, de l'enfant souviens-toi et du père, car tu vis en Dieu, possédant la gloire éternelle. Paix aux saints dans le Christ Jésus. Amen !

Comme on peut s'en rendre compte, la cinquième Catacombe nous a donné beaucoup plus d'inscriptions sur marbre que les autres. Cependant, nous y avons trouvé aussi quelques inscriptions tracées sur les tuiles au fusain; il nous semble même certain que la plupart des loculi avaient leur inscription dont on devine encore çà et là quelques lettres.

Nous donnons ici les plus lisibles :

ΕΙΡΗΝΗ   V IdVS JVLIAS
ΗΝΗ   ΟΝΟΡΙΛ PRIMITIVΛ

Hauteur moyenne des lettres : 0,11 m.

XfΝΓΧ

Hauteur moyenne des lettres : 0,o6 m.

X CAL NOVEM (bres)
MARTIA

Hauteur des lettres très inégales : la plus petite, 0,o3 m, la plus grande, 0,13 m.

VI· NONAS
JVLIAS

Hauteur moyenne des lettres : 0,o6 m.

LONGEIΛ

Hauteur moyenne des lettres : 0,o4.
Cette inscription paraît avoir été tracée avec une couleur noire.

Telles sont les principales inscriptions découvertes ces temps derniers. Je ne ferai que mentionner un grand nombre de fragments d'autres inscriptions sur mosaïque, sur marbre ou sur tuile; ils trouveront leur place dans le deuxième volume que j'espère pouvoir terminer, à la fin de l'année 1914, et qui contiendra l'étude détaillée de la cinquième Catacombe.

En attendant, je m'attacherai à poursuivre méthodiquement les fouilles, avec les encouragements et les conseils du savant et sympathique Directeur des Antiquités et Arts en Tunisie ([1]), et avec ce qui me reste de la subvention de la Société française des Fouilles archéologiques et de la généreuse offrande de M. le duc de Loubat.

Enfin c'est pour moi un très agréable devoir de gratitude d'apprendre aux amis de l'antiquité chrétienne que S. G. Mgr Combes, archevêque de Carthage et d'Alger, Primat d'Afrique, a bien voulu me faire parvenir la somme de 500 fr pour la restauration des galeries qui menacent ruine et pour la continuation des fouilles.

Il serait bien nécessaire qu'un si bel exemple trouvât des imitateurs : l'archéologie et l'histoire ne pourraient qu'y gagner.

M. Léon COUTIL,

Correspondant du Ministère de l'Instruction publique,
Saint-Pierre-du-Vauvray (Eure).

CIMETIÈRE MÉROVINGIEN DE VALMERAY, COMMUNE DE MOULT (CALVADOS).

---

26 Mars.

571.76 (44.22)

Les sépultures des cinq départements de la Normandie ont rarement donné des objets d'or ou d'argent; elles n'apparaissent que sur les côtes de la Seine-Inférieure, à proximité de la Somme; on sait, en effet, que les sépultures de la Somme, du Pas-de-Calais, et surtout de l'Aisne, sont celles qui ont donné les plus riches mobiliers funéraires, notamment les environs de Fère-en-Tardenois (fouilles Moreau).

Mais si les sépultures de la Normandie sont pauvres, il en est une qui fait absolument exception, c'est celle qui fut découverte par hasard, en 1875, à Moult, au village de Valmeray (Calvados), sur le bord de la route de Caen à Saint-Pierre-sur-Dives, et qui fut acquise pour le musée de la Société des Antiquaires de Normandie, à Caen, où elle est désignée sous le nom de *trésor d'Airan*, parce que c'était le maire d'Airan qui faisait effectuer le travail. Les objets d'or qui la composaient gisaient près d'ossements humains, à 1,50 m de profondeur; mais l'ouvrier qui tirait

---

([1]) M. Merlin.

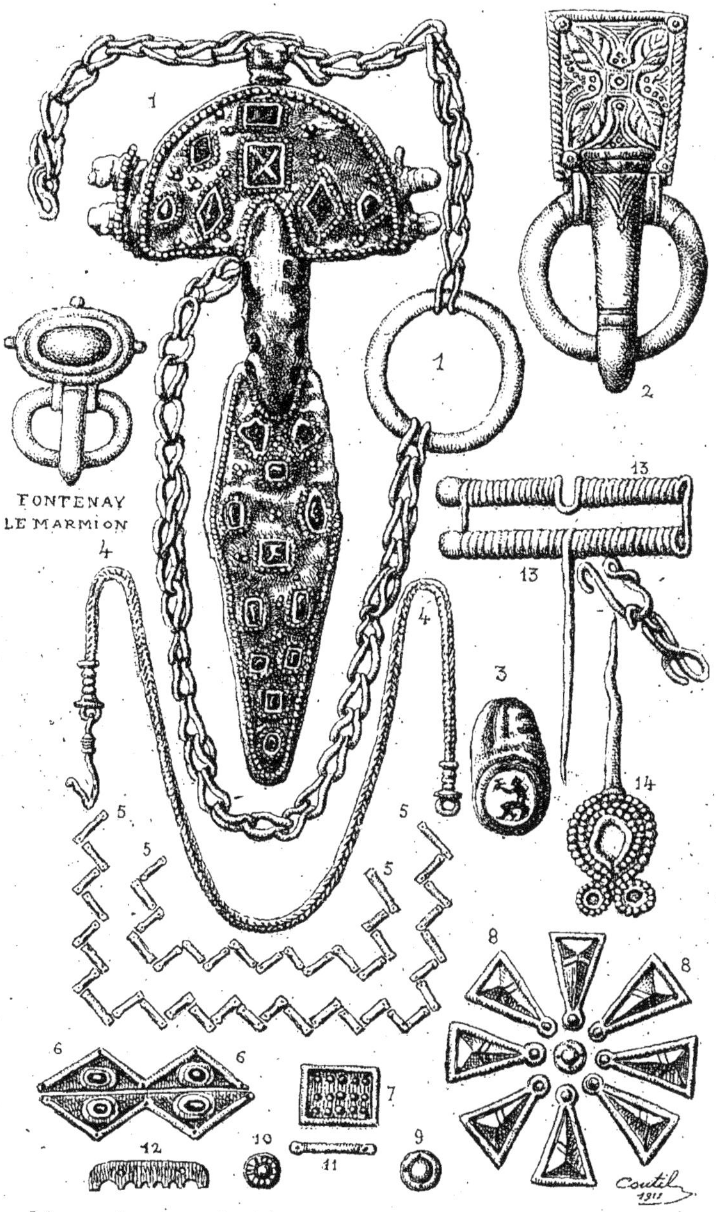

MOULT-ARGENCES, hameau de VALMERAY (CALVADOS) MARS 1875.
désigne sous le nom de trésor d'AIRAN, au musée de CAEN.

du sable ne put rien préciser sur la découverte et l'emplacement de tous les objets; le crâne lui-même était brisé; la dentition permettait de supposer que le sujet était âgé de 20 à 40 ans au plus.

Voici la description des objets recueillis et dont beaucoup étaient très petits :

1° *Petit collier en or*, dit chaîne à colonnes, comprenant une boucle et un crochet, pesant 13 g; il mesure 0,39 m, en comprenant la boucle et le crochet; cette longueur permet d'admettre qu'il a entouré le cou d'une personne.

2° *Boucle en argent doré* pesant 270 g et mesurant en totalité 0,11 m, elle elle composée d'une plaque dorée et d'une boucle en argent uni; la partie supérieure de la plaque est dorée et ornée d'un quatre feuilles, entouré de cercles et de dessins ponctués. L'ardillon a sa partie pointue également dorée et couverte de dessins; la partie opposée de cet ardillon, correspondant à la charnière, est aussi ornée et dorée.

3° *Deux fibules ansées, en argent doré*, du type digité, avec cinq boutons extérieurs; elles offrent sous la tête deux ressorts et un long ardillon; la tête était ornée de sept grenats, il n'en reste que quatre; une sorte de jaspe se trouvait au centre; la partie ansée possédait primitivement huit grenats, plusieurs ont aussi disparu; la languette ou tête de la fibule, était ornée, au centre, d'une émeraude entourée de onze grenats disséminés symétriquement : toutes ces pierres sont cerclées d'un filigrane d'or, et entre elles, on remarque trois grains d'or accolés.

Ces fibules pèsent 40 g d'or chacune et 100 g d'argent. Ces deux fibules étaient réunies par une chaîne en argent pesant 28 g et mesurant 0,41 m fixée à la base de l'ardillon; au centre de cette chaîne à petites mailles, existe un grand anneau de 0,03 m de diamètre, laissant à la chaîne, d'un côté, vingt-huit mailles et vingt-sept à l'autre extrémité.

Certaines fibules franques ont été trouvées ainsi réunies par une chaîne : pour la Seine-Inférieure, nous citerons les sépultures mérovingiennes de Qué-vreville-la-Poterie (chaîne avec petites fibules ansées); à Gouville, une chaîne à anneau, sans fibule; à Aubermesnil-les-Érables; et celles de Conteville (Calvados), voisines de celle de Moult, qui nous occupe, à Flostoy, près de Namur; en Danemark et en Russie méridionale, à Niguia (¹).

Pour trouver des fibules du même genre, il faut se reporter à une d'Arcy-Sainte-Restitue (Aisne, *album Caranda*, pl. K); mais nous ne lui connaissons vraiment de similaires que quatre fibules du trésor de Szilagy-Somlyo (Transylvanie), trouvées en 1890 et décrites par M. le baron de Baye, en 1891, à l'Académie des Inscriptions et Belles-Lettres.

La découverte de Valmeray comprenait en outre :

Cent-soixante petits fragments d'or pesant en tout 37 g, dont :

4° *Soixante-deux petits tubes* formant une chaînette articulée d'au moins 0,76 m (nous en possédons une en fer recouverte de plaques minces de bronze, provenant de Criel (Seine-Inférieure).

5° *Dix-huit triangles allongés* terminés par un point au sommet le plus aigu.

______

(¹) *Nordishe Oldsager*, p. 427-429; *Mém. Soc. royale des Antiq., Nord*, nouvelle série 73-74, p. 177.

6° *Seize rectangles longs ornés de trois lignes* de six points en saillie.

7° *Dix-neuf cercles, avec point central.*

8° *Dix-huit triangles, accolés avec cercle médian.*

9° *Deux sortes de très petits peignes en argent.*

10° *Une épingle d'or, avec tête ronde et plate ornée de filigranes* (cette épinglé n'a pas été acquise avec le trésor; elle fut donnée après au musée de Caen).

11° *Fibules en argent* à deux ressorts très longs, de 0,04 m, et ardillon en forme de T.

Les petits fragments étaient sans doute cousus sur une robe, ils furent trouvés près des fibules; les trous dont quelques-uns sont munis indiquent qu'ils devaient orner, sans doute, la bordure du col, ou le plastron de la tunique. Ces ornements ont été obtenus au repoussé ou par estampage; ils rappellent la technique des ornements d'applique analogues, découverts dans le sud de la Russie, en Crimée (Koul Olba), et les abeilles du tombeau de Childéric, découvert à Tournay (Belgique).

12° Avant cette découverte de Valmeray, un terrassier avait déjà trouvé, des grains d'ambre, au même endroit, et :

13° *Une bague en or*, ornée d'une pierre gravée antique, d'origine romaine, antérieure à la sépulture; elle représente un faune aux cheveux hérissés, à la queue de bouc, assis sur un fragment de rocher, l'arc au dos et tenant dans ses mains un enfant nu avec lequel il semble jouer.

Une autre belle bague d'or, d'origine romaine, fut aussi trouvée dans une sépulture franque, de la même région, dans l'église de la Cambe (Calvados), ancienne collection Villers, de Bayeux).

L'examen de ces objets (sauf toutefois de la bague un peu forte pour un doigt de femme et un peu massive, comme monture d'or), tout l'ensemble nous paraît devoir être attribué à une femme; l'absence d'armes confirme d'ailleurs cette hypothèse. Quant à dater ces bijoux, la forme de la boucle semble indiquer le ve siècle, car on trouve encore sur la plaque des indications décoratives de cette période de transition; la fibule digitée ne nous semble pas non plus antérieure au vi^e siècle.

---

(1) Nous avons figuré sur la planche qui accompagne cette Notice une petite boucle ovale en or, ornée d'un grenat; elle est composée d'une boucle avec une sorte de plaque ornée du grenat; elle figure au Musée de Caen, dans la provenance de Fontenay-le-Marmion (Calvados); elle provient de sépultures mérovingiennes très incomplètement fouillées. C'est le seul bijou d'or mérovingien que nous puissions ajouter au trésor de Valmeray.

SCIENCES MÉDICALES.

M. le Dr Maurice FAURE,

La Malou (Hérault).

CLASSIFICATION DES CONTRACTURES.

22 *Mars.*

6:6.854.4

La question des contractures est, actuellement, l'une des plus ardues
de toute la pathologie nerveuse. Cela tient, tout d'abord, à la variabilité
des formes cliniques de la contracture. Sous ce nom unique, l'on range
des symptômes analogues, mais non semblables, et quelquefois même
nettement différents. Cela tient encore à ce que l'expérimentation physiologique, effectuée sur diverses espèces animales, a ajouté aux faits cliniques et anatomo-pathologiques, déjà très nombreux (car la contracture est un symptôme fréquent), un nombre, plus grand encore peut-être,
de faits expérimentaux. Or, ceux-ci, pour des raisons que nous compren-
drons plus loin, au lieu d'éclaircir la pathogénie des contractures humaines,
l'ont souvent obscurcie. Cela tient enfin à ce que, bien que nous n'ayons
point encore une connaissance complète de la structure du système ner-
véux central, nous croyons souvent pouvoir faire comme si nous l'avions,
et expliquer les faits cliniques au moyen d'un système anatomique
nécessairement hypothétique, et, par suite, discutable, discuté, et généralement reconnu faux.

Il est possible, cependant, d'établir, dans l'ensemble des cas où il
existe de la contracture, des classifications utiles aux points de vue dia-
gnostique, pronostique, et thérapeutique. Mais, pour cela, il faut prendre
comme point de départ la clinique, et ne pas refuser ou suspecter ses
enseignements, alors même qu'ils ne se concilieraient point avec les faits
expérimentaux, ou que l'état de nos théories touchant les fonctions du
névraxe, ne permettrait point de les expliquer.

C'est ainsi que l'on tend à confondre, au point de vue de leur mécanisme physiologique et de leur pathogénie, le tonus musculaire, l'exagération des réflexes, la contracture, et la rétraction. Or, dans la Clinique,
il faut les séparer. Il est possible que, physiologiquement, l'exagération
du tonus musculaire soit le synonyme de la contracture. Il n'est pas
impossible que l'exagération des réflexes ait le même mécanisme que

la contracture. Cliniquement, d'ailleurs, il semble bien que l'exagération des réflexes et celle du tonus musculaire soient des stades prémonitoires de la contracture, et que la rétraction musculaire en soit un aboutissant. Mais, en pratique, il faut réserver ce nom de « contracture » à la contraction permanente des muscles, admettre que l'exagération des réflexes, et même celle du tonus musculaire, peuvent exister sans contracture, et ne pas confondre celle-ci avec la rétraction.

Ceci posé, l'on peut observer des contractures passagères, ayant souvent la valeur d'un fait expérimental, très propres à nous renseigner sur la pathogénie des contractures permanentes, mais qu'il faut encore différencier de ces dernières, au point de vue clinique, en raison des dissemblances diagnostiques, pronostiques, et thérapeutiques qui existent entre elles. Finalement donc, la grosse part du chapitre des *Contractures*, celle qui domine dans la pratique, peut être ainsi définie : *l'impotence motrice, complète ou incomplète, accompagnée de contractions musculaires permanentes et d'intensité variable.*

La définition des paralysies spasmodiques doit être nécessairement plus étendues que celle des contractures. Si l'on peut, en effet, admettre schématiquement, qu'une paralysie spasmodique (à la condition que rien ne vienne arrêter son évolution durant un certain nombre d'années) comprend : un premier stade caractérisé par l'exagération des réflexes et du tonus musculaire, avec un degré de paralysie très variable suivant les cas; un second stade de contracture, avec trépidation épileptoïde et impotence motrice bien nette; un troisième stade ultime ou dominent la paralysie, l'immobilité, et la rétraction; — il faut bien se garder de rechercher, dans la pratique, la réalisation successive de ces tableaux cliniques. Il faut faire le diagnostic, établir le pronostic et la thérapeutique avec quelques-uns seulement des éléments symptomatiques que nous venons d'énumérer. Et cet exposé a, d'ailleurs, précisément pour objet, de déterminer quels sont les éléments symptomatiques composant les espèces cliniques les plus fréquentes, celles qui doivent servir de base au médecin, désireux d'améliorer ses malades plutôt que de discourir sur la théorie des contractures.

Nous dirons donc que l'on entend par paralysie spasmodique, *l'impotence motrice, partielle ou totale, légère ou complète, accompagnée d'exagération des réflexes et du tonus, et souvent d'un degré variable de contractures, de trépidations épileptoïdes, et de rétractions.*

On peut diviser les paralysies spasmodiques en deux catégories.

Paralysies spasmodiques pures. — Dans la première, l'état spasmodique survient insidieusement, mais d'emblée, les membres sont lourds, difficiles à soulever, les mouvements sont ralentis : c'est la course qui devient, la première, impossible. Alors que l'ataxique exagère la rapidité de son pas pour maintenir un équilibre compromis, le spasmodique ralentit le sien et éprouve d'autant plus de peine qu'il se hâte davantage. Les réflexes sont exagérés. Il y a de la trépidation épileptoïde. Peu à peu, les symptômes augmentent. Les membres se raidissent en extension et, au degré le plus accentué, deviennent complètement immobiles. Le plus souvent, les choses ne vont point jusque-là, et le malade continue à se mouvoir, mais très péniblement, avec de grands efforts et beaucoup de fatigue. Les muscles conservent, d'ailleurs, leur volume, et probablement (au moins en partie) leur force : mais celle-ci est difficile à mettre en évidence, en raison de la contraction des antagonistes. Il semble que si l'on pouvait, momentanément, faire disparaître la contraction d'un groupe musculaire, le groupe antagoniste agirait aussitôt; mais, comme la contraction est plus ou moins généralisée, tous les muscles sont immobilisés par une résistance presque invincible : de là, l'apparence de paralysie. Au reste, cette catégorie de contracture, qui réalise vraiment la paralysie-spasmodique-type, a une propriété sur laquelle j'ai, plusieurs fois, attiré l'attention, et qui peut servir à démontrer mathématiquement l'exactitude de cette hypothèse.

J'ai montré, en effet, que si l'on mobilise méthodiquement les membres atteints de cette forme de paralysie, on doit, tout d'abord, dépenser une force considérable. A la suite de la séance de mobilisation (à la condition, bien entendu, qu'elle soit faite prudemment et convenablement), le malade sent ses mouvements plus libres pendant quelques instants, puis, l'état précédent de contracture réapparaît. Si l'on réitère cette mobilisation de jour en jour, en insistant de plus en plus, on constate que l'on dépense de moins en moins de force pour aboutir au résultat. Parallèlement, la facilité de mouvement que le malade accuse à la suite de la séance, s'accroît de plus en plus : elle durait, tout d'abord, quelques instants, elle dure ensuite quelques heures. Enfin, après plusieurs semaines, plusieurs mois, ou plusieurs années d'efforts, pendant lesquels les progrès semblent parfois incertains, irréguliers, on est surpris d'arriver un jour, à un point tel que la mobilisation se fait sans nulle peine, que les résultats se maintiennent d'une séance à l'autre, et que les mouvements volontaires sont tous redevenus possibles, et parfois même faciles. Il y a donc parallélisme entre la spasmodicité et la gêne du mouvement : en abolissant progressivement l'une, on fait disparaître proportionnellement l'autre. A ce moment, la guérison complète peut être espérée, et j'ai cité des cas dans lesquels la restauration intégrale des fonctions motrices avait pu être réalisée, alors que tout, au contraire, avait primitivement fait supposer l'existence d'une infirmité incurable. Toutefois, la disparition plus ou moins complète de la spasmodicité et de la gêne qui en résulte pour la motricité, ne suffit pas à cette restauration. Il est encore nécessaire de réapprendre aux malades le mécanisme des mouvements qu'une longue impotence leur avait fait oublier. C'est une véritable reéducation motrice qu'il faut faire alors, plus facile, plus rapide que celle d'un ataxique, mais généralement aussi moins complète, moins parfaite. Il est très rare, en effet, que la paralysie spasmodique disparaisse à tel point que le malade puisse faire une reéducation intégrale. Au contraire, il n'est pas rare que l'ataxie disparaisse si complètement, qu'après une reéducation bien faite, il devient tout à fait impossible de distinguer les mouvements du sujet de ceux d'un sujet normal.

Mais, s'il ne faut point oublier le réapprentissage des mouvements aux spasmodiques convenablement assouplis, il ne faut pas cependant confondre leur traitement avec la reéducation pure et simple. C'est ce qu'ont fait les rares auteurs qui se sont occupés de la question. La reéducation ne peut donner de résultats intéressants chez de pareils malades, puisque chez eux, le mouvement volontaire est empêché par la contracture et que, par conséquent, la possibilité même de la reéducation est souvent abolie. C'est, du reste, ce qu'avait signalé Frenkel, il y a déjà longtemps, en écrivant que sa méthode de gymnastique compensatoire de l'ataxie (qui était une pure reéducaion) n'était pas applicable aux paralytiques spasmodiques, chez lesquels il l'avait essayée. Il faut donc se garder aussi de désigner les procédés thérapeutiques que nous indiquons, sous le nom de « méthode de Frenkel », dont ils diffèrent à la fois par l'intention, la technique, et le résultat.

C'est principalement aux paraplégies spasmodiques, si fréquentes dans la clinique contemporaine, que s'applique ce que nous venons de dire : c'est elles que nous avons prises pour type de notre description et de notre thérapeutique. Il va sans dire que ce traitement purement symptomatique n'entraîne aucune modification au traitement pathogénique, toutes les fois que celui-ci peut être institué. Il s'ajoute simplement à lui et entraîne une rapide amélioration du pronostic. Et même dans les cas, nombreux d'ailleurs, où le traitement pathogénique ne donne pas de résultat, ce traitement symptomatique réussit encore, à la condition cependant que la paralysie ne soit pas causée par une lésion à évolution progressive et fatale, ainsi que cela arrive, du reste, rarement.

Paralysies mixtes ou contracture paralytique. — Dans la seconde catégorie, nous rangerons d'autres paralysies spasmodiques, aussi nombreuses, aussi fréquentes que les précédentes, mais bien distinctes par leur physionomie clinique et les conditions de leur apparition. Elles sont essentiellement formées par les contractures qui surviennent à la suite des paralysies, alors même que celles-ci avaient paru, tout d'abord, être du type flasque. Il semble que, dans ces cas, l'état spasmodique soit secondaire à la paralysie, alors que, dans les cas précédents, il était, au contraire, primitif, et que l'état paralytique (ou pseudo-paralytique) semblait résulter seulement de l'intensité de la contracture.

Ce n'est, d'ailleurs, pas seulement par son mode d'apparition que cette seconde catégorie de paralysies spasmodiques se différencie de la première. Elle en diffère aussi par son siège. Ce ne sont plus tous les muscles d'un membre qui sont uniformément contracturés, ou plutôt si, parfois, ils le sont tous, ils sont atteints d'une manière très variable. La contracture prédomine très nettement dans certains d'entre eux qui sont, généralement, les muscles de la flexion. Parfois, il semble qu'il existe un véri-

table antagonisme entre la paralysie et la contracture, cette dernière
prédominant dans les muscles les moins paralysés, et réciproquement.
Parfois encore, ce sont les muscles qui sont naturellement les plus
robustes qui paraissent atteints de la contracture la plus forte. Il en
résulte qu'au lieu d'une attitude uniforme, nous observons ici des attitudes variées. Tel malade a les membres inférieurs dans un si haut degré
de flexion, que les talons sont appliqués sur les fesses et les genoux sur
la poitrine. Tel autre (et c'est le cas chez bien des hémiplégiques) a les
doigts de la main appliqués sur la paume avec une telle force que les
ongles le blessent, alors que, cependant, le membre supérieur est en
extension. Ce sont ces contractures irrégulières qui, par leur permanence
et leur longue durée, finissent par amener les attitudes vicieuses et des
rétractions invincibles, contre lesquelles il faut faire appel aux sections
tendineuses et au redressement forcé. C'est le cas des malades longtemps
immobilisés dans leur lit par une paralysie complète des membres inférieurs, et chez lesquels le raccourcissement des muscles du mollet ne
permet plus la marche plantaire.

Cette catégorie de contractures, qui coïncide avec de véritables paralysies, coïncide aussi avec des atrophies musculaires; et ce sont naturellement les muscles les moins paralysés et les moins atrophiés qui sont
les plus contracturés. En raison de la complexité de cet état symptomatique, les réflexes sont, naturellement, variés, et la trépidation épileptoïde peut être absente.

Là encore, la mobilisation méthodique peut rendre des services, mais
ses résultats sont loin d'avoir le caractère de régularité et de quasi-
certitude que nous leur avons reconnu dans la catégorie précédente. Il
faut distinguer les cas dans lesquels la mobilisation a été précoce et ceux
où elle a été tardive. Si l'on commence à mobiliser, alors que la paralysie
est encore à peu près flasque, alors que la contracture est facile à vaincre,
alors que les attitudes vicieuses et la rétraction n'existent pas, l'on peut
retarder presque infiniment l'apparition de ces complications ou les
réduire à peu de chose. Si l'on intervient lorsque la contracture, et même
la rétraction, sont installées, on peut encore obtenir des résultats importants. Mais, dans les deux cas, il ne faut pas compter exclusivement sur
la mobilisation : il faut encore lutter contre la paralysie et l'atrophie
par le moyen du massage et de l'électricité, faradique ou galvanique,
suivant les cas; il faut encore agir sur l'état g néral du malade qui est
presque toujours altéré. Ce n'est que par la réunion de ces moyens thérapeutiques que l'on pourra espérer un résultat vraiment important,
que la mobilisation seule ne pourrait jamais donner. Mais, même en agissant ainsi, l'on ne peut aboutir qu'à des résultats incomplets et peu stables,
car les contractures ont toujours, dans les cas de ce genre, une tendance
à la récidive. Nous sommes donc loin des succès vraiment brillants que les
contractures de la catégorie précédente nous ont permis d'observer. Et
ce n'est qu'en comparant ce que nous pouvons obtenir par le traitement,

à l'état du malade abandonné à lui-même, que nous devons nous montrer satisfaits. Car il est hors de doute que, pour insuffisant qu'il soit, le succès partiel que nous pouvons rechercher et obtenir, donne encore à ces malheureux infirmes des avantages très importants et très appréciés, puisqu'ils leur permettent de reprendre une vie plus ou moins active.

Enfin, il reste toujours acquis que ce traitement symptomatique, ici comme dans la catégorie précédente, n'enlève rien aux droits de la médication pathogénique, dont il n'est que l'auxiliaire, et à laquelle il ne supplée que lorsqu'elle est impuissante.

Cette classification est passible de deux objections :

1º *Elle ne comprend pas tous les cas d'impotence motrice par contraction musculaire permanente*, par exemple les cas de contractures réflexes occasionnées par une blessure, une arthrite, une lésion périphérique quelconque. Mais l'on voit qu'ici la contracture n'est qu'un épiphénomène (quelquefois, d'ailleurs, beaucoup plus apparent que sa cause), et qu'il faut apprendre à établir un diagnostic différentiel entre les cas de ce genre et les paralysies spasmodiques vraies. Au surplus, nous n'avons point voulu étudier ici toutes les formes de contractures, mais seulement isoler les deux types les plus fréquents de paralysies spasmodiques vraies, ceux qui représentent la très grande majorité des contractures que l'on voit en clinique.

2º *Ces deux types, tels que nous les présentons, sont reliés par des cas intermédiaires, ou se mélangent chez un même sujet, de telle sorte que la division que nous établissons est schématique.* — En effet, mais cela est le propre de toute classification, dans le domaine des sciences naturelles. Pourvu qu'elles conviennent au plus grand nombre des faits, et qu'elles les rendent plus facilement reconnaissables et classables, elles sont suffisantes, et l'on sait d'avance qu'il existera des faits intermédiaires, des associations, etc. En fait, dans la majorité des cas, on classera sans peine les espèces cliniques dans l'une des deux catégories que nous avons indiquées, et il sera presque aussi aisé, en face d'un cas intermédiaire, de déterminer les éléments de l'une et de l'autre catégories qui s'y associent, et d'aboutir à un pronostic et à un traitement mixte.

MM. Léon BERNARD, Robert DEBRÉ et BARON,

Paris.

RECHERCHES SUR LA BACILLÉMIE CHEZ LES TUBERCULEUX.

616.995.022

22 *Mars*.

Il règne à l'heure actuelle une véritable incertitude sur cette question, si souvent étudiée, de la bacillémie au cours de la tuberculose.

Des travaux faits jusqu'à ces dernières années il résulte : que l'on peut déceler le bacille tuberculeux dans le sang circulant chez l'homme, que la présence de ce germe dans le sang est difficile à mettre en évidence, que pour y réussir, il faut étudier de grandes quantités de sang et employer une série d'artifices et de méthodes imaginés par différents auteurs (Jousset, Loeper et Louste, Bezançon et Philibert, Nattan-Larrier et Bergeron, Lesieur, etc.).

Malgré les procédés les plus ingénieux, on a dû conclure à la rareté de la bacillémie dans les différentes formes de tuberculose : même au cours de la granulie, les résultats des chercheurs les plus consciencieux sont loin d'être toujours positifs et dans les autres formes de tuberculose, les résultats positifs sont en nombre infime à côté des résultats négatifs publiés et inédits.

Nous avons pensé qu'il y avait lieu de reprendre une fois de plus cette étude en tenant compte de certains perfectionnements de technique appliqués à la recherche du bacille de Koch dans d'autres milieux et de poursuivre systématiquement cette recherche dans un très grand nombre de cas, afin de pouvoir donner à notre conclusion une certaine portée.

Notre tentative nous paraît d'autant plus justifiée que depuis quelques années un grand nombre d'auteurs étrangers — notamment en Allemagne — ont apporté des conclusions tout à fait opposées à celles que nous venons de rappeler. S'il faut en croire ces auteurs : 1º la constatation du bacille tuberculeux dans le sang circulant est aisée, pour peu que l'on poursuive avec quelque patience la recherche du microbe, et 2º la présence du bacille dans le sang est un fait habituel chez les tuberculeux pulmonaires aux différents stades de la maladie.

Les auteurs étrangers ont surtout décelé le bacille tuberculeux par la recherche directe sur lames colorées; un petit nombre d'entre eux ont contrôlé leurs examens par l'inoculation au cobaye. Nous reviendrons plus loin sur les techniques qu'ils ont employées.

Les recherches de Liebermeister, Rosenberger, Schnitter, Jessen et Rabinowitsch, Susuki et Takaki, Kurashige sont impressionnantes par la concordance de leurs résultats. Aussi semble-t-on accepter comme démontré en Allemagne que la bacillémie est un phénomène durable et banal chez les tuberculeux et les prétuberculeux.

La bacillémie habituelle des tuberculeux est invoquée pour expliquer la tuberculose traumatique, l'hérédo-tuberculose. La bacillémie des « prétuberculeux » est considérée comme pouvant fournir un élément de diagnostic utile par la recherche directe du bacille dans le sang.

Nos recherches personnelles sont en opposition absolue avec celles de ces différents auteurs.

Voici comment nous avons procédé pour essayer de mettre en évidence la présence du bacille dans le sang des tuberculeux. Nous avons négligé les méthodes de culture et nous nous sommes servis exclusivement de l'examen direct et de l'inoculation.

Pour l'examen direct, nous avons d'abord recueilli le sang dans une solution d'eau citratée ou dans des tubes paraffinés, le sang non coagulé était traité par une solution d'acide acétique à 3 %, puis centrifugé, et le culot de centrifugation étalé sur lames et coloré. Après différents essais, nous nous sommes arrêtés à la technique suivante dont nous avons pu vérifier la valeur.

Nous recueillons 10 cm³ de sang par ponction intraveineuse dans un tube stérilisé contenant 20 cm³ d'alcool à 30°. La coagulation du sang est empêchée. Le laquage des globules rouges commence aussitôt. Nous obtenons un laquage complet par l'addition progressive de 30 cmc. environ d'alcool à 40°. Puis nous agitons énergiquement le mélange ainsi obtenu.

Nous centrifugeons ce liquide à grande vitesse une demi-heure environ.

Nous décantons la partie liquide qui surmonte le culot de centrifugation.

Celui-ci est alors redissout dans 40 cm³ d'alcool à 40°, (il faut agiter énergiquement ce mélange) puis nous ajoutons une ou deux gouttes de lessive de soude en solution alcoolique au $\frac{1}{10}$. Le liquide ainsi obtenu est clair et peu visqueux (à condition de ne pas ajouter un excès de soude et de pratiquer cette dernière manœuvre en chauffant légèrement la capsule). Le culot minime obtenu par centrifugation est étalé sur deux ou trois lames et coloré suivant la méthode de Ziehl (fuschine phéniquée pendant 15 minutes à la température d'évaporation; décoloration à l'acide nitrique au $\frac{1}{3}$, 5 minutes; décoloration à l'alçool acétone, 3 minutes; coloration du fond au bleu de méthylène).

Cette méthode nous parait présenter les avantages suivants :

1° Sa *simplicité* exclut, d'une part, un grand nombre de manipulations, et d'autre part, *l'emploi de substances susceptibles de contenir des bacilles acido-résistants*, puisque nous nous servons exclusivement d'alcool plus ou moins dilué et de deux gouttes d'une solution alcoolique de soude. Au reste, c'est par simplifications successives que nous sommes arrivés à employer la méthode ci-dessus décrite, car au début de nos recherches nous avons utilisé l'eau acétique, une solution d'eau citratée, ou d'eau oxalatée. Nous n'avons employé l'antiformine que dans des recherches de contrôle, auxquelles nous ferons allusion plus loin;

2° Le laquage et l'homogénéisation parfaite que nous obtenons nous permettent d'examiner une *quantité relativement grande de sang* (8 à

10 cm³), supérieure notamment aux quantités de sang qu'ont examinées
la plupart des auteurs;

3° Nous devions nous préoccuper de la *densité* des mélanges que nous
centrifugions. L'importance de ce facteur a été mise en évidence par
MM. Bezançon et Philibert, qui nous ont fait connaître les études de Dilg
et Nebel, confirmées et complétées par leurs propres recherches.

Le bacille tuberculeux a, d'après ces auteurs, une densité qui oscille
entre 1010 à 1080. Nous avons mesuré au picnomètre la densité du sang
mélangé à différentes solutions alcooliques, et pu constater que tous nos
mélanges avaient une densité inférieure à 950. Dans ces conditions, la
centrifugation doit permettre de recueillir dans le culot les bacilles, s'il en
est dans le liquide;

4° Mais toutes les méthodes d'homogénéisation par les alcalins (antiformine, soude, etc.) ont un inconvénient, c'est de rendre *visqueux* les
liquides traités. Or, il se pourrait que la viscosité excessive d'un liquide
modifiât les lois de la centrifugation. Pour nous mettre à l'abri de cet
inconvénient possible, nous diminuons dans d'extrêmes proportions cette
viscosité de deux façons : 1° en employant une toute petite quantité de
lessive de soude; 2° en nous servant de solutions alcooliques et, au besoin,
en modifiant la réaction par l'adjonction (pour le reste inoffensive)
de une ou deux gouttes d'une solution d'acide acétique au $\frac{1}{10}$.

Pour l'*inoculation du sang* : 1° Nous avons voulu éviter la coagulation
du sang sans l'additionner de substances étrangères; pour cela nous
recueillons le sang dans des tubes paraffinés. La quantité de sang obtenue
(12 à 15 cm³) est centrifugée aussitôt, puis nous inoculons le plasma non
coagulé sous la peau de la cuisse d'un cobaye et les globules à un autre
cobaye. Si un coagulum se produit dans le plasma, nous faisons une
ouverture à la peau de l'abdomen au premier cobaye et nous pratiquons
une inclusion du coagulum;

2° Mais parfois la coagulation commence avant qu'on ait pu centri-
fuger, nous inoculons alors le caillot sous la peau d'un cobaye et le sérum
sous la peau d'un autre cobaye.

Dans certains cas, nous avons inoculé le sang total, aussitôt sorti de la
veine. Pour cela, nous ponctionnons la veine avec une seringue armée
d'une aiguille, nous retirons 20 cm³ et nous les inoculons par parts égales
à deux cobayes.

Nous avons pratiqué quarante et un examens de sujets tuberculeux.
Ceux-ci présentaient les lésions tuberculeuses les plus diverses, nous
avons surtout choisi des individus atteints d'une façon aiguë et grave :
la plupart de ces malades étaient en pleine poussée fébrile. Nous avons
fait les prises de sang aux différentes heures de la journée, notamment
à l'heure même du début de l'ascension thermique et de son acmé.
Nous avons également étudié des tuberculeux albuminuriques, des individus présentant plusieurs foyers tuberculeux, enfin des malades considérés cliniquement comme atteints de septicémie bacillaire.

Voici le diagnostic clinique résumé de nos 36 malades (41 examens) :

Broncho-pneumonie tuberculeuse à marche rapide (phtisie galopante)... 4
Phtisie chronique à la période cavitaire en poussée fébrile............ 4
Phtisie chronique à la 1re ou 2e période en poussée aiguë............ 10
Pneumonie caséeuse... 1
Granulie... 3
Méningite tuberculeuse... 7
Phtisie avec cavernes, endocardite, phlébite de l'axillaire et de la
    fémorale (septicémie tuberculeuse probable)................... 3
Tuberculose ulcéro-caséeuse de l'intestin....................... 1
Pleurésie tuberculeuse... 2
Broncho-pneumonie tuberculeuse avec endopéricardite, arthropathies,
    purpura (septicémie tuberculeuse probable)................... 4
Adénopathie tuberculeuse....................................... 1
Erythème noueux... 1

Sur ces 41 examens, 37 nous ont fourni un résultat négatif. Nous considérons comme négatifs les cas où l'examen prolongé des lames colorées (durant 3 heures environ) ne nous a pas permis de déceler des bacilles tuberculeux et où les cobayes inoculés n'ont présenté aucun signe clinique d'infection bacillaire et ont été trouvés indemnes à l'autopsie, pratiquée deux mois et demi à trois mois après l'expérience.

Dans quatre cas, nous avons obtenu des résultats positifs (1).

Nos cas positifs concernent un adulte mort de méningite tuberculeuse aiguë, deux sujets adultes morts de granulie et enfin un malade atteint de phtisie pulmonaire, avec ramollissement cavitaire du poumon, qui présentait en outre des signes d'infection tuberculeuse généralisée (phlébite de la veine fémorale et de la veine axillaire, insuffisance mitrale).

Nos expériences concordent avec les données d'ensemble qui résultent des travaux de la plupart des auteurs français : Bergeron, Lesieur, Rist, Nobécourt et Darré, pour citer quelques-uns de ceux qui ont fait sur ce sujet des recherches systématiques. En outre parmi les auteurs qui, depuis les récentes recherches allemandes, ont entrepris des études de contrôle sur cette question, nous avons relevé plusieurs travaux qui consignent des résultats absolument comparables aux nôtres.

Par contre, les résultats de nos recherches sont en contradiction absolue avec ceux des auteurs étrangers cités plus haut. Comment expliquer cette divergence ? Notre technique est certainement préférable à celle qu'emploient ces différents auteurs.

Elle nous paraît non seulement plus délicate, mais encore moins sujette à certaines causes d'erreur. Bon nombre d'auteurs négligent l'inoculation du cobaye; quels-uns emploient des méthodes de coloration infidèles, ou tout au moins fort délicates à interpréter, comme la méthode

---

(1) Nous avons communiqué l'observation résumée de ces quatre cas positifs à la *Société d'Études scientifiques sur la Tuberculose* (Séance de novembre 1912).

de Gabbet, ou d'autres qui ne nous paraissent pas encore avoir fait leurs preuves, comme la méthode de Much, de Gasis.

Pour certains auteurs, on a incriminé, comme cause d'erreur, la présence de bacilles acido-résistants dans l'eau de conduite qui servait au lavage des lames. Cette cause ne saurait être invoquée pour tous les travaux cités précédemment.

La plupart des auteurs allemands se servent pour l'étude du sang, comme pour celle des crachats, de l'antiformine, recommandée par Uhlenhut. Nous avons pensé que peut-être des acido-résistants pourraient végéter dans ce liquide, et, de fait, nous avons pu colorer, dans le dépôt formé au fond d'une bouteille d'antiformine, non pas des bâtonnets acido-résistants, mais des grains acido-résistants. Il est bon de rappeler à ce propos que maint auteur signale des « granulations » ou des « splitter » sur ses préparations.

Il n'en reste pas moins que certains auteurs semblent avoir pris des précautions attentives au cours des manipulations (lavages de la verrerie, etc.); ils assurent avoir vu des bâtonnets ayant tout à fait l'aspect du bacille de Koch et affirment avoir pratiqué des inoculations qui confirmèrent leurs résultats d'examen direct. Voulant contrôler les travaux publiés sur ce sujet, Rumpf, dont le mémoire vient de paraître, a pris grand soin — contrairement à nombre d'auteurs — de mettre à l'abri des causes d'erreur les cobayes inoculés, et d'exposer dans son travail, très longuement, la technique qu'il a suivie. Cet auteur a examiné 18 malades et n'a eu que 4 résultats positifs par l'examen direct en employant la méthode de coloration de Ziehl. Il ajoute, il est vrai, « qu'en employant une méthode de coloration améliorée » il a pu, dans une nouvelle série de 25 examens, déceler le bacille 25 fois. Ces 25 examens concernent 25 malades légers, et il s'y ajoute 6 cas de sujets guéris complètement, dans le sang desquels cette « méthode de coloration améliorée » permit de trouver 6 fois les bacilles. On inocula 35 cobayes avec le sang des malades où des bacilles avaient été vus, 3 seulement des animaux devinrent tuberculeux. Cette divergence entre les résultats des deux méthodes d'examen direct et d'inoculation impressionne Rumpf, qui conclut que les bacilles présents dans le sang ont dû perdre leur virulence. Une telle explication n'est guère satisfaisante.

Nous avons tenu à publier les résultats de nos recherches pour deux raisons : tout d'abord, pour faire connaître une méthode de recherche directe du bacille tuberculeux sur lames. Cette méthode, à la fois simple et suffisamment délicate, nous a rendu grand service en nous permettant de déceler dans le sang le bacille tuberculeux, non seulement chez trois granuliques, mais en outre dans un cas de septicémie tuberculeuse fort intéressant. Nous avons, par ailleurs, vérifié la valeur et l'intérêt de cette technique en étudiant le sang d'un grand nombre de cobayes mis en expérience. Ces animaux, infectés par voie veineuse à l'aide d'une émulsion de bacilles de Koch, ont présenté une septicémie tuberculeuse durable : c'est-à-dire que nous avons pu déceler le bacille tuberculeux dans le sang pendant un mois environ (jusqu'à la mort des animaux). Nous reviendrons plus tard sur ce point.

Nous voulions, d'autre part, opposer des résultats, jusqu'à présent absolument opposés, à de nombreux travaux riches en résultats positifs, sur la valeur desquels un doute s'élève dans notre esprit.

M. JUDET,

Ancien interne des Hôpitaux, Docteur ès Sciences, Paris.

TRAITEMENT DE LA LUXATION CONGÉNITALE DE LA HANCHE CHEZ L'ENFANT.

617.581.0016

26 Mars.

Cette malformation a été pendant longtemps, au-dessus des ressources de la Science; jusqu'en 1896, les chirurgiens ne disposaient que d'interventions sanglantes qui étaient graves (mortelles parfois) et qui, dans les cas heureux, étaient loin de donner une guérison complète.

La *méthode orthopédique non sanglante* a constitué un progrès immense, c'est une des plus belles acquisitions thérapeutiques de ces quinze dernières années. Pour réussir pleinement, elle demande à être appliquée à des enfants n'ayant pas dépassé 8 à 10 ans. L'âge de choix est de 2 à 4 ans.

Cette méthode consiste :

1° A remettre la tête fémorale dans la cavité cotyloïde (plus ou moins rudimentaire). Cette réduction est *toujours possible* depuis la naissance jusqu'à 4 ans et quelquefois beaucoup plus tard;

2° A immobiliser dans un plâtre pendant un laps de temps assez considérable (de 2 à 3 mois) dans une position telle que la tête fémorale reste en contact avec le cotyle. Cette position c'est la flexion-abduction à 90° de la cuisse par rapport au bassin. Au bout de deux mois environ, la réduction est devenu stable;

3° Un deuxième spica plâtré, immobilisant la cuisse dans une position de demi-abduction et de rotation interne, est nécessaire pour rendre la réduction définitive.

La durée totale du traitement par les appareils plâtrés est de quatre à cinq mois. La reéducation de la marche demande un temps à peu près égal.

Les résultats que l'on obtient, *à l'heure actuelle,* sont réellement satisfaisants.

Sur 200 cas traités depuis 1902, je note dans ma statistique que les échecs — qui atteignaient au début près de la moitié des cas — se sont de plus en plus raréfiés.

Depuis 1908, sur 60 cas traités, j'ai eu 55 *guérisons complètes*. Les cinq échecs se répartissent ainsi : quatre luxations *âgées de plus de 10 ans* se sont montrées irréductibles. Il m'a également été impossible malgré tous nos efforts, de réduire une luxation double de 5 ans.

Mais je ne crains pas d'affirmer que tout enfant atteint de luxation congénitale de la hanche simple ou double, est susceptible pendant une certaine période de sa vie, d'être guéri d'une manière complète.

M. CUÉNOD,

Tunis.

SUR LES AFFECTIONS OCULAIRES LES PLUS FRÉQUENTES EN TUNISIE ET SUR LE FONCTIONNEMENT DE LA CLINIQUE OPHTALMIQUE DE LA RUE ZARKOUN.

617.7 (611)

26 *Mars.*

Les affections oculaires sont extrêmement fréquentes en Tunisie. Il suffit pour s'en convaincre de parcourir, même rapidement, le pays ou simplement de circuler dans les rues de Tunis.

Les deux maladies les plus fréquentes sont la *Conjonctivite aiguë* et le *Trachome.*

La *conjonctivite aiguë, contagieuse*, revêt à Tunis, les caractères très nets d'une affection saisonnière épidémique. Toutes les années, dans la seconde partie de l'été, les cas de conjonctivite aiguë contagieuse vont en se multipliant pour atteindre leur *maximum de fréquence au milieu d'octobre.* A partir de ce moment la décroissance commence à se manifester et se poursuit assez régulièrement jusqu'au commencement de janvier. De février à juillet, l'affection persiste sous forme de cas généralement isolés, puis le cycle épidémique recommence.

Depuis 15 ans il s'est présenté à ma consultation de la rue Zarkoun plus de 12 000 *cas* de conjonctivite aiguë, représentant le quart environ du total global des malades soignés à ma clinique pendant cette période.

La conjonctivite aiguë contagieuse, dont l'agent microbien, le bacille de Weeks, est aujourd'hui bien connu, rentrait autrefois dans le groupe confus des ophtalmies externes. Les symptômes ne diffèrent guère en Tunisie de ce qu'ils sont partout ailleurs. A la période d'état la conjonctive bulbaire est injectée, rosée, prenant parfois une teinte violacée plus foncée au niveau des culs-de-sac; une sécrétion muco-purulente s'accumule à l'angle interne, un flocon filamenteux jaunâtre roule dans le cul-de-sac inférieur. Cet aspect est parfaitement classique et permet d'affirmer ici comme ailleurs la conjonctivite à bacille de Weeks presque à coup sûr, même sans bactérioscopie. Dans les cas graves où le pus est abondant, le microscope devient un auxiliaire précieux; et nous y avons souvent recours : la présence du bacille de Weeks et l'absence d'autres bactéries pathogènes permettent de mettre hors de cause le *gonocoque* et de porter immédiatement, malgré la gravité des symptômes, un pronostic favorable.

En Tunisie, l'affection coexiste très fréquemment avec le trachome et nous reviendrons tout à l'heure sur ce point.

Le traitement de la conjonctivite aiguë consiste essentiellement en lavages au sérum physiologique et en applications isolées ou alternées d'argyrol et de sulfate de zinc.

Sans être généralement une affection très sérieuse, la conjonctivite aiguë contagieuse mérite d'être combattue, surtout dans un pays où les affections oculaires peuvent revêtir une gravité particulière; elle est une cause fréquente de chômage chez les ouvriers et d'arrêt de travail chez les écoliers. Elle frappe toutes les classes de la population, tant indigène qu'européenne, touchant de préférence les enfants et n'épargnant nullement les adultes.

Les soins de prophylaxie et d'hygiène doivent donc tendre à éteindre les foyers locaux dès qu'ils apparaissent, à avertir les malades et leur entourage de la contagiosité du mal, à dépister les cas frustes, surtout dans les agglomérations d'enfants : écoles, kouttabs, asiles, etc., et à recommander sans cesse la propreté des mains.

Le *trachome ou ophtalmie granuleuse* doit être soigneusement distingué de la conjonctivite aiguë granuleuse.

La conjonctivite aiguë est généralement bénigne et de courte durée, le trachome est une affection chronique, très longue, engendrant les complications les plus graves du côté de la cornée et des paupières.

La conjonctivite aiguë est due à un microbe parfaitement connu, le bacille de Weeks, le trachome est une maladie dont nous ignorons encore l'agent causal. Toutes deux sont des maladies contagieuses.

La conjonctivite aiguë a en Tunisie des allures épidémiques saisonnières, le trachome y est endémique et jusqu'ici les statistiques ne semblent pas indiquer une influence saisonnière spéciale : leur principal point de contact dans ce pays est leur extrême fréquence et leur coexistence fréquente sur les mêmes yeux à certaines époques de l'année.

Plus encore que la conjonctivite aiguë, le trachome abonde en Tunisie. Par ses complications redoutables il est une source permanente de souffrances et de déchets sociaux, diminuant ou annulant l'aptitude au travail d'une foule d'individus dans les milieux indigènes et les milieux ouvriers surtout.

Pendant les quinze dernières années, il s'est présenté à ma consultation de la rue Zarkoun à Tunis, 25 000 *cas* de trachome, représentant à peu près la moitié des malades soignés à cette clinique pendant la même période. Cette proportion énorme donne à la pratique ophtalmologique dans ce pays une allure très spéciale qui ne manque pas de frapper les visiteurs.

A Tunis, comme partout où le trachome existe, ce sont surtout les *éléments pauvres* de la population qui sont le plus touchés. Les indigènes tant Musulmans qu'Israélites, constituent à peu près la moitié du contingent, l'autre moitié étant formée par les Siciliens et les Maltais. La proportion des Français est très faible; on constate, cependant, un certain nombre de cas chez nos nationaux, d'une part chez les personnes venues de la Corse, où la maladie est endémique, et d'autre part chez les enfants qui fréquentent les écoles mixtes de Tunis ou de l'intérieur. On note aussi des cas dans des familles qui ont eu des serviteurs siciliens ou indigènes.

Il nous paraît inutile d'insister sur la symptomatologie très connue du trachome. En revanche il n'est pas sans intérêt de rappeler ici les recherches expérimentales que nous avons faites, en collaboration avec les Drs Nicolle et Blaizot, à l'Institut Pasteur de Tunis. Ces recherches ont établi que le *singe magot* (Macacus inuus), *est l'animal réactif du trachome.*

Grâce à ce réactif, nous avons pu établir d'une manière indiscutable *la contagiosité* parfois encore controversée de la maladie et établir les points suivants : *Les larmes des malades sont infectantes par dépôt sur la conjonctive excoriée et même par simple contact avec la muqueuse indemne. L'agent invisible du trachome est un microbe filtrant* [1].

Nos recherches sont en cours et nous étudions actuellement les principales propriétés du virus invisible de la maladie.

Nous avons déjà signalé la coexistence du trachome avec la conjonctivite à bacilles de Weeks. Nous n'y reviendrons que pour rappeler que c'est en automne surtout, au moment où l'épidémie saisonnière de conjonctivite aiguë bat son plein, que cette coexistence qui constitue une sorte de *symbiose pathologique*, s'observe le plus souvent.

Nous ne dirons rien du traitement du Trachome, bien qu'à la clinique de la rue Zarkoun nous ayons institué des modifications importantes et qui nous paraissent efficaces, au traitement classique de cette maladie. Ceci a déjà fait l'objet de publications spéciales [2].

En dehors de la conjonctivite aiguë et du trachome, les affections oculaires les plus fréquentes en Tunisie sont celles qui relèvent de la *syphilis*. Cette maladie est extrêmement répandue chez les indigènes, et c'est à elle qu'est due l'immense majorité des cas d'iritis et de lésions des mem-

---

[1] *C. R. Acad. Sc.*, 16 juillet 1912.

[2] Congrès de la Société française d'Ophtalmologie, 1907. *Le Trachome en Tunisie* (*Tunisie médicale*, 1912).

branes profondes de l'œil. Elles forment à peu près le 10 % des affections
que nous avons à soigner à la Clinique de la rue Zarkoun.

Un pourcentage à peu près égal est formé par les affections que, faute
d'une meilleure classification, on peut appeler *eczémateuses ou scrofu-
leuses*, blépharites chroniques, conjonctivites et kératites phlycténu-
laires. Ces maladies essentiellement infantiles, chroniques chez l'enfance
et surtout chez l'enfance malheureuse, ne peuvent guérir que sous
l'influence d'une amélioration de l'état général que les parents sont
généralement hors d'état de procurer à leurs enfants, aussi font-elles
le désespoir des cliniciens spécialistes en tous pays. A l'inverse de la
conjonctivite aiguë, ces cas vont en se multipliant à mesure que la
température s'abaisse, soit en novembre, décembre et janvier.

A part les glaucomes, surtout les glaucomes secondaires qui sont
relativement fréquents en Tunisie, la plupart des autres affections
oculaires ne présentent rien de bien caractéristique à noter. Les cata-
ractes notamment s'y présentent avec leur fréquence et leurs caractères
habituels.

Un mot encore au sujet de *la Clinique ophtalmique de la rue Zarkoun*
que je dirige depuis 15 ans et où viennent aboutir, de tous les points de
la Régence, les malades atteints d'affections oculaires les plus diverses.

Cette clinique, que je me suis fait un plaisir de faire visiter à ceux
des congressistes que cela a pu intéresser, est une institution privée, qui
comprend une Clinique payante et une *Clinique Populaire gratuite*.
Cette dernière a pris, depuis quelques années, une grande extension,
mais ses locaux sont encore manifestement trop étroits.

La consultation a lieu le matin à partir de 8 h et se prolonge souvent
jusqu'à midi. Elle offre un spectacle assez pittoresque à cause de la multiplicité des nationalités et des costumes. Elle est fréquentée par une
moyenne de 400 malades par jour, ce qui donne par année un chiffre
d'environ 150 000 consultations.

Beaucoup de malades, qui viennent ainsi chaque jours, ont atteints
d'*affections chroniques*. Ce sont surtout d'anciens trachomateux inscrits
depuis longtemps et nécessitant des soins quotidiens prolongés. Ils
passent rapidement à la consultation du matin et s'en vont après avoir
reçu la goutte de collyre ou le pansement approprié.

Quant aux *malades nouveaux*, ils sont examinés plus longuement avec
leur diagnostic dans un registre. Lorsqu'il s'agit de malades atteints
d'une affection nécessitant soit un examen ophtalmoscopique ou bacté-
rioscopique, soit une intervention chirurgicale, ils sont retenus jusqu'à
la fin de la consultation et examinés et soignés à loisir. Quand une seule
application de collyre par jour est insuffisante, le malade revient l'après-
midi, la clinique étant constamment ouverte à ceux qui en ont besoin.

Dans les cas très graves (ophtalmie purulente, accidents), les malades
sont gardés à demeure à la clinique, un aide spécial est attaché à leur

service, ils en reçoivent jour et nuit à intervalles très rapprochés les soins que nécessite leur état.

La clinique comprend quatorze lits, dont *quatre entièrement gratuits* et *deux, à prix d'hôpital*, sont à peu près constamment occupés.

Le personnel comprend, outre le Directeur, un *médecin assistant*, le Dr Penel de Paris, trois aides (aide-interprète, aide chargé des instruments, aide-infirmier), et trois domestiques.

Les frais s'élèvent, *pour la Clinique Populaire seulement*, à plus de 10 000 fr par an, pour lesquels le Gouvernement accorde une subvention de 3ooo fr et la Direction de l'Enseignement une somme de 5oo fr.

Dans le courant de l'année 1912, plus de 5ooo *malades* nouveaux, ont été inscrits sur les registres.

Au point de vue de la nationalité, la proportion est la suivante :

	%
Arabes et Israélites indigènes	4o
Italiens	4o
Français	20

Le chiffre élevé des Italiens s'explique par la prédominence de cet élément dans la population pauvre de la ville.

Les indigènes sont en général très reconnaissants des soins qu'ils reçoivent et qu'ils montrent beaucoup d'empressement à venir chercher. Les femmes arabes elles-mêmes nous sont amenées et viennent se faire soigner en grand nombre.

Et c'est ainsi, que petit à petit, sous l'aiguillon de la souffrance, un coin de la civilisation, dans ce qu'elle a de bienfaisant, pénètre par elles au cœur même de la société indigène.

<hr>

M. LE Dr LEMANSKI,

Médecin consultant, Pougues.
Médecin titulaire de l'Hôpital civil français, Tunis.

<hr>

TRAITEMENT DES OREILLONS
PAR LES APPLICATIONS PERMANENTES DE GLACE SUR LES PAROTIDES.

616.317.2.o88

22 *Mars.*

Il y a cinq ou six ans, j'étais appelé auprès d'un adulte d'une trentaine d'années, atteint d'infection ourlienne, avec tuméfaction assez considérable des parotides et fièvre élevée. Le malade souffrait beaucoup et, de tempérament très nerveux, s'exaspérait d'être immobilisé « *pour*, disait-il, *une petite maladie d'enfant* ». Ses affaires le réclamaient impérieusement et il m'objurgait de le guérir rapidement, coûte que coûte. De lui-même, sur la foi des habitudes bien connues, il s'était entouré copieusement le cou d'ouate — *pour se tenir au chaud* — et de pommade camphrée, pour diminuer la douleur et la tension qui l'impatientaient.

J'eus l'idée de changer le traitement accoutumé et de le remplacer par des applications permanentes de glace sur les parotides. Je fus frappé du résultat inattendu : au cours des premières 24 heures, la douleur et la tension avaient complètement disparu. Au bout de 48 heures, la tuméfaction avait complète-- ment cédé, la fièvre également : le malade, enchanté, pouvait sortir et vaquer à ses occupations.

Cette issue heureuse m'encouragea à instituer le même traitement chez les enfants atteints d'oreillons. Je me heurtai, tout d'abord, à des préjugés enracinés et à des entêtements irraisonnés et intransigeants. On m'objectait les idées admises, les opinions médicales, l'avis de nombre de praticiens qui recommandaient la *chaleur* pour *éviter la régression trop brusque de la fluxion parotidienne*. Ce sont là des formules que le public s'assimile fort bien, auxquelles il reste fidèle et qu'il n'oublie pas facilement.

Grâce à une grande persévérance, j'obtins gain de cause et je suis parvenu à instituer le traitement.

Les résultats furent *excellents dans tous les cas*, je prescris deux petites vessies de glace, une sur chaque parotide, avec un double de flanelle légère entre la vessie et la peau, le tout maintenu par un simple mouchoir, formant bandeau.

En trois jours, au plus, la fluxion parotidienne a disparu. Je n'ai jamais observé de complications du côté de la bouche ou des oreilles. Les malades gardent la chambre, mais ne sont pas obligés de s'aliter.

J'ai déjà soigné près d'une centaine de malades de cette façon, sans noter quelque inconvénient que ce soit.

Dans une famille israélite de Tunis, tout récemment, je fus appelé pour une petite fille de 2 ans et demie, atteinte d'oreillons. J'eus quelque peine à faire accepter mon traitement : on me regardait avec ahurissement, avec quelque surprise pour le moins.

On se conforma, cependant, à ma prescription. Tout alla pour le mieux. Quatre ou cinq enfants, dans la même famille, furent également contagionnés : on se contenta de les soigner de la même façon, *sans même me faire appeler*. La durée moyenne de la poussée parotidienne fut de deux à trois jours, au lieu de six comme cela est la règle.

D'ailleurs, j'eus comme une confirmation de la rapidité d'évolution des parotidites ourliennes soignées par la glace, en comparant la marche de la même affection, dans une famille israélite, alliée de celle dont je parle, dans laquelle les enfants furent traités par les embrocations chaudes. Elle fut double en durée.

M. LEMANSKI.

DE L'OPOTHÉRAPIE SPLENO-HÉPATIQUE
DANS LE TRAITEMENT DU PALUDISME AIGU.

616.936.0836

22 Mars.

J'ai déjà signalé cette pratique thérapeutique assez longuement dans un article que j'ai publié dans le *Bulletin médical*. J'insiste sur cette méthode, qui, malgré ce qu'on en a dit, n'est pas encore très connue ni très répandue.

Au traitement, aujourd'hui classique depuis les travaux de Ziems, de Setti et les nôtres (communication personnelle à la Société de Thérapeutique) et diverses thèses faites par des internes de l'Hôpital civil français de Tunis, consistant dans l'emploi des injections, notamment de bichlorhydrate de quinine, il faut joindre systématiquement l'emploi de la pulpe fraîche de foie et de rate.

Voici la pratique à laquelle je me suis arrêté :

En plein accès fébrile, le malade reçoit une injection de 0,50 cg de *bichlorhydrate de quinine* dans chaque fesse. Le lendemain, la température est tombée à 36°,7 ou 36°,8. *On cesse la quinine*, et l'on pratique chaque jour des injections sous-cutanées d'arrhénal (0,05 g à 0,15 g *pro die*) ou d'hectine (0,10 ou 0,20 tous les deux jours).

Sachant que la quinine, merveilleux spécifique de l'élément fébrile paludéen, antiparasitaire énergique à l'égard de l'hématozoaire, est aussi un hémolysant, j'ai toujours pensé qu'il était indispensable d'en limiter et borner l'emploi à la stricte période fébrile. L'hématozoaire est un destructeur redoutable du globule sanguin; la quinine est l'ennemi des deux; il faut savoir combattre le premier et s'arrêter aussitôt après la victoire, de crainte de tout détruire, hématozoaire et globule.

L'arsenic, au contraire, sous l'excellente forme de l'arrhénal ou de l'hectine, est un merveilleux réparateur du sang et de l'économie tout entière. Il faut en user largement, dès que la fièvre est abattue par la quinine, *qui ne saurait être remplacée.*

Dans tous les cas, il faut instituer le traitement opothérapique dont l'action bienfaisante ne peut plus être contestée.

Le malade prend, chaque jour, 50 g de pulpe fraîche de rate et 50 g de pulpe fraîche de foie, coupées très finement, sans être hachées, et incorporées à de la confiture. Les malades, en général, acceptent la médication qu'ils supportent fort bien. La glande fraîche est supérieure aux préparations pharmaceutiques données sous forme d'extraits, de comprimés, etc. Il faudrait, cependant, y avoir recours, dans le cas de trop grande répugnance de la part des malades.

M. LEMANSKI.

TRAITEMENT DU PALUDISME
ET DE L'ANÉMIE DES PAYS CHAUDS A POUGUES.

616.936.087 (44.56).

22 Mars.

Les eaux de Pougues sont des alcalines (carbonatées calciques, surtout) froides, digestives, toniques et reconstituantes. Elles ont été préférées aux alcalines sodiques chaudes, accusées de provoquer la cachexie alcaline, qui, incontestablement, sont affaiblissantes dans une certaine mesure. A la débilitation et à la déchéance organique rapides dans le paludisme chronique, il faut opposer, après le traitement classique institué dans la période aiguë, la cure thermale reconstituante, la cure d'air et de repos, l'hydrothérapie.

Depuis longtemps, je recommandais à mes malades l'usage de l'eau de Pougues à domicile, et ils s'en trouvaient fort bien. Comme pour toutes les eaux minérales, la consommation au griffon, où *l'eau est biologiquement vivante*, est encore supérieure.

Le bicarbonate et le phosphate de chaux, l'acide carbonique, qu'on trouve dans les eaux nivernaises, associés à l'iode, au fer, à l'arsenic, sont un sûr garant de leur efficacité, et coopèrent à la reconstitution générale de l'économie si ébranlée dans la malaria. Ils aident au renforcement de l'organisme et lui permettent de lutter avantageusement contre les nouveaux assauts des micro-organismes.

Nous sommes donc autorisés à accorder la plus grande confiance à l'action générale tonique et reconstituante des eaux de Pougues.

Dans le paludisme, aigu ou chronique, dans l'anémie des pays chauds, Pougues sera la station de choix.

Elle est aussi recommandée dans les engorgements du foie et les hypertrophies de la rate : elle est diurétique et lave avantageusement le rein. Les néphrites sont fréquentes chez les vieux paludéens.

Les malades, à Pougues, bénéficieront de cette action si réputée et si bienfaisante des eaux de la station sur tous les viscères qui sont au-dessous du diaphragme. Action décongestionnante sur les nombreux systèmes portes qui règlent la circulation comme la défense organique

contre tout les poisons d'origine intestinale. De leur équilibre parfait
dépend le bon fonctionnement du foie, de la rate et du rein; c'est pour
le premier l'efficacité assurée de son rôle bactéricide et antitoxique, pour
la seconde la destruction bien établie des cellules encombrant l'organisme; pour la troisième, enfin, la dépuration urinaire respectée.

Par son climat, sa cure d'air, sa cure de repos, et par le traitement
hydrothérapique, qui sont les précieux auxiliaires au traitement
hydro-minéral proprement dit, Pougues peut justement prétendre à
relever les forces et la volonté des déprimés, des arthritiques, l'émotivité
des neurasthéniques; elle modifie avantageusement toutes les anémies
et rapidement les convalescents de toutes maladies infectieuses. L'appétit, le sommeil sont rapidement reconquis.

La composition des eaux expliquent suffisamment cette action *tonique*
et *reconstituante* prédominante.

L'air, le repos, l'hydrothérapie sont aussi les médications adjuvantes
les plus précieuses dans tous les cas de paludisme chronique ou d'anémie
des pays chauds, avec lesquels l'organisme entier est si ébranlé et a
besoin d'un traitement réparateur si énergique.

En résumé, on peut dire que les eaux de Pougues arrivent toujours
et infailliblement à :

a. Activer les échanges de la nutrition générale;

b. Augmenter considérablement l'appétit;

c. Réveiller et ramener à la normale la motricité gastrique ou intestinale;

d. Diminuer l'excitation, l'irritabilité nerveuse, ramener le sommeil;

e. Reconstituer la composition humorale, notamment régénérer le sang et
recalcifier l'organisme;

f. Décongestionner tous les viscères abdominaux et leur rendre un fonctionnement normal (foie, pancréas, rein, rate, vessie, utérus, etc.);

g. Agir nettement sur la reconstitution des glandes endocrines.

Tous résultats qui sont très précieux dans le paludisme chronique et
l'anémie des pays chauds.

M. LEMANSKI.

SUR L'EMPLOI DU SÉRUM ANTISTREPTOCOCCIQUE.

615.37.05

22 *Mars.*

Il y a 10 ou 12 ans, dans deux ou trois cas d'érysipèle de la face,
j'avais obtenu les meilleurs résultats de l'emploi du sérum de Marmorek.

La guérison de l'infection avait été très rapide. Des rechutes et des poussées nouvelles avaient été arrêtées et jugulées avec le même succès. J'avais été aussi heureux chez plusieurs malades atteints d'eczéma ancien et, en particulier, chez un garçon charcutier et un homme âgé, habitant Sousse, souffrant depuis cinq ans d'eczéma des bourses et de la verge, qui torturait son existence et le faisait penser au suicide. J'avais publié ces faits dans le *Bulletin de l'Hôpital civil français* vers 1901.

Brusquement, le sérum de Marmorek disparut du commerce et je dus cesser de l'employer; je ne poursuivis pas mes essais à ce sujet. Cette situation dura un certain temps. Depuis quelques années, l'Institut Pasteur, de Tunis, nous livre un sérum antistreptococcique, dont je n'ai eu qu'à me louer.

A plusieurs reprises, avec des résultats excellents, je l'ai employé dans des cas très nets d'infection puerpérale.

Voici quelques observations résumées :

Mme P..., Tunis, accouchement très long et très pénible : version, forceps, tête dernière. 24 heures après la délivrance, grand frisson; 40°,6. Deux injections de 10 cm³ chaque, de sérum antistreptococcique. En 24 heures, la température retombe à la normale.

Le lendemain, deux nouvelles injections; la température se maintient aux environs de 37°.

3 ou 4 jours après, nouvelle poussée fébrile avec frisson violent; même traitement, même résultat. Guérison définitive.

Mme N..., Tunis, accouchement gémellaire pratiqué par une sage-femme. Délivrance artificielle. Le lendemain, grand frisson, température dépassant 40°. Deux injections aussitôt. En 24 heures, la température redevient normale. 4 ou 5 jours après, nouvelles poussées fébriles, frissons, ballonnement du ventre. Deux nouvelles injections. Tout rentre dans l'ordre. Guérison définitive.

Dans mon service de l'Hôpital civil français, mon interne M. Chaurand, a recueilli avec le plus grand soin plusieurs observations qui ont trait à deux malades l'un présentant tous les symptômes d'une collection purulente du petit bassin, l'autre atteinte de grippe infectieuse.

Voici ces observations avec leurs feuilles de température.

Entrée à l'isolement de la Maternité, le 25 décembre 1912, pour de la température survenue à l'occasion de ses règles.

Pas d'antécédents héréditaires à noter.

Mariée; puis veuve, a accouché il y a 2 mois.

Accouchement pénible; fit un peu d'infection à la suite; persistance de lochies fétides, puis métrite; douleurs dans le bas-ventre.

A l'occasion de ses règles, les douleurs sont revenues plus violentes, en même temps que la température s'élevait.

Le toucher permet de sentir dans le Douglas, l'ovaire gauche prolabé, un peu gros et douloureux; les culs-de-sac sont empâtés. L'abdomen n'est pas ballonné.

Matité hépatique normale.

Quelques vomissements.

θ = 38°,6. Immobilité; glace sur le ventre.

1er *janvier* : La température a baissé régulièrement, les douleurs ont presque totalement disparu.

4 *janvier* : Sans douleurs, avec seulement quelques vomissements et maux de tête; la température est montée ce matin à 39°.

Quinine, 1 g.

5 *janvier* : θ = 40°; prostration, rougeurs des pommettes, fuliginosités sur les gencives et les dents; langue sèche et râpeuse.

Cœur un peu mou.

Congestion pulmonaire bilatérale discrète; pas de météorisme, vomissements. État semi-comateux, délire tranquille. Le toucher ne montre rien d'anormal.

Deux injections d'électrargol sont pratiquées, de 20 cc chacune; on passe la malade dans notre service.

8 *janvier* : État grave; θ = 40°,6; pouls filiforme semi-coma.

9, 10, 11 *janvier* : On fait 20 cc de sérum antistreptococcique.

12 *janvier* : La température est de 37°,6 ce matin; connaissance complète; la langue est desquammée, mais les fuliginosités ont disparu; le cœur, un peu mou pendant les premiers jours, est redevenu normal.

L'auscultation pulmonaire montre une diminution des phénomènes congestifs.

17 *janvier* : La malade est en pleine convalescence, θ = 36°,8 ce matin; l'abdomen est souple, légèrement douloureux; dans le Douglas, on sent toujours l'ovaire.

Rien d'anormal; la malade passe à nouveau en chirurgie.

C. S. — 37 ans (grippe).

Entrée le 15 janvier 1913, dans le service pour une pyrexie datant du 13 décembre.

Antécédents héréditaires : Rien à signaler. Une sœur bacillaire; actuellement en traitement.

Antécédents personnels : Mariée depuis 15 ans; a contracté depuis 14 ans le paludisme en Tunisie, aucune autre maladie aiguë.

Métrite post-partum, entérocolite muco-membraneuse, consécutive à de la constipation, la malade habite l'Aouina.

Le 3 décembre, son neveu, âgé de 7 ans, tombait malade dans sa maison; fièvre intense, grands frissons, toux et points de côté; la malade a été enrhumée elle a toussé; puis état subfébrile qui est allé en s'accentuant jusqu'au 4 janvier. A cette date θ = 39°,7; frissons avec sueurs, pas de délire, pas de prostration; congestion pulmonaire bilatérale avec prédominance nette au sommet droit.

La température a oscillé entre 38° et 40°,8 pendant quelques jours. La malade a reçu deux injections de quinine avant son entrée.

15 *janvier* : A l'entrée de la malade, θ = 40°,4; pas de prostration, pas d'état typhoïde, connaissance complète. La malade accuse seulement de la somnolence dans l'après-midi et de l'insomnie, malgré les calmants qu'elle a pris. On continue la quinine : 1 g en injection intra-fessière.

16 *janvier* : Chute brusque de la température à 37°,6.

L'examen de la malade montre :

Appareil respiratoire : Toux légère, plutôt sèche, survenant le matin; sans expectoration.

A la percussion : Submatité dans les deux fosses susépineuses; augmentation des vibrations.

A l'auscultation : Râles crépitants fins à la fin de l'inspiration et dans l'expiration aux deux sommets, plus prononcés à droite qu'à gauche.

Cœur rapide, sans arythmie, un peu mou; le foie et la rate ne paraissent pas hypertrophiés; langue très légèrement saburrale, nullement typhique; constipation légère.

Urines : Léger disque d'albumine, 0,25 g %; pas de sucre.

L'examen du système nerveux montre une lucidité à peu près complètement intacte, sauf pour la mémoire; absence de signes méningés.

Quelques arthralgies légères. Sueurs la nuit.

La malade prend, en plus de sa médication instestinale laxative, 0,90 g de pyramidon en 24 heures. Calmants pour la nuit.

20 *janvier* : La malade a passé une mauvaise nuit; frissons, agitation, un peu de délire. La température est de 40°,6, ce matin.

Injection de 1 g de quinine intramusculaire.

21 *janvier* : 0 = 40°; état stationnaire; la recherche de l'hématozoaire a été négative (16 janvier). Cette fois la malade avait déjà reçu 2,5 g de quinine intramusculaire; traces de sucre et d'albumine.

Persistance des signes pulmonaires.

23 *janvier* : La malade a ce matin 37°,6; on reprend le pyramidon, 0,90 g.

27 *janvier* : La malade a eu ce soir 40°. Recherche de l'hématozoaire négative (la malade n'a pas eu de quinine depuis le 21 janvier).

Séro diagnostic mélitensis négatif.

Séro diagnostic typhique négatif.

On commence des bains tièdes à 20°, 30° pendant 10 minutes, deux fois par jour.

Cessation des antithermiques.

4 *février* : La température qui avait baissé jusqu'au 31 janvier, date à laquelle elle était de 37°,8, a atteint aujourd'hui 40°,2 en remontant progressivement; les bains ont été continués.

Les signes pulmonaires sont les mêmes : râles fins à la fin de l'aspiration et au début de l'expiration, avec prédominance au sommet droit en arrière.

6-7 *février* : Sérum antistreptococcique, 20 cm³.

11 *février* : La température est descendue régulièrement sans exacerbation vespérale jusqu'à 37°,2; ce soir, 38°,6.

13 *février* : 0 = 39°,8; on fait encore 10 cm³ de sérum antistreptococcique.

16 *février* : 0 = 37° ce matin; grosse amélioration.

17 *février* : Menace de rechute; 38°,6; on fait encore 20 cm³ de sérum antistreptococcique.

18 *février* : 36°,9.

1er *mars* : Depuis le 18 février, la température n'a pas dépassé 37°,6 le soir; l'appétit est revenu avec une sensation de bien être très appréciable. Disparition des sueurs; la malade a été mise au régime de la suralimentation; l'albumine et le sucre ont complètement disparu, les signes pulmonaires ont régressé considérablement; submatité au poumon droit; quelques bruits secs après la toux.

On fait à la malade une série d'injections de 10 cm³ de sérum de Ringer

17 *mars* : La malade sort, se promène, est en un mot en pleine convalescence. Elle a augmenté de 5 kg. Son état général est satisfaisant.

Depuis quelque temps, on discuté sur la spécificité du bacille de Pfeiffer et l'on a publié des observations tendant à démontrer l'étiologie streptococcique des nombreuses complications au cours de l'influenza.

Il serait donc rationnel de se servir, comme nous l'avons fait, du sérum antistreptococcique.

J'ai voulu signaler ces cas intéressants, en souhaitant que d'autres observateurs puissent user de la même médication et signalent les résultats qu'ils auront obtenus.

M. POIRSON,

Médecin de Colonisation, Medjez-el-Bab.

SUR LA NATALITÉ, LA PATHOLOGIE ET LA MORTALITÉ DES INDIGÈNES DANS LE CAÏDAT DE MEDJEZ-EL-BAB (TUNISIE).

312-1-22 (611)

22 *Mars*.

Pendant l'année 1912, première année du fonctionnement de l'état civil des indigènes dans notre région, il y eut 851 naissances déclarées contre 450 décès, ceci pour une population de 350000 habitants environ. Les décès se répartissent de la façon suivante :

	Décès.	Moyenne °/₀
o à 10 ans	205	45,55
10 à 20 ans	28	6,22
20 à 30 ans	36	8
30 à 40 ans	42	9,33
40 à 50 ans	18	4
50 à 60 ans	27	6
+ 60 ans	94	20,88

Il y a lieu et il est grand temps de s'occuper de cette mortalité enfantine. Il faudrait créer des consultations de nourrissons dans les hôpitaux et dispensaires de l'intérieur, des écoles ménagères pratiques où l'on enseignerait, en particulier, les règles de l'alimentation du premier âge.

Pathologie indigène. — Voici les pourcentages des maladies les plus fréquemment traitées à l'hôpital de Medjez-el-Bab (moyenne des six dernières années).

	%
Syphilis.................................	11,9
Tuberculose chirurgicale..................	5
Tuberculose pulmonaire...................	10
Gastro-entéro-colite.....................	7
OEil et annexes.........................	8
Affections pulmonaires aiguës.............	5
Fièvres intermittentes...................	8
Affections cardiaques....................	5
Fièvre typhoïde..........................	1
Cancer..................................	1,1

Vœux. — Que la cause probable de la mort soit portée sur les registres de l'état civil; que ces registres soient ensuite soumis au médecin de colonisation qui traduira, s'il se peut, les mots vulgaires indigènes. -

Que l'attention du Gouvernement soit attirée sur la mortalité enfantine, sur le développement de la tuberculose.

M. Marcel NATIER,

Paris.

FAUSSES RÉCIDIVES DE VÉGÉTATIONS ADÉNOIDES CHEZ L'ENFANT ET GYMNASTIQUE RESPIRATOIRE.

6,6.21.006.394

22 *Mars.*

Les *Fausses récidives de Végétations adénoïdes*, doivent exclusivement s'entendre des cas dans lesquels, l'inspection locale demeurant négative, on voit cependant, après une période de durée variable, persister ou se manifester à nouveau, soit quelques-uns, soit l'ensemble des phénomènes ayant servi de prétexte à une ou même à plusieurs interventions antérieures.

Une question préalable : ces « Fausses récidives » existent-elles vraiment ? Sont-elles, en outre, fréquentes ? Dans un travail sur ce sujet [1], j'ai déjà exprimé mon opinion, au reste pleinement corroborée par des observations ultérieures : c'est pourquoi j'userai à nouveau, en les résumant, des arguments jadis invoqués.

---

[1] Marcel NATIER, *Fausses récidives de Végétations adénoïdes. Inefficacité de trois interventions successives chez le même enfant. Origine et traitement respiratoires* (*La Parole*, octobre 1902, 31 pages avec 11 figures).

Après adénotomie, l'enfant abandonné à lui-même, apprendra parfois, et spontanément, à respirer de façon correcte. Alors, tout sera pour le mieux. C'est l'exception. Il continue, pour l'ordinaire, à respirer comme par le passé ; et, seule est changée la confiance dans les promesses trop optimistes du praticien. La cause exacte des « récidives », *vraies* ou *fausses*, réside dans l'altération fonctionnelle du système respiratoire, pris dans son ensemble.

Expliquons nous : une comparaison nous y aidera. Certains malades ont été justement appelés des « déséquilibrés du ventre » ; à côté d'eux, je rangerai les patients que j'ai qualifiés de « déséquilibrés du poumon », catégorie à laquelle appartiennent ceux dont je m'occupe ici. Mieux encore, et en poussant plus loin les analogies, à cause de l'insuffisance respiratoire, clairement démontrée par des graphiques qui témoignent hautement de la rétraction ou atélectasie de l'appareil pulmonaire, on est autorisé à parlé de « constipés du poumon », suivant l'expression dont je me suis encore servi. Tout cela par suite du jeu défectueux des différents organes situés dans la face, le cou, le thorax, l'abdomen, lesquels concourent, simultanément, à l'harmonie rythmique de l'acte respiratoire normal.

En plus d'autres phénomènes, les « constipés du poumon » présenteront des ectasies vasculaires constituant, parfois, de réelles « hémorrhoïdes » du nez, de l'arrière-nez, du pharynx, du larynx et, vraisemblablement de l'appareil broncho-pulmonaire lui-même. Des avis judicieux et opportuns seront suceptibles de régulariser la circulation, et de faire disparaître sans peine et rapidement, tous les troubles congestifs. Mais, le contraire est également possible : par là s'expliquent les interventions dont cornets, amygdales, végétations adénoïdes, papillomes et autres productions polypoïdes du larynx, deviennent fréquemment l'objet.

Très vraisemblable — certaine même, affirmerai-je — cette pathogénie des végétations adénoïdes et autres troubles énumérés, s'applique également à leurs récidives. Se borner à une simple action locale, prouve une négligence profonde de la cause : c'est s'exposer au retour probable des effets. Des conseils, propres à faire disparaître la constipation qui les avait provoqués, doivent toujours suivre l'exérèse des bourrelets hémorrhoïdaux : de même après ablation justifiée de végétations adénoïdes, il faudra s'enquérir de l'état de la respiration et prescrire un régime et des exercices appropriés.

Possibles en théorie, les « récidives » de végétations sont, dans la réalité, plutôt rares. Des erreurs de diagnostic ont conduit à de regrettables excès opératoires. La tendance à se reproduire serait, en tout cas, à mes yeux, une marque certaine de l'importance physiologique du tissu adénoïde. Dans un organisme jeune et en voie de développement, son rôle, loin d'être indifférent, est comparable à celui des ganglions lymphatiques, du thymus et des dents de lait. Que de fois on voit ces dernières repousser après une chute prématurée.

Pareilles considérations imposeront une grande réserve dans l'ablation des végétations adénoïdes. Cette réserve sera portée au maximum quand il s'agira de phénomènes pouvant éveiller l'idée de « récidives ». Quelquefois « vraies », le plus souvent « fausses », ces dernières sont toujours de même origine. Elles se manifestent surtout au cours des premières années. A cela nulle surprise : trop jeunes les enfants ne sont pas encore en mesure de se soumettre à une discipline respiratoire convenable pour les prévenir.

Par une transition toute naturelle, me voici amené à signaler l'efficacité de la gymnastique respiratoire chez la majeure partie des adénoïdiens, « vrais » ou « faux », « récidivés » ou non. Grâce aux résultats certains qu'il procure, ce procédé de thérapeutique physique permet d'écarter l'idée, obsédante pour plusieurs, de récidive des végétations adénoïdes. Avancée par moi, il y a une douzaine d'années, cette thèse a recruté, un peu dans tous les rangs, médicaux et extra-médicaux, de zélés partisans dont chaque jour voit s'accroître le nombre. Une fois encore, elle est parfaitement illustrée par le cas suivant.

OBSERVATION. — Fillette de 12 ans, quatrième et dernière enfant de parents âgés et de santé délicate au moment de sa conception. Bronchite grave au cours de la deuxième année. A 9 ans, douleurs vives dans chaque pied. Pas trace de menstruation.

Irrégularité scolaire par suite de fréquentes indispositions. Élève intelligente et appliquée jusque là, elle a subi, il y a 2 mois, une transformation complète. Notes moins bonnes; travail plus difficile; caractère apathique; démarche traînante et molle. Au matin : lassitude extrême et grande répugnance à quitter le lit. La famille, en conséquence, redoute sérieusement, pour l'avenir, des habitudes de paresse.

Croissance lente. Maux de gorge; maux de cœur; glaires continus. Toux incessante. Caractère nerveux; facilement irritable.

Sommeil. — Mauvais et par suite peu réparateur.

Appareil digestif. — Appétit délicat; seul désir d'alimentation carnée. Constipation opiniâtre nécessitant l'usage de lavements quotidiens.

Appareil cutané. — A diverses reprises, éruptions généralisées de la peau.

Appareil respiratoire. — Coryzas réguliers remontant à la plus tendre enfance. Respiration nasale embarrassée. Aspect adénoïdien typique.

En 1905, adénotomie, suivie, conformément à mes prévisions, de résultats médiocres, la mère ayant décliné, postérieurement, la pratique des exercices respiratoires recommandés.

En 1908, retour des mêmes phénomènes. A l'examen, aucune trace de récidive adénoïdienne, d'où mon refus d'intervenir à nouveau malgré de pressantes sollicitations.

Appareil circulatoire. — Pouls ralenti; refroidissement constant des extrémités.

Appareil urinaire. — Urine ordinairement rare, trouble et chargée.

Appareil auditif. — Légère défectuosité de l'ouïe.

État actuel; 18 février 1908. — Taille au-dessous de la moyenne. Air vieillot. Yeux caves et bistrés. Teint jaunâtre. Amaigrissement général; peau sèche jaune sale et terreuse. Attitude vicieuse : tête tombante; clavicules, côtes, omoplates, vertèbres saillantes; côté droit moins développé que le gauche; lordo-scoliose.

Nez. — Déviation légère de la cloison à droite. Anémie de la pituitaire.

Bouche. — Dentition défectueuse. Voûte palatine ogivale.

Naso-pharynx. — Traces insignifiantes de végétations adénoïdes.

Larynx. — Parésie légère des cordes vocales.

Voix. — Parfois voilée.

Poitrine. — Immobilité presque complète des parois thoracique et abdominale. Affaiblissement marqué du murmure vésiculaire, surtout aux sommets.

Système capillaire. — Cheveux secs et cassants; tombent en assez grande abondance depuis 3 ans.

Traitement. — Exercices quotidiens de gymnastique respiratoire, pratiqués, suivant mon habitude, par moi-même, du 24 mars au 3 juin 1908.

Résultat : transformation complète de l'enfant. Plus trace des anciennes indispositions. Sommeil normal et très réparateur. Retour de l'appétit : selles spontanément régulières. Coryzas exceptionnels; respiration facile et naturelle. Sécrétion urinaire normale à tous égards. Teint clair; yeux vifs; tête redressée; buste et membres bien développés recouverts d'une peau blanche, plus saine, plus étoffée, plus souple et plus douce au toucher. Disparition de la scolio-lordose. Symétrie parfaite des deux moitiés du thorax. Chevelure plus lustrée, plus touffue et plus vivante.

Caractère plus calme et plus égal. Beaucoup plus d'entrain et de gaieté. Travail scolaire très régulier et facile; progrès marqué dans les études.

Fort intéressants sont les chiffres suivants :

A. *Poids.* — En 1905, 1 mois après l'adénotomie, l'augmentation était de 630 g. En février 1908, soit 28 mois plus tard, elle atteignait 4,700 kg, soit environ 170 g par mois. Au bout de 4 mois et demi d'exercices respiratoires, je notais un gain de 2 kg, soit un bénéfice mensuel de 445 g. L'impulsion donnée faisait passer ultérieurement et en 9 mois, le poids de 28 kg,640 à 33 kg,190, ce qui portait à 500 g le gain mensuel. Ainsi, le poids inférieur à 9 ans, de 5 kg, à celui d'une enfant de même âge lui était, à 12 ans et demi, devenu supérieur de 500 g.

B. *Périmètre thoracique.* — Alors que du 27 octobre 1905 au 19 février 1908, son accroissement n'avait été que de 1 cm au niveau des aisselles; — de 2 cm (repos) et de 5 cm (inspiration profonde) au niveau du diaphragme, elle fut, du 17 février au 29 mai 1908, de 3 cm (repos) et de 4 cm (inspiration profonde), au niveau des aisselles; — de 5 cm (repos et inspiration) au niveau des mamelons; de 4 cm (repos) et 5 cm (inspiration) au niveau du diaphragme. Enfin, du 27 mai 1908 au 5 mars 1909, nouvelle augmentation de 6 cm.

C. *Taille.* — L'accroissement du 19 février 1908 au 27 mai suivant, avait été de 0,027 m. Du 27 mai 1908 au 8 janvier 1909, il fut porté à 0,057 m, soit au total et en 11 mois, une augmentation de 0,084 m de la taille, cependant encore inférieure de 0,051 m à la taille moyenne d'une enfant de même âge.

Ces modifications objectives, sont tout à fait frappantes sur des photographies de la malade prises au début et à la fin de son traitement.

L'âge des parents, l'état précaire de leur santé, au moment de sa conception, avaient déjà entaché l'hérédité de l'enfant. La bronchite grave dont elle fut atteinte au cours de sa deuxième année, soumit également à une rude épreuve un organisme aussi tendre.

Certains symptômes retiendront plus particulièrement notre attention. Aussi, mentionnerons-nous, surtout, les altérations de la chevelure, celles des dents, la constipation, les éruptions cutanées, les coryzas, la toux, les troubles vocaux, la respiration silencieuse, les déformations du squelette, l'oligurie et l'aprosexie. Or, ces différents troubles somatiques, de même que les multiples manifestations intellectuelles ou sensorielles dont ils s'accompagnaient, relevaient d'une cause commune : l'insuffisance respiratoire. Au moins est-on autorisé à tirer cette conclusion des résultats du traitement. En effet, tous les moyens employés auparavant étaient demeurés inutiles : les exercices respiratoires furent, au contraire, suivis d'un plein succès. Chacun des. départements de l'organisme s'améliora à mesure que se rétablissait le fonctionnement normal des sécrétions glandulaires dont la symphonie physiologique était, depuis si longtemps et si gravement altérée.

En résumé : *Les Fausses récidives de Végétations adénoïdes existent réellement. Elles sont même assez communes. On y songera quand persisteront ou se reproduiront, après de précédentes interventions, tout ou partie des phénomènes constituant le complexus adénoidien.*

Ces Fausses récidives sont préparées et entretenues par la moindre résistance organique, partielle ou généralisée, héréditaire ou acquise, passée ou présente, de l'enfant. Pathogéniquement elles se rattachent à une insuffisance respiratoire générale. Cette dernière peut occasionner— à preuve l'exemple relaté — toute une série de méfaits, plutôt sérieux.

Reconnaître ces vérités, est confesser du même coup l'inutilité de maintes tentatives opératoires du côté des différents segments des premières voies respiratoires. Même remarque au sujet des médications diverses administrées sous n'importe quelle forme.

Des exercices respiratoires, suffisamment prolongés et méthodiquement conduits, sont à eux seuls et en toute logique, susceptibles de procurer la guérison radicale de pareilles affections.

Les récidives plus ou moins partielles peuvent être regardées comme des tentatives du tissu adénoïde pour reconquérir le rôle important qu'il est certainement appelé à jouer dans l'organisme en voie d'évolution. Partant, c'est un tort véritable que de s'acharner à la destruction totale dudit tissu.

Tout aussi entachée d'erreur la prétention, sitôt le couteau déposé, d'avoir dit le dernier mot du traitement des végétations adénoïdes. Au contraire, on n'en sera le plus souvent, alors, qu'à la première phase de la cure, ce qui reste à obtenir ayant une importance bien supérieure à ce qui vient d'être fait.

CONCLUSION. — *S'efforcer sans cesse de remonter à l'origine des maladies et rester médecin dans toute l'acception du mot. Appuyés sur des bases anatomiques et physiologiques précises, les procédés physiques continueront*

*longtemps encore, à agrandir le large terrain déja conquis dans le champ de
la thérapeutique.*

M. NAAMÉ,

Tunis.

ÉTUDES D'ENDOCRINOLOGIE.

612.499.

26 *Mars.*

Cette Communication est un résumé d'un Recueil intitulé : *Études
d'Endocrinologie*, que je viens de faire paraître ([1]). Le titre seul en indique
les tendances : rattacher à des troubles des sécrétions glandulaires
internes une série d'états pathologiques, le choléra, le mal de mer, certains
accidents des tuberculeux, l'hystérie et l'épilepsie, les vomissements
gravidiques, la neurasthénie.

La physionomie symptomatique de chaque maladie relève, à mon
sens, plutôt de la localisation microbienne que du microbe lui-même.
Ainsi le paludisme portant généralement sur le foie et la rate présente
des symptômes de trouble hématopoïétique, quoiqu'il puisse parfois
simuler la tuberculose et produire l'infantilisme par sommation pulmonaire et thyroïdienne.

M'inspirant des données physiopathologiques établies par Brown-
Séquard à la suite de la décapsulation et des recherches cliniques de
Sergent et Bernard, je dirai que le choléra ou hypoépinéphrie aiguë
toxinique, qu'il soit asiatique, sporadique ou sous la forme d'un syndrome
cholérique survenant dans le courant des maladies infectieuses, présente
généralement deux grands symptômes, les vomissements et la diarrhée,
auxquels s'ajoutent, l'algidité, les crampes, l'asthénie, etc. Ce sont là
des symptômes indubitables d'hypoépinéphrie.

L'attaque cholérique doit se décomposer ainsi : une phase de début,
bacillaire, *intestinale*, sans gravité; une seconde phase toxinique, *surrénale*, fréquemment mortelle.

Lors de l'épidémie tunisienne de 1911, j'ai guéri les vingt cholériques
que j'ai eu l'occasion de soigner. La grande tolérance de ceux-ci pour
l'adrénaline, 5 à 6 mg par la voie sous-cutanée, prouve que l'on restitue
à l'organisme un principe dont il a été frustré par le choléra.

Après moi, Calderoli et Pizzini, de Bergame, et Piovesana, de Mestre,
ont employé avec succès l'adrénaline dans le choléra.

En résumé, je conclus que dans certaines maladies infectieuses, tel

---

([1]) Maloine, éditeur, Paris.

le choléra, représentant une insuffisance glandulaire pure, l'opothérapie, à défaut d'une sérothérapie en échec, remplacera avantageusement celle-ci en s'élevant au rang d'une médication phagocytaire — partant microbicide — et antitoxique.

Je me suis également occupé du mal de mer. Toute la gamme des médicaments calmants et certains hypnotiques ont été essayés sans succès. Seule l'immobilisation du ventre semble avoir donné quelques résultats. En voici la raison : les ondulations marines font osciller le bateau et se transmettent ainsi aux viscères abdominaux où elles produisent, croyons-nous, par l'intermédiaire du plexus solaire, une action inhibitrice sur les glandes surrénales. Le mal de mer n'est, à mon sens, qu'une hypoépinéphrie aiguë fonctionnelle d'origine réflexe.

Au fait, les symptômes du mal de mer sont ceux d'une insuffisance surrénale aiguë : anorexie, nausées, vomissements, constipation ou diarrhée, asthénie, hypotension artérielle, etc.

Les grandes personnes voyageant sur mer doivent, par une ceinture adéquate, immobiliser leurs viscères abdominaux, sinon, la paroi abdominale restant relâchée, ceux-ci continueront à subir l'influence des oscillations marines, et l'on risquera ainsi de perdre, au fur et à mesure, le bénéfice du traitement institué.

En l'occurrence, ce dernier n'est que l'adrénaline, donné à titre curatif ou préventif. Les essais de ma médication ont été faits à bord du *Tafna*, de la Compagnie Tuvalhe, par M. Audiou à qui j'exprime tous mes remerciements. J'ai fait confectionner des pastilles dosées à 2 mg d'adrénaline, et dont je prescris trois à une demi-heure d'intervalle. Au bout d'une heure de la dernière prise, le malade pourra se lever, se promener et même essayer de se nourrir, prudemment et légèrement il est vrai.

Nos patients étaient tous des adultes, cela explique les hautes doses employées. Du reste, 10 à 12 mg d'adrénaline ont pu être injectées, en Allemagne, dans des affections cardiaques, sans aucun inconvénient.

Le mal de chemin de fer n'est qu'une variante du mal de mer : il cède à l'adrénaline.

Enfin, le Dr Augustus Maverick, de San-Antonio (Texas), a employé efficacement, après moi, l'adrénaline contre le mal de mer (*Medical Record*, 25 mai 1912).

Quant aux vomissements et sueurs des tuberculeux, ils constituent deux symptômes graves de la tuberculose avancée. La surrénalité chronique — en l'occurrence tuberculeuse — doit jouer un rôle dans leur production. Rien ne vaut l'adrénaline par la voie sous-cutanée ou l'extrait surrénal pour les combattre. Le succès varie suivant l'état plus ou moins avancé des lésions surrénales.

La surrénalité, laquelle soit dit en passant, s'accompagne d'un fort amaigrissement, règle en grande partie le pronostic de la tuberculose. En effet, d'après Josué, les tuberculeux guéris sont souvent hyperépinéphriques.

D'ailleurs, le rôle joué par les glandes vasculaires sanguines, explique, dans la tuberculose, l'état toujours favorisant et jamais immunisant, l'échec de la sérothérapie et l'importance de l'hérédité organique.

J'aborde le chapitre de l'hystérie ou de l'hypoparathyroïdie fonctionnelle. Celle-ci, considérée comme le type des névroses, relève, à mon sens, d'un réflexe parathyroïdien ; il y a rupture d'équilibre entre la thyroïde et les parathyroïdes, la première ayant un rôle trophique et excitateur, les secondes un rôle antitoxique et frénateur. L'accès nerveux hystérique, généralement lié à la puberté, est dû à un réflexe partant habituellement de l'ovaire et agissant inhibitoirement sur les parathyroïdes; la compression des ovaires ne jugule-t-elle pas souvent l'accès ? Le résultat est une hypersécrétion thyroïdienne expliquant la sensation de constriction au cou, durant la crise hystérique; la période préparatoire constituera l'aura. Le réflexe venant à s'arrêter, les parathyroïdes reprennent leur rôle antitoxique et frénateur : réveil, crise de pleurs, par sympathie thyroïdo-lacrymale, puis mélancolie et abattement par épuisement thyroïdien.

Lorsque l'hystérique est hypothyroïdienne, le réveil est plus lent à se produire et la malade garde un état cérébral irritable par hypothyro-parathyroïdie. En pareil cas le traitement thyroïdien s'impose. Avec l'âge la thyroïde et l'ovaire régressent; la parathyroïde n'a plus grand rôle à jouer et l'hystérie s'amende progressivement.

Le traitement des crises nettes ou avortées, les accès de colère des nerveux, par exemple, consiste à prescrire suivant les cas, l'extrait parathyroïdien pour permettre à l'organisme de résister au réflexe inhibitoire ovarien, mammaire ou testiculaire. Dans la perte de connaissance prolongée, on aura recours à l'extrait thyroïdien.

Quant à l'épilepsie, elle est entretenue par des lésions glandulaires : l'hypoparathyroïdie dystrophique.

Les parathyroïdes atteintes remplissent, tant bien que mal, leur rôle jusqu'au moment où elles subissent un arrêt, une claudication intermittente, d'autant qu'elles sont soumises à l'influence d'un réflexe ovarien ou testiculaire ([1]):

Les phénomènes épileptiques sont d'ordre toxique, les parathyroïdes ne pouvant plus désintoxiquer l'organisme, et la crise ayant introduit dans la circulation des produits organiques nocifs.

L'épilepsie apparaît souvent à la puberté, celle-ci ayant épuisé les thyro-parathyroïdes, indispensables à son développement et déjà en état de méiopragie peut-être toxique ou infectieuse, mais assurément héréditaire, car l'hérédité est, je crois, le *modus vivendi* glandulaire transmis par les générateurs:

Les rapports entre les crises d'épilepsie et l'appareil génital existent

---

([1]) M. Belten, d'Amsterdam, traite l'épilepsie par ma méthode. Mais ne m'ayant pas cité, j'ai dû protester contre ce plagiat dans la *Presse médicale* du 21 janvier 1914.

indubitablement. Chez les épileptiques, les attaques surviennent fréquemment et augmentent d'intensité à l'occasion des règles; par contre, elles cessent ou diminuent considérablement pendant la grossesse. L'appel thyro-parathyroïdien provoqué par l'ovaire est indéniable.

Chez les hommes, les crises ont lieu de préférence à une certaine période du mois ou de l'année. J'incline à faire jouer un rôle à l'hyperorchidie, d'autant que beaucoup d'épileptiques sont portés à un onanisme effréné.

Les crises épileptiques s'accompagnent d'une violente décharge thyroïdienne, d'où abaissement post-critique du niveau intellectuel. Elles épuisent la thyroïde, cette glande intellectuelle, et conduisent parfois à l'idiotie et à la démence, par imprégnation toxique des centres nerveux.

Sous l'influence du traitement parathyroïdien, les crises se suppriment rapidement ou se réduisent à un simple vertige, ou bien deviennent rares, bénignes, sans émission d'urines, ni morsure de langue, à éveil rapide, sans céphalée, ni abattement consécutifs. De plus, l'épileptique change d'humeur; se plaît à vivre ! sa mémoire devient plus fidèle, et son intelligence plus lucide.

J'arrive aux vomissements gravidiques ou hypothyroïdie hypoovarique.

J'ai communiqué à la Société de Thérapeutique (séance du 28 juin 1905) une Note, d'allure plutôt théorique, sur ce sujet. J'y attribuais les dits vomissements à un état d'auto-intoxication gravidique provoquée par l'arrêt de la sécrétion ovarienne interne. J'y faisais, en outre, remarquer que s'il y a cessation des vomissements vers le milieu de la grossesse, cela tient à une hypertrophie du corps thyroïde dont la sécrétion interne activée suppléerait à l'hypoovarie. Je concluais en préconisant les extraits thyroïdien et ovarique dans les vomissements gravidiques.

Depuis deux ans, j'ai commencé les essais de ma médication thyroovarienne. Les résultats en ont été probants. C'est généralement l'ovarine qui a été employée jusqu'ici, mais elle a échoué pour la simple raison que l'opothérapie a pour but, non seulement de neutraliser les produits toxiques, mais encore et surtout de rétablir la fonction troublée : celle de l'ovaire reste suspendue pendant la grossesse, étant donnée la suppression de l'excrétion ovulaire et de la sécrétion ovarienne interne, par suite de l'état gravidique. Néanmoins, l'extrait ovarique a une action élective, chimique sur la glande thyroïde.

Cependant, le rôle de la glande thyroïde a été négligé. C'est elle pourtant dont le développement, vers le milieu de la grossesse, coïncide avec la cessation des vomissements.

L'opothérapie thyro-ovarienne, en hâtant la production de l'hyperthyroïdie tardive et quelquefois impossible sans traitement arrête rapidement les vomissements gravidiques. Ceux-ci sont probablement provoqués par l'élimination, au niveau de l'estomac, de produits toxiques lesquels, en contact avec la médication organique, se détruisent et tendent à ne plus se reproduire pour l'hyperfonctionnement imprimé à la glande thyroïde.

L'opothérapie thyro-ovarienne constituera le meilleur traitement préventif de l'albuminurie et de l'éclampsie. Employée dès le début de la grossesse, elle pourra peut-être nous donner quelques éclaircissements sur la pathogénie de la procréation des sexes.

M. Georges VITRY,

Paris.

VALEUR PRONOSTIQUE DE LA RÉACTION DE MORIZ WEISZ (OU ÉPREUVE DU PERMANGANATE) DANS L'URINE DES TUBERCULEUX.

616.076

26 *Mars.*

En 1910, le Dr Moriz Weisz (de Vienne) a décrit une nouvelle réaction de l'urine sous le nom de *réaction de l'urochromogène* ou du permanganate [1] : cette réaction s'observe dans une série de grandes infections ou intoxications, mais c'est particulièrement chez les tuberculeux pulmonaires que l'auteur l'a étudiée pour en tirer des indications sur le pronostic de la maladie.

Depuis plusieurs mois nous étudions cette réaction journellement; nous avons déjà publié quelques résultats [2], nous en apportons aujourd'hui de nouveaux : ce n'est que lorsque nous aurons suivi un très grand nombre de maladies que nous pourrons dire si la méthode peut donner des renseignements utiles : jusqu'ici elle nous a semblé intéressante dans un grand nombre de cas.

Technique de la méthode. — Un des grands avantages de la méthode est sa simplicité qui la met à la portée de tous les praticiens. Voici la technique indiquée par son auteur même : « On remplit un tube à essais ordinaire jusqu'au tiers avec l'urine à examiner; on la diilue avec deux fois son volume d'eau ordinaire et l'on verse la moitié du contenu du tube dans un second tube de mêmes dimensions qui servira de témoin. On fait tomber alors dans un des tubes trois gouttes d'une solution à 1 $^{00}/_{00}$ de

---

[1] Moriz Weisz, *Med. Klinik*, n° 42, 1910 *et Münch, med. Woch*, n° 25, 1911; *Wien. klin. Woch*, n° 31, 1912.

[2] *Soc. Biologie*, 16 nov. 1912; *Soc. d'études scient. sur la tuberculose*, décembre 1912, *Soc. Méd. de Paris*, mars 1913; *Voir* aussi la *Thèse* de Mladenoff faite sur ce sujet, sous notre inspiration, Paris 1912.

permanganate de potasse dans l'eau distillée et l'on mélange le tout. Si la réaction est positive, on voit apparaître une coloration jaune qui se détache nettement par comparaison avec le tube témoin..»

Signification physiopathologique de la réaction. — Nous nous contenterons d'exposer en résumé les idées de M. Weisz à ce sujet, n'ayant pas de résultats d'expériences personnelles. La substance mise en liberté par le permanganate est l'urochrome, pigment normal de l'urine, dérivé de l'urochromogène contenu dans l'urine. C'est ce même corps qui serait la cause, pour M. Weisz, de la diazo-réaction d'Ehrlich.

L'urochrome est rangé actuellement pour la majorité des auteurs parmi les acides oxyprotéiques. Or les acides protéiques seraient d'autant plus abondants dans l'urine que l'albumine tissulaire serait détruite en plus grande abondance. Dans ces conditions : réaction de Weisz positive = exagération des acides protéiques = exagération de la destruction des albumines corporelles = fonte rapide des tissus de l'organisme = maladie grave. C'est ce qui explique qu'on trouve cette réaction dans toutes les infections et les intoxications graves où l'organisme est profondément attaqué par la maladie.

Cette ingénieuse théorie est confirmée par des expériences de M. Weisz qui lui ont montré que le soufre neutre urinaire augmentait en même temps que la gravité des maladies et que l'intensité de la réaction de l'urochromogène. Nous nous bornerons à ajouter que dans des recherches personnelles, dont M. Weisz a bien voulu remarquer l'intérêt ([1]), nous avons montré que chez les phtisiques il y a une destruction intense des cellules de l'organisme en particulier de noyaux de ces cellules dont on retrouve des traces dans l'azote purique urinaire : le rapport de l'azote purique à l'azote total urinaire est augmenté chez les phtisiques.

Recherches personnelles. — Quelle que soit la valeur théorique de cette réaction, il y avait à vérifier empiriquement si elle donnait des résultats intéressants : ce que nous avons fait depuis plusieurs mois.

Nous avons d'abord essayé la réaction sur plus de 20 urines normales et nous ne l'avons jamais trouvée positive. Elle a été au contraire nettement positive dans des cas de fièvre typhoïde, de cancer envahissant, de diabète grave.

C'est surtout sur les tuberculeux qu'ont porté nos recherches. Dans la tuberculose aiguë, la réaction est positive ; dans la tuberculose des autres organes que le poumon (orchite, coxalgie, etc.), elle est faible ou nulle en général. Nous avons examiné surtout des tuberculeux pulmonaires plus ou moins avancés, en particulier des malades atteints de ramollissement ou de cavernes, soignés dans les salles spéciales de tuberculeux de l'hôpital Laënnec dans le service du Dr Léon Bernard que nous

---

([1]) H. LABBÉ et G. VITRY, *Les échanges azotés chez les phtisiques* (*Revue de Médecine*, oct. 1912).

sommes heureux de remercier ici de son amabilité. Nous avons plus de 150 observations de ce genre, recueillies depuis plusieurs mois et, d'une façon générale, le pronostic clinique concordait avec les résultats fournis par l'analyse de l'urine : il y a eu quelques exceptions sur lesquelles nous nous expliquerons plus loin. Pour ne tenir compte que des faits indiscutables, nous avons eu 17 décès connus parmi les malades que nous avons suivis jusqu'à ce jour et, sur ces 17 morts, 14 avaient présenté une réaction de Weisz positive peu de temps avant leur mort. Pour les trois cas, où le pronostic s'est trouvé en défaut, deux fois il s'agit de malades enlevés par un accident aigu : granulie, méningite peu de temps après que les urines avaient été examinées et sans qu'on ait pu les examiner de nouveau dans les derniers jours.

Comparaison avec la diazo-réaction d'Ehrlich. — Nous avons vu que pour M. Weisz le principe de sa réaction était le même que celui de la diazo-réaction d'Ehrlich. On était en droit de se demander si la nouvelle réaction était supérieure à l'ancienne. Elle a d'abord la supériorité incontestable de la simplicité : les réactifs nécessaires pour la diazo-réaction sont délicats à préparer et s'altèrent rapidement. De plus la réaction du permanganate nous a paru plus sensible. Dans 48 cas, où nous avons contrôlé la diazo-réaction par la réaction au permanganate, nous avons vu que dans 42 cas, les deux réactions étaient positives, mais dans 6 cas, la réaction de Weisz était positive et celle d'Ehrlich ne l'était pas; dans ces cas le pronostic clinique a donné raison à la réaction au permanganate.

Enfin, on a dit que le tannin faisait disparaître la réaction d'Ehrlich, tandis que la créosote la faisait apparaître. Nous avons constaté sur six malades que cette cause d'erreur n'existe pas avec la réaction au permanganate : chez des individus à réaction négative, la créosote n'a pas fait apparaître la réaction, pas plus que le tannin ne l'a fait disparaître chez des malades qui présentaient la réaction nettement positive.

Comparaison avec les indications pronostiques fournies par la cuti-réaction. — On sait depuis les travaux de L. Bernard et Baron qu'une cuti-réaction positive chez un tuberculeux est d'un bon pronostic, parce qu'elle indique que l'individu se défend de son mieux contre la maladie; au contraire une cuti-réaction faible chez un tuberculeux avéré indique que les forces de résistance d'organisme sont épuisées.

Chez 84 malades particulièrement suivis, nous avons contrôlé les deux ordres de renseignement l'un par l'autre. Dans 66 cas, il y a eu un accord parfait entre les deux modes d'examen et le pronostic clinique. Cet accord s'est manifesté de deux façons : avec une réaction de Weisz positive, la cuti est faible et le pronostic mauvais (c'est ce qui s'est produit dans 23 cas avec 13 cas de mort). Inversement avec une réaction de Weisz négative, une réaction cutanée forte, le pronostic est relativement bon et le malade peut quitter l'hôpital (c'est ce qui s'est produit dans 49 cas).

Enfin dans le cas où le désaccord est apparu, le pronostic clinique a parfois donné raison à la réaction urinaire de Weisz : c'est ce qui s'est produit dans 13 cas (soit que le pronostic ait été bon avec une réaction de Weisz négative et une cuti faible (4 cas), soit que le pronostic ait été mauvais avec une réaction de Weiss forte ainsi que la cuti (9 cas).

Il reste quelques cas (4) où l'évolution a été contraire à la réaction de Weisz et confirmative de la cuti-réaction; enfin dans un cas la cuti-réaction s'est trouvée en désaccord, ainsi que la réaction de Weisz avec le pronostic réel.

Ces quelques exceptions montrent qu'il ne faut pas encore porter une appréciation définitive sur la valeur de la méthode; mais ce qui semble résulter de nos recherches, c'est qu'il ne faut pas se contenter d'un seul examen, car beaucoup de facteurs inconnus peuvent intervenir pour faire apparaître ou disparaître momentanément la réaction; il faut l'essayer plusieurs fois, à quelques jours d'intervalle, avant de pouvoir porter un pronostic, qui peut du reste varier d'une semaine à l'autre. Nous avons eu des observations où la réaction était négative le 8 du mois et devenait positive le 31, le malade succombant 33 jours après.

Cette méthode ne peut donc permettre de donner une précision absolue; nous avons vu des malades avoir pendant des mois une réaction positive qui ne sont pas encore morts à l'heure actuelle; tandis que d'autres avaient une réaction négative qui mouraient 2 mois plus tard, ayant présenté 1 mois après le premier examen une réaction positive. Il faudrait accumuler des faits très nombreux, essayer d'apprécier, avec une précision mathématique, l'intensité de la réaction pour en tirer des conclusions plus précises; c'est ce que nous sommes en train de faire.

M. Georges VITRY,

Paris.

LES SULFO-ÉTHERS URINAIRES CHEZ LES PHTISIQUES.

---

26 Mars.   616.639 : 616.995

On trouve normalement dans l'urine une certaine quantité de corps formés par la combinaison de l'acide sulfurique avec diverses substances aromatiques. Ce sont les sulfo-éthers ou sulfo-phénols, que l'on désigne aussi sous le nom de *sulfo-conjugués*. Dans une série d'études poursuivies depuis 1906, avec Henri Labbé, et exposées dans une brochure sur les sulfo-éthers urinaires : leur physiologie et leur valeur clinique dans l'auto-intoxication intestinale ([1]), nous avons cherché à montrer qu'à l'état normal, les sulfo-éthers, produits normaux de la désagrégation de l'albumine s'éliminent dans l'urine en quantités proportionnelles à l'albumine alimentaire digérée; en particulier, nous n'avons pas constaté que cette détermination pouvait être d'un grand secours dans le diagnostic des fermentations intestinales et de l'intoxication digestive.

J'ai poursuivi ces dosages de sulfo-éthers urinaires sur un grand nombre d'urines de phtisiques que nous étudiions avec M. Henri Labbé ([2]) et Mlle Solovieff ([3]) au point de vue de leurs échanges azotés, et ce sont ces résultats que j'apporte aujourd'hui.

Valeur absolue des sulfo-éthers urinaires chez les phtisiques. — Les chiffres trouvés sont relativement forts : tandis que chez l'individu sain, la moyenne de 66 analyses pratiquées avec H. Labbé nous donnait un chiffre de o gr,215 par jour, la moyenne de 34 analyses faites chez nos malades est de o gr,281 par jour (évaluée en acide sulfurique).

Nos analyses étaient divisées en deux grands groupes : dans le premier rentraient les analyses faites dans les derniers jours de la vie (8 à 15 jours avant la mort); le second groupe comprenait les analyses faites 1, 2 ou 3 mois et plus, avant la mort. En subdivisant de cette façon les résultats obtenus, on trouve que c'est l'approche de la mort qui fait plutôt diminuer nos chiffres moyens : sur 8 analyses faites dans ces conditions la moyenne est de o,250 g par jour; tandis que dans les 26 analyses faites chez des sujets moins atteints, la moyenne est de o,315g, s'élevant par conséquent beaucoup au-dessus des chiffres obtenus par nous antérieurement, chez un sujet sain.

Rapport des sulfo-éthers à l'azote total urinaire. — Le fait devient encore plus net quand on établit le rapport $\dfrac{SE}{Az}$ étudié depuis longtemps par Amann ([4]) et par MM. Brunon et Guerbet ([5]). En effet, quelle que soit la théorie que l'on admette sur l'origine des sulfo-éthers urinaires, leur chiffre absolu n'a de signification véritable que s'il est rapproché du chiffre d'azote métabolisé dans le même temps. Ce rapport $\dfrac{SE \times 100}{Az}$ à l'état normal a une valeur moyenne de 1 à 1,5 d'après l'unanimité des auteurs. Nous l'avons calculé chez nos sujets et nous avons trouvé une valeur beaucoup plus forte : la moyenne des 34 analyses donne 3,71. Si l'on subdivse les chiffres en deux catégories comme plus haut, on trouve qu'à la période immédiatement prémortelle la moyenne, un peu plus faible, est de 3,47 et pour les autres cas de 3,78.

([1]) *L'Œuvre médico-chirurgical*, n° 53, Paris, 1908, Masson, éditeur.
([2]) *Revue de Médecine*, octobre 1912.
([3]) *Thèse*, Paris, 1911.
([4]) COMBE, *L'auto-intoxication intestinale.*
([5]) *Presse médicale*, 16 février et 10 juillet 1907.

Ces rapports élevés étaient à prévoir, parce que les chiffres montrent que le chiffre des sulfo-éthers urinaires de nos phtisiques était supérieur à la moyenne normale et qu'en même temps l'azote total urinaire chez ces malades était faible : 7,44 g par jour pour le groupe prémortel et 8,48 g pour le sautres cas : l'élévation du numérateur, coïncidant avec une chute sensible du dénominateur, devait entraîner cette élévation du rapport.

Tels sont les faits constatés par les analyses : l'explication prête à de nombreuses hypothèses. Tout d'abord, ces coefficients élevés ont été retrouvés par d'autres auteurs dans nombre d'états pathologiques : Combe cite des chiffres de 3,1 et 5,3 chez des « auto-intoxiqués »; MM. Brunon et Guerbet donnent des chiffres de 3, de 4, de 5 et même de 6,8 et de 7,6 chez des malades divers : alcooliques, syphilitiques, tuberculeux. Mais, pour ces auteurs, l'élévation de ce coefficient indiquerait toujours des fermentations intestinales exagérées. Dans nos observations, rien n'autorise à penser que les malades présentaient des fermentations intestinales exagérées : c'étaient des tuberculeux cavitaires comme on en observe tous les jours : quelques-uns avaient un peu de diarrhée, quelques-uns avaient des altérations latentes ou patentes du foie; mais c'étaient avant tout des phtisiques s'acheminant plus ou moins lentement vers la mort.

Il ne nous semble donc pas que l'on puisse incriminer le fonctionnement intestinal comme responsable de cette élévation du coefficient d'Amann. Nous pensons qu'il faut plutôt voir dans ce fait une modification des processus nutritifs généraux chez les phtisiques. Dans cette consomption de l'organisme qui se brûle lui-même, il se produit une augmentation du soufre neutre urinaire et de l'urochromogène urinaire (Weisz), une élévation du rapport de l'azote purique à l'azote total (Solovieff); il pourrait donc se produire aussi un trouble dans l'élaboration des substances sulfurées, et ce premier résultat peut orienter les recherches vers les modifications des échanges sulfurés dans l'organisme des tuberculeux.

M. Marcel LABBÉ.

Médecin de la Charité, Agrégé à la Faculté de Médecine, Paris.

LES ŒDÈMES BICARBONATÉS CHEZ LES DIABÉTIQUES.

616.631 : 546.33-8

22 Mars.

Sous l'influence de l'ingestion de bicarbonate de soude à haute dose, les diabétiques avec dénutrition font des œdèmes, qui par leurs caractères cliniques se rapprochent de ceux des brightiques.

Le fait est bien connu, mais la pathogénie de ces œdèmes est encore très discutée. Pfeiffer les a attribués à la rétention du sodium, déniant au chlore toute action hydratante. Blum les attribue à la rétention du bicarbonate de soude dont les humeurs acides des diabétiques sont très avides. Widal, et ses élèves les attribuent à la rétention du chlorure de sodium conditionnée par le bicarbonate.

Dans le but de résoudre cette question, j'ai entrepris des recherches avec mes élèves chez six diabétiques de mon service.

Avec M. Bith et Mlle Fertyk, nous avons étudié :

1° Une malade atteinte de diabète avec dénutrition et acidose qui, malgré l'ingestion de bicarbonate de soude à la dose de 40 à 50 gr. pendant 10 jours ne présenta point d'augmentation de poids; ses chlorures furent régulièrement éliminés.

2° Une malade atteinte de diabète sans dénutrition, compliqué de tuberculose, qui prit 40 gr. de bicarbonate pendant 6 jours; son poids s'éleva de 1,5 kg. et elle fit en même temps une rétention chlorurée nette. En l'absence du traitement bicarbonaté, les chlorures, même pris à haute dose, étaient régulièrement éliminés.

3° Un diabétique avec dénutrition et acidose qui, à deux reprises, sous l'influence d'une ingestion de 40 gr. de bicarbonate de soude, subit une élévation de poids de 5 à 6 kg., avec apparition d'œdèmes.

Pourtant, ce malade élimine bien ses chlorures. Ultérieurement, une ingestion supplémentaire de 20 gr. de sel produit une élévation de poids de 2 kg.; cependant les chlorures sont régulièrement éliminés.

Avec M. Guérithault, nous avons étudié :

1° Un diabétique avec dénutrition et acidose qui prit, pendant 17 jours, 50 gr. de bicarbonate par jour. Son poids s'éleva de 7,3 kg., puis s'abaissa après la fin de l'expérience, sans toutefois revenir à son point de départ. Pendant ce temps, il fit une rétention de 66 gr. de NaCl et de 152 gr. de Na; 9 jours après la cessation du traitement bicarbonaté, il n'avait pas encore expulsé toutes les matières minérales qu'il avait retenues.

2° Un diabétique avec dénutrition et acidose qui absorba 50 gr. de bicarbonate durant 9 jours. Son poids s'éleva d'abord de 2 kg., puis, au cours même du traitement bicarbonaté, il retomba au chiffre primitif. Corrélativement, il fit, durant les premiers jours, de la rétention chlorurée, et, pendant les derniers jours du traitement bicarbonaté, une décharge chlorurée, si bien qu'en 9 jours, sa rétention chlorurée ne fut que de 1,28 gr. Dans le même temps, il retenait 69,24 gr. de sodium.

3° Un diabétique, avec dénutrition et acidose, qui prit pendant 4 jours, 30 gr. de bicarbonate. Son poids s'éleva de 5 kg; il retomba ensuite en quelques jours au chiffre primitif.

Ce sujet ne fit pourtant aucune rétention chlorurée. S'il élimina relativement moins de Na Cl pendant le traitement bicarbonaté, il continua pourtant à perdre du sel même durant cette période. Seul, le sodium subit une rétention passagère et minime (8,16 gr. en 4 jours).

De ces six observations ressortent un certain nombre de conclusions :

I. L'injection de bicarbonate de soude produit dans la majorité des cas, chez les diabétiques et surtout chez les diabétiques avec dénutrition, une augmentation du poids du corps. Parfois cependant, même chez les diabétiques avec acidose, l'effet peut manquer. Le degré de l'augmentation du poids varie avec la quantité de bicarbonate de soude ingéré et avec la durée du traitement; mais elle n'est pas régulièrement proportionnelle à ces deux conditions; le facteur individuel nous paraît jouer ici un rôle considérable. Quand l'élévation du poids atteint un degré suffisant, des œdèmes apparaissent; ceux-ci se produisent plus ou moins rapidement suivant les sujets; il y en a qui semblent être en imminence d'œdème et qui avec une augmentation de poids de 2 kg, offrent déjà des œdèmes.

II. L'augmentation de poids du corps est due à une hydratation, ainsi que le prouve l'étude du coefficient de diurèse, que nous avons faite chez ces malades.

III. L'excrétion chlorurée est le plus souvent influencée par l'ingestion de bicarbonate de soude; dans la majorité des cas, l'excrétion chlorurée diminue. Cette diminution de l'excrétion chlorurée ne va pas toujours jusqu'à la rétention; elle n'est parfois que relative. Il y a des cas où le poids s'élève et où des œdèmes se produisent, sans qu'il y ait de rétention chlorurée. On ne saurait donc, adopter pour la production des œdèmes bicarbonatés, la théorie de M. Widal qui les fait tous dépendre d'une rétention chlorurée conditionnée, par l'ingestion de bicarbonate de soude.

Même lorsque la rétention chlorurée se produit sous l'influence du traitement bicarbonaté, rien ne prouve que cette rétention soit la cause des œdèmes et que l'hydratation soit consécutive à la rétention du chlore; il est possible au contraire que la rétention chlorurée soit consécutive à l'hydratation. De l'eau étant retenue par un mécanisme quelconque dans les tissus, il se fait corrélativement une rétention de chlorures, peut-être conditionnée par la nécessité de maintenir l'équilibre de concentration moléculaire. Inversement, nous savons que la polyurie provoquée par une ingestion d'eau supplémentaire augmente l'élimination chlorurée.

Les expériences de M. Achard et de ses élèves ont montré que l'introduction dans une séreuse d'une substance étrangère y provoque à la fois un afflux d'eau et de chlorures.

Ainsi, on est en droit de soutenir que, dans les œdèmes bicarbonatés, la rétention chlorurée, qui s'observe d'une façon inconstante, est secondaire à l'hydratation de l'organisme.

Nous ne voulons point dire par là que le métabolisme du chlore ne joue aucun rôle dans la pathogénie des œdèmes bicarbonatés. C'est en effet dans les cas où il se produit de la rétention chlorurée que les œdèmes semblent le plus persistants. Chez l'un de nos diabétiques même, le poids s'éleva pendant la première partie du traitement bicarbonaté en même

temps que se produisait une rétention chlorurée; il s'abaissa pendant
la deuxième partie du traitement, en même temps que les chlorures
retenus s'éliminaient.

La comparaison entre les courbes d'excrétion du sodium bicarbonaté
et du sodium chloruré montre que, après la cessation de traitement
bicarbonaté, le sodium bicarbonaté est rejeté très rapidement par l'organisme, tandis que le sodium chloruré s'élimine plus lentement. Il semble
que, sous cette dernière forme, le sodium tienne plus fortement aux
tissus.

IV. L'excrétion de sodium est toujours influencée par le traitement
bicarbonaté. Dans tous les cas, même s'il ne se produit pas de rétention
chlorurée, il se fait une rétention de sodium. Il est donc à présumer que
la rétention de sodium joue un rôle prépondérant dans les œdèmes
bicarbonatés.

V. Tout en admettant le rôle prépondérant de l'ion sodium dans les
œdèmes bicarbonatés, nous ne sommes point d'accord avec Pfeiffer
qui, dans tous les œdèmes, attribue l'action hydratante au sodium et la
refuse au chlore.

Chez les diabétiques avec dénutrition, le sodium lié au bicarbonate est
retenu en plus forte proportion que le sodium lié au chlore; il y a des cas
où l'on ne provoque pas d'augmentation de poids par l'ingestion supplémentaire de chlorures et où l'on en provoque par l'ingestion de bicarbonate. Mais chez les brightiques, il n'en est plus de même. Ceux-là
sont beaucoup plus sensibles à l'administration du chlorure qu'à celle
du bicarbonate, bien qu'ils soient cependant susceptibles, comme je l'ai
vu avec M. Bith et Mlle Fertyk, d'augmenter de poids par l'ingestion de
bicarbonate, sans faire de rétention chlorurée. Chez eux, le sodium lié
au bicarbonate n'agit qu'à dose élevée, tandis que le sodium lié au chlore
agit à dose minime.

Le même fait a été constaté par MM. Achard et Ribot; ils ont vu, chez
un brightique, que le sodium chloré exerçait une action hydratante plus
forte que le sodium bicarbonaté.

La même discordance a été constatée par MM. Widal, Lemierre et
Weill. Chez une diabétique, ils ont vu que la même dose de sodium ne
donnait aucune élévation de poids lorsqu'elle était liée au chlore, tandis
qu'elle produisait une élévation de poids de 1400 gr. lorsqu'elle était liée
au bicarbonate. Par contre, chez un brightique, l'ingestion d'une petite
quantité de chlorure de sodium produisant immédiatement des hydro-
pisies, alors que des doses de sodium bien plus considérables, administrées
sous forme de bicarbonate n'entraînait qu'une augmentation de poids
insignifiante.

De tous ces faits, il résulte qu'on ne saurait attribuer au sodium le
rôle prépondérant dans tous les œdèmes comme le veut Pfeiffer, pas

plus qu'on ne peut attribuer au chlore un rôle exclusif comme le professe
M. Widal.

Il nous faut donc être plus éclectique et admettre que les œdèmes
n'ont pas tous le même mécanisme, et que la nature de la substance
minérale qui joue le rôle prépondérant dans leur pathogénie varie suivant les cas pathologiques.

VI. Sous quelle forme le sodium est-il retenu dans l'organisme des
diabétiques œdématiés ? On ne conçoit guère la possibilité d'une formation de chlorure de sodium sous l'influence de l'absorption de bicarbonate de soude; il faudrait admettre pour cela que le chlore lié aux
matières organiques est déplacé par le sodium pour se combiner avec lui.

Une partie du sodium se lie sans doute aux acides organiques qui
existent en abondance dans les humeurs des diabétiques acidosiques et
c'est cette affinité qui fait comprendre la sensibilité particulière de ces
malades au bicarbonate de soude et leur augmentation de poids plus
facile sous l'influence du traitement alcalin. Enfin, il est probable qu'une
partie du bicarbonate est absorbé sans avoir été décomposé et arrive sous
sa forme primitive dans les tissus. M. Achard en a donné la preuve en
pratiquant, dans l'ascite d'un cirrhotique, des dosages d'acide carbonique
qui ont montré l'augmentation des carbonates, après l'ingestion du sel
alcalin.

VII. Le rôle des matières minérales dans la physiologie des œdèmes
a été interprété de diverses façons. Jusqu'ici, nous faisons reposer la
pathogénie des œdèmes sur la théorie osmotique, nous admettons que
des matières minérales étant retenues dans l'organisme, la concentration
moléculaire des humeurs s'en trouvait augmentée; et par suite, un appel
d'eau se produisait, pour rétablir l'équilibre osmotique. M. Widal a eu
le grand mérite de montrer le rôle prépondérant joué dans les œdèmes
par le chlorure de sodium. C'est, en effet, le sel qui intervient le plus activement dans les échanges osmotiques, c'est celui qui existe en plus
grande proportion dans nos tissus, et c'est enfin celui que nous ingérons
chaque jour en plus grande quantité dans notre nourriture.

Mais, s'il tient le premier rôle dans le mécanisme régulateur des échanges
osmotiques, cela ne veut pas dire que les autres matières minérales n'y
prennent aucune part; dans des proportions variables, chacune d'elles
peut influer sur les échanges osmotiques; et l'on conçoit que dans des
cas particuliers, si l'une de ces substances minérales est, comme le bicarbonate de soude chez les diabétiques, apportée en grande quantité à l'organisme, elle pourra produire un effet sur les échanges osmotiques analogue à celui que produit le sel.

Il en serait ainsi d'après la théorie osmotique des œdèmes. Mais cette
théorie est incapable de nous rendre compte de tous les faits observés.
Elle ne nous explique point pourquoi le bicarbonate de soude exerce
une action plus active que le chlorure de sodium sur les œdèmes des diabétiques, alors que le phénomène inverse s'observe chez les brightiques.

Une théorie nouvelle a été proposée récemment par Martin Fischer pour expliquer la production des œdèmes. Heubner l'a invoquéé à propos des œdèmes bicarbonatés chez les diabétiques. Cette théorie met au premier plan l'affinité des matières colloïdes de nos tissus pour l'eau et leur propriété de se gonfler en donnant ce que l'on désigne sous le nom de *gel*; à cette affinité des colloïdes pour l'eau on donne le nom de *hydrosyntasie*. Dès expériences de Fischer, de Ludwig Meyer, de Heubner, ont montré que les substances chimiques modifient dans des proportions diverses l'hydrosyntasie des tissus; les acides et les bases l'augmentent; le sodium est, parmi les métaux, celui qui paraît le plus actif. On comprendrait ainsi que le bicarbonate de soude, agissant à la fois comme sel de sodium et comme alcalin, augmente l'affinité des tissus pour l'eau et favorise l'hydratation de l'organisme.

Le phénomène chimique de l'hydrosyntasie n'exclut, d'ailleurs, point le phénomène physique de l'osmose, et il est très possible que ces deux processus se combinent pour expliquer la production des œdèmes et les échanges minéraux. On voit par là combien est complexe le mécanisme physiologique des œdèmes bicarbonatés.

VIII. Une notion très importante ressort de l'examen de nos bilans minéraux chez les diabétiques avec dénutrition : c'est l'instabilité extrême de l'équilibre minéral de ces sujets. Tantôt, ils font des rétentions, tantôt ils font des déperditions minérales, et ces états opposés se succèdent parfois spontanément sans être provoqués par aucune intervention diététique ou thérapeutique. Chimiquement, ils se traduisent par des variations considérables et imprévues du poids, et par l'apparition d'œdèmes sans cause connue; ces oscillations du poids peuvent aller jusqu'à 6 ou 7 kg en quelques jours. L'étude des échanges minéraux révèle, à certains moments, des déperditions extraordinaires de chlorures qui ne peuvent se comprendre que si elles ont été précédées par des rétentions prolongées et considérables.

Cette instabilité de l'équilibre minéral des diabétiques avec dénutrition explique les résultats différents fournis par l'administration de bicarbonate de soude. Le sel alcalin est-il donné dans une période de reminéralisation, il provoquera de fortes rétentions chlorurées et sodiques; est-il, au contraire, absorbé pendant une période de déminéralisation, il ne se produira que des rétentions nulles ou insignifiantes.

Il y a là d'ailleurs quelque chose d'analogue à ce qu'on observe chez les brightiques qui, dans les périodes de déchloruration se montrent à peine sensibles à l'ingestion du sel, tandis que dans les périodes de rétention chlorurée, la moindre absorption de sel provoque chez eux des œdèmes.

On comprend alors que les résultats obtenus chez plusieurs sujets ne soient pas identiques, et que les auteurs aient pu se faire des opinions très divergentes sur cette question.

M. Fernand ARLOING,

Agrégé à la Faculté de Médecine, Lyon.

SUR LA VACCINATION ANTITUBERCULEUSE DES BOVIDÉS.
BASES DE LA MÉTHODE DE S. ARLOING. TECHNIQUE. RÉSULTATS.

614.91 : 616.913

24 Mars.

L'importance croissante de la lutte contre la tuberculose bovine, au point de vue de l'agriculture et de l'hygiène publique, m'a engagé à présenter ce travail résumé sur la vaccination antituberculeuse des bovidés, par la méthode du professeur S. Arloing, sur les bases de cette méthode, sa technique et ses résultats.

I. — Les travaux de S. Arloing sur la tuberculose, commencés en 1884, et qui devaient aboutir en 1909 à sa Communication sur la vaccination antituberculeuse du bœuf, au IXe Congrès international de Médecine vétérinaire de la Haye, ont été orientés par les idées directrices en matière d'immunité dans les maladies infectieuses. C'est dire que les efforts du professeur Arloing ont tendu à obtenir une *infection tuberculeuse curable, ne laissant pas de séquelles dangereuses* et cela à l'aide d'un *virus tuberculeux naturellement atténué, d'une race de bacilles vaccins.*

Au début, le problème paraît insoluble à beaucoup et expose S. Arloing à diverses oppositions et à des critiques, car il paraissait impossible de mettre le virus tuberculeux en contact avec un organisme, sans qu'il y produise une maladie tuberculeuse extensive et mortelle.

Ses laborieux travaux sur la *variabilité du bacille dans l'unité de la tuberculose* confirmèrent Arloing dans son idée et l'on peut dire, sans enfreindre la vérité la plus impartiale, que ce sont ses découvertes qui servent actuellement et qui serviront plus tard encore de base à la plupart des méthodes qui se proposent ou s'efforcent d'augmenter la résistance d'un organisme ou d'y créer l'immunité vis-à-vis de la tuberculose.

Pour donner la *caractéristique du procédé vaccinal antituberculeux de S. Arloing*, je dirai que, ne s'en remettant pas à des modifications extemporanées physiques ou à des modificateurs vivants du bacille tuberculeux, le maître lyonnais a *créé une race ou une variété fixe de bacilles tuberculeux modifiés, transmissibles par génération, produisant une sorte de septicémie tuberculeuse, curable, sans séquelles, non récidivante.*

Les *cultures vaccinales* dont on se sert sont du type dites *cultures de tuberculose homogène.* Arloing a, en effet, accoutumé le bacille tuberculeux humain et le bacille bovin à végéter, non plus en voile à la surface du bouillon glycériné, mais dans la profondeur de celui-ci en donnant une culture trouble, homogène, sans grumeaux. Cette découverte, publiée en 1898, montra que, non seulement ce bacille tuberculeux modifié (*appelé par abréviation bacille homogène*) avait vu se transformer ses caractères culturaux, mais encore son pouvoir et sa modalité pathogènes.

Inoculée à forte dose sous la peau ou dans les veines du *cobaye ou du lapin*, la culture homogène *ne donne plus la tuberculose classique*, mais elle engendre un *état septicémique particulier*, analogue à celui appelé par M. Landouzy, *typhobacillose* chez l'homme. Les lapins succombent à une cachexie plus ou moins intense et l'on trouve quelques lésions dans leur parenchyme hépatique, splénique et pulmonaire.

Ces lésions diffèrent profondément du tubercule histologique, elles sont du type qu'on a qualifié inflammatoire, simple infiltration de cellules rondes plus ou moins agminées, parfois réunion de quelques cellules épithélioïdes avec quelques figures mal définies de cellules géantes.

En collaboration avec M. le professeur Stazzi, j'ai constaté que l'*évolution vers la guérison, grâce à un processus de fibrose ou à la résorption* était la règle lorsque l'inoculation avait été faite dans le sang à dose moyenne (0,25 à 0,5 cm³) et sur une espèce animale plus résistante que le lapin (veau, chèvre, etc.).

Ainsi donc S. Arloing s'est trouvé, dès 1904, en possession de *races de bacilles bovins*, transmissibles en cultures, ne déterminant pas de tubercules, n'engendrant qu'une *infection tuberculeuse passagère, non folliculaire, curable et immunisante*. Il applique dès lors sur le bœuf, par des voies diverses, *ces vaccins* que l'expérience sur le singe montra sans danger pour l'homme (opérateur ou consommateur du lait). En fin de compte, il donna la préférence, comme voie d'introduction vaccinale, au point de vue constance des résultats, à l'inoculation intraveineuse sur la voie sous-cutanée ou digestive.

II. — Les bases scientifiques de la méthode une fois connues, *examinons sa technique générale avec quelques détails.*

La vaccination est obtenue par *deux injections intraveineuses* (dans la veine jugulaire) *séparées par un intervalle de 3 mois à 3 mois et demi.*

La méthode étant préventive, car elle ne nous a pas paru donner de résultats curatifs importants, on doit l'appliquer sur *des bovidés indemnes de tuberculose.*

Pour cela, on doit inoculer les animaux le plus rapidement possible après la naissance (depuis 3 jours jusqu'à 2 mois) avant qu'ils n'aient couru les risques d'une infection tuberculeuse naturelle.

Si l'on opère sur des veaux plus âgés ou sur des bovins adultes, il est bon, si l'on recherche d'une façon scientifique les résultats de la méthode, de pratiquer *au préalable une épreuve à la tuberculose* et plus particulièrement l'*injection sous-cutanée* en raison de sa plus grande précision.

On évitera ainsi d'injecter le vaccin à des animaux déjà tuberculeux, non que la vaccination soit susceptible d'aggraver les lésions (tout nous porte à affirmer que non, sans pour cela dire que le vaccin ait une action curative), mais, parce qu'il est désirable qu'on évite d'interpréter faussement les faits et d'imputer à la vaccination la constatation ultérieure de lésions préexistantes. J'ajouterai que l'opération extrêmement simple ne demande aucune préparation spéciale, qu'on peut la pratiquer sur des animaux au pâturage, à l'étable, rentrant du travail ou s'y rendant. Aucun régime spécial n'est applicable aux vaccinés.

La description détaillée de la *technique proprement dite* serait insipide, aussi n'y insisterai-je pas longtemps.

L'animal étant immobilisé à sa place, un aide élève la tête et tend l'encolure qu'on enserre à la base d'une cordelette de façon à faire gonfler la veine jugulaire. L'opérateur y enfonce alors rapidement une aiguille assez forte et à biseau court à laquelle il adapte la seringue chargée de vaccin lorsqu'il s'est assuré par la sortie du sang à travers l'aiguille que celle-ci est bien en place dans le vaisseau. Le lien étant enlevé, on pousse l'injection puis on retire brusquement l'aiguille. Cette opération très simple demande moins de temps pour être exécutée que pour la décrire.

La *dose moyenne* de vaccin est de 0,5 cm³ à la *première vaccination* et de 0,75 cm³ lors de la *deuxième vaccination*. Si le sujet est très jeune on s'en tient à 0,5 cm³; aux adultes, on injecte d'emblée 0,75 cm³.

Les *suites opératoires* de la première injection sont nulles au point de vue clinique si l'on n'examine pas très attentivement les animaux. A peine ont-ils, parfois, un peu d'inappétence, une très légère hyperthermie.

La seconde injection vaccinale peut éprouver un peu plus les sujets en tant qu'effets immédiats, certains présentent de l'horripilation, de la tristesse, de l'anorexie, une hyperthermie immédiate avec reprise, vers le onzième jour.

Pendant les dix premiers jours, les vaches en lactation subissent une diminution de rendement de un dixième environ, mais la gestation n'est pas influencée, les chaleurs ne sont pas interrompues.

Avant d'arriver aux effets éloignés, faut-il ajouter que la *vaccination ne donne lieu à aucun accident.* Jamais il n'a été signalé d'accidents sérieux ou mortels et M. Ducloux, le distingué directeur des services d'élevage de la Régence de Tunis, appuiera de son autorité et de ses observations ce que j'avance, d'après celles de nombreux vétérinaires.

A la suite de la piqûre de la jugulaire, on a pu observer parfois une petite tuméfaction au niveau du point inoculé, si par mégarde on a déposé du vaccin dans le tissu périveineux ou s'il s'est produit un léger thrombus. Le plus souvent cet accident rare s'indure puis se résorbe.

III. — Avec l'*étude des phénomènes consécutifs éloignés*, je touche à deux questions très importantes :

1° *Celle de la résistance acquise à l'infection tuberculeuse*, c'est-à-dire de l'immunité conférée et 2° *celle de la sensibilité à la tuberculine.*

1° *Résistance acquise à l'infection tuberculeuse.* Le degré de cette résistance a d'abord été *cherché expérimentalement* par S. Arloing, avant qu'il n'ait été possible de recueillir des documents *dans la pratique.*

L'un et l'autre moyen d'appréciation de l'immunité sont intéressants à connaître et à comparer; je vais les exposer :

Expérimentalement, S. Arloing, après une *inoculation d'épreuve de bacille bovin actif*, a vu que, chez ses vaccinés, 5o % ne présentaient aucune lésion à l'autopsie (*succès complet*), 25 % présentaient des lésions très circonscrites ganglionnaires, très souvent calcifiées (*succès relatif*) et 25 % offraient des lésions disséminées comme chez les témoins (*insuccès*); toutefois, ces lésions étaient encore six fois moins fortes que chez les sujets non vaccinés.

Les témoins opposaient à ces chiffres : 63,6 % d'infections complètes, 27,2 % d'infections partielles et 9,2 % sans lésions.

Globalement donc, 75 % des bovins vaccinés acquièrent une résistance plus ou moins grande contre une infection sanguine ou digestive par des bacilles virulents actifs puisque 90,8 % des témoins ont été infectés. Ces conditions expérimentales sont particulièrement sévères et diffèrent des conditions ordinaires de l'infection naturelle.

Il importe maintenant d'examiner les résultats recueillis dans la *pratique agricole vétérinaire.* Dans les différents centres de vaccination du Nord, de la Vienne, de l'Allier, du Puy-de-Dôme, de la Loire, de la Saône-et-Loire, du Cher, etc., tout s'est passé (il me paraît superflu d'insister) avec le maximum de simplicité et sans un seul accident opératoire ou post-opératoire.

J'ai déjà signalé la symptomatologie qui suit la vaccination; je n'y reviens pas.

L'action préventive est appréciée par l'absence de symptômes suspects ultérieurs, par l'absence de réactions à la tuberculine, et par l'examen des viscères et ganglions au moment de l'abatage.

Il est difficile de faire une statistique totale, car les résultats varient dans une certaine mesure suivant le degré d'infection naturelle par la tuberculose du milieu où l'on vaccine.

Dans les exploitations comptant de 15 à 20 % de bovins tuberculeux, *les succès de la vaccination* s'élèvent de 87 à 92 % et plus. On voit le nombre des sujets protégés être de 75 %, chiffre fixé par S. Arloing dans des étables où la tuberculose règne en maîtresse.

Ainsi, après les vaccinations de la colonie agricole du Val-d'Yèvre, près de Bourges, 76,92 % (en chiffres ronds 77 %) des vaccinés ont résisté à l'infection au milieu d'autres bovins dont 81 % réagissent à la tuberculine.

Encore les résultats pourraient-ils être interprétés plus favorablement, puisque des documents officiels, publiés par l'administration pénitentiaire, il ressort que, parmi le cheptel, avant la vaccination, se trouvaient six animaux ayant réagi à la tuberculine de plus de un degré, donc suspects, bien que non cliniquement tuberculeux. Je dois insister sur le fait qu'il s'agissait là d'animaux âgés de 15 à 20 mois, s'étant bacillisés dans un pareil milieu avant la vaccination, alors que les jeunes bovins, âgés de 3 semaines à 2 mois au moment de l'intervention, ont été, en réalité, protégés au delà du pourcentage de 77 % indiqué plus haut.

Citerai-je encore d'autres exemples qui ont la valeur d'expériences concernant entre autres des bœufs de travail, compagnons d'étable et de joug et dont l'un tuberculeux n'a pas infecté son compagnon vacciné, après plus de 2 ans de vie commune.

2° Une seconde conséquence de la vaccination est l'éveil de la *sensibilité à la tuberculine*, qui permet d'obtenir, 1 mois après la première intervention, pendant 5 à 8 mois après la seconde, une réaction par la tuberculine chez les bovins dans la veine de qui on a injecté le vaccin.

Pareil phénomène s'explique aisément. Il n'est pas, en tout cas, on le verra, un argument contre la méthode.

Il devait pourtant être signalé, car il serait puéril de nier qu'il ne faille parfois en tenir compte.

J'ai étudié longuement et minutieusement la question, et je peux conclure que la sensibilité à la tuberculine postvaccinale est *de durée essentiellement variable suivant les individus et suivant la technique utilisée pour la tuberculino-réaction.*

Ainsi, cette sensibilité ne se manifeste pas ou est presque invisible si l'on a recours à l'intradermo ou à la cuti-réaction. La tuberculination par voie sous-cutanée donne une réaction le plus souvent et pendant le plus long temps après l'intervention.

Pourtant cette réaction n'atteint pas toujours les limites capables d'engendrer la suspicion clinique.

Ainsi, *six mois après la vaccination*, nous notons à *peine dans ¼ des cas des élévations thermiques de* 0°,5 *à* 0°,8. *Après un an*, les moyennes de nos relevés oscillent entre 0° *et* 0°,3.

Quelques rares sujets, nous n'en disconvenons pas, peuvent monter de 1°,4-1°,7 et même 2°. Ce dernier chiffre n'indiquerait, selon moi, un peu théoriquement peut-être, une infection survenue malgré la vaccination qu'au cas où il est constaté un an après celle-ci; tandis que 1°,4 et 1°,7 constatés 4 à 5 mois après l'intervention résulteraient le plus souvent de la sensibilité postvaccinale à la tuberculine et non d'une infection clinique. Très souvent, en effet, dans ces derniers cas, les vérifications nécropsiques, macroscopiques et microscopiques ont été négatives.

Cette sensibilité à la tuberculine (ainsi que l'élévation du pouvoir agglutinant du sérum, etc.), n'est que le témoignage des propriétés nouvelles acquises par l'organisme du fait de la vaccination.

Pareils exemples de réaction spécifiques se retrouvent dans toutes les vaccinations, pratiquées journellement, contre les maladies infectieuses. On recherche même avec soin l'apparition de ces réactions comme une preuve de l'intensité du processus d'immunisation chez le sujet vacciné.

Quoi qu'il en soit de ces considérations, la *sensibilité à la tuberculine postvaccinale ne comporte pas pratiquement de graves inconvénients, car aujourd'hui de plus en plus on substitue la cuti et l'intradermo-réaction*, à cause de leur simplicité d'exécution, à la réaction sous-cutanée.

Étant donné son intérêt au point de vue des échanges réciproques, S. Arloing avait examiné lui aussi cette question, mais il ne disposait pas de tous les documents que nous avons continué à recueillir après lui. Néanmoins, dans ses Notes inédites, il pensait ne pas conseiller la vaccination sur les animaux que l'on voudrait vendre à bref délai, tandis que l'inconvénient disparaît pour les bêtes destinées à la boucherie.

« Dans quelque temps, disait S. Arloing, dans une conférence faite en août 1890, devant la Société des Vétérinaires de la Haute-Marne, les esprits se seront formés à la méthode et l'on devra passer outre à la réaction tuberculineuse chez les animaux, qui auront été soumis à la vaccination. Il faudra même songer à donner à ces animaux un « *certificat de vaccination* » qui les excusera de réagir pendant un certain temps après l'intervention protectrice, alors qu'avant ils étaient insensibles. »

Nul doute que tôt ou tard on ne soit amené à prendre une telle mesure administrative, pleine de sagesse et de prévoyance, intéressant au premier chef l'hygiène publique, car dans l'état actuel de nos connaissances, il paraît bien improbable qu'on puisse parvenir à conférer une immunité vaccinale antituberculeuse aux bovidés au moyen des corps ou des extraits bacillaires sans éveiller comme corollaire les réactions humorales et toxiniques caractéristiques en clinique de l'infection bacillaire.

Il ne s'agit *pas d'abroger les mesures de police sanitaire non plus que la législation commerciale* qui s'appuyent sur l'action révélatrice de la tuberculine. On doit, au contraire, et j'insiste sur ce point, rendre les unes les autres plus rigoureuses pour enrayer l'extension du mal. Mais, au nom même du critérium employé, faut-il proscrire la vaccination de la pratique courante parce qu'elle amène parfois la sensibilité à la tuberculine et qu'ainsi elle peut donner le change dans les transactions ou les enquêtes sanitaires ? Poser la question, c'est la résoudre. Fatalement, l'Administration centrale devra instituer un jour le certificat de vaccination qu'avait projeté le professeur S. Arloing.

Telles sont les principales remarques que suggère la pratique vaccinale antituberculeuse. La *méthode* d'Arloing confère aux animaux une *immunité d'une durée de 18 mois en moyenne*. Chez certains sujets elle s'affaiblit dès le septième ou dixième mois; chez d'autres, elle existe encore après 2 ans.

Une nouvelle injection sous-cutanée ou intraveineuse de 2 ou 1 cm³ de vaccin constitue une mesure utile, car cette revaccination renforce et prolonge la résistance.

Il semble qu'on fasse preuve de parti pris, en matière de vaccination antituberculeuse, quand on reproche au procédé vaccinal de S. Arloing de ne pas conférer l'immunité à coup sûr et pour le restant de la vie du sujet.

Sur ce terrain notre vaccination marche de pair avec les autres méthodes de vaccination contre les diverses maladies infectieuses et mérite avec elles des critiques qu'on semble lui réserver spécialement.

Peut-être me sera-t-il possible de modifier certains détails de la méthode du professeur S. Arloing, mais, dès maintenant, cette méthode a fait largement ses preuves.

Quel que soit le *mécanisme de la résistance* qu'elle confère, que ce soit ou non une véritable immunité, ou que de son chef les bovidés acquièrent, pratiquement, l'aptitude d'éliminer les bacilles, le vaccin de S. Arloing préserve de l'infection tuberculeuse 75 à 80 % des bovins qui y sont soumis.

Dès 1904, elle a atteint ce résultat en utilisant, suivant le desideratum exprimé par les savants compétents qui après S. Arloing se sont attachés à l'étude de la question, une race de bacilles tuberculeux convenablement atténués, inaptes à former des lésions folliculaires (Calmette).

La vaccination antituberculeuse des bovidés mérite donc qu'on ait recours à elle pour combattre, avec l'aide et sous la direction de la police sanitaire, une affection aussi grave, aussi répandue et aussi dangereuse pour la santé publique et la richesse agricole que la tuberculose bovine.

L'heure est donc venue d'employer concurremment aux autres moyens actuellement préconisés pour l'éradication de la tuberculose du bétail (tuberculinisation et isolement, assurances, mutualités, etc.), la vaccination antituberculeuse bovine, puisque de l'aveu même des promoteurs de ces différentes méthodes, elles ne donnent que des résultats très incomplets ou sont pratiquement irréalisables.

SCIENCES PHARMACOLOGIQUES.

M. Raphael Dubois,

Professeur à la Faculté des Sciences, Lyon.

PRODUITS PHARMACEUTIQUES ATMOLYSÉS.

615.789.3

25 Mars.

Dans une Note sur *l'atmolyse* et *l'atmolyseur* dont je suis l'inventeur, présentée au dernier Congrès de Chimie appliquée et de Pharmacologie de New-York et Washington (¹), je me suis servi du mot « *intrait* » pour désigner des produits à la fabrication desquels, je pensais, avec mon savant ami et collègue, M. le professeur Florence, de la Faculté de Médecine de Lyon, que mon procédé d'atmolyse n'était pas étranger.

Le mot *intrait* désignant exclusivement des produits commerciaux, je lui ai substitué la désignation de *produits atmolysés*, ce terme général devant, à mon sens, servir à désigner dans les pharmacopées, tous les produits pour lesquels on aura mis en œuvre le procédé général d'analyse immédiate que j'ai découvert, en étudiant l'action physiologique dès alcools et des vapeurs anesthésiques (²).

Pour ne laisser prise à aucun malentendu, je rappellerai que mon procédé est basé sur les principes suivants :

1° Action de vapeurs ($\alpha\tau\mu\circ\varsigma$, vapeur) sur des tissus animaux ou végétaux, vivants ou frais;

2° Les vapeurs employées sont fournies par des liquides organiques neutres présentant les propriétés physiologiques des anesthésiques généraux : alcools, éthers, chloroforme et autres composés chlorés du carbone, carbures d'hydrogène, etc.;

3° Les vapeurs en question agissent par diffusion, osmose, dialyse spéciale et les effets produits sont différents dé ceux qui résulteraient de

---

(¹) *Eicht international congress of applied Chemistry* (*New-York und Washington*, Vol. XIV, 1911, p. 95).

(²) *Voir C. R. de la Soc. de Biol.*, 1883-84; *C. R. de l'Ac. des Sc.*, 1896 et 1912; *Rev. génér. des Sciences pures et appliquées*, 1891; *C. R. des Congrès de l'Association Française*, Lyon, 1906; *Anesthésie physiologique*, 1 Vol., chez Masson, 1894, etc., etc.

l'immersion pure et simple de ces tissus dans les liquides générateurs des vapeurs atmolysantes ([1]);

4° L'action de ces vapeurs peut être diversement modifiée par la température, la pression, etc.

Dans mes recherches, en effet, j'ai fait souvent intervenir les variations de chaleur et de pression (qui se font d'ailleurs dans le même sens), ainsi que le montre nettement la présence d'un thermomètre dans mon atmolyseur, et celle d'un manomètre à sa partie supérieure ([2]). Ces variations sont surtout utiles quand on opère avec des liquides ayant une tension de vapeur relativement faible, comme les alcools, en général.

On pourrait même, peut-être, en cherchant bien dans les magasins du laboratoire de physiologie de la Sorbonne, retrouver un appareil atmolyseur en métal, que j'avais fait construire à l'époque où j'étais encore préparateur de Paul Bert ou de Dastre.

On voit que cette question de l'*atmolyse* n'est pas nouvelle, et j'ai été tristement impressionné de ne voir mentionner dans la brochure publiée par MM. Boulanger, Dausse et C[le] que les récentes recherches de MM. Guignard, Mirande, Heckel, qui ne sont, en définitive, comme je l'ai dit dans ma Communication à l'Académie des Sciences du 26 mai 1912, que la confirmation des résultats de mes expériences anciennes. J'en ai dit autant de celles de MM. Demoussy, Pougnet et Mölish de Prague (cité par M. Guérin), et je pense qu'aucune contestation n'a été opposée à ma réclamation de priorité.

Mais, ce n'est pas le seul point qui m'ait frappé dans la lecture de la brochure de MM. Boulanger, Dausse et C[le] intitulée les *Intraits Dausse et les sucs végétaux*. D'après leurs auteurs, les *intraits* seraient « préparés entièrement à froid » (p. 5), et un peu plus loin ils ajoutent :

« Les plantes sont recueillies dans les meilleures conditions de terrain et d'habitat, et envoyées aussitôt à l'usine où elles sont stabilisées dans le vide, dans des autoclaves appropriés, par la vapeur d'*alcool bouillant*, sous pression réduite, à une température de 70° environ. »

La contradiction est évidente.
Et plus loin :

« Cette action combinée de la chaleur et des *vapeurs* d'alcool qui ne dure que quelques secondes, a pour but de *détruire tous les ferments solubles*; la plante ainsi traitée, pourra être desséchée sans que la composition chimique qu'*elle avait au moment de la cueillette se trouve modifiée*. »

Je dois à la vérité scientifique de déclarer que ces affirmations sont en complète opposition avec les recherches de laboratoire que j'ai poursuivies pendant de longues années, et pourtant le fait d'employer les

---

([1]) *Voir* particulièrement ma Communication à l'Académie des Sciences du 26 mai, 1912.
([2]) *Loc. cit.*

vapeurs d'alcool — même bouillant — fait rentrer le *modus operandi* employé par MM. Boulanger et Dausse dans le cadre de l'atmolyse. Par le seul fait de la mort du tissu vivant, végétal ou animal, il se produit des modifications profondes dans la composition du bioprotéon : physiques, chimiques et morphologiques. Ces modifications sont encore plus accentuées, lorsqu'à l'action de la chaleur, on ajoute celle de la vapeur d'un liquide anesthésique, tel que l'alcool. Il est donc antiscientifique de dire que des substances obtenues par le procédé d'analyse immédiate de l'atmolyse « représentent, inaltéré, le complexe primitif soluble dans l'eau qui existait dans la planté vivante ». Sans doute, mon procédé d'atmolyse est plus délicat que les autres procédés d'extraction, mais malgré la tendresse paternelle que j'ai pour lui, je n'aurais jamais osé lui accorder des vertus aussi merveilleuses que celles que MM. Boulanger et Dausse lui attribuent. MM. Boulanger et Dausse ne pourront pas non plus se refuser à reconnaître que leurs *sucs végétaux* sont préparés par *atmolyse*, puisqu'ils font agir des *vapeurs* d'éther sur des plantes fraîches, et non par éthérolyse, puisque, dans ce procédé dû à Legrip, les plantes sont immergées dans l'éther liquide, ce qui donne des résultats différents [1].

Je n'ai pas soulevé ce débat, mais je crois qu'il peut être utile à ceux de mes nombreux confrères en Médecine et en Pharmacie qui attachent de l'importance à la vérité et à l'exactitude scientifique, et la placent au-dessus de toute considération d'ordre industriel ou commercial.

Ma conclusion est que tout produit préparé à l'aide de l'atmolyse doit scientifiquement porter le nom de « *produit atmolysé* ».

M. Raphaël DUBOIS.

MICROZYMAS, COCCOLITHES DE LA CRAIE ET VACUOLIDES.

615.7 : 546.41-8

24 Mars.

Dans diverses publications, Béchamp a prétendu que la craie jouissait de propriétés fermentatives très accentuées et que ces dernières étaient dues à un *microzyma* spécial, le *microzyma cretæ* [2], qu'il considérait comme véritablement typique. Ce microzyma était à l'état de vie, mais

---

[1] *Loc. cit.*

[2] A. Béchamp, *Du rôle de la craie dans les fermentations butyriques et lactiques, et des organismes actuellement vivants qu'elle contient* (*C. R.*, t. LXIII, p. 451), et *Microzymas*, J.-B. Baillière et fils, Paris, 1883.

de vie ralentie, au sein même des blocs de craie venant d'être extraits
de la carrière. Au contraire le carbonate de chaux obtenu par précipitation ne jouissait pas des mêmes propriétés fermentatives et ne renfermait
pas de microzyma : il était logique de conclure que les phénomènes de
fermentation pouvaient être attribués au *microzyma cretæ*. Malheureusement, Béchamp, dans ses expériences, ne s'est pas mis à l'abri suffisamment des causes d'erreur pouvant provenir de la présence de microbes
d'une part, et, d'autre part, il n'a donné aucune description de son
microzyma typique.

L'expérience m'ayant prouvé que l'action de la craie ingérée par voie
stomacale aux mêmes doses que le carbonate de chaux par précipitation
est bien différente de celle de ce dernier produit, je me suis demandé
s'il existait entre ces deux produits pharmaceutiques dont la composition
chimique est généralement considérée comme équivalente, quelque différence pouvant expliquer pourquoi la craie préparée, dans les affections
digestives, est préférable au carbonate de chaux chimiquement pur.

Cette recherche m'a paru d'autant plus indiquée que dans un Livre
récent (¹), M. H. Grasset a avancé que les organites élémentaires du bioprotéon que j'ai appelés *vacuolides* et dont, depuis fort longtemps, j'ai
décrit la structure intime et le fonctionnement comparables à ceux des
leucites (²), correspondent au *microzyma* de Béchamp.

Dans le carbonate de chaux préparé par précipitation, on ne trouve
rien qui puisse être comparé aux vacuolides, mais Béchamp a dit que
ce produit ne renfermait pas de microzymas. Il n'en est plus de même dans
les différents échantillons de craie que j'ai examinés. J'y ai trouvé toujours, et en grande abondance, des corpuscules, arrondis ou ovoïdes, présentant au centre une vacuole. La plupart de ces microéléments organisés, ne dépassent pas le volume de nos vacuolides; ils ne se dissolvent
pas dans l'acide acétique dilué, qui permet, au contraire, de les isoler
de la masse crayeuse. Cela n'est d'ailleurs pas nécessaire pour les observer.
il suffit de délayer dans l'eau une petite parcelle d'un bâton de craie, d'en
laisser sécher une goutte sur le porte-objet, puis d'ajouter une goutte de
xylol et ensuite du baume du Canada pour obtenir une préparation
montée. Mais, *contrairement à mes vacuolides*, qui se colorent par la méthode préconisée par Regaud, pour la coloration des mitochondries, ces
petits organites ne prennent pas la coloration caractéristique de cette
réaction. Je n'ai pu, d'ailleurs, les colorer par aucun des réactifs usuels.
Cependant l'éosine, en certains points, paraît avoir pénétré dans la
vacuole et teinté légèrement son contenu, parfois granuleux.

La partie périphérique semble creusée de canalicules extrêmement fins.

(¹) *Étude historique et critique sur la génération spontanée et l'hétérogénie*,
p. 173, chez M. Champion, éditeur, Paris, 1912.

(²) Voir *Les vacuolides de la purpurase et la théorie vacuolidaire* (*C. R.* t. CLIII,
1911, p. 1507, et *Eight international Congress of applied Chemistry*, Vol. XIX,
p. 91).

La forme de ces corpuscules est généralement arrondie et parfois ovoïde.

Au mois de novembre dernier, j'ai soumis mes préparations à l'examen de M. le professeur Cayeux, du Collège de France, qui s'est occupé très spécialement de la craie, et il a reconnu dans ces organites des corpuscules décrits déjà sous le nom de *coccolithes*.

En raison de leur extrême abondance dans la craie, et, bien qu'ils ne soient pas eux-mêmes composés de carbonate de chaux, tout au moins exclusivement, nous pensons qu'ils ont joué un rôle prépondérant dans la formation de cette roche et que peut-être ils dérivent d'organismes plus élevés, comme les vacuolides et les mitochondries peuvent provenir de la désagrégation des tissus de tous les organismes végétaux et animaux.

Une étude plus approfondie permettra probablement de se prononcer exactement sur la véritable nature de ces coccolithes.

Toutefois, dès à présent, je dois déclarer que par certains côtés (coloration, aspect microscopique) ces coccolithes s'éloignent des vacuolides. Cela ne veut pas dire qu'elles soient incapables de provoquer (peut-être par catalyse, à la manière de certains corps poreux) des actions fermentatives, comme l'a dit Béchamp [1] : nos recherches sous ce rapport ne sont pas terminées [2]. Mais c'est en vain que nous avons cherché à faire multiplier ces corpucules par les procédés de culture les plus divers employés pour les ferments figurés, les microbes, etc. Ce n'est point une raison pour affirmer, contrairement à l'opinion de Béchamp touchant le *microzyma cretæ*, que ces organites ne sont pas vivants, puisque je considère les macrozymases de la purpurase, de la luciférase, et, en général, toutes les zymases comme quelque chose d'encore vivant, et que, d'ailleurs, on ne peut pas dire où commence et où finit la vie [3]. En tous cas, elles ne se reproduisent pas et ne sont pas assimilables aux microbes et aux ferments figurés.

Conclusions. — On trouve dans la craie des organites (corpuscules organisés) qui, sous certains rapports, ressemblent aux organites élémentaires du bioprotéon que j'ai appelés *vacuolides*. Mais cela est insuffisant pour permettre d'assimiler les vacuolides d'une part, et les coccolithes, d'autre part, aux microzymas de Béchamp, cet auteur n'ayant donné aucune description morphologique du *microzyma cretæ*, qu'il considérait comme typique.

Au point de vue pharmaceutique, ces recherches montrent qu'il existe des différences morphologiques entre la craie préparée et le carbonate

---

(1) *Loc. cit.*

(2) *Remarque.* — Il est à noter, dès à présent, que nous avons acquis la certitude que l'emploi de la craie administrée par voie stomacale a une action très différente et beaucoup plus favorable sur la digestion que le carbonate de chaux par précipitation.

(3) Voir *Les microbioïdes* (*C. R.*, t. CLIII, 6 nov 1911, p. 905).

de chaux par précipitation permettant facilement de distinguer l'un de
l'autre par le simple examen microscopique et peut-être d'expliquer leur
différence d'action pharmaco-dynamique ([1]).

MM. Albert MOREL et Georges MOURIQUAND.

RECHERCHES EXPÉRIMENTALES SUR LE NEUROTROPISME DU DIOXYDI-AMIDOARSÉNOBENZOL (A L'ÉTAT DE NÉO-SALVARSAN ET A DOSES THÉRAPEUTIQUES).

615.739.11.06.951

24 Mars.

Le dioxydiamidoarsénobenzol employé à doses fortes ou moyennes
a été rendu responsable d'accidents toxiques divers, dont les plus importants sont des accidents nerveux apparaissant quelques jours ou quelques
semaines après l'injection.

Ces accidents sont le plus souvent caractérisés par des paralysies portant sur les nerfs craniens et en particulier les nerfs de la septième et de
la huitième paire, avec ou sans réactions méningées. Les observations
qui les relatent étant presque toutes superposables, leur apparition suivant parfois de très près l'administration du médicament, force est bien
d'admettre une relation entre ces accidents nerveux et la nouvelle
thérapeutique par le dioxydiamidoarsénobenzol. De très nombreuses
communications à leur sujet ont déjà été faites en Allemagne et en
France, à la Société médicale des Hôpitaux de Paris en particulier. Les
auteurs sont presque tous d'accord sur les faits, leur interprétation
pathogénique seule diffère. Ils ont pour la plupart adopté pour désigner
ces manifestations le terme de « neurotropisme ». Au sens strict
« neurotropisme du dioxydiamidoarsénobenzol » désigne expressément la
localisation du médicament, ou tout au moins celle d'un de ses dérivés
arsenicaux sur les centres nerveux, et employer ce terme pour désigner
les accidents qui découlent de l'emploi du médicament, c'est admettre
l'existence de cette localisation.

Tous les auteurs qui parlent de neurotropisme ne considèrent pourtant pas que l'arséno injecté ait un tropisme vrai pour les centres nerveux, et ils admettent la possibilité d'expliquer les accidents signalés
par les mécanismes suivants, dans lesquels le composé arsenical n'est
qu'indirectement responsable.

([1]) Laboratoire maritime de Biologie de Tamaris-sur-Mer, le 27 février 1913.

Le médicament peut agir soit :

a. En refoulant vers les centres nerveux les tréponèmes;

b. En permettant, grâce à une atteinte légère des nerfs craniens, la fixation du virus syphilitique à leur niveau;

c. En mettant en liberté, par destruction massive de spirochètes, des endotoxines, qui vont léser les centres nerveux, reproduisant à leur niveau le phénomène d'Herxeimer, observé au niveau des régions muqueuses et cutanées (Ehrlich).

En somme, pour les uns, le dioxydiamidoarsénobenzol a une action directe, toxique, sur les centres nerveux; pour d'autres, cette action est indirecte par l'intermédiaire de la syphilis brutalement remaniée par l'injection. D'autres auteurs enfin, admettent que dans ces cas l'agent thérapeutique ne joue aucun rôle et que la syphilis est directement en jeu. Nous avons pensé que l'observation clinique seule n'était pas capable de résoudre un problème de nature aussi essentiellement chimique et nous nous sommes adressés à l'expérimentation et à l'étude biochimique du tropisme du dioxydiamidoarsénobenzol pour les centres nerveux.

Cette étude, abordée par quelques auteurs allemands ne paraît avoir été tentée en France que par M. Mouneyrat (*C. R. Acad. des Sc.*, 29 janvier 1912) dont les conclusions sont, du reste, comme on le verra plus loin, opposées aux nôtres.

Au précédent Congrès de l'Association française pour l'Avancement des Sciences (Nimes, 1912), nous avons communiqué les résultats de nos premières recherches sur cette question.

Nous rappelons que nos conclusions étaient que le neurotroprisme, c'est-à-dire la fixation d'un composé arsenical par les centres nerveux, nous paraissait nul en ce qui concerne le cerveau et le cervelet et extrêmement faible en ce qui concerne la moelle et le bulbe, tandis que nous avions pu déceler des quantités appréciables (0,4 mg %) d'arsenic dans le foie des animaux dans le cerveau desquels nous n'avons pas trouvé de quantité réellement anormale d'arsenic.

Depuis cette époque, une subvention, qui nous a été allouée par le Conseil de l'Association française pour l'Avancement des Sciences, nous a permis de poursuivre ces études et voici les résultats que nous avons obtenus, depuis qu'elle nous a été accordée.

Première série d'expériences. — I. *Technique.* — Nous avons fait absorber en injection intraveineuse à des chiens des doses thérapeutiques de néo-salvarsan. Un de nos chiens (I) a reçu trois injections espacées tous les 2 jours et n'a été tué, par saignée à blanc, que 3 jours après la troisième. L'autre chien est mort dans les 24 heures qui ont suivi l'injection, en présentant une albuminurie massive, et n'a donc reçu que celle-ci.

Nous avons recherché et dosé l'arsenic retenu dans les organes en suivant la technique, donnée par Armand Gautier, pour la recherche de l'arsenic normal qui, comme on le sait, offre toutes les garanties, au point de vue de la précision et de l'exactitude, que l'on doit exiger pour des études aussi délicates. Les acides que nous avons employés étaient des acides rigoureusement privés d'arsenic par les procédés de purification de G. Bertrand.

II. *Résultats*. — Chien I. Poids 8 kg. Il a reçu trois injections intraveineuses de néo-salvarsan, espacées tous les 2 jours, de 0,20 g, 0,20 g et 0,25 g. Il a été tué, par saignée, 3 jours après la dernière injection.

		As trouvé (en mg.).	As % (en mg.).
Cerveau avec bulbe. Cervelet et origine des nerfs craniens réunis...................	56^g	inappréciable	»
Foie (Portion de)........................	3o	0,2	0,66
Reins...................................	5o	0,4	0,8o
Cœur...................................	6o	0,2	0,83
Bile....................................	20	0,4	2
Sang (globules).........................	185	inappréciable	»
» (plasma)...........................	11o	0,5o	0,45

Chien II. Poids 10 kg. Il a reçu une seule injection intraveineuse de 0 20 g de néo-salvarsan. Il est mort 8 heures après celle-ci, en présentant une albuminurie intense. Il n'a pu être saigné.

		As trouvé (en mg.).	As % (en mg.).
Cerveau avec bulbe. Cervelet et origine des nerfs craniens réunis..................	109^g	inappréciable	»
Foie (portion de).......................	36	0,5o	1,40
Reins	16	inappréciable	»

III. *Conclusions*. — Le tropisme des composés arsenicaux s'est montré inexistant pour les centres nerveux (cerveau, bulbe, cervelet, y compris l'origine des nerfs craniens), vu que nous n'avons pu déceler de localisation appréciable d'arsenic dans ces organes. Cependant, la quantité d'arsenic qui se trouvait dans le foie était assez considérable pour qu'on pu parler d'hépatotropisme.

DEUXIÈME SÉRIE D'EXPÉRIENCES. — I. *Technique*. — Dans le but de parer à l'objection, qui peut être faite à la conclusion, que nous avions tiré des expériences précédentes, touchant la fixation d'une certaine quantité de produits arsénicaux par le foie, nous avons entrepris une nouvelle série de recherches dans lesquelles nous débarrassons complètement les organes du sang qu'ils renferment, non seulement par lavage, après broyage, mais bien par le lavage de l'appareil circulatoire, qui est, comme on le sait, le moyen le plus sûr d'éliminer toute trace de sang restant dans les organes.

II. *Résultats*. — Lapin. Poids 2,8oo kg. Il a reçu trois injections intraveineuses espacées tous les 2 jours de 0,10 g, 0,10 g et 0,12 g de néo-salvarsan. Il a bien supporté les injections et son poids n'a pas varié. Il a été tué par saignée à blanc et son appareil circulatoire a été lavé par une injection de Na Cl à 8 00/00, poussée par l'aorte.

	As trouvé (en mg.).	As % (en mg.).
Cerveau avec bulbe. Cervelet et origine des nerfs crâniens réunis.............. ... 10^g	inappréciable	»
Moelle....................: 2	inappréciable	»
Foie (Portion de)....-............... 39	0,006	0,015
Reins.... 15	inappréciable	»
Cœur................ ....:...... 11	inappréciable	»

III. *Conclusions.* — Le neurotropisme s'est montré inexistant dans ce cas comme dans les cas précédents.

L'hépatotropisme lui-même a été excessivement faible.

INTERPRÉTATION DES RÉSULTATS: — 1° Nous n'avons pu constater de localisation d'arsenic appréciable dans les centres nerveux de nos animaux, soumis à des injections intraveineuses de doses thérapeutiques de dioxydiamidoarsénobenzol à l'état de néo-salvarsan. Comme indication servant au contrôle de la sensibilité de notre méthode de recherche, nous dirons qu'ayant eu l'occasion de rechercher l'arsenic dans le cerveau d'un lapin, qui avait reçu en injection intraveineuse non plus un arséno, mais bien de l'acide benzarsénique $As\,O^3H^2 — C^6H^4 — COOH$ (0,20 g par kilogramme) et qui avait présenté des phénomènes prolongés de paralysie, nous avons pu obtenir un anneau très-net représentant 0,1 mg.

Dans ces conditions, nous croyons être autorisés à conclure que le neurotropisme expérimental du dioxydiamidoarsénobenzol n'est pas la règle générale.

L'hépatotropisme, qui semblerait, d'après certaines de nos expériences, pouvoir être décelé, tout en correspondant à la fixation de doses très faibles d'arsenic, s'est montré lui-même peu considérable chez notre dernier lapin, après un lavage complet du système circulatoire.

Nous poursuivons nos expériences et dans un prochain Congrès, nous entretiendrons les membres de la Section de leurs résultats.

M. RAPHAEL DUBOIS.

TOXICITÉ DES FLEURS ET DES BULBES DE FREESIA LELCHTLIMANA.

---

24 Mars.

Les fleurs de Frésia parfument agréablement le vin dans lequel on les a fait macérer quelques instants, mais elles communiquent à ce dernier des propriétés nauséeuses.

J'ai recherché s'il n'existait pas quelque principe toxique dans les fleurs et aussi dans les bulbes de ces iridées.

L'injection hypodermique de petites doses d'extrait alcoolique de fleurs tue rapidement les grenouilles et les cobayes.

Un chien auquel on avait fait une injection hypodermique d'extrait alcoolique, a uriné abondamment à plusieurs reprises, il a bavé et est mort avec un léger abaissement de la température, au bout de 36 heures.

Un autre chien a été empoisonné par l'extrait alcoolique introduit par la voie stomacale, et est mort au bout de 20 heures environ : à l'autopsie, on a noté une congestion du rein et de la muqueuse stomacale.

Le poids des animaux et les doses employées n'ont pas été relevées dans ces essais, tout à fait préliminaires, mais en peut dire que l'extrait alcoolique de fleurs de Frésia est très actif.

L'extrait alcoolique des bulbes paraît moins actif; cependant, une injection de 5 cg a provoqué des évacuations d'urine et la mort, au bout de 2 heures, après avoir déterminé des phénomènes d'engourdissement, de parésie.

L'analyse physiologique complète n'a pas encore été faite : elle serait intéressante.

Après la trituration des bulbes, il se développe une forte odeur *sui generis* qui paraît être le résultat d'une réaction entre substances séparées dans le bulbe et qui sont mises en contact par la trituration; ç'est probablement une réaction zymasique, comme celle qui donne naissance à l'essence d'ail.

Ces fleurs d'ornement étant très répandues dans le commerce et dans les jardins, j'ai cru utile de signaler leur action toxique, en attendant que l'analyse chimique et physiologique vienne compléter cette Note préliminaire.

M. Jean MOREL,

Docteur en Pharmacie de l'Université, Paris.

SUR LA DÉTERMINATION DE L'ACIDITÉ URINAIRE ([1]).

616.076

24 *Mars*.

Je me suis proposé, dans ce travail, l'étude comparative des principaux procédés *chimiques* de dosage de l'acidité urinaire usités jusqu'à.

([1]) Ce Mémoire est le résumé de la thèse soutenue par l'auteur, le 12 juillet 1912 devant l'École supérieure de Pharmacie de Paris.

nos jours. Je dis *chimiques*, car j'ai délaissé complètement les procédés qui prétendent doser cette acidité non plus par les *méthodes titrimétriques*, mais par la *méthode électrométrique*, déterminant ainsi ce que les physiciens appellent « la résistivité électrique ».

Je n'ai pas abordé non plus le côté purement médical du sujet : heures auxquelles il convient de titrer l'acidité de l'urine; volume du liquide sur lequel il est préférable d'opérer; valeur que possède cette acidité ou normale ou pathologique. La question ainsi envisagée aurait été, certes, très intéressante, mais il fallait, pour pouvoir la tenter, avoir à sa disposition un procédé vraiment pratique de détermination de l'acidité urinaire, exempt de toutes causes d'erreur, et c'est précisément ce que j'ai eu comme but, dans cette étude.

Ces restrictions faites, j'ai divisé mon travail en *dix Chapitres*, que nous allons succinctement passer en revue.

Le Chapitre premier a trait à l'*historique* de la question, historique sommaire, bien entendu, car les nombreuses controverses scientifiques auxquelles elle donna lieu rempliraient à elles seules un Volume. Cette question de l'acidité urinaire est en effet une de celles qui ont le plus agité les cliniciens et les chimistes. Elle fut tour à tour attribuée à l'acide urique, à l'acide acétique, à l'acide hippurique, à l'acide carbonique, etc. Aujourd'hui, il est universellement admis qu'elle est due principalement aux phosphates monométalliques alcalins ou alcalino-terreux, auxquels il faut ajouter des traces d'acides gras ou d'acides aromatiques, mais, surtout aux *phosphates monométalliques*, ce que j'ai essayé de démontrer dans le Chapitre II intitulé : *Principaux éléments constituant l'acidité urinaire.*

Cependant, l'acide urique semble jouer un rôle dans l'acidité de l'urine, non directement, mais par son action sur le phosphate disodique qu'il transforme en phosphate monosodique,

$$PO^4 Na^2 H + C^5 H^4 Az^4 O^3 = C^5 H^3 Az^4 O^3 Na + PO^4 Na H^2.$$

Mais l'acidité résultant de cette réaction ne représente qu'une faible partie de l'acidité totale. Le calcul montre en effet que si l'acide urique était la cause unique de l'acidité urinaire — en agissant bien entendu sur le phosphate disodique — il faudrait que l'urine en contint 3 g à 4 g par litre !

L'acide hippurique, qui semble exister parfois à l'état libre dans certaines urines, ne peut avoir grande influence sur l'acidité totale. En effet, d'après Lepierre (1), si l'acidité totale d'une urine est représentée par les 22 cm³ de soude normale nécessaires pour saturer 1 litre d'urine, l'acidité provoquée par l'acide urique est représentée par 2 cm³, celle due à l'acide hippurique libre, par 3 cm³, et celle des autres acides par 2 cm³; soit au total, par 7 cm³, ce qui fait encore plus de 30 %. La plus grande

---

(1) *Bulletin de la Société chimique*, t. XIX, 1898, p. 655.

part revient donc aux phosphates monométalliques *et la détermination de l'acidité urinaire est ramenée, somme toute, au titrage d'une solution de phosphate monométallique et bimétallique.*

Or nous savons, depuis les travaux de JOLY et de BERTHELOT, que l'acide phosphorique se comporte différemment suivant l'indicateur employé pour son titrage. Avec l'hélianthine, la neutralité est atteinte quand on a ajouté *une* molécule de soude. Avec le tournesol, il faut *une molécule et demie,* et encore le virage est-il assez incertain. Avec la phtaléine, il en faut *deux,* tandis qu'en réalité, pour atteindre la neutralité absolue, il en faudrait *trois.*

Appliquons ces données à l'urine. Celle-là doit son acidité aux phosphates monométalliques et aux phosphates dimétalliques alcalins et alcalino-terreux. Supposons qu'il s'agisse du phosphate monosodique. Ce sel a *deux atomes* d'hydrogène disponibles, mais deux atomes ne possédant pas la même énergie de combinaison. Si l'on y verse de la soude en présence de teinture de tournesol, le changement de teinte aura lieu quand on en aura employé *une demi-molécule* seulement; avec la phtaléine, la neutralité sera atteinte avec *une molécule* de soude, c'est-à-dire lorsqu'on aura transformé le phosphate monosodique en phosphate disodique. Mais il restera encore *un hydrogène* disponible, et la neutralité qu'on obtient avec la phtaléine n'est, disent les auteurs, qu'une neutralité *apparente,* la neutralité *absolue* étant celle qui correspond à la transformation totale du phosphate monosodique en phosphate *trisodique.*

D'où deux sortes d'acidité, et, par conséquent, classification des procédés de dosage uro-acidimétriques en deux catégories de méthodes que j'ai adoptées pour leur étude.

J'ai tout d'abord passé en revue, dans le Chapitre IV, *les principaux procédés de dosage de l'acidité apparente de l'urine.*

Ces méthodes reposent toutes sur le titrage acidimétrique de l'urine, à froid, soit directement, soit par reste, à l'aide d'une liqueur alcaline titrée et en présence d'indicateurs dont le choix m'a précisément servi de base pour leur classification. Les unes mélangent le colorant à l'urine; les autres procèdent par touches. Je les ai étudiées successivement. Ce sont :

1º *Les procédés basés sur l'emploi du tournesol et de la phtaléine du phénol* : le procédé HUGUET; le procédé LÉPINOIS; le procédé LIEBLEIN modifié par LÉPINOIS;

2º *Les procédés basés sur l'emploi de curcuma* : le procédé JÉGOU;

3º *Les procédés basés sur l'emploi du bleu* C^4B POIRRIER : le procédé FREUND et TOPFER.

D'après les observations qui précèdent, il est évident que ces colorants doivent occasionner des résultats différents dépendant de la chaleur de neutralisation du radical acide qui fait partie de leur combinaison. C'est, en effet, ce qui a lieu.

Le tournesol, la phtaléine du phénol, le curcuma et le bleu C⁴ B Poirrièr virent avant que les radicaux acides des phosphates monométalliques alcalins et alcalino-terreux de l'urine soient complètement saturés et ne donnent pas souvent l'acidité apportée par les phosphates dimétalliques. J'ajouterai que le procédé à la phtaléine est faussé, en outre, par la présence des sels ammoniacaux contenus dans l'urine qui apportent un retard au virage de cet indicateur, par formation d'imidophtaléine dont la solution alcoolique est incolore, et ainsi que Cazeneuve, Lépinois, et Jégou l'ont démontré, par la présence des sels de calcium et de magnésium, que renferme le liquide urinaire.

Nous conclurons donc que la méthode de saturation directe en présence des colorants ne représente qu'une partie de l'acidité totale et réelle des urines et que les résultats obtenus varient avec les indicateurs colorés employés.

Après cette étude des différents procédés de dosage de l'acidité apparente de l'urine, j'aurais pu aborder celle qui concerne son acidité absolue ou totale. Mais je me suis occupé dans le chapitre V que j'ai intitué : *Procédés particuliers de dosage de l'acidité urinaire*, d'une série de méthodes qui n'ont pu trouver place dans les divisions de la classification que j'ai adoptée, car elles sont beaucoup plus originales en théorie que pratiquement réalisables. Je veux parler des procédés de dosage de l'acidité de l'urine de Jager, Freund et Topfer, Le Barbier et Joulie. Si je les ai mentionnés, c'est en vue d'une étude un peu complète de l'acidité urinaire, et en outre parce que certains d'entre eux, comme le procédé Joulie, sont susceptibles de rendre quelques services médicaux, bien qu'au point de vue chimique strict, ils ne durent pas trouver place dans le cadre du sujet.

J'aborde alors, Chapitre VI, l'étude des principales méthodes de dosage de l'*acidité absolue* de l'urine, c'est-à-dire de celles qui ont en vue l'évaluation des phosphates acides alcalins et alcalino-terreux contenus dans l'urine avec leur valeur totale ou absolue. Mais, comme ces éléments apportent des perturbations dans le dosage aux différents colorants que nous avons envisagés, ces procédés reposent sur l'élimination de ces radicaux phosphatiques à l'aide des sels alcalino-terreux (chlorure de baryum, chlorure de calcium) ou de liqueurs spéciales (élimination des phosphates à l'état de phosphate ammoniaco-magnésien).

Ce sont : Le procédé Meillère ; le procédé Gir ; le procédé Denigès ; le procédé Lepierre ; le procédé Astruc ; le procédé Spindler.

J'ai passé en revue tous ces procédés et je montre que la plupart d'entre eux ne répondent pas encore au but qu'ils se proposent, car non seulement ils ne décèlent souvent qu'une partie de l'acidité du liquide urinaire, mais ils tombent aussi sous le coup des critiques que je formulerai bientôt à propos du procédé Maly-Denigès, dont la plupart ne sont qu'une modification plus ou moins heureuse, ce qui devrait en modérer l'emploi.

Ces considérations m'amènent à l'exposé des procédés types de dosage de l'acidité absolue de l'urine, de ceux du moins qui ont été regardés comme tels, ces dernières années, et qui, après avoir détrôné les méthodes uro-acidimétriques que nous venons d'exposer, sont le plus fréquemment employés de nos jours en clinique et dans les laboratoires. Je veux parler des procédés JÉGOU et MALY-DENIGÈS. J'en ai entrepris l'étude par celle du procédé MALY-DENIGÈS qui fait l'*objet* du Chapitre VII.

Ce procédé consiste à verser dans l'urine un excès de soude titrée qui convertit les phosphates monométalliques et dimétalliques en phosphates trimétalliques, et à ajouter ensuite du chlorure de baryum, qui élimine l'acide phosphorique à l'état de phosphate tribasique de baryum, de sorte qu'en titrant l'excès de soude à l'aide d'une liqueur acide, on se trouve seulement en présence d'une solution ne renfermant que du chlorure de baryum, du chlorure de sodium et de la soude. Dans ces conditions, le virage est très net et l'opération revient à un titrage alcalimétrique ordinaire.

Après avoir exposé les critiques générales auxquelles donna lieu ce procédé, j'ai mentionné les observations que mes travaux personnels m'ont permis de formuler à son sujet. Ces travaux ont eu, comme point de départ, cette observation, que JÉGOU formula comme conclusion de l'étude qu'il entreprit lui-même du procédé MALY-DENIGÈS : « Cette méthode donne des chiffres trop élevés, mais cependant voisins dans une certaine mesure de l'acidité absolue si l'on opère à froid. » Sachant que l'acidité absolue d'une urine diffère de son acidité apparente en ce qu'elle donne avec leur valeur théorique les phosphates acides urinaires, il était facile d'établir ce que devait théoriquement évaluer le procédé MALY-DENIGÈS. En supposant que :

1º Le phosphate monométallique donne 1 à la phtaléine du phénol, il devait donner 2 par le procédé MALY-DENIGÈS, le phosphate monométallique étant monobasique à la phtaléine du phénol.

2º Le phosphate dimétallique n'ayant aucune action sur la phtaléine du phénol devait donner 1 par le procédé MALY-DENIGÈS, le phosphate dimétallique étant alcalin à la phtaléine du phénol.

3º Les autres éléments acides conservant leur valeur respective.

J'ai donc vérifié si tout se passait pratiquement ainsi, et dans ce but j'ai étudié le procédé MALY-DENIGÈS d'abord sur les différents éléments que renferme le milieu urinaire normal, c'est-à-dire sur des solutions de phosphate monosodique et de phosphate disodique, puis sur des mélanges artificiels composés de phosphate monosodique sur lequel j'ai fait agir des solutions d'acides à fonctions différentes, et de phosphate disodique que j'ai mis en présence de ces mêmes solutions acides, en prenant toutes les précautions voulues (solutions titrantes très pures et concordant rigoureusement en volumes. Liqueurs servant aux dosages exemptes d'acide carbonique, etc.). J'ai observé que la pratique concordait toujours avec la théorie que je viens d'émettre et que l'*excès* d'acidité fourni par le procédé MALY-DENIGÈS sur les résultats obtenus dans le dosage direct des mêmes solutions envisagées, à l'aide d'une liqueur alcaline titrée et en présence de phtaléine du phénol, s'expliquait d'une façon très rationnelle. Je devais examiner, maintenant, s'il en était de même avec l'urine.

J'ai comparé dans ce but l'acidité apparente d'un certain nombre d'urines normales, évaluée par les méthodes habituelles, à l'acidité absolue de ces mêmes urines fournie par le procédé MALY-DENIGÈS. Or, non seulement ce procédé m'a toujours donné avec ces urines l'excès d'acidité que j'avais théoriquement prévu et expliqué, mais, en plus, *un excès anormal* que j'ai déterminé pour chaque urine et qui n'était jamais constant.

A quelle cause pouvait être attribué cet excès anormal d'acidité qui se manifestait seulement lorsqu'il s'agissait du dosage de liquides urinaires ? L'idée m'est venue qu'il pouvait bien être imputable à l'acide carbonique libre contenu dans l'urine et qui pouvait normalement être introduit aussi par l'air atmosphérique, ou l'eau d'une liqueur quelconque, employée dans ce procédé. Les expériences que j'ai effectuées pour vérifier cette hypothèse ont été tout à fait concluantes. Mais, en plus de cette erreur apportée par l'acide carbonique de l'air et de l'eau, il pouvait arriver, et il doit même arriver souvent dans la pratique, qu'une solution de soude décinormale, faite avec une soude rigoureusement pure, se carbonate au bout de quelque temps, bien que concordant toujours en volumes avec une solution décinormale acide, et apporte les mêmes perturbations dans le procédé MALY-DENIGÈS. Les travaux que j'ai entrepris sur ce second point ont pleinement confirmé ces faits. Ce qui m'autorisait à formuler sur l'exactitude de cette méthode les conclusions suivantes :

Je crois le procédé MALY-DENIGÈS capable de déceler *théoriquement* l'acidité absolue de l'urine; mais il porte en lui une cause d'erreur qui est loin d'être négligeable. En effet, la solution de soude décinormale qu'il nécessite, quoique provenant de produits chimiquement purs, ne tarde pas à se carbonater, quelles que soient les précautions que l'on prenne, difficilement réalisables dans les laboratoires et à plus forte raison dans les officines. Alors, en présence de la solution de chlorure de baryum employé dans ce procédé, une partie de cette soude carbonatée, concordant toujours rigoureusement en volumes avec une solution décinormale acide, et qui nous paraît donc pratiquement juste, passe à l'état de carbonate de baryte et amène naturellement une erreur en plus dans le dosage final de l'acidité du liquide envisagé. Il en est de même si l'urine à examiner ou une liqueur quelconque servant au titrage de l'acidité de cette urine par ce procédé (eau distillée, etc.), contient de l'acide carbonique libre, ce qui arrive presque toujours.

J'arrive alors au Chapitre VIII, qui a pour but l'étude du procédé JÉGOU de dosage de l'acidité absolue de l'urine.

Ce procédé consiste à ajouter à un volume déterminé d'urine de la mixture magnésienne et de l'ammoniaque titrée. Il se fait un précipité de phosphate ammoniaco-magnésien et les hydrogènes basiques des phosphates sont remplacés par du magnésium et de l'ammonium, en même temps qu'une quantité équivalente d'acide chlorhydrique est mise en liberté. Jégou, dans son travail original, évalue cette acidité absolue en centimètres cubes de liqueur normale alcaline nécessaires pour saturer 1 litre d'urine; puis, il en déduit par le calcul, ce qu'il appelle l'*acidité réelle*, c'est-à-dire, en somme, celle qu'on obtiendrait par le dosage direct à la phtaléine, et que quelques auteurs nomment *acidité apparente*, si ce dosage ne comportait pas les causes d'erreur, que j'ai signalées à son sujet. Pour cela, JÉGOU dose l'acide phosphorique dans l'urine et calcule à combien de centimètres cubes de liqueur normale de soude correspond l'acidité qui serait fournie par cet acide phosphorique s'il était entièrement saturé, et il retranche le $\frac{1}{3}$ de ce chiffre de son premier dosage.

Les expériences que j'ai faites et que j'exposerai prouveront suffisamment l'exactitude du procédé JÉGOU. Mais, déjà, je puis dire que cette méthode offre sur celle de MALY-DENIGÈS l'avantage de ne pas être influencée par les bicarbonates et l'acide carbonique, ni par la présence des sels de calcium et de magnésie contenus dans le liquide urinaire. C'est donc celle à laquelle j'aurais donné la préférence, si je n'avais pas eu à proposer moi-même un procédé uro-acidimétrique plus simple.

Les méthodes de MALY-DENIGÈS et de JÉGOU ont donc pour but de déterminer l'*acidité absolue* de l'urine. Mais, qu'est-ce, en somme, que cette acidité absolue ? C'est une acidité purement théorique, de la même nature que celle du bicarbonate de soude et qui, au point de vue des réactions biochimiques, ne devrait pas entrer en ligne de compte. JÉGOU, du moins, la considère comme telle et je suis de son avis. Pour lui, l'acidité réelle des urines est la seule intéressante à connaître, et la détermination de l'acidité absolue n'est qu'un moyen détourné d'obtenir cette acidité réelle avec plus de précision. Or, en est-il bien ainsi, et le titrage de l'acidité réelle par la *phtaléine* ne peut-il pas, en prenant certaines précautions, offrir autant de garanties que le dosage de l'acidité absolue par la méthode de JÉGOU ? C'est le problème que je me suis proposé de résoudre dans le neuvième Chapitre intitulé : *Détermination de l'acidité urinaire.*

Le premier reproche qu'on adresse à l'emploi de la phtaléine comme indicateur, avons-nous vu, c'est le retard apporté au virage par les sels ammoniacaux de l'urine par suite de la formation d'imidophtaléine incolore. Les résultats sont donc entachés d'erreur par excès, mais il est facile de déterminer la grandeur de la correction à effectuer en suivant les indications de RONCHÈSE, c'est-à-dire en faisant suivre le titrage à la phtaléine d'un dosage d'ammoniaque par le procédé RONCHÈSE au formol. Le nombre de centimètres cubes versés dans la seconde opération, divisé par 3, donnera le nombre de *dixièmes* de centimètre

cube qu'il faudra retrancher du premier résultat pour corriger l'effet
retardateur des sels ammoniacaux. Comme ce titrage au formol permet
en même temps d'évaluer le chiffre de l'ammoniaque urinaire et qu'il
est intéressant de le déterminer dans une analyse un peu sérieuse, et à
maints points de vue, on voit que cette correction n'apporte avec elle
aucun surcroît de travail. De plus, les observations de CAZENEUVE, de
LÉPINOIS, de JÉGOU ont montré que la présence des sels de chaux apportait une perturbation dans le dosage direct des phosphates en présence
de phtaléine, par suite de leur action sur le phosphate monosodique,
qui engendre un excès d'acidité. En se débarrassant des sels de chaux,
par simple addition à l'urine d'une petite quantité d'oxalate de potassium pulvérisé, on fera disparaître la seconde cause d'erreur, et le chiffre
ainsi corrigé correspondra à l'acidité réelle, telle qu'elle serait déduite
par le calcul de l'acidité absolue. Les expériences que j'ai effectuées, et
qui sont consignées dans mon travail, prouvent l'exactitude des corrections que je viens de proposer. Par conséquent, si l'on prend soin de
se débarrasser de la chaux par l'oxalate de potasse et si l'on tient compte
de la correction due à l'ammoniaque, le dosage de l'acidité réelle à la
phtaléine présente suffisamment de garantie pour être adopté dans la
pratique courante. Nous allons voir maintenant qu'en faisant suivre ce
titrage acidimétrique de l'urine d'un dosage des phosphates par les
méthodes ordinaires, il permet, tout comme les procédés de MALY-
DENIGÈS et de JÉGOU, de déterminer l'acidité absolue, l'acidité phosphatique et l'acidité organique.

Appelons *acidité phosphatique* l'acidité due aux phosphates de l'urine.
Supposons que l'urine ne contienne que du phosphate monosodique. Il
se conduira, vis-à-vis de la phtaléine, comme un acide monovalent, et si
l'on exprime cette acidité en acide phosphorique, considéré comme monovalent, l'acidité absolue sera représentée par deux fois cette acidité :
c'est celle qui serait déterminée directement par le procédé JÉGOU. Mais,
l'urine peut contenir, à côté du phosphate monosodique, de petites quantités d'acides organiques. Dans ce cas, l'acidité déterminée à la phtaléine
sera égale à l'acidité apportée par le phosphate monosodique plus l'aci-
cidité apportée par les acides organiques. Connaissant d'autre part la
teneur de l'urine en acide phosphorique qu'il est d'usage d'exprimer
en $\frac{1}{2}$ P^2O^5, on peut calculer à combien de phosphate monosodique et par
là à quelle acidité phosphatique il correspond, ce qui permettra d'évaluer
l'acidité organique et l'acidité absolue. En effet, nous aurons

1° Acidité réelle déterminée direc-
tement par titration à la phtaléine. $=$ Acidité phosphatique calculée comme
il vient d'être dit + acidité orga-
nique :

$$(R = p + a).$$

2° Acidité organique = acidité réelle — acidité phosphatique :

$$(a = R - p).$$

3° Acidité absolue = 2 fois l'acidité phoshatique + l'acidité organique :

$$(A = 2p + a).$$

Il suffit donc, en définitive, de déterminer dans une urine :

A. L'acidité réelle à la phtaléine avec les corrections proposées;

B. L'acide phosphorique par les méthodes ordinaires, pour en déduire :

1° L'acidité phosphatique;

2° L'acidité organique;

3° L'acidité absolue, et, en plus, éventuellement, à l'aide d'une simple multiplication;

4° La teneur de l'urine en phosphate monosodique;

5° La teneur de l'urine en phosphate disodique.

J'ai indiqué la marche à suivre à cet effet ainsi que les calculs à effectuer qui se ramènent aux deux cas suivants :

Premier cas. — *L'acidité phosphatique est inférieure à l'acidité réelle*, $p < R$.

Dans ce cas, il ne peut y avoir de phosphate disodique, mais éventuellement des acides organiques.

Deuxième cas. — *L'acidité phosphatique est supérieure à l'acidité réelle, $p > D$.*

Dans ce cas, il ne peut y avoir d'acidité organique, et l'acidité phosphatique totale se partage entre l'acidité phosphatique due au phosphate monosodique (c'est l'acidité déterminée directement par le titrage à la phtaléine et qui se confond avec l'acidité réelle) et l'acidité phosphatique due au phosphate disodique, acidité purement théorique.

La connaissance de l'acidité organique permet en outre d'établir la part qui lui revient dans l'acidité réelle, ce qui peut présenter un certain intérêt pour la clinique.

J'ai appliqué ces données à l'urine, et, au cours de mes expériences, j'ai été amené à comparer mes résultats avec ceux fournis par la méthode de Jégou. Comme on peut s'en rendre compte dans mon travail, j'ai obtenu des chiffres identiques qui prouvent suffisamment et l'exactitude du procédé Jégou de dosage de l'acidité absolue de l'urine et celle de la méthode uro-acidimétrique, plus simple, que je viens de présenter et qui arrive au même but.

De l'étude comparative des principaux procedés de dosage de l'acidité urinaire d'une part, et de mes propres expériences de l'autre, on peut tirer les conclusions suivantes :

1° L'acidité de l'urine est bien due :

a. Aux phosphates monométalliques;

b. A des acides organiques indéterminés.

2° L'*acidité absolue*, c'est-à-dire celle qui correspond à la saturation totale de toutes les valences acides des phosphates mono et dimétalliques n'est qu'une acidité purement théorique ne présentant aucun intérêt pour la pathologie. Néanmoins, j'ai montré que le meilleur procédé pour la déterminer est encore celui de JÉGOU.

3° Au terme d'*acidité apparente*, adopté par certains auteurs, il convient de substituer celui d'*acidité réelle*, comme l'a proposé JÉGOU, parce que cette acidité réelle correspond à la somme de l'acidité monovalente des phosphates monométalliques et de l'acidité organique.

4° La détermination de l'*acidité réelle* peut se faire très exactement par un simple dosage acidimétrique, en présence de phtaléine, si l'on prend soin d'éliminer la chaux de l'urine et de corriger, par la méthode de RONCHÈSE, l'erreur apportée par la présence des sels ammoniacaux.

5° J'ai déterminé expérimentalement la technique à suivre pour effectuer ces corrections et pour opérer le titrage dans les meilleures conditions de sensibilité.

6° En faisant suivre le titrage direct à la phtaléine d'un dosage de l'acide phosphorique urinaire par les méthodes classiques, j'ai montré qu'un simple calcul permet d'établir :

    a. L'acidité réelle;
    b. L'acidité absolue;
    c. L'acidité phosphatique;
    d. L'acidité organique;
    e. La teneur de l'urine en phosphates monométalliques;
    f. La teneur de l'urine en phosphates dimétalliques.

7° La part qui revient à l'acidité organique dans l'acidité réelle totale peut être établie à l'aide d'un rapport dont la connaissance ne peut manquer d'offrir un grand intérêt pour la clinique.

M. JAVILLIER ET Mme H. TCHERNOROUTZKY,

Paris.

L'AMYGDALASE ET L'AMYGDALINASE CHEZ L'ASPERGILLUS NIGER (STERIGMATOCYSTIS NIGRA V. TGH.) ET QUELQUES HYPOMYCÈTES VOISINS

58.11.97

27 *Mars.*

Depuis sa découverte, dans les amandes, par Liebig et Wöhler [1], la diastase qui dédouble l'amygdaline en aldéhyde benzoïque, acide cyanhydrique et glucose est désignée sous le nom d'*émulsine*.

---

[1] *Ann. d. Pharm.*, t. XXII, 1837, p. 1.

Cette diastase est très répandue chez les plantes phanérogames et cryptogames. M. Hérissey, qui a particulièrement contribué à mettre en évidence cette très vaste répartition (1), a admis que les émulsines d'origines différentes ne sont pas identiques; il a vu, par exemple, l'émulsine de l'*Aspergillus niger* hydrolyser la populine et la phloridzine, que l'émulsine d'amande n'attaque point.

Lorsque Em. Fischer (2) eut observé que la macération aqueuse de levure ne dédouble que partiellement l'amygdaline en libérant une seule molécule de glucose et du mandélonitrile-glucoside, il devint évident que le dédoublement de l'amygdaline est le fait non d'un ferment unique, mais de deux : l'un agissant sur le biose qui est engagé dans la molécule de l'amygdaline, l'autre rompant la liaison entre le nitrile phénylglycolique et le sucre. Au premier de ces ferments, on a donné (Caldwell et Courtauld (3), G. Bertrand et A. Compton (4) le nom d'*amygdalase*, bien que ce même vocable soit aussi attribué — et à tort du reste — à l'émulsine totale. Giaja (5) désigne la diastase en question sous le nom d'*amygdalino-glucase*. Au deuxième ferment on a donné le nom d'*amygdalinase* (G. Bertrand et A. Compton) et celui d'*amygdalino-amygdalase* (J. Giaja). Nous adopterons les termes d'amygdalase et d'amygdalinase en raison de leur simplicité et de leur suffisant accord avec les règles de la nomenclature actuellement usitée. L'existence de ces deux diastases s'est trouvée confirmée par les observations de Auld (6) et celles de Armstrong (7). Plus récemment leur distinction et leur différenciation d'avec la cellase ont été nettement établies par les recherches de G. Bertrand et A. Compton (8) relatives à l'action de la température sur l'émulsine d'amandes.

L'un de nous (9), dans les études qu'il a poursuivies sur les diastases de l'*Aspergillus niger* cultivé en présence ou en l'absence de zinc, a vu, entre autres faits, que l'émulsine d'*Aspergillus*, mise en évidence dès 1893 par Em. Bourquelot (10), est, conformément aux notions précédemment développées, constituée par une amygdalase et une amygdalinase. L'existence des deux ferments ressort déjà de la discordance entre les quantités de glucose et d'acide cyanhydrique obtenues dans l'action de la poudre de mycélium sec sur l'amygdaline. Voici, par exemple, les proportions d'amygdaline dédoublée, appréciées d'une part d'après l'acide cyanhydrique libéré, d'autre part d'après la quantité de sucre

---

(1) *Thèse Doct. Un. Pharm. Paris*, 1899.
(2) *Ber. d. d. Chem. Ges.*, t. XXVIII, 1895, p. 1508.
(3) *Proc. Roy. Soc.*, t. LXXIX, 1907, p. 350.
(4) *Annales de l'Institut Pasteur*, t. XXVI, 1912, p. 161.
(5) *Revue scientifique*, 15 mars 1913, p. 335.
(6) *J. chem. Soc.*, t. XCIII, 1908, p. 1276.
(7) *Proc. Roy. Soc.*, t. LXXX, 1908, p. 321.
(8) *Annales de l'Institut Pasteur*, t. XXVI, 1912, p. 161.
(9) *Soc. chim. de France*. Séance du 27 décembre 1912.
(10) *Comptes rendus de la Soc. de Biologie*, t. XLV, 1893, p. 453, 804.

réducteur dans deux expériences faites avec des mycéliums zincifiés et non.

	Pourcentage d'amygdaline dédoublée, calculé d'après	
	l'acide cyanhydrique.	le sucre réducteur.
Expérience I.		
Avec mycélium zincifié, âgé de 3 jours.......	2,5	35
» » privé de zinc, âgé de 3 jours..	1,6	21
Expérience II.		
Avec mycélium zincifié, âgé de 3 jours.......	66,2	78,8
» » privé de zinc, âgé de 3 jours...	25.	46,1

Dans ces deux expériences, d'ailleurs non comparables entre elles par certaines circonstances expérimentales, les chiffres calculés d'après l'acide cyanhydrique produit et d'après le sucre réducteur sont à tel point différents, en particulier dans l'expérience I, que le phénomène de dédoublement ne saurait être le fait d'une diastase unique. On voit de plus que le mycélium obtenu, sur milieu privé de zinc, possède une activité diastasique bien inférieure à celle d'un même poids de mycélium cultivé sur milieu complet.

Nous nous sommes proposé, pour compléter ces observations, de déterminer avec soin les conditions optima d'activité des deux diastases constituant l'émulsine de l'*Aspergillus*, en particulier les conditions optima de température et de réaction, d'examiner la marche de leur production par la plante, leur diffusion dans le milieu de culture, à diverses étapes de la végétation, ou dans l'eau distillée quand on remplace par celle-ci le liquide nutritif. Enfin, nous avons recherché amygdalase et amygdalidase dans quelques moisissures voisines de *Sterigmatocystis nigra*.

1° *Influence de la réaction du milieu.* — Amygdalase et amygdalinase présentent leur optimum d'activité en milieu neutre à l'hélianthine ou d'une très faible acidité à cet indicateur. Elles sont l'une et l'autre très sensibles à l'action des alcalis, leur activité étant déjà presque entièrement annihilée dans un milieu neutre à la phénolphtaléine. L'amygdalinase apparaît, d'ailleurs, comme plus sensible encore que sa compagne à de très faibles doses d'alcali.

Exemple : On a fait macérer pendant 24 heures à 35° :

        Mycélium séché à basse température......   0,250 g
        dans :
        Eau distillée............................   10 cm³
        Toluène..................................   10 gouttes

On filtre; on répartit le macéré par 10 cm³ dans de petits ballons que l'on additionne des doses convenables d'acide ou d'alcali, d'un même poids d'amygdaline (0,800 g) et d'eau distillée en quantité suffisante pour 20 cm³. On laisse au thermostat à 41° pendant 40 heures.

On dose au bout de ce temps l'acide cyanhydrique et le glucose.

QUANTITÉS d'alcali ou d'acide ajoutées.	RÉACTION DU MILIEU.	POURCENTAGE d'amygdaline dédoublée, calculé d'après	
		l'acide cyanhydrique produit.	le sucre réducteur.
1,8 cm³ NaOH N/20 . .	Alcaline N/500 à la phtaléine	0	0
1,4 — — ...	Alcaline N/1000 à la phtaléine	0	2,2
1 — — ...	Neutre à la phtaléine	1,25	5,5
0,5 — — ...	....	3,8	10,04
Aucune addition	Acide à la phtaléine et alcaline à l'hélianthine	10,1	21,3
0,5 cm³ SO⁴H² N/20 ...	....	15,3	23
1 — — ...	Neutre à l'hélianthine	17,8	24,5
1,4 — — ...	Acide N/1000 à l'hélianthine	17,8	24,5
1,8 — — ...	Acide N/500 à l'hélianthine	16,6	23
2,6 — — ...	Acide N/250 à l'hélianthine	15,3	21,3

2° *Influence de la température.* — L'optimum d'activité de l'émulsine est fixé par les auteurs entre 45° et 50°. Dès l'instant où il y a lieu de distinguer dans la diastase qui décompose l'amygdaline deux agents fermentaires, il importe de fixer l'optimum de température pour chacun d'eux, d'autant mieux qu'une différence dans cet optimum serait susceptible d'apporter un argument sérieux en faveur de leur individualité.

G. Bertrand et A. Compton ([1]) ont précisément fait cette étude pour l'émulsine d'amandes. Dans des expériences durant 15 heures, ils ont trouvé 40° C. comme température optima de l'un et l'autre ferment, et dans des expériences de plus courte durée (2 heures), ils ont trouvé 56° comme température optima de l'amygdalase et 58° comme température optima de l'amygdalinase.

Nous avons cherché de notre côté les températures optima d'action de l'amygdalase et de l'amygdalinase d'*Aspergillus*.

Expérience I.

Macération de : Mycélium sec............. 1 g
    dans :
Eau distillée........................... 100 cm³
Toluène................................. 10 gouttes

pendant 24 heures à 35°. Le macéré, d'une très faible alcalinité à l'hélianthine, est additionné d'acide sulfurique titré en quantité suffisante pour amener le milieu à l'exacte neutralité à cet indicateur.

([1]) *Loc. cit.*

Températures.	Pourcentage de glucoside dédoublé calculé d'après		Rapport amygdalase amygdalinase
	l'acide cyanhydrique.	le sucre réducteur.	
52,5....	36,8	51,1	1,38
54,5....	44,8	57,1	1,30
55,5....	46,8	58,5	1,25
56,5....	55	66,1	1,20
58,5....	38,5	52,5	1,30
61,5....	10,1	32,8	3,20

Expérience II. — Même technique, à cette différence près que la macération a été faite avec proportion double de mycélium. La réaction diastasique a été limitée à 17 heures.

Températures.	Pourcentage de glucoside dédoublé calculé d'après		Rapport amygdalase amygdalinase
	l'acide cyanhydrique.	le sucre réducteur.	
55......	40,7	52,5	1,29
56,5....	42,8	54,2	1,26
58,5....	40,7	54,2	1,33
61,5....	23,5	39,7	1,69

Expérience III. — Même technique, à cette différence près que la macération a été faite avec une proportion quadruple de mycélium (4 g %). La réaction diastasique a été limitée à 6 heures.

Températures.	Pourcentage de glucoside dédoublé calculé d'après		Rapport amygdalase amygdalinase
	l'acide cyanhydrique.	le sucre réducteur.	
56......	22,4	39,7	1,77
57,5....	26,5	46,8	1,76
58,5....	26,5	49,7	1,87
60......	26,5	49,7	1,87
61......	20,4	48,2	2,36
62,5....	8	28,1	3,51

L'activité est ainsi à l'optimum :

Pour l'amygdalinase, à 56°,5 quand l'expérience est de longue durée (40 heures), très près de 57° pour une expérience de 17 heures et de 58°,5 pour une expérience de 6 heures.

Pour l'amygdalase, à 56°,5, pour l'expérience de 40 heures, à près de 57°,5 pour l'expérience de 17 heures, entre 58°,5 et 60°,5 pour l'expérience de 6 heures.

On voit par là que l'émulsine du champignon étudié diffère de l'émulsine d'amande et sans doute d'une façon générale de l'émulsine des phanérogames par sa température optima d'action qui est sensiblement plus élevée : 57° à 57°,5 pour la première, 40° pour la seconde dans des expériences sensiblement comparables au point de vue de la durée.

On voit aussi qu'une longue prolongation de l'action diastasique n'entraîne pas, comme dans le cas de l'émulsine d'amande, un grand abaissement de la température optima, ce qui témoigne d'une plus grande résistance à la chaleur. Entre l'amygdalase et l'amygdalinase il n'y a que de très faibles différences au point de vue de l'optimum de température; dans les expériences de courte durée, cet optimum est situé un peu plus haut pour l'amygdalase.

Entre 57°,5 et 60° pour l'amygdalinase, entre 58°,5 et 60°,5 pour l'amygdalase, les graphiques traduisant l'expérience de 6 heures présentent un plateau, ou tout au moins une courbe très surbaissée.

3° *Marche de la production par l'*Aspergillus *de l'amygdalase et de l'amygdalinase.* — On a suivi la marche de la sécrétion de ces deux diastases par l'*Aspergillus*, au fur et à mesure de son développement quand on le cultive sur milieu Raulin complet ([1]). On ensemençait quotidiennement 250 cm³ de milieu nutritif stérilisé avec des spores d'*Aspergillus*. Au bout du nombre de jours convenable, on arrêtait toutes les cultures âgées alors de 1, 2, 3, 4, 5... jours; les mycéliums lavés étaient séchés à basse température et l'on faisait agir directement des poids égaux de ces mycéliums secs sur des poids égaux d'amygdaline dans des conditions expérimentales toutes identiques ([2]).

Voici, à titre d'exemple; les chiffres trouvés dans deux des expériences ainsi conduites :

Age du mycélium.	Pourcentage de glucoside dédoublé calculé d'après		Rapport $\dfrac{\text{amygdalase}}{\text{amygdalinase}}$
	l'acide cyanhydrique.	le sucre réducteur.	
Expérience 1.			
1 jour	37,4	43,1	1,15
2 jours	6,7	18,6	2,77
3 —	20,4	37,7	1,84
4 —	48,8	52,2	1,07
5 —	41,7	47	1,12
Expérience II.			
22 heures	20,4	21,3	1,04
38 —	1,02	1,30	1,27
46 —	2,04	5	2,45
64 —	10,2	19,16	1,87

On voit que, tout au début de la végétation, le mycélium jouit d'une grande activité diastasique, puis, en raison de l'exubérance de forma-

---

([1]) Notre milieu différait du milieu type de Raulin par la substitution du tartrate d'ammonium au nitrate, et par la réduction du taux de zinc ($\frac{1}{1000000}$).

([2]) Les mycéliums séchés à basse température (35°) retenant des proportions variables d'eau, il en a été tenu compte par détermination de la perte de poids de chacun d'eux par dessiccation à 100°.

tion de matière dans les deuxième et troisième jours, son activité, rapportée à un même poids sec de plante, diminue, mais elle augmente bientôt et atteint son maximum au quatrième jour pour redescendre ensuite.

L'amygdalinase, comme on s'en rend compte, est toujours en quantité inférieure à l'amygdalase. De plus, et ceci est encore bien d'accord avec la notion de l'individualité de ces deux ferments, le rapport entre les quantités de l'une et de l'autre ne reste pas constant aux divers stades de la végétation, c'est ce que l'on constate à l'examen de la colonne 4 du Tableau ci-dessus.

Lorsqu'on examine dans quelles conditions s'effectue le passage dans le milieu de culture des diastases envisagées, on observe qu'il ne passe pas ou peu d'amygdalinase dans le liquide nutritif, même au cinquième jour, tandis qu'il passe des quantités rapidement croissantes d'amygdalase.

Si, d'autre part, aux divers stades de la végétation, par exemple, à la fin des 1er, 2e, 3e, 4e et 5e jours, on siphonne les liquides de culture et les remplace par de l'eau distillée, suivant une technique depuis longtemps utilisée pour obtenir des solutions diastasiques, on voit que le mycélium, âgé seulement de 24 heures, ne laisse diffuser ni amygdalase, ni amygdalinase dans le liquide sous-jacent; avec un mycélium de 48 heures, on obtient déjà un liquide actif (renfermant presque uniquement de l'amygdalase); avec des mycéliums de 3, 4, 5 jours, on obtient des solutions d'activités croissantes, renfermant à la fois l'une et l'autre des diastases envisagées, et toujours plus d'amygdalase que d'amygdalinase.

4° *Présence de l'amygdalase et de l'amygdalinase dans quelques moisissures voisines de* Sterigmatocystis nigra.

Nous avons recherché les deux diastases dans quelques moisissures voisines du *Sterigmatocystis nigra*, non pour y établir l'existence de diastases glucosidolytiques déjà signalées dans certaines d'entre elles, mais pour examiner quelle proportion existe dans chacune d'elles entre l'amygdalase et l'amygdalinase.

Les moisissures dont les noms suivent (¹) ont été cultivées sur milieux liquides à la température de 20°-21°. Au bout de 10 et 20 jours, on a cherché si les liquides de culture étaient susceptibles de dédoubler l'amygdaline, et l'on a de même recherché dans les mycéliums séchés à basse température la présence de l'amygdalase et de l'amygdalinase. Dans tous les cas, on s'est placé dans les conditions de réaction et de température que l'étude de l'*Aspergillus niger* nous avait appris se

---

(¹) Des cultures pures de ces espèces nous avaient été fournies par la Mycothèque de l'École supérieure de Pharmacie de Paris, grâce à l'obligeance de M. le professeur Radais, auquel nous adressons nos très vifs remerciements.

trouver les plus favorables à l'action des deux ferments, ces conditions se trouvant sans doute identiques ou tout au moins voisines pour des ferments empruntés à des espèces aussi rapprochées au point de vue botanique.

Les expériences ayant été conduites dans des conditions comparables, on a mis dans chaque colonne la proportion d'amygdaline dédoublée calculée d'après l'acide cyanhydrique produit d'une part, le glucose d'autre part, ce qui donnera une idée de l'activité relative des mycéliums expérimentés et une idée des proportions réciproques d'amygdalase et d'amygdalinase.

On voit que les deux diastases se sont trouvées en proportions sensiblement égales dans : *Penicillium caseicolum, Hormodendron elatum*, qu'il y eut plus d'amygdalase que d'amygdalinase dans : *Penicillium claviforme, Sterigmatocystis helva, Acrostalagmus roseus*, et un petit excès d'amygdalinase sur l'amygdalase dans : *Pæcilomyces varioti*.

NOMS DES ESPÈCES.	RECHERCHE dans le liquide de culture. Proportion d'amygdaline dédoublée d'après		RECHERCHE dans les mycéliums secs. Proportion d'amygdaline dédoublée d'après	
	l'acide cyanhydrique.	le sucre réducteur.	l'acide cyanhydrique.	le sucre réducteur.
	%.	%.	%.	%.
Penicillium claviforme...	0	0	76,4	84,5
Penicillium caseicolum....	0	0	81,6	80,6
Sterigmatocystis helva	0	0	5,1	15,6
Sterigmatocystis usta (20 j.)	86,6	99,4	89,3	87,4
Aspergillus fumigatus :...	5,1	5,2	2 (1)	11,8 (1)
Acrostalagmus roseus	0	0	15,2	21,1
Hormodendron elatum	4	0	79	79
Pæcilomyces varioti.......	0	0	76	67,8
Botrytis tenella (20 jours).	0	0	22,4	25

(1) Pour l'*Aspergillus fumigatus*, on a utilisé non le mycélium sec, mais un liquide fermentaire préparé suivant la technique habituelle.

Cette étude apporte, en résumé, une contribution à l'histoire de l'amygdalase et de l'amygdalinase des champignons inférieurs.

Le *Sterigmatocystis nigra* est inégalement riche en ces deux diastases; la plupart des moisissures expérimentées sont dans le même cas. L'absence de zinc comme catalyseur dans le milieu de culture diminue la richesse du mycélium en ces deux diastases. D'après les résultats obtenus avec *Sterigmatocystis nigra*, amygdalase et amygdalinase des moisissures agissent en milieu neutre à l'hélianthine ou d'une très légère acidité à ce réactif. Leur température optima d'action est plus élevée que la température optima d'action des mêmes diastases des amandes.

Ces températures optima varient suivant la durée de l'action diastasique, mais dans d'étroites limites. Présentes dans la plante dès le début de la culture, leur proportion pour un même poids de plante varie avec l'âge du mycélium et se trouve à son maximum au moment de la sporulation à partir du quatrième jour en milieu complet zincifié. Les deux diastases passent très inégalement dans le milieu de culture, l'amygdalinase particulièrement peu; les deux ferments diffusent inégalement dans l'eau distillée substituée au liquide nutritif et abondamment à la fin de la période de croissance de la plante. Les moisissures expérimentées sécrètent des quantités inégales d'amygdalase et d'amygdalinase, souvent plus de la première que de la seconde. On n'a pas rencontré, parmi ces champignons inférieurs, d'organisme sécrétant uniquement de l'amygdalinase, ou du moins un grand excès de cette diastase par rapport à l'amygdalase, circonstance qui permettrait l'étude d'intéressantes questions de Chimie physiologique.

MM. R. DELAUNAY et BAILLY,

Paris.

SUR L'UTILITÉ
D'ÉTABLIR UNE MÉTHODE D'ESSAI DES PAPAÏNES MÉDICINALES.
CONTRIBUTION A L'ÉTUDE DE CETTE MÉTHODE.

615.734.23.02.03

27 Mars.

La papaïne est le ferment protéolytique renfermé dans le latex du *Carica papaya*. Préconisée, dès 1880, par BOUCHUT pour dissoudre les pseudo-membranes diphtériques, elle est presque uniquement utilisée aujourd'hui pour aider à la digestion gastro-intestinale, au même titre que la pepsine et la pancréatine et quelquefois même associée à ces ferments.

Au sens pharmaceutique, commercial, le mot *papaïne* désigne des préparations qui renferment le ferment protéolytique du *carica* : c'est généralement le suc laiteux de la plante simplement desséché et pulvérisé, soit que ce suc ait été recueilli par incision, soit qu'il ait été obtenu plus grossièrement par broyage des fruits avec une petite quantité d'eau et expression. Souvent aussi, on vend, sous le nom de *papaïne*, le produit résultant de la précipitation du suc par l'alcool fort. La préparation est alors susceptible de présenter une plus grande activité que les précédentes, mais elle est généralement diluée avec des proportions variables de sucre de lait.

En raison de ses origines variées et des manipulations diverses qu'on lui a fait subir, la papaïne pharmaceutique se présente sous différents aspects, celui de poudres blanches, grises ou jaunâtres, ou sous celui de paillettes. Plus importantes que ses variations d'aspect sont ses variations d'activité. Le produit obtenu à partir de larmes de latex bien pures, recueillies dans de bonnes conditions et préparées par précipitation alcoolique, atteint parfois un grand pouvoir protéolytique. Par contre, il n'est pas rare de rencontrer des papaïnes commerciales tout à fait inactives.

Un simple dosage d'azote pratiqué sur quelques échantillons commerciaux convainc bien vite de la variabilité de composition de ces papaïnes :

		% d'azote.
Échantillon	A	10,58
—	B	9,63
—	C	8,48
—	D	1,23
—	E	1,82
—	F	5,49

Il paraît donc opportun de songer à l'unification des papaïnes médicinales et tout au moins d'exiger de celles-ci une activité protéolytique minima.

Voyons donc comment celle-ci peut être définie et mesurée.

La papaïne est un ferment « protéolytique », c'est-à-dire qu'elle dissout les substances protéiques et les réduit en un mélange de corps moins complexes, en albumoses, en peptones et en amino-acides, produits ultimes de l'hydrolyse des peptides. Il importe cependant de distinguer, à ce point de vue, entre les digestions papaïniques de très longue durée et les digestions brèves. Dans les premières seules on a vu apparaître les amino-acides, parmi lesquels on a pu extraire : glycocolle, alanine, leucine, tyrosine, etc. (EMMERLING, KUTSCHER et LOHMANN). En admettant même que ces observations n'aient pas été troublées par l'intervention de micro-organismes, en raison de l'asepsie insuffisante des milieux en digestion, elles n'ont pas lieu de nous retenir ici, puisque nous nous préoccupons de méthodes d'essai nécessairement limitées à un temps très court.

Or, dans les digestions brèves, la dégradation de la matière protéique utilisée ne va pas au delà de la peptonisation, c'est-à-dire au delà de la formation de polypeptides d'une certaine complication. *A fortiori* est-ce le cas dans ces digestions brusques à haute température, si bien étudiées par DELEZENNE, MOUTON et POZERSKI. A notre point de vue, la papaïne apparaît donc comme un ferment solubilisant des matières protéiques, peptonisant, et pas ou peu peptolytique. On peut, d'ailleurs, s'en rendre compte directement.

Faisons une solution à 10 % d'une peptone pepsique, et soumettons volumes égaux de celles-ci à l'action de quantités égales de papaïne, en variant les conditions de température, les conditions de réaction, et limitant la réaction diastasique à 6 heures, durée des essais officinaux de la pepsine et de la pancréatine. Dosons, avant et après l'action du ferment, l'azote aminé, suivant la méthode au formol de SÖRENSEN, ce qui nous permettra d'apprécier le degré de dégradation auquel l'action diastasique aura conduit la peptone initiale. Voici ce que nous trouvons, dans une expérience faite à 80° et pour les conditions de milieu qui se sont montrées le plus favorables :

	Azote aminé.	Azote total.	Azote aminé pour 100 d'azote total.
Dans le mélange initial..........	47,6 ^{mg}	310 ^{mg}	15,3 %
Dans le mélange après digestion.	64,6	310	20

On voit que l'augmentation de l'azote aminé a été, en somme, très petite.

Dès l'instant où il est établi que la papaïne est, dans les conditions pratiques d'un essai officinal, un ferment fort peu peptolytique, on voit qu'on ne peut guère se baser sur la mesure de cette activité peptolytique pour établir une méthode d'essai. Il vaut mieux considérer son pouvoir protéolytique proprement dit. Considérons ce qui se passe quand nous la faisons agir sur une matière protéique, telle que la fibrine.

Mettons à l'étuve, pendant 6 heures, à 80°, température qui, d'après POZERSKI, est la température optima d'action de la papaïne, le mélange :

Fibrine desséchée..............................	2,50 ^{g}
Papaïne...	0,20
Eau distillée....................................	60

Ce sont, température à part, les conditions mêmes de l'essai officinal de la pancréatine. A la fin de l'essai, 10 cm³ du liquide de digestion filtré ne se troublent pas, à la température ordinaire, par addition de 20 gouttes d'acide azotique officinal. Il est très intéressant d'observer que, lorsqu'on applique cet essai aux pancréatines pour lesquelles il est prescrit par le Codex, on n'arrive jamais à l'absence complète de trouble exigé par la Pharmacopée. Avec la papaïne, au contraire, on obtient facilement ce résultat, à condition d'opérer à 80°, et en milieu neutre. Vient-on même à réduire, dans l'essai ci-dessus, la proportion de papaïne à 15 cg, 10 cg et même 5 cg, le filtrat du liquide de digestion ne précipite jamais par l'acide nitrique. Mais, ce qu'il importe non moins de remarquer c'est que, dans l'expérience relatée, la dissolution de la fibrine, dans les conditions de temps, de température et de réaction indiquées, n'est pas complète. On a trouvé, par exemple :

	Azote total du milieu.	Azote total dissous.	Azote titrable au formol.	Proportion d'azote dissous.	Azote aminé p. 100 d'az. dissous.
	mg	mg	mg	%.	%.
Exp. I (papaïne, 0,20 g)...	377	235	39,9	62,3	16,9

Peut-on, en augmentant la proportion de ferment, atteindre à la dissolution complète de la fibrine ? Voici ce que nous avons obtenu en doublant (Exemple II) et triplant (Exemple III) la quantité de papaïne:

	Azote total du milieu.	Azote total dissous.	Azote titrable au formol.	Proportion d'azote dissous.	Azote aminé p. 100 d'az. dissous.
	mg	mg	mg	%.	%.
Exp. II (papaïne, 0,40 g).	390	279	50,4	71,5	18
Exp. III (papaïne, 0,60 g).	403	299	56,7	74,1	18,9

Si l'on rapproche les trois expériences, on voit que l'augmentation de la quantité de ferment a accru la quantité de fibrine dissoute, mais dans des proportions relativement petites, et que la proportion d'azote aminé par rapport à l'azote dissous n'a pas crû sensiblement et est restée petite.

On peut aussi se demander avec quelle rapidité s'effectue la solubilisation de la fibrine. D'après ce qu'on sait du mode d'action de la papaïne, il était présumable qu'elle s'effectue très vite, dès les premières minutes de contact de la diastase et de la protéine. De fait, l'expérience montre qu'au bout de 10 minutes on trouve en solution plus du tiers, et, au bout de 60 minutes, près de 70 % de l'azote que l'on trouvera dissous au terme de l'expérience de 6 heures.

	Azote total du milieu.	Azote total dissous.	Azote titrable au formol.	Proportion d'azote dissous.	Azote aminé p. 100 d'az. dissous.
	mg	mg	mg	%.	%.
Exp. IV (durée 10′)......	390	104	16,8	27,1	16,1
Exp. V (durée 20′)......	390	158	27,3	40,5	17,3
Exp. VI (durée 60′)......	390	191,5	29,4	49,1	15,3
Exp. VII (durée 6 h)......	390	279	50,4	71,5	18

Ces observations nous ont incités à suivre de plus près la marche de la solubilisation et de la dégradation de la fibrine par la papaïne et à établir une comparaison, qui promettait d'être instructive, entre le mode d'action de ce ferment et celui de la pancréatine.

Nous avons donc fait agir, d'une part, une pancréatine médicinale sur de la fibrine dans les conditions de l'essai du Codex, et, d'autre part, de la papaïne sur la même substance protéique dans les conditions de l'expérience II.

On a étudié les liquides en digestion après 15 minutes, 30 minutes,

1 heure, 1 heure et demie, 4 heures, 6 heures. Les séries de dosages effectués sont résumées dans les tableaux ci-dessous:

Expérience VIII (avec la papaïne).

Durée de la digestion.	Azote total introduit.	Azote total dissous.	Azote titrable au formol.	Proportion d'azote dissous.	Azote aminé p. 100 d'az. dissous.	Épreuve à l'acide nitrique.
	mg	mg	mg	%	%	
15′.....	390	146,2	23,1	37,4	15,8	Louche faible.
30′.....	390	188	31,5	48,2	16,7	—
1 h.....	390	203,3	33,6	52,1	16,5	—
1 h. 30′.	390	223,5	37,8	57,3	16,9	—
4 h.....	390	252	44,1	64,6	17,5	Pas de louche.
6 h.....	390	265,5	48,3	68	18,1	—

Expérience IX (avec la pancréatine).

Durée de la digestion.	Azote total introduit.	Azote total dissous.	Azote titrable au formol.	Proportion d'azote dissous.	Azote aminé p. 100 d'az. dissous.	Épreuve à l'acide nitrique.
15′.....	387	127,7	33,6	33	26,3	Précipité.
30′.....	387	201,6	52,5	52	26	—
1 h.....	387	295,7	82	76,4	27,7	—
1 h. 30′.	387	329,3	98,7	85	29,9	—
4 h.....	387	342,7	130	88,5	37,9	Louche.
6 h.....	387	346	142,8	89,4	41,2	Louche faible.

Du seul examen de ces tableaux ressortent nettement les différences entre les ferments protéolytiques du *carica* et du *pancréas*. Le premier est solubilisant, peptonisant, mais à peine peptolytique.

On voit, dans l'expérience relative à la papaïne l'azote titrable au formol, croître très lentement, dans la mesure même où croît la fibrine dissoute, si bien que le rapport $\dfrac{\text{azote aminé}}{\text{azote dissous}}$ reste de grandeur à peu près constante. Le même rapport croît, au contraire, dans le cas de la pancréatine, lentement au début, mais très vite à la fin, si bien que le rapport passe de 26 à 41 % dans les limites de temps où nous nous sommes placés.

Lorsqu'on examine comparativement les résultats obtenus : solubilisation de la matière protéique estimée d'après la quantité d'azote passée en dissolution, degré de l'hydrolyse apprécié par le dosage de l'azote titrable au formol et l'épreuve nitrique, on se convainc de l'insuffisance de cette dernière réaction pour apprécier la valeur d'un ferment comme agent de protéolyse et la supériorité de la méthode au formol. Avec la papaïne, le rapport $\dfrac{\text{azote titrable au formol}}{\text{azote dissous}}$ est assez constant pour que sa mesure ne donne pas d'indications utiles. Il semble que le meilleur critérium doive être tiré de la quantité de substance protéique dissoute, en un temps donné, celle-ci étant mesurée, si l'on emploie la fibrine sèche, par le dosage de l'azote total dissous.

: Ces notions auraient permis d'établir une méthode d'essai, de définir des unités, d'exprimer par des chiffres les titres des papaïnes médicinales. Il nous a paru prématuré de nous prononcer sur ce point. On pourrait au reste songer à l'emploi d'autres matières protéiques que la fibrine : la caséine, par exemple, la gélatine, l'ovalbumine. Nous avons déjà dirigé dans ce sens quelques recherches.

Nous avons pensé aussi que l'activité des papaïnes médicinales serait peut-être susceptible d'être mesurée en mettant à profit une autre de leurs propriétés diastasiques : leur activité présurante, par exemple. Le suc de papayer renferme, en effet, à côté du ferment protéolytique, une diastase coagulante, un ferment-lab.

La présure du *carica* est, comme on sait, une présure du lait bouilli.

Expérience X.

10 cm³ lait cru	+ 1 cm³ solution de papaïne à 20 %.		Ne coagule pas.
10 cm³ lait bouilli +	—		Coagule en 2′ 30″ à 45°.
—	+ 1 cm² solution de papaïne à 5 %.		Coagule en 22′.
—	+ 2	—	— 13′.
—	+ 2,5	—	— 10′.

Nous avons déterminé le « pouvoir présurant », tel que le définit DUCLAUX, de plusieurs échantillons de papaïnes médicinales. Nous avons trouvé :

Papaïne 1.	Pouvoir présurant............	2500
— 2.	—	4000
— 3.	—	800
— 4.	—	Nul.
— 5.	—	6600
— 6.	—	1250
— 7.	—	3300

Or, en déterminant comparativement l'activité protéolytique de ces mêmes papaïnes par la détermination du pourcentage de l'azote dissous dans les conditions expérimentales précédemment définies, on a trouvé :

		%.
Papaïne 1. Azote dissous.........		71
— 2.	—	68
— 3.	—	77
— 4.	—	48
— 5.	—	89
— 6.	—	89
— 7.	—	79

Il n'existe donc aucun parallélisme entre le pouvoir présurant et le pouvoir protéolytique, et l'un ne saurait être utilisé pour la mesure de l'autre. Ces expériences mettent en nouvelle lumière les variations d'activité des papaïnes commerciales et la nécessité de les soumettre à des essais bien établis.

En résumé, les recherches exposées dans cette note ont pour objet : 1º d'attirer l'attention sur l'utilité de soumettre les papaïnes médicinales à des essais institués suivant une technique bien étudiée; 2º d'apporter quelques documents en vue de l'établissement d'une telle méthode d'essai.

La papaïne, dans les conditions de temps d'un essai officinal, se comporte comme un ferment peptonisant et très peu peptolytique. Elle dissout les matières protéiques coagulées comme la fibrine, les hydrolyse, en fournissant des liquides qui ne précipitent plus par l'acide nitrique, et où toutefois la proportion d'azote titrable au formol est relativement peu élevée. A ce point de vue, la papaïne se rapproche nettement de la pepsine. Elle s'en éloigne toutefois par ses conditions d'activité, la température optimale qui est, comme on l'a rappelé, voisine de 80º, la réaction de milieu qui est proche de la neutralité ou d'une très faible alcalinité. Elle se distingue particulièrement de la pancréatine par son faible pouvoir peptolytique. C'est à la proportion de fibrine sèche dissoute en un temps donné dans les conditions optimales d'activité qu'il faudra s'adresser pour établir le titre d'une papaïne médicinale, plutôt qu'à la simple disparition de la précipitation nitrique, ou à la proportion d'azote aminé libéré. Il pourra être intéressant d'ajouter à cette mesure celle de l'activité présurante ou d'autres encore que nous n'avons pas envisagées dans cette note, en se rappelant d'ailleurs qu'il ne saurait y avoir de parallélisme entre ces diverses actions [1].

M. D. BACH,

Interne en Pharmacie des Hôpitaux, Paris.

SUR UN FAUX « SEMEN-CONTRA ».

615.733.1

24 Mars.

Depuis quelque temps, il est présenté au commerce de la droguerie française un lot important de semen-contra. Cette marchandise arrive directement de Hambourg sans que nous puissions obtenir aucun renseignement sur son origine. L'aspect extérieur et son odeur particulière ont incité toutes les maisons de droguerie à se renseigner sur la valeur du produit avant d'en faire l'achat.

M. Goris qui avait été consulté sur l'identité de cette matière pre-

---

[1] Laboratoire d'essais et de recherches des Établissements Byla, à Gentilly.

mière par l'honorable maison SOSSLER et DORAT, nous a remis une certaine quantité de ce semen-contra, en vue d'y effectuer le dosage de la santonine.

Ce produit est formé de capitules de couleur franchement vert clair et non vert jaunâtre comme celle du semen-contra. Ils sont plus contractés que ceux de la drogue officinale.

Enfin, lorsqu'on le froisse entre les doigts, on perçoit une odeur de cinéol, mais surtout une *odeur camphrée pénétrante, rappelant un peu celle de la tanaisie* et qui la distingue du semen-contra.

C'est le seul caractère organoleptique que nous possédons, et il faut bien avouer qu'il ne serait pas suffisant pour faire rejeter du commerce un produit destiné le plus souvent à l'extraction de la santonine. Nous y avons dosé celle-ci de la façon suivante :

200 g de produit sont traités par le mélange

Chaux	60
Eau	400
Alcool à 90°	400

On chauffe 4 heures dans un ballon muni d'un refrigérant ascendant; on passe et exprime fortement le mélange. On soumet le résidu à un deuxième traitement analogue, réunit les liqueurs et les concentre à 200 cm³. On filtre et acidule franchement avec de l'acide acétique.

Le liquide obtenu est épuisé par du chloroforme à trois reprises. Les liqueurs chloroformiques réunies sont distillées à sec. On reprend le résidu avec de l'alcool absolu et du noir animal, filtre et abandonne à la cristallisation.

Dans ces conditions, nous n'*avons pu obtenir aucune cristallisation*, alors que la même opération effectuée comparativement sur un échantillon de semen-contra authentique nous a donné une abondante cristallisation de santonine que nous avons identifiée par son point de fusion

$$F = +170°$$

et son pouvoir rotatoire

$$\alpha_0 = -171°,6$$

en solution à 2 % dans l'alcool à 90°.

L'odeur, si particulière, de ces capitules nous a incité à chercher un caractère différentiel des deux produits dans les essences obtenues par distillation. Nous avons distillé à la vapeur 200 g de capitules et nous avons obtenu 4,20 g d'essence se séparant directement, soit un rendement de 2,10 %.

L'essence renferme une grande quantité de cinéol et semble se rapprocher de celle de semen-contra vrai. Mais, nous n'en avons pas obtenu une quantité suffisante pour en faire une étude détaillée.

Nous avons tenu à signaler ces faits pour mettre nos confrères en garde contre une pareille substitution, car cette drogue sera certainement offerte à nouveau au commerce de la droguerie française ou étrangère.

Actuellement, nous devons reconnaître que, seul, le dosage de la santonine peut nous renseigner sur la valeur du produit.

MM. FERRAUD,

Pharmacien principal au Laboratoire de Tananarive,

ET

BONNAFOUS,

Pharmacien aide-major au Laboratoire de Tananarive.

ÉTUDE SUR L'ESSENCE DU RAVENSARA.
(RAVENSARA AROMATICA J. F. GMEL, LAURINÉES).

668.5r (Ravinsara).

27 *Mars*.

Le *Ravensara* est un grand arbre qui croît sur les hauts plateaux de Madagascar.

La distillation du bois, quel que soit le procédé employé, ne donne ni essence, ni camphre.

Quand on distille avec de l'eau les feuilles et les jeunes rameaux du *Ravensara*, on obtient, en quantité relativement importante, une essence d'une odeur agréable fortement camphrée rappelant aussi celle de l'eucalyptus.

Soumise à la distillation fractionnée, cette essence passe, presque en totalité, entre 170° et 175°; une très petite fraction distille vers 270°.

En redistillant la première partie et en recueillant les fractions passant vers 172°, 173°, on obtient une essence qui présente les caractères suivants : incolore, limpide, très mobile,

Densité à 15°.............................. 9,9r0
Point de solidification inférieur à............ 20°
Déviation polarimétrique au tube de 20^em... 32°,3o
Indice de réfraction à 22^n.................. 1,46r75

colorée en rouge orangé par l'acide sulfurique; l'acide azotique à froid l'attaque rapidement avec une déflagration assez forte en laissant comme résidu une matière résineuse, jaunâtre, dont l'odeur rappelle celle que l'on obtient en traitant de la même façon l'essence de térébenthine.

Avec l'iode, l'essence fuse au bout de quelques minutes en produisant des vapeurs violettes, le résidu est constitué par une huile brunâtre.

Le bisulfite de soude n'y produit qu'un trouble à peine sensible, même au bout de 24 heures. Une solution de potasse la colore en jaune foncé, mais assez lentement.

Elle se dissout en toutes proportions dans l'alcool.

Une analyse élémentaire nous ayant montré que cette essence était constituée par un corps qui paraissait être un terpène, mais contenant encore 6 à 7 % d'oxygène, elle fut laissée en contact avec du sodium pendant 24 heures, séparée par le filtre de la combinaison brunâtre et soumise de nouveau à la distillation fractionnée.

La partie distillée (presque en totalité) entre 171° et 172° avait les caractères suivants :

$$\text{Densité à } 15° \dots\dots\dots\dots 0,8809$$
$$\text{Indice de réfraction à } 22° \dots\dots\dots 1,4616$$

Elle n'était plus colorée par une solution de potasse et, mise en contact avec du sodium, ne donnait plus de produits brunâtres.

Analyse. — L'analyse élémentaire a donné, dans une première expérience, pour 0,252 g d'essence :

$$CO^2 \dots\dots\dots\dots\dots\dots 0,652$$
$$H^2O \dots\dots\dots\dots\dots\dots 0,248$$

Dans une deuxième expérience, pour 0,345 g d'essence :

$$CO^2 \dots\dots\dots\dots\dots\dots 1,026$$
$$H^2O \dots\dots\dots\dots\dots\dots 0,398$$

Ce qui donne en centièmes :

	Première expérience.	Deuxième expérience.	Moyenne.
C	82,8	82,4	82,6
H	13	12,6	12,8
O différence	4,2	4,8	4,6

La formule la plus petite qui s'adapterait aux chiffres précédents serait :

$$C^{11}H^{20}$$

L'essence du *Ravensara* paraît donc être presque en totalité constituée par un terpène mélangé d'une matière oxygénée qu'il est presque impossible d'éliminer.

La partie d'essence passant entre 260° et 280° est un liquide à reflet verdâtre d'une odeur d'eucalyptus prononcée.

M. A.-Ch. HOLLANDE.

VALEUR NUTRITIVE DE LA CHAIR DE QUELQUES POISSONS EXOTIQUES IMPORTÉS EN FRANCE DURANT CES DERNIÈRES ANNÉES.

613.284 (44.56)

27 *Mars.*

Alors que, depuis longtemps, des analyses méthodiques avaient fait connaitre la teneur en azote et en substances grasses — et partant la valeur nutritive relative — de la chair de nos poissons indigènes (perche, truite, tanche, carpe, brochet, etc.), aucune recherche de ce genre n'avait encore été tentée sur certains poissons exotiques importés depuis quelques années et acclimatés aujourd'hui dans nos rivières, lacs et étangs. Aussi, suivant les conseils de M. le professeur Léger, directeur de l'Institut de Pisciculture de Grenoble, ai-je procédé à la détermination de certaines données permettant d'établir la valeur nutritive relative de la chair de quelques-uns de ces poissons. Mes examens ont porté sur l'*Eupomitis gibbosus* ou perche soleil, le *Salmo iridens* ou truite arc-en-ciel, le *Salmo fontinalis* ou saumon de fontaine et l'*Amiurus nebulosus*, catfish ou poisson-chat. Ces poissons sont très voraces et constituent une proie facile pour les pêcheurs dont ils sont bien connus.

Les dosages, que je mentionne ici, ont été effectués immédiatement après la prise du poisson, sur la chair fraîche. La peau ayant été rejetée.

Je résume dans le Tableau suivant les résultats de ces analyses qui, toutes, ont été faites au mois de mars. Les méthodes analytiques suivies sont celles qui ont été indiquées par BALLAND (1906) dans son traité sur *Les aliments*, et cela aux fins de pouvoir comparer les résultats obtenus avec ceux fournis par cet auteur sur la chair de nos poissons indigènes.

	PERCHE SOLEIL. Poids moyen de 6 individus, ♂ et ♀ = 45 g.	TRUITE ARC-EN-CIEL. Poids moyen de 4 individus, ♂ et ♀ = 190 g.	SAUMON DE FONTAINE. Poids moyen de 4 individus, ♂ et ♀ = 125 g.	POISSON-CHAT. Poids moyen de 6 individus, ♂ et ♀ = 190 g.
	$^o/_o$	$^o/_o$	$^o/_o$	$^o/_o$
Eau	79	82,79	80,12	88,48
Matières azotées	17,94	15,94	17,77	9,61
Matières grasses	2,10	0,52	0,32	0,50
Matières extractives	0,53	0,35	0,77	0,81
Cendres	1,33	0,40	1,02	0,60
Acidité en SO^3	0,156	0,014	0,026	0,083

Comparons les chiffres de ce Tableau à ceux indiqués par BALLAND pour nos poissons indigènes.

SUBSTANCES DOSÉES DANS LA CHAIR A L'ÉTAT FRAIS (MOIS D'AVRIL).

	PERCHE.	TRUITE.	SAUMON.	TANCHE.	CARPE.	BROCHET.	BRÈME.	GARDON.
	$^o/_o.$	$^o/_o.$	$^o/_o.$	$^o/_o.$	$^o/_o.$	$^o/_o.$	$^o/_o.$	$^o/_o.$
Eau..................	84,20	80,50	61,40	80	79,60	79,50	78,79	80,50
Matières azotées.......	13,87	17,52	17,65	17,47	15,34	//	16,18	16,39
Matières grasses........	0,14	0,74	20	0,39	3,56	//	4,09	10,8
Matières extractives....	1	0,44	0,08	0,48	0,52	//	0,01	//
Cendres	0,79	0,80	0,87	1,66	0,98	1,98	1,02	//
Acidité en SO³.........	0,086	0,301	0,258	0,172	//	//	0,258	0,065

Nous voyons que le saumon de fontaine se rapproche notablement de la truite de nos ruisseaux, alors que la truite arc-en-ciel est bien inférieure à cette dernière; la perche soleil, dépasse, au contraire, par sa valeur nutritive notre perche indigène; sa très grande voracité semble toutefois lui interdire les lacs et les étangs peuplés d'autres poissons. Quant au cat-fish ou poisson-chat, sa valeur nutritive est de beaucoup inférieure à celle des autres poissons; celui-ci, étant d'une voracité extrême et n'ayant pas une chair d'un goût agréable, il serait à conseiller de l'éliminer du nombre des poissons à utiliser pour le repeuplement de nos lacs et cours d'eaux [1].

---

[1] *Laboratoire de l'Institut de Pisciculture de Grenoble et de Zoologie de l'École supérieure de Pharmacie de Nancy*, 28 février 1913.

MM. ÉMILE PERROT,

Professeur à l'École supérieure de Pharmacie,

ET

Eᴍ. VOGT,

Docteur en pharmacie,

Paris.

LES POISONS MICROBIENS EMPLOYÉS POUR EMPOISONNER LES FLÈCHES.

612.817.1.

27 Mars.

Les substances toxiques les plus diverses ont été usitées par les peuples primitifs pour rendre leurs armes plus terribles, et pour donner plus sûrement la mort. La plupart étaient extraites des végétaux, mais souvent aussi les poisons sagittaires étaient le résultat de combinaisons compliquées dans lesquelles le chimiste eut grande peine à retrouver les principes actifs et à les classer.

Les « curares » par exemple, les « ipohs », les poisons africains sont des extraits végétaux auxquels s'ajoutent, souvent au moment de l'emploi, des toxines de putréfaction.

Toutes ces préparations ont été passées en revue dans un Livre récent, dans lequel nous avons réuni tous les renseignements dignes de foi, qu'il nous a été possible de rencontrer dans les innombrables publications, plus ou moins véridiques, actuellement connues.

Mais, rien n'est plus curieux que l'étude de certains poisons océaniens, et en particulier celle de l'enduit sagittaire, employé par les indigènes des îles de la Mélanésie et des Nouvelles-Hébrides. Pendant longtemps il fut ignoré, car la mort qui suivait les blessures, due toujours au tétanos, n'était pas rapportée à la blessure elle-même et semblait seulement une intoxication accidentelle consécutive.

Quelques observations méritent d'être rapportées.

En 1864, l'évêque anglais Patteson fut attaqué par les naturels, dans la baie de Gronavo (archipel Salomon). Un anglais et deux indigènes furent blessés, et ces deux derniers moururent 4 à 6 jours plus tard du tétanos. Une deuxième fois, à l'île Nukapu, où l'évêque fut tué, il y eut encore trois blessés et deux morts du tétanos. — Peu après, la frégate anglaise « Rosario », envoyée pour tirer vengeance de cet assassinat, eut deux blessés, dont un mourut du tétanos. — Quelques années plus tard, Messer, médecin de la frégate anglaise « Pearl » faisant campagne

dans ces parages eut l'occasion d'observer des blessures par flèches
empoisonnées. Au cours d'une descente à terre, à l'une des îles du groupe
Santa-Crüz, près de l'endroit où périt Lapérouse, le commodore Goo-
denough fut blessé par les naturels, ainsi que six hommes de l'équipage.
Les plaies des flèches furent soumises à une succion prolongée et pansées
par Messer dès le retour à bord. Aucune des blessures ne présentait de
gravité par elle-même, mais par suite des accidents des années précédentes, survenant quelques jours après la blessure et de la réputation
de ces flèches, les blessés avaient de grandes inquiétudes. Les hommes
ayant déjà fait partie de l'équipage du « Rosario » se trouvaient, d'ailleurs,
à bord du « Pearl ». Le cinquième jour, le commodore, qui n'avait qu'une
plaie insignifiante et non pénétrante de la paroi thoracique, eut des douleurs lombaires, de l'anorexie; la blessure devint rouge et sèche. Le
tétanos se déclara le lendemain, et il mourut en 2 jours, en même
temps qu'un autre blessé. Un troisième mourait le lendemain... D'après
ces accidents tardifs, Messer conclut que les flèches n'étaient pas empoisonnées, un poison ne pouvant mettre 5 à 7 jours pour agir, et il mit
le tétanos sur le compte d'une complication accidentelle, comme cela
avait été fait antérieurement. Il suppose que cette légende de toxicité
des flèches aurait été créée par les indigènes pour inspirer la crainte de
leurs armes. C'est à une conclusion analogue que s'étaient arrêtés
Förster et Halford, professeurs à Melbourne, étudiant, le premier, des
flèches provenant de l'île Malicolo, le second des flèches de l'archipel
Salomon...

L'enduit sagittaire des îles de la Mélanésie, et des Nouvelles-Hébrides
en particulier, a, d'ailleurs, été fréquemment l'objet d'études conscien-
cieuses. En effet, on a été frappé, que, non seulement les Européens, mais
aussi les indigènes, blessés par les flèches, succombaient régulièrement avec
les symptômes très nets du tétanos. Il était impossible d'attribuer toujours
ce tétanos si typique à la blessure elle-même. D'autre part, l'analyse
chimique de la substance qui couvrait la pointe des flèches, n'a jamais
donné de résultat. On a affirmé que les naturels, notamment ceux de
l'île de l'Aurore, laissaient séjourner les pointes de leurs flèches (fabriquées avec des morceaux de fémur humain taillés et aiguisés), pendant
environ une semaine, dans un cadavre humain, puis qu'ils les arrosaient
du suc du *Derris uliginosa* ou de l'*Excœcaria Agallocha* (« no-to »), et
enfin qu'ils les trempaient dans une terre verte spéciale et, avant de
s'en servir, encore dans de l'eau de mer. D'aucuns rapportèrent que les
Mélanésiens empoisonnaient leurs armes avec de « la strychnine ou de
l'arsenic ». D'autres communications faisaient encore observer que les
flèches n'étaient jamais, sur ces îles, enduites de substance toxique. Cette
dernière assertion semble être exacte pour certaines d'entre elles, par
exemple les îles Lepers.

Mais toutes ces indications étaient vagues et non contrôlées. C'est
alors qu'en 1882 fut instituée, à la Nouvelle-Calédonie, sous la présidence

de Brassac, une Commission, qui devait s'occuper de l'étude des flèches empoisonnées utilisées sur les îles de l'Océan Pacifique. Après de nombreuses expériences physiologiques (environ 140) sur des rats, des grenouilles, des chiens, des lapins, des poulets, etc., qui eurent, presque toutes, un résultat négatif, on conclut que les flèches n'étaient pas empoisonnées, mais que, nonobstant, certaines d'entre elles devaient être considérées comme suspectes.

Le Dantec reprit cette étude. Par ses expériences, commencées à Nouméa et terminées à Bordeaux, il démontra que :

« Le poison des flèches d'Océanie est de nature bactérienne et non d'origine végétale ou animale. »

Les naturels des Nouvelles-Hébrides, dit-il, et probablement ceux des îles Santa-Cruz et des îles Salomon, enduisent leurs flèches avec de la terre des marais très malsains, qui bordent la côte des îles océaniennes.

« Cette terre contient deux microbes pathogènes : le vibrion septique et le bacille du tétanos. La dessiccation au soleil tue rapidement le vibrion septique. Il ne reste donc que le bacille de Nicolaïer qui, grâce à ses spores, peut résister des mois et peut-être même des années. Le poison s'atténuant de plus en plus, les vieilles flèches finissent par devenir inoffensives. Cette diminution progressive de virulence caractérise les flèches de l'Océanie.... Si les flèches sont anciennes, le vibrion septique peut donc avoir disparu, et elles donneront le tétanos aux animaux en expérience. Si elles sont récentes, le vibrion septique peut persister dans le poison et provoquera chez le cobaye une septicémie mortelle au bout de 12 à 15 heures. Le tétanos, beaucoup plus lent à se développer, n'aura pas le temps de se manifester. Le cobaye est l'animal de choix pour ce genre d'expérience, car il est aussi sensible au vibrion septique qu'au bacille du tétanos. Le chien, étant à peu près réfractaire à ces maladies, est un mauvais réactif, ce qui explique les insuccès de mes prédécesseurs. Chez l'homme, c'est toujours le tétanos qui éclate probablement parce qu'à l'inverse du cobaye, il est plus sensible au bacille tétanique qu'au vibrion septique. »

Les naturels se servent de deux espèces de flèches : les flèches de chasse, qui se composent de deux parties : une tige, qui n'est autre chose qu'un roseau de longueur variable, et une pointe habituellement en bois dur; quelquefois, c'est une arête de poisson ou un piquant d'oursin.

Les flèches de guerre contiennent trois parties : une tige de roseau, une partie moyenne en bois dur et une troisième, surajoutée, qui est ordinairement un morceau d'os humain (cubitus ou péroné), soigneusement usé, de manière à former une pointe délicate. Cette pointe osseuse se brise à un choc un peu violent; elle est recouverte d'un enduit noirâtre, ressemblant assez bien à des amas de grains de poudre, qui auraient été mouillés, puis desséchés; c'est le poison. La longueur moyenne de ces flèches, qu'elles soient destinées à la chasse ou à la guerre, est d'environ 3 pieds.

Le Dantec a eu la chance de pouvoir s'attacher un Canaque néohébridais, originaire de l'île Pentecôte, qui avait lui-même fabriqué des flèches empoisonnées, pendant la guerre de tribu à tribu. Voici comment celui-ci expose la façon dont ses compatriotes enduisent leurs armes :

« On commence par faire, au moyen d'une pierre (les Canaques étaient, avant l'arrivée des Européens, encore à l'âge de la pierre polie, et le fer n'était pas connu d'eux), une incision à un arbre appelé « dot ». Cette incision laisse échapper un suc laiteux, auquel on laisse prendre de la consistance sur l'arbre même. On recouvre alors la pointe de la flèche de guerre, c'est-à-dire l'os humain effilé, de ce suc, qui ne sert qu'à fixer le poison. On enroule sur cet enduit un fil, en laissant un certain espace entre les spirales. Cela fait, on prend, au moyen d'une écuelle de noix de coco, de l'humus au fond des trous de crabes dans les marais à palétuviers, marais très malsains qui bordent la côte. On plonge dans cet humus l'extrémité de la flèche préparée. On fait sécher au soleil et, après dessiccation, on enlève le fil.

L'idée de se servir de l'infection, dans un but destructeur, a pu germer dans un cerveau de sauvage. Utiliser les microbes dans l'art de guerre est une idée géniale; ces agents transforment, en effet, une plaie insignifiante en une plaie mortelle, et la mort, qu'on recherche tant dans ce cas, est sûrement obtenue. »

Aux îles Fidji (Viti) enfin, on se servirait, pour empoisonner les flèches, du latex de l'*Antiaris Bennetti* Seem (« mavou ni toga »), et somme toute, l'usage des poisons bactériens, comme poison sagittaire, est resté limité à quelques îles océaniennes, mais le fait de leur emploi n'en est pas moins un exemple merveilleux de ce qu'a pu faire l'intelligence humaine pour utiliser les forces de la nature.

Cette Note suffit pour résumer l'un des cas les plus surprenants de l'ingéniosité humaine en pareille matière, mais somme toute, l'usage des poisons bactériens est, comme nous venons de le dire, exclusivement limité à quelques îles océaniennes; partout ailleurs ce fut aux végétaux, aux animaux venimeux et aux poisons cadavériques que l'homme emprunta la substance toxique qui permettait à ses flèches de mettre l'ennemi visé ou la proie convoitée, plus sûrement à sa merci.

MM. SARTORY et J. RŒDERER,

Nancy.

ÉTUDES BIOLOGIQUE ET MORPHOLOGIQUE D'UN CHAMPIGNON THERMOPHILE DU GENRE « ASPERGILLUS » (ASPERGILLUS GODFRINI N. SP.).

58.14-92

24 *Mars.*

L'*Aspergillus Godfrini* se classe parmi les grandes espèces du genre. Il a été isolé au cours de recherches bactériologiques sur l'air de Paris.

Sur un mycélium étalé, très ramifié et cloisonné se dressent de nombreux appareils fructifères d'une longueur pouvant atteindre 0,30 mm à 0,78 mm. Leur support augmente très peu de diamètre de la base au sommet, il mesure en moyenne 12 à 18 μ. Au sommet il se renfle brusquement formant le plus souvent une sphère d'un diamètre variable atteignant souvent de 40 à 50 μ. Les stérigmates sont implantés verticalement et n'occupent que la moitié supérieure du renflement terminal. Ils sont assez réguliers, généralement deux fois plus longs que larges. Les conidies sont extrêmement irrégulières comme forme et comme grosseur. Si le plus grand nombre mesure de 8 à 12 μ, on trouve cependant tous les intermédiaires depuis les spécimens énormes et monstrueux jusqu'aux types tout à fait élémentaires.

Les formes sont très variables, cependant on constate deux types qui se présentent plus fréquemment : la forme sphérique et la forme ovale, parfois nous trouvons la forme que nous appelons *en toupie*.

Les conidies sont en chapelets, mais on remarque, entre deux conidies consécutives, une sorte d'isthme ou de trait d'union (disjunctor). En examinant plus attentivement au microscope on s'explique aisément la formation de ce disjunctor. En effet, les conidies se forment par voie endogène au sein d'un sporange qui s'accroît successivement par sa partie inférieure à mesure qu'une nouvelle conidie prend naissance. Mais, il existe un espace libre entre chaque conidie et, comme les parois du sporange s'affaissent et sont étroitement appliquées sur les contours des conidies successives, les parois du sporange se rapprochent et constituent le disjunctor sous forme de trait d'union. Puis, à la maturité, il se forme une scission au milieu et chaque conidie entraîne une moitié de disjunctor à ses extrémités.

Les conidies sont jaune brunâtre, lisses et jamais échinulées. Elles forment des chaînettes verticales qui se dressent côte à côte pour composer un cylindre parfois très régulier.

Cette espèce ne donne pas de périthèces sur les milieux usuels employés en Mycologie et ne sécrète pas de pigment soluble dans les dissolvants ordinaires ([1]).

L'optimum cultural a été recherché en cultivant cette mucédinée sur carotte, aux différentes températures :

+12°, +15°, +20°, +24°, +26°, +34°, +36°, +40°, +42°, +45°, +50°.
Il se trouve compris entre + 35° et 36°.

L'*Aspergillus Godfrini* supporte des températures de + 44°-45°. Il cesse de végéter à + 47°.

L'*Aspergillus Godfrini* pousse sur tous les milieux employés en Mycologie; ses milieux d'élection sont : le bouillon pepto-glycériné-glucosé,

---

([1]) *Voir* étude de A. SANTORY et J. BAINIER, *Sur les pigments des aspergillus* (*Bull. de la Soc. Mycol.*, t. XXVII, fascicule 3, p. 1711.

le Raulin glucosé et saccharosé, cela pour les milieux liquides. Les milieux solides de choix sont la carotte, la pomme de terre, le topinambour. Il coagule le lait en précipitant la caséine et la peptonisant; il liquéfie la gélatine, mais il est sans action sur la gélose et sur l'albumine d'œuf. L'urée n'est pas décomposée.

Voici le poids des cultures sur les différents milieux liquides employés au bout de 30 jours.

			Raulin				
normal.	neutre.	glucosé.	galactosé.	urée.	maltosé.	lactosé.	inuline.
800 mg	770 mg	803 mg	513 mg	243 mg	648 mg	317 mg	140 mg

L'*Aspergillus Godfrini* n'est pathogène ni pour le lapin, ni pour le cobaye.

En résumé, cette espèce nouvelle se rapproche morphologiquement parlant de l'*Aspergillus disjunctus* Bainier et Sartory, mais les caractères biologiques sont tout à fait différents ainsi que l'aspect des cultures, et la couleur des appareils reproducteurs. De plus, l'*Aspergillus disjunctus* produit un pigment rouge très intense. L'*Aspergillus Godfrini* ne donne pas de pigment. Nous donnerons des détails complémentaires et des dessins de cette espèce dans une Communication prochaine (¹).

MM. L. BRUNTZ ET A. SARTORY,

Nancy.

CONTAMINATION DES DROGUES SIMPLES PAR LES MUCÉDINÉES.

615.44 : 576.834.1

24 *Mars.*

Nous nous occupons depuis près d'une année de la contamination des drogues simples par les champignons inférieurs, les insectes, etc.

Nous donnons ici la liste des drogues examinées et les contaminations isolées de ces divers échantillons.

Nous ferons connaître un peu plus tard le résultat complet de nos recherches avec la description des espèces nouvelles que nous avons pu découvrir, ainsi que la liste des insectes et autres animaux capables d'altérer ces drogues.

(¹) Travail du Laboratoire de Pharmacie chimique de l'École supérieure de Pharmacie de Nancy.

Drogues.	Contaminations.
Feuilles de frêne	Botrytis cinerea.
Feuilles de ronces...........	Mucor racemosus, Penicillium glaucum.
Feuilles de belladone	1 Penicilium nouveau qui sera décrit prochainement.
Feuilles de digitale	»
Stigmates de maïs.........	Penicillium claviforme Mucor Mucedo.
Feuilles de saponaire......	Acrostalagmus cinnabarinus (feuilles tachées de rouge).
Feuilles de stramoïne.....	»
Feuilles d'oranger.........	»
Feuilles d'éreysimum......	Penicillium glaucum, 1 Oospora non décrit.
Feuilles de tabac.........	Aspergillus fumigatus (espèce pathogène).
Feuilles de chicorée.......	Aspergillus niger (Sterigmatocystes nigra. Diplocladium minus.
Sommités de centaurée....	»
Fleurs d'arnica............	Acremonium alternatum. Mucor racemosus. Sterigmatocystes nigra.
Fleurs de stramoine........	»
Fleurs de roses de Provins.	Penicillium glaucum. 1 Ramularia non décrit. 1 Mucorinée du groupe des Rhizopus.
Fleurs de tussilage........	Botrytis cinerea.
Fleurs de lavande.........	»
Fleurs de thym	»
Fleurs de romarin.........	»
Racine de saponaire.......	»
Racine d'angélique........	P. glaucum. Isaria chromogène (et insectes).
Racine de persil...........	Divers Aspergillus et diverses Mucorinées.
Poudre de lycopode.......	P. glaucum. Mucor racemosus. Nombreuses bactéries.

M. L.-G. TORAUDE,

Pharmacien, Asnières (Seine).

SUR L'ESSAI DES BOUES ET RÉSIDUS RADIOACTIFS EMPLOYÉS EN THÉRAPEUTIQUE.

615.43 : 546.432

26 Mars.

Dans une conférence des plus instructives sur nos connaissances actuelles en radioactivité, faite à la Société d'Hydrologie, le mois dernier, par M. J. BECQUEREL, l'éminent physicien a montré comment on pouvait arriver à doser exactement le radium et les autres substances radioactives que contiennent presque toutes les roches, bien qu'à doses infinitésimales. Cette précision dans les recherches d'ordre purement scientifique est un exemple qui doit être suivi, avec une pareille rigueur, dans tout ce qui concerne l'emploi du radium en thérapeutique et, en particulier, dans la détermination des richesses radioactives des boues dont les applications cliniques se sont généralisées, avec une promptitude remarquable. Il importe, en effet, que le praticien connaisse la teneur des produits qu'il emploie afin de conduire son traitement avec une exactitude mathématique. Il doit posséder, en outre, toutes les garanties désirables afin d'établir ses décisions sur des bases précises.

Les boues radioactives sont utilisées actuellement sous deux formes : tantôt à l'état naturel, tantôt à l'état de mélanges variés dans lesquels a été incorporée une quantité déterminée de produits radioactifs. Elles sont employées enfin, soit par applications directes sur la peau, soit dans des bains, soit enfermées dans des sachets fabriqués à cet effet.

La technique, que nous avons adoptée à la suite des recherches faites par les divers physiciens attachés au Laboratoire d'essais des substances radioactives de Gif, fera l'objet de la Note que nous présentons aujourd'hui.

I. — ESSAI DES BOUES NATURELLES ET DES BOUES FABRIQUÉES.

Trois points doivent être examinés :

A. *La mesure de l'activité*;

B. *Le dosage du radium*;

C. *La recherche des autres corps radioactifs.*

A. — *Mesure de l'activité.*

Cette mesure est effectuée à l'électromètre ou à l'électroscope. Elle est rapportée à l'activité d'un disque d'uranium ou d'uranate de soude. Lorsqu'elle est effectuée dans les mêmes conditions, l'activité moyenne oscille en général entre 0,001 et 1.

B. — *Dosage du radium.*

On procède à ce dosage, par la méthode ordinaire et, en particulier, par la méthode dite de l'*émanation*. A cet effet, le mélange à doser est solubilisé par des réactifs convenables et le radium, ainsi amené à l'état de dissolution, est mesuré par la quantité d'émanation dégagée dans un temps connu.

C. — *Recherche des autres corps radioactifs.*

Les boues naturelles, ou fabriquées, à l'aide de produits radioactifs ajoutés à un mélange déterminé, peuvent contenir de l'actinium, du thorium et des produits de l'uranium.

Le dosage de chacun de ces corps nécessite l'emploi d'une méthode particulière à chacun d'eux. Pour le thorium et l'actinium, les deux méthodes suivantes sont les plus couramment utilisées :

1° *Méthode du courant gazeux.* — Elle consiste à déterminer la loi de désactivation de l'émanation. Rappelons ici que l'émanation de l'actinium baisse de moitié en quelques secondes et celles du thorium de moitié en 55 secondes.

2° *Méthode de l'activité induite.* — Elle consiste à activer un disque métallique au moyen d'une quantité donnée de produits à examiner. La loi suivant laquelle le disque se désactive permet de déterminer la nature du produit radioactif qui l'a activé.

II. — Essai des appareils contenant les mélanges radioactifs.

Ces appareils contenant les boues sont de simples sachets pour bains, ou des dispositifs construits de façon à étendre les surfaces agissantes, tout en protégeant la peau du contact immédiat, désagréable et malpropre des boues appliquées directement. Ils agissent de deux façons : par le rayonnement proprement dit et par le rayonnement de l'émanation qu'ils doivent dégager.

Un appareil à grand rendement sera celui qui permettra une accumulation rationnelle des émanations produites par les boues radioactives qu'il contiendra. L'ingéniosité des préparateurs devra donc s'appliquer à donner à ces appareils toutes les qualités nécessaires à l'obtention d'un pareil rendement. Pour en faire l'essai, on déterminera l'intensité du rayonnement émis par cet appareil, c'est-à-dire son activité comparée à l'uranium métallique, ainsi qu'il a été indiqué plus haut pour la détermination de l'intensité des boues.

Il sera nécessaire, ensuite, de vérifier l'étanchéité de l'appareil pour l'émanation, cette étanchéité étant une des qualités indispensables à laquelle les constructeurs devront s'attacher particulièrement.

Quant à la quantité d'émanation émise par les appareils en fonction (certains devant être humidifiés pour être employés), il conviendra d'en déterminer le rendement en émanation, c'est-à-dire la quantité d'émanation qu'ils dégagent lors de leur utilisation. Il en faudra déduire également la quantité d'émanation qu'ils dégageraient si toute l'émanation produite par la somme de radium était dégagée. C'est là le résultat le plus important à obtenir, car, étant donné que la plus grande partie de l'effet des boues est due au dépôt de l'activité induite produite par l'émanation dégagée, il s'ensuit que la qualité principale d'un appareil contenant des mélanges radioactifs doit être de donner le plus grand rendement possible.

III. L'emploi du radium en thérapeutique est une des plus belles acquisitions de la science moderne. Afin de lui conserver tout son prestige et de lui donner toute l'ampleur qu'il mérite, le devoir des préparateurs est de ne délivrer que des produits exactement dosés, scrupuleusement déterminés et sur lesquels le médecin puisse compter avec certitude. Les difficultés que présentent les dosages des produits radioactifs n'en permettant pas le contrôle prompt et facile, la loyauté la plus stricte commande aux chimistes qui les fabriquent de s'entourer des garanties les plus sévères dans l'exploitation qu'ils en entreprendront. Nous serions heureux que les indications que nous venons de donner ici puissent rendre quelque service aux intéressés.

M. G. FAVREL,

Professeur à l'École de Pharmacie, Nancy.

SUR LES CARACTÈRES DE LA DIGITALINE DU CODEX.

615.711.51

27 *Mars.*

A la suite de l'examen d'une solution de digitaline au $\frac{1}{1000}$, il m'a semblé nécessaire d'attirer l'attention des pharmacologistes sur les caractères attribués par le Codex à la digitaline pure et sur ceux que possèdent la digitaline livrée comme telle aux pharmaciens.

La solution à examiner, évaporée au bain-marie, a donné un résidu qui, porté à 100° pendant 1 heure, a un poids conforme au titre indiqué pour cette solution.

Le point de fusion de ce résidu est voisin de 245, sa dissolution acétique additionnée d'une trace de sulfate ferrique et d'acide sulfurique donne, dans les conditions indiquées par le Codex, une coloration bleue. Ajoutons enfin que ce résidu est soluble dans le chloroforme et brûle sans laisser de cendres.

Par contre, la digitaline, extraite de la solution, au lieu de ne rien céder à l'eau ni à la benzine comme l'exige le Codex, est partiellement soluble dans chacun de ces deux dissolvants. 10 cm³ d'eau triturés avec 10 cg de cette digitaline en dissolvaient une proportion correspondant à 4 %, tandis que la benzine, dans les mêmes conditions, en retenait environ 6 %. Le résidu trituré de nouveau avec de l'eau ou de la benzine se dissolvait dans ces corps à peu près dans les mêmes proportions.

Dès lors, d'après l'essai du Codex, la digitaline employée à la préparation de cette solution n'était pas pure, bien que les proportions de carbone et d'hydrogène fussent toutes les deux voisines de ce qu'elles devaient être pour une digitaline pure, ainsi que je m'en suis assuré par une analyse élémentaire.

En présence de ce résultat, il m'a paru intéressant d'examiner un certain nombre 'd'échantillons de digitaline pris dans les meilleures maisons françaises de produits pharmaceutiques et de rechercher s'ils répondaient à l'essai du Codex.

Sur cinq échantillons examinés, je n'en ai pas trouvé un seul qui réponde à cet essai; tous se dissolvent partiellement dans l'eau et dans la benzine; la solubilité, dans ces dissolvants, variant d'un échantillon à l'autre. .

Il semble, d'après cela, que la digitaline conforme aux indications du Codex, si elle existe, est, pratiquement, bien rare dans les drogueries pharmaceutiques et qu'il y aurait intérêt à lui substituer une digitaline qui, à défaut d'une pureté rigoureuse, posséderait du moins une activité physiologique déterminée.

Pour cela, le Codex devrait fixer l'activité physiologique minima de la digitaline que doivent posséder les pharmaciens et, à cet effet, indiquer avec le plus grand soin, les moindres détails du mode opératoire à suivre pour déterminer cette activité.

Il est à remarquer, du reste, que certaines maisons françaises déterminent déjà l'activité physiologique de certaines préparations à base de digitale avant de les livrer aux pharmaciens et qu'elles reconnaissent déjà, par cela même, l'utilité d'une pareille mesure.

M. G. FAVREL.

PRÉPARATION DE L'ARRHÉNAL OU MÉTHYLARSINATE DE SOUDE

547.922

27 *Mars*.

Le méthylarsinate de soude a été préparé, pour la première fois, par MEYER [1] en 1889, par l'action de l'anhydride arsénieux sur la soude, mais les détails sur cette réaction manquent. Aussi, quand on essaie de préparer l'arrhénal par cette méthode et avec les seules indications données, il est difficile d'obtenir ce corps à l'état de pureté et avec des rendements satisfaisants.

C'est pour combler ce qui me paraît être une lacune que je donne le mode opératoire suivant qui fournit de bons résultats.

. « Dans un flacon à l'émeri, introduire un peu plus de 3 mol. de soude tenues en dissolution dans 250 cm³ d'eau, puis 99 g d'anhydride arsénieux (0,5 mol.) et agiter; le liquide s'échauffe fortement et la combinaison s'opère rapidement. Après refroidissement de la solution

---

[1] MEYER, *Ber. D. Ch. Ges.* t. XVI, p. 1440; *Bull. Sc. Pharm.*, juin 1913.

d'arsénite trisodique, ajouter 5o cm³ d'alcool méthylique, puis 145 g. d'iodure de méthyle, boucher fortement le flacon et le placer sur un agitateur mécanique. Tout d'abord, le liquide s'échauffe et il est nécessaire de refroidir à plusieurs reprises pour modérer la réaction, qui cependant n'est complète qu'après une agitation d'au moins 24 heures. Lorsque la réaction est terminée, il faut ajouter au contenu du flacon de l'eau bouillante en quantité juste suffisante pour dissoudre le précipité formé et verser dans cette solution, peu à peu et en agitant, trois fois son volume d'alcool à 90°.

» Le précipité cristallin de méthylarsinate de soude obtenu ne contient plus, après essorage, qu'un peu d'iodure et d'arsénite de sodium. Pour éliminer ce dernier, le précipité de méthylarsinate de soude devra être redissous dans la quantité minima d'eau froide, additionné d'une quantité suffisante d'hydrate de baryte (¹) et abandonné au repos pendant 24 heures. Au bout de ce temps, le mélange sera filtré et le filtratum bouillant soumis à l'action d'un courant de gaz carbonique, jusqu'à cessation de précipité. Après refroidissement et filtration, le liquide sera concentré jusqu'à commencement de pellicule et étendu, peu à peu et en agitant, de trois fois son volume d'alcool à 90°; on obtiendra ainsi un précipité cristallin d'arrhénal ou méthylarsinate de soude cristallisé, avec 6 H²O. »

Si la méthode précédente a été rigoureusement suivie, les rendements atteignent au moins 95 % et le plus souvent 98 % du rendement théorique, et le méthylarsinate de soude obtenu est rigoureusement pur.

Quant à l'alcool employé pour ces précipitations, il peut être récupéré en grande partie par distillation, mais cette opération est assez longue; l'iodure de sodium formant avec l'alcool éthylique des produits d'addition qui se décomposent mal à la température du bain-marie de l'alambic. Par contre, l'iodure de sodium peut être retiré, presque en entier, du résidu de la distillation.

(¹) On reconnaît qu'il y a suffisamment de baryte à ce qu'une petite quantité du liquide filtré précipite par un courant de CO²; ordinairement 4 gr. ou 5 gr. sont suffisants.

MM. A. GORIS et Charles VISCHNIAC,

Paris.

SUR LA COMPOSITION CHIMIQUE DES MOUSSES.
SPHAGNUM CYMBIFOLIUM EHRH., HYPNUM PURUM L. (¹)

58.11.92-82

27 *Mars.*

Parmi les travaux, de plus en plus nombreux, publiés ces dernières années sur la chimie végétale, il en est peu qui aient trait à la composition chimique des mousses. Cette question mériterait pourtant plus d'attention. Non pas, certes, que cette étude présente un intérêt considérable par elle-même : ces plantes occupent un rang trop modeste, trop effacé dans l'ensemble du règne végétal pour aspirer à de telles prétentions. Mais, la connaissance de leur composition chimique permettrait peut-être de tirer quelques conclusions d'ordre général, qui jetteraient une certaine lumière sur les phénomènes biochimiques des plantes supérieures. En effet, dans l'économie de ces organismes inférieurs, les processus biochimiques doivent être infiniment moins complexes et surtout moins variés que dans les plantes d'un degré de développement plus élevé. Il est juste d'admettre que, dans ces conditions, il sera plus facile de suivre méthodiqeument l'évolution d'un phénomène précis et limité qui ne sera pas influencé par des réactions simultanées échappant momentanément à notre contrôle.

Il nous a semblé, dans cet ordre d'idées, qu'une étude systématique de la formation et de l'assimilation des hydrates de carbone dans les mousses s'imposait en première ligne.

Cette petite note n'est que le résumé des recherches préliminaires que nous avons faites en vue de nous rendre compte de la possibilité d'aborder ce sujet.

Les déterminations se rattachent à deux espèces de mousses : *Sphagnum cymbifolium* Ehrh. et *Hypnum purum* L.

1 kg de mousse fournit environ 150 g de substance sèche.

Pour extraire les matières sucrées, on fait bouillir la mousse fraîche avec de l'alcool à 95° additionné d'une petite quantité de carbonate de chaux. Après deux épuisements, l'extraction est complète. On distille alors la solution alcoolique sous pression réduite, puis on évapore au

---

(¹) Les déterminations ont été faites par M. P. Hariot, Assistant du Muséum, que nous remercions bien sincèrement.

bain-marie; on reprend le résidu par l'eau, on lave la solution aqueuse à l'éther, on sépare ce dernier et l'on ramène finalement le volume à 75 cm³ par addition d'eau.

Sur une partie aliquote de cette solution, convenablement diluée, puis déféquée par 10 % de réactif de COURTONNE, on détermine le pouvoir rotatoire et le pouvoir réducteur (procédé BERTRAND). On additionne ensuite le reste de la solution d'une petite quantité d'invertine et on l'abandonne à l'étuve à 30° jusqu'à ce que la déviation et le pouvoir réducteur deviennent fixes. Cette méthode biochimique indiquée par M. BOURQUELOT, et employée surtout par un de ses élèves, M. HARLAY (¹), permet de déterminer la quantité de saccharose contenue dans une plante. Pour cela, on calcule, d'après la différence des pouvoirs réducteurs, initial et final, la quantité de sucre interverti formé et par suite celle de saccharose existant dans la solution. On démontre que le sucre hydrolysé par l'invertine est bien du saccharose, en s'assurant que le retour à gauche observé après l'action de l'invertine correspond bien à la somme des déviations du saccharose et du sucre interverti trouvées par le calcul.

Lorsque l'action de l'invertine est terminée, on fait agir sur la solution l'émulsine et la poudre fermentaire (²) pour y constater les glucosides et les polyoses, autres que le saccharose.

Sphagnum cymbifolium Ehrh.

Sur les 75 cm³ de la solution concentrée, on prélève 10 cm³ que l'on dilue à 100 cm³ avec de l'eau thymolée; on prélève 20 cm³ que l'on défèque avec 2 cm³ de réactif de COURTONNE.

La déviation α, est égale à $+\, 0°20'(l = 2)$.

Le pouvoir réducteur déterminé sur 10 cm³ de la solution déféquée est de 0,0185 g en sucre interverti.

Le reste de la solution, additionné de 0,1 g d'invertine, est laissé 4 jours à l'étuve, à 30°.

On trouve alors :

$\alpha = -\, 0°10'$; pouvoir réducteur $= 0,515$ g de sucre interverti pour 10 cm³ de la solution déféquée.

Une nouvelle détermination au bout de 5 jours a fourni le même résultat.

La quantité de sucre interverti formé est de 0,033 g (0,0515 — 0,0185) pour 10 cm³ de solution déféquée, soit 0,363 g pour les 110 cm³, ce qui correspond à 0,344 g de saccharose.

Les déviations de ces quantités de saccharose et de sucre interverti

---

(¹) M. HARLAY, Le saccharose dans les organes végétaux souterrains (Thèse, Paris, 1905).

(²) On obtient la poudre fermentaire en épuisant la mousse préalablement séchée à 30° et pulvérisée, à l'alcool à 80° et à l'éther.

sont :

$$+ 64°,66 = \frac{\alpha \times 110}{2 \times 0,344} = + 0°,40 \text{ ou} + 0°24'.$$

$$- 19°,45 = \frac{\alpha \times 110}{2 \times 0,363} = - 0°,12 \text{ ou} - 0°7'.$$

(Température de la solution au moment de l'observation, 24°).

La somme des déviations vers la gauche est de 0°31'.

Ce calcul nous montre que la disparition de 0,344 g de saccharose et son remplacement par 0,363 g de sucre interverti amène un retour vers la gauche de 0°31'. Le retour vers la gauche observé dans notre expérience est de 0°30'. Le sucre qui a été hydrolysé par l'invertine est donc bien le saccharose.

Cette quantité de 0,344 g pour 10 cm³ de la solution primitive, soit 2,58 g pour la totalité de la solution, correspond à environ 3 kg de mousse fraîche.

L'action de l'invertine terminée, on a ajouté 0,1 g d'émulsine. Au bout de 8 jours, la déviation et le pouvoir réducteur étaient restés stationnaires. Il n'y avait donc pas eu dédoublement soit d'un polyose, soit d'un glucoside.

A cette solution, débarrassée de l'émulsine et de l'invertine par filtration et chauffage à 80°, on a ajouté de la poudre fermentaire. Cette poudre fut également sans action.

La solution concentrée, qui n'avait pas servi aux essais biochimiques, fut évaporée à sec et reprise par l'alcool à 85°. Le saccharose cristallise dans la solution alcoolique au bout de quelques jours. Nous l'avons caractérisé par son point de fusion et son pouvoir rotatoire. La présence de ce sucre dans le *Sphagnum cymbifolium* Ehrh. ne fait donc aucun doute.

Hypnum purum L.

On a prélevé, sur les 75 cm³ de la solution concentrée, 10 cm³ qué l'on a dilués à 100 cm³ avec de l'eau thymolée et l'on a opéré comme précédemment.

Déviation initiale = + 1°34'.

Pouvoir réducteur de 5 cm³ de la solution déféquée = 0,0165 g en sucre interverti.

Dix jours après l'action de l'invertine :

Déviation = — 0°2'.

Pouvoir réducteur = 0,0645 g.

Une nouvelle détermination au bout de 5 jours a fourni les mêmes résultats.

La quantité de sucre interverti formé est de 0,048 g pour 5 cm³ de la solution déféquée, soit 1,056 g pour les 110 cm³, ce qui correspond à 1,003 g de saccharose.

Les déviations de ces quantités de saccharose et de sucre interverti sont :

$$+ 64°,66 = \frac{\alpha \times 110}{2 \times 1,003} = + 1°,17 \text{ ou} + 1°10'.$$

$$- 19°,46 = \frac{\alpha \times 110}{2 \times 1,056} = - 0°,37 \text{ ou} - 0°22' \text{ (à la température de 24°)}.$$

Le retour à gauche calculé est de 1°32'; l'observation directe donne 1°36'.

La quantité de saccharose pour les 75 cm³ de la solution primitive est de 7,52 g; elle correspond à près de 5 kg de mousse fraîche.

L'émulsine et la poudre fermentaire sont restées sans action. Il n'y a donc ni glucoside, ni polyose autre que le saccharose.

Quelle est la substance sucrée qui donne à la solution primitive un pouvoir réducteur aussi fort? Il est très probable que ce sucre est uniquement du glucose.

En effet, la déviation initiale est due au saccharose et à ce sucre inconnu. La déviation primitive est de + 1°34' alors que, pour la quantité de saccharose contenue dans la solution, elle ne devrait être que de + 1°10'. Il y a donc un excès de déviation vers la droite de + 0°24'. La réduction initiale, avant toute action de l'invertine, n'est due qu'à ce sucre. Si nous l'exprimons en glucose, nous voyons que cette réduction correspond à 0,374 g de glucose pour les 110 cm³ de la solution.

La déviation produite par 0,374 g de glucose est donnée par la formule :

$$+ 52°,81 = \frac{\alpha \times 110}{2 \times 0,374} = + 0°,36 \text{ ou } 0°21'.$$

Ce chiffre correspond à 3' près à l'excès de déviation observé, et il est fort probable qu'à côté du saccharose il existe une assez forte proportion de glucose.

En tout cas, il semble y avoir une légère différence entre les deux mousses, car alors qu'ici nous trouvons un excès de déviation à droite, chez le *Sphagnum cymbifolium* nous avons, au contraire, un déficit de 4'. La déviation due au saccharose est de + 0°24', tandis que celle observée n'est que de + 0°20'.

Ainsi donc, les mousses peuvent renfermer du sacharose, et cela en assez grande quantité, puisque nous trouvons dans le *Hypnum purum* 1,50 gr par kilogramme de plante. En ce qui concerne cette espèce, en particulier, à côté de ce sucre, il y existe très probablement du glucose.

Il nous sera facile maintenant d'étendre cette étude à d'autres espèces de mousses, afin de voir si nous retrouverons partout ce saccharose et s'il n'y a pas d'autres bioses. Enfin, nous pourrons, dans une espèce choisie à dessein, suivre les variations de ce principe sucré aux différentes époques de l'année et peut-être y trouverons-nous matière à des observations concernant la formation et l'assimilation de cet hydrate de carbone.

M. A. SARTORY,

Docteur ès Sciences, Chargé de Cours à l'École supérieure de Pharmacie, Nancy.

CONTRIBUTION A L'ÉTUDE DE QUELQUES OOSPORA ISOLÉS DE L'EAU, DE L'AIR ET DU SOL [1].

58.92.41.

25 *Mars.*

Oospora producteur de pigment jaune.

Oospora de l'eau. — Espèce isolée d'une eau de source (Dordogne).

Morphologie. — Les filaments ont une largeur d'environ 0,4 à 0,5 μ et une longueur beaucoup plus grande; certains peuvent atteindre 1,5 mm à 2 mm. Ces filaments sont très sinueux, souvent ondulés vers les parties terminales seulement, simulant des formes spirillaires. Les ramifications latérales sont irrégulières. Les rameaux naissent sur les côtés du filament mère sous forme d'une petite hernie latérale qui donne tout d'abord un court prolongement cylindrique de même dimension que le filament mère. Dans certaines conditions les filaments se segmentent et produisent de longues séries d'articles sphériques ou ovoïdes qui sont des arthrospores. Suivant la technique de Sauvageau et Radais nous avons pu suivre le développement de ces arthrospores dans des cultures en cellules. Elles germent au bout de 36-48 heures et donnent des filaments qui ne tardent pas à se ramifier et à prendre l'aspect habituel.

Cultures. — L'espèce isolée par nous d'une eau de source, soumise à notre contrôle bactériologique, se cultivait bien sur les milieux habituels solides ou liquides. Le développement *est lent à l'étuve* + 26°, plus lent encore à la température ordinaire.

Carotte. — A + 26° les colonies apparaissent vers *le quatorzième jour* sous forme de petits points blancs, *le vingtième jour* les colonies grandissent légèrement et deviennent d'un blanc jaunâtre. — Après *deux mois* de culture les plus grosses colonies mesurent 5 à 6 mm. Elles présentent la forme radiée quelquefois étoilée. A ce moment apparaissent des renflements sphériques irréguliers terminant des filaments ou pouvant se trouver sur leurs parcours. Jamais, sur pareil milieu, nous n'avons pu obtenir la forme conidienne.

Gélatine. — Développement très lent (+ 22°). Colonies d'un jaune clair *le trentième jour*. En piqûre il se forme dans le canal de petites colonies blanchâtres floconneuses ou l'on reconnait une disposition radiaire. *Le milieu ne brunit jamais* même au bout de 3 mois. La liquéfaction n'a pas lieu.

Gélatine maltosée additionnée d'un peu de salep. — Développement plus rapide, colonies plissées, tourmentées, très adhérente au substratum. A un certain moment la culture se recouvre en partie d'une efflorescence blanche, sèche,

---

[1] Ce travail est le début d'une étude mycologique et bactériologique concernant l'eau, l'air et le sol.

formée de nombreux chapelets. *Ce sont les appareils conidiens normaux de cet Oospora.* Le milieu n'est jamais coloré en brun.

Pomme de terre simple. — Aucun développement.

Pomme de terre glycérinée. — Aucun développement.

Bouillon. — Il s'y développe à la longue de légers flocons blanchâtres, où la disposition radiaire n'est pas nette. Le liquide reste clair et prend une teinte jaune brun.

Lait. — Le développement se fait assez bien dans les parties superficielles. Il y a coagulation *le quarante-deuxième jour,* précipitation de la caséine et peptonisation de cette dernière.

Les matières albuminoïdes ne sont pas attaquées.

Les cultures dégagent une odeur intense et pénétrante, qui tient à la fois de l'odeur de moisi et de terreau.

Nous avons trouvé deux fois cette espèce dans les eaux. C'est une espèce saprophyte, non pathogène pour l'homme et les animaux.

Cette espèce se rapproche morphologiquement du *Cladothrix chromogenes* de Gasperini, *Streptotrhix chromogenes* de Gasperini, *Streptothrix nigra* de Rossi-Doria, *Oospora Metschnikowi* de Sauvageau et Radais. Cependant les propriétés biologiques sont différentes. *Il ne se produit jamais de matière colorante brune* sur aucun milieu.

OOSPORA PRODUCTEUR DE PIGMENT NOIR.

Oospora Metschnikowi Sauvageau et Radais.

Nous l'avons isolé très fréquemment de l'eau et de l'air. Il est très commun dans la terre végétale. Nous en avons fait une étude biologique très complète et nous ne pouvons à cet égard que confirmer les travaux de SAUVAGEAU et RADAIS. Ainsi que l'a montré MACÉ les matières albuminoïdes sont fortement attaquées par cette espèce.

Au cours de nos travaux sur les poussières et microbes de l'air nous avons signalé la preuve de cet organisme dans l'air de certaines usines et notamment dans l'air des ateliers de couperie de poils (salle de fendage et d'éjarrage, ainsi que dans l'air des ateliers de plumes et duvets). Espèce saprophyte.

Oospora Poiraulti (¹).

Cette espèce a été isolée pour la première fois par M. POIRAULT, directeur de la Villa Thuret, à Antibes. Nous avons fait l'étude morphologique et biologique de ce champignon et nous proposons de le nommer *Oospora Poiraulti.* Pour la seconde fois nous avons trouvé cette espèce dans de l'eau de la Moselle.

(¹) L'*Oospora Poiraulti* n. sp. a déjà fait l'objet d'un Mémoire dans le *Bulletin des Sciences pharmaceutiques.* Nous rappelons les principaux caractères de ce champignon.

Cet *Oospora* a déjà fait l'objet d'un Mémoire paru dans un Bulletin.

Pour avoir du parasite une idée exacte, il est nécessaire de le cultiver en goutte pendante dans du bouillon maltosé, à une température de 37°. C'est le seul moyen d'obtenir des renseignements précis et d'arriver à une diagnose certaine.

Dans ces conditions, on constate, au bout de 48 heures, que les filaments mycéliens se sont allongés et qu'ils forment des sortes de lignes brisées dont chaque angle est occupé par un espace très clair. Ces filaments ont une largeur de 0,4 à 0,6 μ. Leur longueur est variable, elle peut atteindre 2 mm et même 3 mm. Ces filaments sont immobiles, peu enchevêtrés les uns dans les autres. Ils portent des ramifications latérales qui sont très irrégulièrement distribuées. Ces ramifications naissent sur les côtés du filament principal, sous forme d'un petit soulèvement arrondi à son extrémité, qui grandit et donne un prolongement cylindrique identique au précédent. Sur un même filament on observe toute une série de ramifications.

Les appareils conidiens apparaissent très tôt, *le huitième jour*. Ils prennent naissance à l'extrémité libre d'un filament qui s'allonge et se renfle de façon à constituer une chaînette. Au début de leur développement les conidies ont la forme d'un petit tonnelet, elles s'arrondissent ensuite. Ainsi constituées ces chaînettes sont très fragiles ; elles se détachent et se brisent facilement. Le nombre des grains est très variable, et peut atteindre 15 à 20. Les plus grosses conidies mesurent 0,9 μ de diamètre.

Sur gélatine (culture en cellule), les filaments se développent de même, mais restent en place et prolifèrent abondamment. Il en résulte des colonies assez volumineuses formées d'éléments *très enchevêtrés* dont la périphérie émet des hyphes bizarrement contournées et ramifiées. *Du cinquième au septième jour* apparaissent les appareils conidiens et aussi des rameaux d'aspect particulier, affectant la forme spirale à quatre ou cinq tours. Ces tire-bouchons signalés par GUEGUEN pour une autre espèce l'*Oospora lingualis* se fragmentent en petits crochets en S ou en boucles plus ou moins fermées. Çà et là quelques filaments ont leur extrémité faiblement renflée, c'est surtout dans les cultures âgées que l'on observe cette clavulation formée de nombreux chapelets, qui ne sont autre chose que les appareils conidiens. La culture dégage une odeur intense et pénétrante, qui tient à la fois de l'odeur de moisi et de l'odeur du terreau.

L'extrême fragilité des hyphes ne permet pas de recourir à la dissociation pour l'étude du champignon. Il est bien préférable d'inclure à la paraffine un fragment de substratum garni de cultures et préalablement fixé par l'alcool absolu ; on le débite en coupes aussi minces que possible. Les séries collées à l'albumine sont traitées par la solution aqueuse de dahlia, différenciées par l'alcool à 90°, recolorées à l'éosine et montées au baume (Technique de Gueguen).

Cet examen nous permet de remarquer sur les hyphes périphériques les tortillons qui sont ici beaucoup plus nombreux que sur gélatine.

Nous n'avons pas constaté la *présence de chlamydospores,* ni *d'organes tarsiformes.*

Biologie.

Il est relativement facile d'étudier les caractères biologiques de ce champignon. Il se développe assez bien sur tous les milieux sucrés, ainsi que sur les milieux solides usuels employés en Mycologie.

Sur Raulin normal et sur Raulin neutre, on obtient au bout de 5 à 6 jours quelques points blancs formant à la longue un dépôt assez abondant et grenu.

Sur bouillon, mêmes constatations.

Il végète fort bien sur la gélatine à qui il communique une couleur noire. Il ne liquéfie pas ce milieu. Il pousse également bien sur gélose, carotte, pomme de terre, etc.

Milieux azotés. — Dans les milieux azotés ont remarque toujours la fixation d'ammoniaque. Le sérum liquide n'est pas coagulé et perd même la propriété de se coaguler par la chaleur. Il se produit seulement un léger précipité floconneux. Il se dépose au fond du matras un dépôt cristallin qui par agitation rend le liquide miroitant. Les cristaux sont surtout de la tyrosine en longues aiguilles isolées et principalement en pinceaux simples et composés. L'*Oospora Poiraulti* coagule le lait, précipite la caséine et peptonise cette dernière. Les cultures gardent très longtemps leur vitalité. Nous n'avons jamais constaté la présence d'arthrospores chez cette espèce.

Pouvoir pathogène. — Le pouvoir pathogène fut essayé sur le cobaye et le lapin. Un lapin du poids de 2100 g reçoit sous la peau 5 cm³ du mélange obtenu en traitant une culture d'*Oospora Poiraulti* faite sur gélose, dans de l'eau stérilisée. Ce lapin était 2 jours plus tard un peu amaigri et abattu, *du sixième au quatorzième jour* la perte du poids s'accentue (diminution totale de 148 g). *Le quinzième jour* apparaît au point d'inoculation un petit abcès qui atteint environ 0,05 cm de diamètre, *le trentième jour.* En pratiquant une incision dans cet abcès et en examinant au microscope un peu de l'exsudat nous constatons la présence de filaments mycéliens, qui cultivés sur gélose et sur pomme de terre glycérinée fournissent l'*Oospora Poiraulti.*

Mêmes constatations pour une seconde expérience pratiquée chez un lapin pesant 2300 g. Dans ce dernier cas l'abcès disparaissait au bout de 2 mois sans aucun traitement.

En injection intra-péritonéale le champignon ne se montrait pas pathogène.

Des expériences semblables faites chez trois cobayes donnèrent des résultats identiques.

En résumé l'*Oospora Poiraulti* se rapproche de l'*Oospora Metschnikowi* de Sauvageau et Radais, il en diffère néanmoins par certains caractères morphologiques et biologiques ainsi que nous avons pu nous en convaincre en faisant parallèlement l'étude morphologique et biologique de ces deux organismes.

Oospora producteur de pigment violet.

Nous avons isolé d'une eau, provenant de la Charente-Inférieure, (eau de source) un *Oospora* présentant les caractères suivants :

Filaments rameux, enchevêtrés formant de petits amas d'apparence buissonnante. Ces filaments se segmentent assez vite (douzième jour) en articles cylindriques d'environ 2 μ de longueur. L'épaisseur est d'environ 0,25 μ. Ce sont des arthrospores que nous avons pu faire germer sur milieu maltosé. Les appareils conidiens se forment toujours à l'extrémité libre d'un filament qui s'allonge et se renfle de façon à constituer une chaînette. Ces conidies mesurent 1,2 μ a 1,4 μ.

Sur gélatine les cultures prennent, dès le *sixième jour*, un aspect particulier les colonies ont une partie centrale légèrement violacée et une partie périphérique plus claire, formée de prolongements radiaires très fins.

La gelée se teint en rouge violacé dès *le dixième jour*. La gélatine est complètement liquéfiée *le treizième jour*.

Sur gélose, la culture forme une pellicule à bords circulaires. La surface devient crayeuse et montre des taches d'un violet intense, d'autres d'un violet clair, d'autres grisâtres et enfin, d'autres tout à fait blanches. La gélose prend une teinte rouge-violacé.

La pomme de terre est un mauvais milieu. Le substratum se colore en brun violacé.

La pomme de terre glycérinée et la pomme de terre acide ne peuvent servir à cultiver cette espèce.

Sur sérum coagulé, sérum liquide, albumine d'œuf, le champignon ne végète pas.

Dans le lait il se produit dès *le dixième jour* dans la couche superficielle une coloration rosée avec de petits points violets. La caséine est précipitée *le quatorzième jour*. Le milieu est complètement peptonisé *le vingt-deuxième jour*. Le liquide transparent présente *le quarantième jour* une teinte d'un rouge vineux; la réaction est alcaline.

Nous croyons que cette espèce est l'*Oospora violaceus*, appelé aussi *Cladothrix violaceus* ou *Streptothrix violaceus* de Rossi-Doria (¹).

L'optimum cultural de cette espèce est compris entre + 32-34°. Elle cesse de végéter à + 41°. Elle ne s'est montrée pathogène ni pour le cobaye, ni pour le lapin.

(¹) T. Rossi-Doria, *Zu di alcune specie di streptothrix trovate nell'aria* (*Ann. d'Igiene sper.*, t. I, 1892, p. 99).

OOSPORA PRODUCTEUR DE PIGMENT BLEU.

Cette espèce a été retirée de l'air d'une usine de couperie de poils.

Les filaments sont longs, peu ramifiés et se dissocient facilement en articles (différence avec *Cladothrix cœlicolor* Muller encore appelé *Streptothrix cœlicolor*). On obtient très facilement des cultures à + 28-30° sans anakrobiose (différence avec le *Streptothrix cœlicolor*. La croissance se fait encore à 39°-40° (le *Streptothrix cœlicolor* cesse de végéter à + 36°) en produisant encore une légère coloration bleue. Les cultures âgées sentent le moisi.

Sur gélatine, le développement se fait bien sans liquéfier le milieu et sans production de matière colorante.

Sur *gélose ordinaire,* le champignon croît bien formant un revêtement crayeux. Mêmes constatations sur sérum, albumine et amidon. Sur ce dernier milieu, les colonies présentent une auréole bleue intense *le quinzième jour.* L'amidon n'est pas attaqué.

La *gélose* dextrinée se colore en brun.

Sur pommé de terre, apparaît autour des inoculations une *teinte bleue,* le *septième jour* qui s'étend à tout le substratum et devient très foncée, nuancée de vert.

Dans le lait il ne se fait pas de coagulation à + 36°. Il ne s'y produit pas de matières colorantes.

L'inoculation sous-cutanée et intra-peritonéale au cobaye a été négative. Le pigment bleu est soluble dans l'eau, insoluble dans l'alcool absolu, l'éther, le chloroforme, le xylol, l'alcool méthylique, l'acétone, le sulfure de carbone. La couleur vire au rouge par les acides et passe au bleu par les alcalis.

A l'examen spectroscopique. on constate une légère bande d'absorption dans la région D.

Nous ne croyons pas devoir en faire une espèce nouvelle mais une simple variété de *Cladotrix cœlicolor* [1] (*Streptothrix cœlicolor* Muller). Filaments d'une largeur d'environ 0,6 μ, une longueur pouvant atteindre dans les cultures jeunes plus de 1 mm. Pas de formes spirillaires, ni tortillons, ni chlamydospores. Les plus grosses conidies mesurent 0,8 μ.

OOSPORA NE PRODUISANT PAS DE PIGMENT.

Nous avons isolé du sol une espèce qui nous paraît très commune et dont les caractères semblent se rapprocher de l'espèce appelée *Cladothrix invulnerabilis* Acosta et Grande Rossi [2]. Il développe, sur gélose, de petites colonies rondes, blanches, puis crème, puis blanc sale et à la surface une pellicule blanche *très adhérente* et *très plissée.* Mêmes caractères sur gélatine. La gelée est liquéfiée *le douzième jour.*

Dans le bouillon l'espèce forme de petits flocons blanchâtres peu abon-

---

[1] MULLER, *Eine Diphteridee und eine Steptothrix mit gleichen blauen Farbstoff* (*Central Bl. f. Bakt.* 1re Abth. Orig., t. XLVI, 1908, p. 195).

[2] ACOSTA et GRANDE ROSSI, *Descripcion de un nuevo Cladothrix, Cladothrix invulnerabilis* (*Chronicu medico-guirúrgicu de la Habana,* 1893, n° 3).

dants. Le lait n'est pas coagulé (différence avec l'espèce de Acosta et GRANDE-Róssi). Une différence qui a également son intérêt c'est que ce micro-organisme cesse de végéter à + 56°. L'espèce *Cladothrix invulnerabilis* résiste à des températures de 100° et même 110°.

Nous avons également isolé trois fois d'eau de la Meurthe-et-Moselle, une espèce d'*Oospora* présentant tous les caractères morphologiques de l'*Oospora Metschnikowi* de Sauvageau et Radais. Cette variété liquéfiait lentement la gélatine, ne coagulait par le lait, mais ne donnait jamais de pigmentation brune sur pomme de terre, ou sur d'autres milieux amylacées.

Oospora Charlieri.

Cette espèce, que nous croyons nouvelle, présente certains caractères particuliers que nous allons décrire.

CARACTÈRES MORPHOLOGIQUES. — Isolé d'une eau provenant du gouffre de Padirac, ce champignon se présente sous forme de filaments extrêmement fins mesurant 0,3 μ à 0,4 μ de largeur et une longueur beaucoup plus grande.

Le mycélium est immobile, très enchevêtré, formé d'éléments régulièrement ondulés dans une certaine étendue pouvant ainsi simuler des formes spirillaires. Les ramifications latérales sont irrégulièrement distribuées. Les appareils conidiens naissent comme pour les autres champignons du même groupe, les conidies apparaissent *le vingt-huitième jour* (sur Raulin maltosé) incolores au début, elles verdissent ensuite (couleur du *Penicillium glaucum*), puis prennent une teinte grisâtre particulière (couleur 474 du code des couleurs) Dimension des conidies = 0,6 μ. Pas d'arthrospores.

Coloration. — Les filaments se colorent bien aux méthodes ordinaires et restent colorés par la méthode de Gram; souvent des portions de filaments résistent à la coloration. On n'observe jamais de coloration bleue par l'iode et l'acide sulfurique ou par le chloro-iodure de zinc.

Optimum cultural. — L'optimum cultural se trouve compris entre + 34°-35°. Cette espèce résiste à la température de + 56° et meurt à + 58°.

Cultures. — L'espèce se cultive très bien sur les milieux habituels solides ou liquides.

Gélatine. — Les colonies apparaissent *le huitième jour* sous forme de petits points blancs sans auréole. *Le quinzième jour* les filaments s'étendent relativement très vite, les colonies mesurent alors 5 à 6 mm. La gélatine jusqu'ici n'est pas modifiée. Les appareils conidiens apparaissent *le vingt-cinquième jour.* A partir de ce moment la culture devient d'un vert pâle, couleur 353 A, puis 353 B 363 et finalement 373. (*Voir* Code des couleurs de Klincksieck.) La gélatine n'est liquéfiée à aucun moment, de plus elle ne brunit ni en surface, ni en profondeur.

Sur pomme de terre, il se forme très rapidement une pellicule grise, plissée, assez épaisse, consistante. *Le vingt-cinquième jour,* elle se recouvre d'une efflorescence verte qui ne tarde pas à devenir grise. La matière amylacée du tubercule n'est ni attaquée, ni colorée.

Dans le lait, le développement se fait dans les couches superficielles. Il y a coagulation *le dix-huitième jour,* peptonisation complète *le vingt-huitième jour.*

Le bouillon ordinaire, le Raulin neutre, le Raulin glucosé, lactosé galactosé sont des milieux peu favorables à la culture de cette espèce. Toutes les cultures dégagent une odeur intense et pénétrante, qui tient à la fois de l'odeur de moisi et de terreau.

Les cultures gardent très longtemps leur vitalité. Ce champignon ne s'est montré pathogène ni pour le cobaye, ni pour le lapin.

Nous proposons de dédier cette espèce à M. Charlier, rédacteur scientifique du « Temps » et président de la presse des Sociétés savantes.

Dans un prochain Mémoire nous ferons connaître le résultat de nos recherches mycologiques et bactériologiques sur des eaux provenant de sources vauclusiennes.

ÉLECTRICITÉ MÉDICALE.

M. MIRAMOND DE LAROQUETTE,

Président de la Section.

DISCOURS D'OUVERTURE.
LA PHYSIOTHÉRAPIE DES BLESSÉS DE GUERRE.

615.84 : 617.145

24 Mars.

Messieurs, en ouvrant les séances de la xiiie section du congrès de l'Association française pour l'Avancement des Sciences, je vous propose d'envoyer notre salut aux membres éminents qui, cette année, n'ont pu se joindre à nous, retenus au loin par leurs obligations ou par le devoir qu'ils avaient d'aller représenter, au congrès international de Physiothérapie de Berlin, l'électricité médicale française; à M. le professeur Bergonié, notre Président d'honneur, créateur de la xiiie Section et qui en fut toujours le guide et l'âme même; à MM. Delherm et Nogier, les présidents de nos derniers congrès de Dijon et de Nîmes, à MM. Laquerrière et Arcelin, les président et vice président élus, dont l'absence se fait, pour nous, si vivement sentir.

Si restreinte que soit cette année, en regard des années précédentes, la représentation de l'électricité médicale au Congrès de l'Association française pour l'Avancement des Sciences, nous allons néanmoins nous mettre à l'œuvre avec la volonté de tenir honorablement notre place et de témoigner de notre permanente activité. Nous savons d'ailleurs, qu'à la même heure, sous un ciel sans doute moins clément, se tiennent les assises internationales de la physiothérapie où nos collègues soutiennent, devant le monde, notre réputation et notre valeur scientifique. Nous sommes avec eux là-bas par la pensée, et je suis sûr qu'ils sont aussi venus avec nous, par le cœur, sur cette terre radieuse de la Tunisie française.

En ma qualité de médecin militaire je vous demande la permission de vous exposer sommairement les bienfaits que l'électricité médicale, dans ses diverses applications, a su apporter depuis quelques années au traitement des blessés de guerre. Des communications récentes ont mis en lumière les immenses progrès que les méthodes modernes d'asepsie et de conservation ont permis de réaliser dans le traitement immédiat des blessures de guerre. Grâce au pansement individuel précocement appliqué, grâce aux attouchements iodés et à l'abstention chirurgicale systématique, dans la plupart des cas, vous savez que les blessés échappent aujourd'hui aux complications septiques qui jadis assombrissaient tant les statistiques de guerre. Les blessés guérissent, généralement, si vite et si bien, que beaucoup peuvent, après peu de jours, reprendre leur place dans le rang, pour de nouveaux combats. Cependant, quels que soient les progrès réalisés dans les méthodes immédiates de traitement, les blessés, malheureusement trop nombreux, qui ont été atteints dans leurs œuvres vives, particulièrement dans les troncs nerveux et les régions articulaires, conserveraient à la suite de leurs blessures de graves infirmités, si les méthodes modernes de physiothérapie ne venaient à leur secours, particulièrement pour le traitement des ankyloses, des épanchements articulaires, des atrophies et des névrites.

Précisément dans mon service de l'hôpital du Dey à Alger, sur lequel sont régulièrement dirigés nos blessés du Maroc, j'ai l'occasion et la satisfaction de voir les bénéfices que nos soldats retirent de nos moyens physiques de traitement, et c'est pour moi un agréable devoir de rendre, à cette occasion, hommage à mon ami et prédécesseur, le médecin-major Hirtz, qui sut de toutes pièces, organiser pour ces blessés, une installation physiothérapique dont ils retirent les plus grands services.

Avant toute application thérapeutique, la radiographie et l'électrodiagnostic apportent des précisions singulièrement utiles, et qui faisaient si vivement défaut à nos anciens. Les atteintes les plus légères du squelette, les fissures, les ébréchures des os, les aiguilles et les débris de projectile, les déplacements et les déformations se révèlent sur le cliché radiographique et dictent au chirurgien la conduite à tenir. Les réactions électriques des nerfs et des muscles nous éclairent ensuite sur les lésions nerveuses directes ou reflexes, sur les atteintes qui seront difinitives et celles qu'un traitement suffisamment patient et bien conduit permettra de faire disparaître,

Pour vous, messieurs, ces données sont évidentes et classiques et vous en trouvez chaque jour l'application dans le traitement des accidents de la rue ou du travail, je me bornerai donc à vous signaler quelques particularités que révèlent la radiographie ou l'électrodiagnostic sur les blessés par coup de feu. C'est d'abord la pulvérisation du projectile qui laisse derrière lui, incluses dans les tissus, des parties métalliques, particules qui, sur l'épreuve radiographique, donnent un semis de taches très caractéristique, c'est le semis métallique qui se retrouve sur presque tous les clichés des blessures par armes à feu de forte puissance, fusil de guerre ou revolver d'ordonnance, mais qui, habituellement, ne s'observe pas dans les blessures par coup de fusil de chasse ou de revolver du commerce; au point de vue du traitement, ce semis métallique est, d'ailleurs, sans importance; les particules incluses sont aseptiques, si fines et si facilement tolérées, qu'il n'est nullement nécessaire d'en faire l'ablation, opération qui serait, d'ailleurs, extrêmement difficile en raison de leur nombre et de leur diffusion dans le trajet du projectile.

Une autre donnée plus importante de la radiographie des blessés de guerre, sur laquelle j'attirerai par ailleurs l'attention, est la mesure de la valeur fonctionnelle des articulations qui résulte de la disposition des surfaces articulaires dans les diverses portions des membres blessés. Les épreuves radiographiques, prises dans les deux attitudes extrêmes d'un mouvement, permettent, notamment au point de vue de l'expertise, et tout au moins dans certains cas, de déduire ce qui est le fait d'un obstacle mécanique ou seulement d'un état contracture réflexe ou volontaire des muscles.

L'électrodiagnostic est indispensable dans l'état de nos connaissances, pour préciser le pronostic et les indications du traitement des suites des blessures de guerre. Dans la plupart des cas, il existe en effet, à la suite de ces traumatismes, un état de névrite périphérique de cause directe ou réflexe et qui est plus ou moins accusé. Lorsque des troncs nerveux ont été directement touchés, partiellement ou totalement sectionnés, on trouve naturellement la réaction de dégénérescence complète et le pronostic des infirmités est extrêmement sombre; c'est la paralysie, l'atrophie, l'anesthésie locale et, parfois aussi, lorsque la blessure a suppuré, ce qui est l'exception, des phénomènes douloureux plus ou moins intenses. Dans ces cas, l'intervention chirurgicale précoce; suture du nerf, ablation d'esquilles, libération d'un nerf enclavé dans un cal ou dans un hématome, permet parfois une restauration au moins partielle des fonctions nerveuses et le traitement électrique, longtemps prolongé, peut ensuite donner des améliorations notables.

L'examen électrique des muscles et des nerfs du membre blessé, doit, d'ailleurs, dans ces cas, être renouvelé systématiquement, à certains intervalles, et les modifications constatées des réactions permet de déduire, ce qui, dans les lésions, est déjà définitif et ce qui est encore susceptible d'amélioration et nécessite la continuation du traitement.

En dehors des lésions directes des troncs nerveux, il existe aussi, presque toujours, dans les membres blessés par coup de feu, des lésions légères de névrite périphérique, dues sans doute aux lésions des filets ou des terminaisons nerveuses de la région blessée. Ces névrites sont surtout caractérisées par une diminution de l'excitabilité faradique et galvanique sans inversion de formule. Elles sont habituellement des plus curables. Pour le traitement de ces névrites, il semble, et c'est du moins ce qui résulte de l'observation des blessés traités au service de physiothérapie de l'hôpital du Dey, que la galvanisation continue du membre tout entier entre de longs tampons au-dessus et même au-dessous de la région blessée, est ce qui donne les meilleurs résultats.

A des séances quotidiennes et prolongées de (30 à 50 minutes) de courant continu à de hautes intensités (le maximum toléré), j'ajoute généralement de courtes séances de 10 à 15 minutes de courant interrompu au métronome sur les muscles les plus atteints et qui sont excités individuellement au tampon avec le minimum nécessaire pour provoquer la contraction.

Pour ce qui est des lésions articulaires et des ankyloses partielles, le chauffage lumineux électrique et la mécanothérapie, successives ou simultanées, permettent, de jour en jour, des gains importants mesurables au compas et à la radiographie, et réduisent dans de très grandes proportions, le degré des invalidités définitives.

Les épanchements articulaires chroniques rebelles sont aussi réduits par les séances de chauffage local chaque jour répétées ou par des séances de radiothérapie (dose moyenne 5-H) espacées de deux en deux semaines.

Au total, et sans insister davantage, on peut dire que les blessés de guerre retirent les plus grands bénéfices de nos méthodes physiothérapiques régulièrement appliquées aujourd'hui dans les hopitaux militaires notamment au Val-de-Grâce, à Lyon, à Bourbonne-les-Bains, à l'hôpital du Dey d'Alger, bénéfices appréciables d'abord pour les blessés eux-mêmes, car les infirmités consécutives aux blessures de guerre faisaient trop souvent autrefois de ces jeunes et glorieux blessés des invalides, des malheureux pour toujours; appréciables aussi pour l'État qui voit ainsi réduire dans de notables proportions, les chiffres des indemnités et des pensions, que la justice l'oblige à verser aux victimes de ses expéditions militaires.

Discussion. — M. Daniel Adda emploie, lui aussi, la galvanisation continue en longues séances, 30 minutes pour le traitement des lésions traumatiques, avant et après 10° de faradisation rythmée des muscles de la région.

M. Gros a rapidement guéri un cas de raideur de la main près du phlegmon, par les bains galvaniques salés, avec massage concomitant et faradisation consécutive.

M. MIRAMOND DE LAROQUETTE,

Médecin-major de 1re classe, Alger.

MESURE RADIOGRAPHIQUE DES MOUVEMENTS DE L'ÉPAULE.

---

26 *Mars.*

616.72.0724

La radiographie nous fournit des données importantes dans les cas d'ankylose partielle ou totale de l'épaule consécutive aux traumatismes, accidents de travail ou blessure de guerre, données qui sont particuliè-

rement utiles pour l'estimation des impotences et des indemnités auxquelles celles-ci donnent droit. Outre qu'elles révèlent l'état anatomique
du squelette, la forme, le volume, la situation, la nature même des
lésions, *la radiographie, au moyen d'épreuves prises successivement en
diverses attitudes, peut* donner plus exactement qu'aucun autre procédé
la mesure des mouvements restés possibles, tout au moins pour ce qui
est du mouvement principal d'abduction et d'élévation latérale du
bras.

Cette méthode de mesure radiographique des mouvements de l'épaule
mérite je crois de retenir un instant notre attention en raison du service
qu'elle peut rendre dans les cas difficiles où le blessé a intérêt à réduire
de lui-même, pour l'expertise, l'amplitude des mouvements qu'il peut
accomplir. J'en ai pour la première fois signalé le principe dans une
étude anatomique et mécanique de la ceinture scapulaire publiée, en 1907,
dans la *Revue d'Orthopédie*, et depuis cette époque j'ai eu souvent
l'occasion d'en trouver l'application et d'en apprécier l'utilisation
pratique.

Elle est basée sur la mesure radiographique des déplacements de
l'omoplate pendant les mouvements d'abduction du bras et, particulièrement, des *variations de l'angle huméro-axillaire (angle α)* que forme
l'humérus avec le bord axillaire de l'omoplate.

Les variations de cet angle dans les mouvements du bras tiennent
à la fois aux déplacements du scapulum sur le thorax et aux déplacements
de l'humérus sur le scapulum; elles sont relativement constantes pour
un même degré de mouvement chez les sujets normaux et, d'autre part,
elles échappent à l'attention, à l'appréciation et, par suite, à la volonté
réfléchie du sujet qui ne peut que très difficilement commander à l'action
isolée des muscles fixateurs de l'épaule.

La mesure des variations de cet angle huméro-axillaire, grossièrement
possible avec le compas appliqué sur la peau, pendant les mouvements
du bras, mais infiniment plus précise sur les clichés radiographiques,
permet seule une appréciation exacte de la valeur restante de l'articulation scapulo-humérale. Les mouvements de la jonction scapulo-thoracique
suppléent partiellement ceux de l'articulation scapulo-humérale, et cette
suppléance peut, à un examen superficiel, donner une idée inexacte du
degré de l'ankylose de l'épaule; or, au point de vue pronostique et même
thérapeuthique, il y a un réel intérêt à savoir si l'ankylose scapulo-humérale est absolue ou s'il persiste encore un certain mouvement et quel est le
degré de ce mouvement; il suffit, en effet, qu'un déplacement l'une sur
l'autre des deux surfaces articulaires scapulo-humérales soit encore
possible, si faible qu'en soit l'amplitude, pour qu'on ait encore le droit
d'escompter d'un traitement physiothérapique bien conduit une restauration fonctionnelle au moins partielle de cette articulation. La
mesure radiographique des variations de l'angle huméro-axillaire peut
seule donner dans cet ordre d'idées la précision nécessaire. Le point de

départ de ce procédé d'examen réside d'abord dans la mesure des *variations normales* chez les sujets sains, de l'angle huméro-axillaire dans les différents temps de l'abduction et de l'élévation latérale du bras, mesure qui permet de déduire ce qui normalement dans chaque temps du mouvement revient à l'articulation scapulo-humérale et à l'articulation scapulo-thoracique.

Voici des chiffres qui à quelques unités près peuvent être retenus comme constantes normales de ces mouvements; ils ont été relevés sur des radiographies prises sur des sujets sains dans les quatre principaux temps de l'élévation frontale du bras, savoir : $1°$ bras au repos, attitude verticale basse; $2°$ bras à $40°$; $3°$ bras horizontal; $4°$ bras élevé au maximum, attitude verticale haute. Les variations de l'angle α huméro-axillaire assurent le déplacement de l'humérus sur l'omoplate. Cet angle se trouve divisé en deux angles α' et α'' par la verticale passant par son sommet; les variations de l'angle α' mesurent le déplacement total du bras dans l'espace; les variations de l'angle α'' mesurent le déplacement de l'omoplate sur le thorax.

	Attitudes				
	I.	II.	III.	IV.	Totaux.
Angle α humérus et bord axillaire	$47°$	$58°$	$95°$	$145°$	»
Augmentation d'α d'une attitude à l'autre, c'est-à-dire mouvement scapulo-huméral	»	11	36	50	$97°$
Angle α' humérus et verticale	8	30	75	150	»
Augmentation d'α' c'est-à-dire élévation du bras dans l'espace	»	22	45	75	142
Angle α'' bord axillaire et verticale	40	28	20	50 en dedans	»
Diminution d'α'' c'est-à-dire rotation de l'omoplate sur le thorax	»	12	8	25	45

Il faut particulièrement retenir que normalement dans l'attitude de repos le bras, c'est-à-dire l'humérus n'est pas exactement vertical et forme un léger angle de $5°$ à $7°$ ouvert en dehors.

De même dans l'attitude la plus élevée du bras, l'humérus n'atteint pas la verticale et ne dépasse pas $150°$ à $160°$; pour atteindre la verticale haute du bras, le sujet est obligé d'incliner le thorax du coté opposé ; le mouvement se trouve en effet limité par le dispositif anatomique notamment par le rebord acromial. Au total l'amplitude normale du mouvement d'abduction et d'élévation latérale du bras, de la position la plus basse à la position la plus élevée, ne dépasse pas $145°$ à $150°$.

Dans ce mouvement $95°$ à $100°$, soit environ les $\frac{2}{3}$ reviennent au mouvement de l'humérus sur la glénoïde scapulaire et $40°$ et $50°$, soit environ $\frac{1}{3}$ au mouvement de l'omoplate sur le thorax.

Il est remarquable aussi que les mouvements de l'articulation scapulo-humérale et de l'articulation scapulo-thoracique sont synchrones. On admettait généralement depuis Winslow que la rotation de l'omoplate n'avait lieu normalement qu'à la fin du mouvement d'élévation du bras lorsque celui-ci avait atteint l'horizontale, et uniquement pour achever le mouvement. Or nous voyons sur les radiographies et même directement sur le sujet, si l'on y regarde de près, que la rotation de l'omoplate sur le thorax commence en même temps que l'adduction du bras, et qu'elle se poursuit pendant toute la durée de l'abduction et de l'élévation du bras, mais dans des proportions inégales dans les différents temps.

C'est un point important dans l'appréciation des impotences et l'on ne doit plus retenir aujourd'hui, comme signe d'ankylose partielle, le déplacement immédiat de l'omoplate au commencement de l'abduction du bras.

Dans les cas pathologiques, lorsqu'il y a limitation de l'élévation du bras, la mesure des angles α, α', et α'' dans les différents temps des mouvements encore possibles, comparée à la mesure normale de ces angles dans ces mêmes mouvements, donne une idée précise de l'impotence de chacune des deux articulations scapulo-humérale et scapulo-thoracique; elle permet aussi jusqu'à un certain point de faire le départ entre ce qui est dû à un obstacle mécanique, osseux, et ce qui est dû à la douleur, à la contracture ou à une action volontaire des muscles, et par conséquent entre ce qui est peu ou pas curable, et ce qui pourra être guéri ou tout au moins très amélioré par le traitement.

Voici, par exemple, un blessé de l'épaule qu'une radiographie a montré atteint de fracture parcellaire de la tête de l'humérus, seule l'articulation scapulo-humérale est intéressée, la jonction scapulo-thoracique est anatomiquement indemne, cependant les mouvements de l'épaule sont très limités, l'abduction active du bras ne dépasse pas 50° et au delà de cet angle le blessé accuse une très vive douleur, qui s'oppose à tout autre mouvement.

Si nous bornions là notre examen, nous conclurions, en tenant compte du déplacement de l'omoplate et de l'ancienneté de la blessure, à une ankylose presque complète et définitive de l'articulation scapulo-humérale.

Mais nous radiographons l'épaule blessée dans les deux temps extrêmes du mouvement possible et, par surcroît, l'épaule saine dans les attitudes correspondantes.

La mesure de l'angle huméro-axillaire α et de ses divisions α' et α''' par la verticale donne les chiffres suivants :

	Angle α.		Angle α'.		Angle α''.	
	côté malade.	côté sain.	côté malade.	côté sain.	côté malade.	côté sain.
Bras au repos...............	44°	46°	8°	6°	34°	40°
Bras à 50", position extrême du côté blessé............	58	72	50	50	6	22
Mouvement................	+14	+26	+42	+44	—28	—18

L'augmentation d'α' traduit le mouvement du bras dans l'espace, soit 42° du côté blessé, c'est-à-dire environ le $\frac{1}{4}$ de l'amplitude normale.

L'augmentation d'α traduit le mouvement de l'articulation scapulo-humérale, soit 14° du côté malade et 26° du côté sain, d'où réduction de près de moitié.

La diminution d'α'' traduit le mouvement de l'articulation scapulo-thoracique soit 18° du côté sain et 30° du côté malade.

Du côté malade les rapports entre α et α'' sont donc inversés eu égard au côté sain, et c'est la jonction scapulo-thoracique qui fait la plus grande part du mouvement; la limitation fonctionnelle de l'articulation scapulo-humérale est donc certaine et importante; mais elle est loin d'être totale. Il n'y a pas ankylose complète et la mécanothérapie pourra étendre l'amplitude des mouvements de l'humérus sur la glénoïde.

D'autre part les mouvements de l'omoplate sur le thorax n'ont pas atteint ici leur amplitude normale qui est d'environ 55°; il reste de ce côté une marge de 15° à 20° à conquérir, qui tient vraisemblablement à un état de contracture volontaire, ou réflexe des muscles de l'épaule et qui doit céder à un traitement par la mécanothérapie, la chaleur, la galvanisation ou le massage. Au total, le pronostic est beaucoup moins sombre qu'il semblait tout d'abord; il y a lieu d'ajourner les conclusions définitives et de poursuivre le traitement.

On juge par cet exemple des indications que peut fournir la radiographie des mouvements de l'épaule pour l'appréciation des ankyloses partielles. Dans chaque cas les indications seront évidemment variables suivant les lésions constatées et le dispositif des surfaces articulaires, mais, toujours, elles auront comme base et point de départ la connaissance des données moyennes normales de l'angle α et des angles α' et α'', données qu'il sera possible de retrouver par la radiographie du côté sain.

Discussion. — M. le Dr Nuytten, demande comment on détermine la verticale sur les épreuves radiographiques.

M. le Dr M. de Laroquette répond qu'il se sert comme point de repère des bords d'une table servant de lit radiographique, le malade et la plaque sont disposés parallèlement aux bords de cette table, le plus exactement possible.

M. FOVEAU DE COURMELLES,

Chargé de Missions, Directeur de l'*Année électrique*. Paris.

CONTRIBUTION A L'ÉTUDE DE LA THERMOTHÉRAPIE. L'AIR CHAUD.

615.832

26 *Mars*.

Tout est thermothérapie, c'est-à-dire emploi de la chaleur pour entretenir ou maintenir la vie. Le froid même n'est que de la chaleur moindre; le froid ressemble assez à la fortune, le froid de l'un est la chaleur de l'autre ! Pour les physiciens, il faut aller jusqu'à 273° au-dessous de zéro pour avoir vraiment du froid. La frigothérapie, qui utilise l'acide carbonique liquide, l'air liquide, recourt en somme à une sorte de chaleur, de thermothérapie. Parallèle étrange, d'ailleurs, froid et chaleur agissent souvent de même, à leurs extrêmes. L'acide carbonique liquide et l'air surchauffé ont des effets semblables sur les nævi, par exemple, ils détruisent la couche superficielle de la peau, séance tenante, alors que le radium, les rayons X feront de même, mais à la longue...

Le malade se traînant au soleil, en recherche la chaleur et la lumière. Si souvent ces deux agents physiques s'accompagnent, qu'on ne peut les dissocier, qu'on les confond. Mais il est des formes de chaleur qu'on ne peut confondre, la chaleur obscure, et dès les débuts de l'humanité, on la trouve employée. Les médecins grecs recouraient déjà au cataplasme et à l'étuve. En Chirurgie, on eut les instruments rougis au feu pour révulser ou détruire, les moxas, les mèches allumées vantées par Antomarchi, médecin de Napoléon Ier, pour, appliquées sur l'abdomen, sortir les cholériques du coma... C'est plus près de nous, le thermocautère de Paquelin, le galvanocautère, qui selon les profondeurs d'application, excitent les tissus sous-jacents par la brûlure de la peau, ou détruisent, coupent, à la façon du chirurgien, mais, si la température n'est pas trop élevée, en tortionnant les vaisseaux, en les obturant, donc sans hémorragie.

Le fil de platine rougi au galvanocautère peut aussi être simplement un vecteur d'air chaud, en échauffant l'air dans son voisinage et amenant celui-ci sur une faible cavité à assécher, telle une cavité dentaire. De là est venue vraisemblablement au dentiste Prat, vers 1888, l'idée d'appliquer l'air chaud à la thérapeutique. Cette idée, bien française, dut, comme tant d'autres nous revenir de l'étranger, et notamment de l'Allemagne, où je la trouvais, lors de ma mission électrologique et radiologique du Ministère de l'Instruction publique, en 1909, très généralisée, alors qu'en France on commençait à peine à l'employer.

Mais la thermothérapie a été rendue vraiment pratique par l'électricité pouvant si facilement, sinon économiquement, chauffer les corps, l'air, l'eau, les métaux...

Et, selon leur conductibilité spécifique, les corps prennent ou cèdent, facilement ou difficilement, leur chaleur. Tout le monde sait, dit le Dr Colomb, dans sa belle étude du *Marseille Médical*, que l'eau à 60° en contact avec la peau provoque une sensation de douleur et qu'à 100° elle produit des lésions plus ou moins profondes, parce qu'elle abandonne brusquement toute sa chaleur : pour l'air calme à 60° ce sera une impression agréable; pour l'air en jet, sensation de forte chaleur supportable pendant un instant. Autre point de vue : projetons un jet d'air à 800° sur la peau, celle-ci est aussi bien carbonisée au point frappé qu'en y appliquant la pointe du thermo; mais, en regardant de plus près, l'eschare du thermo aura diffusé sur un rayon étendu; avec l'air chaud, la limite de l'eschare elle-même sera brusque. La chaleur ne diffusera pas au delà et l'on ne peut détruire progressivement les tissus que par combustion progressive de l'eschare charbonneuse superficielle. Des fragments de peau traités par l'air chaud et examinés au microscope prouvent le fait d'une façon irréfutable. ».

L'air chauffé, ou même surchauffé, par des lampes, ou par aspiration et passage sur des résistances chauffées, est donc actuellement le meilleur procédé de thermothérapie, le plus réglable et le plus facile à manier.

En ces temps où l'électricité s'est diffusée, même dans les plus petits villages, l'installation est autrement simple que les étuves ou les bains turcs pour provoquer une action calmante, révulsive et sudorale; sans avoir l'inconvénient plus grave encore de retentir fortement sur la circulation. On avait bien fait des bains locaux, et Bier en avait vanté les succès. On peut évidemment mettre des membres dans une boîte et les entourer soit de lampes à incandescence, soit d'air chaud, mais la température ne se répartit pas ainsi également, l'air se sature bientôt d'humidité et la chaleur humide est, on le sait, parfaitement et rapidement insupportable. Ventiler, c'est refroidir, et alors rendre inutile la thermothérapie.

D'autre part, si l'on emploie, comme chauffage, le gaz, ou l'alcool, le procédé est dangereux. La douche de Bier amenant un air chaud et sec renouvelé constamment, au contact des téguments, bien qu'à pression insignifiante, lui donna cependant des succès dans des névralgies faciales, et il a guéri celles-ci sans opération (rayons X et radium, ai-je démontré, agissent souvent de même, mais de façon moins pratique et plus dispendieuse, avec plus de dangers).

Les appareils électriques à air chaud comportent, avons-nous dit, un moteur avec un propulseur envoyant un jet d'air dans un tube chauffé électriquement. Les propulseurs sont, soit des ventilateurs qui ne permettent que des pressions basses, soit de préférence des pompes rotatives à volets qui donnent un peu plus de $\frac{1}{3}$ d'atmosphère. Le chauffage se produit par l'intermédiaire d'une résistance en platine, enroulée sur une bougie en terre réfractaire qu'elle porte au rouge par le passage du courant qui la traverse : l'intensité du chauffage est graduée par un rhéostat, ainsi, d'ailleurs, que la vitesse du propulseur d'air.

La température varie en raison inverse de la pression : grand chauffage et peu de pression permettent d'aller à 800°; beaucoup de pression, et par suite grande vitesse des molécules d'air, donne de basses températures et massage superficiel vibratoire excellent.

L'action thérapeutique naturellement diffère suivant emploi des hautes ou des basses températures; deux seules sont courantes dans la pratique : dans les environs de 55° et au-dessus de 700°.

Quelle est la limite supportable sans douleur? A ce sujet que d'erreurs nombreuses; aussi bien dans la théorie que dans la construction des appareils. Certains ont prétendu pouvoir faire supporter à leurs patients des douches à 90° et même 120°; c'est un peu osé, car, rapidement, il se produit dans ce cas une sensation de brûlure. En réalité, si le thermomètre placé à la sortie de l'appareil donne cette indication, à l'endroit où se trouve le patient, la température, par suite de la détente et du mélange avec l'air extérieur, a fortement baissé et n'est plus que de 45° à 50°. Il faut aussi tenir compte de l'immobilité ou non du jet, qui, lorsqu'il balaye la peau, n'a pas le temps de céder sa chaleur à cette dernière. Certains constructeurs ont imaginé des pyromètres délicats et coûteux pour remplir le rôle de contrôle; mais il faudrait, pour donner des indications exactes, que ces appareils soient appliqués sur la peau et alors, ou leur contact brûlerait la peau, ou leur surface la masquerait. En réalité, la seule indication dont il faille tenir compte est la susceptibilité du patient suivant la région traitée; une fois la distance convenable trouvée, il faut la conserver rigoureusement, et, si l'appareil est tenu en main, garder une immobilité absolue, tant que durera la séance sur ce même point.

Quand les téguments ont été exposés, pendant 1 à 2 minutes, sous la *douche* à 55° on les voit rougir fortement; la région devient le siège des fourmillements provoqués par la congestion de la peau : cette congestion est active, c'est-à-dire provoquée par la vaso-dilatation artérielle et capillaire — c'est une véritable *révulsion*. En même temps la douleur s'atténue et disparaît; qu'elle soit inflamatoire, névralgique ou rhumatismale, l'effet, très net, se produit régulièrement, au bout de quelques minutes, tellement marquée que pour la plupart des sciatiques aiguës le malade tourmenté nuit et jour s'écrie, dit le Dr Colomb, que je suis en sa belle étude :

« Je crois que je vais m'endormir sous la douche ! »

Il se produit donc une *analgésie* marquée, probablement par action sur les terminaisons nerveuses de la peau; ce qui explique pourquoi la démangeaison dans les névrodermites disparaît également avec tout autant de rapidité; on retrouve là, en plus accentué, le soulagement apporté par le cataplasme, la compresse d'eau chaude, le sable, l'avoine ou d'autres céréales chauffées dans un sac, et appliqués sur la région douloureuse.

Quel est le mode d'action? Dilatation de la peau et des vaisseaux sous-jacents, hyperémie produite par la dilatation artérielle et capillaire par effet nerveux (réflexe de défense contre la chaleur), soit par effet sur le muscle vasculaire : en effet, l'air chaud est *antispasmodique,* aussi bien pour le muscle de la jambe ou du bras, que pour le muscle lisse de l'intestin. La congestion s'accompagne d'*hyperleucocytose* marquée : elle présente les mêmes caractères biologiques que celle, automatiquement provoquée dans l'organisme, par une invasion microbienne et ne peut donc être qu'un renfort sans danger pour cette dernière, ainsi que l'a montré Bier. Et de fait, en même temps que le courant d'air hyperémiant dessèche les plaies, il excite la vitalité des tissus conjonctifs d'une façon merveilleuse, et abrège certainement la cicatrisation de plus des $\frac{2}{3}$ de durée. La lampe à incandescence rouge, très calorifique, agit de même. Les brûlures, les plaies opératoires, les ulcères variqueux guérissent aussi rapidement.

La douche hyperémiante produit encore un massage vibratoire à cause de l'air sous pression, massage renforçant l'action de la chaleur.

La *douche caustique* diffère et s'obtient dans l'appareil Gaiffe avec un embout très fin : elle fait blanchir, soulever et craqueler instantanément l'épiderme sans que le derme soit atteint, et il n'en résultera aucune cicatrice. En poursuivant l'application, on pénètre de plus en plus profondément à volonté, en abrasant en quelque sorte la peau, par couches minces, ressource précieuse pour les lésions superficielles qui sont enlevées ainsi avec le minimum de dégât. Car l'air chaud, même au-dessous de 700°, ne donne pas de lésions diffuses : Quénu fait passer de l'air à 600° pendant 5 minutes dans l'utérus et ne détruit que la partie superficielle de la muqueuse, afin de stériliser l'utérus infecté, avant l'ablation par l'abdomen.

Il est plus difficile de comprendre, et cependant cela est, que le jet d'air soit *hémostatique,* car il dilate les vaisseaux au lieu de les fermer; et cependant il agit là comme les injections très chaudes. Il est également *stérilisant,* et permet une désinfection soignée d'une plaie anfractueuse, procédé employé, depuis longtemps, nous l'avons dit, par les dentistes. L'action microbicide est due à une double cause, destruction par la chaleur, et assèchement de leur milieu de culture. Bonamy et Vignat, puis Dieulafoy, ont montré l'arrêt de la gangrène humide septique sous l'air chaud; Balzer a guéri rapidement des lésions phagédéniques rebelles à toute autre médication; Ricard, des inflammations streptococciques localisées; Rendu proposait récemment de détruire par l'air chaud, sur place, le bacille de Lœffler dans les fausses membranes.

Les plaies provoquées par la cautérisation, répétons-le, car l'air chaud n'est pas assez employé, bourgeonnent et cicatrisent avec une rapidité extrême, ce qui produit l'étonnement de tous les chirurgiens, qui voient pour la première fois les résultats de l'air chaud. La cicatrice obtenue est la plus esthétique qu'il soit et ne pourrait être comparée qu'à celle obtenue par les applications de radium, sans les dangers de ce dispendieux corps, que Danlos, puis moi, introduisîmes dans la thérapeutique. Mais, il ne faut pas confondre air chaud et air surchauffé, très différents dans leur emploi, l'un indolore, l'autre tellement douloureux qu'il ne peut être appliqué sans l'anesthésie générale.

Il y a donc l'air chaud médical 55° à 6o°, et l'air chaud chirurgical, de 6oo° à 8oo°. Certaines *gangrènes*, comme celles des diabétiques, sont indolores et peuvent subir sans anesthésie, l'air surchauffé. Le professeur Dieulafoy n'utilisait plus que ce procédé et le préconisait hautement (*voir* n°ˢ *Année électrique*). Souvent, on doit couper ou curetter pour préparer la voie, l'air chaud, comme les autres modalités physiothérapiques, devant le plus souvent compléter la chirurgie et non se substituer à elle. Les plaies ou gangrènes à tendance phagédénique ont souvent cédé, soit à l'air chaud, soit à l'air surchauffé. Les gangrènes humides des membres avec phyctènes, crépitation, s'arrêtent dans leur évolution et le sillon de délimitation se forme, séparant nettement les parties mortes des parties vivantes, qui prennent une apparence vivace et bourgeonnent avec exubérance. Les maux perforants, les ulcérations phagédéniques, les escharres sacrées, plaies gangréneuses succédant à l'accouchement, cèdent en 2 jours parfois, après s'être montrés rebelles à tous les antiseptiques essayés. En un mot, toutes les gangrènes et toutes les plaies suppurantes, sans réaction franche, doivent être traitées par l'air chaud — c'est le meilleur moyen d'empêcher la transformation de la gangrène sèche en gangrène humide.

Les inflammations localisées de la peau et du tissu cellulaire : furoncles anthrax, phlegmons, panaris, pris de bonne heure, avortent, ou, en tous cas, voient leurs douleurs atténuées et leurs suites abrégées par la douche d'air chaud.

Voyons quelques applications de la thermothérapie localisée à l'air chaud : *arthritisme, rhumatisme, névralgies, troubles trophiques, névrites*, que de guérisons à son actif : intercostales, faciales, sciatiques, lombaires, dentaires ou dues au zona. Les névralgies simples, récentes, rhumatismales, ou *a frigore*, guérissent presque constamment en une ou quelques séances. Pour les cas chroniques, naturellement, les névralgies symptomatiques de tumeurs ou de compression quelconque, n'en retireront aucun résultat; de même, lorsqu'il y a névrite, seuls les symptômes, atrophie musculaire et douleurs, peuvent être améliorés en employant concurremment le massage. L'air chaud au début d'une sciatique constitue un moyen de diagnostic précoce entre la sciatique névralgie à guérison rapide et la sciatique névrite rebelle.

Les troubles trophiques dus aux traumatismes par névrites ascendantes, ceux consécutifs aux brûlures, sont traités avec succès par la chaleur (procédé employé par les forgerons).

« Dans les lésions de la moelle, continue le Dr Colomb, le symptôme douleur est amendé sans que naturellement l'évolution en soit influencée : dans le tabès les douleurs fulgurantes, comme le prétend Foveau de Courmelles et comme je l'ai observé moi-même, deviennent beaucoup moins aiguës et plus supportables». J'avais, en 1899, signalé cette action analgésique par les grands bains de lumière, et surtout bleue, dont l'ablution thermothérapique et probablement spécifique me paraît encore supérieure à celle de l'air chaud, mais il est certain que celui-ci est aussi très calmant.

Les rhumatismes aigus, avec ou sans gonflement, la goutte à forme torpide avec raideur et atrophie musculaire, ont assez souvent des succès. Quant aux arthrites chroniques ou subaiguës infectieuses et surtout tuberculeuses, elles résistent. Il n'en est pas de même des formes articulaires de la blennorrhagie, que Dieulafoy a vu céder en 1 mois, 1 mois et demi d'air chaud : douleur et gonflement cèdent très vite.

Les épanchements de toutes sortes, hydarthroses, hémarthroses, œdèmes, cèdent souvent aussi au massage combiné à l'air chaud. Et le Dr Colomb cite une entorse guérie en 6 jours et qui en aurait demandé deux ou trois fois plus par le repos simple et les massages.

Contracture et spasmes. — L'air chaud est un excellent sédatif de la fibre musculaire contracturée ou comprimée. Les contractures douloureuses, les crampes des écrivains, les torticolis, les lumbagos, cèdent facilement. Une irritation par furoncle, traumatisme, est améliorée et les muscles redeviennent mobiles. Châtel Guyon complète son action sur les fibres lisses de l'intestin par la douche d'air chaud ; le massage et cette douche donnent des succès dans les constipations rebelles, opiniâtres et mêmes douloureuses.

Bensaude a agi sur les spasmes artériels de la maladie de Raynaud (10 cas). On sait que ces malades vont mieux pendant l'été, et il était rationnel de leur appliquer l'air chaud.

Dans les *organes des sens*, le nez, la bouche, les oreilles, l'air chaud a aidé à cicatriser des plaies, à masser le tympan, et de fins appareils permettent l'accès de ces organes.

En Gynécologie, j'ai appliqué, dès 1901, la chaleur sous forme de lumière bleue ou rouge, selon l'atonie, la douleur, l'aspect de la plaie, en la dirigeant avec le speculum de Fergusson. On peut diriger l'air chaud de la même manière sur les culs-de-sac, le col.... Le ventre peut aussi en recevoir.

L'air surchauffé désinfecte, brûle, détruit les ulcérations, tarit les pertes, et les blennorrhagies, et remonte l'état général.

En Andrologie, Le Fur a publié un grand nombre de cicatrisations rapides de chancres mous, d'ulcérations banales du gland et de la verge, une rétrocession rapide des lymphangites ou adénites consécutives. Par le rectum, prostatites douloureuses ou inflammatoires, ont cédé. La douleur des cystites, épididymites, orchites et varicocèles douloureux, disparaît aussi bien vite.

En Dermatologie, les prurits organiques ou parasitaires cèdent sous la douche d'air chaud. Les manifestations suintantes, les eczémas secs, les psoriasis, les lichens, sont améliorés ou guéris, assez rapidement.

L'air surchauffé donne des résultats esthétiques importants lorsqu'il s'agit d'interventions sur la face. En mai 1910, Ricard présentait à la Société de Chirurgie de Paris des malades auxquels des nævi de la face avaient été, pour ainsi dire, effacés en 3 minutes avec 15 jours de pansements consécutifs, et Broca préconisait l'air surchauffé dans le traitement des angiomes, Bonamy, plus tard, présentait des nævi, des lupus, des tubercules cutanés, des chéloïdes, des plaques de leucoplasie buccale et des épithéliomes cutanés, des tatouages. Ricard, dans sa Communication, insiste sur les deux points principaux : la rapidité très grande de la guérison et la perfection, presque l'absence de cicatrice.

Dans l'acné-hypertrophique du nez, la douche d'air surchauffé donne une grande amélioration. L'acné séborrhéique est traitée par la douche d'air chaud associée au massage. Pour la couperose, les vaisseaux malades sont beaucoup plus sensibles aux effets de la chaleur que les tissus au centre desquels ils circulent; aussi une cautérisation très légère est-elle suffisante. Les ulcérations torpides, atones, après cautérisations très légères suivies de douches, se mettent à bourgeonner et cicatrisent avec une grande rapidité.

L'air chaud habilement manié est donc un procédé thérapeutique tout indiqué pour occuper une place importante parmi les agents-physiques utilisés en Dermatologie. Mais, avec cette méthode dont les effets sont si variés, l'opérateur doit posséder à la fois la prudence, l'habileté opératoire et la connaissance anatomo-pathologique des lésions pour lesquelles il intervient.

Contre les *ascites tuberculeuses*, Mouriquand, médecin des hôpitaux de Lyon, emploie systématiquement l'air chaud dans le traitement de nombreuses affections; il a obtenu dans des ascites tuberculeuses, en 3 semaines, par des applications quotidiennes, la disparition complète de l'épanchement; sur la douleur l'effet a été bien plus rapide. Chez une cardiaque asystolique avec un gros foie et énorme ascite, cette dernière n'a pas régressé, mais il y a eu atténuation de la douleur. Miramond de Laroquette a signalé des résultats analogues. Après des laparotomies et avant la fermeture, l'air chaud sur les organes profondément malades, a donné d'excellents résultats.

L'air chaud ou surchauffé est donc un merveilleux agent thérapeutique, mais, affirmer *a priori* qu'il est supérieur en tout aux rayons X ou au radium, que ceux-ci peuvent donner le cancer, c'est aller un peu loin. L'air chaud est d'emploi relativement récent, quant à ses nombreuses applications, et l'on peut lui trouver toutes les vertus, comme on le fit, d'ailleurs, des rayons X et surtout du radium. Certes, ces derniers agents exigent une plus grande science, une plus grande prudence dans leur emploi, et dans le Rapport que m'a demandé le prochain Congrès international de Médecine (Londres, août 1913), j'y insiste surabondamment; mais ces agents permettent une action profonde que ne permet pas l'air chaud. Mystérieuse, transformatrice, arme à double tranchant, soit l'action des rayons X et du radium, mais n'en est-il pas ainsi en Médecine de tout ce qui agit vraiment. Et pour bénir, avec le Dr Colomb que nous avons souvent cité ici, l'air chaud et surchauffé, nous ne pouvons admettre toutes ses restrictions sur les autres agents physiques. Soyons éclectique. Employons d'abord les moyens les plus simples, les moins coûteux pour les malades, mais ne dédaignons pas les autres, quand ceux-ci ont seuls des chances de réussir, dans des cas graves ou désespérés.

MM. LES Drs ADDA,

Tunis.

LÉSIONS OSSEUSES DANS LA SYRINGOMYELIE.

616.832.5 003

26 Mars.

Le malade qui a fait l'objet de ces recherches radiographiques présente cliniquement le syndrome syringomiélique au complet. Les lésions osseuses sont typiques; sur l'une des épreuves, on note à la fois de l'atrophie des phalanges, des fractures qui ont dû se produire spontanément et même des subluxations phalango-phalangiennes. Le reste du squelette montre de la raréfaction des travées osseuses. Une autre épreuve montre cette raréfaction au niveau du gros orteil constituant le terme ultime d'un mal perforant plantaire ayant déjà détruit les tissus sus-jacents.

MM. LES Drs ADDA,

PRÉSENTATION D'UNE SONDE POUR RADIOSCOPIE DE L'ŒSOPHAGE.

617.911.3 0724

24 Mars.

La sonde est calquée sur le modèle des sondes pour électrolyse des rétrécissements de l'œsophage ; seulement elle est très souple, creuse, et ne renferme pas de tige centrale conductrice ; à 2 cm environ de son extrémité terminale se trouve une bague métallique de forme cylindrique, et qui sert simplement d'index radioscopique. Le bout initial comprend un barillet mobile, se dévissant et permettant d'inclure, dans l'intérieur de la sonde, de la poudre de bismuth. Les examens radioscopiques en position oblique et latérale, au moyen de cette sonde, permettent de mensurer et de localiser les rétrécissements, depuis les arcades dentaires.

MM. LES Drs LAQUERRIÈRE ET NUYTTEN,

Paris.

LES ACTIONS CIRCULATOIRES DE LA MÉTHODE DE BERGONIÉ.

615.841

25 Mars.

La méthode de Bergonié (gymnastique électrique généralisée) permet d'obtenir toutes les actions circulatoires de la gymnastique musculaire utilisées spécialement dans les myocardites chroniques. Mieux que la méthode d'Oertel ou que tout autre, elle permet d'éviter complètement l'influence perturbatrice de l'effort et de l'attention, aussi son influence est-elle toujours favorable. Le mode et les conditions d'application expliquent suffisamment le ralentissement du pouls par les séances faibles, et la technique de Hampson, qui cherche à obtenir le synchronisme entre le rythme cardiaque et les mouvements provoqués, semble basée sur une erreur d'interprétation.

ODONTOLOGIE.

M. BARDEN,

Président de la Section, Paris.

DISCOURS DU PRÉSIDENT.

617.6

23 *Mars*.

Mes chers Confrères,

Permettez-moi d'abord de vous remercier de m'avoir choisi pour présider cette année aux travaux de la Section d'Odontologie. Alors que bon nombre de mes prédécesseurs ont eu la tâche ingrate de préparer des réunions dans des villes souvent dépourvues d'attrait ou dans des contrées aux horizons peut-être trop familiers, j'ai eu la bonne fortune, sans qu'il m'en coûtât aucune peine, de voir en quelque sorte se former d'elle-même une Section qui est encore une fois une des plus nombreuses de notre grande Association. Il a suffi à quelques-uns d'entre vous de - voir, en une nuit de songe, flotter sous le ciel bleu de la terre d'Afrique le drapeau rouge au croissant blanc pour que, pris d'une sainte ardeur, vous accouriez vous ranger à mes côtés pour cette pacifique croisade de la Science. Qu'Allah soit donc remercié pour la faveur insigne qu'il me fit en me choisissant pour votre chef, mais aussi son prophète, mon excellent ami Soulard, notre si aimable président de Nîmes, à qui revient tout le mérite terrestre de ce choix.

Un premier devoir m'incombe, celui de saluer en votre nom les délégués de nos Sociétés professionnelles et les représentants de la presse professionnelle :

M. Pont, directeur et représentant de l'École dentaire de Lyon; M. Vichot, délégué de la Société d'Odontologie de Lyon; M. Soulard, représentant *la Province dentaire;* M. Audy, délégué de la Société d'Odontologie de Paris; M. Morche, représentant le *Journal odontologique de France;* M. Vanel, représentant le journal *L'Ondologie;* M. Zimmermann, représentant le journal *Le Laboratoire;* MM. Albin et Wadington, les dévoués membres du Comité local tunisien, et aussi tous les fidèles de nos Congrès, la garde : MM. Nux, Houdié, Kelsey...

Messieurs, vous devez être étonnés de ne pas avoir encore entendu, dans cette énumération courtoise, le nom d'un confrère qui nous est particulièrement cher. Rassurez-vous, car, si c'est en dernier lieu que je salue en mon nom personnel et en votre nom à tous le président d'honneur de notre Section, M. Godon, représentant l'École dentaire de Paris, c'est que j'estime que nous lui devons cette année plus qu'un simple salut au passage. Cette année, plus que jamais, nous avons le devoir, dans cette Section de la grande Association créée par ses soins, de le féliciter hautement. La Section d'Odontologie a en effet l'honneur de posséder, en M. Godon, le lauréat de la plus haute récompense qui puisse être décernée à un dentiste par ses pairs de tous les pays, le prix international Miller, ce prix Nobel de l'Odontologie. Aux tributs d'hommages qui lui sont venus d'Europe et d'Amérique n'était-il pas légitime de répondre en y joignant aujourd'hui le salut de la terre d'Afrique? Ce devoir rempli qu'il me soit permis de vous rappeler que plus que jamais se trouve légitimée ici la pensée qui a présidé à la création de cette Section : montrer partout que le dentiste travaille, qu'il prend sa part des progrès accomplis autour de lui et qu'il y contribue dans la mesure de ses moyens. Et ceci afin que ne lui soit plus contesté son droit à la vie et que lui soit conféré enfin sa charte d'autonomie selon, la formule qui nous est chère.

Laissez-moi, Messieurs, terminer sur ce vœu en réclamant toute votre indulgence pour ce président, un peu inexpérimenté, que vous vous êtes choisi et qui a seulement pour excuse de pouvoir joindre à l'honneur d'aujourd'hui un égal dévouement à la Science et à l'Odontologie.

M. ZIMMERMANN,

Paris.

L'OR COULÉ EN ART DENTAIRE ET EN BIJOUTERIE.

669.215.2.053.3

23 *Mars.*

La méthode de l'or coulé à cire perdue n'est pas un moyen nouveau, puisque les Phéniciens la connaissaient déjà. Elle est utilisable aussi bien pour les pièces délicates d'orfèvrerie que pour la coulée des pièces de volume énorme, comme les statues équestres : par exemple, la statue équestre de Louis XIV, due au sculpteur Girardon et coulée par Keller, mesurait 7 m de hauteur. Les moyens nouveaux ont comme avantage de donner plus de justesse, de finesse au travail et de le faciliter. Ils sont extrêmement simples et demandent seulement l'emploi de quelques produits spéciaux.

L'auteur de la Communication montre divers modèles de prothèse ou d'orfèvrerie exécutés au moyen de la presse Solbrig-Platschick.

M. ZIMMERMANN.

DES BRIDGES AMOVIBLES.

23 *Mars.*

617.928.6

Les bridges amovibles présentés sont exécutés en argent et reproduisent intégralement des bridges en or placés en bouche depuis plusieurs années. Les bridges sont de deux genres : bridges amovibles à selle et bridges amovibles sans selle.

Le premier est un bridge à selle de longue étendue, composé de trois piliers, un antérieur et deux postérieurs, reliés entre eux par les trois dents manquantes.

Le second est un bridge à selle dont les deux piliers sont antérieurs et les deux dents manquantes sont placées sur une selle postérieure.

Le troisième est un bridge sans selle composé de deux piliers et de deux dents intermédiaires. Les deux piliers sont deux couronnes télescopes à pivot et gaine de platine.

Le quatrième est un bridge sans selle composé de deux inlays amovibles entre lesquels est placée une dent artificielle.

Discussion. — Cette Communication était d'autant plus intéressante qu'elle s'accompagnait de la présentation de patients, porteurs eux-mêmes de bridges semblables à ceux présentés, et cela avec succès depuis un nombre suffisant d'années pour démontrer la valeur de la méthode. Plusieurs confrères prirent part à la discussion et émirent leur avis sur la construction de ces bridges MM. Pont, Soulard, Wadington, Vauel, préfèrent pour le scellement des dents, le soufre au ciment.

M. Godon demande si le scellement à la gutta ne diminue pas l'indication de l'emploi des bridges amovibles. C'est qu'en effet, dit-il, la gutta facilite beaucoup la fabrication des bridges en permettant un enlèvement facile, par conséquent la possibilité d'essayages à demeure nombreux, de retouches, de nettoyages, donc d'antisepsie. Il insiste également sur l'importance d'une bonne articulation, faite selon les règles, avec l'aide de l'articulateur et sur la reconstitution des cuspides internes que l'on a trop tendance à négliger.

M. Pont insiste, lui aussi, sur l'importance d'une bonne articulation, dans le montage des bridges et sur l'emploi des articulations soit de Gysi, soit physiologique.

M. PONT,

Lyon.

CHRONOLOGIE DE LA DENTITION TEMPORAIRE.

611.314.4

23 Mars.

M. Pont, en son nom et au nom de M. Trillat, chef de clinique obstrétricale à la Faculté de Lyon, donne une chronologie de la dentition temporaire qui a le mérite d'être simple, facile à retenir, logique et vraie.

Il indiquait depuis longtemps cette chronologie, sans toutefois l'avoir contrôlée cliniquement, pour permettre à ses élèves d'avoir une chronologie simple et facile à retenir; en tous cas, elle était logique et cadrait avec le nom d'une des diverses et multiples chronologies plus ou moins classiques.

Depuis lors, en collaboration avec M. Trillat, cette chronologie a été vérifiée cliniquement.

L'examen de plus de 1200 enfants aux dates fixées par cette chronologie a montré la grande exactitude de cette dernière dans la majorité des cas.

Cette chronologie est basée sur cette idée que les dents comme les ongles et les poils évoluent d'une façon régulière. En conséquence, tous les deux mois un groupe de dents doit apparaître chez l'enfant : les incisives centrales inférieures se montrent à 8 mois; puis, dans l'ordre indiqué par les auteurs classiques, de deux mois en deux mois apparaissent les dents suivants. Nous avons donc le Tableau ci-dessous :

	Mois.
Incisives centrales inférieures...............	8
Incisives centrales supérieures...............	10
Incisives latérales inférieures...............	12
Incisives latérales supérieures...............	14
Première molaire inférieure..................	16
Première molaire supérieure.................	18
Canines inférieures	20
Canines supérieures	22
2ᵉ molaire supérieure.......................	24
2ᵉ molaire inférieure.......................	26

Discussion. — M. Audy demande si l'auteur ne pense pas que la race exerce une influence sur la chronologie de l'éruption des dents.

M. Pont répond que ses moyennes ont été établies d'après l'examen de jeunes

enfants français de provinces diverses et qu'il n'a rien constaté de particulier.
M. Wadington qui a eu, maintes fois, l'occasion d'examiner la race tunisienne,
ne pense pas qu'il y ait de différence entre les moyennes de M. Pont et ce qu'il
a pu constater lui-même.

M. Nux pense que la chronologie de M. Pont est très intéressante par ce fait
qu'elle est une moyenne et qu'elle est ainsi facile à retenir et à fixer.

M. Vanel rappelle qu'il y a quelques années il fit sur ce même sujet un travail.
Après examen d'enfants de maternités ou de crèches dans les hôpitaux de Paris,
un Tableau fut établi. Les chiffres se rapprochent beaucoup de ceux de M. Pont,
sauf pour les grosses molaires, où la date d'éruption est plus tardive. De plus,
M. Vanel avait cru bon alors de faire une différence entre les enfants élevés au
sein et ceux élevés au biberon. Si pour les enfants élevés au sein le Tableau de
M. Vanel est presque semblable à celui de M. Pont, le Tableau des enfants
élevés au biberon s'en éloigne beaucoup. Il existe en effet, souvent, une différence
sensible, un retard de 1 à 3 mois, entre la période d'évolution des dents
chez les enfants élevés au biberon et ceux élevés au sein.

M. Robert MORCHE,

Asnières (Seine).

DE L'UTILITÉ DES FICHES DE TRAITEMENT EN ODONTOLOGIE.

617.6 (083.8)

23 Mars.

On sait que l'usage des *fiches dentaires*, plus exactement dénommées
fiches de traitement, tend de plus en plus à se généraliser. Instituées par
les écoles où elles sont d'une nécessité absolue pour les besoins de l'enseignement, de la statistique et de la comptabilité, elles s'imposent peu
à peu au dentiste, par les services incontestables qu'elles sont destinées
à rendre.

Il peut paraître utile de rappeler le but exact de ces fiches de traitement, ne serait-ce que pour en montrer la valeur réelle aux praticiens
qui dédaignent ou négligent leur emploi.

Les fiches possèdent particulièrement trois indications réelles : indications de traitement, de comptabilité et d'identité.

Indications de traitement. — Dès la première visite d'un patient quelconque, le dentiste doit inscrire sur la fiche de traitement les dents à
traiter ou déjà obturées, les dents à extraire ou déjà extraites, la nature
des obturations, le nombre, la forme et l'espèce des appareils prothé-

tiques, etc., toutes ces indications notées au moyen de signes conventionnels sur le schéma de la fiche.

On ne saurait trop insister sur l'importance d'une notation claire et précise qui permette, le cas échéant, de surveiller méthodiquement les dents du patient et de se rendre compte, année par année, d'une façon infaillible, du progrès des affections dentaires, de la valeur des traitements effectués, de la durée des obturations, etc.

Comme le dit si bien M. Amoëdo dans son magistral Ouvrage *l'Art dentaire en Médecine légale :* « Les notations schématiques des fiches dentaires sont le seul moyen de réduire à néant les réclamations erronées, quoique sincères, des malades se plaignant de l'insuccès de la dernière obturation, car, 99 fois sur 100, ce n'est pas la dernière dent obturée, mais une autre — souvent soignée par un confrère — qui cause la douleur. Dans ce cas, et surtout dans les cas d'expertises si le dentiste a ses livres en ordre, rien de plus facile que de convaincre le patient de son erreur, et de gagner ainsi son estime par la précision des renseignements fournis. »

Indications de comptabilité. — Les indications de comptabilité (honoraires, créances, remises, etc.) sont notées et datées sur les fiches en regard des travaux effectués, déjà notés sur le schéma; ce *modus operandi* permet de savoir instantanément, dans tous ses détails, le compte des sommes versées et dues par le patient. Au verso de la fiche il est facile d'indiquer brièvement le mode de paiement ou de recouvrement, qui varie souvent suivant la situation du débiteur.

Indications d'identité. — Les schémas dentaires possesseurs de leur notations complètes sont les plus merveilleux instruments d'identité connus, supérieurs en de nombreux cas au système, cependant célèbre, de M. Bertillon, directeur du Service anthropométrique.

C'est grâce aux schémas dentaires fidèlement produits par leur dentiste que les cadavres de nombreuses et malheureuses victimes d'accidents ont pu être identifiés. C'est ainsi que dans l'incendie du *Bazar de la Charité,* il y a quelques années, certains cadavres étaient tellement déformés et calcinés, avec le visage carbonisé, les bijoux fondus, que l'on avait renoncé à les reconnaître et ce n'est que grâce à l'intervention des dentistes des victimes, MM. Burt, Brault, Davenport, Godon, Ducournau, etc., munis de leurs fiches et de leurs schémas, qu'on put, après examen minutieux des cadavres, rendre cette reconnaissance possible. Malgré la calcification des chairs, l'état des dents des victimes permit cette identification; ce fut le cas de la duchesse d'Alençon, de la comtesse de Villeneuve, etc.

Le corps du prince impérial, odieusement mutilé par les Zoulous, et celui du marquis de Morès, assassiné au Sahara, furent reconnus également grâce aux indications données par leurs dentistes.

On voit donc, sans insister sur ces faits, l'utilité incontestable des fiches dentaires.

Chaque dentiste peut adopter un système spécial de fiches; le nôtre nous satisfait pleinement, mais il est susceptible de transformations suivant les idées particulières de chacun.

On remarquera dans cette fiche les dents permanentes et les dents temporaires, supérieures et inférieures, numérotées de chaque côté de 1 à 8, en commençant en haut et en bas, par l'incisive centrale pour finir à la dent de sagesse. Sur ces petits dessins représentant les 32 dents permanentes et les 20 dents de lait, le dentiste note, au moyen de signes conventionnels, croix, hachures, tirets, les dents extraites, les dents en traitement, les obturations, etc.; ces notations sont ensuite reportées, avec la date et les indications d'honoraires, sur la fiche même, dont le schéma constitue la partie la plus importante.

Puisse cette petite étude contribuer à répandre le système que nous préconisons, autant dans l'intérêt des dentistes que de leurs patients, et cela leur permettra peut-être dans de douloureuses circonstances, semblables à celles que nous avons relatées plus haut, de faire apprécier davantage encore le côté scientifique et humanitaire de leur art.

Discussion. — Cette Communication reçut l'approbation de tous les confrères, personne ne pouvant contester l'importance et l'utilité des fiches dentaires, dans la pratique courante, à l'armée, à l'école.

MM. Pont et Godon insistent sur l'importance aux points de vue pratique et scientifique. Tous les deux rappellent que des contestations entre patients et praticiens ont été facilement résolues, grâce aux fiches qui ont pu établir rapidement la vérité. Ils ont également souligné leur importance au point de vue médico-légal, et ont rappelé, à ce sujet, l'incident récent chilo-allemand où des difficultés diplomatiques ont pu être évitées grâce à la fiche dentaire qui a permis d'identifier un cadavre.

M. *Vichot* pense que les fiches sont indispensables pour le dentiste, qui a malheureusement besoin d'y recourir trop souvent pour établir sa bonne foi.

M. Thomaso ALBIN,

Tunis.

L'ART DENTAIRE EN TUNISIE.

617.6 (611)

23 *Mars.*

En Tunisie, l'art dentaire au point de vue scientifique se trouve dans un état déplorable en raison du défaut de surveillance de la part des autorités sanitaires de la Régence, lesquelles permettent à des personnes complètement dépourvues de titres scientifiques et universitaires d'exercer l'art dentaire. La Tunisie est une région où l'Odontologie a beaucoup à gagner : celle-ci y parviendra si les Sociétés odontologiques de la métropole réussissent à faire modifier les lois et décrets qui règlent, en Tunisie, l'exercice de l'art dentaire.

L'auteur se permettra d'étudier et communiquera, dans un futur travail, tout ce qu'il faudrait faire pour ces progrès de l'Odontologie dans la Régence.

Discussion. — MM. Godon, Wadington, Vichot, Pont prennent part à la discussion à la suite de laquelle le vœu suivant est émis : « Les confrères tunisiens sont invités à s'organiser et à constituer une Société qui pourra et devra même s'affilier aux Sociétés odontologiques de la métropole et internationales.

M. LE Dr CH. GODON,

Directeur de l'École dentaire, Paris.

CONTRIBUTION A L'ÉTUDE DES PRESSIONS VESTIBULO-LINGUALES ET LINGUO-VESTIBULAIRES SUBIES PAR LES DENTS.

617.928(01)

23 *Mars.*

Cette Communication a pour but de répondre à la critique adressée à l'auteur par M. Otto Riechelmann, de Strasbourg, dans son travail : *La barre transversale de soutien pour bridges au point de vue des pressions s'exerçant dans la bouche.*

Dans ce travail, M. Riechelmann a reproduit aimablement la plus grande partie des *Considérations sur l'action mécanique de la mâchoire et ses applications à l'art dentaire,* publiées en 1906, dans *L'Odontologie* par M. Ch. Godon, mais il lui reproche de ne pas avoir tenu assez compte dans cette étude des pressions latérales. M. Godon répond à cette critique en montrant que dans la loi sur *l'équilibre articulaire des dents et des arcades dentaires* qu'il a préconisée, il a bien indiqué en termes généraux les diverses pressions latérales subies par les dents. Il reconnaît cependant la grande importance de ces pressions et la nécessité d'y insister davantage. Il présente plusieurs figures et cite des observations qui le démontrent.

Il conclut ainsi : dans toute reconstitution prothétique dentaire, il est nécessaire de tenir compte non seulement des pressions mésio-distales et disto-mésiales, mais encore des pressions latérales, vestibulo-linguales et linguo-vestibulaires, et de les annuler autant que possible pour soulager les dents de soutien dans les bridges, particulièrement par la reconstitution des tubercules externes et internes, ces derniers surtout, et dans bien des cas par l'adjonction de l'arc transversal de renforcement.

Discussion. — M. Zimmermann pense que l'articulation de tout appareil, quel qu'il soit, bridge, appareils en or ou en caoutchouc, doit être faite à l'aide de l'articulateur physiologique.

M. Pont insiste sur l'importance de cette communication et sur la reconstitution du tubercule interne. Dans la construction des appareils dentaires, l'articulation est indispensable et elle est encore plus indiquée dans la construction des bridges que dans toute autre prothèse.

M. Nux n'emploie pas l'articulateur physiologique et obtient, cependant, de bons résultats. Il expose le moyen dont il se sert pour établir l'articulation, moyen qui lui semble très pratique et lui donne presque toujours satisfaction. On meule, explique-t-il, les cuspides des prémolaires et l'on rentre le plus possible à la face externe l'articulation des grosses molaires. Il pense, néanmoins, que l'emploi de l'articulateur ne peut que donner d'excellents résultats.

M. NUX,

Toulouse.

DEUX CAS DE NÉCROSE GRAVE DU MAXILLAIRE INFÉRIEUR.

611.7164.003.

23 Mars.

Nous avons eu l'occasion d'observer l'année dernière, à l'Hôtel-Dieu de Toulouse, deux cas graves de nécrose du maxillaire inférieur. Cette nécrose s'est produite après l'extraction de la dent de sagesse chez des sujets jeunes dont les dents n'étaient pas cariées et qui ne présentaient ni syphilis, ni intoxication phosphorée.

Dans les deux cas, pour enlever les séquestres, on a fait une résection sous-périostée et le maxillaire s'est parfaitement reconstitué, surtout chez le premier malade auquel nous avions fait une prothèse immédiate.

Nous pensons que le mécanisme des lésions que nous avons observée pourrait se résumer en quelques mots. Le sac folliculaire de la dent de sagesse qui vient de faire sa désinclusion est infecté, l'extraction pénible de la dent amène une fêlure du feuillet alvéolaire interne et, par cette fêlure, l'infection se propage par le tissu spongieux du maxillaire jusqu'au canal dentaire inférieur, ce qui expliquerait la rapidité et la gravité de la nécrose.

Ces cas sont heureusement fort rares et c'est pour cela qu'il nous a paru intéressant de vous les montrer.

M. VANEL.

ANESTHÉSIE LOCALE PAR L'ASSOCIATION DE PRODUITS ANESTHÉSIQUES AVEC L'EAU OXYGÉNÉE (MÉTHODE DE MARMOUGET).

23 *Mars.*

615.781.9 : 617.66

MM. Vanel et Mahé ont expérimenté, depuis plusieurs mois, ce nouveau procédé pour l'extraction des dents. Trouvant que les produits anesthésiques employés jusqu'à ce jour sont loin d'être inoffensifs et de donner toujours des résultats satisfaisants, les auteurs recherchaient un produit capable de donner une aussi bonne anesthésie que les solutions adrénalisées, sans présenter leurs fâcheux inconvénients. Aussi a la suite du travail de M. Marmouget sur l'anesthésie locale par injection hypodermique du mélange d'une solution de cocaïne ou de novocaïne et d'eau oxygénée, ont-ils expérimenté cette méthode, qui leur a semblé présenter des qualités réelles.

Les résultats obtenus peuvent se résumer ainsi : pouvoir anesthésique de la cocaïne ou de la novocaïne augmenté, grande action hémostatique sans les graves inconvénients de l'adrénaline, diminution de la toxicité par diminution des doses; suppression des malaises et des accidents médiats ou immédiats. Ces propriétés rendent précieux l'emploi de ces solutions dans certaines cas : enfants, vieillards, nerveux, diabétiques, femmes enceintes, idiosyncrasiques. Par contre cette combinaison est absolument inférieure aux combinaisons adrénalisées pour l'analgésie dentaire.

M. Raymond LEMIÈRE.

LA SURVEILLANCE DE L'ÉTAT GÉNÉRAL AU COURS DES REDRESSEMENTS.

23 *Mars.*

617.04

Pour mener à bien un redressement dentaire, il faut prendre certaines précautions concernant la santé générale de l'enfant que l'on soigne.

Les appareils fixes très actifs que l'on emploie aujourd'hui entravent un peu la nutrition, puisque la mastication est gênée; il est donc indispensable, avant la pose de l'appareil, d'observer l'état général et de le surveiller pendant toute la durée du traitement.

Si l'on a affaire à un enfant anémique, présentant des troubles de croissance, ou en voie d'amaigrissement, ayant un appétit médiocre, il faudra, avant toute autre chose, se mettre d'accord avec le médecin de la famille pour prescrire un traitement général. C'est surtout au moment de la puberté, à l'âge de 14 ou 15 ans que les précautions devront être les plus grandes, car la suractivité de croissance osseuse et musculaire qui se produit met déjà par elle-même en péril la santé générale. Une alimentation riche est alors indispensable pour favoriser la nutrition; il y aurait donc de gros inconvénients à troubler la mastication à ce moment critique de la croissance de l'enfant.

En tout cas, si au cours d'un traitement, on constate que la gêne de la mastication trouble l'appétit, il sera bon de suspendre ce traitement pendant le temps nécessaire au rétablissement complet de la santé générale.

Il faudra surveiller le poids de l'individu, son facies et cesser d'agir dès que des signes de gêne trop marqués apparaissent. Pour cela, on peut se contenter de laisser l'appareil inactif, les ligatures peu serrées; dans ce cas, l'appareil ne joue plus qu'un rôle de maintien.

On peut encore, dans certains cas, n'agir que d'un seul côté de la bouche laissant autant que possible un côté en état de fonctionnement normal pour la mastication.

Enfin, l'auteur insiste particulièrement sur le nettoyage de la bouche au cours des redressements. Les appareils fixes donnent des résultats remarquables, mais ils demandent à être tenus toujours dans un état de propreté parfaite. Il sera nécessaire souvent de procéder à un nettoyage, presque à chaque visite, et surtout d'apprendre aux enfants à nettoyer eux-mêmes leurs appareils. Ce point est extrêmement important, particulièrement chez les enfants dont la croissance se fait lentement.

M. VICHOT,

Lyon.

SUR UN TRAITEMENT DE LA PYORRHÉE ALVÉOLAIRE.

617.63 : 615.777.4

23 *Mars*.

Le traitement dont il est question n'est pas absolument nouveau; d'autres auteurs, entre autres M. Morel, de Dreux, l'ont employé et décrit.

Ce traitement est basé sur les propriétés éminemment bactéricides de l'ozone et modificatrices de la cellule. Après les expériences de fulguration de Keating-Hart et les travaux de Foveau de Courmelles, nous avons utilisé les courants à haute fréquence pour le traitement de cette affection si rebelle : la pyorrhée alvéolo-dentaire.

L'instrumentation se compose d'un condensateur relié à une bobine de Ruhmkorff produisant une étincelle de 20 mm et d'un résonateur de Oudin.

Après le traitement préliminaire, c'est-à-dire le nettoyage très minutieux des dents et des culs-de-sac gingivaux, nous procédons à l'effluvation au moyen d'une électrode à vide, reliée au résonateur. L'étincelle jaillit à l'extrémité de l'électrode et se pulvérise pour ainsi dire sur les gencives. Il y a parfois une sensibilité assez grande des dents fortement atteintes de pyorrhée. Cette sensibilité s'atténue après le premier contact. Nous avons pu employer jusqu'à une étincelle de 6 à 7 mm à l'éclateur.

Ce traitement répété tous les 2 jours pendant 2 semaines nous a donné d'assez bons résultats dans un certain nombre de cas. Sur 21 cas traités, nous avons obtenu 10 guérisons parfaites, 7 résultats douteux et 4 insuccès.

Cette question n'est pas encore suffisamment au point pour en tirer des conclusions fermes; néanmoins nous pensons qu'il y a lieu de persévérer dans cette voie.

M. TOUVET-FANTON,

Paris.

PIÈCE A MAIN A DÉCORTIQUER, USER, POLIR, POUR BRIDGES, INLAYS, ÉMAUX.

617.928.6

23-*Mars.*

L'appareil destiné à compléter mon ancien *fretteur* est cette fois constitué par une *pièce à main* montée sur le tour à la façon de nos *angles* habituels. Le mouvement de rotation est transformé en un mouvement de va-et-vient latéral, très rapide et de petite envergure, que possède l'extrémité agissante de l'appareil. Celle-ci reçoit des pointes de différentes formes et courbures terminées par des surfaces en grattoirs, limes, carborundum, scies, rubans, etc., utilisables sur les deux faces. La forme oblique de la pièce à main augmente encore l'accès du champ opératoire, on peut ainsi user une racine sur sa périphérie, rôder une bosse cervicale, un angle ou un espace interdentaire en tout point de l'un ou l'autre maxillaire. L'appareil peut ainsi considérablement aider à la préparation et à l'ajustage de nos piliers de bridges, bagues, inlays, émaux artificiels ou autres, en complétant l'emploi de nos instruments mécaniques et en se substituant avantageusement à celui de nos instruments manuels destinés à ces usages.

M. LE Dr AUDY,

Senlis.

A PROPOS DES CARIES DES DENTS TEMPORAIRES.

611.314.5 : 664.1

23 *Mars.*

Sans pouvoir fixer par des statistiques très difficiles à établir la proportion des dents temporaires détruites par la carie et sans étudier toutes les causes locales ou générales, il est une cause des plus importantes sur laquelle il faut insister d'une façon toute particulière parce qu'elle est la plus habituelle et que le remède est facile à appliquer.

Cette cause est la consommation abusive de sucre en nature ou d'aliments fortement sucrés que les enfants ont une tendance à faire, sous l'influence des préjugés, pour les très jeunes enfants, ou lorsque l'autorité des parents n'intervient pas d'une façon formelle pour supprimer ou seulement restreindre cette alimentation vicieuse chez les enfants plus âgés.

De nombreuses observations démontrent que la consommation du sucre est très mauvaise pour la conservation des dents temporaires, et que la suppression du sucre arrête la propagation de la carie sur les dents encore saines, lorsque bien entendu les dents atteintes ont été soigneusement traitées.

M. LE Dᵣ FRISON,

Professeur à l'École dentaire de France, Paris.

OBSERVATION DE NÉCROSE ÉTENDUE DU MAXILLAIRE INFÉRIEUR.

611.716.4.0023

23 Mars.

M. B... est atteint de nécrose étendue du maxillaire inférieur depuis plusieurs mois. Il a éliminé successivement les procès alvéolaires dans toute leur étendue et même quelques fragments de tissu compact. L'auteur présente un grand nombre de séquestres ainsi que des dents, qui, branlantes, furent extraites. Au point de vue étiologique aucune cause d'ordre général ne peut être invoquée : pas de tuberculose, pas de syphilis, la réaction de Wassermann est négative; l'analyse des urines a montré qu'il n'y avait ni sucre, ni albumine. C'est donc à une cause toute locale qu'il faut rattacher l'affection; c'est une complication d'arthrite suppurée d'une racine incisive du maxillaire inférieur.

AGRONOMIE.

M. Charles-Auguste ROLLAND,

Paris.

LES VINS BLANCS DU DISTRICT D'AIGLE, CANTON DE VAUD (SUISSE).

663.21 (494.45-Aigle)

24 Mars.

I. Les raisins. — Le district d'Aigle a une superficie de 42 873 ha, compris dans une sorte de triangle dont les angles seraient : Saint-Maurice, l'Oldenhorn et Veytaux.

Cette région est essentiellement montagneuse, les sommets les plus élevés sont : les Diablerets, 3246 m; l'Oldenhorn, 3124 m; le Grand-Muveran, 3061 m; la Dent de Morcles, 2972 m; le Tarent, 2551 m; la Tornette, 2543 m; les Rochers de Naye, 2443 m; les Tours d'Aï, 2334 m, et de Mayen, 2323 m; le Chaussy, le Chamossaire et la Croix de Javernaz.

Les principales vallées sont celles de l'Avançon, de la Gryonne, de la Grande-Eau ou des Ormonts, de l'Eau froide et de la Tinière.

C'est sur les premières pentes ensoleillées de quelques-unes de ces montagnes que s'étendent en majeure partie les grands vignobles qui se trouvent être ainsi à l'abri des vents du Nord, tout en ayant devant eux une grande étendue de plaines bien arrosées, un horizon aéré, largement ouvert au Midi. Aussi grâce à cette situation privilégiée le climat est-il relativement doux et rappelle un peu celui du Tessin méridional.

Le sol est siliceux, léger et très perméable.

Pour 1000 parties de terre brute sèche on trouve une moyenne de :

Terre fine.	Cailloux siliceux.
600 g.	400 g.

Comme on le voit ces terres renferment une assez forte proportion d'élément pierreux, par conséquent inertes, qui abaissent sensiblement la teneur de la terre brute en principes fertilisants. C'est ainsi que la potasse, l'azote et l'acide phosphorique y sont en proportion assez faible.

Le district d'Aigle est divisé en cinq grandes zones viticoles : Yvorne, Villeneuve, Aigle, Ollon et Bex; sa superficie en vignes est de 623, 40 ha plantés presque exclusivement en fendant roux, blanchette et chasselas.

Le nombre de ceps à l'hectare est de 15 000 environ.

Les vendanges se font ordinairement dans la première quinzaine d'octobre.

L'ensemble du vignoble a donné en 1911 : 2724,68 hl, produits sur 623,40 ha, de vignes représentant un rendement moyen de 43,70 hl, par hectare, soit 43,70 l par are; 196,65 l par fossorier de 4,5 a ou 50 perches.

Dans les bonnes années ce rendement peut aller de 50 hl à 60 hl par hectare.

Pendant notre séjour à Aigle, nous avons fait quelques analyses des raisins blancs, d'Aigle, d'Yvorne, et de Villeneuve. Ces analyses ont été faites à la fin de septembre 1911, c'est-à-dire quelques jours avant les vendanges. Les moûts contenaient :

Glucose pour 100 cm³ de 15,232 à 16,301, avec une acidité pour % en SO^4H^2 de 0,339 à 0,520.

Ce sont ces chiffres que nous réunissons dans le Tableau ci-dessous; ils représentent des nombres moyens.

	Nombre d'analyses.
Raisins blancs de la région d'Aigle	10
» » d'Yvorne	10
» » de Villeneuve	6

Nos chiffres sont rapportés à 100 g de substance fraîche.

a. Constitution de la grappe.

	Raisins de la région		
	d'Aigle.	de Villeneuve.	d'Yvorne.
Rafles	2,417 g	2,367 g	2,460 g
Grains	97,583	97,633	97,540
Poids moyen des grappes	248	»	»

b. Constitution du grain.

	d'Aigle.	de Villeneuve.	d'Yvorne.
Poids en moyenne	2,85	2,83	2,87
Pulpe	88,421	88,587	88,362
Peaux	8,070	7,950	8,153
Pépins	3,509	3,463	3,485

c. Composition de la pulpe.

	d'Aigle.	de Villeneuve.	d'Yvorne.
Eau	80,390	79,890	80,342
Matières extractives	18,620	19,100	18,650
Matières grasses (avec tous les produits solubles dans l'éther anhydre	0,315	0,320	0,320
Matières azotées	0,360	0,366	0,350
Cellulose	0,230	0,234	0,240
Cendres	0,085	0,090	0,098

II. Les vins. — Dans les grandes réceptions diplomatiques ce sont toujours les vins du district d'Aigle qui sont choisis comme vins d'honneur; aussi ont-ils depuis longtemps conquis une réputation mondiale très justifiée. Comparés aux vins des autres régions de la Suisse, ils en diffèrent nettement par le velouté, la suavité de leurs aromes et la finesse de leurs bouquets qui s'accentuent beaucoup par le vieillissement; ce sont ces caractères organoleptiques, bien plus que leur constitution chimique, qui permettent de les séparer des crus étrangers à ce district.

Ces vins sont corsés et moelleux, chauds et généreux, d'une digestion facile, très diurétiques, riches en alcool, ils ont peu d'acidité et sont particulièrement faibles en extrait sec à 100°, si donc, on voulait appliquer à ces vins les règles ordinaires de la composition chimique des vins français, trouverait-on que leur rapport alcool à l'extrait à 100° est élevé et dépasse souvent de beaucoup le chiffre de 6°,5 admis par le Comité consultatif des Arts et Manufactures, et enfin reconnu officiellement par le décret du 19 avril 1898.

Après une série de récoltes médiocres ou même nulles par endroits, la récolte de 1911 a été généralement bonne pour le district d'Aigle, sinon comme quantité au moins comme qualité, la vendange s'est faite dans d'excellentes conditions et la récolte de 1911 a valu comme qualité, celles de 1906 et 1908, mais, comme on le verra plus loin, l'extrême sécheresse de 1911 a produit sur la composition chimique de ces vins quelques anomalies qui pourraient les faire suspecter soit de vinage, soit de mouillage.

D'ailleurs, de plus en plus il faut s'attendre à des variations de composition chimique extrêmement considérables d'une année à l'autre, soit par suite des constitutions climatériques (¹), de l'épuisement des terres en principes fertilisants, de la nature et la quantité des engrais employés, et surtout par suite des ravages occasionnés par les maladies cryptogamiques et les insectes ampélophages (pyrale, cochylis, etc.) qui exigent des traitements avec des produits divers de plus en plus considérables (soufre, sulfate, etc.).

Nous avons choisi nos échantillons de vins dans les premières caves de vignerons honorablement connus dans le district d'Aigle, aussi pouvons-nous garantir les vins qui ont servi à nos analyses comme des produits obtenus par simple fermentation des raisins frais, sans addition de raisins secs, de sucre ou d'alcool.

Dans nos analyses, nous avons suivi rigoureusement les procédés officiels français prescrits par les arrêtés ministériels du 22 janvier 1907.

La somme alcool + acidité fixe, les rapports alcool extrait réduit et de Roos ont été calculés conformément à la Notice officielle pour l'interprétation des résultats de l'analyse des vins.

Le Tableau ci-après donne la composition moyenne de 16 échantillons directement prélevés dans le vignoble.

(¹) Par la variation de leur composition, les vins sont des enregistreurs totalisateurs des conditions météorologiques de l'été.

Récolte de 1911.	Nombre d'analyses.
Vin d'Aigle...	3
Vin de Villeneuve....................................	4
Vin d'Yvorne...	5
Vin fait avec des raisins mélangés de Bex et d'Ollon..	4

Nos chiffres donnent les quantités rapportées au litre.

Date des analyses : janvier 1913. Date de fabrication : première dizaine d'octobre 1911. Couleur : claire avec une légère teinte verte. Aspect limpide. Dépôt nul.

Substances dosées.	Vin d'Aigle[1].	Vin de Villeneuve.	Vin d'Yvorne.	Vin fait avec des raisins mélangés de Bex et d'Ollon.
Densité à + 15°	0,991	0,992	0,991	0,992
Alcool % en volume	10°,5	10°,2	9°,8	10°,4
Extrait sec à plus de 100°	12,40	12,95	13,08	13,01
Extrait dans le vide	17,33	17,62	18,25	17,75
Cendres exemptes de C	1,56	1,66	1,80	1,72
Alcalinité des cendres (en CO_3K_2)	0,61	0,72	1,05	0,89
Acidité totale (en SO_4H_2)	3,13	3,25	3,78	3,64
» fixe »	2,74	2,85	3,35	3,22
» volatile »	0,39	0,40	0,43	0,42
Crème de tartre	2,83	2,66	1,63	1,57
Sulfates (en SO_4K_2)	0,56	0,63	0,98	0,68
Essai polarimétrique	0°,0′	0°,0′	0°,15′	0°,14′
Matières réductrices (en $C_6H_{12}O_6$)	1,20	1,23	1,19	1,18
Chlorures (en NaCl)	traces	traces	0,03	traces
Phosphates (en P_2O_5)	0,22	0,25	0,28	0,26
Glycérine	3,17	3,10	3,57	3,21
Tanin	0,200	0,215	0,210	0,205
Acide sulfureux total	0,010	0,015	0,025	0,018
Azote total	0,210	0,218	0,225	0,230
Extrait réduit	12,20	12,72	12,89	12,83
Somme alcool + Acidité fixe (A. Gautier)	13,29	13,10	13,20	13,67
Rapport alcool extrait réduit	6,89	6,42	6,08	6,49
Rapport de Roos	1,92	2,04	2,17	2,10
Rapport cendres extrait	0,125	0,128	0,137	0,132
Différence des extraits par degré	0,469	0,457	0,527	0,455

[1] Dans un échantillon de vin récolte de 1911 provenant des Afforêts (Ormonts) commune d'Aigle, appartenant à l'hoirie de Charles Genillard nous avons trouvé :

Alcool	10,5°
Extrait sec à plus 100°	10,92
Extrait dans le vide	14,50
Rapport alcool-extrait réduit	7,69

ce rapport indiquerait d'après les chiffres officiels une surforce alcoolique de 1°,63.

Action de quelques réactifs sur la matière colorante.

A. Sous-acétate de plomb, 5 cm³ + vin 10 cm³ : laque jaune clair; liqueur filtrée incolore.

B. Carbonate de soude à 0,25 %, 10 cm³ + vin 1 cm³ : à froid comme à chaud, la couleur ne change pas.

C. Borax à 10 %, 10 cm³ + vin 10 cm³ : la couleur brunit légèrement.

D. Acétate d'alumine (^{1}) à 10 %, 10 cm³ + vin 10 cm³ : la couleur est très légèrement avivée.

Afin de donner une idée de la composition des vins de ce district, nous donnons dans le Tableau ci-après, la composition moyenne de 30 échantillons de vin blanc prélevés dans les localités : d'Yvorne, Villeneuve, Aigle, Ollon et Bex.

	Nombre d'analyses.
Vins de la récolte 1911	16
» » 1908	8
» » 1906	6

Les écarts des chiffres extrêmes pour chacune de ces récoltes sont peu considérables.

Les chiffres donnent les quantités rapportées au litre.

	Récolte de 1906	Récolte de 1908	Récolte de 1911
Date de l'analyse.....	janvier 1913	février 1913	janvier 1913
Date de fabrication...	1re diz. d'oct. 1906.	1re sem. d'oct. 1908.	1re diz. d'oct. 1911.
Densité à +15°..	0,994	0,992	0,991
Alcool % en volume..	9°,2	10°,6	10°,2
Extrait sec à plus 100°..	14,32	16,84	12,86
Extrait sec (procédé de la Société suisse des Chimistes analystes (^{2})..	20,85	24,83	18,22
Extrait dans le vide..	20,46	25,18	17,73
Cendres exemptes de C..	2,28	2,36	1,68
Alcalinité des cendres (en CO^3K^2)..	0,55	0,52	0,81
Acidité totale (en SO^4H^2)..	4,38	4,30	3,45 (^{3})
» fixe » ..	3,72	3,72	3,04
» volatile » ..	0.66	0,58	0,41
Crème de tartre totale..	1,10	1,02	2,17

(^{1}) Ce réactif est obtenu en précipitant un volume de solution d'alun à 10 %/₀ par un volume 5 d'acétate de plomb également à 10 %/₀, on laisse en contact et l'on filtre.

(^{2}) L'extrait sec est déterminé par la méthode directe ou gravimétrique. Dans ce but 50 cm³ de vin sont évaporés dans une capsule de platine dite *normale* sur un bain-marie bouillant (sur un cercle de 6 cm de diamètre intérieur) pendant 1 heure et demie. On place alors ce résidu pendant 2 heures et demie dans l'étuve à eau et on le pèse après l'avoir laissé refroidir dans un exsiccateur.

(^{3}) L'année 1911 a donné des vins anormalement pauvres en acidité.

	Récolte de 1906.	Récolte de 1908.	Récolte de 1911.
Sulfates (en SO^4K^2)	1,43	1,69	0,71
Essai polarimétrique	0°,12	0°,13	0°,7
Sucres réducteurs (en $C^6H^{12}O^6$)	1,46	1,56	1,20
Chlorures (en $NaCl$)	0,05	0,04	traces
Phosphates (P^2O^5)	0,34	0,33	0,25
Glycérine	4,85	5,45	3,26
Tanin	0,190	0,195	0,207
Acide sulfureux total ([1])	0,198	0,068	0,017
» libre	0,004	0,003	»
» combiné	0,194	0,065	»
Azote total	0,225	0,229	0,220
Extrait réduit	13,43	15,59	12,66
Somme alcool + acidité fixe (A. Gautier)	13,011	14,409	13,315
Rapport alcool extrait réduit	5,49	5,45	6,47
Rapport cendres extrait	0,15	0,14	0,13
Différence des extraits par degré	0,667	0,786	0,477
Rapport de Roos	2,36	2,64	2,057

Il résulte de nos analyses que la proportion des sulfates exprimés en sulfate de potasse, varie de 0,71 à 1,69, et, en cela les vins du district d'Aigle s'éloignent des vins de France puisque, dans ces derniers, les sulfates, toujours exprimés en sulfate de potasse, ne dépassent pas la dose de 0,60 g par litre; d'après Marty, le minimum, observé dans un grand nombre d'échantillons de vins naturels français, a été de 0,194 g, le maximum de 0,0583 g.

Le plâtrage des vins est complètement inconnu en Suisse, mais comme tous ces vins subissent l'opération du soufrage, il en résulte que l'acide sulfureux ainsi introduit dans le vin n'y reste pas à l'état libre, il se combine avec les aldéhydes ou les sucres du vin, et se transforme en partie par oxydation en acide sulfurique qui donne ultérieurement du sulfate de potasse.

La teneur en cendres oscille entre 1,68 et 2,36 par litre, le rapport $\dfrac{\text{cendre}}{\text{extrait}}$ est assez élevé, il dépasse même sensiblement celui des vins du midi de la France, où il atteint en général 0,12 à 0,13.

La glycérine se trouve en quantité relativement faible d'ailleurs dans les vins les plus variés d'origine et de cépage, le rapport $\dfrac{\text{alcool}}{\text{glycérine}}$ présente de grandes variations, il ne peut être, dans la plupart des cas, d'aucune utilité pour la recherche des fraudes; des recherches récentes ont montré que la glycérine est un produit assez variable de la fermentation alcoolique. Les expériences de M. Laborde à ce sujet sont particulièrement suggestives.

([1]) L'acide sulfureux est d'autant plus élevé que les vins sont plus vieux et par ce fait souvent transvasés, le soufrage des vins étant de pratique courante en Suisse.

M. Mathieu a observé que la richesse des moûts en acidité influe sur la production de la glycérine, les moûts moins acides donnant, à degré alcoolique égal, moins de glycérine.

Tous ces vins ont une somme alcool + acidité fixe légèrement supérieure à 13 ; la limite inférieure légale en France est de 12,5.

L'acidité volatile est relativement faible.

L'extrait sec obtenu par le procédé de la Société suisse des Chimistes analystes se rapproche sensiblement de l'extrait déterminé par évaporation dans le vide.

L'extrait sec à plus de 100° et l'extrait dans le vide sont assez faibles, aussi le rapport $\dfrac{\text{alcool total}}{\text{extrait réduit}}$ [1] oscille-t-il entre 5,45 et 6,47, avec une seule exception pour un vin d'Aigle 1911, récolte Rolland-Perret, dont le rapport $\dfrac{\text{alcool}}{\text{extrait réduit}} = 6,89$ indiquerait d'après les chiffres officiels une surforce alcoolique de 0°,59 [2].

Le service de la répression des fraudes en France admet que l'on doit soupçonner le vinage, lorsque la différence de poids entre l'extrait brut à plus de 100° et l'extrait dans le vide est moindre de 0,55 par degré d'alcool. Dans ces conditions, tous les vins de la récolte de 1911 seraient suspects, la moyenne trouvée étant 0,477. Il est certain que la grande sécheresse de l'année 1911 intervient ici pour faire baisser ce rapport, car les analyses de vins des récoltes 1908 et 1906 m'ont donné les chiffres moyens de 0,786 et 0,667 par degré d'alcool.

Le rapport de Roos est souvent inférieur au chiffre minimum de 2,4 au-dessous duquel un vin est soupçonné de mouillage.

Les chiffres trouvés pour les vins de 1906 et 1911 étant de 2,36 et de 2,057, si donc on leur appliquait les règles du rapport de Roos ils seraient tous considérés comme mouillés.

D'après ces analyses des vins blancs du district d'Aigle, on voit que le rapport alcool extrait réduit dépasse parfois la limite de 6,5 admise officiellement par décret du 19 avril 1898. De telle sorte que si, en France et pour les vins du district d'Aigle, ce chiffre était utilisé comme chiffre légal on risquerait de déclarer vinés ou sucrés des vins naturels.

---

[1] Le poids total de l'alcool est donné par la formule suivante :

$$\text{Volume de l'alcool} \times 8 + (\text{poids du sucre} - 1) \times 0,45.$$

[2] La surforce alcoolique, résultant du sucrage des moûts ou du vinage, peut être évaluée approximativement, en degrés d'alcool, par la formule suivante :

$$\frac{\text{Alcool total} - \text{extrait réduit} \times 6,5 \ (\text{ou } 4,5)}{8}$$

en prenant le nombre 6,5 s'il s'agit de vins blancs, et, au contraire, 4,5 dans le cas des vins rouges.

D'autre part le rapport de Roos est presque toujours inférieur au chiffre minimum de 2,4 au-dessous duquel un vin est soupçonné de mouillage; si cette règle était applicable à ces vins, elle ferait condamner injustement comme mouillé des vins obtenus. par simple fermentation des raisins frais.

Donc, les valeurs admises par les rapports alcool extrait réduit et de Roos n'étant pas applicables à ces vins, pour constater dans les meilleures conditions possibles le vinage et le mouillage, il faudrait adopter pour ces vins des chiffres qui pourraient n'être pas nécessairement les chiffres légaux français.

MM. GUILLOCHON,

Chef du Jardin d'essais, Tunis.

ET

GAGEY,

Professeur de Génie rural à l'École coloniale d'Agriculture, Tunis.

L'AGAVE SISALANA EN TUNISIE ET LE DÉFIBRAGE MÉCANIQUE DE SES FEUILLES.

63.341.9 + 677.021 (Agave)

26 Mars.

Au Jardin d'essais de Tunis depuis plusieurs années, nous nous intéressons à la culture des Amaryllidées susceptibles de fournir une fibre textile, soit pour la corderie, soit pour la sparterie.

La variété «Sisalana» de l'«Agave rigida» dont mon collègue M. Gagey et moi, avons eu l'honneur d'entretenir la Section est celle qui nous paraît la plus intéressante pour la Tunisie, tant au point de vue du soyeux de la fibre extraite de ses feuilles, qu'à celui de sa culture qui est très facile dans la Régence, à la condition, toutefois, de choisir une localité adéquate à sa végétation.

En 1909, nous avions fait déjà une expérience de défibrage de feuilles de *Fourcroya gigantea*, espèce qui fournit la fibre appelée communément « chanvre de Maurice ».

Il nous a paru intéressant de renouveler, en 1912, cette expérience avec des feuilles de la variété « *Sisalana* », de l'espèce *rigida*, qui fournit une fibre plus appréciée par l'industrie spartière, parce que plus soyeuse que celle du Fourcroya; en outre les feuilles sont indemnes d'épines latérales et, étant à talon moins épais, permettent un passage à la machine plus rapide, en un temps donné, qu'avec les feuilles du Fourcroya, qui est à marges épineuses.

Conditions de milieu. — Ces conditions doivent, en Tunisie, pour assurer le succès de l'entreprise, se rapprocher de celles de la Floride et du Yucatan, qui sont les suivantes (¹) : « Le sol yucatèque est très pauvre, ni le maïs, ni les plus minces herbes fourragères n'y sauraient croître ; mais ce sol n'est pas ingrat, puisqu'il ne demande pas de fumure.

« Il est pauvre dans son genre, mais il a ses qualités. Presque partout au niveau de la mer, il abonde en phosphate de chaux produit par les coquillages en décomposition ; le sable n'y est point rare, mais ce sable est assez salin et plaît aux Agaves ; l'air de la mer, la nuit, est saturé d'humidité et sous ses caresses les henequens dilatent leurs cellules, respirent à leur aise, font provision de fraîcheur, pour pouvoir résister le lendemain aux baisers ardents du soleil tropical. Tout cela est peu, mais encore est-ce nécessaire, indispensable même.

» Ce serait une erreur de planter dans le sable sec, sans humidité ambiante, à une trop grande altitude au-dessus du niveau de la mer, là où rien ne pousse enfin, pas même les rares et rachitiques arbustes du Yucatan et les mauvaises herbes, le henequen ne croîtra pas non plus ou n'aura qu'une existence précaire. »

La capitale du Yucatan, Mérida, centre de l'exploitation du henequen, est à 7 m d'altitude au-dessus du niveau de la mer. — La pression moyenne varie, dans une année de 76,03 mm à 76,68 mm. — La température et les pluies se distribuent de la manière suivante :

	Température moyenne en degrés C.	Quantité d'eau contenue dans l'atmosphère (grammes).	Hygrométrie.	Pluviométrie en millimètres.
Janvier.......	28	8,83	73	1
Février.....	26	8,502	84	83
Mars	28	9,007	80	9
Avril	35	10,633	78	»
Mai	33	10,633	78	42
Juin.........	36	11,925	78	37
Juillet......	35	10,830	85	123
Août	35	11,268	84	85
Septembre...	33	8,547	85	225
Octobre.....	33	10,547	78	44
Novembre...	30	8,186	83	17
Décembre...	28	8,225	89	24
			Total........	690

(¹) *Rapport sur la culture et l'exploitation du Henequen (Sisal du commerce), au Mexique,* par M. Guénin. (*Bulletin du Ministère de l'Agriculture,* 1898, p. 215).

Il semble que des conditions de température, d'humidité atmosphérique, de pluviométrie se rapprochant de celles qui viennent d'être
exposées, peuvent se trouver en Tunisie dans la presqu'île du cap Bon,
à climat marin, on ne peut plus favorable à la croissance des Agaves
textiles.

Comme l'écrit M. Allemand Martin, au cours de son étude sur le
cap Bon (¹) :

« ... cette région est soumise à toutes les brises marines; les vents dominants
pendant l'hiver, ceux de l'Ouest et du Nord-Ouest, viennent de la mer; ceux
qui soufflent le plus au cours de la saison chaude venant du Nord, sont
également des vents de mer.

« Quant à la température moyenne de l'hiver, elle est de 11°,26; celle de
l'été de 25°. La pluviométrie y est de : 150 à 220 mm en hiver; 100 à 200 mm
au printemps; 20 mm en été; 150 à 200 mm à l'automne. »

Soit, un total de 620 mm, qui se rapprochent des 690 mm qui sont
enregistrés à Mérida (Yucatan).

On peut se rendre compte, par les rapprochements indiqués ci-dessus
entre la climatérie de la presqu'île du Yucatan et celle du cap Bon, que
c'est dans la partie sud-est de cette dernière que l'on pourra tenter
avec chance de succès la culture de l'Agave Sisal.

Il y a lieu de tenir compte, pourtant, qu'en raison du peu d'exigences
de ces plantes en matières fertilisantes, que le capital engagé par l'achat
ou la location du terrain doit être aussi minime que possible et les frais
de culture réduits à leur minimum. Il semble que, dans le cap Bon, les
terres qui conviendraient sont celles qui s'étagent au delà de la partie
littorale des sables, cette dernière étant occupée par des cultures
intensives, partant plus coûteuses, mais aussi plus rémunératrices, qui
ne sauraient être remplacées avantageusement par l'Agave.

Ces terrains tertiaires qui peuvent être classés : en Éocène supérieur
(gréseux siliceux); en Miocène supérieur helvétien (calcaire siliceux);
en Pliocène supérieur (argilo-calcaire cailloutis), sont intéressants à plus
d'un titre pour la végétation des Agaves, qui trouveront là un sol à leur
convenance et un milieu propre à leur développement, grâce au voisinage
de la mer.

MM. Mann et Hunter dans leur brochure intitulée : *La culture du Sisal*,
traduite par M. Fasio, d'Alger, écrivent :

« 1° La première condition essentielle du Sisal est un terrain bien drainé.
Un sol marécageux est la mort du Sisal;

» 2° Que la terre soit modérément légère;

» 3° Qu'une terre trop riche amène une grande exubérance de végétation;
mais, en même temps une diminution de rendement en fibres;

» 4° Que d'un autre côté, si la terre est trop mauvaise, les plantes souffrent
se développent peu, et, par conséquent, la fibre est courte. »

(¹) *Aperçu agricole sur la presqu'île du cap Bon.* (*Bulletin de la Direction de
l'Agriculture et du Commerce de Tunisie*, 1902, p. 293).

D'ailleurs, comme nous avons pu le constater *de visu*, dans la région de Bizerte, les terrains de dunes, exclusivement siliceux, sont funestes à la croissance des jeunes plants qu'ils recouvrent en partie et dont ils paralysent la croissance; en outre les vents marins, embruns, qui frappent directement sur les plantes, refroidissent l'atmosphère et portent, en hiver, le degré thermométrique au-dessous de la moyenne normale de la région.

CRÉATION D'UNE PLANTATION.

Préparation des jeunes plants. — Les matériaux de multiplication se présentent sous deux formes bien distinctes : les drageons ou rejets du pied et les bulbilles.

Lorsque les premiers sont employés, il suffit de les détacher avec la partie du rhizome qui les porte, lorsqu'ils ont environ 10 à 15 cm de

Fig. 1. — *Agave Sisalana* (plantation de trois ans).

hauteur. C'est ainsi que, plus généralement, sont créées les plantations de Sisals du Yucatan.

L'*Agave rigida Sisalana*, produit ces rejets 2 ou 3 ans après la plantation. Ils se déterminent près du pied mère et aussi à une certaine distance de ce dernier à l'extrémité d'une tige souterraine rhizomateuse.

Quant aux bulbilles — bourgeons vivipares — elles prennent naissance à la base des pédicelles sur l'inflorescence même en forme de panicule ramifiée, dite *candélabriforme*. On peut estimer qu'une hampe de Sisal fournit environ un millier de bulbilles qui, ramassées au fur et à mesure de leur chute sur le sol, mises en culture aussitôt, peuvent fournir autant de jeunes plants facilement transportables, susceptibles 2 ans après de représenter les éléments nécessaires à la constitution d'une plantation nouvelle.

La « mise en enracinement » de ces bulbilles, en raison de leur petitesse, est un travail essentiellement horticole, qui nécessite un matériel spécial et l'organisation d'une pépinière.

On peut planter les bubilles en pépinière, à 0,15 m les unes des autres dans tous les sens, en planches bien préparées et ameublies en surface, en ayant soin de ne laisser dépasser hors du sol que l'extrémité pointue, qui est constituée par les jeunes feuilles à l'état rudimentaire.

Quant au procédé d'éducation des bulbilles, en godets, il nécessite un matériel relativement coûteux, mais il permet une manipulation plus facile des jeunes plants, de la pépinière à l'endroit de la plantation et la mise en place de sujets munis de la totalité de leurs racines avec la motte de terre adhérente à ces dernières.

Quel que soit le procédé employé, deux années de pépinière suffisent pour obtenir des plantes susceptibles d'être mises en place.

Établissement d'une plantation. — L'emplacement choisi, reconnu favorable à la croissance des plantes, sera débarrassé, s'il y a lieu, des

Fig. 2. — *Agave Sisalana* (plantation de deux ans).

mauvaises herbes et de la broussaille arborescente. Celles-ci pourront être brûlées sur place et la cendre répandue au fond des trous de plantation. En raison de la nature même du sol, si un labour paraît nécessaire il sera fait plus économiquement à la charrue qu'à la main. Quelle que soit l'origine des plants, rejets ou bulbilles, les trous devront avoir 50 cm de diamètre et de profondeur, distancés à 2 m sur les lignes, ces dernières espacées à 3 m, et groupées par bandes de deux, chaque bande étant à 4 m de la précédente. Cet intervalle de 4 m entre chaque fois deux lignes permet la coupe, l'enlèvement et le transport faciles des feuilles du lieu de plantation à l'usine de défibrage.

En Tunisie, la période de plantation s'étend de novembre à janvier, c'est-à-dire du moment où le sol a été suffisamment humecté par les pluies d'automne pour assurer la reprise, et pas assez tard pour que les jeunes plantes soient surprises par la sécheresse avant leur enracinement.

A la plantation, on devra avoir soin de bien tasser le terrain au pied de chaque sujet, afin que ces derniers soient bien assujettis sur le sol, et de ne pas faire tomber des particules de terre entre les jeunes feuilles, ce qui pourrait entraîner la décomposition de la base de ces dernières, en tout cas, paralyser leur développement.

Soins d'entretien annuels. — Ces derniers doivent être limités à un labour à la petite charrue vigneronne, au printemps avant que les herbes annuelles ne montent à graines et n'aient atteint, pour certaines espèces, une taille trop élevée, et un labour à l'automne, après les premières pluies, lorsque les graines amenées sur le sol, pendant les mois d'été, ont germé.

Sur les terrains déclives, le labour d'automne sera fait perpendiculairement à la pente, de façon à éviter le ruissellement en conservant ainsi une plus grande quantité d'eau au terrain complanté.

Coût d'une plantation par hectare.

	fr
Préparation du sol..	80
Achat des plantes (1500 × 0,05) (1).........................	75
Plantation..	25
Soins d'entretien (1re année) 2 labours...................	80
Loyer du terrain (2)...	40
A la plantation, y compris la 1re année. — Total...	300

Exploitation d'une plantation. —L'âge auquel on peut exploiter une plantation est subordonné à la végétation plus ou moins rapide des plantes, selon que le milieu ambiant et le sol sont favorables.

On peut pourtant estimer que c'est à la sixième année de plantation que la première coupe peut être faite; en y ajoutant les deux années de pépinière, les sujets traités auraient donc 8 ans.

A cet âge les plantes auront 1 m à 1,50 m de hauteur du niveau du sol à l'extrémité des dernières feuilles.

La plantation aura coûté alors :

	fr
Plantation et 1re année (*voir* plus haut)..............	300
Deux labours pendant 5 ans (80 × 5)...................	400
Location du terrain pendant 5 ans (40 × 5)..........	200
Total.................	900

---

(1) Ce prix est celui des plants de Sisal, fournis par le Jardin d'essais de Tunis.
(2) Cette somme est à déduire, si le cultivateur plante sur son propre domaine.

Si le propriétaire a planté sur son propre domaine, la location est à déduire, le coût cultural à la première coupe sera de 900 — 200 = 700 fr.

Récoltes des feuilles. — La coupe des feuilles doit être faite au commencement de l'été, en juin et juillet. A cette époque la production de fibres est plus élevée en comparaison du poids total des feuilles, ces dernières ayant déjà perdu, par évaporation, une partie de l'eau qu'elles avaient emmagasinée, pendant les mois d'hiver.

Les feuilles susceptibles d'être défibrées sont celles qui, après s'être infléchies au fur et à mesure de leur maturité, ont pris une position horizontale ou presque.

L'instrument pratique pour la coupe des feuilles est le croissant d'éla-

Fig. 3. — Passage de feuilles à la machine.

gueur, mi-circulaire, avec une poignée creuse qui reçoit un manche en bois, solidement fixé, de 2 m de longueur.

Pour couper la feuille sans la détériorer, ni endommager celle qui est voisine, l'ouvrier doit se placer de manière à faire face à la marge de la feuille en commençant par celles du bas de la plante. — Un ouvrier habile peut couper 1000 à 1500 feuilles par journée de 10 heures.

Une plante de Sisal de 6 ans de plantation fournit, en moyenne, à la première coupe, 60 feuilles et ensuite 20 feuilles tous les 2 ans, pendant trois coupes, en évitant, par l'enlèvement de la hampe florale dès son apparition, l'annulation des sujets. — Soit au total 120 feuilles par sujet.

Défibrage au Jardin d'essais de Tunis (Année 1912).

Tableau comparatif de rendement en fibres.

« Fourcroya gigantea ». — Travail de 1909.

Nombre de feuilles.	Poids en vert.	Poids de la fibre avant le lavage.		Poids de la fibre sèche.	
	kg				
1......................	1,470	100 g		20 g	
100......................	135	7,400 kg	{ 127,600 kg / de déchet	1,350	{ 1,5 % / de fibres
72 feuilles faisant 100 kg	100	6,100 kg		1,050 kg	
Les feuilles d'une plante de 6 ans = 40 feuilles.	58	4ᵏᵍ,025 kg		0,980 kg	

« Agave Sisalana ». — Travail de 1912.

Nombre de feuilles.	Poids en vert.	Poids de la fibre avant le lavage.		Poids de la fibre sèche.	
	kg				
1......................	1,260	65 g		35 g	
100......................	114	9,320	{ 104,680 kg / de déchet	3,180	{ 3,5 % / de fibres
104 feuilles faisant 100 kg	100	8,100 kg		2,760 kg	
Les feuilles d'une plante de 6 ans = 60 feuilles.	62	4,500 kg		1,660 kg	

Nota. — On remarquera que le rendement en fibre sèche, par consé-

Fig. 4. — Lavage des fibres.

quent en produit industriel, est plus élevé pour le Sisal que pour le Fourcroya.

Cette année 1912, en juin et juillet, le Jardin d'essais de Tunis s'est livré à un essai de défibrage de l'*Agave rigida*; variété *Sisalana* type.

La plantation exploitée, avait 6 ans de plantation, elle a fourni 10 727 feuilles prélevées sur 180 plantes. Sur chaque plante les feuilles verticales, insuffisamment mûres, ont été réservées en vue d'un défibrage ultérieur.

Les feuilles coupées mesuraient 1,30 m à 1,50 m de longueur et étaient un peu longues. — Voici, à ce sujet, ce que nous écrit M. Chaumeron, spartier à Paris :

« Cette fibre est belle, bien préparée, mais un peu longue; les feuilles auraient du être coupées l'an dernier, elles n'auraient eu alors, probablement, que la longueur habituelle de 1 m à 1,20 m.

Les frais de main-d'œuvre pour le défibrage se sont élevés à :

		Par jour.
		fr
1 arabe à la machine	....	2,50
1 arabe au lavage	....	2,40
	Total	4,90

par jour, pendant 36 journée, soit un total de 176fr,40.

La machine à défibrer qui a été employée, dite « La Portative », est du modèle Fasio. — Pratiquement, un ouvrier peut passer 800 feuilles par journée de 10 heures, soit 80 feuilles à l'heure.

Ces constatations nous ont permis de déterminer quel bénéfice un cultivateur peut retirer d'une plantation.

Nous avons indiqué, plus haut, qu'une plante peut fournir 60 feuilles, soit 1,660 kg de fibre sèche. Pour 1 ha 1500 plantes fourniront

$$1500 \times 1{,}660 \text{ kg} = 2490 \text{ kg};$$

soit, 2490 kg au prix de 50 fr les 100 kg, quai Marseille (1),

$$2490 \text{ kg} \times 50 \text{ fr} = 1245 \text{ fr};$$

sur lesquels à déduire :

		fr
Le passage à la machine de 90000 feuilles (1500 × 60 = 90000), soit 113 jours d'un ouvrier indigène à 2,50 fr.....................		282,50
Coût de la force motrice (électrique dans le cas du Jardin d'essais) kilowatt à 0,30 fr.........................		49,47
Travail du laveur (113 × 2,40 fr. = 271,20 fr).....................		271,20
Mise en balles de 50 kg (emballage et main-d'œuvre de 5 balles = 7,50 fr) .		7,50
Fret de Tunis à Marseille et manutention, transport au port (2500 kg à 5 fr les 100 kg).........................		125,00
Amortissement de la machine, pour 113 jours de travail................		80,00
Total		815,67

Conclusion. — Nous pouvons conclure de ce qui précède que la culture de l'*Agave Sisalana*, en vue de la production de la fibre employée par la sparterie est possible en Tunisie et, qu'au point de vue économique, son importance est liée, comme pour le coton et autres textiles végétaux, à la régularité de cours assez élevés. C'est ce qui est démontré dans la deuxième partie de ce travail.

En tout cas, d'ores et déjà, d'importantes plantations existent, dans le Centre tunisien, et nous devons souhaiter que dans quelques années l'industrie spartière puisse se fournir de la matière première, qui lui est indispensable, dans un pays qu'abrite le drapeau français.

M. GAGEY.

DÉFIBRAGE MÉCANIQUE DU SISAL.

677.051 (Sisal)

26 Mars.

Le Jardin d'essais de Tunis ayant entrepris en juin et juillet 1912 le défibrage des feuilles de Sisal, nous avons effectué quelques mesures dynamométriques, afin de compléter nos renseignements sur le défibrage des Agaves entrepris dès juillet 1908 dans cet Établissement. L'appareil utilisé était la « mono-défibreuse Fasio » dont la description suit.

Un volant en fonte, en forme de tambour parfaitement centré, de 0,60 m de diamètre et de 0,25 m de largeur, tourne à 400 tours autour d'un axe O. Il est muni de 18 cornières d'acier de 0,06 m, boulonnées solidement suivant les génératrices, c'est-à-dire parallèlement à l'axe de rotation, et distantes de 0,12 m sur la périphérie; ce sont les battes ou grattes. Ces battes viennent raser la table, montée sur quatre galets de roulement, disposés par deux de chaque côté. Ces galets permettent un mouvement de va-et-vient longitudinal sur le bâti de la machine. La table est munie, de chaque côté, d'une oreille, qui vient buter contre une vis solidaire du bâti et qui limite sa course en avant, c'est-à-dire empêche les battes de la frapper. Le pas de ces vis étant très faible, 1,5 mm, on peut ainsi arriver très facilement à faire raser la table d'alimentation par les battes. Cette table est, du reste, poussée à fond de course avant par un ressort puissant, dont la tension est réglée par la vis. L'espace libre entre le bord de la table et les battes étant sensiblement égal à l'épaisseur des fibres, on conçoit qu'une feuille interposée entre ces organes doit chasser la table en arrière. Mais son ressort la ramène en avant et permet donc au fur et à mesure que les battes viennent racler la feuille et diminuer son épaisseur, de maintenir un travail énergique de la feuille par une pression toujours égale.

Il s'ensuit qu'en travail, on doit voir cette table remuer constamment de quelques millimètres en avant et en arrière, ce qui assure une grande souplesse dans le défibrage et doit réduire au minimum les pertes de fibres par casse. Lorsque la pointe de la feuille passe, la table est à fond de course avant ; quand c'est le talon celle-ci se déplace en arrière pour revenir insensiblement en avant au fur et à mesure que cette feuille diminue d'épaisseur

Cette machine est dite « à reprise » puisque la feuille est passée en deux fois comme dans les grattes. Les matières liquides mélangées de débris de fibres sont recueillies par le couloir de tôle disposé en plan incliné. Les roulements de la machine sont à rouleaux, ce qui donne une très grande douceur ; aussi, lorsque la machine est lancée, met-elle plusieurs minutes pour s'arrêter. Pour éviter les projections du liquide corrosif en tous sens, le tambour est recouvert d'un capot demi-cylindrique en tôle, laissant pour le passage des feuilles une ouverture de 0,055 m au-dessus de la table d'alimentation. Le tambour tournant en moyenne à 400 tours par minute produit un ronflement comparable à celui d'une batteuse à vapeur de forte dimension, et qui s'entend d'aussi loin. La machine peut être commandée à bras ou au moteur.

Comme elle exige une puissance de deux chevaux, on conçoit qu'à bras il faille plusieurs hommes pour la conduire. La machine est, en effet, munie d'une manivelle spéciale pour 5 hommes, et d'une roue dentée, permettant la multiplication de vitesse. Cette roue, de 0,96 m de diamètre, comporte 240 dents, et attaque le pignon de l'arbre du tambour de 0,087 m de diamètre et de 20 dents, de sorte que pour une vitesse du tambour de 400 tours, la manivelle doit faire 33 ou 34 tours par minute.

L'emploi de cette manivelle à 5 hommes nécessite un troisième palier porté par une chaise. Pour la commande au moteur, l'arbre du tambour porte, sur le côté opposé au pignon, deux poulies, l'une folle et l'autre fixe de 0,30 m de diamètre.

Lorsqu'on travaille des feuilles présentant un fort talon, comme le Fourcroya, il est nécessaire de l'écraser, soit à l'aide d'un maillet, soit de préférence en le passant entre les deux rouleaux cylindriques d'un broyeur aplatisseur mu par un moteur ; le passage à la défibreuse en sera rendu plus facile.

Les caractéristiques de cette machine sont les suivantes :

Diamètre du tambour	0,60 m
Largeur du »	0,25 m
Vitesse du »	400 t : m
Nombre de grattes	18
Poids de la machine	500 kg
Prix de la machine	750 fr.

Le défibrage du Sisal est plus facile que celui du Fourcroya, car les feuilles sont souvent moins longues, inermes, et le talon, qui est moins épais, n'a pas besoin d'être écrasé préalablement à la mailloche. Il s'ensuit que l'ouvrier peut traiter un plus grand nombre de feuilles par jour.

C'est ainsi qu'on observe un travail pratique par heure variant de 80 à 118 feuilles de Sisal ayant 1,30 m à 1,50 m de longueur.

Bien entraîné, l'ouvrier défibreur doit passer dans la machine 100 feuilles à l'heure et soutenir ce travail au moins pendant 6 à 8 heures par jour, ou bien traiter 800 à 1000 feuilles en 10 heures.

Cette quantité varie du reste suivant la longueur des feuilles. Nous avons pu, en effet, relever les chiffres suivants :

Année.	Espèce.	Longueur des feuilles.	Nombre de feuilles traitées par heure.
1908	Fourcroya	1,20 m	52
1908	Sisal	0,80 m	179
1912	Sisal	1,30 m à 1,50 m	118

Le travail de défibrage du Sisal effectué au Jardin d'essais en juin 1912 peut être ainsi résumé :

Nombre de journées de travail		29
» d'heures de travail effectif		173
» de pieds traités		180
» de feuilles traitées		11629
Poids de feuilles traitées en kilogrammes		12792
Poids de fibre sèche obtenue en kilogrammes		349
Puissance moyenne exigée par la machine		1,3 HP
Puissance maximum pendant les à coups		2,1 HP

Nous pouvons établir le prix de revient du défibrage en nous basant sur les chiffres suivants :

Amortissement de la machine en 10 ans
Intérêt des capitaux engagés à %
Main-d'œuvre { Défibreur............ 2,50 fr par jour
{ Laveur ou récolteur... 2 fr »
Récolte à raison de 1000 feuilles par jour

Une machine Fasio marchant tout l'été, c'est-à-dire pendant 4 mois, soit 100 jours en chiffres ronds, peut traiter 100000 feuilles, soit 1600 pieds, correspondant à environ 1 ha de plantation arrivée à la sixième année.

Les frais de défibrage de 100000 feuilles seraient donc les suivants :

	fr
Amortissement de la machine	75
Intérêt du capital machine	45
100 journées de défibreur	250
100 » de laveur	200
100 » de récolte	200
Force motrice : 520 kg de pétrole + 50 kg d'huile,	150
Total	920

Production : 100000 feuilles = 3180 kg de fibre sèche.

Prix de revient du défibrage de 100 kg de fibre sèche = 28,95 fr.

La différence entre le prix de vente et le prix de revient du défibrage doit représenter le bénéfice de l'opération plus les frais culturaux.

Or nous avons vu que 1 ha de plantation de 1500 à 1600 pieds exige les dépenses suivantes :

Prix de revient de la plantation................ 300 fr.

Entretien pendant 6 ans........................ 600

Total................. 900

Les frais culturaux par 100 kg de fibre obtenue sont donc de

$$\frac{900}{31,8} = 28,60 \text{ fr.}$$

Lorsque les 100 kg, de fibre se vendront 28,95 fr + 28,60 fr = 57,55 fr, l'opération se balancera sans bénéfice.

Toutes les fois que la fibre se vendra plus de 58 fr les 100 kg il y aura bénéfice.

Or les cours du Sisal sont extrêmement variables; ils étaient à 80 fr en juin 1912 et sont tombés à 60 fr trois mois après.

C'est dire que le prix de vente de la fibre joue un rôle capital dans le résultat économique d'une culture de Sisal.

Il découle d'un essai identique de défibrage effectué sur le Fourcroya en juin 1908 que l'opération n'est pas économique avec cette plante; en effet, le prix du défibrage de 100 kg de fibre sèche est d'environ 50 fr, sans tenir compte des frais de culture, et le quintal se vend 40 fr.

Il serait donc intéressant de trouver un procédé de défibrage autre qu'à la machine. Le rouissage par exemple permettrait, semble-t-il, de traiter une plus grande quantité de fibres par jour et d'en abaisser, par suite le prix de revient, ce qui assurerait un bénéfice avantageux avec le Sisal et permettrait également l'exploitation du Fourcroya dont la culture ne semble pas actuellement économique en Tunisie.

---

(1) C'est à ce prix qu'a été vendue, à la maison Chaumeron, de Paris, la fibre obtenue au Jardin d'essais de Tunis.

M. E. COANET,

Président de la Caisse régionale de Crédit agricole mutuel du nord de la Régence,
Tunis.

LA MUTUALITÉ AGRICOLE EN TUNISIE.
Rôle du Crédit et de la Coopération agricoles dans le développement de l'Agriculture indigène.

334 : 63 (611)

. 27 *Mars.*

Je me propose d'essayer de vous résumer l'état actuel de la Mutualité agricole. Je passerai brièvement en revue l'organisation des Sociétés indigènes de Prévoyance, pour étudier plus particulièrement l'*Association agricole de la Tunisie* qui groupe des Sociétés d'Études, de Crédit et de Coopération agricoles.

I. *La Mutualité chez les indigènes.* — La religion musulmane semble recommander la Mutualité, aux croyants, puisque les Hadits relatent que le prophète disait à ses compagnons « les Musulmans sont entre eux comme le bâtiment aux fortes assises, ils se soutiennent mutuellement ».

Les indigènes savent aussi s'associer pour des travaux à exécuter en commun : des labours en Kroumirie, des syndicats d'irrigation à Kairouan, et dans les Oasis.

La *Mahonna*, réunion de travailleurs, qui se groupent pour aider soit une veuve dans le besoin, soit un cultivateur en retard dans ses travaux agricoles, labours ou moissons, est une forme de coopérative souvent utilisée dans le nord de la Tunisie. Un agriculteur indigène ayant ses labours en retard, sollicite l'aide de ses voisins et amis, qui au jour fixé viennent lui donner un coup de main. La perspective d'un festin, qui sera la récompense du service rendu, excite les travailleurs, qui abattent gaiement leur tâche.

Signalons encore l'organisation des travailleurs nomades, qui se groupent par bandes et choisissent un chef, qui traite seul avec les propriétaires.

Ces diverses pratiques collectives, montrent que les indigènes ne sont pas réfractaires à l'idée de Mutualité.

Une autre forme de Mutualité indigène est l'organisation des *Sociétés indigènes de Prévoyance*, transformation du vieux système des silos de réserve, excavations souterraines ou de temps immémorial on conservait des grains dans tous les pays d'Orient.

Un certain nombre de ces silos recevaient les dons volontaires des

*43

riches, dons destinés à l'accomplissement des aumônes prescrites par le Coran.

Par suite des facilités de transport les grains ne sont plus, dans les bonnes années, emmagasinés sur les lieux de production. Dans les mauvaises années, les petits cultivateurs étaient obligés de recourir à des emprunts usuraires pour se procurer des semences. -

C'est alors que le Gouvernement tunisien, à l'exemple de l'Algérie, désirant venir en aide aux cultivateurs indigènes les obligea à se constituer en Sociétés de Prévoyance alimentées au moyen de cotisations affectées aux futurs prêts de semences.

En 1907, malgré le zèle des fonctionnaires, 4,37 % des indigènes font partie des Sociétés de Prévoyance. C'est pourquoi les décrets de 1907, 1909 et de 1911, modifièrent successivement l'organisation de ces Sociétés, pour arriver à les rendre obligatoires à tous les Tunisiens. Des centimes additionnels au principal des côtes de Medjba, d'Achour, du canoun et de la Meradja et une avance de l'État égale aux sommes recueillies alimentèrent les caisses des Sociétés de Prévoyance.

Le cultivateur qui désire emprunter des semences doit se faire cautionner par deux garants solvables.

La Direction de l'Agriculture achète et transporte les grains. La distribution en est faite en présence du Conseil administrant la Société, Conseil composé du Caïd, d'un délégué, du Directeur des Finances, . d'un notaire et des délégués des Sections locales.

A Tunis, une Commission composée du Secrétaire général du Gouvernement tunisien et des fonctionnaires des Directions de l'Agriculture et des Finances, contrôle et surveille les Sociétés locales, elle autorise également les demandes de prêts qui doivent lui être transmises.

On pourrait reprocher à ce système de « Mutualité obligatoire » de ne pas permettre aux plus nécessiteux, qui cependant versent à la Société, de ne pouvoir emprunter s'ils ne trouvent les deux garants exigés.

Il faut, cependant, reconnaître que jusqu'à ce que l'éducation mutualiste des indigènes soit faite, les Sociétés de Prévoyance pourront, comme elle l'ont déjà fait, rendre de précieux services dans les années de disette.

Les Sociétés de Prévoyance pour combattre l'usure ont commencé également à faire du crédit hypothécaire à long terme, dans le Djerid et dans le Sahel.

Nous examinerons ensuite la Mutualité agricole française et son extension aux agriculteurs indigènes.

II. *La mutualité chez les Agriculteurs français de Tunisie.* — En 1898 eut lieu l'organisation du premier syndicat agricole en Tunisie, mais sans législation et sans cohésion le syndicat ne tarda pas à disparaître.

Les colons souffraient depuis longtemps du manque de crédit, leur signature n'étant pas acceptée par les banques, comme celle des commerçants. Que de fois le petit colon était arrêté dans ses travaux et voyait sa récolte compromise par suite du manque des quelques centaines de francs indispensables pour donner les soins nécessaires à ses cultures. Faute d'argent le colon ne pouvait effectuer les achats de bétail, de semences ou d'engrais dont il avait besoin. Quand les récoltes avaient été mauvaises, il fallait recourir à l'hypothèque ou à l'usure, au risque de se ruiner rapidement.

Chez les indigènes l'usure est, bien plus encore que chez les français, la cause principale qui retarde le développement de l'agriculture.

Les avances sur gages ou sur titre de propriété atteignent souvent 20 %, et dès que le prêt, non remboursé à l'échéance est renouvelé, le taux augmente pour arriver parfois à 200 %.

Les avances sur récoltes, consenties habituellement sous la forme de ventes anticipées en janvier et février (Sellam), comportent aussi un intérêt formidable. La Commission d'Agriculture indigène, dont je faisais partie, a pu voir, dans plusieurs régions du nord de la Tunisie, où les récoltes sont généralement bonnes, et où des agriculteurs indigènes avaient vendu une partie de leur récolte à l'avance, du blé vendu 10 fr le quintal alors que 6 mois plus tard, ils auraient pu vendre ce blé 30 fr. L'emprunteur a payé dans ce cas du 400 %.

Il est incontestable que l'agriculteur indigène, qui emprunte à des taux élevés pour entreprendre un travail ou une opération agricole est dans l'impossibilité absolue de réaliser un bénéfice, et qu'il se ruine.

Les cultivateurs, venant de France, savaient que dans leur village les *Caisses rurales* substituant leur garantie collective à la garantie individuelle avaient sauvé bien de leurs camarades.

A la suite d'une chaleureuse campagne de M. Marc de Bouvier, que nous retrouverons comme promoteur de tous nos groupements de Mutualité agricole, l'Association des Colons de Tebourba avec M. de Beaumont et M. Trouillet mettait à l'étude le Crédit mutuel. Puis la Chambre d'Agriculture, adoptant les conclusions du Rapport de M. de Bouvier, demandait au Gouvernement l'application, en Tunisie, des lois françaises sur le Crédit mutuel.

Sans même attendre la promulgation de la loi, de hardis mutualistes, de Béja, puis d'Aïn-el-Asker s'engageaient, par acte sous seing privé, à se porter solidairement responsables et trouvaient un crédit en banque de 30 000 fr à Béja et de 24 000 fr à Aïn-el-Asker. Ils prouvaient ainsi la nécessité et la possibilité du Crédit mutuel et son organisation fut confiée à M. de Beaumont.

La Caisse régionale de Crédit agricole mutuel du nord de la Tunisie. — Le décret du 25 mai 1905, qui attribue au Crédit mutuel l'avance de *un million*, et les redevances de la Banque d'Algérie a permis la création de la Caisse régionale, dont le fonctionnement a commencé en octobre 1905.

Le Crédit mutuel agricole, est un crédit à court terme habituellement

9 mois (la durée de la campagne agricole) basé sur le nantissement des récoltes et la responsabilité solidaire des emprunteurs.

Il ne se propose que de faciliter à ses membres des opérations agricoles productives de bénéfices directs comme l'achat d'animaux d'élevage ou l'exécution de travaux de récolte.

Le Crédit mutuel ne peut prêter que de petites sommes (4000 à 5000 fr au maximum) la responsabilité solidaire ne pouvant être soumise à de gros risques.

Il s'adresse surtout aux travailleurs qui n'offrent pas beaucoup de garanties réelles, et, qui, ainsi que nous l'avons vu, vendent souvent d'avance leur récolte à vil prix, faute de quelques centaines de francs.

Le Crédit mutuel n'est pas seulement destiné à ceux dont les ressources sont limitées.

Il appartient aux grandes propriétaires de donner l'exemple en apportant l'appui de leur solidarité.

Les fondateurs du Crédit mutuel, en Tunisie, n'ont pas manqué d'admettre les indigènes dans leurs caisses de crédit, ainsi que le décret de 1905 le permettait, les agriculteurs français y ont non seulement un intérêt moral, mais aussi un intérêt matériel, car la prospérité collective accroîtra la valeur de leurs terres.

Nous étudierons *plus loin l'organisation de la Mutualité agricole* chez les indigènes et les premiers résultats obtenus.

Le Crédit mutuel comprend, une *Caisse régionale*, dont le siège est à Tunis. Son capital est formé de parts de 100 fr, rapportant 5 % par an (capital actuel 100 000 fr, le capital était de 70 000 fr jusqu'en mars 1913). L'État avance gratuitement le quadruple de ce capital, sans intérêts. Capital et avances sont convertis en valeurs dont les revenus permettent de faire face à tous les frais d'administration, à l'allocation de l'intérêt dû aux porteurs de parts, et à la constitution d'une réserve.

Déposé en garantie dans une banque, ce capital assure à la Régionale une faculté d'escompte de quatre fois sa quotité.

Grâce à ce système, le capital versé par les porteurs de parts permet donc l'escompte du papier des Locales jusqu'à concurrence de vingt fois ce capital.

Ce système de fonctionnement, adopté en 1905, et copié sur celui qu'avait organisé dans le Gers M. Decker-David, a donné les meilleurs résultats.

Depuis 1 an, l'organisation de la Régionale inspirant confiance, son dépôt de garantie a été réduit à *cent mille* francs. Le surplus joint aux fonds déposés en compte courant à vue ou à échéance (¹), est utilisé pour escompter directement les effets des membres des Caisses locales.

La Caisse régionale ne prête pas directement aux agriculteurs, mais à des groupes d'emprunteurs formant une *Caisse locale*.

(¹) En 1912, la Caisse régionale a reçu en dépôts à vue, avec remise de carnets de chèques au déposant, la somme de 257074,45 fr.

Les Caisses locales, absolument indépendantes, ont chacune leur capital converti en parts de la Caisse régionale.

Les Caisses locales ont leur capital formé de parts, généralement de 40 fr, payables par quart, composant une responsabilité égale à vingt fois la part, soit 800 fr. par part, et donnant la possibilité d'emprunter la même somme.

Plusieurs caisses sont à responsabilité plus élevée, ou à solidarité illimitée entre tous les membres, ce qui leur donne une ouverture d'escompte plus importante.

La Caisse régionale, prête aux Caisses locales, au taux officiel de la Banque d'Algérie (actuellement 6 %). La Caisse locale effectue un prélèvement pour aider à la constitution de sa réserve, et faire face à ses quelques frais d'administration.

Elle prête donc l'argent à l'emprunteur à 5,5 % et à 6,5 %, ce qui représente en Tunisie un taux très avantageux.

Le maximum de crédit, à ouvrir à chaque adhérent, dépend non seulement des ressources collectives de la caisse, mais encore de la richesse de la contrée, des cultures pratiquées, et de la nature du gage.

Le rôle du Conseil d'administration de la Caisse locale est d'instruire les demandes de prêts, et les transmettre à la Caisse régionale.

Elle doit se montrer prudente dans l'attribution des crédits et ne doit accorder de prêts que lorsqu'elle a la conviction que l'emprunteur pourra rembourser à l'échéance.

Si le prêt est accordé, l'emprunteur souscrit, soit un billet à 90 jours, soit deux ou trois billets pour les renouvellements, quand le prêt est consenti à 6 ou 9 mois. L'emprunteur donne en garantie un nantissement, ou bien une caution qui avalise le billet.

Le Directeur de la Caisse locale, endosse ce billet à l'ordre de la Caisse régionale, et l'envoie à cette dernière, où il est soumis à un Comité d'escompte.

Le billet étant visé par le Comité d'escompte, le montant en est envoyé directement à l'emprunteur par la Caisse régionale. Si la Caisse régionale n'a pas de fonds disponibles, elle escompte ce billet auprès d'une banque.

L'Administration des Locales et de la Régionale est gratuite. Sont seuls rénumérés, le Directeur de la Régionale, et les comptables qui assurent le travail matériel de la Régionale et des Locales.

Résultats obtenus par le Crédit agricole. — La Caisse régionale possède actuellement 32 Caisses locales, réparties dans les principaux centres du nord de la Régence.

Voici quel est, pour les cinq dernières années, le chiffre d'affaires de la Caisse régionale :

Années.	Prêts nouveaux.	Renouvellements.	Totaux.
	fr.	fr.	fr.
1907.....	409401,00	866622,10	1276023,10
1908.....	454880	891624	1346504
1909.....	516556,45	1135500	1652056,45
1910.....	522830	1154652	1677482
1911.....	586400	1361688,50	1948088,50
1912.....	805886,90	1597022,20	2402909,10

Les fonds de réserve de la Caisse régionale était de 16428 fr. 32 au 31 décembre 1912.

Crédit aux indigènes. — Le Tableau ci-dessous donne la proportion des sociétaires français et indigènes ainsi que la progression des sommes prêtées. Sur 696 sociétaires, il y a 168 indigènes ayant emprunté 105848,80 fr. en 1912.

Prêts consentis aux indigènes depuis 1906.

Années.	Nombre de Sociétés.	Sommes versées.
		fr.
1906.....................	34	10170
1907.....................	53	20150
1908.....................	57	20520
1909.....................	63	24450
1910.....................	89	28630
1911.....................	98	35180
1912.....................	168	105848,80

Le remboursement des sommes prêtées aux indigènes a été effectué à l'échéance, quelquefois avant l'échéance. Ces prêts n'ont pas occasionné de pertes.

D'accord avec la dernière Assemblée générale, le Conseil d'administration de la Caisse régionale à étudié la possibilité de faire entrer un plus grand nombre d'indigènes dans les Caisses locales existantes et de créer des Locales indigènes là où il n'existe pas encore de Locales administrées par des agriculteurs français.

Le Gouvernement tunisien a détaché auprès de l'Association agricole un secrétaire-interprète, M. Baccouche, ancien élève de l'École d'Agriculture de Tunis, chargé de nous aider à répandre et organiser la Mutualité chez les indigènes.

Nous cherchons à créer dans un certain nombre de centres des Caisses locales indigènes de crédit, ayant un petit nombre d'adhérents choisis, qui formeront un noyau se familiarisant avec le mécanisme du crédit et la coopération agricoles et qui prendront l'habitude de venir collaborer en toute confiance avec les colons français. A côté de chaque caisse indigène, nous voudrions avoir un colon qui en serait le conseiller et serait un guide sûr aidant à solutionner les petites difficultés d'organisation qui pourraient se présenter.

Nous engageons les Locales indigènes sans toutefois l'exiger à effectuer des prêts destinés à payer des marchandises achetées à la Coopérative centrale. C'est une plus grande certitude de l'emploi de l'argent à un but agricole.

Aidé des colons et appuyé par les Services économiques indigènes, les Contrôleurs civils et les Caïds, nous avons créé avec M. Baccouche, dix Caisses locales indigènes de Crédit mutuel qui commencent à fonctionner. Cela porte à près de 400 le nombre de nos adhérents indigènes.

Comme complément du Crédit agricole, il existe une autre organisation qui rend de grands services aux agriculteurs français et indigènes : c'est l'*Association agricole*, fondée en 1906 par le comte de Warren, sur les conseils de M. de Bouvier : L'*Association agricole*, Société d'études et Coopérative agricole, se développa rapidement. Pour faciliter son travail, elle fut en mars dernier scindée en deux groupements distincts : Société des Agriculteurs, Coopérative centrale.

La Société des Agriculteurs de Tunisie. — Cette Société, est la continuation de la Section détudes de l'Association agricole. Terrain neutre, où chacun, sans distinction d'opinion, de race ou de religion, vient contribuer au perfectionnement des méthodes culturales et au développement de la Mutualité.

Bien des questions étudiées par l'*Association agricole* on fait leur chemin dans l'Afrique du Nord, nous citerons par exemple parmi les plus connues, l'emploi des engrais chimiques, la culture du coton, le dry-farming, la formation de coopératives d'élevage, l'expérimentation agricole, l'organisation de foires-concours, les assurances mutuelles, la motoculture, etc. La réunion du 27 mars sur l'*hydraulique agricole* sera une nouvelle preuve de sa vitalité.

Un bulletin mensuel, et un journal hebdomadaire L'*Association*, donnent le compte rendu des travaux de la Société, publient des articles de vulgarisation et le cours des produits agricoles. A partir de novembre prochain, une feuille rédigée en Arabe, y sera encartée. Elle expliquera le fonctionnement de la Coopérative et du Crédit agricoles. Elle donnera le cours des principaux marchés de la Régence, céréales, huiles, bétail. Le prix des produits vendus par la Coopérative des notions élémentaires d'Agriculture, soins à donner au bétail, petites recettes, etc., le tout rédigé sous une forme pratique pouvant être comprise des petits agriculteurs indigènes.

C'est encore avec l'aide de l'Association agricole, et des femmes de colons, que furent organisés les dispensaires de la Croix-Rouge à Tunis, Bizerte, Mateur, la Manouba, la Marsa, Radès, Grombalia, où sont donnés plus de 20 000 secours médicaux, chaque année, aux indigènes. On peut résumer le but de la Société des Agriculteurs, en l'*Union de tous pour la recherche du « Mieux être »* pour tous.

La Coopérative centrale des Agriculteurs de Tunisie. — La Coopérative centrale est la continuation de la Section commerciale de l'Association agricole, qui fonctionne depuis 1906. Son organisation est analogue à celle de la Caisse régionale. Son capital versé, qui est actuellement de 44 100 fr, est formé de parts de 50 fr, comportant une responsabilité de deux fois la part, avec avances gratuites de l'État du double du capital versé.

Son but est de grouper les demandes d'achats et de ventes des agriculteurs, pour obtenir les conditions de marché les plus avantageuses, comme prix et qualité des produits.

Jusqu'en 1911, son capital était seulement de *dix mille* francs; sans avance de l'État, la Coopérative a pu faire, en 1911, malgré ce faible capital, pour près de *un million* d'affaires, et son fonds de réserve a atteint *dix mille* francs, la même somme que le capital versé.

Les affaires de la Coopérative consistent surtout en :

Exercice 1912.

				fr.
Engrais	5000 tonnes pour			360 000
Produits viticoles	101	»	»	35 000
Charbon	1000	»	»	30 000
Produits d'alimentation du bétail				74 100
Semences, bétail, matériel				121 000

La Coopérative se charge également de la vente des céréales, de ses adhérents; elle en a vendu *vingt mille* quintaux représentant 385 000 fr. en 1911.

La Coopérative centrale, peut vendre à crédit, par l'intermédiaire des Coopératives locales, ou par celui des Caisses de crédit mutuel. Par mesure transitoire, elle peut également vendre directement aux agriculteurs à crédit, en exigeant des garanties; dans ce cas, elle escompte dans une banque les effets souscrits en payement des marchandises livrées.

Les *Coopératives locales*, ont pour but de réunir les commandes d'une localité et les passer en bloc à la Coopérative centrale et en garantir le payement.

Les Coopératives peuvent aussi se spécialiser pour la vente en commun ou la transformation des produits agricoles et même exécuter des travaux d'utilité générale.

C'est ainsi qu'aidés du Crédit mutuel, les Coopératives d'élevage de Béja, de Medjaz-el-Bab et du Munchar, ont pu faire venir de France des juments mulassières et des reproducteurs de races bovines, que les agriculteurs payeront en 2 ans. A Bir-M'Chergâ, une boulangerie coopérative fonctionne depuis 3 ans. A Oued Ramel, la garantie solidaire de la Coopérative a permis d'installer le téléphone. A Zaghouan une Coopérative de motoculture fonctionnera prochainement. Nous étudions également l'organisation de Coopératives indigènes de battages.

Conclusions. — Par le résumé qui précède, on a pu voir tous les avantages que les agriculteurs peuvent retirer de la Mutualité agricole en Tunisie.

Société des Agriculteurs, vulgarisant les meilleurs procédés de culture, recherchant de nouvelles améliorations, organisant des œuvres de mutualité dont elle est la fédération.

Coopérative centrale, fournissant aux meilleures conditions possibles semences, engrais, machines et produits nécessaires à l'agriculture.

Coopératives locales, organisées pour la production, la vente ou la transformation des produits agricoles.

Caisses de crédit, pivot des coopératives, à qui elles permettent de vendre à crédit par le *crédit marchandises,* aidant aussi le cultivateur par des avances en espèces, dit *crédit argent..*

La prochaine organisation du *Crédit à long terme,* rendra de nouveaux services aux petits agriculteurs.

Enfin, les *Assurances mutuelles* annihileront les risques de pertes par suite d'incendie, de grêle, ou de mortalité du bétail.

Tous ces groupements agricoles se prêtent un mutuel appui, et quand on examine les résultats obtenus en Tunisie, quand on songe surtout à l'effort réalisé en France, où 15 000 associations agricoles, groupant plus de 1 million d'adhérents, ayant 500 *millions* de crédit, ont fait évoluer l'agriculture pour la rendre plus productive, on comprend quel merveilleux instrument de progrès, d'éducation et d'union, la Mutualité agricole peut devenir en Tunisie.

M. BŒUF,

Chef du Service botanique, Tunis.

L'ÉCOLE COLONIALE D'AGRICULTURE DE TUNIS.

63 (071.1) (611)

24 Mars.

En 1896, au Congrès de Carthage, de l'Association française pour l'Avancement des Sciences, le Dr Trabut, d'Alger, fit dans la séance du 3 avril, à la Section d'Agronomie, une Communication sur la nécessité de fonder, dans le Nord de l'Afrique, un Établissement d'enseignement agricole de premier ordre; et l'Assemblée générale du 4 avril adoptait le vœu suivant :

« *L'association française, réunie en Congrès à Tunis, reconnaissant que l'Afrique française du Nord constitue une région naturelle importante, qui a eu une période agricole très prospère, sous des civilisations antérieures, émet le vœu qu'une École coloniale d'Agriculture soit créée pour cette partie de la France méditerranéenne, en vue de la doter des doctrines agricoles que la Science seule peut déduire d'une longue série d'études sur place. »*

Ce vœu fut suivi d'effet à Tunis. Dès 1898, M. Dybowski alors directeur de l'Agriculture et du Commerce de la Régence, décida M. Millet, Résident général, à créer l'École coloniale d'Agriculture de Tunis, qui ouvrit ses portes en octobre de la même année.

L'École est placée à proximité de la ville. Son domaine fait suite au Jardin d'essais. Elle reçoit des élèves réguliers et des auditeurs libres stagiaires, sous les deux régimes de l'internat et de l'externat. Depuis sa création, plus de 450 jeunes gens ont suivi son enseignement. La plupart sont originaires de France. La Tunisie et l'Algérie contribuent pour une part appréciable à son recrutement; depuis quelques années, les colonies plus lointaines et les pays étrangers, particulièrement ceux du Levant, envoient aussi un certain nombre de jeunes gens étudier l'agriculture à l'École de Tunis, dont l'enseignement, de même niveau que celui des Écoles supérieures d'Agriculture de France présente une spécialisation marquée, dans l'étude de la mise en valeur des régions chaudes et sèches.

Bon nombre d'élèves français de la Métropole se sont fixés dans le Nord-de l'Afrique, et l'École coloniale d'Agriculture apparaît comme un excellent moyen de colonisation, propre à décider et à faciliter l'installation d'agriculteurs jeunes, instruits de leur métier, habitués au pays par les années de séjour à l'École, de stage chez les particuliers, de service militaire. D'autres anciens élèves, généralement après une année d'études complémentaires à l'École nationale supérieure d'agriculture coloniale de Nogent-sur-Marne, se sont créé des situations dans les colonies éloignées, soit dans les services agricoles, soit comme agents de sociétés coloniales. Les anciens élèves de l'École coloniale d'Agriculture, déjà nombreux et dispersés, sont restés unis en formant entre eux une Association prospère, dont le Bulletin annuel renferme de nombreuses études agricoles, constituant une documentation des plus intéressantes.

Le second but assigné à l'École coloniale d'Agriculture dans le vœu de l'Association française pour l'Avancement des Sciences « doter l'Afrique française du Nord des doctrines agricoles que la Science seule peut déduire d'une longue série d'études sur place » n'a pas été perdu de vue.

Le personnel de l'École, désireux de mettre l'enseignement en harmonie avec les particularités du milieu local s'est forcément intéressé aux problèmes agronomiques, que soulève la mise en valeur du sol nord-africain.

Le développement pris par les travaux des professeurs a nécessité l'amélioration de l'outillage des laboratoires et l'augmentation du domaine de la ferme (porté de 20 à 160 ha). L'École est devenue un établissement de recherches ; sa contribution au perfectionnement de l'industrie agricole locale, par la diffusion des meilleures méthodes de culture, la vente de semences sélectionnées, etc., s'accroît chaque jour, grâce à une collaboration de plus en plus active avec une colonie agricole instruite et ouverte au progrès.

M. LE Dr BRAQUEHAYE,

Président des *Amis des arbres*, Tunis.

PROJET DE MUTUELLE SCOLAIRE FORESTIÈRE EN TUNISIE.

351.823.2 (611)

24 *Mars.*

Il existe en France de nombreuses communes qui recherchent dans les revenus forestiers leurs ressources budgétaires.

Grâce à la campagne entreprise pour le reboisement par les Sociétés forestières, par le Touring club de France, etc., on a vu se former des mutuelles scolaires, qui donnent déjà de beaux résultats.

Il était intéressant, en Tunisie, de tenter un effort dans ce sens. C'est le but que s'est proposé la Société des Amis des arbres.

Lorsqu'on parcourt les vastes solitudes de notre bled, lorsqu'on voit pendant des centaines de kilomètres la brousse longer la route, sans un seul arbre, on a peine à comprendre comment, sous les Romains, la forêt d'oliviers ajoutant ses revenus aux récoltes de céréales, faisait de la Province romaine de Carthage un des pays agricoles les plus riches du monde.

Il y a donc beaucoup à faire ici au point de vue boisement et voici le programme que s'est tracé la Société des Amis des Arbres de Tunisie, afin de démontrer l'utilité de l'arbre et de le faire aimer.

Nous avons pensé qu'il fallait s'adresser aux enfants des écoles, c'est-à-dire à l'avenir, si nous voulions faire quelque chose d'utile et, si nous voulions être sûrs de réussir, nous avons cru qu'il fallait intéresser pendant toute sa vie l'enfant, puis l'homme, aux plantations qu'il avait faites.

Il existe, auprès de toutes les agglomérations, des terrains incultes appartenant tantôt aux domaines, tantôt — le plus souvent — aux Habous.

Sur ces terrains, chaque année, les enfants des écoles, sans distinction de nationalité, de religion, ni de sexe, planteront chacun un arbre. Cet arbre sera différent d'après la région. Ainsi, dans une grande partie de la Tunisie, à Sousse, à Sfax, dans le centre et même dans le Nord, aux environs de Bizerte, on choisira l'olivier. C'est en effet l'arbre qui est le mieux adapté au pays et nous le prendrons pour type dans cette étude. Mais, dans certaines régions, on pourra recourir à d'autres essences. En Khroumirie, le chêne-liège donnera, comme l'olivier, une récolte régulière, après quelques années. Dans les régions minières, des arbres de boisement donneront, dans les mêmes conditions, des poteaux de mines.

Peut-être, en certains points spéciaux, pourra-t-on essayer quelques arbres fruitiers, tels que des amandiers ou des dattiers.

Supposons la plantation faite, après avoir pris pour exemple l'olivier. Pendant les premières années, les enfants seront conduits souvent sur le terrain et, sous la surveillance de l'instituteur, et d'une personne compétente désignée par la Municipalité, ils apprendront à soigner les arbres qu'ils auront plantés. Il y aura à ce moment quelques frais de culture que devront supporter les Municipalités, car, comme nous le démontrerons plus loin, celles-ci seront plus tard largement indemnisées des dépenses qu'elles auront faites. Peut-être, pendant cette première période, quelques cultures intercalaires pourront diminuer les frais. D'ailleurs à partir de la vingtième année, les jeunes oliviers commenceront à rapporter et diminueront d'autant les charges d'entretien. Mais, après 25 ans, la vente des olives pourra dépasser déjà les dépenses annuelles. Or, si l'on admet que les enfants auront 10 ans en moyenne au moment de la plantation, ils en auront 35 environ, lorsqu'ils commenceront à être en droit de compter sur quelques bénéfices. Ils pourront alors se constituer en société mutuelle et gérer leur bien, au mieux des intérêts communs. Chaque année, après la vente des olives, déduction faite des frais d'entretien, les bénéfices seront répartis entre les anciens élèves les plus dignes d'intérêt, ayant pris part à la plantation. Ils recevront ainsi un secours, plus ou moins élevé, selon l'importance de la récolte. Dès lors, chaque année le rapport de l'olivette augmentera et permettra de distribuer davantage et de venir en aide à un plus grand nombre.

Une cinquantaine d'années après la plantation, les arbres seront en plein rapport; mais, parmi ceux qui auront pris part à la plantation beaucoup auront disparu. Les uns seront morts, les autres auront quitté le pays, sans esprit de retour.

Mais alors, justement, le produit de l'olivette sera assez élevé pour permettre de faire à chacun une retraite viagère proportionnelle au nombre des survivants.

Ainsi, chaque année, le produit des arbres augmentant, tandis que diminuera le nombre des participants, les derniers auront à la fin de leur vie une retraite appréciable. Mais, après le décès du dernier planteur, l'olivette devra faire retour à la Municipalité, et ce sera justice, puisque pendant les premières années elle aura assumé les frais d'entretien. Ainsi, au fur et à mesure que disparaîtront les derniers survivants de chaque série annuelle de planteurs, le bien communal augmentera.

Il serait juste toutefois, puisque cette œuvre serait à la fois mutuelle et scolaire, que ce revenu soit spécialement consacré, par moitié, à l'amélioration de l'école et aux œuvres d'assistance.

En résumé :

1° Plantations scolaires aidées pendant les premières années par les Municipalités.

2⁰ Revenu de ces plantations, dès qu'il sera appréciable, servant à alimenter une caisse de secours mutuels;

3⁰ Retraites viagères aux derniers survivants après 5o ans;

4⁰ Retour enfin de la plantation à la Municipalité au profit des écoles et de l'Assistance publique.

Tel est dans ses grandes lignes le projet que je soumets aujourd'hui. Il ne serait pas juste que l'instituteur, qui a surveillé la plantation, qui a fait tous ses efforts pour y intéresser ses élèves, soit oublié. D'autre part, il ne peut prendre dans la caisse mutuelle une part quelconque, puisque celle-ci doit subventionner les plus indigents parmi les mutualistes. Après 5o ans, lorsque le produit des arbres assurera une retraite, il est probable que l'instituteur qui aura dirigé la plantation n'y sera plus. Aussi pour l'encourager à s'intéresser à cette œuvre, la Société des Amis des Arbres a pensé qu'elle pourrait par exemple lui verser une petite somme proportionnelle au nombre d'arbres repris après 2 ans.

Mais, dira-t-on, pour les plantations faites sur les terrains habous, quels avantages pourra trouver la Municipalité ?

D'abord elle pourra toujours racheter la terre, si elle le désire, en payant 16 fois l'enzel. Mais, si elle ne peut en faire les frais, comme après 5o ans de plantation le terrain aura augmenté notablement de valeur, il sera juste de partager, à l'amiable, proportionnellement à la plus-value une partie de l'olivette faisant retour aux Habous, tandis que l'autre serait cédée à la Municipalité.

Le même programme pourrait être appliqué dans toutes les régions quels que soient les arbres plantés : chênes-lièges, arbres de boisement, ou arbres fruitiers. C'est ainsi qu'en intéressant les Municipalités, les Habous, et surtout les enfants, c'est-à-dire l'avenir, nous croirons avoir fait œuvre utile en faisant aimer l'arbre, en poussant au reboisement et en créant ainsi des ressources nouvelles destinées à soulager des infortunes.

M. GAILLOT,

Ingénieur-Agronome, Soissons.

L'EXTRACTION DE L'AZOTE DE LA TOURBE PAR COMBUSTION LENTE.

662.731 : 661.5

24 Mars.

Des recherches nombreuses ont été entreprises depuis quelques années pour extraire l'azote de la tourbe à un état de rapide assimilabilité.

MM. Müntz et Lainé, en France, se sont efforcés de solutionner cet

important problème en provoquant la transformation active de l'azote
de la tourbe en azote nitrique, au moyen des ferments nitrificateurs.
C'est là un procédé biologique en quelque sorte.

Un autre moyen, d'un caractère plutôt chimique, repose sur la transformation de l'azote organique en azote ammoniacal, par l'action de
la chaleur. Ce procédé comporte lui-même différents modes opératoires.
On peut faire agir la chaleur seule, en vase clos. Il s'agit de la distillation de la tourbe. L'azote de la tourbe est transformé en ammoniaque,
comme dans la fabrication du gaz d'éclairage, et les autres produits de la
distillation sont : du coke de tourbe, très estimé pour la métallurgie,
du goudron, et du gaz combustible . Cette méthode est mise en pratique
en Allemagne, notamment, pour l'utilisation des tourbières de Bavière.

On peut aussi combiner l'action de la vapeur d'eau à celle de la chaleur.
Ce procédé a été préconisé par MM. Müntz et Lainé (¹). C'est l'application à la tourbe du principe des gazogènes. L'azote de la tourbe est
transformé, en majeure partie, en azote ammoniacal, qui se trouve
retenu dans les eaux de lavage des gaz. La gazéification permet d'obtenir
un rendement plus élevé que la distillation; ce rendement peut atteindre
les deux tiers de l'azote contenu dans la tourbe. Toutefois les deux
derniers procédés, auxquels nous venons de faire allusion, ressortent
plutôt du domaine de l'industrie que de celui de l'agriculture.

Nous allons exposer ici un procédé qui nous a permis d'obtenir, très
simplement, la presque totalité de l'azote de la tourbe, sous forme d'ammoniaque, et qui, à notre avis du moins, semble avoir un grand intérêt
pour l'agriculteur.

Notre procédé repose sur les observations suivantes : Quand on fait
brûler lentement de la tourbe dans un four où la circulation de l'air
est peu active, les parties qui se trouvent dans le voisinage des points
en ignition subissent une véritable distillation : elles se décomposent
en laissant échapper, avec de la vapeur d'eau, des gaz et des produits
condensables, qui renferment à peu près la moitié de l'azote de la tourbe
sous forme de composés ammoniacaux et de bases pyridiques. Il reste
comme résidu du charbon, qui renferme une quantité d'azote sensiblement équivalente à celle qui s'est dégagée. Or ce résidu charbonneux,
en brûlant lentement à son tour, abandonne lui-même, sous forme
d'ammoniaque, la totalité de l'azote qu'il renferme. Il est à remarquer,
en effet, que la tourbe de nos pays renferme un taux élevé de matières
minérales. Celles-ci sont constituées en majeure partie par du carbonate de chaux, qui se trouve à un état de division extrême, et par suite
très facilement décomposable par la chaleur. La chaux ainsi produite
réagit sur la matière organique azotée du charbon, dont nous avons
parlé; il en résulte un nouveau dégagement d'ammoniaque. Il se passe
là un phénomène analogue à celui qui permet de doser l'azote organique

---

(¹) Communication faite à l'Académie des Sciences, en date du 5 juin 1906.

à l'état d'ammoniaque au moyen de la chaux sodée, et qu'il est, d'ailleurs, facile de vérifier expérimentalement. Il suffit en effet d'approcher d'un tas de tourbe renfermant encore quelques parcelles charbonneuses en ignition pour constater qu'il s'en dégage de l'ammoniaque en abondance; et l'on peut tout aussi facilement se rendre compte que ces cendres chaudes renferment une notable proportion de chaux caustique.

Si donc on considère une colonne de tourbe en combustion lente, c'est-à-dire ne recevant par le bas qu'une faible quantité d'air, la partie

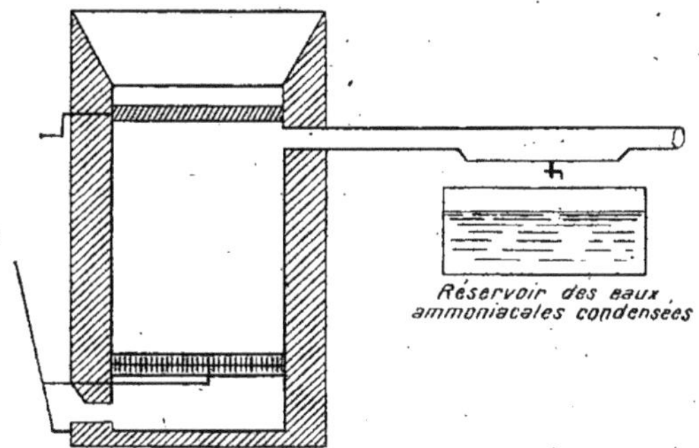

Fig. 1.

supérieure subira la distillation avec production d'une forte quantité de vapeur d'eau. Le bas de la colonne, au contraire, subira l'incinération complète, dans les conditions que nous venons d'indiquer. Par suite, on devra retrouver dans les produits gazeux qui s'échapperont la presque intégralité, à l'état d'ammoniaque, de l'azote que renfermait la tourbe mise en œuvre. C'est ce que l'expérience confirme. Dans cette opération, l'essentiel est qu'en aucun point de la masse de la tourbe la température ne s'élève assez pour dissocier l'ammoniaque formée. Il ne doit y avoir aucune flamme, si l'on veut se rapprocher du rendement théorique.

Description des appareils employés. — Les conditions que nous venons d'énoncer peuvent être réalisées en se servant d'un four continu ordinaire, par exemple d'un four à chaux, mais il est plus avantageux d'employer un four spécial, tel que celui que nous avons fait construire, et qui est représenté sur le plan-croquis ci-joint.

Ce four est construit en briques réfractaires. Une trémie de chargement permet d'y introduire la tourbe. Elle est constituée à sa partie inférieure par des lames de fer pivotant sur des tourillons; de sorte que, pour introduire une charge de tourbe, il suffit de relever ces lames verticalement, et de les replacer ensuite horizontalement pour fermer l'ouverture de la trémie. La partie inférieure du four comporte une grille à secousses et un cendrier, dont la porte sert à régler l'introduction de l'air nécessaire pour l'incinération. Le tirage est ainsi facilement réglable. Il doit être réduit au strict minimum, de façon à entretenir une combustion aussi lente que possible, et à éviter que la température dépasse 500° environ. Cette température est, en effet, connue comme très voisine de celle où se produit la dissociation de l'ammoniaque.

Les gaz qui s'échappent du four sont dirigés dans un récupérateur. Ces gaz renferment, en plus de l'ammoniaque, une assez grande quantité de vapeurs goudronneuses.

Ils sont, de plus, très humides, par suite de la vaporisation de l'eau contenue dans la tourbe. Aussi, du fait de leur refroidissement dans la conduite en tôle forte qui relie le four au récupérateur, ils se condensent partiellement.

Les eaux ammoniacales qui prennent ainsi naissance sont recueillies au moyen d'un robinet placé sur la conduite. Le récupérateur est construit en briques réfractaires, comme le four. Il a la forme d'une colonne divisée horizontalement par des tablettes mobiles sur des tourillons. Ces tablettes sont ajourées pour permettre le passage des gaz par tamisage. On assure, d'ailleurs, la circulation des gaz en basculant verticalement les tablettes.

Le produit à enrichir peut être

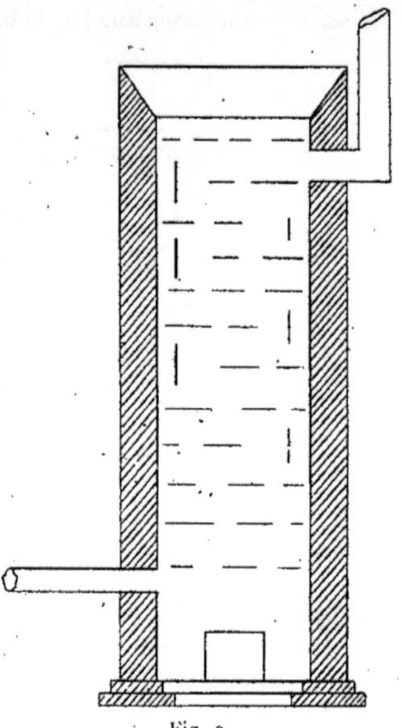

Fig. 2.

constitué par de la tourbe préalablement imprégnée d'acide sulfurique, ou par toute autre substance capable d'absorber l'ammoniaque. Si l'on emploie la tourbe, elle doit être, tout d'abord, séchée, puis réduite à l'état de poudre grossière, qui ne contient pas plus de 12 à 15 % d'humidité. Elle est alors imbibée d'acide sulfurique à 60° B., dans la proportion de 10 à 12 kg pour 100 kg de tourbe; elle est fortement malaxée et brassée, afin de répartir l'acide aussi uniformément que possible, et ensuite elle est distribuée et répartie sur chaque rangée de tablettes. A cet effet on l'introduit dans le compartiment supérieur du récupérateur, disposé en forme de trémie; elle descend d'étape en étape jusqu'à la partie inférieure de la colonne, par le jeu successif des séries de tablettes. Les gaz ammoniacaux suivent une marche inverse. L'enrichissement de la tourbe est ainsi continu, et les gaz, dépouillés de leur ammoniaque, s'échappent du récupérateur par une ouverture pratiquée sous la série de tablettes qui forme le fond de la trémie de chargement.

Le tirage dans les différentes parties des appareils, en même temps que la fixation aussi complète que possible de l'ammoniaque, sont réglés à la fois par le jeu des tablettes, et par la manœuvre des registres interposés sur les conduites. On règle l'entrée de l'air dans le four à combustion au moyen de la porte du cendrier, ainsi qu'on l'a vu.

Les produits obtenus par le traitement que nous venons de décrire sont les suivants :

1º Les eaux ammoniacales de condensation, recueillies sur la conduite qui relie le four au récupérateur.

2º La tourbe enrichie, qui a fixé l'ammoniaque.

Rendements. — Il nous reste à examiner quels sont les rendements obtenus par ce procédé.

A cet effet, nous allons rapporter les résultats obtenus, au cours d'un de nos essais, résultats à peu près moyens :

1º *Consommation du four de carbonisation.* — Il a été brûlé par 24 heures une quantité de 650 kg de tourbe. On a arrêté l'opération après avoir carbonisé 4500 kg de cette tourbe, dont la teneur en azote organique a été constatée de 2,4 % sur la tourbe séchée à 100º, et l'humidité de 66 %.

La quantité d'azote à retrouver était donc de

$$0,816 \times 4500 = 36,720 \text{ kg.}$$

2º *Consommation du récupérateur.* — Il a été placé sur les tablettes du récupérateur un mélange également réparti de tourbe et d'acide sulfurique du poids total de 1000 kg. Ce mélange était ainsi constitué :

$$
\begin{array}{lr}
 & \text{kg} \\
\text{Tourbe pulvérisée à 10 \%/}_0\text{ d'humidité} & 900 \\
\text{Acide sulfurique à 60º B.} & 100 \\
\hline
\text{Total} & 1000 \\
\end{array}
$$

3º *Évaluation des produits obtenus.* — La quantité d'*eaux ammoniacales* recueillies a été de 20 hl pour les 4500 kg de tourbe carbonisée.

Soit une proportion de 44,44 l pour 100 kg de tourbe brûlée.

Elles renferment par hectolitre :

$$
\begin{array}{lr}
 & \text{kg} \\
\text{Azote ammoniacal} & 0,276 \\
\text{Azote organique} & 0,084 \\
\hline
\text{Ensemble} & 0,360 \\
\end{array}
$$

Soit, pour les 20 hl, une quantité totale de

$$0,360 \times 20 = 7,200 \text{ kg d'azote.}$$

La tourbe enrichie renfermait d'autre part aux 100 kg, comme produits récupérés :

$$
\begin{array}{lr}
 & \text{kg} \\
\text{Azote ammoniacal} & 1,800 \\
\text{Azote organique volatilisé} & 0,300 \\
\hline
\text{Ensemble} & 2,100 \\
\end{array}
$$

Soit, pour les 1000 kg de tourbe contenus dans le récupérateur,

$$2,100 \times 1000 = 21 \text{ kg d'azote.}$$

La quantité totale d'azote récupéré a donc été de

$$7,200 \text{ kg} + 21 \text{ kg} = 28,200 \text{ kg.}$$

Il en résulte que sur les 36,720 kg d'azote à retrouver, 28,200 kg ont été récupérés.

Le rendement obtenu lors de cet essai a donc été de 76,80 %.

Conclusion. — Le procédé que nous venons de décrire est susceptible de donner un excellent résultat pratique. Le rendement sera d'autant meilleur qu'on sera plus familiarisé avec la conduite des appareils. Des essais, effectués au laboratoire, nous ont donné une récupération de 95 %.

Ce procédé est, de plus, facilement applicable en agriculture. Il nous paraît convenir tout particulièrement au cultivateur désireux de préparer lui-même un engrais azoté concentré, très actif, en le retirant des tourbières, qui sont de véritables mines d'azote, souvent inutilisées.

M. Michel UZAN,

Ingénieur-Agronome, Tunis.

LES TERRES HABOUS.

333 (611)

25 *Mars.*

Grâce à la protection efficace de la France, l'institution religieuse des habous n'a plus actuellement pour réel effet que celui d'assurer, d'une façon permanente, l'usufruit des biens des fondateurs aux dévolutaires, en leur interdisant la voie des aliénations.

D'autre part, par suite d'une législation libérale, les biens habous publics sont parfaitement aliénables.

Enfin l'évolution économique du pays et l'extension de la colonisation française imposent, à bref délai, la mise en circulation des habous privés.

Pour cela, il est à désirer :

1° Que pour les immeubles ruraux, les locations aux vrais agriculteurs aient lieu sans enchères, celles-ci provoquant une hausse factice et ruineuse pour les locataires ;

2° L'enzel ou rente fixe et perpétuelle étant plutôt favorable à l'agriculteur qui n'immobilise ainsi que la vingtième partie de son capital, — le restant lui servant de fonds d'établissement et d'exploitation — et qui peut céder ou morceler son domaine, il y a lieu de favoriser ce mode d'acquisition des biens ruraux habous privés, pour lequel le consentement des principaux ayants droit est suffisant (décret du 23 décembre 1894);

3° Pour faciliter la mise en valeur des biens habous privés, l'État pourrait défricher les domaines appartenant à cette catégorie, qui sont en broussailles, et aurait en compensation, la moitié des terres ainsi mises en état de culture.

4° Pour obliger les dévolutaires à louer leurs propriétés et pour opposer un frein à la hausse croissante et écrasante des prix de location des domaines ruraux, on devrait frapper d'impôts les terres *cultivables* en friche.

5° L'institution des habous a pour principal but la sauvegarde du patrimoine des dévolutaires qui sont notoirement insouciants et imprévoyants. La loi a tourné la difficulté de l'inaliénabilité par le système des échanges, en nature ou contre argent. Grâce à cette voie, on peut se procurer des biens habous privés.

Si la Djemaïa n'accepte pas facilement ces échanges, c'est qu'on ne doit pas oublier que non seulement le capital doit rester intact, mais qu'il faut aussi payer *sans interruption* les rentes des bénéficiaires. Le Gouvernement doit donc, pour favoriser la colonisation française, penser à cette charge et y obvier, soit en proposant des propriétés rapportant autant sinon plus, soit en servant provisoirement, moyennant la libre disposition des fonds, un intérêt de 5 %.

M. M. UZAN.

LES TERRES COLLECTIVES DE TRIBUS.

25 *Mars.*

333.1 (611)

Par le décret beylical du 14 janvier 1901, on reconnaît officiellement l'existence de territoires collectifs, inaliénables, sur lesquels les membres de la tribu n'ont qu'un droit de jouissance.

Toute la question revient à rechercher quel en est le nu-propriétaire.

D'après le travail de M. de Chavigny, ancien Inspecteur des Domaines, à la Direction de l'Agriculture, basé sur une documentation précise et rigoureuse, s'appuyant sur des textes, le domaine éminent revient à l'État. M. Dumas, président du Tribunal, à la suite d'une enquête sur place, d'après les déclarations et les affirmations des bénéficiaires eux-mêmes, conclut que la terre collective de tribu n'est en réalité qu'une forme spéciale de la propriété, qui est à l'état d'indivision, d'où son caractère d'inaliénabilité, la pluralité de ses ayants droit et le manque de titres personnels. Enfin, selon la loi musulmane, « la terre est à celui qui la vivifie».

Il est à désirer que :

1º Le Gouvernement du Protectorat, imbu des idées justes et généreuses de la République et s'inspirant, d'autre part, du geste libéral du Sénatus-Consulte de 1863, veuille bien reconnaître les tribus propriétaires des terres collectives qu'elles détiennent;

2º La Commission, instituée par le décret du 14 janvier 1901, tranche cette question, dont les conséquences culturales sont considérables, le plus tôt possible;

3º L'Administration adopte le projet présenté par M. Dumas et qui constitue une législation complète et scrupuleuse, et en le faisant suivre de la signature de S. A. le Bey et de celle du Ministre Résident général, qui ne refusent jamais d'apporter un peu plus de bien-être aux malheureuses populations rurales, le transforme en décret organique définitif.

GÉOGRAPHIE.

M. ÉMILE BELLOC.

Chargé de Missions du Ministère.

CONSIDÉRATIONS RELATIVES AUX ENFONCEMENTS COTIERS DU BASSIN OCCIDENTAL DE LA MÉDITERRANÉE.

27 *Mars.*

551.41 (262)

I.

Aperçu descriptif.

Dispositions asymétriques des côtes méridionales de l'Europe. — Les rivages opposés de la péninsule hispano-portugaise présentent des contrastes frappants.

Au Nord et à l'Ouest le littoral ibérien est magnifiquement découpé; les évidements flexueux de la rive orientale sont beaucoup moins accidentés.

En général, les traits d'icision de la bordure atlantique, pénètrent plus profondément à l'intérieur des terres que ceux du bassin occidental de la Méditerranée.

Cette irrégularité d'aspect et de structure entre les versants opposés n'est point exceptionnelle, presque tous les rivages marins des diverses contrées du globe en fournissent des exemples. Témoin les côtes de *l'Islande*, du *Groenland*, de la *Norvège*, de l'*Irlande*, de l'*Écosse*, etc., dans l'hémisphère boréal. Et, au sud de l'Équateur, les rives du *Chili*, de la région qui confine au *Détroit de Magellan* et au *Cap-Horn* sur le *grand Océan pacifique*, d'une part; et d'autre part, la zone orientale de la *Patagonie* et de la *Terre du Feu*, baignées par l'*Atlantique*, à l'extrémité méridionale de l'Amérique.

Dans le bassin occidental de la Méditerranée, — à part quelques entailles caractéristiques comme celles de *Port-Mahón* (*fig.* I) ou de l'*Atalaya de Fornells*, dans l'archipel des *Baleáres;* les golfes de *Bonifacio* (*fig.* 6), de *Figari* (*fig.* 7), etc., en *Corse*, — on ne trouve guère de ces sillons de fracture longs, étroits, parallèles entre eux, rentrant profondément dans les terres, qui donnent à la *côte ouest de Galícia*, un grand caractère d'originalité.

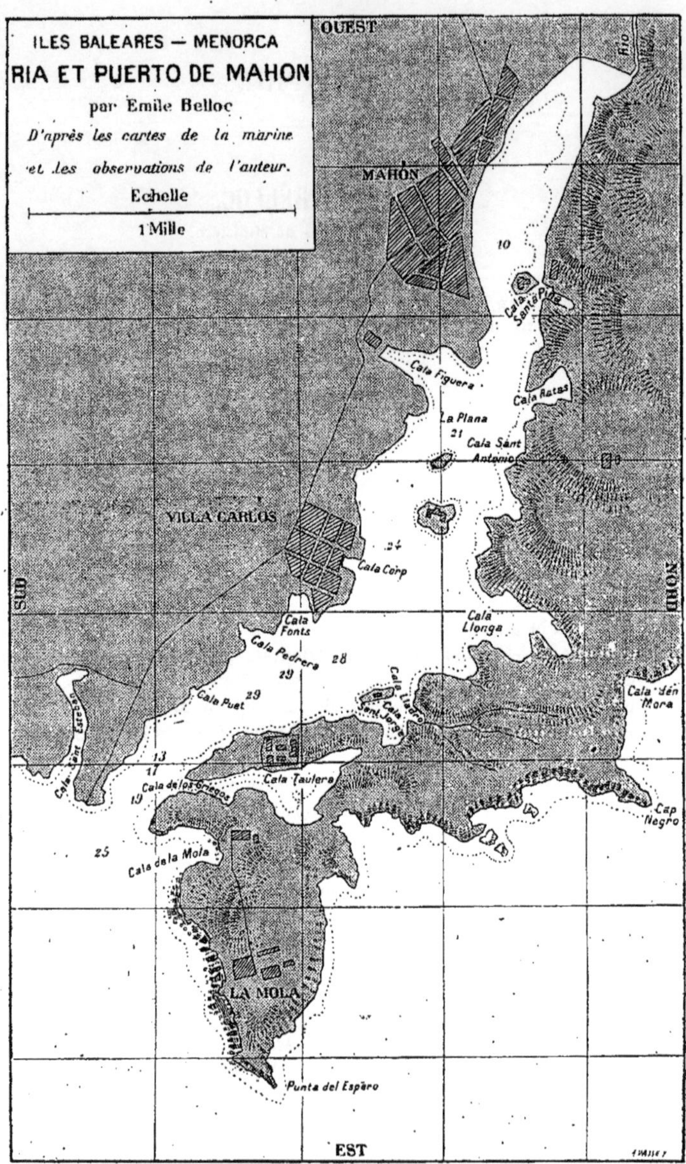

Fig. 1. — *Menorca. Ria de Port-Mahón* (Ilas Baleáres).
Islas de las Ratas : Latitude 39°53′8°N.; Longitude 1°56′44″E.

Ceux que le sujet intéresse ont pu voir dans une précédente étude (¹) que ce genre d'échancrures naturelles portait sur la *côte atlantique d'Ibérie*, le nom caractéristique de *Ria*.

En raison sans doute du moindre développement *en longueur*, des anfractuosités côtières de la bordure méditerranéenne, le nom de *ria* est fort peu usité dans les parages fleuris de la mer azurée; aussi les étrangers confondent-ils souvent les *rias* avec les *Calas*, malgré les caractères nettement tranchés qui les différencient.

Différences morphologiques entre les Rias et les Calas. — D'après le résumé morphologique très succinct ci-dessus, concernant les *rias* de *Galicia*, on peut se rendre compte de la forme particulière de ces longs couloirs de fracture, qui permettent à l'eau de mer de s'introduire dans les terres.

Cependant, il ne suffit pas qu'une entaille littorale soit : étroite, encaissée entre des berges sinueuses abruptes, dirigée dans un sens oblique par comparaison avec la ligne du rivage, etc., pour que ce genre particulier d'entaille porte le nom générique de *ria*.

Une *ria* doit être, *obligatoirement*, l'embouchure marine d'un fleuve portant le nom de *rio :* c'est la condition *sine qua non*.

Le mot *Cala* est également un nom générique, mais il a une toute autre acception que le mot *ria*.

a. Le mot Cala et ses dérivées. — *Cala*, s. f.; pl. *Calas*, dimi. *Caleta*, vocable du glossaire géographique espagnol, portugais, italien, etc., est synonyme de : « abri entre deux promontoires, anse, enfoncement de la côte, petit havre, petit port de mer... ».

On entend généralement par le mot *Cala* les entamures du rivage, des empiètements de la mer peu profondément enfoncés dans les terres. Ces sortes d'échancrures sont presque toujours disposées en forme de croissant, ou de demi-cercle plus ou moins irrégulier, ou même de fer de cheval, dont la concavité est tournée vers le rivage (*fig*. II). Ces indentures côtières sont parfois jumelées (*fig*. 3); d'autres affectent une disposition digitée (*fig*. 4 et 5).

Le mot *Cala* appartient également au catalan, aux idiomes de l'archipel des *Baleáres*, de la *Sardaigne*, de la *Corse*, du *Midi de la France* et de la langue italienne.

Le verbe actif *Calar*, employé couramment par les Espagnols et les Portugais pour exprimer l'idée d' « enfoncer, entamer, entrer, introduire... » duquel dérive *calarse* « s'insinuer », a servi à former le mot *Cala*.

b. Variantes dialectales du mot Cala. — Devenu nom de lieu, *Cala*, par suite d'influences locales, revêt des formes dialectales diverses, selon les pays. En *Corse*, par exemple, lorsqu'une *Cala* est environnée d'escar-

---

(¹) ÉMILE BELLOC, *Les Rias du Littoral atlantique d'Ibérie*, etc. Paris, 1913, p. 972 à 979.

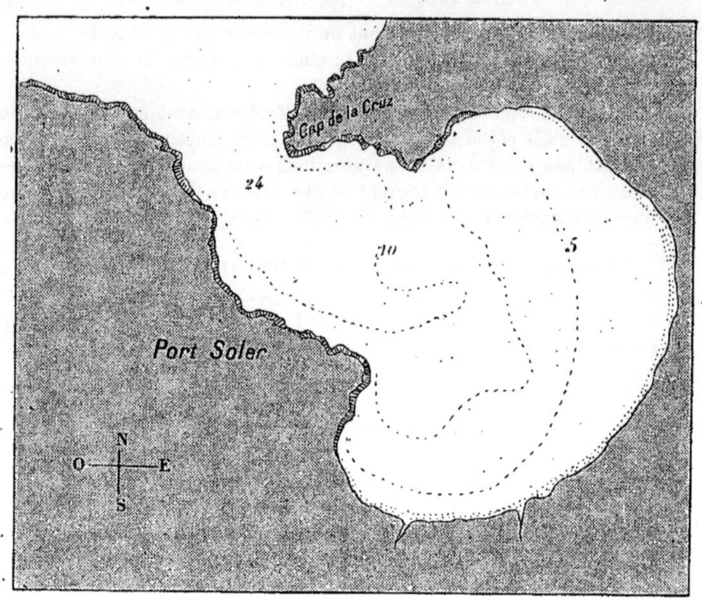

Fig. 2. — *Mallorca* (Islas Baleáres) *Port de Soler.*
Cap de la Cruz : latitude 39°48′N.; longitude 0°21′E.

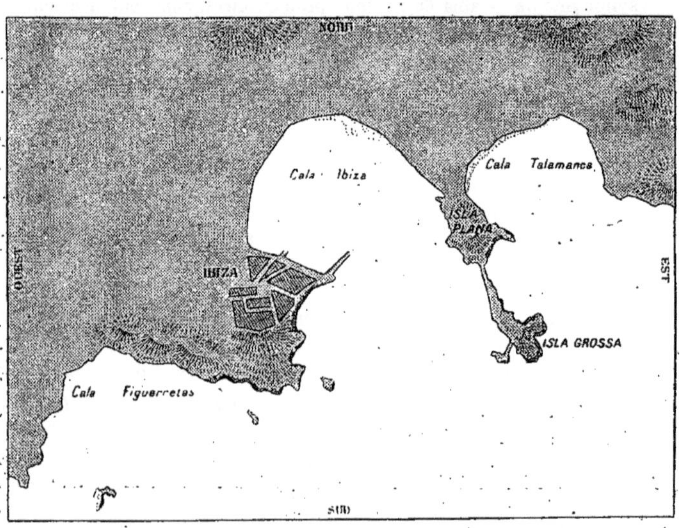

Fig. 3. — *Puerto de Ibiza* (*Islas Baleáres*).
Phare : latitude 38°54′19″N.; longitude 0°53′3″O.

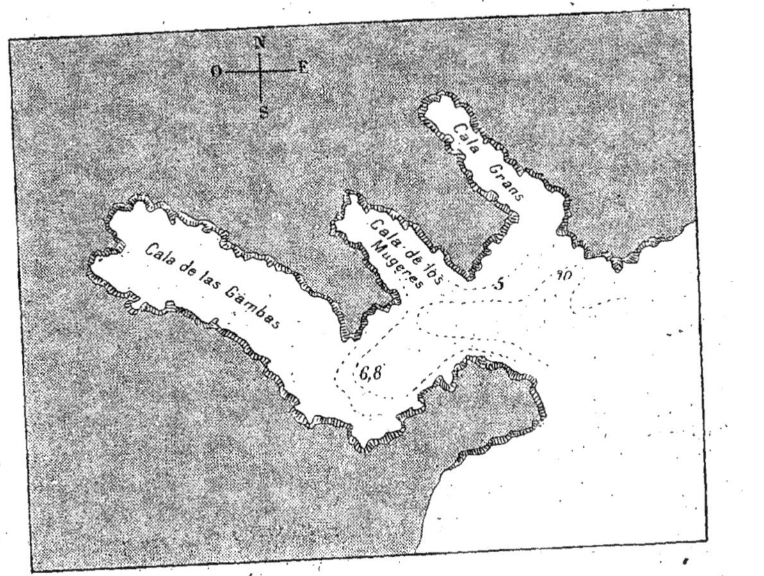

Fig. 4. — *Mallorca*. (Ilas Baleares) *Cala Llonga*.
Fort : latitude 39° 22′ 20″ N. ; longitude 0° 53′ 55″ E.

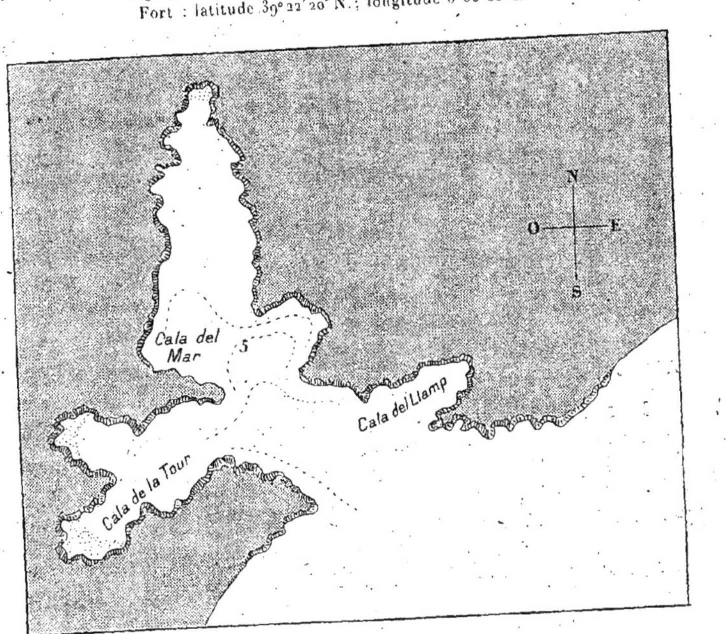

Fig. 5. — *Mallorca* (Islas Baleares) *Port de Petra*.
Fort : latitude 31° 21′ 30″ N. ; longitude 0° 52′ 50″ E.

pements abrupts, l'ensemble de l'évidement prend le nom de *Calanca*,
pl. *Calanche*. Mais on ne doit pas oublier que — là comme ailleurs, — le
radical *Cala* s'applique *exclusivement* à la baie marine.

Sur la côte provençale *Cala* et *Calo* sont employés dans le même sens
ainsi que le vocable *Calanco* et ses diminutifs *Calancolo, Calanquet;* et
leur augmentatif *Calancasso*. Certains auteurs ont, malheureusement,
adopté les formes francisées de *Calangue, Calanque*, ou *Carangue*, mais
l'idée mère, la *Cala*, persiste malgré ces déformations regrettables.

Plus fâcheusement encore, *Cala* a été importé par les Espagnols sur
la côte septentrionale du *Maroc.* C'est ainsi, notamment qu'aux alentours de leurs *présidios* principaux de *Céuta*, de *Tetouan*, de *Melilla* (fig. 9),
ils ont substitué à la plupart des dénominations arabes des expressions
castillanes.

Le *ras* caractéristique des Musulmans, pl. *Rous* « cap, tête », est devenu
le *cabo* ou la *punta; marsa*, pl. *mraci* « port de mer, côte, » est remplacé
par *puerto*; *Joun*, pl. *Juan* « golfe », a été changé en *golfo, bahia, cala,
ensenada*; les *ouidan* sont devenus des *rios*; les *jebal*, des *montes*, etc.

En conséquence aux noms de lieu indigènes, tels que *Ras Terf, Marsa
Ifsaten, Ouad Meh'ara, Ras Djebha, Ras Kensit, Ras Sidi-Labcen, Marsa
Zerbe, Marsa Tiors*, etc., on a substitué, respectivement, les dénomina-
tions castillanes *Cabo Negro, Punta-de-los-Pescadors, Cabo del-Moro,
Punta Negri, Cala Tramontana, Cala-de-los-Pajaros, Cala Blanca, Rio-
de-los-Ostras*, etc.

Mais, la substitution la plus extraordinaire est celle qui concerne le
promontoire de la portion la plus avancée dans la mer, de la grande
presqu'île de Kabaïlia de Gouelaya (fig. 9). Son nom indigène est : *Ras-
Ouarek*. Les Espagnols ont mué ce vocable arabe, en *Cabo-de-las-Eres-
Forcas*. Naturellement, les Français appellent cette pointe, le *Cap-des-
Trois-Fourches*. Les Anglais écrivent *Cape-Warec*, pour si peu que les
Allemands, les Norvégiens, les Danois, les Russes ou les Flamands fla-
mingans, voire même les Provençaux, s'appliquent à accomoder cette
expression topographique selon le génie de leur propre langage, on
peut aisément se faire une idée de la jolie « bouillabaisse toponymique »
qui en résulterait.

<h2 style="text-align:center">II.</h2>

Répartition des Calas dans le bassin occidental de la Méditerranée.

Côte sud de l'Espagne. — Incomparablement plus nombreuses que
les *Rias*, les *Calas* occupent également un espace beaucoup plus étendu.
A l'extrémité méridionale du continent européen, on voit déjà une certaine quantité de ces évidements côtiers à partir du vaste golfe de *Cádiz*,
sur la bordure atlantique.

Mais, à partir du *Cabo Trafalgar* (*Promontorium Ampelusia* des Latins), les *Calas* et les *Caletas* se multiplient. Les eaux océano-méditer-

ranéennes, resserrées entre la côte d'Espagne et celle du Maroc, érodent
fortement les rivages. Au nombre de ces échancrures on distingue :
Cala de la Cuença, Cala de la Traicion, Cala del Cañaverlejo, etc.

Après avoir doublé la *Punta Maroqui*, en avant de *Tarifa*, la côte est
frangée par : la *Caleta*, la *Caleta-Vieja* et la *Cala-Lengua*, auxquelles
succèdent *Cala de las Adelées, Cala de la Perdilla, Cala Perra, Cala
Fátes*... jusqu'à la grande *bahía de Algeciras*.

Côte occidentale d'Espagne. — A partir du *Rocher de Gibraltar* le
rivage est brusquement infléchi vers le Nord-Est. Parmi les sinuosités
qui le découpent, on aperçoit la *Cala Honda* ou « Baie-Profonde ». Plus
au Nord, s'ouvre la *Bahía de Málaga*, sorte de vaste *Cala* où viennent
aboutir les *rios Guadalhorce* et *Guadalmedina*. Ensuite, le littoral est
faiblement accidenté jusqu'à *Almuñacar*.

Près du *Cabo de Gata*, au sud-est de la grande *bahía de Alméria*
s'arrondissent la *Cala Redonda*, la *Caleta de la Barrilla*, la *Cala del Leno*...
et autres sinuosités comprises entre le *Cabo de Gata* et le *Puerto de Car-
tagena*.

L'énumération de toutes les *Calas* qui échancrent le littoral jusqu'à
Alicante, Valencia del Cid, Tarragona, Barcelona, etc., n'entre pas dans
le cadre très restreint de la présente Notice.

Côtes de l'Archipel des Baleâres. — Situé en plein bassin occidental de
la Méditerranée, le groupe des *îles Baleáres*, formant une des provinces
du royaume d'Espagne, est la région où se trouve le plus grand nombre
de *Calas*.

La communauté d'origine et les rapports constants que les habitants
de cet archipel entretiennent avec l'Espagne, font que les populations
continentales et insulaires emploient la même expression pour désigner
le même genre d'accident topographique.

Disposé en forme d'arc de cercle allongé du Sud-Ouest au Nord-Est,
entouré d'îlots et de récifs dangereux, cet archipel composé des îles
principales de *Formentera, Iviza, Mallorca* et *Menorca*, forme l'Inten-
dance de Mallorca, chef lieu *Palma*.

a. Les Pityusas. — *Formentera* et *Iviza* ou *Ibiza* constituent le groupe
des *Pityusas; Mallorca* et *Menorca* sont communément désignées sous
le nom de *Baleíres* proprement dites. Les indentures du premier groupe
sont moins nombreuses que celles du second.

b. Côtes de Mallorca. — L'évasement côtier le plus important de l'île
de *Mallorca*, désignée aussi sous le nom de *Grande Baleáre*, est situé
au sud-ouest de l'île : c'est la *badía* ([1]) ou golfe de *Palma*. Ce vaste golfe

---

([1]) *Badia*, synonyme de « baie » est le nom local qui remplace, ici, l'expression
castillane *bahía*.

mesure 2/4 km d'ouverture et plus de 20 km d'enfoncement vers le
Nord. Ses rives intérieures renferment plusieurs *Çalas* et d'autres un peu
plus petites appelées *Caló*. Telles sont : *Cala Figuera, Cala 'dells Bochs,
Caló de Portals, Caló de Nostrà-Dama, Cala Vinas, Cala Mayor; Cala
Nova*, etc.

A l'est de l'île la côte est très escarpée. De nombreuses *Calas* frangent
ce rivage. Les plus importantes qu'on y rencontre en allant du *Cap
Salinas* au *Cap de Pera*, soit sur un parcours de 63 km environ, sont :
Cala secorrada, Cala Santagni, Cala Plonga, Cala Colón, Cala Murada....
La grande *Cala Manacor* ou *Puerto Cristo*, qui leur succède, en allant
vers le Nord, avoisine la grotte célèbre surnommée la *Cueva del Drac*,
au delà de laquelle se trouve la *Cueva*, non moins renommée, de *Artá*
et la *Cala* du même nom.

En partant du *Cap de Pera*, la côte forme un angle vif à l'Ouest-Ouest-
Nord. De profondes échancrures découpent fortement cette lisière
mallorcana jusqu'au *Cap Ferruch*. Cette pointe rocheuse limite, du côté
oriental, l'entrée de la *badia* géminée de *Alcudia* ([1]).

La *Punta del Pinar*, située au Nord-Nord-Est de ce vaste évidement
de la côte, prolonge un éperon rocheux qui sépare en deux demi-cercles
inégaux cette *badia*.

Le plus étendu, celui de l'Est, porte le nom de *Puerto Mayor* ou de
Alcudia; l'autre bordé à l'Est par la *Punta del Pinar*, et à l'Ouest par la
côte de l'*Atalaya* ([2]) *de Alcudia*, que termine, vers la mer, le *Cap Formentor* est connu sous la dénomination de *Puerto menor ó de Pollenza*.

Une particularité intéressante à signaler dans cette région est la
direction des strates de la roche gréseuse sur lesquelles la ville de
Alcudia est construite. En effet, leur inclinaison est dirigée de la mer
vers l'intérieur de l'île. Ce fait géologique démontre irréfutablement
qu'un effondrement partiel de la croûte terrestre a eu lieu, vers l'intérieur du pays et non point du côté de la mer. La cause déterminante
de la formation de la *badia* de *Alcudia*, — comme celle de la *ría* de
Mahón (fig. I), — est donc due à un affaissement du sol dirigé vers la
partie centrale de l'île.

Sur les rives opposées de cette baie spacieuse de *Alcudia* s'ouvrent
plusieurs *Çalas* servant de refuge aux pêcheurs.

Le *cap Formentor*, ceci vient d'être dit, limite d'un côté la *badia de
Pollenza*. Cet éperon rocheux, très long, très étroit, très aride, forme le
prolongement le plus septentrional de l'île de *Mallorca* dans la Méditerranée.

La côte *occidentale de Mallorca*, en partant du *Cap Formentor* se
dirige, presque en ligne droite, au Sud-Ouest, vers le *Cap de la Tramontana* voisin de l'île *Dragonera*.

([1]) Ce nom d'origine arabe, synonyme de « butte », devrait s'écrire *El Coudia*.

([2]) *Atalaya*, « guérite, petite tour placée sur un lieu élevé pour explorer la mer... ».

La bordure très accidentée de ce rivage mesure environ 85 km. Au nord du *Cap de Catalunya* s'ouvrent les *Calas* : *del Boch*, de *San Vicente*, *Extremer*, *del Castell*, etc. Plus au sud la *Caleta de Ariann* précède *El Cingle* (¹) *del Pi*. Viennent ensuite *Cala Cadolar*, *Cala Estets*, la *Calobra* près de laquelle aboutit la gorge grandiose du *Torren de Pareys*. Après le *Cingle de Amet* voici la *Cala de la Mora* et le *Puerto de Sóller* (fig. 2) au delà duquel le *Cap Gros* se prolonge dans la mer.

Parvenue vis-à-vis l'*île Dragonera*, la côte oblique au Sud-Est; on y peut voir *Cala Fornells*, *Cala Blanca*, *Cala Re*, et cette rive occidentale finit à la *Cala Figuera* où commence la grande *Bahia de Palma*.

c. **Côtes de Menorca.** — Un bras de mer, de 37 km de largeur, sépare l'île de Mallorca de celle de Menorca.

L'île de *Menorca* ou *Petite Baleáre*, beaucoup moins étendue que celle de *Mallorca*, occupe le second rang parmi les îles de l'Archipel. Sa partie aérienne est basse, en général, et faiblement accidentée, mais sa bordure périphérique offre des contrastes frappants. Cette asymétrie s'explique : la force dynamique des vagues venant de la haute mer. Celles-ci ne rencontrant pas d'obstacle vers le Nord, se ruent avec une extrême violence contre les falaises septentrionales et les démolissent progressivement.

Mallorca est peut-être un peu plus fertile que *Menorca*, mais, celle-ci possède un port de mer admirable qui compense largement les avantages que l'admirable climat mallorcan procure à la *Grande Baleáre*.

d. **La Ria de Mahón.** — Parmi les entailles nombreuses qui découpent les rives marines de *Menorca*, il faut citer, en première ligne, la *Ria de Mahón* ou *Port-Mahón* (fig. I).

Ce superbe golfe, parfois confondu avec les *Calas*, bien qu'il soit une vraie *ria*, est le plus considérable de l'Archipel. Le *Cap de la Mola* et la *Punta Sant Carlos* en défendent l'entrée. Sa largeur — variant de 300 m à 750 m — est relativement étroite pour sa longueur qui pénètre à plus de 6 km à l'intérieur de l'île.

Comme celle de *Pasájes*, en *Viscaya*, celle de *El Ferrol* (²), en *Galicia*; la *Ria de Mahón* renferme plusieurs *Calas* assez importantes. On y remarque, entre autres : *Cala de los Griegos*, *Cala Taulera* pénétrant d'une centaine de mètres dans sa rive septentrionale; *Cala Jórge* ou *Vinaso*, *Cala Llonga*, la petite *Caló Sant Antonio*, *Cala Ratas*, la *Caleta*, etc. (fig. I).

Vers le fond de la *Ria*, sur la rive opposée où se trouve le *Port* et la *ville de Mahón*, on peut voir *Cala Figuera*, *Calo Figuerola*, *Cala de Fontanellas*, *Cala Corp*, *Cala Fous*, *Cala Perera*, et autres entamures du même genre.

(¹) *Cingle*, *Cinglera*, mot du glossaire géographique catalan, est synonyme de «lieu rocheux, rempli de rochers».

(²) Sur la côte de *Galicia*, les *Calas* portent généralement le nom de *Ensenadas*.

Le golfe de Port-Mahón — avec les dénivellations de son lit tortueux (*fig.* 6) — est donc, indiscutablement, une *ria* dans toute l'acception du mot.

e. Calas littorales. — La côte orientale de *Menorca*, en partant de la *Punta Prima* et allant au *Cap de la Mola* ou *Punta Aspero*, se dirige du Sud au Nord-Est. De ce dernier éperon rocheux au *Cap Cavalleria*, formant le prolongement de l'île le plus avancé du côté du Nord, cette côte prend une orientation Nord-Nord-Ouest. Sa longueur totale est d'environ 63 km.

En longeant ce rivage, depuis la *Punta Prima*, on traverse successivement : Cala *Alcaufú*, *Cala Sant Estevan*, *Punta Sant Carlos* et *Ria de Mahón*, dont il vient d'être question ci-dessus. Après avoir dépassé cette *ria* on voit — au bas des escarpements de *la Mola*, — s'ouvrir plusieurs *Calas* sans importance pour la navigation.

La face nord-est de l'île de Menorca commence à la *Punta Aspero* ou *Cap de Mahón.* Cette face est fortement tourmentée, on y remarque, notamment, le *Puerto de Fornells*, véritable *ria*, étroite d'ouverture, enfonçant sa longue entaille à plus de 5 km à l'intérieur de l'île. La *ria de Fornells* est admirablement abritée. Elle sert de port d'escale ou de refuge à des vaisseaux de tout tonnage. De nombreuses *Calas* accidentent ses rivages.

Le *Cap Cavalleria* forme la pointe extrême de cette île.

Le revers septentrional de *Menorca* développe, de l'Est à l'Ouest, ses sinuosités sur une longueur approximative de 25 km. Les *Calas* : *Torta, Salayrol, Calderet, Beni-Daufa,* et d'autres encore visitées, presque exclusivement, par les pêcheurs.

La côte occidentale, orientée Nord-Nord-Est, Sud-Ouest, comprend deux parties : l'une allant de la *Punta della Sella* au *Cap Bajoli*, l'autre est comprise entre ce dernier promontoire et le *Cap Dartux.*

Le port fortifié de *Ciudadela* s'ouvre sur ce littoral. Les falaises environnantes sont trouées d'excavations profondes, où la mer s'engouffre à grand bruit. Au delà de *Ciudadela*, les inflexions nombreuses du rivage se déroulent vers le Sud.

Au *Cap Dartux* la zone méridionale de l'île décrit une grande ligne courbe, jusqu'à la *Punta Prima*. Cette bordure marine est dentelée par les *Calas* : *Fortuna, San-Saura, Turqueta, Marella,* etc. après quoi on rejoint la *Punta Prima*, d'où nous sommes partis pour contourner, très rapidement, l'île de *Menorca.*

Côtes de Sardaigne. — Située à l'est de l'*Archipel des Baleáres*, l'île de Sardaigne aurait été formée — d'après les géologues, — par la réunion de divers territoires insulaires. En d'autres termes l'île de Sardaigne serait un ancien archipel, dont les différents éléments territoriaux auraient été unis par les atterrissements marins et fluviaux.

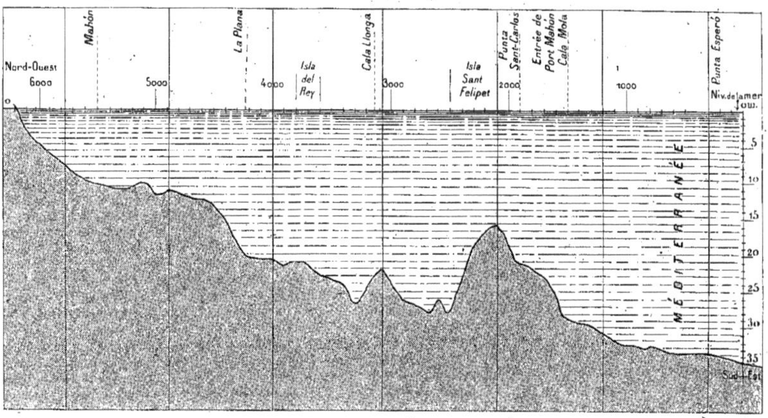

Fig. 6. — *Profil en long de la Ria de Port-Mahón.* (Archipel des Baléares. — Ile de Menorca).

Quoi qu'il en soit de cette hypothèse, la Sardaigne est un pays accidenté, bordé de côtes très abruptes et difficilement abordable du côté de l'Est. Cette île renferme des richesses agricoles et minérales sérieuses. Malheureusement certaines parties du littoral et de l'intérieur de l'île sont remplies de marécages qui rendent le pays malsain.

a. Région méridionale. — Si les *Calas* paraissent moins nombreuses qu'aux *Baléáres*, le littoral sinueux de *Sardaigne* en renferme néanmoins en assez grande quantité.

L'extrémité méridionale de l'île est terminée par une- presqu'île rocheuse, très proéminente, bordée de falaises à pic, et très allongée, portant le nom de *Cap Teulada:*

De chaque côté de ce promontoire sauvage, élevé de 200 m au-dessus des flots, sont évidées de larges échancrures protégées de la haute mer par les grands écueils qui les bordent. A l'*Est*, entre le *Cap Teulada* et la *Punta de Malfatano*, s'ouvre la *Cala-Brigantina*, portant également la dénomination significative de *Porto Secaro*. De l'autre côté de cette presqu'île, dont la largeur ne dépasse guère 150 m, on peut apercevoir la *Cala Aligósta*, la *Cala di Piombo* et la grande *Cala* ou *Golfo di Palmas*.

b. Côte orientale. — En remontant le long de la rive orientale, en partant de la *Punto Malfatano*, on rencontre successivement la *Cala d'Ostüä, Cala Mosca, Cala Caterina, Cala Regina;* jusqu'au *Golfo di Cagliari* vaste demi-cercle qui se développe vers le Nord-Est, entre la *Punta della Savorra* et le *Capo Carbonara*, au fond duquel est bâtie la ville fortifiée de *Cagliari*, capitale de la *Sardaigne.*

A partir du *Capo Carbonara*, cette rive orientale se dirige droit au Nord; à part quelques indentures comme *Cala Pero, Cala Pirastro, Cala di Luna* et les golfes de *Tortoli*, de *Orasei*, etc., jusqu'à la *Punta di Brandinche*, peu d'échancrures entaillent profondément cette côte. En partant de la pointe *Brandinche*, les coupures deviennent plus nombreuses. Celle du *golfo di Terranova* peut être considérée comme une *ría.* D'ici au *Capo della Testa* formant l'extrémité nord de la *Sardaigne*, et, en même temps, l'une des rives du *Détroit de Bonifacio*, la bordure littorale est extrêmement découpée et ses alentours sont parsemés d'îles et d'îlots.

c. Face Nord-Ouest et rive occidentale. — Avec quelques petites *Calas* frangeant les bords, le *Golfo dell Asinara* occupe à lui seul la partie Nord-Nord-Ouest de l'île, sarde.

Selon la loi commune, la bordure occidentale de la *Sardaigne* est beaucoup plus profondément érodée que la bordure opposée. L'île *dell'Asinara* et la *Punta del Falcone* qui fait suite sont très entamées. Les *Calas* de *Porto Faro* et de *Porto Conte* forment des entamures sérieuses. Du *Capo Maragiu* et de la *cala Bósc* au *Golfo di Oristano* les évidements ne sont pas moins nombreux, même à l'intérieur du golfe. Enfin, dans les îles de *Santo-Pietro* et de *Santo-Antioco*, qui touche. au *Golfo di Palmas*, les *Calas* frangent leurs bordure.

Côtes de Corse. — Du nord de la *Sardaigne*, de l'autre côté du *Détroit de Bonifacio* (*fig.* 7), on peut voir les côtes de l'*île de Corse*, par temps clair.

Comme pour la *péninsule Ibérique*, les *Baléares*, la *Sardaigne*, la structure des versants est et ouest de la Corse offrent des différences frap-

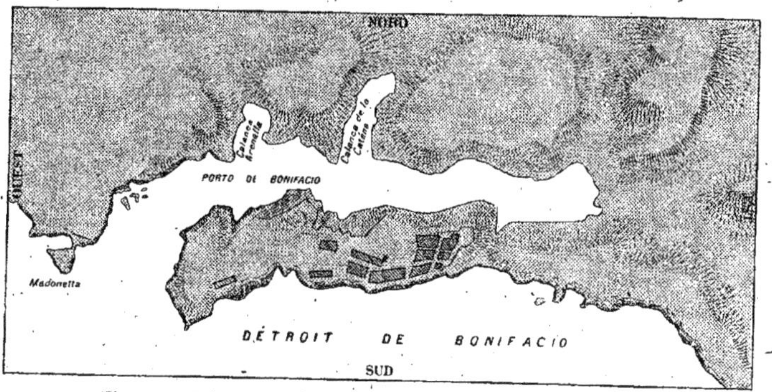

Fig. 7. — *Détroit et Port de Bonifacio* (côté sud de la Corse).
Tour de Bonifacio : latitude 41°23′5″,14 N. ; longitude 6°41′12″,07 E.

pantes. Cette disposition asymétrique des revers opposés de l'île a été dépeinte d'une manière parfaite par S. A. M. le Prince R. Bonaparte (¹). Au point de vue pittoresque, la *Corse* n'est pas moins remarquable que sous le rapport géographique.

Faisant face aux grandes profondeurs du bassin occidental de la Méditerranée, rongée constamment par le déplacement des vagues, la côte Ouest est décharnée jusqu'à la roche nue. Des golfes largement ouverts, entourés pour la plupart de falaises taillées à pic, des petites baies fort nombreuses appelées *Calas*, forment — là comme ailleurs dans le bassin occidental méditerranéen, — les sinuosités profondes de cette rive ouest de la *Corse*.

Contrairement aux dispositions abruptes de ce revers occidental, le versant tourné du côté de la mer *Tyrrhénienne* s'abaisse régulièrement vers la rive orientale.

a. Rive orientale. — Le long de cette rive, — depuis les bouches de Bonifacio, — la côte peut-on dire, est rectiligne et unie. En fait d'échancrure importante, on n'y voit guère — après avoir dépassé la *Punta Sprono* et la *Cala-Longa*, — que le *Golfo de Santa-Manza* — au fond duquel plusieurs cours d'eau débouchent sur une plage sableuse — et celui de *Porto-Vecchio*, situés au Sud-Ouest de l'île et quelque peu enfoncés dans les terres. Le port de *Bastia*, le plus important de la Corse,

(¹) LE PRINCE ROLAND BONAPARTE, *Une Excursion en Corse*, Paris, 1891.

entame faiblement le rivage; c'est le seul où le marin puisse trouver un refuge sûr jusqu'au *Capo-Corso*.

b. Rive occidentale. — Après avoir contourné, de l'Est à l'Ouest, la longue presqu'île formant l'*extrémité septentrionale de la Corse*, on rencontre le grand *Golfe de Saint-Florent* où l'embouchure de l'*Aliso* forme des marécages pestilentiels. Sur la rive occidentale du golfe, s'ouvre la *Cala Fornali* où seules les petites embarcations peuvent trouver un refuge.

La *Punta del Curza* limite le golfe de Saint-Florent au Sud. On double le cap de *Malfaleo* et l'on arrive à la *Marina* ([1]) de *Malfaleo* et à la *Cala* du même nom servant de petit port de pêche.

Plus au Sud s'ouvre la baie sablonneuse de *Calvi* qui est une vraie *Cala*. Ensuite on côtoie l'île de *Gargalo*, formée d'un porphyre rougeâtre que l'on retrouve sur la côte jusqu'au delà du *Golfe de Porto*; puis on traverse la *Cala di Solana*, celle de *Gattaja* et la *Punta Rossa*.

Le *Golfe di Girolota*, situé au sud-est de *Gargalo* n'est, en quelque sorte qu'une portion de ce vaste enfoncement qui porte le nom de *Golfo di Porto*. Le navigateur redoute ces parages inhospitaliers, mais celui qu'émeuvent les beautés sauvages de la nature ne se lasse pas d'admirer les gigantesques falaises de granit rouge qui s'élèvent de toutes parts.

N'est-ce pas ici, en effet que se trouvent les célèbres *Calanche* ([2]) *di Piana*, dont les parois verticales, les rochers démolis et l'aspect fantastique impressionnent.

Le *Capo Rosso* limite, au Sud, le *Golfo di Porto*. La *Cala di Palo*, la *Cala d'Arone*, la *Punta d'Orchine*, la *Cala di Chioni*, etc., précèdent le *Golfo di Sagone*, dont l'ouverture se termine, au Sud, au *Capo di Feno*.

Les *Calas* : *di Fico*, *della Minaccia*, etc., avoisinent les *îles Sanguinaires*. L'isthme *Della Parata*, situé à l'entrée septentrionale du vaste *Golfe d'Ajaccio*, se prolonge, sous les eaux, jusqu'aux *Sanguinaires*.

Au Sud, le *Capo Murato* limite la grande courbure du *Golfo d'Ajaccio*, dont l'ouverture mesure pas loin de 16 km du *Capo Murato* à la *Punta della Parota*. Les rives de cette immense concavité allongée vers le Nord-Est, sont fortement sinueuses. De nombreuses *Calas* servent de refuge aux marins pêcheurs, ou de ports d'escale aux nombreux bateaux qui mettent en communication la *capitale de la Corse* avec les pays d'outre mer.

Entre *Ajaccio* et le *Porto di Valinco* la principale échancrure de la côte se nomme *Cala di Cupabia*, dont les escarpements rocheux élevés pénètrent assez fortement à l'intérieur de l'île. Le grand évasement du *Porto di Val-Valinco* lui succède. On aperçoit entre autres, sur sa rive méridionale, la *Cala di Campo Moro* formant un excellent abri contre les vents du Sud-Ouest.

([1]) Nos cartographes français orthographient *Marine*, ce qui n'a aucun sens. *Marina*, au contraire, est synonyme de « plage ».

([2]) Forme plurielle du mot *Calanca*, qui se prononce *Calanqué*.

Parmi les entamures les plus importantes qui se succèdent ensuite, on remarque le couloir très resserré de la *Cala Aguila;* la *Cala di Ferro* et la *Cala Arana.* L'expression *Cala Conca* paraît être une tautologie,

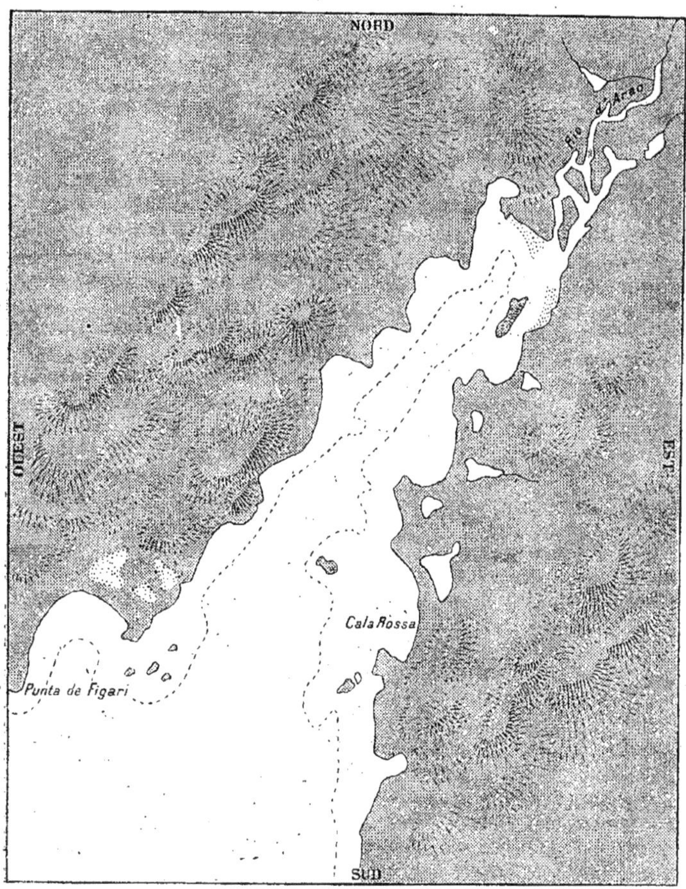

Fig. 8. — *Golfo* ou *Baïa de Figari* (côte occidentale de la Corse)
Tour de Figari : latitude 41°27′47″,6N. ; longitude 6°43′18″,3E.

une *Cala* proprement dite ne se distinguant d'une *conca* que par ses dimensions. La *Cala Longa;* les *Calas : Tizzanot, Mortoli, Roccapina, Fornello, Arbiro, Capinero,* et, enfin, la longue entaille de *Figari (fig.* 8).

Le golfe de *Figari,* dans lequel se jette, notamment, le *rio de Arao,*

peut être considéré comme une vraie *ria*. Au sud-est de cette entaille
s'ouvre la grande baie de *Ventillegne*; la *Cala di Estagnolo*, et, au nord
du *Capo di Feno*, au milieu d'une côte très escarpée, s'enfonce dans l'île
la *Cala Grande*.

Au delà du *Capo di Feno* la côte s'infléchit brusquement vers l'Est,
contourne l'extrémité méridionale des montagnes de la *Trinité* et, finalement, nous ramène au *Détroit de Bonifacio*.

Côte sud de la France. — Les mêmes expressions servent à désigner
les sinuosités semblables des *côtes de Provence*, avec la seule différence
que *Cala* devient *Câlo* (¹), en provençal, et que *Calanca* se transforme
en *Calânco*.

Mais, il ne faut pas confondre *Câla* « sinuosité côtière », avec le verbe
calâ qui signifie « caler, établir, orner, etc. ». Quant au vocable *calânco*,
dont nous allons préciser le sens, ce serait également une erreur de le
substituer au mot *calânca*, celui-ci étant synonyme de l'étoffe en coton
peinte appelée « indienne » en français.

On a voulu faire dériver du provençal *Calenço*, les *termes francisés Calanque* et *Calangue* « petite crique à l'abri d'un promontoire » (²); c'est
une double erreur. L'expression dénaturée *Calanque* est une déformation
de *Calanco* et non point de *Calanço*, cette dernière étant synonyme de
« calme, séjour forcé dans un port... ».

Le vrai nom local, le seul qui devrait être employé par les géographes,
est *Calanco*. Ses augmentatifs et ses diminutifs, dont on peut voir
l'énumération dans *Lou Trésor dóu Felibrige* de l'immortel *Mistral*, sont :
Calancâsso, Calancôlo, Calanquéto.

Malheureusement, des expressions toponymiques estropiées sans raison,
viennent, la plupart du temps, dénaturer les termes expressifs et harmonieux du langage provençal, déshonorant par cela même la nomenclature géographique locale.

Sous ce rapport *Cassini de Thury* et son fils *Jacques-Dominique*,
méritent la première place, comme auteurs « responsables » des trop
nombreuses « héréses toponymiques » qui émaillent la terminologie.
Leur *Grande Carte de France*, commencée en 1744, terminée en 1793,
renferme, en effet, une foule d'expressions baroques. Citons comme
exemple entre mille : le *Roc de déchire Culôtte* (³), situé en avant de la
presqu'île de *Giens*, à l'extrémité sud-est de la *Grande Rade de Toulon*.

Citons encore dans les mêmes parages, le long du revers oriental de la
Rade d'Hières, les dénominations paradoxales de : *Pointe de la Trippe*,

---

(¹) L'accent circonflexe est mis ici sur les voyelles devant être prononcées longues,
C'est l'accent tonique des langues méridionales, qui n'existe plus en français.

(²) *Dic. Géné.* de la langue française, par Hatzfeld et A. Darmesteter, etc.

(³) *Voir* feuille n° 155.

suivie peu après du *Port qui Pisse* (¹), auquel succède immédiatement
la *Calanque des Foirades*, etc. !

Oh !... Massillon !... quel voile de tristesse a dû couvrir ta face de
squelette, en présence de ces expressions malséantes, dénaturant les
noms de lieu de ta petite Patrie ! (²).

On conviendra sans peine que ce sont là de singulières dénominations
topographiques. Malheureusement, sinon pour celles-ci, du moins pour
beaucoup d'autres, que l'on devrait scrupuleusement vérifier avant de
les reproduire, la plupart des cartographes n'y regardent pas de si près,
lorsqu'il s'agit de toponymie.

C'est pour cette raison, sans doute, qu'on trouve fidèlement reproduits,
depuis les *Cassini*, dans les Atlas et autres Ouvrages classiques, des noms
de lieu tels que : *Calanque du Grand-Beau*, *Calanque du Petit-Beau*,
toutes les deux situées au sud-ouest de *Toulon* et au nord-est du *Cap
de la Vielle-Garde* (sic), promontoire appelé dans le pays *Cap de Notre-
Dame de la Garde*.

Ainsi orthographiés, ces noms de lieu sont les caricatures pitoyables
des véritables dénominations locales : *Calanco dôu Grand-Bâou*, *Calanco
dôu Pichot-Bâou*. Ces expressions, *non défigurées* font image; elles signifient « baie du Grand-Rocher » et « baie du Petit-Rocher ».

Par suite de cette coutume déplorable de transcription et de « franci-
sation » à outrance des noms locaux, on a vu *Bâou-Baïsso*, transformé
successivement en *Bou-Baisse*, puis en *Beau-Bèsse*, et finalement revêtir
la forme cocasse de *Bobèche* ! ! !

Malgré la dégénérescence des noms locaux, nous retrouvons encore
sur la *côte de Provence*, en partant du *Cap Méjan* : les *câlos* et les *Calâncos*
de *Sainte-Croix*, de *Sausset*, du *Petit-Nid*, du *Grand-Nid* ou mieux de
Boumandariel, etc. Et, plus loin, vers *Marseille*, les *Calâncos de Niolon*,
de la *Veste de Saumati*, de *Martin*, ..., mais il faut dépasser l'admirable
Port de Marseille pour rencontrer les *câlos* et *calâncos* à l'aspect grandiose
et délabré de *Sormiou*, de *Morgiou*, de *Port-Miou*, etc.

Dans la *Grande Rade de Toulon*, s'ouvre à l'est du *Cap Brun* la *Câlo
Méjean* et celle de *Garonne*.

Aux environs de la *Rade d'Hyères*, on remarque plusieurs *Calos*, entre
autres celle de la *Courtade*. A partir de la pointe Blanche et du *Cap
Bénat* formant l'extrémité sud de la *Rade de Bormes*, la côte est dentelée
par plusieurs *Calâncos*. La *Câlo de Pampelonne* précède le *Cap de la
Moulte* et la Rade de *Saint-Tropez* à l'entrée de laquelle, à gauche, on
aperçoit un assez grand enfoncement dont j'ignore le nom.

La côte se déroule ensuite, du *Golfe de Fréjus* à la plage de *Cannes*,

---

(¹) *Port qui Pisse*, est une erreur grossière, mise à la place de *Calanco dôu
Porc Espin* (Porc-épic).

(²) Ce prédicateur célèbre, né à *Hyères*, le 24 juin 1663, mourut le 18 septembre
1742.

à travers les écroulements des grès et de porphyre rouges qui donnent
à ces régions ensoleillées un caractère de très grande beauté. La baie
de la *Napoule*, le *golfe Jouan*, celui de *Nice* et la rade de *Villefranche*,
nous amènent à *Monaco* et à la frontière italienne.

Côtes d'Italie. — Pour ne pas différer la conclusion de la présente
Notice, nous passerons très rapidement le long de la côte italienne, bien
que le mot *Cála* et celui de *Calánca* y soient très employés. De *Bordi-
ghera* au *Capo Piombino*, autrement dit le long de l'immense courbure
du *Golfo di Genova* (Gênes), qui contourne la *Mer Ligurienne*, le rivage
est élevé et assez découpé. Au sud de ce golfe, bien que les enfoncements
soient encore prononcés, la côte s'abaisse et devient sablonneuse jusqu'au
environs des golfes de *Gaëta* et de *Naples*.

La bordure orientale de la *Mer Tyrrhénienne*, du Cap *Piombino* au
Détroit de Messina, est protégée en général, contre les vents d'Ouest et
l'action désagrégeante des vagues, par l'*île d'Elbe*, les territoires insulaires
de *Corse*, de *Sardaigne* et les petites îles qu'avoisinent le littoral occidental et méridional de l'*Italie*.

Au Nord-Ouest de *Civita-Vecchia* on trouve *Cála di Forno*, *Cála Grande*,
Cála Piatti. Sur les rives du golfe de *Naples*, *Cála Tor*, *Cála Mitigliano*
où aboutit le câble télégraphique de *Capri*. Au *Détroit de Messina Cála
Fetente*. Aux îles *Lipari* le littoral est frangé par plusieurs *Cálas*. En
Sicile l'extrémité-occidentale du *Golfo di Barcellona* est limité par la
pointe escarpée de *Cála Ava*. La *Cála Felice* forme la partie méridionale
du golfe de *Palerme*, plus loin on rencontre la *Cála di Acqua-Santa*, etc.
On peut encore citer dans les îles et le *Canal de Sicile*, *Cála Pozzola*,
Cála Piscina, *Cála Francesa*, etc.

Nous trouvons également dans les *îles Mallaises ; Cála Iscucini*, *Cála
Menc-el-Baham*, *Cála Maggiore*, *Cála Tas-Selendi*, *Cála Dueira*, *Calánca
Tal-Patriet*, *Cála Ta-Lihfar*, *Cála Zgheiro*, *Cála Frana*, etc.

Côte septentrionale du Maroc. — Nous ne citerons ici que pour
mémoire les *Calàs* de la côte nord du *Maroc*, cette appellation géographique ayant été importée par les étrangers sur la côte d'Afrique.

C'est ainsi que l'on trouve sur le littoral de *Tetouan*, d'abord *Cala
Sachal*, *Cala Madraga* ou *Almadraga*, *Cala Vina*, *Cala de-los-Álamos*,
Cala Mudjahidina, etc.

Et, sur la *côte du Rif* : *Cala des Roches-Noires*, *Cala de-los-Traidors*,
Cala Mostaza, etc.

La *Cala Azanem*, dont le nom véritable est *Marsa Azanem*, est célèbre
parmi les pirates du Rif. Ici prend naissance le revers occidental de la
grande presqu'île du *Djebel Guelaya* (fig. 9) terminée, vers le Nord, par
le *Ras Ouarek* si malencontreusement mué en *Cabo de las Tres-Forcas*,
par les Espagnols et affublé du nom de *Cap des Trois-Fourches* par
nos compatriotes.

Au nombre des enfoncements côtiers du versant oriental de ce promontoire, on remarque *Cala del Peñon Hendido*, *Cala Bercala Blanca*, *Cala Murillo*... et, enfin, l'éperon sur lequel les Espagnols ont bâti

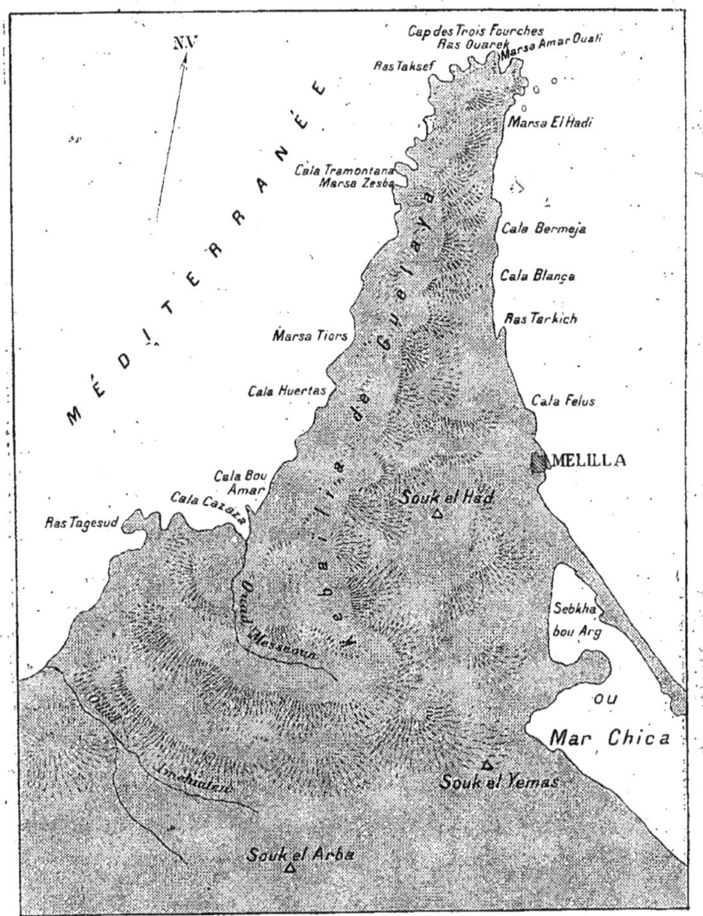

Fig. 9. — *Ras Ouarek ou Cap des Trois Fourches.*
Promontoire de la Kabailia de Gouelaya (côte septentrionale du Maroc).

leur *presidio fortifié de Melilla*. Ce versant oriental fait partie du vaste golfe qui s'étend du *Ras Ouarek* à la frontière d'*Algérie*.

Conclusions. — En résumant ce qui précède, on peut voir que l'aire de dispersion du mot *Cala* s'étend sur toutes les côtes du bassin occidental de la Méditerranée et qu'elle déborde même dans le bassin de l'Atlantique, puisqu'on retrouve ce nom caractéristique, d'un côté jusqu'aux environs de *Cádiz*, et de l'autre sur la *côte des Basques*, à *Pasàjes* par exemple, à *San-Sebastián* (fig. 10), à *Bilbao*, etc., où il se présente plus particulièrement sous la forme de *Conca* ou de *Concha*.

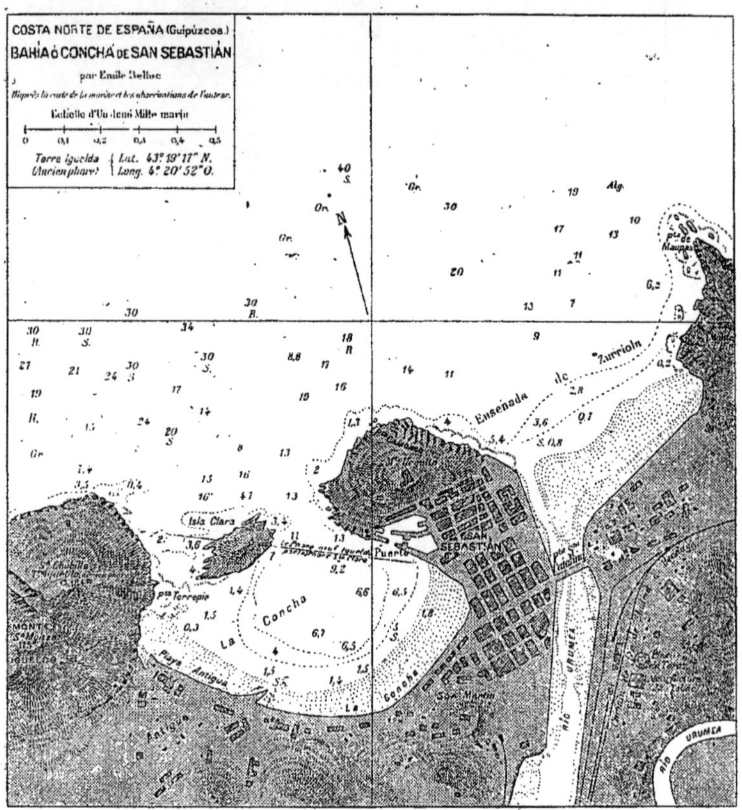

Fig. 10. — *Bahía et Concha de San Sebastián* (côte nord de l'Espagne. — Guipúzcoa).

En demeurant au-dessous de la vérité, on peut donc évaluer à plus de 4000 km, la longueur des côtes sur lesquelles le mot *Cala* et ses variantes dialectales sont répandues. Ceci nous amène à conclure à la conservation, dans la nomenclature géographique, de ce vocable caractéristique et de ses dérivés, non altérés dans leur forme orthographique originelle, par des transcriptions incorrectes.

M. le Géneral DOLOT,

Président de la Section tunisienne
de la Société de Géographie commerciale de Paris.

BIZERTE TÊTE DE LIGNE DE LA TUNISIE.

387.5 (611-Bizerte)

27 Mars.

La Tunisie, vous allez vous en convaincre par vous même, — rien ne vaut la leçon de choses — est heureusement douée de tout ce que recherchent la plupart des touristes : climat privilégié, sites pittoresques admirablement éclairés par un soleil radieux, oasis incomparables, ruines romaines aussi nombreuses qu'imposantes, musées présentant aujourd'hui des collections uniques au monde. Tout cela desservi par un réseau très complet de routes et de voies ferrées.

Il ne manque à la Tunisie que d'être reliée convenablement à la Métropole.

Le touriste veut voyager vite et confortablement.

Alors qu'Alger est admirablement desservi, à côté de vieux bateaux hors d'âge aussi dépourvus de confort que de vitesse, Tunis ne dispose que d'un rapide le *Carthage* et encore ce bateau lui a-t-il été enlevé plusieurs fois déjà, sous le prétexte des difficultés d'accès résultant des défauts de largeur et de profondeur du canal.

Le service du *Carthage* fût-il régulier, il serait encore insuffisant, et il y aurait grand intérêt à modifier son itinéraire.

Le touriste, je vous le disais, veut voyager vite. Beaucoup redoutent le mal de mer, et, dans l'étude du programme d'un voyage, comparent soigneusement le nombre des heures de mer que leur feront subir les divers itinéraires.

A ce point de vue, Alger l'emporte considérablement sur Tunis. Qu'en résulte-t-il ? Quantité de voyageurs, débarqués à Alger, poussent jusqu'à Biskra et reviennent sur leurs pas se rembarquer à Alger, sans visiter la Tunisie, dans la crainte d'une traversée relativement longue et assurément inconfortable. Quelques heures gagnées rapprocheraient la traversée de Tunisie de celle d'Algérie.

Que les rapides de Marseille abordent à Bizerte, on gagnerait 5 heures, la traversée peut se faire en 20 ou 22 heures. Le nombre des touristes augmenterait considérablement, et la Compagnie transatlantique, qui prétend perdre de l'argent avec le *Carthage*, ferait des recettes rémunératrices et n'aurait plus à craindre de fausser ses hélices ou d'échouer dans un canal insuffisant.

Le port en eau profonde de Bizerte fournirait toutes facilités d'accostage aussi bien au *Carthage* qu'aux bateaux de plus fort tonnage qu'il y a lieu de prévoir.

La nature, aidée par le travail des hommes, a fait de Bizerte la tête de ligne naturelle des communications avec Marseille.

A ce sujet, je ne puis m'empêcher de comparer la situation respective de Tunis et de Bizerte, à celle du Havre et de Brest.

Il y a une quarantaine d'années, peu de temps après la guerre, j'étais alors Capitaine à Brest, je me rappelle des efforts faits, pour y créer un port de commerce et y établir notamment la tête de ligne des paquebots d'Amérique. Mais, Le Havre sut conserver sa situation acquise : le port de commerce de Brest ne reçut qu'une extension fort modeste, et tel je le revis il y a quelques années.

Mais, voici qu'une nouvelle campagne s'ouvre en faveur de « Brest-Transatlantique ».

Dans une Conférence fort intéressante, publiée dans le dernier bulletin mensuel (de février 1913) de la Société de Géographie commerciale de Paris, M. Claude-Casimir Perrier expose les raisons majeures qui militent en faveur de la création à Brest du vaste port en eau profonde, qu'exigent

« les énormes paquebots, que la clientèle transatlantique réclame, que l'intensité de la circulation impose aux Compagnies de navigation, et que nos lignes sont seules à ne pas construire, parce que les dimensions exiguës de nos ports le leur interdisent ».

Port de vitesse, comme les pays européens en ont successivement créés pour leur Marine transatlantique, port d'intérêt national ne cherchant pas à concurrencer un port normand, ou un port charentais, ou autre, mais port français.

Toutes proportions gardées, la plupart des arguments produits en faveur de Brest sont applicables à Bizerte. En effet, si l'on a pu dire, l'an dernier, à l'ouverture du Congrès des Travaux publics que la France est l'avant-port de l'Europe, et, si ce que la France est à l'Europe, Brest l'est à la France, il est manifeste que ce que Brest doit être à la France pour les services transatlantiques, Bizerte doit l'être à la Tunisie pour les services transméditerranéens. Une grosse différence toutefois existe entre les questions soulevées à Brest et à Bizerte, c'est que Brest transatlantique demande 20 millions pour construire les quais nécessaires en eau profonde, et que Bizerte transméditérranéen ne demande pas un sou, mais seulement l'intervention efficace du Gouvernement, dans les conventions postales méditerranéennes, qui sont actuellement renouvelées tous les 6 mois par tacite reconduction, et qu'il conviendrait de rétablir sur de nouvelles bases.

La Société tunisienne des hôteliers, restaurateurs et commerçants, bien placée pour recueillir les réclamations du public, en apprécier le bien fondé, sentir les conséquences de l'état de choses actuel, et y chercher remède, réclame à cor et à cri un deuxième service rapide reliant directement Bizerte à Marseille.

De la bonne volonté de la Compagnie transatlantique il n'y a rien à attendre : elle considère la Tunisie comme une charge et concentre ses ressources et ses efforts sur Alger. La Compagnie de navigation mixte paraît au contraire mieux comprendre que ses intérêt sonts liés à ceux de la Tunisie, mais ne peut pas avant plusieurs mois mettre en service un nouveau grand bateau, qui lui permettrait de concurrencer sérieusement la Compagnie transatlantique.

Renonçant à obtenir une satisfaction amiable au mois de décembre dernier, la Société des hôteliers s'est adressée aux pouvoirs publics.

Les représentants de ces derniers en Tunisie ont reconnu le bien fondé de leur demande et transmis leur réquête avec un avis favorable extrêmement précieux pour la cause, au Sous-Secrétaire d'État des Postes et Télégraphes, où suivant la formule classique, elle fera l'objet « d'un examen approfondi ».

Mais, le principe du régime actuel est que le Gouvernement conforme ses actes à l'opinion publique.

Comment se manifeste cette opinion ?

Par la voix des Corps élus, et par la Presse.

La Chambre de commerce de Bizerte ne pouvait qu'appuyer la proposition de Bizerte tête de ligne, bien qu'il ne soit pas douteux qu'aucun touriste ne séjournera dans cette ville; tous prendront le train-paquebot, ou inversement, après avoir acheté tout au plus quelques cartes postales ! La Chambre de commerce d'Alger appuie également, en reconnaissant la solidarité des intérêts de l'Algérie et de la Tunisie. La Compagnie Bône-Guelma est également favorable au projet. Mais, à la Chambre de commerce de Tunis, les susceptibilités locales se sont émues.

Si un certain nombre de membres, et non des moindres, ont su comprendre que l'escale des grands bateaux à Bizerte ne détournerait quoi que ce soit au profit de cette dernière ville et au détriment de Tunis, tandis que les facilités données au mouvement des touristes ne pourraient qu'être très favorables, non pas seulement aux hôteliers, mais à tout le commerce tunisien, la majorité a vu rouge, comme toutes les fois qu'on lui parle du port de Bizerte, dont la valeur intrinsèque et la situation géographique lui apparaissent toujours comme une menace permanente pour Tunis.

Cette majorité a cru opportun de profiter de cette circonstance, pour renouveler ses demandes relatives à l'amélioration du port de Tunis et de son canal d'accès. Elle n'ignore pas que la situation budgétaire ne permet pas de consacrer en ce moment à cette amélioration les millions que coûterait ce travail de longue haleine, et, néanmoins, elle n'admet pas que, même provisoirement, en attendant l'exécution de ces travaux, Bizerte reçoive les bateaux de fort tonnage. Telles sont les passions aveugles locales qui, depuis 15 ans, n'ont pas cessé de soulever Tunis contre Bizerte.

Je ne reviendrais pas sur ces luttes passées, dans lesquelles la majorité tunisienne a écrasé la minorité bizertine, en lui enlevant les éléments de trafic qui lui revenaient logiquement, si l'intérêt de la France n'avait pas eu à en souffrir. En détournant sur Tunis les phosphates et minerais, qui auraient dû se diriger sur Bizerte, on a retardé de plusieurs années la création des dépôts de charbon qui auraient pu être si utiles à notre marine.

Comme les enfants gâtés, auxquels on demande ce qu'ils veulent, Tunis a toujours dit : « J'en veux trop. » Et les Services publics ont si bien donné satisfaction à ces exigences qu'un jour vint où l'encombrement du port de Tunis força à porter des minerais à La Goulette, non sans détriment encore pour la défense nationale.

Il convient, d'autre part, d'ajouter que, si le service postal comportait à l'avenir un grand bateau reliant Marseille à Bizerte, ce bateau devrait, comme le bateau actuel du vendredi, pousser jusqu'à Tunis, où l'appellerait la majeure partie de son trafic; donc aucun détriment pour Tunis, qui n'aurait au contraire qu'à recueillir tous les avantages résultant de l'accroissement assuré du nombre des touristes.

Il est permis d'espérer qu'un nouvel appel à la Chambre de commerce de Tunis amènerait cette Compagnie à une plus juste appréciation de ses propres intérêts.

Quant à la Presse, les journaux locaux, placés dans une situation délicate, se sont généralement bornés à reproduire les vœux, les déclarations, protestations et ripostes des uns et des autres, sans accuser les coups; leur action ne saurait, d'ailleurs, valoir celle de leurs confrères métropolitains, lorsqu'il s'agit d'agir sur les Ministres.

Aux essais qui furent tentés de ce côté, pour l'ouverture d'une campagne, un correspondant très averti répondit :

« Vous êtes un syndicat, c'est-à-dire que vous représentez un intérêt privé, et les journaux ont pour principe que la publicité est une marchandise qui se paye. »

On m'assure qu'il est des journaux influents, où une campagne comportant une dizaine de bons articles est cotée de 5000 fr à 6000 fr, et il faut s'adresser à plusieurs, car l'« Opinion » n'est soit-disant manifestée que par la multiplicité et la simultanéité des articles.

J'aime à croire qu'il y a là tout au moins quelque exagération. En tout cas, on ne saurait admettre qu'il s'agisse là simplement « d'intérêts privés ».

A côté des hôteliers, qui ont pris l'initiative d'agir, il y a tout le commerce, non seulement de Tunis, mais de toute la Tunisie qui est grandement intéressé.

Il conviendrait, d'ailleurs, que l'Assemblée générale des Présidents des

Chambres d'agriculture, des Chambres de commerce et des Chambres mixtes de la Régence, fasse entendre sa voix à ce sujet.

En attendant, j'ai pensé qu'il appartenait à la Section tunisienne de la Société de Géographie commerciale, dont j'ai l'honneur d'être Président, de profiter de ces grandes assises de l'Association française pour l'Avancement des Sciences, pour appeler l'attention de la véritable opinion publique, sur cette question d'un intérêt capital pour la Tunisie.

M. V. REMY,

Sous-Intendant militaire en retraite, Avocat, Bizerte.

BIZERTE PORT FRANC.

382.3 (611 Bizerte)

27 *Mars.*

Au point de vue de l'établissement d'un port franc, la Tunisie présente deux avantages :

1° Étant un pays neuf et essentiellement agricole, elle n'a encore qu'une industrie peu développée.

2° Elle possède un tarif de douanes très simple.

On sait que la franchise d'un port suscite la création, dans sa zone franche, de nombreuses industries, en raison du bon marché des matières premières qui y entrent, sans avoir à acquitter de droits de douane. Ces industries fabriquant à meilleur compte que celles du territoire, feront à celles-ci une concurrence redoutable; d'où protestations fondées de ces dernières. On sera alors amené, comme l'a fait le projet de loi de M. Trouillot, Ministre du Commerce (déposé à la Chambre en 1903 et qui n'est pas encore venu en discussion , à proscrire l'établissement d'industries dans la zone franche, c'est-à-dire à renoncer à l'un des principaux avantages qu'entraîne la création d'un port franc.

En Tunisie, où l'industrie à l'intérieur est encore peu développée, un pareil danger n'est pas à redouter.

Voyons maintenant la facilité résultant pour la création d'un port franc, de ce que la Tunisie possède un tarif douanier très simple, et pour cela considérons le port sous l'un de ses deux aspects, celui d'*instrument d'échange entre l'étranger et le territoire*. La franchise du port développera cette fonction. Pourquoi ? D'abord parce que les marchandises étant entrées en franchise et ayant été débarrassées dans le port franc des emballages et des matières étrangères (sel dans les salaisons, pierres et grains défectueux dans les graines, etc.), toutes choses qui auraient payé le droit à l'entrée dans le port douanier, ce sera seulement la partie utile de la marchandise importée que le droit de douane frappera à sa sortie du port franc pour entrer sur le territoire.

Ensuite, parce que la suppression dans le port franc des formalités de douane, qui, dans les ports douaniers absorbent le plus clair du temps de l'importateur, permettront à celui-ci d'assumer à la fois le rôle d'importateur et celui de marchand en gros, d'où suppression d'un intermédiaire. On sait que chaque intermédiaire met sur sa facture son profit commercial calculé sur le prix de la marchandise, augmenté du droit de douane qu'elle a payé. Supposons une marchandise coûtant 100 fr, ayant payé un droit de douane de 5 fr, revenant à 105 fr à l'importateur; le profit commercial de celui-ci, supposé de 10 %, sera de 10,50 fr. Entrant par le port douanier la marchandise reviendra à 105 + 10,50 = 115,50 fr; entrant par le port franc elle ne reviendra qu'à 105 fr, grâce à la suppression de l'intermédiaire du marchand en gros.

Mais, ces avantages pour la consommation intérieure ne se produiront qu'autant que les marchandises sortant du port franc ne seront pas frappées à leur entrée sur le territoire d'un droit supérieur à celui qu'elles auraient acquitté en y entrant par le port douanier. Or, ce résultat ne peut être atteint dans un pays (comme la France ou l'Algérie par exemple) ayant un tarif de douane qui frappe un même produit, selon son origine, de droits très différents. En France, il y a le tarif général, ou tarif maximum; il y a le tarif minimum applicable aux pays avec lesquels la France a des traités de commerce; il y a des tarifs spéciaux applicables aux produits de certaines provenances (nos diverses colonies, Algérie, Tunisie, Corse); enfin chacun des droits divers dont peut être frappée une même marchandise est encore susceptible d'être modifiée par l'adjonction d'une surtaxe d'origine ou d'entrepôt.

Or toutes les marchandises étant entrées dans le port franc sans acquitter aucun droit, quel sera le droit à exiger d'une marchandise déterminée à sa sortie de port franc, pour entrer sur le territoire douanier ? Pour le savoir il aurait fallu la faire suivre par la douane dans l'intérieur du port franc, dès son entrée et jusqu'à sa sortie; mais c'est chose impraticable, puisque le port franc est par essence un port soustrait à l'ingérence de la douane. On est alors amené, pour ne pas léser le Trésor, à appliquer sans distinction à toute marchandise, entrant du port franc sur le territoire douanier, le droit le plus élevé, c'est-à-dire le droit de tarif maximum, augmenté de la surtaxe d'entrepôt. C'était, d'ailleurs, ce qu'édictait le projet de loi Trouillot, cité déjà plus haut. Mais, c'est supprimer en fait l'une des deux fonctions du port franc, celle d'instrument d'échange entre le territoire et l'étranger.

En Tunisie cette difficulté n'existe pas, car la Tunisie (sauf pour les céréales et quelques produits français) n'a qu'un tarif de douane unique, sans distinction d'origine.

Ainsi, au point de vue du port franc considéré comme *instrument d'échange* entre le territoire et l'étranger, toutes les objections, toutes les difficultés que soulèverait en France ou en Algérie la création d'un port franc, n'existent pas pour la Tunisie.

Reste à envisager le port franc sous son autre aspect, celui de *port de transit, d'instrument d'échange entre les nations*, de point où les marchandises arrivent de tous les pays pour s'y entreposer, s'y manutentionner, s'y transformer et partir de là à la conquête de nouveaux marchés. A ce point de vue, la réussite et la prospérité d'un port franc dépendent de deux facteurs : — flotte commerciale — situation géographique.

D'abord, si ce port est dans une situation excentrique par rapport aux grandes lignes de navigation commerciale, il lui faut une flotte de commerce puissante qui puisse le mettre en relations avec les pays d'outremer; c'est le cas des ports francs de Copenhague, Brême, Hambourg, Trieste.

Ensuite, à défaut d'anciennes habitudes commerciales qui lui aient créé une spécialisation (car tous les grands ports se spécialisent; ils ne sauraient être un marché mondial, pour une infinité de produits), il lui faut une situation géographique qui le mette à portée des produits dont il trafiquera spécialement. Comme exemples de ces spécialisations résultant d'anciennes traditions commerciales, on peut citer Hambourg pour les denrées coloniales, Liverpool pour les cotons, Le Havre pour les cafés.

Comme exemples de spécialisations dues à la situation géographique, on peut citer : Copenhague, qui n'est devenu un grand entrepôt de céréales que parce qu'il est sur la route des blés de Dantzig, gagnant les marchés de l'Europe occidentale — Anvers, qui est devenu le grand entrepôt des bois du Nord parce qu'il est à proximité des forêts de la Norvège — Marseille, qui est un grand marché d'huiles parce qu'il est au centre des pays consommateurs d'huile et producteurs d'olives.

Étudions maintenant la situation de la Tunisie au point de vue des deux facteurs que nous venons d'analyser : — nécessité d'une flotte commerciale — situation géographique.

La Tunisie n'est pas comme Copenhague, Hambourg, ou Trieste, dans une situation excentrique par rapport aux grandes lignes commerciales maritimes; elle est au contraire tangente à l'une des plus importantes de ces routes : en effet, tous les navires venant de l'Atlantique pour gagner le bassin oriental de la Méditerranée, l'Adriatique, l'Archipel, la mer Noire et l'extrême Orient par le canal de Suez, passent en vue de ses côtes; et elle n'aurait qu'à leur ouvrir largement un de ses ports pour entrer en relations avec tous les pays du monde sans avoir à se créer une flotte spéciale et par conséquent sans bourse délier.

Reste à envisager la situation géographique de la Tunisie : elle est au centre ou à proximité de pays où se cultivent l'olivier et la vigne; le port franc qu'on y créerait serait donc tout désigné pour devenir un grand marché pour les vins et les huiles; elle est aussi sur la route des

blés de la mer Noire et de la Hongrie gagnant l'Europe occidentale;
le port franc pourrait donc devenir, à l'exemple de Copenhague et pour
la même raison, un grand entrepôt de céréales.

Il semble qu'un port franc créé en Tunisie serait susceptible d'un rapide
essor. Voici, à ce sujet, un fait significatif : il y a une dizaine d'années,
la création d'un port franc à Bizerte avait été mise en avant; bien que
la chose eût fait peu de bruit, on vit à Bizerte des négociants des ports
francs de Brême et de Hambourg venus à la découverte pour examiner
la possibilité d'installer leurs industries dans le futur port franc; quand
ils virent que la question n'était pas sortie du domaine de la spéculation,
ils s'en retournèrent; mais, leur geste est significatif et démontre qu'il y
aurait tout de suite, dans un port franc créé en Tunisie, un apport d'industries, de capacités et de capitaux.

Ainsi, à tous les points de vue, la Tunisie semble bien être, pour la
création d'un port franc, la terre d'élection.

Reste à savoir en quel point de la Tunisie il faudrait créer ce port
franc. Tout commande de le créer à Bizerte. Pourquoi ? D'abord le port
franc constitue une richesse; toute richesse est pour l'ennemi un objet
de convoitise et par cela même un danger pour celui qui la possède. La
richesse constituée par un port franc devra donc être mise à l'abri des
atteintes de l'ennemi; et cette condition ne peut être mieux réalisée
qu'à Bizerte place forte.

En second lieu, si la Tunisie est tangente à la grande route commerciale
allant de Gibraltar au fond de la Méditerranée, c'est Bizerte qui est le
point de tangence. En effet, tous les navires suivant cette route viennent
reconnaître le cap Blanc qui est à 5 km de Bizerte; et le sémaphore,
perché au sommet du cap, signale quotidiennement une soixantaine de
navires passant en vue de la côte. Tunis, qui est le port le plus rapproché
de cette route, en est encore à 5 ou 6 heures pour un vapeur.

Actuellement, un port ne peut avoir d'avenir qu'autant qu'il est
adapté aux conditions nouvelles de la marine marchande (navires
d'énorme tonnage, de grande longueur, de fort tirant d'eau, exigeant
que les opérations d'accostage, de chargement, de déchargement se
fassent avec le maximum de facilité et le minimum de temps). Qu'à
Bizerte on place le port franc au port en construction, dans la baie de
Sebra, auquel on accède par le canal large de 240 m, creusé à 10 m,
cette adaptation est réalisée; que si, pour ne pas se heurter à des difficultés de contact avec la marine établie à l'extrémité du canal, on décide
de créer un port franc de toutes pièces sur le front de mer, on pourra
adapter ce port comme profondeur, étendue et aménagements aux conditions nouvelles de la navigation. Cette adaptation serait impossible
dans les autres ports de la Régence, déjà en exercice.

Notons encore que pour créer un port franc, il ne suffit pas d'avoir des
bassins; il faut autour de ces bassins de vastes espaces pour l'installation des entrepôts et des industries qui se créeront autour du port franc;

d'où nécessité de pouvoir acquérir de vastes terrains non bâtis. Cette

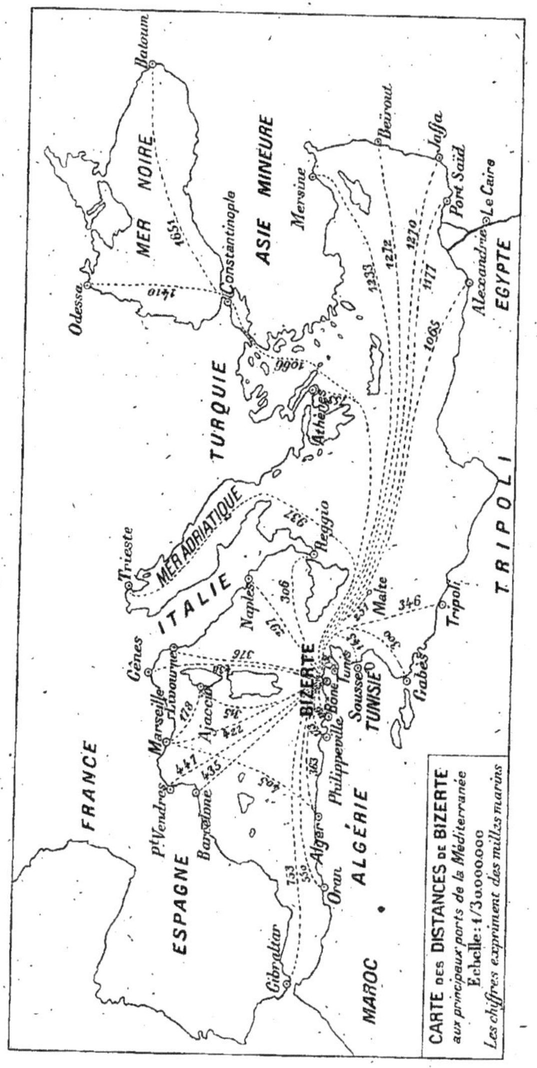

condition est remplie à Bizerte.

Au point de vue de la défense nationale, il ne serait pas indifférent que l'autorité militaire pût avoir à sa disposition, pour la défense de Bizerte, les approvisionnements accumulés dans un port franc (Copenhague possède des silos contenant 220 000 tonnes de céréales, de quoi nourrir la population du Danemark pendant 4 mois).

Enfin Bizerte est d'un accès facile pour les navires de tout tonnage; il est facilement reconnaissable le jour par l'aspect général de la côte et la nuit par ses deux phares du Ras Engelah et de l'île Cani; il possède un avant port de 86 ha, creusé à 10 m, où par les plus gros temps les navires trouvent un abri sûr. Mais surtout Bizerte a une situation géographique privilégiée, commandant les deux bassins occidental et oriental de la Méditerranée, le mettant en relations faciles avec tous les ports méditerranéens.

De tout ce qui précède il faut conclure que si la Tunisie se prête merveilleusement à l'établissement d'un port franc, c'est à Bizerte que ce port franc devra être créé.

M. Arnaud GALLUT,

(Compagnie du Port de Bizerte).

LE PORT DE BIZERTE.

387.1 (611-Bizerte)

27 Mars.

Au moment où toutes les grandes puissances de l'Europe cherchent à consolider ou à renforcer leur situation dans le bassin de la Méditerranée, nous ne pouvons qu'être satisfaits que par une coïncidence heureuse, votre Association tienne, cette année, son Congrès en Tunisie, ce qui lui permettra de constater l'effort considérable que la France a su réaliser dans ce beau pays, et à ce point de vue, le port de Bizerte doit retenir toute notre attention.

I. Bizerte, l'ancienne Hippo-Zaritus des Romains, la Benzert des Arabes, était réputée, il y a quelques siècles, comme l'un des meilleurs ports de la côte barbaresque; mais son importance a été continuellement en diminuant par suite de l'ensablement de son entrée et du petit chenal qui la faisait communiquer avec le grand lac d'eau salée.

Aussi, lorsqu'en 1885, la Marine nationale décida d'y établir un poste de torpilleurs, il fallut effectuer de nombreux dragages pour permettre en tout temps l'accès de ce petit port aux navires calant 3 m; malgré ces travaux, la barre se reformant toujours à l'entrée, il fut décidé que la petite jetée qui abritait cette entrée serait prolongée jusqu'à 250 m en mer.

MM. Hersent, Couvreux et Lesueur qui, depuis 1883, avaient étudié la question du port de Bizerte furent chargés de l'exécution de ce travail.

Ces travaux permirent à ces entrepreneurs d'établir un projet pour l'établissement à Bizerte, d'un port de commerce et d'un port de guerre, sur lesquels la Direction générale des Travaux publics de Tunisie et le Ministère de la Marine française avaient des idées arrêtées.

Ce projet différait peu de celui établi par la Direction générale des Travaux publics de la Régence, ces deux projets furent résumés en un seul, comportant :

1° Le creusement à travers la plage, d'un canal à la profondeur uniforme de 9 m, au-dessous des plus basses eaux, entre la mer et le grand lac salé de Bizerte, ayant une longueur d'environ 1500 m avec 100 m de largeur à la surface et 64 m au plafond.

2° L'établissement d'un avant-port de 100 ha de superficie compris entre deux jetées; l'une dirigée à peu près Ouest-Est, de 1000 m de longueur, l'autre à peu près Sud-Nord, ayant également 1000 m de longueur, laissant entre elles une passe d'au moins 400 m, placée normalement au prolongement de l'axe du canal.

3° L'établissement de quais, estacades dans le canal, avec terre-pleins en bordure, et installations de toute nature nécessaires pour permettre aux navires de faire leurs opérations commerciales.

Après de nombreuses négociations, le Gouvernement tunisien concéda en 1889, à MM. Hersent et A. Couvreux, le droit exclusif de construire et d'exploiter, à Bizerte, un port commercial susceptible de recevoir des navires à grand tirant d'eau; cette concession fut transférée ultérieurement et conformément aux stipulations du contrat de concession, à une Société exclusivement française.

La concession de ce port à une Société privée a permis à l'État français de masquer ses projets de transformation de la position de Bizerte en un port militaire de premier ordre ; la création de ce port militaire préconisée, depuis 1881, par l'amiral Aube, ne pouvait être entreprise par l'État français qu'après celle du port de commerce, en raison des obstacles diplomatiques qu'il fallait auparavant aplanir.

Les travaux du nouveau port de Bizerte furent poussés rapidement et dès le 1er juillet 1895, il fut ouvert officiellement au commerce.

II. En 1897, l'État français estima que les obstacles diplomatiques qui s'opposaient à la création d'un grand port de guerre à Bizerte étaient suffisamment aplanis et il entreprit la construction de l'arsenal de Sidi-Abdallah, situé au fond du lac de Bizerte à 15 km environ du port de Bizerte

Nous ne dirons rien de cet arsenal, si ce n'est que son créateur, le regretté amiral Ponty, y a consacré toute son intelligence et toute son activité, pour en faire un arsenal de premier ordre, comportant toutes les améliorations que la science actuelle pouvait mettre à sa disposition.

Cet arsenal, avec ses bassins de radoub, est outillé d'une manière toute moderne, et il ne reste plus qu'à lui donner toute l'activité nécessaire pour justifier les lourds sacrifices que la France s'est imposée pour sa création. Peu de choses resterait à faire pour tirer tout le profit utile de cet arsenal remarquable. L'arsenal construit, il fallait chercher les meilleures dispositions à prendre pour empêcher éventuellement son accès par mer aux navires ennemis. Une Commission nautique instituée, en 1899, arrêta dans ce but les dispositions suivantes :

1° Prolongement de la jetée Nord sur une longueur de 100 m environ.

2° Construction d'un môle de 610 m de longueur, entre le nouveau musoir de la jetée Nord et celui de la jetée Est, pour créer deux passes, l'une au Nord, de 320 m d'ouverture, l'autre au Sud de 680 m.

3° Élargissement de 100 m à 200 m, du canal faisant comuniquer l'avant-port avec le lac de Bizerte, et approfondissement de ce canal de 9 m à 10 m.

Ces travaux entièrement achevés à l'heure actuelle, furent confiés à la Compagnie du port de Bizerte qui, pour leur exécution s'est substitué MM. Hersent.

III. La Marine se rend déjà compte de l'urgence qu'il y a de compléter le programme de travaux décidés en 1899, pour le mettre en harmonie avec le développement de notre Marine nationale : la profondeur d'eau de 10 m existant dans l'avant-port, le canal et le chenal conduisant à travers le lac de Bizerte à l'arsenal de Sidi-Abdallah qui était suffisante, à cette époque, ne l'est plus de nos jours. Pour faciliter l'évolution de nos dreadnoughts actuels, et permettre l'accès de notre grand arsenal militaire aux super-dreadnoughts en construction, la profondeur d'eau doit être portée au moins à 12 m.

D'ailleurs, l'Amirauté s'est déjà préoccupée de cette situation, et imitant en cela ce qui se fait notamment en Angleterre, elle fait procéder à l'approfondissement à 11 m du port de Cherbourg, et se propose de porter à 12 m la profondeur de l'avant-port de Toulon. En outre, le nouveau bassin de radoub de Sidi-Abdallah, que la Marine vient d'adjuger en octobre dernier doit avoir 250 m de longueur, 40 m de largeur, et 12 m. de profondeur, ce qui laisse bien supposer qu'il est destiné à recevoir les plus grosses unités de notre flotte. Il n'y a donc pas de temps à perdre pour approfondir à 12 m l'avant-port et le canal conduisant à l'arsenal, si l'on veut utiliser ce nouveau bassin, lorsqu'il sera achevé.

Une autre question intéresse vivement, depuis quelques années, la Marine : c'est le transfert dans la baie de Sébra du port de commerce établi sur les deux rives du canal. En effet, les navires de guerre et surtout les grosses unités dont le gouvernail n'est pas assez sensible, doivent pour assurer leur direction, franchir le canal à une vitesse d'environ 10 nœuds, alors que le Règlement du port de Bizerte prévoit que cette vitesse ne peut dépasser 5 nœuds. Le passage en vitesse, dans le canal, de ces navires produit des remous qui gênent considérablement les opérations com-

merciales des voiliers et vapeurs accostés aux quais et appontements
des deux rives du canal et qui occasionnent même des avaries à ces
navires et aux berges du canal. Cette situation constitue un danger,
non seulement pour le port de commerce, mais aussi pour la sécurité
des navires de guerre eux-mêmes.

Dans l'éventualité de l'évacuation complète du port de commerce
établi dans le canal, des travaux importants, déjà fort avancés, sont en
cours d'exécution dans la baie de Sébra.

IV. Les Congressistes qui ont visité Bizerte ont pu admirer les
vastes proportions de l'avant-port et du canal, ainsi que les quais et
aménagements permettant aux navires modernes un accostage et des
opérations faciles. Mais ils ont été cruellement déçus en constatant que
les navires font défaut dans le port et que les vastes terre-pleins sont
vides de marchandises. Ils n'ont trouvé, en effet, qu'un port au trafic
insignifiant, puisqu'il atteint à peine 100 000 tonnes par an, pour les
marchandises importées et exportées, et une ville est tracée pour un
grand développement qui est restée stationnaire, donnant très nettement
l'impression qu'après un moment d'expansion et de confiance, la
période de découragement est venue..

Loin de nous, toute idée de faire une polémique ou de présenter des
récriminations à ce sujet, ce n'est pas le but de notre Congrès, et nous
ne devons faire état de cette situation que pour en rechercher les causes
et les éviter si possible, à l'avenir.

Un port est, en effet, l'organe indispensable entre la mer et la terre,
entre le navire et le chemin de fer. Or, si Bizerte du côté de la mer était
largement dotée, il n'en était pas de même du côté de la terre. Seul, le
chemin de fer Bizerte-Tunis existait-il, depuis 1894, mais l'attraction
de Tunis bien supérieure à celle de Bizerte, avait pour résultat de drainer
tout le trafic vers la capitale. Réduit à un interland extrêmement limité,
à des transports qui ne pouvaient s'effectuer que par routes, comment
le port de commerce aurait-il pu se développer ? Et cependant, la
Marine a fait des travaux considérables pour faire de Bizerte un point
d'appui de la flotte, tandis que la Guerre établissait tous les ouvrages
nécessaires pour la défense du front de mer.

Faut-il, comme on l'a prétendu parfois, conclure de la stagnation du
trafic du port de Bizerte, qu'un port de commerce ne peut vivre à côté
d'un port de guerre. Cette incompatibilité n'existe pas, car à Cherbourg, nous avons à côté du port de guerre, un port de commerce qui,
en tant que port d'escale des navires de la Hambourg-Américan Line,
qui fait le service de l'Amérique du Nord, se développe au point de
tenir le deuxième rang après Marseille comme tonnage. En Angleterre,
nous trouvons, à Douvres, installés dans la même rade, un port de
commerce et un port de guerre.

Le port de commerce de Bizerte se trouve, d'ailleurs, dans une situation unique au monde, puisqu'il est situé à 15 km du port militaire,

dont il est séparé par un grand lac d'eau salée de plus de 12 000 ha
de superficie. A Bizerte. le port de commerce et le port militaire se
complètent l'un l'autre, étant tous deux issus de la même pensée créa-
trice; le premier devant fournir tous les approvisionnements généraux
nécessaires à la vitalité du port de guerre, et ce dernier devant assurer
la protection des navires de commerce.

De l'avis des personnalités les plus compétentes de la Marine, il faut
un port de commerce prospère à Bizerte, car dès la première menace
de conflit, les communications avec la Métropole seront coupées et
Bizerte devra vivre de ses propres ressources, pendant toute la durée
de la guerre.

V. L'amiral Ponty, qui a contribué à la création de notre grand arsenal
africain, ayant eu à traiter de l'approvisionnement en charbon que devait
posséder Bizerte, a formulé son opinion en ces termes :

« Bizerte doit avoir le même approvisionnement que Malte, c'est-à-dire
200 000 à 300 000 tonnes de charbon, parce que personne ne sait ce que pourra
durer une guerre navale en Méditerranée. »

Cette opinion est, d'ailleurs, partagée par l'unanimité des amiraux qui
ont eu à s'occuper de cette question.

Ce stock important de charbon reconnu indispensable à la vitalité
et au fonctionnement du port et de l'arsenal militaire de Bizerte, peut
être constitué de deux manières :

La première consiste dans l'achat direct de cet approvisionnement
sur le budget de la Marine : en évaluant à 35 fr la tonne le prix du charbon
rendu à Bizerte, sur parc de la Marine, c'est une dépense de 7 à 10 millions de francs à prévoir : à cette immobilisation d'un capital considérable, s'ajoute un autre inconvénient très grave, résidant dans ce que le
charbon exposé à la température élevée et aux grands vents qui règnent
à Bizerte, perd rapidement jusqu'à un tiers de ses qualités calorifiques.

La deuxième manière consiste à laisser le soin au commerce local de
constituer ce stock de 200 000 à 300 000 tonnes de charbon; elle épargne
à la Marine, un capital de premier établissement considérable, et un
intérêt annuel important, et permet de renouveler constamment le stock
disponible de charbon qui n'a pas ainsi le temps de perdre de ses qualités
calorifiques. La Marine pourra réquisitionner, dès l'ouverture des hosti-
lités dans la Marine, tous les stocks de charbon existants dans le port de
Bizerte.

Mais, pour permettre à l'initiative privée de créer, à Bizerte, des
dépôts importants de charbons, il est indispensable que le charbon
puisse arriver à Bizerte avec le minimum de frais, résultat qu'on obtiendrait facilement si l'on pouvait assurer aux navires apportant ce charbon,
un frêt de retour important en minerai de fer. Si cette condition était
remplie, la prospérité du port charbonnier serait assurée, car une grosse
partie des navires qui passent en vue de Bizerte et qui vont se ravitailler

à Malte en charbon, en eau potable et en vivres frais, délaisserait ce port
pour Bizerte qui offre un accès facile et une grande sécurité pour les
navires qui peuvent y effectuer toutes leurs opérations avec célérité
et économie. Si l'existence d'un fret de retour n'amène pas infailible-
ment la création d'un courant commercial à l'entrée, il n'en est pas moins
certain que l'existence de ce fret de retour est une très grosse facilité
donnée aux courants d'entrée qui ont tendance à se produire efficacement pour produire un abaissement de fret à l'entrée.

La création d'un gros courant de sortie, par le port de Bizerte, s'impose
donc si l'on veut obtenir à l'entrée le courant commercial indispensable
à la vitalité de notre grand port militaire.

Cette nécessité a été parfaitement reconnue par le Gouvernement, qui,
en mars 1909, demandait dans l'intérêt supérieur de la Défense nationale,
qu'une partie des minerais de fer de l'Ouenza et du Bou Khadra soit
dirigée sur le Port de Bizerte.

Il appartient au Parlement de donner satisfaction sur ce point à la
Défense nationale, afin, comme le disait M. Barthou, Ministre des Travaux publics dans le Cabinet de 1909 :

1º De créer et entretenir, dans des conditions particulièrement favorables,
les considérables approvisionnements indispensables à notre grand arsenal de
Bizerte, en fournissant aux navires de commerce qui les apporteront, un fret
de retour important de minerais de fer ;

2º De réaliser sans charge nouvelle, pour le budget de la Défense nationale,
une nouvelle jonction entre les réseaux ferrés algériens et tunisiens.

En prenant le port de Bizerte comme sujet de ce Mémoire, j'ai
essayé de démontrer au Congrès la beauté et l'utilité de l'œuvre accomplie par le Gouvernement tunisien et le Gouvernement français, avec
la participation d'une Société privée. Cette œuvre, qui a déjà demandé
plus de 23 ans et coûté plus de 150 millions de francs, reste encore à
parachever, si l'on veut réellement en tirer un profit en proportion avec
les lourds sacrifices que se sont imposés la France et la Tunisie. Peu de
choses restent à faire pour que Bizerte devienne un point d'appui de
notre flotte digne de ce nom, et capable de jouer le rôle important que
lui assigne sa situation merveilleuse dans le bassin de la Méditerranée.

Un certain nombre de conclusions se dégagent de cette étude et s'il
nous était possible d'émettre des vœux dans ce Congrès, nous vous
demanderions d'appuyer de toute votre autorité les suivants :

1º Que l'on organise le port de Bizerte de manière qu'il puisse servir
de base auxiliaire pour l'armée navale de la Méditerranée, qu'il soit
approfondi de 10 m à 12 m et que le port de commerce, établi actuellement sur les deux rives du canal, soit transféré dans la baie de Sébra.

2º Que dans l'intérêt suprême de la Défense nationale, une partie des
minerais de fer de l'Ouenza, et du Bou Khadra soit dirigée sur le port
de Bizerte, afin de permettre d'y créer et d'y entretenir dans des con-

ditions particulièrement favorables les considérables approvisionnements indispensables à la vitalité de notre grand arsenal africain, et de favoriser l'établissement de hauts-fourneaux à proximité de cet arsenal. Qu'à cet effet, la ligne Bizerte-Mateur-Béjà-Nebeur soit prolongée, dès maintenant, de 80 km environ, pour aboutir à l'Ouenza.

3° Que le port de Bizerte soit pris, temporairement tout au moins, comme tête de ligne des Services rapides de la Méditerranée, afin d'amener un développement au tourisme en Tunisie et de permettre la distribution avec une avance appréciable du courrier venant de France.

M. le Général DOLOT.

ADDUCTION DES EAUX DE LA MEDJERDAH DANS LE LAC SEDJOUMI.

G28.113.1 (611—Medjerdah)

27 *Mars.*

Si, des deux éléments indispensables à la vie de l'homme, des animaux et des plantes, l'eau et le soleil, la Nature est prodigue pour la Tunisie, en ce qui concerne le dernier, elle se montre, par contre, très parcimonieuse d'eau, et la distribution du peu qu'elle nous donne répond rarement aux besoins de notre organisation sociale.

Les Romains, nos prédécesseurs et nos maîtres en colonisation, ont construit ici barrages et aqueducs, avec l'ampleur qu'ils mettaient en toutes choses.

Dans cet ordre d'idées, le progrès, que nous avons la prétention d'apporter avec nous, est loin de s'être manifesté. Si, en peu d'années, les Travaux publics ont affirmé ce progrès, en dotant la Régence d'un réseau incomparable de voies de terre et de fer, l'hydraulique a été quelque peu délaissée.

En dehors des puits artésiens du Sud, et des aqueducs d'alimentation de Sousse et de Sfax, qu'a-t-on fait dans la région Nord ? Aux sources de Zaghouan on a joint celles du Bargou, qui sont loin d'avoir donné ce qu'on en attendait. Puis on vient de doubler, par une canalisation en fonte, le vieil aqueduc, simple mesure de précaution, exigée par l'état de ce dernier. Cette canalisation qui n'a pas coûté moins de 2 millions et demi, n'a pas augmenté les ressources de Tunis et de sa banlieue, pendant la saison d'été, où l'eau fait tout particulièrement défaut; l'ancien aqueduc suffisait, en effet à l'adduction du débit des sources en été, qui atteint à peine 14 000 m³ par jour, cube notoirement insuffisant pour une population, qui ne dispose ainsi que de 5o à 6o litres par jour et par habitant.

Pendant la saison d'hiver, on perd, encore journellement, environ 10 000 m³., soit, chaque année, plus de 1 million et demi de mètres cubes, qui font grandement défaut à Tunis.

Quant aux cours d'eau, on n'en a rien tiré. Il n'y a pas à parler de l'oued Miliane, qui est parfois à sec en été. Mais, à une vingtaine de kilomètres de Tunis, la Medjerdah roule d'énormes quantités d'eau, qui vont s'écouler inutilement à la mer. Au cours de sa mission en Tunisie, M. l'ingénieur en chef Imbeaux a fait ressortir combien il est fâcheux de perdre ainsi un débit de 2 000 à 3 000 litres par seconde, qui seraient susceptibles d'irriguer de 10 000 à 18 000 ha.

Il y a 20 ans déjà, dés 1893, la Résidence générale demanda aux Travaux publics :

« 1º D'examiner s'il ne serait pas possible d'amener à Tunis, et dans les environs, les eaux de la Medjerdah.

» 2º D'établir un devis approximatif de la dépense qu'occasiannerait ce travail.

» 3º De faire connaître son avis sur la possibilité de confier cette entreprise à un syndicat, et sur les bénéfices, que celui-ci trouverait à réaliser. »

Le 6 septembre 1893, les Travaux publics présentèrent une étude, supposant l'établissement d'une prise d'eau, près du pont de chemin de fer à Djedeida, vers la cote 13, et d'une usine élévatoire, envoyant l'eau, par une canalisation suivant les mouvements du sol, à la cote 3o, à la porte de Tunis, pour en alimenter la partie basse.

L'adduction, par une conduite de o,4o, au moyen d'une usine de 16o chevaux, de 10o litres à la seconde, uniquement pour les services publics, était évaluée à 1 200 000 fr, et conduisait à un prix de revient de o,o48 fr le mètre cube, sans les canalisations urbaines.

En élevant le débit à 5oo litres, on n'arrivait à abaisser le prix qu'à o,o35, tout en laissant de côté l'importance question du débourbage.

On concluait que, pour couvrir les frais de l'exploitation, il aurait fallu vendre l'eau d'irrigation o,o6 fr, tarif trop élevé pour cet objet, et que, par suite :

« il y avait quasi impossibilité de réaliser l'affaire sans garantie de l'État ».

D'autre part, on faisait ressortir que :

« en dehors des boues et bactéries, qu'elle renferme, et dont on peut se débarrasser, l'eau de la Medjerdah est trop chargée en sels, pour être admise, comme eau potable à Tunis. On ne peut donc l'envisager que comme eau de seconde qualité, exigeant une distribution spéciale, et comme eau d'irrigation. »

Toutefois les études sur la Medjerdah se poursuivirent avec autant de sagacité, que de ténacité, pendant plusieurs années. Un très grand nombre d'observations furent recueillies sur son régime hydrométrique, l'époque la rapidité, l'importance de ses crues, les matières en suspension et la composition chimique de ses eaux, qui varie notablement avec les saisons, par suite de l'influence des crues.

D'autre part, les expériences de culture maraîchère, conduites par le Directeur des plantations de Tunis, ont établi que, convenablement décantée, l'eau de la Medjerdah convient aux primeurs, même aux haricots; son emploi, tout particulièrement indiqué pour les terrains sablonneux, permettrait de déterminer en Tunisie un mouvement d'exportation de primeurs.

Bref, grâce à M. l'ingénieur Porché, on sait exactement ce que peut donner la Medjerdah, comme quantité et comme qualité. Mais, l'Administration ne rechercha pas d'avantage à tirer parti de ces résultats, et sembla porter de préférence son attention sur les sources de la région de Béjà, dont l'adduction à Tunis exigerait des dépenses considérables, eu égard à la distance à franchir, qui est de plus de 100 km à vol d'oiseau, sans donner d'ailleurs aucune satisfaction à la culture. Et cependant, sans parler de la ville de Tunis, qui, à défaut d'eau de source, serait heureuse de voir assurer les services publics, par de l'eau de seconde qualité, ce qui augmenterait d'autant sa dotation en eau potable, la banlieue aride, réclame de l'eau pour la culture maraîchère, qui a peine à satisfaire les besoins locaux.

Dans un rayon de 4 à 5 km, plus de 3000 puits, qui, avec leurs accessoirés, ont certainement coûté plus de 6 millions, alimentent péniblement les jardins, qui, pendant 9 mois de l'année, et souvent plus, exigent un arrosage continu.

L'augmentation constante du nombre de ces puits, jointe à l'évaporation résultant de la culture intensive, épuise la nappe souterraine, qui, au cours des dernières années, a baissé considérablement. Quantité de puits, naguère utilisés, sont à sec toute l'année, ou vidés par quelques heures de puisage.

La situation déjà précaire aujourd'hui, menace de devenir inquiétante à bref délai. *Tunis serait affamé, en même tempe qu'assoiffé.*

D'une enquête restreinte, il résulte que 400 propriétaires, possédant environ 1200 ha, s'engagent à prendre 25 m³ par hectare, soit déjà 30 000 m³ par jour. Les irrigations qui peuvent s'étendre sur plus de 6000 ha, arriveraient rapidement à consommer 40 millions de mètres cubes par an.

De pareils besoins devaient susciter une solution.

La question de l'utilisation des eaux de la Medjerdah fut reprise, sous une forme nouvelle, par M. Minier, qui s'y attacha, avec l'acharnement d'un apôtre, et présenta aux Travaux publics, le 6 juin 1906, un projet ayant pour but d'amener, par simple gravitation, dans le réservoir naturel, que forme le lac Sedjoumi, 60 millions de mètres cubes prélevés pendant la saison favorable à Djedeida, décantés, et enfin élevés, de manière à être distribués par un réseau de canalisations, dans toute la banlieue de Tunis.

Les cotes respectives, du plan d'eau, qui peut être obtenu à Djedeida, et du fond du lac étant de 21 et de 8,50, la chose est matériellement possible.

Cette idée séduisante réunit facilement un groupe d'actionnaires; ils constituèrent une Société d'études, qui en poursuit aujourd'hui la réalisation, en suivant les lignes générales suivantes :

Les études précitées des Travaux publics ont établi que, si en été la Medjerdah débite à peine 200 000 m³ par jour et descend même parfois au-dessous de 100 000, si ses eaux sont alors très chargées en sel de chaux et de magnésie, si, par contre, en hiver des crues très rapides peuvent amener un débit 500 fois plus fort, d'eau beaucoup moins chargée en sels, mais entraînant une énorme quantité de matières solides, et même d'herbes, de branches et de troncs d'arbres, du moins on peut compter sur trois mois de l'année, pendant lesquels le cube débité est assez abondant, pour qu'on y puisse faire les prélèvements nécessaires, et la teneur en sels, qui n'est que de 1,2 g, n'atteindrait à la fin de l'été, par évaporation dans le réservoir projeté, que le chiffre de 1,6 g compatible avec toutes les cultures à prévoir.

C'est donc pendant ces mois favorables que, sans léser les riverains concessionnaires d'eau d'irrigation en été, seraient faits les prélèvements d'eau nécessaires pour constituer l'approvisionnement annuel.

Sans léser davantage les riverains d'amont, on établirait un barrage tenant les eaux à la cote 21, qu'atteignent la plupart des crues, ce qui permettrait de tenir à son niveau maximum le niveau de la prise.

Construit sur un seuil rocheux, immédiatement au-dessous du barrage actuel, le nouveau, pourvu de vannes du système Stoney, présentant sur 81 m de longueur, 60 m d'ouverture totale, offrant ainsi un débouché bien supérieur au débouché actuel, permettrait à l'annonce d'une crue, de rendre libre le cours de la rivière, au bout de 2 heures de travail et avec l'aide de deux hommes seulement.

Le canal d'amenée creusé à ciel ouvert, sur la moitié environ de son parcours de 19,400 km, présenterait sur une profondeur de 3 m, une section curviligne de 19 m³, revêtue d'un enduit en ciment armé, pour éviter les érosions et réduire le frottement, ce qui est important, eu égard à sa faible pente de 0,17 m par kilomètre.

Le seuil à franchir, atteignant la cote 30, exige la construction d'un tunnel. Des sondages assez nombreux ont permis de s'assurer qu'on ne rencontrerait aucune difficulté, pour traverser un terrain argilo-calcaire avec couches de tuf sans grande dureté. Un forage circulaire de 2,40 m de diamètre serait facilement exécuté avec une machine du Colonel Beaumont et les parois seraient revêtues en ciment armé. Pour réduire la section autant que possible, on a porté la pente à 0,50 m par kilomètre, dans toute cette partie souterraine. En dehors de ce tunnel, le seul ouvrage d'art à exécuter serait un pont-canal, en ciment armé, de 23 m de longueur, dont 5 arches de 3 m d'ouverture, pour franchir l'oued Chafrou.

La condition primordiale de réalisation de ce projet est l'imperméabilité du sol du lac Sedjoumi. Pour s'en assurer d'une façon certaine, les Travaux publics ont bien voulu faire établir sur le sol du lac un cylindre en ciment armé, susceptible de recevoir de l'eau sur 4 m de hauteur, et, à côté une cuve témoin, à fond cimenté. Ces expériences, entreprises au mois de juillet dernier, ont permis de constater qu'il n'y a aucune déperdition par infiltration, et, comme conséquence de l'imperméabilité, la dissolution du sel contenu dans le sol argileux ne s'étend qu'à la couche tout à fait superficielle. Or, avant d'amener dans le lac les eaux de la Medjerdah, il faut se débarrasser des eaux de ruissellement, en partie saumâtres, qui le couvrent chaque hiver; il suffira, pour cela, de rétablir et de compléter un ancien canal d'assèchement, le reliant au lac Bahira, enfin d'établir un fossé circulaire déversant les eaux sauvages dans ce canal.

Ces travaux, étant faits dès le début de l'entreprise, permettraient aux eaux pluviales de deux hivers consécutifs de dessaler automatiquement la couche superficielle.

L'établissement du réservoir n'exigera que la construction de digues en terre soigneusement corroyée, s'élevant à une hauteur de 5 m, et tracées de manière à envelopper 1500 ha, soit moitié environ de la surface du lac, permettant d'emmagasiner, sur 4 m de hauteur, une provision de 60 millions de mètres cubes. Si la nécessité en était reconnue ultérieurement, des revêtements partiels en perré seraient exécutés sur les points où des affouillements seraient produits par les vagues de ce petit lac artificiel.

Les eaux de la Medjerdah renfermant, pendant la saison des pluies, environ 2 % de matières solides, il est prévu un bassin de décantation de 50 hectares (2800 m sur 180 m), dans lequel, l'eau, cheminant à la faible vitesse de 0,012 par seconde se débarrasserait entièrement de toutes matières terreuses.

Un dispositif particulier est d'ailleurs projeté pour brasser ensuite les dépôts sédimentaires avec une quantité d'eau convenable, pour que l'écoulement en puisse être effectué, au moyen d'un siphon qui répandra les boues sur les 1500 ha du lac non occupés par le réservoir, colmatant ainsi 100 ha à 150 ha par an. En opérant par tranches successives, la majeure partie de ces 1500 hectares pourrait être mise en culture maraîchère des plus rémunératrice, eu égard aux facilités d'irrigation.

Une usine élévatoire de 500 chevaux, construite sur les hauteurs voisines, à la Rapta, serait susceptible d'élever 60 000 m³ à la cote 34, et 40 000 m³ à la cote 24, soit en tout 100 000 m³ à distribuer par jour.

On se propose de livrer cette eau aux conditions ci-après :

Abonnements de 1 m³ à 10 m³ par jour...   0,10 le m³
       »   10 à 50 m³   »   ... 0,05 »
       »   plus de 50 m³   »   ... 0,03 »

Il résulte de cet exposé que l'exécution matérielle du projet Minier ne saurait présenter aucune difficulté. La question financière est seule sujette à discussion.

Les études, faites jusqu'à ce jour, permettent d'évaluer les frais de premier établissement à une somme inférieure à 10 millions. L'intérêt de la somme engagée et les frais d'exploitation pourraient s'élever à 800 000 fr.

Si, dans les premières années, on doit s'attendre à un déficit, il n'est pas douteux qu'une fois déterminé le mouvement d'exportation des primeurs, l'entreprise devienne rémunératrice, en même temps qu'en résultera un notable accroissement de la richesse publique générale.

Cette dernière considération doit conduire le Gouvernement à prêter son concours efficace à la réalisation de ce projet, en consentant même, s'il le fallait, une garantie d'intérêt à la Compagnie concessionnaire. Cette charge ne lui pèserait pas longtemps, et le remboursement pourrait en être prévu. Toutefois, en vue de faciliter l'obtention de ce concours, de la part du Gouvernement, co-intéressé dans la régie des eaux de Zaghouan, on a proposé dernièrement de greffer, sur le projet Minier, un projet pour l'utilisation des eaux de Zaghouan perdues en hiver.

Profitant des travaux à faire dans le lac pour y recevoir les eaux de la Medjerdah, on pourrait, à peu de frais, prélever, sur le grand réservoir, de 1500 ha, un compartiment de 50 ha, où serait emmagasinée, pendant l'hiver, l'eau de Zaghouan non consommée. Des calculs établis à ce sujet et présentés aux Travaux publics et aux membres de la Conférence consultative, il résulte que la consommation journalière actuelle en eau de Zaghouan, qui est de 14 500 m³, pourrait être portée à 17 000 m³ en hiver et à 18 000 m³ en été. Elle s'augmenterait ensuite de tout le cube, qui serait remplacé par les eaux de seconde qualité de la Medjerdah, le jour de la construction, qui s'imposera à bref délai, d'une nouvelle canalisation urbaine, qui permettra d'utiliser le réseau actuel pour les eaux de seconde qualité. Cette double solution assurerait, à tous les points de vue, l'avenir de Tunis et de sa banlieue.

M. R. LEGOUEZ,

Ingénieur en chef des Ponts et Chaussées.

LE CHEMIN DE FER TRANSAFRICAIN.

625.11 (6)

24 *Mars.*

La Section de Géographie du Congrès a mis à son ordre du jour *Les chemins de fer Transafricains*. La question est sous cette forme posée sous son véritable jour. En effet, lorsque les colonies africaines ont commencé à se développer, on a successivement construit des lignes de pénétration et de conquête, qui, partant de la côte, ont permis l'extension de ces colonies en profondeur. Tout autour de l'Afrique, on trouve un grand nombre de ces voies ferrées.

A cette époque, qui est déjà le passé, nul ne songeait à la possibilité de souder entre eux ces divers tronçons. Il en est résulté une construction, très variée comme largeur de voie, type de matériel et comme capacité de transport

Les événements ont été beaucoup plus vite qu'on ne l'avait supposé, et, en un nombre d'année extraordinairement faible, les explorateurs ont parcouru, occupé l'Afrique toute entière.

De ces explorations est résulté tout d'abord la nécessité de souder ces tronçons de chemins de fer encore épars, mais, surtout on a constaté que c'était précisément au centre du continent africain que l'on pouvait espérer trouver les plus grandes richesses. La Rodhésia, avec ses mines d'or, a été la découverte d'hier, le Katanga, avec ses minerais de cuivre et ses mines de charbon, est la découverte d'aujourd'hui.

Immédiatement, on a senti la nécessité de relier ces régions entre elles et surtout de les rattacher par la voie la plus courte aux métropoles européennes. L'Angleterre, la première, a envisagé la construction du chemin de fer du Cap au Caire. L'Allemagne poursuit l'idée de relier son Afrique-Occidentale à son Afrique-Orientale, à travers le Congo belge, en passant à proximité du Katanga.

Ces voies transafricaines se heurtent encore à des difficultés techniques et diplomatiques qui en retardent l'exécution, et cela est fort heureux pour la France, qui possède, dans son Afrique du Nord, la véritable tête de ligne de la grande artère transafricaine, dont la nécessité s'impose. C'est ainsi que tout le monde en France a été amené à reprendre les études du chemin de fer Transaharien considéré primitivement comme un chemin de fer de conquête et de pénétration, et qui, avouons-le, à ce point de vue, aurait entraîné à des dépenses hors de proportion pour le résultat à en espérer. M. André Berthelot, ancien Député de Paris, s'est fait l'apôtre de cette conception nouvelle et a pu réunir les concours nécessaires pour l'étudier. Ces études vont permettre de dresser un avant-projet assez fouillé pour servir de base à la conception financière, qui en assurera l'exécution.

Les tracés du chemin de fer Transafricain français ont été nombreux et les partisans de chacun d'eux les ont défendu avec une louable énergie; mais, aujourd'hui, la question se présente sous une face nouvelle.

Un de ces tracés a été l'objet d'une étude complète sur le terrain, qui permet de déterminer, avec une approximation largement suffisante les conditions de son établissement, et le montant des capitaux à engager pour son exécution. Tant que des études analogues n'auront pas été exécutées pour d'autres tracés, il y a là une supériorité incontestable et l'on comprend aisément que celui-là seul puisse jusqu'à nouvel ordre être envisagé.

Ce tracé, dans ses grandes lignes, part du Sud-Algérien, parcourt les oasis du Touât et du Tidikelt, vient longer le flanc ouest du grand massif Aahggar, et de là gagne la région soudanaise. Il a, d'ailleurs, quelques qualités qui lui sont propres et que l'on doit souligner.

Tout d'abord, au point de vue des intérêts français, il y a une importance capitale à relier à l'Algérie les importants réservoirs des populations guerrières, pépinière de l'armée noire, qui habitent la boucle du Niger : énoncer ce besoin, c'est dire qu'un tracé le plus occidental possible s'impose, à un autre point de vue; si l'on examine la limite des régions désertiques, on reconnaît que si dans ces grandes lignes, elle est tracée suivant des parallèles, en fait elle n'est pas en ligne droite; de même qu'il y a des caps d'ergs sableuses qui s'étendent bien loin au Nord et au Sud, il y a aussi des golfes de régions cultivées qui mordent sur le désert; il est tout naturel pour réduire au minimum la longueur de la traversée de la zone désertique de profiter de ces golfes; cette conception est exactement la même que celle qui consiste, pour franchir une montagne, à gagner un col, en suivant les vallées qui y conduisent.

Le tracé occidental utilise deux de ces golfes, au Nord, le groupe d'oasis du Tidikelt et du Touât, où l'eau et les vivres se trouvent en abondance, jusqu'à plus de 600 km au sud de la limite nord du grand Erg; au Sud, Agadès, un des points les plus septentrionaux de la brousse soudanaise, qui a tellement frappé les explorateurs que certains d'entre eux ont été jusqu'à prétendre que le désert était en voie de régression devant la végétation.

Sans s'arrêter plus longtemps à ces considérations d'ordre général, il paraît intéressant de faire connaître au Congrès le résultat sommaire des Missions d'études qui sont rentrées en France, il y a quelques mois, avec une moisson de documents d'une valeur inestimable.

Toute la région Sud-Algérienne proprement dite, jusqu'au Tidikelt, a fait l'objet d'une première Mission dirigée par M. Maître Devallon, ingénieur des Ponts et Chaussées, du Gouvernement général de l'Algérie : cette Mission a reconnu que l'on pouvait, sans terrassements importants ni ouvrages d'art coûteux, exécuter les premiers 1000 km, sans s'écarter de la zone des oasis et en profitant des ressources qu'elle peut offrir.

A partir du Tidikelt, c'était le Sahara proprement dit. Il avait bien été parcouru par des officiers, des géologues, et des hommes des plus compétents affirmaient qu'un chemin de fer ne rencontrerait aucun obstacle; mais ces affirmations si sincères qu'elles fussent ne pouvaient satisfaire l'esprit d'un Ingénieur, et lorsqu'on lui parlait de centaines de kilomètres en plaine, il se demandait avec anxiété si, par hasard, cette plaine n'avait pas une inclinaison générale a peu près insensible pour un cavalier ou un méhariste, mais qui pour un chemin de fer aurait été un obstacle infranchissable. Cette crainte était d'autant plus fondée que l'on savait que les oasis du Tidikelt étaient à environ 200 m au-dessus de la mer, que le grand plateau, qui sert de base au massif Aahggar est arrasé aux environs de la cote 700, et qu'enfin par le Tchad on revenait aux cotes de 200 m environ.

La Mission fut donc constituée, d'une part, d'un élément militaire composé des officiers qui par leur longue expérience des difficultés sahariennes, par leurs randonnées en tout sens, par leurs hautes qualités d'énergie, pouvaient être des organisateurs et des guides hors pair; M. le capitaine Niéger et pour le seconder M. le capitaine Cortier, remplissaient toutes les conditions et sont très connus de quiconque s'occupe de ces questions africaines; d'autre part, et c'est là presqu'une nouveauté, puisque la Mission Flatters, la Mission Foureau-Lamy, étaient presque exclusivement composée d'officiers et d'explorateurs, un second élément était constitué d'ingénieurs, M. Monseran, ingénieur des Ponts et Chaussées; MM. Dubuc et Memoris, ingénieurs civils. Il n'est pas besoin d'ajouter que la Mission comprenait un géologue et des meilleurs, M. Chudeau, du Gouvernement général de l'Afrique-Occidentale, un médecin, M. le Dr Niéger, et un explorateur, M. Tignol.

Voici en quelques mots les résultats : on peut sans difficulté s'élever de la dépression du Tidikelt sur le plateau en passant entre les massifs du Mouydir et de l'Adrar Ahannet; arrivé ainsi à la cote 700 environ, le chemin de fer se développe dans l'admirable plaine au milieu de laquelle se dressent, sans transition, les montagnes Aahggar.

Le premier point d'eau important est l'oasis de Silet, à la pointe sud-ouest de ces montagnes. C'est à ce point d'eau, ou plutôt à ces points d'eau, que se fera obligatoirement la bifurcation de la branche qui doit atteindre le Niger et du tronc principal qui se dirige vers le Centre-Africain en contournant le Tchad.

Disons tout de suite que grâce au concours de M. le lieutenant Laibe, venu en reconnaissance du Niger à Silet le travail de l'ingénieur qui l'a accompagné au retour s'est trouvé notablement simplifié, et qu'un tracé longeant à l'Ouest l'Adrar nigritien et rejoignant le Niger par la vallée du Tilemsi a pu être reconnu. Il se présente dans les meilleures conditions et passe par un certain nombre de points d'eau, qui seront des plus utiles à la construction

Quant à la ligne principale, elle devait franchir en descendant la plaine du Tanezrouft qui s'étend sur 700 km entre Silet et Agadès. Dans cette plaine, dont la pente est insensible, il n'y avait, disait-on, que des pierres; c'est exact, mais il y avait autre chose de plus précieux c'est l'ensemble des puits situés à peu près à mi-distance, autour d'In-Guezzam. D'Agadès au Tchad, on était en région soudanaise, et, si la recherche du tracé a été rendue difficile parce qu'on ne suivait pas les routes habituelles de caravanes, généralement presque perpendiculaires au tracé étudié, au point de vue technique il n'y a aucune difficulté.

Ce résumé de la Mission ne donne qu'une idée bien incomplète de l'importance du travail accompli et des résultats considérables rap-

portés non seulement au point de vue technique, mais aussi au point de
vue géographique. Il ne faut pas s'imaginer que la Mission se soit con-
tentée de suivre-la direction générale indiquée à l'avance et d'en lever
le profil : le problème a été serré de bien plus près. Il a été fait des
levés d'itinéraire parallèles les uns aux autres sur plusieurs centaines
de kilomètres et reliés entre eux par des transversales. Et en outre, pour
bien s'assurer que le tracé, ainsi méticuleusement déterminé, était le bon,
la Mission s'est fractionnée et au prix quelquefois des plus dures fatigues
a reconnu des régions différentes que l'on aurait pu supposer préfé-
rables, si elles n'avaient pas été réellement visitées.

Sans entrer dans le détail, il suffira pour faire apprécier l'importance
et le développement de ces reconnaissances de dire que sur la traversée
saharienne proprement dites, qui n'a pas 3ooo km à vol d'oiseau, il a été
levé plus de 15 ooo km d'itinéraire, 150 points environ ont été déterminés par des mesures astronomiques; des observations d'occultation
d'étoiles, de l'éclipse de soleil de 1912, ont permis de fixer géographique-
ment tous les points principaux avec une exactitude inespérée.

Au point de vue du nivellement, il a été fait journellement, et en divers
lieux simultanément d'innombrables observations au baromètre à mercure et à l'hypsomètre. Les intervalles entre les points relevés par ces
appareils ont été nivelés avec des baromètres anéroïdes dont la précision
devenait très suffisante, puisqu'il ne s'agissait plus que de relier deux
points déterminés avec des appareils scientifiques. Il est certain que
lorsque la Carte, où seront reportés les résultats de la Mission, sera publiée
la géographie du Sahara, si elle n'est pas bouleversée (ce qui ne saurait
être avec nos connaissances actuelles) va être précisée et va prendre une
forme presque définitive.

En ce qui concerne le chemin de fer Transafricain, les conclusions
sont aujourd'hui assez nettement établies, pour pouvoir être formulées
de la façon suivante :

1º Il n'existe nulle part sur le tracé choisi et étudié de dunes de sable.
Les régions du Grand Erg, ont pu partout être totalement évitées.

2º Les mouvements du sol sont si doux qu'au premier aspect on serait
tenté de dire que sur la majeure partie du parcours, il n'y aura ni ter-
rassement, ni ouvrages d'art. Sous cette forme il y aurait, cependant,
quelque exagération. Il y a toujours des terrassements, mais ils seront
absolument insignifiants; quant aux ouvrages d'art, il ne peut s'agir
que des grands ouvrages; les ouvrages courants jouent un rôle infime
dans les dépenses de la construction. Comme grands ouvrages, on ne
trouve à citer, après avoir franchi la région du Touât qu'un pont de
4o m, la traversée d'une région marécageuse sur quelques kilomètres
aux abords d'Agadès qui comportera probablement des pilotis ou des
enrochements, enfin la traversée des dunes, fixées par la végétation, aux
voisinages du Tchad, traversée dont la longueur ne sera bien connue
qu'aux études définitives et qui n'excèdera pas 20 km à 3o km.

Pour en terminer avec les renseignements techniques il faudrait aborder la discussion des procédés de construction et d'exploitation. Il est évident que ce n'est pas un problème courant que de construire et de ballaster un chemin de fer dans une région où les points d'eau abondants sont espacés de plusieurs centaines de kilomètres les uns des autres. Ce problème s'est déjà présenté pour certains transcontinentaux, peut-être moins dur, mais déjà assez difficile à résoudre. Cela n'a pas arrêté leur exécution. Et il est certain que le génie civil moderne possède des moyens d'action qui ne ressemblent guère à l'emploi d'une main-d'œuvre innombrable auquel recourraient les Pharaons dans les déserts égyptiens. L'étude a été faite consciencieusement et grâce aux machines, grâce à la souplesse d'emploi de l'énergie électrique, on est sûr non seulement de pouvoir exécuter, exploiter le chemin de fer, mais ce qui est plus important de pouvoir le faire très vite avec une vitesse d'avancement qui peut être chiffrée à 500 km par an.

Le problème est donc, à l'heure qu'il est, résolu au point de vue technique et résolu de la façon la plus large, car partant de ce principe qu'il s'agit d'un Transafricain dont le parcours sera de plusieurs milliers de kilomètres, qui doit surtout viser le trafic voyageurs, auquel, par conséquent il faut donner vitesse et confort, on a admis que la ligne devrait permettre la circulation de grands express internationaux, d'un poids de 800 tonnes et marchant à la vitesse de 60 km à l'heure, assurant par conséquent la traversée de ce Sahara, si terrible, en moins de 2 jours.

M. Eugène GALLOIS,

Ancien Chargé de Missions officielles, Paris.

LES CONSÉQUENCES ÉCONOMIQUES DE L'OUVERTURE DU CANAL DE PANAMA. LE RÔLE QUE PEUVENT ÊTRE APPELÉES A JOUER NOS COLONIES TANT DE L'ATLANTIQUE QUE DU PACIFIQUE.

386.2 (86) : 325.3 (44)

27 Mars.

C'est là un thème d'actualité que l'ouverture du canal que l'on pourrait surnommer « des deux Océans », puisqu'il va faire communiquer les deux plus vastes surfaces aquatiques de notre Globe; l'océan Atlantique avec le vaste Pacifique. Mais, si une ère nouvelle va s'ouvrir au point de vue économique, il est intéressant de faire observer le rôle que la France est appelée à jouer non seulement par son Commerce, mais aussi à cause de sa situation, privilégiée en l'espèce, par suite de la position de certaines de ses colonies, comme les îles françaises des Antilles et les archipels de l'Océanie, où flotte notre pavillon.

En effet, des escales seront indispensables, on pourrait dire, sur les nouvelles routes mondiales ouvertes par le canal panamique, tant d'un côté que de l'autre. Or, il suffit de jeter les yeux sur une carte pour voir la situation tout à fait avantageuse de la France, comme nous voulons au surplus le prouver.

Mais voyons d'abord ce qui va résulter de l'ouverture du canal au point de vue des communications mondiales, aussi bien pour les États-Unis que pour les autres grandes Puissances maritimes. Point n'est besoin de démontrer les avantages multiples qui vont découler du nouvel état de choses pour le grand peuple américain, lequel savait ce qu'il faisait en reprenant le projet du canal. N'allait-il pas, par l'exécution de ce canal, mettre en communication, en quelque sorte, ses deux faces Est et Ouest, et assurer ainsi la défense de son littoral; et de plus n'allait-il pas également abréger bien des distances pour ses navires de commerce. C'est ainsi que vont se trouver raccourcies de milliers de kilomètres les routes marines de New-York et des ports voisins aux ports des Républiques Sud-Américaines du Chili, du Pérou, de l'Équateur. La distance abrégée sera plus grande pour l'Australie, et encore bien plus considérable pour la Chine et le Japon. On prévoit par là les avantages immenses que le Commerce américain compte en tirer, sans parler des avantages moraux d'influence yankee, etc.

Puisqu'il est question de ce canal, il ne sera peut-être pas inutile de remémorer quelques données générales à son sujet.

Conçu par des Français et commencé par eux, il a donc été repris par les citoyens américains, qui ont bénéficié de nos déboires et ont eu les mains libres pour accomplir leur œuvre, ayant eu soin de modifier la situation politique du pays, la province colombienne de Panama étant devenue, un peu grâce à eux, la petite République de Panama. Ils s'étaient fait donner en toute propriété, non seulement le sol du canal, mais une bande de territoire représentant plus de 100 000 ha, où ils pouvaient agir à leur guise. Ayant acquis à bon compte notre succession et les travaux déjà exécutés avec le matériel et nos droits, ils se sont mis à l'ouvrage dans des conditions d'autant meilleures que l'argent ne devait pas leur faire défaut, puisque c'était l'État lui-même qui prenait la chose à son compte. Ils ont alors commencé par assainir la région, à coup de millions, il est vrai, mais l'assainissement leur a procuré une main-d'œuvre qui leur faisait un peu défaut. Ayant voulu reprendre le projet du canal à niveau, ils ont bien vite reconnu qu'il fallait l'abandonner et ils sont revenus au canal à écluses. Mais, ils ont rencontré des difficultés auxquelles ils ne s'attendaient pas; néanmoins avec du temps et de l'argent ils sont arrivés à les vaincre.

Le canal, long d'environ 80 km, part du côté Atlantique, de la baie de Limon ou Colon, après quelques kilomètres il se butte à la colossale digue de Gatun, qu'il franchit par trois écluses jumelles. Cette digue a été élevée pour maintenir les eaux d'un immense réservoir constitué par une bonne partie de la vallée du Rio Chagres, qui l'alimente (ce lac aura au moins 400 km² et les écluses mesurent 300 m de long sur 33 m de large et 10 m de profondeur). Le canal se poursuit, passant par la fameuse tranchée de la Culebra, pour franchir trois autres écluses sur le versant opposé et aboutir à La Bocca, dans la baie de Panama.

Le canal a bien été déclaré « international », mais les procédés américains semblent prouver que les États-Unis entendent un peu trop le considérer comme « national ». C'est ainsi qu'ils ont paru vouloir favoriser les navires battant leur pavillon, et que les règlements ne sont pas encore définitivement arrêtés sur les justes réclamations des Grandes Puissances, et particulièrement de l'Angleterre, la plus intéressée dans la question. On a agité aussi le prix du passage, qui ressortira sans doute à environ 1 dollar la tonne.

Les Puissances qui possèdent des îles sur le parcours Atlantique songent donc à les utiliser comme escales, le cas échéant; et elles s'y préparent. L'Angleterre ne laissera pas échapper l'occasion, avec ses îles des Antilles; le petit Danemark a aménagé et outillé son port de Saint-Thomas, dont il voudrait faire un port franc, et il n'est pas jusqu'à la Hollande qui ne veuille chercher à utiliser son port de Curaçao. Et nous, Français, qui avons deux belles rades à la Martinique, comme à la Guadeloupe, nous n'avons rien fait jusqu'ici.

A la Martinique c'est la vaste baie de Fort-de-France, qui offre un abri et possède un port un peu trop embryonnaire, il est vrai, mais qui serait susceptible d'être amélioré; à la Guadeloupe c'est la baie, bien abritée par une ceinture de rochers, de la Pointe-à-Pître; mais on objecte qu'elle manque de profondeur, défaut auquel on peut remédier. En tous cas, ce qu'il y a de plus clair, c'est qu'on n'a pris aucune décision et qu'en face de deux solutions, devant une rivalité jalouse, on semble ne vouloir rien faire, sous le fallacieux prétexte qu'il n'est pas prouvé qu'on doive utiliser ces ports comme escales internationales.

Et maintenant si nous passons sur le côté Pacifique il est patent, sans conteste, que la position de certaines de nos îles polynésiennes est indiscutablement propice, placées, comme elles le sont, à peu près à égale distance du continent américain et de l'Australie, comme de la Nouvelle-Zélande. L'Angleterre possède bien quelques îles, l'Allemagne également, et les États-Unis ont Pago-Pago; mais il y a longtemps que les étrangers eux-mêmes ont reconnu la supériorité de la position de nos archipels; plusieurs renferment des îles offrant de bons abris où pourraient être aménagés des ports.

Au Nord, sont les îles Marquises, terres hautes au littoral découpé, et parmi lesquelles il convient de citer Nouka-Hiva, avec sa magnifique baie, bien encadrée, de Taïoahé, dont la valeur a été reconnue par plus d'un de nos distingués officiers de Marine. Nous partageons, au surplus, parfaitement leur manière de voir, ayant reconnu personnellement le bien fondé de la chose. Les îles constituant l'archipel dit « des îles sous le Vent », grâce à leur ceinture de coraux et à la découpure de leurs côtes, présentent également d'intéressants abris, pour les navires qui pourraient s'y approvisionner. Mais l'attention semble s'être fixée sur la Reine de la Polynésie, la célèbre Tahïti, l'île enchanteresse, la fameuse Cythère de Bougainville. De fait elle présente divers avantages; d'abord elle offre plus de ressources encore que ses sœurs; elle est siège du Gouvernement, capitale des Établissements français de l'Océanie, et la plus peuplée et la plus riche des îles. Également encerclée par une chaine de massifs madréporiques, elle présente un littoral assez découpé. La plus importante de ces échancrures est la baie sinueuse et profonde de Fort-Phaéton, dont la valeur stratégique a depuis longtemps été reconnue par nos officiers marins. Elle est garnie de bordures madréporiques et défendue à l'entrée par des massifs coraliens, mais serait facilement et avantageusement utilisable. Cependant elle devra céder le pas au port de Papeete.

Papeete, en effet, chef-lieu de l'île s'élève sur les bords d'une baie circulaire fermée, véritable port naturel, limité par des sortes de digues coraligènes, ménageant une passe suffisante. Sa surface est d'environ 200 ha. De plus ce simili-port présente des fonds moyens de 10 m à 15 m, et allant jusqu'à 30 m. Enfin, on trouve plusieurs mètres d'eau au long du rivage même. Si bien qu'avec peu d'efforts, et d'argent, on pourrait aménager un port dans toute l'acception du terme. Des projets sont à l'étude, etc.; mais il n'y a toujours rien de fait! Et le temps presse…. Allons-nous là encore laisser échapper une source, dont notre lointaine colonie pourrait tirer profit ?

Il fallait bien que le public français, qui s'intéresse aux questions coloniales, soit au courant de ce qui a trait à « la plus grande France ».

ÉCONOMIE POLITIQUE ET STATISTIQUE.

M. Vital GRANET,

Receveur municipal, Saint-Junien (Haute-Vienne).

LA « COLONISATION FRANÇAISE » SOCIÉTÉ CIVILE DE MUTUALITÉ COLONIALE, SON EXPANSION EN ALGÉRIE ET PRINCIPALEMENT EN TUNISIE AU POINT DE VUE DE LA COLONISATION AGRICOLE.

334 (611 + 65)

24 *Mars.*

Avant de vous faire connaître la *Colonisation Française*, son origine, ses moyens d'action, son fonctionnement régulier depuis 22 ans, ses succès, le nom des hommes éminents qui ont aidé et aident encore à sa marche, permettez-moi de vous dire les causes primordiales qui ont poussé quelques bons mutualistes, patriotes avant tout, à faire appel aux petites bourses des Français économes pour former un capital qui, tout en donnant de merveilleux résultats au point de vue financier, aiderait le pays et ses vaillants fils à prendre possession de nos terres de la plus Grande France, lesquelles ont couté tant de sang à nos soldats, tant d'or à la nation !

Un jour un mutualiste algérien, lié de très près à nos mutualistes de la métropole, vint trouver M. Dugas, vice-président des Prévoyants de l'Avenir et lui dit :

« La Mutualité a en réserve quelques centaines de millions qui rapportent à grand peine 3 %, 2,50 en chiffres vrais, l'État ; pour permettre un résultat appréciable, est obligé de majorer l'intérêt de ces fonds pour le porter à 4,50 %, en prenant la différence sur l'impôt de l'ensemble des contribuables, mais cela autant que l'équilibre du budget le permettra.

» Je souhaite qu'il le permette longtemps, en bon et fidèle mutualiste que je suis.

» Or, pendant que ces millions dorment et que l'impôt augmente, qu'arrive-t-il dans nos provinces algériennes ? L'argent fait défaut, des terres merveilleuses restent incultes, des colons, ruinés par l'usure, retournent en France semer le découragement dans la commune qu'ils avaient abandonnée, pleins d'espoir, quelques années avant; ou bien, ils vivent dans la misère, en maudissant le sort qui leur a fait quitter le pays natal. »

Et notre mutualiste expliquait comment ces ruines se produisaient :

« L'État, disait-il, exige que le futur colon possède un capital de 5000 fr.

Quand ce dernier a construit son petit logis, quand il a défriché sa concession
en partie, quand il a complété son cheptel et son outillage, si la première récolte
est passable il pourra vivre, mais l'année qui suivra sera encore plus dure que
la première et il aura grand peine à mettre les deux bouts d'accord.

» Qu'arrivera-t-il si, au contraire, une ou deux autres sont nulles ou presque
sans récoltes ? Une seule porte restera ouverte pour lui : l'emprunt. Ceux qui
connaissent l'Algérie savent que *prêteur*, là-bas, signifie *usurier*.

» Bien accueilli chez le rapace financier, on lui avancera 2000 fr à 8 %, taux
presque légal; mais on lui retiendra 100 ou 200 fr pour la *petite commission*
et les renouvellements annuels qui se produiront grèveront la dette première
d'intérêts, qui égaleront le capital.

» J'ai connu, ajoutait-il, des colons qui avaient, en intérêts, remboursé une
fois et demie la somme prêtée et qui la devaient toujours.

» Certes, il y a des banques honnêtes en Algérie autant qu'en France, mais
les petits prêteurs usuriers sont légion, qui poussent les colons pauvres à la
ruine par des prêts usuraires et s'emparent de leurs biens, à la débâcle.

» S'il était possible de créer une Société sur les bases de la Mutualité, de la
Prévoyance, de la Coopération, en émettant de petites actions payables à long
terme, en demandant le paiement de ces actions par cotisations mensuelles,
avec abandon de tous intérêts pendant 10 ans, on pourrait former une caisse
qui deviendrait la banque des colons, dont les fonds seraient placés par l'œuvre
nouvelle dans des terres acquises par ses soins et cédées à des Français avec
un long délai pour en devenir propriétaires.

» Ces terres et les avances faites seraient passibles d'un loyer de 5 %, jamais
moins, jamais plus. La terre défrichée et mise en valeur garantirait le capital
avancé et, en cas de mauvaise récolte, la banque fraternelle, riche des épargnes
des économes de France, viendrait en aide au paysan parti, là-bas, peupler
la nouvelle patrie, pourvu qu'il ait fait son devoir et prouvé son courage,
son esprit de famille et sa sobriété.

» Et alors après le grand service rendu, sans secours de l'État, sans augmentation d'impôts pour l'ensemble des citoyens, un rapport de 5 %, accumulé
pendant 10 ans, auquel pourrait venir se joindre le bénéfice de la vente des
produits des fermes-écoles cultivées par la Société elle-même, permettrait de
servir un dividende double, triple même de celui de nos mutualistes, en gar-
dant toute indépendance.

» Enfin, il résumait ainsi son désir de voir les travailleurs français devenir
les banquiers d'une grande Fédération coopérative qui permettrait l'application du programme ci-dessous :

» 1° Développement de l'idée coloniale dans les masses;

» 2° Prise de possession et mise en valeur de nos terres par les français;

» 3° Appui moral et financier des sociétaires de France en faveur des colons
placés;

» 4° Participation dans les bénéfices réalisés pour les travailleurs des fermes-
écoles et pour les sociétaires de la métropole;

» 5° Destruction de l'usure;

» 6° Vente de première main, à bénéfices restreints, aux sociétaires, des produits des fermes;

» 7° Garantie de remboursement des actions, soit au sociétaire-actionnaire
par le rapport annuel, soit à ses héritiers, par la Caisse sociale, au cas de décès. »

Ainsi expliqué, le principe ne pouvait que rencontrer des adeptes. Aussi, le 29 juin 1890, notre fondateur réunissait-il une centaine d'amis à la salle Pétrel, à Paris, sous la présidence de M. Saint-Germain, à cette époque, député d'Oran.

La pensée de M. Dugas était celle-ci : grouper 1000 amis, bien sincères, bien désintéressés, qui verseraient en 10 ans, 120 000 fr. Avec cette somme, quelques terres seraient achetées et transmises à des français avec le premier outillage, le cheptel absolument nécessaire et le gourbi provisoire pour loger la famille.

Si, dans la pratique, la pensée ne donnait aucun résultat, les 1000 auraient perdu chacun 120 fr et aucun n'en voudrait à l'autre de l'essai loyal qui aurait été fait avec les deniers des dévoués.

Si, au contraire, en tenant compte des difficultés du début, l'œuvre suivait sa route, on étendrait le recrutement en s'adressant à toutes les villes françaises, où des groupes de travailleurs auraient le souci de l'épargne et le désir d'ête utiles à la Patrie.

La pensée fut acclamée, et dans les 6 mois qui suivirent, 229 vaillants, s'associaient au grand principe accepté aujourd'hui par 55 000 souscripteurs répartis dans 300 villes de France et des Colonies.

Les débuts ont été des plus modestes : avec un capital de 6000 fr et 229 adhérents de la première heure, la *Colonisation Française* a pu, grâce à la direction intelligente et à la ténacité de son Conseil d'administration, toujours le même depuis 22 ans, acquérir dans la province d'Oran, à *Bou-Sfer*, sur le littoral, trois concessions restreintes qui furent immédiatement occupées par trois colons; puis, au sud-ouest de Saïda (*plateau des Maâlifs*) un domaine de 2800 ha. environ demeuré inculte depuis la domination romaine. Quatorze colons y ont été installés dans chacun 100 ha., après avoir passé 1 an à la ferme-école de la Société, où ils ont dû faire preuve de leur courage, de leur savoir et de leur probité.

Sur le plateau des Maâlifs existait, en 1890, un seul colon de nationalité espagnole, aujourd'hui, grâce à l'heureuse initiative de la *Colonisation Française*, 15 fermes ont été entièrement créées; une route a été construite et la gare de Bou-Rached dessert ces fermes.

Sur les 17 colons de la province d'Oran, 8 ont acquitté le prix de leur ferme et sont devenus définitivement propriétaires, grâce à notre fraternelle union. Le capital avancé, remboursé par ces sociétaires a été employé à de nouveaux achats et au placement de nouvelles familles en Tunisie.

La ferme-école a emblavé, en 1909, 345 ha. de blé tendre, 55 ha. d'orge et 300 ha. ont été préparés pour l'année suivante. Le troupeau comprenait 373 têtes.

Après avoir colonisé les hauts plateaux de la province d'Oran, la Société a voulu étendre son action dans la Régence de Tunis, l'ancien grenier de Rome, toujours si fertile, et, en 1906, elle y faisait, dans des conditions très avantageuses, au prix de 800 000 fr l'acquisition du *domaine de Ksar-Tyr*, estimé plus de 1 million.

Ksar-Tyr est à 39 km de Tunis et est relié par une très belle route à la ligne de chemin de fer de Tunis au Kef et à Constantine. Le domaine a une superficie de 3328 ha., dont 148 plantés en vignes, qui produisent une moyenne de 5000 hl. de vin qui est vendu au détail aux sociétaires de France.

Elle possède en outre un outillage des plus perfectionnés; 2000 oliviers, 8000 amandiers, figuiers, dattiers, orangers et autres arbres de rapport et 400 ruches qui produisent annuellement de 3000 à 4000 kg de miel.

Sept colons ont été déjà installés avec 100 ha, cédés immédiatement et 100 autres réservés pour leur être adjoints, si le succès couronne leurs efforts.

En 1907, le Gouvernement général de l'Algérie cédait à la *Colonisation Française* (pour un loyer total de 1 fr par an) 1006 ha. de terre vierge pour y fonder un village et y placer en coopération des travailleurs de France et d'Algérie.

Un bâtiment de 60 m sur 10 m et des écuries, remises, communs, etc. peuvent déjà abriter dix familles et le cheptel. 320 ha sont semés en blé et la production, pour 1912, a été de 1200 quintaux d'avoine et 1783 quintaux de blé. 10 ha sont plantés en vigne et 106 ha ont été déboisés et seront ensemencés en 1913.

Enfin la vente du vin ayant pris en 1908 une telle extension que la récolte de 1907 a été vite épuisée, laissant de nombreux sociétaires sans approvisionnements, le domaine de *Zayana* a été acheté. Ce domaine à l'exploitation duquel participent 32 métayers, a une contenance de 602 ha, dont 200 ha. plantés en vigne et peut produire annuellement 10 000 hl de vin.

Il forme le digne pendant du Ksar-Tyr et son acquisition donne à la *Colonisation Française* la première place parmi les colons propriétaires de la Régence de Tunis.

En résumé, la Société possède cinq domaines, trois en Algérie : Bou-Sfer, Les Maâlifs et le Village Coopératif; et deux en Tunisie : Ksar-Tyr et Zayana, qui forment un total de 7926 ha et représentent la surface de Paris à peu près, si l'on songe que la plus grande partie de ces terres est en culture, on doit être convaincu que la garantie des fonds sociaux est solidement et avantageusement établie.

De plus la Société est sur le point d'acheter un nouveau domaine en Tunisie, *Birkassaâ*, à 7 km au sud de Tunis qui comprend 650 ha dont 160 plantés de vignes, pouvant produire de 6 à 7000 hl de vin.

Ainsi, moyennant un versement de 1 fr par mois pendant 10 ans, on devient sociétaire de la *Colonisation Française* et après 10 ans de présence, les actionnaires touchent un dividende annuel, qui n'a jamais été inférieur à 20 fr.

Il leur est également loisible de s'approvisionner de vin à la Société à un prix inférieur à celui vendu dans le commerce, tout en ayant la faculté de le payer par mensualités, au moment où ils payent leur cotisation.

C'est au moyen de ces versements que la Société à pu implanter dans l'Algérie et la Tunisie de nombreuses familles de colons, qui y font souche de bons français et feront aimer et estimer la métropole. C'est un des meilleurs moyens de colonisation dûs à l'initiative privée.

Ma communication est terminée, mais je vous demande la permission de vous résumer dans un compte rendu succinct un voyage que j'ai fait au domaine de Ksar-Tyr, où je me suis rendu, afin de juger, par moi-même des résultats obtenus par la *Colonisation Française*.

Parti de Tunis en chemin de fer à 6 h 35 m, je suis arrivé à Medjez-el-Bab à 10 h. En arrivant à la gare, une voiture envoyée par M. Champerneau, directeur du domaine de Ksar-Tyr, et conduite par un jeune arabe parlant bien le français, m'attendait à la gare et nous partons de suite pour faire les 18 km qui nous séparent du domaine. Je ne parlerai pas des cultures que nous traversons, il y en avait de très belles aux environs de Medjez, mais à quelques kilomètres, nous nous trouvons en pleine brousse, avec de loin en loin quelques gourbis et des cultures arabes, c'est-à-dire grattage superficiel du terrain entre des bouquets de lentisques et de romarins et dont le blé atteint à peine 10 à 15 cm de hauteur.

Arrivés à l'entrée du domaine de Ksar-Tyr, nous tombons en pleine culture et dans un pays boisé; une longue avenue d'eucalyptus nous conduit à la ferme. Nous avons remarqué à 500 m environ avant d'arriver, un beau rucher fort bien construit, contenant environ 400 ruches à abeilles qui donnent environ de 3000 à 4000 kg de miel annuellement.

Ksar-Tyr est un ancien château arabe (bordj), qui a une très belle allure, avec ses murs blanchis à la chaux et ses terrasses crénelées comme un château fort.

La vue est très étendue et l'on a un coup d'œil admirable sur tout le domaine avec les montagnes de Medjez, dans le fond. Les locaux sont très bien aménagés et la résidence paraît très agréable. Nous avons visité les bureaux, les magasins, la pharmacie, les ateliers, les écuries et les remises, tout est très bien tenu et fait le plus grand honneur au directeur.

Mais, il est l'heure de déjeuner, la cloche sonne et quelques arabes qui travaillent tout près, quittent l'ouvrage pour venir autour de la ferme, à l'ombre des eucalyptus, déjeuner frugalement ou fumer une cigarette. Ils ont un repos de 1 heure et demie, et repartent ensuite pour le travail. Comme nous avons l'appétit aiguisé par le voyage, nous en faisons autant et après un très bon déjeuner où nous avons dégusté les produits du domaine en compagnie de toute la famille de M. Champerneau, nous montons dans un break, attelé de deux chevaux arabes, qui va nous conduire à travers tout le domaine qui a une étendue de 3300 ha.

Nous traversons par des sentiers et même quelquefois à travers champs des champs de blé de plusieurs centaines d'hectares dont la paille a déjà 1,40 m de hauteur et dont les épis sont déjà très beaux. Nous rencontrons de-ci de-là quelques ruines romaines, qui attestent que le pays était fertile autrefois avant d'être redevenu inculte, comme il l'était il y a encore une quinzaine d'années.

Puis nous arrivons aux chais. Là nous trouvons un établissement immense avec tous les instruments nécessaires à la vinification, laboratoire, foudres, cuves, tonneaux et même tout un réseau de rails Decauville servant à la saison pour le transport des raisins et les opérations des vendanges. Il y a même des appareils frigorifiques pour atténuer la fermentation et permettre de faire le vin dans les meilleures conditions possibles. Je m'extasie devant la grandeur de ces chais et de ces foudres: M. Champerneau me dit que, dans quelques années, ils seront trop petits, car les récoltes vont en augmentant et il faudra songer à les agrandir d'ici peu.

En quittant les chais, nous remontons en voiture et faisons plusieurs kilomètres, à travers les cultures les plus diverses et toutes plus jolies les unes que les autres, céréales, plantes fourragères et herbacées, une grande quantité d'arbres d'essences diverses, oliviers, amandiers, mûriers, casarinas, faux-poivriers, caroubiers, etc., qui donnent tous les ans une récolte abondante. Nous avons remarqué aussi des plans de géraniums, dont les feuilles sont distillées et fournissent de l'essence, qui se vend très cher et qui remplace parfois l'essence de roses.

De petites tortues traversent le chemin et passent sous les pieds des chevaux, à chaque instant, pendant que des couples de perdreaux se lèvent devant nous à 10 m à peine.

Après avoir visité une étable très bien aménagée en plein air et entourée de murs, qui peut contenir une centaine de bêtes à cornes, nous arrivons au puits Marguerite qui, par une puissante machine élévatoire qui marche continuellement, alimente le bordj et les fermes avoisinantes. Un arabe et sa famille, abrités dans un gourbi à côté, servent de gardiens. Un bâtiment qui couvre entièrement le puits a été élevé depuis peu et renferme une forge et un atelier de mécanique où se trouvent les instruments indispensables pour les réparations d'outils. C'est une très bonne innovation, due au zélé directeur, car toutes les réparations urgentes se font sur place, par les ouvriers de la ferme auxquels on a donné les premières notions.

Après avoir vu les défrichements faits l'an dernier et qui sont couverts de céréales de belle venue, nous arrivons à la vigne. Qu'on se figure 180 ha d'un seul tenant entourés d'une clôture et séparés au milieu par une large allée plantée d'eucalyptus. La vigne est admirablement plantée et d'une propreté irréprochable; elle commence à pousser et nous voyons des jets de 20 à 30 cm au bout desquels on commence à apercevoir le raisin. M. Champerneau me dit que cette année la récolte promet beaucoup et qu'elle sera abondante à la condition toutefois qu'un coup de siroco ne détruise pas les espérances. Nous souhaitons que tout aille pour le mieux et que la récolte soit superbe.

En quittant la vigne, nous visitons les jardins autour de la ferme, nous voyons de beaux légumes, petits pois, artichauts, haricots, choux, salades, etc., chose très appréciée dans ces pays, où les légumes sont généralement très rares. Il y a même dans un jardin un grand semis de marjolaines déjà assez avancé, qui va être repiqué afin d'en faire de l'essence dont la qualité est supérieure à celle du géranium.

Nous n'avons vu que peu de bétail, car il était employé en grande partie aux travaux des champs, mais il doit y en avoir au moins 200 têtes.

Huit colons sont déjà installés autour de la ferme et les maisons blanches, que l'on aperçoit de loin en loin au milieu de la verdure, paraissent d'un bel aspect. Malheureusement, nous n'avons pu en visiter aucune, car l'heure nous presse, et nous avons encore 2 heures de voiture pour aller reprendre le train qui doit nous conduire à Tunis.

Notre visite est terminée et nous en revenons enchantés. Dans un pays, presque désert, il est très agréable de voir un domaine de cette importance, presque tout cultivé, avec des produits aussi beaux. Ce domaine fait honneur à M. Champerneau, qui dirige avec tant d'autorité tout son personnel et s'en fait aimer, car dans tout le pays on connaît M. le Directeur et plus d'un arabe est venu le trouver pour un service quelconque : maladie dans sa famille ou épidémie dans son étable. Un petit médicament par-ci, un encouragement par-là, un secours en nature, de loin en loin font plus pour la colonisation et la bonne renommée des Français auprès des Arabes que toutes les lois officielles, et les facilités que la métropole peut leur donner, car ils y sont généralement réfractaires.

Aussi nous terminons en disant que grâce à la *Colonisation Française*, on a trouvé le plus sûr moyen d'intéresser les Arabes et de faire aimer la France, tout en colonisant pacifiquement la Tunisie, dans les meilleures conditions.

<hr>

M. ADRIEN GOBIN,

Inspecteur général honoraire des Ponts et Chaussées, Monte-Carlo.

<hr>

RÉPONSE À QUELQUES OBSERVATIONS FAITES A PROPOS DE L'EMPLOI DU MONO COMME MONNAIE INTERNATIONALE DE CONVERSION. APPLICATION AU CHOIX D'UNE NOUVELLE UNITÉ MONÉNAIRE. EXEMPLES : PIASTRE DE L'INDO-CHINE FRANÇAISE ; NOUVEAU ROUBLE RUSSE EN PRÉPARATION ; NOUVEAU SPESMILO ESPÉRANTISTE.

332.43

24 Mars.

A la suite de la Communication que j'ai faite, en 1911, au Congrès de Dijon, sur le Mono, monnaie internationale de conversion, j'ai reçu de plusieurs personnes des observations qui appellent quelques explications complémentaires.

On m'a dit que le *mono* ne pouvait pas servir de monnaie internationale universelle. Je suis de cet avis, car sa valeur est beaucoup trop petite pour remplir ce rôle; aussi ne l'ai-je proposé que comme *monnaie internationale de conversion* pour servir d'intermédiaire quand on veut trouver l'équivalence d'une même somme, ou valeur, exprimée en unités de deux nations.

C'est en faisant ces calculs de conversion, généralement très simplifiés par l'emploi du mono, qu'un voyageur à l'étranger pourra trouver immédiatement l'équivalent de sa pièce d'or, de bon aloi, en monnaie du pays où il se trouve. S'il s'adresse à un changeur, il pourra connaître de suite le montant de la commission que prend le changeur pour le service rendu. S'il s'agit d'un particulier, qui ne lui prendra pas de commission, il trouvera, par l'intermédiaire du mono, le montant exact de ce qu'il doit recevoir, en monnaie du pays, pour sa pièce d'or. C'est ainsi que M. René Lebaut, du *Petit Journal*, dans le voyage qu'il a fait en Mandchourie, pendant la peste, a pu échanger des pièces de 20 fr en roubles et kopecks du pays, sur les bases mêmes de mes barêmes, sans commission. Les renseignements qu'il a donnés à ce sujet, dans ses lettres, m'ont été très utiles.

Je citerai aussi le Bureau de change du Casino de Monte-Carlo, où l'opération du change de pièces d'or étrangères ou de billets de banque se fait sans commission et sur les mêmes valeurs relatives que celles insérées dans mon Mémoire. Ainsi la livre sterling est échangée contre 25 fr. et inversement; la pièce de 16 marks, pour 4 pièces de 5 fr, etc. A Nice, il circule des livres sterling anglaises acceptées ou échangées pour 25 fr et des demi-livres qui passent pour 12,50 fr. Ces pièces sont acceptées comme monnaie courante dans les achats parce qu'on est assuré d'en trouver toujours l'équivalent en monnaie légale.

On a objecté aussi que par les opérations du change la valeur du franc et des autres monnaies variait chaque jour, ce qui rendait impossible l'emploi des barêmes de conversion. Il y a là une confusion. Les opérations du change sont des opérations commerciales assujetties à la loi économique de l'offre et de la demande; si elles font attribuer, par exemple, à la somme portée sur un effet de commerce un supplément plus ou moins grand suivant que les effets de même ordre sont moins ou plus abondants sur le marché, cela ne veut pas dire que la valeur du franc varie; sa fixité est telle que pour évaluer le service rendu, commission ou change, on se sert de ce même franc pour unité. Les banquiers n'ont donc pas à craindre que l'emploi du mono, dans les calculs de conversion, influe sur la commission qu'ils perçoivent dans les opérations du change.

On a observé aussi que les unités de monnaies étrangères n'avaient pas rigoureusement, d'après leur poids en or pur, la valeur que je leur ai attribuée dans ma brochure. Cela est vrai; mais ces différences, très petites, sont négligées quand on se sert de ces pièces comme monnaie courante ou d'échange; on en tient compte seulement quand on fait des opérations commerciales sur des pièces d'or, qui sont àlors consi- dérées comme marchandise. On les évalue, dans ce cas, d'après le poids d'or pur qu'elles contiennent, en tenant compte du cours du change et même de l'usure des pièces.

Plusieurs puissances étrangères ont des monnaies d'or valant 20 fr, ou un nombre entier de francs; elles sont citées dans mon Mémoire et c'est sur la valeur courante de ces pièces que sont basés les barèmes de conversion.

Enfin, on m'a dit que le mono n'avait pas d'application pratique. J'ai cité ci-avant l'emploi que peut en faire un voyageur en pays étranger, ainsi que celui qu'on en fait au bureau de change du Casino de Monte-Carlo. Mais, son intervention devient très utile lorsqu'on doit créer une unité monétaire nouvelle, comme je vais l'établir.

En fixant la valeur d'une unité monétaire nouvelle, on doit avoir pour but, afin de simplifier les calculs de conversion, de choisir une valeur qui soit en rapport simple avec les unités monétaires du plus grand nombre possible de nations; elle devra donc être d'un nombre entier de monos.

Une autre condition, c'est que ce nombre représente une valeur qui ne diffère pas trop de l'unité courante, en usage dans le pays au moment où s'opère la réforme. C'est ce qui vient d'être fait en 1912 pour la piastre de l'Indo-Chine française qui était de 2,40 fr et qui a été portée à 2,50 fr ou 10 monos, réalisant ainsi l'unité de valeur avec le yen Japo- nais, qui vaut également 2,50 fr.

La Russie s'occupe actuellement de réformer son système monétaire pour le mettre plus en rapport avec le nôtre. J'ai cru, à cette occasion, devoir signaler au Ministre des Finances de Russie, par une lettre du mois de novembre 1912, à laquelle ma brochure était jointe, la conve- nance de choisir, pour la valeur du nouveau rouble, celle de 10 monos ou 2,50 fr, qui s'écarte peu de celle du rouble actuel, 2 $\frac{2}{3}$ fr et changera peu les habitudes.

J'ai fait valoir les avantages que présentait cette valeur qui serait ainsi égale à celle de la piastre de l'Indo-Chine française et du yen du Japon. Si la Chine, qui a actuellement pour unité monétaire, le yuan, étalon d'argent, valant un dollar mexicain, soit 2,58 fr, voulait, plus tard, se mettre à l'unisson en fixant la valeur du yuan à 10 monos ou 2,50 fr, on aurait réalisé la parité de valeur des unités monétaires de la Russie et de la Mandchourie, de l'Indo-Chine française, du Japon et de la Chine, c'est-à-dire sur une immense étendue de territoire, ce qui faci- literait considérablement les relations commerciales.

On peut espérer que ces indications porteront leur fruit et qu'un jour la réforme, déjà commencée, sera entièrement réalisée.

Enfin, les espérantistes, qui avaient d'abord choisi une unité monétaire internationale universelle, le spesmilo, n'en sont pas satisfaits. La question a été mise à l'étude au Congrès espérantiste de Cracovie, en 1912, et elle doit être résolue au prochain congrès qui aura lieu cette année en août, à Gênes.

J'ai envoyé mes propositions au Secrétaire général de ce Congrès et j'exposerai dans une prochaine séance de cette Section comment je compte traiter cette question.

M. Adrien GOBIN,

LE SPESMILO, UNITÉ MONÉTAIRE DES ESPÉRANTISTES. CE QU'IL EST.
CE QU'IL DOIT ÊTRE POUR DEVENIR PRATIQUE.

332.43

24 Mars.

L'Espéranto, langue internationale créée par le Dr Zamenhof, a pris dans ces dernières années, une telle extension dans les relations internationales du monde entier, qu'on a bien vite reconnu la nécessité d'adjoindre, à la langue nouvelle, une unité monétaire internationale, qui serait employée exclusivement par les espérantistes dans les règlements de comptes internationaux.

M. de Saussure, de Genève, fut chargé d'étudier la question et proposa d'adopter comme unité monétaire espérantiste : la *dixième partie d'un alliage d'or et de cuivre, au titre de $\frac{11}{12}$ et du poids de 8 g, qu'il nomma spesmilo.*

Il dressa alors le Tableau des valeurs des diverses unités monétaires usitées chez les principales puissances du monde civilisé, converties en spesmilos et inversement, en composant des barèmes à partir de une unité et de 10 en 10 jusqu'à 100, afin de faciliter les calculs de conversion.

Ces Tableaux et barèmes sont insérés dans les *Annuaires* de deux Sociétés espérantistes, imprimés l'un à Berlin, l'autre à Genève, en 1911 et 1912.

On est surpris de voir que les deux Sociétés n'aient pas adopté des barèmes identiques; l'une se contente de deux décimales, l'autre en conserve trois. On arrive ainsi à avoir dans les barèmes des résultats discordants et qui ne sont pas exactement 10 fois, 20 fois... 100 fois la valeur de l'unité.

Ainsi, pour l'Union latine, le spesmilo compté pour 2,53 fr sur l'*Annuaire* de Berlin et 2,525 fr sur celui de Genève, ne vaudra plus que

252,59 fr quand on le prendra 100 fois. Pour la Grande-Bretagne, le spesmilo, porté pour 2,00 shillings sur l'annuaire de Berlin, et 2,003 sur celui de Genève, en vaudra au contraire 200,30 quand on en comptera 100. Pour l'Allemagne, le spesmilo est porté, sur l'*Annuaire* de Berlin, pour 2,05 marks et 100 spesmilos n'en vaudront que 204,60.

Les valeurs inverses présentent les mêmes anomalies. Ainsi, sur l'*Annuaire* de Berlin 1 fr vaut 0,40 spesmilo et 100 fr n'en vaudront plus que 39,79; 1 shilling vaut 0,50 spesmilo et 1 mark 0,49 seulement, bien que le shilling et le mark soient comptés partout pour 1,25 fr.

Ces écarts proviennent des décimales négligées ou ajoutées dans les calculs des barèmes; mais ils n'en sont pas moins choquants.

Quoiqu'il en soit, l'emploi de ces barèmes donne lieu à des calculs de conversion très laborieux qui ont motivé les plantes de nombreux délégués espérantistes et l'on a cherché les moyens de les simplifier.

Ces simplifications se sont d'abord manifestées dans les prospectus des négociants français qui ont compté le spesmilo pour 2,50 fr, valeur très approchée de celle adoptée par de Saussure, et, inversement, le franc pour 0,40 spesmilo, mais en restant fidèles à cette définition, c'est-à-dire que 100 spesmilos vaudront 250 fr et que 100 fr vaudront 40 spesmilos. Cette manière d'opérer rend les calculs de conversion très faciles et très rapides et je connais des délégués qui l'ont adoptée. Comme, dans le barème, le spesmilo est porté pour 2 shillings, je ne doute pas que les négociants anglais aient adopté une simplification semblable.

Toutes ces difficultés eussent été évitées si l'on ne s'était pas astreint à vouloir définir le spesmilo par un nombre entier de grammes d'un alliage déterminé d'or et de cuivre. Pourquoi définir ainsi une unité monétaire qui n'était pas destinée à être monnayée et qui ne pouvait être qu'une monnaie de compte ?

Ce qu'il fallait choisir, au contraire, c'était une unité dont la valeur fut en rapport simple avec le plus grand nombre possible des unités monétaires en usage chez les nations civilisées.

Dans une étude que nous avons faite de cette question, et dont les résultats ont fait l'objet d'une Communication au Congrès de Dijon, en août 1911, nous avons trouvé que la valeur de $\frac{1}{4}$ de franc ou 0,25 centimes, à laquelle nous avons donné le nom de *mono*, était en rapport simple avec la plupart des unités monétaires des nations civilisées; le mono peut donc servir de monnaie internationale de conversion pour trouver les chiffres d'équivalence d'une somme en monnaie d'une nation, exprimée en monnaie d'une autre nation quelconque civilisée.

Nous n'avons pas proposé d'adopter le mono comme unité monétaire internationale universelle, car sa valeur est trop petite pour remplir ce rôle; nous la conservons seulement comme monnaie intermédiaire de conversion.

Les inconvénients de l'emploi du spesmilo actuel ont conduit les espé-rantistes à chercher une autre unité qui fut plus commode et plus pratique. La question a été discutée l'année dernière, 1912, au Congrès espérantiste de Cracovie, où diverses propositions ont été faites.

M. Tejchfeld a proposé, pour unité nouvelle, le *demi-spesmilo* auquel il a donné le nom de *somo* et la valeur de 1,25 fr, ou cinq monos, ce qui rend les calculs de conversion très simples. D'autres ont proposé de prendre le *franc* pour unité. On a alors décidé de mettre la question à l'étude et de charger le Secrétaire général de l'Association de préparer un Rapport résumant les diverses propositions faites et qui seront discutées au prochain Congrès qui aura lieu, en août 1913, à Gênes.

Après avoir connu cette décision, nous avons écrit à M. Rollet-de-l'Isle, Secrétaire général de l'Association internacia Scienca Asocio Esperantista, à Paris, pour lui faire notre proposition. M. le Secrétaire général nous a répondu, le 27 décembre 1912, en nous remerciant d'avoir contribué à l'enquête votée au Congrès de Cracovie, sur cette intéressante question du choix de l'unité monétaire espérantiste et en nous disant qu'il se chargeait de communiquer au Congrès de Gênes notre rapport et là brochure sur le mono qui l'accompagnait. Nous donnons ci-après un résumé de notre lettre.

Après avoir rappelé la commodité que présente l'emploi du mono dans les calculs de conversion de monnaies, nous exposons que quand on crée une unité monétaire, on doit avoir pour but de faciliter les calculs de conversion de cette unité en monnaie des autres nations. Ce but sera atteint, si l'on prend pour la nouvelle unité une valeur comprenant un nombre entiers de monos. Il ne faut pas qu'elle soit trop petite et le mieux est de la prendre d'une valeur qui ne s'éloigne pas trop de celle qui est en usage, afin de ne pas trop changer les habitudes.

On remplira toutes ces conditions en décidant que : *la valeur du spesmilo sera de* 10 *monos, soit* 2,50 *fr.*

Cette valeur diffère très peu de celle du spesmilo actuel, puisque les commerçants français l'appliquent déjà dans leurs prospectus et que des délégués espérantistes agissent de même, en arrondissant les chiffres de leurs comptes. Ce chiffre de 2,50 fr se déduit même de l'*Annuaire* de Berlin qui, pour l'Union latine, porte en première ligne du barème : 1 *franc* = 0,40 *spesmilo,* au lieu de 0,396, chiffre donné par de Saussure et arrondi en négligeant les chiffres décimaux qu'on conserve dans les autres lignes du barème.

En maintenant ce chiffre de 2,50 fr pour la valeur du spesmilo, 10 spesmilos vaudront 25 fr et 100 vaudront 250 fr. Inversement 1 fr valant 0,40 spesmilo, 10 fr vaudront 4 spesmilos et 100 fr 40 spesmilos.

Les barèmes deviennent alors d'une extrême simplicité et les calculs de conversion, des plus faciles. On pourra même s'en passer pour un grand nombre de nations, par exemple pour l'Union latine, où le spesmilo vaudra 2,50 fr, l'Angleterre où il vaudra 2 shillings, l'Allemagne, 2 marks, le Japon, 1 yen, l'Indo-Chine française, 1 piastre et probablement, plus tard, 1 rouble nouveau Russe et 1 yan nouveau Chinois, lorsque, dans ces deux derniers pays, la réforme monétaire aura été opérée. Pour les autres puissances, les barèmes de conversion du mono simplifieront beaucoup les calculs. ·

Notre conclusion formelle est donc que *la valeur du spesmilo espérantiste doit être fixée à 2,50 fr, soit 10 monos.*

Ceux qui voudraient absolument une définition métallique, seraient satisfaits si l'on ajoutait à la définition qui précède, la mention suivante : *Le spesmilo d'une valeur de 2,50 fr correspond à un poids d'or pur de 0,72580625 g. sachant que 1 fr d'or pur pèse 0,2903225 g.*

Mais ce complément nous paraît parfaitement inutile, puisqu'il s'agit d'une monnaie de compte.

M. Vital GRANET.

ÉTUDE SUR LES PORTS DE L'ITALIE ET DE L'ESPAGNE AU POINT DE VUE DES IMPORTATIONS INTÉRESSANT LE COMMERCE FRANÇAIS.

$38_7 (45 + 46) : 38_2 (44)$

24 Mars.

I. — PORT DE GÊNES.

Étant donné que la France n'est pas importatrice des produits qui alimentent dans la plus forte proportion le trafic commercial de Gênes (charbons, céréales, cotons, minerais et métaux), il n'est pas étonnant que la part de notre pays, dans le commerce d'importation génois, soit restreinte. D'ailleurs, les chiffres fournis par les statistiques sont loin de correspondre exactement à la consommation des articles français à *Gênes* et dans les provinces limitrophes.

Une bonne partie des produits importés et consommés est dédouanée à *Modane*, *Vintimille*, et aux entrepôts de *Milan*. D'après certaines évaluations, la valeur d'achat du marché génois, si l'on tient compte du trafic indirect, en serait presque doublée.

Quoi qu'il en soit, les résultats obtenus sont encourageants ; nos importations sont, depuis 3 ans, en constante augmentation. Le marché génois ne doit donc pas être considéré comme un marché sur lequel la concurrence étrangère, ne peut être battue en brèche, car l'article français est connu et apprécié.

1. Cotons. — Il serait peut-être possible à certains de nos produits (*mousselines, voiles teints brochés*), de gagner un peu de terrain vis-à-vis des concurrents étrangers, mais ils ne peuvent lutter avec l'industrie locale.

2. PIERRES, CHARBONS, VERRES ET CRISTAUX. — Le développement pris par l'industrie du verre à Gênes et dans les provinces est la principale cause des diminutions d'importation. Les industriels italiens font venir, chaque année, un grand nombre d'ouvriers français et étrangers, qui travaillent dans leurs usines et éduquent la main-d'œuvre indigène.

3. MINERAIS, MÉTAUX BRUTS ET OUVRÉS. — Pour les *rognures et limailles de fer*, on constate un notable progrès dans les envois, mais il y a encore beaucoup de terrain à gagner sur nos concurrents, dont les principaux sont l'Angleterre et l'Allemagne.

Notre importation de *fontes d'affinage et de fusion* est insignifiante, et, cependant, une grosse consommation se ferait de nos produits dans la province de Gênes, si la qualité et surtout le prix pouvaient concurrencer ceux des envois d'Angleterre et de Belgique.

Pour les *fils d'acier* nos envois sont insignifiants et cependant une forte clientèle serait assurée aux fabricants possédant un agent sérieux pour les mines de marbre de Carare.

4. ANIMAUX ET DÉPOUILLES D'ANIMAUX. — Nos importations pour les *animaux sur pied, conserves et salaisons, beurres et graisses*, sont en constante diminution.

A noter, enfin, la disparition absolument complète de nos envois d'engrais.

5. SOIES. — Pour les produits manufacturés, *les velours et tissus teints*, l'industrie française, dont on ne conteste pas la supériorité, lutte avec succès contre la concurrence étrangère.

6. PEAUX. — L'importation des *peaux crues* de bœufs et de vaches et celle des *peaux tannées* avec poil de moutons et de chèvre est en diminution.

La place de Gênes est très importante pour les peaussiers et les marchands de cuirs. Nous ne pouvons que recommander à nos commerçants de redoubler d'efforts pour essayer de reconquérir le terrain perdu. La Section française des cuirs et peaux à l'exposition internationale de Turin a vivement intéressé le commerce local. Le moment paraît propice pour tenter de battre en brèche la concurrence étrangère sur ce marché.

7. PRODUITS CHIMIQUES, ETC. — Cette catégorie, l'une des plus importantes pour notre industrie et notre commerce, enregistre une perte, qui est le résultat de la concurrence acharnée et souvent victorieuse de l'Allemagne et de l'Angleterre. Cette concurrence peut et doit être tenue en respect par nos industriels s'ils arrivent à produire aux mêmes conditions de bon marché, ce qui ne doit pas être impossible, étant donné que nos produits bénéficient du tarif conventionnel.

8. BOIS ET PAILLES. — Le tonnage de nos importations de *bois* a presque décuplé depuis 1905. On peut attribuer cet accroissement au développement de la ville de Gênes et du port.

Par contre, les *bois d'ébénisterie* sont en perte très sensible.

9. PRODUITS COLONIAUX. — La France ne prenant aucune part au commerce d'importation des cafés, tabacs et cacaos, les articles de cette catégorie ne présentent pas d'intérêt.

10. LAINES, CUIRS ET POILS. — On sait que la France occupe le premier rang pour la *laine lavée* parmi les pays importateurs, l'Argentine est sur le point de le lui enlever.

Un effort parait nécessaire de la part de nos commerçants et industriels, spécialement en ce qui concerne les articles fabriqués, s'ils veulent conserver leurs positions dans cette catégorie de produits.

11. SPIRITUEUX, BOISSONS ET HUILES. — L'énorme progrès constaté dans la catégorie provient surtout de l'introduction des huiles fixes non dénommées, des *huiles de palme, de coco, d'arachide.* Un recul sérieux et constant de nos importations d'*huile d'olive* est, par contre, à enregistrer.

Pour les *vins en bouteille,* la France continue à occuper le premier rang incontesté.

Pour les *cognacs,* bien que la France soit la seule importatrice, nos envois sont en constante diminution; on ne peut l'attribuer qu'à la moindre consommation et à la production locale.

12. GOMMES, GUTTA ET OBJETS EN CAOUTCHOUC. — Un seul article manufacturé mérite d'être mentionné dans cette étude statistique, c'est le *pneumatique* pour roues de bicyclette ou de voitures. Nos envois nuls en 1908, passent de 828 fr en 1909 à 59 100 fr en 1910.

13. COULEURS ET PRODUITS POUR TEINTURE. — Cette catégorie présente un recul de près de 50 % en valeur et en poids. Tous les produits qui la composent sont en perte; mais ce recul provient surtout de la diminution de nos envois de *racines, écorces et herbes* pour teinture et tannage et de la disparition de nos importations de *bois de teinture.*

14. CHANVRE, LIN, JUTTE ET AUTRES VÉGÉTAUX. — Les progrès considérables réalisés au cours de ces dernières années, restreignent de plus en plus l'importation étrangère, le marché étant largement approvisionné de tous les objets fabriqués de cette catégorie par les industries locales.

15. PAPIER, LIVRES. — Cette catégorie, en constante diminution, surtout en ce qui concerne le tonnage des produits importés, est cependant intéressante pour notre commerce, à condition que nos fabricants arrivent à baisser leur prix.

Les articles qui paraissent réussir sont surtout nos *estampes* et *lithographies.*

16. OBJETS DIVERS. — La très forte augmentation constatée provient de l'importation de plusieurs millions de *fleurs artificielles.*

Pour presque tous les objets fabriqués de cette catégorie l'*article français* est à prix égal considéré comme sans rival par nos concurrents eux-mêmes.

CONCLUSION. — Si l'on tient compte des échanges commerciaux intervenus en Italie, le classement des divers pays donne la première place à l'Allemagne, la seconde aux États-Unis, la troisième à la Grande-Bretagne et la quatrième à la France. .

Malgré les résultats obtenus, malgré la progression de nos ventes au cours de ces dernières années, nous restons convaincus que l'effort du commerce français sur ce marché, comme d'ailleurs sur tout le marché italien, est insuffisant. Il paraît inadmissible que, dans un port méditerranéen, situé à quelques heures de Marseille et par voie de terre à moins de 1000 km de nos centres de production les plus éloignés, notre part dans les importations étrangères, sur un total de 830 millions, n'atteigne pas 25 millions. .

II. — PORT DE LIVOURNE.

1. MATIÈRES PREMIÈRES. — L'importation du *bois* se maintient toujours très forte, et bien que la France n'ait pas à redouter de ce côté de la péninsule la concurrence austro-hongroise, son importation n'atteint pas le chiffre qu'elle pourrait avoir.

Le *kapok*, bien que d'importation récente en Italie, a trouvé beaucoup de faveur dans différents emplois en concurrence avec le *crin végétal* fourni par l'Algérie et la Tunisie. .

L'importation de l'*alfa* se développera sûrement le jour où l'on se décidera à l'utiliser pour la préparation de la pâte à papier. La production de la Tripolitaine ne paraît guère à redouter, car, bien qu'abondante, elle passe pour inférieure comme qualité.

La campagne avait bien débuté pour les *laines* de provenance étrangère, mais elle s'est terminée dans la plus grande incertitude. La France continue à envoyer de la *laine lavée.*

L'importation des *débris de fer et d'acier* va toujours en augmentant en Italie. Des difficultés ont surgi récemment au sujet de leur admission et comme la France est intéressée à ce trafic, il est à souhaiter qu'elles soient promptement et définitivement aplanies.

2. PRODUITS ALIMENTAIRES ET BOISSONS. — En l'espace de 3 ans, les importations du *bétail sur pied* ont décuplé en même temps que l'exportation diminuait. Jusqu'à ces derniers temps, l'Autriche-Hongrie fournissait abondamment les abattoirs italiens, mais, par suite d'un manque de fourrage, la place qu'elle occupait a été prise par la France pour les *vaches* et les *veaux* et par la Serbie pour les *bœufs* et les *taureaux.* A Milan, qui est le marché régulateur, le bétail français se paie jusqu'à 120 lires le quintal, poids vif.

La vente de nos *vins de marque* n'est pas susceptible de s'accroître dans un pays où la culture de la vigne est en honneur. Le vin de Champagne a cependant sa place marquée.

Nos *conserves alimentaires* se trouvent aujourd'hui en présence des produits nationaux.

3. Produits chimiques. — Durant les années 1910 et 1911, les prix des *phosphates* sont descendus parfois à 0,35 l'unité, si un tel prix se maintient il n'est pas douteux que l'usage des engrais minéraux entrera de plus en plus dans l'exploitation des champs.

4. Produits divers. — La Belgique et l'Angleterre ont pris une avance considérable sur la France dans la fourniture des *graisses*. Par contre Livourne continue à recevoir régulièrement des expéditions de *tourteaux de noix*, d'origine française.

Nos *savons de Marseille* continuent à être fort appréciés par les ménagères et à conserver le bon renom qu'ils se sont légitimement acquis.

Les *peaux et les cuirs* occupent une place importante, aussi bien à l'entrée qu'à la sortie.

5. Objets manufacturés. — Pour les *articles d'habillement*, les voyageurs français se font de plus en plus rares; on pourrait cependant suppléer à leur disparition par la distribution fréquente d'échantillons. Les grandes maisons anglaises ne manquent pas d'adresser des assortiments complets d'échantillons, qui sont soumis à ceux qui en font la demande, à charge pour eux de les retourner après examen.

L'industrie des *gants* a son centre à Milán, surtout celle qui s'exerce en grand dans les fabriques, bien qu'il s'en fabrique d'excellents à Naples et à Gênes.

La *bijouterie française* est généralement d'un prix trop élevé pour être d'une vente facile.

Nos constructeurs feront bien de surveiller le marché italien pour les *machines de toutes sortes*. L'industrie est en plein développement, et il est certain qu'ils pourraient y trouver d'excellents débouchés pour toutes les machines qui s'adaptent à l'industrie à domicile.

Les *ustensiles de ménage* seraient plus recherchés, s'ils étaient plus connus.

La façon brillante dont la *tannerie* française s'est présentée à l'exposition de Turin n'aura pas manqué sans doute d'accroître sa clientèle dans la Péninsule.

Conclusion. — Renonçons une fois pour toutes à vivre sur notre réputation et descendons dans la lice commerciale bien armés pour supporter la concurrence. Il ne faut pas se croire dispensé de visiter ce pays, sous prétexte qu'il est à proximité et que l'on peut traiter par correspondance. Une tournée annuelle en Italie ne grève pas considérablement les frais d'une maison de commerce. A l'exemple de nos rivaux, il serait essentiel de multiplier l'envoi des commis-voyageurs connaissant l'italien à fond et munis d'une pacotille importante. Dans la région qui nous occupe, il faudrait les obliger à visiter le petit comme le grand négoce. Le choix et l'établissement de bons représentants est aussi une question à laquelle il faut apporter la plus sérieuse attention.

III. — PORT DE NAPLES.

Il semble que le commerce français avec l'Italie méridionale subisse, en ce moment, une petite dépression. Il semble aussi que les échanges pourraient être plus nombreux et plus faciles entre les deux pays. On peut s'étonner, par exemple, que l'Italie demande son sucre à l'Autriche-Hongrie plutôt qu'à la France. Cet article est fort cher en Italie et des maisons françaises y trouvaient peut-être un écoulement avantageux pour leurs produits.

La France pourrait lui fournir aussi plus de céréales, du moins dans ses bonnes années. Sans doute la Russie méridionale est devenue le grenier de l'Europe, mais c'est un peu parce qu'on lui a laissé prendre ce rôle et la France qui a, en temps normal, une production suffisante pour ses besoins, pourrait trouver là un commerce plus actif.

Il est regrettable, enfin, que la France, plus proche de l'Italie que l'Angleterre, ne figure pas en tête pour la fourniture de machines alors que ses constructeurs égalent, assurément, ceux de l'Angleterre et de la Suisse.

IV. — PORT DE PALERME.

La France importe à Palerme pour 2 974 673 lires de marchandises et en exporte pour 6 339 249 lires. Elle se classe au sixième rang pour l'importation et au troisième pour l'exportation.

Les principales importations françaises sont les *couleurs, teintures et tannins*, les *peaux brutes*, les *peaux tannées* et les *poissons préparés*.

V. — PORT DE BARCELONE.

1. MATIÈRES PREMIÈRES. — Le France importe des *pétroles et des benzines*, mais les gros pays importateurs sont la Russie et les États-Unis.

2. PRODUITS ALIMENTAIRES. — Les *vins de champagne* sont l'objet, à Barcelone, d'une assez forte consommation, les principales grandes marques françaises y sont vendues, mais deux causes s'opposent à ce que la consommation augmente beaucoup en Espagne; la première c'est que les droits de douane sont très élevés; et en second lieu, c'est que les Espagnols sont très sobres, et boivent surtout du vin rouge ordinaire.

Pour les *conserves alimentaires*, dont les droits de douane sont assez élevés, les Espagnols consomment plutôt des conserves du pays qui reviennent moins cher, mais sont aussi moins fines.

La France importe, surtout d'Algérie, beaucoup de *fruits et légumes frais*, ainsi que du *poisson frais, salé et mariné*.

3. OBJETS MANUFACTURÉS. — L'usage de l'*automobile* se développe beaucoup à Barcelone et dans la région catalane, malgré le mauvais état des routes. Les principales marques françaises sont très recherchées.

Pour les machines, l'Angleterre vient en tête et la France au troisième rang seulement.

Pour les *articles de modes et nouveautés*, la France, comme presque partout, tient incontestablement la première place à Barcelone. Nos modes de dames y sont copiées par toutes les couturières, et tout ce qui est *mercerie* vient, pour la plus grande partie, de France.

C'est la *parfumerie* de France qui vient en tête. Toutes les bonnes marques sont vendues ici et la consommation est assez forte, car les Espagnols aiment beaucoup les parfums, les cosmétiques, brillantines et lotions pour les cheveux.

L'importation des *tissus* (*laine, coton et soie*) est très faible, à cause des droits de douane très élevés qui frappent ces marchandises, afin de protéger l'industrie catalane.

CONCLUSION. — En résumé, pour développer le commerce français, en Catalogne, il est indispensable de ne jamais négocier d'affaires nouvelles sans se renseigner très exactement sur la moralité et l'honorabilité de la clientèle; d'envoyer beaucoup plus de voyageurs de commerce parlant l'*espagnol* et surtout le *catalan*; d'augmenter, comme le font les Allemands, les facilités de paiement et faire de longs crédits; et enfin, d'avoir à Port-Bou, un bon agent en douane, car tout est dédouané à la frontière, sauf pour les marchandises arrivées à Barcelone par voie de mer, qui sont dédouanées à Barcelone même.

VI. — PORT DE VALENCE.

1. MATIÈRES PREMIÈRES. — La France n'importe que peu de *bois de construction*. Ces quantités servent d'échantillon et l'on s'étonne à bon droit que les choses en restent là, car les maisons de Corse sont en pourparlers continuels avec la place pour offrir le *laricio*, qui ne le cède en rien aux exemplaires des autres provenances.

Le *charbon de bois* devient l'objet d'un trafic intéressant avec la Corse.

Pour les *superphosphates de chaux*, le trop plein du marché français passe à Valence et nos expéditions pourraient être doublées avec certitude de rencontrer preneurs; nos marques sont, en effet, les mieux assises et la vente ne cesse généralement que faute d'existences.

Le *Phosphate de chaux* provient principalement de nos usines d'Algérie et de Tunisie. Le phosphate d'Algérie et le plus en faveur en raison de sa belle couleur blanche et de sa faible teneur en silice.

2. SUBSTANCES ALIMENTAIRES. — L'apogée de l'importation française

de la *morue* a été marquée par l'année 1900. Depuis cette époque, la baisse s'est accentuée, jusqu'en 1907, et tend à reprendre un mouvement ascensionnel depuis cette époque.

3. OBJETS MANUFACTURÉS. — La France n'intervient réellement d'une manière appréciable que pour les *machines agricoles*, les *machines non dénommées*, les *locombtives* et les *machines à coudre*.

Les *charrues* françaises sont imitées dans le pays avec un matériel défectueux. Quant aux *batteuses*, elles sont fabriquées à Valence.

Les exportateurs français devront accepter l'expédition cap Valence si elle est réclamée; sinon, ils se trouveront en état d'infériorité. Ils n'oublieront pas qu'un dépôt sur place est le facteur le plus sûr de la réussite. Enfin, l'agent sur les lieux, appuyé par un voyageur, qui passe périodiquement, est devenu indispensable pour contrecarrer les efforts de la concurrence.

CONCLUSIONS. — Le fabricant français produit principalement pour le territoire lui-même et accessoirement pour l'exportation. Si la deuxième partie du programme n'est pas exécutée, le mal est insignifiant lorsque le premier objectif est atteint. Les stocks, destinés à l'exportation, n'étant point considérables, le placement se fait à la longue dans le pays lui-même et la production est limitée aux besoins de la consommation courante.

Ailleurs, au contraire, l'exportation constitue la base, la raison d'être de l'industrie. L'intérieur du pays est inondé par la concurrence, on ne consomme guère l'article fabriqué. Il s'ensuit que toutes les énergies sont tendues vers l'expansion au dehors qui devient une question de vie ou de mort. Dès lors la pénétration s'impose et l'on s'en rend compte, par l'importance de la propagande, le va-et-vient des agents et les facilités proposées afin de vendre à coup sûr.

VII. — PORT D'ALICANTE.

Les principales importations françaises à Alméria sont la *chaux*, les *superphosphates*, le *goudron*, et les graines de *sésame*; quelques *produits alimentaires* et d'*articles manufacturés*.

D'autres produits français sont consommés dans la ville et la province, mais ils ne figurent pas dans les statistiques de la douane, car ils viennent soit par voie de terre : Irun, Madrid, Port-Bou, Barcelone, soit en transit par Barcelone, Madrid et Valence.

L'importation française pourrait, cependant, et devrait être plus importante, en portant sur les produits de première nécessité. L'agriculture et l'alimentation offrent toujours des débouchés dont nos concurrents étrangers profitent dans une plus large mesure que nous.

Nous pourrions faire aussi bien, pour ne pas dire mieux, que nos concurrents étrangers. Ils établissent dans Alicante d'importants dépôts des principales marchandises qui se vendent couramment, à condition de pouvoir livrer de suite.

Le meilleur moyen pour que nos produits puissent utilement lutter avec les produits étrangers similaires serait donc d'avoir des représentants sur place, avec des dépôts, en s'adressant de préférence à des maisons françaises, ou à des Espagnols en relations avec la France. On éviterait ainsi certains différends qui, parfois, sont créés par la distance qui sépare acheteur et vendeur et qui peut amener des abus réciproques.

Nos voyageurs de commerce sont rares, notre publicité souvent nulle. Confiants dans la supériorité réelle du grand nombre de nos produits, nous trouvons tout naturel d'attendre qu'on nous les demande. Encore faudrait-il qu'ils fussent mieux connus.

VIII. — PORT D'ALMÉRIA.

D'une manière générale, la situation économique de la région s'est profondément modifiée, le mouvement commercial du port est en progrès et l'importation à Alméria, marché d'approvisionnement des autres villes de la province, accuse une plus value importante.

Dans cette prospérité la France a pris sa part, mais en raison de sa situation géographique, d'une certaine communauté de goûts, des rapports tous les jours plus fréquents avec l'Algérie, la vente de ses articles pourrait être considérablement développée.

Jusqu'en 1908, la France détenait le monopole pour l'importation du *sulfate de cuivre*, du *superphosphate de chaux*, de la *kaïnite*, des *scories Thomas*, etc.; depuis, nos envois sont relativement modiques et nous passons au quatrième rang.

Les produits de notre industrie *ferronnerie* et *outillage*, supérieurs comme goût et solidité, seraient certainement plus appréciés que les produits allemands dont la fabrication est défectueuse, mais ces derniers ont le grand avantage de séduire le client par le bon marché.

Les spécialités *pharmaceutiques* françaises, même les plus chères, trouvent acheteurs, prescrites de préférence par les médecins, elles sont vendues avec leur cachet intact.

Conclusion. — Dans cette province où le goût du luxe et du confort n'a encore fait que peu de progrès, la bonne qualité de la marchandise n'entre qu'en seconde ligne de compte et ne s'adresse qu'à un nombre de consommateurs trop restreint pour constituer une clientèle importante.

Nos commerçants et industriels devraient envoyer des représentants actifs, entreprenants, et surtout parlant couramment l'espagnol, sinon ce sont des frais inutiles; les catalogues, rédigés dans la langue du pays, seront concis, clairs et faciles à consulter.

IX. — PORT DE MALAGA.

1. MATIÈRES PREMIÈRES. — Une grande quantité de *phosphate de chaux* est venue d'Algérie.

Au point de vue des *ciments*, si la concurrence locale devient redoutable, nous devrions au moins, aidés par l'excellence de nos produits, mieux disputer le marché à nos rivaux.

On ne saurait trop recommander aux exportateurs de *bois* d'examiner la question de l'emballage pour l'exportation des produits agricoles du pays. Il y a là un commerce des plus intéressants, car il est lié à la principale source de richesse du pays et qu'il est possible de lutter contre la concurrence nationale malgré le droit de douane qui frappe le bois étranger.

2. SUBSTANCES ALIMENTAIRES. — Depuis plusieurs années déjà un certain nombre de maisons d'exportation de *morues* de Terre-Neuve ont, en Espagne, résidant à Malaga, un agent commun chargé de leurs intérêts. Depuis quelques mois, cet agent a un caractère officiel; il est payé à la fois par le Gouvernement de Terre-Neuve et par les négociants de cette colonie.

Pourquoi nos commerçants en morue ne suivraient-ils pas cet exemple? Isolés, ils sont à la merci des spéculations locales; groupés, ils pourraient, par un représentant commun, dominer le marché ou, tout au moins, lutter très avantageusement avec leurs concurrents britanniques. Cela leur serait d'autant plus facile, qu'ils sont presque tous réunis à Bordeaux.

Des marques différentes de nos *produits alimentaires* auraient grand avantage à être présentées ensemble. Un magasin qui vendrait des produits français de qualité réputée aurait un débit assuré.

3. OBJETS MANUFACTURÉS. — La clientèle aisée achète, de préférence, des étoffes étrangères. Le *drap* pour les vêtements d'homme vient généralement d'Angleterre. La France vend des *soieries*, des *articles de confection* et des *lainages* pour vêtements de femmes.

D'une façon générale, les tissus et confections français sont vendus deux fois plus chers qu'en France.

4. OUVRAGES EN MÉTAUX. — L'*outillage industriel et agricole* de la région n'est fourni que partiellement par les usines espagnoles, malgré l'élévation des tarifs douaniers. Il y a là un marché intéressant pour la France et dont nos fabricants doivent profiter.

Nous avons en France d'excellentes maisons dont les produits ne redoutent aucune comparaison. Nos commerçants et industriels sont aussi bons que leurs rivaux, mais lorsqu'il passe un voyageur français il en passe au moins cinq allemands, aussi l'industriel acheteur n'hésite pas.

Ce sont les voyageurs allemands qui ont le plus contribué aux progrès considérables des exportations germaniques. Ils sont innombrables et inlassables, parcourent toute la région, ne se rebutent jamais devant un refus et, par leur ténacité, arrivent presque toujours à imposer les produits de leur pays, à chaque instant, on entend citer des traits de leur ingéniosité ou de leur patience, il en est de fort plaisants et parfois d'imprévus.

Il y a quelque temps, un voyageur allemand a vendu, dans les villages les plus reculés de l'Andalousie, une quantité assez considérable de *bidets en métal.* Comme la toilette intime des paysans de la montagne ne passe pas pour être très raffinée, ces acquisitions ont étonné jusqu'au jour ou l'on a su que ces objets avaient été présentés comme des appareils de cuisine, permettant de faire cuire un chevreau entier et de le porter ensuite sur la table sans le changer de récipient.

Comme conclusion, visite personnelle de l'industriel, entretien sur place de représentants, passage, avant chaque époque d'approvisionnements, d'agents qui maintiennent le contact entre le producteur, ses représentants locaux et la clientèle, tout cela est indispensable, si l'on veut sérieusement faire du commerce à l'étranger.

M. Louis PÉRIDIER,

Cette.

SUR LE PORT DE CETTE.

387.1 (44.84–Cette)

24 Mars.

Le port de Cette est situé au fond du golfe du Lion par 43° 24' de latitude Nord et 3° 42' 6″ de longitude Est méridien de Greenwich, au pied d'une colline de 180 m d'altitude, constituant autrefois une île à 4 km environ du rivage.

Cette colline est reliée à la terre ferme par les ensablements que la mer a produits et qui ont formé une petite mer intérieure appelée, aujourd'hui, *étang de Thau.*

Les travaux importants, qui ont été faits à Cette, n'ont jamais eu pour but, croyons-nous, de développer l'utilité économique qu'il aurait pour toute la région méridionale et centrale de la France.

On a visé surtout à gratifier la navigation d'un port sûr, au fond du golfe.

Nous avons pourtant la conviction qu'un jour viendra où l'on reconnaîtra qu'il y a un grand intérêt à profiter de la situation exceptionnelle de notre port pour développer la richesse de la région.

Ce jour-là, les Administrations, cessant de lui être hostiles, permettront d'aménager l'étang de Thau, qui a 14 km de long environ, pour recevoir les bâtiments de mer. Le port de Cette, ainsi agrandi, sera en mesure de remplir sa fonction économique pour le plus grand bien de notre pays.

Après avoir parlé de l'avenir, revenons au présent.

Nous engageons tous les industriels et les commerçants du midi et du centre de la France, et même ceux de l'est, à visiter notre ville.

Du sommet de notre colline de Saint-Clair, ils verront d'abord l'étang de Thau, sur les rivages duquel pourraient s'installer de plain-pied un nombre considérable d'usines, à la suite de celles qui y existent déjà et qui ont une grande importance.

Ils apercevront le débouquement du canal du Midi, qui met Cette en rapport avec Béziers, Narbonne, Toulouse et Bordeaux.

Ils suivront des yeux jusqu'à perte de vue le Canal du Rhône à Cette, qui permet les transports par voie fluviale jusque dans l'Est.

Ils remarqueront les voies ferrées du P.-L.-M., s'embranchant à Tarascon sur la ligne principale après un parcours supérieur à 4 ou 5 km près au trajet Marseille-Tarascon.

Ils verront aussi les voies ferrées du Midi, qui mettent Cette en communication avec l'ouest et le centre de la France.

En lisant la Notice de la Chambre de commerce, ils apprendront notamment que le port peut recevoir des bateaux, calant plus de 7 m, que ces bateaux peuvent débarquer directement sur quai, que les gares du P.-L.-M. et du Midi peuvent charger directement du wagon dans le bateau et recevoir de même du bateau dans le wagon.

Ils se rendront compte ainsi de l'importance que pourrait prendre notre port, si toutes les régions intéressées travaillaient à obliger l'État à utiliser les avantages qu'il offre et si, surtout, en attendant mieux les influences régionales immédiates étaient assez fortes pour empêcher la mise en état d'infériorité vis-à-vis d'autres ports.

Il ne nous ménage pas toutes sortes d'entraves douanières, les homologations de tarifs de Chemins de fer particulièrement défavorables et suscite à notre Chambre de commerce toutes sortes de difficultés en refusant d'autoriser les travaux réellement utiles qu'elle propose et en l'obligeant à accepter des travaux insuffisants et même nuisibles, comme par exemple l'écluse du canal.

Notre opinion, sur ce dernier ouvrage, c'est que, non pour annuler, mais simplement pour diminuer sa nocuité, il faudra ne pas s'en servir.

M. François MONIN,

Consul de France, Livourne.

SUR LE PORT DE LIVOURNE.

387. 1 (45.55-Livourne)

24 *Mars.*

L'importance de Livourne, comme centre maritime, est relativement récente.

Au XVIe siècle, ce n'était encore qu'un mouillage sans importance. Aujourd'hui, c'est un des principaux ports du Royaume. Il se place au second rang au point de vue des exportations et immédiatement après Gênes, Venise et Naples par rapport au tonnage total.

Il est redevable de son essor aux Médicis, surtout à Ferdinand Ier, qui y dépensa des sommes importantes, pour lui procurer toute sorte de bien-être industriel et commercial et y attirer des gens de toutes les races et de toutes les religions.

Port franc jusqu'à la constitution du Royaume d'Italie, il a perdu, depuis, ses franchises et a été incorporé dans la zone douanière du pays.

La population est, à l'heure actuelle, de près de 110000 habitants. Le commerce maritime s'effectue surtout avec le bassin de la Méditerranée, avec le Levant (coton, laine, tissus) et avec les ports de la mer Noire (grains roumains et russes, pétrole russe, etc.).

Des cinq unités administratives qui forment le ressort du Consulat, dont Livourne est le siège, la province de Sienne est la seule qui se trouve dans l'intérieur des terres. Celles de Pise, de Lucques et de Grossetto ont un débouché sur la mer Tyrrhénienne, de sorte que la sphère d'action de ce poste s'étend le long du littoral, depuis Orbetello jusqu'à un peu au-dessous de La Spezzia, sur un territoire occupé par plus de 1 million d'habitants.

La province de Livourne offre peu d'intérêt au point de vue cultural, en raison de son peu d'étendue, qui en fait la plus petite du Royaume. Il en est tout autrement au point de vue industriel, à cause de l'île d'Elbe qui en relève administrativement et qui possède d'importantes exploitations minières et métallurgiques. Cette dernière remarque s'applique également à celle de Pise, qui renferme le district de Piombino, également notable par ses vastes établissements sidérurgiques. L'ancien duché de Lucques se fait remarquer par la fertilité de son sol et par l'activité de ses habitants. La province de Sienne est un pays de grandes cultures; quant à la région dite des *Maremmes*, dont Grosseto est le chef-lieu, elle est caractérisée par de vastes étendues qui, en raison de la présence de

la malaria, ne se prêtent guère à la colonisation et ne sont propres qu'à
l'industrie pastorale. Cette contrée doit son insalubrité à l'état d'abandon,
dans lequel elle a été tenue depuis un temps immémorial. Le gouvernement semble, maintenant, disposé à en relever les conditions par un
ensemble de travaux de bonification du sol et de viabilité, dont le programme englobera même l'amélioration du port de Piombino et l'éclairage des côtes. Une somme de 5o millions doit être inscrite, à cet effet,
dans un prochain budget.

Des travaux intéressant à la fois l'hygiène et l'agriculture, sont aussi
sur le point d'être entrepris dans la plaine de Pise. Il s'agit de drainer
de vastes étendues, aujourd'hui improductives, et de protéger le littoral
contre l'érosion de la mer. On se propose également de mieux aménager
le canal « dei Navicelli », qui assure le transport par voie d'eau entre
les deux cités voisines. Venise avec ses canaux du Pô et Livourne avec
le canal précité (24 km) joint à l'émissaire de Bientina (42 km) qui vient
de Pontedera, sont les deux seuls ports du Royaume ayant à leur disposition des communications par eau avec l'intérieur. Si l'Italie est aussi
peu favorisée sous ce rapport elle le doit en partie aux reliefs de son sol,
mais, aussi, au fait d'avoir, à l'exemple d'autres pays, entièrement négligé
les transports par voie d'eau, dès l'apparition de la locomotive. Aujour-
d'hui, elle semble revenue à une plus saine appréciation de l'utilité pratique des cours d'eaux, et le problème de la navigation intérieure se pose
avec insistance. Une meilleure adaptation des deux canaux qui aboutissent au port de Livourne ne pourra que fortifier le rôle économique
de ce centre et de toute la région qu'il contrôle, d'autant plus qu'ils
serviront d'amorce à une communication projetée entre le bassin de
l'Arno et du Pô, c'est-à-dire à une voie de pénération dans le cœur
du Royaume. Il s'agit donc de relever ces auxiliaires économiques de
transport de l'état d'abandon dans lequel ils se trouvent, d'en approfondir le cours et d'en diminuer le tracé par des rectifications successives.
Les chalands de 3oo à 7oo tonnes peuvent seuls, aujourd'hui, en emprunter
le chenal pour transporter à Pise et au delà des sables quartzeux, des
matériaux de construction, des farines et surtout le charbon de terre,
avec lequel Livourne ravitaille toute l'Italie centrale. On évalue actuellement ce trafic à 25o ooo tonnes.

Le développement des voies de transport appelle tout naturellement
un meilleur aménagement des ports qui en sont les aboutissants naturels.
De tous les ports du littoral toscan, ceux dont le trafic mérite d'être
relevé sont : Livourne, Portoferraio, Piombino et Rio Marina, Portoferraio a accusé, en 1910, une augmentation de 268ooo tonnes. C'est le
progrès le plus considérable constaté à l'heure présente dans un port du
Royaume. Rio Marina a également vu son tonnage s'accroître de
13o ooo unités. Ces progrès sont dus aux besoins croissants des centres
miniers du canal de Piombino. D'autres petits ports de la côte, tels que
Santa-Reparata, se sont haussés au rang de véritables ports, à cause du

débarquement du charbon et surtout des phosphates que l'on s'efforce
de décharger, autant que possible, dans le voisinage des lieux de vente.
D'une façon générale, le tonnage augmente surtout dans les ports d'une
classe inférieure et il est plutôt stationnaire ou en diminution dans les
grands ports. Les causes de ce phénomène sont à rechercher dans les
dépenses excessives qui, pour des raisons assez complexes, grèvent les
marchandises qui passent du navire au wagon. Des points d'atterrissage,
autrefois insignifiants, accusent aujourd'hui un trafic qui ferait honneur
aux centres d'une réputation maritime bien établie. Ainsi, en l'espace
de 10 ans, le tonnage de Portoferraio est passé de 30 876 à 720 328 tonnes
celui de Piombino de 61 706 à 365 287 et celui de Rio Marina de 90 650
à 316 865. Tous ces ports ont été l'objet de crédits importants, en vue
de leur meilleur aménagement.

Livourne l'emporte, cela va sans dire, sur ses voisins. D'ailleurs, il
prend rang dans les statistiques nationales comme la cinquième place
maritime du Royaume. En tant que port méditerranéen, il se classe au
quatrième rang à la suite de Gênes, Naples, Palerme et clôt la série des
ports italiens qui ont un tonnage supérieur à 1 million de tonnes, chiffre
qu'il a atteint en 1901, et qu'il n'a cessé d'enregistrer depuis.

Le port de Livourne est situé au 43° 32′ 36″ de latitude Nord et
10° 17′ 44″ longitude Est du méridien de Greenwich. Son orientation
va du Nord au Midi. Il est divisé en deux parties, le vieux et le nouveau
port, qui a une profondeur de 7 m à 9 m. Il est pourvu d'un bassin de caré-
nage, de trois darses et est mis en communication avec Pise au moyen
du canal dit « dei Navicelli ». Il est desservi par un certain nombre de
lignes de navigation qui le mettent en communication avec l'Archipel
toscan, la Sardaigne, la Corse (service postal français tri-hebdomadaire
et service italien), avec Nice, Marseille, la Tunisie, Alexandrie d'Égypte,
la côte italienne jusqu'à Venise, Constantinople et Odessa, sans compter
le mouvement de navires qui existe avec l'Espagne, la Grande-Bretagne,
la Belgique, la Hollande, les ports de la Baltique, New-York, la Nouvelle-
Orléans et le Brésil.

Bien que Livourne ne possède pas, en propre, de lignes de navigation,
cette cité maritime commerce avec le monde entier. Les rapports suivis de
ce port avec la Corse et le Midi, assurent à notre pavillon une place honorable dans ce trafic : on ne peut que déplorer cependant que les zones
d'influence que nos Compagnies de navigation méditerranéenne ont été
amenées à s'attribuer n'aient pas laissé la marge à des relations directes
entre Livourne et notre Empire africain. Cette question mériterait d'être
envisagée sérieusement.

Le mouvement de la navigation française dans ce port a fourni, l'an
dernier, à l'entrée et à la sortie, 145 navires ayant une jauge de
91 865 tonnes.

Voici le rappel des années précédentes :

Années.	Navires.	Tonnes.
1910	171	94309
1909	166	94410
1908	170	91325
1907	162	83655

La diminution sensible constatée, en 1911, sur le nombre des navires, et, à un degré moindre, sur le tonnage, tient à l'interruption des services de la Compagnie Fraissinet pendant une partie de l'été. Le Consulat a eu, d'autre part, à viser 195 patentes requises pour des ports français.

Si nos envois dans la Péninsule n'ont plus l'ampleur d'autrefois, cela tient à ce que l'industrie indigène fournit au pays beaucoup plus de produits que par le passé et que certaines denrées coloniales, qui transitaient autrefois par Marseille, arrivent aujourd'hui, en droiture, des lieux d'origine. A la sortie, c'est l'inverse qui se produit, en ce sens que l'exportation vers les pays d'outre-mer prend souvent la voie de Gênes, à l'exception du trafic avec une partie de la côte septentrionale d'Afrique et les Échelles du Levant qui est assuré régulièrement ici par des lignes italiennes.

Le mouvement de Livourne avec l'extérieur a fourni l'an dernier les quantités et les valeurs ci-après :

Importations	1055762649 kg pour	137757419 lires
Exportations	137440188 »	88966136 »

L'écart entre la sortie et l'entrée des marchandises est considérable, et il saute aux yeux que c'est surtout sur cette dernière que repose l'activité du port de Livourne.

La part quantitative de la France représente un peu plus du quart de l'importation totale. La place que nous occupons dans le trafic du port de Livourne reste donc des plus honorables et, si au point de la valeur la contribution de la France est moindre, cela tient à la catégorie XIV qui, bien que représentant la moitié de l'importation totale, comprend des marchandises (sables pour verreries et terres) de très peu de valeur.

Le marché du *poisson frais, sec et en conserves*, a été assez mouvementé par suite des grands achats qui ont été faits à l'étranger. L'Algérie aurait envoyé l'an dernier 831343 kg de poissons en saumure. La Tunisie continue à expédier du thon et des boutargues. Malgré la concurrence sarde et génoise, les produits des préparateurs tunisiens sont toujours sûrs de trouver ici un excellent débouché. Ainsi sur un total de 392 326 kg, représentant la dernière importation totale de cet article sur la place, 334 033 kg proviennent de la Régence.

Quant aux poissons frais, ils arrivaient surtout de Tunisie, mais leur importation a complètement cessé, par suite des mesures édictées par la Régence qui a arrêté l'expédition à l'étranger des poissons frais sous glace (¹). Les poissons arrivaient autrefois sous glace dans des caisses spéciales : il n'était pas rare qu'un paquebot italien en apportât 15 ou 20 tonnes à chaque voyage. L'absence de ces arrivages a eu pour effet immédiat la hausse du poisson, qui se pêche dans ces parages et qui devient de plus en plus rare, par suite du dépeuplement des bas-fonds.

L'emploi des *engrais chimiques* a pris une grande extension en Italie. L'Italie est, après la France, le pays qui achète le plus de phosphates à nos possessions d'outre-mer. Cette importation s'est développée, depuis 10 ans, au détriment de celle des États-Unis. L'importation a compris l'année dernière 2 643 000 kg de phosphates venant d'Algérie et 36 034 400 kg venant de Tunisie, soit en tout 38 677 600 kg pour le seul port de Livourne, mais comme il a été déjà indiqué, un certain nombre de petits ports du littoral servent aujourd'hui de lieu de débarquement aux phosphates minéraux. Durant les années 1910 et 1911, les prix des phosphates sont descendus parfois à 0,35 l'unité, si un tel prix se maintient, il n'est pas douteux que l'usage des engrais minéraux entrera de plus en plus dans l'exploitation.

L'introduction des *peaux brutes et déchets* est exempte de droits de douane en Italie. On n'impose aux marchandises que l'obligation d'être accompagnées d'un certificat sanitaire émanant du lieu d'origine. Le marché livournais est très important, et son approvisionnement est effectué pour une moitié par l'Angleterre et pour l'autre moitié par la Chine, la France ainsi que par la Tunisie qui trouve ici un de ses meilleurs débouchés, pour ses peaux brutes.

Les importations de peaux brutes effectuées par Livourne, en 1911, s'élèvent pour la France à 144 348 kg, pour l'Algérie à 53 638 kg, et pour la Tunisie à 100 604 kg. On voit que les importations réunies de l'Algérie et de la Tunisie dépassent celles de la France qui atteignent cependant un chiffre important.

Le mouvement général des affaires entre la France et Livourne a représenté l'an dernier une valeur de 18 377 789 fr correspondant à 37 030 651 kg de marchandises. Si l'on rapproche ces chiffres de ceux du commerce général de ce port, on voit que nous occupons dans le trafic de Livourne une place honorable : la deuxième à l'importation, si nous tenons compte strictement du poids de la marchandise, la **première**, si nous défalquons des envois de la Grande-Bretagne les **quantités** de charbon qu'elle débarque annuellement ici.

Si l'on considère que 638 068 129 kg des envois de la Grande-Bretagne consistaient en houille et si l'on ne néglige pas d'ajouter aux provenances françaises 7 656 478 kg de marchandises venant d'Algérie et 24 215 439 kg d'origine tunisienne, on voit que la première place dans les arrivages de ce port revient incontestablement à la France.

(¹) Cette notice date de 1911 : Les mesures en question ont été rapportées depuis cette époque.

En tenant compte de la prospérité croissante de l'Algérie et de la Tunisie, ainsi que de l'augmentation de la puissance économique et de consommation du jeune Royaume, il pourrait en résulter, de part et d'autre, un échange important de marchandises.

En 1911, l'Italie a acheté 159 000 fr de plus de marchandises en Algérie et lui en a fourni pour 151 000 fr de plus que précédemment.

Puisque la question d'un service régulier entre la Corse, l'Algérie et la Tunisie est à l'étude et que des communications régulières existent entre notre grande île méditerranéenne et ce port, la possibilité d'établir des relations maritimes directes entre le port de Livourne et notre Empire africain mériterait d'être étudiée sérieusement.

MOUVEMENT DU PORT DE LIVOURNE DURANT LES CINQ DERNIÈRES ANNÉES.

Tableau indiquant les quantités de marchandises embarquées et débarquées, y compris le charbon ainsi que les droits perçus.

Années.	Nombre des vapeurs et des voiliers.	Tonneaux de jauge.	Marchandises embarquées et débarquées en tonnes.	Quantité de charbon de terre importé à Livourne en tonnes.	Droits d'entrée et d'octroi perçus en lires.
1907.........	9115	4 683 653	1 491 741	570 108	13 178 024
1908.........	8935	4 920 939	1 466 400	615 297	13 802 543
1909.........	8884	5 141 416	1 511 107	632 534	19 037 980
1910.........	8968	4 927 120	1 480 137	657 688	16 938 377
1911.........	9187	5 108 172	1 608 994	698 543	16 585 992

N. B. — Les totaux ci-dessus comprennent le petit et le grand cabotage. Aux chiffres des marchandises embarquées (Exportation), il conviendrait d'ajouter une quantité considérable de marbres (100 000 tonnes environ par an) qui est transportée, sur des balancelles, à Livourne, où après transbordement sur des cargo-boats, elle est expédiée à l'étranger, sans qu'il en soit tenu aucun compte sur les états de la Douane.

M. Fernand ANDERODIAS,

Conducteur des Ponts et Chaussées, Sfax.

PORT DE SFAX.

24 *Mars.*

387.1 (611-Sfax)

Généralités sur Sfax. — Sfax, l'ancienne Taphrura des Romains est la ville la plus importante du Sud de la Tunisie. Sa population, y compris celle des jardins qui l'environnent, dépasse 80 000 habitants. Elle est reliée avec les villes du Sud, Tozeur, Metlaouï, Henchir-Souatir, par le chemin de fer de Sfax à Gafsa, et avec Sousse, par le chemin de fer récemment construit de Sousse à Sfax.

Des routes nombreuses partent de Sfax, en éventail, vers l'extérieur jusqu'à 110 km environ et desservent des contrées fertiles, plantées d'oliviers et ensemencées de céréales.

La presque totalité des productions exportées du Sud-Tunisien ont naturellement leur écoulement vers Sfax. A ces productions qui sont de natures diverses : phosphates de Métlaouï et de Maknassy, dattes du Djérid, alfa de Mezzouna, bétail de Sidi-bou-Zid, céréales, viennent s'ajouter celles de Sfax même : huile d'olive, éponges, sel.

Le port de Sfax a, de ce fait, une importance réelle; il est classé second port de Tunisie.

HISTORIQUE DU PORT. — Le port de Sfax est situé le long de la côte Nord-Sud tunisienne par 8°25'22",2 de longitude et 34°44'30",9 de latitude; sa rade, accessible aux navires de tous tonnages, est naturellement abritée par les îles Kerkennah et par de hauts fonds vaseux qui ont pour objet de briser les mers les plus violentes.

Grâce à cet abri exceptionnel, grâce aux richesses sous-marines de la zone avoisinante, le nombre des petites embarcations qui se sont rassemblées de tout temps dans le port de Sfax, atteint une proportion inconnue dans le reste de la Régence : de là la physionomie si attrayante, encore de nos jours, de ce port favorisé par la nature.

Jusqu'en 1886, la rade de Sfax n'a été desservie que par un appontement en bois de 50 m de longueur environ, établi avant l'occupation, près d'une batterie rasante, aujourd'hui disparue, et dont nos marins durent essuyer le feu, le 16 juillet 1881, en se jetant à la mer pour donner l'assaut à la Place de Sfax.

Le pays avoisinant renfermait cependant, dès cette époque, de nombreuses terres cultivées en oliviers ou en jardins, et le mouvement commercial était déjà important, surtout à l'exportation pendant les années de bonnes récoltes.

De 1886 à 1891, furent exécutés les travaux d'aménagement d'un port destiné à permettre les opérations des bateaux d'un tirant d'eau maximum de 2,50 m. Ces travaux comprenaient :

La construction d'un mur de quai de 202 m de longueur.

Le dragage à une profondeur de 2,50 m au-dessous des plus basses mers : 1° le long du quai, d'un bassin d'opérations de 46 m de largeur; 2° d'un chenal d'accès de 1700 m de longueur et de 20 m de largeur.

Le remblaiement du terrain conquis, à la cote (2,50 m) au-dessus des basses mers.

L'établissement d'un feu de port et d'une grue fixe de 6 tonnes.

Ces travaux entraînèrent une dépense de 560 000 fr.

Le premier port de Sfax fut ouvert le 10 juillet 1891; il devait durer moins de 6 ans.

Bientôt, en effet, le développement de la ville et de son commerce, l'augmentation très sensible des exportations d'huiles, de céréales, d'alfas, et, surtout, le choix qui fut fait, de Sfax, comme port d'embarquement des phosphates qui devaient provenir des gisements de la région de Gafsa, amenèrent le Gouvernement à décider la construction d'un port accessible aux navires calant 6,50 m. L'avant-projet établi suivant cet ordre d'idées, et conformément aux conclusions de la Commission nautique, reçut l'approbation du Conseil général des Ponts et Chaussées, le 13 octobre 1892.

Un premier essai de concession du port de Sfax fut tenté, en août 1893, les ressources budgétaires du moment ne permettant pas de songer à l'exécution directe des travaux par l'État. Le programme comprenait, outre la construction et l'exploitation du port, la construction et l'exploitation d'une voie ferrée de 250 km allant de Sfax aux gisements de phosphates de Gafsa, l'exploitation de ces phosphates, enfin, celle de l'alfa qui pousse en abondance dans certaines régions traversées par la voie ferrée. Ce programme était trop vaste et trop inégalement étudié dans ses différentes parties. Le concours ouvert ne réussit pas. Il parut sage d'effectuer une disjonction et de rattacher la concession du port de Sfax à celle des Ports de Tunis et de Sousse, pour former un tout homogène dont les parties se prêtassent un mutuel appui.

La concession ainsi présentée fut obtenue par MM. Duparchy et Preault, auxquels se substitua, peu après, la Compagnie des Ports de Tunis, Sousse et Sfax.

Les travaux à réaliser consistaient principalement en dragages, pour le creusement d'un chenal d'accès et d'un bassin d'opérations de 10 ha de superficie et de 6,50 m de profondeur, avec deux petits canaux pour les barques; en outre, 415 m de quai, des terre-pleins avec leur outillage étaient à établir en sus des ouvrages existants.

La Compagnie commença les études du nouveau port, en se basant sur le projet dressé par l'Administration en 1893 et qui avait servi de base aux prescriptions du Cahier des charges, mais, frappée de la rareté des terrains à bâtir dans le voisinage de la ville de Sfax, elle proposa de reporter tous les ouvrages du port, de 200 m vers le large. Cette amélioration, très réelle, fut approuvée, le 25 mai 1895, en même temps que le projet d'ensemble des ouvrages du port, sous la seule réserve qu'il n'en résulterait aucun surcroît de dépenses pour l'État.

Cette réserve mettait à la charge de la Compagnie, la reconstruction d'un nouveau bâtiment de douane en remplacement de celui de l'ancien port et, surtout, la reconstruction du mur de quai de 202 m., qui aurait été conservé, d'après les premiers projets.

La Compagnie ayant accepté de supporter les frais de cette reconstruction jusqu'à la cote (— 2,50 m.), l'Administration décida de faire appel au capital complémentaire pour porter à 6,50 m. le tirant d'eau de ce quai et doter, ainsi, dès le début, le port de Sfax d'environ 600 m. de quais à grande profondeur.

Un délai de 2 ans, à partir de l'approbation des projets définitifs, était fixé pour l'exécution des travaux. Il courait du 1er janvier 1895. Mais, par suite de la perte d'une grande drague et d'une modification apportée dans les projets primitifs, les travaux ne commencèrent réellement qu'en juin 1895. Grâce à l'activité déployée, moins de 2 ans après, le 25 avril 1897, le port de Sfax était solennellement inauguré par M. Boucher, Ministre du Commerce, en présence de MM. Cochery, Ministre des Finances, Darlan, Ministre de la Justice et Revoil, Résident général adjoint.

La dépense d'établissement, faite par la Compagnie des Ports, a été de 2 026 000 fr., en chiffres ronds.

Le port de Sfax comprenait alors :

Un bassin d'opérations d'environ 10 ha, creusé à (— 6,50 m.).

Un chenal de 21 m de largeur, allant jusqu'à 3 km au large, creusé à la même cote.

Deux murs de quai perpendiculaires entre eux, construits sur les côtés nord-est et nord-ouest du bassin, d'un développement total de 594 m (quai Nord-Ouest 369 m, quai Nord-Ouest 225 m, et arasés à (+ 2,50 m). Ces quais, accostables avec 6,50 m de tirant d'eau, ont été construits en vue d'un approfondissement futur du port à la cote (— 8,00 m.)

Un quai de 50,70 m de longueur en prolongement du quai Nord-Ouest, réservé pour les torpilleurs, et prolongement par un perré de 42 m de longueur affecté aux petits bateaux de commerce. La partie du bassin correspondante au quai des torpilleurs et au perré qui lui fait suite a une surface de 1 ha environ ; elle est draguée à la cote (— 3,00 m).

Un chenal de 45 m de largeur, dragué à (— 2,00 m) et bordé de perrés sur sa rive Nord-Est régnant au sud du terre-plein sur 680 m de longueur et affecté à la petite batellerie.

Deux petites darses de 1200 m² et 5600 m² de superficie.

Enfin un petit chenal dragué à (— 2,50 m) et servant aux petits bateaux venant du large.

Mais, l'exportation des phosphates par la Compagnie de Gafsa, commencée en 1899, avec 64 000 tonnes, prend une rapide extension. Le tonnage atteint, en 1906, le chiffre de 593 276 tonnes, et de nouveaux marchés, passés, permettent d'envisager l'exportation, en 1911, de 1 million de tonnes.

Le quai Nord-Est spécialement affecté à l'embarquement des phosphates, devient insuffisant, et la Compagnie demande, en 1905, l'allongement de ce quai.

En 1906, sont entrepris les travaux d'agrandissement qui consistent en :

Construction d'un mur de quai de 220 m de longueur en prolongement du mur de quai Nord-Est existant.

Dragage d'une souille de 100 m de longueur, à la suite du nouveau quai Nord-Est, pour le stationnement des navires attendant leur tour de chargement.

Construction de 5 ducs d'albe.

Dragage à la cote (— 6,50 m) de la partie du port non draguée, évaluée à 5,75 ha comprise entre le nouveau quai Nord-Est, la souille qui y fait suite, et le grand chenal.

Ces travaux furent achevés en 1909 et leur montant fut approximativement de 1 000 000 fr.

Les produits du dragage formèrent derrière les hangars à phosphates, un nouveau terre-plein, qui fut dénommé *Plage Wiriot* et fut protégé vers la mer par des perrés maçonnés sur une longueur de 300 m.

En 1911, une Société nouvelle d'exploitation de phosphates, la Société des Phosphates de Maknassy, demanda à la Compagnie des Ports, l'emplacement nécessaire à l'embarquement annuel de 100 000 tonnes.

Un nouvel agrandissement du port fut entrepris aussitôt; le projet comprenait la construction d'un perré maçonné de 102 m arasé à la cote (+ 2,50 m) et fondé la cote (— 8,80 m), à la suite du quai Nord-Est au droit de la souille précédemment construite pour le stationnement des navires attendant leur tour de chargement.

Ces travaux sont actuellement terminés et les phosphates de Maknassy sont en chargement.

Ici s'arrête l'historique du port de Sfax. Mais ce port est déjà très insuffisant, et de nouveaux agrandissements sont déjà à l'étude pour l'embarquement de nouveaux phosphates, ceux du Meheri Zebbeus.

L'agrandissement se ferait vers le Sud. Il consisterait dans le prolongement vers le sud-ouest du mur de quai Nord-Ouest, la construction d'un perré perpendiculaire, à son extrémité Sud, se dirigeant vers l'îlot de Madagascar, ainsi que le dragage à la cote (— 6,50 m) de la superficie comprise entre les nouveaux quais de l'îlot.

DESCRIPTION DU PORT. — En résumé, tel qu'il existe aujourd'hui, le port de Sfax comprend :

Les chenaux d'accès au port (grand chenal et petit chenal).

Le bassin d'opérations.

Le chenal pour les petits bateaux.

Chenaux d'accès. — 1° Le grand chenal, creusé à la cote (— 6,50 m), part des fonds de 7 m de la rade et est orienté au Nord 39° Ouest. Sa longueur est de 2700 m, sa largeur de 22 m au plafond.

Deux bouées lumineuses, l'une à feu rouge, l'autre à feu blanc, indiquent l'entrée du grand chenal. Neuf feux rouges et blancs le jalonnent. Un feu de port sert de feu de direction pour la navigation dans le chenal.

2° Le petit chenal, orienté au Nord 52° Ouest, part des fonds de 3 m à 1600 m environ de l'origine du grand canal, et à 400 m au Nord 50° Est de son axe; il a 1500 m de longueur, 20 m de largeur et 2,50 m de profondeur. Il conduisait autrefois à l'ancien bassin d'opérations, aujourd'hui comblé; il est actuellement utilisé par les petits voiliers.

Le bassin d'opérations a une surface d'environ 15 ha; il est creusé à 6,50 m de profondeur.

Deux quais perpendiculaires entre eux sont construits sur les côtés nord-est et nord-ouest du bassin; leur développement total est de 813 m. Un perré maçonné de 102 m prolonge au Sud-Est le quai Nord-Est.

Le quai Nord-Ouest est affecté aux vapeurs postaux et aux autres bateaux qui embarquent et débarquent des marchandises diverses; le quai Nord-Est, ainsi que le perré qui le prolonge, sont réservés aux embarquements des phosphates de la Compagnie de Gafsa, des phosphates de la Société de Maknassy et des alfas.

Dans la partie sud-est du bassin se trouvent cinq bollards destinés à l'amarrage des vapeurs qui attendent leur tour d'embarquement de phosphates; huit coffres d'amarrage sont mouillés dans diverses parties du port.

Le quai Nord-Est est prolongé par un quai de 50,70 m de longueur réservé aux torpilleurs, et par un perré maçonné de 42 m se raccordant avec le perré du petit chenal, destiné aux petits bateaux de commerce calant 3 m.

La partie du bassin correspondant au quai des torpilleurs et au perré qui lui fait suite, dite *Bassin des Torpilleurs*, a une surface de 1 ha environ et une profondeur de 4 m.

Terre-pleins. — Les terre-pleins créés avec les produits du dragage ont une superficie d'environ 20 hectares.

La zone publique des terre-pleins du port a une largeur de 75 m le long des quais Nord-Ouest et Nord-Est; elle renferme :

1° Deux magasins avec bureaux annexes d'une superficie totale de 2119 m², situés sur le terre-plein Nord-Ouest.

2° 2037 m de voies ferrées de 1 m de largeur et 8500 m² de chaussées empierrées ou pavées.

Le terre-plein Nord-Est, sur 100 m de largeur et 348 m de longueur, est réservé à la Compagnie concessionnaire des phosphates de Gafsa, qui l'a aménagé selon ses besoins. Elle y a établi notamment, à 17,74 m de l'arête du quai, des hangars de 348 m de longueur, 68 m de largeur, et 7 m de hauteur, pouvant renfermer environ 100 000 tonnes de phosphates. Des voies ferrées desservent ce magasin. Trois chargeurs, à courroies de caoutchouc, permettent de transborder 750 tonnes de phosphates à l'heure, soit des wagons, soit des magasins, dans les navires.

En arrière des hangars aux phosphates, se trouve un entrepôt d'alfa comprenant six dépôts :

Les engins de levage se composent de :

Une mâture flottante à vapeur de 20 tonnes.

Une grue roulante, à bras mobile d'une puissance de 20 tonnes.

Une grue fixe de 6 tonnes.

Trois grues mobiles à moteur mécanique de 1500 kg. chacune.

Une bascule de 6 tonnes et deux bascules de 1 tonne sont affectées au pesage.

Six bouches d'eau sont disposées sur les quais à l'usage des navires.

Le chenal, pour petits bateaux, a 680 m. de longueur et 45 m. de largeur ; il est creusé à 2 m et affecté aux nombreux petits bateaux, caboteurs et pêcheurs, qui fréquentent le port.

On accède au chenal pour petits bateaux par le bassin des torpilleurs.

Un terre-plein de 268 m. de longueur sur 50 m. de largeur a été aménagé sur la rive nord du chenal ; il est affecté aux dépôts d'éponges, de charbon de bois et de pierres.

Une petite cale de halage est établie en bordure du chenal pour la mise à sec des petits bateaux.

Deux darses de 1200 m² et 5200 m² sont attenantes au petit chenal.

SERVICE DE PILOTAGE ET REMORQUAGE. — Le remorquage est assuré par une chaloupe à vapeur jaugeant 27 tonneaux, le *Chickly*. Cette chaloupe sert également au service du pilotage.

La Compagnie du Sfax-Gafsa possède deux vedettes automobiles pour le service des navires chargés de phosphates.

M. Novak, concessionnaire de salines possède un canot à vapeur qu assure le remorquage des chalands chargés de sel.

Enfin, deux canots à voile font le service du port et celui des feux du chenal.

RENSEIGNEMENTS GÉOGRAPHIQUES ET HYDROLOGIQUES. ATTERRAGES. — La partie sud du canal, qui règne entre les îles Kerkennah et la terre, forme la rade de Sfax. Celle-ci n'est abordable, que par le Sud pour les grands navires.

La côte est généralement plate et les points de repère qui guident le navigateur, arrivant de jour par l'Est, sont des constructions isolées, des palmiers remarquables, et la masse elle-même de la ville de Sfax blanche et légèrement étagée.

En cas de brume, les fonds sont assez réguliers pour permettre hardiment l'atterrage à la sonde.

La rade de Sfax offre, sur une grande étendue, un abri complet aux bâtiments de tous tonnages ; la houle y est toujours très réduite et la tenue excellente.

De nuit, le navigateur est guidé par le feu éclair de Thyna, à groupe de deux éclats blancs toutes les 10 secondes, d'une portée moyenne de 24 milles.

Deux bouées lumineuses l'une à feu rouge, l'autre à feu blanc, placées à 140 m l'une de l'autre, jalonnent l'entrée du chenal d'accès.

Il existe à Sfax une marée assez sensible, dont les dénivellations propres, non compris celles dues à l'action du vent, atteignent 1,90 m à vive eau et 0,80 m en eau morte. Les oscillations sont régulières; l'établissement du port est de 3 heures 47 minutes; l'unité de hauteur 0,71.

En rade, le courant de flot porte au Nord-Est et le jusant au Sud-Ouest. Les vitesses en vive eau atteignent 1 nœud.

L'emploi du pilote est obligatoire pour l'entrée au port des bâtiments.

Le zéro, auquel sont rapportées les cotes de profondeur, est le niveau des basses mers *ordinaires*. Il est situé à 2,50 m au-dessous du couronnement des quais.

RENSEIGNEMENTS GÉNÉRAUX. PORT DE COMMERCE. — Le port de Sfax est le second port de la Régence.

De 1904 à 1909, il a pris la première place, en tant que tonnage total des marchandises importées et exportées, mais, depuis, Tunis a repris la tête.

En 1911, le port de Sfax a importé et exporté 1 200 199 tonnes de marchandises, contre 1 375 714 pour Tunis.

L'exploitation des concessions nouvelles des mines de phosphates de Maknassy et du Meheri Zebbeus et l'activité toute spéciale que déploie la Compagnie du Sfax-Gafsa, permettent d'envisager un accroissement de tonnage rapide pouvant atteindre 2 000 000 de tonnes, dans quelques années et placer Sfax au premier rang.

Les différentes espèces de marchandises importées et exportées sont les suivantes :

Importations.

Matériaux divers : Fers, aciers, chaux, ciment, etc.
Céréales de toutes natures.
Farines et semoules.
Vins et spiritueux.
Houille.
Tissus de coton et toileries.

Exportations.

Phosphates.
Alfa.
Sel marin.
Huiles d'olives et de grignons.
Bétail.
Dattes et primeurs diverses.

Le commerce trouve à Sfax des embarcations de servitude nombreuses : mahonnes et canots. Les chantiers de construction y sont actifs.

PORT DE RAVITAILLEMENT. — Les ressources que l'on peut trouver à Sfax, au point de vue du ravitaillement, sont inférieures à celles que l'on rencontre à Tunis et à Bizerte. Par sa position géographique, Sfax ne peut, d'ailleurs, aspirer qu'au ravitaillement de la moyenne navigation. En revanche, son rôle est très important comme centre de ravitaillement des pêcheurs dont nous parlons plus loin.

PORT DE REFUGE. — La rade de Sfax est, nous l'avons dit déjà, très sûre; elle offre un excellent refuge qui peut éviter aux navires, l'obligation de mouiller à Sfax même.

PORT DE PÊCHE. — Sfax et les îles Kerkennah, que l'on peut considérer comme une annexe de ce port, puisqu'elles n'ont guère de relations qu'avec lui, constituent un centre de pêche extrêmement actif, à la fois au point de vue de la pêche côtière et à celui de la pêche spéciale des éponges; 456 barques jaugeant en moyenne *un tonneau* chacune fréquentent le port de Sfax et pratiquent la pêche des différents poissons de la région.

Pendant la période de la pêche aux éponges, c'est-à-dire du 1ᵉʳ janvier au 1ᵉʳ novembre, le port de Sfax reçoit, en outre, une quarantaine de sakolèves grecques, jaugeant ensemble 700 tonneaux, 310 bateaux siciliens jaugeant 2000 tonnes et plus de 350 barques tunisiennes.

Ces bateaux mouillent dans le petit chenal et les darses de 1200 m² et 5200 m².

La multiplicité des mâts, le nombre et la variété des navires, donnent à ce chenal un aspect très pittoresque.

PORT DE GUERRE. — Sfax possédait un poste de torpilleurs. Celui-ci a été tout dernièrement désaffecté.

RELATIONS DU PORT DE SFAX. — Le port de Sfax est relié aux différents ports de la Régence.

1. *Par voie de mer.* — 1° Chaque semaine par un paquebot de la Compagnie Transatlantique venant directement de Tunis, arrivant à Sfax, le lundi à 10 h et repartant pour Sousse à 6 h du soir.

2° Par un paquebot de la Compagnie de Navigation mixte (Compagnie Touache) faisant le service Marseille-Tripoli; ce paquebot arrive à Sfax, le dimanche à 8 h 30 m, venant de Mahdia; il repart le même jour, à minuit, à destination de Gabès, Djerba, Tripoli; au retour, le jeudi, il fait escale; arrivé à 1 h 45 m du matin, il repart à 4 h du soir, à destination de Mahdia.

3° Par le service côtier de Tunis aux Bibans. Le paquebot arrive le mercredi à 4 h du soir, venant de Tunis et repart le même jour à minuit pour Djerba, Zarzis, les Bibans; au retour, le vendredi, il fait escale; arrivé à minuit, il repart le samedi à 8 h du matin à destination de Tunis.

2. *Par voie de terre.* — Avec Sousse, par deux trains journaliers dans chaque sens.

Avec Gafsa, par deux trains journaliers dans chaque sens.

A Gabès, par le réseau des routes.

3. *Par fils téléphonique et télégraphique.* — Au réseau de la Régence.

EXPLOITATION. COMPAGNIE DES PORTS. — L'exploitation du port de Sfax est assurée par la Compagnie des ports de Tunis, Sousse, Sfax, qui a été autorisée, par décret du 1ᵉʳ juillet 1894, à se substituer à MM. Duparchy et Preault, déclarés concessionnaires, par convention du 1ᵉʳ avril 1894, approuvée le 12 avril 1894.

En dehors des droits généraux de phares et de santé, les taxes perçues dans le port de Sfax, antérieurement à 1897, consistaient en un droit de canal, un droit d'accostage et une taxe de stationnement sur les marchandises, qui avaient été créés par décrets des 10 juillet et 28 novembre 1891.

Depuis la mise en service des nouveaux ouvrages, les taxes ont été perçues dans le port de Sfax par la Compagnie concessionnaire conformément aux clauses de la convention de concession et aussi :

1° Jusqu'en 1905, en vertu des décrets du 22 avril 1897, 28 janvier, 25 février, et 25 mars 1900.

2° Après cette date, suivant les tarifs uniformes pour les ports de Tunis, Sousse et Sfax, fixés à l'Annexe A de l'avenant à la convention du 1ᵉʳ avril 1894, approuvé le 16 décembre 1905 ; ces taxes se divisent en :

1° *Taxes obligatoires.* — Droits de pilotage, d'abri et de stationnement, droits d'accostage au delà des délais réglementaires, droit de séjour dans les eaux du port, droits d'embarquement et de débarquement sur les passagers, droits de séjour des marchandises sur les terre-pleins, au delà des délais réglementaires.

2° *Taxes facultatives.* — Tarif de pilotage, tarif du remorquage, tarif d'amarrage et de démarrage, tarif de prise d'eau, tarif des opérations de chargement et de déchargement, tarif de bâchage, tarif des engins de levage, tarif du magasinage, tarif du pesage, tarif des voies ferrées, tarif spécial des phosphates de chaux pour engrais et des minerais de fer.

CONTRÔLE D'EXPLOITATION. — Le Contrôle d'exploitation est assuré par le Conducteur des Ponts et Chaussées, chargé du Service maritime, sous la direction de l'Ingénieur des Ponts et Chaussées, chef du Service du Contrôle.

RÈGLEMENT PARTICULIER DU PORT. — En dehors du règlement général de police, applicable à tous les ports de la Régence, édicté par décret du 10 avril 1896, un règlement particulier pour le port de Sfax a été promulgué, par décret beylical du 10 avril 1900. Ce règlement est actuellement en vigueur. Il traite plus spécialement du pilotage, de la police des chenaux, de la police des bassins ainsi que de la police des quais et de leur outillage.

SERVICE DU PORT. — Le Service du port est assuré par un capitaine de port, un lieutenant de port, 2 maîtres de port, 3 pilotes et 5 marins beylicaux.

M. F. ANDERODIAS.

PORT DE SOUSSE.

387.1 (611-Sousse)

24 Mars.

L'ancien port marchand d'Hadrumete occupait le fond d'une petite baie, couverte au Nord par la colline de Bou-Jaffar, qui aboutit au môle de la Quarantaine. Ce môle et celui de la Batterie plus au Sud, formaient, avec un brise-lames courbe dont les restes sont encore visibles par mer basse, les ouvrages protecteurs de ce port.

Deux passes de 35 m de largeur, d'après les relevés faits par Daux, donnaient accès dans le bassin du port marchand : celle du Nord devait être spécialement affectée aux navires de guerre qui se rendaient dans le cothon, situé à peu plus à l'Ouest dans l'intérieur des terres, à l'emplacement qu'occupe aujourd'hui le cimetière arabe, et relié au port de commerce par un canal de 260 m de longueur, dont quelques vestiges ont été retrouvés; une troisième entrée de 8 m de largeur seulement s'ouvrait dans le brise-lames, non loin du môle de la Batterie.

C'est contre les anciennes constructions de ce môle que la grande jetée-abri du port actuel de Sousse a été enracinée.

Tous les travaux antiques s'étant ensablés, à la suite de la longue série de siècles, pendant lesquels ils n'ont pas été utilisés, le port de Sousse ne fut plus, sous la domination arabe, qu'une rade ouverte, sans aucun ouvrage créé de main d'homme; plus tard les paquebots purent, toutefois, y faire un service assez régulier grâce à la clémence habituelle de la mer. Cinq ou six fois par an seulement, ils étaient dans la nécessité de quitter la rade sans avoir pu mettre à terre leurs marchandises et leurs passagers.

TRAVAUX DE 1885 A 1900. — Dès les premiers temps de l'occupation française un mur de quai accostable aux embarcations ne calant pas plus de 1 m et un appontement atteignant les fonds de 2,50 m furent établis.

Ce dernier ouvrage fut doublé en 1892 et le quai porté à 300 m de longueur. Un terre-plein de 70 m de largeur, sur lequel la Douane avec ses magasins avaient été édifiés en 1886, une grue de 6 tonnes et une grue de 1 tonne complétaient l'outillage du port.

Un feu de port rouge signalait l'extrémité du quai. Ces installations étaient manifestement insuffisantes tant au point de vue du trafic qu'elles permettaient de desservir qu'à celui de l'abri qu'elles offraient à la navigation.

Dès 1893, on commença à construire sur 200 m l'amorce d'une jetée-abri destinée à couvrir le port, et l'on se préoccupa de dresser un projet d'ensemble difinitif. Un avant-projet, établi en 1891, sur les vives instances du commerce avait d'ailleurs reçu, le 13 octobre 1892, l'approbation du Conseil général des Ponts et Chaussées. Cet avant-projet tenait le plus grand compte des vœux de la population, ainsi que des observations formulées par la Commission nautique, qui avait été instituée pour étudier la question des ports de Sousse et de Sfax et celle de l'éclairage des côtes sud de la Régence.

Le projet définitif des travaux, dressé en 1893, servit de base, en ce qui concernait le port de Sousse, au prescriptions du Cahier des charges de la concession Duparchy et Preault.

La Compagnie des Ports, substituée aux concessionnaires primitifs, fut d'abord, pendant un certain temps, retenue par un obstacle naturel qui s'opposait à l'exécution rapide des travaux et qui a été la cause, on peut dire unique, des légers retards subis par le projet d'exécution.

Cet obstacle était relatif à la difficulté de trouver des enrochements naturels convenables à proximité de Sousse. Aussi dut-on n'employer qu'exceptionnéllement les enrochements naturéls et recourir pour la constitution de la grande jetée et des épis aux blocs artificiels de béton et de maçonnerie.

Le projet d'ensemble dressé par la Compagnie dans cet ordre d'idées fut approuvé par le Directeur général des Travaux publics, le 20 juin 1895.

Dès l'achèvement des travaux, le 25 avril 1899, le port de Sousse était solennellement inauguré par M. Krantz, Ministre des Travaux publics, en présence de M. Legrand, Sous-Secrétaire d'État au Ministère de l'Intérieur, de M. Mougeot, sous-secrétaire d'État des Postes et Télégraphes, et de M. Millet, Résident général de la République française, à Tunis.

Les dépenses s'élevaient à 4 680 000 fr en chiffres ronds.

DESCRIPTION DU PORT. — Le Port de Sousse comprend :

Une grande jetée de 756 m de longueur, dont l'enracinement se dirige au Sud 60° Est sur 200 m de longueur, et qui a elle-même la direction Sud 69° Est.

Deux épis, l'épi Nord de 256 m de longueur à partir de l'enracinement de la grande jetée, bordé intérieurement d'un quai de 6,50 m de tirant d'eau, de 200 m de longueur, et l'épi Sud de 370 m de longueur, bordé intérieurement d'un perré avec dispositif d'accostage.

Entre ces deux ouvrages existe une passe de 70 m de largeur, creusée à (—6,50 m) et balisée au Sud-Est par une bouée.

Une digue de 288 m de longueur relie l'épi Sud à la terre.

Un bassin de 28 ha, dont 17 ha sont dragués à la cote (—6,50 m), abrité par les ouvrages précédents. La partie draguée est pourvue de deux coffres permettant les évolutions des navires et de quatre coffres destinés à l'amarrage des navires attendant leur tour de chargement.

Un quai de 424 m de longueur et de 6,50 m. de tirant d'eau, placé sur le côté nord du bassin.

TERRE-PLEINS. — Du côté Nord, un terre-plein affecté au commerce de 77 000 m² de superficie découverte, plus 3414 m² de superficie couverte, y compris les magasins de l'ancienne Douane.

Du côté Sud, un terre-plein de 14 061 m² affectés aux phosphates de la Compagnie de Gafsa et aux minerais divers. Ces terre-pleins possèdent 3100 m de voies de quais, reliées à la voie ferrée de la Compagnie Bône-Guelma.

34 lampes à incandescence de 16 bougies assurent l'éclairage de la zone publique de 87 m de largeur affectée au port.

Cet éclairage est complété par six groupes de trois lampes à incandescence de 100 bougies, soit 300 bougies par groupe, utilisés pour les navires postaux.

Les engins de levage sont au nombre de quatre, savoir :

Un ponton-mâture de 20 tonnes.

Une grue fixe de 6 tonnes.

Deux grues mobiles à vapeur de 1500 kg.

Trois bouches d'eau assurent l'alimentation des navires en eau potable.

RENSEIGNEMENTS GÉOGRAPHIQUES ET HYDROLOGIQUES. ATTERRAGE. — La côte est basse et sablonneuse aux abords de Sousse, tant au Nord qu'au Sud.

Au premier plan se trouvent des dunes, derrière lesquelles s'élèvent les premières collines couvertes de végétation. Pendant le jour, la meilleure indication du port de Sousse est la ville elle-même, dont la masse blanche disposée en amphithéâtre, les murs crénelés d'un bel aspect, la haute tour de la Casbah, sont visibles à une très grande distance. Quand on approche, des cheminées d'usine, des villas servent d'excellents points de repère. La nuit, l'atterrage se fait au moyen du feu de la Casbah, à éclats blancs de 5 à 5 secondes d'une portée de 24 milles et par les trois feux du port, savoir :

Un feu fixe blanc sur le musoir de la grande jetée;

Un feu fixe blanc avec secteur vert sur l'épi Nord;

Un feu fixe blanc avec secteur rouge sur l'épi Sud;

Il existe à Sousse une marée, mais elle est très irrégulière, les dénivellations constatées sont de 0,90 m.

PORT DE COMMERCE. — Le port de Sousse n'a pas l'importance commerciale de celui de Tunis, bien qu'il desserve une région riche et peuplée. Le tonnage du trafic, stationnaire jusqu'en 1910, s'est accru à cette date des phosphates de Metlaoui transportés par la ligne d'Henchir-Souatir nouvellement construite. Ces phosphates apportent actuellement un appoint d'environ 100 000 tonnes au trafic général.

, Le port de Sousse occupe le troisième rang parmi les ports tunisiens.

Les marchandises qui constituent principalement le trafic du port de Sousse, sont :

A l'importation :

Les céréales de toute nature.
Les farines et les semoules.
Les vins et spiritueux.
Les tissus de coton.

A l'exportation :

Le blé et l'orge.
Les huiles d'olives et de grignons.
Les phosphates.

Le commerce trouve à Sousse, en dehors de l'outillage exploité par le concessionnaire, des embarcations de servitude appartenant à divers armateurs. Elles consistent en mahonnes et canots.

Il existe à Sousse quelques chantiers de construction, qui construisent chaque année une quinzaine de barques de pêche et un ou deux chalands.

PORT DE RAVITAILLEMENT. — Au point de vue de ravitaillement Sousse offre toutes les facilités qu'on peut désirer au point de vue de l'eau, des vivres frais et même du charbon, dont le stock approvisionné par le commerce est d'un millier de tonnes.

Mais ce port n'étant pas sur la route de la grande navigation ne peut être appelé qu'à ravitailler des navires d'un faible tonnage, faisant du cabotage. Son avenir à ce point de vue est assez restreint.

PORT DE REFUGE. — Il en est de même de son rôle comme port de refuge ; mais, à ce point de vue, il offre une très réelle utilité pour la petite navigation et surtout pour les bateaux de pêche, dont nous parlons plus loin. Il offre à ces deux catégories de navires un excellent abri, qui faisait absolument défaut entre le cap Bon et le mouillage de Téboulba.

PORT DE PÊCHE. — Sousse a de tout temps été un centre de pêche assez important.

Il s'y réunit d'avril à fin juillet des barques siciliennes pour la pêche de la sardine dont elles salent et expédient le produit en Italie.

PORT DE GUERRE. — Jusqu'à ce jour Sousse n'a d'autre rôle, comme port de guerre, que l'abri et les facilités de ravitaillement qu'il offre à la Marine française.

RELATIONS DU PORT DE SOUSSE. — Le port de Sousse est relié :

Par voie de mer. — A Tunis, trois fois par semaine.

Au sud de la Régence, deux fois par semaine.

Par voie de fer. — A la gare de Sousse, par un aiguillage direct sur la ligne de Sousse à Mokenine.

Par voie de terre. — A tout le réseau empierré de la Régence (notamment vers Tunis, vers Kairouan, vers Sfax et vers Mahdia).

Par fil télégraphique. — Au réseau de la Régence.

. Les accès du port de Sousse du côté de terre ont été particulièrement soignés : la démolition d'un ancien bordj, qui formait l'angle nord-est de l'enceinte et qui occupait une surface de 3000 m². malencontreusement jetée en travers des voies principales de la ville, a permis de relier dans les meilleures conditions la voie ferrée de Sousse à Mokenine aux voies mêmes du port et de donner aux routes de grande communication un accès direct sur les terre-pleins. Actuellement, deux grandes routes et six rues débouchent sur les terrains du port, qu'ils desservent d'une façon tout à fait satisfaisante.

EXPLOITATION. — L'exploitation du port de Sousse est assuré par la Compagnie des Ports de Sousse et Sfax, qui a été autorisée à se substituer à MM. Duparchy et Préault, concessionnaires.

Les taxes perçues dans le port de Sousse, antérieurement à la concession consistaient, en dehors des droits généraux de phares et de santé, dans les droits locaux applicables dans tous les ports à défaut de stipulations particulières. Ces droits locaux étaient au nombre de trois : droit d'accostage aux quais et appontements, taxe pour l'usage des grues et taxe sur les embarcations de servitude.

Cette tarification fut complétée, le 30 mars 1896, par un décret promulguant trois des nouvelles taxes prévues dans la concession à la Compagnie des Ports. Elle fut enfin abrogée après l'achèvement des travaux et la mise en service des nouveaux ouvrages.

En 1905, les taxes pour les ports de Tunis, Sousse et Sfax furent rendues uniformes. Ces taxes se divisent en :

1° *Taxes obligatoires.* — Droits de pilotage, d'abri et de stationnement droits d'accostage au delà des délais réglementaires, droits de séjour dans les eaux du port, droits d'embarquement et de débarquement sur les passagers, droits de séjour des marchandises sur les terre-pleins au delà des délais réglementaires.

2° *Taxes facultatives.* — Tarif de pilotage, tarif du remorquage, tarif d'amarrage et de démarrage, tarif de prise d'eau, tarif des opérations de chargement et de déchargement, tarif du bâchage, tarif des engins de levage, tarif du magasinage, tarif du pesage, tarif des voies ferrées, tarif spécial des phosphates de chaux pour engrais et des minerais de fer.

CONTROLE D'EXPLOITATION. — Le contrôle d'exploitation est assuré par le Conducteur des Ponts et Chaussées, chargé du service maritime, sous la direction de l'Ingénieur des Ponts et Chaussées, chef du Service du Contrôle.

RÈGLEMENT PARTICULIER DU PORT. — En dehors du Règlement général de police, applicable à tous les ports de la Régence, édicté par décret, du 10 avril 1896, un règlement particulier pour le port de Sousse a été promulgué, par décret beylical du 2 avril 1900. Ce règlement est actuellement en vigueur. Il traite plus spécialement du pilotage, de la police des bassins, ainsi que de la police des quais et de leur outillage.

M. Léon RAYGONDAUD,

Conducteur des Ponts et Chaussées, Constantine.

PORT DE PHILIPPEVILLE.

387.1 (653-Philippeville)

24 *Mars.*

I. — HISTORIQUE.

Le port de Philippeville est le port proprement dit du département de Constantine, port d'exportation des produits culturaux et d'élevage de là région des hauts plateaux et de la région saharienne comprenant tous les oasis de la partie sud de ce département.

Située au fond d'un golfe dénommé *golfe de Stora*, la ville de Phillippeville fut construite, en 1838, par le maréchal Valée, à proximité de Stora, sur les ruines de l'ancienne Rusicade.

Les deux colonies romaines, Asthoret (Stora) et Rusicade étaient tellement voisines et si entièrement reliées entre elles par une série de villas et de tombeaux qu'elles ne formaient réellement qu'une seule ville fréquentée plus tard par les navigateurs gênois, pour leurs échanges avec l'intérieur des terres africaines.

Aussitôt après l'occupation de Stora, en 1838, et le commencement de l'édification de la nouvelle ville de Phillippeville, on s'inquiéta de faciliter les opérations des petits navires fréquentant la rade. Une rivalité s'éleva alors entre Stora et Philippeville quant au point de déterminer l'emplacement du futur port, ce n'est qu'en 1680, par décret du 14 août, que la question fut tranchée à l'avantage de cette dernière.

Dès la même année, 3 millions de travaux furent entrepris et constituèrent l'amorce du port actuel.

Philippeville, siège d'un arrondissement compte maintenant une population urbaine de 20 000 habitants.

II. — DESCRIPTION DU PORT.

CONDITIONS HYDROGRAPHIQUES ET NAUTIQUES. OUVRAGES CONSTI-TUTIFS DU PORT. — Le port de Philippeville est situé dans la partie la plus méridionale du golfe de Stora dont les extrémités sont formées par la pointe Tasräh à l'Ouest et le cap de Fer à l'Est. Ce golfe qui a la forme d'un croissant ouvert, dans la direction du Nord-Nord-Ouest, a 17 milles d'ouverture sur 9 de profondeur.

La rade de Philippeville est battue en plein par tous les vents du large du Nord-Ouest au Nord-Est.

Le port court sur une longueur de côtes de 1600 m comprises entre la pointe de Skikda à l'Est et celle du Château-Vert, à l'Ouest.

Les premiers travaux du port datent de 1860. Il est protégé du côté du large par une digue longue de 1625 m qui, enracinée sur la pointe de Skikda, s'allonge dans une direction légèrement divergente à la côte; vers l'extrémité ouest de cette digue, une jetée normale à sa direction restreint l'ouverture comprise entre la digue et la terre en laissant libre une passe de 100 m de largeur qui constitue l'entrée de l'avant-port.

La surface d'eau comprise entre les deux digues et la côte constitue l'ensemble du port : elle est divisée en deux bassins par une traverse dirigée du Sud au Nord parallèlement à la jetée; l'un des bassins cons-titue l'avant-port, l'autre la darse, ou port proprement dit. Les deux bassins sont en communication par une passe intérieure de 90 m de largeur, ouverte dans la traverse les séparant et faisant face à la passe d'entrée.

L'avant-port mesure 500 m de longueur et 600 m de largeur, sa surface est de 32 ha environ dont 16 ha avec fonds de 10 m et audessus. Sur la passe d'entrée les fonds atteignent 15 m. Le long de la traverse séparant les bassins, les navires disposent de 200 m de quais avec des profondeurs variant de 5,60 m à 8 m.

La darse a une longueur de 600 m et une largeur variant de 140 m à 380 m, elle couvre une superficie de 19 ha environ dont 7,45 ha avec fonds de 10 m et au-dessus. Les quais mis à la disposition des navires s'étendent sur une longueur de 1,020 m avec profondeur minimum de 7,40 m, sauf contre les murs de quai où règne une risberme de 5,00 m de largeur qui est placée à une profondeur de 6 m seulement. La passe faisant communiquer les bassins est établie sur des fonds de 12 m. Les quais sont arasés à 1,60 m au-dessus du niveau moyen des eaux. Le port est établi dans toutes ses parties sur fonds rocheux. La darse est à l'abri des apports vaseux et sableux et jusqu'ici on n'a procédé à aucun travail de dragage autre que ceux nécessités par l'enlèvement des objets ou matériaux jetés, ou tombés à la mer, le long des quais pendant les opérations de chargement et de déchargement. L'avant-port, au contraire, s'envase progressivement en raison des apports qu'il reçoit du ravin du Beni Meleck, lequel débouche au fond de ce ravin.

Les plus gros navires de commerce peuvent évoluer facilement dans l'avant-port et dans la darse où les fonds atteignent jusqu'à 15 m au voisinage de la digue principale et chacun de ces bassins peut recevoir de grosses unités de guerre.

Les terre-pleins ont une surface de 27 ha environ dont 5,5 ha peuvent être loués privativement et 0,80 ha sont affectés au dépôt libre des marchandises; le reste est occupé par les voies publiques et les voies ferrées ou affecté aux services publics (gare, parc à bestiaux, etc.).

L'atterrage se fait facilement en tous temps. Les feux de direction utilisés actuellement vont être remplacés par des feux installés dans des tourelles placées à l'extrémité des musoirs.

CONDITIONS CLIMATÉRIQUES. RÉGIME DES MARÉES ET DES VENTS. — Les marées sont peu sensibles dans le golfe de Philippeville; les oscillations maxima, observées jusqu'ici, sont de 0,40 environ au-dessus ou au-dessous du zéro ce qui porte leur amplitude totale maxima à 0,80 environ.

L'état de la mer est en général bon, on a compté en 1911, pour 100 jours, 76 jours de mer calme, 14 jours agitée, 8 jours houleuse et 2 jours démontée.

Outillage. — L'outillage du port comprend quatre grues à vapeur roulantes et pivotantes sur portique, pouvant circuler sur une voie spéciale longeant les quais sud et sud-est de la darse; elles peuvent lever des poids respectifs de 1500 kg, 3000 kg et 10 000 kg.

Le port possède en outre une grue flottante de la force de 55 tonnes.

Ces engins ont été fournis et sont exploités par la Chambre de Commerce. Celle-ci a fait construire aussi sur les terre-pleins deux hangars couvrant une surface totale de 4320 m², qui sont loués aux entrepositaires.

Une partie de la rive Sud de l'avant-port est actuellement à l'état de plage.

Voies ferrées. — Tous les quais et plusieurs rues des terre-pleins sont desservis par des voies ferrées qui les relient à la gare du chemin de fer de Philippeville à Constantine (Compagnie P.-L.-M.). En raison de la raideur de certaines courbes et de la gêne occasionnée à la circulation des voitures sur les quais, les manœuvres se font le moins possible à la machine; les voies des quais et des terre-pleins sont d'ailleurs reliées entre elles et avec les voies de la gare par une série de transversales avec plaques tournantes qui facilitent beaucoup les échanges de matériel entre quais et gare. Les installations ont été complétées, en 1910, par l'établissement de nouvelles voies sur les terre-pleins.

Les voies ferrées sont exploitées par la Compagnie P.-L.-M.

Un projet de reconstruction et d'agrandissement de la gare de Philippeville est à l'étude. Ce projet qui comprend le remaniement de toutes les voies de la gare et leur extension sur un terre-plein à créer en emprise sur l'avant-port, facilitera beaucoup les opérations de départ et d'arrivée des marchandises par la voie de chemin de fer. L'avant-port pourra alors être utilisé dans les mêmes conditions et avec les mêmes facilités que la darse et la longueur des quais mis à la disposition du commerce sera augmentée d'au moins 600 m.

III. — RÔLE ET RELATIONS DU PORT. TRAFIC.

A l'importation, Philippeville reçoit tous les produits nécessaires à la consommation des régions desservies par son port, notamment les objets manufacturés, les charbons, les métaux, les pétroles, les matériaux de construction. A l'exportation, le port expédie principalement les produits naturels du sol, primeurs, vins, céréales, lièges, alfas, minerais, ainsi que des moutons et des laines.

En ce qui concerne les ports étrangers, le trafic s'effectue pour la plus grande partie avec l'Angleterre, la Norvège et l'Autriche. Mais, les principales relations ont lieu avec les ports français, tant de la côte méditerranéenne que de l'Atlantique, de la Manche et de la mer du Nord.

Des services réguliers assurent le transport des voyageurs sur Marseille pour la France, ainsi qu'avec les ports principaux de la côte algérienne.

Le trafic total, à l'entrée et à la sortie, a été en progression presque constante et très importante surtout si l'on remarque que c'est un trafic régulier, ne subissant aucune fluctuation, due à des faits exceptionnels pouvant provenir, soit de mise en exploitation de mines importantes situées dans la zône d'influence du port, soit de faits anormaux.

La statistique du trafic total résumée au Tableau ci-dessous montre les progrès lents, mais sûrs du port.

| | | | ÉLÉMENTS DE TRAFIC. | | |
| | | | Tonnage effectif des marchandises. | | |
Années.	Nombre de navires entrés et sortis.	Tonnage de jauge total entré et sorti.	Débarquées.	Embarquées.	Total.
1879	»	300 366	»	»	84 759
1890	»	1 133 776	»	»	221 319
1897	»	1 088 990	»	»	173 119
1902	»	1 113 047	»	»	232 467
1907 ...	2236	1 200 404	104 788	168 567	273 645
1908	2285	1 385 181	109 066	147 980	257 046
1909	2467	1 428 819	134 124	164 217	298 340
1910	2312	1 475 892	126.562	217.560	344 122
1911	2298	1 446 171	135 692	263 933	399 625

Les diverses taxes (taxes fiscales, de péage, droits d'usage et taxes

diverses) supportées par les navires ayant fréquenté le port de Philippeville, en 1911, et par les marchandises et voyageurs embarqués ou
débarqués, se sont élevées à 2 784 694, 42 fr.

IV. — AVENIR DU PORT.

Le développement du port de Phillippeville est relativement lent, mais
en progrès continu, depuis son exploitation rationnelle. Le trafic se
ressent beaucoup et est pour ainsi dire fonction de la prospérité agricole
de la plus grande partie du département de Constantine, le fret d'exportation étant constitué presque en totalité par des produits culturaux
et, par conséquent, subissant toutes les fluctuations inhérentes au climat
d'Algérie et au régime irrégulier des pluies y régnant. Avec les nouvelles
méthodes de culture qui commencent à s'implanter sur les hauts plateaux,
mise en pratique du Dry Farming entre autres, la production ne pourra
que devenir régulière et augmenter dans des proportions inimaginables,
cela au grand profit du port de Philippeville, qui, par répercussion, verra
non seulement son fret de sortie augmenter, mais aussi celui à l'entrée.

On peut aussi envisager, et cela dans un délai moindre qu'on ne peut
se l'imaginer, un autre motif de développement du port ; c'est la mise
en valeur de toutes les richesses du sous-sol du département de Constantine, dont une grande partie viendra à Philippeville, soit parce que ce sera
le port le plus proche, soit par suite d'un détournement de trafic, dû à
l'encombrement de voies ferrées desservant le port de Bône, entre autres.

M. L. RAYGONDAUD.

PORT DE BÔNE.

387.1 (653-Bône)

24 Mars.

I. — HISTORIQUE.

La position abritée du fond du golfe de Bône, la richesse des grandes plaines
qui s'étendent au Sud du rivage et les facilités de communication avec l'intérieur que donnent la vallée de la Seybouse et de la Boudjimah ont attiré les
marchands à une époque très reculée et favorisé la création d'une agglomération
tion en ce point.

Des marchands de Carthage y fondèrent la première colonie qu'ils appelèrent
Ubbo mais la véritable ville antique Hippo Régius (Hippone) s'élevait à proximité de la ville actuelle à 2 km au Sud. Les navires qui pouvaient entrer dans
la Seybouse y trouvaient une abri sûr. De nombreuses voies romaines rayon-

naient autour de la ville, trois d'entre elles conduisaient à Carthage, deux à Cirta (Constantine). C'est vers l'an 700 que la ville actuelle commença à s'édifier et prendre une grande importance au point de vue commercial en devenant un des grands entrepôts des produits de l'Afrique pour les échanges avec les villes de la Méditerranée occidentale.

Sous le premier empire, Bône perdit de son importance et, en 1830, elle comptait à peine 1500 habitants. Ce n'est qu'après la conquête de l'Algérie que Bône recommença à se développer d'une manière si rapide qu'en 1911 le recensement de la population accuse 42 039 habitants.

II. — Description du port.

Conditions hydrographiques et nautiques. Ouvrages constitutifs du port. — Le port de Bône est situé à l'Ouest du golfe du même nom près de l'embouchure de la Seybouse une des rivières les plus importantes de l'Algérie.

Avant l'occupation française il n'existait aucun ouvrage à l'emplacement actuel du port, c'était la rivière la Seybouse qui était le port de l'ancienne Hippone.

A l'origine de l'occupation les caboteurs venaient mouiller dans une petite anse à l'embouchure de la Boudjimah ou dans la Seybouse, dont la barre était maintenue ouverte tant bien que mal. Les grands navires mouillaient en rade à l'abri de la pointe du Lion. Ces deux mouillages étaient parfaitement abrités du Nord et de l'Ouest, mais ils n'offraient aucune protection contre les tempêtes d'Est et de Nord-Est. Ces considérations, ainsi que les besoins croissants du commerce et de la navigation, déterminèrent la création d'un port. En 1885 et en 1904, des travaux complémentaires furent décidés. C'est l'exécution complète de ces programmes qui constitue le port actuel.

Le port est protégé du côté du large par deux digues la jetée Sud d'une longueur de 1445 m parallèle à la côte avec une direction Sud-Ouest-Nord-Est, et la jetée du Lion de 920 m de long s'appuyant sur le rocher du Lion; entre ces deux jetées se trouve la passe d'entrée de l'avant-port d'une largeur de 250 m orientée au Sud-Est ¼ Sud.

La surface d'eau comprise entre la côte et ces deux jetées constitue l'ensemble du port; elle est divisée en trois bassins par une jetée secondaire dite *jetée Babayaud*, dans laquelle une passe de 70 m est ménagée et par le môle Cigogne; l'un des bassins constitue l'avant-port, les deux autres la grande et la petite darse ou port proprement dit.

L'avant-port mesure 47 ha de superficie et sur plus d'un tiers de sa surface on trouve des profondeurs d'eau supérieures à 12 m. Un petit quai de 50 m avec un tirant d'eau de 4,50 m existe dans la partie nord-ouest de l'avant-port pour le débarquement des matières dangereuses.

La grande darse de 50 ha de superficie, à laquelle on accède de l'avant-port par une passe de 70 m de large draguée à la côte (—9,00 m), a des fonds de 9 m dans la partie Sud et de 6 m dans la partie Nord.

Les quais mis à la disposition des navires ont une longueur de 1026 m sur une longueur totale de 1214 m avec fonds minimum de 8 m.

La petite darse de 11 ha de superficie communique avec la grande darse par une passe dite *passe Cigogne*. Sa profondeur qui avait été portée à 8 m en 1907, a été augmentée à 9 m sur la moitié de la surface.

Au nord et à l'ouest de la petite darse, des quais d'une longueur totale de 595 m sont à la disposition du commerce.

Les terre-pleins d'une surface totale d'environ 50 ha, dont 35 ha au sud de la grande et petite darse, sont établis spécialement pour procurer aux futurs exploitants des mines de fer et des carrières de phosphates de l'hinterland bônois les surfaces nécessaires à l'établissement des voies ferrées et au stock de minerais.

L'atterrissage se fait facilement par tous les temps, de jour par l'utilisation du massif montagneux de l'Edough et le sémaphore du cap de Garde, de nuit par 'e phare du cap de Garde, le feu du fort Génois et les feux placés de chaque côté de la passe d'entrée dont la portée est de 5 milles.

Conditions climatériques. — Les marées sont peu sensibles, leurs oscillations maxima sont d'environ 0,60. Quel que soit l'état de la mer les opérations à quai n'y sont jamais interrompues.

Outillage. — L'outillage du port est encore des plus rudimentaires en rapport avec l'importance du trafic; un projet, tendant à laisser à la Chambre de Commerce le soin d'y pourvoir, a été récemment soumis à l'enquête.

La Chambre de Commerce a fait construire sur le quai ouest de la petite darse un hangar, destiné au dépôt des marchandises, mais, depuis le développement pris par l'exportation des phosphates, ce bâtiment sert en réalité à la mise en stock de ces derniers.

La Chambre de Commerce possède en outre une grue de 10 tonnes et un remorqueur. De son côté l'industrie privée dispose : 1° d'un remorqueur; 2° de deux grues à vapeur sur chaland de 1 tonne de force pour la manipulation des charbons et phosphates.

Voies ferrées. — Les quais anciens et partie des nouveaux quais sont desservis par des voies ferrées, à largeur normale, rattachées en gare de Bône au réseau de la Compagnie Bône-Guelma. Le côté sud de la petite darse est sillonné par un réseau à voie étroite appartenant à la Compagnie Mokta el Hadid et reliant la gare de cette Compagnie aux appontements qu'elle a installés pour ses propres opérations. Au sud-ouest du même bassin se trouve la gare terminus du tramway de Bône à La Calle.

Un avant-projet comprenant tout un nouveau programme de travaux complémentaires a été dressé, il comprend :

1° Élargissement et aménagement du quai nord de la petite darse, et du grand quai de la grande darse (hangars, rues, voies ferrées, grues, etc.);

2° Allongement du quai aux phosphates situé au sud des darses;

3° Construction d'une jetée couvre-entrée du port;

4° Approfondissement à (—10 m) de la passe de la jetée Babayaud.

Ces travaux une fois terminés, le port de Bône pourra suffire à tous les besoins de l'avenir et donner entière satisfaction au commerce et aux exploitants des gisements de fer et phosphates de la région dont il est le port naturel.

III. — RÔLE ET RELATIONS DU PORT. — TRAFIC.

A l'importation Bône reçoit tous les produits nécessaires à la consommation des régions desservies par son port notamment les objets manufacturés, charbons, bois de construction et métaux. A l'exportation le plus fort tonnage est fourni par les minerais de fer, minerais de zinc et phosphates.

Les principaux pays en relations directes avec Bône sont l'Allemagne, Pays-Bas, Angleterre, Belgique, Italie, Espagne et Autriche. Le trafic avec les ports français de la Métropole, ou des possessions françaises de l'Afrique du Nord, est peu important, environ le tiers du trafic total.

Des services réguliers assurent le transport des voyageurs sur Marseille, pour la France, ainsi qu'avec les ports principaux de la côte d'Algérie et de Tunisie.

a. Le développement du trafic ressort du Tableau ci-dessous : on peut remarquer qu'il se tient à peu près constant, depuis l'année 1900, les petites différences existant provenant de l'exploitation plus ou moins active des divers gisements de fer, zinc et phosphates de chaux.

ANNÉES.	Nombre de navires. Entrées et sorties.	Tonnage de jauge total. Entrées et sorties.	ÉLÉMENTS DU TRAFIC. Tonnage effectif des marchandises non compris le cabotage algérien.		
			Débarqués.	Embarqués.	Total.
1885............	»	1 020 000	»	»	280 000
1890............	»	1 180 000	»	»	360 000
1895............	»	1 050 000	»	»	400 000
1900	»	1 365 000	»	»	580 000
1901...........	3024	1 436 041	135 011	515 214	650 225
1905...........	3551	1 702 430	148 282	546 693	694 875
1906...........	3548	1 681 444	135 526	535 640	671 166
1907...........	3405	1 531 256	113 679	585 688	699 367
1908...........	3673	1 626 531	136 912	536 763	673 675
1909...........	3289	1 616 397	127 083	516 640	643 723
1910...........	3057	1 707 185	100 487	559 464	659 951
1911...........	3191	1 605 686	104 211	488 360	592 571

Les diverses taxes (taxes fiscales, de péage, droits d'usage, et taxes diverses) supportées par les navires ayant fréquenté le port de Bône en 1911 et par les marchandises et voyageurs embarqués ou débarqués se sont élevées à 1 726 687,34 fr.

IV. — AVENIR DU PORT.

Le développement du port de Bône est subordonné à la mise en valeur des richesses du sous-sol de son hinterland.

La situation géographique de Bône garantit à son port un long avenir de prospérité.

Bône est tête de ligne et centre des exploitations de la Compagnie Bône-Guelma. Un tronc commun, jusqu'à Duvivier, donne naissance à deux grandes lignes de voies ferrées qui se dirigent l'une vers Constantine, l'autre sur la Tunisie, en passant par Souk-Ahras. Un embranchement vers le Sud va de Saint-Paul à Randon et met Bône en communication avec une des parties les plus riches de la plaine. De plus le chemin de fer appartenant à la compagnie de Mokta el Hadid, qui vient se raccorder à la station de Saint-Charles de la ligne de Philippeville à Constantine, facilite les relations avec ces deux villes et a donné un débouché aux produits agricoles de la région traversée. Une ligne ferrée d'intérêt local reliant La Calle à Bône, depuis 1903, apporte dans ce dernier port les produits de la région fertile qu'elle traverse. En outre, le bassin de production est sillonné, au moins jusqu'à Souk-Ahras, de routes qui amènent les produits du sol directement aux gares du chemin de fer.

La zone desservie par le port de Bône comprend donc : la région de La Calle augmentée de la partie limitrophe de la Tunisie, la région de Souk-Ahras et de Tébessa et toute la plaine de Bône avec les massifs de l'Edough et de Beni-Salah. Les richesses contenues dans cette zone, produits agricoles, produits forestiers et minerais suffisent à garantir dans une large mesure le développement normal du trafic du port. Mais, ce développement dépassera en rapidité et en importance les prévisions les plus optimistes dès qu'aura commencé l'exploitation des richesses minéralogiques du Djebel Ouenza et Djebel Bou-Kadra, évaluées à plus de 30 millions de tonnes, dont le port de Bône est le débouché naturel. Les sociétés concessionnaires des mines de ces massifs montagneux se sont offertes à construire à leurs frais et à affecter à l'usage public la voie ferrée qui leur est nécessaire pour assurer le transport des minerais sur les quais du port.

De nouveaux gisements de phosphates, dont il commence à être question pour leur mise en exploitation, ayant été découverts à environ 100 km au sud de Tébessa (au Djébel Onk), ne pourront que venir coopérer à la prospérité du port de Bône, l'importance de ces gisements étant considérable et pouvant se chiffrer à l'exploitation par plus de 1 000 000 de tonnes par an.

M. L. RAYGONDAUD.

PORT D'ALGER.

387.1 (653-Alger)

24 Mars.

I. — HISTORIQUE.

Alger est construit en partie sur l'ancienne colonie romàine d'Icosium, qui ne semble pas avoir été un établissement maritime sérieux. Icosium, placé au droit de rochers abrupts violemment battus par les tempêtes, ne disposait que de places mesquines sur lesquelles on pouvait difficilement tirer les navires. On n'a trouvé aucun vestige de travaux romains à l'emplacement du port.

Icosium disparut dans le bouleversement des invasions. Sur ses ruines vinrent s'établir des tribus berbères. Au xe siècle de notre ère une ville nouvelle El-Djezaïr fut fondée; d'El-Djezaïr on a fait par corruption Alger.

El-Djezaïr subit l'une après l'autre les diverses dominations qui se succédèrent dans cette partie de l'Afrique du Nord; domination arabe, espagnole et turque.

Alger fut, jusqu'au xixe siècle, la terreur des nations civilisées, c'est à la France qu'était réservé de mettre fin à la domination des pirates barbaresques par la prise de la ville, le 5 juillet 1830. Alger était devenue, en effet, un centre d'opérations de piraterie par le fait de sa population cosmopolite (Turcs, Grecs, Berbères et Arabes).

Alger est maintenant une ville très florissante, le centre des affaires de la plus grande partie de l'Afrique du Nord, sa population atteint actuellement 180 000 habitants et son développement se poursuit d'une manière très rapide, si l'on en juge par les nombreux chantiers de construction, ouverts un peu sur toute son étendue. Des faubourgs assez éloignés du centre : Agha, Mustapha, Bab-el-Oued, Saint-Eugène font déjà, pour ainsi dire, partie intégrante de la ville proprement dite, aucune solution de continuité n'existant entre eux.

II. DESCRIPTION DU PORT.

CONDITIONS HYDROGRAPHIQUES ET NAUTIQUES. OUVRAGES CONSTITUTIFS DU PORT. — Le port d'Alger est situé à l'ouest de la baie du même nom. Jusqu'en 1530 époque à laquelle le Dey Khaïr el Dinn s'empara d'Alger (l'ancienne Icosium et El-Djezaïr) aucun travail n'avait été exécuté pour faciliter les opérations des navires fréquentant ces parages. A cette époque Khaïr el Dinn fit relier, au moyen d'enrochements en blocs naturels, une petite île (le Peñon) avec la terre ferme, c'est cet ouvrage qui constitue la première darse des Turcs. Ceux-ci améliorèrent ensuite ce petit port en créant une défense en enrochements à la partie sud de l'îlot. Cette situation dura jusqu'après l'occupation française à partir de laquelle des améliorations des ouvrages primitifs furent exécutés. Ce n'est qu'en 1837 que l'Administration décida de donner à notre établissement une base sérieuse. De nombreux projets pour l'exécution d'un port furent discutés, de 1837 à 1848. Dès 1837, la jetée Nord, dont la direction primitive était Sud ¼ Sud-Ouest, fut commencée en employant des blocs artificiels en béton de 10 m³ et 15 m³. Cette jetée atteignait un développement de 500 m lors de l'approbation du projet du port, le 26 août 1848. Un mur de quai provisoire de 300 m avec terre-plein en arrière avait été exécuté au Sud ainsi qu'un autre mur définitif de 333 m de longueur au Nord vers l'ancienne jetée Khaïr el Dinn.

A partir de 1849, les travaux continuèrent sans interruption, une jetée Sud d'une direction sensiblement Nord-Sud fut exécutée, des quais construits avec terre-pleins en arrière. En 1860, s'ouvrirent les chantiers des formes de radoub qui furent mises en service, en 1864 et 1869. En 1865, le port d'Alger fut relié à l'intérieur par voie ferrée et reçut les premières voies de quai. Une grande gare fut installée sur le terre-plein. Des travaux complémentaires duraient encore, en 1885. En 1890, l'ensemble des travaux du port avait entraîné une dépense totale de 46 265 000 fr.

Depuis 1892, de nouveaux travaux ont été exécutés et constituent dans leur ensemble le port actuel d'Alger.

Le port d'Alger qui comprend une nappe d'eau de 115 ha est constitué par deux jetées et un môle. La première dite *jetée Nord*, enracinée sur l'îlot de la Marine, se dirige vers l'Est en décrivant une courbe, elle mesure 833 m de longueur. La deuxième jetée, dite *jetée Sud*, est formée de deux branches, l'une de 900 m d'une direction sensiblement Nord-Sud, s'arrêtant au fort de l'Eau, l'autre de 800 m environ de direction Nord-Ouest, Sud-Est. Un grand môle de 600 m de longueur complète l'enceinte du port dans laquelle deux passes sont ménagées, l'une de 130 m de largeur entre les jetées Nord et Sud, l'autre de 100 m entre la jetée Sud et le grand môle.

La surface d'eau comprise entre les deux jetées, le grand môle et la côte constitue l'ensemble du port, elle est divisée en deux bassins, vieux port et arrière-port, ou bassin de l'Agha, communiquant entre eux par une passe de 73 m de largeur et 10 m de profondeur d'eau.

Le vieux port d'une surface de 80 ha dont la profondeur d'eau varie de 2,50 m vers le môle de la Santé, a 10 m vers le Sud.

Le bassin de l'Agha de 35 ha de superficie qui vient d'être livré au commerce a des profondeurs d'eau minimum de 10 m. :

Les plus grands navires peuvent évoluer dans la partie sud du vieux port et dans l'arrière-port de l'Agha.

Les quais mis à la disposition du commerce atteignent un développement de 4636 m, 3101 m seulement sont en eau profonde (6,50 m au moins).

Dans le vieux port, les grands navires dont la manœuvre est lente, redoutant le ressac en cas de changement brusque du temps, ne font pas d'opérations bord à quai. Dans l'arrière-port de l'Agha, les navires opèrent, généralement, bord à quai.

Les terre-pleins dont la surface atteint 473 600 m² dont 213 675 m² pour le vieux port sont à la disposition du commerce pour la plus grande partie, le reste étant occupé par des constructions destinées aux Services publics, voies de circulation et voies ferrées, gare.

L'atterrage du port se fait facilement par tous les temps. De jour le massif du Sahel et celui de l'Atlas, entre lesquels se trouve la coupure de la Mitidja signalent d'abord le voisinage d'Alger. Plus près les phares de Caxine et de Matifou peuvent être utilisés.

De nuit les navigateurs sont guidés par les feux suivants : phare du Cap Caxine, phare du Cap Matifou et phare d'Alger, sur l'îlot de la Marine avec en plus les feux d'entrée du port qui sont au nombre de quatre. Beaucoup de navires se servent aussi pour entrer de nuit dans le port de l'alignement des becs de gaz du boulevard Gambetta, qui forment une ligne très nette dans l'éclairage d'ensemble de la ville.

Rien n'existe pour l'entretien des profondeurs d'eau du port; aussi, par suite des apports de cinq égouts, dont deux dans le vieux port et trois dans le bassin de l'Agha des hauts fonds, qui exigeront sous peu des dragages importants, se sont formés le long des quais et en certains points spéciaux.

Pour l'avenir on envisage la construction de grands égouts collecteurs, qui feront disparaître ces graves inconvénients.

Forme et appareils de radoub. — Le port possède deux formes de radoub dont les dimensions sont les suivantes :

	Grande forme.	Petite forme.
	m	m
Longueur	138,83	81,90
Largeur	26,40	22,00
Tirants d'eau	8,35	5,68

Les tins sont disposés pour recevoir les plus lourds bâtiments de guerre. En 1902 les appareils d'épuisements, datant de 1866, ont été remplacés par des machines puissantes actionnant des pompes centrifuges.

Ces formes ont été occupées, en 1911, pendant 276 et 272 jours.

Trois cales de halage existent aussi au-sud du port, elles sont utilisées par le commerce principalement pour le radoubage et la construction de chalands et d'embarcations de servitude.

Outillage. — Il existe dans le port 6 grues se manœuvrant à la main de la force de 20 000, 5000, 1500 et 1000 kg; ces grues sont concédées à la Chambre de Commerce. Un ponton-grue de 36 tonnes, appartenant au Service des Ponts et Chaussées, peut être mis à la disposition du commerce sous certaines conditions.

La Société Schiaffino, Durand et Cie possède aussi trois pontons-grues de 40,20 et 10 tonnes.

L'établissement de 4 grues électriques à portique qui a été soumis à l'enquête va permettre incessamment la mise au concours de cette fourniture. De plus sur la demande de la Chambre de Commerce une étude a été faite pour l'installation de 24 grues à portique sur le grand môle.

Indépendamment de cet outillage, il existe, depuis 1905, sur le quai nord du môle de l'Agha un titan transbordeur et une grue à portique, actionnés par l'électricité pour le chargement des minerais.

Hangars-Abris. — Des hangars situés sur les quais Sud ont été concédés à la Chambre de Commerce, ils ont une surface totale de 6930 m².

Voûtes du boulevard de la République. — On peut dans une certaine mesure assimiler à des hangars les voûtes construites, de 1865 à 1870, sous le boulevard de la République et débouchant soit sur les quais, soit sur les rampes d'accès entre les quais et le boulevard. Ces voûtes concédées à la ville d'Alger ne reviendront à l'État qu'au bout de 99 ans et ce n'est qu'à ce moment qu'on pourra les réglementer au mieux des intérêts du port.

Voies ferrées. — Les voies de quai à largeur normale ont une longueur totale de 6501 m dont 4164 sur les terre-pleins de l'arrière port de l'Agha. La Société des chemins de fer sur routes a établi une voie étroite sur le quai est des formes de radoub, elle présente un développement de 2524 m. L'exécution de voies larges et étroites sur le môle Al Dejefna et sur les quais, vers le sud du dit môle, est à l'étude.

L'aménagement du grand môle va augmenter ces voies de 3200 m environ de voie normale et 2650 m de voie étroite.

Le port est desservi par les lignes d'Alger à Constantine et d'Alger à Oran qui ont un tronc commun d'Alger à Maison-Carrée et une gare commune à Alger. Toutes les installations voie normale du port dépendent de la Compagnie P.-L.-M. dont le trafic est concentré aux gares d'Alger et de l'Agha, celle-ci spécialement affectée aux marchandises et voisine de l'arrière-port.

L'importance du trafic du port d'Alger en progression constante, ainsi que la nature du fret font que le port dans son état actuel ne peut suffire aux besoins du commerce. Le coefficient d'encombrement par mètre courant de quai ressort, en 1911, à plus de 700 tonnes alors qu'il ne faudrait raisonnablement pas dépasser 500 tonnes; d'autre part le mouvement des navires dépassant 12 000 annuellement, ce qui représente environ 50 navires à loger à la fois dans le port, il faudrait dès maintenant 6000 m de longueur de quais pour faciliter leurs opérations.

L'insuffisance de la nappe d'eau est telle, qu'on a dû limiter à 450 le nombre des chalands utilisés pour le chargement des navires en l'absence de quais suffisants.

La pénurie de terre-pleins est aussi manifeste, puisque les compagnies de chemins de fer ont été priées à plusieurs reprises de restreindre leurs expéditions; en novembre 1910, il y a eu sur les quais 420 000 hl de vin attendant l'embarquement. Les conditions nautiques du port demandent aussi à être améliorées ainsi que l'atténuation et même la suppression complète du ressac, qui se fait sentir dans le vieux-port.

C'est en tenant compte de tous ces besoins qu'un avant-projet a été établi, en 1912.

Les travaux qui sont estimés à 103 millions pourront être exécutés en deux étapes. Cet avant-projet comprend : la création d'un avant-port et la construction d'un nouveau bassin.

L'avant-port d'une superficie de 110 ha est formé, d'une part, par le prolongement de la jetée nord du port d'Alger sur une longueur de 850 m et, d'autre part, par une jetée Nord-Est de 875 m de longueur ayant son origine à l'extrémité nord du nouveau bassin. La nouvelle passe à 175 m de large.

Le nouveau bassin est limité : au Nord-Est par une jetée môle de 1690 m de long et 100 m de large sensiblement parallèle au chemin de fer P.-L.-M. et à une distance de 1330 m de la côte; au Sud-Est par une jetée-môle de 140 m de large et 1200 m de long normale à la jetée Nord-Est et ayant son origine à l'embouchure de l'Oued Kniss.

La disposition intérieure du bassin comprend :

1° Un avancement de 450 m parallèle au P.-L.-M.

2° La construction de 5 môles obliques (de 550 m de long sur 160 à 170 m de large);

3° Un emplacement réservé au Sud-Est, pour la création de trois formes de radoub de 300, 200 et 150 m et un terre-plein voisin du grand môle de l'Agha.

4° Une passe de 150 m faisant communiquer le bassin avec l'avant-port.

L'ensemble présente une nappe d'eau de 150 ha et une superficie de terre-pleins de 175 ha environ.

III. — Rôle et relations du port. Trafic.

Le port d'Alger par son importance se classe immédiatement après Marseille quant au tonnage de jauge des navires le fréquentant; au point de vue marchand il se trouve encore dans les quatre premiers de France.

Après avoir été longtemps à peu près constant, le mouvement du port s'est accru régulièrement à partir de 1866, date de l'achèvement de la ligne de chemin de fer d'Alger à Constantine. Le commerce d'Alger comprend trois marchandises très encombrantes, les vins (529 602 tonnes à la sortie, en 1911) qui exigent le retour des fûts vides; des charbons (813 761 tonnes à l'entrée et 643 396 à la sortie, en 1911) qui doivent être accumulés en masse considérable pour faire face aux besoins de navires en relâche; et les minerais de fer dont la manipulation s'opère sur le petit môle de l'Agha dit *môle aux minerais*. La place sur les quais est toujours insuffisante surtout pendant la saison d'hiver ou l'activité atteint son maximum.

Le port d'Alger est en relation avec presque tous les pays du monde, mais, principalement, avec l'Angleterre, l'Allemagne, l'Espagne, l'Italie, l'Autriche, la Russie, la Hollande et la Belgique. Le trafic avec les ports français de la Métropole atteint près de 1 200 000 tonnes à l'entrée et à la sortie en marchandises et le cabotage avec les ports d'Algérie dépasse 300 000 tonnes.

Des services réguliers assurent le transport des voyageurs sur Marseille, Port-Vendres, Cette, Bordeaux et Saint-Nazaire, pour la France, ainsi qu'avec les ports principaux d'Algérie et de Tunisie.

Le Tableau ci-dessous, résumant le trafic des dix dernières années, fait ressortir d'une manière frappante le développement considérable et continu du port d'Alger. Les diminutions du trafic, en 1904 et 1908, provenant de baisses dans les exportations des minerais de fer et dans e mouvement des charbons, sont purement accidentelles et dues, pour 1908, à la crise générale qui s'est manifestée à ce moment.

ANNÉES.	Nombre de navires. Entrées et sorties.	Tonnage de jauge total. Entrées et sorties.	ÉLÉMENTS DU TRAFIC. Tonnage effectif des marchandises.		
			Débarquées.	Embarquées.	Total.
1901	7 434	6 082 232	664 923	551 580	1 216 503
1902	8 558	7 384 820	712 625	734 387	1 447 012
1903	10 398	10 685 283	989 281	922 122	1 911 403
1904	8 989	8 154 514	872 083	876 481	1 748 564
1905	10 579	11 302 905	1 122 121	1 147 383	2 269 504
1906	10 817	12 006 083	1 167 438	1 294 686	2 462 124
1907	11 827	14 307 549	1 258 784	1 541 062	2 799 846
1908	10 830	13 097 786	1 250 583	1 399 898	2 650 481
1909	11 518	14 252 536	1 283 316	1 490 689	2 774 005
1910	11 956	15 848 482	1 395 249	1 750 521	3 145 770
1911	12 189	16 389 504	1 478 983	1 721 624	3 200 607

Les diverses taxes (taxes fiscales, de péage, droits d'usages et taxes diverses) supportées par les navires ayant fréquenté le port d'Alger, en 1911, et par les marchandises et voyageurs embarqués ou débarqués se sont élevées à 10 361 341,86 fr.

IV. — AVENIR DU PORT.

Le développement énorme et constant du port d'Alger, depuis 10 ans, permet d'envisager un brillant avenir. Quel sera cet avenir? Il est bien difficile de donner des précisions à ce sujet. On doit tenir compte des éléments suivants :

Accroissement de la population de l'agglomération algéroise, qui représente près de 18o ooo habitants, à l'heure actuelle.

Accroissement de la richesse du pays, par suite du commerce des vins et des minerais;

Installation à Alger d'escales, de plus en plus nombreuses, par des compagnies régulières très importantes : Norddeutscher Lloyd, Hambourg Amerika Line, Cunard Line, White Star Line, etc.

Situation exceptionnelle entre la mer du Nord et l'Égypte, entre les États-Unis et les Indes, au milieu du parcours sur le trajet direct.

Développement de l'industrie à Alger : minoteries, glace, énergie électrique, etc.

Enfin, il faut aussi envisager la question plus générale du développement de l'Afrique française. Il semble bien qu'Alger doive devenir la principale tête de ligne de la grande voie de pénétration qui mettra tôt ou tard en communication rapide le Soudan, avec la Méditerranée et l'Europe.

Dans ces conditions, l'avenir d'Alger se présente comme très brillant et l'on ne peut s'empêcher de penser qu'Alger est destiné à être, un jour, le premier port de la Méditerranée.

M. L. RAYGONDAUD,

PORT D'ORAN.

24 *Mars.*

387. ((653-Oran)

I. — Historique.

La ville d'Oran est située sur la côte d'Algérie à peu près à égale distance des limites du Maroc et du département d'Alger au fond d'un golfe compris entre le cap Falcon et la pointe de l'Aiguille.

L'abondance des eaux en ce point du littoral, la sûreté du mouillage de Mers-el-Kébir (port primitif d'Oran), le voisinage de la côte d'Espagne et la situation privilégiée de la ville au débouché à la mer de la grande voie de Figuig à la côte, par Tlemcen, l'une des deux seules grandes voies naturelles traversant le nord de l'Afrique du Sud au Nord, ne pouvaient qu'entraîner le développement de la ville d'Oran et l'amener à un haut degré de prospérité.

Les renseignements historiques ne permettent pas actuellement de reporter les origines d'Oran au delà du IXe siècle; quelques historiens ont bien supposé que les Tyriens ou les Carthaginois avaient dû y fonder une colonie, mais cette hypothèse n'est appuyée sur aucun fait. Il n'a jamais été découvert à Oran de poteries, de monnaies ou autres vestiges de l'occupation romaine, ce qui permet de croire que les Romains n'ont fondé aucune ville sur l'emplacement actuel d'Oran.

D'après.les auteurs arabes, Oran fut fondé, en 902, par les Arabes de la côte d'Andalousie pour la facilité des relations entre les Maures d'Espagne et ceux de l'intérieur de l'Afrique.

Sous les Arabes, la ville d'Oran prit une certaine importance malgré les contre-coups des guerres qui désolèrent le Maghreb; elle continua cependant à se développer et à voir grandir son influence, jusqu'au moment où les Maures en furent chassés par les Espagnols, à la fin du xve siècle, ceux-ci s'y maintinrent jusqu'au xviiie siècle (1792), 2 ans après un tremblement de terre qui avait détruit presque complètement la' ville.

La ville d'Oran passa successivement en la possession des Arabes et des Turcs, jusqu'au 4 janvier 1831, date de l'entrée des troupes françaises dans la ville sous le commandement du général. Danrémont. L'occupation définitive n'eut lieu que le 17 août 1831.

En 1832, un recensement accusa une population de 3800 habitants, en majeure partie israélites; aujourd'hui Oran est devenue une citée très animée et la plus importante d'Algérie, après Alger, sa population dépasse 100 000 habitants.

II. — DESCRIPTION DU PORT.

CONDITIONS HYDROGRAPHIQUES ET NAUTIQUES. OUVRAGES CONSTITUTIFS DU PORT. — Le port d'Oran est situé au fond du golfe du même nom largement ouvert vers le Nord-Nord-Ouest. La baie est assez bien protégée contre les vents de l'Ouest à l'Est, en passant par le Sud, mais, les moindres vents du Nord rendaient la baie intenable avant la construction des jetées.

Jusqu'en 1732, date de l'occupation espagnole, aucun travail n'avait été exécuté pour faciliter les opérations des embarcations, c'était la rade de Mers-el-Kébir qui servait de port à Oran. En 1736, ayant reconnu la nécessité d'avoir au moins un abri, les espagnols exécutèrent une jetée, enracinée au bec de rocher situé au sud du fort Lamoune, d'une longueur de 42 m; cette jetée détruite en partie, en 1738, et mal entretenue par la suite n'existait pour ainsi dire plus en 1833.

De 1833 à 1845, quelques travaux insignifiants furent exécutés et des projets de création d'un port étudiés. Après avoir hésité entre Mers-el-Kébir et Oran comme point à choisir, une décision du 17 juillet 1848 prescrivait la construction d'un bassin de débarquement à Oran, mais ce n'est que par décret du 28 juillet 1860 que la création d'un port à Oran fut décidée; le projet approuvé comportait une dépense de 9 millions.

Les travaux entrepris dès la même année se poursuivirent sans interruption, jusqu'en 1876, date à laquelle un programme complémentaire comportant une dépense de 3 400 000 fr fut approuvé par la loi du 19 juillet 1880.

C'est l'exécution complète de ces programmes qui constitue le port actuel.

Le port est formé par deux jetées; la première dite *jetée du large* le protège contre les vents du Nord; la ligne partant du point où elle s'enracine aux rochers Lamoune et aboutissant au musoir se dirige de l'Ouest à l'Est; le tracé de la jetée forme au sud de cette corde un contour polygonal dont le développement est de 1035 m et dont la flèche mesurée à 710 m de l'origine est de 87 m.

La deuxième appelée *jetée Sainte-Thérèse* protège le port contre la mer de l'Est; sa longueur est de 297,45 m. Le tracé suit deux alignements : l'un de 223,70 m dirigé Nord, 6°45′O; le second relie le premier aux rochers de la pointe Sainte-Thérèse en formant un pan coupé de 73,75 m. Depuis 1903, la jetée Sainte-Thérèse est transformée en môle de 40 m de longueur et sa longueur augmentée de 35,50 m.

Entre ces deux jetées se trouve la passe d'entrée du port d'une largeur de 90 m orientée vers l'Est. Le prolongement de la jetée Nord, en dehors du bassin, forme un avant-port où les navires peuvent, au besoin, mouiller dans d'assez bonnes conditions.

La surface d'eau comprise entre ces deux jetées constitue l'ensemble du port; elle est divisée en deux bassins par deux traverses (anciennes jetées transformées) dont l'un de 4,16 ha de superficie situé au Sud-Ouest ne peut recevoir que des navires de faible tonnage.

Le grand bassin a 25 ha de superficie avec des profondeurs d'eau variant de 7,50 m à 12 m.

Les quais mis à la disposition du commerce atteignent une longueur totale de 2192 m sur laquelle 700 m environ sont des quais de grand mouillage.

Les terre-pleins d'une surface totale de 128 074 m² sont utilisés par le commerce pour la plus grande partie, le reste étant occupé par les voies d'accès et de circulation, voies ferrées et gare.

L'atterrage du port se fait dans d'excellentes conditions, de jour par le massif du cap Fenat, le sommet isolé de la montagne des Lions et le Murdjadjo avec le fort Santa-Cruz. Pendant la nuit, les navires se guident sur le phare du cap Falcon, le feu de Mers-el-Kébir et les feux de la grande jetée Sainte-Thérèse.

Conditions climatériques. — Les marées sont peu sensibles et les variations de niveau suivent, avec une régularité très remarquable, celles du baromètre, elles atteignent 1 m environ de (—0,44) à (+0,58) par rapport au niveau moyen; c'est en hiver qu'on observe les plus considérables.

Le climat d'Oran est très doux, les maxima absolus annuels n'ont dépassé qu'accidentellement 35°, quant aux minima absolus ils n'ont jamais atteint zéro.

Outillage. — L'outillage du port d'Oran ne comprend qu'une grue fixe de 6 tonnes installée sur le quai Sainte-Marie, elle appartient à la Chambre de Commerce. Il existe trois pontons-grues, pouvant soulever 60, 45 et 10 tonnes, appartenant à des particuliers.

Très prochainement seront installées sur les quais deux grues à vapeur, l'une de 1500 kg, l'autre de 3000 kg; de plus le port va être doté d'un ponton-mâture pouvant soulever 30 tonnes.

Cale sèche. — Une cale sèche pouvant recevoir des navires de 250 à 350 tonneaux est à peine suffisante aux besoins des petits vapeurs côtiers et à la construction ou réparation des chalands.

Chalands. — Il existe au port d'Oran 227 chalands de 15 à 250 tonnes de portée, 8 remorqueurs et 3 citernes appartenant à divers industriels.

Hangars-Abris. — La Chambre de Commerce possède sur les quais et exploite directement dix grands magasins, destinés à loger la marchandise transitant par le port d'Oran.

L'ensemble des surfaces couvertes est de 14 334 m².

Voies de communication. — Le port d'Oran est desservi :

1º Par la voie ferrée (P.-L.-M.) d'Alger à Oran en correspondance sans transbordements avec les lignes à voie normale du Tlélat à Tlemcen et Marnia, avec un embranchement allant sur Ras-el-Mâ et Aïn-Témouchent et avec les lignes à voie étroite de Mostaganem à Tiarét et d'Arzew à Saïda;

2º Par la ligne à voie étroite d'Oran à Saïda, Béni-Ounif et Colomb-Béchar, mais cette ligne n'a pas encore accès sur les quais, elle s'arrête à la gare provisoire d'Oran-Kargentah.

3º Par différentes routes dont les principales sont les suivantes :
Route nationale nº 2, d'Oran à Tlemcen;
Route nationale nº 4, d'Oran à Arzew et Alger;
Route nationale nº 6, d'Oran à Mascara.

C'est à la gare d'Oran-Marine, installée sur les quais et occupant une surface de 3,63 ha, que toutes les marchandises à l'arrivée et au départ sont manutentionnées; en 1911, le tonnage de ces marchandises s'est élevé à 348 936 tonnes.

Le développement d'Oran rendant indispensable depuis longtemps l'agrandissement du port une loi du 18 juillet 1905 a déclaré d'utilité publique l'exécution de travaux importants dont le montant est évalué à 17 700 000 fr.

Cet agrandissement de port vers l'Est comprend :

1º Le prolongement sur une longueur de 1300 m dans la direction générale Est-Nord-Est, et en deux alignements de la jetée du Nord, dite *jetée du large*, le premier de 600 m, le deuxième de 700 m;

2º Une traverse ou jetée secondaire enracinée à la pointe du Ravin blanc et dirigée normalement au deuxième alignement du prolongement de la jetée du large. Cette traverse comprend deux branches : la branche

Sud de 400 m de longueur et la branche Nord enracinée à la jetée du large d'une longueur de 105 m; laissant entre leurs deux extrémités une passe libre de 150 m;

3º L'élargissement à 120 m du môle Jules Giraud, avec murs de quai sur les faces nord et est de la partie élargie;

4º Un quai de rive parallèle au premier alignement de la jetée du large, de 420 m de longueur coupant le quai est du môle Jules Giraud élargi à 235 m de l'extrémité de ce môle; un terre-plein de 100 m de largeur est aménagé en arrière de l'arête du mur de quai;

5º Un môle dit des *Hauts fonds*, établi à l'extrémité est du quai de rive, avec murs de quai sur les faces Ouest et Nord. Ce môle aura 220 m de longueur et 95 m de largeur sauf sur les 20 derniers mètres de l'extrémité Nord où la largeur sera de 130 m. L'élargissement de ce quai à 200 m avec murs de quais fondés à (—10,40) sur 500 m de longueur sur la face Ouest sera réalisé prochainement.

Tous ces travaux commencés, fin 1906, doivent être complètement terminés fin 1914; leur achèvement augmentera la surface d'eau utilisable de 76 ha environ, divisée en deux bassins, le premier de 20 ha et le deuxième, dit *avant-port*, en eau profonde de 56 ha.

La longueur des quais utilisables par les grands navires se trouvera augmentée de 1100 m et aux terre-pleins existants il en sera ajouté 16 ha environ.

A bref délai le port d'Oran pourra donc mettre à la disposition du commerce : quatre bassins présentant ensemble une superficie de 107 ha, une longueur totale de 4000 m de quais, et 40 ha de terre-pleins, c'est-à-dire des emplacements suffisants pour manipuler, dans des conditions normales, au moins 10 millions de tonnes de marchandises par an.

Les opérations seront d'autant plus accélérées que non seulement tous les navires pourront opérer bord à quai, mais, que le port d'Oran sera doté d'un outillage perfectionné : grues, ponton-mâture, puissant remorqueur, qui faciliteront encore les travaux d'embarquement et de débarquement.

Malgré ces améliorations considérables, on envisage encore un nouvel agrandissement du port vers l'Est, un avant-projet prévoyant cet agrandissement et des améliorations à apporter aux installations actuellement en cours a été soumis à l'examen de l'Administration supérieure.

Sa réalisation comprendrait deux étapes, savoir :

Première étape. — 1º Établissement d'un quai de rive de 520 m de longueur fondé partie à (—10,40) et partie à (—11,00) t d'une largeur moyenne de 370 m;

2º Établissement d'un quai de 310 m le long de la traverse du Ravin blanc fondé à la cote (—12,00) et de largeur variant de 50 à 160 m;

3º Dérochage à (—10,40) du nouveau bassin ainsi créé entre le môle des Hauts fonds et la traverse du Ravin blanc;

4° Création d'un nouvel avant-port de 6oo m de longueur couvert, par un allongement de 5oo m de la jetée du large dans sa direction actuelle, et par une traverse de 54o m normale à ce prolongement et enracinée à la côte ;

· 5° Établissement des amorces des routes d'accès aux terre-pleins nouvellement créés.

La dépense est évaluée à 27 ooo ooo fr et serait entièrement couverte par les ressources dont disposera la Chambre de Commerce.

Deuxième étape. — 1° Prolongement de la jetée du large sur 100 m ;

2° Établissement d'une branche nord de la traverse de 1o5 m de longueur enracinée sur la jetée du large;

3° Établissement d'un quai destiné aux charbons le long de la jetée du large entre la branche nord de la traverse des Hauts fonds et la branche nord de la traverse du Ravin blanc.

La dépense évaluée à 7 ooo ooo fr serait supportée par le budget de la Colonie.

IV. — RÔLE ET RELATIONS DU PORT. TRAFIC.

A l'importation, Oran reçoit tous les produits nécessaires à la consommation des régions desservies par son port, notamment les objets manufacturés, les conserves, sucre, légumes secs, café, bois de construction, pétrole, tissus, machines et charbons. A l'exportation, le plus fort tonnage est fourni par les minerais de fer, les vins, céréales, alfa, crin végétal, fruits et légumes frais.

Le port d'Oran est en relations avec presque tous les pays du monde, mais, principalement, avec l'Angleterre, l'Autriche, l'Allemagne, l'Italie, l'Espagne, et la Norvège. Le trafic avec les ports français de la métropole, ou des possessions françaises de l'Afrique du Nord, atteint environ 4o % du trafic total.

Le port a été desservi régulièrement, en 1911, par 4o Compagnies de navigation, dont 29 françaises et 11 étrangères.

Des relations à peu près quotidiennes sont assurées avec Marseille, Cette et Port-Vendres; des services réguliers existent aussi avec le Havre, Rouen, Dunkerque et Bordeaux, pour la Métropole.

Le mouvement des passagers a atteint, en 1911, arrivés et départs compris 144 492 voyageurs en progression constante; il a doublé depuis 1902.

Le trafic total à l'entrée et à la sortie, pendant les dix dernières années, est résumé dans le Tableau suivant, dont la seule inspection permet de constater un progrès d'une rapidité extraordinaire.

ANNÉES.	ÉLÉMENTS DU TRAFIC.				
	Nombre de navires. Entrées et sorties.	Tonnage de jauge. Entrées et sorties.	Tonnage effectif des marchandises.		
			Débarquées.	Embarquées.	Total.
1902.......	4464	3 029 237	218 524	550 225	768 749
1903.......	4909	3 023 490	255 650	510 306	766 156
1904.......	5753	3 613 721	330 857	468 195	799 156
1905.......	6328	4 038 179	405 474	481 374	886 848
1906.......	6192	4 013 163	414 369	602 748	1 017 117
1907.......	6102	4 589 814	473 238	756 172	1 229 410
1908.......	6887	5 650 874	511 791	791 219	1 303 010
1909......	6717	5 513 178	514 127	718 941	1 233 068
1910.......	7217	6 349 322	614 741	735 135	1 349 876
1911.......	8263	8 357 979	752 997	962 092	1 688 089

Par l'importance de son trafic le port d'Oran, qui est l'un des quatre grands ports des possessions françaises de l'Afrique du Nord, se classe immédiatement après Alger, il occupe un bon rang dans la classification générale des ports de la Métropole, prenant même, au point de vue tonnage de jauge, le quatrième rang après Marseille, Alger et le Havre.

Les diverses taxes (taxes fiscales, de péage, droits d'usage et taxes diverses) supportées par les navires ayant fréquenté le port d'Oran, en 1911, et par les marchandises et voyageurs embarqués ou débarqués se sont élevées à 8 317 758 fr, en augmentation de 165 355 fr sur l'année 1910.

IV. — AVENIR DU PORT.

Par sa situation géographique privilégiée, à proximité du détroit de Gibraltar et des côtes de l'Espagne, sur le chemin des paquebots allant en Orient et en Extrême-Orient, le port d'Oran ne peut avoir qu'un brillant avenir.

Quel sera cet avenir? Il est bien difficile actuellement de le définir.

L'amélioration des relations avec l'étranger, l'Angleterre en particulier, par l'installation de services réguliers, permettra l'exportation des primeurs dont la culture dans l'Oranais est déjà florissante et ne pourra que créer de nouveaux courants commerciaux, favorables au développement de la colonisation.

Tous les marchés du Sud, vers Colomb-Béchar, Figuig et au delà ne peuvent que prendre de l'importance, par suite de la mise en valeur des immenses territoires sous leur influence à la suite de la pacification de la région marocaine du Sud.

On peut même envisager, il est démontré que cela n'est plus une utopie, le prolongement de la voie ferrée de Colomb-Béchar vers le bassin du

Niger par le Sahara et l'utilisation de cette voie pour la mise en relation rapide de toute la région vers Tombouctou et d'une grande partie de la Mauritanie, avec l'Europe par le débouché naturel Oran, la Méditerranée et l'Espagne.

Quelle influence peut aussi avoir la pacification du Maroc oriental, avec Oudjda et toute la vallée de la Moulouya sur le port d'Oran? Elle ne peut que lui être profitable, l'intérêt français étant de créer un courant commercial vers l'Algérie, vers Oran par conséquent, en utilisant le moins possible le transit des marchandises par la zone espagnole. Un chemin de fer stratégique, en cours d'exécution, commencera à créer ce courant qui, nous en sommes convaincu, ne fera que prendre de l'importance lors de la mise en valeur des territoires conquis.

Ces divers faits et circonstances ne peuvent que favoriser l'expansion du port d'Oran et placer cette ville, dans un avenir prochain, au premier plan des grandes Métropoles maritimes du monde.

M. Paul CAZARD,

Consul de France, Almeria (Espagne).

SUR LE PORT D'ALMERIA.

387.1.(46.816)

24 *Mars.*

HISTORIQUE. — Au cours des âges, les PHÉNICIENS, les ROMAINS, les WISI-GOTHS, fondèrent des comptoirs à ALMERIA et exploitèrent les richesses minières de la région : on a trouvé des médailles, des monnaies, des lampes, et sur divers emplacements, des tas de scories très riches, abandonnées à ces époques reculées.

Dès que les musulmans en furent maîtres, ils agrandirent le port, remarquablement abrité par la nature, le munirent de grands ouvrages de défense et en firent le plus important de la côte, celui qui recevait les vaisseaux de SYRIE et d'ÉGYPTE, aussi bien que ceux de PISE et de GÊNES. La ville renfermait mille hôtelleries et dix mille métiers tissaient des étoffes de soie renommées dans le monde entier : velours, damas, brocarts, satins rouges, tissus d'or.

Sous la brillante domination des CALIFES ALMORAVIDES, cette cité islamique prit un développement extraordinaire si l'on en croit le dicton populaire :

  « *Cuando Almeria era Almeria* »
  « *Granada era su alqueria* ».
  Quand Almeria était Almeria
  Grenade était sa métairie;

Grenade comptait à cette époque un demi-million d'habitants.

En 1147, Alphonse VII, roi de Galice, de Léon et de Castille, qui était à l'apogée de sa puissance, résolut de s'emparer d'Almeria « Boulevard de l'Islamisme » (¹).

L'entreprise était audacieuse : la ville était fortifiée par trois enceintes : « Alhanadh », « Gebal Alamin », « Alhisana », et une grande forteresse la « Alcazaba », dont la garnison était de 30 000 hommes (²); cette gigantesque acropole arabe, admirablement conservée, est bâtie sur un sommet, d'où elle domine la plaine et surveille la mer.

Alphonse VII envoya des ambassadeurs dans toute l'Espagne, en France et en Italie, les Trouvères composèrent des vers, dont il nous reste le chant de « Marcobru » écrit en latin (³) et le pape Eugène III, inquiet des progrès terrifiants des musulmans en Espagne, exhorta les princes chrétiens « *à se charger de la croix* » et à prendre part à cette expédition qu'il appela « *guerre sacrée* » (⁴).

Gênes, Pise, Venise et la France répondirent à cet appel et envoyèrent des navires à Barcelone, où le comte Don Ramon Berenguer prit le commandement de la plus grande escadre qui, jusqu'alors, eût croisé les mers; Alphonse avait, de son côté, réuni une puissante armée et Almeria fut si bien cernée par terre et par mer que les aigles seuls auraient pu y entrer (⁵).

Maîtres de la ville, les alliés tirèrent un grand parti du butin et Alphonse donna pour armes à Almeria un écusson ayant au centre la croix rouge de Gênes et dans l'orle les divers écus des autres nations qui prirent part à la conquête : la Castille, le royaume de Léon, Aragon et Catalogne, Navarre, Foix et Montpellier.

Dix ans après, Almeria retombait au pouvoir des Arabes, jusqu'en 1487; le roi Abou Abdallah Mohamed el Zagal, remit les clefs de la ville à Ferdinand et Isabelle et s'embarqua pour Oran avec sa cour et un grand nombre de sujets.

C'est après le départ du dernier roi Maure que commence la décadence: Almeria, cité de prédilection des poètes et des savants arabes, lieu de délices célèbre dans le monde entier, où le commerce et l'industrie atteignaient une prospérité inouïe, ne fut sous la domination des rois catholiques, qu'une place de guerre inexpugnable et « *ruine vivante* » comptait à peine 20 000 habitants, il y a seulement quelques années.

Privée de toutes voies de communications, sans routes carrossables, ni voies ferrées, Almeria n'a été tirée de son isolement qu'en 1899, par la Compagnie française de Fives-Lille qui a construit la ligne des chemins de fer du Sud de l'Espagne, rejoignant à Baeza celle de Madrid, après avoir triomphé de grandes difficultés techniques dans ce pays accidenté, que traverse la Sierra Nevada.

Un courant très fort se produisit aussitôt vers cette région qui est,

---

(¹) Almaccari, auteur arabe, Historien d'Almeria.
(²) « Orbaja ».
(³) « Milá y Fontanals », Trouvères d'Espagne.
(⁴) « Orbaneja ».
(⁵) « Almaccari ».

sans conteste, la plus riche de la PÉNINSULE en métaux divers, une véritable fièvre de mines s'empara de la population, il y eut un afflux de capitaux étrangers et les demandes de concessions se comptent aujourd'hui par milliers. La ligne ferrée ne pouvant plus suffire au trafic, la COMPAGNIE DU SUD a établi, pour la première fois en ESPAGNE, la traction électrique sur une partie de son réseau et de nombreuses ramifications sont à l'étude qui, de plus en plus, sillonneront la contrée. Le 4 novembre dernier, le projet de chemin de fer de TORRE DEL MAR à ZURGENA a été approuvé et les travaux vont commencer incessamment. Cette ligne qui doit relier ALMERIA à GRENADE et MOTRIL en traversant la partie méridionale de la SIERRA NEVADA, permettra l'exploitation des « ALPUJARRAS », zone montagneuse d'accès difficile, mais très riche en minéraux.

D'autre part, la province cultive pour l'exportation les légumes de primeur, le spart (alfa en ALGÉRIE) et une qualité spéciale de raisins de table qui constitue la principale richesse de la région : on exporte annuellement environ 3 millions de barils de raisins frais, pesant brut 30 kg, commerce fruitier unique au monde.

La MUNICIPALITÉ, convaincue que le passé d'ALMERIA répond de son avenir, travaille à l'embellissement de la ville dont la population atteint aujourd'hui près de 70 000 habitants, la douceur de son climat, la pureté de son atmosphère, la désignent comme station hivernale de première importance, la beauté de ses monuments, la physionomie mauresque qu'elle a su conserver, les nombreuses ruines, dont elle est parsemée, engagent les touristes à la visiter.

Le port, grand et bien abrité, est très sûr, les importants travaux d'agrandissement, entrepris il y a quelques années, sont terminés et il réunit aujourd'hui toutes les conditions de sécurité nécessaires aux plus grands navires modernes. C'est d'après le tonnage du port qu'il est le plus facile de juger la situation industrielle et commerciale d'une région, ALMERIA, à cet égard, donne une indication tout à fait précise : le mouvement général de la navigation indique une marche ascendante de près de 100 navires et 100 000 tonnes par an.

Par le fait de la construction des chemins de fer du Sud, ce port est devenu tête de la ligne ferrée la plus directe allant du littoral méditerranéen à MADRID, et depuis 1907 un service de navigation hebdomadaire et régulier a été établi entre ALMERIA et ORAN, nouveau trait d'union entre la FRANCE et sa grande colonie.

En résumé, le port d'ALMERIA est en très bonne voie de prospérité, il prend une place de plus en plus considérable, dans le commerce de l'ESPAGNE et il est appelé à devenir un des centres les plus importants du bassin de la MÉDITERRANÉE.

M. Pierre CALVIÈRE,

Consul de France, Alicante (Espagne).

ALICANTE.

387.1 (46.733-Alicante)

27 Mars.

I. — La ville et le port.

Le port d'Alicante est situé au centre de la baie du même nom, au $30°20'12''$ de latitude et au $5°43'22''$ de longitude est du méridien de San-Fernando; il est limité au Nord par le cap de la Huerta et au Sud par le cap de Santa-Pola.

Alicante fut la première ville maritime reliée à la capitale par un chemin de fer; cette voie ferrée fut ouverte à la circulation le 1er mars 1858; Alicante est le port naturel de Madrid, car il est kilométriquement le plus rapproché de la capitale qui est située à 455 km; Valence est à 489 km, Santander à 503 km, Bilbao à 557 km, Barcelone à 685 km.

Une autre ligne relie, depuis 1884, le port à Murcie.

On n'est pas d'accord sur les *origines d'Alicante,* l'antique « Lucentum », on sait que cette ville fut tour à tour carthaginoise et romaine; détruite lors des invasions des barbares, elle fut reconstruite; puis, au viiie siècle, conquise par les Arabes qui la gardèrent jusqu'au xiiie siècle, à cette époque, elle fut rattachée au royaume chrétien de Valence, puis enfin au royaume de Castille.

La *population* de la ville qui n'était que de 25 000 habitants en 1850 était de 36 800 habitants en 1883; en ce moment, elle dépasse 50 000 habitants.

Sur la *fondation du port,* je n'ai rien trouvé de précis; on sait seulement d'après d'anciens plans, qui datent de 1773 et 1782, qu'à cette époque le quai du Levant (*voir* la Carte due à l'amabilité de M. Lafarga, ingénieur en chef des Travaux du port) existait déjà sur une longueur de 170 m; ce même quai fut continué en 1803 d'abord, puis en 1855 et en 1863. C'est surtout depuis 1901, que de grands travaux ont été exécutés pour mettre le port en état de répondre à toutes les exigences du commerce maritime moderne.

Alicante occupe le neuvième rang, comme importance, parmi les ports de la Péninsule.

Le port est d'une superficie approximative de 40 ha; il se compose du port proprement dit et de l'avant-port.

Le développement des *quais et des jetées* est le suivant :

Quai du Levant.

320 m de jetées verticales, tirant d'eau 9 m
240   »   »   »   8 m
1000   »   avec talus,   »   5 à 7 m

Quai du Couchant.

360 m de jetées avec talus, tirant d'eau 5 à 8 m
160   »   »   »   2 à 5 m

Quai de la côte.

880 m de jetées avec talus, tirant d'eau 2 à 3 m

On se propose de prolonger le môle de l'avant-port et le môle du Couchant, ce qui augmentera encore la sûreté du port, qui sera ainsi à l'abri de tous les courants du large.

Le port est doté des *grues* suivantes :

Une grue flottante de 30 tonnes;
Une grue électrique de 10 tonnes;
Une grue électrique de 1,5 tonne;
Neuf grues à main de 1,5 tonne.

Les quais sont reliés à la gare de Madrid et à la gare de Murcie.

Le port est muni des *phares* suivants :

1° Un phare de quatrième ordre à feu blanc intermittent, visible à 7-8 milles et situé à l'extrémité de la digue-abri de l'avant-port;

2° Une bouée lumineuse sur la prolongation du quai du Levant, à feu blanc et fixe, visible à 5 milles; on se propose, sous peu, de changer ce feu en vert;

3° Un feu fixe vert de sixième ordre, situé à l'extrémité du quai du Levant, à l'entrée du port et visible à 5 milles;

4° Un feu fixe rouge de sixième ordre, situé à l'extrémité du quai du Couchant, à l'entrée du port et visible à 5 milles.

II. — COMMERCE.

En ce qui concerne les transactions, nous remonterons seulement à l'année qui a précédé l'ouverture du chemin de fer de Madrid à Alicante, c'est-à-dire en 1857; c'est à partir de cette date en effet qu'Alicante a pris une importance assez considérable.

Transactions.

Années.	Importations.	Exportations.	Total.
	fr	fr	fr
1857.........	34 639 586	5 175 710	39 815 296
1858.........	55 168 350	4 419 900	59 588 250
1859.........	42 869 615	5 862 000	48 731 615
1860.........	39 796 930	9 110 300	48 907 230
1861.........	42 560 420	8 927 070	51 487 491
1862.........	58 583 818	11 309 000	69 892 818
1863.........	64 832 320	10 013 905	74 846 225

A partir de ce moment le pays s'achemine vers une crise épouvantable: le chemin de fer est terminé et n'a plus besoin de matériel; le numéraire fait défaut, une épidémie de choléra vient rendre encore plus lamentable la situation et le commerce tombe en 1866 à 33 560 200 fr à l'importation et à 6 533 650 fr à l'exportation.

Enfin, peu à peu, la prospérité revient; le pays se développe de plus en plus et il n'y a plus entre l'importation et l'exportation l'écart considérable que nous avons noté pendant les années 1857 à 1866 : même ce sont les exportations qui finiront par l'emporter sur les importations, à partir de 1900.

On peut dire que la moyenne des importations et des exportations réunies s'élèvent à 55 ou 60 millions de francs, soit 22 à 25 millions à l'importation et 35 à 38 millions à l'exportation.

Au début c'est la France et l'Angleterre et aussi un peu la Belgique et l'Italie qui seules entretenaient avec Alicante des relations constantes et suivies. Mais, peu à peu, avec l'extension rapide des voies de communications, avec l'essor pris par les marines marchandes, après l'adoption de la navigation à vapeur, avec le développement de la puissance économique des autres pays, Alicante a vu son port fréquenté par tous les pavillons.

Les principaux articles d'*importation* sont :

Le charbon, 36 000 tonnes, le superphosphate de chaux, 32 000 tonnes; les engrais minéraux, 16 000 tonnes.

Le pétrole brut, 8000 tonnes, les doulles 5000 tonnes; la morue, 3000 tonnes, l'alfa en rame 2500 tonnes, etc.

A l'*exportation*, nous notons surtout : le vin ordinaire, 500 000 hl ; le vin doux, 30 000 hl; le raisin pressé, 14 000 q; le raisin frais, 3356 q; raisin sec, 161 510 q; amandes sans noyaux, 13 910 q; piment moulu, 14 180 q; safran, 100 q; huile d'olive, 6530 q; légumes, 46 700 q; oranges, 4000 q (¹).

Ainsi que nous le voyons, l'exportation ne porte que sur les produits du sol et, en particulier, sur le vin et les amandes.

Avant 1891, c'était la France qui absorbait presque la totalité du vin exporté; mais depuis l'élévation de nos droits de douane, les vins d'Espagne ne peuvent pénétrer sur notre marché que lorsque la production est déficitaire en France, comme en 1912 et 1913, l'Espagne a dû chercher ailleurs des débouchés pour ses vins et c'est vers la Suisse et l'Allemagne qu'elle s'est tournée.

Il n'existe pas de statistiques qui permettent d'étudier dans ses détails l'importance des rapports commerciaux avec la France; nous verrons plus loin, en nous occupant de la navigation, la part de notre pavillon dans le mouvement des affaires : toutefois il convient de dire que, seul, le vin offre à nos vapeurs un fret de retour et que, par suite, la partici-

---

(¹) Ces chiffres donnent la moyenne de ces dernières années.

pation de notre pavillon dans le mouvement des affaires est intimement lié avec les demandes de vin du marché français.

Notre importation par le port d'Alicante était évaluée à 7 600 000 fr, en 1857 et atteignait en 1863, 28 millions; c'était la période de construction des voies ferrées.

Avec l'Angleterre, nous avions à cette époque le monopole du commerce avec le port d'Alicante; depuis la situation est changée : des droits de douane protecteurs ont développé l'industrie dans le royaume, des pays comme l'Allemagne, l'Italie sont venus concurrencer nos produits et, en ce moment, la valeur annuelle de nos importations varie de 4 à 6 millions.

Quant à l'exportation elle variait de 1860 à 1870 de 4 à 6 millions; elle peut en ce moment être évaluée à 16 millions; elle est alimentée en grande partie par le vin et les amandes.

Avec l'Algérie, Alicante a de tout temps entretenu des relations très suivies; depuis la conquête française, la région d'Alicante a fourni à notre colonie africaine les bras dont elle avait besoin pour l'exploitation agricole du sol. C'est principalement vers l'Oranie que se portait la colonisation espagnole; on peut évaluer à 8000 ou 10 000 le nombre de personnes qui s'embarquent chaque année, dans le port d'Alicante, pour l'Algérie; la plus grande partie de ces émigrants ne partent que temporairement; ils vont faire la taille de la vigne, les moissons, la vendange, puis reviennent chez eux avec le produit de leur travail.

En ce moment, deux lignes de navigation espagnoles relient Alicante avec Alger et Oran.

III. — NAVIGATION.

En 1857, année qui a précédé celle de la mise en exploitation du chemin de fer de Madrid à Alicante, le mouvement de ce port était de 2028 bateaux jaugeant 268 720 tonnes. En 1858, le nombre de navires montait à 1380 et les tonneaux de jauge à 658 562.

Après le pavillon espagnol, c'était le pavillon français et le pavillon anglais qui se disputaient la suprématie et qui fréquentaient presque exclusivement notre port ainsi que nous le verrons plus loin.

Le développement du port a été le suivant :

Années.	Bateaux entrés et sortis.	Jaugeage en tonneaux.	Moyenne en tonneaux.
1862.............	5581	603 314	108
1882.............	4061	902 395	222
1902.............	3818	2 970 264	778
1911.............	3386	2 398 839	708

C'est l'agriculture qui alimente presque exclusivement le commerce d'exportation; or, depuis plusieurs années, une sécheresse persistante et, aussi, pour ce qui concerne la vigne, le phylloxéra ont réduit à leur minimum la production du sol. On espère que le chemin de fer de la marine actuellement en construction (65 km), qui reliera Dénia à Alicante, et le chemin de fer en projet d'Alcoy à notre port (54 km) viendront fournir des aliments nouveaux à la navigation.

On évalue le trafic maritime de 1911 (importations et exportations comprises, marchandises embarquées et débarquées) à 430 000 tonnes; il était seulement de 302 967 tonnes en 1895, de 353 000 tonnes en 1899.

Les plus grands bateaux entrés dans le port jaugent 7000 tonnes. Le port peut recevoir des navires jaugeant jusqu'à 15 000 tonnes.

Le mouvement de la navigation avec la France a subi de grandes variations; avant la construction des voies ferrées, c'était la mer qui était la voie la plus commode et la plus rapide pour communiquer avec notre pays. Il y avait des lignes directes pour Marseille, les Messageries impériales faisaient escale à Alicante (en 1860, elles ont porté leur escale à Valence); comme je l'ai dit plus haut des pavillons étrangers, ceux de France et d'Angleterre étaient presque les seuls à fréquenter ce port.

En 1858, il est entré dans le port 158 bateaux français, jaugeant 65 000 tonneaux, pendant la crise de 1864 à 1868, crise qu'a suivi le grand mouvement d'affaires créé par la construction des voies ferrées;

Notre navigation diminue considérablement; ce qui lui manque et ce qu'a l'Angleterre avec le charbon, c'est le fret d'importation. En 1865, il entre dans le port seulement 87 bateaux jaugeant 6942 tonneaux.

La navigation a repris avec l'apparition du phylloxéra en France; le vin a donné du fret à nos bateaux depuis cette époque, notre navigation a suivi le mouvement des demandes de vin, demandes qui dépendent de la production vinicole en France et en Algérie.

Mouvement de la navigation avec la France depuis 1881.

Années.	Nombre de bateaux.	Tonnage.
1881	98	»
1882	135	»
1883	177	»
1884	122	»
1885	96	»
1886	109	»
1887	107	»
1888	235	»
1889	163	»
1890	150	»
1891	194	65 301
1892	97	80 566
1893	136	118 540
1894	101	83 702
1895	130	114 658
1896	132	118 940
1897	226	176 824

Mouvement de la navigation avec la France depuis 1881 (suite).

Années.	Nombre de bateaux.	Tonnage.
1898.............................	276	219 167
1899.............................	196	157 493
1900.............................	115	106 054
1901.............................	61	46 336
1902.............................	55	36 039
1903.............................	72	69 455
1904.............................	58	51 687
1905.............................	21	»
1906.............................	7	»
1907.............................	2	690
1908.............................	2	»
1909.............................	10	10 575
1910.............................	25	29 249
1911.............................	37	41 888
1912.............................	36	41 209

M. DUBOURDIEU,

Directeur général des Finances tunisiennes, Tunis.

RÉGIME DOUANIER DE LA TUNISIE.

337 (611)

24 Mars.

1. HISTORIQUE SOMMAIRE DE LA QUESTION. — Lors de l'établissement du protectorat français, la Tunisie, liée par ses traités antérieurs avec l'Angleterre et l'Italie, n'était pas maîtresse de son tarif douanier : les produits étrangers de toute origine, française ou étrangère étaient assujettis au pàiement d'un droit uniforme de 8 % *ad valorem.*

De son côté, la France appliquait aux marchandises d'origine tunisienne les droits de son tarif général : les traités du 12 mai 1881 et 8 juin 1883, qui avaient établi le Protectorat de la France sur la Tunisie, ne conféraient pas, en effet, la possibilité pour ce pays de réclamer le traitement de la nation la plus favorisée.

Cependant, la situation nouvelle résultant pour la Tunisie des traités de 1881 et 1883 nécessitait l'organisation entre la Puissance protectrice et l'État protégé, d'un régime douanier plus favorable à la fois aux intérêts de l'industrie métropolitaine et aux intérêts des colons qui, en apportant leurs capitaux et leur activité en Tunisie, avaient pu légitimement espérer trouver dans la Métropole un débouché pour leurs produits.

Dès 1890, la France autorisa, comme il sera indiqué plus loin (n° 5) l'admission à un régime de faveur de certains produits de la Tunisie.

D'autre part, la revision des traités anglais et italien, effectuée en 1896 et 1897, ayant rendu à la Tunisie sa liberté d'action, elle s'est empressée de réformer son tarif des droits de douane, conformément à ses aspirations. Cette réforme est contenue dans les deux décrets du 2 mai 1898.

2. *Tarif à l'importation.* — Le régime douanier de la Tunisie est déterminé, à l'importation, par le décret du 2 mai 1898 (Tableau A).

Les droits édictés sont tantôt des droits spécifiques, tantôt des droits *ad valorem.*

Cependant, en vertu des traités qui lient la Tunisie aux Puissances étrangères; le tarif minimum de France devient applicable chaque fois que le droit *ad valorem* est supérieur à ce tarif.

D'une façon générale, on se réfère, pour l'application du tarif, aux observations préliminaires du tarif des douanes de France, sauf les exceptions déterminées par la réglementation locale (*cf.* notamment pour les marchandises et objets admissibles en franchise, le décret du 28 janvier 1898; pour l'admission temporaire en suspension des droits, les décrets des 27 mai 1895, 21 juin 1896, 22 avril 1900, 26 septembre 1904, les deux décrets du 10 juillet 1908 et l'instruction générale du Directeur général des Finances, du 16 du même mois, n° **28**; pour les tares légales, le décret du 11 juillet 1908 et l'instruction générale du 27 du même mois, n° **29**).

Le classement, au point de vue de l'application des droits d'importation, des marchandises non spécialement dénommées au tarif ou à la Table y annexée, est en principe déterminé conformément au répertoire général et aux notes explicatives du tarif des douanes de France.

Les marchandises omises au tarif sont assimilées à l'objet le plus analogue et passibles des mêmes droits que cet objet. Toute assimilation doit être prononcée par l'Administration supérieure.

3. *Régime spécial à certains produits importés de France ou d'Algérie.* — Un second décret du 2 mai 1898 établit la liste des produits français et algériens admissibles en franchise en Tunisie.

Les immunités dont bénéficient la France et l'Algérie, à l'exclusion de toutes autres colonies ou possessions françaises, ainsi que des pays de protectorat, ne peuvent être revendiquées par aucun autre pays, eût-il droit au traitement de la nation la plus favorisée.

Ces immunités sont exclusivement réservées aux marchandises d'origines et de provenance de France et d'Algérie énumérées par le décret; elles ne s'appliquent pas aux marchandises similaires étrangères, nationalisées en France et en Algérie par le paiement des droits, ou importées de la Métropole en suite de transbordement, de réexportation, de transit ou d'entrepôt.

Toutefois, en application du régime d'union douanière instituée par le décret beylical du 9 juillet 1904 et la loi française du 19 du même mois, les céréales et leurs dérivés (grains, farines, semoules, pain, biscuit de mer et pâtes alimentaires) *pris à la consommation*, en France ou en Algérie, sont admissibles en franchise en Tunisie, sur la présentation de passavants délivrés par les douanes des ports d'embarquement.

Les céréales et leurs dérivés exportés de France ou d'Algérie à la décharge des comptes d'admission temporaire sont traités comme produits étrangers à leur importation dans la Régence et frappés, en conséquence, des droits du tarif minimum français.

Les sons d'origine et de provenance française ne bénéficient pas de la franchise des droits à leur entrée en Tunisie.

Pour avoir droit au régime de faveur les marchandises doivent être transportées en droiture de France ou d'Algérie, c'est-à-dire transportées par un même navire depuis le lieu de départ jusqu'au lieu de destination, sans escales, ou avec accomplissement des conditions auxquelles est accordée la faculté d'escale.

Le transport direct n'est pas considéré comme interrompu par les escales faites dans un ou plusieurs ports étrangers, pour y opérer des chargements ou des déchargements, lorsque les marchandises ayant droit au régime de faveur n'ont pas quitté le bord, et qu'il n'en a pas été chargé de similaires dans les ports d'escale. Toutefois, les compagnies de bateaux à vapeur à services réguliers peuvent charger dans les ports de France ou d'Algérie des marchandises similaires à celles qu'elles ont déjà à bord, sans que cette circonstance fasse perdre aux marchandises françaises ou algériennes le bénéfice de leur origine, pourvu que la provenance de ces marchandises se trouve suffisamment attestée outre la production du passavant, par l'examen des connaissements et des papiers de bord (décision du 4 août 1906, n° 5650-2).

4. *Exportation.* — Le tarif des droits de douane à l'exportation est déterminé par le premier décret du 2 mai 1898 (Tableau B), modifié par les deux décrets du 11 octobre 1900 et par ceux des 24 janvier et 19 juin 1911 et du 24 janvier 1912.

L'énumération des marchandises passibles de droit est limitative; en conséquence, les marchandises, non spécialement dénommées dans le Tableau des droits, sont exemptes.

Les droits à l'exportation qui, en 1884, frappaient 62 articles, n'atteignent plus aujourd'hui que les chiffons, les éponges, les grignons, les huiles d'olives et de grignons, les olives fraîches, les peaux brutes, les poissons autre que le thon, la boutargue et les poulpes, et enfin les poulains, juments et pouliches sous les conditions prévues au décret du 15 mai 1904.

5. *Régime applicable aux produits tunisiens importés en France.* — Sous le bénéfice de la loi du 19 juillet 1890, les produits suivants, d'origine et de provenance tunisiennes, sont admis en franchise à

l'importation en France : huiles d'olives et de grignons et grignons d'olives, animaux de l'espèce chevaline, asine, mulassière, bovine ovine (¹), caprine et porcine; les volailles mortes ou vivantes et le gibier mort ou vivant (²).

Ls vins (de raisins frais, mutés à l'alcool, de liqueur, muscat ou mutés au soufre) jouissent de régimes spéciaux et les autres articles sont soumis aux droits du tarif minimum.

Pour bénéficier du traitement de faveur, institué par la loi de 1890, (art. 5) les produits tunisiens doivent :

1º Justifier du transport direct et sans escale (³);

2º Être exportés par l'un des ports Tunis, La Goulette, Bizerte, Sousse, Monastir, Mahdia, Sfax, Gabès, Djerba et Tabarka;

3º Être accompagnés d'un certificat d'origine, délivré par le contrôleur civil de la circonscription, et visé au départ par un receveur des Douanes de nationalité française (l'exportation a lieu à l'identique);

4º Ne pas excéder les crédits d'importation ouverts annuellement par décrets du Président de la République;

5º Être importés par des navires français;

Sont exceptés de ces dispositions les produits prohibés et ceux compris au Tableau E de la loi du 7 mai 1881.

Enfin, depuis la réforme des 9-19 juillet 1904, la France et l'Algérie admettent en franchise, sans limitation de quantités, les céréales et leurs dérivés d'origine et de provenance tunisiennes, sous réserve de l'accomplissement des formalités prévues à l'article 5 de la loi du 19 juillet 1890.

6. *Régime applicable aux produits tunisiens importés en Algérie.* — Les produits tunisiens importés *par mer* en Algérie sont admis au bénéfice de la loi du 19 juillet 1890, sous les mêmes réserves et conditions que pour les importations en France.

Importés *par terre*, ils sont admis en franchise (à l'exception des écorces à tan dont l'entrée est prohibée) en vertu de l'article 6 de la loi du 17 juillet 1867.

D'après une réglementation récente, l'importation en franchise par la voie de terre est subordonnée, toutefois, à la production d'un certificat d'origine délivré par la douane tunisienne ou par les contrôleurs civils, lorsque les expéditions prennent naissance sur un point du territoire de la Régence dépourvu de bureau de douane.

(¹) Les animaux de l'espèce ovine, de provenance tunisienne, ne peuvent être introduits en France qu'après avoir été clavelisés (Circulaire des douanes de France du 7 décembre 1905, nº 3538).

(²) L'exportation du gibier de Tunisie est momentanément interdite (Décret du 14 novembre 1910).

(³) Ne sont pas considérés comme ayant fait escale les navires qui se seraient rendus en Algérie ou en Corse, avant d'aborder en France.

7. *Prohibitions d'entrée et de sortie.* — L'introduction en Tunisie ou la sortie de certaines marchandises sont prohibées. Ces prohibitions, qui résultent de décrets spéciaux à chaque nature de marchandises, sont absolues ou relatives. Elles se trouvent indiquées au tarif annexé au décret du 2 mai 1898 (Tableaux A et B) dans la colonne réservée aux droits de douane.

Lorsque l'importation ou l'exportation peuvent être exceptionnellement autorisées sous des conditions déterminées (prohibitions relatives) il est fait mention du bénéfice de ces exceptions et des conditions où elles opèrent dans la colonnne réservée aux observations dans les Tableaux précités.

Les marchandises prohibées, qui n'ont pas fait l'objet de déclarations de douane à l'entrée ou à la sortie, sont confisquées. Lorsqu'elles sont déclarées sous leur propre dénomination, la saisie n'en est pas effectuée, mais celles présentées à l'importation sont renvoyées à l'étranger, celles déclarées pour l'exportation sont retenues à l'intérieur.

8. *Restriction d'entrée et de sortie.* — L'entrée et la sortie de certaines marchandises sont soumises à des réglementations de police ou au paiement de taxes accessoires.

a. Restrictions d'entrée. — Sont soumis à des restrictions d'entrée :

Les animaux des espèces chevaline, bovine, asine, caprine et porcine, les viandes fraîches et les peaux brutes, qui ne peuvent être introduits que par les ports de Tabarka, Bizerte, La Goulette, Tunis, Sousse, Sfax et Gabès et par les bureaux des frontières de terre, moyennant production de certificats de santé et d'origine, visite sanitaire et acquittement des taxes afférentes à cette visite (décret du 14 février 1904).

Les vins non destinés à la consommation personnelle des particuliers, qui ne peuvent être introduits que par les ports de Tabarka, Bizerte, La Goulette, Tunis, Gabès et Houmt-Souk, et par les bureaux des frontières de terre de Ghardimaou, Babouch et Sakiet-Sidi-Youssef (décrets des 10 décembre 1900 et 18 février 1901);

Les plants d'arbres, arbustes et les végétaux de toute nature à l'état vivant, qui ne peuvent être importés que par les ports de Tunis, Bizerte, Sousse, Sfax et Gabès et pendant la période du 15 octobre ou 15 mai, après examen et autorisation d'un agent du Service phylloxérique (décrets des 24 décembre 1905 et 5 janvier 1912).

Les armes de chasse, dont l'importation est subordonnée à la production par les importateurs d'une autorisation spéciale, émanant du Contrôleur civil ou de la sûreté publique (décrets des 18 janvier 1883 et 14 avril 1894);

La dynamite et les explosifs de toute nature, autr s que les poudres à feu, les détonateurs de mine, dont l'importation est subordonnée à une autorisation de la Sûreté publique (décret du 2 juin 1904);

Le pétrole et ses dérivés, les huiles de schiste et de goudron, les essences et autres hydrocarbures liquides, qui ne peuvent être importés que par les ports de Tabarka, Bizerte, La Goulette, Tunis, Sousse, Monastir, Madhia, Sfax et Gabès et les bureaux de la frontière de l'Ouest (décrets des 5 septembre 1905 et 19 juin 1912).

b. Restrictions de sortie. — L'exportation des animaux des espèces chevaline, asine, bovine, ovine, caprine et porcine, des viandes fraîches et des peaux brutes, ne peut avoir lieu que par les bureaux ouverts à leur importation (décret du 14 février 1904).

A leur sortie par mer, les animaux des espèces énumérées ci-dessus, les viandes fraîches et les peaux brutes sont soumis obligatoirement à la visite sanitaire et au paiement de la taxe afférente à cette visite.

Union douanière. — 1. Les réformes de 1898 et de 1904 qui ont créé à l'industrie et aux principaux produits de la Métropole une situation privilégiée dans la Régence, ne constituent que des étapes dans l'acheminement vers une union douanière complète entre les deux pays.

Si la Métropole a le droit d'exiger que le marché tunisien lui soit de plus en plus largement ouvert, la Tunisie a un égal intérêt à accéder au marché français.

Sans doute la loi du 19 juillet 1890 a constitué pour elle un avantage de tout premier ordre, qui a puissamment contribué à son prodigieux développement. Mais, la franchise dont les plus importants de ses produits agricoles jouissent à leur entrée en France est subordonnée à la fixation annuelle par la Métropole des quantités à admettre, et bien que ces quantités soient généralement déterminées avec une grande largeur de vues, leur insécurité n'en pèse pas moins sur les producteurs tunisiens : il leur est impossible, par exemple, de passer des marchés à terme, n'étant jamais certains qu'au moment de la livraison le crédit d'importation ne se trouvera pas épuisé et l'admission en franchise en France suspendue.

2. Par ailleurs, la colonie française ne peut pas prospérer si elle n'est pas assurée de trouver pour celles de ses productions, non visées dans la loi de 1890, un débouché dans la Métropole. La culture des primeurs, dont l'Algérie retire de si grands bénéfices, et les industries des salaisons et des conserves de poissons, qui conduiraient à l'implantation dans la Régence de pêcheurs bretons et corses, ne peuvent être entreprises actuellement en raison de la prohibition exercée par le tarif minimum français.

La colonie française insiste vivement pour que ces barrières disparaissent et que les produits de son travail soient reçus en France au même titre que ceux de la colonie d'Algérie.

3. La France et l'Algérie ont donc des aspirations et des intérêts qui les convient à réaliser l'union douanière. La France ne ferait vraisemblablement aucune objection à la réalisation immédiate de cette union, mais, il n'en serait pas de même de la Tunisie, dont le budget, absorbé

pour plus d'un cinquième par l'intérêt et l'amortissement de la dette,
que lui a léguée le régime antérieur au Protectorat, doit faire face à des
charges nombreuses et grandissantes. Il y a été satisfait, jusqu'ici, par
une gestion financière des plus serrées et grâce à une progression régulière et constante de ces recettes. Mais, pour arriver à ses fins, le Protectorat doit être à l'abri de tous bouleversements susceptibles de mettre
en péril l'équilibre de ses finances. Or, l'union douanière, décidée
brusquement, sans préparation ni ménagement, se traduirait par des
conséquences financières désastreuses pour la Tunisie.

La réforme accomplie par le tarif du 2 mai 1898 s'est traduite, en effet,
pour le Trésor tunisien, par une perte de 1 175 000 fr de droits dont il a
fallu demander l'équivalent à des taxes nouvelles sur l'alcool, le sucre,
le café et les autres denrées coloniales. L'union douanière réalisée, en
en 1904, pour les céréales et leurs dérivés a causé à la Régence un déficit
de 875 000 fr de droits, qu'elle a dû compenser par la surélévation de
50 à 125 fr des droits sur l'alcool.

La perte pour la Tunisie sera encore bien plus grande avec une union
douanière, qui entraînera la concession de la franchise complète à tous
les produits de la Métropole et l'application du tarif minimum français
aux produits étrangers. Il s'en suivra, nécessairement, un déplacement
commercial en faveur des produits français analogue, à celui qui s'est
produit en Algérie.

On ne pourra, d'ailleurs, refuser à la Tunisie le bénéfice du tarif algérien
qui, pour certains produits (viandes salées, denrées coloniales, boissons
distillées), est moins élevé que celui de la France.

D'autre part, la Tunisie et l'Algérie, où la population indigène domine,
ont les mêmes besoins et l'adoption par la Régence du tarif algérien
entraînera les mêmes conséquences économiques qu'en Algérie : les
produits français se substitueront aux produits étrangers, dans la mesure
où ils les ont remplacés et sont appelés à les remplacer encore dans la
colonie voisine.

Or, les produits français étant admissibles en franchise, c'est par une
diminution importante dans la perception des droits de douane que se
traduira pour la Tunisie la réalisation de l'union douanière.

4. Pour assurer l'équilibre de son budget, le Protectorat sera obligé
de créer des droits compensateurs, sous forme de droits de douane ou de
droits intérieurs. Ces droits augmenteront la cherté de la vie matérielle,
qui déjà s'est accrue dans des proportions excessives, en 1898 et 1904.
Et cette augmentation sera d'autant plus sensible qu'elle coïncidera
avec la surélévation des prix de tous les produits que la Tunisie a pu
jusqu'ici se procurer à l'étranger et qu'elle devra désormais demander
à la France.

5. La Tunisie pressent bien ces éventualités, mais elle n'a pas encore
été appelée à les envisager nettement. Le jour où la Conférence consul-

tative sera saisie de la question, il est à prévoir qu'elle fera appel à la bienveillance de la Métropole pour n'être conduite à l'union douanière que progressivement et au fur et à mesure des possibilités budgétaires et économiques.

La France, de son côté, ne saurait contraindre la Tunisie à une solution précipitée qui risquerait de jeter le trouble dans ses finances à la prospérité desquelles elle est intéressée, comme garante de la Dette. Elle devra, comme pour l'Algérie, accorder des délais à la Régence : ce n'est, en effet, qu'en 1884, plus d'un demi-siècle après la conquête, qu'a été réalisée l'assimilation douanière de cette colonie avec la Métropole.

M. Raoul BEAUCHAMP,

Saint-Martin-les-Melle (Deux-Sèvres).

LA DÉPOPULATION FRANÇAISE, SES DANGERS, SES CAUSES, SES REMÈDES.

312.8 (44)

24 Mars.

Que de démographes, de sociologues, d'économistes ont essayé de résoudre le grave problème de la dépopulation française ; problème angoissant s'il en fut, et dont nul n'a le droit de se désintéresser.

Des plumes plus autorisées que la mienne, en ont cherché la solution ; après les travaux de MM. Levasseur, Leroy-Beaulieu, Cheysson, Richet, on ne peut espérer apporter aucune lumière nouvelle sur la question : la présente étude, pour laquelle j'ai sollicité la bienveillante attention des membres du Congrès, n'a d'autre prétention que celle d'être consciencieuse et sincère.

Cri d'alarme. — Ceux qui ont poussé le cri d'alarme sont des esprits clairvoyants dont la bonne foi ne saurait être soupçonnée.

« La France manque d'enfants, nous dit, M. de Folleville, et par une antithèse qui peut paraître tout d'abord inconcevable, la France se dépeuple alors que les puissances voisines continuent à s'accroître et à pulluler. »

Conséquences. — Le mal, on le voit, c'est de rester stationnaire, alors qu'au delà de nos frontières la population devient de plus en plus dense.

En 1789, nos 26 millions d'habitants représentaient le quart de la population totale des grandes puissances : la Russie comptait alors 28 millions d'habitants, l'Allemagne 28, l'Autriche 18 et l'Angleterre 12 seulement.

Alors, nous envoyions nos enfants au loin ; nos navigateurs, nos soldats, nos commerçants s'en allaient répandre notre influence, notre langue et nos idées.

Aujourd'hui, la France compte 39 millions d'habitants; mais la Russie en a 129, l'Allemagne 64, l'Angleterre 45 et notre population n'est plus que le dixième de la population totale de ces mêmes puissances.

En 1872, le nombre des naissances était de 956 000, en 1902 il n'est plus que de 845 000 et en 1910 de 744 000 seulement.

Nous avons 200 000 naissances de moins qu'il y a 40 ans et 100 000 de moins qu'il y a 10 ans.

On voit le danger par l'indiscutable évidence des chiffres : si le mouvement continue; si la population devient de plus en plus dense et si nous n'avons à opposer qu'un nombre toujours plus faible de Français, tôt ou tard, nous serons submergés, anéantis.

La France stérile, c'est notre influence mondiale qui va diminuer, c'est notre patrimoine national qui s'effrite, c'est notre magnifique empire colonial exploité par des Anglais, des Allemands, etc.

La France stérile, c'est notre armée devenue insuffisante.

« D'ici 15 ans, nous allons perdre quatre corps d'armée »

disait, en 1910, M. Messimy.

Aujourd'hui, nous savons que l'Allemagne qui, au lendemain de nos désastres avait à peu près le même nombre de conscrits que nous, possédera dès 1914, 35 000 officiers et 650 000 soldats et, vers 1916-1917, elle mettra 800 000 hommes sur pied.

Le nombre ne fait pas tout; mais l'accroissement de la population allemande lui permet d'obtenir la qualité par le nombre. De plus, l'Allemagne est un peuple de soldats (esprit de discipline...) elle veut jouer un grand rôle; et pour être sûre de la victoire, elle jette dans la balance des lois militaires successives, qui rendront ses effectifs supérieurs aux nôtres de plus de 300 000 hommes.

Devant les dangers de l'heure présente, il ne faut pas hésiter à consentir de nouveaux crédits et de nouveaux sacrifices pour réorganiser notre armée; il faut surtout par des alliances, imposer la paix par la force.

L'avenir on le voit est plein de sombres présages, le sentiment du danger provoquera nous l'espérons le réveil de l'orgueil français et le commencement d'une ère nouvelle.

Mais, le danger au point de vue militaire n'est pas le seul danger, il en est un autre d'ordre économique qui pour n'être pas aussi immédiat n'en est pas moins réel, ni moins grave : c'est l'invasion en temps de paix.

La France n'a plus assez de bras pour peupler nos villes et nos campagnes et donne par an 1 milliard aux ouvriers étrangers, qui viennent en foule remplacer les français « non nés ».

La France devient de plus en plus un pays d'immigration

« un pays qu'on colonise, tout comme les contrées de l'Amérique du Sud »;

et elle souffre de l'exode rural, du surpeuplement urbain et de ses conséquences : l'alcoolisme et la tuberculose.

L'exode rural, d'abord nécessaire au développement de l'industrie
et du commerce, a servi en même temps les intérêts de l'agriculture
et M. Tisserand à pu dire : l'exode rural a appris le cultivateur à mieux
utiliser la main-d'œuvre, à améliorer son matériel agricole, en un mot
à mieux cultiver.

Mais, bientôt un danger plus grave est apparu : la diminution du
nombre des enfants dans les *familles rurales*.

Les causes. — « Quand une population s'enrichit lentement par le travail,
elle contracte peu à peu des habitudes de bien être; elle n'éprouve pas le besoin
de multiplier plus rapidement parce qu'elle ne trouve jamais qu'il y a trop
de jouissances. Il peut arriver, même, que devenant plus exigeante pour la pos-
térité que pour elle-même elle restreigne le nombre des enfants qu'elle met au
monde. »

Ainsi parla M. Levasseur quand il étudia la question de la dépopulation.
Avant lui, Bastiat avait étudié cette loi de limitation préventive dont
l'effet va s'atténuant des *couches* supérieures aux couches inférieures
de la société.

Avec l'*instruction* et l'aisance, l'*esprit de prévoyance* se développe;
la bourgeoisie, petite ou grande, aura des enfants dans la mesure où elle
sait pouvoir les élever, sans les exposer à des privations et sans changer
elle-même sa manière de vivre. Les besoins sont plus nombreux, l'existence se complique et l'ouvrier, dans un logement exigu et malsain, est
moins en état d'élever une nombreuse famille que le travailleur d'il y
a 5o ans. L'employé, dont le traitement suffit à peine à conserver une
médiocrité décente, la femme, que les nécessités de la vie conduisent à
l'atelier; tous ceux qui rêvent de gloire ou qui ne veulent pas entraver
leur existence par trop de charges, tous ceux qui redoutent, après leur
mort, la dislocation de leur patrimoine, sont amenés à limiter le nombre
de leurs enfants.

Le mouvement centralisateur de la Révolution et de l'Empire est passé
de la politique dans nos mœurs; il s'est accentué, favorisé par le développement des moyens de communication et Paris est devenu le grand
centre vers lequel tendent tous les désirs et toutes les ambitions. On va
vers les villes, qui sont un milieu défavorable à la natalité et tandis que
Paris, surpeuplé, étouffe, la province s'anémie et la France se dépeuple.

Au seuil des grandes cités il semble que l'on ait inscrit ces mots : *Ici,
pas d'enfants*, et le paysan qui veut son fils plus heureux ou plus riche,
cherchera à faire de son unique héritier un fonctionnaire dans une administration quelconque, un citadin.

La demi-stérilité de la famille française est donc voulue; elle n'est
pas due, heureusement encore, a une dégénérescence de la race, mais, nous
savons cependant que la vie à outrance des grandes villes est une vie
contre nature qui affaiblit les générations, et nous savons aussi que tout

organe, toute société qui s'abandonne au repos et à la mollesse s'affaiblit et disparait — l'activité c'est la loi —.

Les remèdes. — Il faut modifier les conditions de notre vie sociale; la stérilité de la famille française, repose sur un faux calcul égoïste déterminé et encouragé par différents facteurs sociaux (éducation, mœurs, partage forcé, individualisme, fonctionnarisme, centralisation, renchérissement de la vie, fausse conception du bonheur, etc.).

Nous ne pouvons pas, comme en Angleterre, établir le droit d'aînesse; l'impôt sur le célibat serait lui-même difficile à faire admettre, mais les lois qui favoriseront les pères de familles nombreuses seront justes.

Partout, en Allemagne, en Angleterre, la natalité a fléchi, car la loi du bien-être est générale et le peuple en se civilisant pense aux sacrifices qu'il devra s'imposer pour élever une famille nombreuse. Mais, en Angleterre, en Allemagne, des conférences ont été faites pour montrer au peuple les dangers de la dépopulation et de nouvelles lois sociales ont été élaborées — on a remis en honneur la vie active (création des boy-scouts — jeux militaires, olympiques, etc.).

Partout on a lutté contre l'alcoolisme et la tuberculose, floraison de l'alcoolisme.

Les Norvégiens, Suédois et Finlandais ont appliqué grâce à des lois très ingénieuses une formule curieuse : « Il ne faut pas disent-ils, que le débitant ait intérêt à *vendre*. » A Berlin, à New-York, on a multiplié les *espaces libres*, les parkways, les sanatoriums.

En France on s'est sans doute préoccupé de la diminution de notre natalité, on a élaboré quelques projets de lois excellents (subsides et encouragements aux familles nombreuses, lois de 1909-1912 sur la protection de l'enfance, des mères etc.); mais c'est aussi une patiente et profonde réforme de notre mentalité qu'il faut entreprendre. La chose ne doit pas être impossible lorsqu'il s'agit d'une nation qui a brillé et brille encore au premier rang par l'esprit, le génie et l'audace.

Si la France se dépeuple, c'est que le caractère français n'est pas à la hauteur de l'esprit français. Le retour à la terre, qui contribuerait à la reconstitution de la famille, serait de nature à arrêter le mal, car si la ville est un milieu impropre à la natalité, la campagne fait des enfants roses et des soldats robustes.

Les pouvoirs publics, qui ont leur part de responsabilité, ne sauraient tarder à voter le dégrèvement du sol.

Si la vie contre nature des grandes villes nous a conduit à cette phrase lugubre, que le citadin a érigé en devise : « Avoir des enfants c'est de l'imprévoyance ou de l'inintelligence » il faut, d'autre part constater que le goût des jeunes gens pour les carrières libérales et le fonctionnarisme a sensiblement diminué — ils affirment de plus en plus leur volonté d'agir et de vivre. — Il y a un retour à l'idéal classique, au culte de la force et de l'énergie, à l'esprit de discipline.

Loi du travail. Des faits se produisent qui nous prouvent que la fin de la crise que nous traversons n'est peut-être pas très éloignée (baisse du taux de l'intérêt qui, diminuant le rendement de la fortune acquise, diminuera le nombre de ceux qui peuvent vivre sans travailler, capitaux qui commencent à s'intéresser au sol, etc.).

Conclusion. — Si je termine ce rapide exposé par des paroles d'espoir ce n'est pas pour donner une conclusion optimiste, c'est que je suis persuadé qu'une nation comme la France ne peut ni ne doit mourir; une France forte est une nécessité européenne.

Travaillons donc et que l'initiative privée seconde l'action des pouvoirs publics, que chaque société se mette sur un plan d'attitude générale, que l'intérêt de parti s'incline devant l'intérêt national.

M. Ph. BARREY,

Archiviste de la Ville, Le Havre.

SUR LA POPULATION DU HAVRE.

3r2.921 (44.25) Le Havre

24 *Mars.*

Fondé, en 15r7, pour remplacer les ports de l'estuaire de la Seine ruinés par la mer ou envahis par les alluvions, le Havre ne s'étendait primitivement que sur une surface de 24 acres, pris de chaque côté de la crique naturelle que forma le chenal.

Par la suite l'enceinte de la ville circonscrivit deux quartiers ou paroisses, l'un affectant la forme d'un trapèze dont le plus grand côté présentait un développement de 480 m. et dont la superficie était à peu près de 20 ha.; le second, entièrement entouré par le port, le bassin, une crique et des fossés, dont la figure se rapprochait grossièrement d'un triangle, occupant une surface de 9 ha.

C'est dans cet espace restreint que se développa le Havre, jusqu'à l'arrêt du 5 août 1787, qui reculait de 400 m. vers le Nord, et un peu moins dans l'Est, la ceinture de ses fortifications, portant d'un seul coup son territoire à 192 ha.

Cet agrandissement n'avait englobé que des terrains incultes et dépourvus d'habitations. Tout autre fut celui opéré en vertu de la loi du 9 juillet 1852. Des agglomérations importantes, de véritables faubourgs, d'extension récente, furent annexés et la superficie de la ville s'éleva alors à 881 ha.

Des rectifications de limites avec les communes voisines, des emprises sur la Seine pour la construction d'ouvrages maritimes ont depuis cette époque porté l'étendue totale de la ville à 1046 ha.

S'il est aisé de rappeler topographiquement l'importance de la ville, il n'en va pas de même en ce qui concerne la valeur numérique de sa population. A cet égard les renseignements manquent absolument pour les deux premiers siècles de son existence, puisque le premier dénombrement connu n'est pas antérieur à 1723.

On peut cependant reculer cette date d'une quarantaine d'années, par la recherche du nombre des baptêmes inscrits, sur les registres des deux paroisses du Havre. Toutefois, l'année 1685 est la plus éloignée que l'on puisse adopter, non que les documents ne s'étendent pas antérieurement, mais, parce que cette année marquant la révocation de l'édit de Nantes et les protestants disparaissant de la ville, soit qu'ils l'aient quitté, soit ce qui est plus fréquent qu'ils se soient convertis, ce n'est qu'à partir de cette époque que toutes les naissances sont inscrites aux paroisses.

Pour l'ancien régime, la population havraise atteint son point culminant pendant les années qui séparent la paix de Nimègue de la guerre de la ligue d'Augsbourg. La moyenne annuelle des naissances, de 1686 à 1688, atteint 770, oscillant entre 723, en 1686, et 798 l'année suivante. Cette moyenne est supérieure à celle de 716 obtenue, pour 1790 à 1792, où la population recensée est connue.

En procédant par hypothèse et en admettant, ce qui n'a rien d'invraisemblable, que le taux de la natalité ait été le même à un siècle de distance et qu'il n'ait pas varié dans l'intervalle, on trouve que la population havraise qui était dénombrée à 20 340 pour 1790-1792, devait atteindre 21 800 entre 1686 et 1688.

Les malheurs des guerres de la fin du règne de Louis XIV atteignent la population dans ses forces vives. Désormais, et pendant longtemps, elle n'atteindra pas les chiffres précédents.

En effet, d'après le même procédé, on trouve qu'en 1723-1724 le chiffre des habitants était tombé à 12 140, chiffre assez peu différent de celui de 12 780, accusé par un dénombrement, fait en 1723, par ordre du contrôleur général, qu'en 1754-1756, il n'était encore que de 16 530 — moyenne de 577 naissances — et qu'en 1775-1777, il n'atteignait que 17 920, avec 631 naissances annuelles.

On ne peut toutefois accepter comme base de calcul le chiffre des naissances que pour les années de paix. Pendant les guerres, toutes maritimes, du XVIIIe et du début du XIXe siècle, l'affaiblissement de la natalité n'a pas pour corrélation une diminution équivalente de la population, qui est en réalité beaucoup moins marquée, car le ralentissement de la natalité est dû en partie à l'éloignement de l'élément masculin, employé alors aux armements navals.

Cette règle se vérifie d'une manière assez simple. Les données des recensements et la population déduite des naissances, si nous prenons par exemple les années 1793 à 1800, s'accordent aussi bien qu'on le peut désirer dans une matière où la part du hasard n'est jamais négligeable, mais il n'en est plus de même sous le premier empire. Ainsi en 1800 la population recensée est de 17 644 ; le calcul, établi d'après les 606 naissances de cette année — chiffre trop faible, car il néglige les dépôts d'enfants faits à l'hôpital, en dehors de la ville — donne 17 216 habitants, c'est-à-dire un accord très satisfaisant.

La situation est bien différente dans les années postérieures. Les 454 naissances de 1806 ne décèlent qu'une population de 12 500 à 13 000 habitants ; or, il en a été recensé 19 000. La même observation peut être faite en 1808, où les 16 888 habitants ne fournissent que 398 naissances, ce qui en temps normal ne révèlerait qu'une population de 11 000 individus.

Donc, en laissant de côté les années de guerre, en ne comptant que celles qui les précèdent, on peut trouver par l'importance de la natalité la valeur numérique de la population havraise. On obtient ainsi le tableau suivant de 1686 à 1792 :

	Habitants.
1686-1688	21 800
1723-1724	12 140
1734-1736	16 530
1775-1777	17 920
1790-1792	20 340

En outre, un recensement, effectué en 1763 par les échevins, donna une population municipale de 14 653 habitants.

L'accroissement du territoire du Havre, opéré en 1787, n'eut pas, en raison des événements politiques, de répercussion sensible sur l'augmentation de la population et ce ne fut qu'au retour définitif de la paix que les espaces acquis en vertu de l'annexion se couvrirent de constructions.

De 16 231 habitants, en 1815, la population s'élève à 21 108, en 1818, 25 618, en 1836 et atteint 27 154, en 1841, chiffre qu'elle ne dépassera plus jusqu'en 1852.

La raison de cette quasi-stagnation est tout entière dans l'exode qui se manifeste vers les faubourgs situés hors des fortifications. Ingouville, aujourd'hui annexé, n'atteignait certainement pas 1000 habitants, en 1763. Trente ans plus tard il en possédait 4782.

La période impériale passée, l'industrie se développe dans cette commune et sa population passe de 4838, en 1826 à 7766, en 1836 et s'élève, en 1851, à la veille de sa réunion au Havre, à 14 378.

Plus significative est la rapide ascension de Graville-Leure, dont la partie urbaine a été également annexée en 1852. Jusqu'aux environs de 1835, c'est une commune exclusivement agricole. D'intelligents spéculateurs s'avisent alors d'acheter de vastes terrains à proximité du Havre, d'y tracer de larges voies, de doter cette section des avantages urbains dont elle était privée.

L'effet est immédiat. De 2253 habitants, en 1831, le chiffre de la population atteint 7441 dix ans plus tard et, malgré la crise industrielle de 1848-1849, elle était de 12 794, en 1851.

En 1853, au lendemain de l'annexion de ses faubourgs, à la veille de voir tomber ses défenses archaïques, le Havre avait une population municipale de 53 704 habitants, avec un territoire utilisable sensiblement égal à celui d'aujourd'hui. Un rapide accroissement devait l'amener en moins de soixante ans à 133 735 habitants, 136 159 en y comprenant la garnison et les catégories de population comptées à part.

Mais, un phénomène semblable à celui qui s'était produit à la fin du xviiie siècle et dans la première moitié du xixe se répétait. Une partie de la population se déversait dans la banlieue, attirée par de plus grandes facilités d'existence, par la proximité des lieux de travail. Tandis que le Havre en trente-cinq ans, de 1876 à 1911, voyait sa population s'élever de 92 068 à 136 159, les six cantons de l'agglomération havraise, comprenant, en dehors de la ville, quatre autres communes, passaient de 102 374 à 169 572 habitants.

La commune de Graville-Sainte-Honorine, à elle seule, qui n'avait, en 1876, que 2700 habitants en possède maintenant 16 327.

L'augmentation de la population havraise reconnaît plusieurs facteurs d'importances diverses. Au premier plan on doit placer l'énorme accroissement du commerce maritime — en 1886, le tonnage des navires entrés et sortis était de 4 771 577 tonneaux contre 10 058 654 tonneaux, en 1911 — et l'extension industrielle qui envahit, non seulement les quartiers nouveaux de la ville, mais s'étend à l'Est et atteint Harfleur, situé à 5 km du Havre.

La main-d'œuvre nécessaire à cette transformation industrielle, qui ne remonte qu'à la Restauration, n'a pu venir que du dehors. Le Havre se conforme à la loi générale d'attraction des grands centres, qui pompent en quelque sorte la substance des régions environnantes.

En second lieu, et dans des proportions non négligeables, la généralisation de la vapeur à la propulsion des navires, en substituant aux voiliers lents et intermittents de jadis des navires d'une valeur considérable, aux traversées régulières, aux séjours abrégés dans les ports, a fixé à demeure une fraction notable de la population.

Précédemment, les équipages avaient largement le loisir, entre deux voyages, de rejoindre leurs familles et d'y passer quelque temps. Aujourd'hui que pour donner une rémunération convenable les navires sont obligés de se maintenir le plus possible en service actif, que leur personnel, en particulier celui de la machine, s'est accru dans de larges proportions, les familles des marins ont déserté leurs villages; elles se sont déracinées et sont venues habiter la ville, où les maris, les frères, les fils ont leur port d'attache.

Un troisième chef d'augmentation de la population havraise, moins important que les précédents, mais cependant très intéressant à retenir, réside dans l'excès des naissances sur les décès.

Ce croît physiologique n'est d'ailleurs pas d'origine récente : il remonte au xviiie siècle. Précédemment, les épidémies et un état général défectueux de la santé publique déterminaient un excès, à peu près constant, des décès sur les naissances. Les progrès de l'hygiène, une observation plus exacte des règlements sanitaires, l'amélioration des conditions économiques changèrent cette situation, en même temps que se créaient de nouvelles voies commerciales, la pêche à la morue déclinant pour faire place à la navigation avec les Antilles.

Si l'on considère le seul croît physiologique, on arrive à cette conclusion que la population havraise augmente par sa natalité propre dans des proportions, modestes sans doute, mais appréciables.

C'est ainsi qu'en comprenant les naissances et les décès, relevés non seulement au Havre proprement dit, mais à Ingouville et à l'Hôpital du Havre situé, jusqu'en 1852, sur le territoire de cette dernière commune, on trouve, de 1754 à 1792, un total de 26 078 naissances contre 23 507 décès. Encore ce chiffre devrait-il être diminué de près d'un millier de décès provenant des matelots et soldats, qui vinrent mourir à l'Hopital (dans les deux années 1779 et 1780 marquées par la concentration des troupes de l'armée d'Angleterre, le nombre s'en élève à 212, et cette circonstance se reproduira fréquemment, par la suite, notamment en 1794-1796 et en 1870-1871).

Plus ou moins accusé, subissant des variations en raison de l'état de guerre, des vicissitudes de la situation économique, des épidémies, choléra, typhoïde, variole, etc., cet écart se retrouve dans les périodes subséquentes. Il s'accentue, même, depuis une trentaine d'années, c'est-à-dire que cette augmentation est parallèle à l'application des mesures d'hygiène rationnelles et méthodiques; elle coïncide, non fortuitement certes, avec la création du Bureau municipal d'Hygiène.

Si l'on remonte à 1754, et que l'on poursuive l'examen des chiffres respectifs des naissances et des décès jusqu'en 1912, on obtient le tableau suivant, dressé par période :

	Naissances.	Décès.	Excès des naissances.
1754 à 1792................	26 078	23 507	2 571
1793 à 1820................	23 308	23 056	252
1821 à 1852................	48 037	42 338	5 699
1853 à 1879................	72 931	71 240	1 691
1880 à 1912................	120 292	110 329	9 963
1754 à 1912................	290 646	270 470	20 176

Au lieu donc d'absorber, sans profit, comme trop de grandes villes, la sève du pays, le Havre, s'il emprunte beaucoup d'éléments au dehors ne le fait pas pour combler des vides. Il fournit son contingent et s'il subit, comme tout le pays, l'affaiblissement de la natalité, du moins la compense-t-il, et l'a-t-il compensée depuis plus de 150 ans, par un constant excès de naissances.

La population havraise s'est recrutée, jusqu'à la transformation industrielle et maritime, qui s'accélère surtout à partir du milieu du xixe siècle, en grande majorité dans les environs immédiats et médiats et d'une manière générale dans les départements normands limitrophes de la mer. Par une application sociologique de la théorie des vases communiquants, il y a eu déversement des éléments ruraux sur la ville, mais le courant jusqu'au siècle dernier ne s'était pas étendu très loin.

En effet, si l'on consulte au xviiie siècle les réceptions à la bourgeoisie, on trouve que de 1741 à 1790, sur 878 bourgeois admis 438 sont originaires du pays de Caux, 267 des autres régions de la Normandie, 92 des autres provinces françaises et 81 de l'étranger, des colonies ou dont l'identification n'a pu être faite.

Il y a donc une très forte proportion de Normands dans ce recrutement bourgeois et ces témoignages de la composition de la population havraise sont corroborés par l'examen du lieu de naissance de 764 décédés au cours des années 1787 et 1788. On trouve en effet 460 personnes nées au Havre, 122 dans le pays de Caux et 102 dans le reste de la Normandie, soit les $\frac{8}{9}$ du total.

Cette unité ethnique s'est trouvée puissamment modifiée au xixe siècle par une forte immigration bretonne. D'après le recensement de 1896, le seul où les communes aient pu opérer le dépouillement statistique de l'origine de leurs habitants, les cinq départements de la Bretagne comptaient au Havre 10 514 de leurs enfants.

Ce chiffre élevé était, pourtant, dépassé par celui des quatre départements normands, la Seine-Inférieure exceptée. Il atteignait en effet 12 631. Si, à ce chiffre on joint l'apport de ce dernier département (il y avait 79 975 habitants qui y étaient nés), on voit que, malgré l'importance de la colonie armoricaine, le total des immigrés normands la dépasse considérablement.

Pour être exact, il faudrait pouvoir rechercher à quelle nationalité provinciale se rattachent les enfants nés au Havre, mais c'est là un problème à peu près insoluble.

Si aux 92 606 habitants originaires de Normandie on ajoute les 10 514 nés en Bretagne, les 1735 nés dans les autres départements littoraux des mers de la Manche et du Nord on arrive à 104 855 individus se rattachant à la partie du territoire français exclusivement peuplé par les races du Nord, soit, sur une population totale de 114 420 français, une proportion de plus de 91 %.

M. ÉMILE CACHEUX,

Ingénieur des Arts et Manufactures, Paris.

AMÉNAGEMENT DU TERRITOIRE DES COMMUNES URBAINES ET RURALES.

351.778.5

24 Mars.

Le projet de loi déposé par M. J. Siegfried dit que toute ville, de plus de 20 000 habitants, sera tenue d'établir, dans un délai de 3 ans, un plan d'aménagement et d'extension, qui fixera la direction, la largeur et le caractère des voies nouvelles.

La mise à exécution de ce plan nécessitera l'emploi de capitaux dont la valeur sera d'autant plus grande qu'il sera donné plus de publicité aux opérations de voirie relatives à l'aménagement du territoire des communes. Il y aurait donc lieu de prendre des mesures pour empêcher la spéculation d'élever le prix des terrains destinés au percement des rues, nécessaires au lotissement bien compris du territoire des communes. Il nous semble qu'on pourrait emprunter aux Allemands un certain nombre des moyens qu'ils emploient pour étendre méthodiquement le territoire à bâtir de leurs communes.

Le moyen le plus efficace consiste à faire l'acquisition de terrain en culture, à le transformer en terrain à bâtir, par le percement de rues, et à le revendre, par lots, après avoir réservé les emplacements nécessaires pour les besoins des services publics. Le terrain aménagé est divisé en zones, dont chacune est soumise à un règlement spécial qui a pour objet de grouper les immeubles de même importance et de même nature.

Les rues sont classées dans deux groupes, dont l'un comprend les rues de circulation et l'autre les rues d'habitation.

Les rues de circulation sont larges, de façon à pouvoir être parcourues par des véhicules à moteurs mécaniques, la chaussée, qui sert à la circulation des voitures et des chevaux, doit être faite avec des matériaux durs, elle est bordée de chaque côté par des trottoirs avec caniveaux pavés.

Les rues d'habitation sont moins larges, elles sont construites économiquement, mais elles sont toujours munies de canalisations pour l'eau potable et les eaux usées.

En vue de faciliter la vente de terrains desservis par des rues en bon état, les municipalités interdisent la construction de maisons d'habitation sur des terrains qui ne sont pas en bordure de rues munies d'égout et de canalisations d'eau potable.

Les zones diffèrent suivant le nombre des étages des maisons que l'on peut construire, l'espace à laisser libre dans chaque propriété, la distance des bâtiments les uns des autres, la manière dont l'immeuble est utilisé. Les communes favorisent encore la vente des terrains, en mettant les nouveaux quartiers en communication avec les anciens par des moyens de transport rapides, commodes et économiques. En vue de faire bâtir le plus rapidement possible, les terrains aménagés, les municipalités consentent des prêts à taux réduit, elles accordent des primes aux propriétaires qui construisent, elles réduisent les taxes relatives à la construction et elles les suppriment même au besoin.

Grâce à l'emploi de ces moyens, un grand nombre de villes allemandes ont pu s'entourer de faubourgs, dont les maisons ouvrières ont l'aspect de celles qui sont habitées par des personnes aisées, et dans lesquelles on ne trouve pas les causes d'insalubrité, qui sont si nombreuses dans les habitations des villes anciennes.

Malgré l'augmentation du prix des matériaux et de la main-d'œuvre, les loyers des immeubles modernes ne sont pas plus élevés que ceux des anciennes maisons. A Copenhague, où l'on a appliqué les principes de l'extension méthodique du territoire des villes allemandes on a reconnu que les ouvriers occupaient dans la banlieue des logements de trois pièces, tandis que ceux du même prix, qu'ils habitaient dans la ville, n'avaient qu'une et deux pièces. Le nombre des pensionnaires, logés dans des familles diminua, parce que les célibataires louèrent les petits logements abandonnés par les ouvriers, qui allèrent se loger dans les faubourgs.

En résumé, la réglementation allemande de construction supprime les inconvénients que nous énumérons ci-après, savoir : 1° La construction d'une maison de 5 à 7 étages, à côté d'une villa. Les inconvénients du voisinage sont : privation de jour et de lumière, la vue du mur mitoyen non garni d'enduit, la dépense qu'il y a lieu de faire pour assurer le tirage des cheminées.

2° Le voisinage d'une usine, qui donne lieu à des odeurs incommodes et malsaines, l'augmentation de la valeur des primes d'assurance.

Le principal défaut qu'on reproche à la réglementation allemande étant de porter atteinte au droit sacré de la propriété, on voit que lorsqu'un propriétaire construit une maison a toute hauteur dans un quartier de villes, il porte préjudice à ses voisins, et qu'il y a lieu à interprétation du droit de propriété.

Dans les grands lotissements les plus récents, on tient compte maintenant pour rédiger les cahiers des charges, annexés aux ventes, des principes adoptés en Allemagne, malheureusement les grands terrains deviennent rares, et pour en obtenir, il faut réunir un certain nombre de parcelles de terrain. Cette réunion est très difficile, par suite du mauvais vouloir des propriétaires, qui ne tiennent pas à ce que leurs terrains servent à la construction d'habitations à bon marché.

Ainsi, nous comptions pouvoir transformer 30 000 m de terrain, livré à la grande culture, en petits lots de 15 m de profondeur, notre plan échoua, par suite du refus de nous vendre un champ de 6 m de largeur sur 3oo m de longueur enclavé dans les nôtres.

Dans le lotissement de la plaine de Vanves, qui porta sur 200 000 m de terrain, nous fûmes obligés dans deux cas de faire des rues brisées pour contourner des propriétés qui nous séparaient de la rue principale de la commune, dans laquelle il y avait un égout. Dans deux autres cas, nos rues furent rétrécies, au droit de la propriété de deux personnes qui ne voulurent, ni contribuer aux frais de la route, ni nous céder leur immeuble, ni consentir à un échange.

Dans tous les cas que nous citons, les communes dont nous dépendions auraient pu intervenir et percer des rues, qui auraient desservi des terrains convenables pour constructeurs d'habitations individuelles, mais elles ont refusé d'agir, soit par suite des ennuis causés par les expropriations, soit parce qu'elles ne tenaient pas à voir bâtir des maisons ouvrières sur leur territoire. J'avais offert aux communes de payer les frais d'expropriation, par suite je crois que c'est plutôt à la deuxième raison qu'il faut attribuer leur inaction.

C'est en raison des difficultés suscitées par l'exploitation d'un domaine au moyen de voies privées, que j'ai vendu en bloc, un terrain de 47 000 m dont la commune n'a pas voulu faire les rues nécessaires au lotissement, dont je voulais payer les frais de viabilité.

Lorsqu'un propriétaire exécute les travaux nécessaires pour mettre une rue en état d'être classée, il majore le prix de ses terrains d'une valeur assez forte pour que les acheteurs de petits lots leur préfèrent des terrains desservis par des sentes, ou des rues en mauvais état. Nous avons souvent constaté le fait et il suffit de consulter les cartes des communes des environs de Paris, pour voir que les belles routes qui traversent leurs territoires respectifs, ne sont pas garnies de maisons, tandis que dans les champs, desservis par des sentes, on constate la présence de nombreuses habitations.

Lorsqu'une habitation est construite sur un lot de terrain d'une certaine étendue, en bordure d'une rue en mauvais état, il n'en résulte pas de grands inconvénients, au point de vue hygiénique, car les eaux ménagères sont écoulées dans le jardin, et les vidanges sont reçues dans une fosse fixe ou mobile, mais il n'en est plus de même quand une vingtaine de maisons sont desservies par une rue, en mauvais état, sur laquelle on jette les eaux ménagères. Il se produit alors des foyers d'infection, dont on reconnaît la présence par le nombre des décès qui ont lieu par maladies évitables. Les cas de fièvre typhoïde indiquent que les habitants font usage d'eau de puits, les décès par tuberculose font prévoir l'existence de logements humides, encombrés et mal éclairés.

Si l'éparpillement des maisons sur le territoire d'une commune est peu recommandable au point de vue hygiénique, il ne l'est pas du tout au point de vue économique, car il nécessite l'emploi de longues canalisations pour mettre l'eau et le gaz, dans de bonnes conditions, à la disposition des habitants, et il ne leur permet pas d'évacuer facilement leurs eaux usées.

Nous croyons avoir suffisamment démontré les inconvénients qui résultent de la trop grande liberté accordée aux propriétaires de bâtir à leur guise, sur du terrain en culture ou considéré comme tel, et nous allons indiquer la marche que les communes pourraient suivre pour mettre du terrain, dans de bonnes conditions, aux constructeurs d'habitations à bon marché.

Tout d'abord, les communes devraient limiter leur territoire et faire appliquer strictement les règlements sanitaires par les constructeurs. Le territoire à bâtir devrait être aménagé de façon que toutes les propriétés soient desservies par des rues munies de canalisations nécessaires pour fournir l'eau et le gaz, et évacuer les eaux usées. Les communes perceraient les rues nécessaires, elles achèteraient les propriétés attenantes aux terrains bordant les nouvelles voies, de façon à pouvoir mettre à la disposition des constructeurs des terrains de forme avantageuse.

Les terrains seraient revendus, en obligeant les acquéreurs a se conformer aux conditions d'un cahier des charges qui aurait pour objet d'empêcher la construction de maisons à étages, dans les quartiers où il n'en existe pas, et de l'entraver, dans ceux où il s'en trouve.

Dans un très remarquable Ouvrage, paru en 1894, Eberstadt a prouvé que la construction des maisons à étages n'avait pas pour résultat de faire baisser le prix des loyers, mais qu'elle favorisait beaucoup la spéculation en faisant monter le prix des terrains. La surface du territoire de la Ville de Paris est de 7802 ha, elle sert à loger 2 847 299 habitants. La superficie des arrondissements de Sceaux et de Saint-Denis est de 40 574 ha, et leur population est de 1 251 411 habitants, par suite si tout le département dont la superficie est de 48 376 ha, était habité comme la ville de Paris, il pourrait contenir 16 millions d'habitants. Il faudrait plusieurs siècles pour utiliser les terrains actuellement en culture, ou vacants, qui se trouvent dans le département de la Seine, si l'on ne prenait pas des dispositions pour faciliter leur vente et empêcher les amateurs de petites maisons d'aller se fixer dans les départements voisins de celui de la Seine, où l'on trouve des terrains à bas prix, dans les lotissements faits par des hommes expérimentés, qui interdisent la construction de maisons à étages sur les terrains vendus et ne tolèrent pas la construction de baraques, à côté d'habitations convenables.

En soumettant à l'observation de règlements spéciaux, les constructeurs qui bâtiraient sur les terrains en dehors de ceux aménagés à cet effet, on empêchera la spéculation d'élever le prix du sol et les communes pourront se le procurer, à des conditions raisonnables, lorsqu'elles étendront leur territoire à bâtir.

Malgré les servitudes, dont on grèvera les terrains en culture qui seront transformés en terrain à bâtir, on sera toujours forcé de dépenser des sommes assez considérables pour effectuer les lotissements. En opérant prudemment et en se servant d'hommes expérimentés, les communes pourront réaliser des bénéfices sur les opérations qu'elles entreprendront et les appliquer à la construction de bâtiments d'utilité publique, à la création de terrains de jeu, de parcs, etc. Les communes se feront rembourser leurs dépenses de voirie, elles établiront des taxes de balayage, de construction, de façon à pouvoir gager des emprunts, qui mettront à leur disposition l'argent nécessaire à leurs opérations d'aménagement.

Les communes pourront arriver à lotir leur territoire à bâtir; sans recourir à l'acquisition de terrains. A cet effet, elles pourront suivre une marche analogue à celle qui est adoptée par un certain nombre de communes allemandes, et qui consiste à englober dans leurs opérations de lotissement, les propriétés non bâties et à les restituer à leurs propriétaires, après leur avoir donné une forme convenable pour recevoir des bâtiments. Les communes se chargent des opérations d'aménagement, elles retiennent une petite portion des propriétés pour tenir compte de leurs frais. La première opération de ce genre a été faite à Francfort en 1907, en vertu d'une loi, nommée Adickes, du nom de son auteur. L'opération avait rapport à un îlot de 25 ha appartenant à 63 propriétaires. Le projet de répartition, soumis à l'approbation des propriétaires, fut adopté sans réclamation, et plusieurs autres opérations de ce genre ont été faites depuis sans avoir eu besoin de recourir à l'autorité judiciaire.

L'initiative privée peut, avec le concours de l'État, suivre le système adopté par les communes allemandes pour créer de nouveaux quartiers. Ainsi, une Société a obtenu la concession d'un tramway électrique qui relie la porte Maillot à la forêt de Saint-Germain. Avant de faire la demande de la concession, la Société s'assura la possession de 2 600 000 m de terrain qu'elle revendra avec des bénéfices considérables, le jour où le tramway fonctionnera.

Sur le parcours du tramway il sera créé de nouveaux centres d'habitations, il sera prévu des ronds-points, qu'on garnira de maisons à étages. Une fraction de 10 % de la surface du terrain, acquis par la Société, est réservée pour la construction d'habitations à bon marché. Cette condition a été imposée par le Conseil général de la Seine, dans l'acte de concession du chemin de fer.

La loi sur l'aménagement du territoire des villes devra être appliquée, non seulement en dehors de leur enceinte, mais encore à l'intérieur, lorsque leur agrandissement aura été opéré sans tenir compte des progrès de la construction dans les cités modernes. Ainsi, le lotissement, laissé à l'initiative privée, des terrains compris entre les anciens boulevards et les nouveaux boulevards extérieurs de la ville de Paris, n'a pas été fait comme il aurait du l'être.

Dans les quartiers habités par des personnes aisées, des rues susceptibles d'être classées par la Ville, furent percées, mais il n'en fut pas de même dans les autres. Ainsi, dans les XIIIe, XIVe et XVe arrondissements il existe un grand nombre de passages, de ruelles et d'impasses qui desservent des maisons, dont la salubrité laisse beaucoup à désirer. D'un autre côté, la ville a percé des rues sans s'inquiéter du niveau des terrains qu'elles desservaient. Ainsi la rue de Tolbiac a été faite sur des remblais qui dans certaines parties atteignent une hauteur de 10 m, il en résulte que la construction de maisons, en bordure de cette rue, nécessite des dépenses considérables pour les fondations. Les loyers étant très peu élevés dans le quartier, les terrains qui sont restés à la Ville après le percement de la rue n'ont pû être vendus et seront encore longtemps vacants. Il y a une trentaine d'années, la Ville, pour provoquer la construction de maisons à petits logements, voulut louer par bail emphytéotique, un lot de 600 m de terrain moyennant un loyer de 1 fr. Aucun amateur ne se présenta.

Beaucoup de terrains ont des formes peu avantageuses pour des constructions économiques. Les côtés qui forment des angles aigus avec les rues amènent les architectes à construire des cabinets de forme peu utilisable, et dont deux côtés sont formés par des murs très couteux. En perçant les rues, les municipalités devraient faire l'acquisition des propriétés voisines des terrains en bordure, dont la forme est défectueuse et les adjoindre à ces derniers pour pouvoir les faire servir à la construction des maisons économiques. Avant le fonctionnement des tramways mécaniques et du chemin de fer métropolitain, la Ville de Paris aurait dû s'assurer la possession des terrains desservis par ces moyens de locomotion. Actuellement, la Ville de Paris pourrait encore se procurer du terrain, dans de bonnes conditions, en perçant des rues dans des quartiers où il existe de grandes surfaces de terrains, vacants ou couverts de baraques, loués plus ou moins cher, en attendant leur vente à des prix rémunérateurs.

En résumé, il serait temps de prendre en France des mesures analogues à celles que prennent les communes allemandes, pour mettre à la disposition des constructeurs, des terrains de forme convenable et au plus bas prix possible. Plus de 100 municipalités allemandes ont mis en pratique les procédés de construction des villes, indiqués par Sitte et Stubben dans leurs Ouvrages, et nous aurons fort à faire pour obtenir dans notre pays les résultats dont il est facile de se rendre compte en visitant les villes rhénanes. Hâtons-nous de dire, que le mouvement en faveur de l'extension méthodique du territoire de nos villes a déjà commencé grâce aux efforts de la Société des Cités, Jardins de France et de la Section d'Hygiène urbaine et rurale du Musée social. De notre côté, nous avons réussi à intéresser le Comité de Patronage des H. B. M. de la Seine à la question. En 1910, il a organisé un concours des Cités, Jardins, réduit aux H. B. M., qui a démontré que dans sa région, les grandes propriétés étaient fort rares et que celles qui existaient encore étaient d'un prix trop élevé pour permettre de les faire servir à la construction d'habitations individuelles à bon marché. Le Comité avait demandé, dans son programme, de réunir des champs livrés à la grande culture pour créer une nouvelle commune, qu'on aurait reliée au centre de Paris, par des moyens de transport rapides commodes et économiques.

Aucun concurrent n'a essayé de résoudre cette question, qui ne peut l'être du reste que par une commune. Nous avons adressé à MM. les Maires du département de la Seine une étude sur l'extension méthodique du territoire des villes et nous leurs avons demandé leur avis sur le programme énoncé ci-dessous :

Limitation du territoire à bâtir des communes.

Règlements relatifs à la construction sur le territoire à bâtir, ou en culture, des communes.

Aménagement du territoire par l'ouverture des rues nécessaires à la mise en valeur de tout les terrains vacants, ou en culture, qui s'y trouvent.

Achèvement dans la partie limitée du territoire à bâtir du réseau d'égouts et de la canalisation d'eau potable, ainsi que de celle des eaux usées.

Essai d'application à l'amiable de la loi Adickes, qui permet par voie d'un lotissement d'ensemble de donner une forme convenable aux lots de terrain.

Taxes qu'il y aurait lieu d'établir sur les terrains vacants et bâtis, pour couvrir les dépenses nécessaires à la mise en vigueur de la loi sur la santé publique, du 15 février 1902.

Plusieurs maires ont approuvé notre programme et le Conseil général de la Seine a nommé une Commission, qui s'occupera de l'aménagement du territoire des communes de son département.

M. L. PÉRIDIER,

Cette.

PORTS FRANCS.

382.3

24 Mars.

Le 26 décembre 1908, j'écrivis au Ministre des Finances une lettre conçue en ces termes :

Je ne sais si vous connaissez la situation de Cette. Notre ville se trouve dans une presqu'île, lorsqu'il fait vent du Nord. Lorsqu'il fait vent du Sud, la presqu'île devient une île, par suite de la jonction de la mer avec l'étang de Thau, par le grau de la plage, qui s'étend entre Cette et Agde.

Je ne crois pas qu'il y ait en France un port de mer qui soit mieux approprié pour faire l'expérience d'un port franc.

Il suffirait de transporter le front de bandière de la Douane sur la *rive* septentrionale de l'étang, ou bien même de faire garder la sortie de Cette vers l'intérieur.

Si le Ministère veut mettre la question à l'étude, la Chambre de Commerce, dont le renouvellement va avoir lieu, s'en occupera sans nul doute avec ardeur.

En février 1909, l'Administration de la Douane me demanda quelques explications, de la part du Ministre. Je les lui donnai sous forme d'un Projet de convention entre le Ministre et la Chambre de Commerce de Cette, supposée autonome.

Il avait le titre suivant :

Port franc ou port compensateur d'exportation et d'importation. — Le 18 mars 1909, j'envoyai directement au Ministre la Note dont le texte suit :

CETTE PORT COMPENSATEUR D'EXPORTATION ET D'IMPORTATION.

A la suite d'une lettre que j'ai écrite à M. le Ministre des Finances, la Douane m'a demandé quelques explications sur la question d'un *port franc* à créer à Cette. Cette création, favorable en elle-même à notre port, soulèverait, je le crains, de grandes objections, si cela avait lieu brusquement. Cette considération m'a amené à rechercher le moyen d'y arriver sans crise. J'ai donné à la Douane l'idée d'admettre l'existence de *commerçants compensateurs.*

Voici ce que j'entends par là. Raisonnons si l'on veut sur vins et fils de lin (art. **363** du tarif, 21 fr par 100 kg au tarif général et 16 fr au tarif minimum) différence 5 fr.

Un commerçant compensateur expédierait 100 kg de vin à l'exportation. La Douane en prendrait note. Le jour, où ce commerçant importerait des fils, il serait admis à le faire en payant le droit au prix du tarif minimum, quelle que soit la provenance des fils, suivant le coefficient de compensation fixé par le Ministre. Ce coefficient étant 2, par exemple, par 100 kg de vin exporté, la quantité de fils à importer serait de 200 kg. Le bénéfice de 5 fr × 2 = 10 fr sur les droits permettrait au commerçant compensateur d'expédier du vin à prix coûtant, peut-être même à perte.

Le vin jouirait ainsi d'une prime d'exportation, sans que la Douane ait à payer un sou. Les viticulteurs auraient par suite un débouché plus important pour leurs produits.

Le Fisc ne subirait aucun préjudice. L'importation des fils n'en pourrait être diminuée et il doit lui importer peu, ce me semble, que ses recettes soient assurées par un pays plutôt que par un autre.

Le commerçant compensateur pourrait faire virer son crédit de compensation au compte d'un autre. Tout commerçant pourrait devenir partout commerçant compensateur.

Le jour où à Cette, les affaires auraient changé de nature, on y trouverait plus commode d'avoir en entrepôt des marchandises, au lieu de les faire venir au moment de les introduire en France. On demanderait alors, unanimement la création du port franc ou *port compensateur d'exportation et d'importation*.

Cette, serait alors Colonie française au regard de la Douane, tout en restant partie intégrante de la France métropolitaine à tous autres égards.

M. Jules HENRIET,

Ingénieur, Marseille.

LA RÉFORME DU CALENDRIER.
Projet de transformation du calendrier usuel, en calendrier rationnel, perpétuel et universel.

52.93

24 Mars.

C'est par l'observation des phénomènes de la nature, que l'on est parvenu à constituer les éléments du calendrier; mais l'organisation des subdivisions présente d'assez nombreuses difficultés, dont les principales sont :

1° La longueur variable de l'année solaire, avec ses 365 jours en temps ordinaire et 366 jours en temps bissextile.

2° La longueur variable de l'année lunaire, avec ses 354 jours pour l'année courte et 355 jours pour l'année longue.

3° La longueur inégale de chacune des quatre saisons, causée par le déplacement graduel du grand axe de l'orbite terrestre.

4° La variation des mois solaires, dont la durée est de 30 ou 31 jours.

5° L'inégalité des mois lunaires, dont la longueur est de 29 ou 30 jours.

6° L'impossibilité pour l'unité fixe de la semaine de 7 jours, de pouvoir servir de diviseur commun, soit aux mois lunaires, aux mois solaires, aux trimestres, ou aux années : dans toutes les combinaisons quelles qu'elles soient, chaque division laisse un reste à reporter sur le groupement qui lui succède.

En considération de toutes les difficultés de subdivision, il n'est pas possible d'adopter un ordonnancement ayant une rigueur absolue. Il faut se résigner à l'usage des moyennes, qui se rapprochent le plus des éléments donnés par les sciences mathématiques. Un procédé analogue a été adopté par la détermination de la longueur des heures du jour; dans la nature, les heures varient constamment : les heures du jour en hiver sont plus courtes que les heures d'été, en outre, l'heure sidérale n'a pas la même durée que l'heure solaire et elle est différente de l'heure lunaire. Pour les calculs astronomiques, les observatoires ont adopté l'heure moyenne : subdivision arbitraire, qui correspond rarement aux indications données par l'heure vraie ; l'heure moyenne est la subdivision acceptée pour les usages civils et scientifiques.

Le principe fondamental de la réforme du calendrier actuel repose sur la subdivision du cercle en 360°. Chaque degré du cercle étant estimé comme l'équivalent moyen d'un jour. En considérant chaque quadrant du cercle on obtient 90 jours, soit une saison moyenne ; en divisant par 12, on obtient 30 jours, soit un mois ordinaire ; en divisant par 24, on obtient 15 jours, soit un fuseau horaire terrestre ou une ascension droite céleste moyenne ; en divisant par 48, on obtient une semaine ordinaire de 7 jours.

Les cinq ou six jours supplémentaires au cercle de 360°, sont répartis dans le courant de l'année : d'abord quatre jours de grandes Fêtes numérotés zéro, placés au commencement de chaque trimestre, puis un jour Férié numéroté zéro placé au commencement du sixième mois et en année bissextile un jour Férié numéroté zéro, placé au commencement du douzième mois. Les cinq ou six jours supplémentaires sont ainsi répartis méthodiquement dans le courant de l'année, sans qu'ils provoquent un déclanchement sensible sur la succession des subdivisions hebdomadaires, mensuelles et trimestrielles.

Dans le calendrier réformé, la Semaine reste de 7 jours ; la Quinzaine est composée de 2 semaines de 7 jours réunis par 1 jour Férié ; le Mois est régulièrement de 30 jours, constitué par 2 quinzaines ; le Trimestre groupera 3 mois. Avec le système de calendrier proposé, les phases de la Lune ne jouent aucun rôle en ce qui concerne la formation des mois, des quinzaines et des semaines. Les unités adoptées sont des subdivisions moyennes, appartenant exclusivement à l'année solaire.

La semaine restera composée de 7 jours, les dénominations usuelles pourront être conservées dans les idiomes nationaux, telles qu'elles existent actuellement. Elles seront modifiables, selon les circonstances, si l'on en reconnaît la nécessité, pour éviter des confusions avec l'intangibilité des nomenclatures antérieures. La semaine commencera uniformément par un Dimanche pour terminer par un Samedi.

La Quinzaine constitue une nouvelle subdivision du projet de réforme du calendrier. C'est une combinaison de 2 semaines de 7 jours, commençant par un Dimanche et reliées entre elles par 1 jour spécial supplémentaire invariablement férié. La Quinzaine comportera 15 jours effectifs réels, elle représentera une unité de temps en corrélation permanente avec l'unité d'*espace* des fuseaux horaires terrestres, de 15° sur l'équateur et par analogie avec l'unité *de temps* des fuseaux célestes ou ascensions droites sur l'écliptique. La Quinzaine contiendra uniformément : 1 jour Férié, 2 Dimanches et 12 jours ouvrables. Toutes les Quinzaines d'une année seront rigoureusement les mêmes comme composition de jours fériés, de dimanches et de jours ouvrables ; cependant la première Quinzaine de chaque mois aura sa nomenclature datée de 1 à 15 et la seconde Quinzaine aura sa nomenclature datée de 16 à 30, sans qu'il soit pratiqué aucune exception à cette disposition.

L'intangibilité de la succession des jours de la semaine sera rompue par l'adjonction d'un jour Férié par Quinzaine. L'année totale ne comportera que 48 semaines au lieu de 52; le trimestre ne contiendra que 12 semaines au lieu de 13.

Dans la réforme proposée, les jours de chaque mois seront datés de 1 à 30. Quel que soit son rang dans la rotation annuelle, le mois présentera constamment une nomenclature absolument identique, composée de 4 semaines de 7 jours et de 2 jours Fériés placés à la date du 8 et du 23. Les jours bancables tomberont régulièrement sur des dates de jours ouvrables, dont les noms par quinzaines, seront toujours les mêmes dans tout le cours de l'année. Le mois du calendrier sera uniformément de 30 jours. Le mois représentera une partie du cercle de l'écliptique, correspondant à 30° sur les subdivisions du zodiaque.

Les deux jours Fériés du mois tomberont sans exception aux dates du 8 et du 23; les quatre Dimanches seront fixés aux dates des 1er, 9, 16 et 24. Chaque nom des jours ouvrables correspondra régulièrement à la même date : Lundi aux : 2, 10, 17 et 25; Mardi aux : 3, 11, 18 et 26; Mercredi aux : 4, 12, 19 et 27; Jeudi aux : 5, 13, 20 et 28; Vendredi aux : 6, 14, 21 et 29; Samedi aux : 7, 15, 22 et 30.

Les jours dits *bancables* seront constamment les : 5, 10, 15, 20, 25 et 30, ils tomberont sur un jour ouvrable, sans exception. Chaque samedi de fin de semaine, deviendra régulièrement un jour de paie des travaux à la journée; en outre chaque samedi de fin de mois, sera un jour de paie des travaux au mois et des travaux administratifs. Dans le cours de l'année, les mois se succèderont suivant un ordre numéral régulier déterminé de 1 à 12.

La composition de chaque trimestre sera uniformément de 3 mois, de 6 quinzaines et de 12 semaines. L'ordonnance d'un trimestre cadrera exactement, avec le système des saisons moyennes. Pour l'hémisphère boréal, le premier trimestre commencera à l'équinoxe de printemps; le second au solstice d'été; le troisième à l'équinoxe d'automne et le quatrième au solstice d'hiver. Pour l'hémisphère austral, le premier trimestre commencera à l'équinoxe d'automne, le second au solstice d'hiver, le troisième à l'équinoxe de printemps et le quatrième au solstice d'été.

Les cinq jours supplémentaires aux 360 jours, se répartiront ainsi : quatre jours sont placés au commencement du premier mois de chaque trimestre; ils sont réservés à l'une des quatre grandes Fêtes des changements de saisons, numérotés zéro et désignés sous un nom quelconque, soit de *superféries*, ou d'*extra-dimanches* ou simplement de *Férié*, de sorte que le premier mois de chaque trimestre possèdera régulièrement 31 jours sans aucune exception.

Le cinquième jour supplémentaire des années de 365 jours sera placé au commencement du troisième mois du deuxième trimestre, sous le

même titre de jour de grande Fête et numéroté zéro. Dans les années
de 366 jours, le sixième jour supplémentaire sera placé au commencement du troisième mois du quatrième trimestre.

L'année sera composée de 4 trimestres, de 12 mois, de 24 quinzaines
et de 48 semaines. Elle constituera, avec les jours supplémentaires numérotés zéro, placés au commencement de certains mois, un cycle de
365 jours, en temps ordinaire, et de 366 jours, en temps sextile.

L'année contiendra 288 jours ouvrables et 77 ou 78 jours chômables,
dont 48 Dimanches, 24 jours Fériés et 5 ou 6 jours de grandes Fêtes.
Toute fête quelconque : religieuse ou civile, sera commémorée un des 77
ou 78 jours chômables. Tout chômage pendant un des jours ouvrables
sera sans aucun caractère légal. Toute suspension de travail dite : *jour
de pont*, se trouve naturellement supprimée par la répartition méthodique des Dimanches et Fêtes du cours de l'année.

Dans la nomenclature proposée, les sectionnements de l'année diffèrent
tous d'un jour en plus ou en moins, car en matière de calendrier, il n'est
pas possible de faire usage de jours partiels : on ne peut adopter que des
moyennes. L'illustre Laplace, dans son *Traité de Mécanique céleste*, a
signalé la justesse de l'emploi des mesures moyennes, en faisant remarquer que : « l'Astronomie offre de perpétuelles anomalies, par une suite
systématique d'inégalités. Mais la constance des mouvements moyens,
des distances moyennes et des phases moyennes des phénomènes célestes,
démontre que les variations de la nature, sont très circonscrites et ren-
fermées dans d'étroites limites ». L'année subdivisée par des sous-
multiples à rotation régulière, permettrait de supprimer la mobilité
des fêtes religieuses et de commémorer la solennité de Pâques à date
fixe.

L'application de diviseurs rationnels au calendrier, rentre dans la
série des études destinées à internationaliser les procédés de Mesures.
Par l'organisation du calendrier, avec une graduation de sous-multiples,
la réforme proposée devient le corollaire des grandes institutions concernant le *méridien initial* et l'*heure universelle*. Les dispositions d'un calendrier ayant ses parties distribuées en diviseurs communs, pourraient être
considérées comme nouvelles; cependant elles sont à l'état embryonnaire, dans un certain nombre de projets soumis au concours de 1887;
elles sont développées implicitement dans la réforme proposée, en 1901,
par M. C. Flammarion; on peut les entrevoir en examinant le système
des trois décades du mois de 30 jours, constituant les éphémérides de la
vieille Égypte : système imité par la Révolution française, lorsqu'elle a
essayé de remplacer le calendrier grégorien.

Premier mois. — Mois de Prima.

(Ancien mois de Mars-Avril.)

Méridien de nuit : La Vierge. — Méridien de jour : Les Poissons.

1.	2.	3.	4.	5.	6.	7.	8.
1ᵉʳ Fuseau-Céleste. Quinzaine des vacances de Printemps.	0	Férié.	Fête de Pâques.	22	Mars	1	365
	1	Dimanche	Dimanche de Pâques.	23	»	2	364
	2	Lundi		24	»	3	363
	3	Mardi		25	»	4	362
	4	Mercredi		26	»	5	361
	5	Jeudi	Banque.	27	»	6	360
	6	Vendredi		28	»	7	359
	7	Samedi	Comptes	29	»	8	358
	8	Férié	Fête du Printemps.	30	»	9	357
	9	Dimanche	Dimanche de Quasimodo.	31	»	10	356
	10	Lundi	Banque.	1	Avril	11	355
	11	Mardi		2	»	12	354
	12	Mercredi		3	»	13	353
	13	Jeudi		4	»	14	352
	14	Vendredi		5	»	15	351
	15	Samedi	Banque-Comptes.	6	»	16	350
2ᵉ Fuseau-Céleste. Quinzaine des Semailles.	16	Dimanche	Dimanche.	7	»	17	349
	17	Lundi		8	»	18	348
	18	Mardi		9	»	19	347
	19	Mercredi		10	»	20	346
	20	Jeudi	Banque.	11	»	21	345
	21	Vendredi		12	»	22	344
	22	Samedi	Comptes.	13	»	23	343
	23	Férié	Fête des Semailles.	14	»	24	342
	24	Dimanche	Dimanche des Champs.	15	»	25	341
	25	Lundi	Banque.	16	»	26	340
	26	Mardi		17	»	27	339
	27	Mercredi		18	»	28	338
	28	Jeudi		19	»	29	337
	29	Vendredi		20	»	30	336
	30	Samedi	Banque-Comptes.	21	»	31	335

Deuxième mois. — Mois de Dua.

(Ancien mois d'Avril-Mai.)

Méridien de nuit : La Balance. — Méridien de jour : Le Bélier.

1.	2.	3.	4.	5.	6.	7.	8.
3ᵉ Fuseau-Céleste. Quinzaine de l'Ascension.	1	Dimanche	Dimanche des Rogations.	22	Avril	32	334
	2	Lundi		23	»	33	333
	3	Mardi		24	»	34	332
	4	Mercredi		25	»	35	331
	5	Jeudi	Banque.	26	»	36	330
	6	Vendredi		27	»	37	329
	7	Samedi	Comptes.	28	»	38	328
	8	Férié	Fête de l'Ascension.	29	»	39	327
	9	Dimanche	Dimanche de l'Ascension	30	»	40	326
	10	Lundi	Banque.	1	Mai	41	325
	11	Mardi		2	»	42	324
	12	Mercredi		3	»	43	323
	13	Jeudi		4	»	44	322
	14	Vendredi		5	»	45	321
	15	Samedi	Banque-Comptes.	6	»	46	320
4ᵉ Fuseau-Céleste. Quinzaine de la Pentecôte.	16	Dimanche	Dimanche.	7	»	47	319
	17	Lundi		8	»	48	318
	18	Mardi		9	»	49	317
	19	Mercredi		10	»	50	316
	20	Jeudi	Banque.	11	»	51	315
	21	Vendredi		12	»	52	314
	22	Samedi	Comptes.	13	»	53	313
	23	Férié	Fête de la Pentecôte.	14	»	54	312
	24	Dimanche	Dimanche de la Pentecôte.	15	»	55	311
	25	Lundi	Banque.	16	»	56	310
	26	Mardi		17	»	57	309
	27	Mercredi		18	»	58	308
	28	Jeudi		19	»	59	307
	29	Vendredi		20	»	60	306
	30	Samedi	Banque-Comptes.	21	»	61	305

	Troisième mois.					Mois de Tria.

(Ancien mois de Mai-Juin.)

Méridien de nuit : Le Scorpion.   Méridien de jour : Le Taureau.

1.	2.	3.	4.	5.	6.	7.	8.
5ᵉ Fuseau-Céleste. Quinzaine du Décalogue.	1	Dimanche	Dimanche de la Trinité.	22	Mai	62	304
	2	Lundi		23	»	63	303
	3	Mardi		24	»	64	302
	4	Mercredi		25	»	65	301
	5	Jeudi	Banque.	26	»	66	300
	6	Vendredi		27	»	67	299
	7	Samedi	Comptes.	28	»	68	298
	8	Férié	Fête du Décalogue.	29	»	69	297
	9	Dimanche	Dimanche du Décalogue	30	»	70	296
	10	Lundi	Banque.	31	»	71	295
	11	Mardi		1	Juin	72	294
	12	Mercredi		2	»	73	293
	13	Jeudi		3	»	74	292
	14	Vendredi		4	»	75	291
	15	Samedi	Banque-Comptes.	5	»	76	290
6ᵉ Fuseau-Céleste. Quinzaine des Souvenirs.	16	Dimanche	Dimanche.	6	»	77	289
	17	Lundi		7	»	78	288
	18	Mardi		8	»	79	287
	19	Mercredi		9	»	80	286
	20	Jeudi	Banque.	10	»	81	285
	21	Vendredi		11	»	82	284
	22	Samedi	Comptes.	12	»	83	283
	23	Férié	Fête des Souvenirs.	13	»	84	282
	24	Dimanche	Dimanche des Historiens.	14	»	85	281
	25	Lundi	Banque.	15	»	86	280
	26	Mardi		16	»	87	279
	27	Mercredi		17	»	88	278
	28	Jeudi		18	»	89	277
	29	Vendredi		19	»	90	276
	30	Samedi	Banque-Comptes.	20	»	91	275

	Quatrième mois.					Mois de Quarta.

(Ancien mois de Juin-Juillet.)

Méridien de nuit : Le Sagittaire.   Méridien de jour : Les Gémeaux.

1	2.	3.	4.	5.	6.	7.	8.
7ᵉ Fuseau-Céleste. Quinzaine des vacances d'Été.	0	Férié	Fête de Noël du Sud.	21	Juin	92	274
	1	Dimanche	Dimanche du Noël du Sud.	22	»	93	273
	2	Lundi		23	»	94	272
	3	Mardi		24	»	95	271
	4	Mercredi		25	»	96	270
	5	Jeudi	Banque.	26	»	97	269
	6	Vendredi		27	»	98	268
	7	Samedi	Comptes.	28	»	99	267
	8	Férié	Fête du Solstice d'Été.	29	»	100	266
	9	Dimanche	Dimanche de l'Aphélie.	30	»	101	265
	10	Lundi	Banque.	1	Juillet	102	264
	11	Mardi		2	»	103	263
	12	Mercredi		3	»	104	262
	13	Jeudi		4	»	105	261
	14	Vendredi		5	»	106	260
	15	Samedi	Banque-Comptes.	6	»	107	259
8ᵉ Fuseau-Céleste. Quinzaine des Moissons.	16	Dimanche	Dimanche	7	»	108	258
	17	Lundi		8	»	109	257
	18	Mardi		9	»	110	256
	19	Mercredi		10	»	111	255
	20	Jeudi	Banque	11	»	112	254
	21	Vendredi		12	»	113	253
	22	Samedi	Comptes.	13	»	114	252
	23	Férié	Fête Nationale Française.	14	»	115	251
	24	Dimanche	Dimanche des Universités.	15	»	116	250
	25	Lundi	Banque.	16	»	117	249
	26	Mardi		17	»	118	248
	27	Mercredi		18	»	119	247
	28	Jeudi		19	»	120	246
	29	Vendredi		20	»	121	245
	30	Samedi	Banque-Comptes.	21	»	122	244

Cinquième mois.   Mois de Quinta.
(Ancien mois de Juillet-Août.)

Méridien de nuit : Le Capricorne.   Méridien de jour : Le Cancer.

1.	2.	3.	4.	5.	6.	7.	8.
9ᵉ Fuseau-Céleste. Quinzaine des Corporations.	1	Dimanche	Dimanche.	22	Juillet	123	243
	2	Lundi		23	»	124	242
	3	Mardi		24	»	125	241
	4	Mercredi		25	»	126	240
	5	Jeudi	Banque.	26	»	127	239
	6	Vendredi		27	»	128	238
	7	Samedi	Comptes.	28	»	129	237
	8	Férié	Fête des Corporations.	29	»	130	236
	9	Dimanche	Dimanche des Métiers.	30	»	131	235
	10	Lundi	Banque.	31	»	132	234
	11	Mardi		1	Août	133	233
	12	Mercredi		2	»	134	232
	13	Jeudi		3	»	135	231
	14	Vendredi		4	»	136	230
	15	Samedi	Banque-Comptes.	5	»	137	229
10ᵉ Fuseau-Céleste. Quinzaine de l'Assomption.	16	Dimanche	Dimanche.	6	»	138	228
	17	Lundi		7	»	139	227
	18	Mardi		8	»	140	226
	19	Mercredi		9	»	141	225
	20	Jeudi	Banque.	10	»	142	224
	21	Vendredi		11	»	143	223
	22	Samedi	Comptes.	12	»	144	222
	23	Férié	Fête de l'Assomption.	13	»	145	221
	24	Dimanche	Dimanche de l'Assomption.	14	»	146	220
	25	Lundi	Banque.	15	»	147	219
	26	Mardi		16	»	148	218
	27	Mercredi		17	»	149	217
	28	Jeudi		18	»	150	216
	29	Vendredi		19	»	151	215
	30	Samedi	Banque-Comptes.	20	»	152	214

Sixième mois.   Mois de Sexa.
(Ancien mois d'Août-Septembre.)

Méridien de nuit : Le Verseau.   Méridien de jour : Le Lion.

1.	2.	3.	4.	5.	6.	7.	8.
11ᵉ Fuseau-Céleste. Quinzaine des Mutuelles	0	Férié	Fête des Nations.	21	Août	153	213
	1	Dimanche	Dimanche des Nations	22	»	154	212
	2	Lundi		23	»	155	211
	3	Mardi		24	»	156	210
	4	Mercredi		25	»	157	209
	5	Jeudi	Banque.	26	»	158	208
	6	Vendredi		27	»	159	207
	7	Samedi	Comptes.	28	»	160	206
	8	Férié	Fête des Mutuelles.	29	»	161	205
	9	Dimanche	Dimanche des Mutuelles.	30	»	162	204
	10	Lundi	Banque.	31	»	163	203
	11	Mardi		1	Septembre	164	202
	12	Mercredi		2	»	165	201
	13	Jeudi		3	»	166	200
	14	Vendredi		4	»	167	199
	15	Samedi	Banque-Comptes.	5	»	168	198
12ᵉ Fuseau-Céleste. Quinzaine des Ancêtres.	16	Dimanche	Dimanche.	6	»	169	197
	17	Lundi		7	»	170	196
	18	Mardi		8	»	171	195
	19	Mercredi		9	»	172	194
	20	Jeudi	Banque.	10	»	173	193
	21	Vendredi		11	»	174	192
	22	Samedi		12	»	175	191
	23	Férié	Fête des Ancêtres.	13	»	176	190
	24	Dimanche	Dimanche des Familles.	14	»	177	189
	25	Lundi	Banque.	15	»	178	188
	26	Mardi		16	»	179	187
	27	Mercredi		17	»	180	186
	28	Jeudi		18	»	181	185
	29	Vendredi		19	»	182	184
	30	Samedi	Banque-Comptes.	20	»	183	183

| Septième mois. | | | | | | Mois de Septa. | |

Septième mois.   **Mois de Septa.**
(Ancien mois de Septembre-Octobre.)

Méridien de nuit : Les Poissons.   Méridien de jour : La Vierge.

1.	2.	3.	4.	5.	6.	7.	8.
3e Fuseau-Céleste. Quinzaine des vacances d'Automne.	0	Férié	Fête des **Équinoxes d'Automne.**	21	Septembre	184	182
	1	Dimanche	Dimanche des Equinoxes.	22	»	185	181
	2	Lundi		23	»	186	180
	3	Mardi		24	»	187	179
	4	Mercredi		25	»	188	178
	5	Jeudi	Banque.	26	»	189	177
	6	Vendredi		27	»	190	176
	7	Samedi	Comptes.	28	»	191	175
	8	Férié	Fête de l'**Automne.**	29	»	192	174
	9	Dimanche	Dimanche de l'Automne.	30	»	193	173
	10	Lundi	Banque	1	Octobre	194	172
	11	Mardi		2	»	195	171
	12	Mercredi		3	»	196	170
	13	Jeudi		4	»	197	169
	14	Vendredi		5	»	198	168
	15	Samedi	Banque-Comptes.	6	»	199	167
4e Fuseau-Céleste. Quinzaine des Vendanges.	16	Dimanche	Dimanche.	7	»	200	166
	17	Lundi		8	»	201	165
	18	Mardi		9	»	202	164
	19	Mercredi		10	»	203	163
	20	Jeudi	Banque.	11	»	204	162
	21	Vendredi		12	»	205	161
	22	Samedi	Comptes.	13	»	206	160
	23	Férié	Fête des **Vendanges.**	14	»	207	159
	24	Dimanche	Dimanche des Vendanges.	15	»	208	158
	25	Lundi	Banque	16	»	209	157
	26	Mardi		17	»	210	156
	27	Mercredi		18	»	211	155
	28	Jeudi		19	»	212	154
	29	Vendredi		20	»	213	153
	30	Samedi	Banque-Comptes.	21	»	214	152

Huitième mois.   **Mois d'Octa.**
(Ancien mois d'Octobre-Novembre.)

Méridien de nuit : Le Bélier.   Méridien de jour : La Balance.

1.	2.	3.	4.	5.	6.	7.	8.
15e Fuseau-Céleste. Quinzaine de la Toussaint.	1	Dimanche	Dimanche	22	Octobre	215	151
	2	Lundi		23	»	216	150
	3	Mardi		24	»	217	149
	4	Mercredi		25	»	218	148
	5	Jeudi	Banque.	26	»	219	147
	6	Vendredi		27	»	220	146
	7	Samedi	Comptes.	28	»	221	145
	8	Férié	Fête de la **Toussaint.**	29	»	222	144
	9	Dimanche	Dim. des Commémorations.	30	»	223	143
	10	Lundi	Banque.	31	»	224	142
	11	Mardi		1	Novembre	225	141
	12	Mercredi		2	»	226	140
	13	Jeudi		3	»	227	139
	14	Vendredi		4	»	228	138
	15	Samedi	Banque-Comptes.	5	»	229	137
16e Fuseau-Céleste. Quinzaine des Chasseurs.	16	Dimanche	Dimanche.	6	»	230	136
	17	Lundi		7	»	231	135
	18	Mardi		8	»	232	134
	19	Mercredi		9	»	233	133
	20	Jeudi	Banque.	10	»	234	132
	21	Vendredi		11	»	235	131
	22	Samedi	Comptes.	12	»	236	130
	23	Férié	Fête des **Chasseurs.**	13	»	237	129
	24	Dimanche	Dimanche des Chasseurs.	14	»	238	128
	25	Lundi	Banque.	15	»	239	127
	26	Mardi		16	»	240	126
	27	Mercredi		17	»	241	125
	28	Jeudi		18	»	242	124
	29	Vendredi		19	»	243	123
	30	Samedi	Banque-Comptes.	20	»	244	122

Neuvième mois. Mois de Nova.
(Ancien mois de Novembre-Décembre.)

Méridien de nuit : Le Taureau.   Méridien de jour : Le Scorpion.

1.	2.	3.	4.	5.	6.	7.	8.
1er Fuseau-Céleste. Quinzaine des Artistes.	1	Dimanche	Premier Dimanche de l'Avent.	21	Novembre	245	121
	2	Lundi		22	"	246	120
	3	Mardi		23	"	247	119
	4	Mercredi		24	"	248	118
	5	Jeudi	Banque.	25	"	249	117
	6	Vendredi		26	"	250	116
	7	Samedi	Comptes.	27	"	251	115
	8	Férié	Fête des Artistes	28	"	252	114
	9	Dimanche	Deuxième Dim. de l'Avent.	29	"	253	113
	10	Lundi	Banque.	30	"	254	112
	11	Mardi		1	Décembre	255	111
	12	Mercredi		2	"	256	110
	13	Jeudi		3	"	257	109
	14	Vendredi		4	"	258	108
	15	Samedi	Banque-Comptes.	5	"	259	107
18e Fuseau-Céleste. Quinzaine des Soldats.	16	Dimanche	Troisième dimanche de l'Avent.	6	"	260	106
	17	Lundi		7	"	261	105
	18	Mardi		8	"	262	104
	19	Mercredi		9	"	263	103
	20	Jeudi	Banque	10	"	264	102
	21	Vendredi		11	"	265	101
	22	Samedi	Comptes.	12	"	266	100
	23	Férié	F. des Soldats. Marins et Mineurs	13	"	267	99
	24	Dimanche	Quatrième Dim. de l'Avent.	14	"	268	98
	25	Lundi	Banque	15	"	269	97
	26	Mardi		16	"	270	96
	27	Mercredi		17	"	271	95
	28	Jeudi		18	"	272	94
	29	Vendredi		19	"	273	93
	30	Samedi	Banque-Comptes.	20	"	274	92

Dixième mois. Mois de Déca.
(Ancien mois de Décembre-Janvier.)

Méridien de nuit : Les Gémeaux.   Méridien de jour : Le Sagittaire.

1.	2.	3.	4.	5.	6.	7.	8.
19e Fuseau-Céleste. Quinzaine des vacances d'Hiver.	0	Férié	Fête de Noël du Nord	21	Décembre	275	91
	1	Dimanche	Dimanche de Noël	22	"	276	90
	2	Lundi		23	"	277	89
	3	Mardi		24	"	278	88
	4	Mercredi		25	"	279	87
	5	Jeudi	Banque.	26	"	280	86
	6	Vendredi		27	"	281	85
	7	Samedi	Comptes.	28	"	282	84
	8	Férié	Fête du Solstice d'Hiver.	29	"	283	83
	9	Dimanche	Dimanche de la Circoncision.	30	"	284	82
	10	Lundi	Banque.	31	"	285	81
	11	Mardi		1	Janvier	286	80
	12	Mercredi		2	"	287	79
	13	Jeudi		3	"	288	78
	14	Vendredi		4	"	289	77
	15	Samedi	Banque-Comptes.	5	"	290	76
20e Fuseau-Céleste. Quinzaine de l'Épiphanie.	16	Dimanche	Dimanche de l'Épiphanie.	6	"	291	75
	17	Lundi		7	"	292	74
	18	Mardi		8	"	293	73
	19	Mercredi		9	"	294	72
	20	Jeudi	Banque	10	"	295	71
	21	Vendredi		11	"	296	70
	22	Samedi	Comptes	12	"	297	69
	23	Férié	Fête des Mages.	13	"	298	68
	24	Dimanche	Dimanche de Septuagésime.	14	"	299	67
	25	Lundi	Banque.	15	"	300	66
	26	Mardi		16	"	301	65
	27	Mercredi		17	"	302	64
	28	Jeudi		18	"	303	63
	29	Vendredi		19	"	304	62
	30	Samedi	Banque-Comptes.	20	"	305	61

(Ancien mois de Janvier-Février:)

Méridien de nuit : Le Cancer.   Méridien de jour : Le Capricorne.

1.	2.	3.	4.	5.	6.	7.	8.
21ᵉ Fuseau-Céleste. Quinzaine des Voyageurs.	1	Dimanche	Dimanche de Sexagésime.	21	Janvier	306	60
	2	Lundi		22	»	307	59
	3	Mardi		23	»	308	58
	4	Mercredi		24	»	309	57
	5	Jeudi	Banque.	25	»	310	56
	6	Vendredi		26	»	311	55
	7	Samedi	Comptes.	27	»	312	54
	8	Férié	Fête des Voyageurs.	28	»	313	53
	9	Dimanche	Dimanche de Quinquagésime.	29	»	314	52
	10	Lundi	Banque.	30	»	315	51
	11	Mardi		31	»	316	50
	12	Mercredi		1	Février	317	49
	13	Jeudi		2	»	318	48
	14	Vendredi		3	»	319	47
	15	Samedi	Banque-Comptes.	4	»	320	46
22ᵉ Fuseau-Céleste. Quinzaine de Carnaval.	16	Dimanche	Dimanche de Quadragésime.	5	»	321	45
	17	Lundi		6	»	322	44
	18	Mardi		7	»	323	43
	19	Mercredi		8	»	324	42
	20	Jeudi	Banque.	9	»	325	41
	21	Vendredi		10	»	326	40
	22	Samedi	Comptes.	11	»	327	39
	23	Férié	Fête de Carnaval.	12	»	328	38
	24	Dimanche	Dimanche de Reminiscere.	13	»	329	37
	25	Lundi	Banque.	14	»	330	36
	26	Mardi		15	»	331	35
	27	Mercredi		16	»	332	34
	28	Jeudi		17	»	333	33
	29	Vendredi		18	»	334	32
	30	Samedi	Banque-Comptes.	19	»	335	31

Douzieme mois.   **Mois de Duodéca.**

(Ancien mois de Février-Mars.)

Méridien de nuit : Le Lion.   Méridien de jour : Le Verseau.

1.	2.	3.	4.	5.	6.	7.	8.
23ᵉ Fuseau-Céleste. Quinzaine de la Mi-Carême.	0	Férié	Fête des Quaternaires.	20	Février	336	30
	1	Dimanche	Dimanche d'Oculi.	20	»	336	30
	2	Lundi		21	»	337	29
	3	Mardi		22	»	338	28
	4	Mercredi		23	»	339	27
	5	Jeudi	Banque.	24	»	340	26
	6	Vendredi		25	»	341	25
	7	Samedi	Comptes.	26	»	342	24
	8	Férié	Fête de la Mi-Carême.	27	»	343	23
	9	Dimanche	Dimanche de Lætare.	28	»	344	22
	10	Lundi	Banque.	1	Mars	345	21
	11	Mardi		2	»	346	20
	12	Mercredi		3	»	347	19
	13	Jeudi		4	»	348	18
	14	Vendredi		5	»	349	17
	15	Samedi	Banque-Comptes.	6	»	350	16
24ᵉ Fuseau-Céleste. Quinzaine des Rameaux.	16	Dimanche	Dimanche de la Passion.	7	»	351	15
	17	Lundi		8	»	352	14
	18	Mardi		9	»	353	13
	19	Mercredi		10	»	354	12
	20	Jeudi	Banque.	11	»	355	11
	21	Vendredi		12	»	356	10
	22	Samedi	Comptes.	13	»	357	9
	23	Férié	Fête des Rameaux	14	»	358	8
	24	Dimanche	Dimanche des Rameaux.	15	»	359	7
	25	Lundi	Banque.	16	»	360	6
	26	Mardi		17	»	361	5
	27	Mercredi		18	»	362	4
	28	Jeudi		19	»	363	3
	29	Vendredi		20	»	364	2
	30	Samedi	Banque-Comptes.	21	»	365	1

Calendrier universel, rationnel et perpétuel.

Premier semestre. — 183 jours.

Trimestre du Printemps de l'hémisphère Nord. — 91 jours.

1er mois. — Mois de Prima. — La Vierge.

1er Fuseau-Céleste. Quinz. des vacances de Printemps.

Jour		Mois de Prima.	La Vierge.
0	F	Fête de **Pâques**.	22 Mars
1	D	Dim. de Pâques.	23 »
2	L		24 »
3	M		25 »
4	M		26 »
5	J	*Banque.*	27 »
6	V		28 »
7	S	*Comptes.*	29 »
8	F	Fête du **Printemps**.	30 »
9	D	Dim. de Quasimodo.	31 »
10	L	*Banque.*	1 Avril
11	M		2 »
12	M		3 »
13	J		4 »
14	V		5 »
15	S	*Banque-Comptes.*	6 »

2e Fuseau-Céleste. Quinzaine des Semailles.

Jour		Mois de Prima.	La Vierge.
16	D	Dimanche.	7 Avril
17	L		8 »
18	M		9 »
19	M		10 »
20	J	*Banque.*	11 »
21	V		12 »
22	S	*Comptes.*	13 »
23	F	Fête des **Semailles**.	14 »
24	D	Dim. des Champs.	15 »
25	L	*Banque.*	16 »
26	M		17 »
27	M		18 »
28	J		19 »
29	V		20 »
30	S	*Banque-Comptes.*	21 »

2e mois. — Mois de Dua. — La Balance.

3e Fuseau-Céleste. Quinzaine de l'Ascension.

Jour		Mois de Dua.	La Balance.
1	D	Dim. des Rogations.	22 Avril
2	L		23 »
3	M		24 »
4	M		25 »
5	J	*Banque.*	26 »
6	V		27 »
7	S	*Comptes.*	28 »
8	F	Fête de l'**Ascension**.	29 »
9	D	Dim. de l'Ascension.	30 »
10	L	*Banque.*	1 Mai
11	M		2 »
12	M		3 »
13	J		4 »
14	V		5 »
15	S	*Banque-Comptes.*	6 »

4e Fuseau-Céleste. Quinzaine de la Pentecôte.

Jour		Mois de Dua.	La Balance.
16	D	Dimanche.	7 Mai
17	L		8 »
18	M		9 »
19	M		10 »
20	J	*Banque.*	11 »
21	V		12 »
22	S	*Comptes.*	13 »
23	F	Fête de la **Pentecôte**.	14 »
24	D	Dim. de la Pentecôte.	15 »
25	L	*Banque.*	16 »
26	M		17 »
27	M		18 »
28	J		19 »
29	V		20 »
30	S	*Banque-Comptes.*	21 »

3e mois. — Mois de Tria. — Le Scorpion.

5e Fuseau-Céleste. Quinzaine du Décalogue.

Jour		Mois de Tria.	Le Scorpion.
1	D	Dim. de la Trinité.	22 Mai
2	L		23 »
3	M		24 »
4	M		25 »
5	J	*Banque.*	26 »
6	V		27 »
7	S	*Comptes.*	28 »
8	F	Fête du **Décalogue**.	29 »
9	D	Dim. du Décalogue.	30 »
10	L	*Banque.*	31 »
11	M		1 Juin
12	M		2 »
13	J		3 »
14	V		4 »
15	S	*Banque-Comptes.*	5 »

6e Fuseau-Céleste. Quinzaine des Souvenirs.

Jour		Mois de Tria.	Le Scorpion.
16	D	Dimanche.	6 Juin
17	L		7 »
18	M		8 »
19	M		9 »
20	J	*Banque.*	10 »
21	V		11 »
22	S	*Comptes.*	12 »
23	F	Fête des **Souvenirs**.	13 »
24	D	Dim. des Historiens.	14 »
25	L	*Banque.*	15 »
26	M		16 »
27	M		17 »
28	J		18 »
29	V		19 »
30	S	*Banque-Comptes.*	20 »

Trimestre de l'Automne de l'hémisphère Sud. — 91 jours.

Calendrier universel, rationnel et perpétuel (*suite*).

Premier semestre. — 183 jours.

Trimestre de l'Été de l'hémisphère Nord. — 92 jours.

4ᵉ mois. — Mois de Quarta. — Le Sagittaire.

7ᵉ Fuseau-Céleste. Quinzaine des vacances d'Été.

0	F	Fête de **Noël du Sud**.	21 Juin
1	D	Dim. du Solst. du Sud.	22 »
2	L		23 »
3	M		24 »
4	M		25 »
5	J	*Banque.*	26 »
6	V		27 »
7	S	*Comptes.*	28 »
8	F	Fête de l'**Aphélie**.	29 »
9	D	Dimanche.	30 »
10	L	*Banque.*	1 Juil.
11	M		2 »
12	M		3 »
13	J		4 »
14	V		5 »
15	S	*Banque-Comptes.*	6 »

8ᵉ Fuseau-Céleste. Quinzaine des Moissons.

16	D	Dimanche.	7 Juil.
17	L		8 »
18	M		9 »
19	M		10 »
20	J	*Banque.*	11 »
21	V		12 »
22	S	*Comptes.*	13 »
23	F	F. **Nationale Franç.**	14 »
24	D	Dim. des Universités.	15 »
25	L	*Banque.*	16 »
26	M		17 »
27	M		18 »
28	J		19 »
29	V		20 »
30	S	*Banque-Comptes.*	21 »

5ᵉ mois. — Mois de Quinta. — Le Capricorne.

9ᵉ Fuseau-Céleste. Quinzaine des Corporations.

1	D	Dimanche.	22 Juil.
2	L		23 »
3	M		24 »
4	M		25 »
5	J	*Banque.*	26 »
6	V		27 »
7	S	*Comptes.*	28 »
8	F	Fête des **Corporations**.	29 »
9	D	Dim. des Métiers.	30 »
10	L	*Banque.*	31 »
11	M		1 Août
12	M		2 »
13	J		3 »
14	V		4 »
15	S	*Banque-Comptes.*	5 »

10ᵉ Fuseau-Céleste. Quinzaine de l'Assomption.

16	D	Dimanche.	6 Août
17	L		7 »
18	M		8 »
19	M		9 »
20	J	*Banque.*	10 »
21	V		11 »
22	S	*Comptes.*	12 »
23	F	Fête de l'**Assomption**.	13 »
24	D	Dim. de l'Assomption.	14 »
25	L	*Banque.*	15 »
26	M		16 »
27	M		17 »
28	J		18 »
29	V		19 »
30	S	*Banque-Comptes.*	20 »

6ᵉ mois. — Mois de Sexa. — Le Verseau.

11ᵉ Fuseau-Céleste. Quinzaine des Mutuelles.

0	F	Fête des *Nations*.	21 Août
1	D	Dim. des Nations.	22 »
2	L		23 »
3	M		24 »
4	M		25 »
5	J	*Banque.*	26 »
6	V		27 »
7	S	*Comptes.*	28 »
8	F	Fête des **Mutuelles**.	29 »
9	D	Dim. des Mutuelles.	30 »
10	L	*Banque.*	31 »
11	M		1 Sept.
12	M		2 »
13	J		3 »
14	V		4 »
15	S	*Banque-Comptes.*	5 »

12ᵉ Fuseau-Céleste. Quinzaine des Ancêtres.

16	D	Dimanche.	6 Sept.
17	L		7 »
18	M		8 »
19	M		9 »
20	J	*Banque.*	10 »
21	V		11 »
22	S	*Comptes.*	12 »
23	F	Fête des **Ancêtres**.	13 »
24	D	Dim. des Familles.	14 »
25	L	*Banque.*	15 »
26	M		16 »
27	M		17 »
28	J		18 »
29	V		19 »
30	S	*Banque-Comptes.*	20 »

Trimestre de l'Hiver de l'hémisphère Sud. — 92 jours.

Calendrier universel, rationnel et perpétuel.

Deuxième semestre. — 182 jours : année ordinaire; 183 jours : année sextile.

Trimestre de l'Automne de l'hémisphère Nord. — 91 jours.

7e mois. | Mois de Septa. | Les Poissons.

13e Fuseau-Céleste. Quinzaine des vacances d'Automne.

Jour	Lettre	Événement	Date	Mois
0	F	Fête des **Équinoxes**.	21	Sept.
1	D	Dim. des Équinoxes.	22	»
2	L		23	»
3	M		24	»
4	M		25	»
5	J	*Banque.*	26	»
6	V		27	»
7	S	*Comptes.*	28	»
8	F	Fête de l'**Automne**.	29	»
9	D	Dim. de l'Automne.	30	»
10	L	*Banque.*	1	Oct.
11	M		2	»
12	M		3	»
13	J		4	»
14	V		5	»
15	S	*Banque-Comptes.*	6	»

14e Fuseau-Céleste. Quinzaine des Vendanges.

Jour	Lettre	Événement	Date	Mois
16	D	Dimanche.	7	Oct.
17	L		8	»
18	M		9	»
19	M		10	»
20	J	*Banque.*	11	»
21	V		12	»
22	S	*Comptes.*	13	»
23	F	Fête des **Vendanges**.	14	»
24	D	Dim. des Vendanges.	15	»
25	L	*Banque.*	16	»
26	M		17	»
27	M		18	»
28	J		19	»
29	V		20	»
30	S	*Banque-Comptes.*	21	»

8e mois. | Mois d'Octo. | Le Bélier.

15e Fuseau-Céleste. Quinzaine de la Toussaint.

Jour	Lettre	Événement	Date	Mois
1	D	Dimanche.	22	Oct.
2	L		23	»
3	M		24	»
4	M		25	»
5	J	*Banque.*	26	»
6	V		27	»
7	S	*Comptes.*	28	»
8	F	Fête de la **Toussaint**.	29	»
9	D	D. des Commémorat.	30	»
10	L	*Banque.*	31	»
11	M		1	Nov.
12	M		2	»
13	J		3	»
14	V		4	»
15	S	*Banque-Comptes.*	5	»

16e Fuseau-Céleste. Quinzaine des Chasseurs.

Jour	Lettre	Événement	Date	Mois
16	D	Dimanche.	6	Nov.
17	L		7	»
18	M		8	»
19	M		9	»
20	J	*Banque.*	10	»
21	V		11	»
22	S	*Comptes.*	12	»
23	F	Fête des **Chasseurs**.	13	»
24	D	Dim. des Chasseurs.	14	»
25	L	*Banque.*	15	»
26	M		16	»
27	M		17	»
28	J		18	»
29	V		19	»
30	S	*Banque-Comptes.*	20	»

9e mois. | Mois de Nova. | Le Taureau.

17e Fuseau-Céleste. Quinzaine des Artistes.

Jour	Lettre	Événement	Date	Mois
1	D	1er Dim. de l'Avent.	21	Nov.
2	L		22	»
3	M		23	»
4	M		24	»
5	J	*Banque.*	25	»
6	V		26	»
7	S	*Comptes.*	27	»
8	F	Fête des **Artistes**.	28	»
9	D	2e Dim. de l'Avent.	29	»
10	L	*Banque.*	30	»
11	M		1	Déc.
12	M		2	»
13	J		3	»
14	V		4	»
15	S	*Banque-Comptes.*	5	»

18e Fuseau-Céleste. Quinzaine des Soldats.

Jour	Lettre	Événement	Date	Mois
16	D	3e Dim. de l'Avent.	6	Déc.
17	L		7	»
18	M		8	»
19	M		9	»
20	J	*Banque.*	10	»
21	V		11	»
22	S	*Comptes.*	12	»
23	F	F. Sold., **Mar**. et **Min**.	13	»
24	D	4e Dim. de l'Avent.	14	»
25	L	*Banque.*	15	»
26	M		16	»
27	M		17	»
28	J		18	»
29	V		19	»
30	S	*Banque-Comptes.*	20	»

Trimestre du Printemps de l'hémisphère Sud. — 91 jours.

Calendrier universel, rationnel et perpétuel (*suite*).

Deuxième semestre. — 182 jours : année ordinaire; 183 jours : année sextile.

Trimestre de l'Hiver de l'hémisphère Nord.   91 jours : année ordinaire. — 92 jours : année sextile.

10ᵉ mois. — Mois de Déca. — Les Gémeaux.

Fuseau	Jour		Désignation	Date
19ᵉ Fuseau-Céleste. Quinzaine des vacances d'Hiver.	0	F	Fête de **Noël du Nord**.	21 Déc.
	1	D	Dim. du Solstice du N.	22 »
	2	L		23 »
	3	M		24 »
	4	M		25 »
	5	J	*Banque.*	26 »
	6	V		27 »
	7	S	*Comptes.*	28 »
	8	F	Fête du **Périhélie**.	29 »
	9	D	D. de la Circoncision.	30 »
	10	L	*Banque.*	31 »
	11	M		1 Janv.
	12	M		2 »
	13	J		3 »
	14	V		4 »
	15	S	*Banque-Comptes.*	5 »
20ᵉ Fuseau-Céleste. Quinzaine de l'Epiphanie.	16	D	Dim. de l'Epiphanie.	6 Janv.
	17	L		7 »
	18	M		8 »
	19	M		9 »
	20	J	*Banque.*	10 »
	21	V		11 »
	22	S	*Comptes.*	12 »
	23	F	Fête des **Mages**.	13 »
	24	D	D. de la Septuagésime.	14 »
	25	L	*Banque.*	15 »
	26	M		16 »
	27	M		17 »
	28	J		18 »
	29	V		19 »
	30	S	*Banque-Comptes.*	20 »

11ᵉ mois. — Mois de Unodéca. — Le Cancer.

Fuseau	Jour		Désignation	Date
21ᵉ Fuseau-Céleste. Quinzaine des Voyageurs.	1	D	Dim. de Sexagésime.	21 Janv.
	2	L		22 »
	3	M		23 »
	4	M		24 »
	5	J	*Banque.*	25 »
	6	V		26 »
	7	S	*Comptes.*	27 »
	8	F	Fête des **Voyageurs**.	28 »
	9	D	D. de Quinquagésime.	29 »
	10	L	*Banque.*	30 »
	11	M		31 »
	12	M		1 Févr.
	13	J		2 »
	14	V		3 »
	15	S	*Banque-Comptes.*	4 »
22ᵉ Fuseau-Céleste. Quinzaine de Carnaval.	16	D	D. de Quadragésime.	5 Févr.
	17	L		6 »
	18	M		7 »
	19	M		8 »
	20	J	*Banque.*	9 »
	21	V		10 »
	22	S	*Comptes.*	11 »
	23	F	Fête du **Carnaval**.	12 »
	24	D	Dim. de Reminiscere.	13 »
	25	L	*Banque.*	14 »
	26	M		15 »
	27	M		16 »
	28	J		17 »
	29	V		18 »
	30	S	*Banque-Comptes.*	19 »

12ᵉ mois. — Mois de Duodéca. — Le Lion.

Fuseau	Jour		Désignation	Date
23ᵉ Fuseau-Céleste. Quinzaine de la Mi-Carême.	0	F	Fête des **Quaternaires**.	20 Févr.
	1	D	Dim. d'Oculi.	20 »
	2	L		21 »
	3	M		22 »
	4	M		23 »
	5	J	*Banque.*	24 »
	6	V		25 »
	7	S	*Comptes.*	26 »
	8	F	Fête de la **Mi-Carême**.	27 »
	9	D	Dim. de Lætare.	28 »
	10	L	*Banque.*	1 Mars
	11	M		2 »
	12	M		3 »
	13	J		4 »
	14	V		5 »
	15	S	*Banque-Comptes.*	6 »
24ᵉ Fuseau-Céleste. Quinzaine des Rameaux.	16	D	Dim. de la Passion.	7 Mars
	17	L		8 »
	18	M		9 »
	19	M		10 »
	20	J	*Banque.*	11 »
	21	V		12 »
	22	S	*Comptes.*	13 »
	23	F	Fête des **Rameaux**.	14 »
	24	D	Dim. des Rameaux.	15 »
	25	L	*Banque.*	16 »
	26	M		17 »
	27	M		18 »
	28	J		19 »
	29	V		20 »
	30	S	*Banque-Comptes.*	21 »

Trimestre de l'Été de l'hémisphère Sud.   91 jours : année ordinaire. — 92 jours : année sextile.

PÉDAGOGIE ET ENSEIGNEMENT.

M. E. FITOUSSI,

Docteur en droit, Avocat au barreau, Tunis.

L'ENSEIGNEMENT PROFESSIONNEL DES INDIGÈNES MUSULMANS EN TUNISIE. RAPPORT GÉNÉRAL PRÉLIMINAIRE.

6 (071.2) (611)

22 Mars.

Vous avez été certainement frappés, Messieurs les Congressistes, lorsque vous avez traversé la Tunisie, du petit nombre des habitants et de leur extrême pauvreté. Ces faits qui retiennent l'attention de tous les visiteurs de ce pays, vous frapperaient plus encore, si vous le parcouriez en tous sens, et si vous entriez en contact direct et prolongé avec sa population. Vous sauriez alors que le notable indigène, qui vous reçoit avec une hospitalité si large, s'endette chaque année pour soutenir les restes d'un train de maison qui n'est fastueux qu'en apparence, que le bédouin si noble, drapé dans son burnous, promène au gré de son troupeau une existence misérable, que le petit artisan des Souks, dans son échoppe pittoresque, meurt de faim derrière son métier primitif. Et si, laissant de côté l'œuvre admirable des colons français, pour ne vous attacher qu'au sort de la population indigène, vous rapprochez la misère d'un peuple si clairsemé de l'étendue de terres incultes sur lesquelles il végète, alors que les ruines somptueuses de Rome évoquent encore à chaque pas et jusqu'au milieu du désert les souvenirs d'une prospérité magnifique, vous serez amené à conclure que vous êtes en présence, non pas d'un pays où la terre a manqué aux hommes, mais d'un pays où les hommes ont manqué à la terre, où ils ont laissé tomber de leurs mains défaillantes la charrue du laboureur et l'outil de l'artisan, pour se réfugier dans la résignation des faibles, qui mène à l'appauvrissement et à la mort.

Les chiffres confirment cette décadence de la population musulmane : l'État civil institué depuis quelques années prouve que, dans certaines villes au moins, le chiffre des décès est en augmentation sur celui des naissances.

Les uns, incrimineront ici la religion; ils vous diront que le fatalisme de l'Islam a tué chez ses adeptes le goût du travail et le besoin de l'action. Les autres, s'en prendront au régime politique et d'injustice que des dominations étrangères ont fait si longtemps peser sur ce pays et qui a détruit dans les âmes toute initiative, en rendant stérile toute prévoyance. Certains s'attacheront à une des conséquences, une des plus graves, assurément, de ces deux causes réunies, et vous montreront dans le système foncier tunisien, basé sur les habous et la grande propriété, un obstacle presque insurmontable à la mise en valeur du sol. Je ne parle pas de ceux qui, pour s'éviter la peine d'étudier les données d'un problème si complexe et d'en rechercher la solution, vous déclarent tout net que l'Arabe est imperfectible et que c'est perdre son temps que de chercher à le tirer de sa condition présente.

Quoi qu'il en soit, une constatation s'impose : tandis que dans ce pays les Européens, servis par les inventions modernes qu'ils apportaient avec eux et par l'activité admirable qui fait la force de tous les pionniers, croissaient en nombre et en richesse, les Indigènes, incapables de tirer par eux-mêmes profit de cette civilisation étrangère, semblaient s'effacer et décroître. A la lumière de la Science moderne ils paraissaient s'enfoncer davantage dans leur ignorance ancestrale. Leurs moyens de production demeurant les mêmes, tandis qu'autour d'eux l'enrichissement du pays provoquait l'élévation du prix de la vie, ils s'appauvrissaient sans cesse.

Cet état de choses ne devait pas se prolonger. Établie en Tunisie en protectrice, la France ne pouvait se désintéresser du sort de ses protégés et des conséquences imprévues qu'allait avoir, pour eux, la venue du progrès. N'étant pas de ces nations qui colonisent uniquement pour exploiter un pays dans l'intérêt de leurs commerçants ou de leurs industriels, elle ne pouvait, sans en être émue, laisser se poursuivre sous ses yeux le lent dépérissement de toute une race. Ses intérêts mêmes étaient ici d'accord avec ses principes : Quels sacrifices n'aurait pas exigé de son budget d'assistance, quels dangers n'aurait pas fait courir à la sécurité de son établissement, la formation d'un peuple de faméliques qu'il aurait fallu secourir et qu'il aurait bientôt été impossible d'occuper ?

Il n'y avait pas à songer à assimiler brutalement les Indigènes; mais il est trop évident que pour leur permettre de profiter de la civilisation que la France leur apportait, il fallait les arracher à l'ignorance dans laquelle ils avaient dormi impunément durant tant de siècles, au moment où elle allait leur devenir fatale en présence des méthodes scientifiques actuelles. Il fallait les instruire.

On ouvrit et l'on multiplia les écoles, et comme la France est généreuse, elle admit ses protégés sur les mêmes bancs que ses enfants; l'enseignement qu'elle donnait à ceux-ci elle voulut également le distribuer à ceux-là, pensant, dans son esprit admirable d'humanité et de justice, que tous les hommes sont égaux devant la raison et que la pratique des mêmes méthodes doit les élever au même niveau.

La conception était magnifique, l'expérience révéla que l'exécution en était sinon impraticable, du moins prématurée. Offrir aux petits bédouins du bled, destinés à passer leur existence autour de la tente ou du gourbi familial, un enseignement primaire, calqué sur celui que reçoivent les jeunes Français de France, et dont on a si vivement, même dans la Métropole, critiqué les complications inutiles, c'était prétendre leur donner le superflu avant de leur assurer le nécessaire; préparer dans les villes les fils des citadins aux diplômes des études secondaires, c'était leur faire entrevoir inutilement des emplois administratifs que la pauvreté des ressources du budget et l'exiguïté des cadres ne permettraient pas de leur réserver plus tard. D'un côté comme de l'autre, on risquait de créer une population de déclassés et de mécontents, et l'on n'avait pas résolu le problème, qui était de faire vivre des gens mourant de faim.

C'est l'honneur de l'homme qui préside depuis plus de six ans aux destinées du Protectorat d'avoir compris, dès son arrivée en Tunisie, qu'en présence des besoins urgents et de la situation misérable de la population indigène, il fallait courir au plus pressé, qu'à côté de l'enseignement ordinaire plus directement utile à la bourgeoisie et à l'élite, il fallait en organiser un autre, capable de donner au plus grand nombre, non pas un bagage de connaissances spéculatives dont il n'avait que faire, mais les moyens pratiques d'assurer son existence.

Ainsi, non seulement on relèverait la masse indigène, mais on préparerait à la population française, de plus en plus préoccupée, devant l'exode des Italiens, du recrutement d'une main-d'œuvre instruite, des ouvriers ou des contre-maîtres capables de s'associer à son œuvre.

Les étapes furent rapides : A la session de la Conférence consultative de novembre 1907, M. Alapetite obtint de la Conférence consultative la création d'un poste d'Inspecteur général de l'Enseignement professionnel des Indigènes. « A côté de ce que fait la Direction de l'Enseignement en créant de nouvelles écoles, il faut, disait-il, entreprendre de développer l'Enseignement professionnel parmi l'élément indigène : Il existe déjà des Écoles professionnelles pour l'élite, il faut trouver les procédés les plus pratiques et les plus économiques de faire descendre les bienfaits de cet enseignement sur les élèves des écoles primaires et même la foule des enfants qui se pressent dans les écoles musulmanes. Il y faudra le concours, non seulement de la Direction de l'Enseignement, mais aussi du Gouvernement tunisien et des Habous. Il s'agira de poursuivre, sans délais, avec méthode, avec esprit de suite, avec le sens le plus élevé du perfectionnement économique de ce pays, une enquête complète sur les organes qui existent déjà, afin de les utiliser, de les coordonner, de multiplier leur rendement, afin que dans un petit nombre d'années un grand nombre d'enfants indigènes aient reçu, des mains de la France, les notions scientifiques élémentaires qui ouvriront leur esprit en leur révélant à eux-mêmes leur aptitude à un travail mieux rémunéré, leur en donneront le goût, les élèveront en bien-être et en dignité et les associeront, plus utilement pour eux-mêmes et pour nous, à l'œuvre de la colonisation française. »

En avril 1908, au Banquet de la Ligue de l'Enseignement, M. le Résident général répondant à un discours de M. Communaux s'exprimait ainsi :

« L'élément indigène recevra à l'école Franco-Arabe l'enseignement du français partout où il le désirera, mais, l'enseignement du français doit être adapté, je ne dirai pas au rang social, mais aux professions que sont appelés à exercer les petits indigènes qui viennent à l'école.

» Vous savez combien la grammaire française est difficile à apprendre pour les petits Français, eh bien ! que sera-ce, s'il s'agit d'un futur ouvrier agricole indigène ?.

» Je serais désolé si les bonnes résolutions qu'ont eues ses parents de l'envoyer à l'école française, devaient avoir pour unique conséquence de faire absorber toutes les facultés vivantes de son esprit, pendant plusieurs années, par l'étude de la grammaire française. Il y a autre chose de plus utile à faire pénétrer dans cet esprit : il y a ce que nous appelons en France les notions élémentaires de la science que l'enfant reçoit dans sa famille.

» Nous autres Français, nous nous piquons de rationalisme, nous élevons nos enfants dans le culte de la Science. Les enfants des familles françaises savent beaucoup de choses avant d'aller à l'école, des choses qui sont la préparation à la Science. Le jeune indigène les ignore toutes, il ignore la propreté, il ignore

l'utilité de la propreté. Il y a là des données qui, chez nous, paraîtraient super-
flues, qui sont les plus nécessaires de toutes, les premières choses que l'instituteur doit enseigner aux petits Arabes qu'on lui confie.

» Eh bien ! il me suffit d'indiquer cette préoccupation spéciale, qui vient
de se présenter à mon esprit, pour vous faire saisir tout de suite, quelles sont
les différences essentielles entre la tâche de l'instituteur qui n'a à instruire
que des petits Français, et la tâche de celui qui doit instruire des Indigènes. Il
faut que ce dernier ouvre les yeux de ces enfants à la lumière de la Science,
qu'il leur apprenne à croire à ce que la Science enseigne, au fur et à mesure que
la démonstration est faite.

» Je ne suis pas du tout d'avis de charger leur esprit de nomenclatures scientifiques pas plus que de nomenclatures littéraires, mais je suis d'avis que c'est
l'esprit scientifique qui doit dominer l'enseignement à donner aux Indigènes.
Je désire qu'on puisse donner cet enseignement en français, mais s'il devait
être donné en arabe, je le préférerais à un enseignement littéraire donné en
français.

» Lorsque l'enfant aura été habitué à ces notions élémentaires de la Science
lorsqu'il saura distinguer un angle droit d'un angle aigu, une ligne verticale
d'une ligne oblique, lorsqu'on lui aura révélé ce monde de l'infiniment petit,
qui joue un rôle si considérable, non pas seulement dans la Médecine, mais
dans l'Agriculture, eh bien ! il sera tout préparé à recevoir l'enseignement
professionnel, qu'il soit donné à l'école comme il peut l'être, dans une certaine
mesure, ou qu'il soit donné dans des cours complémentaires de l'école.

» Il y a des professions différentes, auxquelles nous devons préparer les Indigènes. Il s'agit, d'abord, de les préparer à la profession agricole; vous savez
que de ce côté nous sommes loin de compte, et puisque je parlais de Jules
Ferry tout à l'heure, je veux parler maintenant des statues symboliques qui
sont sur le socle de la statue du grand homme. Il me semble que le grand
artiste, qui conçut ce monument, n'a pas placé dans un ordre logique les figures
qu'il y a posées.

» Nous voyons d'abord à droite, le colon français qui respire l'intelligence,
la vigueur, l'énergie, c'est un colon qui réussira; à sa gauche, une jeune fellah
porte une gerbe d'épis; ces épis sont magnifiques, ce n'est pas de la culture indigène. Cette figure symbolise les espérances que le sculpteur avait conçues dans
la force d'apostolat du colon français, dans l'attrait que pourrait exercer l'imitation de son travail; eh bien ! je crois que cette espérance était un peu témé-
raire, qu'il nous faut renoncer à croire que l'enseignement professionnel
agricole est suffisamment donné aux Indigènes par l'exemple de ce que font
les colons français à côté d'eux. Si nous passons derrière la statue, nous y
trouvons un troisième groupe qui aurait dû être placé entre les deux autres
c'est celui qui symbolise l'enseignement donné aux Indigènes par les Français,
et là, comme on a pensé, et justement, que, pour que l'enseignement ait toute
sa vertu et porte tous ses fruits, il faut qu'il soit reçu dans l'enfance, on l'a fait
donner au petit Indigène par le petit Français. Eh bien ! c'est lorsque ce sym-
bôle de l'instruction apportée à l'Indigène par le Français, aura été réalisé,
grâce à l'enseignement du maître français, que le groupe aux épis magnifiques portés par la femme arabe ne sera plus une chimère.

» On nous a parlé de l'enseignement commercial et industriel pour les enfants
des villes; on s'est demandé s'il y avait intérêt à essayer de ressusciter les

industries indigènes. Je pense, qu'en tout cas, c'est une tentative que nous devons faire, et nous devons la faire en nous défiant beaucoup de nous-mêmes, en ne tentant pas d'aller trop loin. Il faut nous garder d'essayer de dépouiller l'art indigène de ce qui constitue son originalité; il faut qu'il garde ses formes et dessins traditionnels, ce qui lui vaut l'admiration des connaisseurs européens, mais que pour la technique, il ne néglige pas les procédés beaucoup plus perfectionnés, beaucoup plus économiques que la Science a mis à notre disposition. Que celui qui fait de la céramique sache mieux cuire sa terre, que le tisseur ait des métiers qui lui permettent de faire en un jour ce qu'il fait en une semaine, et qu'ainsi le prix auquel il vendra son tissu ne soit plus pour lui un prix de famine.

» Voilà, Messieurs, ce que nous devons faire. En ce qui concerne l'enseignement commercial, je ne veux pas proscrire l'Histoire de nos écoles, je pense qu'il y a dans l'histoire des leçons qui peuvent être utiles à toute cette clientèle scolaire indigène, mais il faut aussi penser à la Géographie. Il faut apprendre aux enfants de ce pays ce qu'est le monde, que la Tunisie et les terres de l'Islam ne sont pas tout dans l'Univers, il faut leur apprendre quelles sont les régions qui font la concurrence industrielle à la Tunisie, les raisons du succès de cette concurrence, les moyens d'essayer de la conjurer. Et ce qui doit dominer l'enseignement professionnel, qu'il soit agricole, qu'il soit industriel, qu'il soit commercial, c'est la nécessité d'enseigner la prévoyance. Il ne suffit pas que cette vertu soit enseignée à l'école, il faut que l'organisation des administrations publiques concoure à favoriser chez l'indigène les dispositions à la prévoyance. Il faut empêcher l'indigène d'être fatalement la proie de l'usure, et puisque nous voulons l'acheminer à la condition sociale meilleure du petit propriétaire, encore faut-il que nous lui donnions la mentalité qui lui permettra de rester un propriétaire, après qu'il le sera devenu : la méfiance de l'usure, l'habitude de penser au lendemain. »

Six mois s'étaient à peine écoulés depuis ces éloquentes paroles que le Congrès de l'Afrique du Nord réuni à Paris (octobre 1908), après avoir pris connaissance d'un très remarquable rapport de M. Charléty, alors Inspecteur général de l'Enseignement professionnel des Indigènes, émettait les vœux suivants :

1° Que l'enseignement des connaissances scientifiques élémentaires soit donné à l'école primaire;

2° Qu'un enseignement professionnel complémentaire soit donné à l'école primaire dans les centres où prédomine nettement une forme d'activité économique.

3° Qu'il soit procédé après l'école, mais autour de l'école, qui la surveillera et la coordonnera, à une organisation générale de l'apprentissage des Indigènes.

A quelques semaines de là, la Conférence consultative, se ralliait à ces vœux qu'elle consacrait par l'inscription d'un nouvel article au budget des dépenses, l'article 8 *bis*, avec un crédit initial de 18 500 fr destiné à amorcer l'œuvre nouvelle.

Trois mois après, l'honorable M. Charléty était nommé Directeur général de l'Enseignement et remplacé dans ses fonctions par M. Bériel, Directeur du Secrétariat de M. le Résident général, à qui était confié le soin de continuer sa tâche.

Les différents Rapports dont vous allez entendre la lecture, vous montreront comment cette tâche a été conduite depuis quatre ans.

Ces Communications ont été préparées avec un tel soin et une si grande compétence par mes distingués collègues qu'elles ne manqueront pas de donner lieu à des débats infiniment intéressants.

Vous pourrez apprécier, après la discussion qui va s'est ouverte sur ces rapports particuliers, l'esprit dans lequel a été organisé l'Enseignement professionnel des Indigènes en Tunisie. Dirigé par le souci constant d'aboutir à des réalisations en adaptant l'enseignement au milieu, le Service spécial de l'Enseignement professionnel n'a pas craint de rompre avec les vieilles disciplines pédagogiques, lorsqu'elles lui paraissaient encombrantes ou surannées, et d'adopter des méthodes souples et pratiques se rapprochant de celles du Commerce et de l'Industrie.

C'est une grande nouveauté en matière administrative, et comme toutes les innovations de cet ordre elle a pu paraître suspecte au début; félicitons donc ceux qui ont su la faire admettre. Je ne veux pour preuves des tendances nouvelles que l'organisation de l'apprentissage et celle des écoles de filles musulmanes créées depuis trois ans sur différents points de la Régence.

L'apprentissage a été conçu comme devant se faire à l'atelier et non à l'école professionnelle. Et cette conception, à laquelle les pays européens semblent se rallier peu à peu, à la suite des insuccès des écoles techniques, a été appliquée, en Tunisie, du premier coup. On vous expliquera par quel mécanisme ingénieux, les enfants peuvent au moyen du demi-temps terminer leurs études à l'école, tout en commençant leur éducation technique chez un patron. Cette combinaison, qui n'est pas nécessaire en France où l'écolier achève le cycle primaire à 12 ou 13 ans, permet aux petits Tunisiens qui ne le finissent en général qu'à 15 ou 16 ans, de ne pas perdre une seule année de jeunesse et d'arriver rapidement au moment où ils peuvent apporter à la maison leur premier salaire. Placés dans un atelier européen, ils sont, dès le début, en contact avec les difficultés spéciales de la profession qu'ils ont embrassée, et le problème quelquefois délicat de la collaboration avec l'élément européen est tranché pour eux au moment où il est le plus facile à résoudre, quand ils sont presque encore des enfants.

Ce double avantage sur le système de l'école professionnelle n'est pas acquis au préjudice des connaissances théoriques. Les apprentis suivent, en effet, après leurs heures d'atelier, des cours de dessin industriel, de croquis coté et de technologie organisés à l'école d'apprentissage et créés spécialement à leur intention, rue El-Monastiri, à Tunis. Mais là encore, prédomine le dessein de n'enseigner que des choses utiles. Les Sections entre lesquelles ont été répartis les élèves correspondent aux divers métiers, et les matières enseignées font l'objet d'une entente préalable entre l'instituteur et le patron. La constitution de Comités de patronage composés des principaux patrons de la ville, qui seront consultés sur les besoins de leur profession, contribuera à donner à cette organisation son véritable caractère, qui est de mettre la Science au service de l'Industrie.

La même préoccupation se révèle dans les programmes des écoles de filles. Estimant avec raison qu'il fallait faire pour la femme ce que l'on avait réalisé pour l'homme avec l'apprentissage, qu'il n'était pas possible de laisser plus longtemps la femme musulmane inactive à son foyer, et que dans la pauvreté commune le gain de l'épouse devait s'ajouter à celui du mari, on a voulu, à côté de l'enseignement du français et pour une part égale, apprendre aux fillettes de condition très modeste, qui fréquentent les nouveaux établissements scolaires, la pratique d'un métier. On a choisi l'industrie du pays, celle qui par son caractère original devait plaire à la clientèle des touristes, qui fréquente de plus en plus la Régence, celle qui avait des chances de trouver plus tard un écoulement au dehors. C'est ainsi qu'à Kairouan on enseigne le tapis, à Nabeul la broderie et la dentelle. L'institutrice ne se contente pas de diriger le travail des enfants, elle en assure la vente et procure pour plus tard aux fillettes les débouchés commerciaux qu'elles seraient incapables de trouver elles-mêmes, étant donnée la claustration à laquelle les soumettent les mœurs musulmanes. On mesure l'excellence de l'enseignement aux résultats commerciaux obtenus, et la valeur de cette formule pédagogique d'un nouveau genre est telle que, triomphant du préjugé qui les retient à la maison, il n'est pas rare de voir des femmes arabes de la ville venir demander à l'école des conseils ou des commandes. Ainsi s'est trouvée tournée d'une façon élégante, par un appel à l'intérêt, l'objection fondamentale que des esprits chagrins opposaient il y a quelques années à l'ouverture de ces écoles : la répugnance invincible des musulmans à laisser instruire leurs filles. L'enseignement n'y a rien perdu.

Nous qui savons, parce que nous vivons au milieu d'elle, les besoins pressants de la population musulmane, nous ne pouvons qu'applaudir à cette méthode qui va droit au but. Les résultats matériels qu'elle a permis d'obtenir, depuis quatre ans, sont déjà considérables. A l'heure actuelle, on peut dire que le problème de la formation d'une classe d'ouvriers indigènes est à peu près résolu pour l'industrie. Sur les 408 apprentis, placés par le Service de l'Enseignement professionnel, quelques-uns sont déjà des ouvriers gagnant leur vie, les autres le seront demain. Pour le commerce, des comptables ont été formés assez rapidement. Pour l'agriculture, le progrès a été plus lent, à cause des difficultés spéciales que rencontre l'apprentissage agricole, mais presque toutes les écoles rurales possèdent des jardins dans lesquels un enseignement pratique est donné par l'instituteur parallèlement à l'enseignement théorique donné à l'école. Au-dessus de ce premier degré, les Jardins d'essais de la Direction de l'Agriculture, où travaillent des Sections agricoles d'apprentis, en constituent un second, en attendant que la prochaine ouverture d'une École pratique d'Agriculture indigène, conçue sur le type d'une exploitation rurale, complète ce programme. Enfin les industries d'art indigène, notamment celles des tapis et de la céramique, ont rénové leurs procédés et reçu une heureuse impulsion.

Les résultats moraux sont encore plus frappants . Il y a quelques années, les Musulmans, façonnés depuis des siècles par l'éducation coranique, considéraient l'instruction à peu près comme on la concevait en France au moyen âge : un privilège de l'élite sanctionné par des parchemins, conférant une supériorité morale, mais sans intérêt pour la vie pratique. Ne nous étonnons donc pas trop, si l'enseignement professionnel a été accueilli parfois au début comme un enseignement servile, bon tout au plus à maintenir les Tunisiens en état d'infériorité vis-à-vis des Européens. Ceux-ci, de leur côté, se fondant, d'ailleurs souvent, sur leur expérience personnelle, restaient persuadés que l'Arabe était incapable d'un travail suivi et sérieux, et manifestaient quelque répugnance à le recevoir dans leur atelier ou leur boutique.

Cette double prévention a disparu. Pour se convaincre de la façon dont l'esprit des Indigènes a changé, il suffit de parcourir les comptes rendus des dernières sessions de la Section indigène de la Conférence consultative. On y suit, d'année en année, un désir plus vif de voir se développer le nouvel enseignement : A chaque session, les Délégués indigènes devançant les prévisions de l'Administration, sollicitent de nouvelles dépenses. Les pères et les mères indigènes, si craintifs lorsqu'il s'agit de se séparer de leurs enfants, parce que le sentiment étroit de la famille est chez eux très vif, n'hésitent plus maintenant à venir demander au Directeur de l'École de placer leurs fils cher un patron européen, et l'on voit des familles de l'Extrême Sud, des habitants de Djerba ou de Kerkennah, consentir à envoyer leurs enfants pour plusieurs années à Tunis. Pour qui connaît les mœurs indigènes, il y a là une transformation considérable.

Du côté européen, même évolution; nombreux sont aujourd'hui les patrons français qui viennent solliciter des apprentis indigènes. Non contents d'ouvrir leurs portes aux enfants et de les traiter à l'atelier sur un pied d'égalité avec les autres apprentis, ils sont les premiers à offrir aux maîtres chargés de l'instruction technique le concours de leur propre savoir et de leur expérience.

Mais, si devant l'opinion publique la partie est gagnée, si les organisateurs de l'Enseignement professionnel sont parvenus à faire accepter leurs conceptions, leur tâche est loin d'être terminée et les premiers résultats obtenus sont peu de chose auprès de ce que l'application des nouvelles méthodes doit permettre de réaliser : car, cet Indigène tunisien, dont nous vous avons dépeint au début de ce Rapport la situation lamentable, mais dont nous avons toujours été convaincu qu'il n'appartenait pas à une race irrémédiablement vouée à l'impuissance, vient de donner tant de preuves de son désir de s'instruire et de sa bonne volonté, qu'on peut espérer beaucoup de sa collaboration à la grande œuvre de progrès accomplie par la France dans ce pays.

Pour cela, il ne faut pas craindre d'aller de l'avant. Je ne puis que répéter ici, ce que j'avais l'honneur de dire il y a quelques mois, comme rapporteur général à la Conférence consultative. La conception a été hardie, mais la réalisation a été jusqu'ici trop modeste. Il faut que le Gouvernement demande des crédits plus considérables et se présente devant la prochaine Conférence avec un programme complet et se suffisant à lui-même d'enseignement professionnel.

Une des parties essentielles de ce programme devra être, à notre avis, la préparation d'un personnel spécial. L'instituteur primaire ne peut plus suffire, malgré tout son zèle et tout son dévouement, à la multiplicité des tâches qu'on lui impose. La Direction de l'Enseignement s'en est déjà préoccupée. Elle a commencé à instituer des certificats spéciaux, pour les maîtres qui se destinent à l'Enseignement professionnel. L'an dernier un certain nombre d'instituteurs et d'institutrices ont passé avec succès les épreuves prévues pour l'obtention des certificats d'agriculture, de teinture et de tissage, et d'enseignement dans les écoles de filles musulmanes Il y a là une initiative qu'il faut étendre, en créant, par exemple, des diplômes de commerce et de comptabilité, de travail manuel, de pêche et de navigation. Il restera, ensuite, à former — et cela est essentiel — à côté de ce personnel d'instituteurs, dont l'enseignement demeurera toujours malgré tout plus théorique que pratique, un personnel de contremaîtres et d'ouvriers, qui seuls pourront révéler aux

Indigènes les procédés et les tours de main de tel ou tel métier. Il suffira de généraliser ce qui a été fait avec tant de succès pour le tissage, enseigné aujourd'hui, à Tunis, par un canut de la Croix-Rousse. Ces ouvriers, s'ils sont recrutés en France, devront autant que possible, être soumis sur place à un stage durant lequel ils auront à s'initier à la langue et aux habitudes des artisans locaux. Enfin, il serait tout à fait désirable que ce stage fût, comme il en est je crois question, accompli dans une sorte de laboratoire-atelier créé à Tunis et dont les installations seraient utilisées à la fois pour la formation des moniteurs et pour l'instruction des ouvriers indigènes.

Nous en arrivons à cette idée que l'Enseignement professionnel, pour être complet, devra être plus largement organisé encore qu'il ne l'a été jusqu'ici ; de même qu'il ne peut se laisser enchaîner par telle ou telle méthode, il dépasse le cadre de tel ou tel service technique, forcément voué par la complexité de ses rouages, et quelles que soient les qualités de ses chefs, au formalisme bureaucratique.

La Direction de l'Enseignement a fait son possible, et ce n'est pas son moindre mérite, pour pousser son effort au delà de ce qu'on pouvait raisonnablement lui demander : l'apprentissage postscolaire, les mesures prises pour le relèvement des industries d'art indigènes, sont des preuves de son désir d'instruire l'homme après l'enfant, du moins de pousser l'éducation des pupilles jusqu'à l'âge viril. Mais ici, un obstacle nouveau a surgi dont elle ne peut triompher à elle seule : La difficulté d'atteindre l'adulte, de le convaincre, et de le discipliner, difficulté beaucoup plus considérable qu'en France, car, en Tunisie, l'homme fait appartient à une génération ordinairement ignorante, vivant sur des préjugés très anciens et très puissants, d'aucuns disent « morte pour le progrès ». Nous ne suivrons pas ces pessimistes ; mais, encore, devons-nous convenir que pour agir sur cette masse, si réfractaire à tout ce qui est moderne ou étranger, si lointaine, qu'elle ne comprend guère plus nos idées que notre langue, il faut d'autres moyens de persuasion que ceux de la doctrine pure, un autre interprète que l'instituteur. Il faut que l'action gouvernementale pèse de tout son poids, par tous ses agents directs, sur l'indigène à convertir, que ce dernier, — on excusera cette expression qui répond bien à ma pensée, — soit sermonné, presque commandé de se plier au progrès. Et il faut, ensuite, que ce progrès lui soit offert sous la forme la plus accessible, la plus familière à sa mentalité, fut-elle à cent lieues des définitions de l'école, par des hommes connaissant bien sa langue, ayant sa confiance, et dont la mission soit, en dehors de toute préoccupation traditionnelle ou d'esprit de corps, en dehors de toute comparaison vaine avec ce qui se fait pour les Français, d'assurer son relèvement économique.

Aussi applaudissons-nous à la décision prise récemment par M. le Résident général, à la suite d'un vœu émis par la Conférence consultative et par le Conseil supérieur de Gouvernement, de créer à Tunis une Direction des Services économiques indigènes « chargée d'étendre aux adultes par tous les moyens dont les pouvoirs publics disposent et avec le concours de toutes les bonnes volontés, aussi bien de la part des particuliers que de la part des Administrations, l'œuvre d'éducation économique commencée depuis cinq ans par le Service de l'Enseignement professionnel avec une largeur de vues et une ingéniosité de moyens auxquels tout le monde rend hommage ». La Direction de ce nouveau service a été confiée à M. Philippe Bériel, le très actif et si compétent Inspecteur général de l'Enseignement professionnel : « Son action, dit M. le Résident général dans les instructions qu'il a publiées à ce sujet, devra s'exercer par des inspections qui ne sauraient être trop fréquentes si l'on ne veut pas que la routine étouffe toutes les initiatives qui la contrarient, par les rapports qu'il établira après chacune de ses inspections, et par la solidarité qu'il devra s'attacher à créer ou à maintenir entre l'enseignement économique distribué aux enfants et celui qu'attendent les adultes, solidarité dont il importe que les instituteurs se pénètrent de plus en plus. Il faut que les chefs et les notables indigènes indiquent les professions auxquelles il est le plus aisé et le plus utile de former les adolescents de telle ou telle collectivité, il faut que l'apprentissage terminé les pupilles trouvent une clientèle et un appui. L'Enseignement professionnel ne doit pas se limiter aux enfants qui vont à l'école, ni aux adolescents qui en sortent. »

Nous ne pouvons mieux terminer cette étude que par l'énoncé de ce vaste programme d'avenir. En l'accomplissant, et nous avons confiance que les hommes qui en sont chargés sauront le mener à bien sous l'autorité et l'impulsion de M. Alapetite parce qu'ils ont déjà fait leurs preuves, en l'accomplissant, dis-je, le Gouvernement du Protectorat aura réalisé, dans ce pays arraché à une barbarie séculaire, la double fin de toute grande nation coloniale : La mise en valeur d'un pays neuf et le relèvement d'une race à laquelle des siècles d'oppression avaient enlevé jusqu'au souci de vivre.

M. D. BAILLE,

Inspecteur de l'Enseignement primaire, Tunis.

LA LANGUE FRANÇAISE DANS L'AFRIQUE DU NORD.

342.725 (61)

22 Mars.

Elle doit devenir la langue exclusive des affaires (commerce, industrie, agriculture);

De l'Administration;

De l'Enseignement.

Les fonctions publiques — mêmes celles réservées aux Indigènes — à confier à des agents connaissant le français.

Une des conditions de succès dans la propagation de la langue française est la présence dans l'Afrique du Nord du plus grand nombre possible de Français (colons, fonctionnaires, commerçants, artisans, etc.).

Le langage courant dans la vie ordinaire. — Un certain nombre d'Étrangers et d'Indigènes ne connaissent de la langue française que ce que la vie quotidienne leur en a appris : l'atelier, le commerce, le marché, le chantier, la ferme, le chemin de fer, etc., et leur rôle dans la propagation de la langue française.

Les déformations de la langue française dans le langage courant.
Le Sabir.

RÔLE DE L'ÉCOLE DANS LA PROPAGATION DE LA LANGUE FRANÇAISE. — Il faut distinguer l'enseignement aux Indigènes (musulmans et israélites);
Aux Étrangers (Italiens, Maltais, Grecs, Espagnols et divers).

Les écoles publiques et les écoles privées.

Les écoles publiques (primaires et secondaires) sont ouvertes à tous les enfants. Cependant quelques-unes sont plus particulièrement ou exclusivement fréquentées par les Indigènes (écoles franco-arabes).
Le programme et la méthode d'enseignement dans les écoles publiques :

a. Matières enseignées. — Lecture, écriture, copie, grammaire, orthographe, rédaction, langage et leçon de choses, auteurs français et littérature.

b. Méthode. — 1° La méthode directe, l'observation et le langage. Le matériel d'enseignement : les collections et musées scolaires;

2° Utilisation de la langue maternelle des élèves : les exercices de traduction.

Valeur comparée de ces deux procédés.

Écoles privées. — Soumises à la « déclaration d'ouverture ».

Les articles 1 et 2, de la loi, du 15 septembre 1888 font aux écoles privées en Tunisie l'obligation d'enseigner le français. *Cas des écoles italiennes* dans lesquelles l'enseignement est donné en italien, par des maîtres italiens.

Certaines écoles privées, Kouttabs musulmans et écoles rabbiniques, réservées aux Indigènes musulmans et aux Israélites, ne font aucune part à l'enseignement de la langue française.

Depuis quelques années, des Kouttabs, dits *réformés ou modernes,* réservent une place à la langue française dans leur programme d'enseignement, dont les leçons sont données en Arabe.

Écoles subventionnées de l'Alliance israélite universelle. — L'enseignement y est donné en français.

Cours d'adultes. — Enseignement aux illettrés; enseignement de perfectionnement.

Bibliothèques. — Bibliothèques scolaires, populaires et publiques.

Ressources locales et subventions de l'Administration, de l'Alliance française, etc.

RÔLE DE DIVERSES ASSOCIATIONS. — L'Alliance française; La Mission laïque; La Ligue de l'Enseignement; L'Alliance israélite universelle.

Personnel enseignant. — Maîtres français et indigènes dans les écoles publiques. Les diplômes exigés sont ceux de France.

Sanctions de l'enseignement. — Le Certificat d'études primaires élémentaires dispense, en Tunisie, du service militaire.

M. MARTY,

Inspecteur de l'Enseignement primaire, Sousse.

LA LANGUE FRANÇAISE EN TUNISIE.

342.725 (611)

25 *Mars.*

I. Trois langues sont parlées en Tunisie : le *français*, *l'arabe* et *l'italien*. La proportion d'indigènes (musulmans ou israélites) qui parlent français varie suivant le milieu géographique et la profession exercée : elle est de 1 à 10 %, pour les musulmans, de 9 à 65 % pour les israélites. Les commerçants viennent en première ligne, puis les artisans, enfin les agriculteurs.

Il serait à désirer que le français devint la langue exclusive de l'Administration, de l'Enseignement et même du négoce.

II. La langue française est propagée :

1º Par les colons, fonctionnaires, artisans, commerçants français qui s'établissent en Tunisie. Ils devraient venir en plus grand nombre et se fixer dans le pays à la fin de leur carrière.

2º Par les écoles dont le nombre augmente d'année en année et dont l'influence civilisatrice est grande. Par les écoles, nous agissons sur les jeunes générations, qui sont les plus malléables, et préparons ainsi l'avenir.

3º Par ceux qui voyagent (touristes, commis voyageurs, etc.) dans une plus faible mesure.

Dans la plupart des écoles, il serait bon d'organiser des *cours de perfectionnement* à l'usage des jeunes gens qui ont quitté la classe; dans les villes de garnison des *cours spéciaux pour les militaires*, qui pourraient ainsi rapporter chez eux quelques notions de français.

III. Comme toutes les langues parlées à l'étranger, le français, en Tunisie, subit des transformations et des déformations. Deux influences : celle de la langue italienne, qui tend à modifier l'orthographe, le vocabulaire, la syntaxe, la prononciation; celle de l'Arabe vulgaire qui produit des déformations résultant de la substitution ou de la suppression de consonnes, de la suppression ou de la mauvaise prononciation des voyelles, de l'interversion des syllabes, de l'impuissance à conjuguer nos verbes, etc.

Les instituteurs doivent étudier ces transformations ou ces déformations afin de les combattre dans leurs leçons de langage, de lecture et de français.

M. CHAUFFIN,

Chef de Bureau de l'Enseignement professionnel à la Direction générale
de l'Enseignement, Tunis.

ORGANISATION ADMINISTRATIVE DE L'ENSEIGNEMENT PROFESSIONNEL DES INDIGÈNES.
(Écoles de garçons et écoles-ouvroirs de filles musulmanes.)

6 (071.2) (611)

22 *Mars.*

Organisé en janvier 1908, sous la forme d'une Inspection générale, l'Enseignement professionnel constitue depuis le mois d'octobre de la même année à la Direction générale de l'Enseignement un Service nouveau. Ce budget s'est élevé de 18 000 fr en 1909 à 105 000 fr pour 1913.

L'Enseignement professionnel s'est développé proportionnellement à ses ressources. Il suffit de se reporter aux Rapports annuels au Président de la République sur la situation de la Tunisie, pour suivre les étapes successives de ce développement depuis 1909.

Une réglementation administrative de ce Service se constitue progressivement, sous forme d'arrêtés, circulaires, instructions, etc., insérés au *Bulletin officiel de la Direction générale de l'Enseignement.* Cette réglementation définit le but et le caractère de l'organisation, en précise l'esprit et en fixe, au besoin, les moyens et les formes. Citons notamment :

La circulaire du 30 septembre 1909 sur l'apprentissage en général;

L'arrêté du 25 janvier 1910 (avec circulaire annexe) réglementant le Certificat d'études primaires élémentaires, principalement en ce qui concerne les apprentis;

La circulaire du 25 septembre 1910 sur les internats d'apprentissage;

Les arrêté et circulaire de février 1911 sur les programmes des écoles de filles musulmanes;

La circulaire de février 1912 créant les diplômes spéciaux d'Enseignement professionnel.

Administrativement, l'Enseignement professionnel s'appuie fortement sur l'Enseignement primaire dont il emprunte le personnel, les moyens de contrôle et, parfois, le matériel. L'esprit et les données de cet enseignement primaire ont d'ailleurs été réformés en 1909, pour lui permettre d'apporter un concours efficace à l'Enseignement professionnel : ses programmes et ses méthodes, où dominent actuellement les notions scientifiques, ont été refondus dans le sens d'une « préparation directe et appropriée à la vie pratique, avec la préoccupation de mettre dans les différentes matières d'enseignement le plus de réalité possible et de les adapter aux besoins, à la situation, aux formes de vie de la population variée de nos écoles ».

Aujourd'hui, l'Enseignement professionnel se traduit pour les garçons, par des enseignements spéciaux scolaires ou postscolaires et par l'apprentissage; pour les filles, par des enseignements pratiques à l'école, à raison d'une séance entière chaque jour.

Examinons successivement ces trois organisations :

1° *Enseignements spéciaux*;

2° *Apprentissage*;

3° *Enseignements pratiques dans les écoles de filles musulmanes*;

Nous terminerons par une courte Note sur la formation du personnel appelé à cette tâche nouvelle.

I

ENSEIGNEMENTS SPÉCIAUX.

Se greffant « sur le tronc commun d'un enseignement primaire scientifique », ils lui donnent « partout où l'activité économique des habitants est assez spécialisée pour le permettre » le caractère d'un enseignement professionnel *régional*, « capable d'orienter le jeune indigène vers les professions du pays où sont installés ceux de sa famille et de sa race, vers les métiers qui doivent logiquement lui fournir plus tard ses moyens d'existence, susceptibles de retenir l'homme au pays au lieu de le déraciner ».

(Rapport annuel au Président de la République, 1909.)

Ceux de ces enseignements qui se sont le plus développés jusqu'à ce jour sont :

L'enseignement agricole;

L'enseignement commercial;

Le dessin industriel;

La pêche et la navigation;

Le tissage;

Les travaux de mines.

Les Rapports annuels au Président de la République présentent tous les développements désirables sur l'organisation administrative de ces divers enseignements et nous ne les reproduirons pas. Nous les complèterons cependant en ce qui concerne l'enseignement agricole et le tissage, ces deux branches si importantes du relèvement économique des populations indigènes de ce pays.

L'enseignement agricole aux indigènes, tel qu'il a été organisé jusqu'ici, s'adresse soit aux enfants, soit aux adultes.

A. *Aux enfants.* — Cet enseignement se réalise :

1°. Par l'école et le jardin scolaire;
2° Par l'apprentissage au Jardin d'essais;
3° Par l'apprentissage chez les colons. .

Nous ne nous occuperons ici que du premier point, les deux autres devant trouver plus exactement leur place au paragraphe spécial de l'apprentissage.

L'enseignement agricole proprement dit, s'adresse à la fois à tous les élèves d'un cours ou d'une classe. Il se donne en classe (théorie) et au jardin scolaire (démonstrations pratiques ou vérifications expérimentales). Actuellement sur 48 écoles rurales à majorité d'indigènes, 41 possèdent des jardins. L'instituteur, lors que cela est possible, fait appel à la collaboration d'un jardinier de l'Agriculture pour appuyer ses leçons de choses de démonstrations expérimentales (germination, effets des engrais, taille, greffe, etc.).

L'organisation des jardins scolaires s'accompagne souvent de difficultés nombreuses, soit que les jardins soient loués à des tiers, soit qu'ils aient fait ou fassent encore l'objet de négociations en vue de leur acquisition, soit que la Direction générale de l'Enseignement demande à la Direction de l'Agriculture de les lui céder, à titre onéreux, ou à titre gratuit, quand cela est possible. Le problème qui soulève généralement les plus grosses difficultés est celui de l'irrigation et cette circonstance a eu pour effet de retarder considérablement l'élan qu'on aurait voulu donner à l'enseignement agricole, notamment dans les jardins scolaires du Sahel.

Néanmoins, leur aménagement est en bonne voie et lorsque l'eau de la Compagnie du Sahel pourra leur être distribuée, l'enseignement agricole prendra immédiatement plus de portée dans cette région.

Dès 1911, un maître compétent, résidant à Sousse, a été chargé de rayonner dans le Sahel pour surveiller et diriger la tenue des jardins.

A Sousse même, un essai très original se poursuit : dans le même jardin, s'exercent alternativement les élèves de l'École franco-arabe et ceux de l'École primaire supérieure de garçons. L'enseignement pratique au jardin est une application directe et immédiate de l'enseignement théorique donné en classe. Les résultats obtenus sont tout à fait encourageants : les cultures sont en très bon état et les enfants prennent goût au travail.

A Soliman, le Directeur de l'École fait tenir par chacun de ses grands élèves un petit jardin, dans l'enclos paternel. Les enfants sont vivement intéressés par ces expériences. Un concours annuel permet de les récompenser.

Dans d'autres régions de la Tunisie, les maîtres font les efforts les plus sincères pour vivifier leur enseignement agricole : les emplois du temps prévoient des heures plus nombreuses pour les exercices au jardin; on se livre à des cultures rationnelles et l'on tient une comptabilité de toutes les opérations. (Ex. : Kef, Grombalia, Soliman, Menzel-Temime.)

B. *Aux adultes.* — Cette forme d'enseignement serait la plus urgente étant donnée l'ignorance presque complète de la plupart des fellahs tunisiens, des procédés modernes de culture qui, seuls, peuvent leur permettre d'augmenter le rendement des terres devenu indispensable à mesure que la superficie de ces terres disponibles diminue et que leur prix de vente ou de location augmente. C'est, malheureusement, le plus difficile à donner, soit en raison de cette ignorance même des indigènes, qui les rend peu accessibles aux leçons et aux démonstrations des maîtres, soit en raison des connaissances insuffisantes en langue arabe de la plupart de ces maîtres. Cette dernière situation s'améliore sans cesse, mais elle ne peut se transformer radicalement en une seule fois. Malgré ces obstacles, le Service de l'Enseignement professionnel s'est toujours efforcé d'élargir le champ d'action de l'École rurale en l'étendant aux adultes. Ceux-ci sont invités à assister à des conférences en arabe, avec projections, sur des sujets agricoles familiers aux habitants du pays, faites dans la salle d'école par l'instituteur, lorsqu'il possède assez la langue arabe ou, dans le cas contraire, par un fonctionnaire indigène du lieu. D'autre part, l'instituteur distribue gratuitement aux fellahs, qui en font la demande, des semences de variétés européennes, à condition qu'il lui soit permis de surveiller les expériences ainsi entreprises. Il suit sur la partie de terre, qui lui a été prêtée à cet effet par les paysans arabes, la marche de sa tentative. Il aide à la récolte et à la vente des produits et tire, des résultats heureux obtenus, les conséquences qu'ils comportent pour l'avenir. Cette double méthode a été appliquée avec un succès tout particulier à Soliman, où l'instituteur est parvenu, en 2 ans, à transformer les procédés culturaux des maraîchers du pays et à augmenter ainsi considérablement le revenu d'une terre.

A Gabès, les adultes se rendent au Jardin d'essais et profitent des leçons de greffe et de taille qui y sont données.

La Direction générale de l'Enseignement livrée à ses seules forces ne peut prétendre organiser complètement l'enseignement agricole aux adultes. Elle demande et elle demandera de plus en plus à la Direction de l'Agriculture le concours de ses spécialistes et de ses jardins (¹).

(¹) La création au Secrétariat général du Gouvernement d'un Service spécial confié à l'Inspecteur de l'Enseignement professionnel, et destiné à étudier toutes les questions économiques intéressant les indigènes, permettra sans doute d'établir, d'une façon efficace, le lien et la cohésion entre l'enseignement professionnel distribué aux enfants et celui qu'attendent les adultes.

L'enseignement du tissage présente un intérêt vital pour d'importantes régions de la Tunisie : Tunis, le Sahel, Djerba, Gafsa, etc. C'est ici que l'école apparaît vraiment comme un facteur bienfaisant du relèvement d'une industrie locale. Prenons comme exemple typique de réalisations, le cas de Ksar-Halal (Sahel).

Dans ce centre très important du tissage de coton, l'école est devenue l'organe régénérateur de cette industrie menacée, le foyer où enfants et adultes viennent s'initier aux modernes procédés du tissage et de la teinture.

En 1911, une classe de l'École a été transformée en atelier de démonstration qui fonctionne, depuis, sans interruption. On y a installé des métiers, dont le modèle spécialement étudié, est une transaction entre le métier indigène, si primitif, et le métier mécanique des grandes filatures. Leur adoption par la population de la région réalisera un progrès considérable, sans obliger les tisserands à un changement radical dans leurs procédés de fabrication ou à de grosses dépenses d'achat, et sans provoquer de crise économique dans la population ouvrière.

Cet atelier est dirigé par un instructeur indigène qui est allé se former à Lyon. Son enseignement comprend des *leçons théoriques* ou enseignement rationnel du tissage, et des *démonstrations pratiques* sur la mécanique et la manœuvre des métiers. Les cours théoriques et pratiques sont suivis par *vingt* élèves environ de l'école du centre et une *douzaine* d'adultes, de 15 à 40 ans, dont quelques-uns, originaires de localités voisines, sont logés gratuitement dans un local ou medersa, spécialement affecté à leur usage par la Direction générale de l'Enseignement et reçoivent, à titre de secours et d'encouragement, une subvention mensuelle.

Quoique récente, l'expérience poursuivie à Ksar-Halal a déjà porté ses fruits : un certain nombre d'indigènes de la région ont acquis des métiers nouveau modèle; d'autres ont modifié les leurs, ce qui leur permet d'y exécuter une plus grande variété de tissus.

Il n'est pas douteux que les artisans indigènes, qui commencent à se rendre compte de l'intérêt commercial des perfectionnements qui leur sont révélés graduellement, adopteront, de plus en plus, les métiers modernes. Leur relèvement, c'est-à-dire le relèvement d'une région économique des plus importantes de la Tunisie, est à ce prix.

A Sousse même, autre localité du Sahel, une expérience de même nature est en voie de réalisation : on installe en effet, en ce moment, un atelier de tissage à l'école franco-arabe de cette ville.

II. — Apprentissage.

Il est actuellement en plein fonctionnement dans 20 écoles se répartissant en 15 localités.

On comptait, fin décembre 1912, 438 apprentis (¹) de toutes catégories, savoir :

(¹) Il y a lieu de prévoir que ce chiffre atteindra environ 600, en décembre 1913. -

Tunis. École du quartier Halfaouine............ 57 ⎫
  »   »   de la rue du Tribunal............ 78 ⎪
  »   »   de la rue du Trésor............... 46 ⎬ 250
  »   »   de la place aux Moutons.......... 34 ⎪
  »   »   de la rue El-Monastiri............ 35 ⎭

Béja... 5
Bizerte.. 2
Gabès.. 37
Gafsa.. 3
Grombalia.. 6
Kairouan... 13
Ksar-Halal....................................... 26
Mahdia... 10
Metlaoui... 21
Potinville....................................... 15
Sfax... 34
Souk-el-Arba..................................... 5
Sousse... 9
Tabarka.. 2

Comme on le voit à l'examen de ce Tableau, l'apprentissage fonctionne, à Tunis, dans cinq écoles indigènes. L'une d'elles, l'école de la rue Monastiri, uniquement fréquentée par les élèves de l'internat d'apprentissage recrutés dans le « bled » et par les apprentis de temps entier des quatre autres écoles de la ville, applique un programme spécial où dominent les enseignements du français, du dessin industriel et de la comptabilité.

Disons encore, au sujet de Tunis, qu'on débuta dans cette localité avec 54 apprentis, en 1909. Ce nombre s'éleva à 68, en 1910, à 153, en 1911 et 250, en décembre 1912.

Quelle que soit l'école ou la localité considérée, le mode de recrutement des apprentis et le fonctionnement de l'apprentissage reposent sur les mêmes principes. Les apprentis sont recrutés à l'école parmi les élèves approchant du terme de leurs études, ou quelquefois parmi les anciens élèves. L'âge minimum de ces apprentis est de 14 ans.

L'apprentissage se fait à l'atelier, en ville, soit toute la journée, si l'apprenti a terminé sa scolarité, soit à raison d'une demi-journée par jour, dans le cas contraire. Dans le premier cas, l'apprenti assiste le soir à des cours de français et de dessin ; dans le second cas, l'apprentissage s'accompagne en outre d'un enseignement de demi-temps qui bloque en une seule séance du matin les matières d'enseignement primaire, élimination faite de celles ne présentant, pour le futur ouvrier, qu'un intérêt accessoire.

Enfin, un certain nombre d'apprentis de l'intérieur qui se trouvent dans l'impossibilité, faute de patron, de faire sur place l'apprentissage de certains métiers, cependant nécessaires dans le pays, et aux débouchés assurés, sont recueillis dans les internats d'apprentissage, dont nous dirons quelques mots plus loin.

, L'apprentissage est industriel, agricole ou commercial.

Apprentissage industriel. — Pour préciser son fonctionnement, prenons comme exemple une des écoles où il est le plus développé, l'École de la rue du Tribunal à Tunis, qui compte aujourd'hui 80 apprentis, tous recrutés parmi les élèves parvenus à la dernière partie de leur scolarité et placés chez des patrons en ville.

La plupart des corps de métiers y sont représentés : citons les menuisiers, les ébénistes, les menuisiers d'art indigène, les sculpteurs sur bois, les charrons et carrossiers, les forgerons, ajusteurs-mécaniciens, serruriers, les automobilistes, les plombiers, plombiers-zingueurs et ferblantiers, les électriciens, les maçons, les céramistes, les peintres, les tapissiers, les typographes, lithographes et graveurs, les relieurs, les cordonniers, tailleurs et brodeurs, les tisserands et les teinturiers, les horlogers et bijoutiers, les cuisiniers et pâtissiers, les coiffeurs, les horticulteurs, les comptables.

Certains apprentis — soit parce qu'il sont pourvus du C. E. P. E. et ont ainsi terminé leurs études primaires, soit sur la demande expresse de leurs parents ou tuteurs — fréquentent l'atelier toute la journée. Les autres reçoivent à l'école un enseignement de demi-temps approprié, dans la mesure du possible, à la nature de leurs études pratiques.

En dehors de ceux dont la spécialité est à peu près indépendante de tout enseignement théorique praticable à l'École primaire —\et c'est l'infime minorité — tous ces apprentis assistent, avec les apprentis des autres écoles, à un cours de dessin industriel et de croquis coté, créé à leur intention et sectionné en vue de concilier ces aperçus théoriques avec les notions pratiques acquises à l'atelier. Il a lieu à la fin de l'après-midi, après la journée de travail.

Avec ses adaptations, ce cours s'adresse aux apprentis des professions les plus variées, du fer, du bois, de la pierre et de l'électricité. Par de fréquentes visites aux ateliers, le maître, chargé du cours, se rend compte des genres d'ouvrages auxquels participent les apprentis; sa leçon de dessin est donc comme le reflet immédiat et direct de la tâche quotidienne. Ainsi compris et spécialisé, ce cours donne à chaque apprenti le complément de connaissances générales indispensables à la pratique rationnelle, éclairée et intelligente de son métier.

Ajoutons que, à raison de deux après-midi par semaine, les apprentis de temps complet reçoivent, dans une école plus spécialement destinée aux apprentis recrutés dans l'intérieur, un complément d'instruction générale portant sur les connaissances pratiques et usuelles, et des notions de comptabilité. C'est l'École de la rue El-Monastiri, dont nous avons dit un mot plus haut.

En application d'instructions générales sur l'apprentissage, chaque apprenti est muni d'un livret qui assure, avec le contrôle, le contact permanent du maître et du patron, de l'école et de l'atelier. Des con-

trats individuels passés entre le Directeur de l'école et les patrons déterminent les conditions de l'apprentissage (durée, rétribution du patron,
gratifications et salaires, exclusion, etc.).

Le Directeur de l'école est tenu de faire de fréquentes visites aux
divers ateliers et de se tenir très exactement et au jour le jour, au courant de la marche de l'apprentissage. A cet effet, il est déchargé de classe
le soir.

On ne néglige aucun moyen de stimuler le zèle des apprentis et des
patrons. Les premiers reçoivent, quand ils le méritent, des récompenses
en nature : outils et vêtements de travail, ou en argent : livrets de caisse
d'épargne. Le patron peut être autorisé à disposer de l'apprenti pour
l'exécution de travaux nécessitant un déplacement et un séjour d'assez
longue durée, hors de Tunis.

Certains patrons allouent des gratifications à leurs meilleurs apprentis,
d'autres, des salaires variant de 0,50 fr à 2,50 fr par jour, et susceptibles de s'élever. Enfin, une cantine a été spécialement instituée dans
l'école pour les apprentis; elle est accessible à quiconque justifie de sa
présence à l'atelier, la veille : les enfants y trouvent, à midi, un repas
chaud et gratuit. En outre, un service de bains gratuits, commun à
tous les apprentis de la ville, fonctionne régulièrement.

Il est bon d'ajouter que les apprentis sont assurés par la Direction de
l'Enseignement contre les accidents du travail.

La fréquentation des ateliers est régulière et les progrès sont satisfaisants.

A la fin de son apprentissage, l'apprenti se voit délivrer un « certificat
d'apprentissage », attestant qu'il a acquis la pratique de son métier.
Ce certificat est revêtu des signatures du patron et du Directeur de
l'école; ces signatures sont légalisées par le Contrôleur civil.

Dans les autres écoles indigènes de Tunis, le fonctionnement de
l'apprentissage est à peu près le même.

On peut dire, sans exagérer, qu'à cette heure, l'organisation de
l'apprentissage qui a nécessairement donné lieu à des essais et tâton-
nements au début, est en voie de stabilisation, approche de sa forme
définitive et promet des résultats certains et peu éloignés.

Apprentissage agricole. — Comme nous l'avons dit plus haut, en traitant de l'Enseignement agricole, cet apprentissage revêt deux formes :
il a lieu soit au Jardin d'essais, soit chez des colons.

1° L'apprentissage agricole s'adresse à quelques enfants considérés
comme de véritables apprentis et choisis de préférence parmi les fils
d'agriculteurs ou de propriétaires. Il est donné partout où la Direction
de l'Agriculture possède un Jardin d'essais dans le voisinage d'une école:
c'est le cas pour Gabès, Kairouan, Sfax, Gafsa, Tunis. Cet apprentissage
est confié au jardinier de la Direction de l'Agriculture, considéré comme
un véritable patron et rétribué à ce titre. Les apprentis reçoivent un

livret et des contrats sont signés. En résumé, on applique à cet apprentissage l'esprit qui a présidé à l'organisation de l'apprentissage commercial et industriel.

On tient compte bien entendu des circonstances locales et l'on tâche de s'y adapter.

A la Section agricole autonome, constituée au Jardin d'essais à Tunis, les enfants se forment, la saison venue, à la taille de l'olivier et reçoivent un diplôme correspondant. Plus tard, ils auront plusieurs moyens de tirer profit de cette spécialité, soit en cultivant leurs olivettes, soit en se plaçant chez des colons, ou à l'Administration de la Ghaba (¹). Pour leur permettre de s'initier à la taille, on a admis à l'internat d'apprentissage de Tunis quelques enfants du dehors désireux d'acquérir le diplôme.

A Gabès, on a complété par deux mesures intéressantes, l'organisation de la Section : on y a créé un enseignement pratique des travaux manuels se rattachant à la profession d'horticulteur et l'on a assuré la gratuité du logement et de la nourriture aux jeunes gens de l'Extrême Sud qui, désireux de faire leur apprentissage agricole, n'en ont pas les moyens dans leur oasis d'origine (²).

2° Les premiers essais de placement d'apprentis chez des colons ont eu lieu à Grombalia, Béja, Zaghouan et Souk-el-Arba. Les enfants s'initient dans ces exploitations à la pratique des travaux agricoles les plus divers, tout en continuant la fréquentation de l'école.

On étudie les moyens de donner à ces placements plus de portée en confiant entièrement l'apprenti, après achèvement des études primaires, au colon qui se chargerait de l'entretien de l'enfant. Cette solution paraît s'imposer dans les régions de grande colonisation, où le colon habite souvent au milieu de son exploitation, loin des agglomérations et par conséquent de l'école. Il faudrait également que l'apprenti pût acquérir, chez le colon, les notions pratiques du travail du fer et du bois, qui lui permissent de procéder lui-même à certaines réparations faciles d'outils ou de machines.

Apprentissage commercial. — Il se fait soit au magasin — qui est ici l'atelier — soit dans un établissement privé de Tunis, sorte d'école pratique de commerce, où les élèves s'initient à la comptabilité, à la tenue des livres en partie simple et en partie double, et à la dactylographie.

Internats d'apprentissage. — C'est ici le lieu de dire un mot de cette institution dont le but est parfaitement défini par la circulaire du 25 septembre 1910 sur l'apprentissage, savoir : lorsqu'un apprentissage est

---

(¹) Un de ces jeunes gens, originaire d'Akouda (Sahel), a été demandé en janvier dernier par les habitants de son village pour la greffe et la taille de leurs arbres fruitiers. Il y a été aussitôt envoyé en mission pour le temps nécessaire.

(²) *Cf.* l'organisation de la Medersa de Ksar-Halal citée plus haut.

impossible sur place, faute de patron ou pour tout autre cause, appeler l'apprenti à Tunis ou dans une localité où la profession à étudier est bien représentée. Renvoyer ensuite l'apprenti dans son pays pour y exercer son métier.

Depuis la publication de cette circulaire, il a été possible par certains aménagements de locaux, d'élever le nombre primitivement prévu des places disponibles à Tunis et, aujourd'hui, ces apprentis, venus du « bled », constituent un véritable internat installé dans un immeuble habous, rue du Pacha, et dont l'effectif atteint près de 40 élèves.

Ces élèves sont drainés dans les régions les plus diverses de la Tunisie : Akouda, Djerba, Kairouan, Kebili, Le Kef, Kerkenna, Monastir, Ras-el-Djebel, Smala des Souassi, Soliman, Souk-el-Arba, Sousse, Tébourba, Téboursouk et Zarzis. A Tunis, ils s'initient à l'exercice de professions non moins variées : ils sont apprentis menuisiers, charrons-forgerons, serruriers, mécaniciens, horlogers, bijoutiers, tailleurs d'habits, cordonniers, tisserands, teinturiers, jardiniers. Ils reçoivent à l'école de la rue Monastiri, spécialement créée à leur intention, un enseignement du français, de la comptabilité et du dessin industriel. Ils peuvent être autorisés à accompagner leur patron dans ses déplacements pour exécution de travaux dans l'intérieur du pays : dans ce cas, l'internat met à leur disposition des lits de camp démontables.

Leur apprentissage terminé, ils retourneront dans leur pays pour y exercer leur profession : c'est le cas pour trois apprentis tisserands de Sousse, qui sont rentrés dans cette ville et y sont en voie d'installation. Un quatrième, tisserand également, va rentrer incessamment à Monastir, pour y ouvrir un atelier.

A Gabès, toujours avec le concours des Habous, un petit internat agricole a été fondé dans une médersa de la localité : on y recueille de jeunes indigènes des oasis de l'Extrême Sud qui viennent y faire l'apprentissage des cultures spéciales de leur pays; ainsi se trouve tranchée là difficulté où ils sont de faire sur place l'apprentissage agricole; ils sont rattachés à la Section agricole spéciale instituée à l'école de garçons de Gabès, dans les mêmes conditions qu'à Tunis. C'est sous un climat et dans une région analogues aux leurs qu'il convient, en effet, de les initier à des cultures et procédés s'adaptant aux conditions climatologiques particulières de leurs contrées. Ajoutons que les plus nécessiteux d'entre eux reçoivent de la Direction générale de l'Enseignement une petite subvention mensuelle, pendant la durée de leur apprentissage. Cette médersa constitue dès maintenant un véritable internat d'apprentissage agricole pour l'Extrême Sud, analogue à celui de Tunis qui est destiné surtout, comme on sait, à généraliser l'apprentissage industriel ou agricole en le mettant à la portée d'élèves recrutés dans les centres de l'intérieur, dépourvus de facilités.

A Ksar-Halal, centre de tissage important du Sahel, dont nous avons déjà parlé, fonctionne, à l'école, un atelier de tissage outillé de la façon la plus complète. Il est fréquenté par les élèves de l'école et les adultes de la localité et de la région.

Cet atelier comporte actuellement quatre métiers : trois métiers lyonnais pour les étoffes de soie et un métier d'Orléans pour celles de coton. Un autre type de métier, spécialement adapté à la fabrication de ces tissus, doit y être installé prochainement.

Dès maintenant, cet atelier représente un foyer d'enseignement professionnel régional et afin de le rendre plus accessible aux indigènes des villages voisins, la Direction générale de l'Enseignement a loué, à Ksar-Halal, un local assez vaste, où sont recueillis les jeunes gens de l'extérieur, désireux de suivre les cours pratiques de tissage.

Pour terminer cet exposé de l'apprentissage, ajoutons que la Direction générale de l'Enseignement étudie en ce moment les moyens d'envoyer en France quelques apprentis de certaines professions, telles que l'horlogerie, qui se trouvent insuffisamment représentées en Tunisie pour permettre sur place un apprentissage sérieux.

III. — ENSEIGNEMENTS PRATIQUES DANS LES ÉCOLES DE FILLES MUSULMANES.

Ces écoles pratiques constituent une innovation en Tunisie; les premières datent de 1909.

Elles sont actuellement au nombre de 9, avec un total de près de 600 élèves : Kairouan, Nabeul, Sousse, Gafsa, Mahdia, Monastir, Tunis (rue Chadlia et rue des Silos (¹)), Soliman. Toutes sont en plein succès et d'autres ne tarderont pas à s'ouvrir, à Djerba notamment.

Ces écoles sont surtout des organes d'enseignement professionnel, et à ce titre, elles appliquent, depuis leur création, des programmes spéciaux très pratiques, très utilitaires, qu'une circulaire du Directeur général de l'Enseignement a réglementés, en février 1911.

« L'enseignement y est divisé en deux parts égales : l'une réservée aux exercices scolaires proprement dits, l'autre aux travaux manuels. Au nombre de ces derniers, figurent la dentelle arabe, la broderie indigène et le tapis, auxquels une importance plus ou moins grande est accordée suivant la région : le tapis domine à Kairouan, la broderie à Nabeul.

« Pour les fillettes de condition modeste, et c'est la grande majorité, l'école remplace l'atelier qui permet de donner aux jeunes garçons, par l'apprentissage, la connaissance pratique du métier. Si la plupart des fillettes apprennent la couture, la coupe, le tricot, etc., c'est beaucoup moins pour acquérir un art d'agrément que pour posséder, dès leur sortie de l'école, une profession qui les aide à vivre, tout en pouvant être exercée à domicile. Le rôle de l'institutrice consiste, dans ces conditions, à industrialiser la production de son école, à assurer dans les meilleures conditions possibles la vente des produits, et à ménager pour plus tard aux enfants des débouchés commerciaux qu'il

---

(¹) Rattachée à l'École d'application de l'École normale d'Institutrices.

leur serait impossible de se procurer, une fois rentrées dans le harem. La Directrice de l'école de Nabeul a particulièrement bien réussi dans cette tâche, en ce qui concerne la production des broderies et dentelles indigènes (¹).

» En dehors de ces connaissances professionnelles, les écoles de filles musulmanes donnent l'instruction générale en français et en arabe, et l'enseignement ménager qui fait l'objet d'une attention toute particulière. » (Rapport annuel au Président de la République, 1910.)

L'une de ces écoles, celle de la rue Chadlia, mérite une mention spéciale. Cette École fut d'abord rattachée à l'École d'application de l'école normale d'institutrices.

« Créée sur le vœu de la Commission de perfectionnement des arts indigènes qui avait signalé, à diverses reprises, l'utilité que présenterait à Tunis un établissement scolaire où l'on pourrait expérimenter et suivre les nouveaux procédés de tissage et de teinture des tapis, cette école fonctionne comme atelier d'expériences (au début elle fonctionnait en outre comme école d'application pour les élèves maîtresses appelées à donner plus tard l'enseignement aux fillettes musulmanes), ce rôle est aujourd'hui dévolu à l'école de la rue des Silos.

» Sous la conduite de leurs moallemates — ou institutrices indigènes — les enfants de cette école ont déjà tissé un certain nombre de tapis, qui ont trouvé immédiatement acquéreur. Afin de ne pas concurrencer la fabrication kairouannaise, ce sont des dessins de Smyrne, ou de Perse qui sont exécutés. On espère ainsi propager, parmi la population féminine de la capitale, une industrie qu'elle ignore actuellement et-dont les débouchés semblent assurés. »

IV. — FORMATION D'UN PERSONNEL ENSEIGNANT SPÉCIAL.

Ces organisations nouvelles : enseignements spéciaux, apprentissage, écoles-ouvroirs de filles musulmanes, nécessitent un personnel enseignant ayant reçu une préparation spéciale et des compléments de connaissances.

On a commencé, dès la fin de 1911, à s'occuper de la formation de ce personnel. Aujourd'hui, c'est chose en partie réalisée et réglementée par la circulaire de février 1912 qui fixe les programmes et conditions des diplômes spéciaux d'aptitude à l'enseignement agricole, à celui de la teinture et du tissage dans les écoles indigènes, ainsi qu'à l'enseignement dans les écoles de filles mulsumanes.

Cette organisation est basée sur la préparation par les futurs maîtres ou maîtresses de certificats spéciaux, qui constatent l'acquisition d'une

---

(¹) A l'heure actuelle, cette production est en pleine voie d'industrialisation, la vente en est régulière et les débouchés sont assurés.

Aux écoles qui enseignent le tissage du tapis de haute laine, la Direction générale de l'Enseignement fournit le matériel nécessaire : métiers et matières premières. Les laines sont teintes dans un laboratoire de teinture, organisé par la Direction et où certains maîtres viennent s'initier à la teinture.

technique particulière, et donnent droit à des primes en argent dont la délivrance est subordonnée à l'exercice de l'enseignement professionnel visé, et limitée en outre à un certain nombre d'écoles désignées d'avance. Actuellement, une section d'élèves-maîtres prépare à l'École normale de Tunis un certificat de teinture et de tissage, une autre un diplôme supérieur de connaissances agricoles. Des certificats de pêche et de navigation, de commerce et comptabilité et de travail manuel seront ultérieurement organisés. Les jeunes filles qui se destinent aux écoles musulmanes suivent un programme spécial, comportant la langue arabe, le tissage du tapis, la teinture, l'art décoratif musulman, et des notions de puériculture. Elles se rendent régulièrement au dispensaire; en outre, elles servent à tour de rôle de maîtresses auxiliaires à l'école musulmane de la rue des Silos, sous la direction de la Directrice de l'École d'application à laquelle cette école est rattachée. Enfin, elles sont initiées à tous les travaux ménagers : entretien de la maison, cuisine, repassage, couture, raccommodage, etc., et suivent des cours d'hygiène et d'économie domestique.

Les premiers examens pour l'obtention de ces diplômes spéciaux ont eu lieu en décembre 1912; ils ont été satisfaisants : 4 instituteurs et 6 institutrices ont été admis et immédiatement utilisés. Ce nombre est évidemment insuffisant pour les besoins du service. Mais, comme nous venons de le dire, d'autres maîtres sont en voie de préparation, et il y a lieu d'espérer que le développement de l'enseignement professionnel ne sera pas entravé faute de personnel compétent.

Telles sont les grandes lignes de l'organisation administrative actuelle de l'enseignement professionnel, dans les écoles indigènes de garçons et de filles.

Si l'on ajoute à cet exposé que ces écoles et les apprentis ont déjà participé à deux Expositions récentes (Sousse 1910, Lyon 1912), ainsi qu'au Salon tunisien annuel, — que la Direction générale de l'Enseignement est constamment tenue au courant de la marche du service par des rapports et statistiques périodiques, — et que le personnel enseignant est encouragé et payé pour ce surcroît de travail, on aura une idée assez exacte de cette organisation administrative.

M. ALIS,

Directeur de l'École d'apprentissage de la rue El-Monastiri, Tunis.

COURS DE PERFECTIONNEMENT AUX APPRENTIS INDIGÈNES DE L'INDUSTRIE ET DU COMMERCE.

331.86 (611)

22 Mars.

1. Ces cours sont nécessaires. — La question de l'apprentissage a fait couler des flots d'encre en France, sans qu'on ait pu se mettre d'accord sur une formule pratique susceptible d'être généralisée. L'école-atelier et l'atelier-école ont eu de chauds partisans et d'éloquents défenseurs.

En Tunisie, où la question d'organisation de l'enseignement professionnel présente un caractère réel d'urgence et de nécessité, la Direction de l'Enseignement a opté, comme paraissant plus pratique et d'un résultat plus immédiat, pour l'*apprentissage à l'atelier basé sur l'école primaire*.

Cette solution a été appliquée à des élèves qui n'ont ni le temps, ni les moyens d'entrer à l'École professionnelle, d'ailleurs insuffisante pour en recevoir un grand nombre.

Les programmes de l'Enseignement primaire ont été modifiés, en vue de leur adaptation au milieu dans lequel ils doivent être appliqués et orientés vers un enseignement scientifique, pratique et utilitaire. L'esprit de la réforme, accomplie par M. Charléty, Directeur général de l'Enseignement, se dégage très clairement de la circulaire aux Inspecteurs parue au *Bulletin officiel de l'Enseignement* (*Bulletin officiel*, n° 26, p. 659).

La large place accordée, dans les nouveaux programmes, à l'enseignement scientifique, le « souci constant de mettre sous les termes traditionnels qui désignent les différentes disciplines le plus de réalités possible, de les adapter au besoin, à la situation, aux formes de la vie économique locale », affirment nettement le caractère que, désormais, les instituteurs doivent donner à leur enseignement.

Malgré ces modifications, les programmes de l'École primaire élémentaire ne sauraient être suffisants pour préparer des ouvriers.

L'École primaire doit se borner, et cette tâche même limitée sera parfois fort difficile à réaliser, à donner un *enseignement préparatoire* qui servira de base à l'enseignement technique proprement dit. L'enseignement donné à l'école doit donc être complété; il peu l'être par des *cours de perfectionnement.*

2. Ce qu'ils doivent être. — Les cours de perfectionnement, même pris dans leur ensemble, diffèrent sensiblement de ceux dénommés habituellement « cours d'adultes », créés uniquement pour compléter ou consolider les connaissances générales déjà acquises à l'École primaire par les auditeurs qui les suivent.

Ils s'adressent exclusivement à des apprentis et ils ont pour but :

1° De leur apprendre le pourquoi et le comment de leur travail, la technique du métier.

2° De leur donner une instruction scientifique qu'ils n'ont pu acquérir à l'école et que l'atelier ne peut pas leur donner, de les soustraire ainsi à la tyrannie de la routine et d'augmenter la valeur marchande de leur travail.

Ils se différencient donc des cours d'adultes par leur caractère technique et leur liaison étroite avec l'atelier.

Cette liaison est d'ailleurs une des conditions indispensables à réaliser si l'on veut leur donner le caractère d'utilité pratique qui les rendra intéressants pour les apprentis. Il faut que ces derniers puissent trouver, à l'atelier, l'occasion d'appliquer directement les connaissances acquises aux cours.

3. Nature et nombre des cours a créer. — Les cours à créer doivent, logiquement, répondre aux besoins et aux aspirations des apprentis. Les leçons qui y sont données doivent permettre à ces derniers de combler les lacunes que présente leur instruction professionnelle et dont le travail journalier leur révèle à chaque instant l'existence.

Un cours unique ne peut combler toutes ces lacunes.

Un cours de dessin, par exemple, malgré toute l'utilité qu'il y a pour chacun de nous à savoir lire un croquis ou un plan, ne peut être d'un intérêt aussi immédiat pour un pâtissier ou un tisserand que pour un menuisier ou un ajusteur.

Seul, il ne peut répondre aux besoins des diverses professions. Il est insuffisant pour donner à tous les apprentis les connaissances nécessaires à l'exercice de leur métier.

C'est en plaçant la profession au centre de l'enseignement par la création de *cours de métiers*, qu'on peut travailler utilement au perfectionnement de l'apprenti.

Est-ce dire cependant qu'il faut instituer autant de cours qu'il y a de professions ? On ne peut guère songer à multiplier les cours à l'infini. Nombreuses sont les professions qui, à cause de leur similitude, peuvent être rangées dans une même catégorie et aux besoins desquelles un même cours peut répondre.

Les ajusteurs, les mécaniciens, les serruriers, les forgerons, transforment et façonnent tous une même matière première, le fer, tout en obtenant des réalisations différentes.

Les menuisiers, ébénistes, tourneurs sur bois, charpentiers, font jaillir du bois de l'arbre abattu des conceptions qui varient avec chacun de ces métiers. Ces professions ont entre elles un point de commun : elles utilisent, comme matière, première le fer ou le bois.

La nature de la matière travaillée peut servir de base pour la détermination du nombre de cours à créer.

On est donc conduit à instituer des cours spéciaux pour les professions dans lesquelles la matière première travaillée est : le fer, le bois, la tôle, le zinc, le plomb et le cuivre, la pierre et le marbre, etc.

Ces cours *spéciaux techniques ou de métiers* s'adressent aux apprentis de l'industrie. Ils peuvent comprendre :

1° *Des cours de dessin* :

a. Croquis côtés : pour les menuisiers, ajusteurs, forgerons, etc.;

b. Géométrique : pour les menuisiers, ajusteurs, forgerons, etc.;

c. Du bâtiment : pour les maçons;

d. Décoratif et d'ornementation: pour les peintres, brodeurs, ciseleurs, etc.

2° *Des cours de technologie ou matière première.*

Il ne faudrait point cependant tomber dans l'erreur, longtemps commise en France, où l'on s'est uniquement préoccupé des apprentis de l'industrie, laissant de côté ceux des autres formes de la richesse nationale telles que l'agriculture et le commerce. Les apprentis de l'agriculture (¹) et du commerce, dans un pays presque exclusivement agricole, comme la Tunisie, ont droit à toute notre sollicitude.

C'est la pratique des affaires, dira-t-on qui fait le commerçant, tout comme le travail à l'atelier forme l'ouvrier.

Sans conteste, le commerçant acquiert souvent, à ses dépens, et après maints déboires, l'expérience et les connaissances qu'il ne possédait pas en débutant dans les affaires. Mais un commerçant éclairé et averti est celui qui, comme premier bagage, a reçu une bonne préparation pratique à la vie commerciale.

Et ici, il ne faudrait point se méprendre sur la portée et l'étendue de cette préparation. Le but de l'enseignement professionnel en Tunisie n'est point de former de futurs gérants de grandes maisons de commerce. Nos apprentis sont pauvres et ils n'ont d'autre ambition que celle d'être un jour de modestes petits patrons.

Point n'est donc besoin pour eux de posséder des connaissances théoriques approfondies que les événements se chargeraient, trop souvent, de rendre inutilisables ou dangereuses. Une modeste initiation à la pratique des affaires leur suffira.

Nos apprentis tailleurs, par exemple, sitôt devenus patrons, auront des commandes d'étoffes à faire, des traites à payer, ou à négocier, des costumes à envoyer, par la poste ou la gare, des marchandises à retirer à la douane, des comptes à tenir. Il leur suffira donc :

______

(¹) L'organisation de cours pour les apprentis agricoles fait l'objet d'un Rapport spécial.

De posséder suffisamment la langue française pour se tenir en contact avec la clientèle, de savoir rédiger une lettre de commande, de connaître les opérations de banque les plus courantes, de savoir calculer un prix de vente, établir une facture, délivrer un reçu, faire une expédition, tenir une comptabilité simple et claire.

Ces connaissances élémentaires et indispensables leur seront données par des *cours de perfectionnement général*. Elles seront, d'ailleurs, aussi utiles au tailleur et au cordonnier qu'au forgeron et au menuisier.

Les cours de perfectionnement général s'adresseront donc à tous les apprentis sans distinction de profession.

4. PROGRAMME DES COURS. — Le programme général de ces cours pourrait être ainsi établi :

a. Lecture de sujets se rapportant à l'industrie, au commerce, à la morale et à l'hygiène.

b. Exercices de langage sur des questions relatives aux diverses professions.

c. Calcul : Revision des quatre opérations. Calcul mental et étude des procédés rapides de calcul mental. Prix d'achat et de revient. Méthodes de calcul rapide de l'intérêt et de l'escompte. Tant pour cent. Assurances, etc. Étude des mesures du système métrique.

d. Notions de comptabilité et de correspondance commerciale.

En résumé : l'organisation rationnelle de cours de perfectionnement pour les apprentis de l'industrie et du commerce, nécessiterait la création :

1° *De cours spéciaux techniques ou de métiers*, à caractère directement professionnel, variant suivant les industries exercées dans la région.

2° *De cours de perfectionnement général*, s'adressant à tous les apprentis sans distinction de profession.

5. ORGANISATION LOCALE. — C'est dans cet esprit que les cours d'enseignement professionnel ont été organisés en Tunisie, où ils ont commencé à fonctionner d'une manière normale au mois d'octobre 1912, avec la création de l'école à caractère professionnel de la rue El-Monastiri, à Tunis.

Cette école a été créée à l'intention des apprentis indigènes, venus d l'intérieur de la Régence. Ces apprentis sont placés par la Direction de l'Enseignement chez des patrons de la ville, autant que possible européens, et sont reçus comme internes dans un établissement appelé la *Mederça Ettadíbia*.

Les apprentis de la Mederça sont actuellement au nombre de 36. Ceux d'entre eux non pourvus du Certificat d'etudes primaires élémentaire suivent des cours primaires qui ont lieu tous les jours (dimanche excepté) de 8 h à 11 h du matin. Le soir, ces mêmes élèves, vont à l'atelier de 2 h à 6 h.

Ils reçoivent donc, par semaine, 18 heures d'enseignement théorique et ont 24 heures de présence à l'atelier.

Le programme est sensiblement celui des écoles franco-arabes.

Une très large part y est réservée aux leçons de langage et aux exercices d'observation. Ces leçons et exercices, au cours desquels l'élève apprend à connaître les noms des outils et de leurs diverses parties ainsi que la raison de leur emploi, servent d'initiation aux cours de Technologie, qui leur seront faits plus tard.

En dehors de ces cours primaires, suivis par un nombre restreint d'élèves, il a été créé, à l'École de la rue El-Monastiri, des cours d'enseignement professionnel proprement dits.

Ils s'adressent à tous les élèves apprentis des écoles de Tunis appartenant au commerce ou à l'industrie et soumis au temps complet, c'est-à-dire à ceux qui, ayant terminé leur scolarité, passent toute la journée à l'atelier.

Ils comprennent des cours techniques et des cours de perfectionnement général. Actuellement :

18 élèves suivent les cours primaires.

16 élèves suivent les cours techniques.

41 élèves suivent les cours de perfectionnement général.

L'horaire par semaine est le suivant :

A. — *Enseignement technique et général* (Section industrielle).

Dessin (croquis cotés, développements)............	3^h
Français et correspondance commerciale..........	1
Lecture et langage................................	1
Technologie, ou matière première)...............	1
Calcul, comptabilité, géométrie pratique..........	1,30
Travaux pratiques à l'atelier......................	48
Total......................	54,30

B. — *Enseignement général* (Section commerciale).

Français et correspondance commerciale..........	1^h
Lecture et langage.............................	1,30
Calcul..	1
Comptabilité..................................	1
Travaux pratiques à l'atelier.....................	48
Total......................	52,30

6. Choix des heures des cours. — Les cours du soir présentent un inconvénient très grave : ils obligent les apprentis, déjà fatigués par une journée de travail à l'atelier, à venir souvent de très loin pour suivre des leçons qui exigent une attention soutenue.

La plupart du temps ces cours sont fréquentés d'une façon irrégulière surtout pendant la mauvaise saison. Ils ne sont guère fructueux, car l'apprenti attend avec impatience l'heure de la sortie pour prendre un repos bien gagné.

Pour remédier à cet inconvénient, les cours du soir n'ont été maintenus à l'École de la rue El-Monastiri que pour l'enseignement du dessin. Encore le cours de dessin n'a-t-il pas lieu de 8 h à 10 h du soir, ainsi que cela existe dans certaines villes de France, mais de 6 h 3o m à 7 h 3o m.

Les cours autres que celui de dessin ont lieu toutes les après-midi de 5 h à 6 h 3o, les lundi, mardi et mercredi pour la Section industrielle, les jeudi, vendredi et samedi pour la Section commerciale.

Les apprentis qui les suivent quittent l'atelier à 4 h 3o m au lieu de 6 h, assistent aux cours de 5 h à 6 h 3o m et rentrent ensuite dans leurs familles. Les apprentis de la Section industrielle ne quittent l'école qu'à 7 h 3o m.

Une critique peut être immédiatement soulevée contre cette organisation : les élèves de chacune des sections ainsi créées perdent 4 heures et demie, par semaine, sur le temps consacré aux travaux pratiques et subissent par conséquent une diminution de leur salaire.

Une organisation établie, en s'inspirant surtout du souci d'obtenir des effets utiles, ne va pas sans quelques inconvénients.

La patron perd, trois fois par semaine, le bénéfice de 1 heure et demie de travail par apprenti. Le choix de ces heures prises sur celles de la journée de travail, dépend donc uniquement du bon vouloir des patrons. C'est à eux qu'on a recours pour enseigner le métier à nos élèves, et c'est à leur concours moral et financier qu'on doit encore faire appel pour rendre possible l'organisation des cours.

Presque tous les patrons ont adopté de bonne grâce cet horaire qui semble, pourtant, leur être préjudiciable. Leur bonne volonté mérite d'être soulignée.

Il convient cependant de remarquer que leur intérêt est de favoriser, par tous les moyens en leur possession, le perfectionnement de ceux dont demain ils auront à utiliser la main-d'œuvre. Plus l'apprenti sera instruit des choses de son métier, meilleur sera son rendement à l'atelier.

L'application de cette formule, d'apparence si simple et qui semble devoir résoudre, au mieux des exigences du moment la question si complexe de l'apprentissage, n'a pas été faite sans quelques difficultés. Dès le début de l'organisation, les indigènes ont montré peu d'empressement pour cet enseignement, dont le but est de préparer des ouvriers. S'instruire signifiait plutôt, pour eux, être plus tard à même d'occuper une situation administrative, avoir la possibilité d'obtenir un emploi de bureau, ou de chaouch. Mais, peu à peu, les bienfaits qui résultent de l'enseignement professionnel ont été davantage appréciés des indigènes et nombreuses sont maintenant les demandes d'élèves désirant entrer en apprentissage. La partie éclairée de la population, tout d'abord hostile à l'organisation de cet enseignement, a compris son erreur. Les compte rendus des dernières séances de la Section indigène à la Conférence consultative le montrent clairement.

L'œuvre est donc en bonne voie; le recrutement se trouve largement assuré. C'est là un succès très réel, précurseur de la réussite complète, quand sera définitivement résolue la question très importante des débouchés.

Cette formule n'est pas parfaite; elle peut être généralisée dans tous les centres de la Tunisie où le besoin de l'enseignement professionnel se fait sentir. Elle est, dans tous les cas, peu coûteuse. La dépense par apprenti et par an, s'élève à 125 fr en moyenne. Dans cette somme sont comprises les indemnités mensuelles servies aux patrons, les récompenses accordées aux élèves, etc.

La dépense est donc moindre pour enlever un indigène aux dangers de la rue et le transformer en ouvrier, que pour subvenir à l'entretien d'un habitué du vice enfermé en prison.

M. Marien RIEHL,

Ingénieur des Mines, Tunis.

ÉDUCATION DE LA MAIN-D'ŒUVRE INDIGÈNE.

6 (071.2) (611)

25 Mars.

La question de l'Enseignement professionnel aux indigènes dans l'Afrique du Nord a été trop largement et, souvent, trop magistralement traitée pour que nous ayons à l'aborder nous-même ici. Nous profiterons donc simplement du terrain acquis et des excellentes dispositions des pouvoirs publics, qui lui ont déjà fait faire de grands progrès dans la voie de la réalisation, pour parler d'une branche des plus importantes des industries locales. Nous voulons parler de l'industrie minière qui, par suite de son rapide développement et des événements extérieurs voisins, qui se sont produits pendant ces deux dernières années, s'impose aujourd'hui à l'attention de ceux que la question de l'Enseignement professionnel intéresse.

M. Charléty a écrit dans son remarquable Rapport sur l'*Enseignement professionnel des Indigènes musulmans en Tunisie* :

« Parmi les faits économiques tunisiens le plus fréquent, le plus récent est à coup sûr, le développement des exploitations minières. Des centres nouveaux de population naissent sous nos yeux, à Metlaoui, à Kalaat-Djerdah, à Kalaat-es-Senam et ailleurs. Il est clair que l'existence et la croissance de ces centres donnent déjà et donneront chaque jour davantage une orientation nouvelle à la vie de régions considérables par l'étendue. C'est une révolution économique à marche rapide, mais accidentée aussi. »

Cette branche de l'enseignement professionnel n'aurait pu, avant aujourd'hui, recevoir de solution favorable car il fallait débuter d'abord par le relèvement et l'amélioration des industries locales indigènes seules capables d'intéresser nos protégés dans cette voie. La nécessité ne se faisait pas sentir d'ailleurs; elle se présente aujourd'hui de façon impérieuse. Nous n'aurions pas osé sans cela, aborder un tel sujet dont la réalisation n'ira pas sans difficultés. Et puis nous avons pour nous y encourager, le sentiment que nous allons le plaider, devant des avocats de la cause, plutôt que devant des juges.

Éducation de la main-d'œuvre minière indigène en Tunisie.

La conquête de la Tripolitaine par l'Italie, d'une part, et celle du Maroc par la France, d'autre part, ont fait le vide de main-d'œuvre italienne dans les mines, en Tunisie. Ces deux événements s'étant produit simultanément, ce vide s'est fait de façon brusque causant le désarroi dans les exploitations minières. Il a donc fallu, du jour au lendemain, remplacer l'élément mineur européen par l'élément indigène. Cette expérience obligatoire a dessillé les yeux des Ingénieurs des mines qui se sont aperçus alors qu'ils auraient pu, avec un peu de persévérance, tirer un excellent parti de la main-d'œuvre indigène. S'ils n'ont rien fait dans ce sens, depuis notre occupation, c'est évidemment parce que depuis l'instauration de l'industrie minière dans la Régence et jusqu'en 1911 les mineurs sardes, excellents certes, se sont largement offerts, à tel point, même, que beaucoup après avoir vainement cherché à s'employer dans nos mines. rentraient dans leur pays, ou émigraient en Amérique.

Se plaindre serait s'accuser d'avoir été imprévoyants. Et puisque nous ne pouvons ramener ici l'élément italien, nous somme amenés à faire appel à l'élément indigène, que nous avons eu grand tort de négliger. Mais cet incident comporte un enseignement. Il nous permet de nous apercevoir que nous laissions inemployées une source d'énergie et des aptitudes, qui ne cherchaient que l'occasion de se manifester. On accuse l'Arabe tunisien d'être inconstant au travail. En rechercher la cause c'est trouver le remède. Or, quelle est la cause principale du manque d'assiduité de l'indigène au travail ? Elle réside presque toute dans ce fait qu'on n'a jamais voulu voir en lui qu'un manœuvre. Est-ce là un métier et l'indigène est-il incapable de faire mieux ? Non, sans doute. Il faut et il suffira de l'encourager pour le fixer dans son métier, qu'il aimera, parce qu'il lui procure un gagne-pain sûr ! Il ne manque ni d'émulation, ni de bonne volonté, ce qui lui manque c'est l'éducation professionnelle. Il nous appartient de la lui donner.

Ce demi-ostracisme vis-à-vis de nos protégés était d'autant plus coupable qu'il se retournait contre nous. L'Arabe ne manque nullement d'intelligence et est, de plus, fortement constitué au point de vue physique. Dans le devoir, aucune tâche, aucun obstacle n'arrête le

mineur indigène. Il adore s'offrir au danger, ne serait-ce que pour satisfaire sa fierté. Il admire et exalte son camarade européen dans son travail,
son courage et son mépris du danger. Il manifeste, tout haut, son dédain
pour celui qui recule devant l'obstacle. Le métier de mineur, qui est une
école de courage et de dévouement, l'attirera, lui, déjà fier et courageux.
L'étude du métier lui permettra d'améliorer sa condition, le captivera...
et le fixera. C'est là notre but.

Qu'avons-nous fait en Indo-Chine, où nous n'avions pas une Italie
pour voisine et où les indigènes n'avaient même jamais entendu parler
de mines ? Là-bas, d'ailleurs, l'ouvrier européen ne trouve pas à s'employer manuellement à cause du climat meurtrier. Il a bien fallu former
entièrement la main-d'œuvre. Et quelle main-d'œuvre ! L'annamite
est physiquement un enfant, docile et soumis, sans doute. Intelligent ?
Très peu, c'est un imitateur, c'est un singe comme on dit là-bas. On en
a cependant fait des mineurs et des surveillants : Il le fallait et l'on y est
parvenu. La production des mines métalliques en Indo-Chine (Annam
et Tonkin), en 1912, a presque égalé celle de la Tunisie. Si l'on ajoute à
ces mines les exploitations houillères, cela représente un chiffre respec-
table de mineurs et de surveillants annamites. Et cependant l'essor de
l'industrie minière dans ces pays ne date guère que de 7 à 8 ans.

Nous ignorons si depuis que nous avons quitté ces colonies on s'est
occupé de donner aux indigènes une instruction technique de l'art du
mineur. Cela ne nous surprendrait pas. Hâtons-nous donc, puisque la
nécessité nous presse, de le faire ici et félicitons-nous d'être, au point de
vue de l'élément à éduquer, mieux partagés que nos sœurs indo-
chinoises.

Déjà la Compagnie des Phosphates et des Chemins de fer de Gafsa
a institué, dans les écoles de Metlaoui, des cours élémentaires pratiques
d'exploitations de mines dont elle attend les meilleurs résultats. Mais
elle entend, sans doute, en bénéficier seule et il est à craindre que ces
cours ne portent que sur l'exploitation des mines de phosphate, qui seule
intéresse ladite compagnie.

Mais le Gouvernement de la Régence ne saurait pratiquer un pareil
exclusivisme : il doit travailler pour tous et, ce faisant, pour lui-même.
Nous connaissons trop bien les excellentes dispositions de l'éminent
homme d'État placé à sa tête, et à qui la population tunisienne doit tant
de réformes utiles, pour douter qu'il ne fasse siennes et mette en pratique
les propositions heureuses qui lui seront suggérées par les initiatives
privées.

L'enseignement du métier de mineur aux indigènes pourrait être
donné dans les écoles professionnelles existant déjà dans la Régence. Cet
enseignement, pratique avant tout, serait purement élémentaire. Les
cours seraient faits, soit par les Contrôleurs des Mines, soit par des
anciens élèves diplômés de l'École des Mines d'Alais, habitant la localité. Nous pouvons affirmer que leur concours ne ferait nullement défaut.

Ces cours comprendraient des notions de Géologie, de Minéralogie, de prospection, de recherches minières, d'exploitation des mines : abatage, boisage, épuisement, aérage, traitement mécanique des minerais, etc. et enfin des notions sur la métallurgie et sur l'utilisation des minerais et des minéraux dans l'industrie. Les études porteraient surtout sur ce qui a trait aux minerais et minéraux exploités en Tunisie.

Le programme de ces études pourrait être établi ainsi qu'il suit:

GÉOLOGIE. — 1º *But et attribution de la Géologie.* — Forme de la terre. Sa formation. Température intérieure. Sources thermales. Tremblements de terre. Phénomènes volcaniques. Sources ordinaires. Niveaux hydrostatiques. Puits artésiens. Mode de formation des terrains sédimentaires. Disposition des couches dans les terrains. Leur consolidation. Dérangement des masses stratifiées; plissements, ruptures. Formation des filons, failles, rejets, croiseurs, etc. Métamorphismes des roches.

2º Étude des principaux étages géologiques de la Tunisie : Trias, Crétacé, Éocène et terrains quaternaires. Explication de la présence des fossiles dans les terrains.

MINÉRALOGIE. — Étude des principales roches : calcaire, calcite, marnes, silice, grès, baryte, schistes, gypse, etc.

Étude des principaux minerais et minéraux rencontrés en Tunisie : Manganèse, fer, plomb, zinc, cuivre, phosphates et combustibles minéraux.

Recherches et étude des filons et des couches des matières minérales. Indices de l'existence des gîtes. Affleurements. Reconnaissance de ces matières par l'analyse qualitative.

EXPLOITATION DES MINES. — *Travaux de recherches.* — Rencontre et passage des failles et rejets.

Sondages à l'intérieur et à l'extérieur des mines. Appareils de sondages.

Percement des galeries et fonçage des puits. — Description des outils employés dans les mines; leur emploi. Forage des coups de mine. Perforateurs à main. Perforatrices à air comprimé. Perforatrices électriques. Tirage des coups de mine. Travaux de soutènement. Différents systèmes de boisage. Conservation des bois.

EXPLOITATION PROPREMENT DITE. — Abatage des minerais à ciel ouvert; carrières. Abatage en galerie. Travaux préparatoires ou de traçage. Méthodes d'abatage par remblais, par foudroyages et par pilliers et estaus.

Exploitation des couches et des filons minces.

Exploitation des couches et des filons puissants.

EXPLOSIFS. — Différentes variétés de poudres : poudre noire, poudre comprimée. Cheddite, dynamite. Installation des poudrières.

MOYENS DE TRANSPORTS. — Jet à la pelle. Transport à la brouette. Voies de roulage. Matériel roulant; pente à donner aux galeries. Plans inclinés intérieurs; vallées. Traction mécanique par câble. Engins et appareils d'extraction : treuils simples, treuils à engrenages. Puits d'extraction; leur aménagement.

ASSÉCHEMENT DES MINES. — Différents moyens d'épuisement; pompes et pulsomètres.

Aérage des mines. — Aérage naturel, aérage artificiel. Ventilateurs.

Accidents dans les mines. — Éboulements; inondations; dégagements d'acide carbonique; mauvais air.

Secours à donner dans les cas d'accidents dans les mines aux asphyxiés aux noyés, aux brûlés; en cas de plaies, en cas d'hémorragie.

Précautions hygiéniques.

Préparation mécanique des minerais. — Triage des minerais à la main. Notions sur les appareils d'enrichissement mécanique.

Législation minière. — Notions sur la législation des mines. Principes de la loi. Permis de recherches. Permis d'exploitation. Concessions. Devoirs des permissionnaires et des concessionnaires. Redevances à l'État. Organisation du Contrôle de l'État.

Géodésie. — Étude de la Boussole. Manière de s'orienter dans les mines. Utilité de la détermination de la Direction des gîtes. Lecture des plans de mine. Croquis à main levée en s'aidant de la boussole.

Instruction pratique. — Un tel programme n'est pas inabordable pour nos protégés.

Il ne comporte que des matières qu'un bon mineur ne doit pas ignorer dans un pays où il aura souvent l'occasion de montrer son initiative et ses connaissances du métier. Mais il serait, évidemment, sans effet s'il n'était appuyé et complété par l'instruction pratique que nous envisageons avant tout.

Cette instruction pratique pourrait être donnée à l'école même en ce qui concerne l'étude de la plupart des appareils employés dans les mines; chez les commerçants et industriels de la localité pour ceux qui manqueraient à l'école, ainsi que pour les moteurs.

L'étude de la Géologie serait complétée par des excursions géologiques faites dans les environs et sous la conduite des professeurs.

Ces excursions pourraient être rendues plus fréquentes pour les élèves les plus intelligents et qui désireraient devenir mieux que des mineurs. Elles pourraient aussi se transformer par ceux-ci en visites des mines en vue de l'étude de l'organisation d'une exploitation minière dans son ensemble. Ces visites seraient alors dirigées par les Contrôleurs des Mines auxquels les Directeurs d'exploitations prêteraient, sans nul doute, tout leur concours.

En ce qui concerne la Minéralogie, et principalement l'étude des minerais, il serait fait appel au Service des Mines et aux exploitations minières de la Régence pour créer dans chaque école une collection d'échantillon des produits minéraux les plus variés dans chaque espèce. Cet appel serait vite entendu et, si une chose était à craindre, ce ne serait sûrement que la prodigalité des envois.

Il nous reste maintenant à envisager la question vraiment pratique du but que nous poursuivons : le dressage du mineur.

Pour les premières expériences il conviendrait de chercher dans les environs de la localité un mamelon formé de terrains de duretés différentes (chose toujours facile) et isolé de toute habitation. Les élèves y seraient fréquemment conduits pour leur apprendre à .placer judicieusement et forer un trou de mine en carrière et en galerie, estimer la charge d'explosif nécessaire à chaque coup, charger ce dernier, etc.

Ils y apprendraient à conduire une galerie dans les terrains durs et tendres, à la boiser selon la nécessité, à passer un éboulement, soit définitivement, soit rapidement pour les cas de sinistres.

Ils feraient sur place des expériences sur les rendements des divers moyens de transports des matériaux, jet à la pelle, brouette, wagon.

Ces exercices préliminaires prépareraient admirablement les jeunes élèves ouvriers à la deuxième période d'exercices pratiques qu'ils iraient accomplir, pendant les vacances, dans les principales mines de la région où ils seraient envoyés par petits groupes. Ils y travailleraient au pair, si c'était nécessaire. Il est permis de croire que les Directeurs d'exploitation seconderaient de leur mieux l'œuvre d'éducation, entreprise par le Gouvernement du Protectorat, en faisant passer les élèves, pendant leur séjour dans la mine, à toutes les phases du travail : forage, boisage, abatage, pose de voies, triage et traitement mécanique des minerais.

Il serait bon que le professeur aille voir, au moins une fois, ses élèves pendant cette période pratique, pour les stimuler et les encourager.

A leur rentrée à l'école les élèves auraient à fournir un état des journées qu'ils auraient effectuées dans la mine et les notes qui leur auraient été accordées par le Directeur, pour leurs aptitudes, leur travail et leur conduite.

Avec un tel programme, qui n'a rien d'excessif, nous formerions d'excellents mineurs qui, à leur tour, en dresseraient quantité d'autres dans les mines, où ils iraient plus tard s'employer. On nous objectera, peut-être, que nous risquons de dépasser le but que nous avons visé et que nos élèves prétendront, de suite, à des places de surveillants dans les mines. C'est impossible. Ils sauront parfaitement, parce qu'à l'école on ne manquera pas de le leur dire, que pour commander il faut d'abord s'imposer par le travail personnel.

Qu'ils prétendent, pour la plupart, débuter dans les mines à leur sortie de l'école comme candidats surveillants, il n'y a pas de doute à cela. Nous espérons même qu'un grand nombre saura parvenir à la situation désirée. Ce nombre sera fonction de la valeur de l'école et de son utilité.

Sera-ce un mal ? Certainement non. Bien au contraire, dirons-nous car la présence des surveillants indigènes dans les mines adoucira l'ordre quelquefois trop sec et pour cette raison souvent incompris du chef européen. Nous ne pouvons, à ce sujet, résister au désir de citer le conseil que notre excellent et regretté professeur de l'École des Mineurs d'Alais, M. Garreau, nous donnait en scandant lui-même ses mots : « Quand vous donnerez un ordre, vous vous assurerez toujours que vous avez été bien compris. Un ordre mal interprété est une perte de temps, d'argent et peut quelquefois déterminer des choses graves. » Ici plus qu'en France, puisque nous ne parlons pas ou ne parvenons qu'à parler très mal la langue de nos ouvriers, nous devons nous entourer et nous faire inter-préter par un personnel qui nous comprenne.

Dépasser le but ici, ce n'est pas le manquer !

Mais nous avons bon espoir qu'en ajoutant à son programme, déjà vaste, ce nouveau mode d'utilisation de la main-d'œuvre indigène, l'Administration saura apporter à son organisation le même esprit pratique que dans les autres professions, déjà ouvertes à nos protégés. Le pays y gagnera en bien-être et la France en prestige, l'amélioration des conditions d'existence des populations placées sous son autorité tenant la plus grande place dans ses préoccupations, comme en fait foi la création récente du Service des questions économiques indigènes.

M. GÉRARD,

Directeur de l'École franco-arabe, Soliman.

L'ENSEIGNEMENT PROFESSIONNEL AGRICOLE.

63 (07) (611)

22 Mars.

Pour dispenser de façon profitable l'enseignement de l'agriculture aux Indigènes élèves de l'école, l'instituteur devra, en premier lieu, établir un programme général méticuleusement adapté aux besoins de la localité et de la région, dans lequel l'orientation agricole devra être nettement donnée.

Dans le développement de ce programme, au cours des leçons et des exercices, il serait bon de faire, autant que possible, de l'agriculture, à propos de tout, même dans les plus petites classes, un choix préalable des connaissances simples à exposer ayant été établi, bien entendu. On peut donner des leçons de langage sur des sujets touchant aux cultures du pays, aux animaux domestiques; des leçons et des exercices d'arithmétique et de comptabilité sur des questions intéressant les comptes de l'agriculteur. Les notions scientifiques devraient être enseignées dans leurs rapports avec l'hygiène, avec l'agriculture et les autres ressources de la population. Les parties n'intéressant pas l'agriculture proprement dite, les branches qui en dépendent, ou les notions générales qu'il est indispensable de connaître, pourraient en être radicalement supprimées, si possible, sinon écourtées et réduites au minimum des connaissances indispensables à posséder.

La mesure d'expurgation prise pour le programme de sciences, paraît devoir s'étendre au programme général, lequel gagnerait à être débarrassé de tout ce qui ne peut être véritablement utile à connaître au futur laboureur indigène.

L'instituteur s'efforcera ensuite de donner tous ses soins à la confection de son programme d'agriculture et d'horticulture. Après y avoir inscrit l'étude bien adaptée de la plante, du sol, de l'atmosphère, de l'amélioration des terres, il doit y réserver la plus large place à l'examen détaillé des cultures de la région, à celui des modifications avantageuses à y apporter, des moyens de lutter contre les maladies, qui peuvent gêner la végétation des récoltes et à celui des nouvelles cultures qu'il serait avantageux d'y adopter. Il paraît indispensable aussi qu'il y fasse une place sérieuse aux erreurs à combattre, aux préjugés à attaquer, aux fautes dues à l'ignorance et dans lesquelles il est préjudiciable de tomber, à l'étude d'un outillage intelligemment compris, à l'apprentissage de la conduite des machines agricoles, à l'hygiène et au dressage des animaux domestiques, à la démonstration des avantages sensibles qu'il y a à le pratiquer sans brutalités. Il est nécessaire, également, que le futur fellah connaisse bien les ennemis et les amis du cultivateur, sache éviter les dégâts causés par les uns et protéger les autres pour leur intervention bienfaisante.

Il faut donner un enseignement concret, vivant, attrayant, et faire toujours vérifier à l'enfant indigène, quand il est possible, l'exactitude de ce qui a été avancé, lui faire tenter en petit, tous les essais et toutes les expériences pouvant être réalisées, lui faire prendre part à tous les travaux exécutables par des écoliers.

Les leçons d'agriculture doivent être attirantes et animées. Chaque fois qu'il se pourra, elles devront avoir lieu en dehors de la classe et en face de l'objet à traiter : à la campagne ou au jardin, s'il s'agit de cultures ou de machines ; à l'étable, au cellier, au verger, à l'olivette, à la vigne, etc., dans les autres cas.

La parole pourra y être donnée si possible, aux spécialistes dont on visite les exploitations. Aidés par des questions bien préparées, ils peuvent donner d'utiles principes à nos élèves.

Les relations de l'instituteur avec les colons de la région, lui permettront de se tenir au courant des essais qui sont tentés dans leurs exploitations.

Il obtiendra d'eux sans peine, l'autorisation de les faire visiter à ses écoliers, au cours des promenades agricoles qui seront faites.

Il pourra de même tenter au jardin de l'école, ou chez les Indigènes, comme il a été dit plus haut, des expériences ou des essais en petit, lesquels gagneraient à être conduits par les élèves les plus avancés et les plus forts.

A des heures prévues à l'emploi du temps, auront lieu, au jardin de l'école, au champ de démonstrations et d'expériences, dans les exploitations des Indigènes, des travaux pratiques dirigés par le maître, où l'élève se formera au maniement des outils agricoles et horticoles, à l'habitude des travaux des champs et des jardins; où il pourra mettre en œuvre les conseils et les enseignements reçus à l'occasion des leçons théoriques, visites, promenades, etc., et vérifier l'exactitude des notions qui lui ont été données précédemment.

Des travaux pratiques, bien compris et bien gradués, auront en outre l'avantage d'être d'excellents exercices physiques, au cours desquels les jeunes musulmans pourront prendre goût aux travaux des champs, s'habituer à les accomplir avec soin, à y faire preuve d'assiduité, à contracter de l'endurance et l'habitude de la persévérance.

Pour permettre à l'écolier arabe d'utiliser seul et à loisir les connaissances acquises à l'école, le maître l'engagera vivement à s'associer aux travaux agricoles ou horticoles de ses parents, en tenant compte dans leur exécution des enseignements reçus, à cultiver seul un petit jardin, dont le produit ne pourra qu'être bien accueilli à la cuisine familiale, ou à prendre part, s'il ne dispose pas de terrains de jardinage, à un concours de jardins d'élèves à établir, si cette création intéressante peut être réalisée, sur une partie du jardin de l'école, du champ d'expériences, ou sur un terrain peu éloigné de la ville, mis à la disposition du « Moallem » et des élèves.

Enfin, quand faire se pourra, l'instituteur fera du recrutement pour l'œuvre si utile et si intéressante de l'apprentissage agricole, il lui sera possible, en effet, par la persuasion de montrer aux enfants et aux familles les avantages qu'ils ne manqueront pas de retirer de cet apprentissage les uns et les autres, lorsque les jeunes gens seront devenus capables d'exploiter le patrimoine de leurs parents dans de meilleures conditions et avec plus de chances de réussite qu'autrefois, à cause de la connaissance qu'ils auront acquise de nos pratiques agricoles modernes.

Le maître ne devra jamais perdre de vue qu'il doit profiter de tous les exercices faits en classe et à la campagne, comme de toutes les autres occasions qui se présenteront à lui, pour faire honorer et aimer aux élèves, le travail manuel agricole, et pour les amener, par des moyens à trouver, à s'y livrer de bon cœur, avec courage assiduité, intelligence et goût. Qu'il fasse, dans la mesure du possible, de la préparation à la vie : à la vie de l'Indigène dans son milieu. Qu'il s'efforce, en même temps, de rendre cette existence plus heureuse et meilleure à nos protégés.

L'action de l'école sur les jeunes musulmans se continuera avec fruit au cours d'adultes, si l'instituteur sait intéresser ses auditeurs des classes du soir et leur faire aimer ces cours instructifs et susceptibles, en outre, de les sortir de l'ennui dans lequel ils passent, en dehors de l'école, leurs soirées d'hiver. Dans un centre agricole, les cours du soir sont, naturellement, à l'usage des agriculteurs. Leur programme doit être orienté vers les besoins particuliers de ces travailleurs et vers ceux de la population de la localité : les besoins des travailleurs variant avec les changements que ceux-ci apportent à l'emploi de leur activité, quand cette activité s'exerce au service de tous.

Au cours d'adultes, il est bon, je crois, de faire de l'agriculture, de l'hygiène et d'enseigner des connaissances usuelles à propos de tout : lecture, langage, calcul, rédaction de mémoires, correspondance, etc.

En dehors de ces leçons, il serait utile de consacrer la dernière demi-heure de chaque séance à une causerie simple sur un sujet agricole et horticole intéressant plus particulièrement le centre. De tels entretiens doivent plutôt être des échanges de vues que des leçons en forme. Les auditeurs y auront toute liberté pour exprimer leurs idées et leurs observations. La collectivité gagnera certainement beaucoup à entendre ces conversations familières, et tous pourront profiter de la jeune expérience de chacun.

Le plus souvent possible aussi, des conférences avec projections lumineuses, sur des sujets intéressant la vie de la localité, pourront être faites en langue arabe aux Indigènes.

. Si l'instituteur n'a pas une connaissance suffisante de cette langue, il peut trouver sur place, parmi les autorités et les notables indigènes, parmi les anciens élèves de l'école, des conférenciers de bonne volonté, sans prétentions, qui seront parfaitement à la hauteur de leur tâche après quelques conférences, à condition que, préalablement, le maître prépare avec eux les sujets à traiter. De telles séances seront sans aucun doute suivies avec empressement par les divers éléments de la population indigène.

Enfin, s'il n'est pas possible de les rassembler à d'autres moments; pendant les jours de congé donnés à l'occasion de fêtes arabes, alors que les auditeurs du cours d'adultes errent parmi les rues, les bras ballants et très en peine de leurs personnes, l'instituteur pourra, en leur présentant la promenade qu'il se propose de leur faire faire, comme une saine distraction collective, emmener ces adolescents, en excursion, à des exploitations, des essais de culture, qu'ils ont intérêt à connaître; et à des visites de machines agricoles, en fonctionnement même, si possible.

L'instituteur doit s'efforcer de faire des adultes ses amis. Après les cours, pendant ses promenades ou au hasard des rencontres, qu'il aille s'asseoir auprès d'eux, à la lisière de leur champ, sur les nattes du café maure, ou sur le banc devant leur maison, et là, qu'il reprenne avec eux ses idées de réformes, les idées qu'il faut répandre et qu'il ne propagera qu'en forçant la sympathie et la confiance des Indigènes, à force d'obstination et d'insistance adroite.

Aux agriculteurs indigènes adultes qui échappent à l'action de l'école et ne fréquentent point les cours d'adultes, il est plus difficile d'inspirer confiance et sympathie d'abord et de suggérer les idées d'adopter nos pratiques agricoles ensuite. Il est cependant urgent d'y arriver, dans leur intérêt. Le moyen d'y réussir est d'abord de se rapprocher des « Fellah », le plus possible, de les fréquenter, de se créer des relations parmi les plus intelligents d'entre eux, de les obliger, quand faire se pourra, d'aller les visiter souvent au travail, de les entretenir de tout ce qui peut attirer leur attention, et de leur manifester à toutes occasions, l'intérêt porté à leurs travaux comme à leurs personnes. Il serait bon qu'on puisse leur faire visiter des cultures européennes, des exploitations bien conduites, les essais tentés par les colons, par leurs coreligionnaires plus avancés, ou le champ de démonstrations de l'école et qu'on leur fasse toucher du doigt les réels avantages de l'adoption de certaines de nos cultures et de certaines de nos habitudes, de nos outils, de nos machines. Ensuite, pourraient leur être faites des offres de semences, de replants, de boutures, etc., des offres d'essais en petit sur leur propre terrain, des offres de directions dans l'utilisation des graines, boutures et plants et dans la distribution des façons culturales à donner.

Il ne faudrait pas, et j'insiste sur ce point, tenter plus d'une ou deux expériences à la fois. Aux premiers résultats obtenus, plus ou moins tard, la curiosité des « fellah » sera éveillée. Le souci de leur intérêt les poussera à recommencer seuls les essais, en plus grand. Si des mécomptes inattendus ne surgissent pas, ils adopteront tôt ou tard, définitivement, nos idées et nos cultures. Les autres (la masse des incrédules) les imiteront parce que la constatation des profits retirés par les premiers les y auront décidés.

Il n'y aura plus qu'à faire de nouvelles tentatives, et à s'efforcer de les réussir aussi bien que les premières, pour constater ensuite que les Indigènes les adoptent.

On aidera, je pense, à compléter heureusement les notions acquises par les cultivateurs arabes au cours des visites et des conversations dont il a été parlé plus haut, par l'établissement de causeries en langue arabe réservées aux seuls « fellahs », et roulant sur des sujets intéressant l'amélioration de leurs cultures. Si l'on arrive à pouvoir constituer un auditoire assidu à ces sortes de réunions, les causeurs intéressants ne manqueront point. Les notables indigènes, les anciens élèves de l'école, les laboureurs les plus expérimentés ensuite, se trouveront flattés d'y prendre une part active, et même, ils pourront y développer, contradictoirement si possible, leurs idées sur nos pratiques culturales. Ils mettraient ainsi leur expérience au service de l'inexpérience de leurs coreligionnaires. Enfin, de telles causeries, ayant été appréciées et suivies par ceux qu'elles doivent intéresser, il serait peut-être possible par la suite d'obtenir que des conférenciers plus autorisés acceptent de venir quelquefois y traiter des sujets adaptés aux besoins de la région comme cela se fait en France, où des professeurs d'agriculture portent la bonne parole jusque dans les centres les plus reculés dans chaque département.

Vraisemblablement, ces premiers résultats obtenus, les Indigènes auront confiance en l'instituteur, seront plus disposés à entendre ses nouveaux conseils, n'ayant eu qu'à se féliciter d'avoir suivi la voie nouvelle où il les avait engagés à se lancer précédemment.

Le maître (qui n'aura pas attendu ce moment pour constituer une sorte de Comité de patronage de ses essais) aidé de l'influence et de l'action dudit Comité, pourra alors tenter la création, parmi les agriculteurs indigènes, d'un syndicat d'achat de semences, d'engrais, d'instruments, etc., leur préconiser les avantages des sociétés de crédit agricole mutuel, des sociétés de prévoyance dont il a déjà été parlé et de l'appui, de l'aide desquelles les Indigènes ont un si pressant besoin.

La tâche ainsi comprise, je le répète est une œuvre vaste, très longue à réaliser. Ceux des maîtres qui s'y attacheront rencontreront, comme ceux qui s'en occupent présentement, de l'opposition ; ils verront surgir devant eux des difficultés, des mécomptes.

Que l'insuccès, l'opposition des sots, les difficultés, les critiques agressives, l'hostilité même, ne les découragent pas.

Qu'ils méprisent les attaques dont ils seront l'objet et luttent contre l'obstruction sans s'en affecter. Ils travaillent à améliorer la situation de nos protégés, à leur donner plus de bonheur ; ils accomplissent donc une œuvre humanitaire.

Qu'ils peinent en conscience, de toute leur énergie et de toutes les forces de leur intelligence, à gagner la confiance des Indigènes, à les éclairer, à les instruire, à lutter contre leur routine, à améliorer leurs cultures et leur manière de procéder, à rendre leur existence plus heureuse.

Qu'ils s'efforcent de leur faire aimer la terre, de leur donner aussi l'amour d'un travail agricole intelligent et raisonné.

Il les prépareront, ainsi, à écouter avec confiance des conseils plus autorisés, tout en leur rendant grand service, et en les amenant à reconnaître les bienfaits matériels de la protection de la France.

Ainsi ils contribueront encore à mettre pour l'avenir, à la disposition de la colonisation, des ouvriers agricoles plus instruits, mieux préparés à leur tâche, plus capables de fournir à leurs employeurs une main-d'œuvre avisée et rémunératrice.

M. OUZIEL,

Directeur des Écoles de l'Alliance israélite universelle, Tunis.

ŒUVRES ISRAÉLITES D'APPRENTISSAGE.

331.86 (⊂ 924)

2 Mars.

Les œuvres israélites d'apprentissage ont été conçues dans le but de diriger la population juive tunisienne vers l'exercice des métiers manuels ou vers l'agriculture. Par le soin apporté au choix des apprentis, la Direction des écoles cherche à relever aux yeux des apprentis et de leurs parents la valeur morale du travail manuel habituellement méprisé dans certains milieux indigènes.

Pour les garçons, l'apprentissage se fait par le placement des apprentis en ville, chez des patrons choisis avec soin. Durant son apprentissage, le jeune apprenti, étroitement surveillé par l'école, reçoit la nourriture de midi, un costume de travail, des outils et un secours mensuel de 5 fr à 7 fr. Le cours du soir lui permet d'élargir ses modestes connaissances, et son adhésion obligatoire à la Caisse de Réserve et à la Mutuelle ouvrière l'initie de bonne heure aux avantages de l'épargne et de la solidarité.

Pour les jeunes filles, l'apprentissage de la couture, de la broderie, de la lingerie et de la bonneterie se fait à l'école même, dans des ateliers spéciaux créés à cet effet. Les élèves qui désirent apprendre d'autres métiers sont placées en ville dans les mêmes conditions que les garçons.

Enfin, l'enseignement agricole, pour les garçons, se donne à la ferme-école de Djedeïda où les élèves sont logés, nourris, habillés et instruits gratuitement. L'apprentissage, qui est essentiellement pratique, dure 3 à 5 ans. Les meilleurs élèves sont installés comme fermiers par les soins de la Direction et sur des domaines appartenant à l'Œuvre.

Par les résultats des plus satisfaisants qu'elles donnent, nos œuvres d'apprentissage contribuent dans une certaine mesure au développement industriel de la Régence et à la création de la main-d'œuvre indigène.

MUSTAPHA BEN ABDALLAH,

Directeur de l'École de la rue du Tribunal, Tunis.

RÔLE DE L'ÉCOLE DANS L'APPRENTISSAGE.

331.86 (611)

22 *Mars*.

L'apprentissage revêt en Tunisie un caractère spécial. Le jeune indigène fréquente l'école le matin, l'atelier, l'usine ou le chantier le soir. Ainsi orientées les études intellectuelles et pratiques semblent se pénétrer et se compléter réciproquement : l'élève ne néglige pas l'outil, l'apprenti n'oublie point le Livre.

Dans la conception nouvelle d'éducation qu'est l'apprentissage en Tunisie, il faut donc tenir compte des trois éléments suivants :

1° Des aptitudes spéciales de l'élève.

2° De l'apprentissage à l'atelier.

3° De l'influence de l'école dans l'apprentissage.

I. *Recrutement des apprentis et choix de la profession.* — Le recrutement des apprentis s'effectue sous la direction et le contrôle de l'Enseignement public. Des renseignements sur les aptitudes physiques, intellectuelles et morales de l'élève qui sollicite une bourse d'apprentissage sont fournis par les directeurs d'écoles à la Direction générale de l'Enseignement. Ici apparaît déjà, mais indirectement, le rôle de l'école et du maître dans l'apprentissage. Le tempérament et les aptitudes spéciales de l'enfant sont les facteurs principaux de l'éducation de l'apprenti. Or l'instituteur peut, après entente avec les parents toujours indécis dans le choix d'un métier pour leurs enfants, orienter ceux-ci vers une profession adéquate à leur goût, à leur caractère, à leurs aptitudes.

Le recrutement des élèves-apprentis s'opère donc méthodiquement et sans difficultés.

II. *Placement de l'apprenti.* — Pour que l'œuvre d'éducation entreprise à l'école se continue et progresse à l'atelier, il est indispensable que l'apprenti soit confié à un contremaître offrant des garanties professionnelles indiscutables.

Le directeur d'école, à qui incombe la lourde et délicate tâche du placement, choisira de préférence un patron français, habile et instruit capable de satisfaire aux obligations stipulées au contrat d'apprentissage.

Le maître s'intéressera, d'ailleurs, à l'éducation professionnelle de l'apprenti. Il se rendra compte de ses progrès et de son assiduité par des visites fréquentes à l'atelier. Il veillera enfin à l'exécution intégrale des clauses du contrat d'apprentissage.

Grâce aux carnets d'apprentissage transmis périodiquement en communication aux directeurs d'écoles, carnets où se trouveront consignées les notes et observations du patron, l'instituteur pourra établir un système de discipline, bien comprise, et amener l'élève à observation rigoureuse des devoirs professionnels.

Mais le rôle du maître deviendra véritablement fécond lorsque, agissant dans sa véritable sphère d'influence, il travaillera, en classe, à l'école même, à l'œuvre d'éducation du futur ouvrier.

III. *L'école et l'apprentissage.* — En développant l'intelligence et le cœur de l'enfant les diverses matières du programme de l'enseignement primaire élémentaire contribueront sans doute à former l'ouvrier. Mais l'influence des études dans l'apprentissage se fera d'autant mieux sentir à l'atelier que, du cours enfantin au cours supérieur, une orientation nouvelle vers la profession aura été prévue et donnée sur les bancs mêmes de l'école.

Par la lecture et la récitation on développera l'amour du travail et de la profession en choisissant de préférence des textes ayant trait à l'utilité, à l'histoire, à la condition même du travailleur.

La langue française est, sans contredit, le principal instrument de progrès du futur ouvrier. L'orthographe, la rédaction, toutes les matières en somme qui contribueront à la vulgariser, seront enseignées à l'école d'apprentis.

L'instituteur avisé s'ingéniera toutefois à faire converger ces études vers l'apprentissage. C'est ainsi, par exemple, qu'en composition française il réservera une place toute spéciale à la correspondance commerciale : demande d'embauche, d'acceptation ou de refus de marché, annonce de livraison de marchandise, passation de contrats, etc.

Notons, en passant, que la langue arabe doit être suffisamment enseignée à l'école d'apprentis. Elle est indispensable dans ce pays de cosmopolitisme, en relation constante avec des centres d'activité commerciale indigène (Égypte, Syrie, Tripolitaine, Algérie, Maroc). Une orientation pratique vers la profession pourra et devra, d'ailleurs, être donnée à cet enseignement.

Par l'enseignement de la morale le maître s'efforcera d'éclairer la conscience de l'élève en ce qui concerne plus particulièrement les devoirs et droits des travailleurs. Sortant du cadre de l'enseignement purement didactique et s'inspirant des besoins de la vie pratique, il s'appliquera à préciser, à propos de la solidarité sociale, le rôle des assurances mutuelles contre les accidents, la maladie, la vieillesse, le chômage, etc.

L'enseignement de l'Arithmétique devra également converger vers la profession. La résolution de petits problèmes sur le gain, la perte, le bénéfice et l'épargne seront de rigueur. Le futur ouvrier apprendra à établir une facture, à vérifier un compte, à tenir un livre d'après les principes élémentaires de la comptabilité commerciale.

Est-il besoin d'insister sur la nécessité d'enseigner les éléments de la Géométrie à l'école d'apprentis ? On peut certainement crépir un mur sans connaître la définition d'un plan, mais encore faut-il reconnaître la supériorité du maçon qui, concevant un plan parfait, en vérifie sciemment l'exactitude, sur le maçon ignorant et routinier promenant machinalement sa traditionnelle règle plate sur la face du mur en construction.

Les sciences, enseignées sous forme de leçons de choses, apprendront à l'élève les principes généraux qui trouvent leur application dans l'exercice des différents métiers. Elles développeront chez l'enfant l'observation et le goût des recherches. Complétées par les élément de Technologie (étude des matières premières, de leur transformation, de l'outillage) elles constitueront un petit trésor de connaissances fondamentales toujours utiles, sinon indispensables, au perfectionnement de l'ouvrier.

L'ouvrier moderne doit savoir lire et écrire un dessin. Enseignons donc le dessin géométrique à l'école primaire. Travaillons à l'éducation du goût, de l'œil et de la main du futur ouvrier par l'enseignement simultané du dessin et du travail manuél. Faisons du pliage, du tissage, du découpage, du cartonnage, faisons surtout du modelage.

La gymnastique elle-même nous offre ses services. L'ouvrier ne doit-il pas être leste, souple, agile, robuste et fort ? Oui, il faut de la gymnastique, beaucoup de gymnastique, dans ce pays d'engourdissement atavique. Allons ! du mouvement à l'école, à l'atelier, aux champs, dans la rue, du mouvement, encore du mouvement, et le bruit du travail.

IV. *Réformes et vœux.* — L'enseignement de la Géographie est particulièrement utile à l'apprenti à condition d'être approprié. Je cite un exemple : La chéchia autrichienne fait actuellement une concurrence effrénée à la chéchia tunisienne. Pourquoi laisser ignorer au petit fabricant de chéchia indigène l'existence du pays qui ruine son industrie ? Qu'est-ce que l'Autriche ? Quelles sont ses ressources ? D'où vient la crise de l'industrie de la chéchia tunisienne ? La matière première serait-elle meilleur marché en Autriche ? Ou le mal viendrait-il du perfectionnement de l'outillage autrichien ? Voilà des questions qu'un bon ouvrier doit pouvoir se poser et chercher à résoudre, lorsque son industrie se trouve menacée par la concurrence étrangère. Ainsi compris l'enseignement de la Géographie fournira au maître l'occasion d'entretenir l'élève de questions d'ordre économique : production, surproduction, valeur hausse et baisse des prix, échange, commerce, etc.

Mais, nous dira-t-on, vous voulez faire de votre petit apprenti un véritable savant ? Un savant ? Vous exagérez. Nous voulons en faire au contraire un petit, un très modeste petit ouvrier, mais un ouvrier capable de lutter pour la vie.

Nous n'ignorons pas qu'au seuil de la vie utile, il aura à subir l'assaut de la concurrence étrangère de l'Italien, ouvrier par naissance, du Maltais endurant et fort, de l'Israélite intelligent et sobre.

Après l'apprentissage, sachons-le bien, le petit ouvrier tunisien n'entrera pas, comme son petit camarade métropolitain, dans un de ces grands ateliers où chacun fait sa part d'ouvrage toujours le même.

Il devra bien souvent, à lui tout seul, acheter la matière première, la transformer et la vendre. Il sera bien souvent producteur, industriel et commerçant à la fois. Sera-t-il jamais à craindre qu'il soit trop instruit ? N'est-il pas plutôt à redouter qu'il ne le soit pas assez. Apprenons la Géographie à nos élèves apprentis.

Avec la Direction générale de l'Enseignement nous pensons qu'il est nécessaire d'inscrire l'enseignement de la Technologie élémentaire au programme des écoles d'apprentis et pour faciliter cet enseignement de créer des musées rudimentaires de machines simples, dans lesdites écoles.

L'orientation nouvelle à donner aux études rend d'autre part nécessaire et urgente la séparation des apprentis des autres élèves de l'école franco-arabe, dans l'école même. On pourra peut-être y parvenir très facilement en recrutant des apprentis d'égale instruction et d'âge à peu près pareil.

A signaler, également pour servir de stimulant, l'utilité de l'organisation à chaque fin d'année scolaire d'une exposition d'objets fabriqués, par les apprentis.

Comme on a pu s'en rendre compte l'œuvre d'éducation du futur ouvrier ne manque ni d'attraits, ni de difficultés. Le programme d'études est à remanier, l'emploi du temps à transformer, l'organisation pédagogique de l'école à compléter ou à réformer. Le maître lui-même aura besoin de se perfectionner, d'étudier, de faire ou de parfaire sa propre éducation.

Reculerons-nous devant les difficultés à vaincre, l'effort à produire ? Songeons qu'il y va de l'avenir d'un pays, d'une race, de tout un peuple. Courage donc ! Et puisqu'il s'agit de former des travailleurs, à l'ouvrage ! Donnons l'exemple du travail.

M. BÉNAZET,

Directeur de l'École franco-arabe de la place Halfaouine, Tunis.

RÔLE DE L'ÉCOLE DANS L'APPRENTISSAGE.
(Résumé du Rapport.)

331.86 (611)

22 Mars.

I. La question de l'apprentissage est à l'ordre du jour tant en France qu'à l'étranger. En Tunisie, où sa portée morale, sociale et économique n'a pas échappé aux dirigeants, sa réalisation répondait peut-être à un besoin plus pressant. Aussi des essais ont-ils été tentés il y a 4 ans.

II. Il est nécessaire de préparer l'apprentissage de longue date, dès l'entrée à l'école même. L'instruction primaire, sans avoir un caractère exclusivement utilitaire, est surtout une préparation directe et appropriée à la vie pratique. Le corps est développé. On donne un enseignement scientifique, éclairé par de nombreuses observations et des expériences très simples. On tâche de faire prendre à l'enfant des habitudes d'assiduité, d'ordre de méthode et le goût du travail et l'on veille à la formation du caractère. Cette préparation lointaine est complétée par une plus immédiate. L'éducation de l'œil et de la main est facilitée par le travail manuel et le dessin.

III. Cet enseignement est manifestement insuffisant pour le futur ouvrier. Quelques heures par semaine sont, pendant son apprentissage, réservées à un enseignement nettement professionnel qui comprend, en dehors des cours de perfectionnement, des leçons à caractère purement technique.

IV. L'apprentissage n'a pas lieu à l'école, généralement mal outillée, mais, au contraire, il est donné à l'atelier, où l'enfant est en contact direct avec l'industrie et où il s'habitue de bonne heure au milieu dans lequel il doit vivre et qu'il doit aimer. On procède de même s'il s'agit d'un apprentissage commercial ou agricole.

V. Les apprentis, surtout au début, ne sont pas choisis au hasard. Les aptitudes des postulants ont été constatées en classe. Un âge minimum et une certaine robustesse sont exigés au même titre qu'un degré suffisant d'instruction. On tient un grand compte de la conduite, de l'intelligence et du caractère.

VI. On donne la préférence aux professions exercées par les parents et surtout à celles qui correspondent aux formes d'activité économique de la région et qui sont seules en état de constituer des débouchés à l'activité des jeunes gens. Le nombre des apprentis doit être, dans chaque profession, en rapport avec les débouchés.

VII. Les enfants sont placés chez des patrons sérieux et dans des ateliers à travail continu et varié. Les patrons sont français de préférence.

VIII. Pour que les résultats soient meilleurs, le directeur de l'école, qui a fait le placement, qui a un action assez grande sur les enfants et même sur les parents, visite régulièrement l'atelier, la maison de commerce ou la ferme qui ont accepté ses élèves. Il évite toute surveillance tatillonne. Il se garde d'émettre une opinion autorisée sur la marche technique de l'apprentissage. Il s'assure de l'exactitude, de l'assiduité, de la conduite et du travail des apprentis.

IX. Il est désirable que l'apprentissage soit postscolaire. Mais, en Tunisie, pour avoir plus de prise sur les élèves, et étant donné que, dans certains centres, les enfants entrent tard à l'école, il a été reconnu nécessaire de commencer provisoirement l'apprentissage pendant la scolarité de l'enfant. Aussi, avant l'obtention du certificat d'études primaires, les apprentis suivent-ils un enseignement de demi-temps. Le matin, ils vont à l'école et, le soir, à l'atelier. Un horaire spécial a permis de ne pas négliger l'enseignement. Les résultats sont plutôt bons, puisque, par exemple, tous les apprentis de l'école de la place Halfaouine présentés en 1910-1911-1912 on été admis (en mai 1912, un d'entre eux a obtenu le n° 1 sur 300 candidats environ, européens et indigènes).

X. Un contrat écrit est généralement passé entre le patron, le père et el directeur de l'école. La durée de l'apprentissage est, dans la plupart des cas, de 3 ans. Un livret, où figurent les notes données par le patron, est visé régulièrement par le directeur de l'école. L'apprentissage terminé dans de bonnes conditions, un certificat, légalisé par le contrôleur civil, est accordé à l'intéressé. Le cas échéant, le directeur de l'école s'occupe alors du placement.

XI. Pour faciliter l'œuvre entreprise, les apprentis déjeunent gratuitement à la cantine de l'école. Bien plus, pour assurer leur propreté corporelle, des tickets de bains leur sont distribués, à raison de deux par mois. Enfin, des récompenses en nature et en espèces sont accordées aux plus méritants et aux plus nécessiteux.

XII. Les résultats sont nettement satisfaisants. Ainsi, à l'école de la place Halfouine qui comprend plus de 60 apprentis, après deux ou trois ans d'apprentissage, certains jeunes gens, de 15 ans ou 16 ans, touchent un salaire journalier de 1,50 fr, 2 fr, 2,50 fr. Dans deux ans quelques-uns gagneront 4 fr. C'est avec satisfaction qu'il a été constaté que plusieurs ont des dispositions et qu'ils pourront devenir des ouvriers habiles.

XIII. Il est à craindre, toutefois, à Tunis surtout, que quelques apprentis séduits par un gain immédiat plus élevé et par un travail bien moins pénible, abandonnent prématurément l'atelier pour devenir chaouchs, facteurs, employés des tramways, etc. Il appartient au directeur de l'école d'user de son influence auprès des jeunes gens et des parents pour leur montrer la fausseté de leurs calculs.

D'autre part, les indigènes instruits, qui semblent revenus de leurs idées préconçues, devraient apporter leur aide au Gouvernement dans la belle œuvre qu'il a entreprise. Bon nombre de colons français sont tout disposés à apporter leur pierre à l'édifice.

Mais, le rôle principal revient à l'école qui prépare le terrain par une instruction et une éducation appropriées et qui rend les efforts féconds grâce à son autorité morale et à l'action et au dévouement continuels de ses maîtres.

M. MONGE,

Directeur-adjoint des Monopoles, Tunis.

L'ENSEIGNEMENT APPLIQUÉ AU RELÈVEMENT
DE CERTAINES INDUSTRIES INDIGÈNES (TAPIS, TISSAGE, CHÉCHIAS, ETC.).

----

6 (071.2) : 677.024 (611)

22 Mars.

Lorsque pour la première fois on visite les villes industrielles de la Régence, Tunis, Sousse, Kairouan, Kasser-Hellal, etc., il est impossible de ne pas être surpris de trouver dans les souks, propres à chaque industrie locale, des ateliers fermés ou désaffectés, en nombre relativement élevé.

L'impression que provoque ce signe de décadence augmente encore lorsque, quittant les souks de production, on pénètre dans les boutiques des commerçants; les articles de fabrication indigène y sont relégués au second plan; la faveur des consommateurs indigènes ou étrangers est canalisée vers des articles similaires d'importation, articles qui ne viennent pas toujours de France, et qui s'imposent de plus en plus, moins par des conditions de prix plus avantageuses que par une incontestable supériorité de facture et de qualité.

Cette impression première de décadence se transforme vite en une décevante certitude, lorsque par nécessité de service ou simple curiosité, l'observateur entre en contact plus intime avec les artisans indigènes, capte leur confiance et, avec complaisance écoute leurs doléances.

Il y a quelques années, on recevait, un jour par semaine, à la Manufacture des Tabacs, les candidats à un emploi d'ouvrier; les demandes, furent au bout de quelque temps si nombreuses qu'on dut cesser ce service; chaque semaine, en effet, une trentaine d'enfants, de jeunes gens ou d'hommes faits, venaient solliciter une place. Il était facile de discerner parmi eux, au premier examen, d'une part, le nomade, le portefaix, l'homme de peine sans métier défini, plus ou moins enrôlés dans l'armée roulante de la paresse ou du vice, inaptes déjà à un travail régulier et, d'ailleurs, en général peu nombreux, d'autre part, l'artisan de la ville; les premiers caractérisés par le désordre du vêtement, le hâlé de la peau, la rudesse de la main; les seconds par la tenue mieux ordonnée, le teint pâle, les mains fines de ceux qui, à l'ombre des souks, tissent la laine et la soie, brodent les cuirs, cisèlent le cuivre, cousent les balghas, façonnent les chéchias.

Lorsqu'on demandait à ceux-ci pourquoi ils sollicitaient une place d'ouvrier, souvent au moins au début peu lucrative, ce que faisait leur père, ce qu'ils faisaient eux-mêmes, la réponse était invariable : « Je suis fils d'artisan, artisan moi-même, mais nous n'avons plus, ou presque plus de travail; la concurrence étrangère nous ruine, j'abandonne mon atelier familial et comme ma famille est nombreuse et pauvre, je cherche du travail ailleurs ».

On se trouvait en présence de déracinés, ou de gens en train de le devenir.

Et quand on interroge sur la décadence de leur métier les artisans qui, non sans une certaine fierté ou un certain courage, luttent encore contre l'envahissement des produits étrangers, comme luttent eux-mêmes, contre le machinisme moderne, les tisseurs de la Croix-Rousse et les passementiers de Saint-Étienne, on obtient partout la même réponse : « C'est la concurrence des industriels étrangers qui nous ruine malgré nos efforts et parce qu'à cette lutte qui dure depuis trop longtemps nous nous sommes usés et appauvris, bientôt comme tant d'autres nous fermerons l'atelier;

nous arriverons à la plus noire misère si nos fils ne trouvent pas une place dans une Administration publique ou chez un commerçant européen de la ville. »

Et, pour peu qu'on ait acquis la confiance de l'artisan, s'il sait qu'il peut sans redouter des ennuis, faire une plus grave confidence, il ajoute : « C'est du jour où les Français sont venus dans ce pays que date le commencement de notre décadence ».

Qu'y a-t-il de vrai dans cette affirmation? Comment agit cette concurrence si redoutée et si redoutable? Existe-t-il des moyens pratiques d'en atténuer les effets, de redonner aux industries indigènes en train de mourir, l'activité des anciens jours? Cette masse d'artisans a-t-elle l'énergie nécessaire pour supporter l'effort d'une renaissance?

Pour répondre à ces questions, il faut revenir à un passé qui n'est pas très loin de nous puisqu'il date de l'occupation française de la Tunisie, examiner quelles étaient, alors, les conditions des industries indigènes et comment, de ce côté, s'est produit le choc des deux civilisations.

Les industries tunisiennes ont été sinon importées, tout au moins régénérées par les Maures expulsés d'Espagne. Bien reçus dans le pays, favorisés par le pouvoir, ils fondèrent en Tunisie des villes où leur type s'est conservé, Soliman, Testour, Medjez, Kasser-Hellal, etc., et y apportèrent de toutes pièces avec le perfectionnement des moyens de fabrication, l'organisation des Corporations. Si profonde fût leur empreinte qu'après 3 siècles, on retrouve intacts leurs procédés de fabrication et notamment de teinture des textiles; mais la Corporation si elle n'a pas disparu de nom n'existe plus en fait depuis une vingtaine d'années.

C'est sous ce régime des Corporations du moyen âge que les industries tunisiennes trouvèrent le succès. Le principe dominant de cette organisation était d'assurer au suprême degré la probité commerciale; et pour sauvegarder ce principe, la Corporation groupa les artisans indigènes sous l'autorité d'un chef, l'Amine, dont les pouvoirs étaient presque illimités et qui, conscient de sa responsabilité et de ses droits, veillait étroitement à ce qu'aucune atteinte ne put être portée au bon renom de ses artisans, à la bonne réputation de leurs produits.

Pour faire de bons produits, il faut de bons ouvriers et des matières premières d'excellente qualité : pour les vendre il faut en régler honnêtement les prix; d'où codification étroite des règles de l'apprentissage, de l'accession au grade d'ouvrier, et à celui de patron; codification non moins étroite des modes d'achats des matières premières, de travail, de fixation des prix et conditions de vente. L'Amine a l'œil sur tout et sur tous; il fixe les prix d'achat des matières premières, s'assure de leur qualité, maintient dans les errements éprouvés les conditions techniques de façonnage, fixe les salaires et les prix de vente. Des défaillances lui apparaissent-elles? il sévit et comment! Destruction de la matière première de mauvaise qualité, destruction de l'objet fabriqué, destruction du métier modifié inconsidérément, privation temporaire pour l'apprenti, l'ouvrier ou le patron du droit de travailler, amendés et emprisonnement pour fraudes professionnelles ou improbité, voire même exclusion définitive de la Corporation. Et s'il est fait appel de la décision de l'Amine, un Tribunal commercial, présidé par le Cheikh el Médina, composé de l'Amine et des notables de la Corporation rend un jugement en dernier ressort; très rares étaient d'ailleurs les cas où l'artisan allait jusqu'à ce tribunal, tant les pouvoirs de l'Amine étaient exercés avec sagacité, tant toute la Corporation elle-même était dominée par le souci de sa propre réputation.

Ainsi organisées, les Corporations tunisiennes conquirent bientôt tout le bassin oriental de la Méditerranée; des négociants tunisiens pour la plupart originaires de Djerbah, allèrent s'installer en Tripolitaine, en Égypte, en Asie Mineure, en Turquie, dans les Balkans, en Grèce; ils aidèrent puissamment à la diffusion des produits tunisiens dont la réputation fut si solidement établie qu'aujourd'hui encore, bien que les relations commerciales aient presque complètement cessé avec ces pays, il en est où l'on appelle encore « tunisiens », pour en caractériser le cas échéant, la bonne qualité, les articles similaires importés maintenant de l'étranger. C'est le cas, notamment en Turquie, des fez dont l'Autriche a presque monopolisé la production.

Mais, à côté de ses avantages la corporation présentait un grave inconvénient; hostiles au progrès par un sentiment de défiance exagérée, Amines et artisans vivaient dans l'ignorance ou le mépris de l'évolution des pays d'Occident; inaptes par atavisme à l'effort fécond de l'initiative individuelle ils étaient exposés à se trouver désarmés au premier choc qui, abattant les cloisons étanches de la Corporation, les mettrait brusquement en face du monde moderne si puissamment organisé.

Déjà ils s'étaient sentis depuis longtemps atteints par la concurrence dans les pays de leur exportation, des produits européens; cependant leurs articles conservant leur qualité et leur réputation, luttaient encore assez avantageusement contre cette concurrence, auprès de la clientèle musulmane, si profondément attachée à ses traditions. Mais, lorsque l'occupation française eut ouvert plus largement la Tunisie au commerce extérieur, la concurrence se fit durement sentir sur place; les produits d'importation, notamment les tissus d'un caractère nouveau, de prix plus avantageux ne tardèrent pas à attirer l'attention de la clientèle locale. Quelques tentatives d'affranchissement se firent jour parmi certains artisans décidés à entamer la lutte avec les industriels étrangers; mais comme elles comportaient toutes nécessairement, soit des modifications de technique, soit un avilissement de la qualité, les Amines tentèrent de les réprimer selon le mode ancien; des conflits surgirent, de plus en plus aigus entre les artisans et les Amines; ceux-ci ne se sentirent plus suffisamment soutenus par le Pouvoir nouveau, porté à vulgariser ici nos idées sur la liberté du commerce; bientôt d'ailleurs, débordés eux-mêmes par tout ce mouvement de progrès; ils perdirent pied et se résignèrent à laisser aller les choses au gré des événements. Ce fut le choc fatal qui brisa la Corporation. Comme une troupe qui vient de perdre sous le feu tous ses officiers, les artisans, brusquement livrés à eux-mêmes, commirent toutes les manœuvres insensées qui mènent à la déroute et à la panique. Ignorant d'une façon absolue, les conditions de l'industrie moderne, ils s'imaginèrent pouvoir lutter contre les produits étrangers avec leurs antiques moyens de production, ne voyant dans cette lutte qu'une question de tarifs. Tout dans l'ancienne corporation aboutissait à la bonne qualité du produit; tout dans l'ordre, ou plutôt le désordre des temps nouveaux, allait tendre vers l'abaissement de qualité, seul facteur qui parut à considérer pour l'obtention de plus bas prix.

Les articles tunisiens ne tardèrent pas à perdre leur antique réputation, autant auprès de la clientèle d'exportation que de la clientèle locale, complètement déroutées, de plus en plus attirées, par conséquent, vers les articles étrangers malgré une répugnance certaine, répugnance qui peut paraître anormale, mais qui est cependant, et dont il faut placer l'origine dans l'esprit traditionaliste du monde musulman.

Après 20 ans de lutte, lutte qui, si l'on n'y met pas bon ordre, va bientôt prendre fin, faute de combattants du côté indigène, au moins pour certains corps de métier (tissage, teinture, tapis, etc...), voici ce que l'on constate chez les artisans :

a. Du côté technique : conservation intacte des moyens de fabrication des anciens métiers à tisser, faits de ficelles et de roseaux, du travail à la main (tricotage, cardage des chéchias); abaissement aux extrêmes limites de la qualité de la matière première (soies inférieures, excessivement chargées, cotons médiocres, laine locale mal filée et que souvent on ne prend même plus le soin élémentaire de dessuinter; teintures sans valeur par application défectueuse, d'ailleurs, de colorants modernes mauvais teint, mais bon marché).

b. Du côté économique : situation plus navrante encore : inaptitude complète aux achats directs des matières premières et, par voie de conséquence, nécessité d'intermédiaires locaux indigènes qui le plus souvent ne sont pas musulmans, mais jouissent de remarquables facultés d'assimilation, tiennent le négoce des artisans et — c'est humain — en profitent largement; l'artisan n'emploie pas seulement la matière première de mauvaise qualité: il la paie encore, dans des limites souvent excessives, au-dessus de sa valeur. En outre, privé des avantages de l'escompte, les ignorant, d'ailleurs, le plus souvent, il tombe nécessairement dans l'usure qui consomme sa ruine.

Les facteurs de la condition présente des artisans indigènes sont donc : moyens de production au-dessous de tout ce qu'un cerveau de notre époque peut imaginer; mauvaise qualité et prix excessifs des matières premières et des produits fabriqués; usure; et, enfin, venant comme élément essentiel de décadence, ignorance absolue des moyens normaux de progrès.

Quand l'artisan dit aujourd'hui que la cause de sa ruine est à placer dans la concurrence étrangère, que cette ruine date de l'entrée des Français à Tunis, il dit bien la vérité, mais il ne la dit pas tout entière; il est lui-même — ou plutôt l'ancienne Corporation de ses corps de métier, qui l'a fait ignorant — pour beaucoup dans son malheur : brusquement attaqué il n'a su, ni pu se défendre.

Puisque l'ignorance est la cause essentielle de la décadence des artisans indigènes, l'éducation professionnelle doit être la base de leur relèvement. Mais, telle qu'elle doit être comprise et entreprise, cette œuvre d'éducation exigera de gros efforts et de la part des éducateurs et de la part des artisans; et à ce propos une importante question se pose : cette masse d'artisans trouvera-t-elle en soi l'énergie correspondante aux efforts à accomplir? Ne sera-t-on point en présence d'un organisme déjà trop usé pour réagir?

Cette question, qui est celle de la valeur sociale du peuple musulman tunisien, est sujette à controverse : certains ne voient dans l'indigène qu'un être inférieur, paresseux, prodigue, inapte à tous progrès; d'autres au contraire, lui reconnaissent des sentiments de fierté et de générosité, une intelligence souple et vive, de brillantes facultés d'assimilation.

Ces deux opinions sont nées d'une part, de tous les conflits journaliers du choc de deux races dont l'énergie, la mentalité, la compréhension générale de la vie sont éloignées les unes des autres de plusieurs siècles d'évolution, en deux plans différents; d'autre part, du penchant naturel de la race conquérante, qui n'est pas seulement énergique, mais est encore généreuse et artiste, à se laisser prendre à la magie des mots, la gravité du geste, la beauté du décor, évoquées dans cette ensorcelante lumière des ciels d'Afrique; elles sont vraisemblablement aussi éloignées l'une que l'autre de la vérité.

En fait, l'indigène tunisien n'a pas à un degré aussi absolu les défauts et les qualités qu'on lui prête parfois trop hâtivement. Courbé pendant plusieurs siècles sous la domination d'un Gouvernement absolu, victime en sa personne et dans ses biens d'abus de pouvoir effrénés, il a vécu dans un véritable esclavage moral, où tendait encore à le confiner l'interprétation étroite des dogmes de sa religion; sa mentalité est le fruit de ce régime : flatterie et dissimulation envers le maître quel qu'il soit parce qu'il paraît toujours capable de volonté absolue, inaptitude à l'épargne, inaptitude au progrès, tendance au moindre effort, sinon à la paresse parce que l'instabilité de ses biens lui en a démontré, trop souvent, la vanité; mais aussi parce qu'il a subi le poids de l'arbitraire et de l'injustice, besoin d'un conseiller éprouvé qui lui dose sa liberté, le guide et le protège, sentiment profond de la justice. Telles sont, je crois, les caractéristiques de la mentalité du peuple indigène.

Et lorsqu'on le considère tel qu'il est, et non pas tel qu'on voudrait qu'il fût, lorsqu'on lui fait comprendre que l'autorité dont on use envers lui ne procède pas d'une unique puissance de domination, mais s'exerce pour son bien, s'inspire même dans sa rigueur d'un sentiment égal de justice, il est facile d'en faire un instrument souple et docile, et si les rapports de maître à subordonné sont empreints, à bon escient, d'une bonté exempte de faiblesse, s'ils ne sont pas compromis par des gestes ou des mots qui blessent sa dignité d'homme ou de musulman, au premier mouvement de défiance succède bientôt chez l'indigène, des sentiments vrais de confiance et même d'attachement.

On pourrait citer à l'appui de cette thèse de nombreux exemples individuels et collectifs; à la Manufacture des Tabacs, en particulier, existe un personnel de 450 à 500 ouvriers indigènes, à l'égard desquels on s'efforce d'appliquer cette règle de conduite; la discipline y est sévère, mais juste et laisse place à la bienveillance méritée; aussi y est-elle acceptée sans réserve; non seulement il ne saurait y être question de grèves, ni de sabotages, mais le travail y est accompli avec ordre et les revendications présentées et discutées avec calme et bon sens.

Certes, que dans ce personnel, il existe quelques fortes têtes, il serait puéril de le nier; mais on sent depuis quelques temps que la masse sage se tourne d'elle-même contre les fauteurs de désordre et en les désapprouvant se met spontanément, dans l'intérêt bien compris de tous, du côté du patron.

Bien des industriels européens seraient, sans doute, heureux de trouver, dans leur personnel, un tel esprit de discipline.

Mais on peut objecter, au regard de groupements bien encadrés, tels que le personnel ouvrier des Monopoles, que leurs raisons d'agir sont en dehors d'eux, procèdent d'une discipline immédiate, admise parce qu'elle est la condition inéluctable du gagne-pain, que la masse livrée à elle-même ou ne recevant l'impulsion que de loin et indirectement, restera figée dans sa torpeur; il en serait peut être ainsi si la Tunisie était restée dans l'état où elle se trouvait au traité du Bardo; mais, depuis cette époque, le monde indigène se trouve entraîné dans un autre milieu où règne une activité si prodigieuse, où si impérieusement apparaissent des besoins nouveaux, qu'il sent enfin la nécessité du mouvement.

Des indices de l'orientation nouvelle de la masse indigène vers le progrès on en trouve facilement dans l'évolution de l'Enseignement public, pendant ces dernières années. A l'école primaire, le jeune indigène reçut d'abord l'instruction selon les méthodes et les programmes de la Métropole avec, comme consécration, le certificat d'études, mais, comme l'éducation professionnelle, pour diverses raisons, n'avait pu encore pénétrer à l'école, que l'enfant ne pouvait, d'ailleurs, la recevoir dans son propre milieu, cette méthode d'enseignement eut pour conséquence d'orienter les jeunes générations vers les emplois subalternes des Administrations publiques; n'ayant pas acquis la notion, ni le goût du travail manuel, les jeunes diplômés du certificat d'études primaires, quand le nombre en fut devenu supérieur aux besoins des fonctions publiques, risquèrent de grossir l'armée des déclassés. Il y avait là plus qu'un danger social, mais une sorte de faillite de l'Enseignement public dont le but utilitaire allait échapper à cette masse, au regard de la masse indigène.

Une modification heureuse intervint; la Direction générale de l'Enseignement greffa, il y a trois ou quatre ans, sur l'éducation du cerveau, dont les programmes ont été réduits dans de justes limites, l'éducation pratique et raisonnée des sens; l'enfant, après avoir acquis les notions générales de l'enseignement primaire, est placé en qualité d'apprenti chez un patron de la ville près duquel il apprend un métier usuel (menuisier, ajusteur, serrurier, peintre, maçon, cordonnier, etc.); il vit pendant cet apprentissage sous le régime du demi-temps, la matinée étant consacrée à l'école, la soirée à l'atelier; le soir des cours professionnels appropriés à son genre de métier (dessin industriel, notions commerciales, etc.) éclairent les connaissances pratiques, acquises à l'atelier.

Or, aussi bien sous le régime de l'instruction primaire intégrale que sous celui de l'instruction mixte, plus peut-être encore sous le second que sous le premier, le peuple arabe répond au delà des espérances à l'appel tacite de la Direction de l'Enseignement; les écoles sont assiégées et un établissement est à peine ouvert pour 400 élèves qu'il s'en présente 500; les Sections d'apprentissage sont si demandées, déjà, qu'on redoutera, sans doute bientôt, une surproduction d'ouvriers.

Bien mieux, il y a trois ans, la Direction de l'Enseignement songea à faire pénétrer l'instruction et l'éducation professionnelle dans l'élément féminin de la masse populaire musulmane; ce projet fut sans doute jugé généreux par tous, mais pour beaucoup irréalisable, voire même dangereux dans son application; avec quelle prudence ne fallait-il pas, en effet, toucher à la condition de la femme arabe, cet être dont on ne parle jamais, qui vit cloîtrée dans des maisons faites, à cause d'elle, sans fenêtres, à cause d'elle, défendues par des portes en chicanes ! qui si elle en sort doit cacher son visage et ses mains ! La Direction de l'Enseignement agit par un coup d'audace; la première école populaire de fillettes musulmanes fut créée à Kairouan, la ville sainte : elle dut bientôt refuser des élèves et, depuis lors, les écoles similaires créées à Tunis, Sousse, Monastir, Mehdia, Gafsa, Nabeul deviennent bientôt trop petites. Les fillettes y reçoivent l'instruction primaire élémentaire et y apprennent avec les soins domestiques, un métier (tapis à points noués, broderie, dentelle).

Et lorsqu'on demande à l'indigène musulman pourquoi il envoie ses enfants à l'école, alors qu'ils sont déjà à un âge où ils pourraient s'assurer un gain journalier de quelques sous très appréciable dans une famille pauvre, on démêle dans sa réponse la double notion de la liberté, qui lui est enfin donnée de s'instruire et de la nécessité de l'instruction dans la lutte pour la vie.

Or, en Tunisie, l'instruction primaire n'est pas obligatoire; dans ses rapports avec l'école, l'indigène n'est pas sous l'empire d'une discipline immédiate, comme l'ouvrier dans l'atelier; en recherchant en masse pour ses enfants l'instruction, n'affirme-t-il pas de façon certaine son désir d'adaptation au nouveau milieu?

Il serait facile de trouver, en Tunisie, d'autres indices de ce désir d'adaptation, désir réfléchi ou instinctif, et des transformations subies depuis 20 ans par le monde indigène; puisqu'il se transforme, il est perfectible et il se perfectionnera si son mouvement de transformation est orienté spontanément, ou sous l'influence d'une volonté dirigeante, dans les voies qu'indiquent à la fois sa condition actuelle et le but à atteindre; et puisqu'il a le désir de se transformer, il subira volontiers, le cas échéant, cette action de direction quand il en aura reconnu l'efficacité.

C'est, en particulier, le cas des artisans des anciennes Corporations : eux aussi se sont transformés, mais, parce qu'ils ont mal orienté le sens de leur transformation, leurs efforts aboutissent à la ruine au lieu de les mener à la prospérité; la question du relèvement des industries indigènes revient donc moins à susciter un effort d'adaptation qu'à le diriger; la solution en apparaît singulièrement plus simple et plus sûre.

La formule adoptée par la Direction générale de l'Enseignement pour l'éducation professionnelle, appliquée aux corps de métier usuels, répond parfaitement au but à atteindre qui est de former des ouvriers : à l'atelier, l'élève-apprenti entre en contact avec la matière, voit et emploie les moyens modernes de la transformer; si son éducation pratique est éclairée, comme c'est le cas, par une éducation théorique appropriée, il devient un élément de main d'œuvre recherché.

Mais au regard des artisans des anciennes Corporations, cette formule est incomplète par ce que :

1° Les métiers actuellement frappés de décadence (tissage, tapis, chéchias, etc.), contrairement aux métiers usuels (menuiserie, travail du fer, etc.), n'ont pas de représentants modernes en Tunisie et ne semblent pas devoir de longtemps encore tenter l'initiative des industriels européens; l'apprenti ne pourrait donc être placé que dans les ateliers indigènes, dont les errements actuels causent précisément la ruine.

2° L'artisan n'est pas seulement un ouvrier; c'est un petit patron qui achète la matière première, la transforme et vend le produit fabriqué; son éducation ne doit pas, par conséquent, être limitée à la partie technique (connaissance des matières premières, moyens de fabrication); elle doit encore être orientée dans le sens commercial (lieux d'approvisionnement et cours des matières premières; débouchés et prix des produits fabriqués; conditions modernes d'achat, de vente, de transports, d'escompte, etc.).

On se rendra compte de l'importance utilitaire de l'éducation commerciale des artisans indigènes par les exemples suivants tirés de l'indus-

trie des chéchias à Tunis, du tissage du coton à Kasser-Hellal, de la fabrication des tapis à Kairouan.

En 1910, à l'occasion d'une étude sur la fabrication des chéchias,
l'Administration des Monopoles a observé que le kermès, employé
par les fabricants pour la teinture coûtait, dans les souks de Tunis,
18 fr le kilogramme; le kermès de même qualité, importé directement par
l'Administration de la même maison, lui est revenu quai Tunis à 13 fr le
kilogramme; A Kasser-Hellal des échantillons de coton pour tissage des
foutahs ont été représentés à la Commission des Arts indigènes en 1910;
ils valaient sur place 4,75 fr le kilogramme; la même qualité de coton,
importé de France par la Direction de l'Enseignement, en minimes quantités, pour divers essais revient quai Tunis à 2,30 fr le kilogramme.

Des laines pour tapis, d'origine exotique, sont vendues sur place à
Sousse, Tunis et Kairouan, aux ouvrières 8 et 9 fr le kilogramme; ces
mêmes laines importées, par la Direction de l'Enseignement, lui coûtent
de 4,80 fr à 5,60 fr le kilogramme.

Comment l'artisan, même excellent ouvrier, pourra-t-il lutter contre
la concurrence étrangère, tant qu'il aura à subir avant même de mettre
la matière sur le métier, de pareilles majorations de prix?

Mais, si l'éducation ainsi comprise de l'artisan indigène doit-être la base
du relèvement de son industrie, elle ne saurait suffire cependant à en
assurer la réussite; il ne faut pas, en effet, qu'à la sortie de l'apprentissage,
l'artisan soit livré complètement à lui-même; il faut le sauvegarder
contre la routine de son propre milieu, le tenir au courant des progrès
réalisés après lui, et même au moins au début, lui faciliter ses approvisionnements de matières premières, lui chercher des débouchés, peut-être
aussi sans doute l'aider pécuniairement.

Ainsi conçue l'œuvre de relèvement des industries indigènes appelle
la création :

D'un organisme central, chargé de l'éducation professionnelle, technique et commerciale des artisans, du perfectionnement progressif des
moyens de fabrication, de la canalisation de tous les renseignements
commerciaux utiles.

D'organismes de liaison, assurant sur place, dans les centres industriels la continuité des rapports des artisans et de l'organisme central,
et chargés de la diffusion de tous les renseignements commerciaux, de
tous les perfectionnements de technique reçus ou étudiés par l'organisme central.

Un écueil est à éviter : il ne faut pas que l'instruction théorique
domine l'apprentissage manuel, que le travail matériel ne soit qu'une
application, plus ou moins hâtive, des leçons apprises à un cours ou dans les
Livres, comme il est fait dans beaucoup d'écoles professionnelles; celles-ci
ne font ni de bons ouvriers, ni de bons contremaîtres; elles préparent
leurs élèves à le devenir en leur permettant de faire par la suite un apprentissage raisonné de leur métier. Cette sorte d'apprentissage postscolaire,

l'artisan indigène ne peut le réaliser dans les conditions présentes de son propre milieu ; à la fin de son éducation professionnelle, il doit être devenu un ouvrier capable de gagner sa vie par ses propres moyens ; il faut donc que cette éducation professionnelle soit dominée par le travail manuel, que l'élève artisan soit placé dans un atelier de véritable production industrielle où, sous la direction permanente de bons ouvriers, au milieu des matières premières, devant l'établi, le métier ou la machine, qu'il retrouvera plus tard chez lui il puisse acquérir, avec de solides connaissances techniques, le goût du travail. L'enseignement théorique, l'enseignement commercial, pour si nécessaires qu'ils soient, ne doivent, apparaître que comme des compléments de l'enseignement pratique.

À côté des ateliers d'apprentissage, cet organisme doit comporter des ateliers et laboratoires d'expériences industrielles, visant le perfectionnement des méthodes de teinture, le choix des colorants, l'examen des matières premières et notamment des textiles, les essais d'adaptation de métiers et machines de production de plus en plus rapide, etc.

Dans le sens commercial cet organisme central devrait rechercher les meilleurs centres d'approvisionnements de matières premières, créer des débouchés pour les produits fabriqués et à cette fin tenter de renouer les anciennes relations des artisans tunisiens avec les pays du bassin oriental de la Méditerranée, faire connaître dans les pays d'Occident certains articles importés précisément d'Orient, de vente assurée, tels que les tapis à points noués, les dentelles Chebka, les cuirs brodés, les cuivres ciselés, etc.

L'action de cet organisme central pourrait, d'ailleurs, déborder bientôt le cadre des industries locales ; elle pourrait concourir à l'introduction en Tunisie, au fur et à mesure des disponibilités de main-d'œuvre, de certaines industries familiales telles que la bijouterie fine, la taille des verres d'optique ordinaire, la petite mécanique de précision.

Et lorsque l'éducation technique de la masse serait suffisante, lorsque, par exemple, des métiers mécaniques, mus à domicile par l'énergie électrique, pourraient être confiés aux indigènes, il serait sans doute intéressant de signaler à certains industriels de la Métropole, notamment aux fabricants de soieries, qu'ils pourront trouver ici une main-d'œuvre aussi abondante, plus souple et moins chère que la main-d'œuvre appelée de l'étranger, dans certaines régions de France, pour suppléer à l'insuffisance de l'élément ouvrier français.

Quant aux organismes de liaison à installer dans les centres industriels, ils devraient comporter en réduction l'organisation technique de l'organisme central ; un atelier de démonstration et un laboratoire de Chimie industrielle où les artisans locaux déjà formés seraient pratiquement tenus au courant des perfectionnements de tous ordres, émanés de l'organisme central Ce serait des sortes d'écoles de vulgarisation permanente. Le personnel, maîtres et maîtresses, serait facilement trouvé parmi les instituteurs et les institutrices primaires ; il serait formé, pour ces fonctions spéciales, par un stage convenable dans les ateliers de l'organisme central.

Ainsi encadrée et soutenue la masse des artisans indigènes avide d'apprendre se développerait rapidement. D'ailleurs, l'organisation esquissée ci-dessus existe déjà en partie : un atelier de tissage confié aux soins d'un tisseur expert de la Croix-Rousse, fonctionne depuis quelques années dans une annexe de l'École professionnelle Émile Loubet, à Tunis. Un autre a été installé à Kasser-Hellal, avec un moniteur indigène. On procède, actuellement, à l'installation de deux nouveaux ateliers, l'un à Sousse, l'autre à Kairouan; à côté de ceux-ci vont être ouverts deux laboratoires spéciaux à la teinture, qui seront placés sous l'impulsion de deux jeunes instituteurs formés à Tunis

Or ces ateliers sont fréquentés assidûment par les artisans locaux et celui de Tunis, notamment, a déjà formé quelques excellents ouvriers. Si cette organisation, à laquelle se réfèrent d'ailleurs les ateliers de tapis et de dentelles installés dans les écoles de fillettes musulmanes, n'a pas encore marqué très nettement son action sur la masse indigène, c'est parce qu'elle est de date trop récente et aussi sans doute parce que le temps et les moyens ont manqué jusqu'ici pour former un personnel technique suffisamment instruit. Mais elle a eu, déjà, ce double résultat, fort heureux, de montrer un peu partout en Tunisie, aux artisans musulmans, qu'au-dessus de leurs moyens, il en était d'autres plus perfectionnés et de les attirer vers l'enseignement professionnel.

M. GUY,

Architecte, Tunis.

L'ENSEIGNEMENT
APPLIQUÉ AU RELÈVEMENT DES INDUSTRIES INDIGÈNES (CÉRAMIQUE).

6 (071.2) : 666.3 (611)

22 Mars.

L'industrie de la céramique a été très florissante en Tunisie. Les grands centres où se fabriquait la poterie étaient Nabeul, Sousse et Djerba. Il en subsiste encore quelques-uns. Mais il semble que ce fut surtout à Tunis que cette industrie fut prospère. Le nom même de la place actuelle des Potiers témoigne de cette activité. Le dernier four a disparu depuis deux ou trois ans.

Les produits de cet art essentiellement local étaient utilisés sur place : les maisons de Tunis étaient presque toutes décorées de carreaux de céramique; on les trouvait également dans les édifices publics et dans les mosquées; des vestiges en subsistent dans presque toutes les villes, à Kairoùan, par exemple; même dans les dunes de Gamartt, les anciennes maisons enfouies dans les sables et protégées par eux contre les déprédations, offrent encore au regard, lorsqu'un caprice du vent les déblaie, des spécimens de cet art.

Le dessin de ces carreaux procède toujours de formes géométriques ou de motifs usités dans la décoration arabe. Quelques-uns sont imités de persan. Ce sont généralement des carrés de o,10 m à o,15 m de côté. D'autre part, les carreaux décoratifs, d'un seul motif, se composent d'ordinaire de 5o carreaux disposés en rectangle : leur hauteur est le double de leur largeur.

Les tons employés sont le blanc, le vert, le marron, le jaune et le bleu. Le carreau était d'abord revêtu d'une couche de litharge sur laquelle les dessins étaient tracés à là main. Les fours anciens sont très rudimentaires, chauffés avec des broussailles. La température de fusion varie de 9oo° à 1ooo° et la cuisson s'obtient en 2 ou 3 jours suivant l'importance du four. L'emploi des montres était naturellement inconnu; actuellement encore les potiers répugnent à s'en servir, et préfèrent estimer la cuisson au jugé. L'inspection des fours se fait par des regards percés dans la voûte supérieure, regards que l'on bouche, ou qu'on laisse ouverts suivant qu'on désire achever la cuisson dans une partie déterminée du four.

Cette fabrication était sans doute bien rudimentaire, bien peu industrialisée, contraire à toutes les idées actuelles du rendement économique et de production intense; mais on peut dire que, cette imprécision même, qui laissait une part importante à l'initiative au «tour de main» du potier, a rendu les produits de cette industrie ancienne plus intéressants, au point de vue artistique, et les a sauvés de la déplorable uniformité dans le médiocre de la fabrication moderne. La litharge donne un dessous d'un beau blanc sur lequel les couleurs se fondent en tons profonds et chaud; l'exécution à la main du dessin laisse un trait, un flou et une variété charmante, au lieu de la sèche décalcomanie, indéfiniment et rigoureusement semblable à elle-même, de beaucoup de motifs modernes. C'est l'aquarelle à côté du chromo.

Nous avons une autre preuve de la diffusion de l'art de la céramique : les objets usuels eux-mêmes, vases, gargoulettes, pots à huile, plats, étaient décorés d'émaux, les échantillons de cet art domestique, ainsi que les carreaux, disparaissent malheureusement de plus en plus : les uns ont été enlevés par les touristes collectionneurs, beaucoup d'autres ont été emportés en Algérie. Par ailleurs, les possesseurs actuels ne les estiment guère; ils dégarnissent les murs de leurs maisons, préférant la sécheresse et le fini géométrique des carreaux de Sicile. Ils troquent les carreaux anciens contre des produits modernes fort laids.

Il ne faut pas confondre du reste ce qui subsiste encore de la céramique

ancienne, non seulement avec les produits siciliens modernes mais avec
ceux qui furent exécutés sous la direction de Ben Ayed, dans un but
complètement étranger à l'art : cette céramique est de conception italienne. Ce sont des Italiens, en effet, qui donnèrent les dessins et les motifs,
où paraissent des fleurs et des fruits, ignorés de l'art arabe authentique.

Je ne parle également que pour mémoire d'une confusion impossible
entre la céramique ancienne et celle toute moderne qui orne les maisons
construites depuis une soixantaine d'années.

Cet art de la céramique fut donc, à une certaine époque, très florissant
en Tunisie; mais sa décadence fut profonde, on peut en fixer la date aux
environs de 1790.

Pour les raisons données plus haut, à cause de la préférence des générations actuelles pour les produits modernes, il ne semble guère destiné
à prendre un nouvel essor. Aujourd'hui, cette industrie ne subsiste que
péniblement, grâce à l'appui du Gouvernement et de quelques rares
amateurs. En 1900, il n'existait plus qu'un seul potier suivant la formule
ancienne; et ce potier lui-même ne possédait que très vaguement les
secrets et les procédés des ancêtres.

Cependant, depuis deux ou trois ans, ces procédés ont été peu à peu
retrouvés; dernièrement on a pu restaurer des carreaux anciens, ayant
perdu une partie de leur émail; cette restauration a été effectuée d'une
manière telle qu'il est impossible, sauf pour un spécialiste, de distinguer
les deux époques de la fabrication. Ces nouveaux émaux du reste fondent
à la même température que les anciens.

Il y a donc là une reconstitution certaine des anciens procédés, et une
industrie dont il serait intéressant, au point de vue artistique, d'encourager la floraison nouvelle.

A-t-elle quelque chance, au point de vue financier, de connaître à
nouveau son antique prospérité?

L'emploi de cette céramique pour les revêtements exige des soins
incompatibles avec la construction hâtive, faite dans un but de spéculation. Son prix de revient moyen peut être estimé comme il suit : de 18 fr
à 40 fr le cent de carreaux, non compris la pose, et suivant la valeur
de ceux-ci. Pour un panneau décoratif, d'un seul motif, et composé en
général d'une cinquantaine de carreaux, on peut en évaluer le prix
moyen de 100 fr à 150 fr sans la pose.

Ce prix est certainement assez élevé : on peut, d'ailleurs, sans revenir
aux décorations somptueuses d'autrefois, utiliser ces émaux en moins
grand nombre : avec un emploi judicieux et dans des proportions raisonnables, l'effet décoratif pour les façades et l'intérieur des maisons, est
excellent.

En résumé, cette céramique n'est pas éliminée des constructions du
fait même d'un prix de revient prohibitif de son emploi. Il est, par ailleurs,
très difficile d'estimer si son usage se répandra. Il faudrait pouvoir
apprécier le goût moyen, les tendances artistiques d'une génération,

connaître en définitive le sacrifice pécuniaire qu'elle consentira pour l'harmonie et la beauté de ses demeures. L'engouement et la mode sont également de puissants facteurs dont il faut tenir compte dans toute industrie d'art.

Quant à la céramique appliquée aux objets usuels, elle fournit de jolis vases à fleurs pour l'ornementation des appartements et des jardins.

Des essais de reconstitution ont été tentés à Nabeul. La fabrique d'une importance moyenne, employait de jeunes arabes, sous la surveillance du Gouvernement; malheureusement l'affaire n'a pas réussi, mais pour des causes indépendantes de l'industrie de la céramique elle-même. De plus, quoique la main-d'œuvre fût facile à trouver dans ce pays de potiers, la terre y est cassante et poreuse, excellente pour fabriquer des gargoulettes, mais terne et médiocre pour les émaux.

L'essai tenté à Nabeul a été dernièrement repris à Tunis, où la terre est bien meilleure et a donné les résultats que nous avons signalés plus haut.

Il existe également d'autres poteries à Nabeul, mais qui n'ont guère le caractère arabe : la facture en est toute moderne; on y applique les procédés des émaux français.

En résumé, l'industrie d'art de la céramique arabe n'est peut-être pas appelée à un grand développement; mais il n'en est pas moins vrai qu'elle reste une curiosité essentiellement locale qu'il est bon d'encourager, car tout ce qui est particulier au pays tend malheureusement trop à disparaître.

Avec l'aide de cette céramique, les constructions peuvent garder un caractère, un cachet qu'elles perdent de plus en plus. Les artistes et les gens de goût ne sauraient donc qu'applaudir à toute tentative faite pour préserver, en Tunisie, une tradition d'art et d'originalité.

MM. P. GONNEAU et J. BARIOZ,

Professeurs aux Écoles primaires supérieures, Lyon.

CARNETS D'ATELIER POUR L'ENSEIGNEMENT PROFESSIONNEL.

---

6 (071.2)

25 Mars.

Nos carnets d'atelier, particulièrement ceux déjà parus, s'adressent surtout aux élèves des Écoles primaires supérieures et professionnelles. Les trois derniers (tour à bois, tour à métaux, tôlerie et ferblanterie) intéresseront aussi les apprentis et les ouvriers.

Nous avons cherché :

1° A relier les enseignements du dessin géométrique, de la Géométrie et du travail manuel;

2° A donner aux jeunes gens le goût du travail manuel et du dessin;

3° A offrir aux professeurs un grand choix d'exercices *tous réalisables* (tous les exercices que nous proposons ont été exécutés par nos élèves);

4° A supprimer les séances de croquis, faites en classe, car il n'est pas commode d'écrire ou de dessiner proprement à l'atelier; les dictées de notes sont longues, et, quoi que fasse le professeur, les fautes d'orthographe abondent et les non-sens grossiers sont fréquents.

Pour chaque exercice nos carnets renferment :

1° Un texte (matière d'œuvre; indications sur le tracé; marche à suivre pour l'exécution; remarques géométriques, ou technologiques; parfois remarques relatives au dessin);

2° Un dessin coté, en vraie grandeur ou à une grande échelle;

3° Une feuille de papier quadrillé à 5 mm, sur laquelle l'élève fera son croquis ou prendra les notes complémentaires que le professeur jugera utile de dicter.

Voici comment nous recommandons d'employer nos carnets :

1° Lecture du dessin, sous la direction du professeur ou du chef d'atelier; justification du débit; formes géométriques à réaliser; outils nécessaires; marche à suivre;

2° Exécution de l'objet;

3° Croquis fait à l'atelier, en classe ou à la maison, sur le recto de la feuille quadrillée, *l'objet en main*. Ce croquis sera, pour les élèves de première année, au début, la reproduction du dessin. Ensuite, l'élève aura à faire des coupes ou vues ne figurant pas dans le carnet.

Les calculs auxquels donnent lieu certaines remarques géométriques seront faits au verso de la feuille quadrillée.

On gagne ainsi beaucoup de temps, les élèves travaillent tous d'après un dessin exact et complet, ils font leur croquis bien mieux, avec plus d'intelligence, puisqu'ils connaissent parfaitement l'objet. De temps en temps, ils feront, comme dessin géométrique, des mises au net de ces croquis.

Nous n'avons pas fait la description ni expliqué le maniement de la plupart des outils. D'abord nous n'avons pas écrit un cours, ensuite, nous pensons que c'est au professeur ou au chef d'atelier à donner les explications nécessaires, en montrant les outils aux élèves.

C'est en imitant leur chef d'atelier que les jeunes gens apprendront à se servir des outils.

Les exercices de première année ne nécessitent qu'un outillage restreint, beaucoup d'outils ne seront utilisés qu'à partir de la seconde année. Ainsi, en première année, on n'emploiera ni la scie à chantourner, ni la scie à refendre, ni le burin; le travail et l'élève n'y perdront rien et l'outil s'en trouvera mieux.

Nous cherchons à donner aux élèves le goût du travail manuel; nous avons donc évité les exercices rebutants, fussent-ils, comme certains pourraient le prétendre, plus propres à *hâter l'apprentissage*. Ainsi, à la menuiserie, nous n'avons pas multiplié les assemblages; nous ne faisons exécuter que les plus utiles, séparément d'abord, puis dans des exercices d'application. Nous savons, par expérience, combien les élèves aiment faire des objets finis.

En première année, à la menuiserie, nous exerçons les enfants au maniement de la scie, de la râpe et de la lime : un menuisier doit savoir se servir de ces deux derniers outils qui sont, d'ailleurs, d'un usage courant en modèlerie mécanique. Le corroyage ne vient qu'ensuite : beaucoup d'élèves ne sont pas assez forts pour manier convenablement une varlope.

A l'ajustage, les élèves de première année, ne travaillent que du fer de 5 mm, suivant des formes géométriques. Ce serait leur imposer une fatigue excessive, et bien inutile, que de leur faire limer et buriner du fer épais, sous prétexte de les amener rapidement à limer droit. Quelques-uns sont à peine plus hauts que l'étau !

Nous ne pensons, d'ailleurs, pas qu'on puisse faire un apprentissage véritable à l'École primaire supérieure. Combien de nos élèves seront menuisiers ou ajusteurs? Combien de catégories de travaux faudrait-il faire dans nos ateliers?

Nous considérons le travail manuel comme « éducatif ». La thèse si longtemps et si bien défendue par M. René Leblanc nous semble la plus juste, même aujourd'hui, avec la crise de l'apprentissage.

Les travaux manuels constituent un excellent exercice physique et un délassement intellectuel; ils donnent à tous les élèves l'occasion de vérifier certaines propriétés géométriques, de faire des calculs pratiques; ils assouplissent la main; ils éduquent l'œil. Grâce à eux, des enfants réfractaires aux études abstraites apprendront beaucoup de choses utiles.

Il faut que les élèves aillent aussi volontiers à l'atelier qu'en récréation. S'ils y apprennent à lire un dessin, à tracer convenablement, à exécuter avec goût les exercices proposés, nous sommes sûrs que celui d'entre eux qui apprendra un métier aura, sur la grande majorité des apprentis, une avance considérable.

Nous espérons avoir rendu, en composant nos carnets d'atelier, quelques services à l'Enseignement manuel dans les Écoles et au *pré-apprentissage*, tel que nous pouvons vraiment le faire dans les Écoles primaires supérieures et professionnelles.

Nous regrettons de ne pouvoir soumettre, cette année, à l'examen de MM. les membres de la Section, nos trois derniers carnets (tour à bois, tour à métaux, tôlerie et ferblanterie). Ces carnets sont destinés aux élèves de deuxième et troisième années des Écoles primaires supérieures; ils renferment de nombreux exercices dont quelques-uns sont déjà difficiles. Nous avons voulu que les apprentis puissent les consulter profitablement.

M. Ch. HALPHEN,

Professeur au collège Chaptal, Paris.

L'ENSEIGNEMENT DU FROID INDUSTRIEL.

621.56 (07)

27 Mars.

- Né en France, le froid industriel a pris à l'étranger une place considérable, et commence à peine à se développer dans notre pays. Ses applications sont, de jour en jour, plus nombreuses, dans tous les domaines; elles ont déjà modifié très sensiblement les conditions de la vie de plusieurs nations. Pourquoi n'en est-il pas de même chez nous?

C'est d'abord par suite de l'esprit de routine et de l'existence de lois surannées. La lutte se poursuit activement dans cet ordre d'idées, menée par l'Association française du Froid, le Syndicat général de l'Industrie frigorifique, etc. En dehors des résultats pratiques déjà acquis, ces sociétés ont récemment fait rendre justice au Père du froid, Charles Tellier, méconnu dans sa propre patrie..

C'est aussi l'absence d'enseignements scientifique, technique, et de vulgarisation qui nous met dans cet état d'infériorité. Leur nécessité paraît tellement évidente qu'il serait superflu d'insister sur ce point. Qu'on sache seulement que la plus grande partie du matériel frigorifique employé en France est de fabrication étrangère, et que les constructeurs français exploitent surtout des licences de brevets étrangers. Quant au public, ce ne sont pas les quelques articles de vulgarisation des revues ou journaux — plus nombreux à la vérité dans ces derniers temps — qui suffisent à l'instruire, à dissiper ses préjugés, à combattre ses erreurs.

Qu'a-t-on fait jusqu'alors en France en matière d'enseignement du froid industriel? Et que reste-t-il à faire maintenant? Telles sont les questions auxquelles je me propose de répondre.

Le premier cours public sur l'industrie frigorifique eut lieu à la Faculté des Sciences de Bordeaux, en 1904. Son auteur, M. le professeur Marchis, l'a rédigé en un Livre : « Production et utilisation du froid », qui est un guide précieux, très documenté, pour les ingénieurs et industriels; c'est le premier Ouvrage français sur ces questions, qui ne soit, ni exclusivement scientifique, ni purement technique ou commercial. ·

En 1912, M. Marchis professait à nouveau certaines de ces questions en un cours libre à la Sorbonne. Cette année, il a pris la direction d'un enseignement scientifique et technique complet à l'École supérieure d'Aéronautique et de Construction mécanique, à Paris. Notons que cette école *libre* est la première qui ait songé à créer des spécialistes, en préparant des élèves aux examens du diplôme « d'Ingénieur frigoriste », institué par l'Association française du Froid. Les candidats à ce titre sont encore très peu nombreux.

D'autres professeurs, comme M. Mathias, de la Faculté des Sciences de Clermont-Ferrand, ont fait des séries de conférences sur telle ou telle question. Il en est de même des conférences organisées par les professeurs départementaux d'agriculture, les directeurs de laboratoires œnologiques, etc. Quelques associations, dans leurs cours du soir, ont entrepris la vulgarisation du froid. Une mesure plus importante, à coup sûr, vient d'être prise par l'École centrale des Arts et Manufactures, dont tout le monde connaît l'influence considérable dans l'industrie française. La direction a décidé d'incorporer l'enseignement frigorifique dans les programmes. Toutefois, comme ceux-ci sont déjà lourdement chargés, il n'est pas créé de cours nouveau ; mais dans chacun des enseignements existants, tels que : thermodynamique, machines, physique et chimie industrielles, etc., des Chapitres vont s'ajouter, rentrant dans le cadre général des sujets traités, et la réunion de ces Chapitres forme un cours complet sur l'industrie frigorifique. Il ne m'appartient pas de rechercher les avantages et les défauts respectifs de cette méthode. Le fait essentiel est qu'une puissante École de l'État enseigne désormais le froid industriel à tous ses élèves-ingénieurs.

C'est là, à peu près, toute l'œuvre accomplie aujourd'hui en matière d'enseignement, et ce n'est pas grand'chose. Au Congrès national du Froid, qui eut lieu à Toulouse en septembre dernier, M. Marchis a présenté des programmes soigneusement étudiés, pour diverses écoles, formant un ensemble très heureux (¹). Le Syndicat général de l'Industrie frigorifique, vivement préoccupé de cette question d'enseignement, vient de son côté de formuler ses desiderata (²), en complet accord d'ailleurs avec ceux de M. Marchis. Ce sont ces idées sur l'organisation d'un enseignement général du froid industriel que nous allons indiquer maintenant.

Distinguons tout d'abord, en industrie frigorifique :

A. La production du froid et son utilisation dans les appareils, en vue d'applications déterminées : questions scientifiques et techniques, à divers degrés ;

(¹) *L'Enseignement du Froid :* 1° *dans les Écoles pratiques de Commerce et d'Industrie ; —* 2° *dans les Écoles d'Agriculture, fermes-écoles, etc. ; —* 3° *dans les Écoles Normales d'Instituteurs et d'Institutrices ;* par M. MARCHIS. Comptes rendus du Deuxième Congrès français du Froid (Toulouse, 1912), second volume, p. 258 et sqq.

(²) Voir la Revue *L'Industrie frigorifique,* janvier 1913 ; *L'Enseignement frigorifique,* par Ch. Halphen.

B. Ces applications elle-mêmes : questions pratiques, relevant de techniques variées, et commerciales.

A. La réalisation des basses températures et l'étude des phénomènes qui en dépendent ne furent d'abord que des expériences de laboratoire. Ce sont les recherches des savants, qui ont pénétré dans le domaine industriel, grâce à la compétence technique, jointe à des connaissances scientifiques élevées, d'un certain nombre d'ingénieurs. Ces travaux scientifiques se poursuivent toujours et enrichissent nos connaissances de nouveaux faits qui, demain, doivent recevoir des applications industrielles.

Il nous faut donc un corps d'ingénieurs capables de suivre les progrès de la Science, et d'en tirer parti. Le rôle des grandes écoles du Gouvernement est tout tracé : ce sont elles qui doivent le former. Grâce à leur enseignement, les constructeurs français pourraient voler de leurs propres ailes et en peu de temps, nous posséderions un matériel frigorifique à nous, au moins égal en valeur à celui des autres nations.

Mais il ne suffit pas d'avoir des machines produisant et utilisant le froid, de construction française ou étrangère, d'ailleurs. L'industrie ne peut prospérer que si elle trouve des ingénieurs praticiens, des contre-maîtres, des Chefs d'ateliers, capables d'assurer la conduite des installations existantes; d'où la nécessité d'un enseignement entièrement nouveau, orienté dans un sens surtout pratique. C'est aux Écoles d'Arts et Métiers, aux Écoles pratiques d'industrie, pour ne parler que de celles qui relèvent directement de l'État, qu'il appartient de mener à bien cette tâche; il est permis d'espérer que le Ministère du Commerce et de l'Industrie, saisi d'une demande à cette fin, lui donnera une suite favorable.

B. Tout autre est le domaine des applications. Le commerce et l'industrie ont le plus grand intérêt, dans bien des cas, à se servir du froid produit artificiellement. Les applications déjà réalisées, celles qui existent en puissance, doivent donc être étudiées avec détail; ce sont autant de techniques variées qu'il est indispensable d'enseigner dans les écoles les plus diverses, pour obtenir de bons résultats. De même que le dosage d'un médicament ou d'un réactif doit être fait avec une précision rigoureuse, de même la température, l'état hygrométrique, etc., doivent être réglés avec soin pour la conservation de telle denrée, pour telle opération chimique, sous peine de déboires. Aujourd'hui les mauvais résultats ne sont pas imputables à l'imperfection des méthodes ou des machines; ils proviennent de l'ignorance de ceux qui s'en servent, et contribuent malheureusement pour une large part à l'hostilité du public envers le froid industriel. Un enseignement approprié seul les fera disparaître. Faut-il citer les nombreux établissements qui devraient le donner? Écoles commerciales, professionnelles, Instituts de Chimie; Écoles d'agriculture, depuis l'Institut agronomique jusqu'à la plus humble ferme-école; Écoles d'horticulture, Écoles d'industrie laitière et fromagère, toutes ont à en bénéficier. L'apparition des basses températures a.transformé l'œnologie, la brasserie, la fabrication des salaisons, presque tout pourrait-on dire... jusqu'à la marche des hauts fourneaux et la fabrication du chocolat ! Pourquoi la France resterait-elle en arrière? Pourquoi négligerait-elle de se servir, aussi complètement que possible, du froid, cet agent merveilleux, qui a fait la prospérité de l'Amérique du Sud et facilité l'existence de bien d'autres pays?

Il y a donc quelque chose de plus à faire. M. Marchis a pensé à l'organisation d'une campagne en faveur de l'industrie frigorifique; c'est du moins l'interprétation évidente d'un de ses programmes composé pour l'enseignement dans les écoles normales primaires. Les instituteurs et institutrices, convenablement instruits de ces questions, pourraient très utilement servir la cause du froid, car leur parole pénètre partout avec une force incontestable. Nous sommes persuadés que ce serait pour le plus grand bien de notre patrie; et c'est avec l'espoir que tous ces désirs deviendront des réalités que nous terminerons ce rapide exposé sur « ce qui reste à faire ».

M. Paul DESNOYERS,

Paris.

L'ÉCRITURE DANS L'HYGIÈNE SCOLAIRE.

372.51

25 Mars.

Le Gouvernement et le pays tout entier se préoccupent, et avec raison, d'augmenter nos forces militaires. Il nous est impossible de laisser grandir des armées qui, à l'étranger, autour de nous, peuvent tout à coup devenir menaçantes pour la sécurité de la France, sans prendre contre de telles menaces toutes les précautions utiles. C'est à cette nécessité que va répondre l'accroissement de nos effectifs. Ceux-ci ont été imprudemment diminués : si nous voulons que notre pays vive avec honneur, il nous faut aujourd'hui les augmenter.

Mais avoir plus d'hommes sous les drapeaux, ce n'est pas tout. Il faut encore que ces hommes soient forts, vigoureux, capables d'un effort énergique et persévérant. S'il n'en était pas ainsi à quoi serviraient-ils? Les uns seraient réformés par le Conseil de revision, d'autres, après leur incorporation, seraient incapables de faire campagne.

Mais, pour avoir des hommes vigoureux, il faut se préoccuper dès leur enfance de leur créer cette vigueur, et surtout de ne pas empêcher par de fâcheuses pratiques leur développement naturel.

Le rôle de l'instituteur est ici considérable. Les futurs soldats de la patrie, c'est dans une large mesure, lui qui les forme, intellectuellement sans doute, mais aussi physiquement. Il ne doit pas veiller seulement à l'instruction de l'enfant, il doit se préoccuper aussi de son développement physique. Tout cela se tient du reste : « Mens sana in corpore sano » disait l'antiquité et ce vénérable adage n'a pas cessé d'être vrai. De là, toute une suite de sollicitudes qui s'imposent à l'instituteur, relativement à l'hygiène de l'école, à sa propreté, à son aération, etc. Il y a des habitudes, des attitudes, qui peuvent nuire de la façon la plus grave au développement du corps de l'enfant, contrarier l'action de la nature et produire de véritables déformations. C'est à l'instituteur de l'en préserver.

Une des causes de ces déformations qui, à la fois, donnent au corps un déplorable aspect, en diminuent la force et en détruisent la vigueur, peut se trouver dans la position que l'instituteur laisse prendre à ses élèves lorsqu'ils écrivent. Si cette attitude gêne le développement normal du corps, si elle le force à un développement irrégulier, il est facile, d'apprécier par le temps, relativement considérable, pendant lequel les écoliers ont à écrire, quelles conséquences aura cette position vicieuse, et combien de chances il y a pour que leur santé soit, par là, atteinte pour toujours.

Or, il est prouvé que l'une de ces attitudes dangereuses est celle que nécessite, de la part de l'enfant, l'écriture droite, celle que depuis un certain nombre d'années, on s'est efforcé de substituer à notre ancienne écriture penchée. L'écriture droite ne permet pas à l'enfant de garder une attitude naturelle, elle l'oblige à prendre, lorsqu'il écrit, une position unifessière qui occasionne une déviation de la colonne vertébrale.

Et ce n'est pas là une assertion hasardée. Devant le nombre, toujours croissant, des enfants atteints de scoliose, l'attention des hygiénistes a été appelée à en rechercher les causes. Ils se sont livrés à ce sujet aux études les plus minutieuses, ils ont fait de nombreuses expériences; ils se sont enquis de la méthode d'écriture imposée aux enfants atteints de scoliose et à ceux qui en étaient exempts; ils ont examiné et analysé, dans tous leurs détails, les diverses positions que prennent instinctivement, nécessairement les écoliers alors qu'ils travaillent, les uns pratiquant l'écriture droite, les autres l'écriture penchée. Et leur conclusion a été formelle : c'est la condamnation de l'écriture droite, c'est la recommandation de l'écarter de l'école. L'écriture penchée, au contraire, qui se produit avec un mécanisme beaucoup plus simple, permet à l'enfant de conserver sa position normale, l'oblige par conséquent à un moindre effort et ne peut déformer son corps, si jeune et si flexible. Cette écriture est celle qui devrait être enseignée et pratiquée dans toutes les écoles.

Ces conclusions ont été soumises et recommandées au Ministre de l'Instruction publique, par une délégation des membres du Parlement, appartenant au corps médical. Une décision ministérielle sera prise pro-

chainement à cet égard et portée à la connaissance des instituteurs.
Il y aurait assurément plus d'une réforme touchant à l'hygiène et au
développement physique de l'enfant à opérer dans nos écoles. Le matériel est souvent défectueux : des troubles de la vue, des déformations corporelles, comme celle que nous venons de signaler, peuvent résulter de
l'emploi d'un mobilier acquis à une certaine époque ou bien des connaissances hygiéniques, qui nous sont aujourd'hui familières, étaient tout
à fait ignorées. Il est nécessaire qu'à cet égard des améliorations viennent
à être réalisées. Seulement cela est coûteux et notre budjet de l'instruction publique est limité. Les réformes se feront, elles se font déjà, mais
peu à peu, progressivement, en proportion des ressources qui doivent les
payer. Ici, en ce qui touche la méthode d'écriture, point de dépenses à
faire, par conséquent point de délais qui s'imposent; il suffit d'une décision ministérielle. La bonne volonté des instituteurs, leur dévouement à
l'enfance suffiraient même, à défaut de prescriptions ministérielles.
Aujourd'hui qu'ils savent ce que de sérieuses recherches scientifiques
ont révélé des deux méthodes d'écriture, les dangers de l'une, l'utilité
de l'autre, leur zèle pour les enfants qui leur sont confiés nous garantit
qu'ils n'hésiteront pas : ceux qui l'avaient abandonnée reviendront
à notre vieille écriture nationale, l'écriture penchée. Ils auront rendu de
la sorte un grand service aux jeunes générations et, par conséquent, à
l'avenir de notre pays.

———

M. Octave MENGEL,

Perpignan.

———

CONSIDÉRATIONS SUR L'ENSEIGNEMENT SECONDAIRE ESPAGNOL (¹).

———

373 (46)

27 Mars.

De tout ce que j'ai pu voir, de tout ce qui j'ai pu entendre, autant que
possible avec un esprit dégagé de toute idée préconçue, de l'analyse que
j'ai faite des cours que m'ont confiés mes collègues espagnols, de la documentation qu'ils m'ont fournie avec la courtoisie et l'aménité qui les
caractérisent, il résulte pour moi l'impression, que nous n'avons à peu
près rien à glaner chez nos voisins les Espagnols, au point de vue des
méthodes d'enseignement : notre conception *actuelle* de l'enseignement
secondaire étant à l'antipode de la leur.

Notre plan d'études crée la divergence hâtive des spécialisations,

———

(¹) Conclusions d'un Rapport adressé à M. le Ministre de l'Instruction publique.

éveille et oriente le développement des aptitudes spéciales de l'enfant; le plan d'études espagnol au contraire semble avoir pour but la convergence des intelligences individuelles vers une culture générale uniforme et, par suite, étouffe ou du moins retarde les spécialisations. Le plan français s'adapte avec aisance et souplesse à l'enfant; tandis que le plan espagnol adapte l'enfant à ses rigides et officielles exigences.

Mais, singulière antithèse, alors que le professeur espagnol, dans le cercle où il lui est permis d'évoluer, jouit d'une liberté entière, sans autre contrôle que celui de sa conscience, le professeur français reste sous une surveillance plus ou moins étroite, captif du détail de multiples programmes, et parfois des exigences des examinateurs. Je sais bien que l'arrêté du 29 juillet 1911 invite ceux-ci à faire abstraction de leurs préférences; mais combien liront jusqu'au bout ce paternel et judicieux arrêté.

Le principe de la coïnstruction des sexes pratiquée chez nos voisins, dans les instituts de deuxième enseignement, et qui est pour eux le présage d'une émancipation intellectuelle et sociale, est-il à méditer? Y aurait-il lieu d'étendre en France aux classes fréquentées par des élèves de 12 à 17 ans, les timides essais de ce genre, qui viennent d'être tentés notamment, à Paris dans les classes supérieures, au lycée de Chaumont dans les classes inférieures à la sixième, au collège de jeunes filles de Perpignan dans les classes élémentaires. Je ne le pense pas. Non pas que nous ayons à craindre, comme les Américains chez qui la coéducation est en défaveur, de voir les jeunes filles accaparer les premières places et jeter ainsi le découragement dans les rangs des garçons. La comparaison que me permettent de faire huit années d'enseignement en Sciences naturelles, en Chimie, en Physique et en Mathématiques, simultanément au collège de garçons et au collège de jeunes filles de Perpignan me rassure pleinement à cet égard; car là où il faut un travail demandant la conscience, la compréhension et même simplement la réceptivité, où semble cependant exceller la femme, nos bons élèves garçons ne m'ont pas paru inférieurs aux filles. Ce qui, à mon sens, rend chimérique dans notre enseignement secondaire toute tentative de coïnstruction, c'est en premier lieu la regrettable association de l'internat et de l'externat, avec toutes ses fâcheuses conséquences au point de vue de l'émancipation morale de l'élève, et plus spécialement de l'interne.

En France, absorbés que nous sommes, par la préoccupation de donner aux enfants, qui nous sont confiés, une instruction complète, forte et bien assise, nous négligeons peut-être un peu trop l'éducation. En Espagne où l'internat officiel n'existe pas, le rôle éducateur appartient uniquement aux établissements privés. N'y aurait-il pas lieu de s'inspirer davantage de cette pratique, commune d'ailleurs à la plupart des pays qui nous entourent? Cette question partiellement résolue au collège de jeunes filles de Perpignan et dans un petit nombre d'établissements d'enseignement secondaire de création récente, avec toutes les garanties d'éducation laïque désirables est, je le sais, depuis quelque temps à l'étude. Il n'y aurait donc pas lieu d'insister. Je me permettrai cependant de trouver quelque inconvénient, au point de vue du recrutement de l'externat, à l'espèce de monopole que crée l'État en n'agréant, auprès de chaque établissement d'instruction, qu'un seul internat parmi ceux qui y conduisent leurs élèves. Il me semble que l'octroi de cet appui, de cette recommandation officielle à un plus grand nombre d'établissements privés faciliterait la convergence de tous les milieux sociaux vers nos lycées et collèges allégés de l'internat. Ces établissements cesseraient d'être les annexes d'un hôtel ou d'un restaurant, pour devenir de véritables centres intellectuels.

On pourrait envisager, à première vue, comme utile emprunt au plan d'études espagnol la sanction des examens de fin d'année. Ce que j'en ai dit, dans le corps de mon rapport, pourrait en effet laisser supposer que, faits sérieusement, ils constituent une barrière réelle derrière laquelle s'arrêtent les paresseux ou les incapables. Le faible pourcentage des « suspensos » qui n'est que 8 % en moyenne montre que, comme chez nous, les examens de passage, les examens d'*assignatures* ne sont qu'un « trompe l'œil ». La seule différence est qu'en Espagne, où

> Cada maestrillo.
> tiene su librillo,

le professeur est le premier intéressé au maintien de ces examens qui lui assurent la vente de son livre et de son programme, surtout si, à la réputation de savant qu'il acquiert par l'élévation de son programme, il joint celle d'homme aimable aux heures difficiles de l'examen, tandis qu'en France, où il y a tendance à juger de la valeur d'un établissement d'après le nombre des élèves inscrits, le professeur doit accepter le principe de la prédominance de la quantité sur la qualité.

La plus judicieuse inspiration que pourrait suggérer la pratique des examens de fin d'année des instituts espagnols de deuxième enseignement me paraît être l'attribution des « sobresaliente con derecho a matricula de honor » que nous traduirions par « mention d'honneur avec droit à une réduction des frais d'externat ». Si par exemple les matières enseignées dans une de nos classes sont au nombre de 7 à 8, chaque mention permettrait à l'élève de faire valoir ses droits à un réduction de $\frac{1}{7}$ ou $\frac{1}{8}$ sur le prix de la pension d'externat de l'année suivante. Ce seraient là des espèces de bourses proportionnelles au mérite. Les bourses nationales seraient alors réservées à l'internat et leur attribution pourrait continuer à être basées sur des considérations étrangères à l'enseignement.

Telles sont les réflexions que m'a suggérées la mission d'études que M. le Ministre m'a fait l'honneur de me confier. La cause de leur stérilité provient sans doute des difficultés de documentation qu'on rencontre généralement en période de vacances; mais elle résulte aussi, et même plus encore, de l'avance que nos psychologues et pédagogues français ont prise ces derniers temps sur les éducateurs espagnols encore sous le joug des méthodes de travail qui, pour Farrington, font partie de « l'héritage, laissé aux peuples latins, par Loyola et ses successeurs ».

M. Victor BRUDENNE,

Ex-Professeur d'École Normale, Neuilly-sur-Seine.

MÉFAITS DU MOBILIER SCOLAIRE. CAUSES ET REMÈDES.

Déformations scolaires. Étriquement de la poitrine des enfants. Entrave au travail intellectuel des écoliers. Indiscipline des élèves. Influence psychique, inverse, des élèves sur leurs Maîtres. Criminalité précoce de l'enfance. Tuberculose des maîtres. Faiblesse du recrutement de l'armée. Étiolement de la race. Dépopulation.

371.61

25 *Mars.*

Déformations scolaires. — *Rapport officiel* : En 1903, le professeur *Letulle,* de l'Académie de Médecine, a exposé « au Directeur de l'Enseignement secondaire » que *les déformations scolaires* atteignent 63 %des écoliers.

Le nombre de ceux-ci étant, en 1907, de 5 528 364 dont il sort, en moyenne $\frac{1}{6}$ par an, soit 921 394, cela donne, environ, 580 000 *enfants déformés,* chaque année, *par l'école.*

Scoliose : Toujours assis sur des *cuisses pauvres en chair* le poids du corps *porte sur les ischions dont le sommet est en bas* de sorte que *les enfants sont blessés* par le frottement continuel *d'os pointus,* sur leurs bancs scolaires, et *c'est pour échapper à la douleur* (survenant, généralement, *au bout d'une demi-heure),* que les enfants prennent ces *attitudes, extravagantes, vicieuses,* dont la répercussion est si triste, sur la colonne vertébrale, celle-ci *conservant la déformation après l'ossification du tronc.*

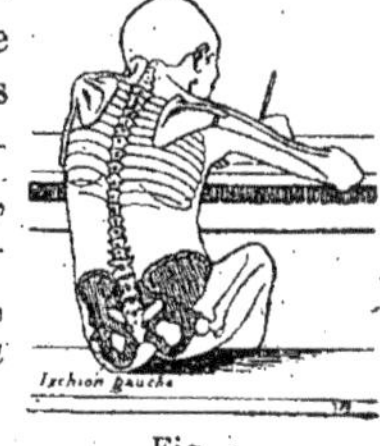

Fig. 1.

Cyphose (dos rond ou *dos universitaire*) : Résulte de la *courbure du corps en deux* sur les tables scolaires basses. Cette déformation est d'autant plus dangereuse qu'*elle entrave le fonctionnement de l'appareil respiratoire,* ainsi que nous le verrons plus loin.

Myopie : Conséquence ordinaire du rapprochement des yeux des livres ou des cahiers, sur des tables mal appropriées aux enfants.

Peut, également, résulter de la *congestion du fond de l'œil,* provoquée par « le froid de pieds » (contact avec le sol, dans la position

« assis » jambes pendantes, circulation du sang entravée) ou par les courants d'air passant sous les portes.

Surdité : Le froid de pieds, précité, cause des *maux de gorge, enflammant les conduits auditifs* et rendant l'oreille insensible aux vibrations sonores.

Elle peut, également, provenir d'une maladie du nerf auditif, provoquée soit par l'anémie, soit par le vice du sang, dont il sera question plus loin.

Basculement du bassin chez les filles : Les attitudes vicieuses, qui aboutissent à la scoliose *sont aggravées, chez les filles*, par la mauvaise habitude de *mettre leurs jupes en tas, sous une cuisse ou sous une autre*, et de *s'asseoir ainsi de travers* ce qui bascule leur bassin et *fait dévier, davantage*, leur colonne vertébrale. Cette habitude néfaste fait dévier. *cinq fois plus de filles que de garçons*.

Fig. 2.

Entrave à la respiration : La station *assis en avant* restreint l'expansion pulmonaire ainsi qu'il va être exposé, ci-après :

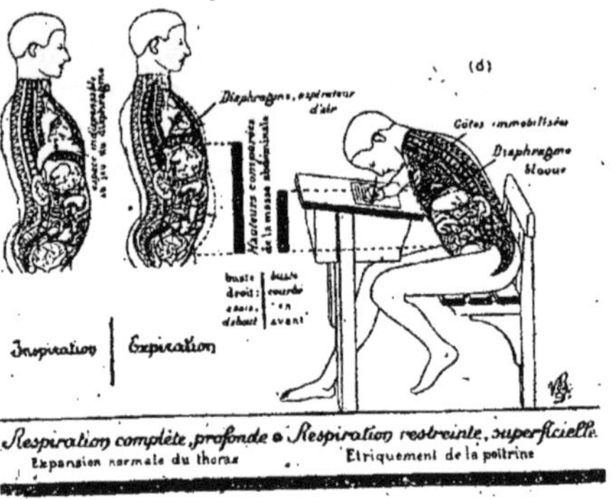

Fig. 3.

L'appui contre le rebord du pupitre « immobilise les côtes supérieures » et entrave, ainsi, le développement thoracique, d'une part.

En second lieu, *le rapprochement du tronc et du bassin* comprime fortement, *comme le ferait un casse-noix*, les *organes abdominaux* qui, en cherchant une issue pour reprendre de l'espace, exercent une *pression désastreuse sur l'appareil respiratoire*, dont la fonction, *qui est vitale*, se trouve ainsi compromise.

Or, le mouvement de va-et-vient, du *diaphragme-aspirateur d'air*, *n'est plus que superficiel* dès que la masse abdominale « comprimée » (par le rapprochement en casse-noix du tronc vers le bassin) non seulement ne peut plus supporter le moindre refoulement, mais aussi *cherche à reprendre l'espace qui lui est nécessaire* et, pour cela profite de la seule partie molle qu'elle a devant elle : *le diaphragme et les poumons, eux-mêmes*, toutes les autres parties étant des parties du squelette (colonne vertébrale, parois du bassin) ou les replis du bas-ventre, *en voûte, absolument incompressibles.*

L'appareil respiratoire supporte donc « seul » tout l'effort de réaction de la masse abdominale, comprimée, dans la courbure du corps, et ce *refoulement en sens inverse* entrave dangereusement *l'action aspiratrice du diaphragme*, entraînant *l'insuffisance respiratoire* avec les conséquences générales, ci-après exposées : étriquement de la poitrine; insuffisance des échanges gazeux; auto-empoisonnement du sang; débilitation de l'individu; dégénérescence organique; entrave au travail intellectuel; insuccès de l'école; criminalité précoce de l'enfance, due à l'aberration mentale, résultant de l'intoxication du cerveau; prédisposition à la tuberculose; affaiblissement général du pays.

Étriquement de la poitrine : Chez les enfants, *la cage thoracique est cartilagineuse*

N'étant pas encore ossifiée, elle n'offre par la résistance que possède celle des adultes. *Elle se modèle sur les poumons :* Poumon à *expansion large : poitrine développée.* — Poumon à *expansion restreinte : poitrine étriquée* qui sera, pour l'avenir la source de *chétifs*, de malingres, d'êtres en *état de moindre résistance* physique, dont l'augmentation incessante compromet l'avenir du pays et se manifeste, actuellement par la recrudescence des épidémies, dans l'Armée.

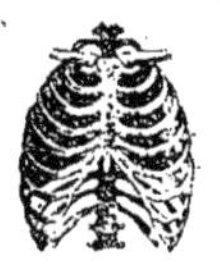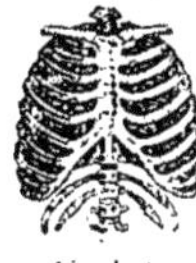

Fig. 4.

Insuffisance des échanges gazeux : L'acte si vital de la respiration, *ne comprend pas seulement l'aspiration de l'air;* il comprend, également, *l'expulsion des gaz impurs*, non seulement inutiles, mais *nuisibles à la vie.*

C'est ce qu'on appelle *l'échange gazeux pulmonaire.*

Or, lorsque la fonction pulmonaire *ne s'exerce pas comme il convient*, l'air (qui est indispensable à la vie normale) est : 1° en *quantité insuffisante*, dans les poumons; 2° de *qualité viciée* par les gaz nuisibles *non expulsés* ainsi que par *les déchets organiques* restés également en lui et par *les poisons* (formés par les microbes dès que la respiration se fait mal.

Auto-empoisonnement du sang (autotyphisation) : On conçoit, aisément, que *la conservation, dans le sang* de l'air vicié des poisons microbiens, des déchets organiques (produits ultimes de la désassimilation) empoisonne le sang, par lui-même et, par voie de conséquence, empoisonne et débilite *tous les organes*, dont il constitue l'élément nutritif, de revivification constante, le séjour, dans le sang, de ces éléments nocifs, ne pouvant être que des plus nuisibles, sinon mortel pour l'individu ainsi empoisonné.

Débilition de l'individu : On conçoit, également, que la nourriture de l'organisme, *représentée par un sang empoisonné*, soit des plus *débilitantes pour lui*, et qu'elle le conduit, *finalement à sa perte*, après l'avoir fait passer par toutes les phases de la *faiblesse organique*, de la *misère physiologique* (dénutrition générale) mettant l'individu en *état de moindre résistance*, en présence de toutes les maladies ou épidémies possibles.

Quoi d'étonnant, après cela que la plupart de nos jeunes gens modernes soient *étriqués, voûtés* avant l'âge en présentant tous les signes d'une *dégénérescence organique absolue*.

Entrave au travail intellectuel. Insuccès de l'école : L'influence « la plus inattendue » de l'insuffisance respiratoire et des échanges gazeux, incomplets, est, sans contredit, l'*entrave au travail intellectuel des écoliers*, entraînant *les insuccès de l'école*.

En effet, dès que les échanges gazeux se font mal, *dès qu'un sang vicié circule dans les centres nerveux*, ceux-ci trahissent leur malaise et leur souffrance par les phénomènes, sous-indiqués :

1. Maux de tête, cessant à l'air libre, faisant croire à la paresse.
2. Fatigue rapide et permanente, en classe ou à l'étude.
3. Névralgies diverses.
4. Tics nerveux, de la face et des membres.
5. Tintements d'oreilles, vertiges, éblouissements, syncopes.
6. Poussées brusques de rougeur et de pâleur de la face.
7. Saignements de nez.
8. Modifications de la vue, myopie, astigmatisme, fatigue visuelle.
9. Modifications de l'ouïe, surdité, hébétude consécutive.
10. Modifications de caractère, irritabilité croissante.
11. Gesticulation incessante.
12. Diminution de l'activité intellectuelle.
13. Leçons mal sues.
14. Écriture tourmentée, irrégulière.
15. Devoirs médiocres, inégaux.
16. Somnolence, en classe ou à l'étude.
17. Insomnie, à la maison.
18. Sommeil troublé par des rêves, à haute voix, relatifs à l'école.
19. Inattention, pendant les lectures ou les leçons.
20. Prostration. Indolence dans le travail.
21. Incompréhension des leçons. Travail intellectuel impossible.
22. Tressaillement, au moindre bruit.
23. Larmes au yeux, à la plus légère observation, ou réprimande.
24. Tristesse invincible.
25. Abattement, accablement, découragement.
26. Sensation (chez les grands) que le travail n'est plus profitable.
27. Inquiétude, au sujet de l'avenir.

28. Crainte de soi, aux examens.
29. Échecs consécutifs.
30. Mise en infériorité, de l'école, malgré le courage de la plupart de ses élèves, le dévouement incontestable de ses Maîtres, les lourds sacrifices, consentis pour elle, par les villes, par l'État, par tous ses amis, enfin.

On le voit, par la triste énumération qui précède : *Un cerveau empoisonné est un moteur rouillé; on n'en peut rien tirer !*

L'École se trouve donc placée en face de ce dilemne : 1° continuer les *errements passés* et enregistrer les *mêmes insuccès;* 2° considérer le mobilier scolaire *comme un outillage* capable de fournir un rendement déterminé, tout comme l'outillage industriel, commercial, agricole, ou militaire fournit le sien, et choisir cet outillage, selon les *principes scientifiques qui précèdent*, c'est-à-dire l'outillage (mobilier scolaire) respectant les fonctions organiques de l'enfant et notamment la fonction respiratoire, de laquelle découle la vitalité de toutes les autres. Nul doute qu'elle ne s'arrête à ce dernier parti, puisque *son intérêt est là et non pas ailleurs.*

Indiscipline des élèves : L'indiscipline des élèves ne saurait leur être imputable puisqu'elle est *la manifestation de la nature en révolte* contre l'inaction. Imposer l'immobilité à des êtres « en période de croissance », c'est *entraver la vie!* Les vigoureux, qui remuent en classe (*voir* déformations scolaires, douleur des ischions) se sentent injustement punis, puisqu'une force invincible les a poussés à remuer quand même.

Les lymphatiques perdent l'habitude de se tenir sur leurs jambes, *ne jouent pas, en récréation*, s'asseoient partout où ils le peuvent et *rentrent en classe* non reposés sujets de trouble, comme devant.

La turburlence de l'enfance étant une nécessité physique, tenons en compte (au lieu de la réprimer inconsidérément) et *dirigeons-la* de manière à en tirer parti. Il suffit de varier l'attitude des enfants (ou de la laisser varier, par eux-mêmes, dès que leur besoin de changer de position se fait sentir. Cela est permis, avec une table scolaire physiologique, remplaçant les tables scolaires arbitraires actuelles.

Influence psychique des élèves sur leur maîtres. — S'il a été admis, jusqu'ici, que les maîtres exercent, sur leurs élèves une influence certaine, qui est double :

1° (Volontaire). Effort constant, pour modeler les enfants à l'image de leur idéal propre.

2° (Involontaire). Par *tout ce qu'ils disent, tout ce qu'ils font, par leur caractère, par leurs maladies, par leur manière d'être, physique;* en un mot, il est non moins admis, aujourd'hui, que *les élèvent exercent une influence psychique inverse considérable sur leurs maîtres :*

Cette influence psychique provient de :

1° La gesticulation incessante des élèves; 2° leur instabilité de caractère;

3º leur inattention, en classe; 4º leurs tics nerveux, leurs grimaces, distrayant la classe; 5º leur somnolence, en classe ou à l'étude; 6º leur indolence, au travail; 7º leur décevante incompréhension des leçons (même bien faites); 8º leur paresse, leur désintéressement des études; 9º leurs insuccès, malgré les efforts prodigieux des maîtres.

Le résultat, sur les maîtres, est le suivant :

Si les maîtres ne sont pas doués d'une volonté *fortement trempée*, si leur système nerveux n'est pas très résistant, *la tension perpétuelle d'esprit qu'ils éprouvent*, en présence des *insurmontables obstacles*, rencontrés, *aboutit à une dépression nerveuse* considérable, qui peut s'appeler, selon son degré : 1º asthénie psychique (diminution de l'action organique) ou mélancolie; 2º neurasthénie, qui les rend « incapables », malgré leur bonne volonté première, de donner *la somme d'énergie, nécessaire à l'enseignement* qu'on est en droit d'attendre d'eux.

Par suite de cette influence psychique, exercée sur leur propre caractère : 1º certains maîtres ne peuvent se trouver en face d'un acte d'indiscipline, quelconque, sans entrer en colère, ou en fureur; 2º d'autres se croient persécutés, dès que les élèves chuchotent, ou rient quelque peu. Ils se plaignent et cherchent à se faire plaindre, allant même jusqu'à prendre, pour confidents, leurs propres élèves, ce qui aboutit, fatalement à leur faire perdre toute autorité morale sur les dits élèves.

L'influence psychique des élèves *ébranle donc fortement le système nerveux de leurs maîtres*, rend ceux-ci *inaptes à l'enseignement*, à cause du danger auxquels seraient exposés les élèves, dans leur formation morale où intellectuelle.

Mais quelle est donc *la cause de cette influence psychique, inverse, des élèves, sur leurs maîtres?*

La mauvaise installation matérielle des élèves sur le mobilier scolaire courant.

Pour inattendue que soit cette révélation, elle n'en est pas moins la seule qui puisse être *scientifiquement donnée :* et qui doive *retenir complètement l'attention* de tous ceux qui dirigent des écoles, ou en ont la responsabilité, à quelque titre que ce soit.

En effet, nous avons vu, à propos de *l'entrave au travail intellectuel* que :

La gesticulation incessante, des élèves; l'instabilité de leur caractère; leur inattention, en classe; leurs tics nerveux, grimaces, distrayant la classe; leur somnolence, en classe ou à l'étude; leur indolence au travail; leur décevante incompréhension des leçons (même bien faites); leur paresse, leur désintéressement des études; leurs insuccès, malgré les efforts prodigieux de leurs maîtres.

Tout cela résulte de la circulation, dans les centres nerveux, d'un sang empoisonné par lui-même, par la mauvaise expulsion de l'air vicié, des déchets organiques et des poisons, formés par les microbes, *dès que la respiration se fait mal*, comme c'est le cas, sur le mobilier scolaire courant.

Tuberculose des maîtres : D'une façon générale, *la tuberculose se mani-feste, surtout, dans les professions ou le travail se fait dans la position courbée qui entrave le fonctionnement de l'appareil respiratoire,* ainsi qu'il a été exposé, précédemment. *C'est le cas du personnel enseignant,* qui travaille *courbé en deux* pendant :

1° L'enseignement individuel (modèles ou surveillance de travaux en cours d'exécution) surtout aux petits; 2° la correction, chez lui, des cahiers d'élèves et la préparation de la classe du lendemain; 3° les leçons particulières (école ou domicile des élèves); 4° le secrétariat de mairie ou les travaux de comptabilité exécutés en vue de l'augmentation des ressources, après la journée d'enseignement, déjà si pénible, lorsque les cours d'adultes ou autres œuvres « postscolaires » ne les accaparent pas immédiatement après leur repas du soir, ajoutant « l'entrave à la digestion » à l'entrave à la respiration, si déprimante, par elle-même.

Cette courbure, néfaste, du corps, trop répétée, *épuise le personnel enseignant,* avant la fin normale de sa carrière, et le prédispose, particu-lièrement, à la tuberculose. D'autre part, cette prédisposition, acciden-telle, à la tuberculose, se trouve, considérablement, *aggravée* par *la dépression nerveuse* résultant de *l'influence psychique des élèves, si dépri-mante* que nous venons d'exposer.

Heureusement, la tuberculose du personnel enseignant, résultant de la *double action précitée, n'est qu'une tuberculose accidentelle, qu'il est extrê-mement facile de supprimer* pour l'avenir.

Il suffit de *réformer* sans délai *le mobilier scolaire courant* (cause unique de tout le mal) et de le *remplacer par des tables de travail physiologiques,* dont le rôle, *essentiel,* sera d'assurer la *rectitude du tronc* (aussi bien dans la station assis que dans la station debout), en favorisant, ainsi, *la largeur, la profondeur de l'expansion pulmonaire,* sans laquelle *la vigueur phy-sique naturelle ne saurait subsister.*

Influence, pernicieuse, du mobilier scolaire hors de l'école. Recrutement de l'armée : L'étriquement de la poitrine, sur les bancs de l'école, subsiste (du fait même de l'ossification du squelette) lorsque les conscrits se présentent à la revision.

De là de *nombreuses réformes pour insuffisance du périmètre thora-cique,* 350 000 hommes n'ont pu, actuellement, être utilisés par le pays à cause de cela !

D'autre part, l'ossification, *fixant définitivement la restriction thoracique* les individus, restant étriqués, continuent à être gênés, dans leur expan-sion pulmonaire et dans leurs échanges gazeux, et il en résulte une vicia-tion du sang permanente, qui fait d'eux, des *chétifs,* des *malingres,* qui encombreront *beaucoup plus les infirmeries,* qu'ils ne fortifieront les compagnies. L'affaiblissement est donc double pour l'armée !

Avenir du pays et de la race : Nous venons de voir que l'étriquement, persistant, de la poitrine, entraînait la difficulté constante de la respiration et des échanges gazeux, dont la conséquence fatale était *la viciation permanente du sang*.

Or, *l'infection du sang affaiblissant le germe*, il n'y a plus lieu de s'étonner de *l'insuffisance qualitative et quantitative des sujets*, dont *l'étiolement* et la *diminution* justifient *l'unanime constatation* de tous nos plus grands sociologues :

La natalité est en raison inverse de la culture intellectuelle, montrant bien, par là, quel rôle néfaste l'école joue dans la décroisance de la vigueur physique nationale.

De toute urgence s'impose la réforme du mobilier scolaire courant, dont les méfaits, vraiment trop nombreux et trop dangereux, font, certainement, courir le pays à sa perte, si l'on n'y remédie sans tarder.

Le remède? -*La table scolaire physiologique assurant « ampleur et vigueur »*, permettant par la correction de l'attitude, en toutes positions, le fonctionnement normal de la respiration (avec ses heureuses conséquences) évitant, pour l'avenir, tous les maux signalés dans cette étude.

Dès lors, *le remède est connu* : favoriser la ventilation des poumons, la régénération consécutive du sang des élèves, ce qui s'obtient instantanément par la correction de l'attitude, *pendant le travail scolaire, lui-*

Fig. 5.

Fig. 6.

même, au moyen de « *tables scolaires physiologiques* » essentiellement construites pour *maintenir le buste... toujours droit...»* aussi bien dans la station assis que dans la station debout, afin de favoriser le parfait fonctionnement de l'appareil respiratoire d'où découlent l'épuration naturelle du sang, la vigueur organique et la lucidité normale de l'esprit.

M. R. COX,

Directeur du Musée historique des Tissus, Lyon.

CONSIDÉRATIONS SUR L'ENSEIGNEMENT PROFESSIONNEL INDIGÈNE.

6 (07) (611)

27 Mars.

Sans aucune prétention de rien dire qui soit bien neuf, nous présentons aux membres de la Section quelques considérations particulières, sur l'art, considérations qui nous ont paru se dégager des collections du Musée historique des Tissus de Lyon. A l'instigation de M. Ed. Aynard, son président d'alors, la Chambre de Commerce l'a créé. Elle nous en a confié la garde et l'entretien. A vivre depuis 20 ans dans ce milieu, avec le soin de la présentation, la charge d'établir des classements historiques, bien des choses se sont précisées qui nous paraissent intéressantes à résumer pour l'édification des éducateurs chargés de l'enseignement professionnel indigène.

Le Musée historique des Tissus compte ses échantillons par centaines de mille, et c'est évidemment la plus riche institution du genre. Toutes les espèces de tissage y sont représentées, de l'Antiquité à nos jours. Le côté des soieries, les tapis, et tapisseries, la broderie et la dentelle offrent aux travailleurs les plus beaux spécimens. Chaque époque y marque sa trace: civilisations et races l'empreinte de leur génie particulier. C'est pour l'observateur, une occasion unique d'études et de réflexions.

Il en découle d'abord, que l'Occident, l'Orient, et l'Extrême-Orient présentent des particularités immuables dont les caractéristiques persistent à travers les âges dans toutes leurs manifestations artistiques.

L'Occidental se singularise par son inquiétude constante du mieux et l'initiative est son fait. Il raisonne indéfiniment son sort, avec l'espoir du progrès illimité.

En art, son point de départ, est l'Utile. L'Utile c'est l'architecture, ou le costume, l'ornement n'apparaît que comme l'embellissement de cet Utile; et l'ornement varie suivant sa destination. L'Occidental dans ses œuvres cherche à être complet, définitif. Il perçoit les trois dimensions, hauteur, largeur, relief. Notons, enfin, qu'il enrichit et varie constamment son répertoire de motifs ornementaux.

Chez l'Oriental, l'art semble s'épanouir presque spontanément, sous l'impulsion d'une éventualité aux époques où la race domine. Chez lui, la partie Utile, architecture ou costume est secondaire, jusqu'au point même de ne pas exister parfois. En tout cas, elle n'est que le support, l'échafaudage sur lequel apparaît la décoration, principal objet du rêve de l'artiste créateur, qui, lui, se préoccupera à peine de la destination de son œuvre. Cette ornementation tendra à donner l'impression d'indéfini et ne comporte pas l'idée du relief. L'art oriental est un art de combinaisons, où le répertoire décoratif est très restreint.

En Extrême-Orient, tout progrès est le fait d'un réformateur, non plus génial, mais avisé, allant prendre chez le voisin, une forme éprouvée. C'est ce qui se passa en Chine, en 64 de notre ère, quand le législateur imposa le bouddhisme expérimenté dans l'Inde. C'est ce que le Japon a fait de nos jours, en s'adaptant nos derniers progrès. L'Extrême-Orient a créé un art de monstres, dont le mystère reste incompréhensible pour les non initiés. Dans son œuvre, dont l'expression relève étrangement de la nature, l'Extrême-Orient mêle la perspective à l'aplat avec une entente qui nous dépasse. Nous n'avons pas à nous étendre sur cet art d'Extrême-Orient, qui n'a rien à voir avec nos éducations du Nord-Africain.

Nous devons au contraire insister sur les deux autres, afin de prémunir nos instituteurs contre toute occidentalisation de leur enseignement. En effet, ce serait une faute pour eux qui prétendent réformer, ou perfectionner l'état social d'une race spéciale, de commencer par étouffer ses qualités natives, en lui imposant ses propres formules. Les distinguer, les développer, leur faire reprendre les belles traditions des meilleures époques, tel doit être son objectif. Or, il est évident que le Nord-Africain a conservé, à l'état latent, les traces d'un art national. Ses origines doivent nous être révélées par l'étude réfléchie des sources auxquelles il a puisé, par l'étude aussi des monuments qui nous restent de ses siècles de gloire.

Il y a, pour agir ainsi, bien des raisons, et celle-ci, en première ligne que nous trouvons dans la nature même du milieu africain, comparé à notre propre milieu.

La France s'est formée jadis de races diverses : Ibère, Celte, Phénicienne, Grecque, Romaine, Belge. Or, notre sol gaulois a permis le croisement intime de ces différentes races donnant naissance aux Français. De tous temps, même à ceux plus lointains que l'histoire et en passant par nos bons imagiers gothiques, l'art fut chez nous réaliste, et l'est resté.

Au nord de l'Afrique, au contraire, rien ne semble assimilable. Jadis Berbères et Numides, furent constamment en guerre, Rome et Byzance y trouvèrent des auxiliaires, et purent y faire une de leurs belles provinces, sans toutefois que leurs colons mélangeassent jamais leur sang à l'élément indigène. L'Arabe pas davantage, bien qu'il y ait trouvé d'admirables soldats. Actuellement encore, Berbères, Maures, Arabes,

Turcs, Européens, y vivent côte à côte sans qu'il y ait de mariages entre eux. Si l'on considère l'art d'un pareil milieu, il fut à l'origine, à base de géométrie très simple, et c'est cette géométrie qui s'est exaspérée dans le sens scientifique à son heure glorieuse musulmane.

A notre avis, ce serait peines perdues de vouloir occidentaliser quand même l'art de populations si réfractaires au croisement. Poussons au contraire l'éducation dans le sens réellement indigène, après nous en être bien pénétrés nous-mêmes, grâce à notre esprit particulier d'analyse.

Considérons d'abord, comme nous le disions plus haut, que le répertoire de motifs décoratifs musulmans est limité. A la première heure de l'Islam, tandis que le commandement relève d'un unique Calife, celui de Perse, il exploite quelques animaux dont la présentation varie à peine. Au modelé s'étaient substitués des agencements ornementaux ; c'est-à-dire que le réalisme des Byzantins ou des Sassanides avait fait place à un hiératisme absolu. L'animal n'était plus représenté pour lui-même, mais pour l'idée qu'évoquait son image ; le lion, l'aigle c'était la force, la puissance, le paon, la richesse, la colombe, la douceur, etc., et ce symbolisme avait été adopté par tout l'Islam. Ajoutons-lui quelques rares motifs dégénérés, et devenus tout ornementaux : trois palmettes, un petit nombre de feuillages et de floraisons irréels. En même temps, les cadres précédemment constants dans les ordonnances décoratives, avaient été rejetés, faisant place à des compositions touffues, ou de parti pris, tous les éléments constitutifs se pénètrent, s'enchevêtrent les uns dans les autres. L'Islam donnait là l'expression de la loi, qui préside à ses recherches. Plus rien de cette clarté chère à l'Occident, mais cet indéfini, où le croyant perpétue son rêve.

Vers le xive siècle, à l'est Musulman, un peu de réalisme réapparaît, d'expression toujours d'ailleurs schématique ; scènes évoquant la chasse, la vie, ou la poésie orientales. Figures et animaux toutefois y varient à peine leur silhouette. L'élément floral à côté, se réduit à quatre fleurs : tulipe, œillet, jacinthe, églantine. Ajoutons quelques feuillages découpés, ou quelques emprunts, comme le tchi chinois, la grenade de Venise. Depuis la forme s'est immobilisée, s'abatardissant peu à peu, sans plus rien inventer.

A l'ouest de l'Islam, la géométrie triomphe. Dabord simple, elle se complique avec des combinaisons qui ont toute l'apparence de la science. A ces lignes de la géométrie s'adjoignent des arabesques. Or, si nous les examinons, les arabesques naissent d'une forme presque unique, sorte de lame de cimeterre, portant un crochet à la base. Géminant cette lame, le Maure en fait un fleuron, qui rappelle la fleur de lys, la courbant, la répétant, il forme un rinceau, etc. A ces lignes de géométrie, à ces arabesques, viennent s'allier des inscriptions, et là s'arrête le répertoire. Combien pourtant variée la virtuosité mauresque.

Le Copte a été le premier ouvrier du centre de l'Islam. Pour lui il a tiré, de son fond de méandres géométriques et de feuillages écrasés, quelques figures. A la première heure, on en trouverait sept : des sortes de piques, trèfle, cœur, carreau, un cercle, une étoile à huit branches, un svastika. Ces sept figures combinées ensemble, usant de toutes les méthodes de groupements, en déterminent de nouvelles. Le Musulman nous indique ici encore, son génie d'arrangement

Mais, au centre de l'Islam, le passage constant des pélerinages de la Mecque apporte les formules de l'Est et de l'Ouest. Il les adopte, ou les adapte suivant ses goûts particuliers. C'est enfin l'appoint turc, dès la fin du XIVe siècle. Celui-ci peu original, quelque peu occidentalisé, n'en a pas moins ses qualités particulières, dont l'influence s'est étendue loin dans le Mogreb.

Le premier soin de l'éducateur devra être de se bien imprégner du répertoire musulman. Il en trouvera les éléments dans de nombreux Ouvrages, à Tunis, et à son musée du Bardo, à Kairouan, à Tozeur partout où des traces subsistent, plus particulièrement, peut-être, dans les stèles funéraires. La moisson serait là abondante. Une fois ce répertoire su, l'éducateur aura à s'y tenir. Ce serait une faute pour lui, de pousser son élève à inventer du nouveau, et ce serait en vain, d'ailleurs, parce que l'Oriental n'invente pas; il se replace indéfiniment, combinant les motifs connus de lui, suivant la silhouette à décorer, il convient.donc de lui apprendre les plus purs. Entraîné par les exigences de la matière employée, il peut simplifier, ou surcharger le détail, le point de départ de celui-ci est unique. Mais l'Oriental pas davantage n'invente la composition dans son ensemble. Celle qu'il exécute, c'est qu'il la connaît par tradition y compris son mode d'établissement; il l'a dans son cœur, comme disent nos Arabes. Plus il est fort, et moins il s'éloigne du type qu'il sait. La plus grande science consiste à connaître davantage de compositions, avec la façon de les construire. Là est le secret de ces graveurs sur métaux, qui font l'étonnement du voyageur les regardant besogner. Ils semblent pousser leur burin à l'aventure, et pourtant, peu à peu, l'œuvre paraît, pondérée, régulièrement établie dans sa fantaisie compliquée.

C'est qu'ils allaient à coup sûr, dirigeant leur outil vers quelque point indiqué à l'avance, et mystérieux pour le spectateur qui passe.

Il résulte de ce que nous venons de diré, que si le mode occidental d'éducation cherche à développer des théories, montrant le bon et le mauvais, ce qu'il faut faire, et ce qu'il faut éviter en vue d'une création, le mode oriental, lui, apprend à son élève une suite plus ou moins nombreuse de combinaisons traditionnelles qu'il aura à replacer sans avoir rien à ajouter de son cru. C'est-à-dire en somme que l'enseignement professionnel indigène doit être pratique, et non théorique. Sa première préoccupation aura dû consister à préparer de beaux modèles.

A notre avis, c'est le rôle du Gouvernement de sélectionner les modèles, de les faire étudier par un service spécial, confié à des spécialistes, non pas pris parmi les indigènes, mais bien parmi nos érudits français. C'est l'affaire de ceux-ci, de disséquer une composition, de résoudre scientifiquement le problème de son établissement, d'en déduire pratiquement la reconstitution, suivant la matière employée. Nous ne nous dissimulons pas la difficulté de créer cet atelier central. On devra y connaître toutes les techniques industrielles, mobilier, tissage céramique, damasquinage, etc. Il faudra s'y garer de tout machinisme compliqué, se rapprocher autant que possible des procédés indigènes, parfois rudimentaires, comme dans le Sud. Une fois édifié sur le côté industrie, il lui faudra, aussi, suivant les cas, exécuter les spécimens à distribuer dans les écoles ou les dessins préparatoires, comme la mise en carte d'un tapis.

D'une façon générale, il importe que tous les modèles ne soient pas le fait de créateurs livrés à leur seule imagination, quelque talent qu'ils puissent avoir. Qu'ils partent, au moins, d'un authentique monument existant. Au myhrab, au mynbar de Kairouan, il y a 100 tapis à faire, on trouverait d'infinies autant qu'ingénieuses combinaisons pour toutes sortes d'emplois dans les abondantes broderies des plâtres fouillés, dans le décor des stèles funéraires, ou des pages de manuscrits. Mais, de grâce n'inventons pas. Que l'éducation n'oublie pas non plus, que l'art Arabe est un art d'aplat, où tout ornement semble incrusté dans le fond, sans donner jamais, la sensation de profondeur. Lorsque le voyageur passe devant les vitrines du Musée historique des Tissus, c'est une des choses qui le frappe le plus, de voir combien l'œuvre orientale reste plane, en comparaison de l'œuvre occidentale, donnant, elle, presque constamment l'idée du relief.

Nous savons que la composition musulmane, est infiniment compliquée avec ses méandres, ses enchevêtrements sans fin. Pour arriver à donner son impression d'indéfini, l'Oriental use de différentes ressources, mais ses ressources, en somme, peuvent se réduire, à deux. La première sera la répétition du, ou des motifs. La seconde, l'introduction de détails, de plus en plus petits, donnant l'impression d'addition, ou de soustraction possible.

Quand il s'agit d'ordonnances à répétition, l'initiation est facile. La science de ce genre d'ornementation, a été souvent étudiée. Dans son Livre « Théorie de l'ornement » Bourgouin, la développe longuement. Présenté sous une forme un peu ardue, peut-être, ce Livre est pourtant des plus pratiques, grâce aux nombreuses planches qui accompagnent le texte. Les instituteurs y retremperaient leur ingéniosité pédagogique. Ils s'y habitueraient aussi à cette gymnastique de l'œil et de la main nécessaire pour combiner, conjuguer des formes, qu'elles soient simples ou dérivées de lignes droites, courbes, reticulées, ramifiées. Bien entendu l'indigène n'a nul besoin de cette étude. Son bagage à lui ne la comporte pas. Il importe seulement que ceux qui ont charge de relever, ou de révéler les traditions en connaissent tous les détours, en vue de leur enseignement.

Dans les compositions accumulant des détails de plus en plus petits

la virtuosité orientale est incomparable. Souvent le problème de l'ordonnance est difficile à résoudre, insoluble non. Sachons seulement que ce
décor compliqué a été établi sur un échafaudage initial toujours simple.
Son squelette a disparu, ou n'a laissé que des traces mystérieuses. Pour
l'initié la tâche est facile. Une vieille tradition lui a permis d'asseoir
sans fatigue sur son canevas secret les différents détails de l'ornementation. Nous avons eu l'occasion d'en reconstituer maints exemples au
Musée et de nous convaincre des facilités que procure son emploi. Que
ceux qui sont chargés d'établir les modèles s'y entraînent.

Des règles président à la disposition du décor sur cet échafaudage.
Notre cadre est trop limité pour que nous puissions nous y arrêter longuement, nous en retiendrons pourtant ces détails. Dans les beaux
exemples le fond domine toujours. C'est ainsi qu'un tapis sera rouge à
bordure bleue si le champ principal est rouge, celui de la bordure bleue,
quelle que soit la surcharge d'ornements qu'on leur fasse porter; c'est
lui qui donne l'impression d'aplat. C'est sur lui que s'incruste un premier réseau de détails qui devront être assourdis, sobres de tonalités.
S'enlèvent alors des taches épisodiques où peuvent s'accumuler les couleurs les plus riches et les plus variées. C'est ainsi que dans certains
bijoux un premier travail niellé enchasse des gemmes et des émaux
tranchant sur la discrétion du fond. Presque tout le vrai décor hispano-
mauresque est à base de rouge et de jaune. Du bleu, des blancs, des verts
ou des noirs les enrichissent de leurs notes précieuses habilement réparties.
Si l'ouvrage ne comporte pas de couleurs, on obtiendra des effets analogues, en faisant contraster deux genres différents de décor, comme par
exemple un cabochon, une partie toute géométrique sur un fond d'arabesques pittoresques.

Lorsque les modèles auront été préparés à l'atelier central, il ne faudra
pas les distribuer au hasard dans les différents centres de la Régence.
Kairouan et Gafsa n'ont ni même population, ni même aspiration. Les
nomades et les demeurants diffèrent. Jadis et partout, dans l'Islam, la
production était absolument localisée. Tel genre de composition, telle
composition même, était la propriété exclusive d'une famille ou d'une
tribu. On s'en transmettait la tradition de génération à génération.
Sans rêver pareille subtilité, il serait important de déterminer des zones.
L'art kabyle chez les Kabyles, berbère chez les Berbères, mauresque
chez les Maures et Turcs ailleurs. A chacun peu de choses, pour arriver
à la perfection.

S'il est important de ne pas occidentaliser la composition, de même il
serait intéressant de fournir à chaque centre sa palette de couleurs, dont
l'essentiel, du moins, devrait être réalisable avec ses propres ressources,
celles trouvées autour de sa demeure, avec autant que possible les
antiques procédés de teinture. La diversité de couleurs est toujours une
faute. On ne fait bien que ce que l'on fait uniquement et facilement.

Nous n'étendrons pas plus loin ces observations déjà trop longues. En terminant, toutefois, nous ne saurions trop engager le corps des instituteurs tunisiens à venir, s'ils le peuvent, au Musée historique des Tissus de Lyon. Ils s'y persuaderont de l'importance de son enseignement, qui résume l'expérience des siècles. Ils y verront la diversité de ses modèles. Encore une fois, en fait d'art oriental, rien ne s'invente. S'il peut produire des merveilles nouvelles, c'est en faisant revivre ses belles traditions.

HYGIÈNE ET MÉDECINE PUBLIQUE.

M. G. DAUMÉZON,

Docteur ès sciences, Directeur du Bureau d'Hygiène de la ville, Narbonne.

PROCÉDÉ ET APPAREIL PERMETTANT DE RAFRAÎCHIR LES COQUILLAGES ALIMENTAIRES EN EAU DE MER ARTIFICIELLE OBTENUE PURE PAR LA SYNTHÈSE DU CHLORURE DE SODIUM.

613.282

24 *Mars.*

L'eau de mer naturelle contient principalement une proportion de chlorure de sodium, que nous avons songé à obtenir par la réaction

$$H Cl + Na OH = Na Cl + H^2 O.$$

Cette réaction fournit, sans aucun résidu gênant, la quantité de chlorure de sodium exactement nécessaire. Le calcul des poids moléculaires montre que la proportion d'acide chlorhydrique employé est suffisante pour épurer l'eau par contact prolongé (45 g à 22° Baumé par litre).

Pour obtenir une eau de mer artificielle pure et complète, il suffira donc d'ajouter, en un seul coup, après la réaction, la petite quantité des différents sels complémentaires.

Nous ne pensons pas que l'addition de ces sels apporte, en pratique, une souillure appréciable. Les recherches de Valeri [1] ont établi que le sel de cuisine est pratiquement stérile; nous pensons qu'il doit en être de même de ses satellites, qu'il serait d'ailleurs facile de stériliser, étant donné leur faible volume.

Les coquillages n'étant pas une denrée de première nécessité et constituant une sorte de hors-d'œuvre de l'alimentation, leur vente est irrégulière et les débitants ont partout l'habitude de tremper leur marchandise en eau, trop souvent douteuse, afin de la conserver plus longtemps.

Le procédé ci-dessus permettra de rafraîchir avec une eau quelconque des mollusques déjà purs, qu'un trempage malsain aurait privé de leurs qualités hygiéniques.

Pour fixer les idées nous prendrons un exemple concret et nous choi-

---

[1] VALERI, *Gazetta internationale di medisin,* etc., 1912.

sirons le cas d'un débitant vendant par jour, en moyenne, 5o douzaines
de gros coquillages déplaçant chacun un volume de 25 cm³. Ses arrivages
réguliers lui apportent 2o0 douzaines, qui devront être vendues en
4 jours à la condition que la vente ne soit pas ralentie.

Il suffira de disposer d'un récipient non métallique A (*fig.*), jaugeant

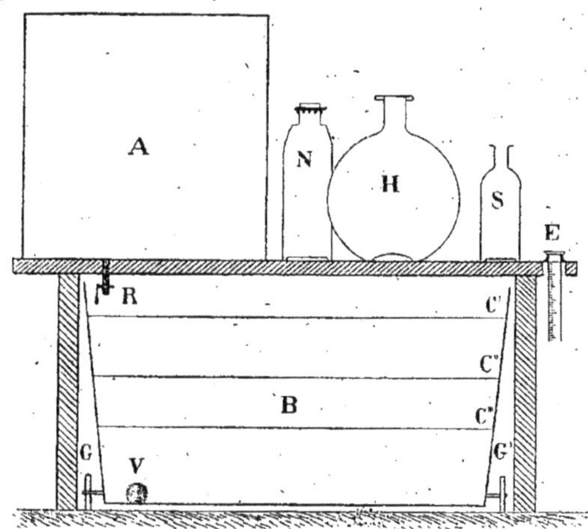

Matériel complet : A, eau à épurer; B, récipient servant à entreposer les coquillages: C, C', C", claies; G, G', galets facilitant le glissement de B; N, récipient à Na OH
caustique pure; H, bonbonne de HCl pur à 22° Baumé; S, solution concentrée des
sels satellites; E, éprouvette; V, bonde de vidange.

par exemple 5o litres, et placé sur une table au-dessus d'un autre récipient B de capacité double.

Fonctionnement. — Verser dans le récipient supérieur 225o g soit
29o0 cm³ d'acide chlorhydrique à 22° Baumé mesurés avec l'éprouvette E.
achever de remplir avec de l'eau et laisser l'eau et l'acide en contact
pendant les quatre jours de vente ou de conservation du lot précédent
de coquillages. Vider dans le récipient A un paquet de 85o g de soude,
qui se dissout très rapidement. Disposer sur les claies C, C', C" les coquillages à rafraîchir au nombre de 2oo douzaines par exemple. Ajouter
au contenu de A quelques centimètres cubes de la solution concentrée
de sels complémentaires (¹) contenue dans S. Ouvrir le robinet R de
façon à baigner les coquillages qui bailleront bientôt, les laisser ainsi

---

(¹) Nous avons dissous ces sels suivant les proportions indiquées par les analyses
d'Usiglio (*Ann. de Chimie et de Physique*, t. XXVII), mais on obtiendrait, pratiquement, d'aussi bons résultats en employant les proportions suivantes par litre :
1 g de chlorure de potassium, 2 g de sulfate de magnésium, 3 g de chlorure de magnésium.

ouverts 2 à 3 heures dans leur volume de solution marine artificielle pure.

Au bout de ce temps, ou suivant le cas, d'un temps plus long, évacuer cette solution par la bonde V.

On conservera ainsi les mollusques ranimés et ravivés dans une sorte de chambre humide, qui maintiendra très longtemps leur vitalité.

On trouve dans le commerce des récipients de grande dimension allant jusqu'à 30 litres, à fermeture spéciale pour les corps déliquescents, qui se conservent ainsi très facilement. Il sera commode d'employer un récipient de ce genre pour conserver la soude : de temps en temps on préparera rapidement, en une seule fois, un grand nombre de paquets qui serviront pour de multiples opérations successives. Il est avantageux également de faire, une fois pour toutes, une solution abondante et concentrée des sels complémentaires tous très solubles (abstraction faite du SO^4 Ca que l'on peut supprimer).

La réaction génératrice du chlorure de sodium est exothermique, mais faiblement. Le calcul montre qu'elle dégage 5479 calorigrammes par litre de solution atificielle, ce qui donne, en pratique, une élévation très passagère de température de 3° à 4°. L'écoulement dans le récipient inférieur suffit amplement pour abaisser cet éphémère échauffement; trop insignifiant pour influer en quoi que ce soit sur la vitalité du mollusque.

Malgré tout, la méthode proposée resterait malaisée, si une neutralisation exacte, consécutive à la réaction fondamentale était nécessaire. Il est difficile de se procurer dans la pratique des produits à titre fixe. Il faudra donc s'attendre à obtenir une eau de rafraîchissement trop acide, la soude étant toujours plus ou moins carbonatée.

Remarquons toutefois que nous ne nous adressons pas à des animaux nus, mais à des mollusques capables de s'enfermer hermétiquement dans une chambre close en attendant le retour graduel des conditions vitales. Or, cette chambre est calcaire; illusoirement protégée par une cuticule plus ou moins continue, elle neutralise, par sa propre attaque, la suracidité du milieu. Nous avons pu voir ainsi de nombreux exemplaires s'ouvrir en quelques heures et rester vivants dans une eau qui, au début, rougissait nettement le papier tournesol.

Une fois même, nous avons pu retrouver des embryons, pourtant si fragiles, échappés de la cavité palléale ouverte après neutralisation.

La saveur du mollusque n'est pas altérée par l'eau de mer artificielle, comme l'ont déjà reconnu des auteurs dignes de foi (¹), elle ne l'est pas davantage par le procédé que nous avons indiqué.

Le prix de l'opération est très abordable en pratique. Avec 50 litres, on pourra rafraîchir environ 200 douzaines d'huîtres valant, en gros, une centaine de francs environ. En employant exclusivement des produits

---

(¹) Fabre Domergue, *C. R. Acad. Sc.*, 1912. — Robin, *Ibid.*, 1912.

chimiques de laboratoire, tous purs ou purifiés, le rafraîchissement reviendrait à 2 fr. On abaisserait beaucoup cette majoration, déjà très faible, en se procurant des produits de marais salants.

Dans le cas où le vendeur disposerait d'eau potable, le dispositif décrit garderait son utilité ; dans les deux cas, il permettrait au service sanitaire de contrôler efficacement la propreté du rafraîchissement par simple inspection du contenu du récipient A, qui devrait être toujours plein : soit d'eau acidulée, en vue de la synthèse épuratrice, soit d'une solution marine artificielle propre.

Ainsi donc, avec le matériel excessivement simple et non spécial, entièrement représenté par la figure, fondé sur un procédé peu délicat et peu coûteux, il serait possible de donner purement aux coquillages comestibles un regain de vitalité beaucoup plus grand, tout en évitant les trempages routiniers en eau douce trop souvent pratiqués dans des conditions dangereuses (¹).

M. G. DAUMÉZON.

L'EAU DE MER ARTIFICIELLE CONFINÉE
ET LA CONSERVATION DES COQUILLAGES ALIMENTAIRES.

613.282

24 *Mars.*

Une longue série d'accidents infectieux causés par des coquillages, a, depuis quelque temps, et dans tous les pays, attiré l'attention des hygiénistes et des pouvoirs publics. En France, la réglementation de l'industrie ostréicole a été, depuis peu, sérieusement envisagée.

Il est admis, actuellement, que la stabulation en eau courante pure suffit pour faire dégorger au mollusque ses impuretés nocives. Les industriels possédant soit des parcs salubres, soit des dégorgeoirs, peuvent donc livrer au public des produits parfaitement sains. Malheureusement, dans la plupart des cas, ces produits ne vont pas immédiatement sur la table du consommateur ; entre ce dernier et l'ostréiculteur, se placent un grand nombre d'intermédiaires : marchands au demi-gros, marchands au détail, vendeuses au panier, qui reçoivent directement les huîtres et tâchent par des moyens primitifs, de les conserver, si la vente se ralentit.

Or, c'est ici qu'apparaît, à notre avis, une seconde cause, très grave, de pollution, d'autant plus grave qu'elle atteint des produits qui pouvaient être préalablement purs, ou épurés d'une façon parfaite.

(¹) Une reproduction de notre dispositif figure à l'Exposition universelle internationale de Gand.

A ce sujet, nous attirons l'attention non seulement sur les huîtres, mais sur tous les mollusques comestibles en général. Certains détaillants arrosent leurs coquillages, avec des eaux malsaines : dans une importante agglomération du littoral, nous avons pu voir des marchands immerger, le soir venu, leurs paniers dans le port, au débouché des ruisseaux et entre les navires qui peuvent, comme on l'a bien établi ([1]), apporter de très loin, dans leurs cuves de ballast difficiles à nettoyer, des germes tels que celui du choléra.

Ailleurs, c'est avec l'eau d'un puits condamné, ou pire encore, que l'on « rafraîchit » la marchandise. Il suffit d'observer un moment un panier de clovisses, par un temps un peu sec, pour voir les valves bailler et se refermer à tout instant avec un claquement brusque. Le consciencieux arrosage, que le vendeur s'empresse alors de pratiquer, fait inévitablement infiltrer dans l'animal béant une eau, qui peut détruire, en un instant, toute pureté originelle.

Les pouvoirs publics se sont déjà émus de ce danger et il existe un modèle d'arrêté ([2]) interdisant formellement le trempage, ou l'arrosage avec des eaux impures.

La pratique journalière de l'application des règlements sanitaires, nous a montré combien il est malaisé d'exercer à cet égard, une surveillance efficace, surtout auprès des petits détaillants, qui deviennent très nombreux à certaines époques, en particulier aux approches des fêtes d'hiver. Ne possédant, souvent, chacun que quelques caissons de coquillages, plus ou moins variés, ils les rentrent le soir chez eux et échappent facilement à tout contrôle réel.

Nous avons étudié antérieurement ([3]) la biologie de certains invertébrés marins transportés de leur milieu naturel dans une solution préparée avec des produits chimiques. Certaines synascidies présentent des variations physiologiques et spécifiques, mais, d'une façon générale, les coquillages alimentaires se conservent et vivent bien. Étant donnée la résistance de ces derniers, nous avions songé il y a déjà deux ans ([4]), à exploiter en pratique ce changement de milieu aisé à réaliser à peu de frais loin du rivage et nous avions entrepris à ce sujet avec une grande maison d'alimentation de Paris des pourparlers par lettres que notre éloignement empêcha d'aboutir. L'année suivante, M. Fabre Doumergue ([5]) employait, avec succès, l'eau de mer artificielle à la stabulation en grand. La résistance à l'asphyxie que nous

---

([1]) Jacobsen, *Centralblatt f. Bakt. Origin.*, novembre 1910.

([2]) Circulaire du Ministre de l'Intérieur aux Préfets, 10 janvier 1908.

([3]) Daumézon, *Note de Biologie appliquée à l'hygiène* (C. R. des séances de la société de Biologie, t. LXXII, 27 février 1912).

([4]) Daumézon, *Sur la biologie d'une Ascidie conservée à Digne en milieu artificiel* (C. R. des séances de la Société de Biologie, t. LXX, 25 avril 1911).

([5]) Fabre Domergue, *Épuration bactérienne des huîtres* (C. R. Acad. Sc., Paris, février 1912).

avons tenté d'évaluer chez les Ascidies ([3]), atteint également un degré
élevé chez les autres types comestibles et permet de conserver ensemble,
dans un petit volume d'eau, un nombre élevé d'individus. Nous avons
pu voir des clovisses vivre pendant 3 à 4 jours et vider une bonne partie
de leur intestin dans de l'eau de mer artificielle, portée préalablement
à l'ébullition pendant 5 minutes. Les animaux marins alimentaires
peuvent trouver ainsi un regain précieux de vitalité, après un séjour
épuisant dans l'air sec du marché. Il nous paraît aisé de rendre à des
crustacés inanimés leur agilité première par une immersion de quelques
minutes en solution artificielle, alors que l'eau douce, dans le cas de
fatigue avancée, entraînerait la mort immédiate. Un simple baquet suffit
avec des paquets de sels préparés à l'avance à bas prix. L'hygiène, en
même temps que le détaillant, y trouverait un avantage, le procédé
nous paraissant, jusqu'à un certain point, recommandable au point de
vue de la pureté des mollusques conservés. Voyons, en effet, comment
s'acquiert cette pureté.

La théorie de la toxicité du mollusque est aujourd'hui partiellement
abandonnée au profit de la théorie infectieuse. La nocivité paraît généralement imputable à des germes pathogènes accidentellement ingérés
par l'animal et restés principalement dans son tube digestif. L'évacuation complète du contenu intestinal est donc la condition première
de l'épuration.

Ce sont les Lamellibranches qui fournissent le plus grand nombre
d'espèces comestibles. Nous avons choisi de préférence, comme matériaux d'observation des espèces siphonées et libres. Leurs longues expan-
sions palléales et pédieuses, saillantes en dehors de la coquille opaque,
nous a permis d'observer plus facilement un grand nombre d'individus à
la fois. Ces individus, libres et mobiles ont pu se placer à leur convenance dans leur position préférée et évacuer ainsi dans les meilleures
conditions.

Deux douzaines de clovisses (*Tapes decussatus* L.) ont été immergées dans
un grand cristallisoir contenant sept fois leur volume d'eau de mer artificielle,
sur un fond de 3 cm de sable blanc, passé au tamis pour éliminer les parcelles fines suceptibles d'entrer en suspension et d'être ingérées. Les mollusques
se sont répartis et logés à leur convenance, grâce au mouvement de leur
pied fouisseur.

Trois jours après, à une température de 8°, les siphons efférents rejetaient
de nombreux filaments noirâtres, solides et cohérents, pouvant atteindre
15 à 20 mm de long, et tranchant fortement sur le fond de sable blanc. Aspirés
successivement avec une pipette, ces filaments ont été transportés dans un
verre de montre, desséchés à l'étuve, puis pesés. D'autre part, la chair des
mollusques a été séparée des valves en laissant seulement adhérer à ces dernières le moignon musculaire, toujours dédaigné par le consommateur. A
la dissection l'intestin présentait une teinte jaune pâle et ne contenait plus rien.

Le poids sec de l'ensemble des parties comestibles, comparé à celui des
matières évacuées, a montré (moyenne de six expériences) que les individus

observés ont perdu la sixième partie de leur substance sèche, perte très appréciable, on le voit, et portant sur la partie la plus dangereuse.

Ce résultat représente un maximum d'évacuation difficile à égaler, en un même temps dans la pratique, où l'on ne peut pas mettre facilement à la disposition des mollusques, qui d'ailleurs ne sont pas tous libres, un fond mouvant. Aussi, la même expérience a été répétée en entassant les animaux sur un fond dur. L'eau filtrée après 3 jours sur un filtre de poids connu, a laissé un magma dont le poids sec a été comparé, comme plus haut, à celui de la chair. Les individus ont évacué le huitième de leur substance sèche, chiffre qui se rapproche assez du résultat optimum cité plus haut. Dans ce cas moins favorable, mais facile à réaliser, on obtient donc une évacuation encore bien appréciable.

Les animaux résistent bien, immergés dans quatre ou cinq fois leur volume d'eau, toutefois au bout d'une douzaine de jours, à 11°, le milieu devient légèrement louche, les microòrganismes nombreux, et les siphons s'allongent démesurément, jusqu'à atteindre une longueur supérieure au diamètre antéropostérieur des valves. Cet aspect d'étirement intense nous a paru se produire chaque fois que les individus commencent à souffrir.

Les expériences ont été recommencées avec de l'eau douce, amenée à la densité de l'eau de mer par simple addition de chlorure de sodium : les individus émettent leurs siphons, mais meurent beaucoup plus tôt, ils évacuent environ quatre fois moins que dans le premier cas optimum. Plongés dans l'eau douce, ils rejettent après quelques heures une grande quantité de mucus et résistent mal, toutefois, ils peuvent perdre encore une certaine quantité de leur poids sec, mais irrégulièrement et nous n'avons pas pu obtenir de résultat net à ce sujet. Le sperme, qui constitue une des parties les plus succulentes, garde cependant assez longtemps sa vitalité, délayé dans plusieurs fois son volume d'eau douce. Nous avons retrouvé des spermatozoïdes bien vivants dans ces conditions, au bout de plus de 30 heures à 10°.

Conservé à sec, le mollusque rejette souvent, au niveau du bord supérieur de la coquille, d'abondantes bavures vaseuses, mais n'arrive pas à débarrasser notablement son intestin, ou alors il souille sa cavité palléale.

Le dégorgement est donc possible en solution artificielle stagnante. L'agitation mécanique de ce milieu n'est pas nécessaire pour maintenir la vitalité des animaux étudiés, nous la croyons même nuisible dans le cas particulier qui nous occupe, c'est-à-dire avec une petite quantité de solution non renouvelée. Sauf chez les individus ancrés à leur guise dans un fond mouvant, les substances évacuées sont souvent incohérentes et se déliteraient facilement dans un milieu confiné et agité qui les tiendrait continuellement en suspension. Dans ces conditions, elles sont fatalement, comme nous avons pu le voir, absorbées à nouveau par les siphons afférents. Bien entendu nous n'étendons pas cette remarque au dégorgement en eau vive ou courante.

Des trempages successifs prolongent également la conservation : La cavité palléale, replongée dans l'eau, se débarrasse par la vibration des cils; le séjour en milieu limpide nettoie rapidement les exemplaires intérieurement boueux.

Les microcosmes (*Microcosmus Sabatieri*, Roule, etc.) ont une valeur
marchande très faible sur les côtes vaseuses du Languedoc, par exemple,
à cause de l'aspect peu engageant et de la saveur amère que leur communique la boue gluante qu'ils renferment. Au contraire, dragués sur les
fonds coralligènes, ils peuvent atteindre couramment le prix de o fr,20
et même o fr,3o le bel exemplaire. Nous établirons ultérieurement (¹) que
ces Ascidies alimentaires présentent, telles qu'elles sont consommées,
un intérêt spécial au point de vue de leur acidité et de leur teneur en fer.
En solution artificielle stagnante, nous avons obtenu leur nettoyage et
elles ont repris, avec un aspect appétissant et une saveur agréable, leur
valeur marchande normale. Nous avons, depuis 6 jours, dans un cristallisoir de 3 litres de milieu artificiel, une trentaine d'individus de tous
âges, dont quatre gros adultes; les siphons béants et largement réfléchis
émettent d'abondantes déjections affectant, au milieu d'un magma
verdâtre, l'aspect d'écheveaux réguliers de ficelle.

Il nous paraîtrait intéressant, et en tous cas très simple, et peut-être ré-
numérateur, d'essayer en grand le dévasement des exemplaires boueux
dans une réserve naturelle du littoral marin. L'animal supporte bien
les voyages et la dessiccation et il a le grand avantage, au point de vue
de l'hygiène, de ne pas absorber l'eau d'arrosage sur l'étal.

D'autres espèces comestibles (huitres, pectens, vénérides et cardides
divers) que nous avons conservées maintes fois dans les mêmes conditions de confinement, ont également vidé leur tube digestif (l'huître
toutefois nous a paru un peu plus lente à se vider, certains exemplaires
évacuaient encore après six jours). Quoi qu'il en soit, l'eau palléale
restant forcément la même, cette épuration ne peut être que partielle.

Peut-on obtenir une épuration suffisante en renouvelant le milieu
un nombre pratique de fois ? Nous ne le pensons pas.

Des clovisses bien dégorgées ont été contaminées par long trempage
dans une eau fortement polluée. La numération des germes du milieu
palléal a été effectuée, au cours de renouvellements successifs et espacés,
pratiqués avec de l'eau stérile. Dans le cas d'une dilution simple, en
l'absence de mollusques, le calcul permet de prévoir la disparition
pratique d'une pollution numériquement connue, après un nombre
déterminé de renouvellements. Au contraire, la pollution palléale nous
a paru se maintenir appréciablement, au delà du dernier renouvellement
où elle devrait avoir pratiquement disparu.

L'épuration totale n'est donc pas possible par simple renouvellement
du milieu stagnant, ou alors, le renouvellement doit devenir si fréquent,
qu'il équivaut à un courant continu, complication impossible à envisager
dans le cas simple qui nous occupe. Le procédé étudié ne produit qu'une

---

(¹) DAUMÉZON, *Dosage du fer organique dans une ascidie alimentaire* in
Comptes rendus de la Société de Biologie, janvier 1914; *Sur l'acidité d'une
ascidie alimentaire* in *Comptes rendus de la Société de Biologie*, février 1914.

perte massive des germes intestinaux évacués en dehors de la cavité palléale, qui, toutefois, restera encore remplie d'un contenu liquide impur. Les exemplaires étant ouverts au couteau, immédiatement avant d'être consommés, on pourra éliminer ce liquide en plaçant chaque mollusque sous le jet d'un robinet d'eau potable. Nous avons vu que l'eau douce ne modifie pas sensiblement, au début, la vitalité du sperme, elle enlève seulement à la chair sa saveur saline. En retrempant ensuite quelques secondes le mollusque dans de l'eau de mer artificielle ou naturelle propre, on lui rendra son goût primitif et on lui aura enlevé la presque totalité de sa souillure palléale.

Mais, aujourd'hui, les mollusques (notamment les huîtres) originellement malsains, c'est-à-dire sortant de fonds marins insalubres, sont appelés à disparaître. Après les travaux de Fabre Doumergue, Robin, etc. le dégorgement artificiel, en grand, est passé dans le domaine de la pratique. D'autre part, les parqueurs ne tarderont pas, dans le propre intérêt de leur réclame, à réaliser, unanimement, les conditions du certificat de salubrité si justement réclamé par des hygiénistes tels que Mosny. C'est alors qu'il s'agira plus que jamais de conserver cette pureté si péniblement acquise. La grande majorité des consommateurs n'en continuera pas moins, comme par le passé, à s'adresser à des intermédiaires. Ces derniers, a-t-on dit, pouvant garder plus longtemps leur marchandise auront un intérêt direct à employer de l'eau propre, facteur immédiat de la bonne conservation. Ce n'est là qu'un argument secondaire, plus ou moins décisif suivant le degré d'insouciance du vendeur et dépendant uniquement de sa facilité de s'alimenter en eau potable.

A cause de cela, nous avons cherché un procédé qui permettrait d'obtenir chimiquement, avec une eau quelconque, une solution artificielle pure, ne contenant aucun résidu étranger à l'eau de mer.

Nous nous sommes adressés à la réaction de l'acide chlorhydrique sur la soude qui fournit, sans résidu aucun, le sel fondamental de la solution et permet l'épuration de l'eau, par contact préalable avec l'acide.

Le prix de revient est très abordable et la saveur du mollusque n'est pas altérée. La réussite pratique de l'opération n'exige que des précautions élémentaires, prévues dans un dispositif peu compliqué que nous avons décrit (¹), et qui présente l'avantage d'un contrôle sanitaire possible (²).

Sans doute, le mieux restera toujours, pour le consommateur, de recevoir lui-même des produits purs ou épurés, dont il ne dérangera pas l'arri-

---

(¹) DAUMÉZON, *Procédé et appareil permettant de conserver les coquillages alimentaires dans une eau de mer artificielle obtenue pure par la synthèse du chlorure de sodium (Ibid.,* Congrès 1913).

(²) DAUMÉZON, *Contrôle et analyse bactériologique des huîtres,* in *Comptes rendus du Congrès international de Pharmacie de La Haye,* 1913 (Texte en langue allemande).

mage. Mais il reste la petite clientèle, moins privilégiée et infiniment plus nombreuse, qui achète à la demi-douzaine, parfois à moins encore. Il est nécessaire de pouvoir lui offrir un produit gardé dans des conditions meilleures pour son hygiène, et meilleures aussi pour la commodité du vendeur, que l'on ne saurait facilement empêcher de conserver sa marchandise, au mieux de son intérêt commercial.

L'eau de mer artificielle peut rendre des services à l'hygiène dans le petit commerce des coquillages, où les habitudes de trempages en eau douce, plus ou moins malsains ou routiniers, sont complètement ancrées dans les mœurs. Si les coquillages sont stabulés ou primitivement sains, il restera possible au vendeur de prolonger considérablement leur valeur marchande, en les « rafraîchissant » quelques heures, sans altérer leur saveur et leur pureté, à la condition d'employer une solution pure ou épurée par le procédé et avec le dispositif contrôlable, que nous avons indiqué.

D'autre part, l'immersion des coquillages pendant 5 à 6 jours, dans 4 ou 5 fois leur volume de solution artificielle stagnante, donnera de très bons résultats au point de vue commercial; elle conservera considérablement une denrée périssable et rendra un aspect appétissant aux exemplaires boueux. Accessoirement, on bénéficiera d'une décharge considérable de germes, à condition que le milieu soit renouvelé au moins une fois. Ne perdons pas de vue cependant que l'infection dépend plus de la qualité que de la quantité de germes, aussi ce dégorgement ne devra jamais être confondu avec la stabulation proprement dite, sous peine de conduire à une fausse sécurité. Toutefois, en l'absence de la stabulation épuratrice, appliquée seulement et encore trop parcimonieusement à quelques espèces privilégiées, ce traitement accompagné, s'il y a lieu, d'un consciencieux nettoyage intermédiaire à l'eau douce constituera une bonne précaution analogue au lavage des fruits ou des légumes des champs d'épandage; mais il restera surtout recommandable pour prolonger la conservation de mollusques déjà purs.

M. E. CONSEIL,

Directeur du Bureau d'Hygiène, Tunis.

LE PROGRÈS DE L'HYGIÈNE EN TUNISIE.

614 (09) (611)

27 Mars.

Après 30 ans d'occupation française en Tunisie, le Congrès pour l'Avancement des Sciences nous a fourni l'occasion d'examiner les progrès réalisés en ce pays dans le domaine de l'hygiène, d'essayer de fixer les traits caractéristiques de la pathologie actuelle de notre région et, enfin, de marquer une nouvelle étape dans les résultats obtenus.

Semblable travail avait déjà été fait, en 1896, au Congrès de Carthage, par M. le Dr Loir, auquel nous emprunterons les documents qui nous serviront de comparaison.

Les documents précis avaient souvent manqué à notre confrère pour établir son intéressant Mémoire; à ce moment aucun service régulier de statistique n'existait à Tunis; avant de songer à suivre avec exactitude la marche des maladies, on avait du courir au plus pressé et d'abord organiser la lutte contre les plus meurtrières d'entre elles. Aussi le Dr Loir dut-il borner ses investigations à la mortalité générale et à la variole.

Nos documents ont maintenant plus de précision ; un Bureau d'Hygiène, créé depuis 4 ans, a pu rassembler tous les renseignements concernant l'état sanitaire de la Ville et les chiffres apportés aujourd'hui peuvent être tenus pour aussi rigoureusement exacts qu'il est possible de les posséder en cette matière.

La mortalité générale s'est abaissée, depuis 20 ans, d'une façon très marquée :

Dans la période des quatre années 1888-1889-1890-1891, on enregistrait, à Tunis, une moyenne annuelle de 4247 décès, sur une population de 137 000 habitants; soit une mortalité de 31 pour 1000 habitants, dans laquelle les Musulmans comptaient une mortalité de 41,00 pour 1000 et les Israélites 32,55 pour 1000.

Dans la période 1891-1895, on comptait encore une moyenne annuelle de 4238 décès, pour 145 000 habitants, soit une mortalité de 29,22 pour 1000 habitants, dans laquelle les Musulmans entrent pour une mortalité de 39,52 pour 1000 et les Israélites 23,80 pour 1000.

Pendant la période 1909-1912, on ne trouve plus qu'une moyenne annuelle de 4652 décès pour une population de 175.342 habitants, c'est-à-dire une mortalité globale de 26,53 pour 1000 habitants ainsi répartie :

		Mortalité pour 1000 habitants.
21 238 Français		13,10
75 000 Musulmans		38,56
26 500 Israélites tunisiens		20,23
45 237 Italiens		17,94
7 367 Anglo-Maltais et autres		19,07
175 342	Généralité	26,53

Tableau où il est particulièrement intéressant de noter la faible mortalité des Français en Tunisie, mortalité moins élevée que dans la Métropole, et qui montre la parfaite adaptation de nos nationaux dans l'Afrique du Nord.

Au Congrès de Carthage, le Dr Loir s'exprimait ainsi au sujet de la *variole* :

« La maladie la plus fréquente en Tunisie est certainement la variole, qui fait des ravages effrayants. Il est mort à Tunis, en 1888, 1645 personnes de variole, en 1894, il y a 870 morts par variole. »

Si nous prenons comme terme de comparaison des périodes de 4 ans, nous voyons que :

De 1888-1891, il y a une moyenne de 422 décès par variole, sur 137 000 habitants, soit une moyenne de 308 pour 100 000 habitants.

De 1892-1895, il y a une moyenne annuelle de 262 décès par variole sur 145 000 habitants, soit une moyenne de 180 pour 100 000 habitants.

De 1909-1912, il y a une moyenne annuelle de 124 décès par variole sur 175 342 habitants, soit une moyenne de 71 pour 100 000 habitants.

On ne voit plus maintenant de ces épidémies formidables qui en certaines années atteignaient tous les enfants réceptifs. La diffusion de la vaccination chez les Musulmans a fait complètement disparaître la pratique si néfaste de la variolisation. Aussi dans la population indigène, laquelle est restée à peu près stationnaire, alors qu'on trouvait jadis, dans certaines épidémies, un millier de décès (1384 en 1888, 712 en 1894) dans la dernière épidémie sévère que nous ayons traversé (1910) le chiffre des décès musulmans n'a été que de 216.

La période de 1909 à 1912 a été marquée par une série d'épidémies que l'on a pu combattre avec succès.

Le *typhus exanthématique*, qui jadis décimait presque chaque année la population indigène, a pu, grâce à des découvertes récentes (¹) sur son mode de transmission par les poux, être combattu d'une façon rationnelle et presque définitivement enrayé :

En 1909, on comptait 836 cas avec 272 décès.
En 1910, on comptait 148 cas avec 54 décès.
En 1911, on comptait 180 cas avec 61 décès.
En 1912, on comptait 22 cas avec 14 décès.

La *fièvre typhoïde* fut longtemps un des plus redoutables adversaires de la population Européenne nouvellement arrivée en Tunisie. Par la distribution d'eau potable de bonne qualité on a pu, à Tunis, éviter depuis près de 10 ans le retour des épidémies d'origine hydrique. Aussi la Ville de Tunis est-elle probablement la grande Ville de tout le littoral méditerranéen qui compte le moins de décès par fièvre typhoïde (49 pour 100 000 habitants).

Les maladies pestilentielles ont fait, dans ces dernières années, plusieurs apparitions à Tunis. En 1907, 5 cas de *peste* humaines furent constatés, mais, malgré une épizootie murine prolongée, on ne rencontre plus que des cas humains isolés (1 en 1909, 5 en 1910). Des mesures de dératisation rigoureuses sont parvenues enfin à faire disparaître complètement le virus.

(¹) Découvertes faites à Tunis par M. Ch. Nicolle et ses collaborateurs MM. E. Conseil et A. Conor, et qui ont rendu cette maladie, dont on ne connaissait rien il y a quelques années, l'une des mieux connues de la Pathologie.

Le *choléra* dont la dernière invasion remontait à 1893 a fait, en 1911, une nouvelle incursion en Tunisie.

Malgré les conditions d'hygiène excessivement défectueuses d'une partie de la population on put, en 5 mois, enrayer complètement l'épidémie et le nombre des cas constatés à Tunis fut seulement de 427, avec 295 décès.

Les autres maladies infectieuses sont également notées en Tunisie. La *rougeole* y cause une mortalité à peu près comparable à celle qu'elle occasionne en France (78,1 pour 100 000 habitants). La *scarlatine* et la *diphtérie* y sont au contraire moins meurtrières. Scarlatine : 18,2. Diphtérie : 11,9.

Quelques maladies particulières sévissent à Tunis; une des plus fréquentes est la *fièvre récurrente* qui, comme le typhus exanthématique, sévit surtout sur la population indigène.

Des découvertes, du même ordre que pour l'étiologie du typhus exanthématique, vont enfin permettre d'y opposer une prophylaxie rationnelle.

Le *paludisme* ne se contracte que d'une façon exceptionnelle à Tunis, mais cause un certain nombre de décès, sur des personnes ayant contracté l'affection dans la campagne.

La *méningite cérébro-spinale* est relativement rare à Tunis.

Le Tableau ci-dessous de la mortalité moyenne annuelle à Tunis, par les principales affections, pendant les quatre dernières années, fixera mieux les caractères de la pathologie de Tunis.

Mortalité moyenne annuelle pour 100 000 *habitants à Tunis pendant la période* 1909-1913.

MALADIES.	FRANÇAIS.	MUSULMANS.	ISRAÉLITES Tunisiens.	ITALIENS.	ANGLO-MALTAIS et autres.	GÉNÉRALITÉS.
Fièvre typhoïde	32,9	54,6	41,5	53,0	54,2	49,0
Typhus exanthématique	7,0	100,3	4,7	8,8	3,3	48,1
Variole	14,1	122,0	16,0	63,0	33,9	71,1
Rougeole	9,3	114,6	56,6	65,2	27,1	78,1
Scarlatine	15,4	4,6	18,8	38,6	37,3	18,2
Diphtérie	14,1	9,3	11,3	15,4	13,5	11,9
Coqueluche	11,7	43,6	22,6	21,5	30,4	30,3
Tuberculose	207	691	91	155	161	381
Paludisme	10,6	45,3	2,8	14,5	0,6	25
Cancer	68,4	24	25,4	43,1	50,8	35,4
Affections puerpérales	10,6	29	10,3	17,6	13,5	20,4
Pneumonie	66,1	136	127,3	129,3	98,4	122,3

De grands progrès dans le domaine de l'hygiène ont été réalisés par la création successive d'organismes sanitaires qui ont permis à Tunis d'être, maintenant, pourvue de tout ce que comporte l'organisation de l'hygiène des grandes Villes.

Un centre vaccinogène et un institut antirabique, puis les multiples services de microbiologie moderne groupés, dans un Institut Pasteur, ont permis d'entreprendre la lutte contre les maladies infectieuses; la création d'un lazaret, d'un service de dératisation; l'approvisionnement de la Ville en eau potable, quotidiennement surveillée au point de vue bactériologique, l'amélioration du réseau d'égouts et l'épuration des eaux résiduaires sur un champ d'épandage éloigné de la Ville; l'installation d'un service municipal d'ambulances pour le transport des contagieux, la promulgation du règlement sanitaire et, enfin, en 1909, la création d'un Bureau municipal d'Hygiène chargé de coordonner toutes les mesures relatives à l'hygiène, sont les étapes successives d'un progrès, dont les résultats sont déjà des plus remarquables.

M. LE Dr POIRSON,

Medjez-el-Bab.

SUR LES NATALITÉ, PATHOLOGIE, MORTALITÉ DES INDIGÈNES DU CAÏDAT DE MEDJEZ-EL-BAB.

614.11 (611)

27 Mars.

Après la première année du fonctionnement de l'état civil indigène dans le Caïdat de Medjez-el-Bab, il était intéressant de consulter les nombres de naissances et décès, d'étudier la mortalité suivant les âges.

Au point de vue de l'état sanitaire général ce Caïdat peut être considéré comme normal. La population, tout agricole, est de 35 000 habitants environ; les deux tiers, au moins, sont disséminés dans les plaines et sur les montagnes; le dernier tiers est groupé dans plusieurs villages de 300 à 5000 habitants. Il y a peu d'industrie, pas d'usine. Partout, on trouve de l'eau potable (sources aménagées, puits publics ou particuliers). Un seul point de la région, la vallée d'Oued-Zargua, avait eu, autrefois, une réputation d'insalubrité. Grâce à la culture, aux plantations d'arbres, cette riche vallée est aussi saine que les autres.

En 1912, il y eut 851 naissances déclarées contre 450 décès. J'insiste, en passant, sur le mot « déclarés », car je crains que ces chiffres ne soient en dessous de la vérité.

Les décès se répartissent ainsi suivant les âges.

De 0 à 10 ans..........	205 décès ou 45,55 pour 100 de décès	
» 10 à 20 ans...........	38 » 6,22	»
» 20 à 30 ans...........	36 » 8	»
» 30 à 40 ans..........	42 » 9,33	»
» 40 à 50 ans..........	18 » 4	»
» 50 à 60 ans..........	27 » 6	»
+ 60 ans..........	94 » 20,88	»

Jusqu'à 2 ans...............................	168 décès
De 2 à 3 ans...............................	10 »
» 3 à 4 ans...............................	6 »
» 4 à 5 ans...............................	2 »
» 5 à 6 ans...............................	4 »
» 6 à 7 ans...............................	5 »
» 7 à 8 ans...............................	3 »
» 9 à 10 ans...............................	7 »

Il me paraît que les chiffres de la mortalité au-dessus de l'âge de 10 ans ne présentent rien de particulier; mais, par contre, *la valeur de la mortalité dans le premier âge vous paraîtra effrayante.*

La cause des décès ne figure pas encore sur les registres de l'état civil, mais, il est facile et raisonnable de s'imaginer que ces 205 décès sont dus, en grande partie, aux affections intestinales et pulmonaires aiguës; on doit, même, l'affirmer, quand on voit les enfants toujours pendus à la mamelle, si mal sevrés, vêtus d'une seule chemise, la même pendant de longs temps, dans des gourbis où règne, en maîtresse, la misère.

La rougeole, la variole, la syphilis ont leur part de victimes.

L'excès des naissances sur les décès n'est plus que de 401 unités pour 35 000 habitants environ. Si, sur 8544 hommes adultes, payant l'impôt de la Medjba, 7000 sont mariés, vous voyez à quoi se réduit la natalité UTILE *par famille.*

Tandis que la mortalité globale est de 1,22 %, l'accroissement de la population n'est que de 1,14 %. Le chiffre de la population est donc stationnaire, avec tendance à la diminution.

Est ainsi posé le problème particulier de la mortalité enfantine, que nous devons nous passionner à résoudre, avec le concours du Gouvernement. Deux éléments, je crains, nous retarderont dans un arrêt trop long : *l'apathie individuelle* et la *situation de la masse indigène.*

Le médecin jouera un rôle à l'hôpital du centre, dans les dispensaires qu'il visite régulièrement. Il faudrait organiser, spécialement, les *consultations de nourrissons,* et surtout savoir y conduire les indigènes.

Lors de la déclaration d'une naissance, on remet aux parents, trop souvent illettrés, un bulletin au *verso* duquel figurent les recommandations relatives aux logement, vêtements, alimentation, sevrage du nouveau-né, à l'utilité de la vaccination, à l'isolement des maladies contagieuses, à la description des troubles intestinaux, à la diète hydrique.

Dans les consultations, le médecin reprendra ces instructions précieuses méconnues, les développera : la patience, la répétition à satiété triompheront, par moments, de l'inertie séculaire. Chaque fois, il faudra s'armer des mêmes douceur et persévérance; petit à petit, plus nombreux seront les enfants amenés à la consultation.

L'exemple des Français doit être donné aux Indigènes. Je connais plusieurs familles de la classe riche, de la classe ouvrière où les enfants sont élevés, à peu de chose près, suivant les préceptes classiques. L'effort isolé, répété de nombreuses fois, sera suivi d'autant de véritables victoires.

Comment agir par contre et d'un coup sur la masse indigène ?

Je ne vois d'autre moyen, dans les villes, que l'*école de ménage pratique*, où l'on enseignerait, en plus, aux filles et femmes indigènes, les divers chapitres de l'hygiène et d'une *puériculture simple*. Il faudrait vérifier les résultats de cet enseignement, donner une prime aux mères qui amèneraient régulièrement leurs enfants à la consultation.

Mais comment la bonne parole et l'exemple seront-ils portés aux Indigènes, disséminés dans les douars, éloignés d'une école et du médecin ?

Les *sages-femmes indigènes* ne pourraient-elles pas nous servir dans ce but ? Je serai le premier à dire qu'il faudra beaucoup de temps et de patience pour donner l'éducation voulue à ces auxiliaires femmes. Un essai serait intéressant à faire.

En un mot, pour remédier à une mortalité enfantine de 45,55 %, il conviendrait à notre avis :

1° *D'organiser les consultations de nourrissons;*

2° *De faire l'instruction spéciale des femmes indigènes dans des écoles pratiques;*

4° *De créer le corps des sages-femmes indigènes.*

Nous complèterons cette Note en donnant le Tableau des maladies que nous avons rencontrées, le plus souvent, chez les Indigènes hospitalisés. Les statistiques de l'hôpital de Medjez-el-Bab portent sur la moyenne de 7 années :

	Pour 100.
Syphilis	11,9
Tuberculose chirurgicale	5
Tuberculose pulmonaire	10
Gastro-entéro-colite	7
OEil et annexes	8
Affections pulmonaires aiguës	5
Fièvres intermittentes	8
Affections cardiaques	5
Fièvre typhoïde	1
Cancers	1,1

Les cancers observés intéressaient tous les organes de la cavité abdominale.

Syphilis. — En 10 ans, j'ai vu seulement deux chancres sur la verge, mais bien phagédéniques. Est-ce à dire qu'habituellement, le chancre est anal ou pharyngien, ou encore, qu'il guérit spontanément, sans éveiller l'attention de son porteur ?

La syphilis secondaire et tertiaire intéresse rarement le système nerveux. Il est certain qu'une vie de contemplation, d'attente, de résignation, repousse la syphilis loin des centres nerveux.

Tuberculose pulmonaire. — En 1905, au Congrès international de la Tuberculose, j'avais cité 15 cas observés en 18 mois, soit 10 par an. Il est réconfortant d'observer que les chiffres sont restés les mêmes, à 8 ans d'intervalle. Nous devons toujours examiner la marche de cette maladie, menace pour tous.

M. LE GÉNÉRAL DOLOT,

Président de la Section tunisienne
de la Société de Géographie commerciale de Paris, Le Bardo, près Tunis.

DÉRATISATION COMPLÈTE DES NAVIRES PAR L'APPAREIL CLAYTON.

351.774.9

27 Mars.

Les appareils Clayton, appliqués à la dératisation des bateaux, en cas d'épidémie de peste, donnent des résultats incontestables, à la condition que le gaz sulfureux pénètre partout.

Ce but est facilement atteint, lorsque le navire est déchargé.

En est-il de même, lorsque la cale est bondée de marchandises, ce qui est le cas général, dans les escales intermédiaires, car on recule, la plupart du temps, devant la dépense d'un déchargement complet ?

Il est permis d'en douter. La densité de l'acide sulfureux a beau être très notablement supérieure à celle de l'air, il ne suffit pas d'en déverser à la partie supérieure des cales, pour que ce gaz pénètre jusqu'au fin fond, si, par exemple, ces dernières sont remplies de sacs de céréales, entassés sur plusieurs mètres de hauteur.

La chose fut-elle possible, au bout de combien de temps le résultat sera-t-il obtenu ? Comment en aura-t-on la certitude ?

Mon attention s'est portée sur ce point, lors de la dernière épidémie de peste à Tunis. Commandant alors la Place, je crus devoir me rendre compte de la façon dont on procédait à la désinfection. Je constatai qu'on déversait bien de l'acide sulfureux partout où la tuyauterie des appareils de désinfection pouvait pénétrer; mais sans jamais dépasser le niveau supérieur des marchandises.

Je demandai au Commandant s'il n'avait pas de tuyaux descendant jusqu'à fond de cale. Il y en a bien, mais pour l'évacuation de l'eau; ils sont par suite munis de soupapes, s'opposant à leur emploi pour un service inverse.

On m'assura d'ailleurs que la dératisation serait néanmoins complète et que je pourrais le constater le lendemain. Le lendemain le bateau repartit sans aucune constatation. L'opinion publique était satisfaite : mais je suis demeuré sceptique, et je le suis encore.

Je me permis alors d'émettre cette opinion qu'il serait extrêmement simple et fort peu coûteux de munir tous les bateaux d'une tuyauterie spéciale, destinée au service de la désinfection, et prolongée dans ce but jusqu'à fond de cale. Les gaz, étant projetés à la partie inférieure, se répandraient sûrement dans la région occupée par les rats, et lorsque le gaz émergerait par les panneaux, on aurait la certitude que la dératisation des cales est complète.

J'adressai alors, aux pouvoirs publics, une Note demandant que, dans les contrats relatifs aux services postaux, on exigeât à l'avenir cette tuyauterie spéciale. J'étais un profane : il est plus que probable qu'aucune suite ne fut donnée à cette proposition, qui, en tous cas, demeura sans réponse. Je ne crois pas pouvoir trouver meilleure occasion de la soumettre à des juges compétents (¹).

(¹) Le vœu de M. le général Dolot mérite d'être transmis à l'examen du Secrétariat de la Marine marchande au Ministère de la Marine.

ÉMILE RIVIÈRE,

Ancien Interne en Médecine,
Directeur à l'École des Hautes-Études au Collège de France,
Président-Fondateur de la Société préhistorique de France,
Vice-Président honoraire de la Société historique d'Auteuil et de Passy.

LES BUREAUX DE NOURRICES ET LES RECOMMANDARESSES DE PARIS SOUS LOUIS XIV. UNE ORDONNANCE ROYALE.

9 (001) 362.71″ 16″ (44)

25 Mars.

I.

Chaque année, depuis 1907, M. Marcel Poëte, Inspecteur général des Travaux historiques et Conservateur de la Bibliothèque de la Ville de Paris, organise, dans une des salles de cet établissement, une exposition de documents imprimés et manuscrits relatifs à une période déterminée de l'Histoire de Paris. Ces pièces, toujours des plus intéressantes, sont accompagnées de nombreuses estampes fort curieuses et souvent des plus rares, appartenant, comme les susdits documents, soit à la Ville de Paris elle-même, soit à quelques grands collectionneurs parisiens qui les mettent gracieusement à la disposition de M. Poëte, pour ses expositions annuelles.

Le document que je reproduis ici textuellement, pour le communiquer à la section de Médecine et d'Hygiène publiques, a deux cents ans. Il figurait non loin des deux estampes, représentant des nourrices du temps (¹) et reproduites plus loin par la photogravure, dans une des vitrines de l'exposition de 1911 consacrée exclusivement au siècle de Louis XIV, exposition dite de PARIS DURANT LA GRANDE ÉPOQUE CLASSIQUE (XVIIᵉ *siècle*).

Il s'agit d'une « Ordonnance du Roy » réglementant la tenue des Bureaux de nourrices autorisés dans Paris, dont elle fixait le nombre, ordonnance introduite à la suite de nombreux abus survenus par le fait d'un relâchement, dangereux pour les nourrissons, dans la surveillance desdits Bureaux et de leurs tenancières.

(¹) Les gravures et estampes, dont la reproduction par la photogravure accompagne cette Notice, m'ont été obligeamment prêtées par le collectionneur bien connu, M. Georges Hartmann, membre de la Commission du Vieux-Paris et vice-président de la Société historique des IIIᵉ et IVᵉ arrondissements de Paris, la Cité.

Cette ordonnance retira au « Lieutenant Criminel du Chastelet » l'inspection de ces agences pour la placer sous la juridiction du « Lieutenant General de Police », avec mission de poursuivre toute contravention au nouveau Règlement constatée par les « Commissaires du Chastelet ». Elle édicta certaines peines telles que l'amende, voire même celle du « fouët » dans certains cas, contre les nourrices, l'amende contre les *recommandaresses* et les meneüses — la profession existait déjà, et sous le même vocable, il y a deux cents ans —. Enfin, les sages-femmes, aubergistes et autres, comme on le verra plus loin, étaient passibles aussi de « pareilles peines », dans le cas où ils contreviendraient aux mesures édictées dans le présent Règlement.

L'ordonnance « royale », signée « Louis », est datée de Versailles, le 29 janvier 1715 et contresignée « Par le Roy, Phelipeaux ». Elle fut « registrée à Paris en Parlement », le 14 février suivant.

Quant aux bureaux, dont le nombre fut fixé officiellement à quatre, ils furent installés, conformément à l'ordonnance, dans les quartiers de Paris suivants :

A. Le premier bureau, comme il l'avait été jusqu'alors, au *Crucifix sainct Jaques*, c'est-à-dire *Sainct Jaques la Boucherie*, dans le quartier des Lombards, soit dans le premier arrondissement du Paris actuel et non pas, comme d'aucuns seraient peut-être tentés de le croire tout d'abord, dans la région de Paris qui fait partie du cinquième arrondissement de nos jours. Il y avait, en effet, à l'époque — et elle existait encore au milieu du siècle dernier — une *ruë du Petit Crucifix*, laquelle commençait à la rue Saint-Jacques-la-Boucherie et finissait à la place du même nom. Déjà entièrement bâtie, en 1250, on la trouve désignée, en 1270, dans certains actes, sous le nom de *Petite ruë en face le portail de l'eglise sainct Jaques*, puis sous celui de *ruë du Porce* ou *Porche sainct Jaques*. Enfin, un peu plus tard, elle fut dénommée *ruë du Petit Crucifix*, comme dépendant du fief de ce nom et parce que la principale maison, qui avait un crucifix pour enseigne, faisait le coin de cette rue et de la rue Saint-Jacques-la-Boucherie. Cette dernière, dont Guillot parle, dès l'année 1300, dans son *Dict des rues de Paris*, s'appela aussi, à un moment donné, *ruë du Crucifix*.

B. — Le deuxième bureau de nourrices fut établi *ruë de l'Echelle ou sainct Loüis*. Cette ruë occupait alors une partie de l'emplacement de la rue actuelle du même nom, dans le quartier des Tuileries (premier arrondissement de Paris), laquelle s'étend, comme on le sait, de la rue de Rivoli, à la rue Saint-Honoré. Au milieu du dix-septième siècle, d'après J. de la Tynna, la barrière des Sergents du For-l'Évêque était placée au coin de cette rue, « où l'on remarquait aussi la *Fontaine* dite *du Diable*, dont les eaux étaient fournies par la pompe de la Samaritaine. Son nom lui vient, dit-on, de ce que les évêques de Paris y avaient, autrefois, une *échelle patibulaire* ».

Fig. 1. — Nourrice de la bourgeoisie choisie au Bureau de la Recommandaresse.

C. — Le troisième bureau devait avoir pour résidence la *ruë des Mauvais Garçons au Fauxbourg sainct Germain*, c'est-à-dire dans le quartier de la Monnaie, soit dans le sixième arrondissement du Paris actuel, ce qu'il est nécessaire de bien spécifier.

En effet, il y avait dans Paris, sous Louis XIV, — et elles existaient encore il y a moins de soixante ans — deux rues des Mauvais-Garçons :

a. L'une dite des *Mauvais Garçons sainct Jehan*, située dans le quartier de l'Hôtel-de-Ville (quatrième arrondissement). Elle commençait à la rue de la Tixeranderie (aujourd'hui disparue également) et finissait à la rue de la Verrerie actuelle. Au commencement du quatorzième siècle, elle était habitée, en grande partie, par des filles galantes et s'appelait *ruë du Chartron*. La dénomination de *rue des Mauvais Garçons* lui fut donnée au seizième siècle, pendant la captivité de François Ier, en raison « des bandits », qui terrifiaient alors certains quartiers de Paris ;

b. L'autre, appelée des *Mauvais Garçons sainct Germain*, c'est-à-dire celle seulement dont il est question dans l'Ordonnance royale de 1715. Elle commençait à la rue de Buci (¹) (sixième arrondissement), et finissait à la *ruë des Boucheries*, laquelle, s'étendant de la rue de l'Ancienne-Comédie à la rue de Montfaucon, a disparu, avec partie de celle des Mauvais-Garçons, dans le percement du boulevard Saint-Germain. Cette dernière — je parle de la *ruë des Mauvais Garçons* dont il ne subsiste actuellement que la partie comprise entre la rue de Buci et le boulevard Saint-Germain, laquelle, débaptisée, porte aujourd'hui le nom de rue Grégoire-de-Tours — cette dernière, dis-je, fut ouverte en 1265 hors de la ville, presque parallèlement au mur d'enceinte de Philippe-Auguste, comme un simple chemin de « trois toises de largeur ». Elle fut dénommée, dès le premier jour, pour ainsi dire, *chemin de la Folie Reinier*, en raison de « la maison de plaisance construite pour un sieur Reinier ». En 1399, elle prit le nom de « *l'Escorcherie* », à cause des bouchers, qui étaient venus y installer leurs étaux. Mais lesdits bouchers et leurs garçons ayant « suscité des troubles sérieux » sous le règne de Charles VI, le peuple lui donna le nom de *ruë des Mauvais Garçons sainct Germain* qu'elle a porté jusqu'à sa disparition partielle.

D. — Quant au quatrième bureau, en en prescrivant la création, l'Ordonnance royale lui enjoignit de s'établir dans les parages les plus proches de la *place Maubert* ou *Maulbert*, comme on l'écrivait au Moyen-Age. Ce nom, sous lequel cette place se trouve déjà désignée, en 1225, n'est pas son véritable nom. Les historiens de Paris, Jaillot notamment (²), rapportent qu'elle s'appelait, au douzième siècle, *Auber*, du

----

(¹) Ou *Bussi* par deux *s*, comme on la trouve écrite, en 1812, dans le Dictionnaire de J. de la Tynna, bien que l'auteur dise qu'elle doit son nom à *Simon de Buci* (par un *c*).

(²) JAILLOT. — *Recherches critiques, historiques et topographiques sur la ville de Paris depuis ses commencements connus jusqu'à présent avec le plan de chaque quartier*. Paris, 1772.

nom du deuxième abbé de Sainte-Geneviève, qui autorisa, à cette époque, l'installation d'un certain nombre d'étaux de boucher sur cette place, qui dépendait de la censive de son abbaye. Elle servit aussi de marché au pain, aux fruits et aux légumes — *le marché de la place Maulbert* —. Mais, en 1818, ce marché fut transporté plus au Sud; c'est-à-dire sur l'emplacement de l'ancien couvent des Carmes qui fut supprimé en 1790 et dont l'église fut démolie en 1811. De là son nom de *Marché des Carmes*, qui lui fut donné, par un décret impérial du 30 janvier 1811 et qu'il continue à porter.

La place Maubert, qui fait partie aujourd'hui du cinquième arrondissement de Paris, occupait autrefois et jusqu'au milieu du siècle dernier l'aire comprise entre les rues de la Bûcherie, des Grands-Degrés, de Bièvre et des Noyers, a subi d'importantes modifications, par suite du percement du boulevard Saint-Germain. Elle s'étend actuellement de la rue du Haut-Pavé, dont elle est le prolongement sous forme de rue, jusqu'à celle des Grands-Degrés à gauche et, à droite, jusqu'à son élargissement en place véritable au débouché de la rue Lagrange, près du boulevard Saint-Germain, qui la limite au Sud, où les deux voies se confondent.

Tels sont les quatre Bureaux de nourrices créés à Paris par l'Ordonnance royale du 29 janvier 1715, avec leur emplacement, dans la grand'ville, que je me suis efforcé de déterminer aussi exactement que possible, tant au point de vue du Paris d'autrefois qu'à celui du Paris actuel, c'est-à-dire du Paris de 1913.

Voici maintenant ladite *Ordonnance* reproduite textuellement et dans le français du commencement du dix-huitième siècle et avec sa ponctuation, d'après le document figurant, en 1911, à l'Exposition de la Bibliothèque de la Ville de Paris.

II.

DECLARATION DU ROY,

Portant Reglement pour les Recommandaresses,
et les Nourrices.

Donnée à Versailles le 29 Janvier 1715.

Louis par la grace de Dieu Roy de France et de Navarre :
A tous ceux qui ces presentes Lettres verront, Salut.

La profession des Recommandaresses establies depuis long-temps dans nostre bonne Ville de Paris, estant tres-importante, non seulement par rapport aux peres et aux meres, dont elles ont soin de mettre les enfans entre les mains des nourrices de la campagne, qui sont obligées de s'adresser à elles; mais encore par rapport au bien de l'Estat, toûjours intéressé à la conservation et à l'education des enfans; Nous n'avons

Fig. 2. — Nourrice du duc de Berry ([1]).

([1]) Charles duc de Berry, fils de Louis dit le Grand Dauphin de France et petit-fils
de Louis XIV, né en 1686, mort en 1714, époux de Marie-Louise-Élisabeth d'Orléans,
fille du Régent (Philippe II d'Orléans). Sa nourrice est une « grande dame à la jupe
de brocart d'or et au *corps* (pour corsage) de velours vert »,

pas crû qu'il fut indigne de nostre attention de pourvoir Nous-mesmes
à une partie si importante de la Police, dans laquelle Nous avons appris
qu'il s'estoit glissé beaucoup d'abus; et comme il Nous a paru que l'exe-
cution du Reglement que Nous avons fait sur cette matiere, regardoit
naturellement le Magistrat qui est chargé du soin de la Police dans nostre
bonne Ville de Paris, Nous avons jugé à propos de reformer l'ancien
usage qui sans autre titre que la possession, avoit attribué au Lieutenant
Criminel du Chastelet, la connoissance de ce qui concerne les fonctions
des Recommandaresses, pour reünir à la Police une inspection qui en
fait veritablement partie, et qui a beaucoup plus de rapport à la juris-
diction du Lieutenant General de Police qu'à celle du Lieutenant Cri-.
minel. A CES CAUSES, de nostre certaine science, pleine puissance et
aütorité Royale, Nous avons par cès Presentes, signées de nostre main,
dit, declaré et ordonné; disons, declarons et ordonnons, voulons et Nous
plaist.

I.

Qu'au lieu de deux Bureaux qui sont establis pour les Recomman-
daresses, il y en ait quatre d'orenavant; dont le premier sera placé au
Crucifix Saint-Jacques, comme il l'a esté jusqu'à present. Le deuxieme,
dans la rue de l'Echelle ou Saint-Louis, au dela des Quinze-Vingts (¹).
Le troisieme, dans la rue des Mauvais Garçons au Fauxbourg Saint
Germain; et le quatrieme, auprès de la Place Maubert.

II.

Il y aura dans chaque Bureau un registre qui sera paraphé par le
Lieutenant General de Police.

III.

Chacun de ces Bureaux sera sous l'inspection d'un des Commissaires
du Chastelet, qui en examinera et en visera tous les mois le registre,

---

(¹) C'est-à-dire de l'hospice des Quinze-Vingts. Cet établissement, qui fut fondé,
comme on le sait, par Louis IX en 1254, pour « *quinze-vingts* » (3o0) aveugles, dans
le quartier Saint-Honoré, occupa, jusqu'à la fin de l'année 1779, le terrain délimité
en 1734, au Nord par la rue Saint-Honoré, à l'Est par la place du Palais-Royal et la
rue Saint-Thomas du Louvre, au Sud par des hôtels particuliers, enfin à l'Ouest
par la rue Saint-Nicaise. C'est par lettres patentes de Louis XVI, données à Versailles, au mois de septembre 1779, que ledit hospice fut transféré, trois mois plus
tard (décembre 1779), dans l'*Hôtel des Mousquetaires du Roy*, les Mousquetaires
Noirs, c'est-à-dire dans les bâtiments, plus ou moins modifiés en raison de leur
destination nouvelle, où il se trouve encore aujourd'hui, rue de Charenton, dans le
douzième arróndissement de Paris.

et en càs de contravention à nostre presente Declaration, én referera
au Lieutenant General de Police quatre fois l'année, mesme plus souvent
s'il le juge à propos, pour l'arrester et viser pareillement.

IV.

Chacun article du registre contiendra le nom, l'âge, le pays et la paroisse
de la nourrice, la profession de son mary, l'âge de l'enfant dont elle est
accouchée, et s'il est vivant ou mort.

Fig. 3. — L'ancien Hospice des Quinze-Vingts.
(Fac-simile d'une gravure d'Israël Sylvestre).

V.

Le contenu au precedent article sera attesté par le certificat du Curé de
la paroisse de la nourrice; lequel attestera aussi les mœurs et la Religion
de ladite nourrice; si elle est veuve ou mariée, et si elle a, ou n'a point
d'autre nourrisson.

VI.

Les certificats des nourrices seront mis en liasse et numerotez par
premier et dernier de mois en mois, relativement aux articles du registre :
à l'effet de quoy, ils seront pareillement visez par le Commissaire.

VII.

Il sera pareillement fait mention sur le registre, du nom et de l'âge
de l'enfant qui sera donné à la nourrice, que du nom, de la demeure

et de la profession de son pere, ou de la personne de qui elle aura receüe l'enfant, et il sera delivré une copie du tout à chaque nourrice par la Recommandaresse du Bureau où elle se sera presentée, et sera ladite copie signée par la Recommandaresse et visée par le Commissaire, le tout à peine contre les Recommandaresses qui auront contrevenu au present article, de cinquante livres d'amende pour chaque contravention, et d'interdiction pour trois mois, mesme de plus grande punition, s'il y échet.

VIII.

Les nourrices seront tenuës de representer ladite copié au Curé de leur paroisse, qui leur en donnera un certificat, lequel elles auront soin d'envoyer au Lieutenant General de Police qui le fera remettre à chacune des Recommandaresses, pour estre joint au premier certificat du Curé, dont sera fait note sur le registre en marge de l'article, à quoy le Commissaire tiendra la main; et les nourrices faute de satisfaire au present article, seront condamnées en cinquante livres d'amende, dont les maris seront responsables.

IX.

Defendons sous pareilles peines aux Sages Femmes, aux Aubergistes, et à toutes personnes, autres que les Recommandaresses de recevoir, retirer, ni loger les nourrices et meneuses, de s'entremettre pour leur procurer des nourrissons, ny de recevoir sous ce pretexte aucun salaire, ny recompense : sans neantmoins rien innover ny changer dans ce qui se pratique à l'egard de l'Hôpital des Enfans trouvez.

X.

Defendons aux meneuses de conduire et d'adresser les nourrices ailleurs qu'à l'un des quatre Bureaux des Recommandaresses, sous les mesmes peines.

XI.

Faisons pareillement defenses aux nourrices d'avoir en mesme temps deux nourrissons, à peine du fouët contre la nourrice, et de cinquante livres d'amende contre le mary, et d'estre privez du salaire qui leur sera dû, pour les nourritures de l'un et l'autre enfant (*sic*).

XII.

Seront tenuës les nourrices sous les mesmes peines, d'avertir les peres et meres ou autres personnes de qui elles auront reçües (*sic*) les enfans, des empeschemens qui ne leur permettront plus d'en continüer la nourriture, et des raisons qui les auront obligées de les remettre à d'autres, dont elles indiqueront en ce cas le nom, la demeure et la profession :

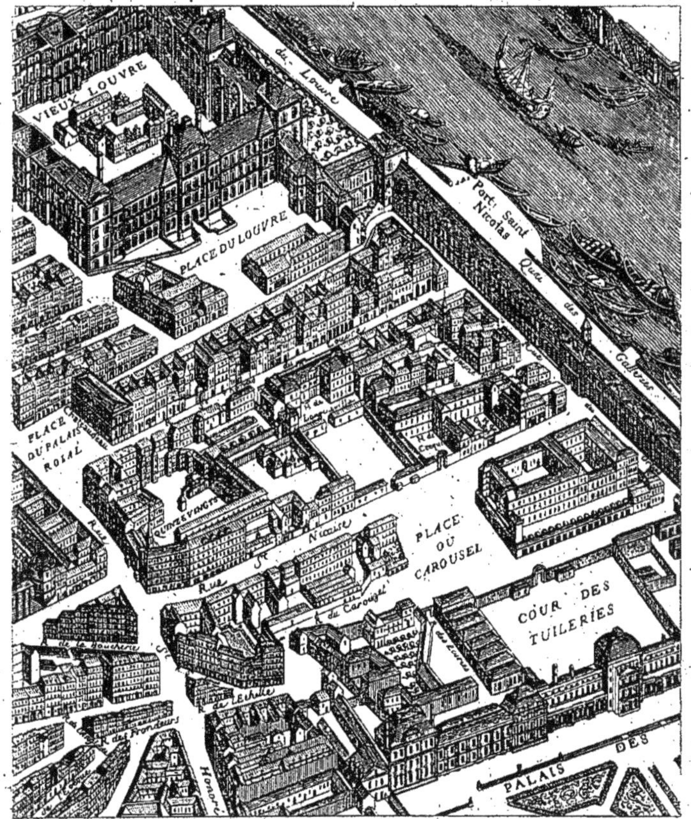

Fig. 4. — L'emplacement des Quinze-Vingts en 1734,
d'après le plan de Paris dit Plan de Turgot.

Fig. 5. — Sceau de la Communauté des Quinze-Vingts, sur lequel on lit en exergue :
LA MESON • DES TRAS CENS • AVEVGLES • DE ...?

comme aussi seront tenuës les nourrices en cas de grossesses (*sic*) d'en donner avis du moins dans le deuxieme mois, aux peres et meres des enfans, ou autres personnes qui les en auront chargées; et pareillement en cas de decez des enfans dont elles auront esté chargées, elles seront obligées d'en avertir les peres et meres desdits enfans, ou autres qui les en auront chargées, et de leur envoyer l'extrait mortuaire desdits enfans; et si le Curé exige d'elles ses droits pour l'expedition dudit extrait, elles en seront rémboursées par les peres et meres, ou autres de qui elles auront reçû lesdits enfans, en vertu de l'Ordonnance qui sera renduë par le Lieutenant General de Police, en cas qu'ils refusent de le faire volontairement.

XIII.

Defendons aux nourrices à peine de cinquante livres d'amende, de ramener ou de renvoyer leurs nourrissons, sous quelque pretexte que ce soit, mesme pour defaut de payement, sans en avoir donné avis par ecrit aux peres et meres, ou autres personnes qui les en auront chargées, et sans en avoir reçû un ordre exprez de leur part; et en cas que lesdits peres et meres, ou autres personnes negligent de repondre à l'avis qui leur aura esté donné, les nourrices en informeront, ou par elles-mesmes, ou par l'entremise du Curé de leur paroisse, le Lieutenant General de Police qui y pourvoira sur le champ, soit en faisant payer les mois echûs qui se trouveront dûs, soit en permettant aux nourrices de ramener ou de renvoyer l'enfant, pour estre remis entre les mains de qui il sera ordonné par ledit Lieutenant General de Police.

XIV.

Les peres et meres seront condamnez par le Lieutenant General de Police, au payement des nourritures des enfans qui auront esté mis en nourrice par l'entremise des Recommandaresses, lesquelles condamnations seront prononcées sur le simple procez verbal du Commissaire, qui aura visé le registre où lesdits enfans seront inscrits, et après que les peres et meres, ou autres personnes qui auront chargé les nourrices desdits enfans auront esté assignées verbalement, comme en fait de Police, sans aucune autre procedure ny formalité, et seront les condamnations qui interviendront executées par toutes voyes dûës et raisonnables : mesme par corps s'il est ainsy ordonné par ledit Lieutenant General de Police; ce qu'il pourra faire en tout autre cas, que celuy d'une impuissance effective et connuë.

XV.

Sera nostre presente Declaration enregistrée au Bureau desdites Recommandaresses, et transcrite à la teste de chacun de leurs registres, affichée dans leur Bureau, et publiée dans toutes les Jurisdictions Royales ou Seigneuriales du Ressort de nostre Cour de Parlement de Paris.

Si donnons en mandement à nos amez et feaux Conseillers, les Gens tenans nostre Cour de Parlement à Paris, que ces Presentes ils ayent à faire lire, publier (¹) et registrer, et le contenu en icelles garder et observer selon la forme et teneur : Car tel est nostre plaisir; en témoin de quoy Nous avons fait mettre notre Scel à cesdites Presentes. Donné à Versailles le vingt-neuvieme jour de Janvier, l'an de grace mil sept cens quinze; et de nostre Regne le soixante-douzieme. Signé, LOUIS; *Et plus bas*, Par le Roy, Phelypeaux. Et scellée du grand Sceau de cire jaune.

Registrée, oüy, et ce requerant le Procureur General du Roy, pour estre executées selon leur forme et teneur, et copies collationnées envoyées aux Bailliages, Seneschaussées et Justices Seigneuriales du Ressort, pour y estre lûës, publiées et registrées; Enjoint aux Substituts et Procureurs Fiscaux d'y tenir la main, et d'en certifier la Cour dans un mois, suivant l'Arrest de ce jour. A Paris en Parlement, le quatorzieme Fevrier mil sept cens quinze.

Signé, Dongois.

A PARIS,

Chez la Veuve de Francois Muguet et Hubert Muguet,
Premier Imprimeur du Roy et de son Parlement, ruë de la Harpe,
aux trois Roys. 1715.

(¹) C'est un des exemplaires de cette Ordonnance de Louis XIV, imprimé à l'époque et placé dans une des vitrines de l'Exposition de 1911 de la Bibliothèque et des Travaux historiques de la Ville de Paris, exemplaire mis obligeamment à ma disposition par M. Marcel Poëte, ce dont je tiens à le remercier ici, qui m'a permis de reproduire, dans ce travail, ladite Ordonnance.

EXCURSION.

EXCURSION FINALE DE·TUNIS A TOZEUR.

(611) (079.3)

28 Mars — 1er Avril.

Le·vendredi 28 mars, dès 6 h du matin, nous nous trouvions réunis, à la
gare de Tunis, une centaine de congressistes environ, pour prendre part à
l'excursion finale. Le plus grand nombre, soit près de 70, devaient aller jusqu'à
Tozeur, la cité tunisienne, à cheval sur le grand Chott du Sud et sur le désert,
doublée d'une oasis merveilleuse; les autres devaient se borner à la visite
de Kairouan. La Direction de l'Enseignement à Tunis représentée par
M. Tremsal et par M. Bassard, secrétaire·de M. Charléty, avait organisé l'excursion dans ses moindres détails, de concert avec M. Bianchi, directeur ·de
l'Agence Lubin, à Tunis. Grâce à ce·dernier, à qui la Tunisie et ses gens·sont
familiers, tout était prévu.

D'un autre côté, la Direction des Chemins de fer tunisiens avait réglé la
marche des trains, minute par minute, dans un horaire qui nous fut remis,
en même temps que la liste nominative des excursionnistes, le programme
journalier, et l'instructive Notice que M. G. Ginestous avait écrite sur les
régions que nous·devions traverser.

Notre président, M. Haug, n'avait pas estimé sa tâche terminée, en clo-
turant brillamment le Congrès, la veille au soir; il s'était mis à notre tête
pour parler au nom de l'Association devant ceux à qui nous allions faire·visite,
leur exposer son but, reconnaître leur bienveillant accueil et les en remercier.
A ses côtés se trouvait notre secrétaire général, M. Desgrez, gardien de la
tradition suivie dans les excursions de l'Association depuis nombre d'années,
et servant de lien entre les congressistes qui le connaissent pour la plupart de
vieille date, et lui ont voué une amicale déférence. ·

Quoique l'heure fut un peu matinale, la gaîté, grâce aux dames surtout,
était rapidement devenue la note dominante. La Compagnie Bône-Guelma
avait composé le train avec des wagons de 1re classe et des wagons-salons
munis de plate-formes, permettant la circulation entre chacun d'eux : on
pouvait donc se grouper suivant les circonstances et suivant ses sympathies,
sans attendre pour cela les arrêts. Nous partions au désert avec le confort
moderne, comme s'il se fut agi d'un simple voyage à Londres. Que le temps
des caravanes semble être un temps reculé !

Nous côtoyons les bords du lac de·Tunis où nous remarquons les énormes
monceaux du sel marin, déjà récolté par les Salines domaniales de la Régence,
puis nous voilà au pied des monts Bou-Kornine et Ressas qui frappent le regard,
lorsque, sur le paquebot de France, on arrive en rade de La Goulette. Chose
curieuse, ces deux montagnes forment le fond de scène de l'Opéra ancien de

Carthage, à travers l'étendue de la rade, ainsi que nous l'a montré M. Renault, architecte des Services administratifs, chanteur émérite, dont la belle voix a révélé l'acoustique merveilleuse de ce théâtre antique en plein air.

Nous pénétrons ensuite dans la région du vignoble tunisien, où se remarquent les magnifiques domaines de Potinville et de Crétéville. Un peu plus loin nous rencontrons une des résidences du Bey, le Dar-el-Bey d'été, un Versailles réduit ; puis la plaine se déroule couverte de plantureuses moissons, on se croirait au milieu de la Beauce ou de la Normandie, si ce n'était la vue des cactus géants, figuiers de Barbarie, qui forment les haies des champs réservés. Çà et là des bâtiments de ferme couverts en tuiles rouges, des tentes arabes, des attelages de 5 ou 6 paires de bœufs sur des charrues. Dans notre trajet, nous longeons la côte où le voisinage de la mer répand la fraîcheur et l'abondance, c'est le « Sahel » par opposition au pays intérieur, sec et dénudé, que les Arabes désignent sous le nom de « Bled ».

Nous arrivons à Sousse un peu avant midi. « Bon appétit surtout, peut-on dire, chacun n'en manque point ». Les vastes salles à manger du Grand Hôtel sont pleines et c'est un cliquetis joyeux de fourchettes et de plats. Notre Président porte un toast à M. Galiéni, président de la Municipalité, qui est souffrant et n'a pu être des nôtres. Sur l'initiative de M. Gobin, un octogénaire resté jeune, sa parole est accueillie par un triple ban unanime et bien réussi.

L'abbé Leynaud, curé de Sousse, qui était l'un de nos conviés, nous guide ensuite aux Catacombes. Elles se trouvent sur un plateau dominant la ville à l'Ouest et forment une nécropole remontant aux premiers siècles de l'Église, où se croisent en tous sens un réseau de galeries étroites et longues creusées dans le tuf. On a peine à y marcher, deux de front. Les morts sont ensevelis dans des cavités pratiquées de chaque côté à la hauteur du coude et murées par des briques sur lesquelles on ne trouve que de très rares inscriptions. On se perd facilement dans un tel dédale, quand on n'est pas bien guidé. Pareille aventure arriva à la moitié d'entre nous, parmi laquelle j'étais. Cela mit, naturellement, en gaîté nos compagnons déjà dehors.

Nous revînmes par la Kasbah. A la vue de ces créneaux et de leur aspect rébarbatif, on se figurerait pénétrer dans une prison antique pour y voir des cachots et des instruments de torture : c'est au contraire le sanctuaire de l'art et du patriotisme. Grâce à l'ardeur et au zèle éclairé de nos officiers, à la tête desquels s'est placé le général Fournier, qui est artiste peintre, la salle d'honneur du régiment est un musée où l'on voit les plus belles mosaïques, et les plus beaux spécimens de l'art romain. De la plate-forme crénelée, on domine la Méditerranée qui malheureusement, ce jour-là, n'avait pas mis son manteau d'azur habituel. Nous descendons ensuite, à travers les souks, à l'Hôtel de Ville, monument neuf, placé près du port, dans lequel le style arabe a reçu, de la part des architectes européens, l'adaptation la plus réussie. Dans la salle des Fêtes avec ses vitraux colorés où filtre la lumière bleue renvoyée par la mer, se trouvent déjà les apprêts de la réception à laquelle prendront part ceux d'entre nous qui demeureront à Sousse ce soir, et qui arrêteront leur voyage à Kairouan. La visite du Musée municipal et le square en face, tout verdoyant de palmiers et d'arbustes rares, occupent les derniers instants de notre séjour dans cette ville.

Partis assez tard, nous arrivons à Kairouan, en pleine nuit, après 8 h. La ville sainte tunisienne se présente donc à nous sous un aspect très mystérieux. Un seul bec puissant, à acétylène, éclaire la longue avenue de la Gare.

M. Bianchi se charge de faire transporter les bagages aux hôtels et nous allons à travers des rues larges, bien différentes de celles de Tunis, à une Zaouia ou couvent musulman, dans laquelle les Aïssaouas nous attendent.

On escomptait un vif succès de curiosité; la plupart d'entre nous éprouvèrent une impression plutôt pénible, ayant sous les yeux, à toucher, de pauvres fanatiques se meurtrissant volontairement. Les Derviches d'ailleurs nous avaient montré à Paris des exercices non moins dangereux, et demandant encore plus d'adresse. En voyant un bambin, de 8 à 10 ans, donné en spectacle moitié nu et de lourds poignards pendant aux clavicules, en entendant les hurlements sauvages des « Moukers », qui assistaient à la séance derrière un grillage, les dames eurent hâte d'arriver à la fin de ce spectacle, et, après une heure environ, nous abandonnâmes cette fade atmosphère.

Les deux hôtels de Kairouan ne sont pas assez considérables pour recevoir tant de voyageurs à la fois, aussi nous fûmes logés en rangs un peu serrés. Chacun s'accommoda de bonne grâce de son sort. Rares, cependant, furent ceux qui goutèrent un tranquille sommeil. Tout un peu nous tenait en éveil. Au milieu de la nuit, le rossignol lui-même nous servait ses trilles exubérants, ne le cédant en rien à ceux de ses frères de France.

Le lendemain matin nous trouvâmes à la porte de l'hôtel une armée de guides et de gentils bourriquets, coquettement caparaçonnés, pour visiter la ville. Il est resté de ce spectacle quelque photographie montrant un tableau aussi charmant que pittoresque. Nous fûmes divisés en deux groupes pour cette visite. Notre groupe commença par la Grande Mosquée. En pénétrant dans la vaste cour, entourée d'un péristyle et fortement ensoleillée, notre premier soin fut d'escalader les degrés de la tour qui domine la ville et les environs. Elle a été construite avec les débris de Carthage et nombre de pierres conservent des inscriptions latines. Du sommet on distingue une ville étendue et une foule de minarets et de dômes blancs qui tranchent sur le ciel, devenu un peu brumeux, dès que le Soleil s'est élevé. La mosquée proprement dite est située en face de la tour; c'est un temple à colonne suivant la mode antique assyrienne ou égyptienne, rappelant assez le style de l'Apadœna de Suze, dont le modèle est exposé au Louvre, dans la salle Dieulafoy. Dans l'étroite sacristie, il nous fut montré des parchemins arabes historiques, fort anciens.

De là nous nous rendîmes aux bassins des Aghlabites. Cette œuvre d'une puissante dynastie, déterrée, ou plutôt désablée par l'Administration des Ponts et Chaussées, ne le cède en rien aux œuvres modernes similaires. Le bassin que nous avons visité supporterait avantageusement la comparaison avec le bassin de Neptune à Versailles, s'il en avait les groupes décoratifs. Les bords en sont plus élevés et l'eau, en nappe beaucoup plus profonde, est légèrement verte et transparente jusqu'au fond. Les grenouilles, bien que ce fût au milieu du jour, ont salué notre arrivée par un concert assourdissant.

Nous visitons ensuite la mosquée du Barbier, le tombeau et le caravansérail pour les pèlerins, ensemble dont le caractère est intime et touchant, puis la mosquée du Sabre, une école arabe où un vieux maître apprenait à lire à de jeunes enfants accroupis autour de lui et, près de là, de gigantesques ancres vertes en bronze. En traversant le marché aux étalages de viande saignante peu ragoûtants, nous nous rendons à la manufacture des tapis, où les Dames montrent la supériorité de leurs connaissances et de leur goût. Dans ces fabriques, la sévérité de la coutume musulmane se relâche un peu, et nous pouvons voir à découvert le visage souriant des jeunes ouvrières.

Tant de choses si intéressantes nous avaient attardés et nous devons en hâte regagner l'hôtel pour le déjeuner. Notre Président profita de cette réunion pour dire adieu à ceux d'entre nous qui étaient arrivés au but final de leur excursion et pour remercier leur aimable guide et directeur, M. Tremsal.

Le centre de la Tunisie que nous traversons, puisque désormais la ligne de Chemin de fer se dirige vers le Sud-Ouest est curieusement tourmenté. Voici au pied de collines sablonneuses élevées le fleuve El-Hattob qui, suivant la saison, déborde dans un triple lit de 3 km de largeur, mais qui, pour le moment est complètement à sec. Il existe cependant des nappes souterraines, comme celle qui alimente les bassins de Kairouan. Au delà sont des plaines sillonnées profondément par l'action érosive des torrents. En pareille contrée le vent, le simoun, a beau jeu pour amonceler le sable, et les pluies torrentielles labourent les amoncellements d'un réseau de chemins creux et de ravins. Le besoin d'arbres et de forêts dans le but de fixer le sol et de le fertiliser se fait là impérieusement sentir. A Pavillier, la récolte d'alfa bat son plein, nous voyons près de la gare de vastes champs se couvrir de ballots et un peuple d'ouvriers autour des machines à vapeur y travailler.

Nous voilà parvenus à la partie la plus pittoresque de notre voyage, nous allons faire connaissance avec la population arabe des Bleds, et en apprécier les qualités. Nous trouvions déjà le parcours un peu long et monotone, quand soudain notre train stoppa. Nous entendons des coups de fusil, la poudre parle, et nous apercevons une rangée de beaux cavaliers et un arc de triomphe fleuri devant la gare, en arrière une foule de burnous blancs. C'est Sbéitla construite en avant de l'antique cité romaine de Sufetula. Voici M. Barué, contrôleur civil, ayant sous sa direction les deux tribus des Madjeurs et des Fraichichs. A ses côtés se trouvent si Mohamed Belgacem, caïd des Madjeurs, qui va nous offrir la fête et Abd-Esselam, jeune brave sur la poitrine duquel brille la croix de la Légion d'honneur. Ce dernier, caïd des Fraichichs, réside, ainsi que M. Barué, à quelques 60 km dans la montagne, à Thala. Il est venu, avec les notables de sa tribu, pour accompagner M. et Mme Barué. On peut juger de la joie qu'ont les dames de faire connaissance au milieu du désert. Tous les visages sont rayonnants et les poignées de main se prodiguent.

Nous avons au milieu de nous un guide dont je n'ai pas encore parlé, bien que son nom soit revenu souvent sur nos lèvres, c'est M. Merlin, Directeur des Antiquités tunisiennes, qui a su retrouver les trésors de l'art grec au fond des flots à Mahdia, et qui a ressuscité la cité romaine de Jugurtha qu'il va nous montrer. Elle se trouve à 1 km environ de la gare. Nous nous y rendons en formant avec la foule des Arabes, qui nous coudoyent librement et franchement, une véritable procession. M. Merlin nous fait visiter l'Arc de triomphe, le Théâtre sur les bords de l'Oued, le Forum dominé par ses trois temples, les restes d'une basilique chrétienne et nous indique l'emplacement des différentes lignes de défense qui n'ont pas été encore exhumées.

Précisément de ce côté à l'Ouest s'étend une vaste plaine qui va se perdre dans un horizon lointain de montagnes. Le soleil est déjà assez bas et dore ces sommets. Tout sent l'accalmie du soir. La foule arabe s'est portée de ce côté et s'est postée le long d'une faible crête, suivant les ordres du caïd et sous la direction des spahis. Un groupe de cavaliers se distingue au loin brillant sous les rayons du soleil, deux chameaux avec « Jahfa », semblables à celles qu'Horace Vernet a peintes dans le fameux tableau de la « Prise de la Smala », sont plus près de nous. L'heure de la fantasia est arrivée; nous prenons place au centre devant les Arabes avec les caïds et les cheiks, ayant le soleil à notre gauche.

Soudain un cavalier se détache du groupe, passe devant nous avec une vitesse vertigineuse en nous saluant des coups de sa carabine et s'arrête brusquement à 5o mètres plus loin. Tour à tour sans interruption, chacun des autres répète ce jeu d'adresse étonnante. Tous rivalisent, comme grisés par l'enthousiasme qu'ils excitent en nous. Parmi eux se distingue le jeune frère du caïd, Salah Belgacem. Il monte un magnifique cheval noir, plein de feu et tout caparaçonné de broderies d'or; en passant devant notre front étroit, il réussit à décharger ses quatre fusils. C'est une vision fantastique qui s'offre à nos yeux, rapide comme l'éclair. Si-Salah est, paraît-il, étudiant à Tunis, certes cet étudiant, ne cède en rien à nos meilleurs écuyers de cirque. On sent, du reste, que l'arabe du Bled a cet art dans les veines et le vieux dresseur de chevaux, Hadjali, nous le montre bien par les exercices équestres extraordinaires qu'il exécute.

Toutefois ce spectacle merveilleux ne nous fait pas perdre de vue que la table est dressée au Buffet de la gare et que là nous pourrons encore mieux échanger nos impressions et congratuler les caïds et les organisateurs que nous aurons assis au milieu de nous. C'est ce que n'eut garde d'oublier notre Président, ayant aussi un mot aimable pour les dames, gardiennes de l'admiration et de la joie, et des paroles de remerciement pour M. Merlin qui, à notre regret va nous quitter.

La fête n'eut pas été complète sans le théâtre. A notre arrivée nous avions remarqué une tente dressée à la mode arabe, remplie de gradins recouverts de riches tapis; là devaient prendre place les dames et les principaux personnages; la foule nombreuse restait au parterre et circonscrivait la scène. Mais comme le spectacle se donnait en pleine nuit noire, il fallait un lustre à cette salle improvisée; l'ingéniosité arabe y avait bien pourvu. Quand chacun eut trouvé sa place et que le caïd eut donné son assentiment, des fusées partent et au milieu de l'assemblée flambe un feu de joie. A sa lueur vacillante, nous voyons évoluer une série de personnages fantastiques. C'est d'abord « Bougadouane » animal à tête d'hyène, personnifiant la méchanceté, puis le jeune et fier lion de la natte, Sedasera, enfin le perfide renard ou Chaabib. Ces cruels personnages conspirent contre le lion qui a jeté son dévolu sur une jeune beauté absente, mais qu'il garde jalousement. Il proclame dans son chant « pretzeur » qu'il ira devant les juges et que nul ne pourra la lui ravir. L'air, un peu monotone, dans le rythme mineur, rappelle d'une manière frappante, ceux dont nos paysans font retentir les champs le soir quand ils rentrent de leur travail et ramènent leurs bœufs à l'étable.

La représentation se termine par des exercices de haute école, admirablement exécutés, puis nous allons vider une coupe de champagne, qui nous est offerte par le caïd Si Mohammed Belgacem. Le noble arabe ne veut pas donner tort à sa loi religieuse et se défend d'y tremper ses lèvres. Après avoir pris congé et avoir chaleureusement remercié nos hôtes, il était après 11 h. du soir, nous nous rendons à la gare où M. Bianchi fait ouvrir les compartiments soigneusement fermés pour la sauvegarde de nos bagages. Chacun prend ses dispositions pour dormir de son mieux.

Nos amis de Tunis, nous avaient fait de nombreuses recommandations contre la chaleur et le soleil, ils n'avaient pas assez insisté sur la possibilité du froid. Chacun, en cette occasion, reconnut le bienfait d'une bonne couverture. La première lueur du jour commençant à peine, nous arrivons à Hénchir-Souatir, où il nous faut changer de voitures, car c'est le point terminus de Compagnie de Bône-Guelma, nous voyagerons désormais sur les lignes de la Compagnie des Phosphates de Gafsa. Sur le quai nous grelottons, et rien ne nous fait plus de plaisir que de voir sur les tables dressées devant le petit Buffet, fumer les bols de café au lait, que chacun s'empresse d'absorber. Puis nous repartons à moitié réveillés.

Au bout d'une heure environ, le jour ayant grandi, le train ralentit sa marche; il semble que nous pénétrons dans un tunnel; illusion ! car, en nous penchant aux portières, nous apercevons les flancs de la tranchée qui s'élèvent à pic, à perte de vue. Ce sont les incomparables gorges du Seldja. Théophile Gautier a fait dans son « Voyage en Espagne », une description du « Puerto de los perros » ou entrée en Andalousie, laquelle s'appliquerait là à merveille. Ce qui fait notre admiration dans les gorges classiques de la Vézère ou du Tarn, c'est l'irrégularité des lignes ou des rochers pendants, là au contraire les lignes saillantes sont presque toutes droites et horizontales, comme tirées au cordeau dans des couches différemment veinées : on jurerait que ce sont d'anciens remparts établis de main d'homme, si la main humaine avait pu dresser des remparts de 200 m de hauteur. Après 5 ou 6 km, de ce trajet féérique, nous débouchons dans une vaste plaine aride, inondée de lumière, et voilà Metlaoui, l'établissement principal de la Compagnie des Phosphates de Gafsa.

A la gare qui rappelle assez bien nos grandes gares de banlieue, nous trouvons M. Bursaux, directeur de l'Exploitation des phosphates et ses principaux ingénieurs qui rivalisent d'amabilité pour nous recevoir et nous renseigner. Nous allons nous installer dans de longues files de wagonnets roulant sur une voie étroite, à traction électrique, pour monter à l'extraction située à mi-flanc de montagne, précisément à l'origine des gorges d'où nous venions de sortir. Les wagonnets étaient formés de bennes à renversement destinées au transport des phosphates extraits; on y avait mis des traverses en planche afin que nous puissions nous asseoir. « Attention, on part ! » s'écrie M. Bursaux; et le cliquetis des attelles se fait entendre d'un bout à l'autre du train miniature; en nous faisant sursauter. Voilà bien la brusquerie du démarrage électrique, qui n'est pas étrangère à nos tramways parisiens. Nous gravissons une rampe assez raide et nous voici sur une passerelle étroite en fer à 30 m ou 40 m en l'air; quelques-uns éprouvent un instant le vertige. Le lit du torrent est à sec, mais les crues dans le foum arrivent d'une façon si soudaine, la poussée en est si forte, qu'elles ont parfois emporté un autre ouvrage établi à un niveau plus bas.

Le train fait un court arrêt sur le terre-plein où se trouve l'entrée de l'extraction. On se figure pénétrer dans un antre, mais les kilomètres de galerie se succèdent, avant que nous mettions pied à terre. Nous sommes enfin parvenus au front d'abatage, comme on dit en langage de mineurs; car ce sont les mineurs des houillères qui ont appliqué leurs méthodes en ce lieu. Parmi eux on a choisi nos guides et le regretté Dr Vauriot, organisateur du Congrès de Nîmes, cet aimable collègue et ami, qui vient de nous être si prématurément

enlevé, a plaisir à retrouver là plusieurs de ses compatriotes d'Alais et de
la Grand' Combe.

D'ailleurs M. Bursaux nous explique en termes fort clairs la technique du
travail : le traçage ou disposition des chantiers en carrés, comme les allées
d'un jardin potager, le dépilage ou enlèvement des phosphates et le remblayage
par les parties stériles. Ces opérations sont facilitées par la régularité de la
couche de phosphate qui a 3 m de puissance. A un niveau inférieur se trouve
une autre couche de 1,80 m. Les fourmis humaines ont ébranlé le dôme ma-
jestueux de la montagne, elle apparaît de loin brisée et comme coiffée sur le
côté.

Après le déjeuner fort gai dans la vaste salle du Casino hôtel de Metlaoui,
nous continuons la visite. Sur le côté de la voie principale une vaste étendue
est couverte de voies disposées comme celles d'une gare de marchandises ; les
wagonnets, arrivant de la mine, y déversent leur contenu et les voies s'ense-
velissent sous une couche épaisse de phosphates qui sèchent au soleil ardent.
Alors interviennent les bœufs et les charrues de labour qui tracent des sillons,
comme dans un champ, pour renouveler les surfaces de séchage. Malgré tout,
le Soleil ne suffit pas à enlever complètement l'humidité, elle constitue un poids
mort qui entraînerait à des frais de transport onéreux, et diminuerait d'autant
le degré auquel les phosphates sont vendus. Pour achever le séchage, il a été
établi un vaste atelier où l'on nous montre des fours rotatifs du dernier modèle, et les appareils de criblage. Cela se complète par deux puissantes stations
électriques et une foule d'ateliers mécaniques accessoires qu'il serait trop long
de décrire. Néanmoins il faut signaler l'organisation du Service médical comprenant une salle d'opération, une infirmerie et une pharmacie qui font l'admiration de nos collègues, docteurs et pharmaciens.

Non seulement la Compagnie des Phosphates de Gafsa a pourvu aux besoins
matériels de son personnel, elle a aussi songé au côté intellectuel et moral :
Des jardins, un début d'oasis en plein développement, ont été créés, dans ce
désert, autour de la résidence de M. Bursaux et des ingénieurs qui secondent
ses efforts avec ardeur. Parmi ceux-ci, j'ai revu un jeune ingénieur parisien
récemment sorti de l'École Centrale, tout heureux de se trouver là-bas.
Mᵐᵉ Bursaux complète admirablement l'œuvre puissante de son mari, en
entretenant autour d'elle un aimable et sain esprit de famille, qui donne l'illusion d'un petit coin de France. Elle nous convie à un lunch qu'elle a fait
servir sous ses ombrages. Là, les Dames sont particulièrement heureuses de
se rencontrer et notre Président n'a garde de manquer l'occasion pour remercier en termes chaleureux les organisateurs d'une visite si instructive et de
l'accueil charmant que tous nous ont fait.

La Compagnie des Phosphates a fait construire un embranchement qui
part de Metlaoui pour desservir le Djérid et pénétrer dans les oasis du Sud.
Le tronçon jusqu'à Tozeur vient d'être terminé à peine, et notre train est
l'un des premiers à circuler sur cette voie. Nous sommes de nouveau dans la
plaine sans borne, des dunes de sable basses, où l'on remarque quelques traces
d'une maigre végétation, de rares troupeaux, des chameaux dont la silhouette
impassible se détache sur le ciel comme une ombre chinoise. La monotonie
du paysage nous rend silencieux. Enfin, voici du côté gauche, une sorte de
nuage bas sur l'horizon. A mesure que nous approchons, il prend une forme
plus nette et nous reconnaissons contre notre attente une forêt de verdure

qui tranche sur le sable gris sur lequel elle est implantée : c'est l'oasis d'El-Houdia, une oasis d'avant-garde, une petite oasis. La gare est située à toucher les palmiers. Pendant un court arrêt, une foule de burnous blancs s'élance pour envahir notre train, car le bruit s'est répandu que des fêtes ont été organisées à Tozeur; on fait comprendre à ces braves Arabes que ce train est un train réservé et que pour aller à Tozeur, ils doivent encore se servir de leurs moyens habituels. Notre curiosité est désormais en éveil et nous touchons au point de notre excursion le plus éloigné.

Bientôt un nouveau panorama de forêt se montre à l'horizon, notre œil exercé désormais y reconnaît les palmiers. Voici la gare de Tozeur en mosaïque de briques de différentes couleurs dans le vif éclat du neuf. La nuit va commencer, nous nous rendons tous à l'unique hôtel européen, l'hôtel Bellevue; où le couvert était assuré pour tous, mais non le gîte. Il fallut le savoir-faire et la patience de M. Bianchi pour assigner à chacun son logement et passer les ordres aux guides arabes d'une bonne volonté trop empressée. Les célibataires et les Messieurs sans Dame furent logés pour la plupart dans une salle vaste, annexe de l'hôtel, transformée en dortoir. En réalité les lits de fer que nous occupions avaient été envoyés à Tozeur par la Direction de l'Enseignement et étaient destinés au lycée de Tunis.

Mais M. Digoy, Contrôleur civil, à la tête de sa petite colonie formée d'une cinquantaine d'Européens, la plupart français, ne veut pas nous recevoir sans nous donner une fête. La résidence qu'il occupe a toute l'étendue d'un palais, sinon la splendeur. Après dîner nous nous rendons à travers la ville, sommairement éclairée, dans ses jardins, où la fête doit avoir lieu. Bien qu'à l'entrée des janissaires montassent bonne garde, les jardins étaient déjà envahis. A la lueur des lanternes vénitiennes, la fête traditionnelle de l'Achoura va être reconstituée. Des fusées, des pétards marquent l'entrée en scène des artistes arabes qui nous rappellent ceux de Sbéitla. Ici l'art scénique est en progrès; car non content de donner un spectacle ayant là naïveté des mystères du moyen âge, les Arabes offrent une véritable comédie où le juge européen est mis sur la sellette et les plaideurs indigènes lui soumettent des cas embarrassants, non sans beaucoup de malice. Dame Thémis a parfois peine à s'en tirer. Finalement, ce sont les jongleurs qui reproduisent les principaux traits des Aïssaouas. Ces exercices fascinent le vulgaire Arabe, comme chez nous les tours d'adresse, dans les cirques, enthousiasment l'âme populaire.

Au retour de la soirée, nous étions 25 ou 30 réunis dans le dortoir, il présentait trop d'analogie avec la chambrée de la caserne, pour que nous ne cédions à la tentation d'en répéter les échos, et de nous rajeunir de quelques 30 ou 40 ans. Après cette nuit qui, par moment, fut pleine d'une sonore harmonie, le petit jour arriva avec sa piquante fraîcheur, ce qui modifie un peu l'opinion commune sur le climat de ces contrées. Il ne faut pas oublier que nous sommes rendus dans le Sud, à plus de 2000 kilomètres de Paris.

La matinée fut consacrée à la visite de la ville et de l'oasis. A une certaine époque, la ville comptait une centaine de mille habitants, elle n'en compte guère que 12000 aujourd'hui et, de fait, cette population semble très spacieusement logée. Les constructions sont, en général, carrées, d'une régularité parfaite, façonnées en briques disposées en mosaïques du plus heureux effet. Tout dans cette architecture, comme dans le tracé des rues, semble indiquer la manière romaine. Peu de coupoles en dehors de celles de quelques mosquées et des marabouts. Parmi ceux-ci le plus remarqué est celui de Sidi Karaksi,

homme à la fois saint et savant qui est parvenu, il y a un certain nombre de
siècles déjà, à établir l'aménagement remarquable des eaux vives de l'oasis
et à produire de ce fait sa fécondité merveilleuse. Cette oasis compte 250 000 palmiers sur une étendue de 800 hectares.

Le point de jaillissement principal des eaux est la source de Rass-el-Aïn
où se trouve un bélier hydraulique pour faire remonter l'eau et alimenter la
ville. De là partent des ruisseaux, au lit bien dégagé, qui servent d'abreuvoir
et de lavoir et vont fournir l'eau des rigoles arrosant les palmiers plantés en
terrain sablonneux. Nous pénétrons dans cette claire forêt, ou plutôt dans
cet immense jardin, car les palmiers dont les touffes terminales sont à 25
ou 30 mètres, protègent de leur ombrage des arbres fruitiers, pêchers, citronniers,
figuiers, etc., qui ne sont plus comme en France des arbustes, mais de grands
arbres à larges et longues feuilles. Dans l'oasis la propriété est très morcelée
et chaque bien particulier n'a d'autres bornes que celles de l'alignement des
carrés. Aussi a-t-elle acquis un prix très élevé : l'hectare vaut aujourd'hui
jusqu'à 30 000 fr et peut rapporter annuellement 8000 fr.

Depuis Karaksi, l'eau est louée à des usagers ou métayers qui la concèdent
à leur tour aux propriétaires et entretiennent des gardes pour en assurer
l'aménagement et la distribution. Nous arrivons à un groupe de ces gardiens
qui viennent de saigner un palmier à notre intention et nous en font boire
le « lakmi » liquide légèrement jaunâtre et un peu trouble comme du moût
de raisin pressé; il est fort sucré et par suite un peu fade.

En retournant vers la ville, M. Digoy, qui nous guide dans cette instructive promenade, nous montre les mesures prises par l'Administration pour
empêcher les sables entraînés soit par le vent, soit par les pluies torrentielles, d'envahir le territoire des sources : ce sont des rangées de palissades
successives qui provoquent l'amoncellement en avant.

Tozeur connut autrefois une autre source de richesse, la fabrication de l'huile,
il y avait 300 moulins à huile, il n'en existe plus. En somme la population du
Djérid aurait naturellement une vie large et facile, les produits de l'oasis,
depuis la pénétration française surtout, ayant acquis un surcroît de valeur
considérable. Elle semble vigoureuse, intelligente, active, toutefois la fréquence de l'ophtalmie purulente la dépare et les conséquences de l'alcoolisme,
aujourd'hui clandestin, seraient à redouter pour son avenir.

Après le déjeuner qui nous avait joyeusement réunis, nous traversons une
plaine de sable où le soleil darde avec ardeur ses rayons, pour nous rendre
dans une sorte de paradis terrestre. Je crois qu'en effet, il n'y a rien de plus
propre à faire comprendre et goûter la poésie biblique que le jardin d'oasis de
Si Abder-Rahman ben Abdallah Soudani, délégué à la Conférence Consultative. C'est la fraîcheur au milieu de la fournaise, l'abondance au sein de la
stérilité. Si Abder-Rahman a l'allure d'un patriarche, son teint est noir, sa
barbe grisonne, il est âgé d'une soixantaine d'années. Après nous avoir groupés
sous l'ombrage des orangers géants, où le café et le thé étaient servis, il nous
souhaite la bienvenue et nous raconte qu'il a conquis son jardin pied à pied
sur le désert, en y répandant les ruisselets d'eau bienfaisante. Notre doyen,
M. Gobin, cueille les fleurs d'oranger qui l'encadre ainsi que d'énormes oranges
au-dessus. Beaucoup l'imitent. Ces fruits pris sur l'arbre ont une saveur que
nous ne connaissions point. Nous parcourons les allées de ce vaste jardin qui
a 30 hectares environ, et partout nous sommes émerveillés.

Après ces moments d'enchantement, il faut songer au retour. Notre train nous ramène pour dîner à Metlaoui. Nos amis, M. Bursaux à leur tête, ne nous ont point oubliés. Nous les retrouvons à la gare avec leur brillant orphéon qui nous donne une aubade. Les cuivres sonores jettent dans les airs les notes de la « Marseillaise » et des morceaux de son répertoire. Les échos tunisiens vibrent joyeux aux sons des accords français, le train du départ s'ébranle aux cris répétés de « Vive Metlaoui, vive la France ! au revoir ! » et nous voilà engagés sur la ligne de Gafsa et de Sfax.

Nous arrivons à Gafsa à une heure trop avancée pour visiter la ville, nous devons nous contenter du réconfort de boissons chaudes à la buvette. Au petit jour nous sommes à Sfax où nous trouvons l'hôtel confortable pour la toilette matinale et le petit déjeuner. Comme à Tunis, la ville arabe a été encerclée par les larges avenues et les constructions modernes luxueuses qui les bordent. A Sfax on jouit de la mer elle-même et de ses agréments et, dans le choix, beaucoup de gens ont préféré Sfax à Tunis. Malgré le ciel couvert et la mer quelque peu agitée, nous nous embarquons pour aller à 3 ou 4 km au large au laboratoire d'étude et de culture des éponges, établi sur un ponton fixé par un fond de 15 à 20 m : la reproduction larvaire de l'éponge n'a pas encore été obtenue artificiellement, car les spicules sont entraînées par les courants : il ne faut pas forcer la nature dans ses caprices; au contraire la reproduction par bourgeons fixés sur tessons de tuiles réussit fort bien : c'est un succès encourageant. Au retour nous jouissons, de la mer, du panorama de Sfax et de sa banlieue ayant com horizon l'immemense forêt d'oliviers. Plus ou moins cachées parmi les oliviers les villas blanches apparaissent innombrables, et cela rappellerait les côtes de Provence, s'il y avait un fond de montagnes.

Nous reprenons terre en face du quai d'embarquement des phosphates de Gafsa. L'industrie moderne a déployé là sa puissance. Il s'agit de charger rapidement des navires emportant 6000 tonnes à la fois. Sous des hangars couverts de plusieurs centaines de mètres de longueur arrivent les rames de wagons chargés. Latéralement à la voie est un caniveau, où se déversent les charges. Le fond en est constitué par une large courroie mobile qui entraîne la matière. Des barreaux de fer placés en travers du caniveau et de plus en plus serrés retiennent les pierres et les cailloux, tandis que les phosphates marchands, qui atteignent le fond, suivent un long et compliqué parcours aboutissant aux manches de déversement; celles-ci les vomissent dans les cales du navire. Chacune des manches déverse ainsi 300 tonnes à l'heure, soit 5000 kg par minute. En quelques heures le chargement est achevé.

Le port de Sfax est l'un des points de la Méditerranée où l'effet de la marée est sensible, elle atteint jusqu'à 1,30 m de hauteur.

Nous visitons ensuite l'Hôtel de Ville, vaste monument moderne plus important encore que celui de Sousse; puis nous pénétrons dans la ville arabe et dans les souks qui gardent toujours leur intérêt pittoresque. Quelques-uns d'entre nous font une excursion dans la forêt d'oliviers dont les développements incessants vont rendre à cette contrée son antique richesse.

Le temps devient de plus en plus incertain et maussade au moment de notre départ. La mer, que nous avons sous les yeux, présente une couleur grise peu rassurante.

Nous arrivons à notre dernière étape. Dans une plaine dénudée et qui semble déserte, voici un monument circulaire élevé, qui semble jaillir du sol. Trois étages de baies cintrées réunies par des lignes architecturales d'une pureté parfaite rendent agréable à l'œil cette masse colossale. C'est le cirque romain d'El-Djem, c'est, du moins je le crois, le monument le plus grandiose de la Tunisie.

Il s'élève à quelques centaines de mètres seulement de la gare. Nous nous y rendons à pied et nous y pénétrons. Malgré les injures du temps et l'état de ruines, toutes les parties de l'amphithéâtre sont parfaitement reconnaissables et il est facile d'en assigner la destination. Nous avons, pour nous guider et nous renseigner, M. Béziat, instituteur à El-Djem, qui, tout en exerçant ses modestes fonctions, a trouvé moyen de devenir un antiquaire érudit. Il est un peu troublé devant son nouvel auditoire, mais il se remet vite et nous fait en termes fort clairs l'historique du monument. L'amphithéâtre a des dimensions plus considérables que celles des Arènes de Nîmes, qu'il rappelle du reste et ne le cède sous ce rapport qu'au Colysée. Les cages de dépôt pour les bêtes destinées aux jeux sont disposées en sous-sol, sous l'arène et bien conservées. En présence d'un tel monument, témoin vivant de la grandeur du passé, nous trouvons bien naturel le cri de la populace : « Panem et Circenses. »

Tant de gloire contraste avec l'état désolé et précaire du pays environnant. El-Djem n'est qu'une bourgade composée de maisons arabes d'extérieur modeste et dont plusieurs sont des masures. Quelques-uns d'entre nous pénètrent dans l'une d'elles qui paraît être l'une des plus cossues, à en juger par sa devanture : c'est celle de l'un des principaux commerçants. Il est à la fois pharmacien, médecin (à la mode arabe sans doute), épicier, buraliste, céramiste; nos amis ne sortent pas de chez lui sans qu'il ait fait affaire.

Notre théorie s'achemine, d'une manière un peu décousue, vers le buffet de la gare où nous sommes réunis pour le dernier repas commun. Ceux qui ont eu un rôle dans l'organisation de l'excursion rayonnent : notre ami, M. Desgrez, M. Bassard, M. Bianchi. Jusqu'au bout elle a été parfaitement réussie. Notre Président est heureux, il parle avec effusion et n'oublie personne dans se remerciements. Il complimente les Dames qui ont montré tant d'endurance et de courage au milieu des fatigues du voyage et qui ont constamment entretenu la joie parmi nous. Il n'a garde de ne pas souligner ce que les autorités tunisiennes ont fait pour le succès de notre excursion et l'heureuse influence de leur intervention; enfin il souhaite à chacun un bon retour en France. Toutes les parties de son discours sont accueillis par un ban.

Le train se met en marche pour Tunis. A Sousse, où l'arrêt se prolonge un peu par suite d'un faux aiguillage, nos amis se trouvent à la gare pour nous saluer : les conversations et les recommandations ne tarissent pas. Les échos s'en répètent alors que nous roulions déjà. Le tracé de la ligne nous permet de voir la mer de temps en temps, par échappée : elle est d'un gris verdâtre et, tout au bout de l'horizon, on distingue moutonner la blanche écume : ceux qui doivent s'embarquer demain ne peuvent retenir un léger frisson !

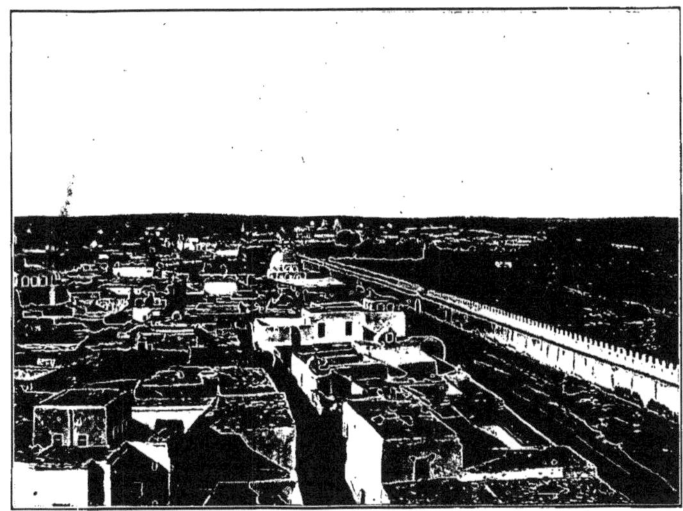

Cliché Émile Haug.

LES REMPARTS DE KAIROUAN, VUS DU MINARET DE LA GRANDE MOSQUÉE.

Cliché Émile Haug.

PRÉPARATIFS DE LA FANTASIA, GARE DE SBEITLA.

GORGES DU SELDJA.

Cliché Émile Haug.

SORTIE SUD DES GORGES DU SELDJA.

Cliché Émile Haug.

Cliché Émile Haug.

OASIS DE TOZEUR.

Cliché Émile Haug.

TOZEUR, VUE DE L'OASIS.

Cliché Émile Haug.

BRIQUETERIE DE TOZEUR.

Cliché Émile Haug.

AMPHITHÉÂTRE D'EL DJEM.

TABLE DES MATIÈRES.

TABLE ANALYTIQUE.

53472   Paris. — Imp. GAUTHIER-VILLARS et Cⁱᵉ, quai des Grands-Augustins, 55.